中国哺乳动物多样性及地理分布

China's Mammal Diversity and Geographic Distribution

蒋志刚　马　勇　吴　毅　王应祥
周开亚　刘少英　冯祚建　著
李立立　绘图
Jiang Zhigang　Ma Yong　Wu Yi　Wang Yingxiang
Zhou Kaiya　Liu Shaoying　Feng Zuojian
Li Lili Painted Graphs

科学出版社
北　京

内 容 简 介

本书收录了中国（包括台湾地区）已知哺乳动物种类。通过收集整理正式出版文献中的哺乳动物编目资料和最新研究发现，本书作者根据最新的动物分类系统更新了中国哺乳动物多样性编目，经过甄别筛选，确定中国现有哺乳动物 12 目 55 科 245 属 673 种。此数据更新了中国哺乳动物记录。本书为中英文对照，由世界著名哺乳动物学家 Don E. Wilson 博士作序。前言回顾了中国动物学研究史、本书中中国哺乳动物编目的研究过程和中国哺乳动物学研究的未来方向。正文逐一介绍了每种中国哺乳动物的分类地位、学名、命名人、英文名、同物异名、种下单元、所在生境与生态系统、濒危状况、国家保护等级、IUCN 红色名录、中国红色名录等级、CITES 附录以及国内地理分布区和分布国家，并配有最新的物种分布图。

本书适合作为动物学研究工作者、自然保护管理人员和动物爱好者的案头参考书。

图书在版编目(CIP)数据

中国哺乳动物多样性及地理分布 / 蒋志刚等著. —北京：科学出版社，2015

ISBN 978-7-03-044620-6

Ⅰ. ①中… Ⅱ. ①蒋… Ⅲ. ①哺乳动物纲–多样性–研究–中国 ②哺乳动物纲–地理分布–研究–中国 Ⅳ. ①Q959.8

中国版本图书馆CIP数据核字(2015)第124831号

责任编辑：马 俊 / 责任校对：张怡君

责任印制：徐晓晨 / 封面设计：北京铭轩堂广告设计有限公司

科学出版社出版

北京东黄城根北街 16 号

邮政编码：100717

http://www.sciencep.com

北京京华虎彩印刷有限公司 印刷

科学出版社发行 各地新华书店经销

*

2015 年 8 月第 一 版 开本：889×1194 1/16

2015 年 8 月第一次印刷 印张：26

字数：848 000

定价：158.00 元

（如有印装质量问题，我社负责调换）

Preface

China is one of the most remarkable countries in the world, from many points of view. First of all, it is large; the fourth largest country in the world. As expected, the almost ten million square kilometers of area encompasses an enormous range of habitats. Those habitats are shaped by elevations that range from below sea level to some of the highest mountains on earth. Similarly, climates range from the arid interior of the Gobi Desert to the tropical rainforests of Hainan Island. Combining this diversity of physical features with China's geographic setting between the Palearctic region to the north and the Indo-Malayan region to the south and west results in China's position as one of the world's megadiverse countries.

This, in turn, leads to an amazing diversity of flora and fauna, and the mammal fauna is no exception. China now ranks first in the number of mammal species, surpassing the widespread island nation of Indonesia. Cataloging China's mammal diversity began in earnest with the expeditions led by G. M. Allen, and published in his 2-volume classic work on "The Mammals of China and Mongolia" in 1938-1940. Allen documented 314 species in China, and that number grew to 390 with publication of the first edition of "Mammal Species of the World" (Honacki *et al.*, 1982). The second edition of that work recognized 405 species in China (Wilson and Reeder, 1993). The third edition saw the number raised to 572 (Wilson and Reeder, 2005).

Another important milestone in this progression of our knowledge of the Chinese mammal fauna was the book complied by Professor Wang Yingxiang of the Kunming Institute of Zoology, Chinese Academy of Sciences (KIZ/CAS), *A Completed Checklist of Mammal Species and Subspecies in China*: *A Taxonomic and Geographic Reference,* published in 2003. In the dozen years since publication of that work, we have seen a transformation of our understanding of mammalian evolution and species limits, thanks largely to an expanding toolkit of molecular techniques that allow examination of the DNA of individual specimens. As we continue to move from a biological to a genetic species concept, the number of species recognized continues to grow apace. As an example, the 2008 *A Guide to the Mammals of China* by Smith *et al.* recognized 585 species.

A more modern view of the conservation needs of this growing list of species has also played a role in the production of this book. The distinguished group of mammalogists coauthoring this work came together to compile the Endangered Mammalian Species Red List according to the Regional IUCN Redlist Criteria. They quickly discovered that in order to produce the *Red List of Biodiversity in China*: *Mammals*, they needed to first update the taxonomy and classification of the country's mammal fauna. The book you now hold is the result of that effort. This work now recognizes 12 orders, 55 families, 245 genera, and 673 species of mammals occurring in China. The list includes 18 new species described since Prof. Wang's seminal work (including 11 discovered with molecular biology methods), 18 new records for the country, and 60 subspecies elevated to the status of species according to recent studies.

A complete review of the literature and reassessment of earlier records resulted in the deletion of 52 species which are now deemed not to be found in China. Of them, specimens of 17 species were collected only once and have never been found again in subsequent surveys. The mammals now known to occur in China represent 45% of the Orders, 35% of the Families, 20% of the Genera, and 12% of the species found in the world. There are 150 endemic species of mammals in China, which amounts to 22.3% of the total number of species in the country. This is a remarkable total of endemic species, and further speaks to the great diversity of habitats found in China.

43% of the species of Lagomorphs found in China are endemic to the country. That ratio is even higher for the family Ochotonidae, an amazing 52% of the total. Endemic ratios of Eulipotyphla is 35%. About one fifth of the

Primates, Chiroptera and Rodentia in China are also endemics, including 12 new bat species discovered in the country during the past decade.

This marvelous diversity of mammals is unfortunately under increasing threat from a variety of sources, most having to do with a burgeoning population of *Homo sapiens*. For China to design an active program of conservation to deal with these threats, the better we understand the target species, the more effective such programs will be. The first step in any such conservation program is to complete a modern checklist of the taxonomy and distribution of the fauna. This volume provides that sorely needed initial step, and should prove useful to anyone interested in continuing studies of China's remarkable mammalian fauna.

Don E. Wilson
Smithsonian Institution
Washington, DC
March 10, 2015

目　录

绪　论

一

哺乳动物是地球上适应能力最强的动物类群。从戈壁到深海，从雪山到湿地，到处都有哺乳动物的足迹。中国疆域辽阔，南北跨越近 50°，东西跨越 60°余。加上中国地质环境经历了海陆变迁、高原隆升等重大地质事件，使得境内地貌多样、气候迥异。气温与降水的差异决定了中国脊椎动物的分布格局(Luo *et al.*，2012，图 1)。中国哺乳动物区系的形成可以追溯到第三纪末(Zhou，1964)，由古北界(Palearctic Realm)及东洋界(Oriental Realm)动物区系(Wallace，1876)，或古北界和中国日本界(Sino-Japanese Realm)(Holt *et al.*，2013)组成。在第三纪的新构造运动中，青藏高原快速隆升(Corlett，2014)，为哺乳动物创造了新的生态位。大规模地质造山运动导致中国哺乳动物区系发生南北分化并产生了许多特有的种，如藏羚 *Pantholops hodgsonii*、藏原羚 *Procapra picticaudata*、藏野驴 *Equus kiang*、野牦牛 *Bos mutus*、白唇鹿 *Przewalskium albirostris* 等(冯祚建等，1986)。例如，全球 30 种鼠兔科 OCHOTONIDAE 种类中，就有 25 种分布在中国(Ge *et al.*，2013)，后者一半以上的种为中国特有种。

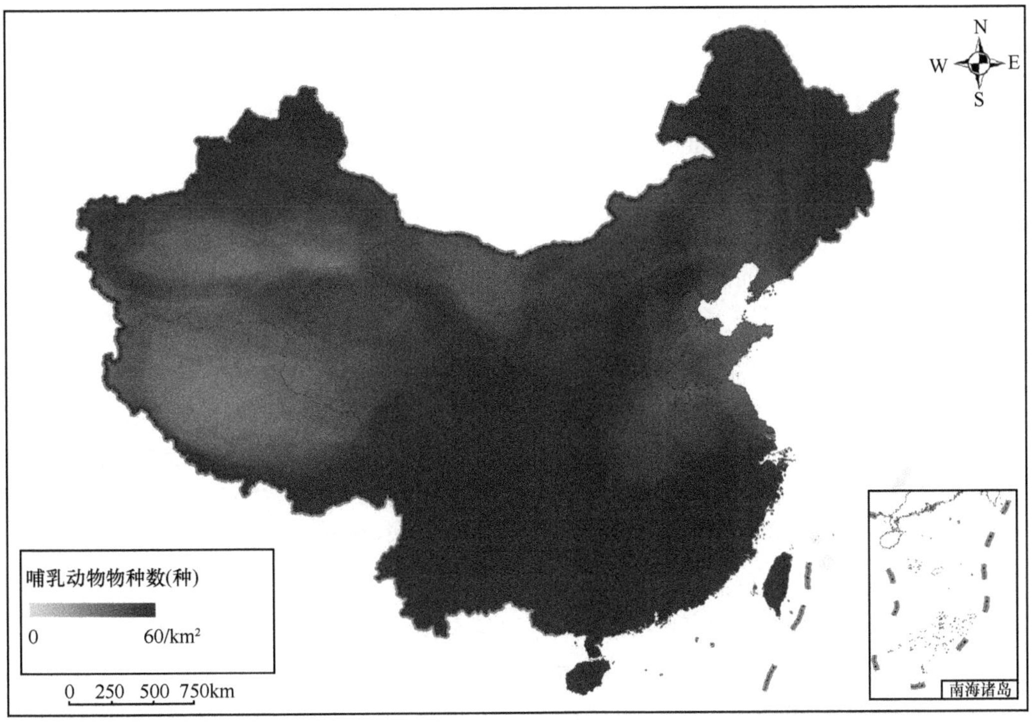

图 1　中国哺乳动物种密度分布(见封底二维码所含彩图)

中国哺乳动物学研究起步较晚。在 19 世纪的“大发现时期”，许多外国探险家来到中国采集动植物标本。这些探险家之中，有著名的法国神父和博物学家 Jean Pierre Armand David(1826～1900 年)、曾任大不列颠及北爱尔兰联合王国驻中国台湾的首任领事的英国人 Robert Swinhoe(1836～1877 年)和沙俄军队情报军官 Nikolai Mikhailovich Przewalski(Nicolas Prjevalsky，1839～1888 年)上校(后来晋升少将)。这些外国人为完成不同的使命来到中国，但是他们有一个共同的爱好：采集动植物标本。Jean Pierre Armand David 为法国国家自然历史博物馆(Muséum National d'Histoire Naturelle)收集了大熊猫 *Ailuropoda melanoleuca*、川金丝猴 *Rhinopithecus roxellana* 和麋鹿(大卫神父鹿，Père David Deer) *Elaphurus davidianus*，以及许多其他动物的标本。Robert Swinhoe 的足迹南至海南岛，北至辽宁，在中国的东部采集了大量的哺乳类与鸟类标本，他发现了台湾猴 *Macaca cyclopis*、獐 *Hydropotes inermis*、华南缺齿鼹 *Mogera insularis*、台湾水鹿 *Rusa unicolor swinhoei*、蓝鹇 *Lophura swinhoii* 等动物，完成了《福尔摩沙(台湾)的哺乳动物》(*On the Mammals of Formosa*)，其中记述了台湾黑熊 *Ursus thibetanus formosanus*、台湾猴 *Macaca cyclopis*、台湾云豹 *Neofelis nebulosa brachyurus* 等哺乳动物。Swinhoe 发现中国台湾的动物地理区系与同属太平洋第一岛链的日本和菲律宾的不同，中国台湾地区的动物区系与中国大陆和喜马拉雅山的相似，这一发现后来被 Wallace(1876)在他的著作——《动物的地理分布》(*The Geographic Distribution of Animals*)中采用，成为世界动物地理区划的依据。普热瓦尔斯基先后 4 次来到中国，他在新疆准噶尔盆地采集了野马 *Equus ferus*、在青海湖采集了普氏原羚 *Procapra przewalskii*、在罗布泊采集了野骆驼 *Camelus ferus* 的标本，并将那些标本运回圣彼得堡沙皇动物博物馆——后来的俄罗斯科学院动物研究所博物馆。

然而，对中国哺乳动物的系统记录和研究数十年后才开始。关于中国哺乳动物物种数的第一部系统记述是 G. M. Allen 的 *The Mammals of China and Mongolia*(1938～1940 年)。他记录了中国哺乳动物 8 目 30 科 97 属 314 种(不包括新疆、西藏、东北和台湾)。随后，在中国新哺乳动物记录不断增加、新的哺乳动物种不断被发现。寿振黄(1963)所著记录了中国哺乳动物 12 目 52 科 180 属 405 种。张荣祖(1979)记录了中国哺乳动物 12 目 44 科 183 属 414 种。Nowak(1999)在 *Walker's Mammals of the World* 第 6 版中记录中国哺乳动物共 12 目 52 科 240 属 560 种。王应祥(2003)记录了中国哺乳动物 13 目 55 科 235 属 607 种。Wilson 和 Reeder(2005)记录了中国哺乳动物 13 目 54 科 245 属 572 种。此后，潘清华等(2007)在《中国哺乳动物彩色图鉴》中记录了中国哺乳动物 13 目 58 科 242 属 645 种，Smith 等(2009)在《中国兽类野外手册》中记录了中国哺乳动物 14 目 53 科 240 属 585 种。由于中国幅员广大，不同地域的动物学研究的方法与研究详尽程度相差悬殊(张荣祖，1999)。过去相当长的一段时间中，中国哺乳动物学研究集中于经济动物的研究(寿振黄，1963；夏武平，1964)。人们对不同动物的关注程度不同。例如，明星动物像大熊猫，人们对其生态、行为、遗传、甚至疾病和内外寄生虫都进行了深入研究(Lindburg and Baragona，2004；张志和和魏辅文，2006)，而对另一些类群，如鼩鼱的研究甚少。30 多年前就已经启动的《中国动物志》的编研工作尚未完成，对中国哺乳动物的分类工作仍在继续。

近年来，随着分子系统学研究的发展和系统发育基因组学的形成，人们对哺乳动物的起源与演化有了新的认识，修订了高级阶元的分类系统。例如，基于基因序列的系统发育研究认为传统的食虫目并非单系群，从而将其划分为劳亚食虫目(Eulipotyphla)、非洲猬目(Afrosoricida)和象鼩目(Macroscelidea)(Waddell *et al.*，1999)。对劳亚兽总目(Laurasiatheria)的最新分类分为 6 个目：劳亚食虫目、奇蹄目、食肉目、鲸偶蹄目、翼手目和鳞甲目(Hu *et al.*，2012)。在 *Mammal Species of the World*(第 3 版，Wilson and Reeder，2005)中，许多物种的分类地位发生了变化。随着新一代哺乳动物学家的成长、野外考察范围的扩大、网络数据库的建设与运行、新技术手段在野外考察中的推广，以及分子生物学技术在分类鉴定与谱系地理中的广泛应用，人们发现了一批中国哺乳动物新种、新记录。

在环境保护部生物多样性专项《中国生物多样性红色名录·哺乳动物卷》的编研过程中，我们发现，如果要完成哺乳动物红色名录，必须先完成中国哺乳动物多样性编目。然而，我们尚没有最新中国哺乳动物多样性编目资料。即使目前影响最大的、拥有亿万用户的网络百科词典——维基百科(Wikipedia)，仍根据 2001 年 IUCN 红色名录的数据，记载中国哺乳动物只有 495 种(http：//en.wikipedia.org/wiki/List_of_mammals_of_China)。中国哺乳动物多样性信息迫切需要更新。于是，我们收集整理了中国(包括台湾地区)所有哺乳动物种类，包括发表的新种和新记录，对中国哺乳动物物种多样性进行了全面增补与修订，形成了《中国哺乳动物多样性名录》(蒋志刚等，2015)。

我们以王应祥(2003)《中国哺乳动物种与亚种分类名录与分布大全》(2015 年版)和 Wilson 和 Reeder(2005)《世界哺乳动物物种》第 3 版(*Mammal Species of the World*，3rd Edtion)的分类系统为模板。前者是 21 世纪初中国哺乳动物分类与分布的主要著作。后者是由世界自然保护联盟(International Union of Nature Conservation，IUCN)、濒危野生动植物种国际贸易公约(Convention on International Trade in Endangered Species of Wild Fauna and Flora，CITES)推荐的世界哺乳动物分类体系。我们以《中国哺乳动物种与亚种分类名录与分布大全》为基础，从 Wilson 和 Reeder(2005)的《世界哺乳动物物种》中增补了 13 种哺乳动物。此外，我们参考了《IUCN 濒危物种红色名录》(IUCN RED LIST OF THREATENED SPECIES，2014)、潘清华等(2007)的《中国哺乳动物彩色图鉴》、刘瑞玉 (2008)的《中国海洋生物名录》，Smith 等(2009)的《中国兽类野外手册》以及张荣祖(1997)的《中国哺乳动物分布》，从这些著作中增补了 11 种哺乳动物。灵长类还参考了夏武平和张荣祖(1995)，海兽类参考了周开亚(2004，2008)。Groves 和 Grubb(2011)根据多年的研究，查阅了世界各地馆藏的研究标本，对世界有蹄类动物进行了重新分类。我们按照 Groves 和 Grubb(2011)的《有蹄类分类系统》(*Ungulate Taxonomy*)对中国有蹄类进行了分类。收集了截至 2015 年 3 月 31 日在专业学术期刊发表的有关中国哺乳动物的分类与系统发育文章。补充了新种和新记录种。形成了中国哺乳动物多样性初步名录。

我们以咨询会和通信评审的形式反复征求了国内外有关哺乳动物专家对中国哺乳动物多样性名录的意见。咨询了国内老一辈动物分类学家以及近年来工作在野外考察和科研第一线研究人员的意见。还与美国斯密斯桑尼研究院、IUCN 物种生存委员会有关专家就《中国哺乳动物多样性名录》(以下简称《名录》)交换过意见。我们举行过 5 次咨询会，并进行了两轮通信评审，征求了全国 80 位哺乳动物研究人员的意见。最终形成《名录》。

二

我们最初筛选出 14 目 54 科 247 属 658 种哺乳动物，并将食虫目 Insectivora 分为猬形目 Erinaceomorpha 和鼩形目 Soricomorpha。然后，根据第一轮评审结果对《名录》进行了增删。再次通过通信评审征求了全国相关哺乳动物专家的意见，又将猬形目和鼩形目合并为劳亚食虫目(IUCN，2014)，整理出中国哺乳动物 13 目 54 科 247 属 661 种。经过专家第 2 轮评审，收集修改意见，根据动物学研究的最新报道，随时对《名录》进行最后订正增删。增补了最新哺乳动物目级分类研究结果，将目级单元 Cetacea 和 Artiodactyla 合并为 Cetartiodactyla。我们在写作过程中，确定截至 2015 年 3 月 31 日，中国有哺乳动物 12 目 55 科 245 属 673 种。

《名录》记录的哺乳动物，比王应祥(2003)记录的中国哺乳动物(13 目 55 科 235 属 607 种)少 1 目多 10 属 66 种，比 Wilson 和 Reeder(2005)记录的中国哺乳动物(13 目 54 科 245 属 572 种)少 1 目多 1 科 101 种，比潘清华等(2007)记录的中国哺乳动物(13 目 58 科 242 属 645 种)少 1 目 3 科多 3 属 28 种，比 Smith 等(2009)记录的中国哺乳动物(14 目 53 科 240 属 585 种)少 2 目多 2 科 5 属 88 种(表 1)。《IUCN 濒危物种红色名录》(2014)收录了全球哺乳动物 5488 种，中国现有哺乳动物种数约占全球哺乳动物总数的 12.3%。

表 1 《中国哺乳动物多样性名录》与文献记载的比较

目	科	属	种	文献
8	30	97	314	Allen(1938-1940)
			382	郑作新(1952)
12	40	148	327	Ellerman and Morrison-Scott(1951)
12	52	180	405	寿振黄(1963)
12	44	183	414	张荣祖(1979)
			418	郑作新(1982)
13	43	154	390	Honacki *et al.*(1982)
14	45		430	盛和林等(1983)
13	46	169	467	中国科学院动物研究所(1985)*
13	54	210	509	郑昌琳(1986)
			394	McNeely *et al.*(1990)
14	44	155	405	Corbet and Hill(1991)

续表

目	科	属	种	文献
13	43	154	405	Wilson and Reeder (1993)
14	52	220	510	张荣祖 (1997)
12	52	240	560	Nowak (1999)
13	55	235	607	王应祥 (2003)
13	54	245	572	Wilson and Reeder (2005)
13	58	242	645	潘清华等 (2007)
14	53	240	585	Smith 等 (2009)
12	55	245	673	蒋志刚等 (2015)**

* 中国科学院动物研究所. 1985. 中国哺乳动物检索表. 北京.

** 根据最新研究的目级单元，Cetacea 和 Artiodactyla 合并为 Cetartiodactyla

《IUCN 濒危物种红色名录》(2014)评估了全球的濒危物种，报道中国大陆有 551 种哺乳动物，加上台湾的哺乳动物，中国有 566 种哺乳动物，名列世界各国哺乳动物多样性第 3 名。蒋志刚(2015)等发现中国的哺乳动物种数(673 种)超过了印度尼西亚的哺乳动物种数(670 种)成为世界哺乳动物物种多样性最丰富的国家(表 2)。

表 2 中国哺乳动物多样性与名列世界各国哺乳动物多样性前 10 位国家的比较

IUCN (2014) 数据			以本研究数据更新的排序		
序号	国家	种数	序号	国家	种数
1	印度尼西亚	670	**1**	**中国**	**673**
2	巴西	648	2	印度尼西亚	670
3	**中国***	**566 (551*)**	3	巴西	648
4	墨西哥	523	4	墨西哥	523
5	秘鲁	467	5	秘鲁	467
6	哥伦比亚	442	6	哥伦比亚	442
7	美国	440	7	美国	440
8	刚果	430	8	刚果	430
9	印度	412	9	印度	412
10	肯尼亚	376	10	肯尼亚	376

* 中国大陆哺乳动物种数

中国有 150 种特有哺乳动物(即仅分布在中国的动物)，特有种比例为 22.3%，其中包括大熊猫 *Ailuropoda melanoleuca*、川金丝猴 *Rhinopithecus roxellana*、野牦牛 *Bos mutus*、白唇鹿 *Przewalskium albirostris*、白鱀豚 *Lipotes vexillifer* 等。中国哺乳动物中，特有种比例最高的是兔形目 Lagomorpha，达 43%。兔形目鼠兔科以青藏高原为分布中心，其特有种比例更高达 52%。劳亚食虫目的特有种比例为 35%。中国还是世界偶蹄类物种多样性最丰富的国家，有 67 种偶蹄类动物，其中约 1/3 是特有种，很多是分布在青藏高原的特有种。灵长目 Primates、啮齿目 Rodentia 和翼手目 Chiroptera 特有种比例约占 1/5(表 3)，其中翼手目的特有种包括最近发表、模式产地为中国的 12 个新种。

表 3 中国哺乳动物目科数种与特有哺乳动物种统计

目	科数	属数	种数	特有种	特有率/%
劳亚食虫目 EULIPOTYPHLA	3	24	87	30	34
攀鼩目 SCANDENTIA	1	1	1	0	0
翼手目 CHIROPTERA	7	33	134	26	19

续表

目	科数	属数	种数	特有种	特有率/%
灵长目 PRIMATES	4	9	27	6	22
鳞甲目 PHOLIDOTA	1	1	3	0	0
食肉目 CARNIVORA	10	39	58	2	3
鲸偶蹄目 CETARTIODACTYLA	14	53	105	22	21
海牛目 SIRENIA	1	1	1	0	0
长鼻目 PROBOSCIDEA	1	1	1	0	0
奇蹄目 PERISSODACTYLA	2	3	6	0	0
啮齿目 RODENTIA	9	78	215	49	23
兔形目 LAGOMORPHA	2	2	35	15	43
总计	55	245	673	150	22

2.1 分类阶元的调整

根据最新研究，我们修订了目级单元。参照 IUCN 红色名录(IUCN Red List of Threatened Species)，所有原来猬形目 Erinaceomorpha 和鼩形目 Soricomorpha 的物种均归属劳亚食虫目 Eulipotyphla；鲸目 Cetacea 和偶蹄目 Artiodactyla 的物种均归属到鲸偶蹄目 Cetartiodactyla。

基于已有研究整理了一些物种分类地位，对一些物种进行了拆分或合并，如一些物种分为 2 个或 2 个以上的物种。驼鹿 *Alces alces* 分为分布于阿尔泰山的欧亚驼鹿 *A. alces* 与分布在大兴安岭、小兴安岭的美洲驼鹿 *A. americanus* 两个种(Wilson and Reeder，2005)。中华斑羚原来的学名为 *Naemorhedus caudatus*，Wilson 和 Reeder(2005)将其更名为 *Naemorhedus griseus*，将该种分布在西藏南部的 *Naemorhedus caudatus hodgsoni* 划分为喜马拉雅斑羚 *Naemorhedus goral*。Groves 和 Grubb(2011)检视标本后，又将云南分布的 *Naemorhedus* 定名为 *Naemorhedus evansi*。此外，依据已有研究和专家意见，修订了高山麝(马麝)*Moschus sifanicus* 的分类地位，将马麝定为喜马拉雅麝高山麝亚种 *Moschus chrysogaster sifanicus*(Groves，1995)。将东亚蝙蝠(霜毛蝠)*Vespertilio superans* 合并到东方蝙蝠(东方食虫蝠)*Vespertilio sinensis*(Wilson and Reeder，2005)。

提升了一些物种的分类地位，如吴毅等(2004b)根据国内收藏的鲁氏菊头蝠 *Rhinolophus rouxii* 的核型 2*n*=36，而国外标本的核型 2*n*=56，将原鲁氏菊头蝠中华亚种 *Rhinolophus rouxii sinicus* 提升为种，即中华菊头蝠 *Rhinolophus sinicus*；窄脊江豚 *Neophocaena asiaeorientalis* 由江豚窄脊亚种 *Neophocaena phocaenoides asiaeorientalis* 提升为种(Wang *et al.*，2008)；根据 Groves 和 Grubb(2011)的分类系统，对中国有蹄类动物进行重新分类后，将中国境内的水鹿 *Cervus unicolor* 定名为马来水鹿 *Cervus equinus*，将中国境内的马鹿 *Cervus elaphus* 划分为阿拉善马鹿 *C.alashanicus*、四川马鹿 *C.macneilli*、西藏马鹿 *C.wallichii*、东北马鹿 *C.xanthopygus* 和塔里木马鹿 *C. yarkandensis*；将中国境内的梅花鹿 *Cervus nippon* 划分为东北梅花鹿 *C. hortulorum*、华南梅花鹿 *C. pseudaxis*、四川梅花鹿 *C. sichuanicus* 和台湾梅花鹿 *C. taiouanus*。Groves 和 Grubb(2011)还将中国境内的盘羊 *Ovis ammon* 划分为戈壁盘羊 *O. darwini*、西藏盘羊 *O. hodgsoni*、雅布赖盘羊 *O. jubata*、天山盘羊 *O. karelini* 和帕米尔盘羊 *O. polii*；将羚牛 *Budorcas taxi`color* 分为秦岭羚牛 *B. bedfordi*、四川羚牛 *B. tibetanus* 和不丹羚牛 *B. whitei*(表 4)。西南绒鼠康定亚种 *Eothenomys custos hintoni* 被提升为种，定名为康定绒鼠 *Eothenomys hintoni*，中华绒鼠康定亚种 *Eothenomys chinensis tarquinius* 被提升为种，定名为川西绒鼠 *Eothenomys tarquinius*(Liu *et al.*，2012a)。印支灰叶猴 *Trachypithecus crepusculus*(He *et al.*，2012b)的种的地位也被确立(Zeng *et al.*，2013)。《名录》中一共 60 个亚种提升为种(表 4)。

表 4 列入《中国哺乳动物多样性名录》的由亚种提升为种的哺乳动物

中文名	种名	文献
米什米长尾鼩鼱	*Episoriculus baileyi*	Motokawa and Lin(2005)
林猬	*Mesechinus sylvaticus*	Wilson and Reeder(2005)
柯氏鼩鼱	*Sorex kozlovi*	Wilson and Reeder(2005)

续表

中文名	种名	文献
台湾短尾鼩	*Anourosorex yamashinai*	Wilson and Reeder (2005)
滇北长尾鼩	*Chodsigoa parva*	Wilson and Reeder (2005)
五指山小麝鼩	*Crocidura wuchihensis*	Wilson and Reeder (2005)
中华菊头蝠	*Rhinolophus sinicus*	Wilson and Reeder (2005)
大卫鼠耳蝠	*Myotis davidii*	Wilson and Reeder (2005)
华南水鼠耳蝠	*Myotis laniger*	Wilson and Reeder (2005)
中华山蝠	*Nyctalus plancyi*	Wilson and Reeder (2005)
东白眉长臂猿	*Hoolock leuconedys*	Wilson and Reeder (2005)
华西鬣羚	*Capricornis milneedwardsii*	Wilson and Reeder (2005)
美洲驼鹿	*Alces americanus*	Wilson and Reeder (2005)
银色高山䶄	*Alticola argentatus*	Wilson and Reeder (2005)
高山仓鼠	*Cricetulus alticola*	Wilson and Reeder (2005)
柴达木根田鼠	*Microtus limnophilus*	Wilson and Reeder (2005)
山西林䶄	*Myodes shanseius*	Wilson and Reeder (2005)
康定绒鼠	*Eothenomys hintoni*	Liu *et al.* (2012a)
川西绒鼠	*Eothenomys tarquinius*	Liu *et al.* (2012a)
坎氏毛足鼠	*Phodopus campbelli*	Wilson and Reeder (2005)
巴里坤跳鼠	*Allactaga balikunica*	Wilson and Reeder (2005)
喜马拉雅姬鼠	*Apodemus pallipes*	Wilson and Reeder (2005)
南洋鼠	*Niviventer langbianis**	Wilson and Reeder (2005)
西伯利亚旱獭	*Marmota sibirica*	Wilson and Reeder (2005)
东黑冠长臂猿	*Nomascus nasutus*	Wilson and Reeder (2005)
喜马拉雅鬣羚	*Capricornis thar*	Wilson and Reeder (2005)
中国豪猪	*Hystrix hodgsoni*	潘清华等 (2007)
克什米尔鼩鼱	*Sorex planiceps*	潘清华等 (2007)
海南白腹鼠	*Niviventer lotipes**	Li *et al.* (2008)
窄脊江豚	*Neophocaena asiaeorientalis*	Wang *et al.* (2008)
短尾黄鼠	*Spermophilus brevicauda*	Smith *et al.* (2009)
淡尾黄鼠	*Spermophilus pallidicauda*	Smith *et al.* (2009)
中亚兔	*Lepus tibetanus*	Smith *et al.* (2009)
蒙古兔	*Lepus tolai*	Smith *et al.* (2009)
宁夏鼠兔	*Ochotona argentata*	Smith *et al.* (2009)
高丽兔	*Lepus coreanus**	Koh and Jang (2010)
海南麂	*Muntiacus nigripes*	Groves and Grubb (2011)
阿拉善马鹿	*Cervus alashanicus*	Groves and Grubb (2011)
东北梅花鹿	*Cervus hortulorum*	Groves and Grubb (2011)
四川马鹿	*Cervus macneilli*	Groves and Grubb (2011)
华南梅花鹿	*Cervus pseudaxis*	Groves and Grubb (2011)
四川梅花鹿	*Cervus sichuanicus*	Groves and Grubb (2011)
台湾梅花鹿	*Cervus taiouanus*	Groves and Grubb (2011)
西藏马鹿	*Cervus wallichii*	Groves and Grubb (2011)
东北马鹿	*Cervus xanthopygus*	Groves and Grubb (2011)
塔里木马鹿	*Cervus yarkandensis*	Groves and Grubb (2011)
缅甸斑羚	*Naemorhedus evansi*	Groves and Grubb (2011)
戈壁盘羊	*Ovis darwini*	Groves and Grubb (2011)
西藏盘羊	*Ovis hodgsoni*	Groves and Grubb (2011)
雅布赖盘羊	*Ovis jubata*	Groves and Grubb (2011)

续表

中文名	种名	文献
天山盘羊	*Ovis karelini*	Groves and Grubb (2011)
帕米尔盘羊	*Ovis polii*	Groves and Grubb (2011)
秦岭羚羊	*Budorcas bedfordi*	Groves and Grubb (2011)
四川羚牛	*Budorcas tibetanus*	Groves and Grubb (2011)
不丹羚牛	*Budorcas whitei*	Groves and Grubb (2011)
拟刺毛鼠	*Niviventer huang*	陈鹏(2012)；NCBI (2015)
台湾大鼯鼠	*Petaurista grandis*[*]	Li *et al.* (2013)
海南大鼯鼠	*Petaurista hainana*[*]	Li *et al.* (2013)
云南大鼯鼠	*Petaurista yunamensis*[*]	Li *et al.* (2013)
利安得水麝鼩	*Chimarrogale leander*	Yuan *et al.* (2013)

* 为争议种

基于已有研究，整理了一些物种名称，包括同物异名。喜马拉雅麝定为 *Moschus chrysogaster* (Green，1986；Qurshi *et al.*，2004；Subedi *et al.*，2012)，将 *Moschus leucogaster* 定名为白腹麝，以与喜马拉雅麝区别。白头叶猴原为黑叶猴 *Trachypithecus francoisi*，白头亚种学名为 *T. f. leucocephalus*，更名为 *Trachypithecus leucocephalus* (Wilson and Reeder，2005)。国内分布的爪哇小鼷鹿 *Tragulus javanicus* 更名为威氏小鼷鹿 *Tragulus williamsoni* (潘清华等，2007)。Groves 和 Grubb (2011) 将海南坡鹿 *Rucervus eldii* 定为东方坡鹿 *Panolia siamensis*。Liu 等 (2012b) 将青海田鼠从毛足田鼠属 (*Lasiopodomys*) 调整到松田鼠属 (*Neodon*)。

2.2　《中国哺乳动物多样性名录》物种数增减情况

在厘定《名录》时，对中国哺乳动物分类系统的主要修改和补充如下：在王应祥 (2003) 的基础上，《名录》根据 Wilson 和 Reeder (2005) 增补了 10 种哺乳动物 (表 5)。

表 5　《中国哺乳动物多样性名录》根据 Wilson 和 Reeder (2005) 增补的 10 种哺乳动物

中文名	种名	文献
几内亚长翼蝠	*Miniopterus magnater*	Wilson and Reeder (2005)
华北犬吻蝠	*Tadarida latouchei*	Wilson and Reeder (2005)
肥耳棕蝠	*Eptesicus pachyotis*	Wilson and Reeder (2005)
小中喙鲸	*Mesoplodon peruvianus*	Wilson and Reeder (2005)
云南松田鼠	*Neodon forresti*	Wilson and Reeder (2005)
沟牙田鼠	*Proedromys bedfordi*	Wilson and Reeder (2005)
缅甸山鼠	*Niviventer tenaster*	Wilson and Reeder (2005)
乌拉尔姬鼠	*Apodemus uralensis*	Wilson and Reeder (2005)
拟家鼠	*Rattus pyctoris*	Wilson and Reeder (2005)
白齿家鼠	*Berylmys mackenziei*	Wilson and Reeder (2005)

《名录》根据潘清华等 (2007)、周开亚 (2008) 以及 Smith 等 (2009) 等文献增加了 7 种哺乳动物 (表 6)。增加了在中国发现的哺乳动物新种。2000 年以来，研究者在中国 (包括台湾) 新发现了 18 种哺乳动物，如达旺猴 *Macaca munzala* (Sinha *et al.*，2005)，凉山沟牙田鼠 *Proedromys liangshanensis* (Liu *et al.*，2007)，北京宽耳蝠 *Barbastella beijingensis* (Zhang *et al.*，2007)，小扁颅蝠 *Tylonycteris pygmaeus* (Feng *et al.*，2008)，华南菊头蝠 *Rhinolophus huananus* (Wu *et al.*，2008)，黄胸管鼻蝠 *Murina bicolor*、姬管鼻蝠 *Murina gracilis* 和隐姬管鼻蝠 *Murina recondita* (Kuo *et al.*，2009)，锲鞍菊头蝠 *Rhinolophus xinanzhongguoensis* (Zhou *et al.*，2009)，施氏菊头蝠 *Rhinolophus schnitzleri* (Wu and Thong，2011)，水甫管鼻蝠 *Murina shuipuensis*、罗蕾莱管鼻蝠 *Murina lorelieae* 和金毛管鼻蝠 *Murina chrysochaetes* (Eger and Lim，2011)，栗鼠耳蝠 *Myotis badius* (Tiunov *et al.*，2011)，林芝松田鼠 *Neodon linzhiensis* (Liu *et al.*，2012b)，等齿鼩鼹 *Uropsilus aequodonenia* (刘洋等，2013)，台湾缺齿鼹 *Mogera kanoana* (Kawada *et al.*，2007)，以及白颊猕猴 *Macaca leucogenys*(Li *et al.*, 2015)等。在《名录》中增加了这 18 种新发现的种(表 7)。

表 6 根据文献增补的 7 种哺乳动物

中文名	种名	文献
白齿麝鼩	*Crocidura leucodon*	张荣祖(1997)
帕米尔鼩鼱	*Sorex buchariensis*	张荣祖(1997)
澜沧江姬鼠	*Apodemus ilex**	潘清华等(2007)
阿尔泰鼢鼠	*Myospalax myospalax*	潘清华等(2007)
大村鲸	*Balaenoptera omurai*	周开亚(2008)
台湾长尾麝鼩	*Crocidura tanakae*	Smith *et al.*(2009)
扁颅鼩鼱	*Sorex roboratus*	Smith *et al.*(2009)

* 争议种

表 7 列入《中国哺乳动物多样性名录》的新种

中文名	种名	文献
达旺猴	*Macaca munzala*	Sinha *et al.*(2005); 潘清华等(2007)
凉山沟牙田鼠	*Proedromys liangshanensis*	Liu *et al.*(2007)
北京宽耳蝠	*Barbastella beijingensis*	Zhang *et al.*(2007)
台湾缺齿鼹	*Mogera kanoana*	Kawada *et al.*(2007)
小扁颅蝠	*Tylonycteris pygmaeus*	Feng *et al.*(2008)
华南菊头蝠	*Rhinolophus huananus*	Wu *et al.*(2008)
锲鞍菊头蝠	*Rhinolophus xinanzhongguoensis*	Zhou *et al.*(2009)
黄胸管鼻蝠	*Murina bicolor*	Kuo *et al.*(2009)
姬管鼻蝠	*Murina gracilis*	Kuo *et al.*(2009)
隐姬管鼻蝠	*Murina recondita*	Kuo *et al.*(2009)
金毛管鼻蝠	*Murina chrysochaetes*	Eger and Lim(2011)
施氏菊头蝠	*Rhinolophus schnitzleri*	Wu and Thong(2011)
罗蕾莱管鼻蝠	*Murina lorelieae*	Eger and Lim(2011)
水甫管鼻蝠	*Murina shuipuensis*	Eger and Lim(2011)
栗鼠耳蝠	*Myotis badius*	Tiunov *et al.*(2011)
林芝松田鼠	*Neodon linzhiensis*	Liu *et al.*(2012b)
等齿鼩鼹	*Uropsilus aequodonenia*	刘洋等(2013)
白颊猕猴	*Macaca leucogenys*	Li *et al.*(2015)

增加了截至 2015 年 3 月 31 日，在中国新发现的 18 种哺乳动物的分布。例如，休氏壮鼠 *Hadromys humei*(杨光荣，1985)、小巨足鼠耳蝠 *Myotis hasseltii*(张礼标等，2004)、马氏菊头蝠 *Rhinolophus marshalli*(吴毅等，2004)、小褐菊头蝠 *Rhinolophus stheno*(张劲硕等，2005)、马来穿山甲 *Manis javanica*(吴诗宝等，2005)、泰国无尾果蝠 *Megaerops niphanae* 和无尾果蝠 *Megaerops ecaudatus*(冯庆等，2006)、大趾鼠耳蝠 *Myotis macrodactylus*(江廷磊等，2008)、朗氏喙鲸 *Indopacetus pacificus*(Watson *et al.*, 2008)、灰小蹄蝠 *Hipposideros cineraceus*(谭敏等，2009)、艾氏管鼻蝠 *Murina eleryi*(Furey *et al.*, 2009)、苔原鼩鼱 *Sorex tundrensis*(刘洋等，2010)、马来假吸血蝠 *Megaderma spasma*(张礼标等，2010)、哈氏管鼻蝠 *Murina harrisoni*(Wu *et al.*, 2010)、泰坦尼亚彩蝠 *Kerivoula titania*(Wu *et al.*, 2012)、高黎贡山仰鼻猴(=缅甸金丝猴)*Rhinopithecus strykeri*(Geissmann *et al.*, 2011; Long *et al.*, 2012)、高氏缺齿鼩 *Chodsigoa caovansunga*(何锴等，2012)以及耐氏大鼠 *Leopoldamys neilli*(陈鹏等，2014)。这 18 种哺乳动物新记录列入了《名录》(表 8)。

表 8 列入《中国哺乳动物多样性名录》的新记录

中文名	种名	文献
休氏壮鼠	*Hadromys humei*	杨光荣等(1985)
马氏菊头蝠	*Rhinolophus marshalli*	吴毅等(2004)
小巨足鼠耳蝠	*Myotis hasseltii*	张礼标等(2004)
小褐菊头蝠	*Rhinolophus stheno*	张劲硕等(2005)
马来穿山甲	*Manis javanica*	吴诗宝等(2005)
无尾果蝠	*Megaerops ecaudatus*	冯庆等(2006)
泰国无尾果蝠	*Megaerops niphanae*	冯庆等(2006)
大趾鼠耳蝠	*Myotis macrodactylus*	江廷磊等(2008)
灰小蹄蝠	*Hipposideros cineraceus*	谭敏等(2009)
朗氏喙鲸	*Indopacetus pacificus*	Watson *et al*., 2008
艾氏管鼻蝠	*Murina eleryi*	Furey *et al*. (2009)
马来假吸血蝠	*Megaderma spasma*	张礼标等(2010)
哈氏管鼻蝠	*Murina harrisoni*	Wu *et al*. (2010)
苔原鼩鼱	*Sorex tundrensis*	刘洋等(2010)
泰坦尼亚彩蝠	*Kerivoula titania*	Wu *et al*. (2012)
缅甸金丝猴	*Rhinopithecus strykeri*	Long *et al*. (2012)
高氏缺齿鼩	*Chodsigoa caovansunga*	何锴等(2012)
耐氏大鼠	*Leopoldamys neilli*	陈鹏等(2014)

从《名录》中删去了原来记录有误、中国没有分布的种类。例如，在中国没有草兔 *Lepus capensis* 分布，在中国分布的是蒙古兔 *Lepus tolai*(Wilson and Reeder，2005)。再如，经过多年的野外考察，在野外没有发现泰国狐蝠 *Pteropus lylei*、马来大狐蝠 *Pteropus vampyrus*、浅褐菊头蝠 *Rhinolophus subbadius*、渔猫 *Prionailurus viverrinus*、缺齿伶鼬 *Mustela aistoodonnivalis*、小艾鼬 *Mustela amurensis*、小印度獴 *Herpestes auropunctatus*、普通鼩鼱 *Sorex araneus*、沙黄鼠 *Citellus major*、白臀叶猴 *Pygathrix nemaeus*、印度豪猪 *Hystrix indica*、黑线毛足鼠 *Phodopus sungorus* 等，将这些动物列为存疑种，未列入《名录》。一共 52 种未列入《名录》(表 9)。

表 9 未列入《中国哺乳动物多样性名录》的种

中文名	种名	文献或依据
普通鼩鼱	*Sorex araneus*	专家意见
台湾长尾麝鼩	*Crocidura tadae*	专家意见
泰国狐蝠	*Pteropus lylei*	专家意见
马来大狐蝠	*Pteropus vampyrus*	专家意见
杏红菊头蝠	*Rhinolophus rouxii*	专家意见
角菊头蝠	*Rhinolophus cornutus*	专家意见
浅褐菊头蝠	*Rhinolophus subbadius*	专家意见
三叶菊头蝠	*Rhinolophus trifoliatus*	专家意见
双色蹄蝠	*Hipposideros bicolor*	专家意见
台湾蹄蝠	*Hipposideros terasensis*	专家意见
倭伏翼	*Pipistrellus mimus*	专家意见
东亚蝙蝠	*Vespertilio superans*	专家意见
绒山蝠	*Nyctalus velutinus*	专家意见
台湾阔耳蝠	*Barbasoella formosanus*	专家意见
印度斑蝠	*Scotomanes emarginatus*	专家意见
南洋长翼蝠	*Miniopterus oceanensis*	专家意见
大长翼蝠	*Miniopterus macrodens*	专家意见

续表

中文名	种名	文献或依据
拟大管鼻蝠	*Murina rubex*	专家意见
白臀叶猴	*Pygathrix nemaeus*	专家意见
白眉长臂猿	*Hylobates hoolock*	专家意见
缺齿伶鼬	*Mustela aistoodonnivalis*	专家意见
小艾鼬	*Mustela amurensis*	专家意见
小印度獴	*Herpestes auropunctatus*	专家意见
渔猫	*Prionailurus viverrinus*	专家意见
鬣羚(苏门羚)	*Capricornis sumatraensis*	专家意见
爪哇鼷鹿	*Tragulus javanicus*	专家意见
黄氏海豚	*Sousa huangi*	专家意见
纹背松鼠	*Callosciurus atrodorsalis*	专家意见
小林姬鼠	*Apodemus sylvaticus*	专家意见
大黄鼠	*Spermophilus major*	专家意见
赤颊黄鼠	*Spermophilus erythrogenys*	专家意见
草原旱獭	*Marmota bobak*	专家意见
沙黄鼠	*Citellus major*	专家意见
栗背大鼯鼠	*Petaurista albiventer*	专家意见
中国仓鼠	*Cricetulus griseus*	专家意见
拟黝仓鼠	*Cricetulus pseudogriseus*	专家意见
黑线毛足鼠	*Phodopus sungorus*	专家意见
郑氏沙鼠	*Meriones chengi*	专家意见
黑龙江鼢鼠	*Myospalax epsilanus*	专家意见
丽江绒鼠	*Eothenomys fidelis*	专家意见
劳氏高山鮃	*Altiocla roylei*	专家意见
库蒙高山鮃	*Alticola stracheyi*	专家意见
景东笔尾树鼠	*Chiropodomys jingdongensis*	专家意见
克什米尔姬鼠	*Apodemus wardi*	专家意见
斑胸鼠	*Rattus yunnanensis*	专家意见
中亚鼠	*Rattus turkestanicus*	专家意见
王鼠	*Maxomys rajah*	专家意见
短尾锋毛鼠	*Maxomys musschenbroeki*	专家意见
爪哇小鼠	*Mus vulcani*	专家意见
托氏心颅跳鼠	*Salpingotus thomasi*	专家意见
印度豪猪	*Hystrix indica*	专家意见
草兔	*Lepus capensis*	Wilson and Reeder (2005)

三

本书在《中国哺乳动物多样性名录》的基础上补充了英文名、命名人、种下单元、生境、生态系统、国家重点保护野生动物保护等级、CITES 附录等级、红色名录等级、国内分布和国外分布等内容以及参考文献。并为每一物种绘制了分布图。对于那些分类地位发生变化的种类、新产生的种类、名称变化的种类保留原来种类的保护级别。例如，原为国家二级重点保护野生动物的马鹿，本书依据 Groves 和 Grubb (2011) 的分类系统划分为阿拉善马鹿、四川马鹿、西藏马鹿、东北马鹿和塔里木马鹿。阿拉善马鹿、四川马鹿、西藏马鹿、东北马鹿和塔里木马鹿继承原来马鹿的国家二级重点保护野生动物级别；梅花鹿被划分为东北梅花鹿、华南梅花鹿、四川梅花鹿和台湾梅花鹿后，其保护等级继承梅花鹿原来的国家一级重点保护野生动物级别。同理，中国麝类的分类厘定后，所有的麝类仍是国家一级重点保护野生动物。

本书是生物多样性编目基础研究。哺乳动物多样性研究是野生动物资源调查、濒危物种保护、物种濒危等级研究、实验动物培育开发、野生动物进出口贸易管理、动物检疫、药用动物及替代品开发研究、流行病宿主与媒介动物研究等领域的应用科学基础(马勇等，2008)。随着人类采集标本范围的扩大，新的分类单元不断被发现。例如，随着生命科学技术的发展，人们对自然、对哺乳动物多样性的认识不断深化。随着研究的深入，哺乳动物的分类系统与种数变化很大。“动物多样性的确立”是 21 世纪动物学的第一重大任务(郭郛等，2004)。目前，我们迫切需要中国哺乳动物多样性的最新数据。

本书集中了中国哺乳动物研究者的集体智慧。以王应祥(2003)《中国哺乳动物种与亚种分类名录与分布大全》的分类系统、Wilson 和 Reeder(2005)《世界哺乳动物物种》(第 3 版)(*Mammal Species of the World*, 3rd Edition)为基础，我们全面收集了截至 2015 年 3 月底动物学著作、科学期刊发表的有关哺乳动物文献，包括最近陈鹏等(2014)在云南发现的中国兽类新记录——耐氏大鼠 *Leopoldamys neilli* 和 Li 等(2015)在墨脱发现的白颊猕猴 *Macaca leucogenys*，形成了本中国哺乳动物多样性名录。马勇研究员负责校对了本名录中啮类数据，吴毅教授负责翼手目，刘少英研究员负责啮齿目与劳亚食虫目，王应祥研究员负责灵长目并对名录进行了核对，周开亚教授负责水生哺乳动物，冯祚建研究员负责劳亚食虫目和有蹄类。此外，罗振华博士与李春旺博士参与了数据的收集与整理。李立立女士绘制了插图。除了会议评审外，曾通过两次通信评审征集了全国不同地区 80 余位动物学研究者对本名录的意见，根据反馈的意见对名录进行了增删，整理了同物异名。目前，本名录是迄今最完整的一份中国哺乳动物名录。

应当看到，由于中国地形复杂，哺乳动物的种群密度和分布受到人类活动的强烈影响。中国动物标本馆收集的哺乳动物标本数量相当有限，连重要研究机构馆藏的标本类群都残缺不全。1989 年《中华人民共和国野生动物保护法》实施以来，采集国家重点保护野生动物的标本必须获得国家主管部门的行政许可。此后，动物学研究者在野外考察中很少采集标本，特别是国家重点保护野生动物的标本。20 世纪末已经完成的全国第一次野生动物调查(国家林业局，2009)和正在进行的全国第二次野生动物调查都几乎没有采集任何动物标本。加之动物分类人才缺乏，对动物分类项目资助的短缺，中国研究者对某些中国动物类群的研究不够深入。自高耀亭等(1987)发表《中国动物志 兽纲第八卷》以来，仅罗泽珣(2000)发表了《中国动物志 兽纲第六卷 啮齿目下册：仓鼠科》，周开亚(2004)发表了《中国动物志 哺乳纲第九卷：鲸目、食肉目海豹总科、海牛目》。《中国动物志 兽纲》的编研还在进行之中。

此外，我们应当高兴地看到，21 世纪以来，中国哺乳动物研究取得了长足的进步。20 年前几乎没有人研究过的类群，如翼手目，已经开展了大量研究，发现了一批蝙蝠新种(表 7)，记录了新发现的蝙蝠分布(表 8)。缩短了中国蝙蝠研究与世界的差距。在应用分子生物学研究哺乳动物分类和多样性方面，也取得了喜人的进展，如 Fan 等(2009)对 Zapodinae(Rodentia，Dipodidae)的研究。中国境内发现的达旺猴 *Macaca munzala*(Sinha *et al.*，2005)、东黑冠长臂猿 *Nomascus nasutus*(Chan *et al.*，2008)、高黎贡山仰鼻猴(缅甸金丝猴)*Rhinopithecus strykeri*(Long *et al.*，2012)和白颊猕猴 *Macaca leucogenys*(Li *et al.*，2015)，进一步丰富了中国灵长类多样性。马勇等(2008)对中国啮类系统的厘清，为进一步探索中国啮类的多样性奠定了基础。Ge 等(2013)发现了支持全球气候变化、C_3/C_4 植物的衰荣影响了鼠兔类(Ochotonids)和兔类(Leporids)演化的证据，拓展了传统哺乳动物学研究的方法。即使在大型动物的研究中，也有新的发现，如普氏原羚哇玉亚种的报道(Turgan *et al.*，2013)，藏羚归属羊亚科 Caprinae 而不是羚羊亚科 Antilopinae(Lei *et al.*，2003)；此外，Luo 等(2011)发现了中国陆生哺乳动物纬度分布幅支持 Rapoport 法则，而中域效应是解释中国陆生哺乳动物纬度分布幅规律的主要原因。Hu 等(2015)发现了生态位分化加速了原羚属的演化，而局部适应和地理隔离强化与保持了原羚属的生殖隔离。

中国哺乳动物下一步的工作重点，一是以横断山为分布中心的中国鼩鼱类动物，目前这一类群尚未开展深入研究。横断山区沟壑切割、地理隔离是鼩鼱类演化的条件。此外，Marmi 等(2006)通过对线粒体控制区序列分析，把狗獾分成欧洲亚种、西南亚亚种、北亚东亚亚种和日本亚种 4 个亚种。IUCN(2014)采用了 Abramov(2002)的分类，将日本狗獾 *M.anakuma* 列为种，而将狗獾欧洲亚种、西南亚亚种归入欧洲狗獾 *M. meles*，分布在喀什与叶城一带的喀什亚种 *M. m. blanfordi*(王应祥，2003)，可能归入西南亚亚种。这一问题值得进一步探索。再如，荒漠猫 *Felis bieti* 的分类地位问题，Driscoll 等(2007)将其作为 *Felis silvestris* 的亚种，而国内的作者仍持不同观点(Li *et al.*，2004；郑涛等，2005；Abdukadir and Khan，2013)，这一问题值得深入探讨。最后，中国洞角科 Bovidae 也将是一个重要的研究领域，如矮岩羊的分类地位(周才权等，2003；曹丽荣等，2003)，中国盘羊的种分化(Groves and Grubb，2013；蒋志刚，2015，印刷中)、“金色牦牛”的分类地位(Leslie and Schaller，2009)等问题。

此外，还应当看到，人们对中国哺乳动物分类的意见尚不统一，也许永远也不会统一。生物分类的意见分歧来源于种的概念(Mayden，1997)，生物以种存在。种是生命科学的基石，是生物多样性的基本单位，是生物分类的基本阶元，是一个可以随时间而变化的个体集合，是真实的存在。种是生物对环境异质性的应答，是生物进化的基本单元，是生态系统的基本功能单元。物种多样性是生物多样性 3 个层次(遗传多样性、物种多样性和生态系统多样性)中的基本层次。然而，从唯名论种(nominalistic species)、生物种(biological species)、支序种(cladistic species)到系统发育种(phynogenic species)，物种的概念在演化(Darwin，1871；Dobzhansky，1935；Mayr，1942，Mayr *et al.*，1953；Hennig，1966；Cronquist，1978；Apagow，2007)。对于种概念的讨论持续多年，即使是对生物遗传基础的分子机理已有相当认识的今天，对于物种概念的定义仍存在争议(蒋志刚和马克平，2014)。

现代分子生物学技术的飞速发展，打开了一扇认识生物起源分化的新窗口，为动物分类学提供了新的手段。Apagow 等(2004)发现，对 7 例相同哺乳动物类群使用系统发育种概念发现了 24 个物种，比应用非系统发育种概念发现的 14 个物种多 71%。在他综述的 91 例涵盖所有生物类群的研究中，使用系统发育种概念发现的物种数目比使用非系统发育种概念发现的平均多 121%。随着系统发育种概念的广泛被接受与应用，可以期待在中国哺乳动物中会报道更多的新种。

分类学是分歧较大的一门基础学科。不同生物类群、不同分类学家对种的标准有不同认识，对于一个种是否有效，一个分类单元的分合，往往仁者见仁、智者见智，无法取得统一意见。中国啮类(Glires，包括啮齿目和兔形目)即是一个争议较多的类群(马勇等，2008)。例如，林猬 *Mesechinus sylvaticus*、侯氏猬 *Mesechinus hughi*、萨氏仓鼠 *Cricetulus sokolovi*、大五趾跳鼠 *Allactaga major*、南洋鼠 *Niviventer langbianis*、拟刺毛鼠 *Niviventer huang*、金背松鼠 *Callosciurus caniceps*、澜沧江姬鼠 *Apodemus ilex*、台湾大鼯鼠 *Petaurista grandis*、海南大鼯鼠 *Petaurista hainana*、白颊鼯鼠(黑龙江鼯鼠)*Petaurista leucogenys*(*Petaurista watasei*)、白斑小鼯鼠 *Petaurista marica*、橙色小鼯鼠 *Petaurista sybilla*、云南大鼯鼠 *Petaurista yunamensis*、滇绒鼠 *Eothenomys eleusis*、东亚屋顶鼠 *Rattus brunneusculus*、长尾黄鼠 *Spermophilus parryii*、高丽兔 *Lepus coreanus*、青海鼠兔 *Ochotona annectens* 等 22 种啮类，分别存在不同的著作和论文中。对于这些种的真实性，本文作者的观点也不尽一致，这种现象普遍存在(Apagow，2007)。一种物种是否成立是一个假说，研究人员在研究中寻找证据支持或否定该种成立的假说。分类类群的分与合也是假说，同样需要分子、染色体和形态证据来支持。重要的是如何整合不同层面的数据，避免盲人摸象。科学研究是一个“去伪存真、求同存异”的过程，研究者应及时发表自己的研究，接受同行的批评。本着尊重研究发现，允许质疑争鸣的原则，本《名录》收录了这些种。

再者，有些哺乳动物过去仅在野外发现一具标本，有的是市场收购的标本，发现标本之后，再没有在野外发现个体、采集到标本。这些物种多是中小型物种，如蝙蝠。一个种在多年野外考察未有发现，尚不能断定该种确实在中国没有分布，因过去多年中已少有人真正在野外采集标本，目前的野生动物调查以目击或痕迹调查为主。而不采集标本，要鉴定一种哺乳动物，特别是中小型哺乳动物，相当困难。此外，要证明一个种在一个地区没有分布往往比证明其有分布要困难得多。随着动物分类研究的深入开展，还会出现新的分类系统。

生物多样性危机是当今人类面临的重大问题，进入人类世(Anthropocene)以来，人类活动已经威胁了许多物种的生存。尽管世界各国对生物多样性保护达成了共识，但是地球上的生物多样性的濒危状况没有根本改善(Butchart *et al.*，2010；Mace *et al.*，2010)。作为生物多样性保育与管理的基础资料，全球物种多样性仍不清楚。为了提供全球物种最新信息，自 2006 年开始，“物种 2000”(Species 2000)与综合分类学信息系统(ITIS)合作，每年编制全球生物物种名录(Catalogue of Life，2015)，作为全球生物多样性的本底资料。自 2008 年开始，中国科学院生物多样性委员会主持“物种 2000 中国节点”项目。在国内外 100 多名分类学专家的参与下，“物种 2000 中国节点”项目每年编辑并出版发行《中国生物物种名录》年度名录(物种 2000 中国节点，2015)。

本书更新了中国哺乳动物记录。通过本研究，我们对中国哺乳动物多样性有了新的认识，获得了中国哺乳动物多样性的最新数据。为下一年度的《中国生物物种名录》年度名录更新，为中国生物多样性国情报告积累了资料，也为中国濒危物种红色名录研究奠定了基础。随着研究的不断深入，新的哺乳动物种类、新的哺乳动物分布记录还会在中国被发现。我们很高兴本书将成为哺乳动物研究中的一块踏脚石。我国啮类分类工作有待深入开展，野外标本采集工作需要加强，我们还需要培养更多的动物分类人才，安排更多的分类研究项目。我们建议，在国家遗传资源管理框架下，设立国家生物标本典藏管理委员会，统一管理布局全国的生物标本收藏，统筹安排采集对目前还没有馆藏的珍稀动物标本，除了供分类研究之外，也为未来研究保存目前时间节点的遗传样品和形态标本。因为动物仍在演化，错过一个时间节点，将再无法采到该时间节点的标本。

在中国经济腾飞、文明复兴的今天，中国的哺乳动物保育面临着严峻的局面：我国拥有名列世界前茅的哺乳动物多样性，但哺乳动物却面临着空前的生存危机，2014 年中国哺乳动物红色名录评估结果中，中国哺乳动物受威胁物种共计 178 种，占评估物种总数的 26.4%，高于 IUCN 红色名录(2014)评估的全球哺乳类受威胁比例(21.8%)。20 世纪 50 年代初，大独角犀 *Rhiroceros uniconis*、爪哇犀 *R. sondaicus* 和双角犀 *Dicerorhinus sumatrensis* 在中国“区域绝灭”。在日益重视生物多样性保护、重塑中华大地生态环境的今天，重新引入在中国“区域绝灭”的大独角犀、爪哇犀和双角犀，恢复已经灭绝的中国濒危哺乳动物是完全可能的。中国哺乳动物多样性的研究与保育任重而道远。

INTRODUCTION

One

Mammals are the most adaptive animals on Earth. From the Gobi desert to the deep sea, from snow covered mountains to wetlands, there are footprints of mammals everywhere. China is the third largest country in area in the world; from east to west, the country extends about 50 longitudinal degrees whereas, from north to south, it spans about 60 degrees. The geological environment in the country experienced major geophysical events like tectonic movement and the up-lifting of the Qinghai-Tibetan Plateau since the Late Tertiary (Corlett, 2014). The landscapes in the country are diverse and climate types in the country are sharply contrasting. Thus, China possesses diversified habitats for wild animals and differences in temperature and precipitation determine distribution patterns of vertebrates (Luo *et al.*, 2012, Fig. 1). The mammalian fauna in the county comprises species of the Palearctic Realm and the Oriental Realm of Wallace (1876) or the Palearctic Realm and the Sino-Japanese Realm in Holt *et al.* (2013) and the origin of the fauna can be dated back to the tectonic movement and mountain building events during the Late Tertiary (Zhou, 1964). During that period, vicariance of whole biotas occurred following large-scale geophysical events such as mountain building in the country and the mammalian fauna in the south and north of the country thus differentiated.The uplifted Qinghai-Tibetan Plateau created new niches for many endemic species such as chiru or Tibetan antelope, *Pantholops hodgsonii*, Tibetan gazelle, *Procapra picticaudata*, Kiang *Equus kiang*, wild yak, *Bos mutus*, white-lipped deer, *Przewalskium albirostris*, which were adapted to alpine environments and evolved to fill the vacant habitat created by the rapid mountain building (Feng *et al.*, 1986).Additonally, 25 of the 30 pika species in the world are inhabitants of alpine regions, with their distributions centered on the plateau (Ge *et al.*, 2013), and more than half of the species of the Ochotonidae in the country are endemics.

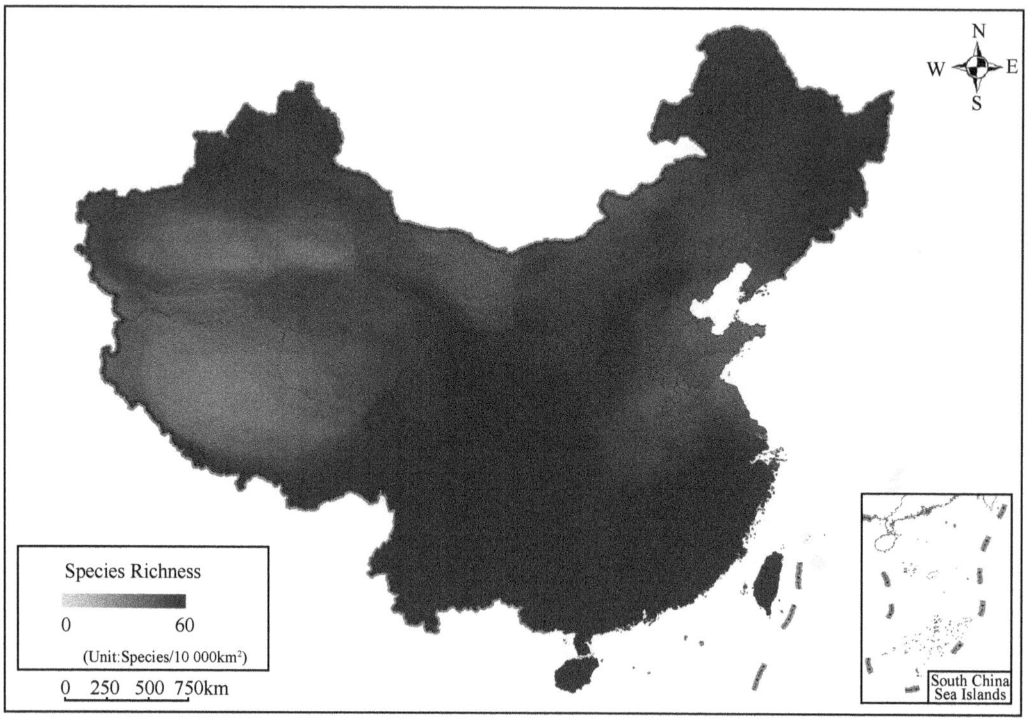

Figure 1 Distribution of mammal species density in China (Get coloured pictures from QR Code at back cover)

The start of modern mammalogical research in China was rather late.Many foreign explorers came to China to collect animals and plants during the Period of Great Discovery in the 19th century. Among those foreign pioneers in biological explorations, there was a famous French Godfather and naturalist, Jean Pierre Armand David (1826-1900), an Englishman, the first consul of United Kingdom to Formosa(Taiwan), Robert Swinhoe (1836-1877) and a Russian, an inteligence officer, Colonel (promoted to Major General later) Nikolai Mikhailovich Przewalski(Nicolas Prjevalsky, 1839-1888). Those explorers travelled in China on different missions in different part of the country, but all shared a common interest in collecting plants and animals. Jean Pierre Armand David collected the first specimen of giant panda *Ailuropoda melanoleuca*, golden-haired monkey *Rhinopithecus roxellana,*and Milu (Père David Deer) *Elaphurus davidianus*, plus many other animals for the National Museum of Natural History (Muséum National d'Histoire Naturelle).Robert Swinhoe put his foot prints on vast area in eastern China: to the south, he went down to the Hainan Island, to the north, he travelled in Liaoning. Mr. Swinhoe collected many mammal and bird specimens in Southeast China and Taiwan; he discovered and named Formosan Rock Macaque *Macaca cyclopis,* Chinese water deer *Hydropotes inermis*, Insular mole *Mogera insularis*, Taiwan sambar deer *Rusa unicolor swinhoei,* Taiwan blue pheasant *Lophura swinhoii*. He wrote the *On the Mammals of Formosa*, and recorded Taiwan black bear *Ursus thibetanus formosanus*, Formosan rock macaque, Taiwan clouded leopard *Neofelis nebulosa brachyurus* in the book. Swinhoe discovered that fauna of Taiwan is different from those on the islands of Pacific first island chain but similar to that of mainland China and Mt. Himalaya region, his idea was adopted by Wallace(1876) in his book, *The Geographic Distribution of Animals*.Przewalski collected specimens of the wild horse *Equus ferus* in Junggar Basin, Przewalski's gazelle *Procapra przewalskii* in the Qinghai Lake(Kuku Nor) Basin, and wild Bactrian camel *Camelus ferus* in Lop Nor and took them back to the Zoolological Museum of the Tsar in St. Petersburg—which was later named as the Zoological Museum of Institute of Zoology, Russian Academy of Sciences.

Nevertheless, systematic research and inventory of China's mammals appeared decades later. The first systematic study of the mammals in China was done by Dr. G. M. Allen. He recorded mammals of 8 orders, 30 families, 97 genera, and 314 species in China, excluding Xinjiang, Tibet, Northeast China and Taiwan, in his book *The Mammals of China and Mongolia* (1938—1940). After that, university degrees in zoology were offered by zoologists trained in western countries (Guo *et al.*, 2004).The educated Chinese zoologists started to study the fauna in China before WWII. Due to the secretive nature of wild animals, and the inaccessibility of mammals living in remote areas of this very large country, research efforts on different mammalian taxa are unevenly distributed as researchers confronted difficulties in finding funds as well as logistical problems in fieldwork. Nevertheless, new mammal records and new mammal species were added to the checklist of mammals in the country. A decade and a half after the establishment of the People's Republic of China, Professor Shou Zhenhuang of Institute of Zoology, Chinese Academy of Sciences (IOZ/CAS) (1963) recorded mammals of 12 orders, 52 families, 180 genera and 405 species in China. Mammalogical research efforts during that time were concentrated on the economic fauna (Shou *et al.*,1963; Xia, 1964). Furthermore, mammalogists in the past used different methods to study the mammals in different regions of country. Then research stagnated during the Revolution (1966—1976). Zoogeographer Professor Zhang Rongzu (1979) renewed the record with 12 orders, 44 families, 183 genera and 414 species. Dr. R. M. Nowak (1999) recorded 12 orders, 52 families, 240 genera and 560 species of China's mammals in the *Mammal of the World* (6th Ed.). The checklist of China's mammals continued to grow in the new millennium; Professor Wang Yingxiang of the Kunming Institute of Zoology, Chinese Academy of Science recorded 13 orders, 55 families, 235 genera and 607 species in *A Completed Checklist of Mammal Species and Subspecies in China: A Taxonomic and Geographic Reference* in 2003. Drs. D. E. Wilson and D. M. Reeder of the Smithsonian Institution recorded 13 orders, 54 families, 245 genera and 572 species in their *Mammal Species of the World*(2005).Professors Pan Qinghua, Wang Yingxian *et al.*(2007) recorded 13 orders, 58 families, 242 genera and 645 species in the *A Collection of Color Illustrated Plates of China's Mammals*. Finally, Professor A. Smith *et al.* (2009) recorded 14 orders, 53 families, 240 genera and 585 species in their *Field Guide of China's Mammals*. However, there is significant bias in research efforts in different parts of the fauna in China. While the ecology, behavior, genetics, diseases, and parasites, even the microbe function groups in gut of charismatic species like giant panda were explored in detail (Lindburg and Baragona, 2004; Zhang Z and Wei F, 2006); many small mammal species such as shrews were left untouched. The compiling of *Fauna Sinica* which was launched more than three decades ago is not yet finished.

During recent years, new knowledge on the origin and evolution of mammals was accumulated with advances in systematics and the emergence of Phylogenetic Genomics; consequently, even the higher taxonomic ranks have been revised. For instance, Waddell *et al.* (1999) discovered that the traditional Insectivora is not monophyletic; thus it was divided into Eulipotyphla, Afrosoricida, and Macroscelidea, based on Phylogenetic Genomics. Hu *et al.*(2012) proposed to split Laurasiatheria into Eulipotyphla, Perissodactyla, Carnivora, Cetartiodactyla, Chiroptera, and Pholidota. The status of many species were changed in the *Mammal Species of the World* (3rd Ed., Wilson and Reeder, 2005). After the Cultural Revolution, as a new generation of mammalogists appeared, field expeditions in China extended to areas that never had been explored by mammalogists before. The younger generation of mammalogists applied new technologies like GPS, infra-red digital camera traps, GIS, and remote sensing in field surveys. They use DNA molecular technology like DNA Finger Printing, barcoding in species identification, plus wide application of web databases. Methodology in taxonomy and phylogeny studies in the country has been standardized and the checklist of mammals in China is longened as new records and new species of mammals were reported in the country. It was identified as the number 1 important task of zoological research in China in the new millennium to inventory the zoological diversity by Ge *et al.* (2004). Thus, it is necessary to renew the inventory of China's mammal diversity.

Two

During the compiling of *The Redlist of Biodiversity in China: Mammals*, a Special Biodiversity Project of the State Ministry of Environmental Protection from 2013 to 2014, we discovered that to accomplish the task of compiling the mammal redlist, we should inventory of mammals in the country first. The trick was that we did not have the updated inventory of mammals in China yet. Even for most popular web encyclopedia—Wikipedia, it still quoted the data of International Union of Nature Conservation (IUCN) Redlist of 2001: there are 495 mammal species in China (http://en.wikipedia.org/wiki/List_of_mammals_of_China). Therefore, the mammal diversity in China urgently needs being updated. We collected the available data on China's mammals (including those of Taiwan) and formed the *Checklist of China's Mammal Diversity*(Jiang *et al.* 2015). For taxonomy of orders of the checklist, we followed the existing theory using molecular phylogeny whereas for the classification of family and the taxa below family level, we followed *A Completed Checklist of Mammal Species and Subspecies in China: A Taxonomic and Geographic Reference* by Wang (2003) and *Mammal Species of the World* by Wilson and Reeder (2005). The former is a major taxonomic work of Chinese mammalogists whereas the latter is the mammalian taxonomic system recommended by IUCN and Convention on International Trade in Endangered Species of Wild Fauna and Flora (CITES). The initial checklist of China's mammals was extracted from the above mentioned references. Additionally, we referred to species recorded in data base, taxonomic books and field guides, such as *The IUCN Red List of Threatened Species* (2014), the *A Collection of Color Illustrated Plates of China's Mammals* by Pan Qinghua *et al.*(2007), *Checklist of Marine Biota of China Seas* by Liu Ruiyu (2008) and *Field Guide of China's Mammal Diversity* by Andrew Smith *et al.* (2009), and 11 species were added to the initial Checklist of China's Mammals. We also referred to Xia Wuping and Zhang Rongzu (1995) for classification of primates as well as to Zhou Kaiya (2004, 2008) for marine mammals. Groves and Grubb (2011) based on their years of research on the ungulate collection in the zoological museums around the world and reclassified the ungulates in their book, *Ungulate Taxonomy*. We adopted the taxonomy of Groves and Grubb (2011) to classify the ungulates in China. We expanded the initial list to include new records and new species in the country published in literature before March 31, 2015. We firstly adopted the idea of splitting the Insectivora into Erinaceomorpha and Soricomorpha. After the first round of review by correspondence, we outlined the initial checklist of mammals in China. Then we carried out the second round of review by correspondence. After the evaluation, we adopted the ideas of merging the Artiodactyla and Cetacea into Cetartiodactyla and Erinaceomorpha and Soricomorpha into Eulipotyphla; the *Checklist of China's Mammal Diversity* was changed to 13 orders, 54 families, 247 genera and 661 species. After final revision by the authors, we adopted the idea of merging the Erinaceomorpha and Soricomorpha into Eulipotyphla (IUCN, 2014), added new mammal records in the country, and deleted invalid species, finalized *The Checklist of China's Mammal Diversity*.

After five rounds of evaluation meetings and two rounds of evaluation by correspondence, we consulted about 80 mammalogists inside and outside China, including taxonomists of the experienced older generation and mammalogists of the new generation who work in the frontiers of field survey and research. We also got help from Dr. Don E. Wilson and the IUCN Redlist Team. We exchanged opinions with our colleagues, strengthening the final product. At last, *The Checklist of China's Mammal Diversity* was then finalized, which includes 12 orders, 55 families, 245 genera and 673 species.

Compared with the 13 orders, 55 families, 235 genera and 607 species of China's mammals recorded by Wang (2003), our checklist has 1 order less but 10 genera and 66 species more. It has 1 order less but 1 family and 101 species more when compared with that (13 orders, 54 families, 245 genera and 572 species) recorded by Wilson and Reeder (2005). Our checklist is 1 order and 3 families less but 3 genera and 28 species more compared with that (13 orders, 58 families, 242 genera and 645 species) of Pan *et al.* (2007), and 2 orders less but 2 family, 5 genera, and 88 species more than that (14 orders, 53 families, 240 genera and 585 species) of Smith *et al.* (Table 1). According to the IUCN Redlsit (2014), there are 5488 mammal species in the world, the mammal species in China roughly account for about 12.3% of the world totals.

Table 1 The mammal diversity of China recorded in literature

Order	Family	Genus	Species	Source
8	30	97	314	Allen (1938, 1940)
			382	Zheng (1952)
12	40	148	327	Ellerman and Morrison (1951)
12	52	180	405	Shou (1963)
12	44	183	414	Zhang (1979)
			418	Zheng (1982)
13	43	154	390	Honacki *et al.* (1982)
14	45		430	Sheng *et al.* (1983)
13	46	169	467	IoZ/CAS (1985)*
13	54	210	509	Zheng (1986)
			394	McNeely *et al.* (1990)
14	44	155	405	Corbet and Hill (1991)

Continued

Order	Family	Genus	Species	Source
13	43	154	405	Wilson and Reeder (1993)
14	52	220	510	Zhang (1997)
12	52	240	560	Nowak (1999)
13	55	235	607	Wang (2003)
13	54	245	572	Wilson and Reeder (2005)
13	58	242	645	Pan *et al.* (2007)
14	53	240	585	Smith *et al.* (2009)
12	55	245	673	Jiang *et al.* (2015) *

* Institute of Zoology, Chinese Academy of Sciences. 1985. Key to China's Mammals. Beijing.
** We adopted the new idea and merge the Cetacea and Artiodactyla into Cetartiodactyla.

Among the changes in *The Checklist of China's Mammal Diversity*, 18 new mammal species were added (including 11 discovered with molecular biology methods, the validity of some species are still in dispute among mammalogists), 18 new mammals were recorded in the country, and 60 subspecies were elevated to the status of species. According to literature and expertise, 52 mammal species which were neither valid nor found in China were deleted. Among those deletions, specimens of 17 species were collected only once and then never been found again in following field surveys, thus the species need further investigation (Jiang *et al.*, 2015).

The IUCN Redlist of Endangered Species (2014) recorded 551 species of mammals in mainland China, plus 15 mammal species found in Taiwan, for a total of 566 species of mammals in China, which was ranked as third in the world by country. The record of 673 species of mammals in China reported by Jiang *et al.* (2015) surpasses the number of mammal species recorded in Indonesia (670 species), therefore China has become one of the countries with the world highest mammal diversity (Table 2).

Table 2 Rank of China's mammal diversity in list of the top 10 countries with most abundant mammal diversity in the world

Data of IUCN (2014)			Data of IUCN (2014) rearranged with Jiang *et al.* (2015)		
Rank	Country	No. Spp.	Rank	Country	No. Spp.
1	Indonesia	670	**1**	**China**	**673**
2	Brazil	648	2	Indonesia	670
3	**China***	**566 (551*)**	3	Brazil	648
4	Mexico	523	4	Mexico	523
5	Peru	467	5	Peru	467
6	Colombia	442	6	Colombia	442
7	United States of America	440	7	United States of America	440
8	Congo, D.R.	430	8	Congo, D.R.	430
9	India	412	9	India	412
10	Kenya	376	10	Kenya	376

* Mammal species in mainland China

There are 150 endemic mammals in China, which accounts for 22.3% of the national total. *Ailuropoda melanoleuca*, *Rhinopithecus roxellana*, *Bos mutus*, *Przewalskium albirostris,* and *Lipotes vexillifer* are among those endemics. The highest endemic ratio in the mammal groups in China, 43%, is found in hares, rabbits, and pikas, the order Lagomorpha. The endemic ratio of Ochotonidae of Lagomorpha is even higher, 52% of the total. The endemic ratio of Eulipotyphla was 35%. China is also the country with the richest even-toed ungulate diversity (67 species) in the world, about 33% are endemics. Furthermore, among those ungulates many are endemic to the Qinghai-Tibetan Plateau. About one fifth of Primates, Chiroptera, and Rodentia in China are also endemics, including 12 new bat species discovered in the country during recent decades (Table 3).

Table 3 Endemic mammalian species in China

Order	No. Family	No. Genera	No. Species	No. Endemic Species	Endemic /%
Eulipotyphla	3	24	87	30	34
Scandentia	1	1	1	0	0
Chiroptera	7	33	134	26	19
Primates	4	9	27	6	22
Pholidota	1	1	3	0	0
Carnivora	10	39	58	2	3
Cetartiodactyla	14	53	105	22	21
Sirenia	1	1	1	0	0
Proboscidea	1	1	1	0	0
Perissodactyla	2	3	6	0	0
Rodentia	9	78	215	49	23
Lagomorpha	2	2	35	15	43
Sum	55	245	673	150	22

We collated the status of species in *The Checklist of China's Mammal Diversity*. Some species were split or merged since the new millennium. For example, *Alces alces* was divided into *Alces alces* distributed in Chinese Altai and *A. americanus* distributed in Major and Minor Great Khingan Mountains (Wilson and Reeder, 2005). *Naemorhedus caudatus* was renamed as *Naemorhedus griseus* by Wilson and Reeder (2005). Groves and Grubb (2011) named the *Naemorhedus* in Yunnan as *Naemorhedus evansi* and classified the *Naemorhedus caudatus hodgsoni* in southern Tibet as *Naemorhedus goral*. *Vespertilio superans* was merged with *Vespertilio sinensis* (Wilson and Reeder, 2005). Based on Groves (1995), *Moschus sifanicus* in China was synonymized as *Moschus chrysogaster sifanicus*.

Some subspecies were elevated to full species. For instance, *Neophocaena phocaenoides asiaeorientalis* was elevated to *Neophocaena asiaeorientalis*. Wu *et al.* (2004) found *Rhinolophus rouxisinicus* had karyotype $2n$=36, but the karyotype of the type specimen of *Rhinolophus rouxii* had $2n$=56, thus they elevated the subspecies of *Rhinolophus rouxii* found in China as *Rhinolophus sinicus*. According to Groves and Grubb (2011), *Cervus unicolor* in China is named *Cervus equinus*, *C. elaphus* in China is divided into *C.alashanicus*, *C.macneilli*, *C.wallichii*, *C.xanthopygus* and *C. yarkandensis*; *C. nippon* in China is divided into *C. hortulorum*, *C. pseudaxis*, *C. sichuanicus* and *C. taiouanus*. Groves and Grubb (2011) also divided *Ovis ammon* in China into *O. darwini*, *O. hodgsoni*, *O. jubata*, *O. karelini* and *O. polii*; they devided *Budorcas taxicolor* into *B. bedfordi*, *B. tibetanus* and *B. whitei* (Table 4). Liu *et al.* (2012a) elevated *Eothenomys custos hintoni* to *Eothenomys hintoni*, *Eothenomys chinensis tarquinius* to *Eothenomys tarquinius* according to molecular evidence. Zeng *et al.* (2013) also established the species *Trachypithecus crepusculus* (He *et al.*, 2012). Altogether, 60 subspecies have been elevated to species (Table 4).

We also collated the names of some species that had been synonyms of other species. For instances, *Tragulus javanicus* in China was named *Tragulus williamsoni* (Pan *et al.*, 2007). Groves and Grubb (2011) named *Rucervus eldii* as *Panolia siamensis*. The original horse musk deer were synonymized as alpine musk deer *Moschus chrysogaster* (Green, 1986; Qurshi *et al.*, 2004; Subedi *et al.*, 2012), while *Moschus leucogasteris* was named as white-bellied musk deer *Moschus leucogaster* which also included the Himalayan musk deer. *Lasiopodomys fuscus* was transferred from the genus *Lasiopodomys* to the genus *Neodon* (Liu *et al.*, 2012b).

Table 4 Species which were elevated from the status of subspecies and were added to *The Checklist of China's Mammal Diversity*

Species names	Literature	Species names	Literature
Episoriculus baileyi	Motokawa and Lin (2005)	*Spermophilus brevicauda*	Smith *et al.* (2009)
Mesechinus sylvaticus	Wilson and Reeder (2005)	*Spermophilus pallidicauda*	Smith *et al.* (2009)
Sorex kozlovi	Wilson and Reeder (2005)	*Lepus tibetanus*	Smith *et al.* (2009)
Anourosorex yamashinai	Wilson and Reeder (2005)	*Lepus tolai*	Smith *et al.* (2009)
Chodsigoa parva	Wilson and Reeder (2005)	*Ochotona argentata*	Smith *et al.* (2009)
Crocidura wuchihensis	Wilson and Reeder (2005)	*Lepus coreanus**	Koh and Jang (2010)
Rhinolophus sinicus	Wilson and Reeder (2005)	*Muntiacus nigripes*	Groves and Grubb (2011)
Myotis davidii	Wilson and Reeder (2005)	*Cervus alashanicus*	Groves and Grubb (2011)
Myotis laniger	Wilson and Reeder (2005)	*Cervus hortulorum*	Groves and Grubb (2011)
Nyctalus plancyi	Wilson and Reeder (2005)	*Cervus macneilli*	Groves and Grubb (2011)
Hoolock leuconedys	Wilson and Reeder (2005)	*Cervus pseudaxis*	Groves and Grubb (2011)
Capricornis milneedwardsii	Wilson and Reeder (2005)	*Cervus sichuanicus*	Groves and Grubb (2011)
Alces americanus	Wilson and Reeder (2005)	*Cervus taiouanus*	Groves and Grubb (2011)
Alticola argentatus	Wilson and Reeder (2005)	*Cervus wallichii*	Groves and Grubb (2011)
Cricetulus alticola	Wilson and Reeder (2005)	*Cervus xanthopygus*	Groves and Grubb (2011)
Microtus limnophilus	Wilson and Reeder (2005)	*Cervus yarkandensis*	Groves and Grubb (2011)
Myodes shanseius	Wilson and Reeder (2005)	*Naemorhedus evansi*	Groves and Grubb (2011)
Eothenomys hintoni	Liu *et al.* (2012a)	*Ovis darwini*	Groves and Grubb (2011)
Eothenomys tarquinius	Liu *et al.* (2012a)	*Ovis hodgsoni*	Groves and Grubb (2011)
Phodopus campbelli	Wilson and Reeder (2005)	*Ovis jubata*	Groves and Grubb (2011)
Allactaga balikunica	Wilson and Reeder (2005)	*Ovis karelini*	Groves and Grubb (2011)
Apodemus pallipes	Wilson and Reeder (2005)	*Ovis polii*	Groves and Grubb (2011)
*Niviventer langbianis**	Wilson and Reeder (2005)	*Budorcas bedfordi*	Groves and Grubb (2011)
Marmota sibirica	Wilson and Reeder (2005)	*Budorcas tibetanus*	Groves and Grubb (2011)
Nomascus nasutus	Wilson and Reeder (2005)	*Budorcas whitei*	Groves and Grubb (2011)
Capricornis thar	Wilson and Reeder (2005)	*Niviventer huang*	Chen (2012); NCBI (2015)
Hystrix hodgsoni	Pan *et al.* (2007)	*Petaurista grandis**	Li *et al.* (2013)
Sorex planiceps	Pan *et al.* (2007)	*Petaurista hainana**	Li *et al.* (2013)
*Niviventer lotipes**	Li *et al.* (2008)	*Petaurista yunamensis**	Li *et al.* (2013)
Neophocaena asiaeorientalis	Wang *et al.* (2008)	*Chimarrogale leander*	Yuan *et al.* (2013)

* Species in dispute

We added 10 mammals from Wilson and Reeder (2005) to the mammal checklist of Wang (2003).

Table 5 10 mammals from Wilson and Reeder (2005) were added to *The Checklist of China's Mammal Diversity*

Species	Source	Species	Source
Miniopterus magnater	Wilson and Reeder (2005)	*Proedromys bedfordi*	Wilson and Reeder (2005)
Tadarida latouchei	Wilson and Reeder (2005)	*Niviventer tenaster*	Wilson and Reeder (2005)
Eptesicus pachyotis	Wilson and Reeder (2005)	*Apodemus uralensis*	Wilson and Reeder (2005)
Mesoplodon peruvianus	Wilson and Reeder (2005)	*Rattus pyctoris*	Wilson and Reeder (2005)
Neodon forresti	Wilson and Reeder (2005)	*Berylmys mackenziei*	Wilson and Reeder (2005)

We recruited 7 species from Zhang (1997), Pan *et al.* (2007), Liu (2008) and Smith *et al.* (2009) (Table 6).

Table 6 Based on literature, 7 mammalian species were added to *The Checklist of China's Mammal Diversity*

Species	Literature	Species	Literature
Crocidura leucodon	Zhang (1997)	*Balaenoptera omurai*	Zhou (2008)
Sorex buchariensis	Zhang (1997)	*Crocidura tanakae*	Smith *et al.* (2009)
*Apodemus ilex**	Pan *et al.* (2007)	*Sorex roboratus*	Smith *et al.* (2009)
Myospalax myospalax	Pan *et al.* (2007)		

* Species in dispute

Since 2000, mammalogists discovered 18 new mammal species in China (include Taiwan), such as *Macaca munzala* (Sinha *et al.*, 2005), *Proedromys liangshanensis* (Liu *et al.*, 2007), *Barbastella beijingensis* (Zhang *et al.*, 2007), *Mogera kanoana* (Kawada *et al.*, 2007), *Tylonycteris pygmaeus* (Feng *et al.*, 2008), *Rhinolophus huananus* (Wu *et al.*, 2008), *Murina bicolor*, *Murina gracilis* and *Murina recondita* (Kuo *et al.*, 2009), *Rhinolophus xinanzhongguoensis* (Zhou *et al.*, 2009), *Rhinolophus schnitzleri* (Wu and Thong, 2011), *Murina shuipuensis*, *Murina lorelieae* and *Murina chrysochaetes* (Eger and Lim, 2011), *Myotis badius* (Tiunov *et al.*, 2011), *Neodon linzhiensis* (Liu *et al.*, 2012b), *Uropsilus aequodonenia* (Liu *et al.*, 2013) as well as *Macaca leucogenys* (Li *et al.*, 2015). All those new species were listed in *The Checklist of China's Mammal Diversity* (Table 7).

Table 7 Newly discovered mammalian species added to *The Checklist of China's Mammal Diversity*

Species name	Literature	Species name	Literature
Macaca munzala	Sinha *et al.* (2005)	*Murina recondita*	Kuo *et al.* (2009)
Proedromys liangshanensis	Liu *et al.* (2007)	*Murina chrysochaetes*	Eger and Lim (2011)
Barbastella beijingensis	Zhang *et al.* (2007)	*Rhinolophus schnitzleri*	Wu and Thong (2011)
Mogera kanoana	Kawada *et al.* (2007)	*Murina lorelieae*	Eger and Lim (2011)
Tylonycteris pygmaeus	Feng *et al.* (2008)	*Murina shuipuensis*	Eger and Lim (2011)
Rhinolophus huananus	Wu *et al.* (2008)	*Myotis badius*	Tiunov *et al.* (2011)
Rhinolophus xinanzhongguoensis	Zhou *et al.* (2009)	*Neodon linzhiensis*	Liu *et al.* (2012b)
Murina bicolor	Kuo *et al.* (2009)	*Uropsilus aequodonenia*	Liu *et al.* (2013)
Murina gracilis	Kuo *et al.* (2009)	*Macaca leucogenys*	Li *et al.* (2015)

18 mammals had been discovered and reported in scientific literature before our cutoff date of March 31, 2015. For examples, *Hadromys humei* (Yang, 1985), *Myotis hasseltii* (Zheng *et al.*, 2004), *Rhinolophus marshalli* (Wu *et al.*, 2004), *Rhinolophus stheno* (Zhang *et al.*, 2005), *Manis javanica* (Wu *et al.*, 2005), *Megaerops niphanae* and *Megaerops ecaudatus* (Feng *et al.*, 2006), *Myotis macrodactylus* (Jiang *et al.*, 2008), *Indopacetus pacificus* (Watson *et al.*, 2008), *Hipposideros cineraceus* (Tang *et al.*, 2009), *Murina eleryi* (Furey *et al.*, 2009), *Sorex tundrensis* (Liu *et al.*, 2010), *Megaderma spasma* (Zhang *et al.*, 2010), *Murina harrisoni* (Wu *et al.*, 2010), *Kerivoula titania* (Wu *et al.*, 2012), *Rhinopithecus strykeri* (Geissmann *et al.*, 2011, Long *et al.*, 2012), *Chodsigoa caovansunga* (He *et al.*, 2012) and *Leopoldamys neilli* (Chen *et al.*, 2014). These new mammal records in China were added to our checklist of China's mammals (Table 8).

Some mammals were erroriously recorded as distributed in China, for example, *Lepus capensis*. As corrected by Wilson and Reeder (2005), *Lepus tolai*, instead of *Lepus capensis*, is actually distributed in China. On the other hand, after many years of survey, we did not discover *Pteropus lylei*, *Pteropus vampyrus*, *Rhinolophus subbadius*, *Prionailurus viverrinus*, *Mustela aistoodonnivalis*, *Mustela amurensis*, *Herpestes auropunctatus*, *Sorex araneus*, *Citellus major*, *Pygathrix nemaeus*, *Hystrix indica* and *Phodopus sungorus* in the field. Thus, the existence of those species in China is in doubt; we excluded those species from *The Checklist of China's Mammal Diversity*. Altogether, 52 species of the original list of Wang（2003）were deleted（Table 9）.

Table 8 New records of mammalian species added to *The Checklist of China's Mammal Diversity*

Species names	Literature	Species names	Literature
Hadromys humei	Yang（1985）	*Murina eleryi*	Furey *et al.* (2009)
Rhinolophus marshalli	Wu *et al.* (2004)	*Indopacetus pacificus*	Watson *et al.* (2008)
Myotis hasseltii	Zhang*et al.* (2004)	*Megaderma spasma*	Zhang *et al.* (2010)
Manis javanica	Wu *et al.*（2005）	*Murina harrisoni*	Wu *et al.* (2010)
Rhinolophus stheno	Zhang *et al.* (2005)	*Sorex tundrensis*	Liu *et al.*（2010）
Megaerops ecaudatus	Feng (2006)	*Kerivoula titania*	Wu *et al.* (2012)
Megaerops niphanae	Feng *et al.* (2006)	*Rhinopithecus strykeri*	Long *et al.* (2012)
Myotis macrodactylus	Jiang *et al.* (2008)	*Chodsigoa caovansunga*	He *et al.* (2012)
Hipposideros cineraceus	Tang *et al.* (2009)	*Leopoldamys neilli*	Chen *et al.* (2014)

Table 9 Species deleted from *The Checklist of China's Mammal Diversity*

Species names	Source	Species names	Source
Sorex araneus	Experts' opinion	*Sousa huangi*	Experts' opinion
Crocidura tadae	Experts' opinion	*Callosciurus atrodorsalis*	Experts' opinion
Pteropus lylei	Experts' opinion	*Apodemus sylvaticus*	Experts' opinion
Pteropus vampyrus	Experts' opinion	*Spermophilus major*	Experts' opinion
Rhinolophus rouxii	Experts' opinion	*Spermophilus erythrogenys*	Experts' opinion
Rhinolophus cornutus	Experts' opinion	*Citellus major*	Experts' opinion
Rhinolophus subbadius	Experts' opinion	*Marmota bobak*	Experts' opinion
Rhinolophus trifoliatus	Experts' opinion	*Petaurista albiventer*	Experts' opinion
Hipposideros bicolor	Experts' opinion	*Cricetulus griseus*	Experts' opinion
Hipposideros terasensis	Experts' opinion	*Cricetulus pseudogriseus*	Experts' opinion
Pipistrellus mimus	Experts' opinion	*Phodopus sungorus*	Experts' opinion
Vespertilio superans	Experts' opinion	*Meriones chengi*	Experts' opinion
Nyctalus velutinus	Experts' opinion	*Myospalax epsilanus*	Experts' opinion
Barbastella formosanus	Experts' opinion	*Eothenomys fidelis*	Experts' opinion
Scotomanes emarginatus	Experts' opinion	*Alticola roylei*	Experts' opinion
Miniopterus oceanensis	Experts' opinion	*Alticola stracheyi*	Experts' opinion
Miniopterus macrodens	Experts' opinion	*Chiropodomys jingdongensis*	Experts' opinion
Murina rubex	Experts' opinion	*Apodemus wardi*	Experts' opinion
Pygathrix nemaeus	Experts' opinion	*Rattus yunnanensis*	Experts' opinion
Hylobates hoolock	Experts' opinion	*Rattus turkestanicus*	Experts' opinion
Mustela aistoodonnivalis	Experts' opinion	*Maxomys rajah*	Experts' opinion
Mustela amurensis	Experts' opinion	*Maxomys musschenbroeki*	Experts' opinion
Herpestes auropunctatus	Experts' opinion	*Mus vulcani*	Experts' opinion
Prionailurus viverrinus	Experts' opinion	*Salpingotus thomasi*	Experts' opinion
Capricornis sumatraensis	Experts' opinion	*Hystrix indica*	Experts' opinion
Tragulus javanicus	Experts' opinion	*Lepus capensis*	Wilson and Reeder（2005）

Three

This book is an expansion of *The Checklist of China's Mammal Diversity* with additional information of Species Authority, English Names, Synonyms, Infra-specific Taxa, Habitat, Ecosystems, Endangered Status, National Protective Class, status of IUCN and National Red List (2014), CITES Appendix(2013), Geographic Range in China, and Range of Countries given. Each species is accompanied by a distribution map with the most updated information. For those species which taxonomic status changed, we sticked the protected status of the original species to the new taxa. For examples: we adopted the taxonomy of Groves and Grubb (2011), *Cervus elaphus* in China is divided into *C.alashanicus*, *C.macneilli*, *C.wallichii*, *C.xanthopygus* and *C. yarkandensis* in the book, thus, these new specis inherit the Category Two of National Key Protected Wild Animal Species status of *Cervus elaphus*. Similarily *Cervus hortulorum*, *C. pseudaxis*, *C. sichuanicus* and *C. taiouanus* retain the status of Category One of National Key Protected Wild Animal Species of *C. nippon*. All the musk deer are all Category One of National Key Protected Wild Animal Species in spite of the change of their taxonomy.

Taxonomy is a basic field of research. Mammal diversity is part of biodiversity. To inventory mammal diversity not only sets up the basis for investigation of wildlife resources, assessment of the status of and the conservation of endangered species, cultivation of experimental laboratory animals, and management of international trade of wild animals, but also provides basic knowledge for animal quarantine, medical animal identification and their substitutes research, and identification of host animals of epidemic disease and animal-borne transmitted diseases (Ma *et al.*, 2008). As the extent of field expedition expands, new records and new taxa are discovered from time to time. As new biological technology comes into use, people gain new insights on the phylogeny of mammals. For updating the biodiversity inventory and assessing status of species, we urgently need updated information on China's mammal diversity and distribution.

This book is the outcome of collective wisdom. We used *A Completed Checklist of Mammal Species and Subspecies in China: A Taxonomic and Geographic Reference* by Wang (2003) and *Mammal Species of the World* by Wilson and Reeder (2005) as templates, collected all available relevant information on taxonomy, distribution of mammals in China by the end of March of 2015, including the recent discovery of *Leopoldamys neilli* in southern Yunnan reported by Chen *et al.* (2014) and *Macaca leucogenys* reported by Li *et al.* (2015). *The Checklist of China's Mammal Diversity* was thus compiled. Prof. Wang Yingxiang edited the Primates and checked the whole checklist, Prof. Ma Yong was in charge of the Glires (including Rodentia and Lagomorpha), Prof. Wu Yi edited the Chiropera, Prof. Zhou Kaiya edited the marine mammals, Prof. Feng Zuojian checked Eulipotyphla and ungulates. Dr. Luo Zhenhua, Dr. Li Chunwang, Ms. Li Lili, Tang Songhua and Xu Bingbing helped with data compiling and Miss Li Lili painted the maps. The initial checklist was compiled with input from about 80 mammalogists in China. After five evaluation meetings and two rounds of evaluation by correspondence, we finalized *The Checklist of China's Mammal Diversity,* which includes 12 orders, 55 families, 245 genera and 673 species. Thus, the most updated information on China's mammal diversity is presented in this book.

We should note that topography of China is complex and China is one of the most populated countries in the world; population density and distribution of mammals in the country are deeply affected by human activities. Specimen collections in museums and specimen rooms in Chinese institutions are rather limited, with many type specimens scattered in foreign museums. Even the collections of mammal specimens in national research zoological institutes are fragmented as many important taxa remain uncollected. Since the Wild Animal Protection Law of P. R. China was implemented in 1989, administrative permits from the national wildlife management authority are required to collect any Category I National Key Protected Wild Animal Species, and the administrative permits from provincial wildlife management authorities to collect any Category II National Key Protected Wild Animal Species. Consequently, mammalogists almost stopped collecting specimens during field expeditions, especially specimens of the National Key Protected Wild Animal Species. During the First Nationwide Wild Animal Survey at the end of 20th century (State Forestry Administration, 2009) and the ongoing second Nationwide Wild Animal Survey, no specimens have been collected in order to protect the wild animals. Due to shortage of specimens, shortage of funding, and shortage of expertise in taxonomy as the generation of taxonomists trained before the Cultural Revolution are aging, the taxonomy of China's mammals remains incomplete. Since Gao Yaoting *et al.* (1987) published the *Mammalia Vol. 8 Canivora of Faunan Sinica,* Luo Zexun (2000) published *Mammalia Vol. 6 (2) Cricetidae of Faunan Sinica*, and Zhou (2004) published *Fauna Sinica Mammalia Vol. 9 Cetacea, Phocoidea Carniviora and Sirenia*, more volumes of *Fauna Sinica* are yet to come.

We are happy to see mammalian research in China is marching on and has achieved considerable progress in the new millennium. There was virtually no study on taxa such as Chiroptera two decades ago. Now, a great amount of work has been done on the taxonomy, behaviour, and ecology of bats as many new species were reported (Table 7) and many new records of bats found (Table 8) in the country. The gap between the Chiroptera research in China and that of the world is thus narrowed. Much more has been achieved in the application of molecular methodology to the taxonomy and diversity of mammals in the country, like that by Fan *et al.* (2009). The discovery of *Macaca munzala* (Sinha *et al.*, 2005), *Nomascus nasutus* (Chan *et al.*, 2008), *Rhinopithecus strykeri* (Long *et al.*, 2012) and *Macaca leucogenys* (Li *et al.*, 2015) further enriched the diversity of primates in China. Ma *et al.* (2008) collated the glires of China, which is an important fundamental work for further study. Ge *et al.* (2013), using paleontological databases, found evidence to support the hypothesis that expansion of C_4 plants in the late Miocene induced by global environmental change may have driven large-scale extinction and range contraction of ochotonids, but inversely promoted diversification and range expansion of leporids. Such a study enriched the methodology of traditional mammalogical research. Progress was also made in the research of large body-sized animals, such as the report of a new subspecies of endangered Przewalski's gazelle, *Procapra prewalskii wayu* (Turgan *et al.*, 2013). Similarly, the Chiru belongs to Caprinae instead of Antilopinae (Lei *et al.*, 2003). Furthermore, Luo *et al.* (2011) discovered that latitudinal range size pattern of terrestrial mammals in China supported Rapoport's rule and the critical factor underlying the observed gradient was the Median Domain Effect. Hu *et al.* (2015) discovered that niche divergence accelerates diversification, local adaptation and geographic isolation help maintain and reinforce between-species differences and reproductive isolation in *Procapra.*

Next steps for mammal research in China include the shrews distributed in the Hengduan Mountains, which were formed during the tectonic movement. Up to now, not much has been reported about these taxa. The deep river valleys and high mountains caused by the plate motion are dispersal barriers isolating populations of the shrews; thus, the local environment favours vicariance for speciation. Additionally, based on variations in MT DNA D-loop, Marmi *et al.* (2006) divided *Meles meles* into four subspecies: European, Southwest Asian, North and East Asian, and Japanese. The IUCN (2014) adopted the classification by Abramov (2002), in which *Meles meles* was divided into three species: *M. meles*, *M. leucurus* and *M.anakuma.* The subspecies *M. m. blanfordi* (Wang, 2003) may belong to Southwest Asian subspecies of *Meles meles*. The badgers in China need more study in detail. The taxonomic status of the desert cat (*Felis bieti*) is not fully understood. Driscoll *et al.* (2007) treated *Felis bieti* as *Felis silvestris bieti* whereas Abdukadir and Khan (2013), Li *et al.* (2004) and Zheng *et al.* (2005) still treated *Felis bieti* as a valid species. Thus, the problem is worthy of further exploration. Finally, the bovids are another group of animals where many problems remain unsolved, such as the taxonomy of dwarf blue sheep (Zhou *et al.*, 2003; Cao *et al.*, 2003), the subspecies/species problem in argali *Ovis ariens* (Groves and Grubb, 2013; Jiang, 2015 in press), and taxonomy of recently reported "golden-haired yak" (Leslie and Schaller, 2009).

Additionally, we should also note that the opinions on taxonomy of China's mammals are still not unanimous; in fact, opinion may be diverged forever. The discrepancy originated from the concept of species (Mayden, 1997). Live forms live in species; species are the building blocks of biodiversity and the cornerstone of biological science. Species are the basic taxon of taxonomy, but also a collection of individuals which changes in time. Species are the response of life forms to environmental heterozygosity; species are the basic unit of evolution, the basic functional unit in ecosystems. Species diversity is the main level of three main hierarchical levels, namely the genetic diversity, species diversity and ecosystem diversity, of biodiversity. However, the concept of species is still evolving. From the concept of Nominalistic Species, Biological Species, Cladistic Species to Phylogenitic Species (Darwin, 1871; Dobzhansky, 1935; Mayr, 1942, 1954; Hennig, 1966; Cronquist, 1978; Apagow, 2007). The debate on the concept of species has been continued for decades, even today the debate continues as we now understand more about the molecular mechanism of genetics (Jiang and Ma, 2014).

The rapid development of modern molecular biology opens up a new window to observe the origin and evaluation of life forms and provides a new tool for taxonomy. Apagow *et al.* (2004) discovered that 24 species were recognized when using the Phylogenetic Species Concept to the taxonomy of seven mammal taxa, 14 species (71%) more were found than using non-Phylogenetic Species Concept. In his review which covered 91 taxa, average number of species reported when using Phylogenetic Species Concept was 121% higher than those using classical species concepts (Apagow *et al.*, 2004). As the Phylogenetic Species Concept is widely accepted and used, we can expect more species reported in China's mammals.

Taxonomy is a basic science in which different taxonomists may hold different opinions, because even the standard of species is not the same among the taxonomists of different taxa. Different taxonomists may dispute on issues such as whether a species is a valid species, should taxa be merged or should a taxon be split. Glires in China is a complex taxon but also a taxon with many disputes (Ma *et al.*, 2008). For example, 22 glires including *Cricetulus sokolovi*, *Allactaga major*, *Niviventer langbianis*, *Niviventer huang*, *Callosciurus caniceps*, *Apodemus ilex*, *Petaurista grandis*, *Petaurista hainana*, *Petaurista leucogenys* (*Petaurista watasei*), *Petaurista marica*, *Petaurista sybilla*, *Petaurista yunamensis*, *Eothenomys eleusis*, *Rattus brunneusculus*, *Spermophilus parryii*, *Lepus coreanus*, and *Ochotona annectens et al.* can be found in literature, but even the authors of this book cannot reach a common consensus on whether the species are valid species or whether the species ever occurred or still live in the country. Such a phenomenon is common (Apagow, 2007). Scientific research is a process of discovering truth and trying to reach consensus while keep different opinions. It is the responsibility of researchers to report their findings in time and accept the criticism from colleagues. Thus, the book epitomizes the research on mammal diversity in China.

Furthermore, only one specimen of some mammal species was obtained in fieldwork or purchased in markets. A second living individual was neither sighted in the field nor obtained again. Most of such species were small body sized mammals, such as bats. It is hard to ascertain that species truly do not exist in the field even when it is not discovered after several expeditions. One reason is that due to the problems mentioned above, Chinese mammalogists have avoided collecting specimens of National Key Protected Wild Animal Species for many years. Surveys of wild animals nowadays in many ways relied on sighting, indirect traces of wild animals or photos and video records of wild animals taken with camera traps. The fact is if there is no specimen, it is rather difficult to identify a mammal, especially small body-sized mammals. Furthermore, it is more difficult to ascertain the absence of a species then to validate its existence. Therefore, we classified those species as species in doubt in this book.

The biodiversity crisis is one of the main problems confronted by human kind. As we enter the Anthropocene, human activities have already threatened the survival of many species. Although many countries in the world have reached consensus to conserve biodiversity, the status of threatened biodiversity is not fundamentally improved after decades of devotion to conservation by collaboration among nations (Butchart *et al.,* 2010; Mace *et al.*, 2010). As the baseline data for biodiversity conservation and management, the importance of species inventory is not negligible. Nevertheless, we still do not have the whole picture of global biodiversity. Since 2006, Species 2000 has collaborated with Integrative Taxonomy Information System (ITIS) to edit the *Catalogue of Life* each year to provide newest information of global species (Catalogue of Life, 2015). Since 2008, the "Species 2000 China Node" project coordinated by the Biodiversity Committee of the Chinese Academy of Sciences, with participation of over 100 biologists, edits the *Catalogue of Life China* to be part of the jigsaw puzzle of inventorying the global biodiversity (Species 2000 China Node, 2015).

This book renews the inventory and distribution of China's mammals. Through the compiling of the book, we gain new insights on diversity of mammals in China. The work not only accumulates data for publishing following *Catalogue of Life China*, but also sets a base for assessing the status of endangered mammal species with criteria of IUCN Redlist for Endangered Species. As research on mammals in China moves forwards, we expect more new records and new species of mammals to be found in China. As authors of this book, we are happy to see the book as a stepping stone in mammalogical study. We should put more stress on the study of taxonomy of Glires in China while training more taxonomists, and allocating more funds to taxonomic studies. The importance of specimens should never be neglected. We recommend that under the scheme of national specimen collection and management commission, a master plan for biological specimen collection be developed, to coordinate the systematic collection of those missing parts in the museum collections of specimens. Those specimens could be used in animal classification and the genetic samples and morphological specimens be made available for future studies. Mammals are constantly evolving. Once we miss a time node during the process of evolution, we would have lost the chance to collect the genetic samples and morphological specimens at that time node for ever.

During the era of rapid economic development and revival of civilization in China and an era of globalization, mammal conservation in the country is facing severe situation: the country possesses mammalian diversity ranked as one of the most abundant in the world, but more than one forth of those mammals are either threatened or endangered. 178 mammal species were classified as threatened during the 2013-2014 Redlist assessment. The rhinos like *Rhiroceros uniconis*, *R. sondaicus* and *Dicerorhinus sumatrensis* were "regional extinct" in the country. The ratio of threatened mammal species is higher than the world average. But it is possible to reintroduce and to restore the regional extinct *Rhiroceros uniconis*, *R. sondaicus* and *Dicerorhinus sumatrensis.* It is a heavy task and there is a long way to go to conserve the mammals in China.

哺乳纲 MAMMALIA

劳亚食虫目 EULIPOTYPHLA　猬科 ERINACEIDAE

1. 中国毛猬 Short-tailed Gymnure

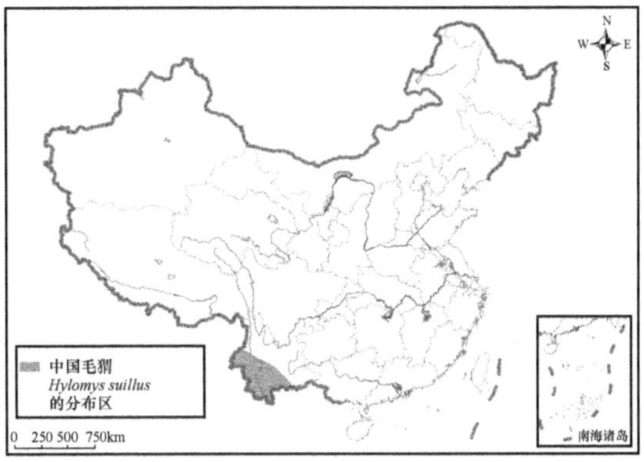

中国毛猬　*Hylomys suillus*（Müller, 1840）
种下单元： *suillus*; *dorsalis*; *maxi*; *microtinus*; *pegunensis*; *siamensis*; *tionis*
生　　境： 亚热带/热带湿润低地森林、亚热带/热带湿润山地森林、灌丛
生态系统： 陆生生态系统
保护等级： **国家重点保护野生动物等级：** 无；**CITES 附录**[1]：未列入
红色名录： **IUCN**[2]：LC；**中国哺乳类红色名录**[3]：NT
国内分布： 云南
分布国家： 文莱、柬埔寨、中国、印度尼西亚、老挝、马来西亚、缅甸、泰国、越南

Short-tailed Gymnure　*Hylomys suillus*（Müller, 1840）
Infra-specific Taxa： *suillus*; *dorsalis*; *maxi*; *microtinus*; *pegunensis*; *siamensis*; *tionis*
Habitat and Ecology： Subtropical/Tropical Moist Lowland Forest; Subtropical/Tropical Moist Montane Forest; Shrubland
Ecosystem： Terrestrial
National Key Protected Wild Animal List： None; **CITES Appendix**[1]：Not listed
Red List： **IUCN Red List**[2]：LC; **China Mammal Red List**[3]：NT
Range in the country： Yunnan
Range countries： Brunei, Cambodia, China, Indonesia, Laos, Malaysia, Myanmar, Thailand, Vietnam
参考文献 Citation

Wang Y（王应祥）, 2003; Wilson and Reeder, 2005; Zhang R（张荣祖）, 1997; Pan Q *et al.*（潘清华等）, 2007; Smith *et al.*, 2009; IUCN, 2014

2. 海南新毛猬 Hainan Gymnure

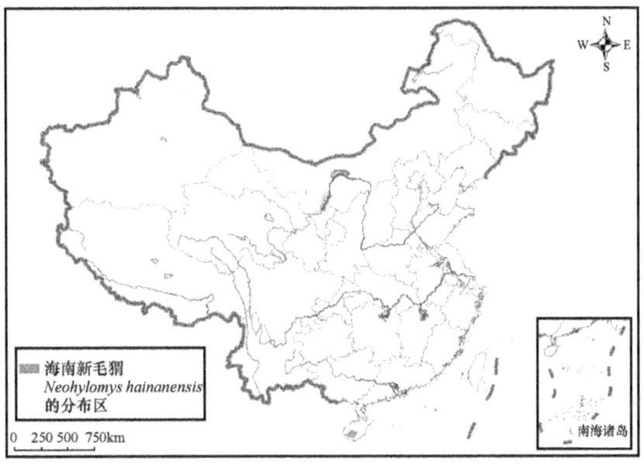

海南新毛猬　*Neohylomys hainanensis*（Shaw & Wang, 1959）
种下单元： 无
生　　境： 热带湿润低地森林
生态系统： 陆生生态系统
保护等级： **国家重点保护野生动物等级：** 无；**CITES 附录**[1]：未列入
红色名录： **IUCN**[2]：EN；**中国哺乳类红色名录**[3]：VU
国内分布： 海南
分布国家： 中国

Hainan Gymnure　*Neohylomys hainanensis*（Shaw & Wang, 1959）
Infra-specific Taxa： None
Habitat and Ecology： Tropical Moist Lowland Forest
Ecosystem： Terrestrial
National Key Protected Wild Animal List： None; **CITES Appendix**[1]：Not listed
Red List： **IUCN Red List**[2]：EN; **China Mammal Red List**[3]：VU
Range in the country： Hainan
Range countries： China
参考文献 Citation

Wang Y（王应祥）, 2003; Wilson and Reeder, 2005; Zhang R（张荣祖）, 1997; Pan Q *et al.*（潘清华等）, 2007; Smith *et al.*, 2009; IUCN, 2014

注：上标 1. CITES 16 届缔约国大会通过(2014)的 CITES 附录修订案；2. 2014 IUCN 红色名录；3. 2015 版中国生物多样性红色名录脊椎动物卷。后同

3. 中国鼩猬 Shrew Gymnure

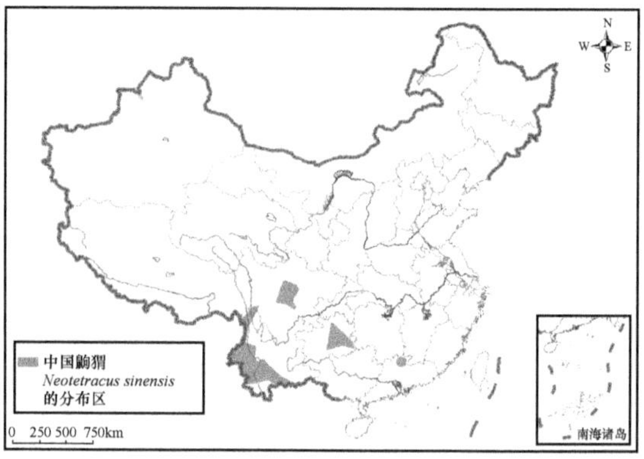

中国鼩猬 *Neotetracus sinensis*(Trouessart, 1909)
种下单元： 无
生　　境： 亚热带湿润山地森林
生态系统： 陆生生态系统
保护等级： **国家重点保护野生动物等级：** 无；**CITES 附录**[1]：未列入
红色名录： **IUCN**[2]：LC；**中国哺乳类红色名录**[3]：LC
国内分布： 四川、贵州、云南、广东
分布国家： 中国、缅甸、越南

Shrew Gymnure *Neotetracus sinensis*(Trouessart, 1909)
Infra-specific Taxa： None
Habitat and Ecology： Subtropical Moist Montane Forest
Ecosystem： Terrestrial
National Key Protected Wild Animal List： None; **CITES Appendix**[1]：Not listed
Red List： **IUCN Red List**[2]：LC; **China Mammal Red List**[3]：LC
Range in the country： Sichuan, Guizhou, Yunnan, Guangdong
Range countries： China, Myanmar, Vietnam
参考文献 Citation

Wang Y(王应祥), 2003; Wilson and Reeder, 2005; Zhang R(张荣祖), 1997; Pan Q *et al.*(潘清华等), 2007; Smith *et al.*, 2009; Wu Y *et al.* (吴毅等), 2011, IUCN, 2014

4. 东北刺猬 Amur Hedgehog

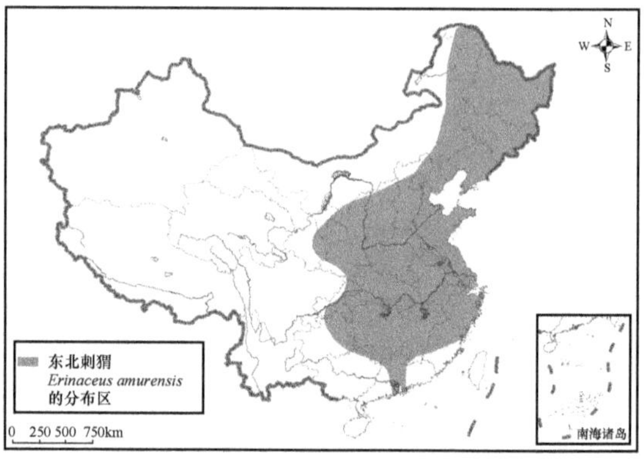

东北刺猬 *Erinaceus amurensis*(Schrenk, 1859)
种下单元： 无
生　　境： 亚热带湿润低地森林、亚热带湿润高地森林、灌丛、草地、泰加林、耕地、城市、乡村庭院
生态系统： 陆生生态系统
保护等级： **国家重点保护野生动物等级：** 无；**CITES 附录**[1]：未列入
红色名录： IUCN[2]：LC；**中国哺乳类红色名录**[3]：LC
国内分布： 黑龙江、吉林、辽宁、内蒙古、北京、河北、河南、陕西、甘肃、山西、山东、上海、江苏、浙江、安徽、江西、湖北、湖南、福建、广东、贵州、重庆
分布国家： 中国、朝鲜、韩国、俄罗斯

Amur Hedgehog *Erinaceus amurensis*(Schrenk, 1859)
Infra-specific Taxa： None
Habitat and Ecology： Subtropical Moist Lowland Forest; Subtropical Moist Highland Forest; Shrubland; Grassland; Taiga; Arable Land; Urban Areas; Rural Gardens
Ecosystem： Terrestrial
National Key Protected Wild Animal List： None; **CITES Appendix**[1]：Not listed
Red List： **IUCN Red List**[2]：LC; **China Mammal Red List**[3]：LC
Range in the country： Heilongjiang, Jilin, Liaoning, Inner Mongolia, Beijing, Hebei, Henan, Shaanxi, Gansu, Shanxi, Shandong, Shanghai, Jiangsu, Zhejiang, Anhui, Jiangxi, Hubei, Hunan, Fujian, Guangdong, Guizhou, Chongqing
Range countries： China, Korea, Democratic People's Republic of, Korea, Republic of, Russia
参考文献 Citation

Wang Y(王应祥), 2003; Liao W *et al.*(廖文波等), 2005; Wilson and Reeder, 2005; Pan Q *et al.*(潘清华等), 2007; Smith *et al.*, 2009; Wu Y *et al.*(吴毅等), 2008; IUCN, 2014

5. 大耳猬 Long-eared Hedgehog

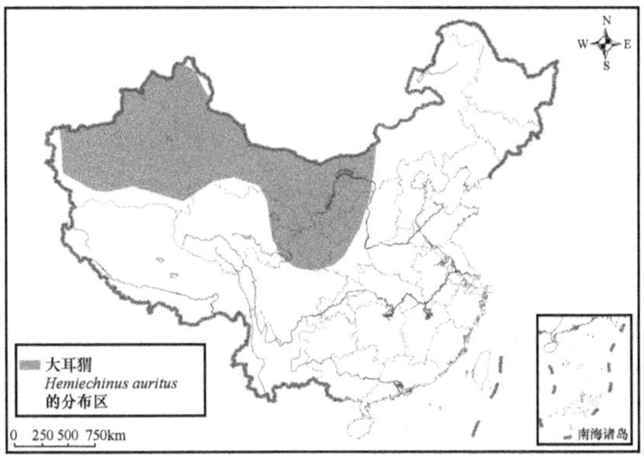

大耳猬 *Hemiechinus auritus*(Gmelin, 1770)
种下单元： *auritus*; *albulus*; *aegyptius*; *libycus*; *megalotis*
生　　境： 草地、灌丛、耕地、温带沙漠
生态系统： 陆生生态系统
保护等级： **国家重点保护野生动物等级：** 无；**CITES 附录**[1]：未列入
红色名录： **IUCN**[2]：LC；**中国哺乳类红色名录**[3]：LC
国内分布： 内蒙古、新疆、陕西、宁夏、甘肃、青海、四川
分布国家： 阿富汗、中国、塞浦路斯、埃及、伊朗、伊拉克、以色列、吉尔吉斯斯坦、黎巴嫩、利比亚、蒙古、巴基斯坦、叙利亚、塔吉克斯坦、土耳其、土库曼斯坦、乌克兰、乌兹别克斯坦

Long-eared Hedgehog *Hemiechinus auritus*(Gmelin, 1770)
Infra-specific Taxa： *auritus*; *albulus*; *aegyptius*; *libycus*; *megalotis*
Habitat and Ecology： Grassland; Shrubland; Arable Land; Temperate Desert
Ecosystem： Terrestrial
National Key Protected Wild Animal List： No; **CITES Appendix**[1]：Not listed
Red List： **IUCN Red List**[2]：LC; **China Mammal Red List**[3]：LC
Range in the country： Inner Mongolia, Xinjiang, Shaanxi, Ningxia, Gansu, Qinghai, Sichuan
Range countries： Afghanistan, China, Cyprus, Egypt, Iran, Iraq, Israel, Kyrgyzstan, Lebanon, Libya, Mongolia, Pakistan, Syrian Arab Republic, Tajikistan, Turkey, Turkmenistan, Ukraine, Uzbekistan

参考文献 Citation

Wang Y(王应祥), 2003; Smith *et al.*, 2009; Zhang R(张荣祖), 1997; Pan Q *et al.*(潘清华等), 2007; IUCN, 2014

6. 达乌尔猬 Daurian Hedgehog

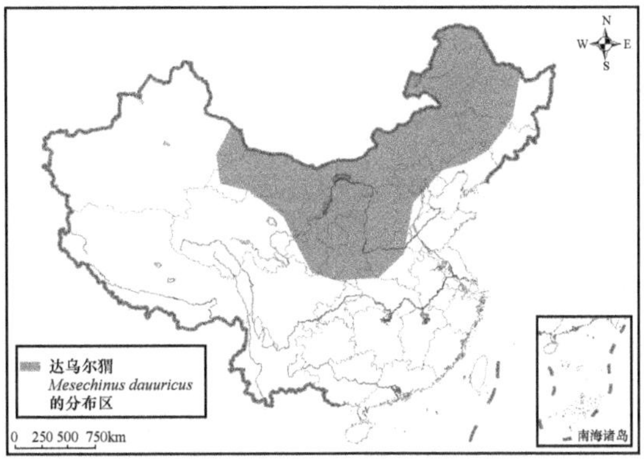

达乌尔猬 *Mesechinus dauuricus*(Sundevall, 1842)
种下单元： 无
生　　境： 草地
生态系统： 陆生生态系统
保护等级： **国家重点保护野生动物等级：** 无；**CITES 附录**[1]：未列入
红色名录： **IUCN**[2]：LC；**中国哺乳类红色名录**[3]：LC
国内分布： 黑龙江、吉林、辽宁、内蒙古、北京、河北、河南、山西、陕西、宁夏、甘肃、湖北
分布国家： 中国、蒙古、俄罗斯

Daurian Hedgehog *Mesechinus dauuricus*(Sundevall, 1842)
Infra-specific Taxa： None
Habitat and Ecology： Grassland
Ecosystem： Terrestrial
National Key Protected Wild Animal List： None; **CITES Appendix**[1]：Not listed
Red List： **IUCN Red List**[2]：LC; **China Mammal Red List**[3]：LC
Range in the country： Heilongjiang, Jilin, Liaoning, Inner Mongolia, Beijing, Hebei, Henan, Shanxi, Shaanxi, Ningxia, Gansu, Hubei
Range countries： China, Mongolia, Russia

参考文献 Citation

Wang Y(王应祥), 2003; Wilson and Reeder, 2005; Zhang R(张荣祖), 1997; Pan Q *et al.*(潘清华等), 2007; Smith *et al.*, 2009; IUCN, 2014

7. 侯氏猬 Hugh's Hedgehog

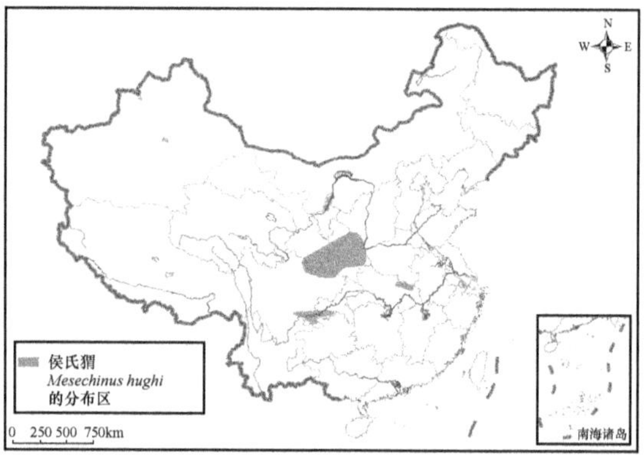

侯氏猬 *Mesechinus hughi*(Thomas, 1908)

种下单元：无

生　境：泰加林

生态系统：陆生生态系统

保护等级：国家重点保护野生动物等级：无；**CITES 附录** [1]：未列入

红色名录：IUCN[2]：LC；**中国哺乳类红色名录** [3]：NT

国内分布：陕西、甘肃、湖北、四川、重庆

分布国家：中国

Hugh's Hedgehog *Mesechinus hughi*(Thomas, 1908)

Infra-specific Taxa: None

Habitat and Ecology: Taiga

Ecosystem: Terrestrial

National Key Protected Wild Animal List: None; **CITES Appendix**[1]: Not listed

Red List: IUCN Red List[2]: LC; **China Mammal Red List**[3]: NT

Range in the country: Shaanxi, Gansu, Hubei, Sichuan, Chongqing

Range countries: China

参考文献 Citation

Wang Y(王应祥), 2003; Wilson and Reeder, 2005; Zhang R(张荣祖), 1997; Pan Q *et al.*(潘清华等), 2007; Smith *et al.*, 2009; IUCN, 2014

8. 小齿猬 Small-toothed Hedgehog

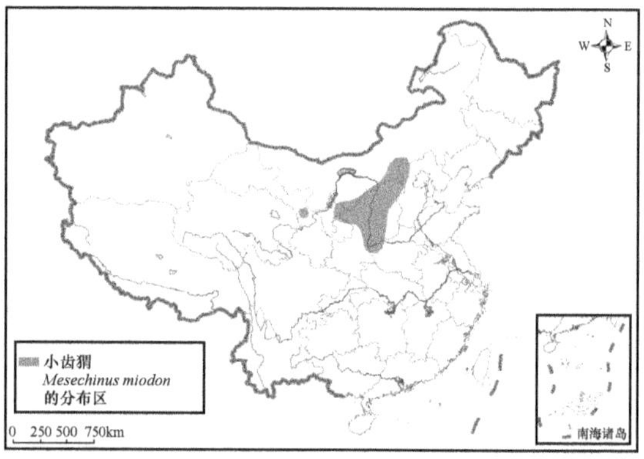

小齿猬 *Mesechinus miodon*(Thomas, 1908)

种下单元：无

生　境：森林、草地、耕地

生态系统：陆生生态系统

保护等级：国家重点保护野生动物等级：无；**CITES 附录** [1]：未列入

红色名录：IUCN[2]：未列入；**中国哺乳类红色名录** [3]：DD

国内分布：内蒙古、山西、陕西、甘肃

分布国家：中国

Small-toothed Hedgehog *Mesechinus miodon*(Thomas, 1908)

Infra-specific Taxa: None

Habitat and Ecology: Forest; Grassland; Arable Land

Ecosystem: Terrestrial

National Key Protected Wild Animal List: None; **CITES Appendix**[1]: Not listed

Red List: IUCN Red List[2]: Not listed; **China Mammal Red List**[3]: DD

Range in the country: Inner Mongolia, Shanxi, Shaanxi, Gansu

Range countries: China

参考文献 Citation

Wang Y(王应祥), 2003; Pan Q *et al.*(潘清华等), 2007

9. 林猬 Forest Hedgehog

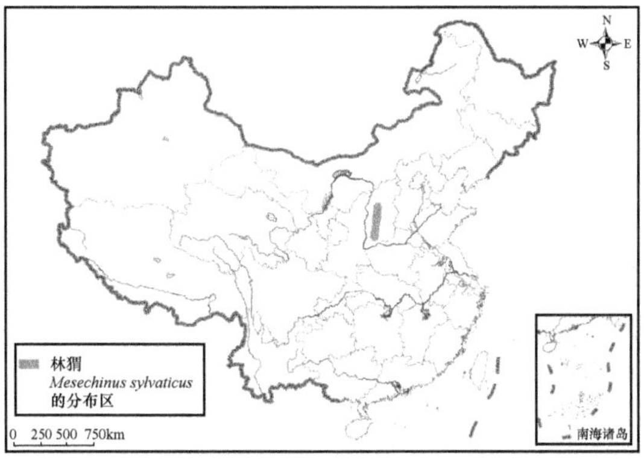

林猬 *Mesechinus sylvaticus* (Ma, 1964)
种下单元： 无
生　　境： 未知
生态系统： 陆生生态系统
保护等级：国家重点保护野生动物等级： 无; **CITES 附录** [1]**：** 未列入
红色名录：IUCN[2]**：** 未列入; **中国哺乳类红色名录** [3]**：** LC
国内分布： 山西
分布国家： 中国

Forest Hedgehog *Mesechinus sylvaticus* (Ma, 1964)
Infra-specific Taxa： None
Habitat and Ecology： Unknown
Ecosystem： Terrestrial
National Key Protected Wild Animal List： None; **CITES Appendix**[1]**：** Not listed
Red List：IUCN Red List[2]**：** Not listed; **China Mammal Red List**[3]**：** LC
Range in the country： Shanxi
Range countries： China

参考文献 Citation

Fan L (樊龙锁) and Liu H (刘焕金), 1996

鼹科 TALPIDAE

10. 等齿鼩鼹 Equivalent Teeth Shrew Mole

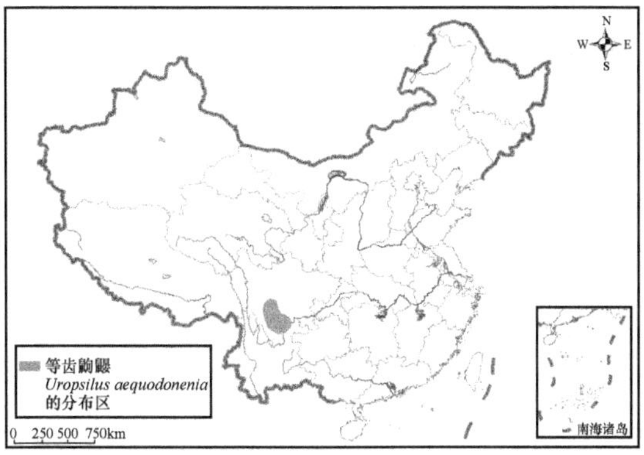

等齿鼩鼹 *Uropsilus aequodonenia* Liu, 2013
种下单元： 无
生　　境： 针叶林、灌丛
生态系统： 陆生生态系统
保护等级：国家重点保护野生动物等级： 无；**CITES 附录** [1]**：** 未列入
红色名录：IUCN[2]**：** 未列入；**中国哺乳类红色名录** [3]**：** NT
国内分布： 四川
分布国家： 中国

Equivalent Teeth Shrew Mole *Uropsilus aequodonenia* Liu, 2013
Infra-specific Taxa： None
Habitat and Ecology： Coniferous Forest; Shrubland
Ecosystem： Terrestrial
National Key Protected Wild Animal List： None; **CITES Appendix**[1]**：** Not listed
Red List：IUCN Red List[2]**：** Not listed; **China Mammal Red List**[3]**：** NT
Range in the country： Sichuan
Range countries： China

参考文献 Citation

Liu Y *et al.* (刘洋等), 2013

11. 峨眉鼩鼹 Anderson's Shrew Mole

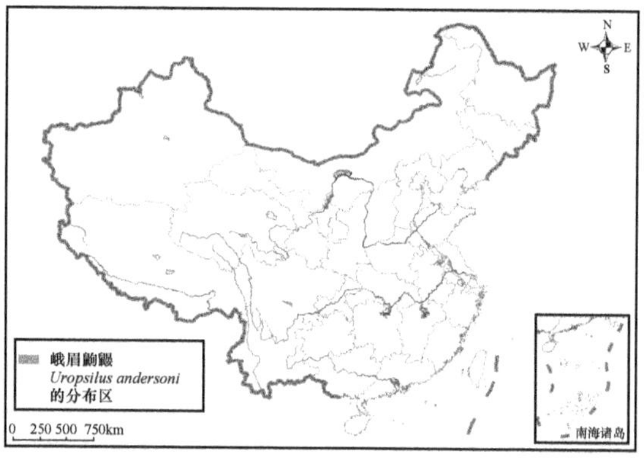

峨眉鼩鼹 *Uropsilus andersoni*（Thomas, 1911）

种下单元：无

生　　境：未知

生态系统：陆生生态系统

保护等级：**国家重点保护野生动物等级**：无；**CITES 附录** [1]：未列入

红色名录：IUCN[2]：DD；**中国哺乳类红色名录** [3]：VU

国内分布：四川

分布国家：中国

Anderson's Shrew Mole *Uropsilus andersoni*（Thomas, 1911）

Infra-specific Taxa：None

Habitat and Ecology：Unknown

Ecosystem：Terrestrial

National Key Protected Wild Animal List：None; **CITES Appendix**[1]：Not listed

Red List：**IUCN Red List**[2]：DD; **China Mammal Red List**[3]：VU

Range in the country：Sichuan

Range countries：China

参考文献 Citation

Wang Y（王应祥）, 2003; Wilson and Reeder, 2005; Pan Q *et al.*（潘清华等）, 2007; Smith *et al.*, 2009; IUCN, 2014

12. 长吻鼩鼹 Gracile Shrew Mole

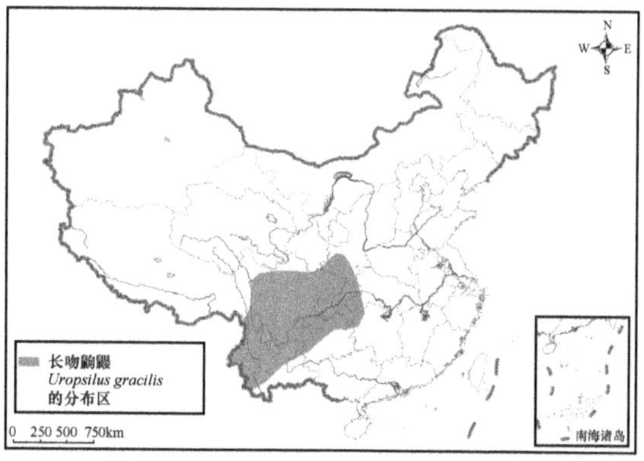

长吻鼩鼹 *Uropsilus gracilis*（Thomas, 1911）

种下单元：无

生　　境：苔原、泰加林、亚热带高海拔灌丛

生态系统：陆生生态系统

保护等级：**国家重点保护野生动物等级**：无；**CITES 附录** [1]：未列入

红色名录：**IUCN**[2]：LC；**中国哺乳类红色名录** [3]：LC

国内分布：湖北、湖南、陕西、四川、贵州、重庆、云南

分布国家：中国、缅甸

Gracile Shrew Mole *Uropsilus gracilis*（Thomas, 1911）

Infra-specific Taxa：None

Habitat and Ecology：Tundra; Taiga; Subtropical High Altitude Shrubland

Ecosystem：Terrestrial

National Key Protected Wild Animal List：None; **CITES Appendix**[1]：Not listed

Red List：**IUCN Red List**[2]：LC; **China Mammal Red List**[3]：LC

Range in the country：Hubei, Hunan, Shaanxi, Sichuan, Guizhou, Chongqing, Yunnan

Range countries：China, Myanmar

参考文献 Citation

Wang Y（王应祥）, 2003; Wilson and Reeder, 2005; Zhang R（张荣祖）, 1997; Pan Q *et al.*（潘清华等）, 2007; Smith *et al.*, 2009; Liu Y *et al.*,（刘洋等）, 2009; IUCN, 2014

13. 贡山鼩鼹 Inquisitive Shrew Mole

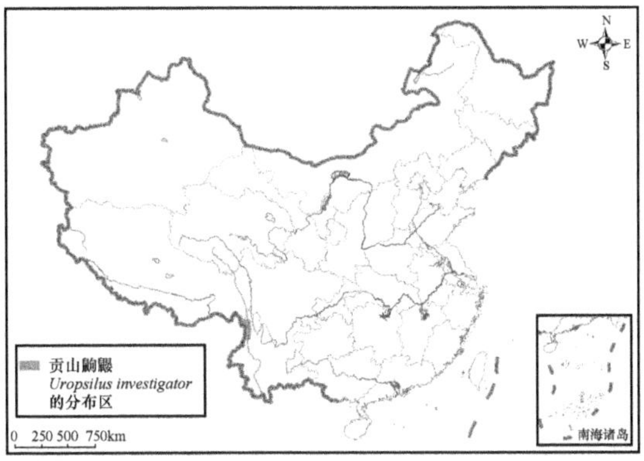

贡山鼩鼹 *Uropsilus investigator* (Thomas, 1922)

种下单元： 无

生　　境： 泰加林、亚热带高海拔草原

生态系统： 陆生生态系统

保护等级： **国家重点保护野生动物等级：** 无；**CITES 附录** [1]：未列入

红色名录： **IUCN**[2]：DD；**中国哺乳类红色名录** [3]：NT

国内分布： 云南

分布国家： 中国

Inquisitive Shrew Mole *Uropsilus investigator* (Thomas, 1922)

Infra-specific Taxa： None

Habitat and Ecology： Taiga; Subtropical High Altitude Grassland

Ecosystem： Terrestrial

National Key Protected Wild Animal List： None; **CITES Appendix**[1]：Not listed

Red List： **IUCN Red List**[2]：DD; **China Mammal Red List**[3]：NT

Range in the country： Yunnan

Range countries： China

参考文献 Citation

Wang Y (王应祥), 2003; Wilson and Reeder, 2005; Pan Q *et al.* (潘清华等), 2007; Smith *et al.*, 2009; IUCN, 2014

14. 鼩鼹 Chinese Shrew Mole

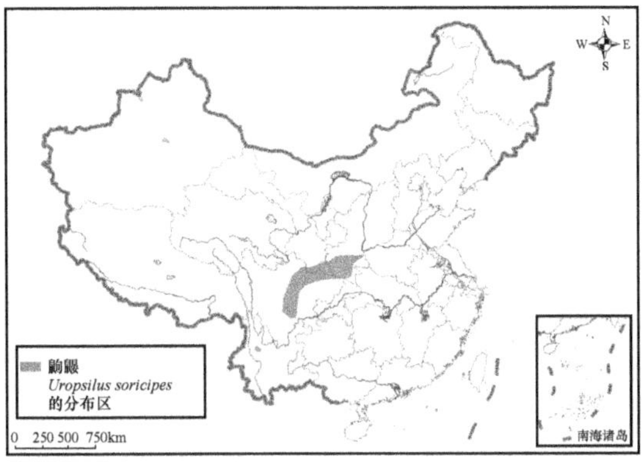

鼩鼹 *Uropsilus soricipes* Milne-Edwards, 1871

种下单元： 无

生　　境： 森林

生态系统： 陆生生态系统

保护等级： **国家重点保护野生动物等级：** 无；**CITES 附录** [1]：未列入

红色名录： **IUCN**[2]：LC；**中国哺乳类红色名录** [3]：LC

国内分布： 陕西、甘肃、四川、云南

分布国家： 中国

Chinese Shrew Mole *Uropsilus soricipes* Milne-Edwards, 1871

Infra-specific Taxa： None

Habitat and Ecology： Forest

Ecosystem： Terrestrial

National Key Protected Wild Animal List： None; **CITES Appendix**[1]：Not listed

Red List： **IUCN Red List**[2]：LC; **China Mammal Red List**[3]：LC

Range in the country： Shaanxi, Gansu, Sichuan, Yunnan

Range countries： China

参考文献 Citation

Wang Y (王应祥), 2003; Wilson and Reeder, 2005; Zhang R (张荣祖), 1997; Pan Q *et al.* (潘清华等), 2007; Smith *et al.*, 2009; IUCN, 2014

15. 长尾鼩鼹 Long-tailed Mole

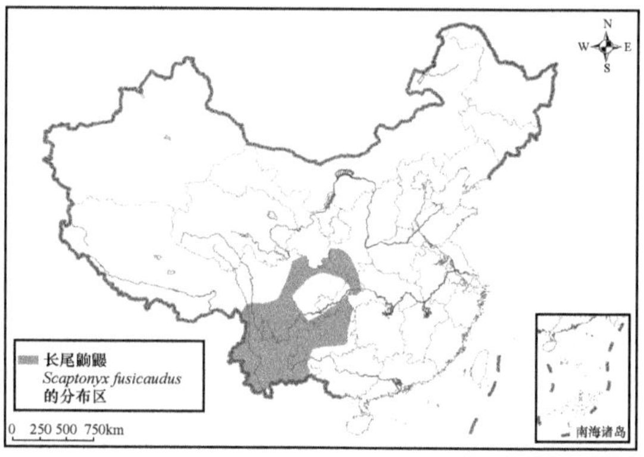

长尾鼩鼹 *Scaptonyx fusicaudus*(Milne-Edwards, 1872)

种下单元： 无

生　　境： 泰加林

生态系统： 陆生生态系统

保护等级： **国家重点保护野生动物等级：** 无；**CITES 附录** [1]：未列入

红色名录： **IUCN**[2]：LC；**中国哺乳类红色名录** [3]：LC

国内分布： 陕西、四川、湖北、湖南、重庆、贵州、云南

分布国家： 中国、越南、缅甸

Long-tailed Mole *Scaptonyx fusicaudus*(Milne-Edwards, 1872)

Infra-specific Taxa： None

Habitat and Ecology： Taiga

Ecosystem： Terrestrial

National Key Protected Wild Animal List： None; **CITES Appendix**[1]：Not listed

Red List： **IUCN Red List**[2]：LC; **China Mammal Red List**[3]：LC

Range in the country： Shaanxi, Sichuan, Hubei, Hunan, Chongqing, Guizhou, Yunnan

Range countries： China, Vietnam, Myanmar

参考文献 Citation

Wang Y(王应祥), 2003; Wilson and Reeder, 2005; Zhang R(张荣祖), 1997; Pan Q *et al.* (潘清华等), 2007; Smith *et al.*, 2009; IUCN, 2014

16. 甘肃鼹 Gansu Mole

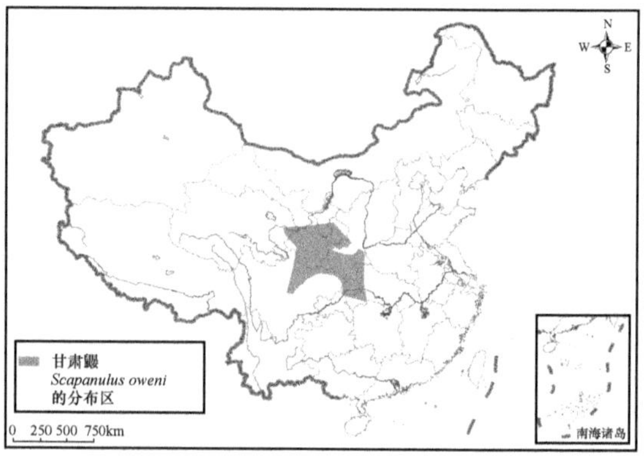

甘肃鼹 *Scapanulus oweni*(Thomas, 1912)

种下单元： 无

生　　境： 亚热带湿润山地森林

生态系统： 陆生生态系统

保护等级： **国家重点保护野生动物等级：** 无；**CITES 附录** [1]：未列入

红色名录： **IUCN**[2]：LC；**中国哺乳类红色名录** [3]：NT

国内分布： 陕西、甘肃、湖北、重庆、四川

分布国家： 中国

Gansu Mole *Scapanulus oweni*(Thomas, 1912)

Infra-specific Taxa： None

Habitat and Ecology： Subtropical Moist Montane Forest

Ecosystem： Terrestrial

National Key Protected Wild Animal List： None; **CITES Appendix**[1]：Not listed

Red List： **IUCN Red List**[2]：LC; **China Mammal Red List**[3]：NT

Range in the country： Shaanxi, Gansu, Hubei, Qinghai, Chongqing, Sichuan

Range countries： China

参考文献 Citation

Wang Y(王应祥), 2003; Wilson and Reeder, 2005; Zhang R(张荣祖), 1997; Pan Q *et al.* (潘清华等), 2007; Smith *et al.*, 2009; IUCN, 2014

17. 宽齿鼹 Greater Chinese Mole

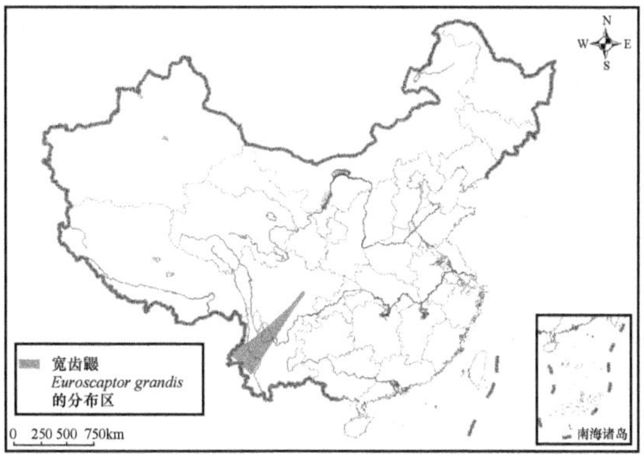

宽齿鼹 *Euroscaptor grandis*（Miller, 1940）

种下单元： 无

生　　境： 森林

生态系统： 陆生生态系统

保护等级： **国家重点保护野生动物等级：** 无；**CITES 附录** [1]：未列入

红色名录： **IUCN**[2]：LC；**中国哺乳类红色名录** [3]：VU

国内分布： 四川、云南

分布国家： 中国

Greater Chinese Mole *Euroscaptor grandis*（Miller, 1940）

Infra-specific Taxa： None

Habitat and Ecology： Forest

Ecosystem： Terrestrial

National Key Protected Wild Animal List： None; **CITES Appendix**[1]：Not listed

Red List： **IUCN Red List**[2]：LC; **China Mammal Red List**[3]：VU

Range in the country： Sichuan, Yunnan

Range countries： China

参考文献 Citation

Wang Y（王应祥）, 2003; Wilson and Reeder, 2005; Pan Q *et al.*（潘清华等）, 2007; Smith *et al.*, 2009; IUCN, 2014

18. 克氏鼹 Kloss's Mole

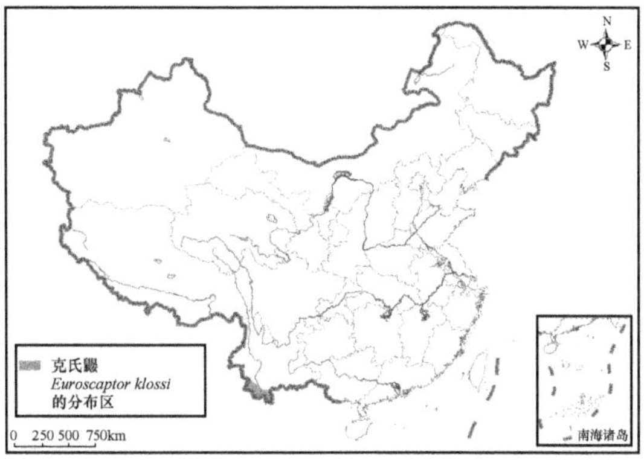

克氏鼹 *Euroscaptor klossi*（Thomas, 1929）

种下单元： 无

生　　境： 森林

生态系统： 陆生生态系统

保护等级： **国家重点保护野生动物等级：** 无；**CITES 附录** [1]：未列入

红色名录： **IUCN**[2]：LC；**中国哺乳类红色名录** [3]：VU

国内分布： 云南

分布国家： 中国、老挝、马来西亚、缅甸、泰国、越南

Kloss's Mole *Euroscaptor klossi*（Thomas, 1929）

Infra-specific Taxa： None

Habitat and Ecology： Forest

Ecosystem： Terrestrial

National Key Protected Wild Animal List： None; **CITES Appendix**[1]：Not listed

Red List： **IUCN Red List**[2]：LC; **China Mammal Red List**[3]：VU

Range in the country： Yunnan

Range countries： China, Laos, Malaysia, Myanmar, Thailand, Vietnam

参考文献 Citation

Wang Y（王应祥）, 2003; Pan Q *et al.*（潘清华等）, 2007; Smith *et al.*, 2009; IUCN, 2014

19. 长吻鼹 Long-nosed Mole

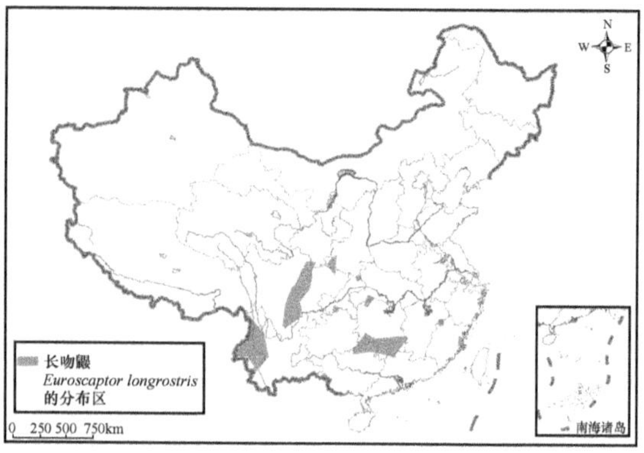

长吻鼹 *Euroscaptor longirostris* (Milne-Edwards, 1870)

种下单元： 无

生　　境： 亚热带湿润山地森林

生态系统： 陆生生态系统

保护等级： **国家重点保护野生动物等级：** 无；**CITES 附录**[1]：未列入

红色名录： **IUCN**[2]：LC；**中国哺乳类红色名录**[3]：LC

国内分布： 湖南、陕西、四川、重庆、福建、广西、贵州、云南

分布国家： 中国、越南

Long-nosed Mole *Euroscaptor longirostris* (Milne-Edwards, 1870)

Infra-specific Taxa： None

Habitat and Ecology： Subtropical Moist Montane Forest

Ecosystem： Terrestrial

National Key Protected Wild Animal List： None; **CITES Appendix**[1]：Not listed

Red List： **IUCN Red List**[2]：LC; **China Mammal Red List**[3]：LC

Range in the country： Hunan, Shaanxi, Sichuan, Chongqing, Fujian, Guangxi, Guizhou, Yunnan

Range countries： China, Vietnam

参考文献 Citation

Wang Y (王应祥), 2003; Wilson and Reeder, 2005; Zhang R (张荣祖), 1997; Pan Q *et al.* (潘清华等), 2007; Smith *et al.*, 2009; IUCN, 2014

20. 短尾鼹 Himalayan Mole

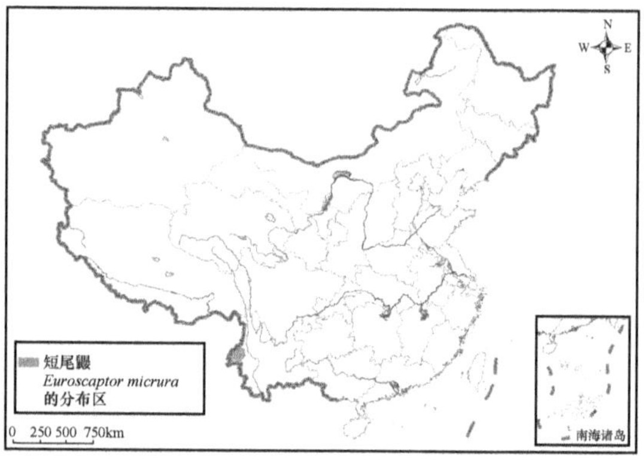

短尾鼹 *Euroscaptor micrura* (Hodgson, 1841)

种下单元： 无

生　　境： 森林

生态系统： 陆生生态系统

保护等级： **国家重点保护野生动物等级：** 无；**CITES 附录**[1]：未列入

红色名录： **IUCN**[2]：LC；**中国哺乳类红色名录**[3]：VU

国内分布： 云南

分布国家： 不丹、中国、印度、马来西亚、尼泊尔

Himalayan Mole *Euroscaptor micrura* (Hodgson, 1841)

Infra-specific Taxa： None

Habitat and Ecology： Forest

Ecosystem： Terrestrial

National Key Protected Wild Animal List： None; **CITES Appendix**[1]：Not listed

Red List： **IUCN Red List**[2]：LC; **China Mammal Red List**[3]：VU

Range in the country： Yunnan

Range countries： Bhutan, China, India, Malaysia, Nepal

参考文献 Citation

Wang Y (王应祥), 2003; Pan Q *et al.* (潘清华等), 2007; Smith *et al.*, 2009; IUCN, 2014

21. 小齿鼹 Small-toothed Mole

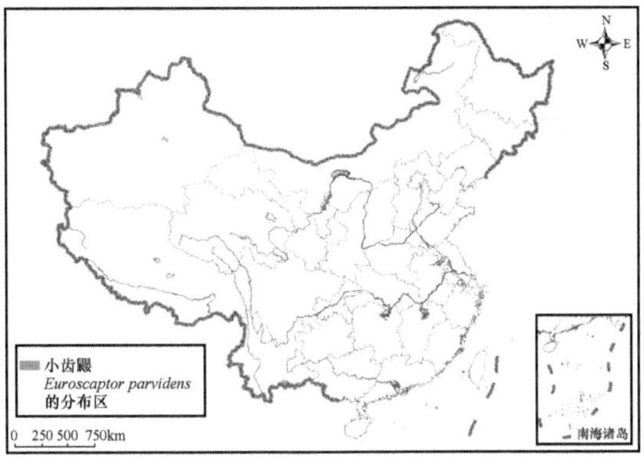

小齿鼹 *Euroscaptor parvidens* (Miller, 1940)

种下单元：无

生　　境：森林

生态系统：陆生生态系统

保护等级：国家重点保护野生动物等级：无；**CITES 附录**[1]：未列入

红色名录：IUCN[2]：DD；**中国哺乳类红色名录**[3]：VU

国内分布：云南

分布国家：中国、越南

Small-toothed Mole *Euroscaptor parvidens* (Miller, 1940)

Infra-specific Taxa: None

Habitat and Ecology: Forest

Ecosystem: Terrestrial

National Key Protected Wild Animal List: None; **CITES Appendix**[1]: Not listed

Red List: IUCN Red List[2]: DD; **China Mammal Red List**[3]: VU

Range in the country: Yunnan

Range countries: China, Vietnam

参考文献 Citation

Wang Y (王应祥), 2003; Wilson and Reeder, 2005; Pan Q *et al.* (潘清华等), 2007; Smith *et al.*, 2009; IUCN, 2014

22. 台湾缺齿鼹 Taiwan Mole

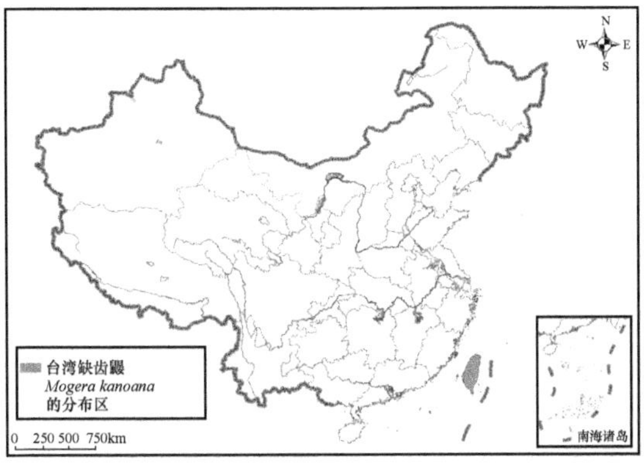

台湾缺齿鼹 *Mogera kanoana* Kawada, 2007

种下单元：无

生　　境：森林

生态系统：陆生生态系统

保护等级：国家重点保护野生动物等级：无；**CITES 附录**[1]：未列入

红色名录：IUCN[2]：未列入；**中国哺乳类红色名录**[3]：DD

国内分布：台湾

分布国家：中国

Taiwan Mole *Mogera kanoana* Kawada, 2007

Infra-specific Taxa: None

Habitat and Ecology: Forest

Ecosystem: Terrestrial

National Key Protected Wild Animal List: None; **CITES Appendix**[1]: Not listed

Red List[2]: **IUCN Red List:** Not listed; **China Mammal Red List**[3]: DD

Range in the country: Taiwan

Range countries: China

参考文献 Citation

Kawada S *et al.*, 2007

23. 华南缺齿鼹 Insular Mole

华南缺齿鼹 *Mogera insularis* (Swinhoe, 1863)

种下单元： *insularis*; *hainana*; *latouchei*

生　　境： 热带/亚热带湿润山地森林

生态系统： 陆生生态系统

保护等级： **国家重点保护野生动物等级：** 无；**CITES 附录** [1]：未列入

红色名录： **IUCN** [2]：LC；**中国哺乳类红色名录** [3]：LC

国内分布： 江苏、浙江、安徽、江西、湖南、四川、贵州、广西、广东、福建、海南、台湾

分布国家： 中国、越南

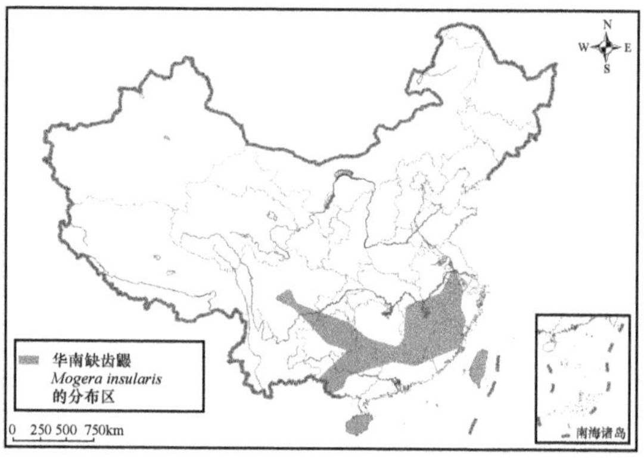

Insular Mole *Mogera insularis* (Swinhoe, 1863)

Infra-specific Taxa： *insularis*; *hainana*; *latouchei*

Habitat and Ecology： Tropical/Subtropical Moist Montane Forest

Ecosystem： Terrestrial

National Key Protected Wild Animal List： None; **CITES Appendix** [1]：Not listed

Red List： **IUCN Red List** [2]：LC; **China Mammal Red List** [3]：LC

Range in the country： Jiangsu, Zhejiang, Anhui, Jiangxi, Hunan, Sichuan, Guizhou, Guangxi, Guangdong, Fujian, Hainan, Taiwan

Range countries： China, Vietnam

参考文献 Citation

Wang Y (王应祥), 2003; Wilson and Reeder, 2005; Zhang R (张荣祖), 1997; Pan Q *et al.* (潘清华等), 2007; Smith *et al.*, 2009; IUCN, 2014

24. 缺齿鼹 Large Mole

缺齿鼹 *Mogera robusta* (Nehring, 1891)

种下单元： 无

生　　境： 森林、草地、耕地

生态系统： 陆生生态系统

保护等级： **国家重点保护野生动物等级：** 无；**CITES 附录** [1]：未列入

红色名录： **IUCN** [2]：LC；**中国哺乳类红色名录** [3]：LC

国内分布： 黑龙江、吉林、辽宁

分布国家： 中国、朝鲜、韩国、俄罗斯

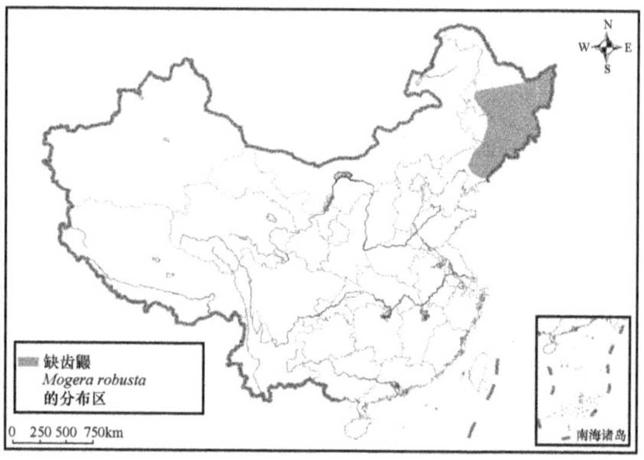

Large Mole *Mogera robusta* (Nehring, 1891)

Infra-specific Taxa： None

Habitat and Ecology： Forest; Grassland; Arable Land

Ecosystem： Terrestrial

National Key Protected Wild Animal List： None; **CITES Appendix** [1]：Not listed

Red List： **IUCN Red List** [2]：LC; **China Mammal Red List** [3]：LC

Range in the country： Heilongjiang, Jilin, Liaoning

Range countries： China, Korea, Democratic People's Republic of, Korea, Republic of, Russia

参考文献 Citation

Wang Y (王应祥), 2003; Smith *et al.*, 2009; Zhang R (张荣祖), 1997; Pan Q *et al.* (潘清华等), 2007; IUCN, 2014

25. 小缺齿鼹 Japanese Mole

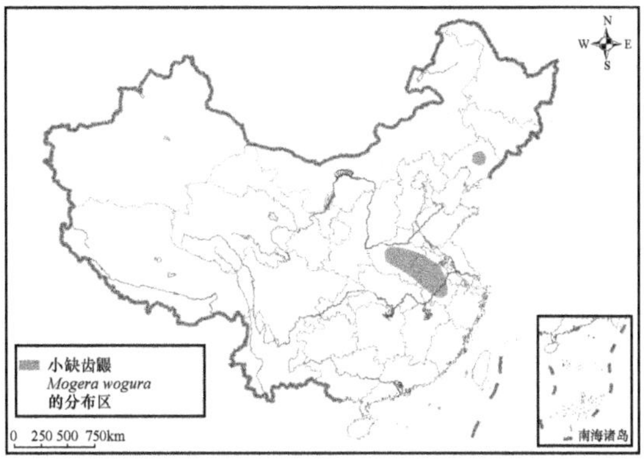

小缺齿鼹 *Mogera wogura*（Temminck, 1842）
种下单元： *wogura; robusta*
生　　境： 草地、耕地、森林、冲积平原
生态系统： 陆生生态系统
保护等级： **国家重点保护野生动物等级：** 无；**CITES 附录** [1]：未列入
红色名录： **IUCN**[2]：LC；**中国哺乳类红色名录** [3]：NT
国内分布： 辽宁、河南、安徽
分布国家： 中国、日本

Japanese Mole *Mogera wogura*（Temminck, 1842）
Infra-specific Taxa： *wogura; robusta*
Habitat and Ecology： Grassland; Arable Land; Forest; Alluvial Plain
Ecosystem： Terrestrial
National Key Protected Wild Animal List： None; **CITES Appendix**[1]：Not listed
Red List： **IUCN Red List**[2]：LC; **China Mammal Red List**[3]：NT
Range in the country： Liaoning, Henan, Anhui
Range countries： China, Japan

参考文献 Citation
Wang Y（王应祥）, 2003; Wilson and Reeder, 2005; Zhang R（张荣祖）, 1997; Pan Q *et al.*（潘清华等）, 2007; IUCN, 2014

26. 钓鱼岛鼹 Senkaku Mole

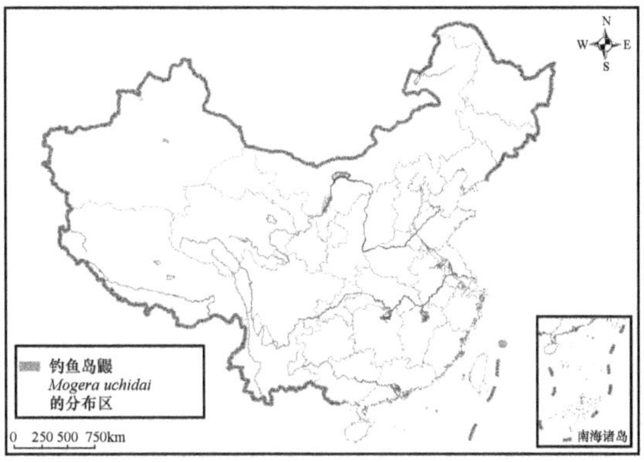

钓鱼岛鼹 *Mogera uchidai*（Abe, Shiraishi & Arai, 1991）
种下单元： 无
生　　境： 草地
生态系统： 陆生生态系统
保护等级： **国家重点保护野生动物等级：** 无；**CITES 附录** [1]：未列入
红色名录： **IUCN**[2]：DD；**中国哺乳类红色名录** [3]：DD
国内分布： 钓鱼岛
分布国家： 中国

Senkaku Mole *Mogera uchidai*（Abe, Shiraishi & Arai, 1991）
Infra-specific Taxa： None
Habitat and Ecology： Grassland
Ecosystem： Terrestrial
National Key Protected Wild Animal List： None; **CITES Appendix**[1]：Not listed
Red List： **IUCN Red List**[2]：DD; **China Mammal Red List**[3]：DD
Range in the country： Diaoyu Island
Range countries： China

参考文献 Citation
Wang Y（王应祥）, 2003; Pan Q *et al.*（潘清华等）, 2007; IUCN, 2014

27. 白尾鼹 White-tailed Mole

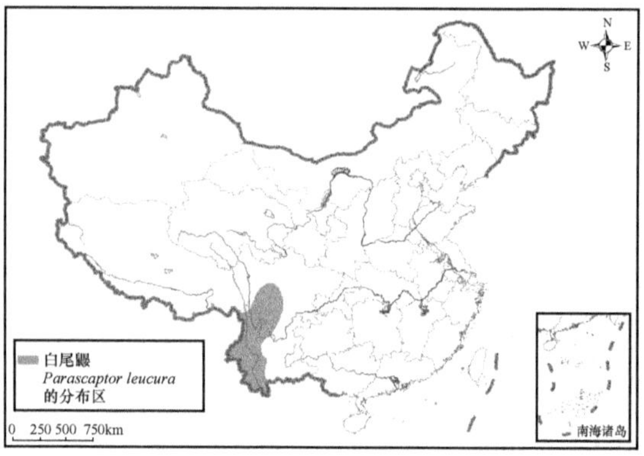

白尾鼹 *Parascaptor leucura* (Blyth, 1850)

种下单元： 无

生　　境： 亚热带湿润山地森林、灌丛、草地

生态系统： 陆生生态系统

保护等级： **国家重点保护野生动物等级：** 无；**CITES 附录** [1]：未列入

红色名录： **IUCN**[2]：LC；**中国哺乳类红色名录** [3]：VU

国内分布： 四川、云南

分布国家： 孟加拉国、中国、印度、缅甸

White-tailed Mole *Parascaptor leucura* (Blyth, 1850)

Infra-specific Taxa: None

Habitat and Ecology: Subtropical Moist Montane Forest; Shrubland; Grassland

Ecosystem: Terrestrial

National Key Protected Wild Animal List: None; **CITES Appendix**[1]: Not listed

Red List: IUCN Red List[2]: LC; **China Mammal Red List**[3]: VU

Range in the country: Sichuan, Yunnan

Range countries: Bangladesh, China, India, Myanmar

参考文献 Citation

Wang Y (王应祥), 2003; Wilson and Reeder, 2005; Zhang R (张荣祖), 1997; Pan Q *et al.* (潘清华等), 2007; Smith *et al.*, 2009; IUCN, 2014

28. 麝鼹 Short-faced Mole

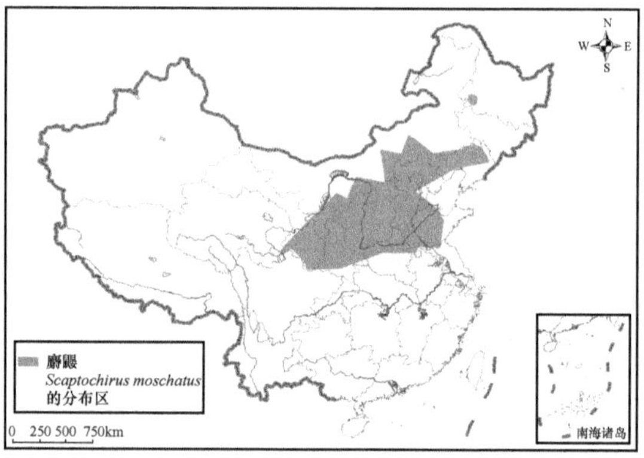

麝鼹 *Scaptochirus moschatus* (Milne-Edwards, 1867)

种下单元： 无

生　　境： 亚热带干旱低地草地

生态系统： 陆生生态系统

保护等级： **国家重点保护野生动物等级：** 无；**CITES 附录** [1]：未列入

红色名录： **IUCN**[2]：LC；**中国哺乳类红色名录** [3]：NT

国内分布： 黑龙江、辽宁、内蒙古、北京、甘肃、河北、河南、江苏、宁夏、山西、陕西、山东

分布国家： 中国

Short-faced Mole *Scaptochirus moschatus* (Milne-Edwards, 1867)

Infra-specific Taxa: None

Habitat and Ecology: Subtropical Dry Lowland Grassland

Ecosystem: Terrestrial

National Key Protected Wild Animal List: None; **CITES Appendix**[1]: Not listed

Red List: IUCN Red List[2]: LC; **China Mammal Red List**[3]: NT

Range in the country: Heilongjiang, Liaoning, Inner Mongolia, Beijing, Gansu, Hebei, Henan, Jiangsu, Ningxia, Shanxi, Shaanxi, Shandong

Range countries: China

参考文献 Citation

Wang Y (王应祥), 2003; Wilson and Reeder, 2005; Zhang R (张荣祖), 1997; Pan Q *et al.* (潘清华等), 2007; Smith *et al.*, 2009; IUCN, 2014

鼩鼱科 SORICIDAE

29. 天山鼩鼱 Tien Shan Shrew

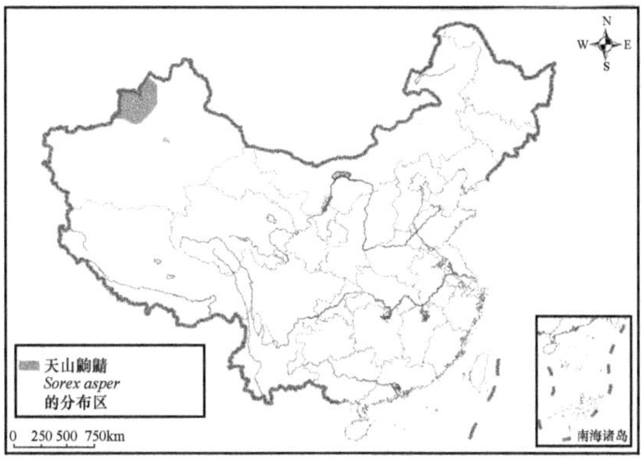

天山鼩鼱 *Sorex asper*（Thomas, 1914）

种下单元：无

生　　境：高山草甸、灌丛、泰加林

生态系统：陆生生态系统

保护等级：国家重点保护野生动物等级：无；**CITES 附录**[1]：未列入

红色名录：IUCN[2]：LC；**中国哺乳类红色名录**[3]：NT

国内分布：新疆

分布国家：中国、哈萨克斯坦、吉尔吉斯斯坦

Tien Shan Shrew *Sorex asper*（Thomas, 1914）

Infra-specific Taxa：None

Habitat and Ecology：Alpine Meadow; Shrubland; Taiga

Ecosystem：Terrestrial

National Key Protected Wild Animal List：None; **CITES Appendix**[1]：Not listed

Red List：IUCN Red List[2]：LC; **China Mammal Red List**[3]：NT

Range in the country：Xinjiang

Range countries：China, Kazakhstan, Kyrgyzstan

参考文献 Citation

Wang Y（王应祥）, 2003; Wilson and Reeder, 2005; Pan Q *et al.*（潘清华等）, 2007; Smith *et al.*, 2009; IUCN, 2014

30. 小纹背鼩鼱 Lesser Stripe-backed Shrew

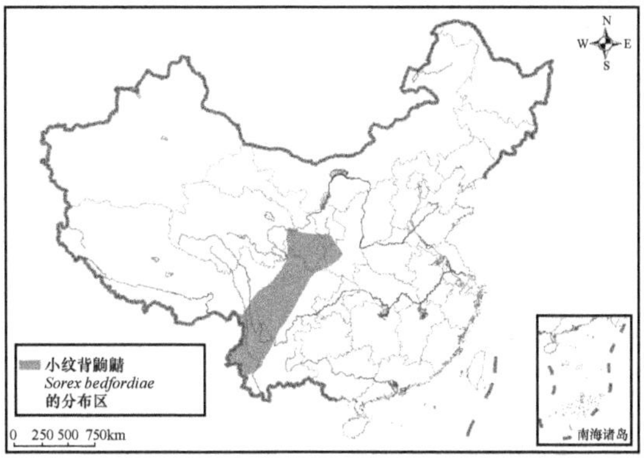

小纹背鼩鼱 *Sorex bedfordiae*（Thomas, 1911）

种下单元：无

生　　境：泰加林

生态系统：陆生生态系统

保护等级：国家重点保护野生动物等级：无；**CITES 附录**[1]：未列入

红色名录：IUCN[2]：LC；**中国哺乳类红色名录**[3]：LC

国内分布：陕西、甘肃、青海、四川、云南

分布国家：中国、缅甸、尼泊尔

Lesser Stripe-backed Shrew *Sorex bedfordiae*（Thomas, 1911）

Infra-specific Taxa：None

Habitat and Ecology：Taiga

Ecosystem：Terrestrial

National Key Protected Wild Animal List：None; **CITES Appendix**[1]：Not listed

Red List：IUCN Red List[2]：LC; **China Mammal Red List**[3]：LC

Range in the country：Shaanxi, Gansu, Qinghai, Sichuan, Yunnan

Range countries：China, Myanmar, Nepal

参考文献 Citation

Wang Y（王应祥）, 2003; Wilson and Reeder, 2005; Smith *et al.*, 2009; Zhang R（张荣祖）, 1997; Pan Q *et al.*（潘清华等）, 2007; Liu Y *et al.*,（刘洋等）, 2009; IUCN, 2014

31. 帕米尔鼩鼱 Pamir Shrew

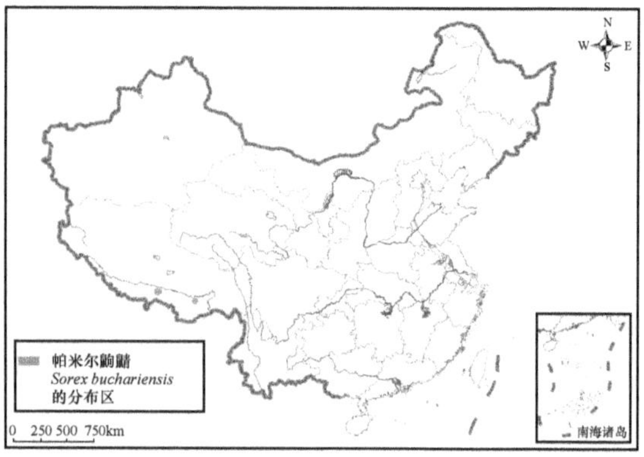

帕米尔鼩鼱 *Sorex buchariensis* Ognev, 1922

种下单元： 无

生　　境： 森林

生态系统： 陆生生态系统

保护等级： **国家重点保护野生动物等级：** 无；**CITES 附录**[1]：未列入

红色名录： **IUCN**[2]：LC；**中国哺乳类红色名录**[3]：LC

国内分布： 西藏

分布国家： 中国、吉尔吉斯斯坦、塔吉克斯坦、乌兹别克斯坦

Pamir Shrew *Sorex buchariensis* Ognev, 1922

Infra-specific Taxa： None

Habitat and Ecology： Forest

Ecosystem： Terrestrial

National Key Protected Wild Animal List： None; **CITES Appendix**[1]：Not listed

Red List： **IUCN Red List**[2]：LC; **China Mammal Red List**[3]：LC

Range in the country： Tibet

Range countries： China, Kyrgyzstan, Tajikistan, Uzbekistan

参考文献 Citation

Zhang R(张荣祖), 1997; IUCN, 2014

32. 中鼩鼱 Laxmann's Shrew

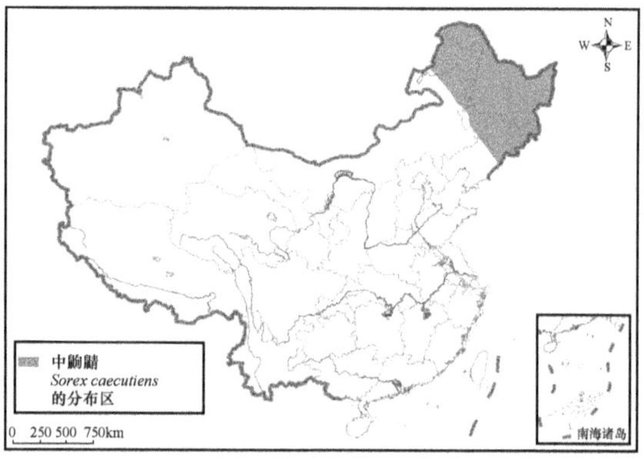

中鼩鼱 *Sorex caecutiens*(Laxmann, 1788)

种下单元： 无

生　　境： 泰加林、苔原、沼泽

生态系统： 陆生生态系统

保护等级： **国家重点保护野生动物等级：** 无；**CITES 附录**[1]：未列入

红色名录： **IUCN**[2]：LC；**中国哺乳类红色名录**[3]：NT

国内分布： 黑龙江、吉林、内蒙古、新疆

分布国家： 白俄罗斯、中国、爱沙尼亚、芬兰、日本、哈萨克斯坦、朝鲜、韩国、拉脱维亚、立陶宛、蒙古、挪威、波兰、俄罗斯、瑞典、乌克兰

Laxmann's Shrew *Sorex caecutiens*(Laxmann, 1788)

Infra-specific Taxa： None

Habitat and Ecology： Taiga; Tundra; Swamps

Ecosystem： Terrestrial

National Key Protected Wild Animal List： None; **CITES Appendix**[1]：Not listed

Red List： **IUCN Red List**[2]：LC; **China Mammal Red List**[3]：NT

Range in the country： Heilongjiang, Jilin, Inner Mongolia, Xinjiang

Range countries： Belarus, China, Estonia, Finland, Japan, Kazakhstan, Korea, Democratic People's Republic, Korea, Republic of, Latvia, Lithuania, Mongolia, Norway, Poland, Russia, Sweden, Ukraine

参考文献 Citation

Wang Y(王应祥), 2003; Wilson and Reeder, 2005; Zhang R(张荣祖), 1997; Pan Q *et al.*(潘清华等), 2007; Smith *et al.*, 2009; IUCN, 2014

33. 甘肃鼩鼱 Gansu Shrew

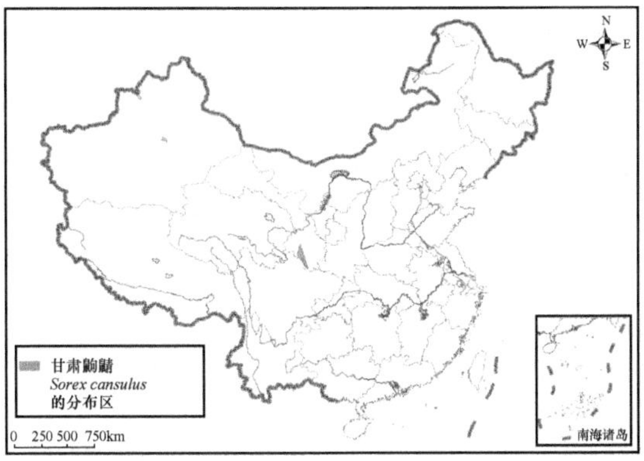

甘肃鼩鼱 *Sorex cansulus*(Thomas, 1912)

种下单元： 无

生　　境： 泰加林、灌丛、沼泽

生态系统： 陆生生态系统

保护等级： **国家重点保护野生动物等级：** 无；**CITES 附录** [1]：未列入

红色名录： **IUCN**[2]：DD；**中国哺乳类红色名录** [3]：NT

国内分布： 甘肃

分布国家： 中国

Gansu Shrew *Sorex cansulus*(Thomas, 1912)

Infra-specific Taxa: None

Habitat and Ecology: Taiga; Shrubland; Swamps

Ecosystem: Terrestrial

National Key Protected Wild Animal List: None; **CITES Appendix**[1]: Not listed

Red List: IUCN Red List[2]: DD; **China Mammal Red List**[3]: NT

Range in the country: Gansu

Range countries: China

参考文献 Citation

Wang Y(王应祥), 2003; Wilson and Reeder, 2005; Pan Q *et al.*(潘清华等), 2007; Smith *et al.*, 2009; IUCN, 2014

34. 纹背鼩鼱 Stripe-backed Shrew

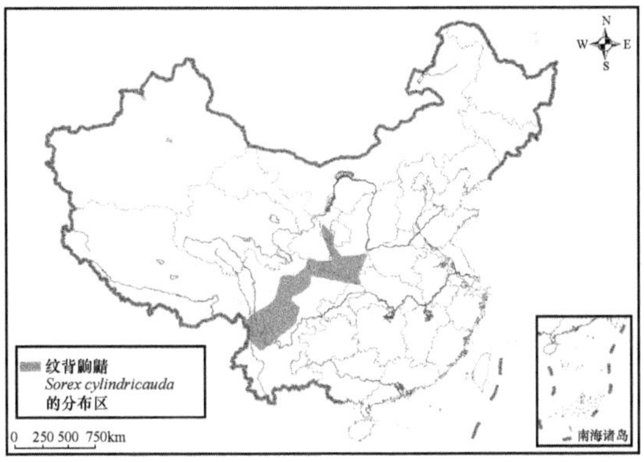

纹背鼩鼱 *Sorex cylindricauda*(Milne-Edwards, 1872)

种下单元： 无

生　　境： 针叶阔叶混交林

生态系统： 陆生生态系统

保护等级： **国家重点保护野生动物等级：** 无；**CITES 附录** [1]：未列入

红色名录： **IUCN**[2]：LC；**中国哺乳类红色名录** [3]：NT

国内分布： 陕西、甘肃、四川、云南

分布国家： 中国

Stripe-backed Shrew *Sorex cylindricauda*(Milne-Edwards, 1872)

Infra-specific Taxa: None

Habitat and Ecology: Coniferous and Broad-leaved Mixed Forest

Ecosystem: Terrestrial

National Key Protected Wild Animal List: None; **CITES Appendix**[1]: Not listed

Red List: IUCN Red List[2]: LC; **China Mammal Red List**[3]: NT

Range in the country: Shaanxi, Gansu, Sichuan, Yunnan

Range countries: China

参考文献 Citation

Wang Y(王应祥), 2003; Wilson and Reeder, 2005; Zhang R(张荣祖), 1997; Pan Q *et al.*(潘清华等), 2007; Smith *et al.*, 2009; IUCN, 2014

35. 栗齿鼩鼱 Large-toothed Siberian Shrew

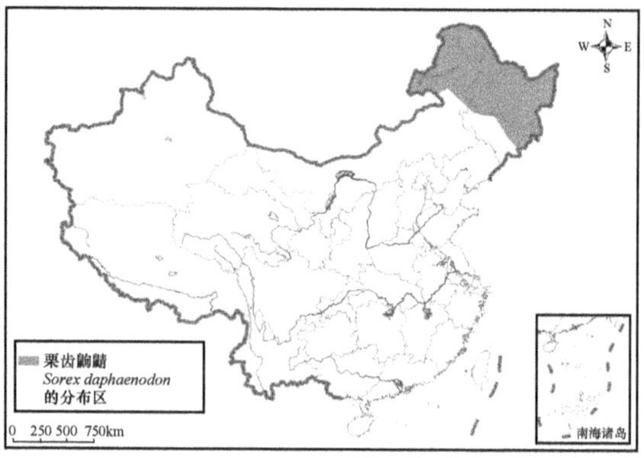

栗齿鼩鼱 *Sorex daphaenodon* (Thomas, 1907)
种下单元：*daphaenodon*; *sanguinidens*; *scaloni*
生　　境：针叶阔叶混交林
生态系统：陆生生态系统
保护等级：**国家重点保护野生动物等级**：无；**CITES 附录**[1]：未列入
红色名录：**IUCN**[2]：LC；**中国哺乳类红色名录**[3]：NT
国内分布：黑龙江、吉林、内蒙古
分布国家：中国、哈萨克斯坦、蒙古、俄罗斯

Large-toothed Siberian Shrew *Sorex daphaenodon* (Thomas, 1907)
Infra-specific Taxa: *daphaenodon*; *sanguinidens*; *scaloni*
Habitat and Ecology: Coniferous and Broad-leaved Mixed Forest
Ecosystem: Terrestrial
National Key Protected Wild Animal List: None; **CITES Appendix**[1]: Not listed
Red List: **IUCN Red List**[2]: LC; **China Mammal Red List**[3]: NT
Range in the country: Heilongjiang, Jilin, Inner Mongolia
Range countries: China, Kazakhstan, Mongolia, Russia

参考文献 Citation

Wang Y (王应祥), 2003; Wilson and Reeder, 2005; Zhang R (张荣祖), 1997; Pan Q *et al.* (潘清华等), 2007; Smith *et al.*, 2009; IUCN, 2014

36. 云南鼩鼱 Highland Shrew

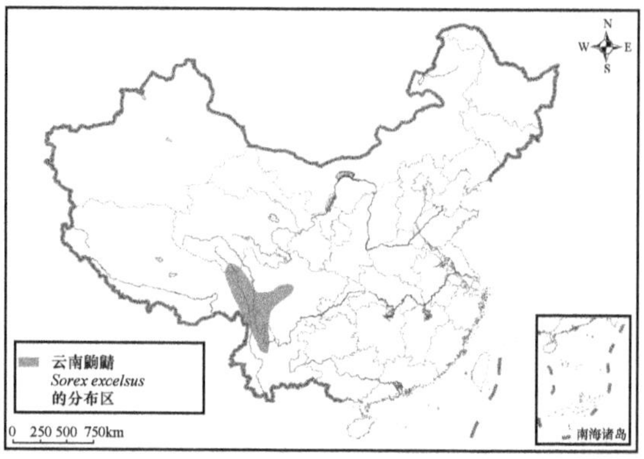

云南鼩鼱 *Sorex excelsus* (G.M. Allen, 1923)
种下单元：无
生　　境：亚热带湿润山地森林
生态系统：陆生生态系统
保护等级：**国家重点保护野生动物等级**：无；**CITES 附录**[1]：未列入
红色名录：**IUCN**[2]：LC；**中国哺乳类红色名录**[3]：LC
国内分布：青海、四川、云南、西藏
分布国家：中国、尼泊尔

Highland Shrew *Sorex excelsus* (G.M. Allen, 1923)
Infra-specific Taxa: None
Habitat and Ecology: Subtropical Moist Montane Forest
Ecosystem: Terrestrial
National Key Protected Wild Animal List: None; **CITES Appendix**[1]: Not listed
Red List: **IUCN Red List**[2]: LC; **China Mammal Red List**[3]: LC
Range in the country: Qinghai, Sichuan, Yunnan, Tibet
Range countries: China, Nepal

参考文献 Citation

Wang Y (王应祥), 2003; Wilson and Reeder, 2005; Pan Q *et al.* (潘清华等), 2007; Smith *et al.*, 2009; IUCN, 2014

37. 细鼩鼱 Slender Shrew

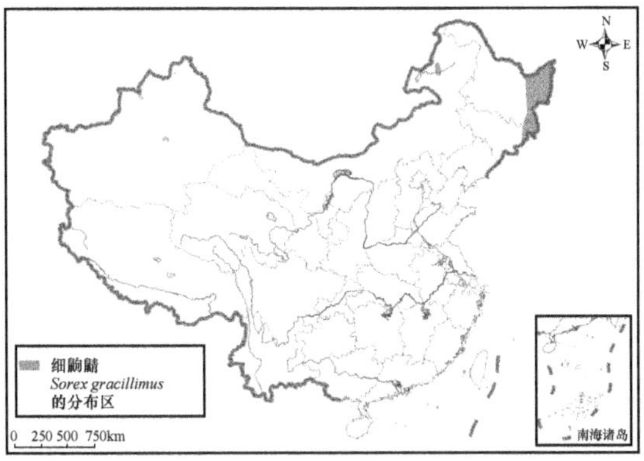

细鼩鼱 *Sorex gracillimus* (Thomas, 1907)

种下单元： *gracillimus*; *granti*; *hyojironis*; *minor*; *natalae*

生　　境： 泰加林、次生林、针叶阔叶混交林

生态系统： 陆生生态系统

保护等级： **国家重点保护野生动物等级：** 无；**CITES 附录** [1]：未列入

红色名录： **IUCN**[2]：LC；**中国哺乳类红色名录** [3]：NT

国内分布： 内蒙古、黑龙江、吉林

分布国家： 中国、日本、朝鲜、俄罗斯

Slender Shrew *Sorex gracillimus* (Thomas, 1907)

Infra-specific Taxa: *gracillimus*; *granti*; *hyojironis*; *minor*; *natalae*

Habitat and Ecology: Taiga; Secondary Forest; Coniferous and Broad-leaved Mixed Forest

Ecosystem: Terrestrial

National Key Protected Wild Animal List: None; **CITES Appendix**[1]: Not listed

Red List: **IUCN Red List**[2]: LC; **China Mammal Red List**[3]: NT

Range in the country: Inner Mongolia, Heilongjiang, Jilin

Range countries: China, Japan, Korea, Democratic People's Republic of, Russia

参考文献 Citation

Wang Y (王应祥), 2003; Pan Q *et al.* (潘清华等), 2007; Smith *et al.*, 2009; IUCN, 2014

38. 远东鼩鼱 Even-toothed Shrew

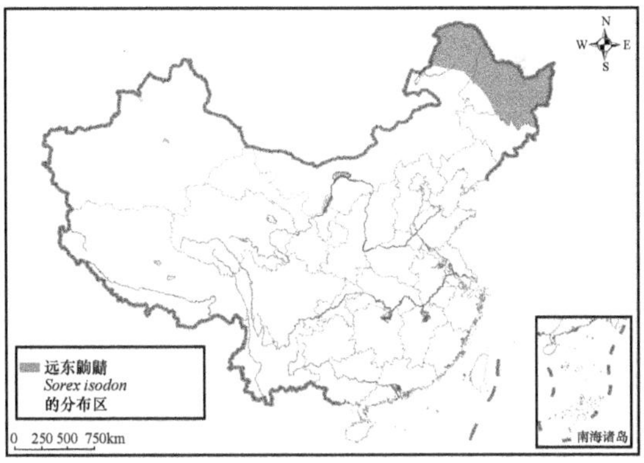

远东鼩鼱 *Sorex isodon* (Turov, 1924)

种下单元： 无

生　　境： 温带森林

生态系统： 陆生生态系统

保护等级： **国家重点保护野生动物等级：** 无；**CITES 附录** [1]：未列入

红色名录： **IUCN**[2]：LC；**中国哺乳类红色名录** [3]：NT

国内分布： 内蒙古、黑龙江

分布国家： 中国、白俄罗斯、芬兰、哈萨克斯坦、朝鲜、蒙古、挪威、俄罗斯、瑞典

Even-toothed Shrew *Sorex isodon* (Turov, 1924)

Infra-specific Taxa: None

Habitat and Ecology: Temperate Forest

Ecosystem: Terrestrial

National Key Protected Wild Animal List: None; **CITES Appendix**[1]: Not listed

Red List: **IUCN Red List**[2]: LC; **China Mammal Red List**[3]: NT

Range in the country: Inner Mongolia, Heilongjiang

Range countries: China, Belarus, Finland, Kazakhstan, Korea, Democratic People's Republic of, Mongolia, Norway, Russia, Sweden

参考文献 Citation

Wang Y (王应祥), 2003; Wilson and Reeder, 2005; Pan Q *et al.* (潘清华等), 2007; Smith *et al.*, 2009; IUCN, 2014

39. 柯氏鼩鼱 Kozlov's Shrew

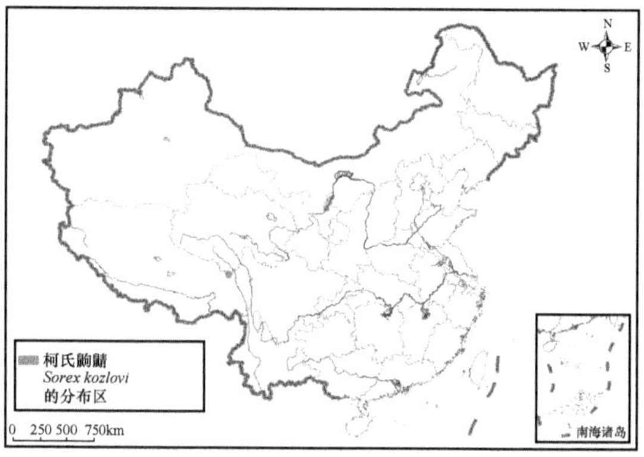

柯氏鼩鼱　*Sorex kozlovi* (Stroganov, 1952)

种下单元： 无

生　　境： 泰加林、灌丛

生态系统： 陆生生态系统

保护等级： **国家重点保护野生动物等级：** 无；**CITES 附录**[1]：未列入

红色名录： **IUCN**[2]：DD；**中国哺乳类红色名录**[3]：DD

国内分布： 西藏

分布国家： 中国

Kozlov's Shrew　*Sorex kozlovi* (Stroganov, 1952)

Infra-specific Taxa：None

Habitat and Ecology：Taiga; Shrubland

Ecosystem：Terrestrial

National Key Protected Wild Animal List：None; **CITES Appendix**[1]：Not listed

Red List：**IUCN Red List**[2]：DD; **China Mammal Red List**[3]：DD

Range in the country：Tibet

Range countries：China

参考文献 Citation

Wilson and Reeder, 2005; Pan Q *et al.* (潘清华等), 2007; IUCN, 2014

40. 姬鼩鼱 Eurasian Least Shrew

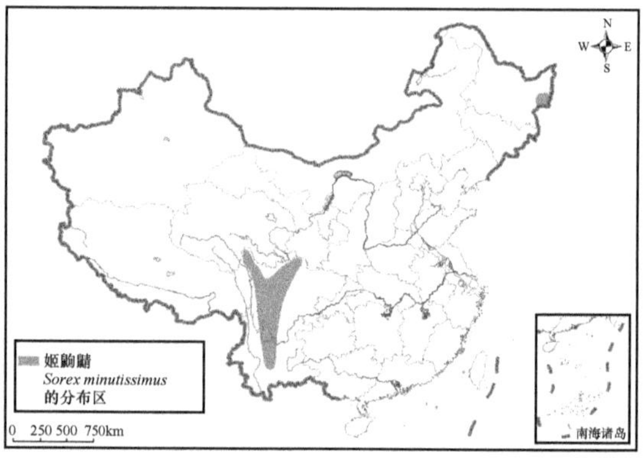

姬鼩鼱　*Sorex minutissimus* (Zimmermann, 1780)

种下单元： 无

生　　境： 泰加林

生态系统： 陆生生态系统

保护等级： **国家重点保护野生动物等级：** 无；**CITES 附录**[1]：未列入

红色名录： **IUCN**[2]：LC；**中国哺乳类红色名录**[3]：NT

国内分布： 黑龙江、四川、云南

分布国家： 中国、爱沙尼亚、芬兰、日本、蒙古、挪威、俄罗斯、瑞典

Eurasian Least Shrew　*Sorex minutissimus* (Zimmermann, 1780)

Infra-specific Taxa：None

Habitat and Ecology：Taiga

Ecosystem：Terrestrial

National Key Protected Wild Animal List：None; **CITES Appendix**[1]：Not listed

Red List：**IUCN Red List**[2]：LC; **China Mammal Red List**[3]：NT

Range in the country：Heilongjiang, Sichuan, Yunnan

Range countries：China, Estonia, Finland, Japan, Mongolia, Norway, Russia, Sweden

参考文献 Citation

Wang Y (王应祥), 2003; Wilson and Reeder, 2005; Pan Q *et al.* (潘清华等), 2007; Smith *et al.*, 2009; IUCN, 2014

41. 小鼩鼱 Eurasian Pygmy Shrew

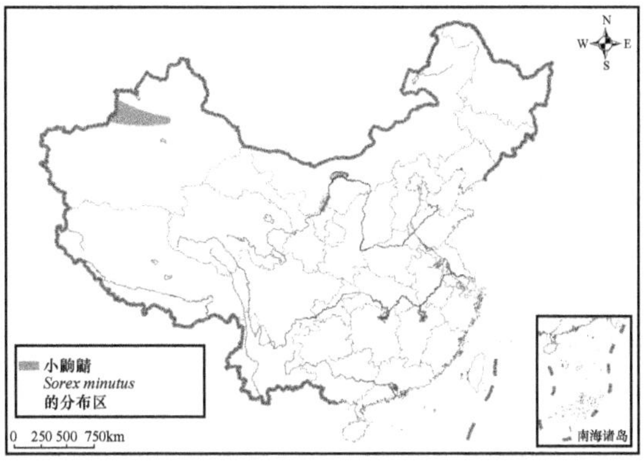

小鼩鼱 *Sorex minutus* (Linnaeus, 1766)
种下单元：无
生　　境：泰加林、内陆岩石区域
生态系统：陆生生态系统
保护等级：国家重点保护野生动物等级：无；**CITES 附录**[1]：未列入
红色名录：IUCN[2]：LC；**中国哺乳类红色名录**[3]：NT
国内分布：新疆
分布国家：阿尔巴尼亚、安道尔、亚美尼亚、奥地利、阿塞拜疆、白俄罗斯、比利时、波斯尼亚和黑塞哥维那、保加利亚、中国、克罗地亚、捷克、丹麦、爱沙尼亚、芬兰、法国、格鲁吉亚、德国、希腊、匈牙利、印度、爱尔兰、意大利、拉脱维亚、列支敦士登、立陶宛、卢森堡、马其顿、摩尔多瓦、黑山、荷兰、挪威、巴基斯坦、波兰、葡萄牙、罗马尼亚、俄罗斯、塞尔维亚、斯洛伐克、斯洛文尼亚、西班牙、瑞典、瑞士、土耳其、乌克兰、英国

Eurasian Pygmy Shrew *Sorex minutus* (Linnaeus, 1766)
Infra-specific Taxa: None
Habitat and Ecology: Taiga; Inland Rocky Areas
Ecosystem: Terrestrial
National Key Protected Wild Animal List: None; **CITES Appendix**[1]: Not listed
Red List: IUCN Red List[2]: LC; **China Mammal Red List**[3]: NT
Range in the country: Xinjiang
Range countries: Albania, Andorra, Armenia, Austria, Azerbaijan, Belarus, Belgium, Bosnia and Herzegovina, Bulgaria, China, Croatia, Czech, Danmark, Estonia, Finland, France, Georgia, Germany, Greece, Hungary, India, Ireland, Italy, Latvia, Liechtenstein, Lithuania, Luxembourg, Macedonia, Moldova, Montenegro, Netherlands, Norway, Pakistan, Poland, Portugal, Romania, Russia, Serbia, Slovakia, Slovenia, Spain, Sweden, Switzerland, Turkey, Ukraine, United Kingdom

参考文献 Citation

Wang Y (王应祥), 2003; Wilson and Reeder, 2005; Zhang R (张荣祖), 1997; Pan Q *et al.* (潘清华等), 2007; Smith *et al.*, 2009; Tu F *et al.* (涂飞云等), 2012; IUCN, 2014

42. 大鼩鼱 Ussuri Shrew

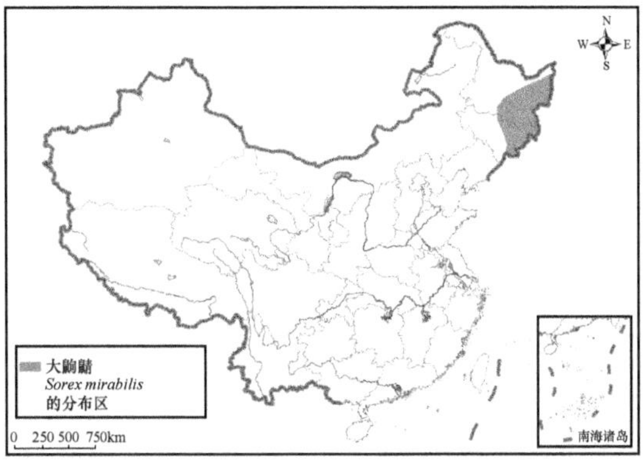

大鼩鼱 *Sorex mirabilis* (Ognev, 1937)
种下单元：无
生　　境：针叶阔叶混交林、温带森林
生态系统：陆生生态系统
保护等级：国家重点保护野生动物等级：无；**CITES 附录**[1]：未列入
红色名录：IUCN[2]：DD；**中国哺乳类红色名录**[3]：NT
国内分布：黑龙江、吉林
分布国家：中国、朝鲜、俄罗斯

Ussuri Shrew *Sorex mirabilis* (Ognev, 1937)
Infra-specific Taxa: None
Habitat and Ecology: Coniferous and Broad-leaved Mixed Forest; Temperate Forest
Ecosystem: Terrestrial
National Key Protected Wild Animal List: None; **CITES Appendix**[1]: Not listed
Red List: IUCN Red List[2]: DD; **China Mammal Red List**[3]: NT
Range in the country: Heilongjiang, Jilin
Range countries: China, Korea, Democratic People's Republic of, Russia

参考文献 Citation

Wang Y (王应祥), 2003; Wilson and Reeder, 2005; Zhang R (张荣祖), 1997; Pan Q *et al.* (潘清华等), 2007; Smith *et al.*, 2009; IUCN, 2014

43. 克什米尔鼩鼱 Kashmir Shrew

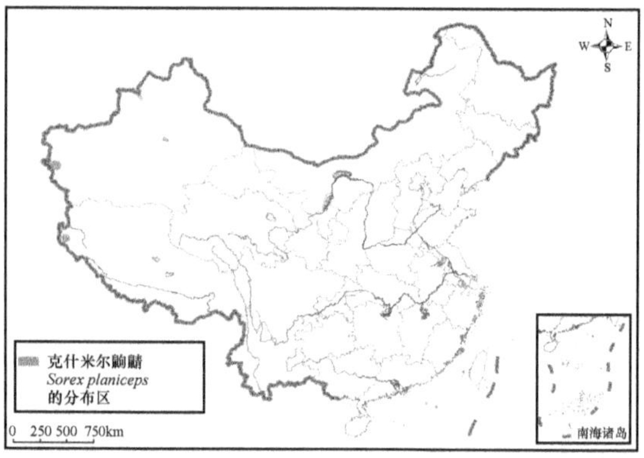

克什米尔鼩鼱 *Sorex planiceps* (Miller, 1911)

种下单元： 无

生　　境： 泰加林、内陆岩石区域

生态系统： 陆生生态系统

保护等级： **国家重点保护野生动物等级：** 无；**CITES 附录** [1]：未列入

红色名录： **IUCN**[2]：LC；**中国哺乳类红色名录** [3]：NT

国内分布： 西藏、新疆

分布国家： 中国、印度、巴基斯坦

Kashmir Shrew *Sorex planiceps* (Miller, 1911)

Infra-specific Taxa: None

Habitat and Ecology: Taiga; Inland Rocky Areas

Ecosystem: Terrestrial

National Key Protected Wild Animal List: None; **CITES Appendix**[1]: Not listed

Red List: IUCN Red List[2]: LC; **China Mammal Red List**[3]: NT

Range in the country: Tibet, Xinjiang

Range countries: China, India, Pakistan

参考文献 Citation

Pan Q *et al.* (潘清华等), 2007; Smith *et al.*, 2009; IUCN, 2014

44. 扁颅鼩鼱 Flat-skulled Shrew

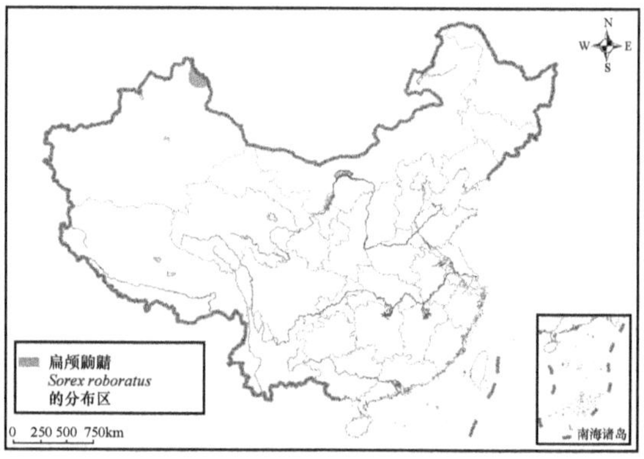

扁颅鼩鼱 *Sorex roboratus* (Hollister, 1913)

种下单元： 无

生　　境： 苔原、泰加林

生态系统： 陆生生态系统

保护等级： **国家重点保护野生动物等级：** 无；**CITES 附录** [1]：未列入

红色名录： **IUCN**[2]：LC；**中国哺乳类红色名录** [3]：NT

国内分布： 新疆

分布国家： 中国、蒙古、俄罗斯

Flat-skulled Shrew *Sorex roboratus* (Hollister, 1913)

Infra-specific Taxa: None

Habitat and Ecology: Tundra; Taiga

Ecosystem: Terrestrial

National Key Protected Wild Animal List: None; **CITES Appendix**[1]: Not listed

Red List: IUCN Red List[2]: LC; **China Mammal Red List**[3]: NT

Range in the country: Xinjiang

Range countries: China, Mongolia, Russia

参考文献 Citation

Smith *et al.*, 2009; IUCN, 2014

45. 陕西鼩鼱 Chinese Shrew

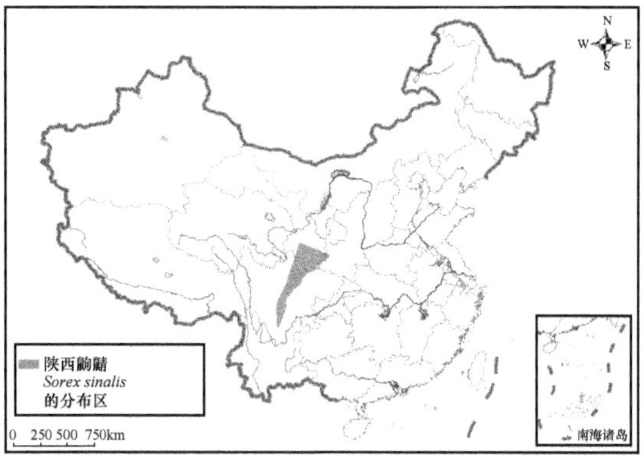

陕西鼩鼱 *Sorex sinalis* (Thomas, 1912)

种下单元： 无

生　　境： 内陆岩石区域

生态系统： 陆生生态系统

保护等级：国家重点保护野生动物等级： 无；**CITES 附录** [1]：未列入

红色名录：IUCN[2]：DD；**中国哺乳类红色名录** [3]：NT

国内分布： 陕西、四川、甘肃

分布国家： 中国

Chinese Shrew *Sorex sinalis* (Thomas, 1912)

Infra-specific Taxa： None

Habitat and Ecology： Inland Rocky Areas

Ecosystem： Terrestrial

National Key Protected Wild Animal List： None; **CITES Appendix**[1]：Not listed

Red List：IUCN Red List[2]：DD; **China Mammal Red List**[3]：NT

Range in the country： Shaanxi, Sichuan, Gansu

Range countries： China

参考文献 Citation

Wang Y (王应祥), 2003; Wilson and Reeder, 2005; Pan Q *et al.* (潘清华等), 2007; Smith *et al.*, 2009; IUCN, 2014

46. 藏鼩鼱 Tibetan Shrew

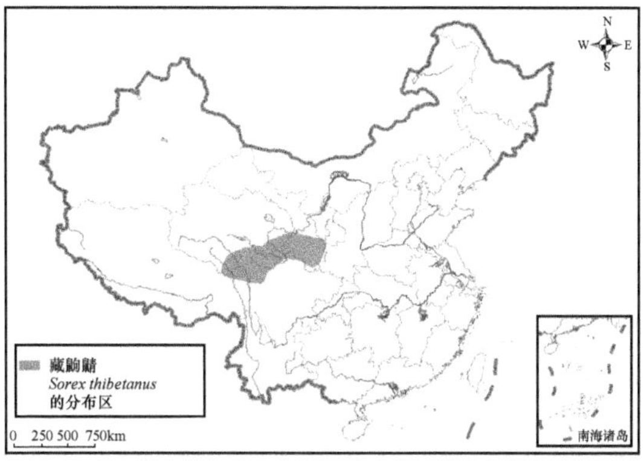

藏鼩鼱 *Sorex thibetanus* (Kastschenko, 1905)

种下单元： 无

生　　境： 草地、灌丛、沼泽

生态系统： 陆生生态系统

保护等级：国家重点保护野生动物等级： 无；**CITES 附录** [1]：未列入

红色名录：IUCN[2]：DD；**中国哺乳类红色名录** [3]：NT

国内分布： 四川、甘肃、青海、西藏

分布国家： 中国

Tibetan Shrew *Sorex thibetanus* (Kastschenko, 1905)

Infra-specific Taxa： None

Habitat and Ecology： Grassland; Shrubland; Swamps

Ecosystem： Terrestrial

National Key Protected Wild Animal List： None; **CITES Appendix**[1]：Not listed

Red List：IUCN Red List[2]：DD; **China Mammal Red List**[3]：NT

Range in the country： Sichuan, Gansu, Qinghai, Tibet

Range countries： China

参考文献 Citation

Wang Y (王应祥), 2003; Pan Q *et al.* (潘清华等), 2007; Smith *et al.*, 2009; Liao R *et al.* (廖锐等), 2012; IUCN, 2014

47. 苔原鼩鼱 Tundra Shrew

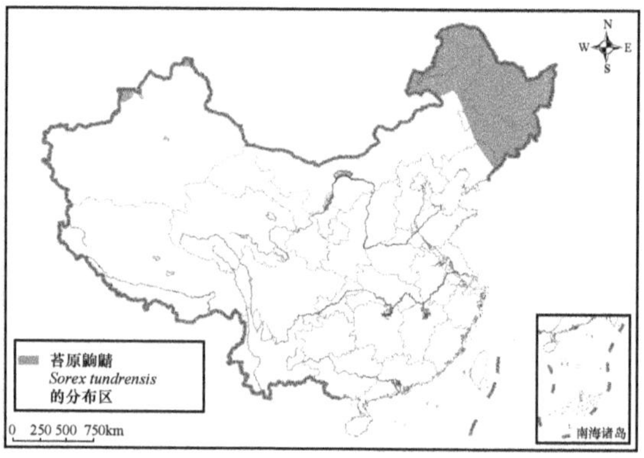

苔原鼩鼱　*Sorex tundrensis* Merriam, 1900

种下单元：无

生　　境：草地、灌丛

生态系统：陆生生态系统

保护等级：国家重点保护野生动物等级：无；**CITES 附录** [1]：未列入

红色名录：IUCN[2]：LC；**中国哺乳类红色名录** [3]：NT

国内分布：黑龙江、吉林、内蒙古、新疆

分布国家：加拿大、中国、蒙古、俄罗斯、美国

Tundra Shrew　*Sorex tundrensis* Merriam, 1900

Infra-specific Taxa：None

Habitat and Ecology：Grassland; Shrubland

Ecosystem：Terrestrial

National Key Protected Wild Animal List：None; **CITES Appendix**[1]：Not listed

Red List：IUCN Red List[2]：LC; **China Mammal Red List**[3]：NT

Range in the country：Heilongjiang, Jilin, Inner Mongolia, Xinjiang

Range countries：Canada, China, Mongolia, Russia, United States

参考文献 Citation

Wilson and Reeder, 2005; Pan Q *et al.*(潘清华等), 2007; Smith *et al.*, 2009; Liu *et al.*(刘洋等), 2010; IUCN, 2014

48. 长爪鼩鼱 Long-clawed Shrew

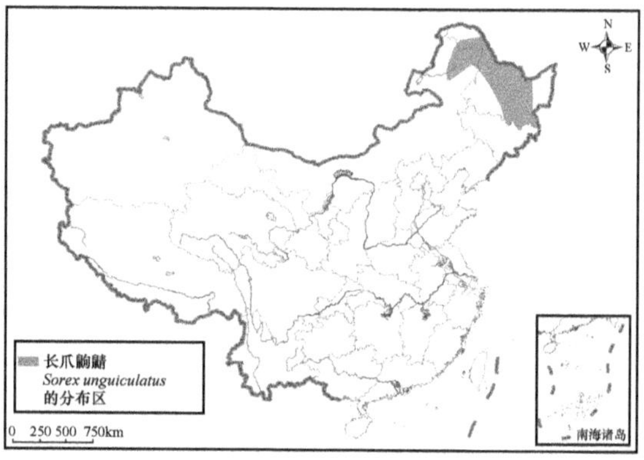

长爪鼩鼱　*Sorex unguiculatus* Dobson, 1890

种下单元：无

生　　境：草地、泰加林、针叶阔叶混交林

生态系统：陆生生态系统

保护等级：国家重点保护野生动物等级：无；**CITES 附录** [1]：未列入

红色名录：IUCN[2]：LC；**中国哺乳类红色名录** [3]：LC

国内分布：黑龙江、内蒙古

分布国家：中国、日本、朝鲜、俄罗斯

Long-clawed Shrew　*Sorex unguiculatus* Dobson, 1890

Infra-specific Taxa：None

Habitat and Ecology：Grassland; Taiga; Coniferous and Broad-leaved Mixed Forest

Ecosystem：Terrestrial

National Key Protected Wild Animal List：None; **CITES Appendix**[1]：Not listed

Red List：IUCN Red List[2]：LC; **China Mammal Red List**[3]：LC

Range in the country：Heilongjiang, Inner Mongolia

Range countries：China, Japan, Korea, Democratic People's Republic of, Russia

参考文献 Citation

Wang Y(王应祥), 2003; Smith *et al.*, 2009; Zhang R(张荣祖), 1997; Pan Q *et al.*(潘清华等), 2007; IUCN, 2014

49. 淡灰黑齿鼩鼱 Indochinese Short-tailed Shrew

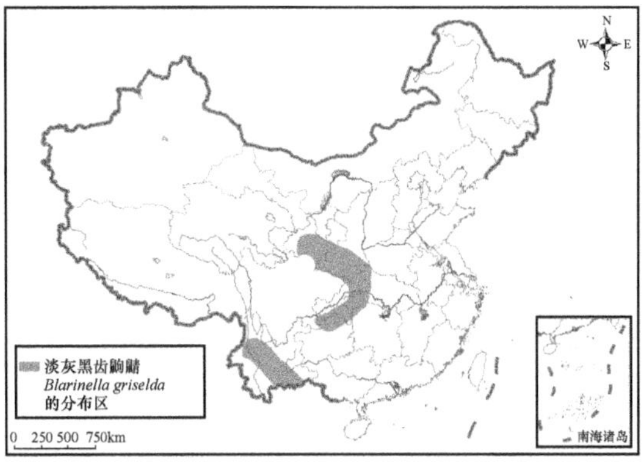

淡灰黑齿鼩鼱　*Blarinella griselda* Thomas, 1912

种下单元： 无

生　　境： 森林

生态系统： 陆生生态系统

保护等级： **国家重点保护野生动物等级：** 无；**CITES 附录** [1]：未列入

红色名录： **IUCN**[2]：LC；**中国哺乳类红色名录** [3]：LC

国内分布： 四川、陕西、湖北、甘肃、贵州、云南、台湾

分布国家： 中国、越南

Indochinese Short-tailed Shrew　*Blarinella griselda* Thomas, 1912

Infra-specific Taxa： None

Habitat and Ecology： Forest

Ecosystem： Terrestrial

National Key Protected Wild Animal List： None; **CITES Appendix**[1]：Not listed

Red List： **IUCN Red List**[2]：LC; **China Mammal Red List**[3]：LC

Range in the country： Sichuan, Shannxi, Hubei, Gansu, Guizhou, Yunnan, Taiwan

Range countries： China, Vietnam

参考文献 Citation

Wang Y (王应祥), 2003; Wilson and Reeder, 2005;Pan Q *et al.* (潘清华等), 2007;Smith *et al.*, 2009;IUCN, 2014

50. 川鼩 Asiatic Short-tailed Shrew

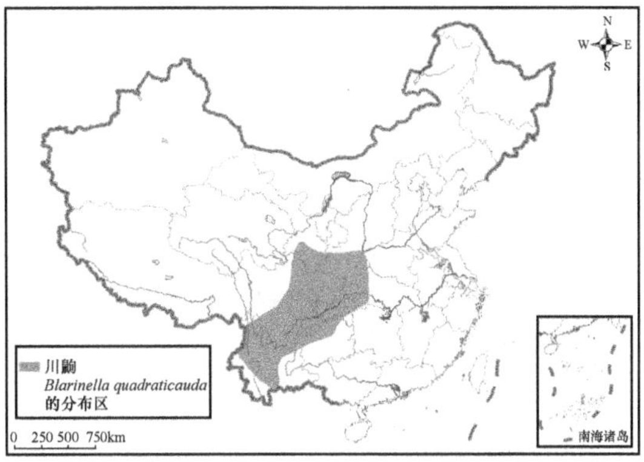

川鼩　*Blarinella quadraticauda* (Milne-Edwards, 1872)

种下单元： 无

生　　境： 泰加林、次生林

生态系统： 陆生生态系统

保护等级： **国家重点保护野生动物等级：** 无；**CITES 附录** [1]：未列入

红色名录： **IUCN**[2]：NT；**中国哺乳类红色名录** [3]：LC

国内分布： 陕西、甘肃、湖北、四川、贵州、重庆、云南

分布国家： 中国

Asiatic Short-tailed Shrew　*Blarinella quadraticauda* (Milne-Edwards, 1872)

Infra-specific Taxa： None

Habitat and Ecology： Taiga; Secondary Forest

Ecosystem： Terrestrial

National Key Protected Wild Animal List： None; **CITES Appendix**[1]：Not listed

Red List： **IUCN Red List**[2]：NT; **China Mammal Red List**[3]：LC

Range in the country： Shaanxi, Gansu, Hubei, Sichuan, Guizhou, Chongqing, Yunnan

Range countries： China

参考文献 Citation

Wang Y (王应祥), 2003; Wilson and Reeder, 2005; Zhang R (张荣祖), 1997; Pan Q *et al.* (潘清华等), 2007; Smith *et al.*, 2009; IUCN, 2014

51. 狭颅黑齿鼩鼱 Burmese Short-tailed Shrew

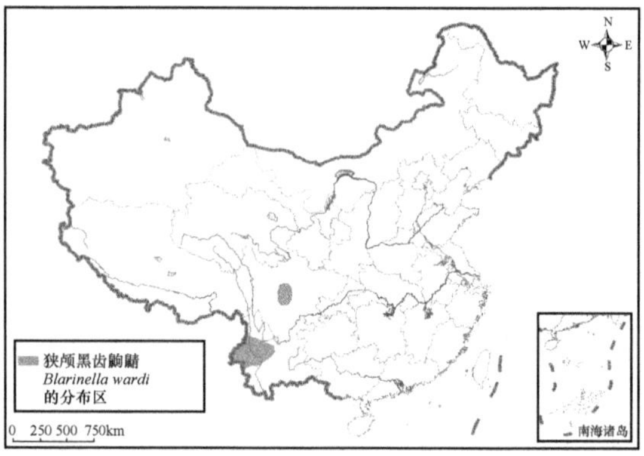

狭颅黑齿鼩鼱　*Blarinella wardi*(Thomas, 1915)
种下单元：无
生　　境：温带森林
生态系统：陆生生态系统
保护等级：国家重点保护野生动物等级：无；**CITES 附录**[1]：未列入
红色名录：IUCN[2]：LC；**中国哺乳类红色名录**[3]：NT
国内分布：云南、四川
分布国家：中国、缅甸

Burmese Short-tailed Shrew　*Blarinella wardi*(Thomas, 1915)
Infra-specific Taxa：None
Habitat and Ecology：Temperate Forest
Ecosystem：Terrestrial
National Key Protected Wild Animal List：None; **CITES Appendix**[1]：Not listed
Red List：IUCN Red List[2]：LC; **China Mammal Red List**[3]：NT
Range in the country：Yunnan, Sichuan
Range countries：China, Myanmar

参考文献 Citation

Wang Y(王应祥), 2003; Wilson and Reeder, 2005; Pan Q *et al.*(潘清华等), 2007; Smith *et al.*, 2009; Tu F *et al.*(涂飞云等), 2012; IUCN, 2014

52. 大爪长尾鼩鼱 Himalayan Shrew

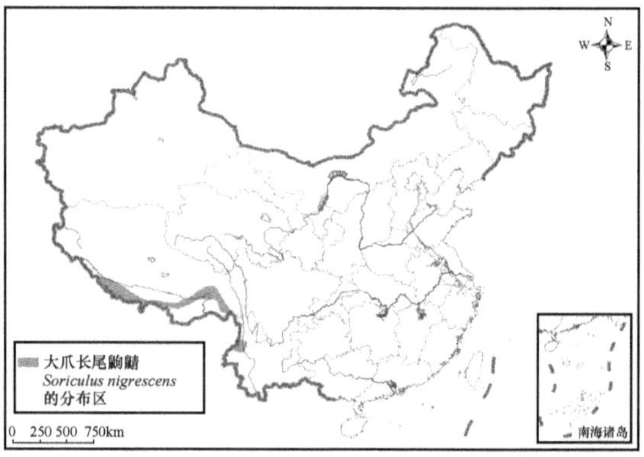

大爪长尾鼩鼱　*Soriculus nigrescens*(Gray, 1842)
种下单元：*nigrescens*; *minor*
生　　境：落叶针叶混交林、针叶杜鹃林、树线以上的高山区
生态系统：陆生生态系统
保护等级：国家重点保护野生动物等级：无；**CITES 附录**[1]：未列入
红色名录：IUCN[2]：LC；**中国哺乳类红色名录**[3]：NT
国内分布：西藏、云南
分布国家：不丹、中国、印度、尼泊尔

Himalayan Shrew　*Soriculus nigrescens*(Gray, 1842)
Infra-specific Taxa：*nigrescens*; *minor*
Habitat and Ecology：Mixed Deciduous-Coniferous Forest; Conifer-Rhododendron Forest; Alpine zone (Above Timberline)
Ecosystem：Terrestrial
National Key Protected Wild Animal List：None; **CITES Appendix**[1]：Not listed
Red List：IUCN Red List[2]：LC; **China Mammal Red List**[3]：NT
Range in the country：Tibet, Yunnan
Range countries：Bhutan, China, India, Nepal

参考文献 Citation

Wang Y(王应祥), 2003; Wilson and Reeder, 2005; Zhang R(张荣祖), 1997; Pan Q *et al.*(潘清华等), 2007; Smith *et al.*, 2009; IUCN, 2014

53. 米什米长尾鼩鼱 Mishimi Brown-toothed Shrew

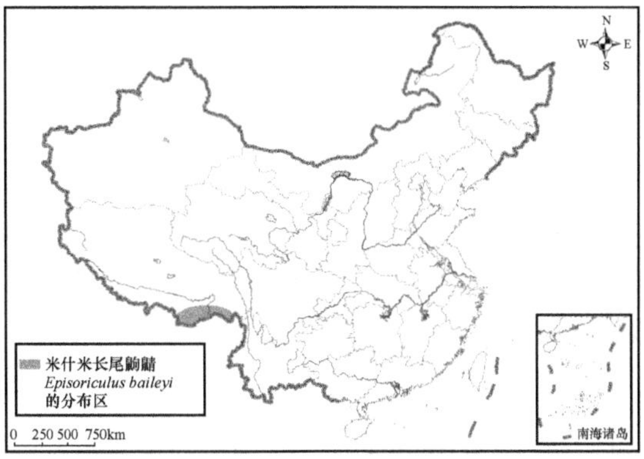

米什米长尾鼩鼱 *Episoriculus baileyi*(Thomas, 1914)

种下单元：无

生　　境：针叶林、落叶阔叶林

生态系统：陆生生态系统

保护等级：**国家重点保护野生动物等级**：无；**CITES 附录** [1]：未列入

红色名录：**IUCN**[2]：未列入；**中国哺乳类红色名录** [3]：DD

国内分布：西藏

分布国家：中国、尼泊尔、越南

Mishimi Brown-toothed Shrew *Episoriculus baileyi*(Thomas, 1914)

Infra-specific Taxa：None

Habitat and Ecology：Coniferous Forest; Broad-leaved Deciduous Forest

Ecosystem：Terrestrial

National Key Protected Wild Animal List：None; **CITES Appendix**[1]：Not listed

Red List：**IUCN Red List**[2]：Not listed; **China Mammal Red List**[3]：DD

Range in the country：Tibet

Range countries：China, Nepal, Vietnam

参考文献 Citation

Corbet G and Hill J, 1986

54. 长尾鼩 Hodgson's Brown-toothed Shrew

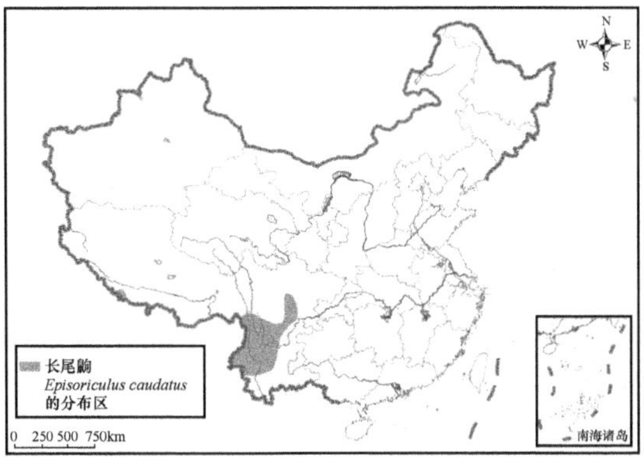

长尾鼩 *Episoriculus caudatus*(Horsfield, 1851)

种下单元：*caudatus*; *sacratus*; *umbrinus*

生　　境：耕地、草甸、泰加林

生态系统：陆生生态系统

保护等级：**国家重点保护野生动物等级**：无；**CITES 附录** [1]：未列入

红色名录：**IUCN**[2]：LC；**中国哺乳类红色名录** [3]：LC

国内分布：四川、西藏、云南

分布国家：中国、印度、缅甸、尼泊尔

Hodgson's Brown-toothed Shrew *Episoriculus caudatus*(Horsfield, 1851)

Infra-specific Taxa：*caudatus*; *sacratus*; *umbrinus*

Habitat and Ecology：Arable Land; Meadow; Taiga

Ecosystem：Terrestrial

National Key Protected Wild Animal List：None; **CITES Appendix**[1]：Not listed

Red List：**IUCN Red List**[2]：LC; **China Mammal Red List**[3]：LC

Range in the country：Sichuan, Tibet, Yunnan

Range countries：China, India, Myanmar, Nepal

参考文献 Citation

Wang Y(王应祥), 2003; Wilson and Reeder, 2005; Zhang R(张荣祖), 1997; Pan Q *et al.*(潘清华等), 2007; Smith *et al.*, 2009; IUCN, 2014

55. 台湾长尾鼩 Taiwan Brown-toothed Shrew

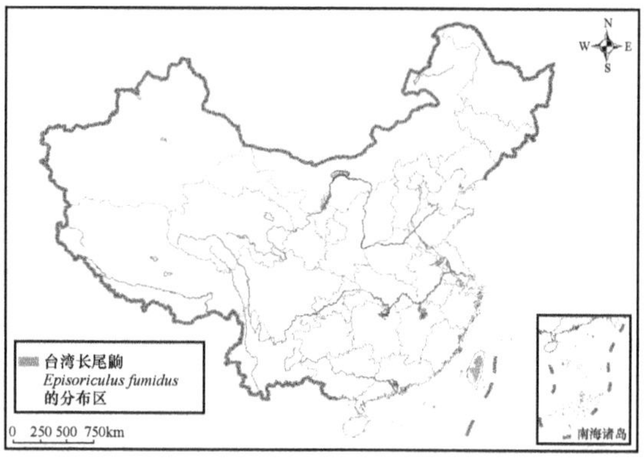

台湾长尾鼩 *Episoriculus fumidus*（Thomas, 1913）

种下单元： 无

生　　境： 灌丛、亚热带湿润山地森林

生态系统： 陆生生态系统

保护等级： **国家重点保护野生动物等级：** 无；**CITES 附录** [1]：未列入

红色名录： **IUCN**[2]：LC；**中国哺乳类红色名录** [3]：NT

国内分布： 台湾

分布国家： 中国

Taiwan Brown-toothed Shrew *Episoriculus fumidus*（Thomas, 1913）

Infra-specific Taxa： None

Habitat and Ecology： Shrubland; Subtropical Moist Montane Forest

Ecosystem： Terrestrial

National Key Protected Wild Animal List： None; **CITES Appendix**[1]：Not listed

Red List： **IUCN Red List**[2]：LC; **China Mammal Red List**[3]：NT

Range in the country： Taiwan

Range countries： China

参考文献 Citation

Wang Y（王应祥）, 2003; Wilson and Reeder, 2005; Zhang R（张荣祖）, 1997; Pan Q *et al.*（潘清华等）, 2007; Smith *et al.*, 2009; IUCN, 2014

56. 大长尾鼩鼱 Long-tailed Brown-toothed Shrew

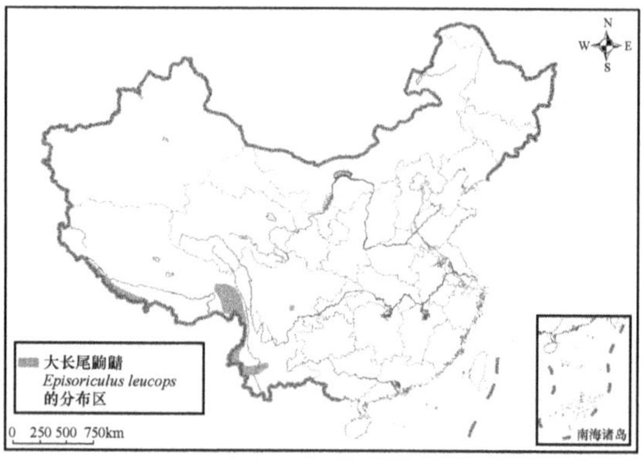

大长尾鼩鼱 *Episoriculus leucops*（Horsfield, 1855）

种下单元： *leucops*; *baileyi*

生　　境： 泰加林、灌丛、亚热带湿润山地森林、耕地、草地

生态系统： 陆生生态系统

保护等级： **国家重点保护野生动物等级：** 无；**CITES 附录** [1]：未列入

红色名录： **IUCN**[2]：LC；**中国哺乳类红色名录** [3]：NT

国内分布： 四川、西藏、云南

分布国家： 中国、印度、缅甸、尼泊尔、越南

Long-tailed Brown-toothed Shrew *Episoriculus leucops*（Horsfield, 1855）

Infra-specific Taxa： *leucops*; *baileyi*

Habitat and Ecology： Taiga; Shrubland; Subtropical Moist Montane Forest; Arable Land; Grassland

Ecosystem： Terrestrial

National Key Protected Wild Animal List： None; **CITES Appendix**[1]：Not listed

Red List： **IUCN Red List**[2]：LC; **China Mammal Red List**[3]：NT

Range in the country： Sichuan, Tibet, Yunnan

Range countries： China, India, Myanmar, Nepal, Vietnam

参考文献 Citation

Wang Y（王应祥）, 2003; Wilson and Reeder, 2005; Zhang R（张荣祖）, 1997; Pan Q *et al.*（潘清华等）, 2007; Smith *et al.*, 2009; IUCN, 2014; Liao R *et al.*（廖锐等）, 2015

57. 缅甸长尾鼩 Arboreal Brown-toothed Shrew

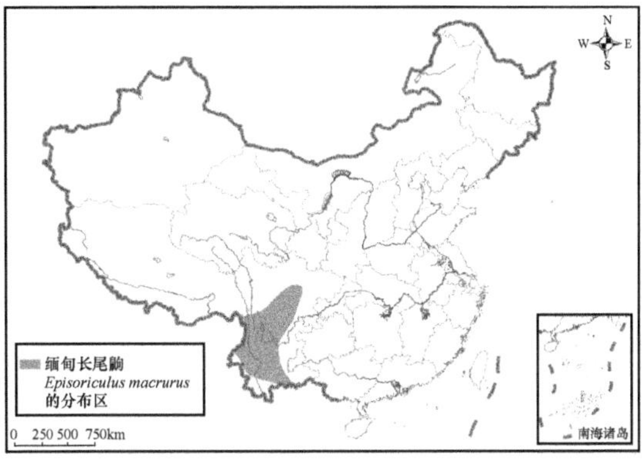

缅甸长尾鼩 *Episoriculus macrurus*(Blanford, 1888)

种下单元：无

生　　境：温带森林、灌丛

生态系统：陆生生态系统

保护等级：国家重点保护野生动物等级：无；**CITES 附录**[1]：未列入

红色名录：IUCN[2]：LC；**中国哺乳类红色名录**[3]：NT

国内分布：四川、西藏、云南

分布国家：中国、印度、缅甸、越南

Arboreal Brown-toothed Shrew *Episoriculus macrurus*(Blanford, 1888)

Infra-specific Taxa：None

Habitat and Ecology：Temperate Forest; Shrubland

Ecosystem：Terrestrial

National Key Protected Wild Animal List：None; **CITES Appendix**[1]：Not listed

Red List：IUCN Red List[2]：LC; **China Mammal Red List**[3]：NT

Range in the country：Sichuan, Tibet, Yunnan

Range countries：China, India, Myanmar, Vietnam

参考文献 Citation

Wang Y(王应祥), 2003; Wilson and Reeder, 2005; Pan Q *et al.*(潘清华等), 2007; Smith *et al.*, 2009; IUCN, 2014; Liao R *et al.*(廖锐等), 2015

58. 灰腹长尾鼩鼱 Grey-bellied Shrew

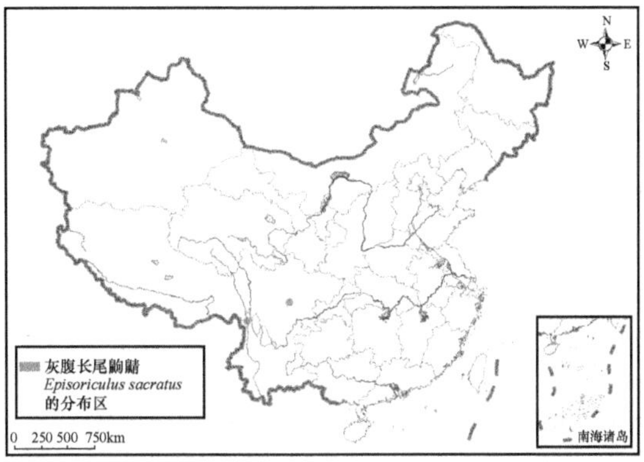

灰腹长尾鼩鼱 *Episoriculus sacratus*(Thomas, 1911)

种下单元：无

生　　境：针叶林

生态系统：陆生生态系统

保护等级：国家重点保护野生动物等级：无；**CITES 附录**[1]：未列入

红色名录：IUCN[2]：未列入；**中国哺乳类红色名录**[3]：DD

国内分布：四川、云南

分布国家：中国

Grey-bellied Shrew *Episoriculus sacratus*(Thomas, 1911)

Infra-specific Taxa：None

Habitat and Ecology：Coniferous Forest

Ecosystem：Terrestrial

National Key Protected Wild Animal List：None; **CITES Appendix**[1]：Not listed

Red List：IUCN Red List[2]：Not listed; **China Mammal Red List**[3]：DD

Range in the country：Sichuan, Yunnan

Range countries：China

参考文献 Citation

Wang Y(王应祥), 2003; Pan Q *et al.*(潘清华等), 2007

59. 高氏缺齿鼩 Van Sung's Shrew

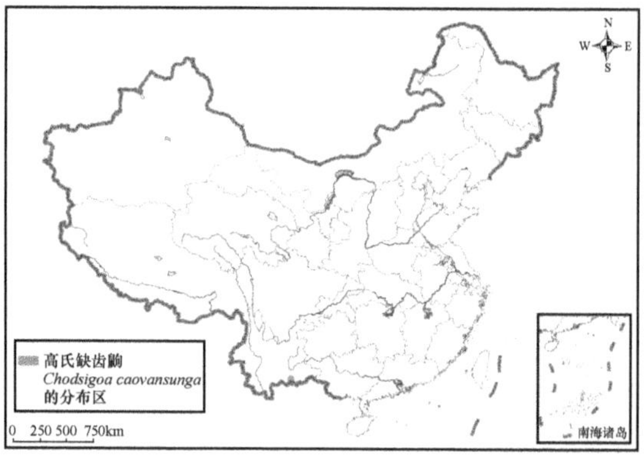

高氏缺齿鼩 *Chodsigoa caovansunga* (Lunde, Musser and Son, 2003)

种下单元： 无

生　　境： 亚热带湿润山地森林

生态系统： 陆生生态系统

保护等级： **国家重点保护野生动物等级：** 无；**CITES 附录** [1]：未列入

红色名录： **IUCN**[2]：DD；**中国哺乳类红色名录** [3]：CR

国内分布： 云南

分布国家： 中国、越南

Van Sung's Shrew *Chodsigoa caovansunga* (Lunde, Musser and Son, 2003)

Infra-specific Taxa： None

Habitat and Ecology： Subtropical Moist Montane Forest

Ecosystem： Terrestrial

National Key Protected Wild Animal List： None; **CITES Appendix**[1]：Not listed

Red List： **IUCN Red List**[2]：DD; **China Mammal Red List**[3]：CR

Range in the country： Yunnan

Range countries： China, Vietnam

参考文献 Citation

Wilson and Reeder, 2005; Smith *et al.*, 2009; He K *et al.* (何锴等), 2012; IUCN, 2014

60. 川西缺齿鼩鼱 de Winton's Shrew

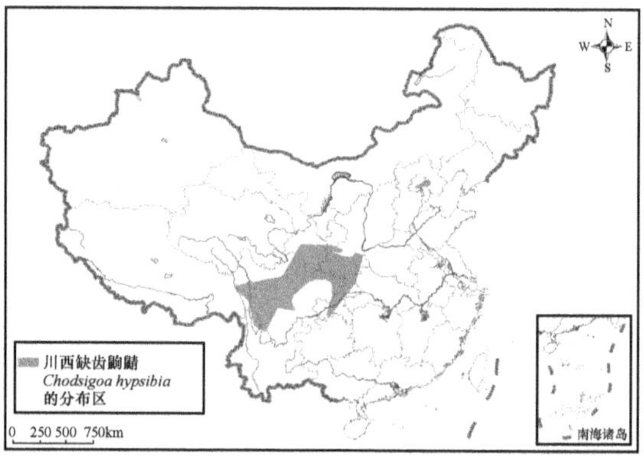

川西缺齿鼩鼱 *Chodsigoa hypsibia* (de Winton, 1899)

种下单元： 无

生　　境： 亚热带湿润山地森林、溪流边

生态系统： 陆生生态系统

保护等级： **国家重点保护野生动物等级：** 无；**CITES 附录** [1]：未列入

红色名录： **IUCN**[2]：LC；**中国哺乳类红色名录** [3]：LC

国内分布： 北京、四川、云南、甘肃、西藏、陕西

分布国家： 中国

de Winton's Shrew *Chodsigoa hypsibia* (de Winton, 1899)

Infra-specific Taxa： None

Habitat and Ecology： Subtropical Moist Montane Forest; Near Streams

Ecosystem： Terrestrial

National Key Protected Wild Animal List： None; **CITES Appendix**[1]：Not listed

Red List： **IUCN Red List**[2]：LC; **China Mammal Red List**[3]：LC

Range in the country： Beijing, Sichuan, Yunnan, Gansu, Tibet, Shaanxi

Range countries： China

参考文献 Citation

Wang Y (王应祥), 2003; Wilson and Reeder, 2005; Pan Q *et al.* (潘清华等), 2007; Smith *et al.*, 2009; IUCN, 2014

61. 小缺齿鼩鼱 Lamulate Shrew

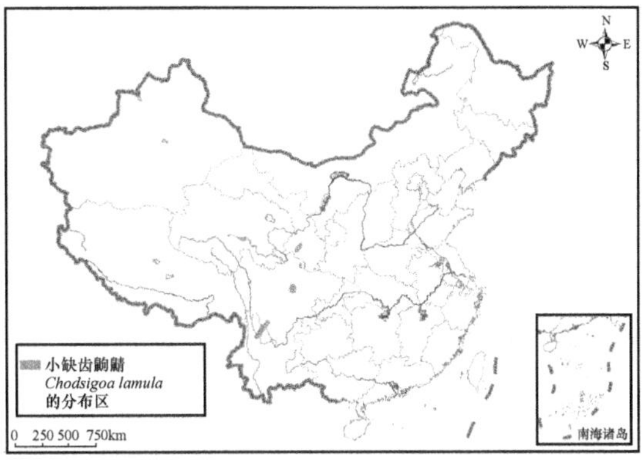

小缺齿鼩鼱 *Chodsigoa lamula*（Thomas, 1912）

种下单元：无

生　　境：亚热带湿润山地森林

生态系统：陆生生态系统

保护等级：国家重点保护野生动物等级：无；**CITES 附录**[1]：未列入

红色名录：IUCN[2]：LC；**中国哺乳类红色名录**[3]：NT

国内分布：甘肃、四川、云南

分布国家：中国

Lamulate Shrew *Chodsigoa lamula*（Thomas, 1912）

Infra-specific Taxa：None

Habitat and Ecology：Subtropical Moist Montane Forest

Ecosystem：Terrestrial

National Key Protected Wild Animal List：None; **CITES Appendix**[1]：Not listed

Red List：IUCN Red List[2]：LC; **China Mammal Red List**[3]：NT

Range in the country：Gansu, Sichuan, Yunnan

Range countries：China

参考文献 Citation

Wang Y（王应祥）, 2003; Wilson and Reeder, 2005; Smith *et al.*, 2009; IUCN, 2014

62. 云南缺齿鼩鼱 Lowe's Shrew

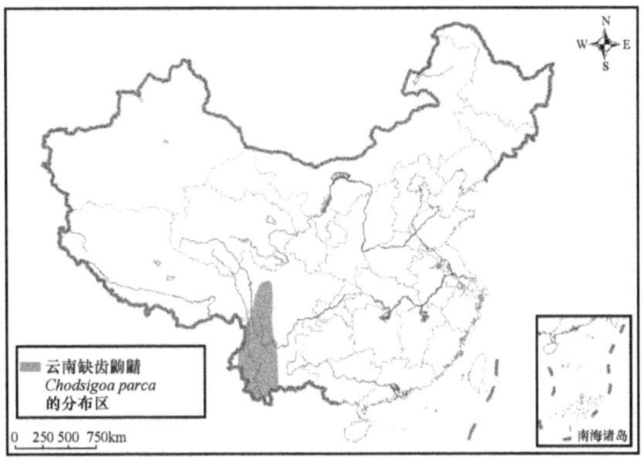

云南缺齿鼩鼱 *Chodsigoa parca*（G.M. Allen, 1923）

种下单元：*parca*; *furva*; *lowei*

生　　境：亚热带湿润山地森林

生态系统：陆生生态系统

保护等级：国家重点保护野生动物等级：无；**CITES 附录**[1]：未列入

红色名录：IUCN[2]：LC；**中国哺乳类红色名录**[3]：NT

国内分布：四川、云南

分布国家：中国、缅甸、泰国、越南

Lowe's Shrew *Chodsigoa parca*（G.M. Allen, 1923）

Infra-specific Taxa：*parca*; *furva*; *lowei*

Habitat and Ecology：Subtropical Moist Montane Forest

Ecosystem：Terrestrial

National Key Protected Wild Animal List：None; **CITES Appendix**[1]：Not listed

Red List：IUCN Red List[2]：LC; **China Mammal Red List**[3]：NT

Range in the country：Sichuan, Yunnan

Range countries：China, Myanmar, Thailand, Vietnam

参考文献 Citation

Wang Y（王应祥）, 2003; Wilson and Reeder, 2005; Pan Q *et al.*（潘清华等）, 2007; Smith *et al.*, 2009; IUCN, 2014

63. 滇北长尾鼩 Pygmy Brown-toothed Shrew

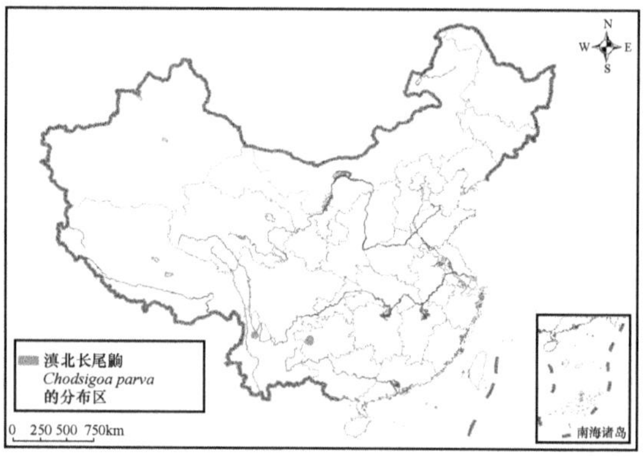

滇北长尾鼩 *Chodsigoa parva*（G.M. Allen, 1923）

种下单元： 无

生　　境： 温带森林

生态系统： 陆生生态系统

保护等级： **国家重点保护野生动物等级：** 无；**CITES 附录** [1]：未列入

红色名录： **IUCN**[2]：DD；**中国哺乳类红色名录** [3]：NT

国内分布： 云南、贵州

分布国家： 中国

Pygmy Brown-toothed Shrew *Chodsigoa parva*（G.M. Allen, 1923）

Infra-specific Taxa： None

Habitat and Ecology： Temperate Forest

Ecosystem： Terrestrial

National Key Protected Wild Animal List： None; **CITES Appendix**[1]： Not listed

Red List： **IUCN Red List**[2]： DD; **China Mammal Red List**[3]： NT

Range in the country： Yunnan, Guizhou

Range countries： China

参考文献 Citation

Wilson and Reeder, 2005; Pan Q *et al.*（潘清华等）, 2007; Smith *et al.*, 2009; IUCN, 2014

64. 大缺齿鼩鼱 Salenski's Shrew

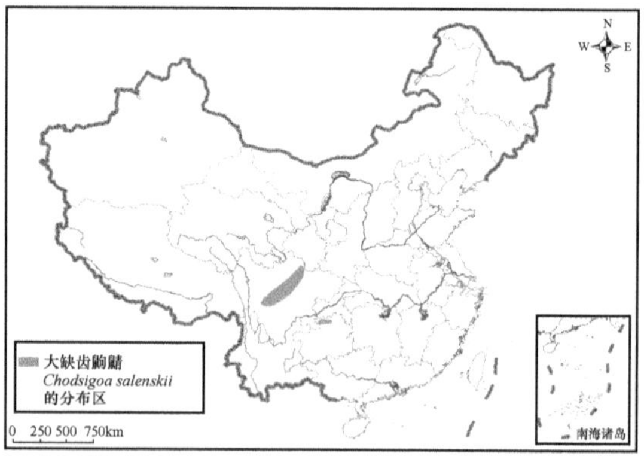

大缺齿鼩鼱 *Chodsigoa salenskii*（Kastschenko, 1907）

种下单元： 无

生　　境： 温带森林

生态系统： 陆生生态系统

保护等级： **国家重点保护野生动物等级：** 无；**CITES 附录** [1]：未列入

红色名录： **IUCN**[2]：DD；**中国哺乳类红色名录** [3]：NT

国内分布： 四川、贵州

分布国家： 中国

Salenski's Shrew *Chodsigoa salenskii*（Kastschenko, 1907）

Infra-specific Taxa： None

Habitat and Ecology： Temperate Forest

Ecosystem： Terrestrial

National Key Protected Wild Animal List： None; **CITES Appendix**[1]： Not listed

Red List： **IUCN Red List**[2]： DD; **China Mammal Red List**[3]： NT

Range in the country： Sichuan, Guizhou

Range countries： China

参考文献 Citation

Wang Y（王应祥）, 2003; Wilson and Reeder, 2005; Pan Q *et al.*（潘清华等）, 2007; Smith *et al.*, 2009; IUCN, 2014

65. 斯氏缺齿鼩鼱 Smith's Shrew

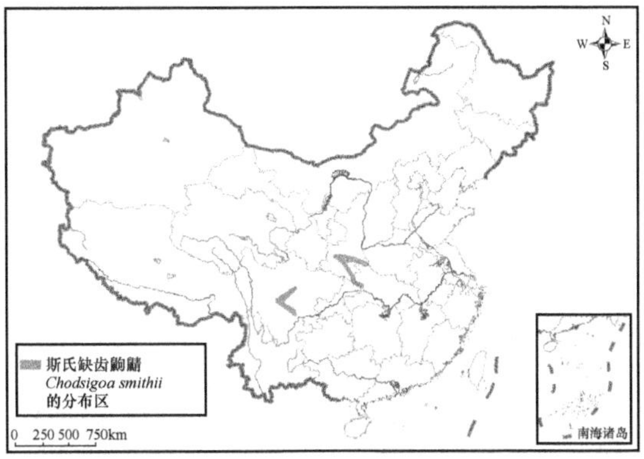

斯氏缺齿鼩鼱 *Chodsigoa smithii* (Thomas, 1911)

种下单元： 无

生　　境： 温带森林

生态系统： 陆生生态系统

保护等级： **国家重点保护野生动物等级：** 无；**CITES 附录**[1]：未列入

红色名录： **IUCN**[2]：NT；**中国哺乳类红色名录**[3]：LC

国内分布： 四川、陕西、湖北

分布国家： 中国

Smith's Shrew *Chodsigoa smithii* (Thomas, 1911)

Infra-specific Taxa: None

Habitat and Ecology: Temperate Forest

Ecosystem: Terrestrial

National Key Protected Wild Animal List: None; **CITES Appendix**[1]: Not listed

Red List: IUCN Red List[2]: NT; **China Mammal Red List**[3]: LC

Range in the country: Sichuan, Shaanxi, Hubei

Range countries: China

参考文献 Citation

Wang Y (王应祥), 2003; Wilson and Reeder, 2005; Pan Q *et al.* (潘清华等), 2007; Smith *et al.*, 2009; IUCN, 2014

66. 细尾缺齿鼩鼱 Lesser Taiwanese Shrew

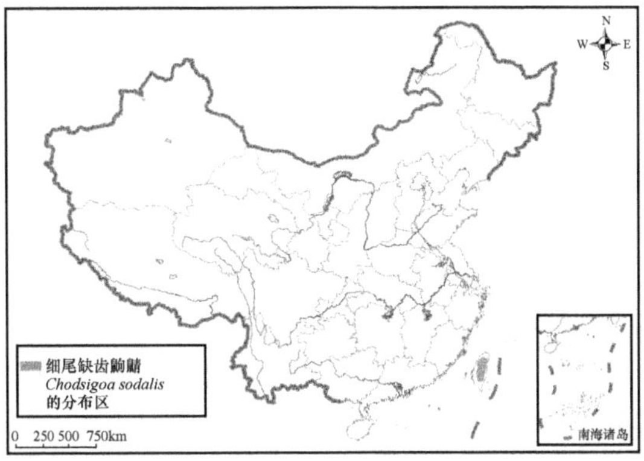

细尾缺齿鼩鼱 *Chodsigoa sodalis* (Thomas, 1913)

种下单元： 无

生　　境： 亚热带高海拔灌丛

生态系统： 陆生生态系统

保护等级： **国家重点保护野生动物等级：** 无；**CITES 附录**[1]：未列入

红色名录： **IUCN**[2]：DD；**中国哺乳类红色名录**[3]：DD

国内分布： 台湾

分布国家： 中国

Lesser Taiwanese Shrew *Chodsigoa sodalis* (Thomas, 1913)

Infra-specific Taxa: None

Habitat and Ecology: Subtropical High Altitude Shrubland

Ecosystem: Terrestrial

National Key Protected Wild Animal List: None; **CITES Appendix**[1]: Not listed

Red List: IUCN Red List[2]: DD; **China Mammal Red List**[3]: DD

Range in the country: Taiwan

Range countries: China

参考文献 Citation

Wang Y (王应祥), 2003; Wilson and Reeder, 2005; Pan Q *et al.* (潘清华等), 2007; Smith *et al.*, 2009; IUCN, 2014

67. 水鼩鼱 Eurasian Water Shrew

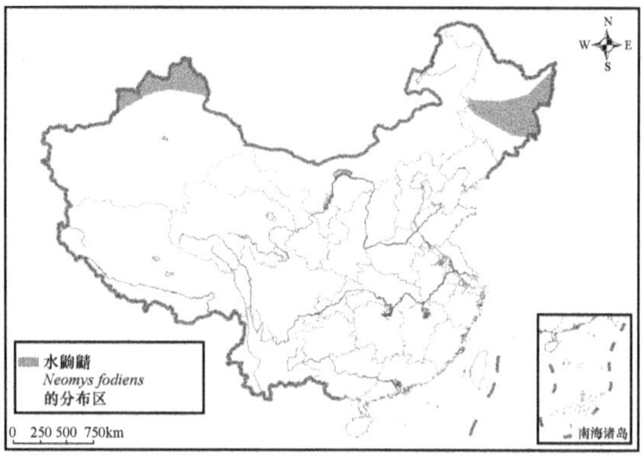

水鼩鼱 *Neomys fodiens* (Pennant, 1771)
种下单元： 无
生　　境： 森林、草地、溪流边
生态系统： 陆生生态系统、淡水生态系统
保护等级： **国家重点保护野生动物等级：** 无；**CITES 附录**[1]：未列入
红色名录： **IUCN**[2]：LC；**中国哺乳类红色名录**[3]：VU
国内分布： 黑龙江、吉林、新疆
分布国家： 阿尔巴尼亚、奥地利、白俄罗斯、比利时、波斯尼亚和黑塞哥维那、保加利亚、中国、克罗地亚、捷克、丹麦、爱沙尼亚、芬兰、法国、德国、希腊、匈牙利、意大利、哈萨克斯坦、朝鲜、拉脱维亚、列支敦士登、立陶宛、卢森堡、马其顿、摩尔多瓦、蒙古、黑山、荷兰、挪威、波兰、罗马尼亚、俄罗斯、塞尔维亚、斯洛伐克、斯洛文尼亚、西班牙、瑞典、瑞士、土耳其、乌克兰、英国

Eurasian Water Shrew *Neomys fodiens* (Pennant, 1771)
Infra-specific Taxa： None
Habitat and Ecology： Forest; Grassland; Near Streams
Ecosystem： Terrestrial, Fresh Water
National Key Protected Wild Animal List： None; **CITES Appendix**[1]：Not listed
Red List： **IUCN Red List**[2]：LC; **China Mammal Red List**[3]：VU
Range in the country： Heilongjiang, Jilin, Xinjiang
Range countries： Albania, Austria, Belarus, Belgium, Bosnia and Herzegovina, Bulgaria, China, Croatia, Czech, Danmark, Estonia, Finland, France, Germany, Greece, Hungary, Italy, Kazakhstan, Korea, Democratic People's Republic of, Latvia, Liechtenstein, Lithuania, Luxembourg, Macedonia, Moldova, Mongolia, Montenegro, Netherlands, Norway, Poland, Romania, Russia, Serbia, Slovakia, Slovenia, Spain, Sweden, Switzerland, Turkey, Ukraine, United Kingdom

参考文献 Citation

Wang Y (王应祥), 2003; Wilson and Reeder, 2005; Zhang R (张荣祖), 1997; Pan Q *et al.* (潘清华等), 2007; Smith *et al.*, 2009; IUCN, 2014

68. 微尾鼩 Mole-shrew

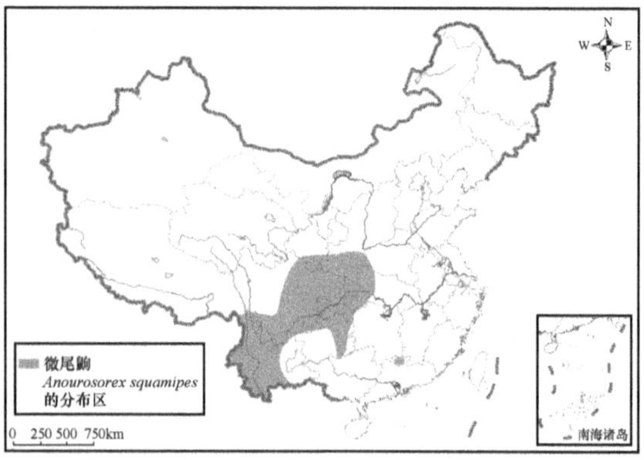

微尾鼩 *Anourosorex squamipes* (Milne-Edwards, 1872)
种下单元： 无
生　　境： 亚热带湿润山地森林
生态系统： 陆生生态系统
保护等级： **国家重点保护野生动物等级：** 无；**CITES 附录**[1]：未列入
红色名录： **IUCN**[2]：LC；**中国哺乳类红色名录**[3]：LC
国内分布： 陕西、甘肃、湖北、重庆、四川、贵州、广东、云南
分布国家： 中国、印度、老挝、缅甸、泰国、越南

Mole-shrew *Anourosorex squamipes* (Milne-Edwards, 1872)
Infra-specific Taxa： None
Habitat and Ecology： Subtropical Moist Montane Forest
Ecosystem： Terrestrial
National Key Protected Wild Animal List： None; **CITES Appendix**[1]：Not listed
Red List： **IUCN Red List**[2]：LC; **China Mammal Red List**[3]：LC
Range in the country： Shaanxi, Gansu, Hubei, Chongqing, Sichuan, Guizhou, Guangdong, Yunnan
Range countries： China, India, Laos, Myanmar, Thailand, Vietnam

参考文献 Citation

Wang Y (王应祥), 2003; Wilson and Reeder, 2005; Zhang R (张荣祖), 1997; Pan Q *et al.* (潘清华等), 2007; Smith *et al.*, 2009; Wu Y *et al.* (吴毅等), 2011; IUCN, 2014

69. 台湾短尾鼩 Taiwanese Mole Shrew

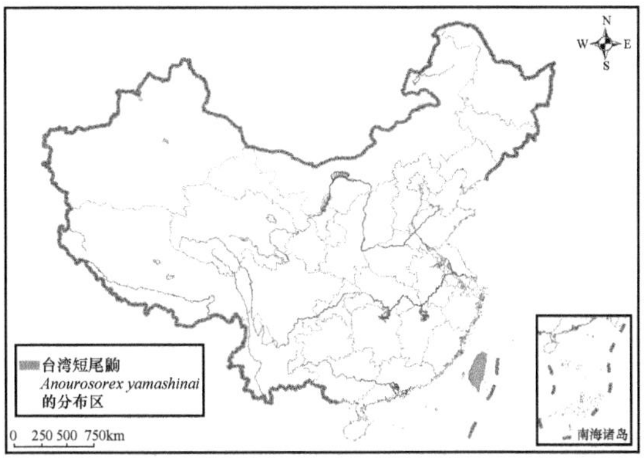

台湾短尾鼩 *Anourosorex yamashinai* (Kuroda, 1935)

种下单元： 无

生　　境： 亚热带湿润山地森林、农田

生态系统： 陆生生态系统

保护等级：国家重点保护野生动物等级： 无；**CITES 附录** [1]：未列入

红色名录：IUCN [2]：LC；**中国哺乳类红色名录** [3]：DD

国内分布： 台湾

分布国家： 中国

Taiwanese Mole Shrew *Anourosorex yamashinai* (Kuroda, 1935)

Infra-specific Taxa： None

Habitat and Ecology： Subtropical Moist Montane Forest; Arable Land

Ecosystem： Terrestrial

National Key Protected Wild Animal List： None; **CITES Appendix** [1]：Not listed

Red List：IUCN Red List [2]：LC; **China Mammal Red List** [3]：DD

Range in the country： Taiwan

Range countries： China

参考文献 Citation

Wilson and Reeder, 2005; Pan Q *et al.* (潘清华等), 2007; Smith *et al.*, 2009; IUCN, 2014

70. 喜马拉雅水麝鼩 Himalayan Water Shrew

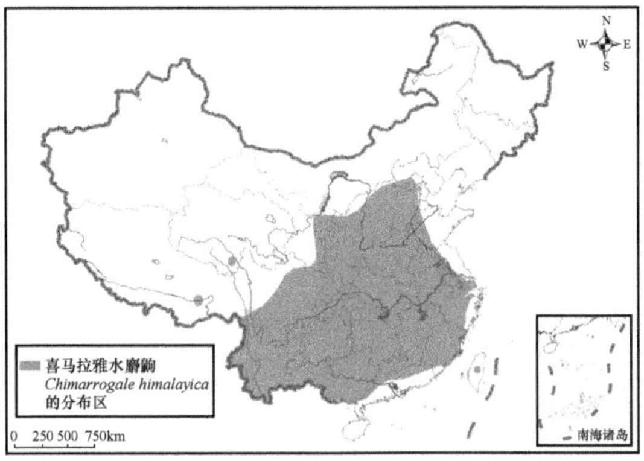

喜马拉雅水麝鼩 *Chimarrogale himalayica* (Gray, 1842)

种下单元： 无

生　　境： 亚热带湿润低地森林、溪流边

生态系统： 陆生生态系统、淡水生态系统

保护等级：国家重点保护野生动物等级： 无；**CITES 附录** [1]：未列入

红色名录：IUCN [2]：LC；**中国哺乳类红色名录** [3]：VU

国内分布： 北京、河北、山西、陕西、宁夏、浙江、福建、广东、广西、江苏、湖北、贵州、四川、青海、西藏、云南、台湾

分布国家： 中国、印度、老挝、缅甸、尼泊尔、越南

Himalayan Water Shrew *Chimarrogale himalayica* (Gray, 1842)

Infra-specific Taxa： None

Habitat and Ecology： Subtropical Moist Lowland Forest; Near Streams

Ecosystem： Terrestrial, Fresh Water

National Key Protected Wild Animal List： None; **CITES Appendix** [1]：Not listed

Red List：IUCN Red List [2]：LC; **China Mammal Red List** [3]：VU

Range in the country： Beijing, Hebei, Shanxi, Shaanxi, Ningxia, Zhejiang, Fujian, Guangdong, Guangxi, Jiangsu, Hubei, Guizhou, Sichuan, Qinaghai, Tibet, Yunnan, Taiwan

Range countries： China, India, Laos, Myanmar, Nepal, Vietnam

参考文献 Citation

Wang Y (王应祥), 2003; Wilson and Reeder, 2005; Zhang R (张荣祖), 1997; Pan Q *et al.* (潘清华等), 2007; Smith *et al.*, 2009; Duan H *et al.* (段海生等), 2011; IUCN, 2014

71. 利安得水麝鼩 Leander Water Shrew

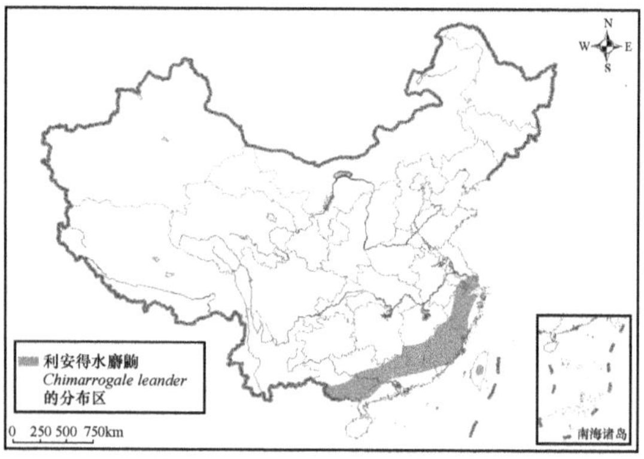

利安得水麝鼩 *Chimarrogale leander*（Thomas, 1902）

种下单元： 无

生　　境： 森林

生态系统： 陆生生态系统

保护等级： **国家重点保护野生动物等级：** 无；**CITES 附录** [1]：未列入

红色名录： **IUCN**[2]：未列入；**中国哺乳类红色名录** [3]：DD

国内分布： 浙江、福建、广东、广西、江苏、江西、台湾

分布国家： 中国、印度、老挝、缅甸、尼泊尔、越南

Leander Water Shrew *Chimarrogale leander*（Thomas, 1902）

Infra-specific Taxa： None

Habitat and Ecology： Forest

Ecosystem： Terrestrial

National Key Protected Wild Animal List： None; **CITES Appendix**[1]：Not listed

Red List： **IUCN Red List**[2]：Not listed; **China Mammal Red List**[3]：DD

Range in the country： Zhejiang, Fujian, Guangdong, Guangxi, Jiangsu, Jiangxi, Taiwan

Range countries： China, India, Laos, Myanmar, Nepal, Vietnam

参考文献 Citation

Yuan S *et al.*, 2013

72. 灰腹水鼩 Chinese Water Shrew

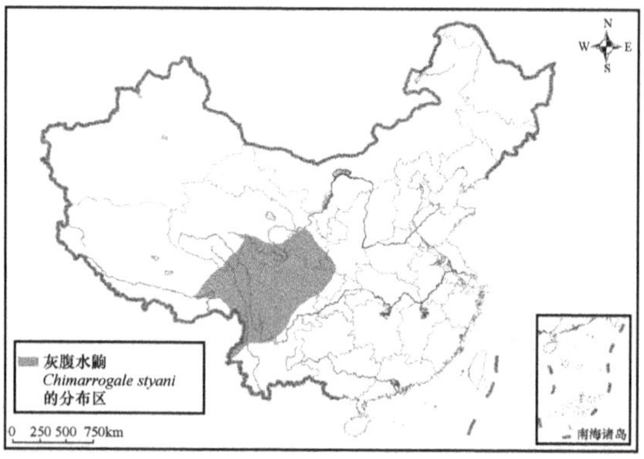

灰腹水鼩 *Chimarrogale styani*（de Winton, 1899）

种下单元： 无

生　　境： 亚热带湿润山地森林、溪流边

生态系统： 陆生生态系统、淡水生态系统

保护等级： **国家重点保护野生动物等级：** 无；**CITES 附录** [1]：未列入

红色名录： **IUCN**[2]：LC；**中国哺乳类红色名录** [3]：VU

国内分布： 四川、云南、西藏、青海、甘肃、重庆

分布国家： 中国、缅甸

Chinese Water Shrew *Chimarrogale styani*（de Winton, 1899）

Infra-specific Taxa： None

Habitat and Ecology： Subtropical Moist Montane Forest; Near Streams

Ecosystem： Terrestrial, Fresh Water

National Key Protected Wild Animal List： None; **CITES Appendix**[1]：Not listed

Red List： **IUCN Red List**[2]：LC; **China Mammal Red List**[3]：VU

Range in the country： Sichuan, Yunnan, Tibet, Qinghai, Gansu, Chongqing

Range countries： China, Myanmar

参考文献 Citation

Wang Y（王应祥）, 2003; Wilson and Reeder, 2005; Zhang R（张荣祖）, 1997; Pan Q *et al.*（潘清华等）, 2007; Smith *et al.*, 2009; IUCN, 2014

73. 蹼足鼩 Elegant Water Shrew

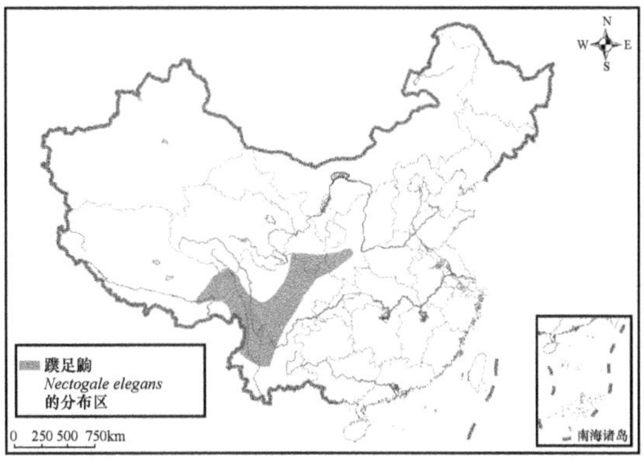

蹼足鼩 *Nectogale elegans* (Milne-Edwards, 1870)
种下单元： 无
生　　境： 溪流边
生态系统： 陆生生态系统、淡水生态系统
保护等级： **国家重点保护野生动物等级：** 无；**CITES 附录**[1]：未列入
红色名录： **IUCN**[2]：LC；**中国哺乳类红色名录**[3]：LC
国内分布： 四川、云南、西藏、陕西、甘肃、青海
分布国家： 中国、印度、缅甸、尼泊尔

Elegant Water Shrew *Nectogale elegans* (Milne-Edwards, 1870)
Infra-specific Taxa： None
Habitat and Ecology： Near Streams
Ecosystem： Terrestrial, Fresh water
National Key Protected Wild Animal List： None; **CITES Appendix**[1]：Not listed
Red List： **IUCN Red List**[2]：LC; **China Mammal Red List**[3]：LC
Range in the country： Sichuan, Yunnan, Tibet, Shaanxi, Gansu, Qinghai
Range countries： China, India, Myanmar, Nepal

参考文献 Citation

Wang Y (王应祥), 2003; Wilson and Reeder, 2005; Zhang R (张荣祖), 1997; Pan Q *et al.* (潘清华等), 2007; Smith *et al.*, 2009; IUCN, 2014

74. 小臭鼩 Etruscan Shrew

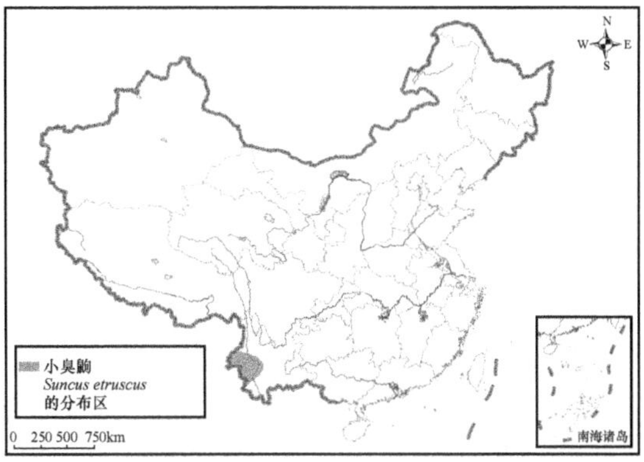

小臭鼩 *Suncus etruscus* (Savi, 1822)
种下单元： 无
生　　境： 草地、灌丛、森林、人工环境
生态系统： 陆生生态系统
保护等级： **国家重点保护野生动物等级：** 无；**CITES 附录**[1]：未列入
红色名录： **IUCN**[2]：LC；**中国哺乳类红色名录**[3]：NT
国内分布： 云南
分布国家： 阿富汗、阿尔巴尼亚、阿尔及利亚、阿塞拜疆、巴林、不丹、波斯尼亚和黑塞哥维那、保加利亚、中国、克罗地亚、塞浦路斯、埃及、埃塞俄比亚、法国、格鲁吉亚、希腊、几内亚、印度、伊朗、伊拉克、以色列、意大利、约旦、老挝、黎巴嫩、利比亚、马其顿、马来西亚、马耳他、黑山、摩洛哥、缅甸、尼泊尔、尼日利亚、阿曼、巴基斯坦、葡萄牙、斯洛文尼亚、西班牙、斯里兰卡、叙利亚、塔吉克斯坦、泰国、突尼斯、土耳其、土库曼斯坦、越南、也门

Etruscan Shrew *Suncus etruscus* (Savi, 1822)
Infra-specific Taxa： None
Habitat and Ecology： Grassland; Shrubland; Forest; Artificial Environment
Ecosystem： Terrestrial
National Key Protected Wild Animal List： None; **CITES Appendix**[1]：Not listed
Red List： **IUCN Red List**[2]：LC; **China Mammal Red List**[3]：NT
Range in the country： Yunnan
Range countries： Afghanistan, Albania, Algeria, Azerbaijan, Bahrain, Bhutan, Bosnia and Herzegovina, Bulgaria, China, Croatia, Cyprus, Egypt, Ethiopia, France, Georgia, Greece, Guinea, India, Iran, Iraq, Israel, Italy, Jordan, Laos, Lebanon, Libya, Macedonia, Malaysia, Malta, Montenegro, Morocco, Myanmar, Nepal, Nigeria, Oman, Pakistan, Portugal, Slovenia, Spain, Sri Lanka, Syrian Arab Republic, Tajikistan, Thailand, Tunisia, Turkey, Turkmenistan, Vietnam, Yemen

参考文献 Citation

Wang Y (王应祥), 2003; Wilson and Reeder, 2005; Zhang R (张荣祖), 1997; Pan Q *et al.* (潘清华等), 2007; Smith *et al.*, 2009; IUCN, 2014

75. 臭鼩 House Shrew

臭鼩 *Suncus murinus*（Linnaeus, 1766）
种下单元：无
生　　境：耕地、池塘、灌丛、森林、沼泽
生态系统：陆生生态系统
保护等级：国家重点保护野生动物等级：无；**CITES 附录**[1]：未列入
红色名录：IUCN[2]：LC；**中国哺乳类红色名录**[3]：LC
国内分布：广西、福建、浙江、江西、湖南、广东、海南、四川、贵州、云南、甘肃、台湾、香港、澳门
分布国家：阿富汗、孟加拉国、不丹、文莱、柬埔寨、中国、印度、印度尼西亚、老挝、马来西亚、缅甸、尼泊尔、巴基斯坦、新加坡、斯里兰卡、泰国、越南

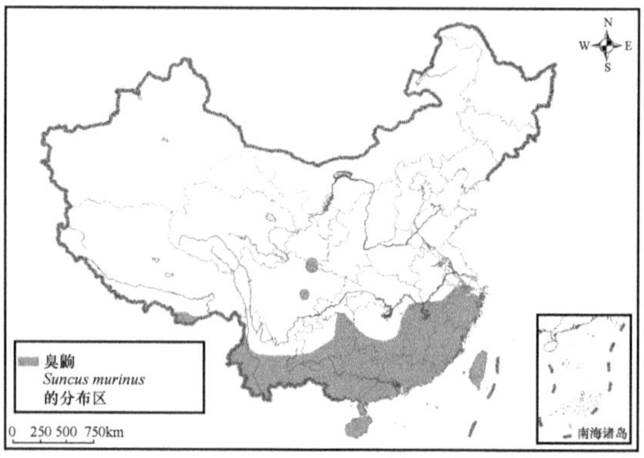

House Shrew *Suncus murinus*（Linnaeus, 1766）
Infra-specific Taxa：None
Habitat and Ecology：Arable Land; Ponds; Shrubland; Forest; Swamps
Ecosystem：Terrestrial
National Key Protected Wild Animal List：None; **CITES Appendix**[1]：Not listed
Red List：IUCN Red List[2]：LC; **China Mammal Red List**[3]：LC
Range in the country：Guangxi, Fujian, Zhejiang, Jiangxi, Hunan, Guangdong, Hainan, Sichuan, Guizhou, Yunnan, Gansu, Taiwan, Hongkong, Macao
Range countries：Afghanistan, Bangladesh, Bhutan, Brunei, Cambodia, China, India, Indonesia, Laos, Malaysia, Myanmar, Nepal, Pakistan, Singapore, Sri Lanka, Thailand, Vietnam

参考文献 Citation

Wang Y（王应祥）, 2003; Wilson and Reeder, 2005; Zhang R（张荣祖）, 1997; Pan Q *et al.*（潘清华等）, 2007; Smith *et al.*, 2009; IUCN, 2014

76. 灰麝鼩 Grey Shrew

灰麝鼩 *Crocidura attenuata*（Milne-Edwards, 1872）
种下单元：无
生　　境：热带/亚热带湿润低地/山地森林、草地、灌丛
生态系统：陆生生态系统
保护等级：国家重点保护野生动物等级：无；**CITES 附录**[1]：未列入
红色名录：IUCN[2]：LC；**中国哺乳类红色名录**[3]：LC
国内分布：广西、云南、湖南、陕西、江苏、浙江、安徽、福建、江西、湖北、广东、海南、四川、贵州、西藏、甘肃、香港、重庆
分布国家：柬埔寨、中国、印度、老挝、马来西亚、缅甸、菲律宾、泰国、越南

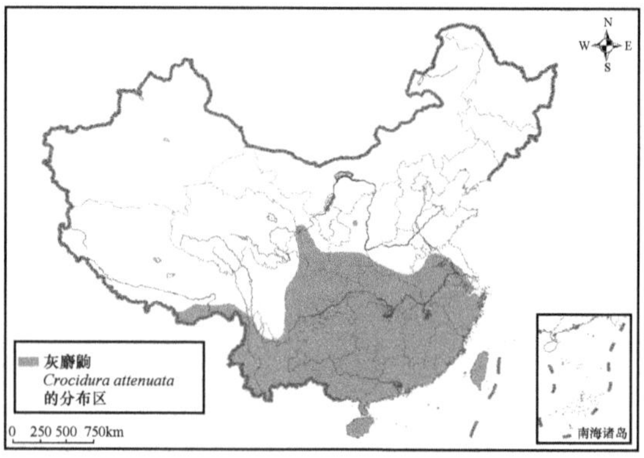

Grey Shrew *Crocidura attenuata*（Milne-Edwards, 1872）
Infra-specific Taxa：None
Habitat and Ecology：Tropical/Subtropical Moist Lowland/Montane Forest; Grassland; Shrubland
Ecosystem：Terrestrial
National Key Protected Wild Animal List：None; **CITES Appendix**[1]：Not listed
Red List：IUCN Red List[2]：LC; **China Mammal Red List**[3]：LC
Range in the country：Guangxi, Yunnan, Hunan, Shaanxi, Jiangsu, Zhejiang, Anhui, Fujian, Jiangxi, Hubei, Guangdong, Hainan, Sichuan, Guizhou, Tibet, Gansu, Hongkong, Chongqing
Range countries：Cambodia, China, India, Laos, Malaysia, Myanmar, Philippines, Thailand, Vietnam

参考文献 Citation

Wang Y（王应祥）, 2003; Wilson and Reeder, 2005; Zhang R（张荣祖）, 1997; Pan Q *et al.*（潘清华等）, 2007; Smith *et al.*, 2009; IUCN, 2014

77. 白尾梢麝鼩 Southeast Asian Shrew

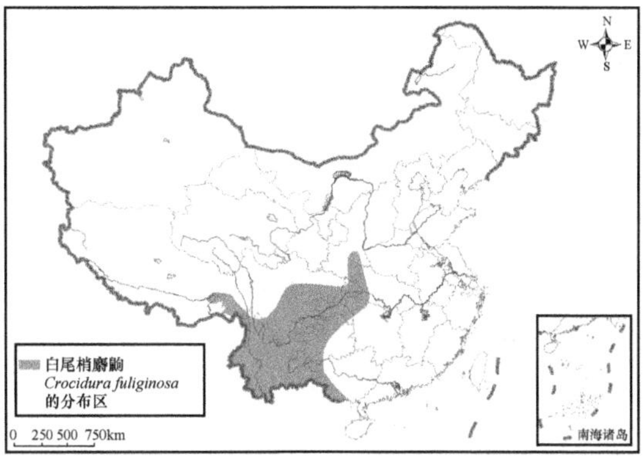

白尾梢麝鼩 *Crocidura fuliginosa*(Blyth, 1855)

种下单元： *fuliginosa*; *dracula*

生　　境： 热带湿润低地森林、阔叶林

生态系统： 陆生生态系统

保护等级： **国家重点保护野生动物等级：** 无；**CITES 附录** [1]：未列入

红色名录： **IUCN**[2]：LC；**中国哺乳类红色名录** [3]：LC

国内分布： 四川、湖北、云南、广西、贵州、西藏、陕西、重庆

分布国家： 柬埔寨、中国、印度、老挝、马来西亚、缅甸、泰国、越南

Southeast Asian Shrew *Crocidura fuliginosa*(Blyth, 1855)

Infra-specific Taxa: *fuliginosa*; *dracula*

Habitat and Ecology: Tropical Moist Lowland Forest; Broadleaved Forst

Ecosystem: Terrestrial

National Key Protected Wild Animal List: None; **CITES Appendix**[1]: Not listed

Red List: IUCN Red List[2]: LC; **China Mammal Red List**[3]: LC

Range in the country: Sichuan, Hubei, Yunnan, Guangxi, Guizhou, Tibet, Shaanxi, Chongqing

Range countries: Cambodia, China, India, Laos, Malaysia, Myanmar, Thailand, Vietnam

参考文献 Citation

Wang Y(王应祥), 2003; Wilson and Reeder, 2005; Pan Q *et al.*(潘清华等), 2007; Smith *et al.*, 2009; IUCN, 2014

78. 格氏小麝鼩 Gmelin's Shrew

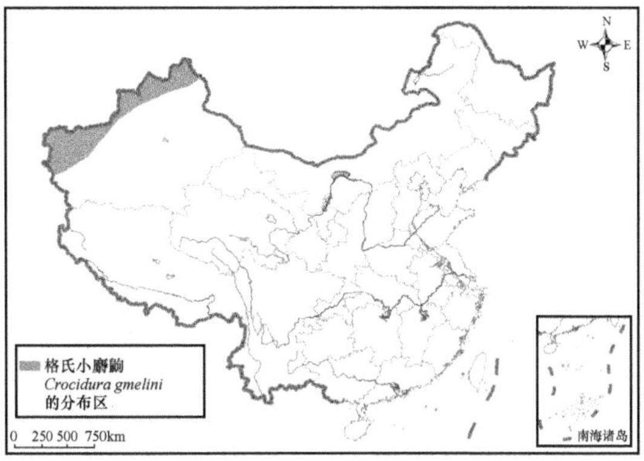

格氏小麝鼩 *Crocidura gmelini*(Pallas, 1811)

种下单元： 无

生　　境： 温带灌丛、温带草地

生态系统： 陆生生态系统

保护等级： **国家重点保护野生动物等级：** 无；**CITES 附录** [1]：未列入

红色名录： **IUCN**[2]：LC；**中国哺乳类红色名录** [3]：NT

国内分布： 新疆

分布国家： 阿富汗、中国、伊朗、哈萨克斯坦、蒙古、巴基斯坦、土库曼斯坦、乌兹别克斯坦

Gmelin's Shrew *Crocidura gmelini*(Pallas, 1811)

Infra-specific Taxa: None

Habitat and Ecology: Temperate Shrubland; Temperate Grassland

Ecosystem: Terrestrial

National Key Protected Wild Animal List: None; **CITES Appendix**[1]: Not listed

Red List: IUCN Red List[2]: LC; **China Mammal Red List**[3]: NT

Range in the country: Xinjiang

Range countries: Afghanistan, China, Iran, Kazakhstan, Mongolia, Pakistan, Turkmenistan, Uzbekistan

参考文献 Citation

Wang Y(王应祥), 2003; Wilson and Reeder, 2005; Pan Q *et al.*(潘清华等), 2007; Smith *et al.*, 2009; IUCN, 2014

79. 南小麝鼩 Indochinese Shrew

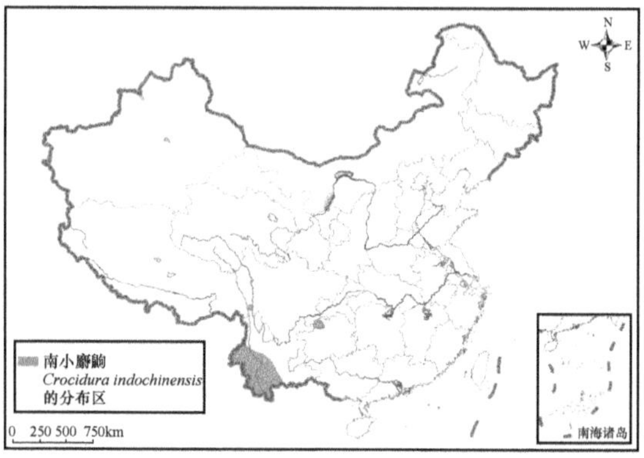

南小麝鼩 *Crocidura indochinensis*（Robinson & Kloss, 1922）

种下单元：无

生　　境：亚热带湿润山地森林

生态系统：陆生生态系统

保护等级：国家重点保护野生动物等级：无；**CITES 附录** [1]：未列入

红色名录：IUCN[2]：LC；**中国哺乳类红色名录** [3]：NT

国内分布：云南、贵州、四川

分布国家：中国、老挝、缅甸、泰国、越南

Indochinese Shrew *Crocidura indochinensis*（Robinson & Kloss, 1922）

Infra-specific Taxa：None

Habitat and Ecology：Subtropical Moist Montane Forest

Ecosystem：Terrestrial

National Key Protected Wild Animal List：None; **CITES Appendix**[1]：Not listed

Red List：IUCN Red List[2]：LC; **China Mammal Red List**[3]：NT

Range in the country：Yunnan, Guizhou, Sichuan

Range countries：China, Laos, Myanmar, Thailand, Vietnam

参考文献 Citation

Wang Y（王应祥）, 2003; Wilson and Reeder, 2005; Zhang R（张荣祖）, 1997; Pan Q *et al.*（潘清华等）, 2007; Smith *et al.*, 2009; IUCN, 2014

80. 大麝鼩 Ussuri Shrew

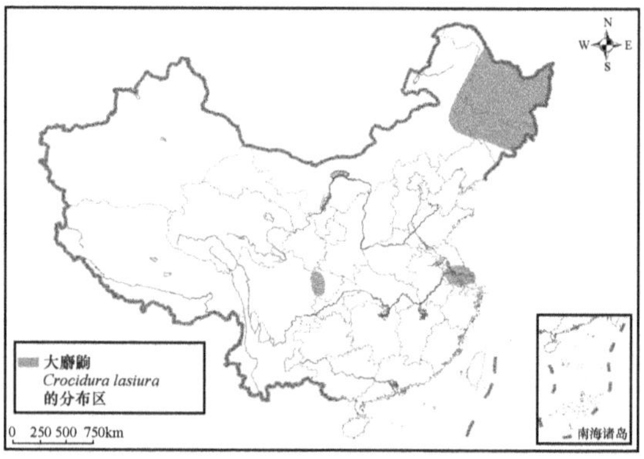

大麝鼩 *Crocidura lasiura*（Dobson, 1890）

种下单元：无

生　　境：森林、沼泽、草地、灌丛、耕地

生态系统：陆生生态系统

保护等级：国家重点保护野生动物等级：无；**CITES 附录** [1]：未列入

红色名录：IUCN[2]：LC；**中国哺乳类红色名录** [3]：NT

国内分布：黑龙江、吉林、内蒙古、上海、江苏、四川

分布国家：中国、朝鲜、韩国、俄罗斯

Ussuri Shrew *Crocidura lasiura*（Dobson, 1890）

Infra-specific Taxa：None

Habitat and Ecology：Forest; Swamps; Grassland; Shrubland; Arable Land

Ecosystem：Terrestrial

National Key Protected Wild Animal List：None; **CITES Appendix**[1]：Not listed

Red List：IUCN Red List[2]：LC; **China Mammal Red List**[3]：NT

Range in the country：Heilongjiang, Jilin, Inner Mongolia, Shanghai, Jiangsu, Sichuan

Range countries：China, Korea, Democratic People's Republic of, Korea, Republic of, Russia

参考文献 Citation

Wang Y（王应祥）, 2003; Wilson and Reeder, 2005; Zhang R（张荣祖）, 1997; Pan Q *et al.*（潘清华等）, 2007; Smith *et al.*, 2009; IUCN, 2014

81. 白齿麝鼩 Bicolored Shrew

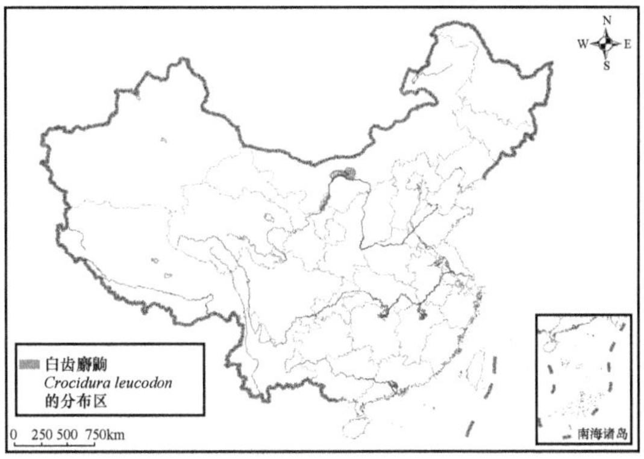

白齿麝鼩 *Crocidura leucodon*(Hermann, 1780)
种下单元：无
生　　境：草地、沼泽
生态系统：陆生生态系统
保护等级：国家重点保护野生动物等级：无；**CITES 附录**[1]：未列入
红色名录：IUCN[2]：LC；**中国哺乳类红色名录**[3]：LC
国内分布：内蒙古
分布国家：中国、阿尔巴尼亚、亚美尼亚、奥地利、阿塞拜疆、白俄罗斯、比利时、波斯尼亚和黑塞哥维那、保加利亚、克罗地亚、捷克、法国、格鲁吉亚、德国、希腊、匈牙利、伊朗、伊拉克、以色列、意大利、黎巴嫩、列支敦士登、卢森堡、马其顿、摩尔多瓦、黑山、荷兰、巴勒斯坦、波兰、罗马尼亚、俄罗斯、塞尔维亚、斯洛伐克、斯洛文尼亚、瑞士、叙利亚、土耳其、乌克兰

Bicolored Shrew *Crocidura leucodon*(Hermann, 1780)
Infra-specific Taxa: None
Habitat and Ecology: Grassland; Swamps
Ecosystem: Terrestrial
National Key Protected Wild Animal List: None; **CITES Appendix**[1]: Not listed
Red List: IUCN Red List[2]: LC; **China Mammal Red List**[3]: LC
Range in the country: Inner Mongolia
Range countries: China, Albania, Armenia, Austria, Azerbaijan, Belarus, Belgium, Bosnia and Herzegovina, Bulgaria, Croatia, Czech, France, Georgia, Germany, Greece, Hungary, Iran, Iraq, Israel, Italy, Lebanon, Liechtenstein, Luxembourg, Macedonia, Moldova, Montenegro, Netherlands, Palestine, Poland, Romania, Russia, Serbia, Slovakia, Slovenia, Switzerland, Syrian Arab Republic, Turkey, Ukraine

参考文献 Citation

Zhang R(张荣祖), 1997; IUCN, 2014

82. 华南中麝鼩 Chinese White-toothed Shrew

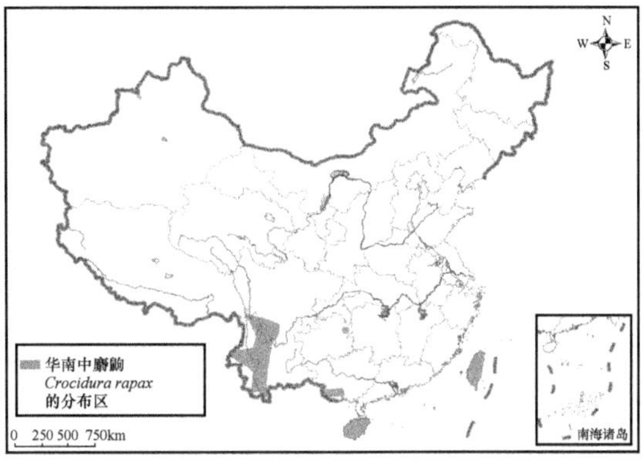

华南中麝鼩 *Crocidura rapax*(G. Allen, 1923)
种下单元：*rapax*; *kurodai*; *lutaoensis*; *tadae*
生　　境：温带森林
生态系统：陆生生态系统
保护等级：国家重点保护野生动物等级：无；**CITES 附录**[1]：未列入
红色名录：IUCN[2]：DD；**中国哺乳类红色名录**[3]：LC
国内分布：云南、湖南、广西、海南、四川、贵州、台湾
分布国家：中国

Chinese White-toothed Shrew *Crocidura rapax*(G. Allen, 1923)
Infra-specific Taxa: *rapax*; *kurodai*; *lutaoensis*; *tadae*
Habitat and Ecology: Temperate Forest
Ecosystem: Terrestrial
National Key Protected Wild Animal List: None; **CITES Appendix**[1]: Not listed
Red List: IUCN Red List[2]: DD; **China Mammal Red List**[3]: LC
Range in the country: Yunnan, Hunan, Guangxi, Hainan, Sichuan, Guizhou, Taiwan
Range countries: China

参考文献 Citation

Wang Y(王应祥), 2003; Wilson and Reeder, 2005; Pan Q *et al.*(潘清华等), 2007; Smith *et al.*, 2009; IUCN, 2014

83. 山东小麝鼩 Asian Lesser White-toothed Shrew

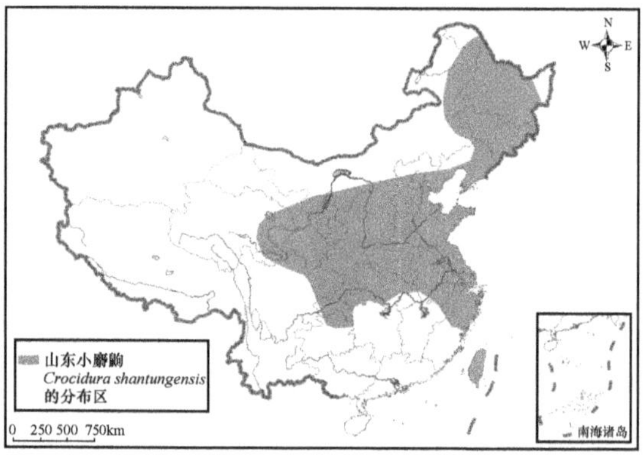

山东小麝鼩 *Crocidura shantungensis* (Miller, 1901)

种下单元：*shantungensis; quelpartis*

生　　境：草地、森林

生态系统：陆生生态系统

保护等级：**国家重点保护野生动物等级**：无；**CITES 附录**[1]：未列入

红色名录：**IUCN**[2]：LC；**中国哺乳类红色名录**[3]：LC

国内分布：台湾、黑龙江、辽宁、吉林、内蒙古、四川、贵州、湖北、陕西、甘肃、青海、河北、北京、山东、山西、安徽、浙江、江苏、宁夏

分布国家：中国、日本、朝鲜、俄罗斯

Asian Lesser White-toothed Shrew *Crocidura shantungensis* (Miller, 1901)

Infra-specific Taxa：*shantungensis; quelpartis*

Habitat and Ecology：Grassland; Forest

Ecosystem：Terrestrial

National Key Protected Wild Animal List：None; **CITES Appendix**[1]：Not listed

Red List：**IUCN Red List**[2]：LC; **China Mammal Red List**[3]：LC

Range in the country：Taiwan, Heilongjiang, Liaoning, Jilin, Inner Mongolia, Sichuan, Guizhou, Hubei, Shaanxi, Gansu, Qinghai, Hebei, Beijing, Shandong, Shanxi, Anhui, Zhejiang, Jiangsu, Ningxia

Range countries：China, Japan, Korea, Democratic People's Republic of, Russia

参考文献 Citation

Wang Y (王应祥), 2003; Wilson and Reeder, 2005; Pan Q *et al.* (潘清华等), 2007; Smith *et al.*, 2009; IUCN, 2014

84. 西伯利亚麝鼩 Siberian Shrew

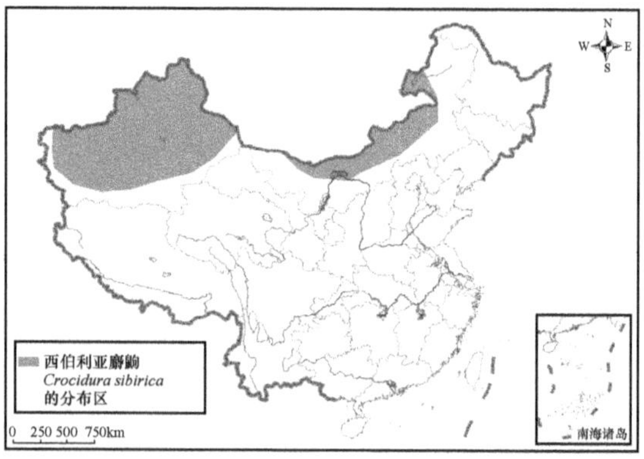

西伯利亚麝鼩 *Crocidura sibirica* (Dukelsky, 1930)

种下单元：无

生　　境：泰加林、沼泽、溪流边

生态系统：陆生生态系统

保护等级：**国家重点保护野生动物等级**：无；**CITES 附录**[1]：未列入

红色名录：**IUCN**[2]：LC；**中国哺乳类红色名录**[3]：NT

国内分布：新疆、内蒙古

分布国家：中国、哈萨克斯坦、吉尔吉斯斯坦、蒙古、俄罗斯

Siberian Shrew *Crocidura sibirica* (Dukelsky, 1930)

Infra-specific Taxa：None

Habitat and Ecology：Taiga; Swamps; Near Streams

Ecosystem：Terrestrial

National Key Protected Wild Animal List：None; **CITES Appendix**[1]：Not listed

Red List：**IUCN Red List**[2]：LC; **China Mammal Red List**[3]：NT

Range in the country：Xinjiang, Inner Mongolia

Range countries：China, Kazakhstan, Kyrgyzstan, Mongolia, Russia

参考文献 Citation

Wang Y (王应祥), 2003; Wilson and Reeder, 2005; Pan Q *et al.* (潘清华等), 2007; Smith *et al.*, 2009; IUCN, 2014

85. 台湾长尾麝鼩 Taiwanese Gray Shrew

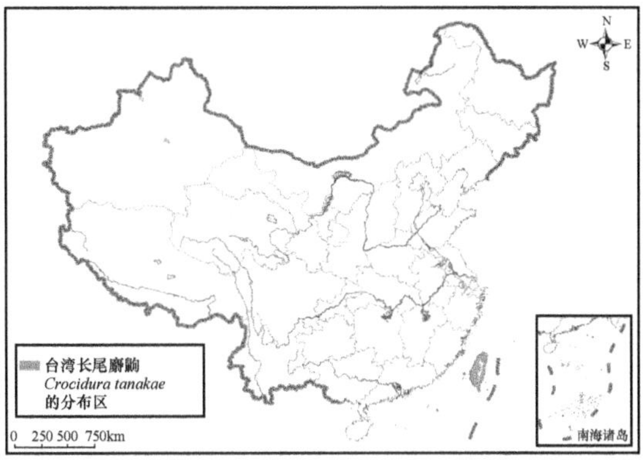

台湾长尾麝鼩 *Crocidura tanakae*（Kuroda, 1938）

种下单元： 无

生　　境： 草地、次生林、牧场

生态系统： 陆生生态系统

保护等级： **国家重点保护野生动物等级：** 无；**CITES 附录** [1]：未列入

红色名录： **IUCN**[2]：LC；**中国哺乳类红色名录** [3]：LC

国内分布： 台湾

分布国家： 中国

Taiwanese Gray Shrew *Crocidura tanakae*（Kuroda, 1938）

Infra-specific Taxa： None

Habitat and Ecology： Grassland; Secondary Forest; Pastureland

Ecosystem： Terrestrial

National Key Protected Wild Animal List： None; **CITES Appendix**[1]：Not listed

Red List： **IUCN Red List**[2]：LC; **China Mammal Red List**[3]：LC

Range in the country： Taiwan

Range countries： China

参考文献 Citation

Wilson and Reeder, 2005; Pan Q *et al.*（潘清华等）, 2007; Smith *et al.*, 2009; IUCN, 2014

86. 西南中麝鼩 Voracious Shrew

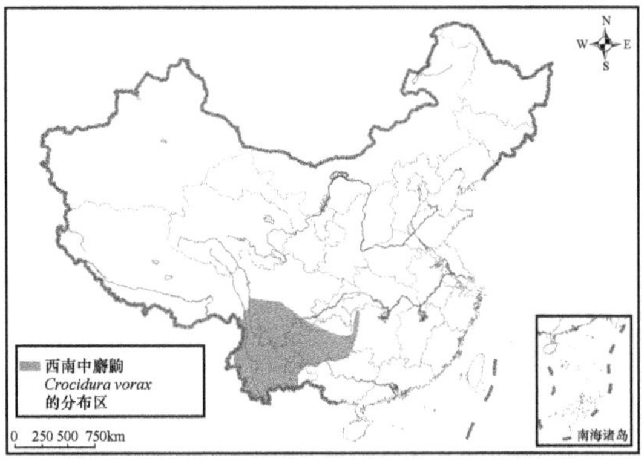

西南中麝鼩 *Crocidura vorax*（G. M. Allen, 1923）

种下单元： 无

生　　境： 温带森林、亚热带湿润低地森林

生态系统： 陆生生态系统

保护等级： **国家重点保护野生动物等级：** 无；**CITES 附录** [1]：未列入

红色名录： **IUCN**[2]：LC；**中国哺乳类红色名录** [3]：LC

国内分布： 四川、贵州、云南、湖南

分布国家： 中国、印度、老挝、泰国、越南

Voracious Shrew *Crocidura vorax*（G. M. Allen, 1923）

Infra-specific Taxa： None

Habitat and Ecology： Temperate Forest; Subtropical Moist Lowland Forest

Ecosystem： Terrestrial

National Key Protected Wild Animal List： None; **CITES Appendix**[1]：Not listed

Red List： **IUCN Red List**[2]：LC; **China Mammal Red List**[3]：LC

Range in the country： Sichuan, Guizhou, Yunnan, Hunan

Range countries： China, India, Laos, Thailand, Vietnam

参考文献 Citation

Wang Y（王应祥）, 2003; Wilson and Reeder, 2005; Pan Q *et al.*（潘清华等）, 2007; Smith *et al.*, 2009; IUCN, 2014

87. 五指山小麝鼩 Hainan Island Shrew

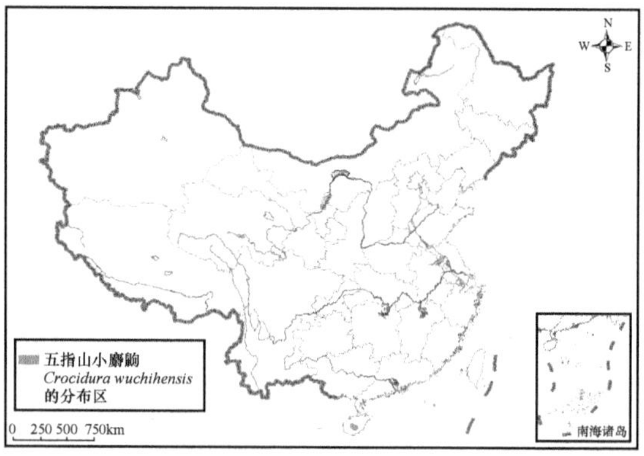

五指山小麝鼩 *Crocidura wuchihensis* (Wang, 1966)

种下单元：无

生　　境：热带雨林

生态系统：陆生生态系统

保护等级：**国家重点保护野生动物等级**：无；**CITES 附录**[1]：未列入

红色名录：**IUCN**[2]：DD；**中国哺乳类红色名录**[3]：VU

国内分布：海南

分布国家：中国、越南

Hainan Island Shrew *Crocidura wuchihensis* (Wang, 1966)

Infra-specific Taxa：None

Habitat and Ecology：Tropical Rainforest

Ecosystem：Terrestrial

National Key Protected Wild Animal List：None; **CITES Appendix**[1]：Not listed

Red List：**IUCN Red List**[2]：DD; **China Mammal Red List**[3]：VU

Range in the country：Hainan

Range countries：China, Vietnam

参考文献 Citation

Wilson and Reeder, 2005; Pan Q *et al.* (潘清华等), 2007; Smith *et al.*, 2009; IUCN, 2014

攀鼩目 SCANDENTIA　树鼩科 TUPAIIDAE

88. 北树鼩 Northern Tree Shrew

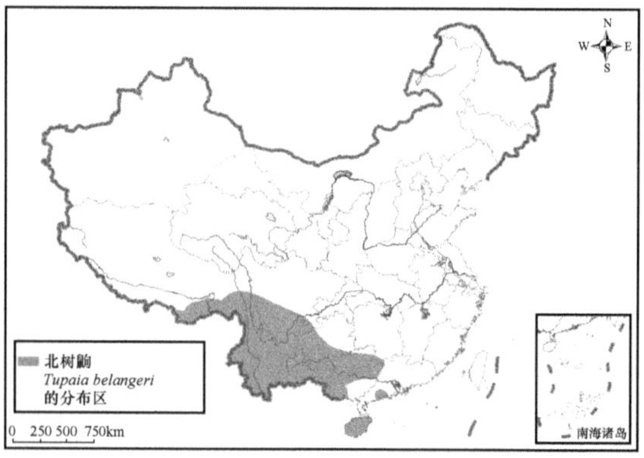

北树鼩 *Tupaia belangeri* (Wagner, 1841)

种下单元：*belangeri*; *chinensis*

生　　境：热带/亚热带森林、喀斯特地区

生态系统：陆生生态系统

保护等级：**国家重点保护野生动物等级**：无；**CITES 附录**[1]：未列入

红色名录：**IUCN**[2]：LC；**中国哺乳类红色名录**[3]：LC

国内分布：云南、四川、西藏、海南、广东、广西、贵州

分布国家：中国、泰国、缅甸、印度、柬埔寨、老挝、越南

Northern Tree Shrew *Tupaia belangeri* (Wagner, 1841)

Infra-specific Taxa：*belangeri*; *chinensis*

Habitat and Ecology：Tropical/Subtropical Forest; Karst

Ecosystem：Terrestrial

National Key Protected Wild Animal List：None; **CITES Appendix**[1]：Not listed

Red List：**IUCN Red List**[2]：LC; **China Mammal Red List**[3]：LC

Range in the country：Yunnan, Sichuan, Tibet, Hainan, Guangdong, Guangxi, Guizhou

Range countries：China, Thailand, Myanmar, India, Cambodia, Laos, Vietnam

参考文献 Citation

Wang Y (王应祥), 2003; Wilson and Reeder, 2005; Zhang R (张荣祖), 1997; Pan Q *et al.* (潘清华等), 2007; Smith *et al.*, 2009; IUCN, 2014; Lu X and Wang X (卢学理和王新财), 2015 (Unpublished)

翼手目 CHIROPTERA 狐蝠科 PTEROPODIDAE

89. 抱尾果蝠 Geoffroy's Rousette

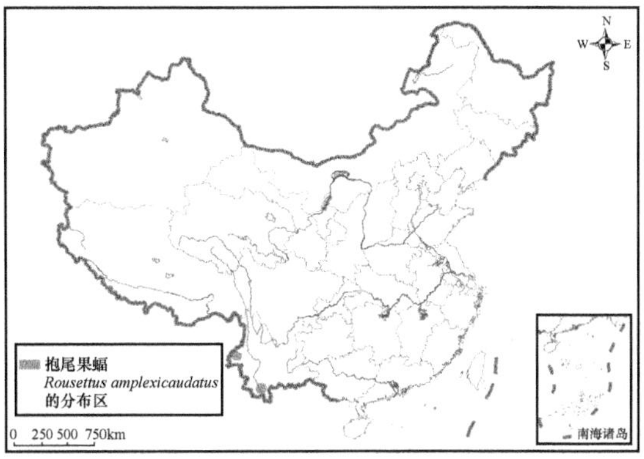

抱尾果蝠 *Rousettus amplexicaudatus* (É. Geoffroy, 1810)
种下单元： *amplexicaudatus*; *brachyotis*; *hedigeri*; *infumatus*; *minor*
生　　境： 森林、洞穴、内陆岩石区域
生态系统： 陆生生态系统
保护等级： **国家重点保护野生动物等级：** 无；**CITES 附录** [1]：未列入
红色名录： **IUCN**[2]：LC；**中国哺乳类红色名录** [3]：VU
国内分布： 云南
分布国家： 文莱、柬埔寨、中国、印度尼西亚、老挝、马来西亚、缅甸、巴布亚新几内亚(俾斯麦群岛)、菲律宾、新加坡、所罗门群岛、泰国、东帝汶、越南

Geoffroy's Rousette *Rousettus amplexicaudatus* (É. Geoffroy, 1810)
Infra-specific Taxa: *amplexicaudatus*; *brachyotis*; *hedigeri*; *infumatus*; *minor*
Habitat and Ecology: Forest; Caves; Inland Rocky Areas
Ecosystem: Terrestrial
National Key Protected Wild Animal List: None; **CITES Appendix**[1]: Not listed
Red List: **IUCN Red List**[2]: LC; **China Mammal Red List**[3]: VU
Range in the country: Yunnan
Range countries: Brunei, Cambodia, China, Indonesia, Laos, Malaysia, Myanmar, Papua New Guinea (Bismarck Archipelaago), Philippines, Singapore, Solomon Islands, Thailand, Timor-Leste, Vietnam

参考文献 Citation
Wang Y (王应祥), 2003; Pan Q *et al.* (潘清华等), 2007; Smith *et al.*, 2009; IUCN, 2014

90. 棕果蝠 Leschenault's Rousette

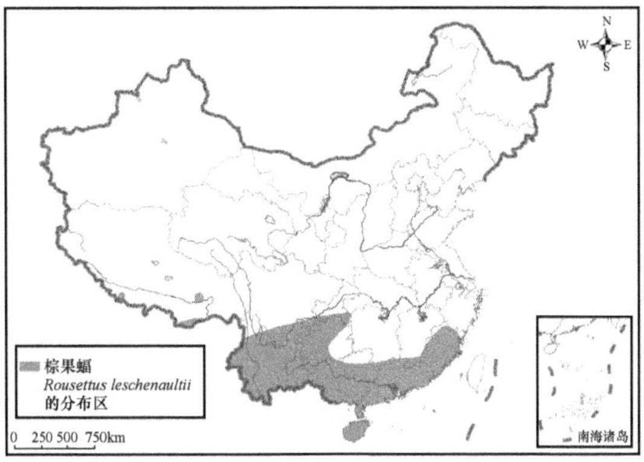

棕果蝠 *Rousettus leschenaultii* (Desmarest, 1820)
种下单元： *leschenaultii*; *seminudus*; *shortridgei*
生　　境： 森林、人造建筑、洞穴
生态系统： 陆生生态系统
保护等级： **国家重点保护野生动物等级：** 无；**CITES 附录** [1]：未列入
红色名录： **IUCN**[2]：LC；**中国哺乳类红色名录** [3]：LC
国内分布： 江西、贵州、广西、广东、海南、福建、云南、西藏、香港、四川
分布国家： 孟加拉国、不丹、柬埔寨、中国、印度、印度尼西亚、老挝、马来西亚、缅甸、尼泊尔、巴基斯坦、斯里兰卡、泰国、越南

Leschenault's Rousette *Rousettus leschenaultii* (Desmarest, 1820)
Infra-specific Taxa: *leschenaultii*; *seminudus*; *shortridgei*
Habitat and Ecology: Forest; Architecture; Caves
Ecosystem: Terrestrial
National Key Protected Wild Animal List: None; **CITES Appendix**[1]: Not listed
Red List: **IUCN Red List**[2]: LC; **China Mammal Red List**[3]: LC
Range in the country: Jiangxi, Guizhou, Guangxi, Guangdong, Hainan, Fujian, Yunnan, Tibet, Hongkong, Sichuan
Range countries: Bangladesh, Bhutan, Cambodia, China, India, Indonesia, Laos, Malaysia, Myanmar, Nepal, Pakistan, Sri Lanka, Thailand, Vietnam

参考文献 Citation
Wang Y (王应祥), 2003; Wilson and Reeder, 2005; Wu *et al.* (吴毅等), 1997; Zhang R (张荣祖), 1997; Pan Q *et al.* (潘清华等), 2007; Smith *et al.*, 2009; IUCN, 2014

91. 琉球狐蝠 Ryukyu Flying Fox

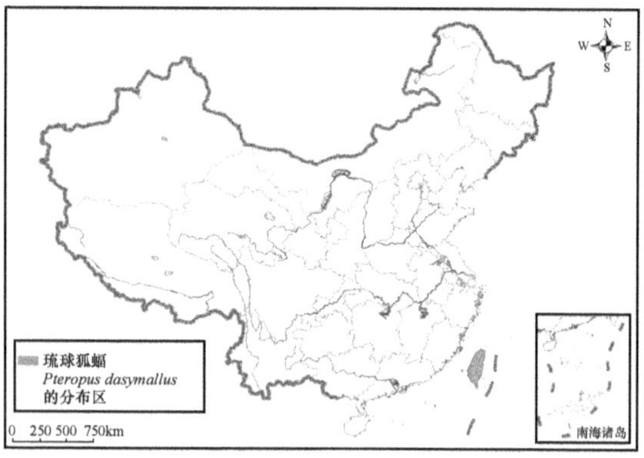

琉球狐蝠 *Pteropus dasymallus*（Temminck, 1825）

种下单元： *dasymallus*; *daitonensis*; *formosus*; *inopinatus*; *yayeyamae*

生　　境： 未知

生态系统： 陆生生态系统

保护等级： **国家重点保护野生动物等级：** 无；**CITES 附录** [1]：II

红色名录： **IUCN**[2]：NT；**中国哺乳类红色名录** [3]：EN

国内分布： 台湾

分布国家： 日本（南西诸岛）、菲律宾、中国

Ryukyu Flying Fox *Pteropus dasymallus*（Temminck, 1825）

Infra-specific Taxa： *dasymallus*; *daitonensis*; *formosus*; *inopinatus*; *yayeyamae*

Habitat and Ecology： Unknown

Ecosystem： Terrestrial

National Key Protected Wild Animal List： None; **CITES Appendix**[1]：II

Red List： **IUCN Red List**[2]：NT; **China Mammal Red List**[3]：EN

Range in the country： Taiwan

Range countries： Japan, Philippines, China

参考文献 Citation

Wang Y（王应祥）, 2003; Wilson and Reeder, 2005; Zhang R（张荣祖）, 1997; Pan Q *et al.*（潘清华等）, 2007; Smith *et al.*, 2009; IUCN, 2014

92. 印度大狐蝠 Indian Flying Fox

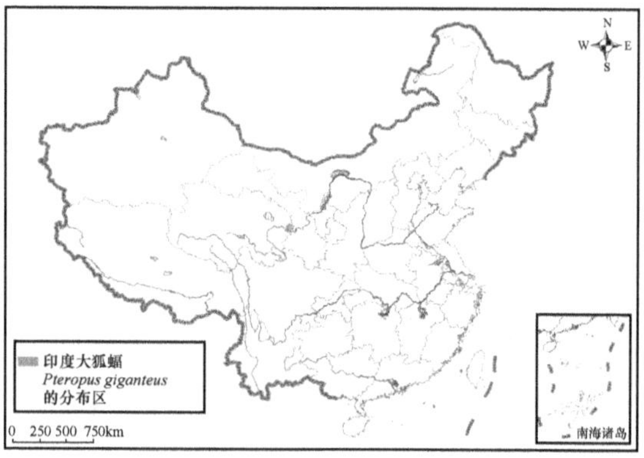

印度大狐蝠 *Pteropus giganteus*（Brünnich, 1782）

种下单元： *giganteus*; *ariel*; *chinghaiensis*; *leucocephalus*

生　　境： 未知

生态系统： 陆生生态系统

保护等级： **国家重点保护野生动物等级：** 无；**CITES 附录** [1]：II

红色名录： **IUCN**[2]：LC；**中国哺乳类红色名录** [3]：DD

国内分布： 青海

分布国家： 孟加拉国、不丹、中国、印度、马尔代夫、缅甸、尼泊尔、巴基斯坦、斯里兰卡

Indian Flying Fox *Pteropus giganteus*（Brünnich, 1782）

Infra-specific Taxa： *giganteus*; *ariel*; *chinghaiensis*; *leucocephalus*

Habitat and Ecology： Unknown

Ecosystem： Terrestrial

National Key Protected Wild Animal List： None; **CITES Appendix**[1]：II

Red List： **IUCN Red List**[2]：LC; **China Mammal Red List**[3]：DD

Range in the country： Qinghai

Range countries： Bangladesh, Bhutan, China, India, Maldives, Myanmar, Nepal, Pakistan, Sri Lanka

参考文献 Citation

Wang Y（王应祥）, 2003; Wilson and Reeder, 2005; Zhang R（张荣祖）, 1997; Pan Q *et al.*（潘清华等）, 2007; Smith *et al.*, 2009; IUCN, 2014

93. 短耳犬蝠 Lesser Dog-faced Fruit Bat

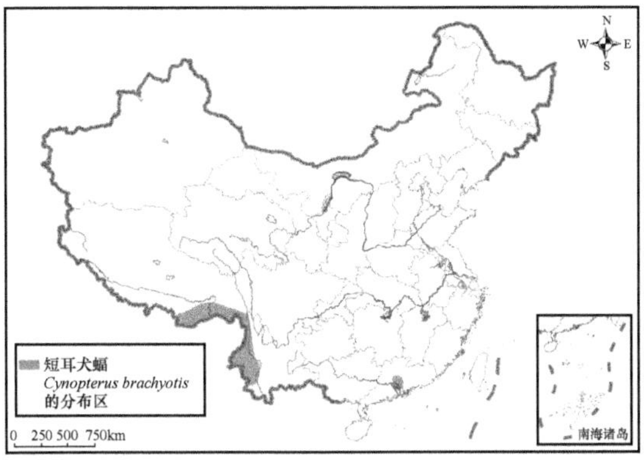

短耳犬蝠 *Cynopterus brachyotis* (Müller, 1838)
种下单元： *brachyotis; altitudinis; brachysoma; ceylonensis; concolor; hoffeti; insularum; javanicus*
生　　境： 森林、乡村庭院、种植园、城市
生态系统： 陆生生态系统
保护等级： **国家重点保护野生动物等级：** 无；**CITES 附录**[1]：未列入
红色名录： **IUCN**[2]：LC；**中国哺乳类红色名录**[3]：VU
国内分布： 广东、云南、西藏、香港、澳门
分布国家： 柬埔寨、中国、印度、印度尼西亚、老挝、马来西亚、缅甸、新加坡、斯里兰卡、泰国、东帝汶、越南

Lesser Dog-faced Fruit Bat *Cynopterus brachyotis* (Müller, 1838)
Infra-specific Taxa： *brachyotis; altitudinis; brachysoma; ceylonensis; concolor; hoffeti; insularum; javanicus*
Habitat and Ecology： Forest; Rural Gardens; Plantations; Urban Areas
Ecosystem： Terrestrial
National Key Protected Wild Animal List： None; **CITES Appendix**[1]：Not listed
Red List： **IUCN Red List**[2]：LC; **China Mammal Red List**[3]：VU
Range in the country： Guangdong, Yunnan, Tibet, Hongkong, Macao
Range countries： Cambodia, China, India, Indonesia, Laos, Malaysia, Myanmar, Singapore, Sri Lanka, Thailand, Timor-Leste, Vietnam

参考文献 Citation

Wang Y (王应祥), 2003; Wilson and Reeder, 2005; Zhang R (张荣祖), 1997; Pan Q *et al.* (潘清华等), 2007; Smith *et al.*, 2009; IUCN, 2014

94. 犬蝠 Greater Shortnosed Fruit Bat

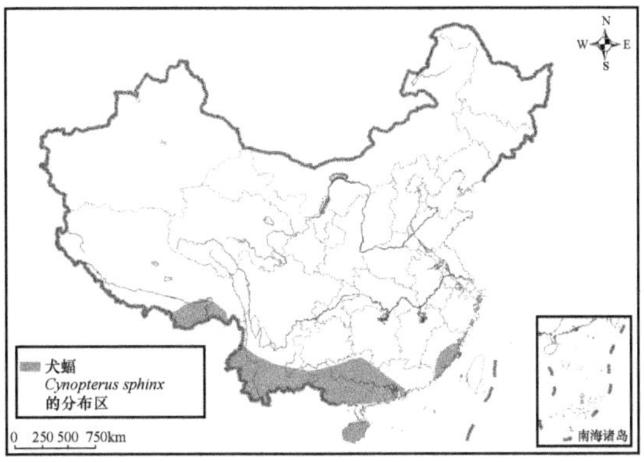

犬蝠 *Cynopterus sphinx* (Vahl, 1797)
种下单元： *sphinx; angulatus; babi; pagensis; scherzeri; serasani*
生　　境： 森林、城市
生态系统： 陆生生态系统
保护等级： **国家重点保护野生动物等级：** 无；**CITES 附录**[1]：未列入
红色名录： **IUCN**[2]：LC；**中国哺乳类红色名录**[3]：NT
国内分布： 福建、广西、云南、海南、西藏、广东、香港
分布国家： 孟加拉国、不丹、柬埔寨、中国、印度、印度尼西亚、老挝、马来西亚、缅甸、尼泊尔、巴基斯坦、斯里兰卡、泰国、越南

Greater Shortnosed Fruit Bat *Cynopterus sphinx* (Vahl, 1797)
Infra-specific Taxa： *sphinx; angulatus; babi; pagensis; scherzeri; serasani*
Habitat and Ecology： Forest; Urban Areas
Ecosystem： Terrestrial
National Key Protected Wild Animal List： None; **CITES Appendix**[1]：Not listed
Red List： **IUCN Red List**[2]：LC; **China Mammal Red List**[3]：NT
Range in the country： Fujian, Guangxi, Yunnan, Hainan, Tibet, Guangdong, Hongkong
Range countries： Bangladesh, Bhutan, Cambodia, China, India, Indonesia, Laos, Malaysia, Myanmar, Nepal, Pakistan, Sri Lanka, Thailand, Vietnam

参考文献 Citation

Wang Y (王应祥), 2003; Wilson and Reeder, 2005; Zhang R (张荣祖), 1997; Pan Q *et al.* (潘清华等), 2007; Smith *et al.*, 2009; IUCN, 2014

95. 球果蝠 Blandford's Fruit Bat

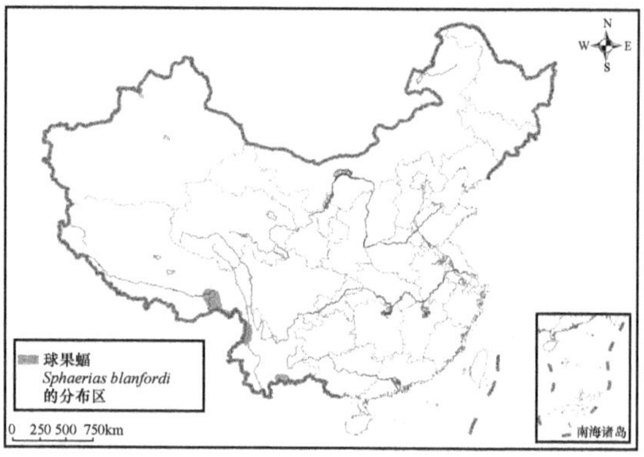

球果蝠 *Sphaerias blanfordi* (Thomas, 1891)
种下单元： 无
生　　境： 热带/亚热带湿润山地森林
生态系统： 陆生生态系统
保护等级： **国家重点保护野生动物等级：** 无；**CITES 附录**[1]：未列入
红色名录： **IUCN**[2]：LC；**中国哺乳类红色名录**[3]：VU
国内分布： 西藏、云南
分布国家： 不丹、中国、印度、缅甸、尼泊尔、泰国、越南

Blandford's Fruit Bat *Sphaerias blanfordi* (Thomas, 1891)
Infra-specific Taxa： None
Habitat and Ecology： Tropical/Subtropical Moist Montane Forest
Ecosystem： Terrestrial
National Key Protected Wild Animal List： None; **CITES Appendix**[1]：Not listed
Red List： **IUCN Red List**[2]：LC; **China Mammal Red List**[3]：VU
Range in the country： Tibet, Yunnan
Range countries： Bhutan, China, India, Myanmar, Nepal, Thailand, Vietnam

参考文献 Citation

Wang Y (王应祥), 2003; Wilson and Reeder, 2005; Zhang R (张荣祖), 1997; Pan Q *et al.* (潘清华等), 2007; Smith *et al.*, 2009; IUCN, 2014

96. 长舌果蝠 Dawn Bat

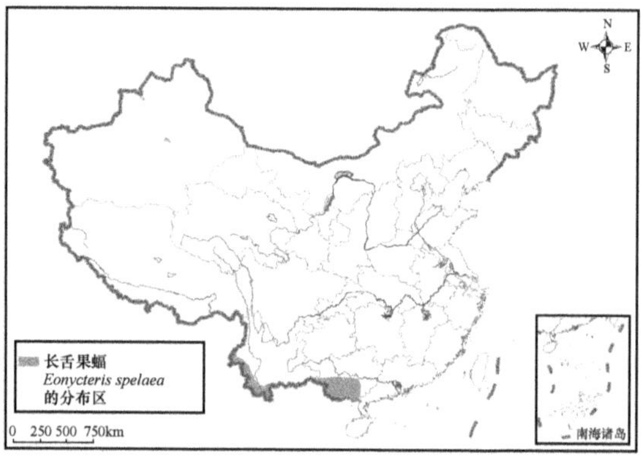

长舌果蝠 *Eonycteris spelaea* (Dobson, 1871)
种下单元： *spelaea*; *glandifera*; *rosenbergii*; *winnyae*
生　　境： 洞穴、森林、种植园
生态系统： 陆生生态系统
保护等级： **国家重点保护野生动物等级：** 无；**CITES 附录**[1]：未列入
红色名录： **IUCN**[2]：LC；**中国哺乳类红色名录**[3]：VU
国内分布： 广西、云南
分布国家： 文莱、柬埔寨、中国、印度、印度尼西亚、老挝、马来西亚、缅甸、菲律宾、新加坡、泰国、东帝汶、越南

Dawn Bat *Eonycteris spelaea* (Dobson, 1871)
Infra-specific Taxa： *spelaea*; *glandifera*; *rosenbergii*; *winnyae*
Habitat and Ecology： Caves; Forest; Plantations
Ecosystem： Terrestrial
National Key Protected Wild Animal List： None; **CITES Appendix**[1]：Not listed
Red List： **IUCN Red List**[2]：LC; **China Mammal Red List**[3]：VU
Range in the country： Guangxi, Yunnan
Range countries： Brunei, Cambodia, China, India, Indonesia, Laos, Malaysia, Myanmar, Philippines, Singapore, Thailand, Timor-Leste, Vietnam

参考文献 Citation

Wang Y (王应祥), 2003; Wilson and Reeder, 2005; Zhang R (张荣祖), 1997; Pan Q *et al.* (潘清华等), 2007; Smith *et al.*, 2009; IUCN, 2014

97. 安氏长舌果蝠 Hill Long-tongued Fruit Bat

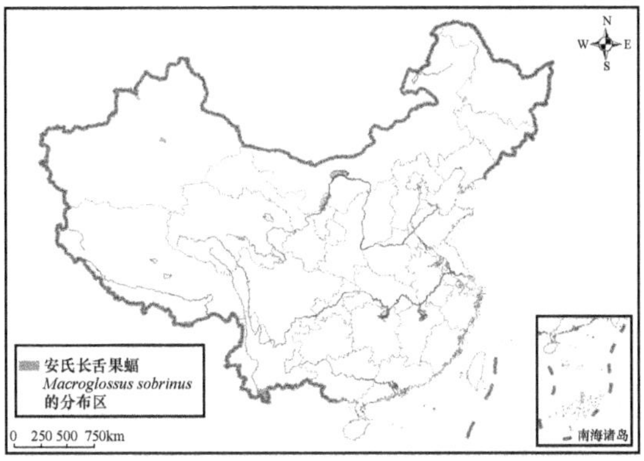

安氏长舌果蝠 *Macroglossus sobrinus* (K. Andersen, 1911)

种下单元： *sobrinus*; *fraternus*

生　　境： 森林、次生林、种植园、人造建筑

生态系统： 陆生生态系统

保护等级： **国家重点保护野生动物等级：** 无；**CITES 附录** [1]：未列入

红色名录： **IUCN** [2]：LC；**中国哺乳类红色名录** [3]：EN

国内分布： 云南

分布国家： 柬埔寨、中国、印度、印度尼西亚、老挝、马来西亚、缅甸、泰国、越南

Hill Long-tongued Fruit Bat *Macroglossus sobrinus* (K. Andersen, 1911)

Infra-specific Taxa： *sobrinus*; *fraternus*

Habitat and Ecology： Forest; Secondary Forest; Plantations; Architecture

Ecosystem： Terrestrial

National Key Protected Wild Animal List： None; **CITES Appendix** [1]：Not listed

Red List： **IUCN Red List** [2]：LC; **China Mammal Red List** [3]：EN

Range in the country： Yunnan

Range countries： Cambodia, China, India, Indonesia, Laos, Malaysia, Myanmar, Thailand, Vietnam

参考文献 Citation

Wang Y (王应祥), 2003; Pan Q *et al.* (潘清华等), 2007; Smith *et al.*, 2009; IUCN, 2014

98. 无尾果蝠 Temminck's Tailless Fruit Bat

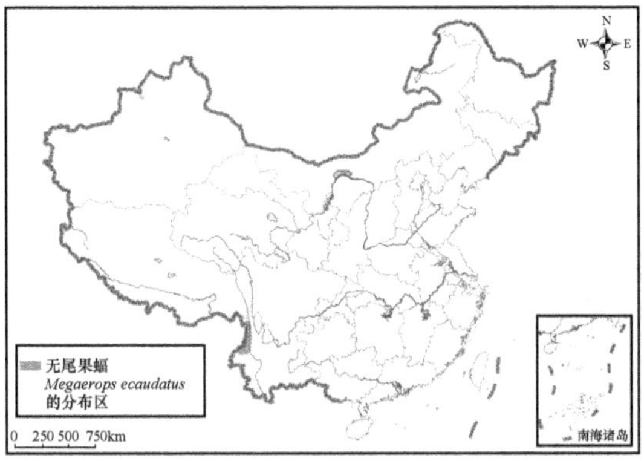

无尾果蝠 *Megaerops ecaudatus* (Temminck, 1837)

种下单元： 无

生　　境： 热带/亚热带湿润低地森林、次生林

生态系统： 陆生生态系统

保护等级： **国家重点保护野生动物等级：** 无；**CITES 附录** [1]：未列入

红色名录： **IUCN** [2]：LC；**中国哺乳类红色名录** [3]：DD

国内分布： 云南

分布国家： 中国、文莱、印度尼西亚、马来西亚、泰国

Temminck's Tailless Fruit Bat *Megaerops ecaudatus* (Temminck, 1837)

Infra-specific Taxa： None

Habitat and Ecology： Tropical/Subtropical Moist Lowland Forest; Secondary Forest

Ecosystem： Terrestrial

National Key Protected Wild Animal List： None; **CITES Appendix** [1]：Not listed

Red List： **IUCN Red List** [2]：LC; **China Mammal Red List** [3]：DD

Range in the country： Yunnan

Range countries： China, Brunei, Indonesia, Malaysia, Thailand

参考文献 Citation

Feng *et al.* (冯庆等), 2006; Pan Q *et al.* (潘清华等), 2007; IUCN, 2014

99. 泰国无尾果蝠 Ratanaworabhan's Fruit Bat

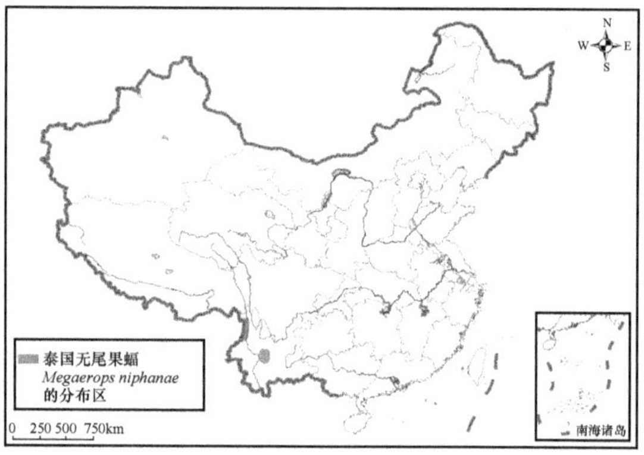

泰国无尾果蝠 *Megaerops niphanae*（Yenbutra & Felten, 1983）
种下单元：无
生　　境：未知
生态系统：陆生生态系统
保护等级：国家重点保护野生动物等级：无；**CITES 附录** [1]：未列入
红色名录：IUCN [2]：LC；**中国哺乳类红色名录** [3]：DD
国内分布：云南
分布国家：中国、柬埔寨、印度、老挝、泰国、越南

Ratanaworabhan's Fruit Bat *Megaerops niphanae*（Yenbutra & Felten, 1983）
Infra-specific Taxa：None
Habitat and Ecology：Unknown
Ecosystem：Terrestrial
National Key Protected Wild Animal List：None; **CITES Appendix** [1]：Not listed
Red List：IUCN Red List [2]：LC; **China Mammal Red List** [3]：DD
Range in the country：Yunnan
Range countries：China, Cambodia, India, Laos, Thailand, Vietnam
参考文献 Citation
Feng *et al.*（冯庆等）, 2006; Pan Q *et al.*（潘清华等）, 2007; IUCN, 2014

鞘尾蝠科 EMBALLONURIDAE

100. 黑髯墓蝠 Black-bearded Tomb Bat

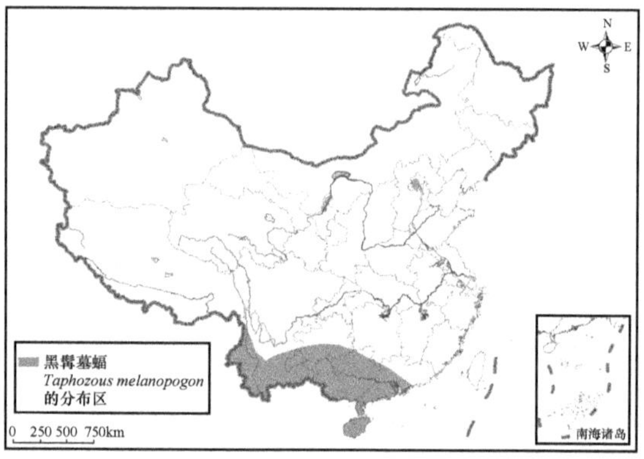

黑髯墓蝠 *Taphozous melanopogon* Temminck, 1841
种下单元：*melanopogon*; *bicolor*; *cavaticus*; *fretensis*; *phillipinensis*
生　　境：热带/亚热带湿润低地/山地森林、洞穴
生态系统：陆生生态系统
保护等级：国家重点保护野生动物等级：无；**CITES 附录** [1]：未列入
红色名录：IUCN [2]：LC；**中国哺乳类红色名录** [3]：LC
国内分布：广西、海南、贵州、云南、香港、北京、广东
分布国家：文莱、柬埔寨、中国、印度、印度尼西亚、老挝、马来西亚、缅甸、菲律宾、新加坡、斯里兰卡、泰国、东帝汶、越南

Black-bearded Tomb Bat *Taphozous melanopogon* Temminck, 1841
Infra-specific Taxa：*melanopogon*; *bicolor*; *cavaticus*; *fretensis*; *phillipinensis*
Habitat and Ecology：Tropical/Subtropical Moist Lowland/Montane Forest; Caves
Ecosystem：Terrestrial
National Key Protected Wild Animal List：None; **CITES Appendix** [1]：Not listed
Red List：IUCN Red List [2]：LC; **China Mammal Red List** [3]：LC
Range in the country：Guangxi, Hainan, Guizhou, Yunnan, Hongkong, Beijing, Guangdong
Range countries：Brunei, Cambodia, China, India, Indonesia, Laos, Malaysia, Myanmar, Philippines, Singapore, Sri Lanka, Thailand, Timor-Leste, Vietnam
参考文献 Citation
Wang Y（王应祥）, 2003; Wilson and Reeder, 2005; Zhang R（张荣祖）, 1997; Pan Q *et al.*（潘清华等）, 2007; Smith *et al.*, 2009; IUCN, 2014

101. 大墓蝠 Theobald's Tomb Bat

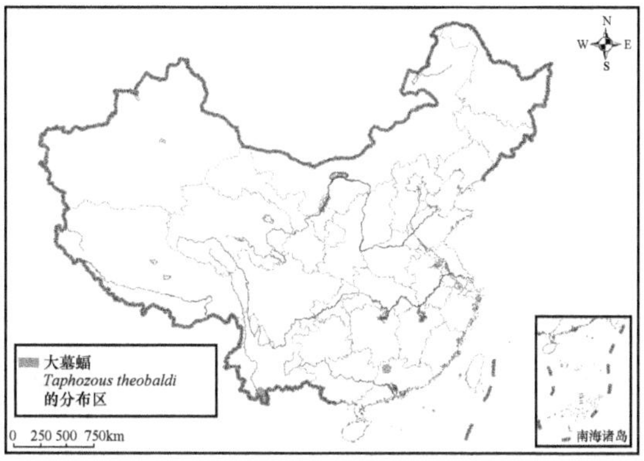

大墓蝠 *Taphozous theobaldi* Dobson, 1872
种下单元： *theobaldi; secatus*
生　　境： 森林(洞穴)
生态系统： 陆生生态系统
保护等级：国家重点保护野生动物等级： 无；**CITES 附录** [1]：未列入
红色名录：IUCN[2]：LC；**中国哺乳类红色名录** [3]：NT
国内分布： 云南、广东
分布国家： 中国、柬埔寨、印度、缅甸、泰国、越南

Theobald's Tomb Bat *Taphozous theobaldi* Dobson, 1872
Infra-specific Taxa： *theobaldi; secatus*
Habitat and Ecology： Forest (Caves)
Ecosystem： Terrestrial
National Key Protected Wild Animal List： None; **CITES Appendix**[1]：Not listed
Red List：IUCN Red List[2]：LC; **China Mammal Red List**[3]：NT
Range in the country： Yunnan, Guangdong
Range countries： China, Cambodia, India, Myanmar, Thailand, Vietnam
参考文献 Citation
Wang Y(王应祥), 2003; Pan Q *et al.*(潘清华等), 2007; Smith *et al.*, 2009; IUCN, 2014; Zhou Q *et al.*(周全等), 2014

假吸血蝠科 MEGADERMATIDAE

102. 印度假吸血蝠 Greater False Vampire

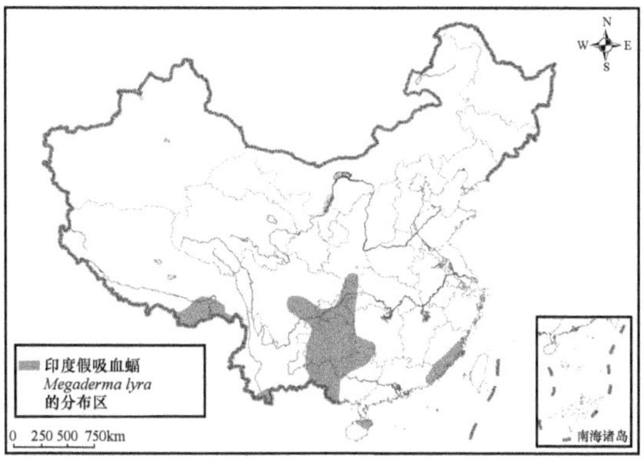

印度假吸血蝠 *Megaderma lyra* É. Geoffroy, 1810
种下单元： *lyra; sinensis*
生　　境： 森林、洞穴、人造建筑
生态系统： 陆生生态系统
保护等级：国家重点保护野生动物等级： 无；**CITES 附录** [1]：未列入
红色名录：IUCN[2]：LC；**中国哺乳类红色名录** [3]：VU
国内分布： 湖南、四川、广西、云南、广东、福建、贵州、重庆、海南、西藏
分布国家： 阿富汗、孟加拉国、柬埔寨、中国、印度、老挝、马来西亚、缅甸、尼泊尔、巴基斯坦、斯里兰卡、泰国、越南

Greater False Vampire *Megaderma lyra* É. Geoffroy, 1810
Infra-specific Taxa： *lyra; sinensis*
Habitat and Ecology： Forest; Caves; Architecture
Ecosystem： Terrestrial
National Key Protected Wild Animal List： None; **CITES Appendix**[1]：Not listed
Red List：IUCN Red List[2]：LC; **China Mammal Red List**[3]：VU
Range in the country： Hunan, Sichuan, Guangxi, Yunnan, Guangdong, Fujian, Guizhou, Chongqing, Hainan, Tibet
Range countries： Afghanistan, Bangladesh, Cambodia, China, India, Laos, Malaysia, Myanmar, Nepal, Pakistan, Sri Lanka, Thailand, Vietnam
参考文献 Citation
Wang Y(王应祥), 2003; Wilson and Reeder, 2005; Zhang R(张荣祖), 1997; Pan Q *et al.*(潘清华等), 2007; Smith *et al.*, 2009; IUCN, 2014

103. 马来假吸血蝠 Lesser False Vampire

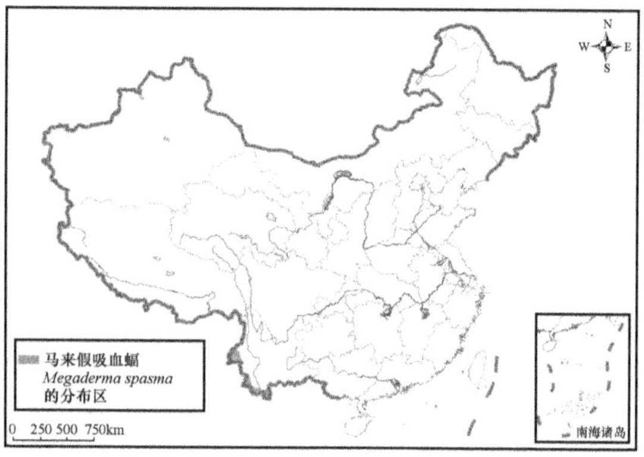

马来假吸血蝠 *Megaderma spasma*(Linnaeus, 1758)
种下单元：无
生　　境：森林
生态系统：陆生生态系统
保护等级：国家重点保护野生动物等级：无；**CITES 附录**[1]：未列入
红色名录：IUCN[2]：LC；**中国哺乳类红色名录**[3]：DD
国内分布：云南
分布国家：中国、斯里兰卡、印度、菲律宾以及整个东南亚

Lesser False Vampire *Megaderma spasma*(Linnaeus, 1758)
Infra-specific Taxa：None
Habitat and Ecology：Forest
Ecosystem：Terrestrial
National Key Protected Wild Animal List：None; **CITES Appendix**[1]：Not listed
Red List：IUCN Red List[2]：LC; **China Mammal Red List**[3]：DD
Range in the country：Yunnan
Range countries：China, Sri Lanka, India, Philippines, Timor-Leste, Vietnam, Laos, Thailand, Malaysia, Indonesia, Brunei, Philippines, Singapore, Cambodia, Myanmar

参考文献 Citation

Zhang L *et al.*(张礼标等), 2010; IUCN, 2014

菊头蝠科 RHINOLOPHIDAE

104. 中菊头蝠 Intermediate Horseshoe Bat

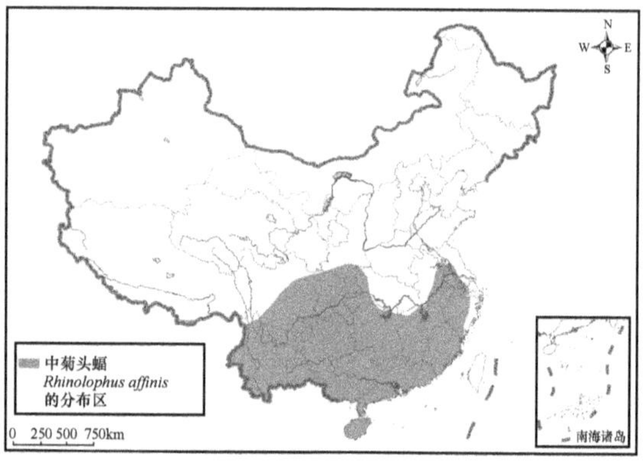

中菊头蝠 *Rhinolophus affinis*(Horsfield, 1823)
种下单元：*affinis*; *andamanensis*; *hainanus*; *himalayanus*; *macrurus*; *nesites*; *princes*; *superans*; *tener*
生　　境：洞穴、种植园、耕地、森林
生态系统：陆生生态系统
保护等级：国家重点保护野生动物等级：无；**CITES 附录**[1]：未列入
红色名录：IUCN[2]：LC；**中国哺乳类红色名录**[3]：LC
国内分布：陕西、江苏、浙江、安徽、湖南、江西、四川、贵州、云南、广西、海南、福建、香港、重庆、广东
分布国家：孟加拉国、不丹、柬埔寨、中国、印度、印度尼西亚、老挝、马来西亚、缅甸、尼泊尔、新加坡、泰国、越南

Intermediate Horseshoe Bat *Rhinolophus affinis*(Horsfield, 1823)
Infra-specific Taxa：*affinis*; *andamanensis*; *hainanus*; *himalayanus*; *macrurus*; *nesites*; *princes*; *superans*; *tener*
Habitat and Ecology：Caves; Plantations; Arable Land; Forest
Ecosystem：Terrestrial
National Key Protected Wild Animal List：None; **CITES Appendix**[1]：Not listed
Red List：IUCN Red List[2]：LC; **China Mammal Red List**[3]：LC
Range in the country：Shaanxi, Jiangsu, Zhejiang, Anhui, Hunan, Jiangxi, Sichuan, Guizhou, Yunnan, Guangxi, Hainan, Fujian, Hongkong, Chongqing, Guangdong
Range countries：Bangladesh, Bhutan, Cambodia, China, India, Indonesia, Laos, Malaysia, Myanmar, Nepal, Singapore, Thailand, Vietnam

参考文献 Citation

Wang Y(王应祥), 2003; Wilson and Reeder, 2005; Zhang R(张荣祖), 1997; Pan Q *et al.*(潘清华等), 2007; Smith *et al.*, 2009; IUCN, 2014

105. 马铁菊头蝠 Greater Horseshoe Bat

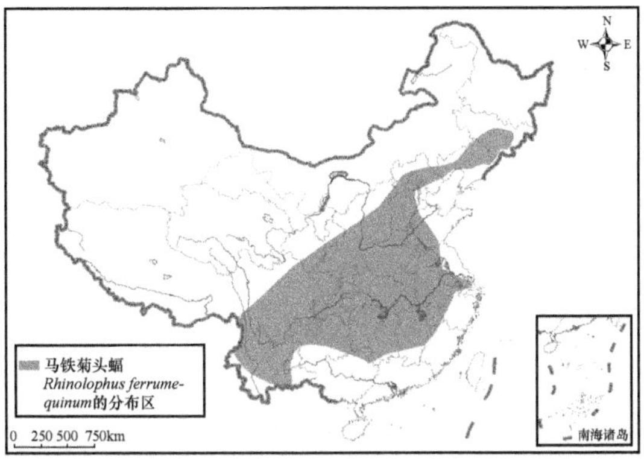

马铁菊头蝠 *Rhinolophus ferrumequinum* (Schreber, 1774)
种下单元： *ferrumequinum*; *creticum*; *irani*; *korai*; *nippon*; *proximus*; *tragatus*
生　　境： 牧场、地中海灌木植被、温带森林、洞穴、人造建筑
生态系统： 陆生生态系统
保护等级： **国家重点保护野生动物等级：** 无；**CITES 附录**[1]：未列入
红色名录： **IUCN**[2]：LC；**中国哺乳类红色名录**[3]：LC
国内分布： 吉林、辽宁、河北、北京、山东、河南、陕西、山西、上海、浙江、安徽、江西、四川、甘肃、贵州、云南、广西、福建、重庆
分布国家： 阿富汗、阿尔巴尼亚、阿尔及利亚、安道尔、亚美尼亚、奥地利、阿塞拜疆、孟加拉国、不丹、波斯尼亚和黑塞哥维那、保加利亚、中国、克罗地亚、塞浦路斯、捷克、法国(科西嘉岛)、格鲁吉亚、德国、直布罗陀、希腊(克里特)、匈牙利、印度、伊朗、伊拉克、以色列、意大利(撒丁岛、西西里岛)、日本、约旦、哈萨克斯坦、朝鲜、韩国、黎巴嫩、列支敦士登、卢森堡、马其顿、摩尔多瓦、摩纳哥、黑山、摩洛哥、尼泊尔、巴基斯坦、巴勒斯坦、波兰、葡萄牙、罗马尼亚、俄罗斯、圣马力诺、沙特阿拉伯、塞尔维亚、斯洛伐克、斯洛文尼亚、西班牙(巴利阿里群岛)、瑞士、叙利亚、塔吉克斯坦、突尼斯、土耳其、土库曼斯坦、乌克兰、英国、乌兹别克斯坦

Greater Horseshoe Bat *Rhinolophus ferrumequinum* (Schreber, 1774)
Infra-specific Taxa: *ferrumequinum*; *creticum*; *irani*; *korai*; *nippon*; *proximus*; *tragatus*
Habitat and Ecology: Pastureland; Mediterranean-type Shrubby Vegetation; Temperate Forest; Caves; Architecture
Ecosystem: Terrestrial
National Key Protected Wild Animal List: None; **CITES Appendix**[1]: Not listed
Red List: IUCN Red List[2]: LC; **China Mammal Red List**[3]: LC
Range in the country: Jilin, Liaoning, Hebei, Beijing, Shandong, Henan, Shaanxi, Shanxi, Shanghai, Zhejiang, Anhui, Jiangxi, Sichuan, Gansu, Guizhou, Yunnan, Guangxi, Fujian, Chongqing
Range countries: Afghanistan, Albania, Algeria, Andorra, Armenia, Austria, Azerbaijan, Bangladesh, Bhutan, Bosnia and Herzegovina, Bulgaria, China, Croatia, Cyprus, Czech, France (The island of Corsica), Georgia, Germany, Gibraltar, Greece, Hungary, India, Iran, Iraq, Israel, Italy, Japan, Jordan, Kazakhstan, Korea, Democratic People's Republic of, Korea, Republic of, Lebanon, Liechtenstein, Luxembourg, Macedonia, Moldova, Monaco, Montenegro, Morocco, Nepal, Pakistan, Palestine Territory occupied, Poland, Portugal, Romania, Russia, San Marino, Saudi Arabia, Serbia, Slovakia, Slovenia, Spain, Switzerland, Syrian Arab Republic, Tajikistan, Tunisia, Turkey, Turkmenistan, Ukraine, United Kingdom, Uzbekistan

参考文献 Citation

Wang Y (王应祥), 2003; Wilson and Reeder, 2005; Zhang R (张荣祖), 1997; Pan Q *et al.* (潘清华等), 2007; Smith *et al.*, 2009; IUCN, 2014

106. 台湾菊头蝠 Formosan Woolly Horseshoe Bat

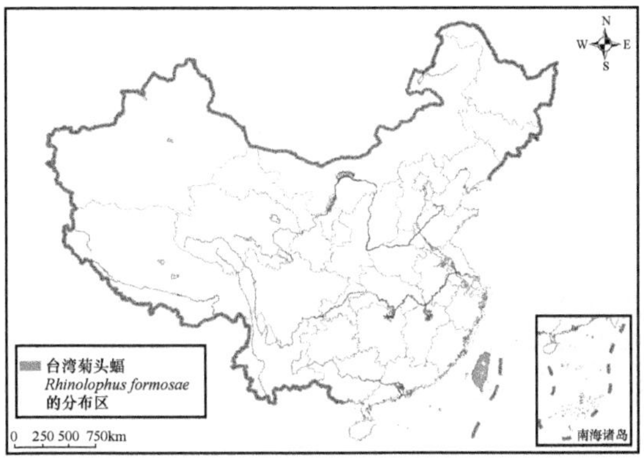

台湾菊头蝠 *Rhinolophus formosae* (Sanborn, 1939)
种下单元： 无
生　　境： 洞穴、人造建筑、森林
生态系统： 陆生生态系统
保护等级： **国家重点保护野生动物等级：** 无；**CITES 附录**[1]：未列入
红色名录： **IUCN**[2]：NT；**中国哺乳类红色名录**[3]：NT
国内分布： 台湾
分布国家： 中国

Formosan Woolly Horseshoe Bat *Rhinolophus formosae* (Sanborn, 1939)
Infra-specific Taxa: None
Habitat and Ecology: Caves; Architecture; Forest
Ecosystem: Terrestrial
National Key Protected Wild Animal List: None; **CITES Appendix**[1]: Not listed
Red List: IUCN Red List[2]: NT; **China Mammal Red List**[3]: NT
Range in the country: Taiwan
Range countries: China

参考文献 Citation

Wang Y (王应祥), 2003; Wilson and Reeder, 2005; Pan Q *et al.* (潘清华等), 2007; Smith *et al.*, 2009; IUCN, 2014

107. 华南菊头蝠 South China Horseshoe Bat

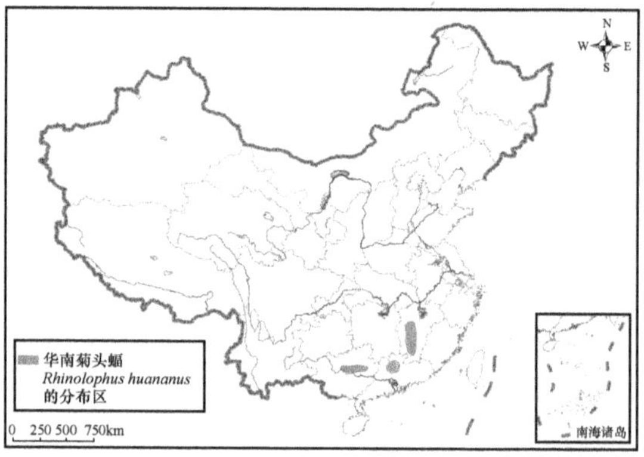

华南菊头蝠 *Rhinolophus huananus* (Wu, 2008)
种下单元：无
生　　境：洞穴
生态系统：陆生生态系统
保护等级：**国家重点保护野生动物等级**：无；**CITES 附录**[1]：未列入
红色名录：**IUCN**[2]：未列入；**中国哺乳类红色名录**[3]：NT
国内分布：广东、广西、江西
分布国家：中国

South China Horseshoe Bat *Rhinolophus huananus* (Wu, 2008)
Infra-specific Taxa：None
Habitat and Ecology：Caves
Ecosystem：Terrestrial
National Key Protected Wild Animal List：None; **CITES Appendix**[1]：Not listed
Red List：**IUCN Red List**[2]：Not listed; **China Mammal Red List**[3]：NT
Range in the country：Guangdong, Guangxi, Jiangxi
Range countries：China

参考文献 Citation

Wu Y *et al.*, 2008

108. 短翼菊头蝠 Blyth's Horseshoe Bat

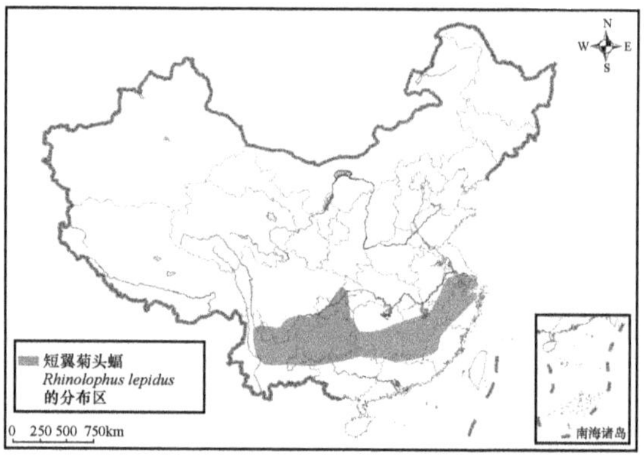

短翼菊头蝠 *Rhinolophus lepidus* (Blyth, 1844)
种下单元：*lepidus*; *cuneatus*; *feae*; *monticola*; *refulgens*
生　　境：洞穴、人造建筑、热带湿润低地森林
生态系统：陆生生态系统
保护等级：**国家重点保护野生动物等级**：无；**CITES 附录**[1]：未列入
红色名录：**IUCN**[2]：LC；**中国哺乳类红色名录**[3]：NT
国内分布：浙江、安徽、江西、四川、云南、广西、贵州、湖南、福建、重庆、广东
分布国家：阿富汗、孟加拉国、柬埔寨、中国、印度、印度尼西亚、马来西亚、缅甸、尼泊尔、巴基斯坦、泰国、越南

Blyth's Horseshoe Bat *Rhinolophus lepidus* (Blyth, 1844)
Infra-specific Taxa：*lepidus*; *cuneatus*; *feae*; *monticola*; *refulgens*
Habitat and Ecology：Caves; Architecture; Tropical Moist Lowland Forest
Ecosystem：Terrestrial
National Key Protected Wild Animal List：None; **CITES Appendix**[1]：Not listed
Red List：**IUCN Red List**[2]：LC; **China Mammal Red List**[3]：NT
Range in the country：Zhejiang, Anhui, Jiangxi, Sichuan, Yunnan, Guangxi, Guizhou, Hunan, Fujian, Chongqing, Guangdong
Range countries：Afghanistan, Bangladesh, Cambodia, China, India, Indonesia, Malaysia, Myanmar, Nepal, Pakistan, Thailand, Vietnam

参考文献 Citation

Wang Y (王应祥), 2003; Wilson and Reeder, 2005; Zhang R (张荣祖), 1997; Pan Q *et al.* (潘清华等), 2007; Smith *et al.*, 2009; IUCN, 2014

109. 大菊头蝠 Great Woolly Horsehoe Bat

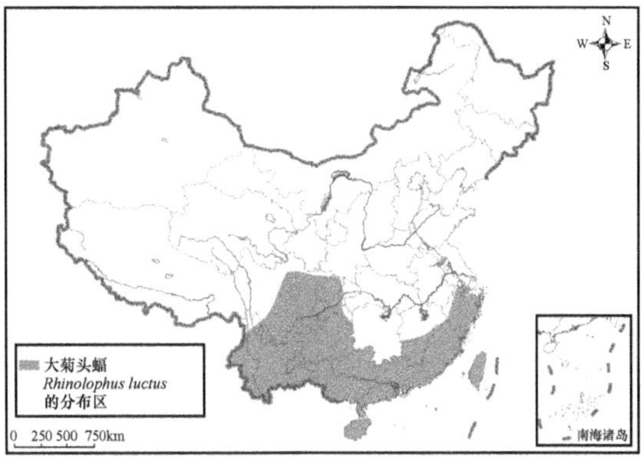

大菊头蝠 *Rhinolophus luctus* (Temminck, 1834)
种下单元：*luctus*; *foetidus*; *lanosus*; *morio*; *perniger*; *spurcus*
生　　境：森林、人造建筑
生态系统：陆生生态系统
保护等级：**国家重点保护野生动物等级**：无；**CITES 附录**[1]：未列入
红色名录：**IUCN**[2]：LC；**中国哺乳类红色名录**[3]：NT
国内分布：安徽、浙江、江西、四川、贵州、广东、海南、广西、福建、台湾、重庆
分布国家：孟加拉国、柬埔寨、中国、印度、印度尼西亚、老挝、马来西亚、缅甸、尼泊尔、新加坡、泰国、越南

Great Woolly Horsehoe Bat *Rhinolophus luctus* (Temminck, 1834)
Infra-specific Taxa: *luctus*; *foetidus*; *lanosus*; *morio*; *perniger*; *spurcus*
Habitat and Ecology: Forest; Architecture
Ecosystem: Terrestrial
National Key Protected Wild Animal List: None; **CITES Appendix**[1]: Not listed
Red List: **IUCN Red List**[2]: LC; **China Mammal Red List**[3]: NT
Range in the country: Anhui, Zhejiang, Jiangxi, Sichuan, Guizhou, Guangdong, Hainan, Guangxi, Fujian, Taiwan, Chongqing
Range countries: Bangladesh, Cambodia, China, India, Indonesia, Laos, Malaysia, Myanmar, Nepal, Singapore, Thailand, Vietnam

参考文献 Citation

Wang Y (王应祥), 2003; Wilson and Reeder, 2005; Zhang R (张荣祖), 1997; Pan Q *et al.* (潘清华等), 2007; Smith *et al.*, 2009; IUCN, 2014

110. 大耳菊头蝠 Big-eared Horseshoe Bat

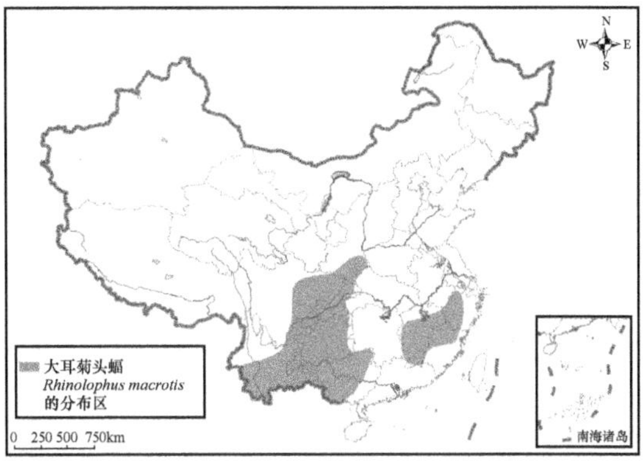

大耳菊头蝠 *Rhinolophus macrotis* (Blyth, 1844)
种下单元：*macrotis*; *caldwelli*; *dohrni*; *episcopus*; *hirsutus*; *topali*
生　　境：洞穴
生态系统：陆生生态系统
保护等级：**国家重点保护野生动物等级**：无；**CITES 附录**[1]：未列入
红色名录：**IUCN**[2]：LC；**中国哺乳类红色名录**[3]：LC
国内分布：陕西、浙江、江西、四川、贵州、广西、云南、福建、重庆、广东
分布国家：孟加拉国、中国、印度、印度尼西亚、老挝、马来西亚、缅甸、尼泊尔、巴基斯坦、菲律宾、泰国、越南

Big-eared Horseshoe Bat *Rhinolophus macrotis* (Blyth, 1844)
Infra-specific Taxa: *macrotis*; *caldwelli*; *dohrni*; *episcopus*; *hirsutus*; *topali*
Habitat and Ecology: Caves
Ecosystem: Terrestrial
National Key Protected Wild Animal List: None; **CITES Appendix**[1]: Not listed
Red List: **IUCN Red List**[2]: LC; **China Mammal Red List**[3]: LC
Range in the country: Shaanxi, Zhejiang, Jiangxi, Sichuan, Guizhou, Guangxi, Yunnan, Fujian, Chongqing, Guangdong
Range countries: Bangladesh, China, India, Indonesia, Laos, Malaysia, Myanmar, Nepal, Pakistan, Philippines, Thailand, Vietnam

参考文献 Citation

Wang Y (王应祥), 2003; Wilson and Reeder, 2005; Zhang R (张荣祖), 1997; Pan Q *et al.* (潘清华等), 2007; Smith *et al.*, 2009; IUCN, 2014

111. 马氏菊头蝠 Marshall's Horseshoe Bat

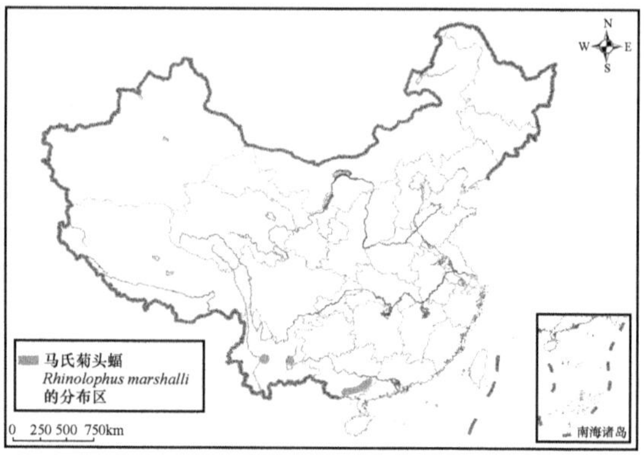

马氏菊头蝠 *Rhinolophus marshalli* (Thonglongya, 1973)

种下单元：无

生　　境：未知

生态系统：陆生生态系统

保护等级：**国家重点保护野生动物等级**：无；**CITES 附录**[1]：未列入

红色名录：**IUCN**[2]：LC；**中国哺乳类红色名录**[3]：NT

国内分布：广西、云南

分布国家：中国、老挝、马来西亚、缅甸、泰国、越南

Marshall's Horseshoe Bat *Rhinolophus marshalli* (Thonglongya, 1973)

Infra-specific Taxa：None

Habitat and Ecology：Unknown

Ecosystem：Terrestrial

National Key Protected Wild Animal List：None; **CITES Appendix**[1]：Not listed

Red List：**IUCN Red List**[2]：LC; **China Mammal Red List**[3]：NT

Range in the country：Guangxi, Yunnan

Range countries：China, Laos, Malaysia, Myanmar, Thailand, Vietnam

参考文献 Citation

Wu *et al.* (吴毅等), 2004a; Pan Q *et al.* (潘清华等), 2007; IUCN, 2014

112. 单角菊头蝠 Formosan Least Horseshoe Bat

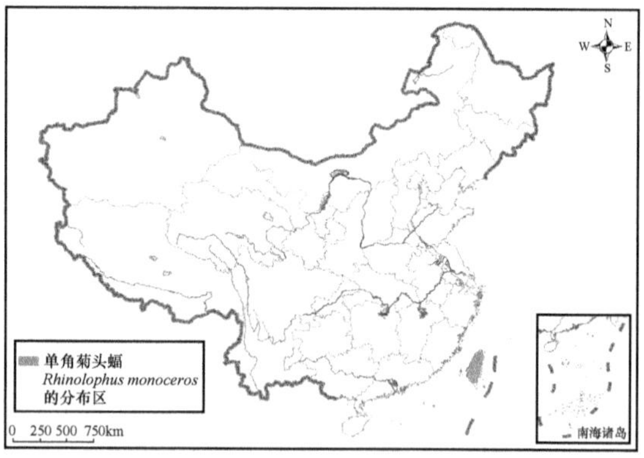

单角菊头蝠 *Rhinolophus monoceros* (K. Andersen, 1905)

种下单元：无

生　　境：洞穴、亚热带湿润低地森林

生态系统：陆生生态系统

保护等级：**国家重点保护野生动物等级**：无；**CITES 附录**[1]：未列入

红色名录：**IUCN**[2]：LC；**中国哺乳类红色名录**[3]：VU

国内分布：台湾

分布国家：中国

Formosan Least Horseshoe Bat *Rhinolophus monoceros* (K. Andersen, 1905)

Infra-specific Taxa：None

Habitat and Ecology：Caves; Subtropical Moist Lowland Forest

Ecosystem：Terrestrial

National Key Protected Wild Animal List：None; **CITES Appendix**[1]：Not listed

Red List：**IUCN Red List**[2]：LC; **China Mammal Red List**[3]：VU

Range in the country：Taiwan

Range countries：China

参考文献 Citation

Wang Y (王应祥), 2003; Wilson and Reeder, 2005; Zhang R (张荣祖), 1997; Pan Q *et al.* (潘清华等), 2007; Smith *et al.*, 2009; IUCN, 2014

113. 丽江菊头蝠 Osgood's Horseshoe Bat

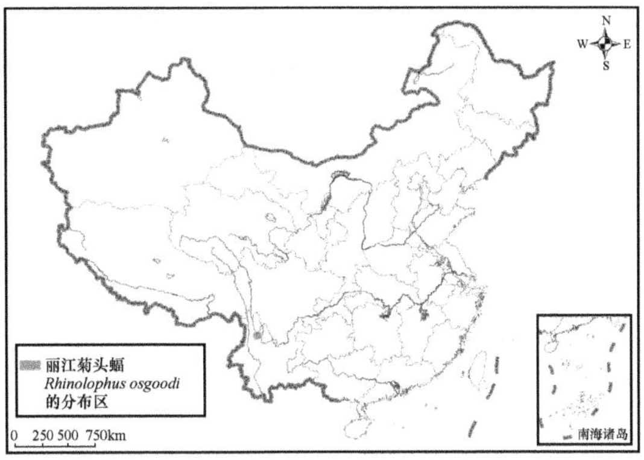

丽江菊头蝠 *Rhinolophus osgoodi* (Sanborn, 1939)

种下单元： 无

生　　境： 未知

生态系统： 陆生生态系统

保护等级： **国家重点保护野生动物等级：** 无；**CITES 附录** [1]：未列入

红色名录： **IUCN**[2]：DD；**中国哺乳类红色名录** [3]：DD

国内分布： 云南

分布国家： 中国

Osgood's Horseshoe Bat *Rhinolophus osgoodi* (Sanborn, 1939)

Infra-specific Taxa: None

Habitat and Ecology: Unknown

Ecosystem: Terrestrial

National Key Protected Wild Animal List: None; **CITES Appendix**[1]: Not listed

Red List: **IUCN Red List**[2]: DD; **China Mammal Red List**[3]: DD

Range in the country: Yunnan

Range countries: China

参考文献 Citation

Wang Y (王应祥), 2003; Wilson and Reeder, 2005; Pan Q *et al.* (潘清华等), 2007; Smith *et al.*, 2009; IUCN, 2014

114. 高鞍菊头蝠 Bourret's Horseshoe Bat

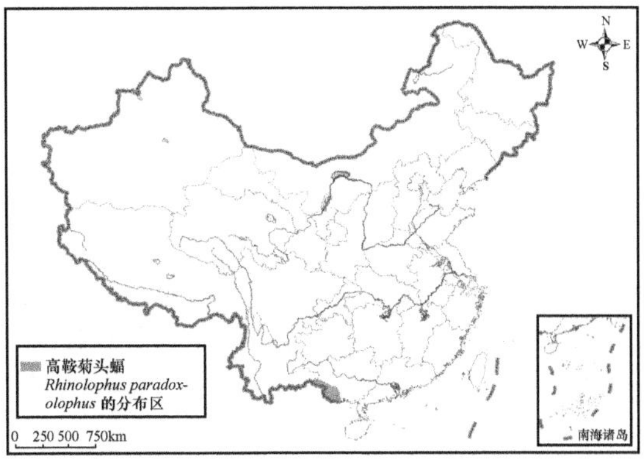

高鞍菊头蝠 *Rhinolophus paradoxolophus* (Bourret, 1951)

种下单元： 无

生　　境： 洞穴、热带/亚热带湿润低地森林、喀斯特地貌

生态系统： 陆生生态系统

保护等级： **国家重点保护野生动物等级：** 无；**CITES 附录** [1]：未列入

红色名录： **IUCN**[2]：LC；**中国哺乳类红色名录** [3]：NT

国内分布： 广西

分布国家： 中国、老挝、越南、泰国

Bourret's Horseshoe Bat *Rhinolophus paradoxolophus* (Bourret, 1951)

Infra-specific Taxa: None

Habitat and Ecology: Caves; Tropical/Subtropical Moist Lowland Forest; Karst

Ecosystem: Terrestrial

National Key Protected Wild Animal List: None; **CITES Appendix**[1]: Not listed

Red List: **IUCN Red List**[2]: LC; **China Mammal Red List**[3]: NT

Range in the country: Guangxi

Range countries: China, Laos, Vietnam, Thailand

参考文献 Citation

Wang Y (王应祥), 2003; Wilson and Reeder, 2005; Pan Q *et al.* (潘清华等), 2007; Smith *et al.*, 2009; IUCN, 2014

115. 皮氏菊头蝠 Pearson's Horseshoe Bat

皮氏菊头蝠 *Rhinolophus pearsoni*(Horsfield, 1851)

种下单元： *pearsonii; chinensis*

生　　境： 洞穴、森林、种植园、竹林

生态系统： 陆生生态系统

保护等级： **国家重点保护野生动物等级：** 无；**CITES 附录**[1]：未列入

红色名录： **IUCN**[2]：LC；**中国哺乳类红色名录**[3]：LC

国内分布： 浙江、陕西、西藏、安徽、湖南、江西、四川、贵州、云南、广西、广东、福建、重庆

分布国家： 孟加拉国、不丹、中国、印度、老挝、马来西亚、缅甸、尼泊尔、泰国、越南

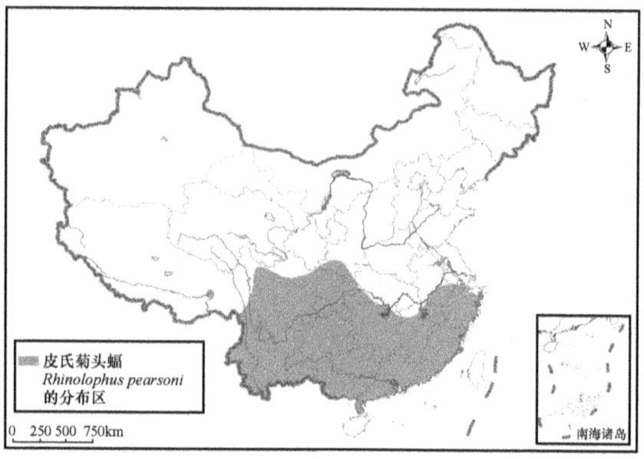

Pearson's Horseshoe Bat *Rhinolophus pearsoni*(Horsfield, 1851)

Infra-specific Taxa： *pearsonii; chinensis*

Habitat and Ecology： Caves; Forest; Plantations; Bamboo Grove

Ecosystem： Terrestrial

National Key Protected Wild Animal List： None; **CITES Appendix**[1]：Not listed

Red List： **IUCN Red List**[2]：LC; **China Mammal Red List**[3]：LC

Range in the country： Zhejiang, Shaanxi, Tibet, Anhui, Hunan, Jiangxi, Sichuan, Guizhou, Yunnan, Guangxi, Guangdong, Fujian, Chongqing

Range countries： Bangladesh, Bhutan, China, India, Laos, Malaysia, Myanmar, Nepal, Thailand, Vietnam

参考文献 Citation

Wang Y(王应祥), 2003; Wilson and Reeder, 2005; Zhang R(张荣祖), 1997; Pan Q *et al.*(潘清华等), 2007; Smith *et al.*, 2009; IUCN, 2014

116. 小菊头蝠 Least Horseshoe Bat

小菊头蝠 *Rhinolophus pusillus*(Temminck, 1834)

种下单元： *pusillus; blythi; calidus; gracilis; lakkhanae; minutillus; pagi; parcus; szechwanus*

生　　境： 洞穴、森林、人造建筑、竹林、喀斯特地貌

生态系统： 陆生生态系统

保护等级： **国家重点保护野生动物等级：** 无；**CITES 附录**[1]：未列入

红色名录： **IUCN**[2]：LC；**中国哺乳类红色名录**[3]：LC

国内分布： 江苏、湖北、湖南、浙江、安徽、江西、贵州、四川、云南、广西、海南、福建、重庆、广东

分布国家： 柬埔寨、中国、印度、印度尼西亚、日本、老挝、马来西亚、缅甸、尼泊尔、泰国、越南

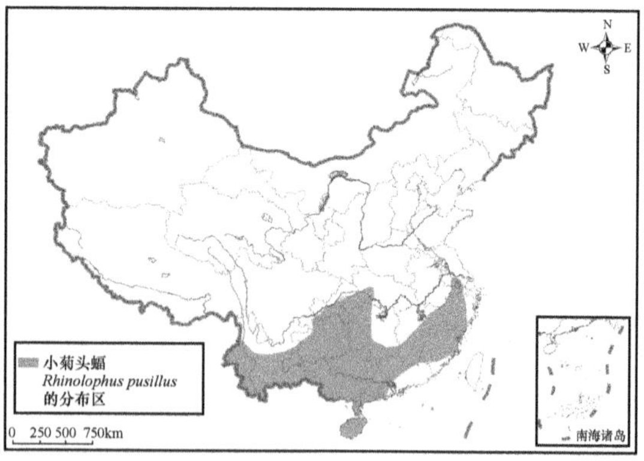

Least Horseshoe Bat *Rhinolophus pusillus*(Temminck, 1834)

Infra-specific Taxa： *pusillus; blythi; calidus; gracilis; lakkhanae; minutillus; pagi; parcus; szechwanus*

Habitat and Ecology： Caves; Forest; Architecture; Bamboo Grove; Karst

Ecosystem： Terrestrial

National Key Protected Wild Animal List： None; **CITES Appendix**[1]：Not listed

Red List： **IUCN Red List**[2]：LC; **China Mammal Red List**[3]：LC

Range in the country： Jiangsu, Hubei, Hunan, Zhejiang, Anhui, Jiangxi, Guizhou, Sichuan, Yunnan, Guangxi, Hainan, Fujian, Chongqing, Guangdong

Range countries： Cambodia, China, India, Indonesia, Japan, Laos, Malaysia, Myanmar, Nepal, Thailand, Vietnam

参考文献 Citation

Wang Y(王应祥), 2003; Wilson and Reeder, 2005; Pan Q *et al.*(潘清华等), 2007; Smith *et al.*, 2009; IUCN, 2014

117. 贵州菊头蝠 King Horseshoe Bat

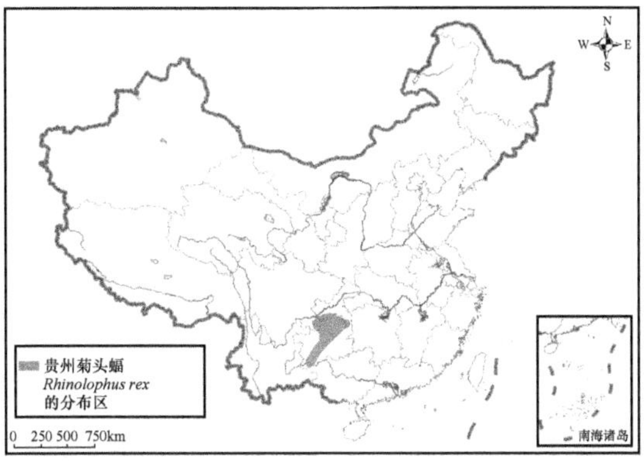

贵州菊头蝠 *Rhinolophus rex*（G.M. Allen, 1923）

种下单元：无

生　境：洞穴、人造建筑、森林

生态系统：陆生生态系统

保护等级：国家重点保护野生动物等级：无；**CITES 附录** [1]：未列入

红色名录：IUCN[2]：LC；**中国哺乳类红色名录** [3]：NT

国内分布：广东、重庆、四川、贵州、广西

分布国家：中国

King Horseshoe Bat *Rhinolophus rex*（G.M. Allen, 1923）

Infra-specific Taxa： None

Habitat and Ecology： Caves; Architecture; Forest

Ecosystem： Terrestrial

National Key Protected Wild Animal List： None; **CITES Appendix**[1]：Not listed

Red List：IUCN Red List[2]：LC; **China Mammal Red List**[3]：NT

Range in the country： Guangdong, Chongqing, Sichuan, Guizhou, Guangxi

Range countries： China

参考文献 Citation

Wang Y（王应祥）, 2003; Wilson and Reeder, 2005; Zhang R（张荣祖）, 1997; Pan Q *et al.*（潘清华等）, 2007; Smith *et al.*, 2009; IUCN, 2014

118. 施氏菊头蝠 Schnitzler's Horseshoe Bat

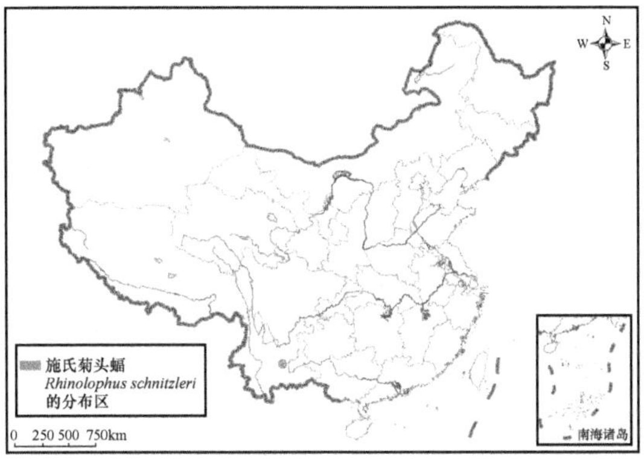

施氏菊头蝠 *Rhinolophus schnitzleri*（Wu & Thong, 2011）

种下单元：无

生　境：洞穴

生态系统：陆生生态系统

保护等级：国家重点保护野生动物等级：无；**CITES 附录** [1]：未列入

红色名录：IUCN[2]：未列入；**中国哺乳类红色名录** [3]：DD

国内分布：云南

分布国家：中国

Schnitzler's Horseshoe Bat *Rhinolophus schnitzleri*（Wu & Thong, 2011）

Infra-specific Taxa： None

Habitat and Ecology： Caves

Ecosystem： Terrestrial

National Key Protected Wild Animal List： None; **CITES Appendix**[1]：Not listed

Red List：IUCN Red List[2]：Not listed; **China Mammal Red List**[3]：DD

Range in the country： Yunnan

Range countries： China

参考文献 Citation

Wu and Thong, 2011

119. 中华菊头蝠 Chinese Horseshoe Bat

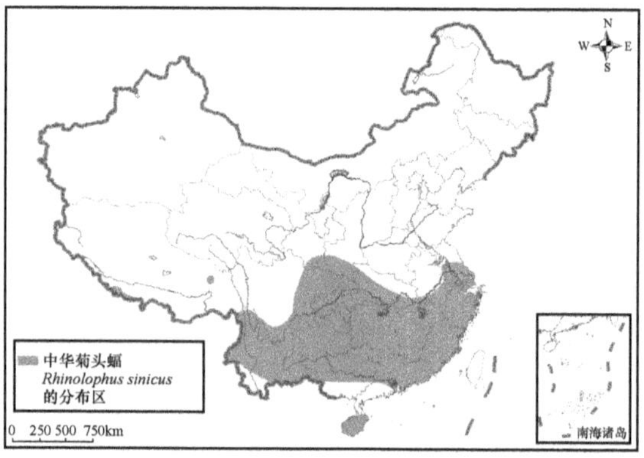

中华菊头蝠 *Rhinolophus sinicus* (K. Andersen, 1905)

种下单元：*sinicus*; *septentrionalis*

生　　境：热带/亚热带湿润山地森林、洞穴、人造建筑

生态系统：陆生生态系统

保护等级：**国家重点保护野生动物等级**：无；**CITES 附录** [1]：未列入

红色名录：**IUCN** [2]：LC；**中国哺乳类红色名录** [3]：LC

国内分布：福建、江苏、浙江、安徽、江西、湖北、湖南、广东、广西、四川、贵州、云南、西藏、陕西、甘肃、香港、海南、重庆

分布国家：中国、印度、缅甸、尼泊尔、越南

Chinese Horseshoe Bat *Rhinolophus sinicus* (K. Andersen, 1905)

Infra-specific Taxa: *sinicus*; *septentrionalis*

Habitat and Ecology: Tropical/Subtropical Moist Montane Forest; Caves; Architecture

Ecosystem: Terrestrial

National Key Protected Wild Animal List: None; **CITES Appendix** [1]: Not listed

Red List: **IUCN Red List** [2]: LC; **China Mammal Red List** [3]: LC

Range in the country: Fujian, Jiangsu, Zhejiang, Anhui, Jiangxi, Hubei, Hunan, Guangdong, Guangxi, Sichuan, Guizhou, Yunnan, Tibet, Shaanxi, Gansu, Hongkong, Hainan, Chongqing

Range countries: China, India, Myanmar, Nepal, Vietnam

参考文献 Citation

Wilson and Reeder, 2005; Pan Q *et al.* (潘清华等), 2007; Smith *et al.*, 2009; IUCN, 2014

120. 小褐菊头蝠 Lesser Brown Horseshoe Bat

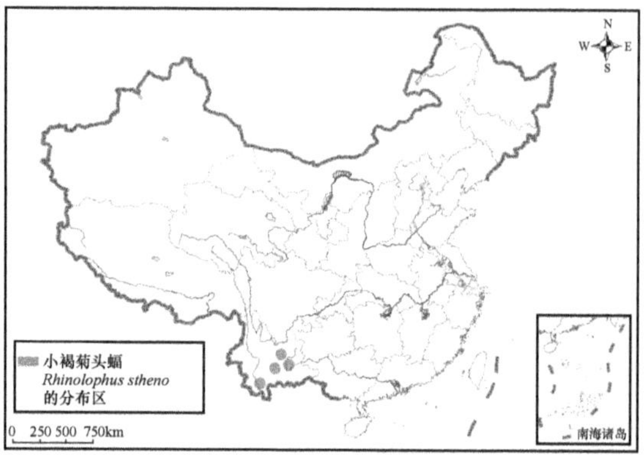

小褐菊头蝠 *Rhinolophus stheno* (K. Andersen, 1905)

种下单元：*stheno*; *microglobosus*

生　　境：森林、热带/亚热带严重退化的森林、喀斯特地貌

生态系统：陆生生态系统

保护等级：**国家重点保护野生动物等级**：无；**CITES 附录** [1]：未列入

红色名录：**IUCN** [2]：LC；**中国哺乳类红色名录** [3]：NT

国内分布：云南

分布国家：中国、印度尼西亚、老挝、马来西亚、缅甸、泰国、越南

Lesser Brown Horseshoe Bat *Rhinolophus stheno* (K. Andersen, 1905)

Infra-specific Taxa: *stheno*; *microglobosus*

Habitat and Ecology: Forest; Subtropical/Tropical Degraded Forest; Karst

Ecosystem: Terrestrial

National Key Protected Wild Animal List: None; **CITES Appendix** [1]: Not listed

Red List: **IUCN Red List** [2]: LC; **China Mammal Red List** [3]: NT

Range in the country: Yunnan

Range countries: China, Indonesia, Laos, Malaysia, Myanmar, Thailand, Vietnam

参考文献 Citation

Zhang *et al.* (张劲硕等), 2005; Pan Q *et al.* (潘清华等), 2007; IUCN, 2014

121. 托氏菊头蝠 Thomas's Horseshoe Bat

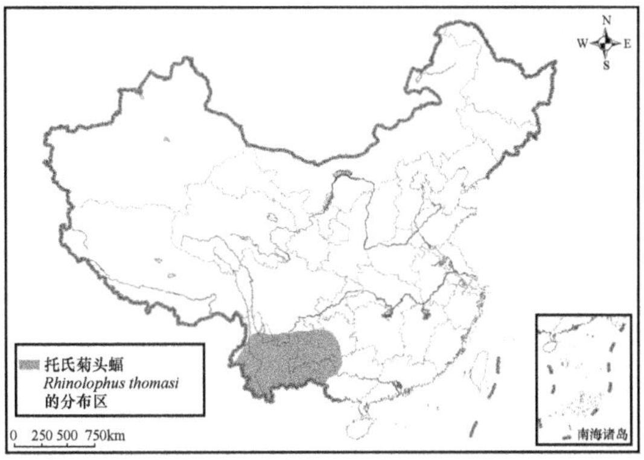

托氏菊头蝠 *Rhinolophus thomasi* (K. Andersen, 1905)

种下单元： *thomasi; latifolius*

生　　境： 喀斯特地貌、洞穴

生态系统： 陆生生态系统

保护等级： **国家重点保护野生动物等级：** 无；**CITES 附录** [1]：未列入

红色名录： **IUCN**[2]：LC；**中国哺乳类红色名录** [3]：NT

国内分布： 云南、贵州、广西

分布国家： 中国、老挝、越南、泰国、缅甸

Thomas's Horseshoe Bat *Rhinolophus thomasi* (K. Andersen, 1905)

Infra-specific Taxa： *thomasi; latifolius*

Habitat and Ecology： Karst; Caves

Ecosystem： Terrestrial

National Key Protected Wild Animal List： None; **CITES Appendix**[1]：Not listed

Red List： **IUCN Red List**[2]：LC; **China Mammal Red List**[3]：NT

Range in the country： Yunnan, Guizhou, Guangxi

Range countries： China, Laos, Vietnam, Thailand, Myanmar

参考文献 Citation

Wang Y (王应祥), 2003; Zhang R (张荣祖), 1997; Pan Q *et al.* (潘清华等), 2007; Smith *et al.*, 2009; IUCN, 2014

122. 锲鞍菊头蝠 Xinan Horseshoe Bat

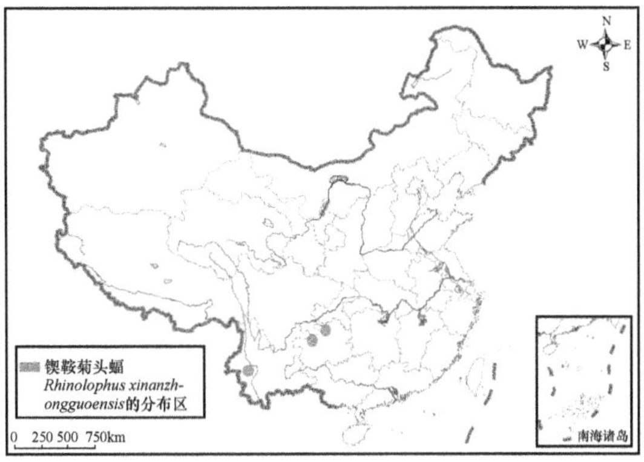

锲鞍菊头蝠 *Rhinolophus xinanzhongguoensis* (Zhou, 2009)

种下单元： 无

生　　境： 洞穴

生态系统： 陆生生态系统

保护等级： **国家重点保护野生动物等级：** 无；**CITES 附录** [1]：未列入

红色名录： **IUCN**[2]：未列入；**中国哺乳类红色名录** [3]：DD

国内分布： 云南、贵州

分布国家： 中国

Xinan Horseshoe Bat *Rhinolophus xinanzhongguoensis* (Zhou, 2009)

Infra-specific Taxa： None

Habitat and Ecology： Caves

Ecosystem： Terrestrial

National Key Protected Wild Animal List： None; **CITES Appendix**[1]：Not listed

Red List： **IUCN Red List**[2]：Not listed; **China Mammal Red List**[3]：DD

Range in the country： Yunnan, Guizhou

Range countries： China

参考文献 Citation

Zhou Z *et al.*, 2009

123. 云南菊头蝠 Dobson's Horseshoe Bat

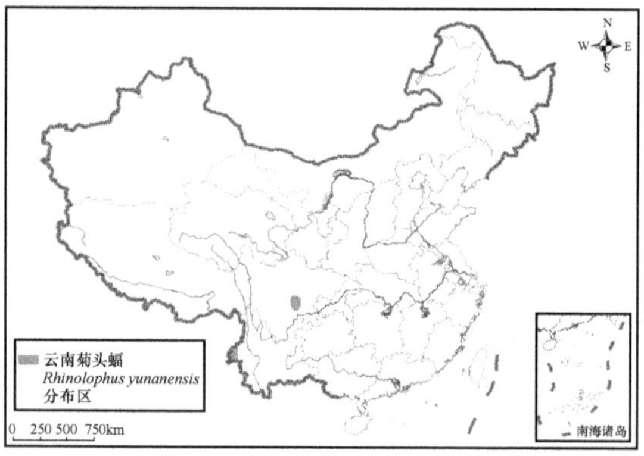

云南菊头蝠　*Rhinolophus yunanensis*(Dobson, 1872)
种下单元： 无
生　　境： 竹林、人造建筑
生态系统： 陆生生态系统
保护等级： **国家重点保护野生动物等级：** 无；**CITES 附录** [1]：未列入
红色名录： **IUCN**[2]：LC；**中国哺乳类红色名录** [3]：VU
国内分布： 云南、四川
分布国家： 中国、印度、缅甸、泰国

Dobson's Horseshoe Bat　*Rhinolophus yunanensis*(Dobson, 1872)
Infra-specific Taxa: None
Habitat and Ecology: Bamboo Grove; Architecture
Ecosystem: Terrestrial
National Key Protected Wild Animal List: None; **CITES Appendix**[1]: Not listed
Red List: **IUCN Red List**[2]: LC; **China Mammal Red List**[3]: VU
Range in the country: Yunnan, Sichuan
Range countries: China, India, Myanmar, Thailand
参考文献 Citation
Wang Y (王应祥), 2003; Wilson and Reeder, 2005; Pan Q *et al.* (潘清华等), 2007; Smith *et al.*, 2009; IUCN, 2014

蹄蝠科 HIPPOSIDERIDAE

124. 大蹄蝠 Great Leaf-nosed Bat

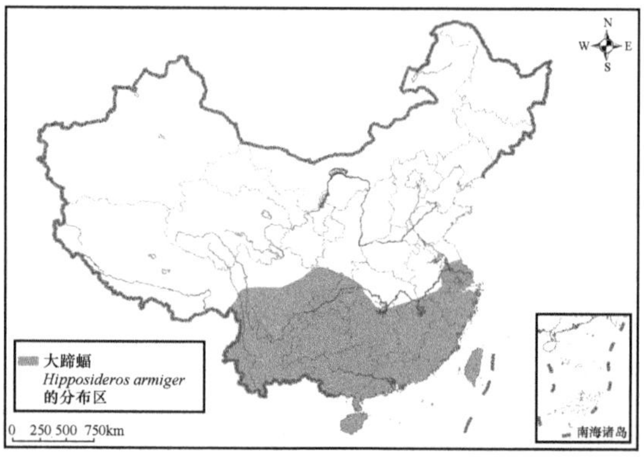

大蹄蝠　*Hipposideros armiger*(Hodgson, 1835)
种下单元： *armiger*; *fujianensis*; *terasensis*; *tranninhensis*
生　　境： 洞穴、人造建筑
生态系统： 陆生生态系统
保护等级： **国家重点保护野生动物等级：** 无；**CITES 附录** [1]：未列入
红色名录： **IUCN**[2]：LC；**中国哺乳类红色名录** [3]：LC
国内分布： 陕西、江苏、浙江、安徽、湖南、江西、四川、贵州、云南、广西、广东、海南、台湾、香港、重庆
分布国家： 柬埔寨、中国、印度、老挝、马来西亚、缅甸、尼泊尔、泰国、越南

Great Leaf-nosed Bat　*Hipposideros armiger*(Hodgson, 1835)
Infra-specific Taxa: *armiger*; *fujianensis*; *terasensis*; *tranninhensis*
Habitat and Ecology: Caves; Architecture
Ecosystem: Terrestrial
National Key Protected Wild Animal List: None; **CITES Appendix**[1]: Not listed
Red List: **IUCN Red List**[2]: LC; **China Mammal Red List**[3]: LC
Range in the country: Shaanxi, Jiangsu, Zhejiang, Anhui, Hunan, Jiangxi, Sichuan, Guizhou, Yunnan, Guangxi, Guangdong, Hainan, Taiwan, Hongkong, Chongqing
Range countries: Cambodia, China, India, Laos, Malaysia, Myanmar, Nepal, Thailand, Vietnam
参考文献 Citation
Wang Y (王应祥), 2003; Wilson and Reeder, 2005; Zhang R (张荣祖), 1997; Pan Q *et al.* (潘清华等), 2007; Smith *et al.*, 2009; IUCN, 2014

125. 灰小蹄蝠 Least Leaf-nosed Bat

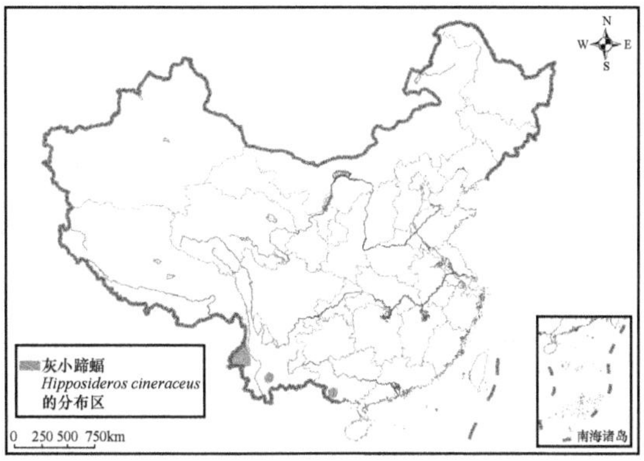

灰小蹄蝠 *Hipposideros cineraceus*(Blyth, 1853)

种下单元： *cineraceus*; *wrighti*

生　　境： 洞穴、森林

生态系统： 陆生生态系统

保护等级： **国家重点保护野生动物等级：** 无；**CITES 附录**[1]：未列入

红色名录： **IUCN**[2]：LC；**中国哺乳类红色名录**[3]：NT

国内分布： 云南、广西

分布国家： 中国、印度、印度尼西亚、老挝、马来西亚、缅甸、巴基斯坦、泰国、越南

Least Leaf-nosed Bat *Hipposideros cineraceus*(Blyth, 1853)

Infra-specific Taxa： *cineraceus*; *wrighti*

Habitat and Ecology： Caves; Forest

Ecosystem： Terrestrial

National Key Protected Wild Animal List： None; **CITES Appendix**[1]：Not listed

Red List： **IUCN Red List**[2]：LC; **China Mammal Red List**[3]：NT

Range in the country： Yunnan, Guangxi

Range countries： China, India, Indonesia, Laos, Malaysia, Myanmar, Pakistan, Thailand, Vietnam

参考文献 Citation

Tan M *et al.*(谭敏等), 2009; IUCN, 2014

126. 大耳小蹄蝠 Fulvus Leaf-nosed Bat

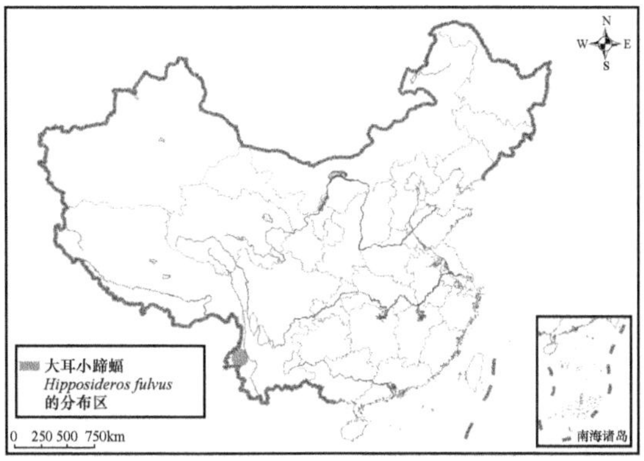

大耳小蹄蝠 *Hipposideros fulvus*(Gray, 1838)

种下单元： *fulvus*; *pallidus*

生　　境： 洞穴、人造建筑、森林、草地

生态系统： 陆生生态系统

保护等级： **国家重点保护野生动物等级：** 无；**CITES 附录**[1]：未列入

红色名录： **IUCN**[2]：LC；**中国哺乳类红色名录**[3]：DD

国内分布： 云南

分布国家： 中国、阿富汗、孟加拉国、印度、巴基斯坦、斯里兰卡

Fulvus Leaf-nosed Bat *Hipposideros fulvus*(Gray, 1838)

Infra-specific Taxa： *fulvus*; *pallidus*

Habitat and Ecology： Caves; Architecture; Forest; Grassland

Ecosystem： Terrestrial

National Key Protected Wild Animal List： None; **CITES Appendix**[1]：Not listed

Red List： **IUCN Red List**[2]：LC; **China Mammal Red List**[3]：DD

Range in the country： Yunnan

Range countries： China, Afghanistan, Bangladesh, India, Pakistan, Sri Lanka

参考文献 Citation

Wang Y(王应祥), 2003; Smith *et al.*, 2009; IUCN, 2014

127. 中蹄蝠 Horsfield's Leaf-nosed Bat

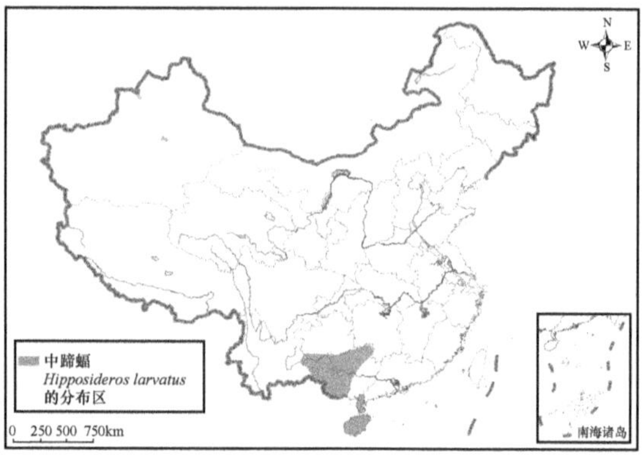

中蹄蝠 *Hipposideros larvatus* (Horsfield, 1823)

种下单元： *larvatus*; *barbensis*; *leptophyllus*; *neglectus*; *poutensis*

生　　境： 洞穴、人造建筑

生态系统： 陆生生态系统

保护等级：国家重点保护野生动物等级： 无；**CITES 附录**[1]：未列入

红色名录：IUCN[2]：LC；**中国哺乳类红色名录**[3]：LC

国内分布： 贵州、海南、广西、广东

分布国家： 孟加拉国、柬埔寨、中国、印度、印度尼西亚、老挝、马来西亚、缅甸、泰国、越南

Horsfield's Leaf-nosed Bat *Hipposideros larvatus* (Horsfield, 1823)

Infra-specific Taxa： *larvatus*; *barbensis*; *leptophyllus*; *neglectus*; *poutensis*

Habitat and Ecology： Caves; Architecture

Ecosystem： Terrestrial

National Key Protected Wild Animal List： None; **CITES Appendix**[1]：Not listed

Red List：IUCN Red List[2]：LC; **China Mammal Red List**[3]：LC

Range in the country： Guizhou, Hainan, Guangxi, Guangdong

Range countries： Bangladesh, Cambodia, China, India, Indonesia, Laos, Malaysia, Myanmar, Thailand, Vietnam

参考文献 Citation

Wang Y (王应祥), 2003; Wilson and Reeder, 2005; Zhang R (张荣祖), 1997; Pan Q *et al.* (潘清华等), 2007; Smith *et al.*, 2009; IUCN, 2014

128. 莱氏蹄蝠 Shield-faced Leaf-nosed Bat

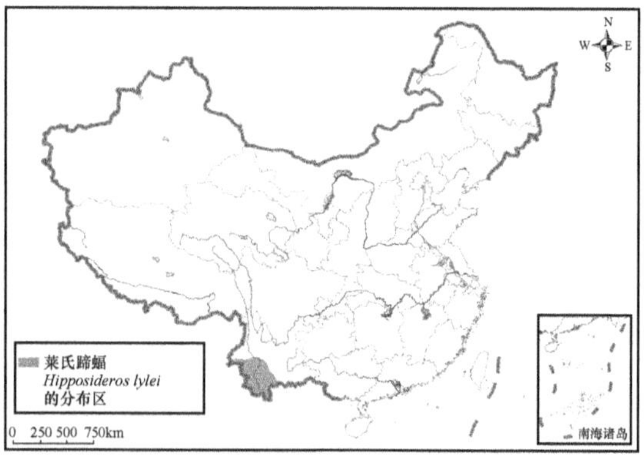

莱氏蹄蝠 *Hipposideros lylei* (Thomas, 1913)

种下单元： 无

生　　境： 洞穴、耕地、亚热带/热带严重退化森林

生态系统： 陆生生态系统

保护等级：国家重点保护野生动物等级： 无；**CITES 附录**[1]：未列入

红色名录：IUCN[2]：LC；**中国哺乳类红色名录**[3]：VU

国内分布： 云南

分布国家： 中国、马来西亚、缅甸、泰国、越南

Shield-faced Leaf-nosed Bat *Hipposideros lylei* (Thomas, 1913)

Infra-specific Taxa： None

Habitat and Ecology： Caves; Arable Land; Subtropical/Tropical Degraded Forest

Ecosystem： Terrestrial

National Key Protected Wild Animal List： None; **CITES Appendix**[1]：Not listed

Red List：IUCN Red List[2]：LC; **China Mammal Red List**[3]：VU

Range in the country： Yunnan

Range countries： China, Malaysia, Myanmar, Thailand, Vietnam

参考文献 Citation

Wang Y (王应祥), 2003; Pan Q *et al.* (潘清华等), 2007; Smith *et al.*, 2009; IUCN, 2014

129. 小蹄蝠 Andersen's Leaf-nosed Bat

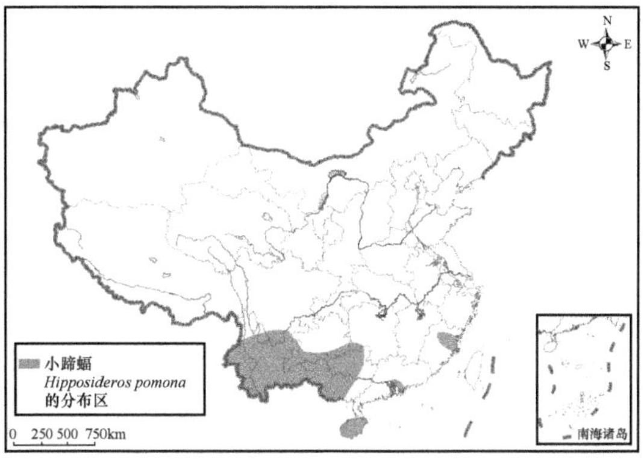

小蹄蝠 *Hipposideros pomona* (K. Andersen, 1918)

种下单元： *pomona*; *gentiles*; *sinensis*

生　　境： 未知

生态系统： 陆生生态系统

保护等级： **国家重点保护野生动物等级：** 无；**CITES 附录** [1]：未列入

红色名录： **IUCN**[2]：LC；**中国哺乳类红色名录** [3]：LC

国内分布： 福建、湖南、广西、广东、海南、四川、贵州、云南、香港

分布国家： 孟加拉国、柬埔寨、中国、印度、老挝、马来西亚、缅甸、尼泊尔、泰国、越南

Andersen's Leaf-nosed Bat *Hipposideros pomona* (K. Andersen, 1918)

Infra-specific Taxa： *pomona*; *gentiles*; *sinensis*

Habitat and Ecology： Unknown

Ecosystem： Terrestrial

National Key Protected Wild Animal List： None; **CITES Appendix**[1]：Not listed

Red List： **IUCN Red List**[2]：LC; **China Mammal Red List**[3]：LC

Range in the country： Fujian, Hunan, Guangxi, Guangdong, Hainan, Sichuan, Guizhou, Yunnan, Hongkong

Range countries： Bangladesh, Cambodia, China, India, Laos, Malaysia, Myanmar, Nepal, Thailand, Vietnam

参考文献 Citation

Wang Y (王应祥), 2003; Wilson and Reeder, 2005; Pan Q *et al.* (潘清华等), 2007; Smith *et al.*, 2009; IUCN, 2014

130. 普氏蹄蝠 Pratt's Leaf-nosed Bat

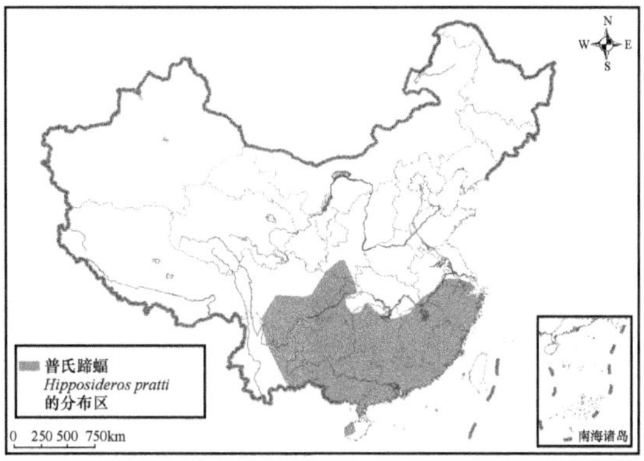

普氏蹄蝠 *Hipposideros pratti* (Thomas, 1891)

种下单元： 无

生　　境： 洞穴

生态系统： 陆生生态系统

保护等级： **国家重点保护野生动物等级：** 无；**CITES 附录** [1]：未列入

红色名录： **IUCN**[2]：LC；**中国哺乳类红色名录** [3]：NT

国内分布： 陕西、江苏、浙江、安徽、湖南、江西、四川、贵州、云南、广西、福建、重庆、广东、海南

分布国家： 中国、越南

Pratt's Leaf-nosed Bat *Hipposideros pratti* (Thomas, 1891)

Infra-specific Taxa： None

Habitat and Ecology： Caves

Ecosystem： Terrestrial

National Key Protected Wild Animal List： None; **CITES Appendix**[1]：Not listed

Red List： **IUCN Red List**[2]：LC; **China Mammal Red List**[3]：NT

Range in the country： Shaanxi, Jiangsu, Zhejiang, Anhui, Hunan, Jiangxi, Sichuan, Guizhou, Yunnan, Guangxi, Fujian, Chongqing, Guangdong, Hainan

Range countries： China, Vietnam

参考文献 Citation

Wang Y (王应祥), 2003; Wilson and Reeder, 2005; Zhang R (张荣祖), 1997; Pan Q *et al.* (潘清华等), 2007; Smith *et al.*, 2009; IUCN, 2014

131. 三叶蹄蝠 Stoliczka's Asian Trident Bat

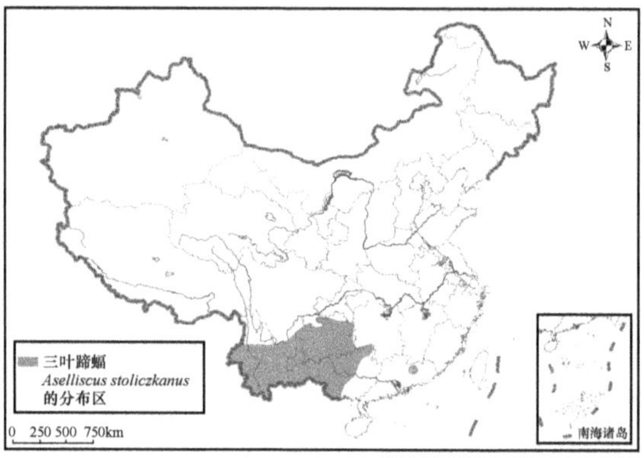

三叶蹄蝠 *Aselliscus stoliczkanus*(Dobson, 1871)

种下单元：无

生　　境：洞穴、耕地、亚热带/热带严重退化森林

生态系统：陆生生态系统

保护等级：国家重点保护野生动物等级：无；**CITES 附录** [1]：未列入

红色名录：IUCN [2]：LC；**中国哺乳类红色名录** [3]：NT

国内分布：云南、广东、广西、贵州

分布国家：中国、老挝、马来西亚、缅甸、泰国、越南

Stoliczka's Asian Trident Bat *Aselliscus stoliczkanus*(Dobson, 1871)

Infra-specific Taxa：None

Habitat and Ecology：Caves; Arable Land; Subtropical/Tropical Degraded Forest

Ecosystem：Terrestrial

National Key Protected Wild Animal List：None; **CITES Appendix** [1]：Not listed

Red List：IUCN Red List [2]：LC; **China Mammal Red List** [3]：NT

Range in the country：Yunnan, Guangdong, Guangxi, Guizhou

Range countries：China, Laos, Malaysia, Myanmar, Thailand, Vietnam

参考文献 Citation

Wang Y(王应祥), 2003; Wilson and Reeder, 2005; Wu Y and Peng H(吴毅和彭洪元), 2005a; Zhang R(张荣祖), 1997; Pan Q *et al.*(潘清华等), 2007; Smith *et al.*, 2009; IUCN, 2014

132. 无尾蹄蝠 Tail-less Leaf-nosed Bat

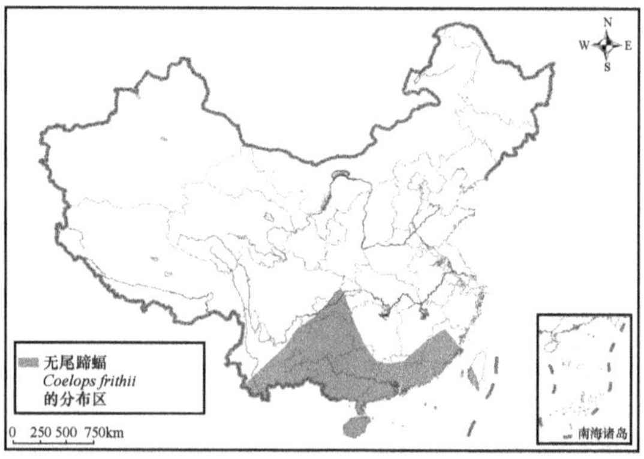

无尾蹄蝠 *Coelops frithii*(Blyth, 1848)

种下单元：*frithii*; *bernsteini*; *formosanus*; *inflatus*; *sinicus*

生　　境：森林(洞穴)

生态系统：陆生生态系统

保护等级：国家重点保护野生动物等级：无；**CITES 附录** [1]：未列入

红色名录：IUCN [2]：LC；**中国哺乳类红色名录** [3]：VU

国内分布：广东、江西、四川、海南、福建、台湾、广西、云南、重庆

分布国家：孟加拉国、中国、印度、印度尼西亚、老挝、马来西亚、缅甸、泰国、越南

Tail-less Leaf-nosed Bat *Coelops frithii*(Blyth, 1848)

Infra-specific Taxa：*frithii*; *bernsteini*; *formosanus*; *inflatus*; *sinicus*

Habitat and Ecology：Forest(Caves)

Ecosystem：Terrestrial

National Key Protected Wild Animal List：None; **CITES Appendix** [1]：Not listed

Red List：IUCN Red List [2]：LC; **China Mammal Red List** [3]：VU

Range in the country：Guangdong, Jiangxi, Sichuan, Hainan, Fujian, Taiwan, Guangxi, Yunnan, Chongqing

Range countries：Bangladesh, China, India, Indonesia, Laos, Malaysia, Myanmar, Thailand, Vietnam

参考文献 Citation

Wang Y(王应祥), 2003; Wilson and Reeder, 2005; Zhang R(张荣祖), 1997; Pan Q *et al.*(潘清华等), 2007; Smith *et al.*, 2009; IUCN, 2014

犬吻蝠科 MOLOSSIDAE

133. 宽耳犬吻蝠 East Asian Free-tailed Bat

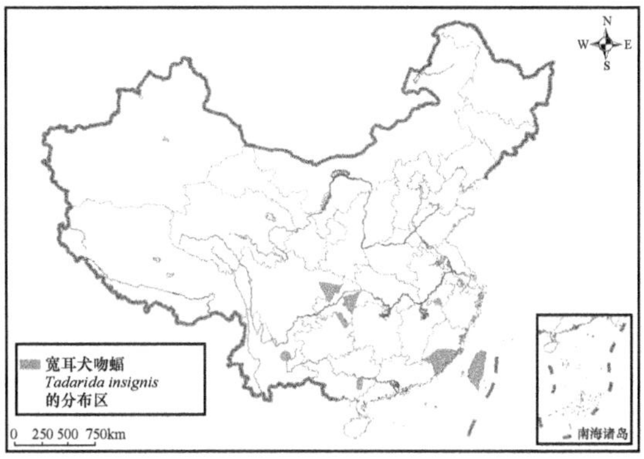

宽耳犬吻蝠 *Tadarida insignis* (Blyth, 1862)
种下单元： 无
生　　境： 洞穴
生态系统： 陆生生态系统
保护等级： **国家重点保护野生动物等级：** 无；**CITES 附录**[1]：未列入
红色名录： **IUCN**[2]：DD；**中国哺乳类红色名录**[3]：NT
国内分布： 安徽、湖北、云南、广西、福建、四川、贵州、台湾
分布国家： 中国、朝鲜、韩国

East Asian Free-tailed Bat *Tadarida insignis* (Blyth, 1862)
Infra-specific Taxa： None
Habitat and Ecology： Caves
Ecosystem： Terrestrial
National Key Protected Wild Animal List： None; **CITES Appendix**[1]：Not listed
Red List： **IUCN Red List**[2]：DD; **China Mammal Red List**[3]：NT
Range in the country： Anhui, Hubei, Yunnan, Guangxi, Fujian, Sichuan, Guizhou, Taiwan
Range countries： China, Korea, Democratic People's Republic of, Korea, Republic of

参考文献 Citation

Wang Y (王应祥), 2003; Wilson and Reeder, 2005; Pan Q *et al.* (潘清华等), 2007; Smith *et al.*, 2009; IUCN, 2014

134. 华北犬吻蝠 La Touche's Free-tailed Bat

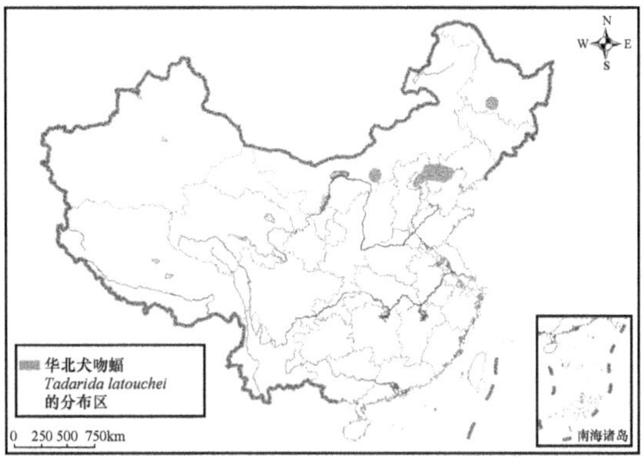

华北犬吻蝠 *Tadarida latouchei* (Thomas, 1920)
种下单元： 无
生　　境： 森林、洞穴
生态系统： 陆生生态系统
保护等级： **国家重点保护野生动物等级：** 无；**CITES 附录**[1]：未列入
红色名录： **IUCN**[2]：DD；**中国哺乳类红色名录**[3]：NT
国内分布： 河北、北京、内蒙古、黑龙江、辽宁
分布国家： 中国、老挝、泰国

La Touche's Free-tailed Bat *Tadarida latouchei* (Thomas, 1920)
Infra-specific Taxa： None
Habitat and Ecology： Forest; Caves
Ecosystem： Terrestrial
National Key Protected Wild Animal List： None; **CITES Appendix**[1]：Not listed
Red List： **IUCN Red List**[2]：DD; **China Mammal Red List**[3]：NT
Range in the country： Hebei, Beijing, Inner Mongolia, Heilongjiang, Liaoning
Range countries： China, Laos, Thailand

参考文献 Citation

Wilson and Reeder, 2005; Pan Q *et al.* (潘清华等), 2007; Smith *et al.*, 2009; IUCN, 2014

135. 皱唇犬吻蝠 Wrinkle-lipped Bat

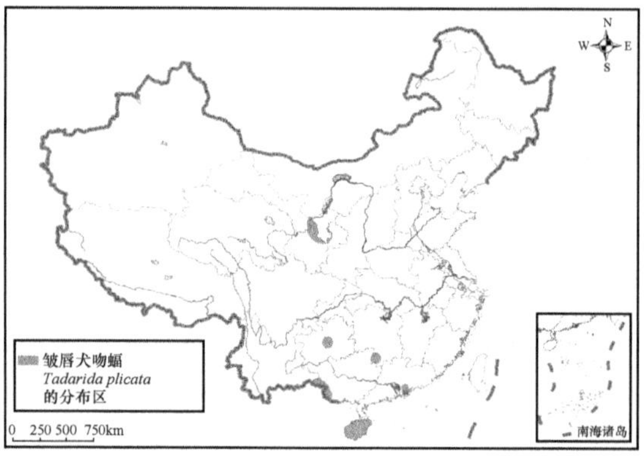

皱唇犬吻蝠 *Tadarida plicata*(Buchanan, 1800)
种下单元： *plicatus*; *dilatatus*; *insularis*; *luzonus*; *tenuis*
生　　境： 洞穴、人造建筑、内陆岩石区域
生态系统： 陆生生态系统
保护等级： **国家重点保护野生动物等级：** 无；**CITES 附录** [1]：未列入
红色名录： **IUCN**[2]：LC；**中国哺乳类红色名录** [3]：LC
国内分布： 云南、广东、香港、海南、贵州、甘肃、广西
分布国家： 柬埔寨、中国、印度、老挝、马来西亚、菲律宾、斯里兰卡、越南

Wrinkle-lipped Bat *Tadarida plicata*(Buchanan, 1800)
Infra-specific Taxa： *plicatus*; *dilatatus*; *insularis*; *luzonus*; *tenuis*
Habitat and Ecology： Caves; Architecture; Inland Rocky Areas
Ecosystem： Terrestrial
National Key Protected Wild Animal List： None; **CITES Appendix**[1]：Not listed
Red List： **IUCN Red List**[2]：LC; **China Mammal Red List**[3]：LC
Range in the country： Yunnan, Guangdong, Hongkong, Hainan, Guizhou, Gansu, Guangxi
Range countries： Cambodia, China, India, Laos, Malaysia, Philippines, Sri Lanka, Vietnam
参考文献 Citation
Wang Y(王应祥), 2003; Zhang R(张荣祖), 1997; Pan Q *et al.*(潘清华等), 2007; Smith *et al.*, 2009; IUCN, 2014

蝙蝠科 VESPERTILIONIDAE

136. 西南鼠耳蝠 Szechwan Myotis

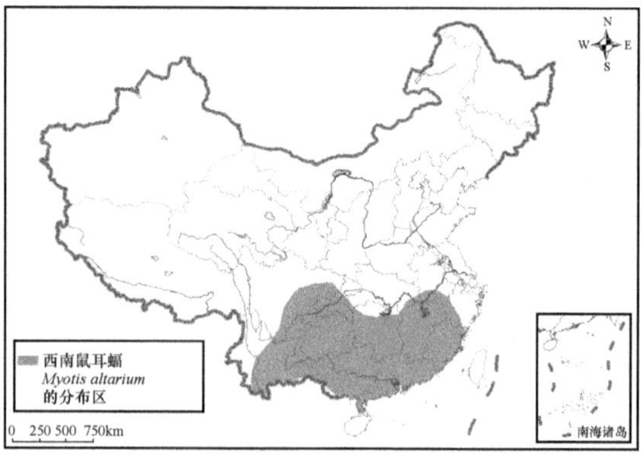

西南鼠耳蝠 *Myotis altarium*(Thomas, 1911)
种下单元： 无
生　　境： 未知
生态系统： 陆生生态系统
保护等级： **国家重点保护野生动物等级：** 无；**CITES 附录** [1]：未列入
红色名录： **IUCN**[2]：LC；**中国哺乳类红色名录** [3]：NT
国内分布： 安徽、江西、四川、贵州、重庆、湖南、云南、广西、广东、福建
分布国家： 中国、泰国

Szechwan Myotis *Myotis altarium*(Thomas, 1911)
Infra-specific Taxa： None
Habitat and Ecology： Unknown
Ecosystem： Terrestrial
National Key Protected Wild Animal List： None; **CITES Appendix**[1]：Not listed
Red List： **IUCN Red List**[2]：LC; **China Mammal Red List**[3]：NT
Range in the country： Anhui, Jiangxi, Sichuan, Guizhou, Chongqing, Hunan, Yunnan, Guangxi, Guangdong, Fujian
Range countries： China, Thailand
参考文献 Citation
Wang Y(王应祥), 2003; Wilson and Reeder, 2005; Zhang R(张荣祖), 1997; Pan Q *et al.*(潘清华等), 2007; Smith *et al.*, 2009; IUCN, 2014

137. 缺齿鼠耳蝠 Hairy-faced Myotis

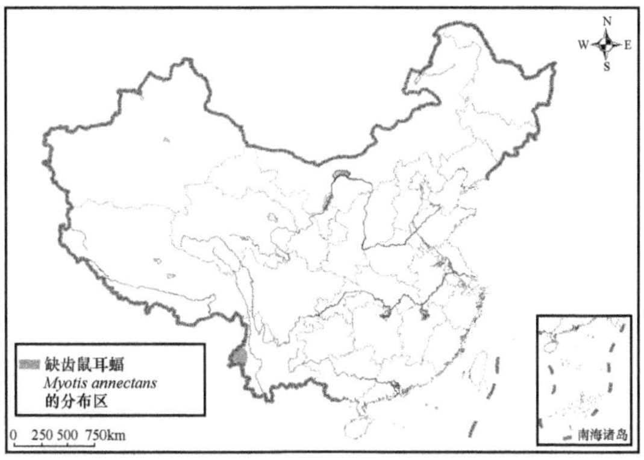

缺齿鼠耳蝠 *Myotis annectans*（Dobson, 1871）

种下单元： 无

生　　境： 亚热带湿润山地森林

生态系统： 陆生生态系统

保护等级： **国家重点保护野生动物等级：** 无；**CITES 附录** [1]：未列入

红色名录： **IUCN**[2]：LC；**中国哺乳类红色名录** [3]：NT

国内分布： 云南

分布国家： 柬埔寨、中国、印度、老挝、泰国

Hairy-faced Myotis *Myotis annectans*（Dobson, 1871）

Infra-specific Taxa： None

Habitat and Ecology： Subtropical Moist Montane Forest

Ecosystem： Terrestrial

National Key Protected Wild Animal List： None; **CITES Appendix**[1]：Not listed

Red List： **IUCN Red List**[2]：LC; **China Mammal Red List**[3]：NT

Range in the country： Yunnan

Range countries： Cambodia, China, India, Laos, Thailand

参考文献 Citation

Wang Y（王应祥）, 2003; Zhang R（张荣祖）, 1997; Pan Q *et al.*（潘清华等）, 2007; Smith *et al.*, 2009; IUCN, 2014

138. 栗鼠耳蝠 Bay Myotis

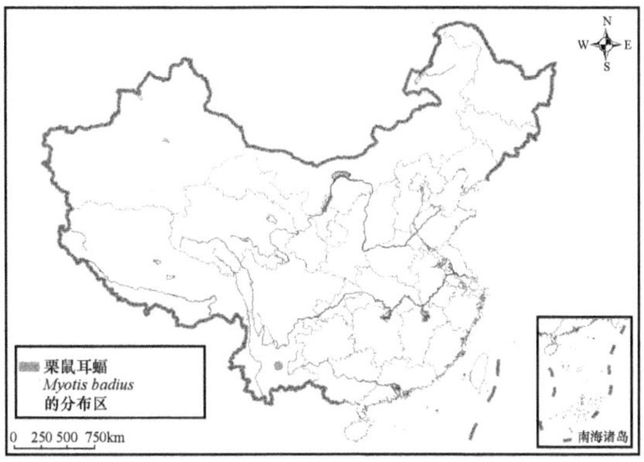

栗鼠耳蝠 *Myotis badius*（Tiunov, 2011）

种下单元： 无

生　　境： 洞穴

生态系统： 陆生生态系统

保护等级： **国家重点保护野生动物等级：** 无；**CITES 附录** [1]：未列入

红色名录： **IUCN**[2]：未列入；**中国哺乳类红色名录** [3]：DD

国内分布： 云南

分布国家： 中国

Bay Myotis *Myotis badius*（Tiunov, 2011）

Infra-specific Taxa： None

Habitat and Ecology： Caves

Ecosystem： Terrestrial

National Key Protected Wild Animal List： None; **CITES Appendix**[1]：Not listed

Red List： **IUCN Red List**[2]：Not listed; **China Mammal Red List**[3]：DD

Range in the country： Yunnan

Range countries： China

参考文献 Citation

Tiunov M *et al.*, 2011

139. 尖耳鼠耳蝠 Lesser Mouse-eared Myotis

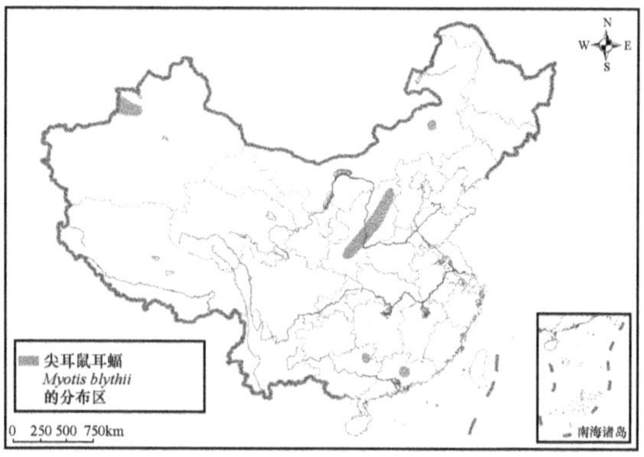

尖耳鼠耳蝠 *Myotis blythii* (Tomes, 1857)
种下单元：*blythii*; *ancilla*; *lesviacus*; *omari*
生　　境：洞穴、人造建筑、耕地、乡村庭院、灌丛、草地
生态系统：陆生生态系统
保护等级：**国家重点保护野生动物等级**：无；**CITES 附录** [1]：未列入
红色名录：**IUCN**[2]：LC；**中国哺乳类红色名录** [3]：NT
国内分布：内蒙古、新疆、陕西、广东、广西、山西
分布国家：阿富汗、阿尔巴尼亚、阿尔及利亚、安道尔、安哥拉、亚美尼亚、奥地利、阿塞拜疆、孟加拉国、不丹、波斯尼亚和黑塞哥维那、保加利亚、中国、克罗地亚、塞浦路斯、捷克、法国、格鲁吉亚、德国、直布罗陀、希腊、梵蒂冈、匈牙利、印度、伊朗、伊拉克、以色列、意大利、约旦、哈萨克斯坦、吉尔吉斯斯坦、黎巴嫩、利比亚、马其顿、摩尔多瓦、摩纳哥、黑山、摩洛哥、尼泊尔、巴基斯坦、波兰、葡萄牙、罗马尼亚、俄罗斯、圣马力诺、塞尔维亚、斯洛伐克、斯洛文尼亚、西班牙、瑞士、叙利亚、塔吉克斯坦、土耳其、土库曼斯坦、乌克兰

Lesser Mouse-eared Myotis *Myotis blythii* (Tomes, 1857)
Infra-specific Taxa: *blythii*; *ancilla*; *lesviacus*; *omari*
Habitat and Ecology: Caves; Architecture; Arable Land; Rural Gardens; Shrubland; Grassland
Ecosystem: Terrestrial
National Key Protected Wild Animal List: None; **CITES Appendix**[1]: Not listed
Red List: **IUCN Red List**[2]: LC; **China Mammal Red List**[3]: NT
Range in the country: Inner Mongolia, Xinjiang, Shaanxi, Guangdong, Guangxi, Shanxi
Range countries: Afghanistan, Albania, Algeria, Andorra, Angola, Armenia, Austria, Azerbaijan, Bangladesh, Bhutan, Bosnia and Herzegovina, Bulgaria, China, Croatia, Cyprus, Czech, France, Georgia, Germany, Gibraltar, Greece, Vatican, Hungary, India, Iran, Iraq, Israel, Italy, Jordan, Kazakhstan, Kyrgyzstan, Lebanon, Libya, Macedonia, Moldova, Monaco, Montenegro, Morocco, Nepal, Pakistan, Poland, Portugal, Romania, Russia, San Marino, Serbia, Slovakia, Slovenia, Spain, Switzerland, Syrian Arab Republic, Tajikistan, Turkey, Turkmenistan, Ukraine

参考文献 Citation

Xu J *et al.* (徐剑等), 2002; Wang Y (王应祥), 2003; Wilson and Reeder, 2005; Zhang R (张荣祖), 1997; Pan Q *et al.* (潘清华等), 2007; Smith *et al.*, 2009; IUCN, 2014

140. 远东鼠耳蝠 Far Eastern Myotis

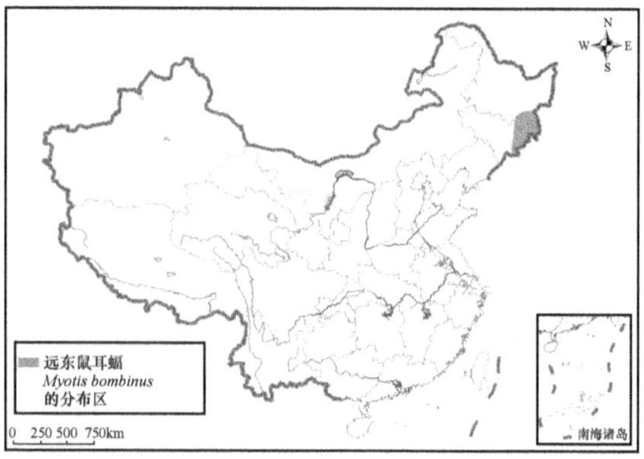

远东鼠耳蝠 *Myotis bombinus* (Thomas, 1906)
种下单元：*bombinus*; *amurensis*
生　　境：森林、洞穴、人造建筑
生态系统：陆生生态系统
保护等级：**国家重点保护野生动物等级**：无；**CITES 附录** [1]：未列入
红色名录：**IUCN**[2]：NT；**中国哺乳类红色名录** [3]：NT
国内分布：吉林、黑龙江
分布国家：中国、日本、朝鲜、俄罗斯

Far Eastern Myotis *Myotis bombinus* (Thomas, 1906)
Infra-specific Taxa: *bombinus*; *amurensis*
Habitat and Ecology: Forest; Caves; Architecture
Ecosystem: Terrestrial
National Key Protected Wild Animal List: None; **CITES Appendix**[1]: Not listed
Red List: **IUCN Red List**[2]: NT; **China Mammal Red List**[3]: NT
Range in the country: Jilin, Heilongjiang
Range countries: China, Japan, Korea, Democratic People's Republic of, Russia

参考文献 Citation

Wang Y (王应祥), 2003; Wilson and Reeder, 2005; Pan Q *et al.* (潘清华等), 2007; Smith *et al.*, 2009; IUCN, 2014

141. 布氏鼠耳蝠 Brandt's Myotis

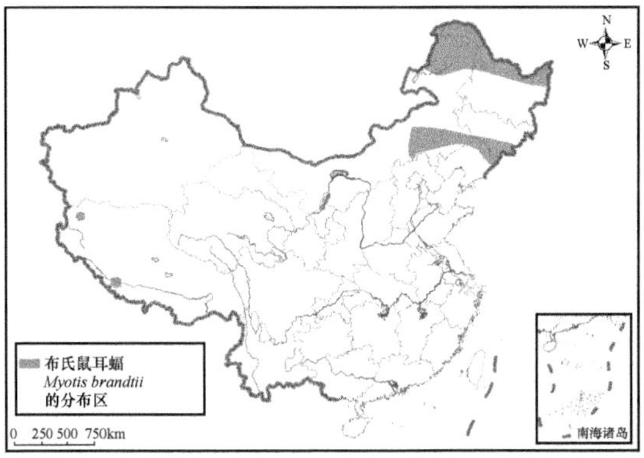

布氏鼠耳蝠 *Myotis brandtii* (Eversmann, 1845)
种下单元： *brandtii; gracilis*
生　　境： 森林、人造建筑、洞穴
生态系统： 陆生生态系统
保护等级： **国家重点保护野生动物等级：** 无；**CITES 附录**[1]：未列入
红色名录： **IUCN**[2]：LC；**中国哺乳类红色名录**[3]：NT
国内分布： 内蒙古、辽宁、吉林、黑龙江、西藏
分布国家： 阿尔巴尼亚、奥地利、白俄罗斯、比利时、保加利亚、中国、克罗地亚、捷克、丹麦、爱沙尼亚、芬兰、法国、德国、希腊、匈牙利、意大利、日本、哈萨克斯坦、朝鲜、拉脱维亚、列支敦士登、立陶宛、卢森堡、摩尔多瓦、蒙古、黑山、荷兰、挪威、波兰、罗马尼亚、俄罗斯、塞尔维亚、斯洛伐克、斯洛文尼亚、西班牙、瑞典、瑞士、土耳其、乌克兰、英国

Brandt's Myotis *Myotis brandtii* (Eversmann, 1845)
Infra-specific Taxa: *brandtii; gracilis*
Habitat and Ecology: Forest; Architecture; Caves
Ecosystem: Terrestrial
National Key Protected Wild Animal List: None; **CITES Appendix**[1]: Not listed
Red List: **IUCN Red List**[2]: LC; **China Mammal Red List**[3]: NT
Range in the country: Inner Mongolia, Liaoning, Jilin, Heilongjiang, Tibet
Range countries: Albania, Austria, Belarus, Belgium, Bulgaria, China, Croatia, Czech, Danmark, Estonia, Finland, France, Germany, Greece, Hungary, Italy, Japan, Kazakhstan, Korea, Democratic People's Republic of, Latvia, Liechtenstein, Lithuania, Luxembourg, Moldova, Mongolia, Montenegro, Netherlands, Norway, Poland, Romania, Russia, Serbia, Slovakia, Slovenia, Spain, Sweden, Switzerland, Turkey, Ukraine, United Kingdom

参考文献 Citation

Wang Y (王应祥), 2003; Pan Q *et al.* (潘清华等), 2007; Smith *et al.*, 2009; IUCN, 2014

142. 中华鼠耳蝠 Large Myotis

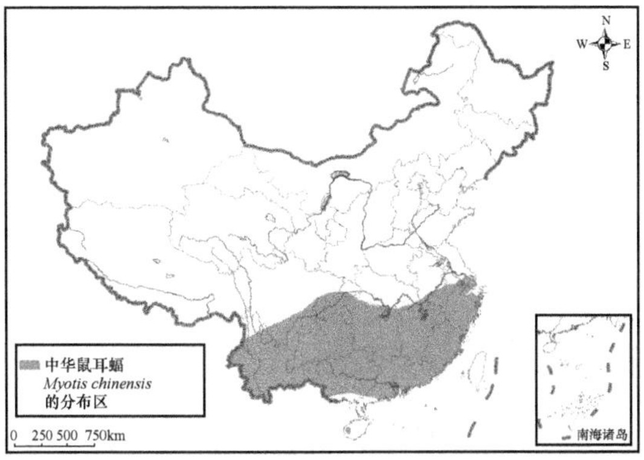

中华鼠耳蝠 *Myotis chinensis* (Tomes, 1857)
种下单元： 无
生　　境： 洞穴、喀斯特地貌
生态系统： 陆生生态系统
保护等级： **国家重点保护野生动物等级：** 无；**CITES 附录**[1]：未列入
红色名录： **IUCN**[2]：LC；**中国哺乳类红色名录**[3]：NT
国内分布： 浙江、安徽、江西、广西、四川、香港、贵州、重庆、江苏、福建、广东、海南、湖南、云南
分布国家： 中国、缅甸、泰国、越南

Large Myotis *Myotis chinensis* (Tomes, 1857)
Infra-specific Taxa: None
Habitat and Ecology: Caves; Karst
Ecosystem: Terrestrial
National Key Protected Wild Animal List: None; **CITES Appendix**[1]: Not listed
Red List: **IUCN Red List**[2]: LC; **China Mammal Red List**[3]: NT
Range in the country: Zhejiang, Anhui, Jiangxi, Guangxi, Sichuan, Hongkong, Guizhou, Chongqing, Jiangsu, Fujian, Guangdong, Hainan, Hunan, Yunnan
Range countries: China, Myanmar, Thailand, Vietnam

参考文献 Citation

Xu J *et al.* (徐剑等), 2002; Wang Y (王应祥), 2003; Wilson and Reeder, 2005; Pan Q *et al.* (潘清华等), 2007; Smith *et al.*, 2009; IUCN, 2014

143. 沼泽鼠耳蝠 Pond Myotis

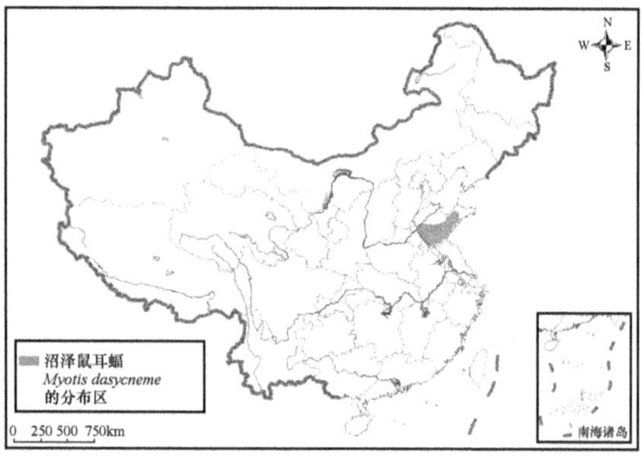

沼泽鼠耳蝠 *Myotis dasycneme* (Boie, 1825)
种下单元：无
生　　境：溪流边、淡水湖、洞穴、人造建筑
生态系统：陆生生态系统
保护等级：**国家重点保护野生动物等级**：无；**CITES 附录** [1]：未列入
红色名录：**IUCN**[2]：NT；**中国哺乳类红色名录** [3]：LC
国内分布：山东
分布国家：白俄罗斯、比利时、保加利亚、中国、捷克、丹麦、爱沙尼亚、芬兰、法国、德国、匈牙利、哈萨克斯坦、拉脱维亚、立陶宛、卢森堡、摩尔多瓦、黑山、荷兰、波兰、罗马尼亚、俄罗斯、塞尔维亚、斯洛伐克、瑞典、乌克兰

Pond Myotis *Myotis dasycneme* (Boie, 1825)
Infra-specific Taxa：None
Habitat and Ecology：Near Streams; Freshwater Lakes; Caves; Architecture
Ecosystem：Terrestrial
National Key Protected Wild Animal List：None; **CITES Appendix**[1]：Not listed
Red List：**IUCN Red List**[2]：NT; **China Mammal Red List**[3]：LC
Range in the country：Shandong
Range countries：Belarus, Belgium, Bulgaria, China, Czech, Danmark, Estonia, Finland, France, Germany, Hungary, Kazakhstan, Latvia, Lithuania, Luxembourg, Moldova, Montenegro, Netherlands, Poland, Romania, Russia, Serbia, Slovakia, Sweden, Ukraine

参考文献 Citation

Wang Y (王应祥), 2003; Wilson and Reeder, 2005; Smith *et al.*, 2009; Zhang R (张荣祖), 1997; IUCN, 2014

144. 大卫鼠耳蝠 David's Myotis

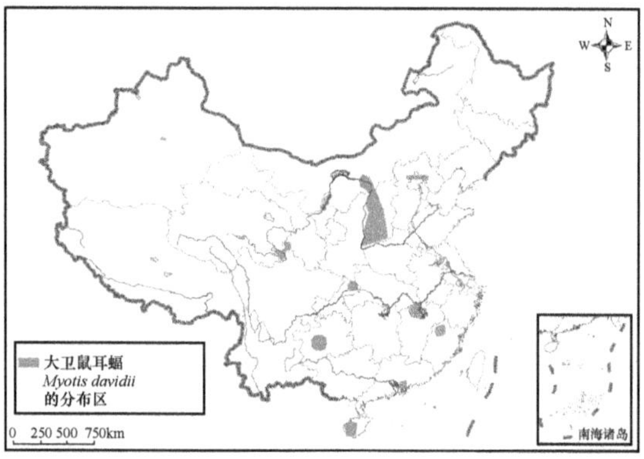

大卫鼠耳蝠 *Myotis davidii* Peters, 1869
种下单元：无
生　　境：未知
生态系统：陆生生态系统
保护等级：**国家重点保护野生动物等级**：无；**CITES 附录** [1]：未列入
红色名录：**IUCN**[2]：LC；**中国哺乳类红色名录** [3]：LC
国内分布：北京、河北、山西、内蒙古、甘肃、江西、贵州、海南、广东、重庆
分布国家：中国

David's Myotis *Myotis davidii* Peters, 1869
Infra-specific Taxa：None
Habitat and Ecology：Unknown
Ecosystem：Terrestrial
National Key Protected Wild Animal List：None; **CITES Appendix**[1]：Not listed
Red List：**IUCN Red List**[2]：LC; **China Mammal Red List**[3]：LC
Range in the country：Beijing, Hebei, Shanxi, Inner Mongolia, Gansu, Jiangxi, Guizhou, Hainan, Guangdong, Chongqing
Range countries：China

参考文献 Citation

Wilson and Reeder, 2005; Zhang R (张荣祖), 1997; Pan Q *et al.* (潘清华等), 2007; Smith *et al.*, 2009; IUCN, 2014

145. 毛腿鼠耳蝠 Fringed Long-footed Myotis

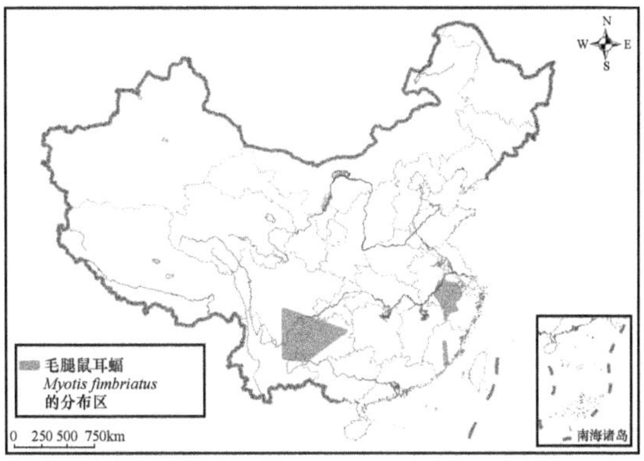

毛腿鼠耳蝠 *Myotis fimbriatus* (Peters, 1871)
种下单元：无
生　　境：洞穴
生态系统：陆生生态系统
保护等级：国家重点保护野生动物等级：无；**CITES 附录** [1]：未列入
红色名录：IUCN[2]：LC；**中国哺乳类红色名录** [3]：NT
国内分布：江苏、浙江、安徽、福建、江西、四川、贵州、云南、香港
分布国家：中国

Fringed Long-footed Myotis *Myotis fimbriatus* (Peters, 1871)
Infra-specific Taxa：None
Habitat and Ecology：Caves
Ecosystem：Terrestrial
National Key Protected Wild Animal List：None; **CITES Appendix**[1]：Not listed
Red List：IUCN Red List[2]：LC; **China Mammal Red List**[3]：NT
Range in the country：Jiangsu, Zhejiang, Anhui, Fujian, Jiangxi, Sichuan, Guizhou, Yunnan, Hongkong
Range countries：China

参考文献 Citation

Wang Y (王应祥), 2003; Wilson and Reeder, 2005; Pan Q *et al.* (潘清华等), 2007; Smith *et al.*, 2009; IUCN, 2014

146. 绯鼠耳蝠 Hodgson's Myotis

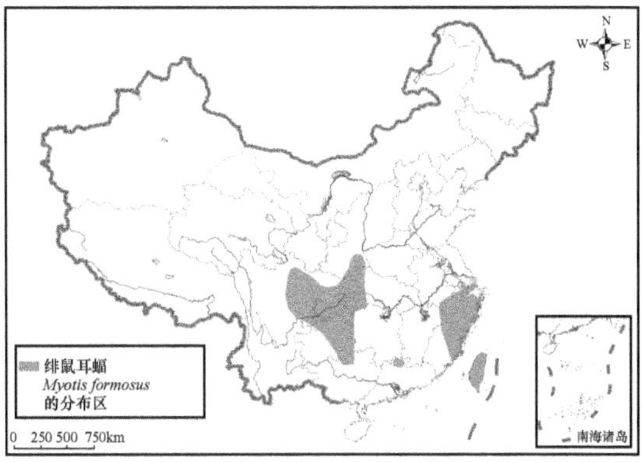

绯鼠耳蝠 *Myotis formosus* (Hodgson, 1835)
种下单元：*formosus*; *bartelsi*; *rufoniger*; *rufopictus*; *tsuensis*; *watasei*; *weberi*
生　　境：森林、竹林、耕地、牧场
生态系统：陆生生态系统
保护等级：国家重点保护野生动物等级：无；**CITES 附录** [1]：未列入
红色名录：IUCN[2]：LC；**中国哺乳类红色名录** [3]：VU
国内分布：陕西、上海、浙江、安徽、贵州、广西、福建、台湾、四川、湖北、湖南、重庆、广东、江苏
分布国家：阿富汗、孟加拉国、中国、印度、印度尼西亚、朝鲜、韩国、老挝、尼泊尔、菲律宾

Hodgson's Myotis *Myotis formosus* (Hodgson, 1835)
Infra-specific Taxa：*formosus*; *bartelsi*; *rufoniger*; *rufopictus*; *tsuensis*; *watasei*; *weberi*
Habitat and Ecology：Forest; Bamboo Grove; Arable Land; Pastureland
Ecosystem：Terrestrial
National Key Protected Wild Animal List：None; **CITES Appendix**[1]：Not listed
Red List：IUCN Red List[2]：LC; **China Mammal Red List**[3]：VU
Range in the country：Shaanxi, Shanghai, Zhejiang, Anhui, Guizhou, Guangxi, Fujian, Taiwan, Sichuan, Hubei, Hunan, Chongqing, Guangdong, Jiangsu
Range countries：Afghanistan, Bangladesh, China, India, Indonesia, Korea, Democratic People's Republic of, Korea, Republic of, Laos, Nepal, Philippines

参考文献 Citation

Xu J *et al.* (徐剑等), 2002; Wang Y (王应祥), 2003; Wilson and Reeder, 2005; Zhang R (张荣祖), 1997; Pan Q *et al.* (潘清华等), 2007; Smith *et al.*, 2009; Deng B *et al.* (邓柏生等), 2011; IUCN, 2014

147. 长尾鼠耳蝠 Fraternal Myotis

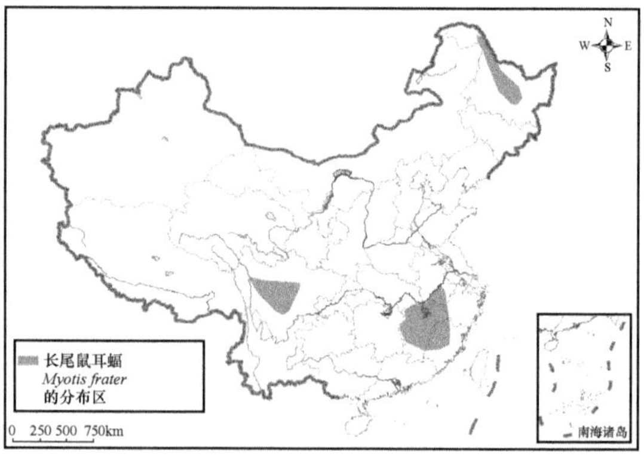

长尾鼠耳蝠 *Myotis frater*(G.M. Allen, 1923)

种下单元：*frater*; *eniseensis*; *kaguyae*; *longicaudatus*

生　　境：未知

生态系统：陆生生态系统

保护等级：**国家重点保护野生动物等级**：无；**CITES 附录**[1]：未列入

红色名录：**IUCN**[2]：DD；**中国哺乳类红色名录**[3]：DD

国内分布：黑龙江、安徽、江西、福建、四川

分布国家：中国、日本、朝鲜、韩国、俄罗斯

Fraternal Myotis *Myotis frater*(G.M. Allen, 1923)

Infra-specific Taxa：*frater*; *eniseensis*; *kaguyae*; *longicaudatus*

Habitat and Ecology：Unknown

Ecosystem：Terrestrial

National Key Protected Wild Animal List：None; **CITES Appendix**[1]：Not listed

Red List：**IUCN Red List**[2]：DD; **China Mammal Red List**[3]：DD

Range in the country：Heilongjiang, Anhui, Jiangxi, Fujian, Sichuan

Range countries：China, Japan, Korea, Democratic People's Republic of, Korea, Republic of, Russia

参考文献 Citation

Wang Y(王应祥), 2003; Wilson and Reeder, 2005; Zhang R(张荣祖), 1997; Pan Q *et al.*(潘清华等), 2007; Smith *et al.*, 2009; IUCN, 2014

148. 小巨足鼠耳蝠 Lesser Large-footed Myotis

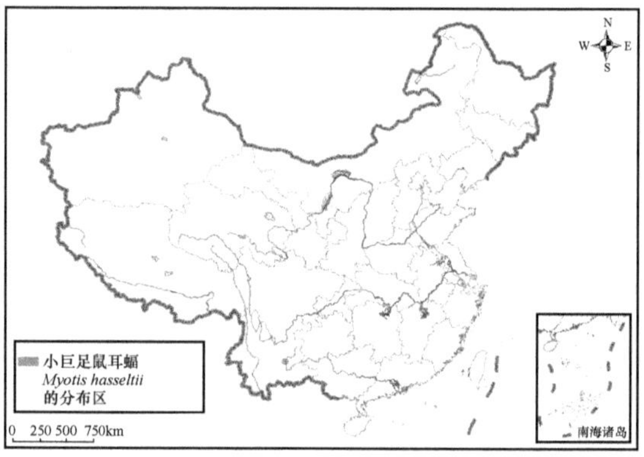

小巨足鼠耳蝠 *Myotis hasseltii*(Temminck, 1840)

种下单元：*hasseltii*; *abboti*; *continentis*; *macellus*

生　　境：热带/亚热带干旱森林、红树林、竹林、人造建筑、海岸、喀斯特地貌、洞穴

生态系统：陆生生态系统

保护等级：**国家重点保护野生动物等级**：无; **CITES 附录**[1]：未列入

红色名录：**IUCN**[2]：LC; **中国哺乳类红色名录**[3]：VU

国内分布：云南

分布国家：中国、柬埔寨、印度、印度尼西亚、马来西亚、缅甸、斯里兰卡、泰国、越南

Lesser Large-footed Myotis *Myotis hasseltii*(Temminck, 1840)

Infra-specific Taxa：*hasseltii*; *abboti*; *continentis*; *macellus*

Habitat and Ecology：Tropical/Subtropical Dry Forest; Mangrove; Bamboo Grove; Architecture; Coast; Karst; Caves

Ecosystem：Terrestrial

National Key Protected Wild Animal List：None; **CITES Appendix**[1]：Not listed

Red List：**IUCN Red List**[2]：LC; **China Mammal Red List**[3]：VU

Range in the country：Yunnan

Range countries：China, Cambodia, India, Indonesia, Malaysia, Myanmar, Sri Lanka, Thailand, Vietnam

参考文献 Citation

Zhang *et al.*(张礼标等), 2004; Pan Q *et al.*(潘清华等), 2007; IUCN, 2014

149. 毛须鼠耳蝠 Hirsute Myotis

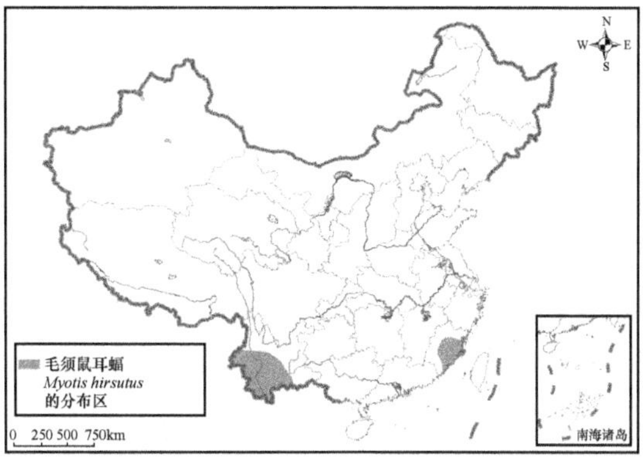

毛须鼠耳蝠 *Myotis hirsutus* (Howell, 1962)
种下单元：无
生　　境：未知
生态系统：陆生生态系统
保护等级：**国家重点保护野生动物等级**：无；**CITES 附录**[1]：未列入
红色名录：**IUCN**[2]：未列入；**中国哺乳类红色名录**[3]：NT
国内分布：福建、云南
分布国家：中国

Hirsute Myotis *Myotis hirsutus* (Howell, 1962)
Infra-specific Taxa：None
Habitat and Ecology：Unknown
Ecosystem：Terrestrial
National Key Protected Wild Animal List：None; **CITES Appendix**[1]：Not listed
Red List：**IUCN Red List**[2]：Not listed; **China Mammal Red List**[3]：NT
Range in the country：Fujian, Yunnan
Range countries：China

参考文献 Citation
Wang Y (王应祥), 2003; Pan Q *et al.* (潘清华等), 2007

150. 霍氏鼠耳蝠 Horsfield's Myotis

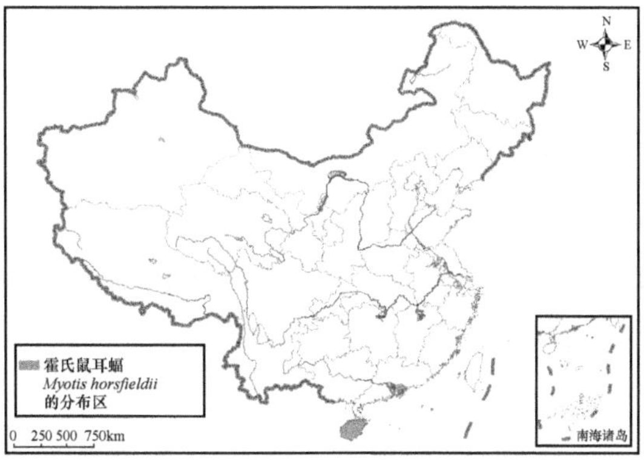

霍氏鼠耳蝠 *Myotis horsfieldii* (Temminck, 1840)
种下单元：*horsfieldii*; *deignani*; *dryas*; *jeannei*; *peshwa*
生　　境：森林、人造建筑、种植园、溪流边
生态系统：陆生生态系统
保护等级：**国家重点保护野生动物等级**：无；**CITES 附录**[1]：未列入
红色名录：**IUCN**[2]：LC；**中国哺乳类红色名录**[3]：LC
国内分布：香港、广东、海南
分布国家：文莱、柬埔寨、中国、印度、印度尼西亚、老挝、马来西亚、缅甸、菲律宾、泰国、越南

Horsfield's Myotis *Myotis horsfieldii* (Temminck, 1840)
Infra-specific Taxa：*horsfieldii*; *deignani*; *dryas*; *jeannei*; *peshwa*
Habitat and Ecology：Forest; Architecture; Plantations; Near Streams
Ecosystem：Terrestrial
National Key Protected Wild Animal List：None; **CITES Appendix**[1]：Not listed
Red List：**IUCN Red List**[2]：LC; **China Mammal Red List**[3]：LC
Range in the country：Hongkong, Guangdong, Hainan
Range countries：Brunei, Cambodia, China, India, Indonesia, Laos, Malaysia, Myanmar, Philippines, Thailand, Vietnam

参考文献 Citation
Wang Y (王应祥), 2003; Wilson and Reeder, 2005; Pan Q *et al.* (潘清华等), 2007; Smith *et al.*, 2009; IUCN, 2014

151. 伊氏鼠耳蝠 Ikonnikov's Myotis

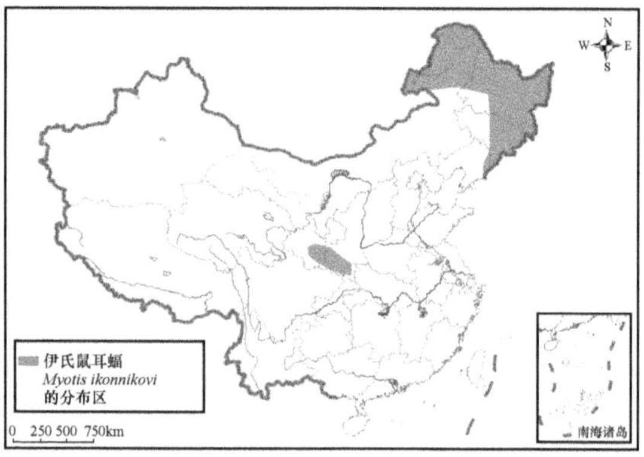

伊氏鼠耳蝠 *Myotis ikonnikovi* (Ognev, 1912)
种下单元： 无
生　　境： 洞穴、热带/亚热带湿润山地森林
生态系统： 陆生生态系统
保护等级： **国家重点保护野生动物等级：** 无；**CITES 附录** [1]：未列入
红色名录： **IUCN** [2]：LC；**中国哺乳类红色名录** [3]：LC
国内分布： 内蒙古、黑龙江、吉林、辽宁、甘肃、陕西
分布国家： 中国、日本、哈萨克斯坦、朝鲜、蒙古、俄罗斯

Ikonnikov's Myotis *Myotis ikonnikovi* (Ognev, 1912)
Infra-specific Taxa: None
Habitat and Ecology: Caves; Tropical/Subtropical Moist Montane Forest
Ecosystem: Terrestrial
National Key Protected Wild Animal List: None; **CITES Appendix** [1]: Not listed
Red List: **IUCN Red List** [2]: LC; **China Mammal Red List** [3]: LC
Range in the country: Inner Mongolia, Heilongjiang, Jilin, Liaoning, Gansu, Shaanxi
Range countries: China, Japan, Kazakhstan, Korea, Democratic People's Republic of, Mongolia, Russia

参考文献 Citation

Wang Y (王应祥), 2003; Wilson and Reeder, 2005; Zhang R (张荣祖), 1997; Pan Q *et al.* (潘清华等), 2007; Smith *et al.*, 2009; IUCN, 2014

152. 华南水鼠耳蝠 Chinese Water Myotis

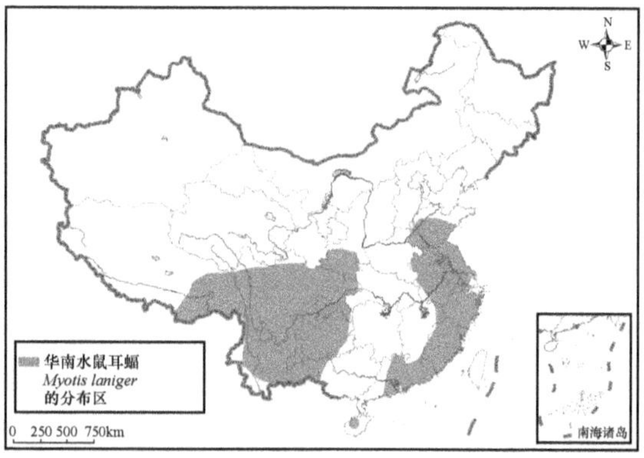

华南水鼠耳蝠 *Myotis laniger* (Peters, 1871)
种下单元： 无
生　　境： 未知
生态系统： 陆生生态系统
保护等级： **国家重点保护野生动物等级：** 无；**CITES 附录** [1]：未列入
红色名录： **IUCN** [2]：LC；**中国哺乳类红色名录** [3]：LC
国内分布： 山东、江苏、安徽、浙江、福建、江西、广东、香港、海南、贵州、重庆、云南、西藏、四川、陕西
分布国家： 中国、印度、越南

Chinese Water Myotis *Myotis laniger* (Peters, 1871)
Infra-specific Taxa: None
Habitat and Ecology: Unknown
Ecosystem: Terrestrial
National Key Protected Wild Animal List: None; **CITES Appendix** [1]: Not listed
Red List: **IUCN Red List** [2]: LC; **China Mammal Red List** [3]: LC
Range in the country: Shandong, Jiangsu, Anhui, Zhejiang, Fujian, Jiangxi, Guangdong, Hongkong, Hainan, Guizhou, Chongqing, Yunnan, Tibet, Sichuan, Shaanxi
Range countries: China, India, Vietnam

参考文献 Citation

Xu J *et al.* (徐剑等), 2002; Wilson and Reeder, 2005; Pan Q *et al.* (潘清华等), 2007; Smith *et al.*, 2009; IUCN, 2014

153. 宽吻鼠耳蝠 Formosan Broad-muzzled Myotis

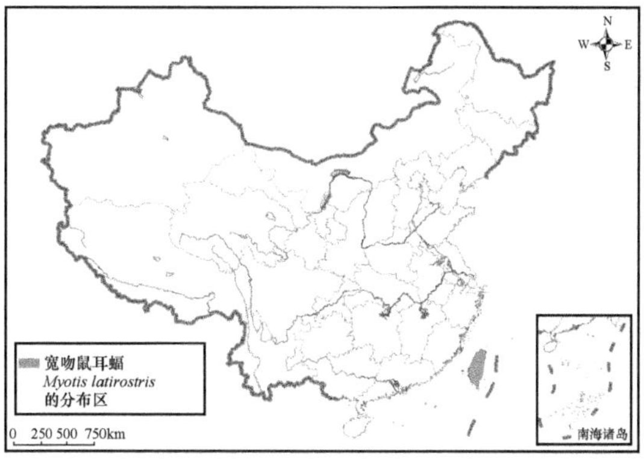

宽吻鼠耳蝠 *Myotis latirostris*（Kishida, 1932）

种下单元：无

生　　境：未知

生态系统：陆生生态系统

保护等级：国家重点保护野生动物等级：无；**CITES 附录** [1]：未列入

红色名录：IUCN[2]：未列入；**中国哺乳类红色名录** [3]：NT

国内分布：台湾

分布国家：中国

Formosan Broad-muzzled Myotis *Myotis latirostris*（Kishida, 1932）

Infra-specific Taxa：None

Habitat and Ecology：Unknown

Ecosystem：Terrestrial

National Key Protected Wild Animal List：None; **CITES Appendix**[1]：Not listed

Red List：IUCN Red List[2]：Not listed; **China Mammal Red List**[3]：NT

Range in the country：Taiwan

Range countries：China

参考文献 Citation

Wang Y（王应祥）, 2003; Pan Q *et al.*（潘清华等）, 2007

154. 长指鼠耳蝠 Kashmir Cave Myotis

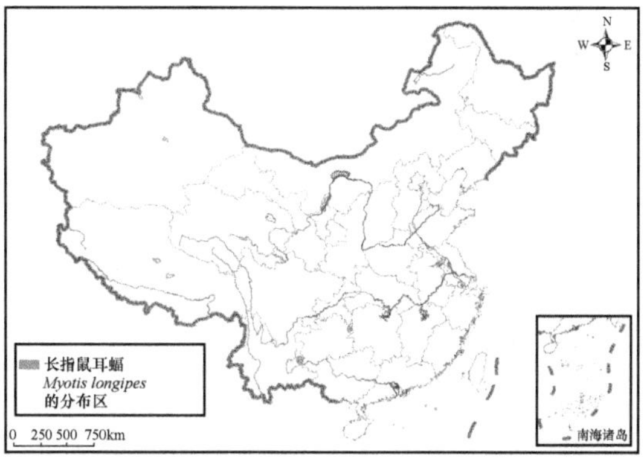

长指鼠耳蝠 *Myotis longipes*（Dobson, 1873）

种下单元：无

生　　境：洞穴、人造建筑

生态系统：陆生生态系统

保护等级：国家重点保护野生动物等级：无；**CITES 附录** [1]：未列入

红色名录：IUCN[2]：DD；**中国哺乳类红色名录** [3]：LC

国内分布：贵州

分布国家：阿富汗、中国、印度、尼泊尔

Kashmir Cave Myotis *Myotis longipes*（Dobson, 1873）

Infra-specific Taxa：None

Habitat and Ecology：Caves; Architecture

Ecosystem：Terrestrial

National Key Protected Wild Animal List：None; **CITES Appendix**[1]：Not listed

Red List：IUCN Red List[2]：DD; **China Mammal Red List**[3]：LC

Range in the country：Guizhou

Range countries：Afghanistan, China, India, Nepal

参考文献 Citation

Wang Y（王应祥）, 2003; Zhang R（张荣祖）, 1997; Pan Q *et al.*（潘清华等）, 2007; Smith *et al.*, 2009; IUCN, 2014

155. 大趾鼠耳蝠 Big-footed Myotis

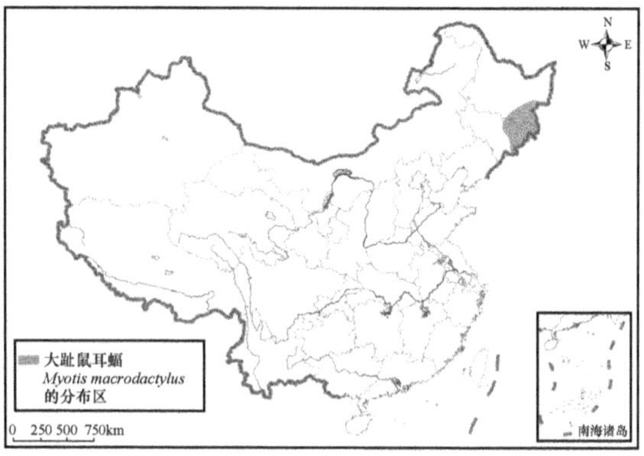

大趾鼠耳蝠 *Myotis macrodactylus* (Temminck, 1840)

种下单元： *macrodactylus*; *continentalis*; *insularis*

生　　境： 洞穴、人造建筑、溪流边、淡水湖

生态系统： 陆生生态系统

保护等级： **国家重点保护野生动物等级：** 无；**CITES 附录** [1]：未列入

红色名录： **IUCN**[2]：LC；**中国哺乳类红色名录** [3]：NT

国内分布： 黑龙江、吉林

分布国家： 中国、日本、朝鲜、韩国、俄罗斯

Big-footed Myotis *Myotis macrodactylus* (Temminck, 1840)

Infra-specific Taxa： *macrodactylus*; *continentalis*; *insularis*

Habitat and Ecology： Caves; Architecture; Near Streams; Freshwater Lakes

Ecosystem： Terrestrial

National Key Protected Wild Animal List： None; **CITES Appendix**[1]：Not listed

Red List： **IUCN Red List**[2]：LC; **China Mammal Red List**[3]：NT

Range in the country： Heilongjiang, Jilin

Range countries： China, Japan, Korea, Democratic People's Republic of, Korea, Republic of, Russia

参考文献 Citation

Jiang T *et al.* (江廷磊等), 2008; IUCN, 2014

156. 山地鼠耳蝠 Burmese Whiskered Myotis

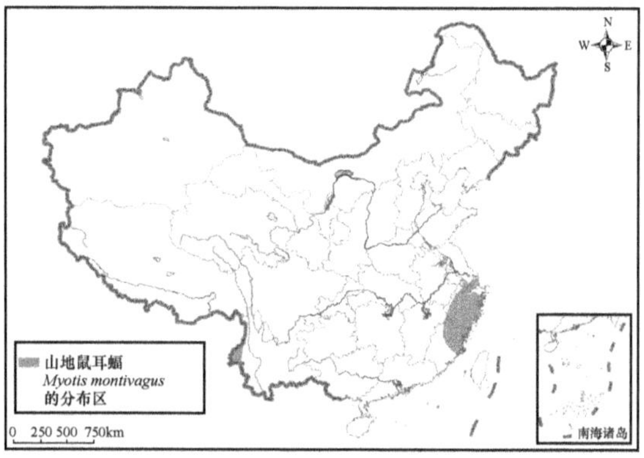

山地鼠耳蝠 *Myotis montivagus* (Dobson, 1874)

种下单元： *montivagus*; *borneoensis*; *federatus*; *peytoni*

生　　境： 未知

生态系统： 陆生生态系统

保护等级： **国家重点保护野生动物等级：** 无；**CITES 附录** [1]：未列入

红色名录： **IUCN**[2]：LC；**中国哺乳类红色名录** [3]：LC

国内分布： 上海、福建、云南、浙江

分布国家： 中国、印度、老挝、马来西亚、缅甸、越南

Burmese Whiskered Myotis *Myotis montivagus* (Dobson, 1874)

Infra-specific Taxa： *montivagus*; *borneoensis*; *federatus*; *peytoni*

Habitat and Ecology： Unknown

Ecosystem： Terrestrial

National Key Protected Wild Animal List： None; **CITES Appendix**[1]：Not listed

Red List： **IUCN Red List**[2]：LC; **China Mammal Red List**[3]：LC

Range in the country： Shanghai, Fujian, Yunnan, Zhejiang

Range countries： China, India, Laos, Malaysia, Myanmar, Vietnam

参考文献 Citation

Wang Y (王应祥), 2003; Wilson and Reeder, 2005; Pan Q *et al.* (潘清华等), 2007; Smith *et al.*, 2009; IUCN, 2014

157. 喜山鼠耳蝠 Nepalese Whiskered Myotis

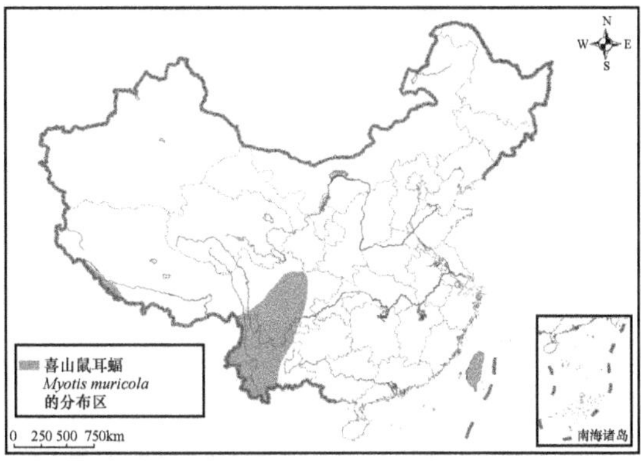

喜山鼠耳蝠 *Myotis muricola*(Gray, 1846)
种下单元：*muricola*; *browni*; *caliginosus*; *herrei*; *latirostris*; *moupinensis*; *niasensis*; *patriciae*
生　　境：热带/亚热带湿润低地森林、次生林、灌丛、乡村庭院、洞穴
生态系统：陆生生态系统
保护等级：**国家重点保护野生动物等级**：无；**CITES 附录**[1]：未列入
红色名录：**IUCN**[2]：LC；**中国哺乳类红色名录**[3]：NT
国内分布：四川、云南、西藏、台湾
分布国家：阿富汗、不丹、文莱、柬埔寨、中国、印度、印度尼西亚、老挝、马来西亚、缅甸、尼泊尔、巴基斯坦、菲律宾、新加坡、泰国、越南

Nepalese Whiskered Myotis *Myotis muricola*(Gray, 1846)
Infra-specific Taxa: *muricola*; *browni*; *caliginosus*; *herrei*; *latirostris*; *moupinensis*; *niasensis*; *patriciae*
Habitat and Ecology: Tropical/Subtropical Moist Lowland Forest; Secondary Forest; Shrubland; Rural Gardens; Caves
Ecosystem: Terrestrial
National Key Protected Wild Animal List: None; **CITES Appendix**[1]: Not listed
Red List: **IUCN Red List**[2]: LC; **China Mammal Red List**[3]: NT
Range in the country: Sichuan, Yunnan, Tibet, Taiwan
Range countries: Afghanistan, Bhutan, Brunei, Cambodia, China, India, Indonesia, Laos, Malaysia, Myanmar, Nepal, Pakistan, Philippines, Singapore, Thailand, Vietnam

参考文献 Citation

Wang Y(王应祥), 2003; Wilson and Reeder, 2005; Pan Q *et al.*(潘清华等), 2007; Smith *et al.*, 2009; IUCN, 2014

158. 纳氏鼠耳蝠 Natterer's Myotis

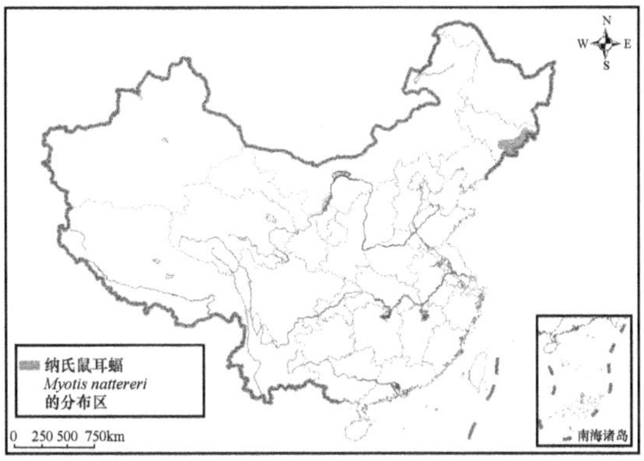

纳氏鼠耳蝠 *Myotis nattereri*(Kuhl, 1817)
种下单元：*nattereri*; *tschuliensis*
生　　境：森林、灌丛、牧场、淡水湖、人造建筑、洞穴
生态系统：陆生生态系统
保护等级：**国家重点保护野生动物等级**：无；**CITES 附录**[1]：未列入
红色名录：**IUCN**[2]：LC；**中国哺乳类红色名录**[3]：NT
国内分布：吉林
分布国家：中国、阿尔巴尼亚、阿尔及利亚、安道尔、亚美尼亚、奥地利、阿塞拜疆、白俄罗斯、比利时、波斯尼亚和黑塞哥维那、保加利亚、克罗地亚、塞浦路斯、捷克、丹麦、爱沙尼亚、芬兰、法国、格鲁吉亚、德国、直布罗陀、希腊、梵蒂冈、匈牙利、伊朗、伊拉克、爱尔兰、以色列、意大利、约旦、拉脱维亚、黎巴嫩、列支敦士登、立陶宛、卢森堡、马其顿、摩纳哥、黑山、摩洛哥、荷兰、波兰、葡萄牙、罗马尼亚、俄罗斯、圣马力诺、塞尔维亚、斯洛伐克、斯洛文尼亚、西班牙、瑞典、瑞士、叙利亚、土耳其、土库曼斯坦、乌克兰、英国

Natterer's Myotis *Myotis nattereri*(Kuhl, 1817)
Infra-specific Taxa: *nattereri*; *tschuliensis*
Habitat and Ecology: Forest; Shrubland; Pastureland; Freshwater Lakes; Architecture; Caves
Ecosystem: Terrestrial
National Key Protected Wild Animal List: None; **CITES Appendix**[1]: Not listed
Red List: **IUCN Red List**[2]: LC; **China Mammal Red List**[3]: NT
Range in the country: Jilin
Range countries: China, Albania, Algeria, Andorra, Armenia, Austria, Azerbaijan, Belarus, Belgium, Bosnia and Herzegovina, Bulgaria, Croatia, Cyprus, Czech, Danmark, Estonia, Finland, France, Georgia, Germany, Gibraltar, Greece, Vatican, Hungary, Iran, Iraq, Ireland, Israel, Italy, Jordan, Latvia, Lebanon, Liechtenstein, Lithuania, Luxembourg, Macedonia, Monaco, Montenegro, Morocco, Netherlands, Poland, Portugal, Romania, Russia, San Marino, Serbia, Slovakia, Slovenia, Spain, Sweden, Switzerland, Syrian Arab Republic, Turkey, Turkmenistan, Ukraine, United Kingdom

参考文献 Citation

Wang Y(王应祥), 2003; Pan Q *et al.*(潘清华等), 2007; Zhang R(张荣祖), 1997; IUCN, 2014

159. 尼泊尔鼠耳蝠 Nepal Myotis

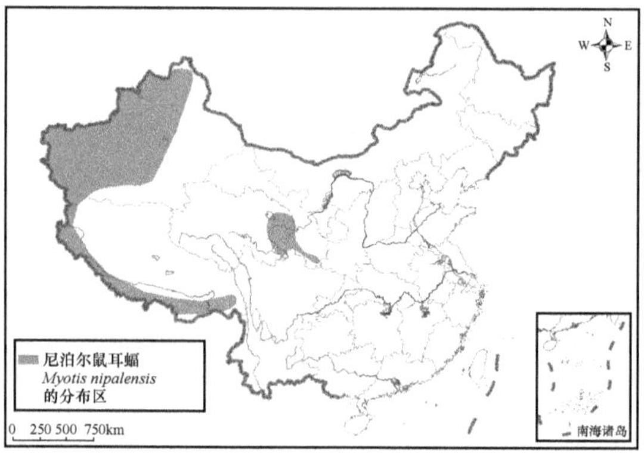

尼泊尔鼠耳蝠 *Myotis nipalensis*(Dobson, 1871)

种下单元： 无

生　　境： 森林、灌丛、草地、荒漠、人造建筑、洞穴

生态系统： 陆生生态系统

保护等级： **国家重点保护野生动物等级：** 无；**CITES 附录**[1]：未列入

红色名录： **IUCN**[2]：LC；**中国哺乳类红色名录**[3]：LC

国内分布： 青海、甘肃、新疆、西藏

分布国家： 阿富汗、亚美尼亚、阿塞拜疆、中国、印度、格鲁吉亚、伊朗、哈萨克斯坦、吉尔吉斯斯坦、尼泊尔、塔吉克斯坦、土库曼斯坦、乌兹别克斯坦、土耳其

Nepal Myotis *Myotis nipalensis*(Dobson, 1871)

Infra-specific Taxa: None

Habitat and Ecology: Forest; Shrubland; Grassland; Desert; Architecture; Caves

Ecosystem: Terrestrial

National Key Protected Wild Animal List: None; **CITES Appendix**[1]: Not listed

Red List: IUCN Red List[2]: LC; **China Mammal Red List**[3]: LC

Range in the country: Qinghai, Gansu, Xinjiang, Tibet

Range countries: Afghanistan, Armenia, Azerbaijan, China, India, Georgia, Iran, Kazakhstan, Kyrgyzstan, Nepal, Tajikistan, Turkmenistan, Uzbekistan, Turkey

参考文献 Citation

Wilson and Reeder, 2005; Pan Q *et al.*(潘清华等), 2007; Smith *et al.*, 2009; IUCN, 2015

160. 北京鼠耳蝠 Peking Myotis

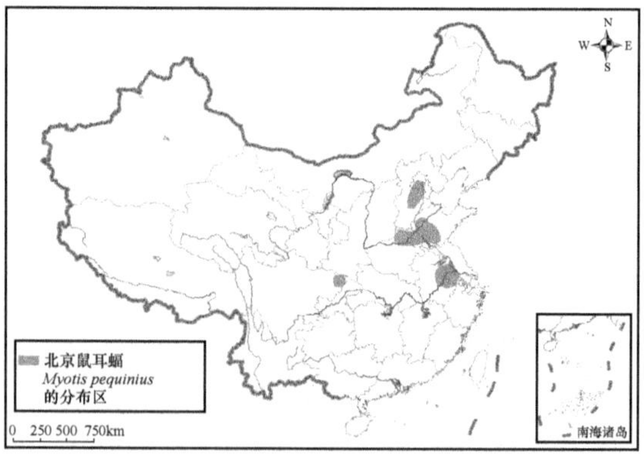

北京鼠耳蝠 *Myotis pequinius*(Thomas, 1908)

种下单元： 无

生　　境： 洞穴、森林

生态系统： 陆生生态系统

保护等级： **国家重点保护野生动物等级：** 无；**CITES 附录**[1]：未列入

红色名录： **IUCN**[2]：LC；**中国哺乳类红色名录**[3]：LC

国内分布： 北京、河北、四川、山东、河南、安徽、江苏

分布国家： 中国

Peking Myotis *Myotis pequinius*(Thomas, 1908)

Infra-specific Taxa: None

Habitat and Ecology: Caves; Forest

Ecosystem: Terrestrial

National Key Protected Wild Animal List: None; **CITES Appendix**[1]: Not listed

Red List: IUCN Red List[2]: LC; **China Mammal Red List**[3]: LC

Range in the country: Beijing, Hebei, Sichuan, Shandong, Henan, Anhui, Jiangsu

Range countries: China

参考文献 Citation

Wang Y(王应祥), 2003; Wilson and Reeder, 2005; Zhang R(张荣祖), 1997; Pan Q *et al.*(潘清华等), 2007; Smith *et al.*, 2009; IUCN, 2014

161. 东亚水鼠耳蝠 Eastern Daubenton's Myotis

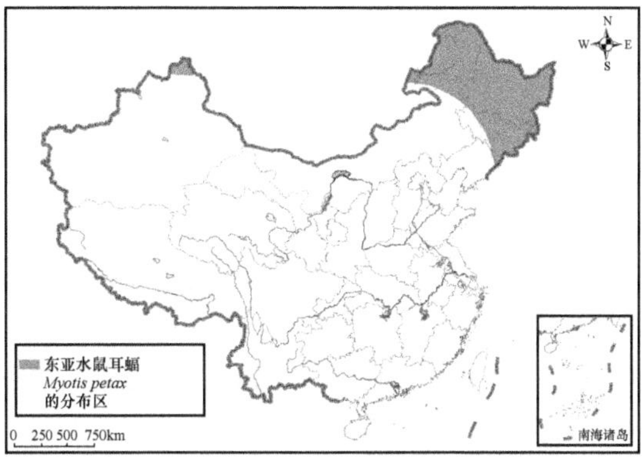

东亚水鼠耳蝠 *Myotis petax* (Hollister, 1912)
种下单元： 无
生　　境： 洞穴、淡水湖、人工水域、人造建筑、森林、灌丛
生态系统： 陆生生态系统
保护等级： **国家重点保护野生动物等级：** 无；**CITES 附录**[1]：未列入
红色名录： **IUCN**[2]：未列入；**中国哺乳类红色名录**[3]：LC
国内分布： 黑龙江、吉林、内蒙古、新疆
分布国家： 阿尔巴尼亚、安道尔、奥地利、白俄罗斯、比利时、保加利亚、中国、克罗地亚、捷克、丹麦、爱沙尼亚、芬兰、法国；德国；直布罗陀、希腊、匈牙利、印度、爱尔兰、意大利、日本、哈萨克斯坦、朝鲜、韩国、拉脱维亚、列支敦士登、立陶宛、卢森堡、马其顿、前南斯拉夫共和国、摩尔多瓦、摩纳哥、内蒙古、黑山、荷兰、挪威、波兰、葡萄牙、罗马尼亚、俄罗斯、圣马力诺、塞尔维亚、斯洛伐克、斯洛文尼亚、西班牙、瑞典、瑞士、土耳其、乌克兰、英国

Eastern Daubenton's Myotis *Myotis petax* (Hollister, 1912)
Infra-specific Taxa: None
Habitat and Ecology: Caves; Freshwater Lakes; Artificial - Aquatic; Architecture; Forest; Shrubland
Ecosystem: Terrestrial
National Key Protected Wild Animal List: None; **CITES Appendix**[1]: Not listed
Red List: **IUCN Red List**[2]: Not listed; **China Mammal Red List**[3]: LC
Range in the country: Heilongjiang, Jilin, Inner Mongolia, Xinjiang
Range countries: Albania, Andorra, Austria, Belarus, Belgium, Bulgaria, China, Croatia, Czech, Danmark, Estonia, Finland, France, Germany, Gibraltar, Greece, Hungary, India, Ireland, Italy, Japan, Kazakhstan, Korea, Democratic People's Republic of, Korea, Republic of, Latvia, Liechtenstein, Lithuania, Luxembourg, Macedonia, the former Yugoslav Republic of, Moldova, Monaco, Montenegro, Netherlands, Norway, Poland, Portugal, Romania, Russia, San Marino, Serbia, Slovakia, Slovenia, Spain, Sweden, Switzerland, Turkey, Ukraine, United Kingdom

参考文献 Citation

Matveev V *et al.*, 2005

162. 大足鼠耳蝠 Rickett's Big-footed Myotis

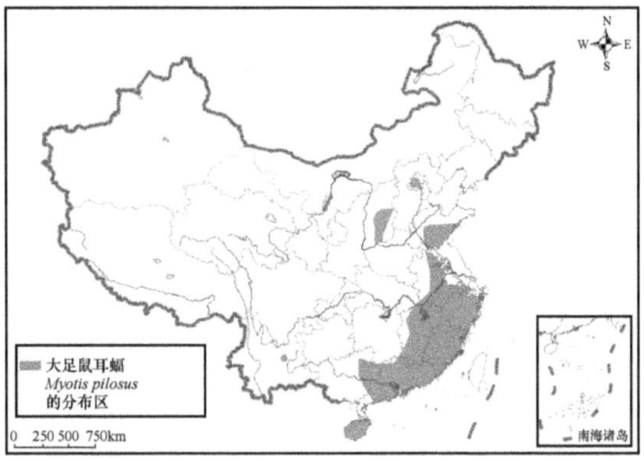

大足鼠耳蝠 *Myotis pilosus* (Peters, 1869)
种下单元： 无
生　　境： 次生林、喀斯特地貌、淡水湖、洞穴
生态系统： 陆生生态系统
保护等级： **国家重点保护野生动物等级：** 无；**CITES 附录**[1]：未列入
红色名录： **IUCN**[2]：NT；**中国哺乳类红色名录**[3]：NT
国内分布： 山东、山西、浙江、安徽、江西、云南、广西、福建、香港、北京、海南、广东
分布国家： 中国、老挝、越南

Rickett's Big-footed Myotis *Myotis pilosus* (Peters, 1869)
Infra-specific Taxa: None
Habitat and Ecology: Secondary Forest; Karst; Freshwater Lakes; Caves
Ecosystem: Terrestrial
National Key Protected Wild Animal List: None; **CITES Appendix**[1]: Not listed
Red List: **IUCN Red List**[2]: NT; **China Mammal Red List**[3]: NT
Range in the country: Shandong, Shanxi, Zhejiang, Anhui, Jiangxi, Yunnan, Guangxi, Fujian, Hongkong, Beijing, Hainan, Guangdong
Range countries: China, Laos, Vietnam

参考文献 Citation

Xu J *et al.* (徐剑等), 2002; Wang Y (王应祥), 2003; Wilson and Reeder, 2005; Pan Q *et al.* (潘清华等), 2007; Smith *et al.*, 2009; Deng B *et al.* (邓柏生等), 2011; IUCN, 2014

163. 高颅鼠耳蝠 Himalayan Whiskered Myotis

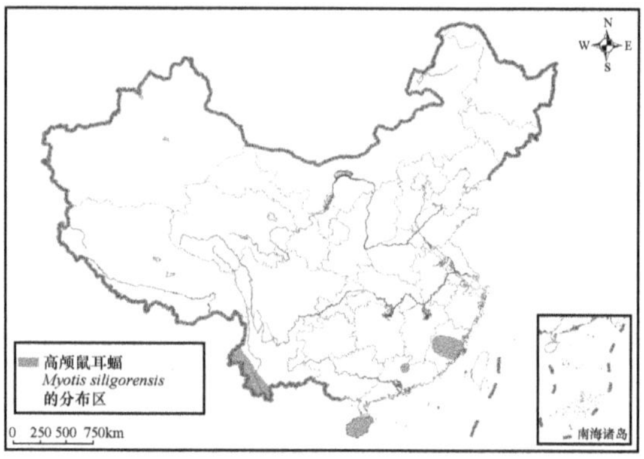

高颅鼠耳蝠 *Myotis siligorensis*(Horsfield, 1855)

种下单元：*siligorensis*; *alticraniatus*; *sowerbyi*; *thaianus*

生　　境：次生林、溪流边、洞穴、人造建筑

生态系统：陆生生态系统

保护等级：**国家重点保护野生动物等级**：无；**CITES 附录**[1]：未列入

红色名录：**IUCN**[2]：LC；**中国哺乳类红色名录**[3]：NT

国内分布：云南、海南、福建、广东

分布国家：柬埔寨、中国、印度、印度尼西亚、老挝、马来西亚、缅甸、尼泊尔、越南

Himalayan Whiskered Myotis *Myotis siligorensis*(Horsfield, 1855)

Infra-specific Taxa：*siligorensis*; *alticraniatus*; *sowerbyi*; *thaianus*

Habitat and Ecology：Secondary Forest; Near Streams; Caves; Architecture

Ecosystem：Terrestrial

National Key Protected Wild Animal List：None; **CITES Appendix**[1]：Not listed

Red List：**IUCN Red List**[2]：LC; **China Mammal Red List**[3]：NT

Range in the country：Yunnan, Hainan, Fujian, Guangdong

Range countries：Cambodia, China, India, Indonesia, Laos, Malaysia, Myanmar, Nepal, Vietnam

参考文献 Citation

Xu J *et al.*(徐剑等), 2002; Wang Y(王应祥), 2003; Wilson and Reeder, 2005; Zhang R(张荣祖), 1997; Pan Q *et al.*(潘清华等), 2007; Smith *et al.*, 2009; IUCN, 2014

164. 台湾鼠耳蝠 Taiwanese Myotis

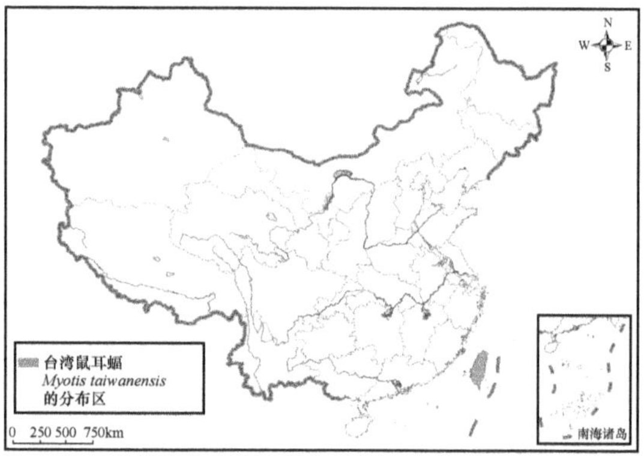

台湾鼠耳蝠 *Myotis taiwanensis* Linde, 1908

种下单元：无

生　　境：未知

生态系统：陆生生态系统

保护等级：**国家重点保护野生动物等级**：无；**CITES 附录**[1]：未列入

红色名录：**IUCN**[2]：未列入；**中国哺乳类红色名录**[3]：NT

国内分布：台湾

分布国家：中国

Taiwanese Myotis *Myotis taiwanensis* Linde, 1908

Infra-specific Taxa：None

Habitat and Ecology：Unknown

Ecosystem：Terrestrial

National Key Protected Wild Animal List：None; **CITES Appendix**[1]：Not listed

Red List：**IUCN Red List**[2]：Not listed; **China Mammal Red List**[3]：NT

Range in the country：Taiwan

Range countries：China

参考文献 Citation

Wang Y(王应祥), 2003; Pan Q *et al.*(潘清华等), 2007

165. 东亚伏翼 Japanese Pipistrelle

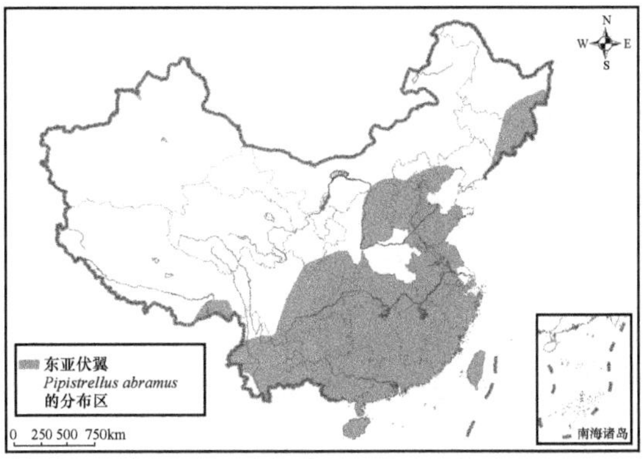

东亚伏翼 *Pipistrellus abramus*（Temminck, 1838）
种下单元：无
生　　境：人造建筑、森林
生态系统：陆生生态系统
保护等级：国家重点保护野生动物等级：无；**CITES 附录** [1]：未列入
红色名录：IUCN[2]：LC；**中国哺乳类红色名录** [3]：LC
国内分布：黑龙江、吉林、辽宁、河北、天津、山东、山西、陕西、甘肃、西藏、浙江、江苏、湖北、湖南、四川、贵州、云南、海南、福建、台湾、广东、香港、澳门
分布国家：中国、日本、朝鲜、韩国、老挝、缅甸、越南

Japanese Pipistrelle *Pipistrellus abramus*（Temminck, 1838）
Infra-specific Taxa： None
Habitat and Ecology： Architecture; Forest
Ecosystem： Terrestrial
National Key Protected Wild Animal List： None; **CITES Appendix**[1]： Not listed
Red List：IUCN Red List[2]： LC; **China Mammal Red List**[3]： LC
Range in the country： Heilongjiang, Jilin, Liaoning, Hebei, Tianjin, Shandong, Shanxi, Shaanxi, Gansu, Tibet, Zhejiang, Jiangsu, Hubei, Hunan, Sichuan, Guizhou, Yunnan, Hainan, Fujian, Taiwan, Guangdong, Hongkong, Macao
Range countries： China, Japan, Korea, Democratic People's Republic of, Korea, Republic of, Laos, Myanmar, Vietnam
参考文献 Citation
Wang Y（王应祥）, 2003; Wilson and Reeder, 2005; Pan Q *et al.*（潘清华等）, 2007; Smith *et al.*, 2009; IUCN, 2014

166. 锡兰伏翼 Kelaart's Pipistrelle

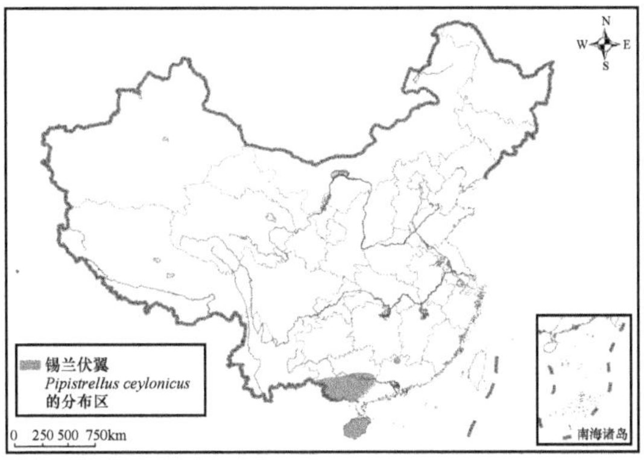

锡兰伏翼 *Pipistrellus ceylonicus*（Kelaart, 1852）
种下单元：*ceylonicus*; *borneanus*; *indicus*; *raptor*; *shanorum*; *subcanus*; *tongfangensis*
生　　境：热带/亚热带湿润山地森林、洞穴、人造建筑
生态系统：陆生生态系统
保护等级：国家重点保护野生动物等级：无；**CITES 附录** [1]：未列入
红色名录：IUCN[2]：LC；**中国哺乳类红色名录** [3]：LC
国内分布：海南、广西、广东
分布国家：孟加拉国、印度、印度尼西亚、马来西亚、缅甸、巴基斯坦、斯里兰卡、越南

Kelaart's Pipistrelle *Pipistrellus ceylonicus*（Kelaart, 1852）
Infra-specific Taxa： *ceylonicus*; *borneanus*; *indicus*; *raptor*; *shanorum*; *subcanus*; *tongfangensis*
Habitat and Ecology： Tropical/Subtropical Moist Montane Forest; Caves; Architecture
Ecosystem： Terrestrial
National Key Protected Wild Animal List： None; **CITES Appendix**[1]： Not listed
Red List：IUCN Red List[2]： LC; **China Mammal Red List**[3]： LC
Range in the country： Hainan, Guangxi, Guangdong
Range countries： Bangladesh, India, Indonesia, Malaysia, Myanmar, Pakistan, Sri Lanka, Vietnam
参考文献 Citation
Xu J *et al.*（徐剑等）, 2002; Wang Y（王应祥）, 2003; Wilson and Reeder, 2005; Zhang R（张荣祖）, 1997; Pan Q *et al.*（潘清华等）, 2007; Smith *et al.*, 2009; IUCN, 2014

167. 印度伏翼 Coromandel Pipistrelle

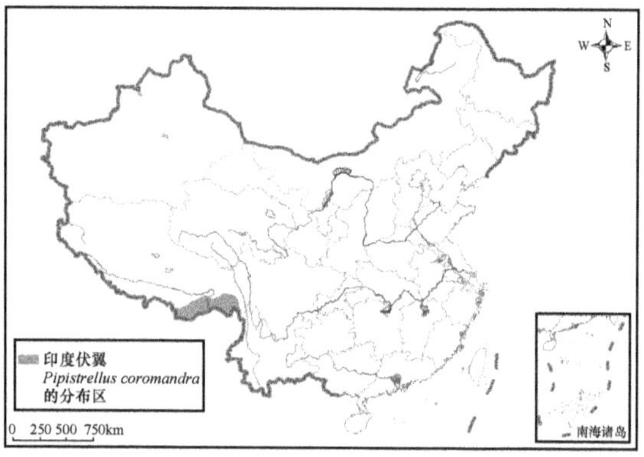

印度伏翼 *Pipistrellus coromandra* (Gray, 1838)
种下单元：无
生　　境：人造建筑、森林、耕地
生态系统：陆生生态系统
保护等级：国家重点保护野生动物等级：无；**CITES 附录**[1]：未列入
红色名录：IUCN[2]：LC；**中国哺乳类红色名录**[3]：LC
国内分布：西藏、广东
分布国家：阿富汗、孟加拉国、不丹、柬埔寨、中国、印度、老挝、缅甸、尼泊尔、巴基斯坦、斯里兰卡、越南

Coromandel Pipistrelle *Pipistrellus coromandra* (Gray, 1838)
Infra-specific Taxa：None
Habitat and Ecology：Architecture; Forest; Arable Land
Ecosystem：Terrestrial
National Key Protected Wild Animal List：None; **CITES Appendix**[1]：Not listed
Red List：IUCN Red List[2]：LC; **China Mammal Red List**[3]：LC
Range in the country：Tibet, Guangdong
Range countries：Afghanistan, Bangladesh, Bhutan, Cambodia, China, India, Laos, Myanmar, Nepal, Pakistan, Sri Lanka, Vietnam
参考文献 Citation
Wang Y (王应祥), 2003; Wilson and Reeder, 2005; Zhang R (张荣祖), 1997; Xu J *et al.* (徐剑等), 2002; Pan Q *et al.* (潘清华等), 2007; Smith *et al.*, 2009; IUCN, 2014

168. 爪哇伏翼 Javan Pipistrelle

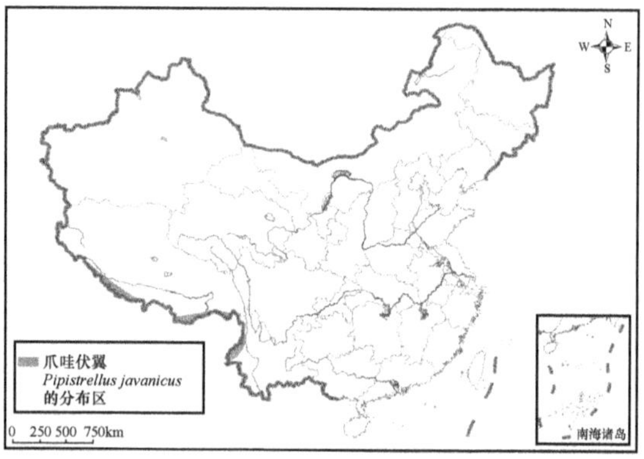

爪哇伏翼 *Pipistrellus javanicus* (Gray, 1838)
种下单元：*javanicus*; *babu*; *camortae*; *meyeni*; *peguensis*
生　　境：森林、耕地、种植园、城市、人造建筑
生态系统：陆生生态系统
保护等级：国家重点保护野生动物等级：无；**CITES 附录**[1]：未列入
红色名录：IUCN[2]：LC；**中国哺乳类红色名录**[3]：NT
国内分布：西藏、云南
分布国家：阿富汗、孟加拉国、文莱、柬埔寨、中国、印度、印度尼西亚、老挝、马来西亚、缅甸、尼泊尔、巴基斯坦、菲律宾、新加坡、泰国、越南

Javan Pipistrelle *Pipistrellus javanicus* (Gray, 1838)
Infra-specific Taxa：*javanicus*; *babu*; *camortae*; *meyeni*; *peguensis*
Habitat and Ecology：Forest; Arable Land; Plantations; Urban Areas; Architecture
Ecosystem：Terrestrial
National Key Protected Wild Animal List：None; **CITES Appendix**[1]：Not listed
Red List：IUCN Red List[2]：LC; **China Mammal Red List**[3]：NT
Range in the country：Tibet, Yunnan
Range countries：Afghanistan, Bangladesh, Brunei, Cambodia, China, India, Indonesia, Laos, Malaysia, Myanmar, Nepal, Pakistan, Philippines, Singapore, Thailand, Vietnam
参考文献 Citation
Wang Y (王应祥), 2003; Wilson and Reeder, 2005; Zhang R (张荣祖), 1997; Pan Q *et al.* (潘清华等), 2007; Smith *et al.*, 2009; IUCN, 2014

169. 古氏伏翼 Kuhl's Pipistrelle

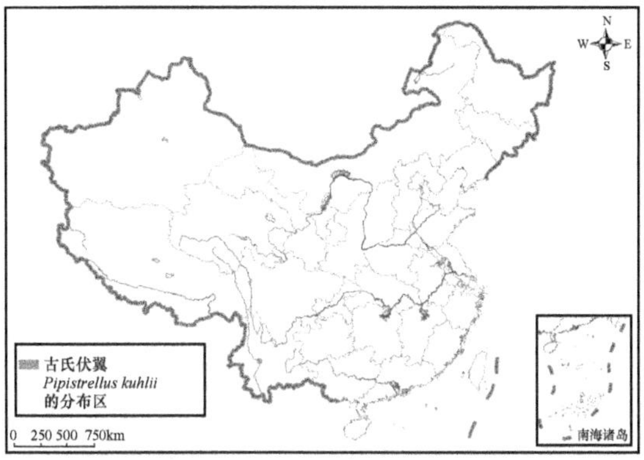

古氏伏翼 *Pipistrellus kuhlii* (Kuhl, 1817)
种下单元： *kuhlii*; *ikhwanius*; *lepidus*
生　　境： 耕地、城市
生态系统： 陆生生态系统
保护等级： **国家重点保护野生动物等级：** 无；**CITES 附录** [1]：未列入
红色名录： **IUCN**[2]：LC；**中国哺乳类红色名录** [3]：LC
国内分布： 云南
分布国家： 阿富汗、阿尔巴尼亚、阿尔及利亚、安道尔、安哥拉、亚美尼亚、奥地利、阿塞拜疆、波斯尼亚和黑塞哥维那、保加利亚、中国、克罗地亚、塞浦路斯、埃及、法国、格鲁吉亚、德国、直布罗陀、希腊、梵蒂冈、匈牙利、印度、伊朗、伊拉克、以色列、意大利、约旦、哈萨克斯坦、科威特、黎巴嫩、利比亚、马其顿、马达加斯加、马耳他、摩纳哥、黑山、摩洛哥、阿曼、巴基斯坦、巴勒斯坦、葡萄牙、罗马尼亚、俄罗斯、圣马力诺、沙特阿拉伯、塞尔维亚、斯洛伐克、斯洛文尼亚、西班牙、瑞士、叙利亚、突尼斯、土耳其、乌克兰、阿拉伯联合酋长国、西撒哈拉、也门

Kuhl's Pipistrelle *Pipistrellus kuhlii* (Kuhl, 1817)
Infra-specific Taxa： *kuhlii*; *ikhwanius*; *lepidus*
Habitat and Ecology： Arable Land; Urban Areas
Ecosystem： Terrestrial
National Key Protected Wild Animal List： None; **CITES Appendix**[1]：Not listed
Red List： **IUCN Red List**[2]：LC; **China Mammal Red List**[3]：LC
Range in the country： Yunnan
Range countries： Afghanistan, Albania, Algeria, Andorra, Angola, Armenia, Austria, Azerbaijan, Bosnia and Herzegovina, Bulgaria, China, Croatia, Cyprus, Egypt, France, Georgia, Germany, Gibraltar, Greece, Vatican, Hungary, India, Iran, Iraq, Israel, Italy, Jordan, Kazakhstan, Kuwait, Lebanon, Libya, Macedonia, Madagascar, Malta, Monaco, Montenegro, Morocco, Oman, Pakistan, Palestine, Portugal, Romania, Russia, San Marino, Saudi Arabia, Serbia, Slovakia, Slovenia, Spain, Switzerland, Syrian Arab Republic, Tunisia, Turkey, Ukraine, United Arab Emirates, Western Sahara, Yemen

参考文献 Citation

Wang Y (王应祥), 2003; Zhang R (张荣祖), 1997; Pan Q *et al.* (潘清华等), 2007; Smith *et al.*, 2009; IUCN, 2014

170. 棒茎伏翼 Mount Popa Pipistrelle

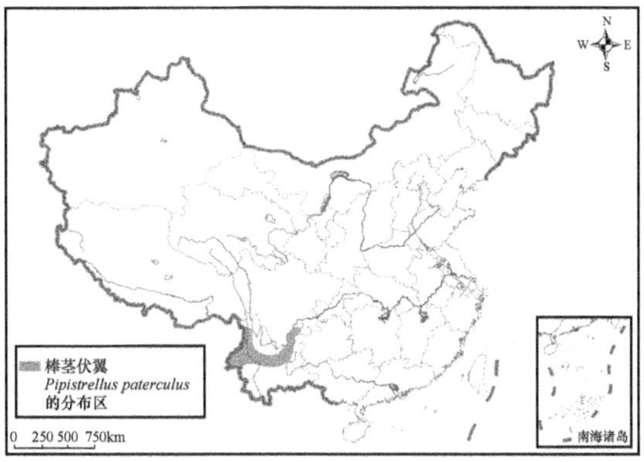

棒茎伏翼 *Pipistrellus paterculus* Thomas, 1915
种下单元： *paterculus*; *yunnanensis*
生　　境： 森林、种植园
生态系统： 陆生生态系统
保护等级： **国家重点保护野生动物等级：** 无；**CITES 附录** [1]：未列入
红色名录： **IUCN**[2]：LC；**中国哺乳类红色名录** [3]：LC
国内分布： 云南
分布国家： 中国、印度、老挝、缅甸、越南

Mount Popa Pipistrelle *Pipistrellus paterculus* Thomas, 1915
Infra-specific Taxa： *paterculus*; *yunnanensis*
Habitat and Ecology： Forest; Plantations
Ecosystem： Terrestrial
National Key Protected Wild Animal List： None; **CITES Appendix**[1]：Not listed
Red List： **IUCN Red List**[2]：LC; **China Mammal Red List**[3]：LC
Range in the country： Yunnan
Range countries： China, India, Laos, Myanmar, Vietnam

参考文献 Citation

Wang Y (王应祥), 2003; Wilson and Reeder, 2005; Zhang R (张荣祖), 1997; Pan Q *et al.* (潘清华等), 2007; Smith *et al.*, 2009; IUCN, 2014

171. 普通伏翼 Common Pipistrelle

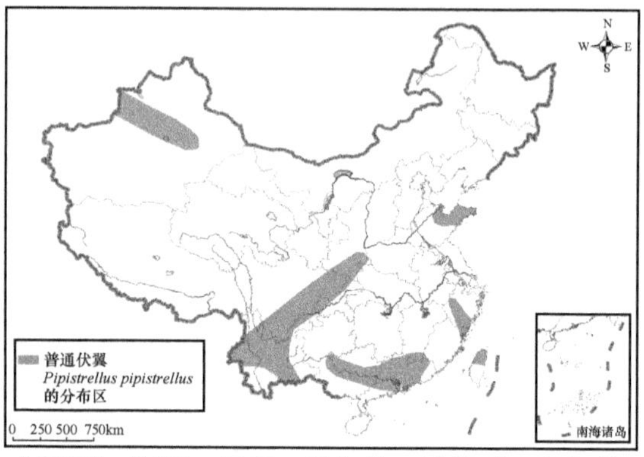

普通伏翼 *Pipistrellus pipistrellus*(Schreber, 1774)
种下单元： *pipistrellus*; *aladdin*
生　　境： 人造建筑、森林
生态系统： 陆生生态系统
保护等级： **国家重点保护野生动物等级：** 无; **CITES 附录** [1]： 未列入
红色名录： **IUCN**[2]： LC; **中国哺乳类红色名录** [3]： LC
国内分布： 陕西、新疆、江西、云南、台湾、四川、重庆、山东、广西、广东、福建、浙江
分布国家： 阿富汗、阿尔巴尼亚、阿尔及利亚、安道尔、亚美尼亚、奥地利、阿塞拜疆、白俄罗斯、比利时、波斯尼亚和黑塞哥维那、保加利亚、中国、克罗地亚、塞浦路斯、捷克、丹麦、爱沙尼亚、芬兰、法国、格鲁吉亚、德国、直布罗陀、希腊、梵蒂冈、匈牙利、印度、伊朗、爱尔兰、以色列、意大利、哈萨克斯坦、拉脱维亚、黎巴嫩、利比亚、列支敦士登、立陶宛、卢森堡、马其顿、马耳他、摩尔多瓦、摩纳哥、黑山、摩洛哥、缅甸、荷兰、挪威、巴基斯坦、波兰、葡萄牙、罗马尼亚、俄罗斯、圣马力诺、塞尔维亚、斯洛伐克、斯洛文尼亚、西班牙、瑞典、瑞士、中国、突尼斯、土耳其、乌克兰、英国

Common Pipistrelle *Pipistrellus pipistrellus*(Schreber, 1774)
Infra-specific Taxa： *pipistrellus*; *aladdin*
Habitat and Ecology： Architecture; Forest
Ecosystem： Terrestrial
National Key Protected Wild Animal List： None; **CITES Appendix**[1]： Not listed
Red List： IUCN Red List[2]： LC; **China Mammal Red List**[3]： LC
Range in the country： Shaanxi, Xinjiang, Jiangxi, Yunnan, Taiwan, Sichuan, Chongqing, Shandong, Guangxi, Guangdong, Fujian, Zhejiang
Range countries： Afghanistan, Albania, Algeria, Andorra, Armenia, Austria, Azerbaijan, Belarus, Belgium, Bosnia and Herzegovina, Bulgaria, China, Croatia, Cyprus, Czech, Danmark, Estonia, Finland, France, Georgia, Germany, Gibraltar, Greece, Vatican, Hungary, India, Iran, Ireland, Israel, Italy, Kazakhstan, Latvia, Lebanon, Libya, Liechtenstein, Lithuania, Luxembourg, Macedonia, Malta, Moldova, Monaco, Montenegro, Morocco, Myanmar, Netherlands, Norway, Pakistan, Poland, Portugal, Romania, Russia, San Marino, Serbia, Slovakia, Slovenia, Spain, Sweden, Switzerland, Tunisia, Turkey, Ukraine, United Kingdom

参考文献 Citation

Wang Y(王应祥), 2003; Wilson and Reeder, 2005; Zhang R(张荣祖), 1997; Pan Q *et al.*(潘清华等), 2007; Smith *et al.*, 2009; IUCN, 2014

172. 小伏翼 Least Pipistrelle

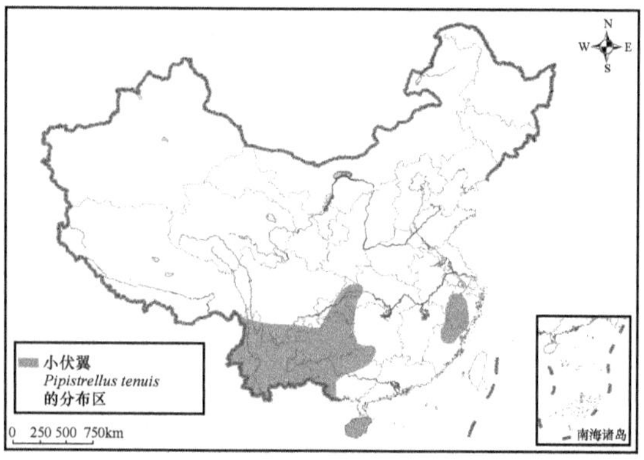

小伏翼 *Pipistrellus tenuis*(Temminck, 1840)
种下单元： *tenuis*; *mimus*; *murrayi*; *nitidus*; *ponceleti*; *portensis*; *sewelanus*; *subulidens*
生　　境： 人造建筑、森林、城市、次生林
生态系统： 陆生生态系统
保护等级： **国家重点保护野生动物等级：** 无; **CITES 附录** [1]： 未列入
红色名录： **IUCN**[2]： LC; **中国哺乳类红色名录** [3]： NT
国内分布： 浙江、福建、广西、海南、四川、贵州、云南、重庆
分布国家： 阿富汗、孟加拉国、柬埔寨、中国、圣诞岛、可可岛、印度、印度尼西亚、老挝、马来西亚、缅甸、尼泊尔、巴基斯坦、菲律宾、斯里兰卡、泰国、东帝汶、越南

Least Pipistrelle *Pipistrellus tenuis*(Temminck, 1840)
Infra-specific Taxa： *tenuis*; *mimus*; *murrayi*; *nitidus*; *ponceleti*; *portensis*; *sewelanus*; *subulidens*
Habitat and Ecology： Architecture; Forest; Urban Areas; Secondary Forest
Ecosystem： Terrestrial

National Key Protected Wild Animal List: None; **CITES Appendix**[1]: Not listed

Red List: **IUCN Red List**[2]: LC; **China Mammal Red List**[3]: NT

Range in the country: Zhejiang, Fujian, Guangxi, Hainan, Sichuan, Guizhou, Yunnan, Chongqing

Range countries: Afghanistan, Bangladesh, Cambodia, China, Christmas Island, Coco Island, India, Indonesia, Laos, Malaysia, Myanmar, Nepal, Pakistan, Philippines, Sri Lanka, Thailand, Timor-Leste, Vietnam

参考文献 Citation

Wang Y (王应祥), 2003; Wilson and Reeder, 2005; Pan Q *et al.* (潘清华等), 2007; Smith *et al.*, 2009; IUCN, 2014

173. 大黑伏翼 Bronze Sprite

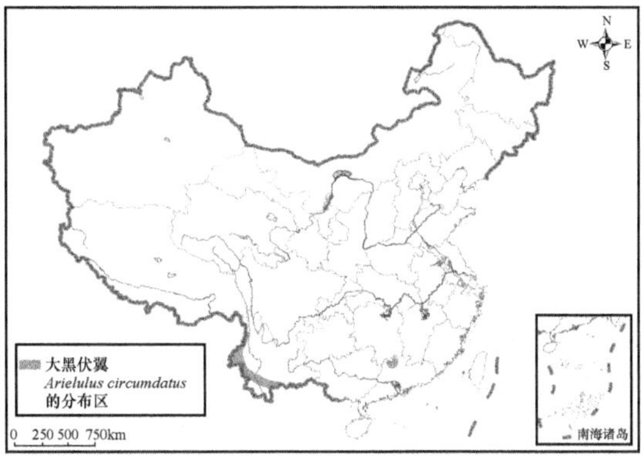

大黑伏翼 *Arielulus circumdatus* (Temminck, 1840)

种下单元：无

生　　境：未知

生态系统：陆生生态系统

保护等级：**国家重点保护野生动物等级**：无；**CITES 附录**[1]：未列入

红色名录：**IUCN**[2]：LC；**中国哺乳类红色名录**[3]：VU

国内分布：云南、广东

分布国家：柬埔寨、中国、印度、印度尼西亚、马来西亚、缅甸、尼泊尔、泰国、越南

Bronze Sprite *Arielulus circumdatus* (Temminck, 1840)

Infra-specific Taxa: None

Habitat and Ecology: Unknown

Ecosystem: Terrestrial

National Key Protected Wild Animal List: None; **CITES Appendix**[1]: Not listed

Red List: **IUCN Red List**[2]: LC; **China Mammal Red List**[3]: VU

Range in the country: Yunnan, Guangdong

Range countries: Cambodia, China, India, Indonesia, Malaysia, Myanmar, Nepal, Thailand, Vietnam

参考文献 Citation

Wang Y (王应祥), 2003; Wilson and Reeder, 2005; Zhang R (张荣祖), 1997; Pan Q *et al.* (潘清华等), 2007; Smith *et al.*, 2009; IUCN, 2014; Zhang L *et al.* (张礼标等), 2014

174. 黄喉黑伏翼 Necklace Sprite

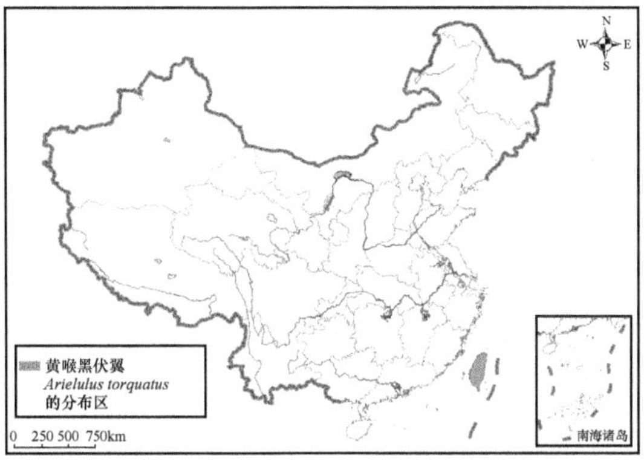

黄喉黑伏翼 *Arielulus torquatus* Csorba & Lee, 1999

种下单元：无

生　　境：未知

生态系统：陆生生态系统

保护等级：**国家重点保护野生动物等级**：无；**CITES 附录**[1]：未列入

红色名录：**IUCN**[2]：LC；**中国哺乳类红色名录**[3]：VU

国内分布：台湾

分布国家：中国

Necklace Sprite *Arielulus torquatus* Csorba & Lee, 1999

Infra-specific Taxa: None

Habitat and Ecology: Unknown

Ecosystem: Terrestrial

National Key Protected Wild Animal List: None; **CITES Appendix**[1]: Not listed

Red List: **IUCN Red List**[2]: LC; **China Mammal Red List**[3]: VU

Range in the country: Taiwan

Range countries: China

参考文献 Citation

Wang Y (王应祥), 2003; Wilson and Reeder, 2005; Pan Q *et al.* (潘清华等), 2007; Smith *et al.*, 2009; IUCN, 2014

175. 茶褐伏翼 Chocolate Pipistrelle

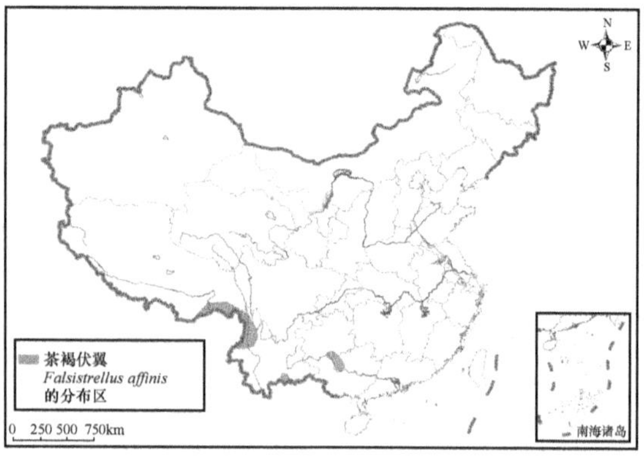

茶褐伏翼 *Falsistrellus affinis*(Dobson, 1871)

种下单元：无

生　　境：人造建筑、森林

生态系统：陆生生态系统

保护等级：**国家重点保护野生动物等级**：无；**CITES 附录**[1]：未列入

红色名录：**IUCN**[2]：LC；**中国哺乳类红色名录**[3]：LC

国内分布：西藏、云南、广西

分布国家：中国、印度、缅甸、尼泊尔、斯里兰卡

Chocolate Pipistrelle *Falsistrellus affinis*(Dobson, 1871)

Infra-specific Taxa：None

Habitat and Ecology：Architecture; Forest

Ecosystem：Terrestrial

National Key Protected Wild Animal List：None; **CITES Appendix**[1]：Not listed

Red List：**IUCN Red List**[2]：LC; **China Mammal Red List**[3]：LC

Range in the country：Tibet, Yunnan, Guangxi

Range countries：China, India, Myanmar, Nepal, Sri Lanka

参考文献 Citation

Wang Y(王应祥), 2003; Wilson and Reeder, 2005; Zhang R(张荣祖), 1997; Pan Q *et al.*(潘清华等), 2007; Smith *et al.*, 2009; IUCN, 2014

176. 大灰伏翼 Pungent Pipistrelle

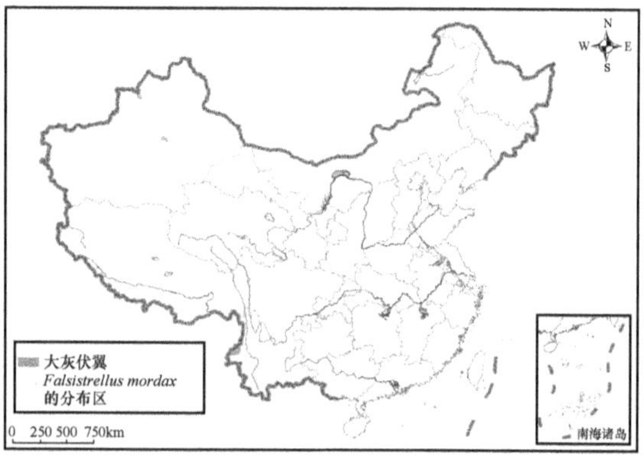

大灰伏翼 *Falsistrellus mordax*(Peters, 1866)

种下单元：无

生　　境：未知

生态系统：陆生生态系统

保护等级：**国家重点保护野生动物等级**：无；**CITES 附录**[1]：未列入

红色名录：**IUCN**[2]：DD；**中国哺乳类红色名录**[3]：NT

国内分布：云南

分布国家：中国、印度尼西亚

Pungent Pipistrelle *Falsistrellus mordax*(Peters, 1866)

Infra-specific Taxa：None

Habitat and Ecology：Unknown

Ecosystem：Terrestrial

National Key Protected Wild Animal List：None; **CITES Appendix**[1]：Not listed

Red List：**IUCN Red List**[2]：DD; **China Mammal Red List**[3]：NT

Range in the country：Yunnan

Range countries：China, Indonesia

参考文献 Citation

Wang Y(王应祥), 2003; Pan Q *et al.*(潘清华等), 2007; Smith *et al.*, 2009; IUCN, 2014

177. 灰伏翼 Chinese Pipistrelle

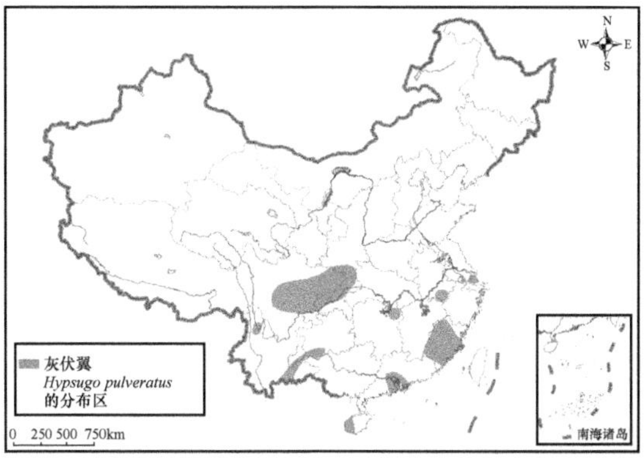

灰伏翼 *Hypsugo pulveratus* (Peters, 1871)
种下单元： 无
生　　境： 森林、人造建筑
生态系统： 陆生生态系统
保护等级： **国家重点保护野生动物等级：** 无；**CITES 附录**[1]：未列入
红色名录： **IUCN**[2]：LC；**中国哺乳类红色名录**[3]：NT
国内分布： 陕西、上海、安徽、湖南、四川、贵州、云南、广东、海南、福建、香港
分布国家： 中国、老挝、缅甸、泰国、越南

Chinese Pipistrelle *Hypsugo pulveratus* (Peters, 1871)
Infra-specific Taxa： None
Habitat and Ecology： Forest; Architecture
Ecosystem： Terrestrial
National Key Protected Wild Animal List： None; **CITES Appendix**[1]：Not listed
Red List： **IUCN Red List**[2]：LC; **China Mammal Red List**[3]：NT
Range in the country： Shaanxi, Shanghai, Anhui, Hunan, Sichuan, Guizhou, Yunnan, Guangdong, Hainan, Fujian, Hongkong
Range countries： China, Laos, Myanmar, Thailand, Vietnam

参考文献 Citation

Wang Y (王应祥), 2003; Wilson and Reeder, 2005; Zhang R (张荣祖), 1997; Pan Q *et al.* (潘清华等), 2007; Smith *et al.*, 2009; IUCN, 2014

178. 萨氏伏翼 Savi's Pipistrelle

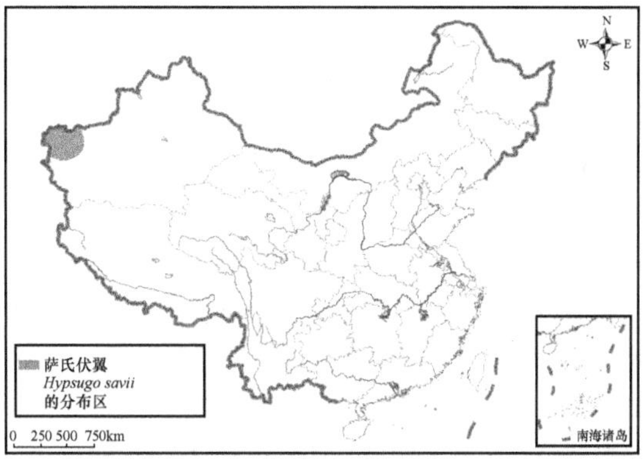

萨氏伏翼 *Hypsugo savii* (Bonaparte, 1837)
种下单元： *savii*; *austenianus*; *caucasicus*; *ochromixtus*
生　　境： 人造建筑、森林、湿地、牧场、内陆岩石区域
生态系统： 陆生生态系统
保护等级： **国家重点保护野生动物等级：** 无；**CITES 附录**[1]：未列入
红色名录： **IUCN**[2]：LC；**中国哺乳类红色名录**[3]：NT
国内分布： 新疆
分布国家： 阿富汗、阿尔巴尼亚、阿尔及利亚、安道尔、奥地利、阿塞拜疆、孟加拉国、波斯尼亚和黑塞哥维那、保加利亚、中国、克罗地亚、塞浦路斯、捷克、法国、格鲁吉亚、直布罗陀、希腊、梵蒂冈、匈牙利、印度、伊朗、伊拉克、以色列、意大利、日本、哈萨克斯坦、朝鲜、韩国、黎巴嫩、摩纳哥、黑山、摩洛哥、巴勒斯坦、葡萄牙、俄罗斯、圣马力诺、塞尔维亚、斯洛伐克、斯洛文尼亚、西班牙、瑞士、叙利亚、突尼斯、土耳其、土库曼斯坦、乌克兰

Savi's Pipistrelle *Hypsugo savii* (Bonaparte, 1837)
Infra-specific Taxa： *savii*; *austenianus*; *caucasicus*; *ochromixtus*
Habitat and Ecology： Architecture; Forest; Wetlands (Inland); Pastureland; Inland Rocky Areas
Ecosystem： Terrestrial
National Key Protected Wild Animal List： None; **CITES Appendix**[1]：Not listed
Red List： **IUCN Red List**[2]：LC; **China Mammal Red List**[3]：NT
Range in the country： Xinjiang
Range countries： Afghanistan, Albania, Algeria, Andorra, Austria, Azerbaijan, Bangladesh, Bosnia and Herzegovina, Bulgaria, China, Croatia, Cyprus, Czech, France, Georgia, Gibraltar, Greece, Vatican, Hungary, India, Iran, Iraq, Israel, Italy, Japan, Kazakhstan, Korea, Democratic People's Republic of, Korea, Republic of, Lebanon, Monaco, Montenegro, Morocco, Palestine, Portugal, Russia, San Marino, Serbia, Slovakia, Slovenia, Spain, Switzerland, Syrian Arab Republic, Tunisia, Turkey, Turkmenistan, Ukraine

参考文献 Citation

Wang Y (王应祥), 2003; Zhang R (张荣祖), 1997; Pan Q *et al.* (潘清华等), 2007; Smith *et al.*, 2009; IUCN, 2014

179. 道氏伏翼 Dormer's Bat

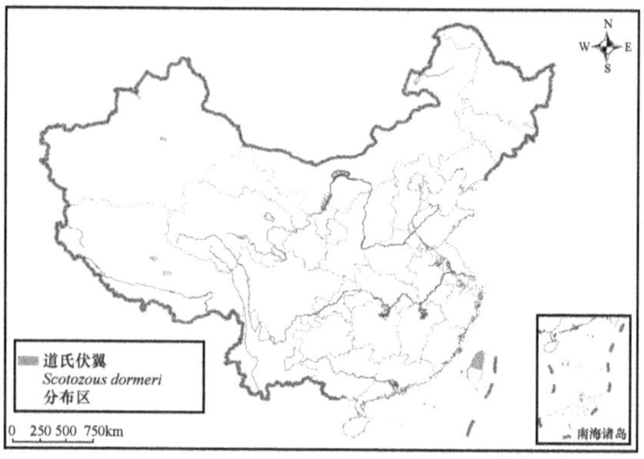

道氏伏翼 *Scotozous dormeri* Dobson, 1875
种下单元：无
生　　境：人造建筑
生态系统：陆生生态系统
保护等级：**国家重点保护野生动物等级**：无；**CITES 附录** [1]：未列入
红色名录：**IUCN**[2]：LC；**中国哺乳类红色名录** [3]：LC
国内分布：台湾
分布国家：孟加拉国、中国、印度、巴基斯坦

Dormer's Bat *Scotozous dormeri* Dobson, 1875
Infra-specific Taxa：None
Habitat and Ecology：Architecture
Ecosystem：Terrestrial
National Key Protected Wild Animal List：None; **CITES Appendix**[1]：Not listed
Red List：**IUCN Red List**[2]：LC; **China Mammal Red List**[3]：LC
Range in the country：Taiwan
Range countries：Bangladesh, China, India, Pakistan

参考文献 Citation

Wang Y (王应祥), 2003; Wilson and Reeder, 2005; Pan Q *et al.* (潘清华等), 2007; Zhang R (张荣祖), 1997; IUCN, 2014

180. 南蝠 Great Evening Bat

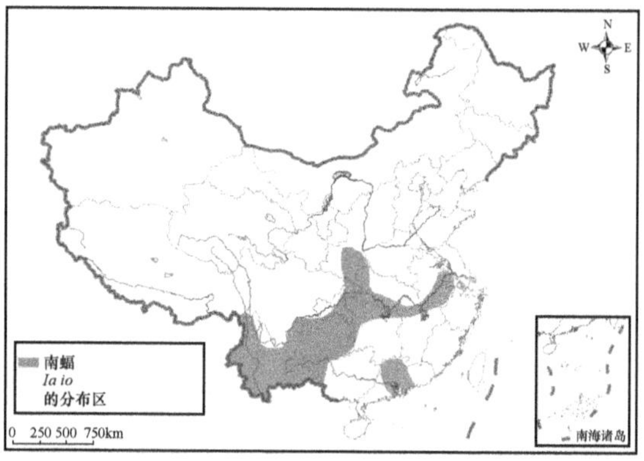

南蝠 *Ia io* Thomas, 1902
种下单元：无
生　　境：洞穴、森林
生态系统：陆生生态系统
保护等级：**国家重点保护野生动物等级**：无；**CITES 附录** [1]：未列入
红色名录：**IUCN**[2]：LC；**中国哺乳类红色名录** [3]：NT
国内分布：江苏、安徽、湖南、湖北、江西、四川、云南、贵州、广东、广西、重庆、浙江、陕西
分布国家：中国、印度、老挝、缅甸、尼泊尔、泰国、越南

Great Evening Bat *Ia io* Thomas, 1902
Infra-specific Taxa：None
Habitat and Ecology：Caves; Forest
Ecosystem：Terrestrial
National Key Protected Wild Animal List：None; **CITES Appendix**[1]：Not listed
Red List：**IUCN Red List**[2]：LC; **China Mammal Red List**[3]：NT
Range in the country：Jiangsu, Anhui, Hunan, Hubei, Jiangxi, Sichuan, Yunnan, Guizhou, Guangdong, Guangxi, Chongqing, Zhejiang, Shaanxi
Range countries：China, India, Laos, Myanmar, Nepal, Thailand, Vietnam

参考文献 Citation

Wang Y (王应祥), 2003; Wilson and Reeder, 2005; Zhang R (张荣祖), 1997; Pan Q *et al.* (潘清华等), 2007; Smith *et al.*, 2009; Chen Y *et al.* (陈毅等), 2013; IUCN, 2014

181. 双色蝙蝠 Particoloured Bat

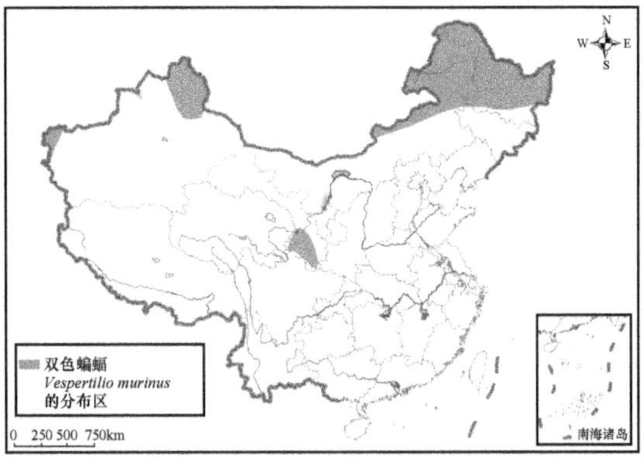

双色蝙蝠 *Vespertilio murinus* Linnaeus, 1758
种下单元： *murinus; ussuriensis*
生　　境： 森林、草地、耕地、人造建筑
生态系统： 陆生生态系统
保护等级： **国家重点保护野生动物等级**：无；**CITES 附录**[1]：未列入
红色名录： **IUCN**[2]：LC；**中国哺乳类红色名录**[3]：LC
国内分布： 黑龙江、内蒙古、新疆、甘肃
分布国家： 阿富汗、阿尔巴尼亚、亚美尼亚、奥地利、阿塞拜疆、白俄罗斯、比利时、保加利亚、中国、克罗地亚、捷克、丹麦、爱沙尼亚、芬兰、法国、格鲁吉亚、德国、希腊、匈牙利、伊朗、意大利、日本、朝鲜、拉脱维亚、列支敦士登、立陶宛、卢森堡、马其顿、摩尔多瓦、蒙古、黑山、荷兰、挪威、波兰、罗马尼亚、俄罗斯、塞尔维亚、斯洛伐克、斯洛文尼亚、瑞典、瑞士、土耳其、土库曼斯坦、乌克兰、英国、乌兹别克斯坦

Particoloured Bat *Vespertilio murinus* Linnaeus, 1758
Infra-specific Taxa： *murinus; ussuriensis*
Habitat and Ecology： Forest; Grassland; Arable Land; Architecture
Ecosystem： Terrestrial
National Key Protected Wild Animal List： None; **CITES Appendix**[1]：Not listed
Red List： **IUCN Red List**[2]：LC; **China Mammal Red List**[3]：LC
Range in the country： Heilongjiang, Inner Mongolia, Xinjiang, Gansu
Range countries： Afghanistan, Albania, Armenia, Austria, Azerbaijan, Belarus, Belgium, Bulgaria, China, Croatia, Czech, Danmark, Estonia, Finland, France, Georgia, Germany, Greece, Hungary, Iran, Italy, Japan, Korea, Democratic People's Republic of, Latvia, Liechtenstein, Lithuania, Luxembourg, Macedonia, Moldova, Mongolia, Montenegro, Netherlands, Norway, Poland, Romania, Russia, Serbia, Slovakia, Slovenia, Sweden, Switzerland, Turkey, Turkmenistan, Ukraine, United Kingdom, Uzbekistan

参考文献 Citation

Wang Y (王应祥), 2003; Wilson and Reeder, 2005; Zhang R (张荣祖), 1997; Pan Q *et al.* (潘清华等), 2007; Smith *et al.*, 2009; IUCN, 2014

182. 东方蝙蝠 Asian Particolored Bat

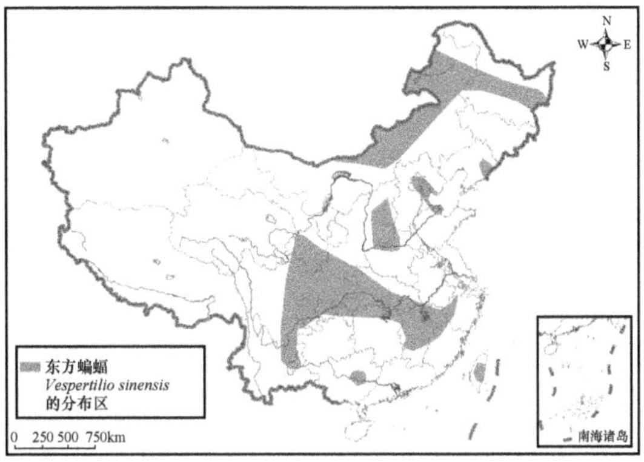

东方蝙蝠 *Vespertilio sinensis* (Peters, 1880)
种下单元： *sinensis; andersoni; namiyei; noctula; orientalis*
生　　境： 洞穴、草原、沙漠
生态系统： 陆生生态系统
保护等级： **国家重点保护野生动物等级**：无；**CITES 附录**[1]：未列入
红色名录： **IUCN**[2]：LC；**中国哺乳类红色名录**[3]：LC
国内分布： 山西、广西、北京、内蒙古、黑龙江、江西、湖北、湖南、四川、陕西、甘肃、台湾、福建、河南、辽宁、山东、云南、浙江、天津、重庆
分布国家： 中国、日本、朝鲜、韩国、蒙古、俄罗斯

Asian Particolored Bat *Vespertilio sinensis* (Peters, 1880)
Infra-specific Taxa： *sinensis; andersoni; namiyei; noctula; orientalis*
Habitat and Ecology： Caves; Grassland; Desert
Ecosystem： Terrestrial
National Key Protected Wild Animal List： None; **CITES Appendix**[1]：Not listed
Red List： **IUCN Red List**[2]：LC; **China Mammal Red List**[3]：LC
Range in the country： Shanxi, Guangxi, Beijing, Inner Mongolia, Heilongjiang, Jiangxi, Hubei, Hunan, Sichuan, Shaanxi, Gansu, Taiwan, Fujian, Henan, Liaoning, Shandong, Yunnan, Zhejiang, Tianjin, Chongqing
Range countries： China, Japan, Korea, Democratic People's Republic of, Korea, Republic of, Mongolia, Russia

参考文献 Citation

Wang Y (王应祥), 2003; Wilson and Reeder, 2005; Zhang R (张荣祖), 1997; Pan Q *et al.* (潘清华等), 2007; Smith *et al.*, 2009; IUCN, 2014

183. 北棕蝠 Northern Bat

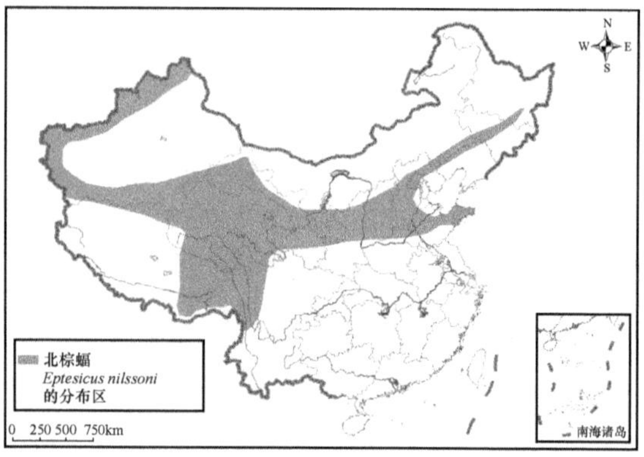

北棕蝠 *Eptesicus nilssoni*（Keyserling & Blasius, 1839）
种下单元： *nilssonii*; *parvus*
生　　境： 泰加林、人造建筑
生态系统： 陆生生态系统
保护等级： **国家重点保护野生动物等级：** 无；**CITES 附录** [1]：未列入
红色名录： **IUCN**[2]：LC；**中国哺乳类红色名录** [3]：LC
国内分布： 黑龙江、新疆、山东、宁夏、甘肃、青海、西藏、四川、吉林、内蒙古、北京、山西、陕西
分布国家： 奥地利、阿塞拜疆、白俄罗斯、比利时、保加利亚、中国、克罗地亚、捷克、丹麦、爱沙尼亚、芬兰、法国、格鲁吉亚、德国、匈牙利、伊朗、伊拉克、意大利、日本、朝鲜、韩国、吉尔吉斯斯坦、拉脱维亚、列支敦士登、立陶宛、卢森堡、蒙古、荷兰、挪威、波兰、罗马尼亚、俄罗斯、斯洛伐克、斯洛文尼亚、瑞典、瑞士、土耳其、乌克兰

Northern Bat *Eptesicus nilssoni*（Keyserling & Blasius, 1839）
Infra-specific Taxa： *nilssonii*; *parvus*
Habitat and Ecology： Taiga; Architecture
Ecosystem： Terrestrial
National Key Protected Wild Animal List： None; **CITES Appendix**[1]：Not listed
Red List： **IUCN Red List**[2]：LC; **China Mammal Red List**[3]：LC
Range in the country： Heilongjiang, Xinjiang, Shandong, Ningxia, Gansu, Qinghai, Tibet, Sichuan, Jilin, Inner Mongolia, Beijing, Shanxi, Shaanxi
Range countries： Austria, Azerbaijan, Belarus, Belgium, Bulgaria, China, Croatia, Czech, Danmark, Estonia, Finland, France, Georgia, Germany, Hungary, Iran, Iraq, Italy, Japan, Korea, Democratic People's Republic of, Korea, Republic of, Kyrgyzstan, Latvia, Liechtenstein, Lithuania, Luxembourg, Mongolia, Netherlands, Norway, Poland, Romania, Russia, Slovakia, Slovenia, Sweden, Switzerland, Turkey, Ukraine

参考文献 Citation

Wang Y（王应祥）, 2003; Wilson and Reeder, 2005; Zhang R（张荣祖）, 1997; Pan Q *et al.*（潘清华等）, 2007; Smith *et al.*, 2009; IUCN, 2014

184. 肥耳棕蝠 Thick-eared Bat

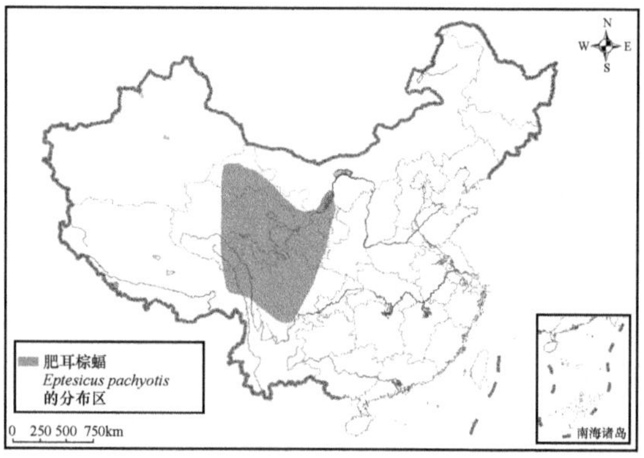

肥耳棕蝠 *Eptesicus pachyotis*（Dobson, 1871）
种下单元： 无
生　　境： 未知
生态系统： 陆生生态系统
保护等级： **国家重点保护野生动物等级：** 无；**CITES 附录** [1]：未列入
红色名录： **IUCN**[2]：LC；**中国哺乳类红色名录** [3]：LC
国内分布： 宁夏、四川、西藏、甘肃、青海、重庆
分布国家： 孟加拉国、中国、缅甸、泰国、印度

Thick-eared Bat *Eptesicus pachyotis*（Dobson, 1871）
Infra-specific Taxa： None
Habitat and Ecology： Unknown
Ecosystem： Terrestrial
National Key Protected Wild Animal List： None; **CITES Appendix**[1]：Not listed
Red List： **IUCN Red List**[2]：LC; **China Mammal Red List**[3]：LC
Range in the country： Ningxia, Sichuan, Tibet, Gansu, Qinghai, Chongqing
Range countries： Bangladesh, China, Myanmar, Thailand, India

参考文献 Citation

Wilson and Reeder, 2005; Pan Q *et al.*（潘清华等）, 2007; Smith *et al.*, 2009; IUCN, 2014

185. 大棕蝠 Serotine

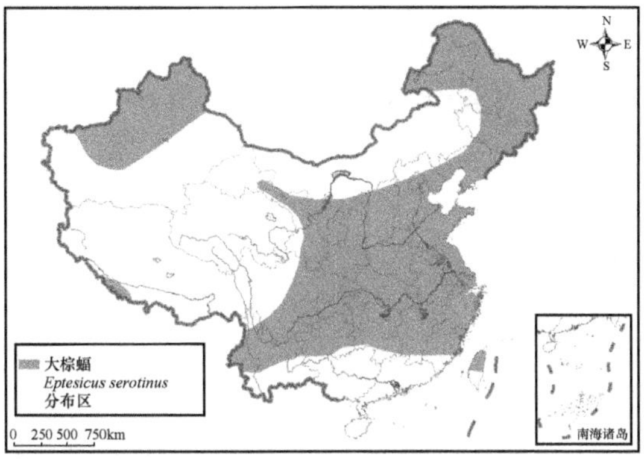

大棕蝠 *Eptesicus serotinus* Schreber, 1774
种下单元： *serotinus; andersoni; boscai; horikawai; isabellinus; pachyomus; pallens; pashtonus; shirazensis; turcomanus*
生　　境： 温带森林、亚热带干旱森林、地中海灌木植被、耕地、种植园、乡村庭院、人造建筑
生态系统： 陆生生态系统
保护等级： **国家重点保护野生动物等级：** 无；**CITES 附录**[1]：未列入
红色名录： **IUCN**[2]：LC；**中国哺乳类红色名录**[3]：LC
国内分布： 黑龙江、吉林、辽宁、内蒙古、河北、北京、天津、山东、河南、山西、安徽、江苏、浙江、上海、江西、福建、台湾、湖北、湖南、贵州、云南、四川、陕西、甘肃、宁夏、青海、新疆、西藏、重庆
分布国家： 阿富汗、阿尔巴尼亚、阿尔及利亚、安道尔、亚美尼亚、奥地利、阿塞拜疆、白俄罗斯、比利时、波斯尼亚和黑塞哥维那、保加利亚、中国、塞浦路斯、捷克、丹麦、法国、格鲁吉亚、德国、直布罗陀、希腊、梵蒂冈、匈牙利、印度、伊朗、以色列、意大利、朝鲜、老挝、拉脱维亚、黎巴嫩、利比亚、列支敦士登、立陶宛、卢森堡、马其顿、马耳他、摩尔多瓦、摩纳哥、蒙古、黑山、摩洛哥、尼泊尔、荷兰、巴基斯坦、波兰、葡萄牙、罗马尼亚、俄罗斯、圣马力诺、塞尔维亚、斯洛伐克、斯洛文尼亚、西班牙、瑞典、瑞士、叙利亚、泰国、突尼斯、土耳其、土库曼斯坦、乌克兰、英国、乌兹别克斯坦、越南

Serotine *Eptesicus serotinus* Schreber, 1774
Infra-specific Taxa: *serotinus; andersoni; boscai; horikawai; isabellinus; pachyomus; pallens; pashtonus; shirazensis; turcomanus*
Habitat and Ecology: Temperate Forest; Subtropical Dry Forest; Mediterranean-type Shrubby Vegetation; Arable Land; Plantations; Rural Gardens; Architecture
Ecosystem: Terrestrial
National Key Protected Wild Animal List: None; **CITES Appendix**[1]: Not listed
Red List: **IUCN Red List**[2]: LC; **China Mammal Red List**[3]: LC
Range in the country: Heilongjiang, Jilin, Liaoning, Inner Mongolia, Hebei, Beijing, Tianjin, Shandong, Henan, Shanxi, Anhui, Jiangsu, Zhejiang, Shanghai, Jiangxi, Fujian, Taiwan, Hubei, Hunan, Guizhou, Yunnan, Sichun, Shaanxi, Gansu, Ningxia, Qinghai, Xinjiang, Tibet, Chongqing
Range countries: Afghanistan, Albania, Algeria, Andorra, Armenia, Austria, Azerbaijan, Belarus, Belgium, Bosnia and Herzegovina, Bulgaria, China, Cyprus, Czech, Danmark, France, Georgia, Germany, Gibraltar, Greece (Crete), Vatican, Hungary, India, Iran, Israel, Italy, Korea, Democratic People's Republic of, Laos, Latvia, Lebanon, Libya, Liechtenstein, Lithuania, Luxembourg, Macedonia, Malta, Moldova, Monaco, Mongolia, Montenegro, Morocco, Nepal, Netherlands, Pakistan, Poland, Portugal, Romania, Russia, San Marino, Serbia, Slovakia, Slovenia, Spain, Sweden, Switzerland, Syrian Arab Republic, Thailand, Tunisia, Turkey, Turkmenistan, Ukraine, United Kingdom, Uzbekistan, Vietnam

参考文献 Citation
Wang Y (王应祥), 2003; Wilson and Reeder, 2005; Zhang R (张荣祖), 1997; Pan Q *et al.* (潘清华等), 2007; Smith *et al.*, 2009; IUCN, 2014

186. 大山蝠 Birdlike Noctule

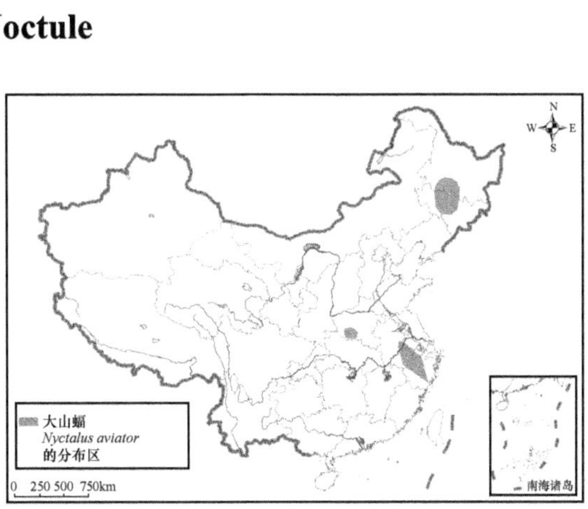

大山蝠 *Nyctalus aviator* (Thomas, 1911)
种下单元： 无
生　　境： 亚热带湿润山地森林
生态系统： 陆生生态系统
保护等级： **国家重点保护野生动物等级：** 无；**CITES 附录**[1]：未列入
红色名录： **IUCN**[2]：NT；**中国哺乳类红色名录**[3]：NT
国内分布： 吉林、黑龙江、浙江、安徽、河南
分布国家： 中国、日本、朝鲜、韩国

Birdlike Noctule *Nyctalus aviator* (Thomas, 1911)

Infra-specific Taxa：None

Habitat and Ecology：Subtropical Moist Montane Forest

Ecosystem：Terrestrial

National Key Protected Wild Animal List：None; **CITES Appendix**[1]：Not listed

Red List：**IUCN Red List**[2]：NT; **China Mammal Red List**[3]：NT

Range in the country：Jilin, Heilongjiang, Zhejiang, Anhui, Henan

Range countries：China, Japan, Korea, Democratic People's Republic of, Korea, Republic of

参考文献 Citation

Wang Y(王应祥), 2003; Wilson and Reeder, 2005; Pan Q *et al.*(潘清华等), 2007; Smith *et al.*, 2009; IUCN, 2014

187. 褐山蝠 Noctule

褐山蝠　*Nyctalus noctula*(Schreber, 1774)

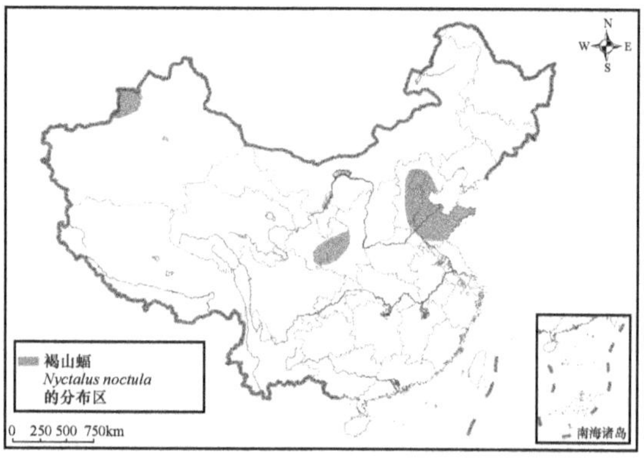

种下单元：*noctula*; *labiata*; *lebanoticus*; *mecklenburzevi*

生　　境：森林、人造建筑、城市

生态系统：陆生生态系统

保护等级：**国家重点保护野生动物等级**：无；**CITES 附录**[1]：未列入

红色名录：**IUCN**[2]：LC；**中国哺乳类红色名录**[3]：NT

国内分布：北京、新疆、甘肃、山东、陕西、河北

分布国家：阿尔巴尼亚、安道尔、亚美尼亚、奥地利、阿塞拜疆、白俄罗斯、比利时、波斯尼亚和黑塞哥维那、保加利亚、中国、克罗地亚、塞浦路斯、捷克、丹麦、爱沙尼亚、芬兰、法国、格鲁吉亚、德国、希腊、梵蒂冈、匈牙利、印度、伊朗、伊拉克、以色列、意大利、哈萨克斯坦、拉脱维亚、黎巴嫩、列支敦士登、立陶宛、卢森堡、马其顿、马来西亚、马耳他、摩纳哥、黑山、摩洛哥、缅甸、荷兰、挪威、阿曼、巴基斯坦、波兰、罗马尼亚、俄罗斯、圣马力诺、塞尔维亚、斯洛伐克、斯洛文尼亚、西班牙、瑞典、瑞士、土耳其、乌克兰、英国、越南

Noctule　*Nyctalus noctula*(Schreber, 1774)

Infra-specific Taxa：*noctula*; *labiata*; *lebanoticus*; *mecklenburzevi*

Habitat and Ecology：Forest; Architecture; Urban Areas

Ecosystem：Terrestrial

National Key Protected Wild Animal List：None; **CITES Appendix**[1]：Not listed

Red List：**IUCN Red List**[2]：LC; **China Mammal Red List**[3]：NT

Range in the country：Beijing, Xinjiang, Gansu, Shandong, Shaanxi, Hebei

Range countries：Albania, Andorra, Armenia, Austria, Azerbaijan, Belarus, Belgium, Bosnia and Herzegovina, Bulgaria, China, Croatia, Cyprus, Czech, Danmark, Estonia, Finland, France, Georgia, Germany, Greece, Vatican, Hungary, India, Iran, Iraq, Israel, Italy, Kazakhstan, Latvia, Lebanon, Liechtenstein, Lithuania, Luxembourg, Macedonia, Malaysia, Malta, Monaco, Montenegro, Morocco, Myanmar, Netherlands, Norway, Oman, Pakistan, Poland, Romania, Russia, San Marino, Serbia, Slovakia, Slovenia, Spain, Sweden, Switzerland, Turkey, Ukraine, United Kingdom, Vietnam

参考文献 Citation

Wang Y(王应祥), 2003; Zhang R(张荣祖), 1997; Pan Q *et al.*(潘清华等), 2007; Smith *et al.*, 2009; IUCN, 2014

188. 中华山蝠 Chinese Noctule

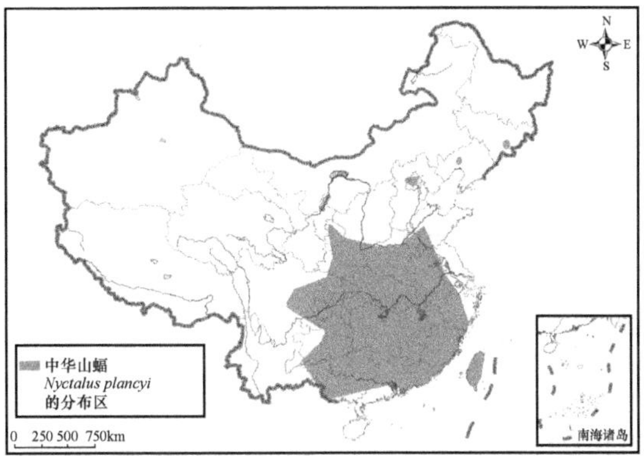

中华山蝠 *Nyctalus plancyi* Gerbe, 1880
种下单元：*plancyi*; *velutinus*
生　境：人造建筑、洞穴、森林
生态系统：陆生生态系统
保护等级：**国家重点保护野生动物等级**：无；**CITES 附录**[1]：未列入
红色名录：**IUCN**[2]：LC；**中国哺乳类红色名录**[3]：LC
国内分布：辽宁、吉林、北京、山东、山西、陕西、甘肃、浙江、安徽、湖北、湖南、四川、重庆、贵州、云南、福建、台湾、广东、广西、江西、香港
分布国家：中国

Chinese Noctule *Nyctalus plancyi* Gerbe, 1880
Infra-specific Taxa：*plancyi*; *velutinus*
Habitat and Ecology：Architecture; Caves; Forest
Ecosystem：Terrestrial
National Key Protected Wild Animal List：None; **CITES Appendix**[1]：Not listed
Red List：**IUCN Red List**[2]：LC; **China Mammal Red List**[3]：LC
Range in the country：Liaoning, Jilin, Beijing, Shandong, Shanxi, Shaanxi, Gansu, Zhejiang, Anhui, Hubei, Hunan, Sichuan, Chongqing, Guizhou, Yunnan, Fujian, Taiwan, Guangdong, Guangxi, Jiangxi, Hongkong
Range countries：China

参考文献 Citation

Wilson and Reeder, 2005; Pan Q *et al.*(潘清华等), 2007; Smith *et al.*, 2009; IUCN, 2014

189. 扁颅蝠 Lesser Bamboo Bat

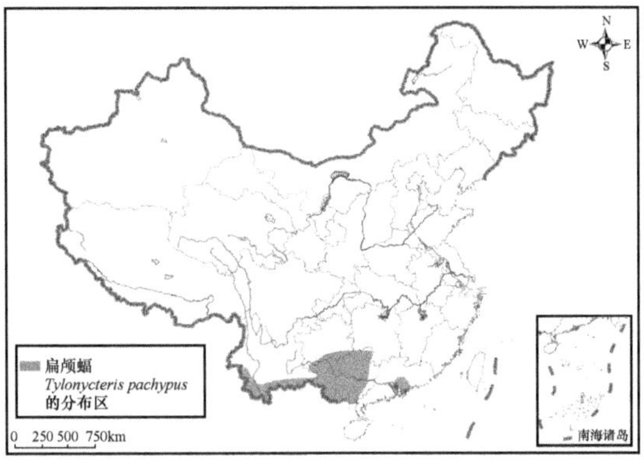

扁颅蝠 *Tylonycteris pachypus*(Temminck, 1840)
种下单元：*pachypus*; *aurex*; *bhaktii*; *fulvidus*; *meyeri*
生　境：竹林
生态系统：陆生生态系统
保护等级：**国家重点保护野生动物等级**：无；**CITES 附录**[1]：未列入
红色名录：**IUCN**[2]：LC；**中国哺乳类红色名录**[3]：LC
国内分布：广东、广西、贵州、云南、香港
分布国家：孟加拉国、文莱、柬埔寨、中国、印度、印度尼西亚、老挝、马来西亚、缅甸、菲律宾、泰国、越南

Lesser Bamboo Bat *Tylonycteris pachypus*(Temminck, 1840)
Infra-specific Taxa：*pachypus*; *aurex*; *bhaktii*; *fulvidus*; *meyeri*
Habitat and Ecology：Bamboo Grove
Ecosystem：Terrestrial
National Key Protected Wild Animal List：None; **CITES Appendix**[1]：Not listed
Red List：**IUCN Red List**[2]：LC; **China Mammal Red List**[3]：LC
Range in the country：Guangdong, Guangxi, Guizhou, Yunnan, Hongkong
Range countries：Bangladesh, Brunei, Cambodia, China, India, Indonesia, Laos, Malaysia, Myanmar, Philippines, Thailand, Vietnam

参考文献 Citation

Wang Y(王应祥), 2003; Wilson and Reeder, 2005; Zhang R(张荣祖), 1997; Pan Q *et al.*(潘清华等), 2007; Smith *et al.*, 2009; IUCN, 2014

190. 小扁颅蝠 Minimum Bamboo Bat

小扁颅蝠 *Tylonycteris pygmaeus* Feng, 2008
种下单元： 无
生　　境： 竹林
生态系统： 陆生生态系统
保护等级： **国家重点保护野生动物等级：** 无；**CITES 附录** [1]：未列入
红色名录： **IUCN**[2]：未列入；**中国哺乳类红色名录** [3]：DD
国内分布： 云南
分布国家： 中国

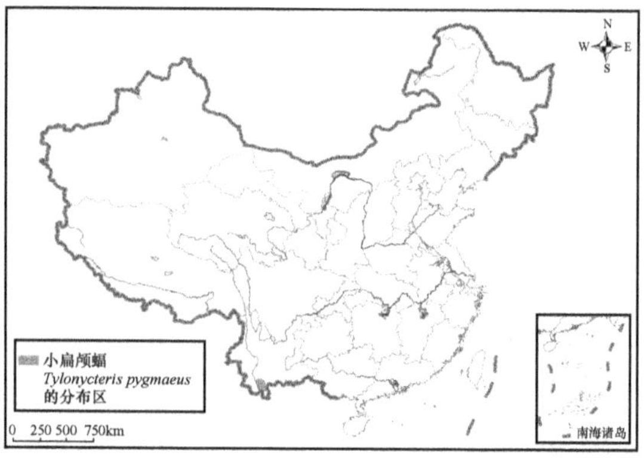

Minimum Bamboo Bat *Tylonycteris pygmaeus* Feng, 2008
Infra-specific Taxa： None
Habitat and Ecology： Bamboo Grove
Ecosystem： Terrestrial
National Key Protected Wild Animal List： None; **CITES Appendix**[1]：Not listed
Red List： **IUCN Red List**[2]：Not listed; **China Mammal Red List**[3]：DD
Range in the country： Yunnan
Range countries： China

参考文献 Citation

Feng Q *et al.*, 2008

191. 褐扁颅蝠 Greater Bamboo Bat

褐扁颅蝠 *Tylonycteris robustula* Thomas, 1915
种下单元： *robustula*; *malayana*
生　　境： 竹林
生态系统： 陆生生态系统
保护等级： **国家重点保护野生动物等级：** 无；**CITES 附录** [1]：未列入
红色名录： **IUCN**[2]：LC；**中国哺乳类红色名录** [3]：NT
国内分布： 云南、广西、四川、海南、贵州、广东、香港、江西
分布国家： 文莱、柬埔寨、中国、印度、印度尼西亚、老挝、马来西亚、缅甸、菲律宾、新加坡、泰国、东帝汶、越南

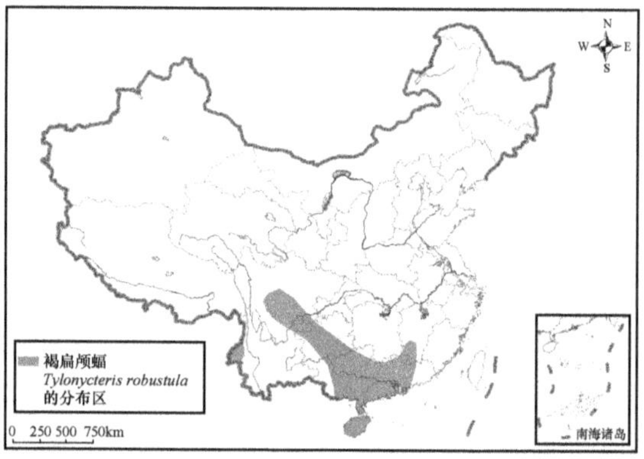

Greater Bamboo Bat *Tylonycteris robustula* Thomas, 1915
Infra-specific Taxa： *robustula*; *malayana*
Habitat and Ecology： Bamboo Grove
Ecosystem： Terrestrial
National Key Protected Wild Animal List： None; **CITES Appendix**[1]：Not listed
Red List： **IUCN Red List**[2]：LC; **China Mammal Red List**[3]：NT
Range in the country： Yunnan, Guangxi, Sichuan, Hainan, Guizhou, Guangdong, Hongkong, Jiangxi
Range countries： Brunei, Cambodia, China, India, Indonesia, Laos, Malaysia, Myanmar, Philippines, Singapore, Thailand, Timor-Leste, Vietnam

参考文献 Citation

Wang Y (王应祥), 2003; Wilson and Reeder, 2005; Zhang R (张荣祖), 1997; Pan Q *et al.* (潘清华等), 2007; Smith *et al.*, 2009; IUCN, 2014

192. 北京宽耳蝠 Beijing Barbastelle

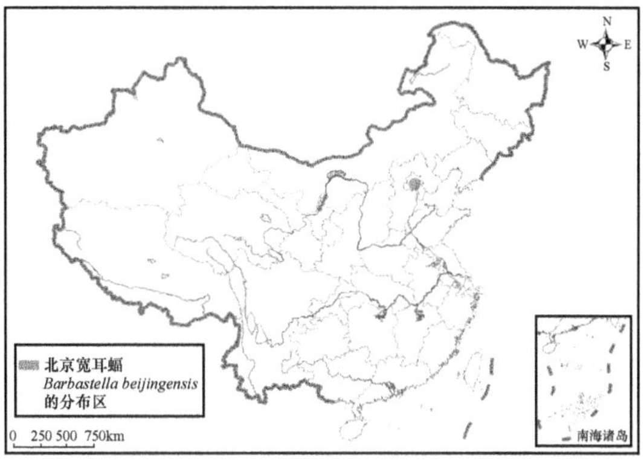

北京宽耳蝠 *Barbastella beijingensis* Zhang, 2007
种下单元：无
生　　境：洞穴
生态系统：陆生生态系统
保护等级：国家重点保护野生动物等级：无；**CITES 附录**[1]：未列入
红色名录：IUCN[2]：未列入；**中国哺乳类红色名录**[3]：DD
国内分布：北京
分布国家：中国

Beijing Barbastelle *Barbastella beijingensis* Zhang, 2007
Infra-specific Taxa： None
Habitat and Ecology： Caves
Ecosystem： Terrestrial
National Key Protected Wild Animal List： None; **CITES Appendix**[1]： Not listed
Red List： IUCN Red List[2]： Not listed; **China Mammal Red List**[3]： DD
Range in the country： Beijing
Range countries： China
参考文献 Citation
Zhang *et al.*, 2007

193. 亚洲宽耳蝠 Asian Barbastelle

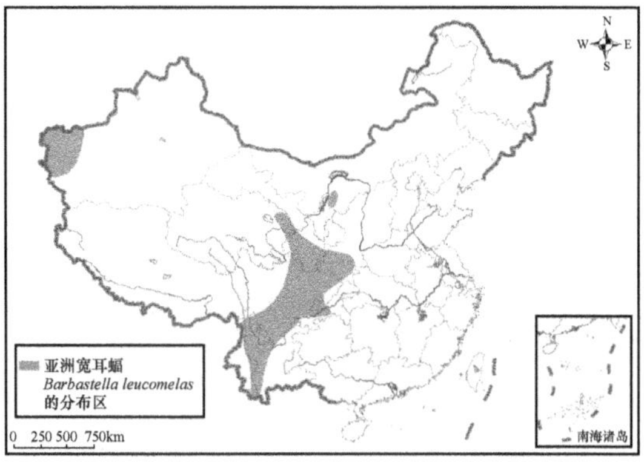

亚洲宽耳蝠 *Barbastella leucomelas*（Cretzschmar, 1826）
种下单元：*leucomelas*; *darjelingensis*
生　　境：热带/亚热带湿润山地森林、洞穴、人造建筑
生态系统：陆生生态系统
保护等级：国家重点保护野生动物等级：无；**CITES 附录**[1]：未列入
红色名录：IUCN[2]：LC；**中国哺乳类红色名录**[3]：VU
国内分布：内蒙古、新疆、陕西、甘肃、青海、四川、云南、重庆
分布国家：阿富汗、亚美尼亚、阿塞拜疆、不丹、中国、埃及、厄立特里亚、格鲁吉亚、印度、伊朗、以色列、日本、吉尔吉斯斯坦、尼泊尔、巴基斯坦、俄罗斯、沙特阿拉伯、塔吉克斯坦、土库曼斯坦、乌兹别克斯坦

Asian Barbastelle *Barbastella leucomelas*（Cretzschmar, 1826）
Infra-specific Taxa： *leucomelas*; *darjelingensis*
Habitat and Ecology： Tropical/Subtropical Moist Montane Forest; Caves; Architecture
Ecosystem： Terrestrial
National Key Protected Wild Animal List： None; **CITES Appendix**[1]： Not listed
Red List： IUCN Red List[2]： LC; **China Mammal Red List**[3]： VU
Range in the country： Inner Mongolia, Xinjiang, Shaanxi, Gansu, Qinghai, Sichuan, Yunnan, Chongqing
Range countries： Afghanistan, Armenia, Azerbaijan, Bhutan, China, Egypt, Eritrea, Georgia, India, Iran, Israel, Japan, Kyrgyzstan, Nepal, Pakistan, Russia, Saudi Arabia, Tajikistan, Turkmenistan, Uzbekistan
参考文献 Citation
Wang Y（王应祥）, 2003; Wilson and Reeder, 2005; Zhang R（张荣祖）, 1997; Pan Q *et al.*（潘清华等）, 2007; Smith *et al.*, 2009; IUCN, 2014

194. 斑蝠 Harlequin Bat

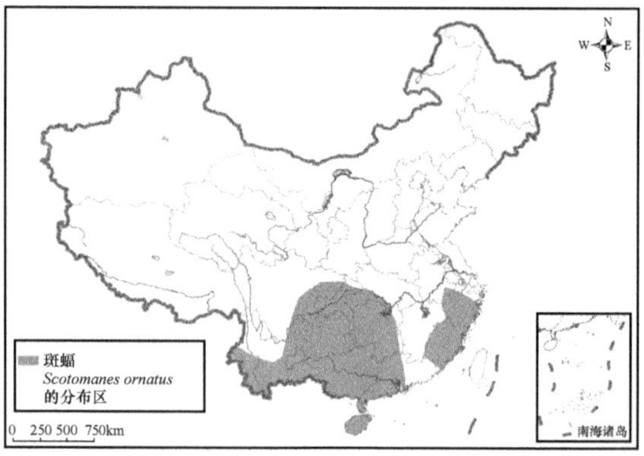

斑蝠 *Scotomanes ornatus* (Blyth, 1851)
种下单元： *ornatus; imbrensis; sinensis*
生　　境： 森林、洞穴
生态系统： 陆生生态系统
保护等级： **国家重点保护野生动物等级：** 无；**CITES 附录** [1]：未列入
红色名录： **IUCN**[2]：LC；**中国哺乳类红色名录** [3]：LC
国内分布： 安徽、浙江、湖南、四川、贵州、云南、广西、广东、海南、福建、重庆
分布国家： 孟加拉国、中国、印度、老挝、缅甸、尼泊尔、泰国、越南

Harlequin Bat *Scotomanes ornatus* (Blyth, 1851)
Infra-specific Taxa: *ornatus; imbrensis; sinensis*
Habitat and Ecology: Forest; Caves
Ecosystem: Terrestrial
National Key Protected Wild Animal List: None; **CITES Appendix**[1]: Not listed
Red List: IUCN Red List[2]: LC; **China Mammal Red List**[3]: LC
Range in the country: Anhui, Zhejiang, Hunan, Sichuan, Guizhou, Yunnan, Guangxi, Guangdong, Hainan, Fujian, Chongqing
Range countries: Bangladesh, China, India, Laos, Myanmar, Nepal, Thailand, Vietnam

参考文献 Citation

Wang Y (王应祥), 2003; Wilson and Reeder, 2005; Zhang R (张荣祖), 1997; Pan Q *et al.* (潘清华等), 2007; Smith *et al.*, 2009; IUCN, 2014

195. 大黄蝠 Greater Asiatic Yellow House Bat

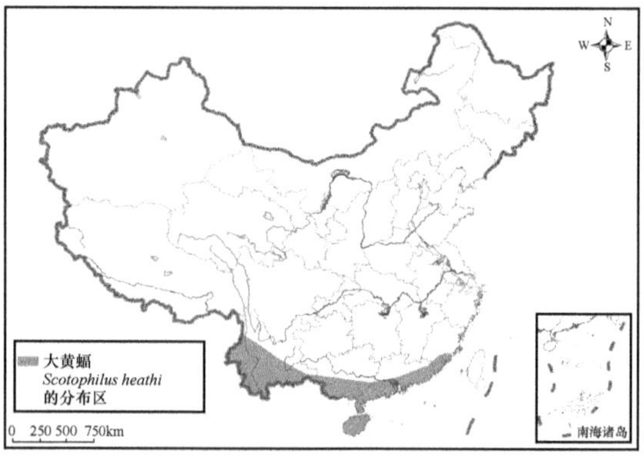

大黄蝠 *Scotophilus heathi* (Horsfield, 1831)
种下单元： *heathii; insularis; watkinsi*
生　　境： 城市、人造建筑、森林
生态系统： 陆生生态系统
保护等级： **国家重点保护野生动物等级：** 无；**CITES 附录** [1]：未列入
红色名录： **IUCN**[2]：LC；**中国哺乳类红色名录** [3]：LC
国内分布： 云南、广西、广东、海南、福建
分布国家： 阿富汗、孟加拉国、柬埔寨、中国、印度、印度尼西亚、老挝、缅甸、尼泊尔、巴基斯坦、菲律宾、斯里兰卡、泰国、越南

Greater Asiatic Yellow House Bat *Scotophilus heathi* (Horsfield, 1831)
Infra-specific Taxa: *heathii; insularis; watkinsi*
Habitat and Ecology: Urban Areas; Architecture; Forest
Ecosystem: Terrestrial
National Key Protected Wild Animal List: None; **CITES Appendix**[1]: Not listed
Red List: IUCN Red List[2]: LC; **China Mammal Red List**[3]: LC
Range in the country: Yunnan, Guangxi, Guangdong, Hainan, Fujian
Range countries: Afghanistan, Bangladesh, Cambodia, China, India, Indonesia, Laos, Myanmar, Nepal, Pakistan, Philippines, Sri Lanka, Thailand, Vietnam

参考文献 Citation

Wang Y (王应祥), 2003; Wilson and Reeder, 2005; Zhang R (张荣祖), 1997; Pan Q *et al.* (潘清华等), 2007; Smith *et al.*, 2009; IUCN, 2014

196. 小黄蝠 Lesser Asiatic Yellow House Bat

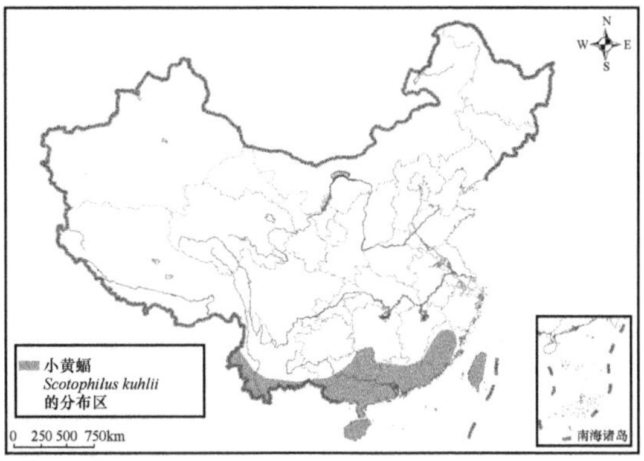

小黄蝠　*Scotophilus kuhlii* Leach, 1821
种下单元： *kuhlii*; *castaneus*; *consobrinus*; *gairdneri*; *panayensis*; *solutatus*; *temminckii*
生　　境： 森林、次生林、城市、人造建筑
生态系统： 陆生生态系统
保护等级： **国家重点保护野生动物等级：** 无；**CITES 附录** [1]：未列入
红色名录： **IUCN**[2]：LC；**中国哺乳类红色名录** [3]：LC
国内分布： 广西、广东、海南、云南、福建、台湾
分布国家： 孟加拉国、柬埔寨、中国、印度、印度尼西亚、老挝、马来西亚、缅甸、巴基斯坦、菲律宾、斯里兰卡、泰国、东帝汶、越南

Lesser Asiatic Yellow House Bat　*Scotophilus kuhlii* Leach, 1821
Infra-specific Taxa: *kuhlii*; *castaneus*; *consobrinus*; *gairdneri*; *panayensis*; *solutatus*; *temminckii*
Habitat and Ecology: Forest; Secondary Forest; Urban Areas; Architecture
Ecosystem: Terrestrial
National Key Protected Wild Animal List: None; **CITES Appendix**[1]: Not listed
Red List: **IUCN Red List**[2]: LC; **China Mammal Red List**[3]: LC
Range in the country: Guangxi, Guangdong, Hainan, Yunnan, Fujian, Taiwan
Range countries: Bangladesh, Cambodia, China, India, Indonesia, Laos, Malaysia, Myanmar, Pakistan, Philippines, Sri Lanka, Thailand, Timor-Leste, Vietnam

参考文献 Citation

Wang Y (王应祥), 2003; Wilson and Reeder, 2005; Zhang R (张荣祖), 1997; Pan Q *et al.* (潘清华等), 2007; Smith *et al.*, 2009; IUCN, 2014

197. 大耳蝠 Brown Big-eared Bat

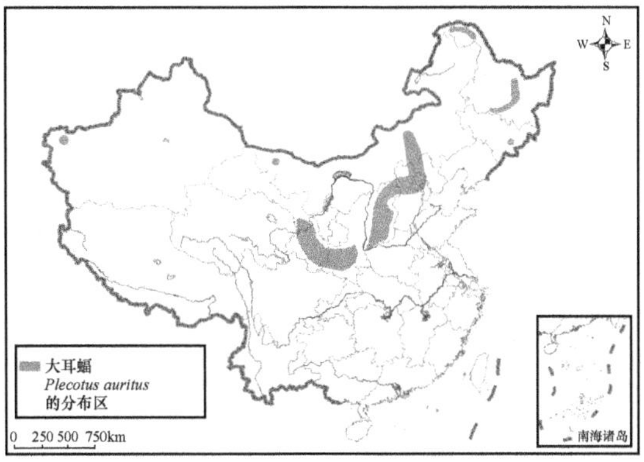

大耳蝠　*Plecotus auritus* (Linnaeus, 1758)
种下单元： *auritus*; *begognae*; *homochrous*; *sacrimontis*; *uenoi*
生　　境： 森林、乡村庭院、人造建筑、洞穴
生态系统： 陆生生态系统
保护等级： **国家重点保护野生动物等级：** 无；**CITES 附录** [1]：未列入
红色名录： **IUCN**[2]：LC；**中国哺乳类红色名录** [3]：LC
国内分布： 黑龙江、吉林、内蒙古、甘肃、河北、山西、陕西
分布国家： 中国、阿尔巴尼亚、安道尔、奥地利、阿塞拜疆、白俄罗斯、比利时、波斯尼亚和黑塞哥维那、保加利亚、克罗地亚、捷克、丹麦、爱沙尼亚、芬兰、法国、格鲁吉亚、德国、希腊、匈牙利、伊朗、爱尔兰、意大利、哈萨克斯坦、拉脱维亚、列支敦士登、立陶宛、卢森堡、摩尔多瓦、摩纳哥、黑山、荷兰、挪威、波兰、葡萄牙、罗马尼亚、俄罗斯、圣马力诺、塞尔维亚、斯洛伐克、斯洛文尼亚、西班牙、瑞典、瑞士、土耳其、乌克兰、英国

Brown Big-eared Bat　*Plecotus auritus* (Linnaeus, 1758)
Infra-specific Taxa: *auritus*; *begognae*; *homochrous*; *sacrimontis*; *uenoi*
Habitat and Ecology: Forest; Rural Gardens; Architecture; Caves
Ecosystem: Terrestrial
National Key Protected Wild Animal List: None; **CITES Appendix**[1]: Not listed
Red List: **IUCN Red List**[2]: LC; **China Mammal Red List**[3]: LC
Range in the country: Heilongjiang, Jilin, Inner Mongolia, Gansu, Hebei, Shanxi, Shaanxi
Range countries: China, Albania, Andorra, Austria, Azerbaijan, Belarus, Belgium, Bosnia and Herzegovina, Bulgaria, Croatia, Czech, Danmark, Estonia, Finland, France, Georgia, Germany, Greece, Hungary, Iran, Ireland, Italy, Kazakhstan, Latvia, Liechtenstein, Lithuania, Luxembourg, Moldova, Monaco, Montenegro, Netherlands, Norway, Poland, Portugal, Romania, Russia, San Marino, Serbia, Slovakia, Slovenia, Spain, Sweden, Switzerland, Turkey, Ukraine, United Kingdom

参考文献 Citation

Wang Y (王应祥), 2003; Wilson and Reeder, 2005; Zhang R (张荣祖), 1997; Pan Q *et al.* (潘清华等), 2007; Smith *et al.*, 2009; IUCN, 2014

198. 灰大耳蝠 Gray Big-eared Bat

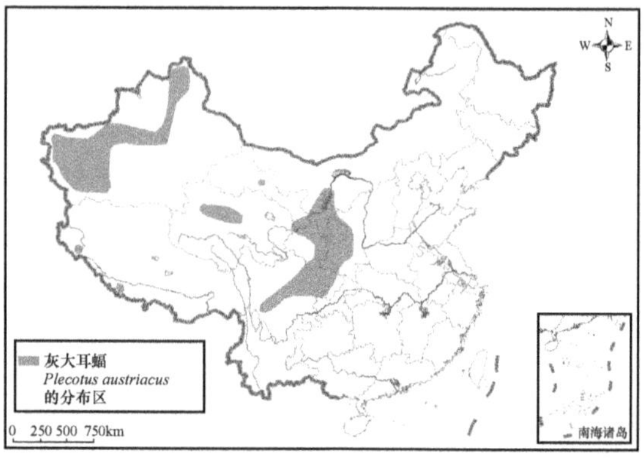

灰大耳蝠 *Plecotus austriacus* (Fischer, 1829)

种下单元：*austriacus*; *ariel*; *christii*; *macrobullaris*; *turkmenicus*; *wardi*

生　　境：耕地、人造建筑、洞穴

生态系统：陆生生态系统

保护等级：**国家重点保护野生动物等级**：无；**CITES 附录**[1]：未列入

红色名录：**IUCN**[2]：LC；**中国哺乳类红色名录**[3]：NT

国内分布：新疆、四川、青海、西藏、内蒙古、甘肃、宁夏、陕西

分布国家：中国、阿尔巴尼亚、安道尔、奥地利、比利时、波斯尼亚和黑塞哥维那、保加利亚、克罗地亚、捷克、法国、德国、直布罗陀、希腊、匈牙利、意大利(Sardinia、西西里岛)、列支敦士登、卢森堡、马其顿、马耳他、毛里塔尼亚、摩尔多瓦、摩纳哥、黑山、荷兰、波兰、葡萄牙、罗马尼亚、圣马力诺、塞尔维亚、斯洛伐克、斯洛文尼亚、西班牙、瑞典、瑞士、土耳其、乌克兰、英国

Gray Big-eared Bat *Plecotus austriacus* (Fischer, 1829)

Infra-specific Taxa：*austriacus*; *ariel*; *christii*; *macrobullaris*; *turkmenicus*; *wardi*

Habitat and Ecology：Arable Land; Architecture; Caves

Ecosystem：Terrestrial

National Key Protected Wild Animal List：None; **CITES Appendix**[1]：Not listed

Red List：**IUCN Red List**[2]：LC; **China Mammal Red List**[3]：NT

Range in the country：Xinjiang, Sichuan, Qinghai, Tibet, Inner Mongolia, Gansu, Ningxia, Shaanxi

Range countries：China, Albania, Andorra, Austria, Belgium, Bosnia and Herzegovina, Bulgaria, Croatia, Czech, France (The island of Corsica), Germany, Gibraltar, Greece, Hungary, Italy, Liechtenstein, Luxembourg, Macedonia, Malta, Mauritania, Moldova, Monaco, Montenegro, Netherlands, Poland, Portugal, Romania, San Marino, Serbia, Slovakia, Slovenia, Spain, Sweden, Switzerland, Turkey, Ukraine, United Kingdom

参考文献 Citation

Wang Y (王应祥), 2003; Wilson and Reeder, 2005; Zhang R (张荣祖), 1997; Pan Q *et al.* (潘清华等), 2007; Smith *et al.*, 2009; IUCN, 2014

199. 台湾大耳蝠 Taiwan Long-eared Bat

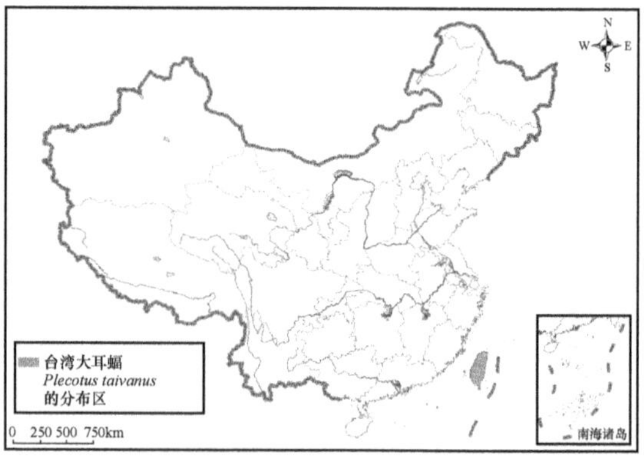

台湾大耳蝠 *Plecotus taivanus* (Yoshiyuki, 1991)

种下单元：无

生　　境：森林、洞穴、人造建筑

生态系统：陆生生态系统

保护等级：**国家重点保护野生动物等级**：无; **CITES 附录**[1]：未列入

红色名录：**IUCN**[2]：NT; **中国哺乳类红色名录**[3]：NT

国内分布：台湾

分布国家：中国

Taiwan Long-eared Bat *Plecotus taivanus* (Yoshiyuki, 1991)

Infra-specific Taxa：None

Habitat and Ecology：Forest; Caves; Architecture

Ecosystem：Terrestrial

National Key Protected Wild Animal List：None; **CITES Appendix**[1]：Not listed

Red List：**IUCN Red List**[2]：NT; **China Mammal Red List**[3]：NT

Range in the country：Taiwan

Range countries：China

参考文献 Citation

Wang Y (王应祥), 2003; Wilson and Reeder, 2005; Pan Q *et al.* (潘清华等), 2007; Smith *et al.*, 2009; IUCN, 2014

200. 亚洲长翼蝠 Eastern Long-fingered Bat

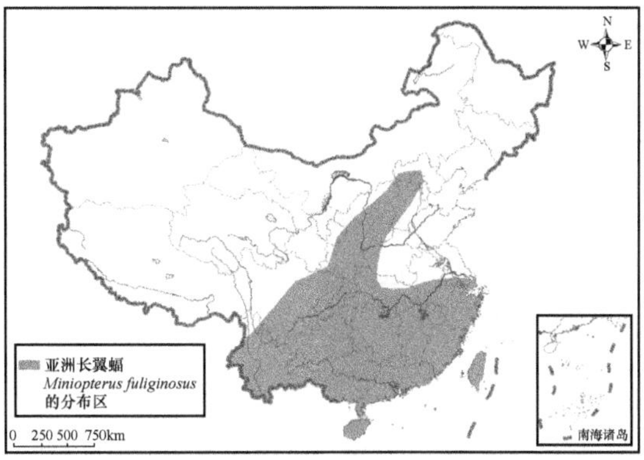

亚洲长翼蝠 *Miniopterus fuliginosus* (Hodgson, 1835)
种下单元： 无
生　　境： 洞穴、耕地、亚热带/热带严重退化森林
生态系统： 陆生生态系统
保护等级： **国家重点保护野生动物等级：** 无; **CITES 附录**[1]： 未列入
红色名录： **IUCN**[2]： LC; **中国哺乳类红色名录**[3]： NT
国内分布： 云南、四川、重庆、贵州、湖南、湖北、广西、海南、广东、江西、福建、台湾、浙江、安徽、山西、陕西、河南、河北
分布国家： 阿富汗、亚美尼亚、阿塞拜疆、孟加拉国、不丹、文莱、柬埔寨、中国、印度、印度尼西亚、伊朗、伊拉克、日本、哈萨克斯坦、朝鲜、韩国、吉尔吉斯斯坦、老挝、马来西亚、缅甸、尼泊尔、巴基斯坦、菲律宾、斯里兰卡、塔吉克斯坦、泰国、土库曼斯坦、乌兹别克斯坦、越南

Eastern Long-fingered Bat *Miniopterus fuliginosus* (Hodgson, 1835)
Infra-specific Taxa： None
Habitat and Ecology： Caves; Arable Land; Subtropical/Tropical Degraded Forest
Ecosystem： Terrestrial
National Key Protected Wild Animal List： None; **CITES Appendix**[1]： Not listed
Red List： **IUCN Red List**[2]： LC; **China Mammal Red List**[3]： NT
Range in the country： Yunnan, Sichuan, Chongqing, Guizhou, Hunan, Hubei, Guangxi, Hainan, Guangdong, Jiangxi, Fujian, Taiwan, Zhejiang, Anhui, Shanxi, Shaanxi, Henan, Hebei
Range countries： Afghanistan, Armenia, Azerbaijan, Bangladesh, Bhutan, Brunei, Cambodia, China, India, Indonesia, Iran, Iraq, Japan, Kazakhstan, Korea, Democratic People's Republic of, Korea, Republic of, Kyrgyzstan, Laos, Malaysia, Myanmar, Nepal, Pakistan, Philippines, Sri Lanka, Tajikistan, Thailand, Turkmenistan, Uzbekistan, Vietnam

参考文献 Citation

Wang Y (王应祥), 2003; Pan Q *et al.* (潘清华等), 2007; IUCN, 2014

201. 琉球长翼蝠 Southeast Asian Long-fingered Bat

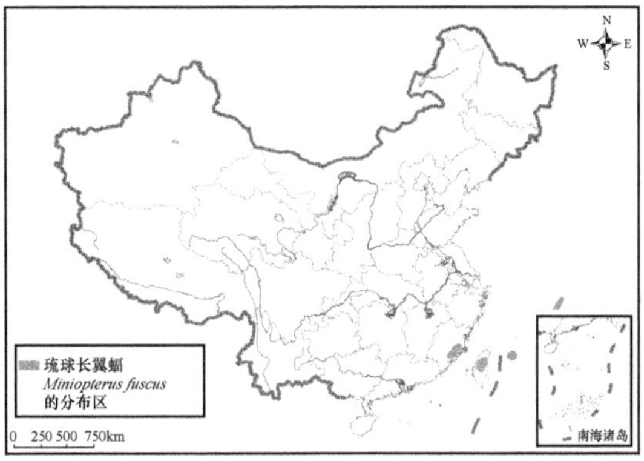

琉球长翼蝠 *Miniopterus fuscus* (Bonhote, 1902)
种下单元： 无
生　　境： 洞穴、森林
生态系统： 陆生生态系统
保护等级： **国家重点保护野生动物等级：** 无; **CITES 附录**[1]： 未列入
红色名录： **IUCN**[2]： EN; **中国哺乳类红色名录**[3]： VU
国内分布： 福建、台湾
分布国家： 中国、日本

Southeast Asian Long-fingered Bat *Miniopterus fuscus* (Bonhote, 1902)
Infra-specific Taxa： None
Habitat and Ecology： Caves; Forest
Ecosystem： Terrestrial
National Key Protected Wild Animal List： None; **CITES Appendix**[1]： Not listed
Red List： **IUCN Red List**[2]： EN; **China Mammal Red List**[3]： VU
Range in the country： Fujian, Taiwan
Range countries： China, Japan

参考文献 Citation

Wang Y (王应祥), 2003; Pan Q *et al.* (潘清华等), 2007; IUCN, 2014

202. 几内亚长翼蝠 Western Long-fingered Bat

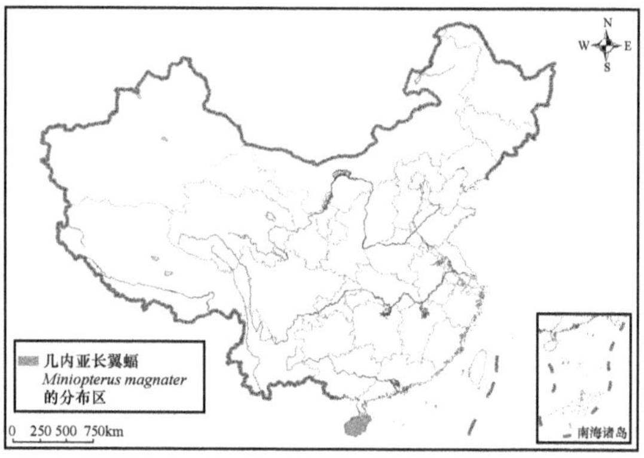

几内亚长翼蝠　*Miniopterus magnater* (Sanborn, 1931)

种下单元： *magnater*; *macrodens*

生　　境： 洞穴、森林、人工环境

生态系统： 陆生生态系统

保护等级： **国家重点保护野生动物等级：** 无；**CITES 附录** [1]：未列入

红色名录： **IUCN**[2]：LC；**中国哺乳类红色名录** [3]：NT

国内分布： 香港、海南

分布国家： 中国、印度尼西亚、巴布亚新几内亚

Western Long-fingered Bat　*Miniopterus magnater* (Sanborn, 1931)

Infra-specific Taxa: *magnater*; *macrodens*

Habitat and Ecology: Caves; Forest; Artificial Environment

Ecosystem: Terrestrial

National Key Protected Wild Animal List: None; **CITES Appendix**[1]: Not listed

Red List: **IUCN Red List**[2]: LC; **China Mammal Red List**[3]: NT

Range in the country: Hongkong, Hainan

Range countries: China, Indonesia, Papua New Guinea

参考文献 Citation

Wilson and Reeder, 2005; Pan Q *et al.* (潘清华等), 2007; Smith *et al.*, 2009; IUCN, 2014

203. 南长翼蝠 Small Long-fingered Bat

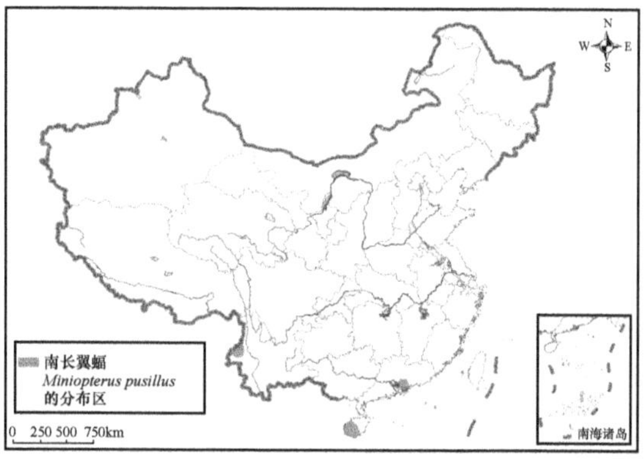

南长翼蝠　*Miniopterus pusillus* (Dobson, 1876)

种下单元： 无

生　　境： 未知

生态系统： 陆生生态系统

保护等级： **国家重点保护野生动物等级：** 无；**CITES 附录** [1]：未列入

红色名录： **IUCN**[2]：LC；**中国哺乳类红色名录** [3]：NT

国内分布： 广东、云南、海南、香港、澳门

分布国家： 中国、印度、印度尼西亚、老挝、缅甸、尼泊尔、泰国、越南

Small Long-fingered Bat　*Miniopterus pusillus* (Dobson, 1876)

Infra-specific Taxa: None

Habitat and Ecology: Unknown

Ecosystem: Terrestrial

National Key Protected Wild Animal List: None; **CITES Appendix**[1]: Not listed

Red List: **IUCN Red List**[2]: LC; **China Mammal Red List**[3]: NT

Range in the country: Guangdong, Yunnan, Hainan, Hongkong, Macao

Range countries: China, India, Indonesia, Laos, Myanmar, Nepal, Thailand, Vietnam

参考文献 Citation

Wang Y (王应祥), 2003; Zhang R (张荣祖), 1997; Pan Q *et al.* (潘清华等), 2007; Smith *et al.*, 2009; IUCN, 2014

204. 金管鼻蝠 Little Tube-nosed Bat

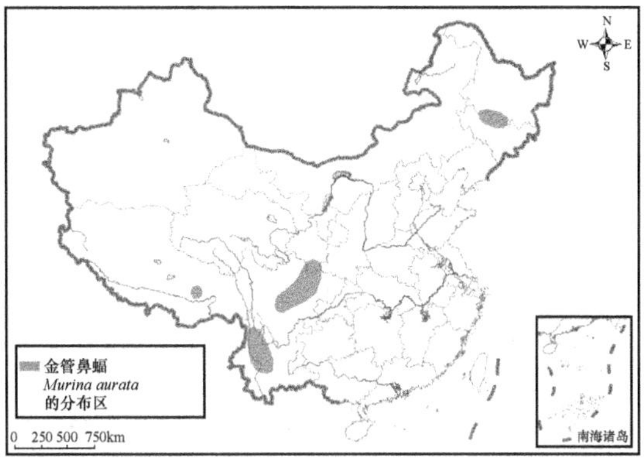

金管鼻蝠 *Murina aurata*(Milne-Edwards, 1872)
种下单元：无
生　　境：未知
生态系统：陆生生态系统
保护等级：国家重点保护野生动物等级：无；**CITES 附录**[1]：未列入
红色名录：IUCN[2]：LC；**中国哺乳类红色名录**[3]：NT
国内分布：黑龙江、吉林、甘肃、西藏、四川、云南
分布国家：中国、印度、老挝、缅甸、尼泊尔、泰国、越南

Little Tube-nosed Bat *Murina aurata*(Milne-Edwards, 1872)

Infra-specific Taxa：None

Habitat and Ecology：Unknown

Ecosystem：Terrestrial

National Key Protected Wild Animal List：None; **CITES Appendix**[1]：Not listed

Red List：IUCN Red List[2]：LC; **China Mammal Red List**[3]：NT

Range in the country：Heilongjiang, Jilin, Gansu, Tibet, Sichuan, Yunnan

Range countries：China, India, Laos, Myanmar, Nepal, Thailand, Vietnam

参考文献 Citation

Wang Y(王应祥), 2003; Wilson and Reeder, 2005; Zhang R(张荣祖), 1997; Pan Q *et al.* (潘清华等), 2007; Smith *et al.*, 2009; IUCN, 2014

205. 黄胸管鼻蝠 Yellow-chested Tube-nosed Bat

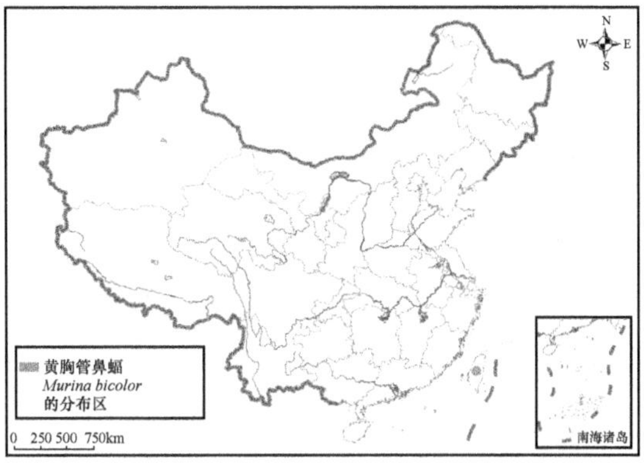

黄胸管鼻蝠 *Murina bicolor*(Kuo, 2009)
种下单元：无
生　　境：森林、人造建筑
生态系统：陆生生态系统
保护等级：国家重点保护野生动物等级：无；**CITES 附录**[1]：未列入
红色名录：IUCN[2]：未列入；**中国哺乳类红色名录**[3]：DD
国内分布：台湾
分布国家：中国

Yellow-chested Tube-nosed Bat *Murina bicolor*(Kuo, 2009)

Infra-specific Taxa：None

Habitat and Ecology：Forest; Architecture

Ecosystem：Terrestrial

National Key Protected Wild Animal List：None; **CITES Appendix**[1]：Not listed

Red List：IUCN Red List[2]：Not listed; **China Mammal Red List**[3]：DD

Range in the country：Taiwan

Range countries：China

参考文献 Citation

Kuo H *et al.*, 2009

206. 金毛管鼻蝠 Golden-haired Tube-nosed Bat

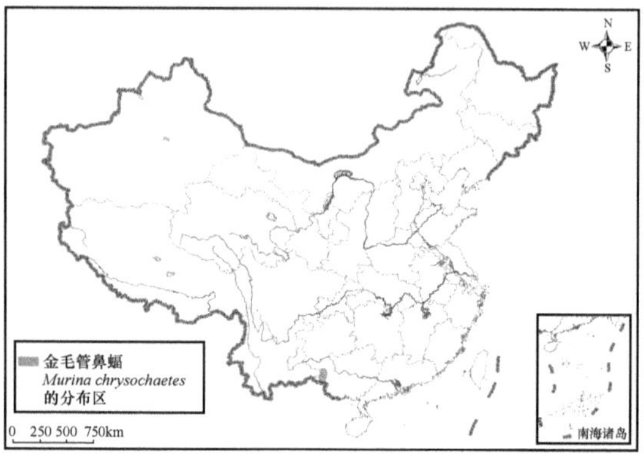

金毛管鼻蝠 *Murina chrysochaetes*（Eger and Lim, 2011）
种下单元： 无
生　　境： 森林、喀斯特地貌
生态系统： 陆生生态系统
保护等级： **国家重点保护野生动物等级：** 无；**CITES 附录** [1]：未列入
红色名录： **IUCN** [2]：未列入；**中国哺乳类红色名录** [3]：DD
国内分布： 广西
分布国家： 中国

Golden-haired Tube-nosed Bat *Murina chrysochaetes*（Eger and Lim, 2011）
Infra-specific Taxa： None
Habitat and Ecology： Forest; Karst
Ecosystem： Terrestrial
National Key Protected Wild Animal List： None; **CITES Appendix** [1]：Not listed
Red List： **IUCN Red List** [2]：Not listed; **China Mammal Red List** [3]：DD
Range in the country： Guangxi
Range countries： China

参考文献 Citation

Eger J and Lim B, 2011

207. 圆耳管鼻蝠 Round-eared Tube-nosed Bat

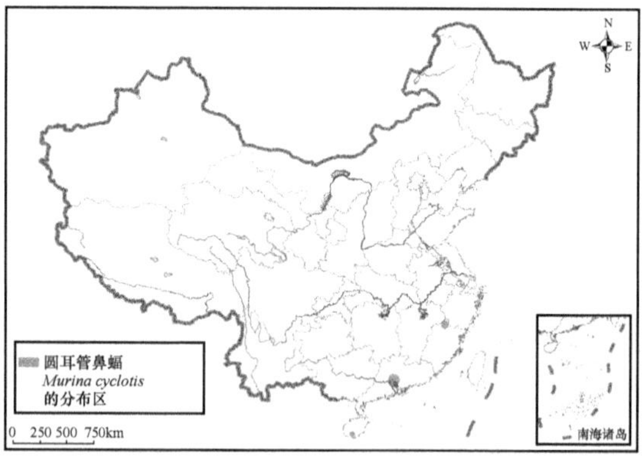

圆耳管鼻蝠 *Murina cyclotis*（Dobson, 1872）
种下单元： *cyclotis*; *eileenae*; *peninsularis*
生　　境： 洞穴、内陆岩石区域、森林
生态系统： 陆生生态系统
保护等级： **国家重点保护野生动物等级：** 无；**CITES 附录** [1]：未列入
红色名录： **IUCN** [2]：LC；**中国哺乳类红色名录** [3]：NT
国内分布： 江西、海南、广东
分布国家： 文莱、柬埔寨、中国、印度、老挝、马来西亚、缅甸、尼泊尔、菲律宾、斯里兰卡、泰国、越南

Round-eared Tube-nosed Bat *Murina cyclotis*（Dobson, 1872）
Infra-specific Taxa： *cyclotis*; *eileenae*; *peninsularis*
Habitat and Ecology： Caves; Inland Rocky Areas; Forest
Ecosystem： Terrestrial
National Key Protected Wild Animal List： None; **CITES Appendix** [1]：Not listed
Red List： **IUCN Red List** [2]：LC; **China Mammal Red List** [3]：NT
Range in the country： Jiangxi, Hainan, Guangdong
Range countries： Brunei, Cambodia, China, India, Laos, Malaysia, Myanmar, Nepal, Philippines, Sri Lanka, Thailand, Vietnam

参考文献 Citation

Xu J *et al.*（徐剑等）, 2002; Wang Y（王应祥）, 2003; Wilson and Reeder, 2005; Zhang R（张荣祖）, 1997; Pan Q *et al.*（潘清华等）, 2007; Smith *et al.*, 2009; IUCN, 2014

208. 艾氏管鼻蝠 Elery's Tube-nosed Bat

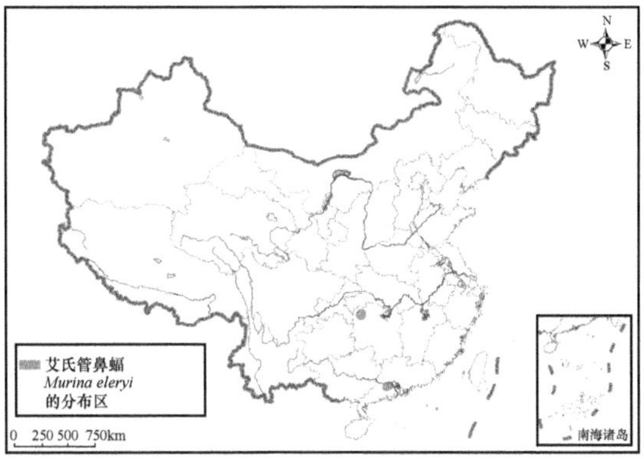

艾氏管鼻蝠 *Murina eleryi* (Furey, 2009)
种下单元： 无
生　　境： 森林、喀斯特地貌
生态系统： 陆生生态系统
保护等级：国家重点保护野生动物等级： 无；**CITES 附录** [1]：未列入
红色名录：IUCN[2]：未列入；**中国哺乳类红色名录** [3]：NT
国内分布： 湖南、广东
分布国家： 中国、越南

Elery's Tube-nosed Bat *Murina eleryi* (Furey, 2009)

Infra-specific Taxa： None

Habitat and Ecology： Forest; Karst

Ecosystem： Terrestrial

National Key Protected Wild Animal List： None; **CITES Appendix**[1]：Not listed

Red List：IUCN Red List[2]：Not listed; **China Mammal Red List**[3]：NT

Range in the country： Hunan, Guangdong

Range countries： China, Vietnam

参考文献 Citation

Furey N *et al.*, 2009

209. 姬管鼻蝠 Taiwanese Little Tube-nosed Bat

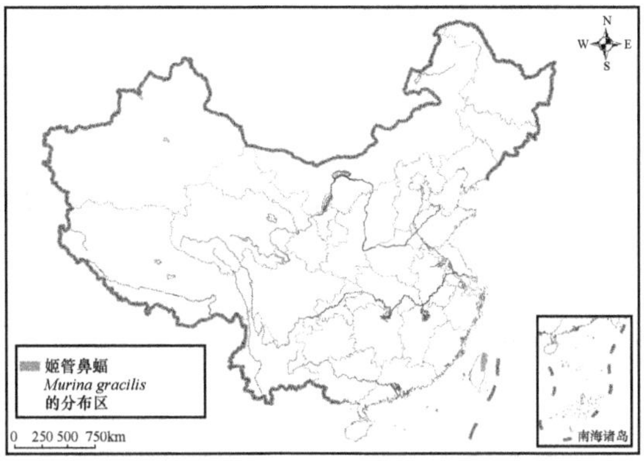

姬管鼻蝠 *Murina gracilis* (Kuo, 2009)
种下单元： 无
生　　境： 未知
生态系统： 陆生生态系统
保护等级：国家重点保护野生动物等级： 无；**CITES 附录** [1]：未列入
红色名录：IUCN[2]：未列入；**中国哺乳类红色名录** [3]：DD
国内分布： 台湾
分布国家： 中国

Taiwanese Little Tube-nosed Bat *Murina gracilis* (Kuo, 2009)

Infra-specific Taxa： None

Habitat and Ecology： Unknown

Ecosystem： Terrestrial

National Key Protected Wild Animal List： None; **CITES Appendix**[1]：Not listed

Red List：IUCN Red List[2]：Not listed; **China Mammal Red List**[3]：DD

Range in the country： Taiwan

Range countries： China

参考文献 Citation

Kuo H *et al.*, 2009

210. 哈氏管鼻蝠 Harrison's Tube-nosed Bat

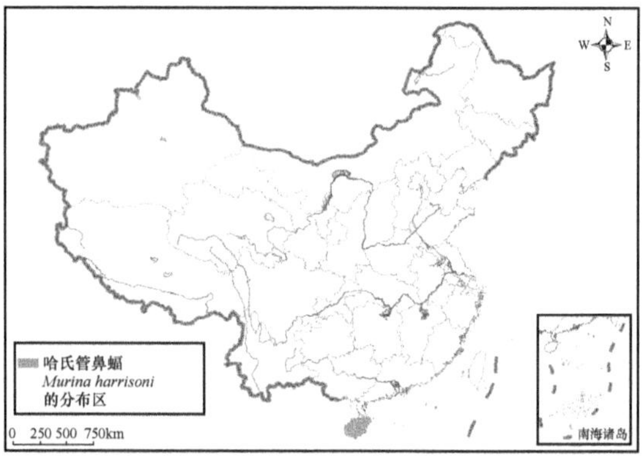

哈氏管鼻蝠 *Murina harrisoni* (Csorba & Bates, 2005)

种下单元：无

生　　境：森林、次生林

生态系统：陆生生态系统

保护等级：国家重点保护野生动物等级：无；**CITES 附录** [1]：未列入

红色名录：IUCN[2]：DD；**中国哺乳类红色名录** [3]：DD

国内分布：海南

分布国家：中国、柬埔寨

Harrison's Tube-nosed Bat *Murina harrisoni* (Csorba & Bates, 2005)

Infra-specific Taxa: None

Habitat and Ecology: Forest; Secondary Forest

Ecosystem: Terrestrial

National Key Protected Wild Animal List: None; CITES Appendix[1]: Not listed

Red List: IUCN Red List[2]: DD; **China Mammal Red List**[3]: DD

Range in the country: Hainan

Range countries: China; Cambodia

参考文献 Citation

Wu Y *et al.*, 2010; IUCN, 2014

211. 东北管鼻蝠 Greater Tube-nosed Bat

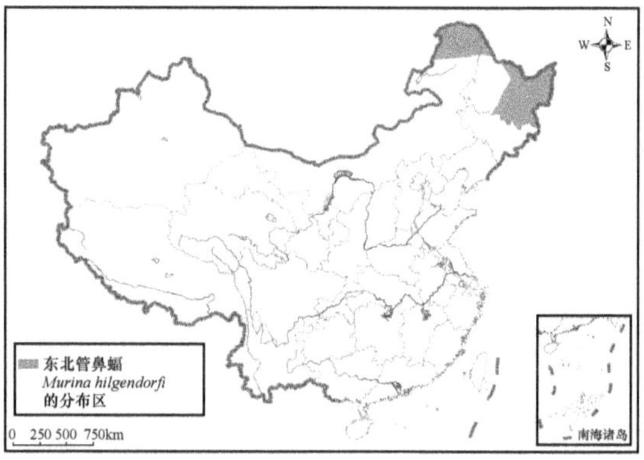

东北管鼻蝠 *Murina hilgendorfi* (Peters, 1880)

种下单元：无

生　　境：洞穴、森林、人造建筑

生态系统：陆生生态系统

保护等级：国家重点保护野生动物等级：无；**CITES 附录** [1]：未列入

红色名录：IUCN[2]：LC；**中国哺乳类红色名录** [3]：LC

国内分布：黑龙江、内蒙古

分布国家：中国、日本、朝鲜、韩国、俄罗斯

Greater Tube-nosed Bat *Murina hilgendorfi* (Peters, 1880)

Infra-specific Taxa: None

Habitat and Ecology: Caves; Forest; Architecture

Ecosystem: Terrestrial

National Key Protected Wild Animal List: None; **CITES Appendix**[1]: Not listed

Red List: IUCN Red List[2]: LC; **China Mammal Red List**[3]: LC

Range in the country: Heilongjiang, Inner Mongolia

Range countries: China, Japan, Korea, Democratic People's Republic of, Korea, Republic of, Russia

参考文献 Citation

Wang Y (王应祥), 2003; Wilson and Reeder, 2005; Pan Q *et al.* (潘清华等), 2007; Smith *et al.*, 2009; IUCN, 2014

212. 中管鼻蝠 Hutton's Tube-nosed Bat

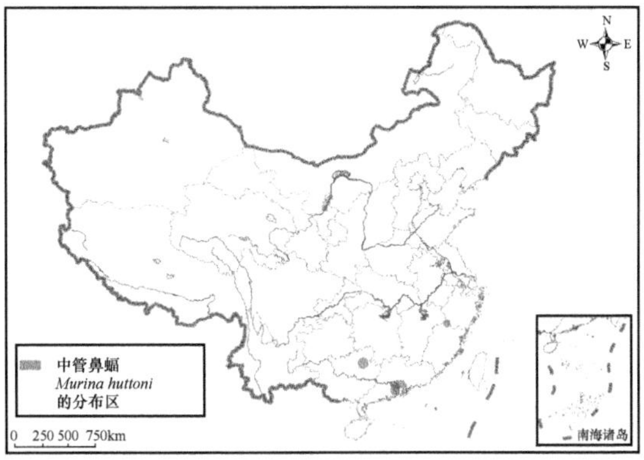

中管鼻蝠 *Murina huttoni* (Peters, 1872)
种下单元： *huttoni*; *rubella*
生　　境： 森林、种植园
生态系统： 陆生生态系统
保护等级： **国家重点保护野生动物等级：** 无；**CITES 附录**[1]：未列入
红色名录： **IUCN**[2]：LC；**中国哺乳类红色名录**[3]：LC
国内分布： 广西、广东、福建
分布国家： 中国、印度、老挝、马来西亚、缅甸、尼泊尔、巴基斯坦、泰国、越南

Hutton's Tube-nosed Bat *Murina huttoni* (Peters, 1872)
Infra-specific Taxa： *huttoni*; *rubella*
Habitat and Ecology： Forest; Plantations
Ecosystem： Terrestrial
National Key Protected Wild Animal List： None; **CITES Appendix**[1]：Not listed
Red List： **IUCN Red List**[2]：LC; **China Mammal Red List**[3]：LC
Range in the country： Guangxi, Guangdong, Fujian
Range countries： China, India, Laos, Malaysia, Myanmar, Nepal, Pakistan, Thailand, Vietnam

参考文献 Citation

Wang Y (王应祥), 2003; Wilson and Reeder, 2005; Zhang R (张荣祖), 1997; Pan Q *et al.* (潘清华等), 2007; Smith *et al.*, 2009; IUCN, 2014

213. 白腹管鼻蝠 Rufous Tube-nosed Bat

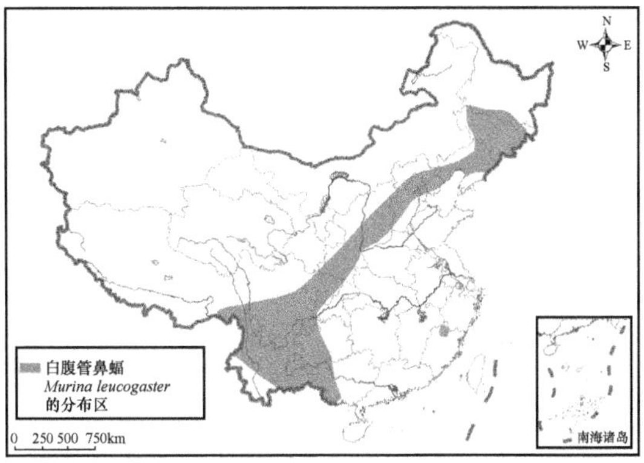

白腹管鼻蝠 *Murina leucogaster* (Milne-Edwards, 1872)
种下单元： *leucogaster*; *rubex*
生　　境： 洞穴、森林、人造建筑
生态系统： 陆生生态系统
保护等级： **国家重点保护野生动物等级：** 无；**CITES 附录**[1]：未列入
红色名录： **IUCN**[2]：DD；**中国哺乳类红色名录**[3]：LC
国内分布： 北京、山西、辽宁、吉林、黑龙江、福建、广西、四川、贵州、西藏、陕西、云南
分布国家： 不丹、中国、印度、日本、尼泊尔、泰国

Rufous Tube-nosed Bat *Murina leucogaster* (Milne-Edwards, 1872)
Infra-specific Taxa： *leucogaster*; *rubex*
Habitat and Ecology： Caves; Forest; Architecture
Ecosystem： Terrestrial
National Key Protected Wild Animal List： None; **CITES Appendix**[1]：Not listed
Red List： **IUCN Red List**[2]：DD; **China Mammal Red List**[3]：LC
Range in the country： Beijing, Shanxi, Liaoning, Jilin, Heilongjiang, Fujian, Guangxi, Sichuan, Guizhou, Tibet, Shaanxi, Yunnan
Range countries： Bhutan, China, India, Japan, Nepal, Thailand

参考文献 Citation

Wang Y (王应祥), 2003; Wilson and Reeder, 2005; Zhang R (张荣祖), 1997; Pan Q *et al.* (潘清华等), 2007; Smith *et al.*, 2009; IUCN, 2014

214. 罗蕾莱管鼻蝠 Lorelie's Tube-nosed Bat

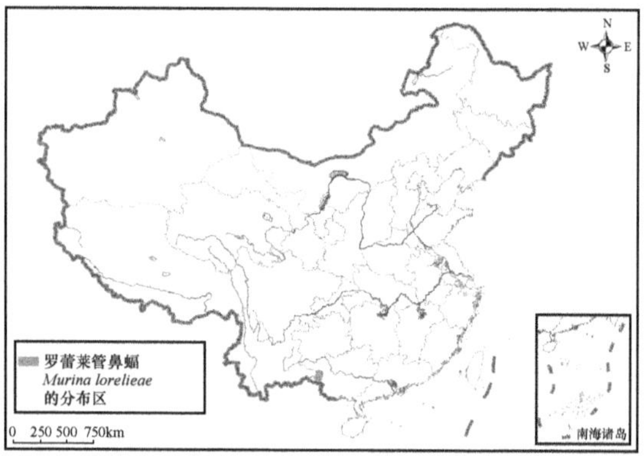

罗蕾莱管鼻蝠 *Murina lorelieae* (Eger and Lim, 2011)
种下单元：无
生　　境：森林
生态系统：陆生生态系统
保护等级：国家重点保护野生动物等级：无；**CITES 附录**[1]：未列入
红色名录：IUCN[2]：未列入；**中国哺乳类红色名录**[3]：DD
国内分布：广西
分布国家：中国

Lorelie's Tube-nosed Bat *Murina lorelieae* (Eger and Lim, 2011)

Infra-specific Taxa: None

Habitat and Ecology: Forest

Ecosystem: Terrestrial

National Key Protected Wild Animal List: None; **CITES Appendix**[1]: Not listed

Red List: IUCN Red List[2]: Not listed; **China Mammal Red List**[3]: DD

Range in the country: Guangxi

Range countries: China

参考文献 Citation

Eger J and Lim B, 2011

215. 台湾管鼻蝠 Taiwanese Tube-nosed Bat

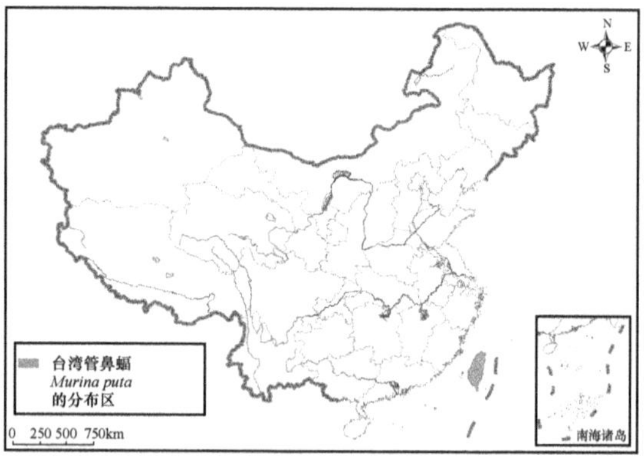

台湾管鼻蝠 *Murina puta* (Kishida, 1924)
种下单元：无
生　　境：温带森林
生态系统：陆生生态系统
保护等级：国家重点保护野生动物等级：无；**CITES 附录**[1]：未列入
红色名录：IUCN[2]：NT；**中国哺乳类红色名录**[3]：NT
国内分布：台湾
分布国家：中国

Taiwanese Tube-nosed Bat *Murina puta* (Kishida, 1924)

Infra-specific Taxa: None

Habitat and Ecology: Temperate Forest

Ecosystem: Terrestrial

National Key Protected Wild Animal List: None; **CITES Appendix**[1]: Not listed

Red List: IUCN Red List[2]: NT; **China Mammal Red List**[3]: NT

Range in the country: Taiwan

Range countries: China

参考文献 Citation

Wang Y (王应祥), 2003; Wilson and Reeder, 2005; Zhang R (张荣祖), 1997; Pan Q *et al.* (潘清华等), 2007; Smith *et al.*, 2009; IUCN, 2014

216. 隐姬管鼻蝠 Faint-golden Little Tube-nosed Bat

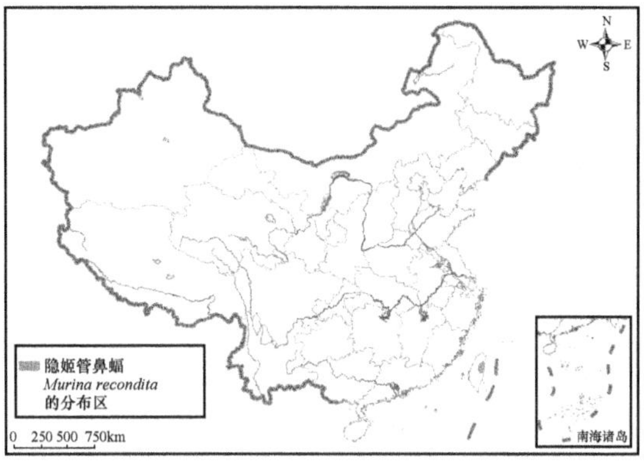

隐姬管鼻蝠 *Murina recondita* (Kuo, 2009)

种下单元：无

生　　境：未知

生态系统：陆生生态系统

保护等级：国家重点保护野生动物等级：无；**CITES 附录**[1]：未列入

红色名录：IUCN[2]：未列入；**中国哺乳类红色名录**[3]：DD

国内分布：台湾

分布国家：中国

Faint-golden Little Tube-nosed Bat *Murina recondita* (Kuo, 2009)

Infra-specific Taxa：None

Habitat and Ecology：Unknown

Ecosystem：Terrestrial

National Key Protected Wild Animal List：None; **CITES Appendix**[1]：Not listed

Red List：IUCN Red List[2]：Not listed; **China Mammal Red List**[3]：DD

Range in the country：Taiwan

Range countries：China

参考文献 Citation

Kuo H *et al.*, 2009

217. 水甫管鼻蝠 Shuipu's Tube-nosed Bat

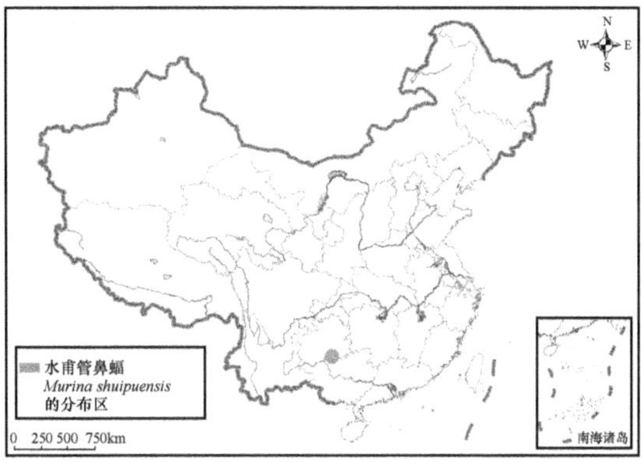

水甫管鼻蝠 *Murina shuipuensis* (Eger and Lim, 2011)

种下单元：无

生　　境：森林、喀斯特地貌

生态系统：陆生生态系统

保护等级：国家重点保护野生动物等级：无；**CITES 附录**[1]：未列入

红色名录：IUCN[2]：未列入；**中国哺乳类红色名录**[3]：DD

国内分布：贵州

分布国家：中国

Shuipu's Tube-nosed Bat *Murina shuipuensis* (Eger and Lim, 2011)

Infra-specific Taxa：None

Habitat and Ecology：Forest; Karst

Ecosystem：Terrestrial

National Key Protected Wild Animal List：None; **CITES Appendix**[1]：Not listed

Red List：IUCN Red List[2]：Not listed; **China Mammal Red List**[3]：DD

Range in the country：Guizhou

Range countries：China

参考文献 Citation

Eger J and Lim B, 2011

218. 乌苏里管鼻蝠 Ussuri Tube-nosed Bat

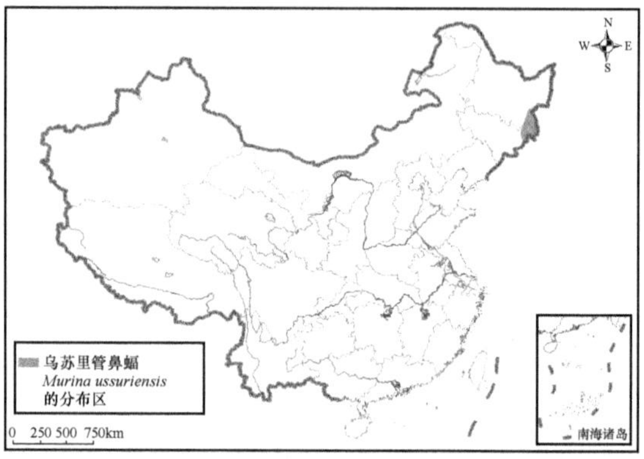

乌苏里管鼻蝠 *Murina ussuriensis* (Ognev, 1913)
种下单元：无
生　　境：未知
生态系统：陆生生态系统
保护等级：**国家重点保护野生动物等级**：无；**CITES 附录**[1]：未列入
红色名录：**IUCN**[2]：LC；**中国哺乳类红色名录**[3]：DD
国内分布：吉林、黑龙江
分布国家：中国、日本、朝鲜、俄罗斯

Ussuri Tube-nosed Bat *Murina ussuriensis* (Ognev, 1913)
Infra-specific Taxa：None
Habitat and Ecology：Unknown
Ecosystem：Terrestrial
National Key Protected Wild Animal List：None; **CITES Appendix**[1]：Not listed
Red List：**IUCN Red List**[2]：LC; **China Mammal Red List**[3]：DD
Range in the country：Jilin, Heilongjiang
Range countries：China, Japan, Korea, Democratic People's Republic of, Russia

参考文献 Citation

Wang Y (王应祥), 2003; Pan Q *et al.* (潘清华等), 2007; Smith *et al.*, 2009; IUCN, 2014

219. 毛翼管鼻蝠 Lesser Hairy-Winged Bat

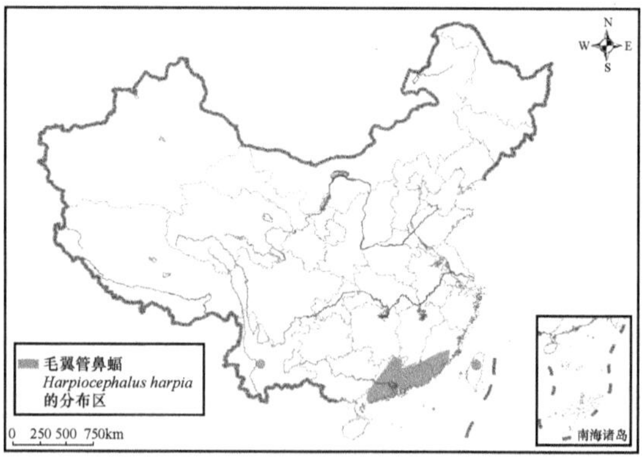

毛翼管鼻蝠 *Harpiocephalus harpia* (Temminck, 1840)
种下单元：*harpia*; *lasyurus*; *madrassius*; *rufulus*
生　　境：常绿阔叶林
生态系统：陆生生态系统
保护等级：**国家重点保护野生动物等级**：无；**CITES 附录**[1]：未列入
红色名录：**IUCN**[2]：LC；**中国哺乳类红色名录**[3]：NT
国内分布：云南、广东、福建、台湾
分布国家：中国、马来半岛、新几内亚、澳大利亚

Lesser Hairy-Winged Bat *Harpiocephalus harpia* (Temminck, 1840)
Infra-specific Taxa：*harpia*; *lasyurus*; *madrassius*; *rufulus*
Habitat and Ecology：Evergreen Broad-leaved Forest
Ecosystem：Terrestrial
National Key Protected Wild Animal List：None; **CITES Appendix**[1]：Not listed
Red List：**IUCN Red List**[2]：LC; **China Mammal Red List**[3]：NT
Range in the country：Yunnan, Guangdong, Fujian, Taiwan
Range countries：China, Malaysia, Thailand, Myanmar, New Guinea, Australia

参考文献 Citation

Xu J *et al.* (徐剑等), 2002; Wang Y (王应祥), 2003; Wilson and Reeder, 2005; Zhang R (张荣祖), 1997; Pan Q *et al.* (潘清华等), 2007; Smith *et al.*, 2009; IUCN, 2014; Zhou Q *et al.* (周全等), 2014

220. 哈氏彩蝠 Hardwicke's Woolly Bat

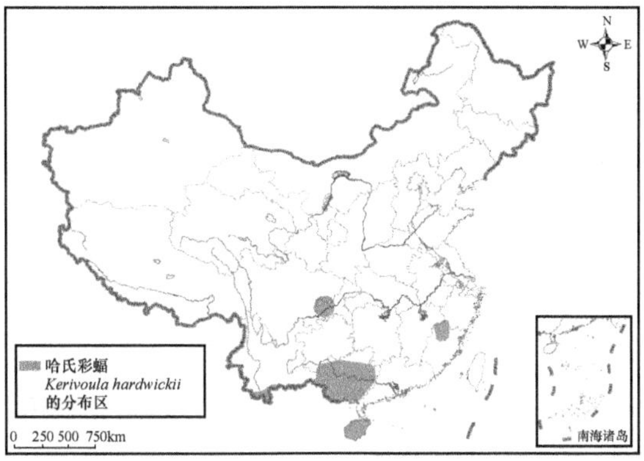

哈氏彩蝠 *Kerivoula hardwickii* (Horsfield, 1824)
种下单元： 无
生　　境： 热带/亚热带湿润低地/山地森林、耕地、人造建筑
生态系统： 陆生生态系统
保护等级： **国家重点保护野生动物等级：** 无; **CITES 附录** [1]：未列入
红色名录： IUCN[2]：LC; **中国哺乳类红色名录** [3]：DD
国内分布： 四川、广西、云南、福建、重庆、海南
分布国家： 文莱、柬埔寨、中国、印度尼西亚、老挝、马来西亚、缅甸、菲律宾、泰国、越南

Hardwicke's Woolly Bat *Kerivoula hardwickii* (Horsfield, 1824)
Infra-specific Taxa： None
Habitat and Ecology： Tropical/Subtropical Moist Lowland/Montane Forest; Arable Land; Architecture
Ecosystem： Terrestrial
National Key Protected Wild Animal List： None; **CITES Appendix**[1]：Not listed
Red List： **IUCN Red List**[2]：LC; **China Mammal Red List**[3]：DD
Range in the country： Sichuan, Guangxi, Yunnan, Fujian, Chongqing, Hainan
Range countries： Brunei, Cambodia, China, Indonesia, Laos, Malaysia, Myanmar, Philippines, Thailand, Vietnam

参考文献 Citation

Wang Y (王应祥), 2003; Wilson and Reeder, 2005; Zhang R (张荣祖), 1997; Pan Q *et al.* (潘清华等), 2007; Smith *et al.*, 2009; IUCN, 2014

221. 彩蝠 Painted Woolly Bat

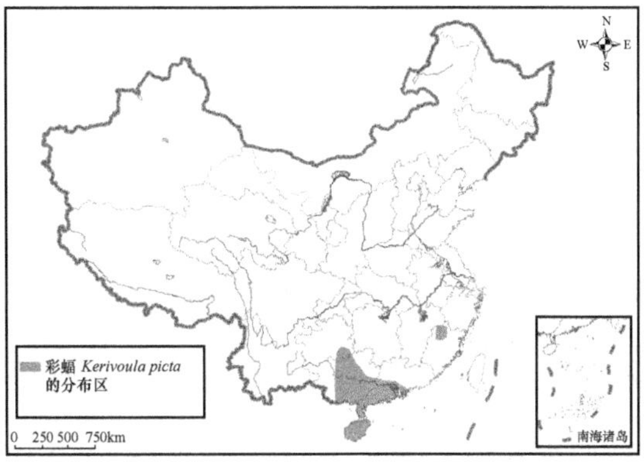

彩　　蝠 *Kerivoula picta* (Pallas, 1767)
种下单元： *picta*; *bellissima*
生　　境： 未知
生态系统： 陆生生态系统
保护等级： **国家重点保护野生动物等级：** 无; **CITES 附录** [1]：未列入
红色名录： **IUCN**[2]：LC; **中国哺乳类红色名录** [3]：EN
国内分布： 广东、广西、海南、福建、贵州
分布国家： 孟加拉国、柬埔寨、中国、印度、印度尼西亚、老挝、马来西亚(沙巴、沙捞越)、缅甸、尼泊尔、斯里兰卡、泰国、越南

Painted Wolly Bat *Kerivoula picta* (Pallas, 1767)
Infra-specific Taxa： *picta*; *bellissima*
Habitat and Ecology： Unknown
Ecosystem： Terrestrial
National Key Protected Wild Animal List： None; **CITES Appendix**[1]：Not listed
Red List： **IUCN Red List**[2]：LC; **China Mammal Red List**[3]：EN
Range in the country： Guangdong, Guangxi, Hainan, Fujian, Guizhou
Range countries： Bangladesh, Cambodia, China, India, Indonesia, Laos, Malaysia, Myanmar, Nepal, Sri Lanka, Thailand, Vietnam

参考文献 Citation

Wang Y (王应祥), 2003; Wilson and Reeder, 2005; Zhang R (张荣祖), 1997; Pan Q *et al.* (潘清华等), 2007; Smith *et al.*, 2009; IUCN, 2014

222. 泰坦尼亚彩蝠 Titania's Woolly Bat

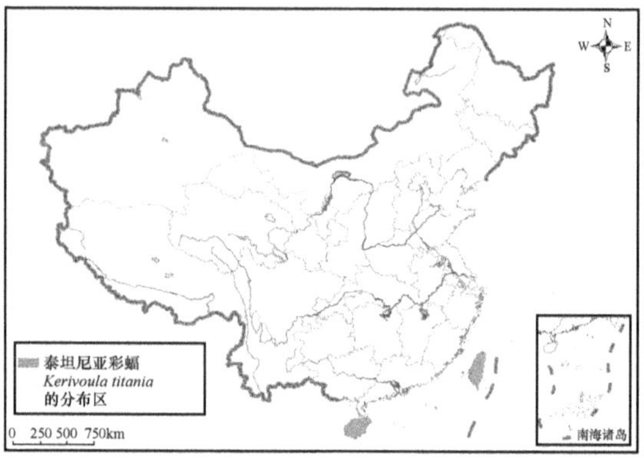

泰坦尼亚彩蝠 *Kerivoula titania*(Bates, 2007)
种下单元：无
生　　境：森林、喀斯特地貌
生态系统：陆生生态系统
保护等级：国家重点保护野生动物等级：无；**CITES 附录**[1]：未列入
红色名录：IUCN[2]：LC；**中国哺乳类红色名录**[3]：NT
国内分布：海南、台湾
分布国家：中国、柬埔寨、老挝、缅甸、泰国、越南

Titania's Woolly Bat *Kerivoula titania*(Bates, 2007)
Infra-specific Taxa: None
Habitat and Ecology: Forest; Karst
Ecosystem: Terrestrial
National Key Protected Wild Animal List: None; **CITES Appendix**[1]: Not listed
Red List: IUCN Red List[2]: LC; **China Mammal Red List**[3]: NT
Range in the country: Hainan, Taiwan
Range countries: China, Cambodia, Laos, Myanmar, Thailand, Vietnam
参考文献 Citation
Wu Y *et al.*, 2012; IUCN, 2014

灵长目 PRIMATES　懒猴科 LORISIDAE

223. 蜂猴 Bangladesh Slow Loris

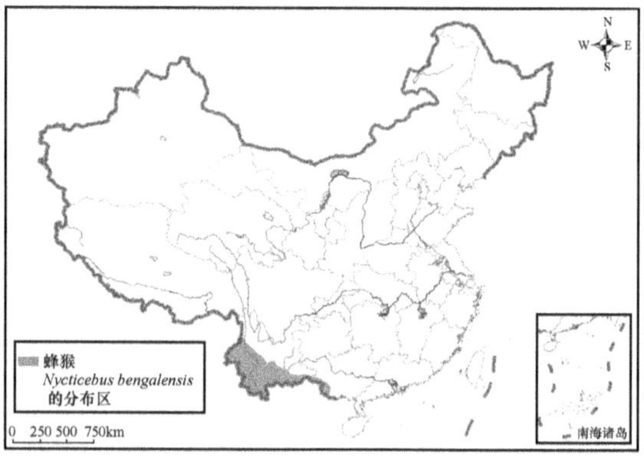

蜂猴 *Nycticebus bengalensis*(Lacépède, 1800)
种下单元：无
生　　境：森林、灌丛、竹丛、种植园
生态系统：陆生生态系统
保护等级：国家重点保护野生动物等级：一级；**CITES 附录**[1]：I
红色名录：IUCN[2]：VU；**中国哺乳类红色名录**[3]：EN
国内分布：广西、云南
分布国家：孟加拉国、柬埔寨、中国、印度、老挝、缅甸、泰国、越南

Bangladesh Slow Loris *Nycticebus bengalensis*(Lacépède, 1800)
Infra-specific Taxa: None
Habitat and Ecology: Forest; Shrubland; Bamboo Grove; Plantations
Ecosystem: Terrestrial
National Key Protected Wild Animal List: Category One; **CITES Appendix**[1]: I
Red List: IUCN Red List[2]: VU; **China Mammal Red List**[3]: EN
Range in the country: Guangxi, Yunnan
Range countries: Bangladesh, Cambodia, China, India, Laos, Myanmar, Thailand, Vietnam
参考文献 Citation
Wang Y(王应祥), 2003; Wilson and Reeder, 2005; Zhang R(张荣祖), 1997; Pan Q *et al.*(潘清华等), 2007; Smith *et al.*, 2009; IUCN, 2014

224. 倭蜂猴 Pygmy Slow Loris

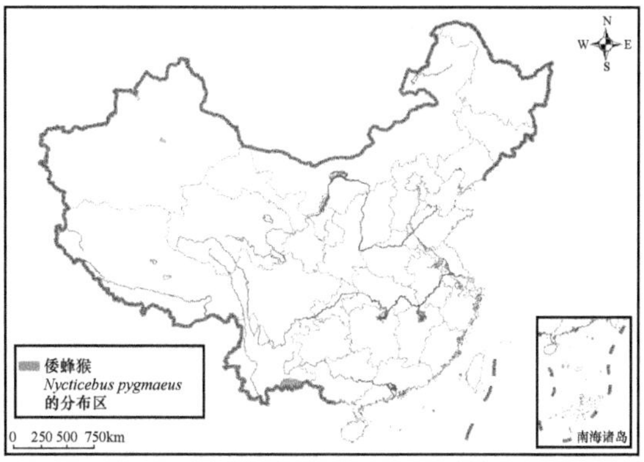

倭蜂猴 *Nycticebus pygmaeus*（Bonhote, 1907）
种下单元：无
生　　境：热带湿润低地森林、次生林、灌丛
生态系统：陆生生态系统
保护等级：**国家重点保护野生动物等级**：一级；**CITES 附录**[1]：I
红色名录：**IUCN**[2]：VU；**中国哺乳类红色名录**[3]：CR
国内分布：云南
分布国家：中国、柬埔寨、老挝、越南

Pygmy Slow Loris *Nycticebus pygmaeus*（Bonhote, 1907）
Infra-specific Taxa：None
Habitat and Ecology：Tropical Moist Lowland Forest; Secondary Forest; Shrubland
Ecosystem：Terrestrial
National Key Protected Wild Animal List：Category One; **CITES Appendix**[1]：I
Red List：**IUCN Red List**[2]：VU; **China Mammal Red List**[3]：CR
Range in the country：Yunnan
Range countries：China, Cambodia, Laos, Vietnam
参考文献 Citation
Wang Y（王应祥）, 2003; Wilson and Reeder, 2005; Zhang R（张荣祖）, 1997; Pan Q *et al.*（潘清华等）, 2007; Smith *et al.*, 2009; IUCN, 2014

猴科 CERCOPITHECIDAE

225. 短尾猴 Stump-tailed Macaque

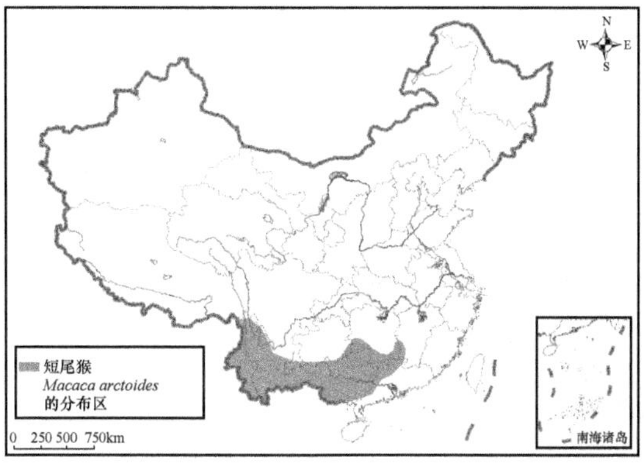

短尾猴 *Macaca arctoides*（Geoffroy, 1831）
种下单元：无
生　　境：热带/亚热带湿润山地森林
生态系统：陆生生态系统
保护等级：**国家重点保护野生动物等级**：二级；**CITES 附录**[1]：II
红色名录：**IUCN**[2]：VU；**中国哺乳类红色名录**[3]：VU
国内分布：广西、云南、湖南、广东、贵州、江西
分布国家：柬埔寨、中国、印度、老挝、马来西亚、缅甸、泰国、越南

Stump-tailed Macaque *Macaca arctoides*（Geoffroy, 1831）
Infra-specific Taxa：None
Habitat and Ecology：Tropical/Subtropical Moist Montane Forest
Ecosystem：Terrestrial
National Key Protected Wild Animal List：Category Two; **CITES Appendix**[1]：II
Red List：**IUCN Red List**[2]：VU; **China Mammal Red List**[3]：VU
Range in the country：Guangxi, Yunnan, Hunan, Guangdong, Guizhou, Jiangxi
Range countries：Cambodia, China, India, Laos, Malaysia, Myanmar, Thailand, Vietnam
参考文献 Citation
Wang Y（王应祥）, 2003; Wilson and Reeder, 2005; Zhang R（张荣祖）, 1997; Pan Q *et al.*（潘清华等）, 2007; Smith *et al.*, 2009; IUCN, 2014

226. 熊猴 Assam Macaque

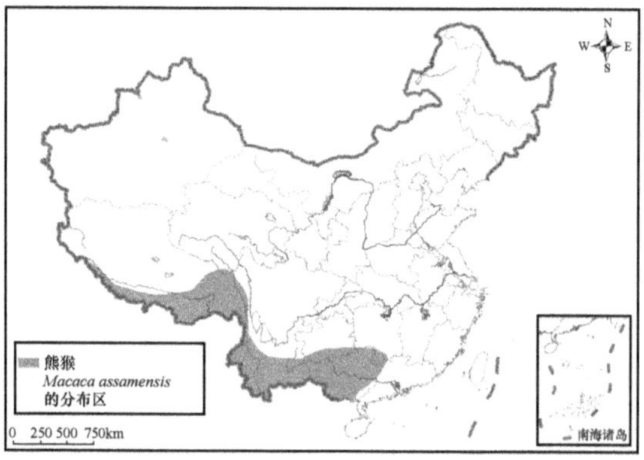

熊猴　*Macaca assamensis* (M'Clelland, 1840)
种下单元：*assamensis; pelops*
生　　境：森林
生态系统：陆生生态系统
保护等级：**国家重点保护野生动物等级**：一级；**CITES 附录**[1]：II
红色名录：**IUCN**[2]：NT；**中国哺乳类红色名录**[3]：VU
国内分布：广东、云南、广西、贵州、西藏
分布国家：孟加拉国、不丹、中国、印度、老挝、缅甸、尼泊尔、泰国、越南

Assam Macaque　*Macaca assamensis* (M'Clelland, 1840)
Infra-specific Taxa：*assamensis; pelops*
Habitat and Ecology：Forest
Ecosystem：Terrestrial
National Key Protected Wild Animal List：Category One; **CITES Appendix**[1]：II
Red List：**IUCN Red List**[2]：NT; **China Mammal Red List**[3]：VU
Range in the country：Guangdong, Yunnan, Guangxi, Guizhou, Tibet
Range countries：Bangladesh, Bhutan, China, India, Laos, Myanmar, Nepal, Thailand, Vietnam

参考文献 Citation

Wang Y (王应祥), 2003; Wilson and Reeder, 2005; Zhang R (张荣祖), 1997; Pan Q *et al.* (潘清华等), 2007; Smith *et al.*, 2009; IUCN, 2014

227. 台湾猴 Formosan Rock Macaque

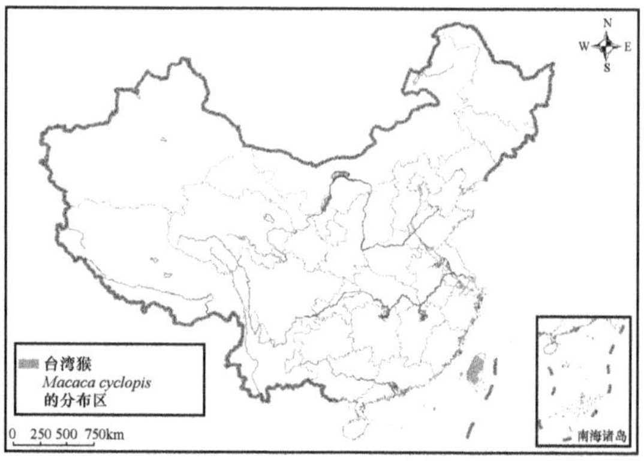

台湾猴　*Macaca cyclopis* (Swinhoe, 1863)
种下单元：无
生　　境：亚热带湿润山地森林、竹林、次生林、耕地
生态系统：陆生生态系统
保护等级：**国家重点保护野生动物等级**：一级；**CITES 附录**[1]：II
红色名录：**IUCN**[2]：LC；**中国哺乳类红色名录**[3]：EN
国内分布：台湾
分布国家：中国、日本

Formosan Rock Macaque　*Macaca cyclopis* (Swinhoe, 1863)
Infra-specific Taxa：None
Habitat and Ecology：Subtropical Moist Montane Forest; Bamboo Grove; Secondary Forest; Arable Land
Ecosystem：Terrestrial
National Key Protected Wild Animal List：Category One; **CITES Appendix**[1]：II
Red List：**IUCN Red List**[2]：LC; **China Mammal Red List**[3]：EN
Range in the country：Taiwan
Range countries：China, Japan

参考文献 Citation

Wang Y (王应祥), 2003; Wilson and Reeder, 2005; Zhang R (张荣祖), 1997; Pan Q *et al.* (潘清华等), 2007; Smith *et al.*, 2009; IUCN, 2014

228. 北豚尾猴 Northern Pig-tailed Macaque

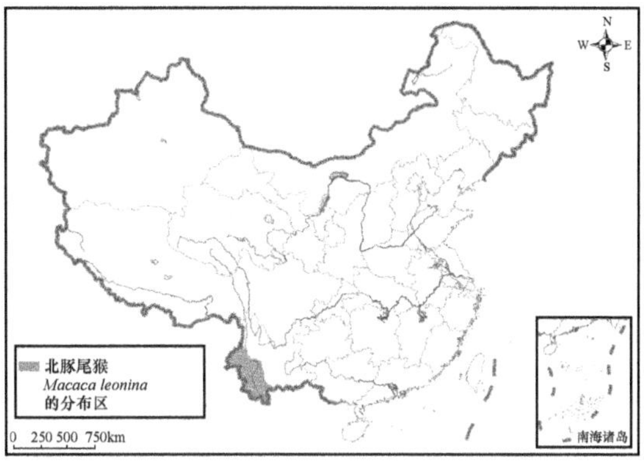

北豚尾猴 *Macaca leonina*（Blyth, 1863）

种下单元： 无

生　　境： 热带/亚热带湿润低地森林、耕地

生态系统： 陆生生态系统

保护等级： **国家重点保护野生动物等级：** 一级；**CITES 附录**[1]：II

红色名录： **IUCN**[2]：VU；**中国哺乳类红色名录**[3]：CR

国内分布： 云南

分布国家： 孟加拉国、柬埔寨、中国、印度、老挝、缅甸、泰国、越南

Northern Pig-tailed Macaque *Macaca leonina*（Blyth, 1863）

Infra-specific Taxa： None

Habitat and Ecology： Tropical/Subtropical Moist Lowland Forest; Arable Land

Ecosystem： Terrestrial

National Key Protected Wild Animal List： Category One; **CITES Appendix**[1]：II

Red List： **IUCN Red List**[2]：VU; **China Mammal Red List**[3]：CR

Range in the country： Yunnan

Range countries： Bangladesh, Cambodia, China, India, Laos, Myanmar, Thailand, Vietnam

参考文献 Citation

Wang Y（王应祥）, 2003; Wilson and Reeder, 2005; Zhang R（张荣祖）, 1997; Pan Q *et al.*（潘清华等）, 2007; Smith *et al.*, 2009; IUCN, 2014

229. 白颊猕猴 White-cheeked Macaque

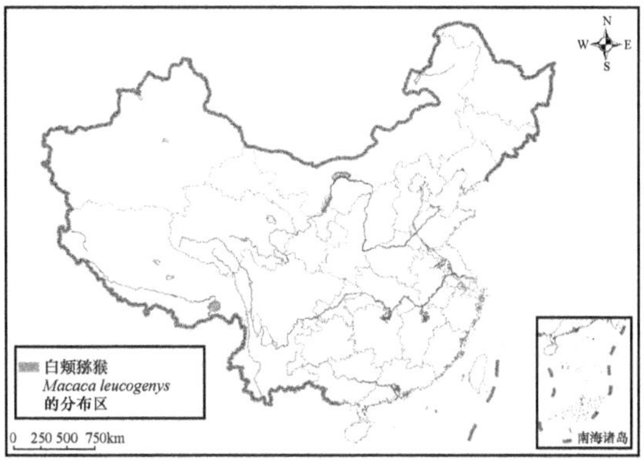

白颊猕猴 *Macaca leucogenys*（Li, 2015）

种下单元： 无

生　　境： 阔叶林、针叶阔叶混交林

生态系统： 陆生生态系统

保护等级： **国家重点保护野生动物等级：** 无；**CITES 附录**[1]：未列入

红色名录： **IUCN**[2]：未列入；**中国哺乳类红色名录**[3]：CR

国内分布： 西藏

分布国家： 中国

White-cheeked Macaque *Macaca leucogenys*（Li, 2015）

Infra-specific Taxa： None

Habitat and Ecology： Broad-leaved Forest; Coniferous and Broad-leaved Mixed Forest

Ecosystem： Terrestrial

National Key Protected Wild Animal List： None; **CITES Appendix**[1]：Not Listed

Red List： **IUCN Red List**[2]：Not listed; **China Mammal Red List**[3]：CR

Range in the country： Tibet

Range countries： China

参考文献 Citation

Li C *et al.*, 2015

230. 猕猴 Rhesus Monkey

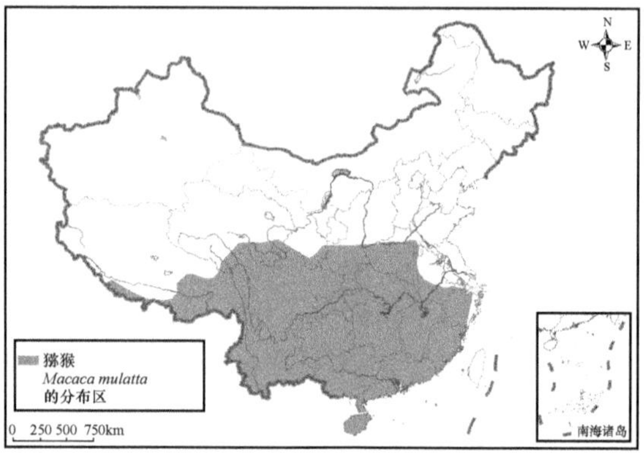

猕猴 *Macaca mulatta* (Zimmermann, 1780)
种下单元：无
生　　境：森林、海岸、灌丛、红树林、人造建筑、种植园
生态系统：陆生生态系统
保护等级：**国家重点保护野生动物等级**：二级；**CITES 附录**[1]：II
红色名录：**IUCN**[2]：LC；**中国哺乳类红色名录**[3]：LC
国内分布：山西、湖南、四川、云南、广西、浙江、河北、安徽、福建、江西、河南、湖北、广东、海南、贵州、西藏、陕西、甘肃、青海、香港、重庆
分布国家：阿富汗、孟加拉国、不丹、中国、印度、老挝、缅甸、尼泊尔、巴基斯坦、泰国、越南、美国

Rhesus Monkey *Macaca mulatta* (Zimmermann, 1780)
Infra-specific Taxa: None
Habitat and Ecology: Forest; Coast; Shrubland; Mangrove; Architecture; Plantations
Ecosystem: Terrestrial
National Key Protected Wild Animal List: Category Two; **CITES Appendix**[1]: II
Red List: **IUCN Red List**[2]: LC; **China Mammal Red List**[3]: LC
Range in the country: Shanxi, Hunan, Sichuan, Yunnan, Guangxi, Zhejiang, Hebei, Anhui, Fujian, Jiangxi, Henan, Hubei, Guangdong, Hainan, Guizhou, Tibet, Shaanxi, Gansu, Qinghai, Hongkong, Chongqing
Range countries: Afghanistan, Bangladesh, Bhutan, China, India, Laos, Myanmar, Nepal, Pakistan, Thailand, Vietnam, United States
参考文献 Citation
Wang Y (王应祥), 2003; Wilson and Reeder, 2005; Zhang R (张荣祖), 1997; Pan Q *et al.* (潘清华等), 2007; Smith *et al.*, 2009; IUCN, 2014

231. 达旺猴 Arunachal Macaque

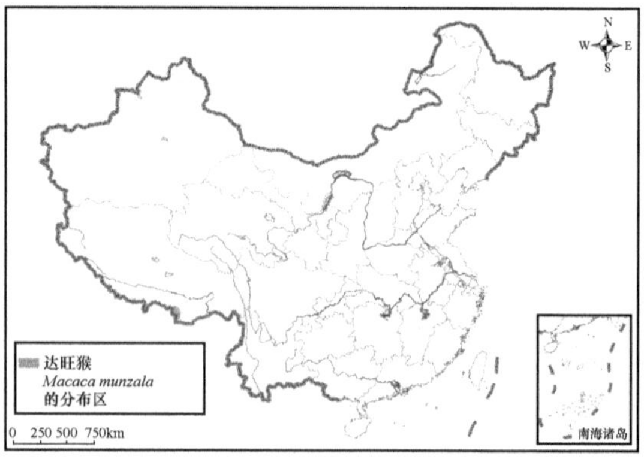

达旺猴 *Macaca munzala* (Madhusudan & Mishra, 2005)
种下单元：无
生　　境：阔叶林、针叶林、灌丛、耕地
生态系统：陆生生态系统
保护等级：**国家重点保护野生动物等级**：无；**CITES 附录**[1]：II
红色名录：**IUCN**[2]：EN；**中国哺乳类红色名录**[3]：EN
国内分布：西藏
分布国家：不丹、中国、印度

Arunachal Macaque *Macaca munzala* (Madhusudan & Mishra, 2005)
Infra-specific Taxa: None
Habitat and Ecology: Broad-leaved Forest; Coniferous Forest; Shrubland; Arable Land
Ecosystem: Terrestrial
National Key Protected Wild Animal List: None; **CITES Appendix**[1]: II
Red List: **IUCN Red List**[2]: EN; **China Mammal Red List**[3]: EN
Range in the country: Tibet
Range countries: Bhutan, China, India
参考文献 Citation
Sinha *et al.* (2005); Pan Q *et al.* (潘清华等), 2007; IUCN, 2014

232. 藏酋猴 Tibetan Macaque

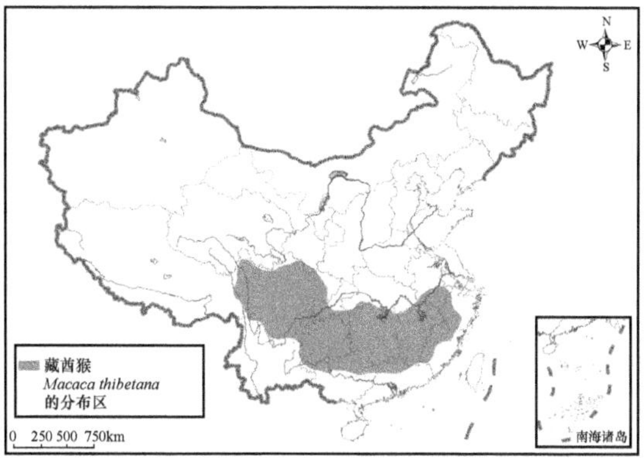

藏酋猴 *Macaca thibetana*(Milne-Edwards, 1870)
种下单元： *thibetana*; *esau*; *guiahouensis*; *huangshanensis*
生　　境： 热带/亚热带湿润山地森林、洞穴、次生林
生态系统： 陆生生态系统
保护等级： **国家重点保护野生动物等级：** 二级；**CITES 附录**[1]：II
红色名录： **IUCN**[2]：NT；**中国哺乳类红色名录**[3]：VU
国内分布： 浙江、湖南、安徽、福建、江西、湖北、广东、广西、四川、贵州、云南、西藏、甘肃、重庆
分布国家： 中国

Tibetan Macaque *Macaca thibetana*(Milne-Edwards, 1870)
Infra-specific Taxa： *thibetana*; *esau*; *guiahouensis*; *huangshanensis*
Habitat and Ecology： Tropical/Subtropical Moist Montane Forest; Caves; Secondary Forest
Ecosystem： Terrestrial
National Key Protected Wild Animal List： Category Two; **CITES Appendix**[1]：II
Red List： **IUCN Red List**[2]：NT; **China Mammal Red List**[3]：VU
Range in the country： Zhejiang, Hunan, Anhui, Fujian, Jiangxi, Hubei, Guangdong, Guangxi, Sichuan, Guizhou, Yunnan, Tibet, Gansu, Chongqing
Range countries： China

参考文献 Citation

Wang Y(王应祥), 2003; Wilson and Reeder, 2005; Zhang R(张荣祖), 1997; Pan Q *et al.*(潘清华等), 2007; Smith *et al.*, 2009; IUCN, 2014

233. 长尾叶猴 Nepal Gray Langur

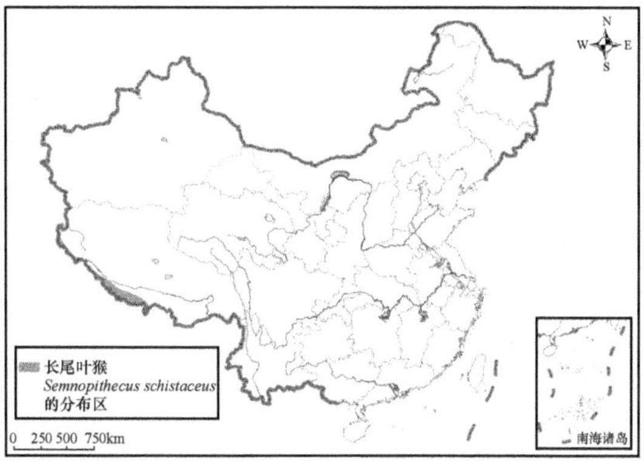

长尾叶猴 *Semnopithecus schistaceus*(Hodgson, 1840)
种下单元： 无
生　　境： 亚热带湿润山地森林、亚热带高海拔灌丛
生态系统： 陆生生态系统
保护等级： **国家重点保护野生动物等级：** 一级；**CITES 附录**[1]：I
红色名录： **IUCN**[2]：LC；**中国哺乳类红色名录**[3]：CR
国内分布： 西藏
分布国家： 不丹、中国、印度、尼泊尔、巴基斯坦

Nepal Gray Langur *Semnopithecus schistaceus*(Hodgson, 1840)
Infra-specific Taxa： None
Habitat and Ecology： Subtropical Moist Montane Forest; Subtropical High Altitude Shrubland
Ecosystem： Terrestrial
National Key Protected Wild Animal List： Category One; **CITES Appendix**[1]：I
Red List： **IUCN Red List**[2]：LC; **China Mammal Red List**[3]：CR
Range in the country： Tibet
Range countries： Bhutan, China, India, Nepal, Pakistan

参考文献 Citation

Wang Y(王应祥), 2003; Wilson and Reeder, 2005; Zhang R(张荣祖), 1997; Pan Q *et al.*(潘清华等), 2007; Smith *et al.*, 2009; IUCN, 2014

234. 印支灰叶猴 Indochinese Gray Langur

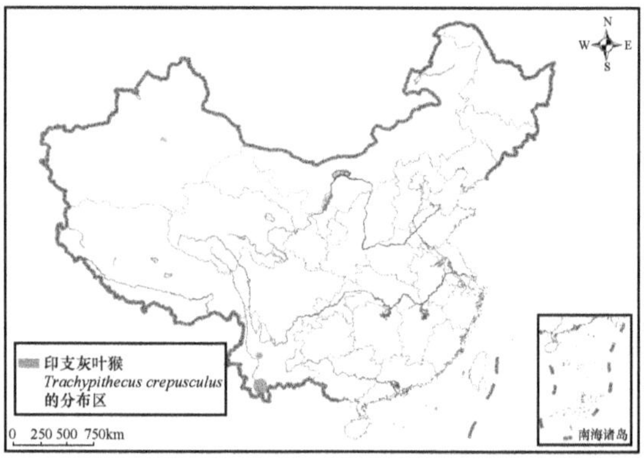

印支灰叶猴 *Trachypithecus crepusculus* (Elliot, 1909)
种下单元： 无
生　　境： 森林、盐碱地
生态系统： 陆生生态系统
保护等级： **国家重点保护野生动物等级：** 一级；**CITES 附录** [1]：未列入
红色名录： **IUCN**[2]：未列入；**中国哺乳类红色名录** [3]：EN
国内分布： 云南
分布国家： 孟加拉国、中国、老挝、泰国、越南

Indochinese Gray Langur *Trachypithecus crepusculus* (Elliot, 1909)
Infra-specific Taxa：None
Habitat and Ecology：Forest; Saline, Brackish or Alkaline Land
Ecosystem：Terrestrial
National Key Protected Wild Animal List：Category One; **CITES Appendix**[1]：Not listed
Red List：**IUCN Red List**[2]：Not listed; **China Mammal Red List**[3]：EN
Range in the country：Yunnan
Range countries：Bangladesh , China, Laos, Thailand, Vietnam

参考文献 Citation

He K *et al.*, 2012

235. 黑叶猴 François's Langur

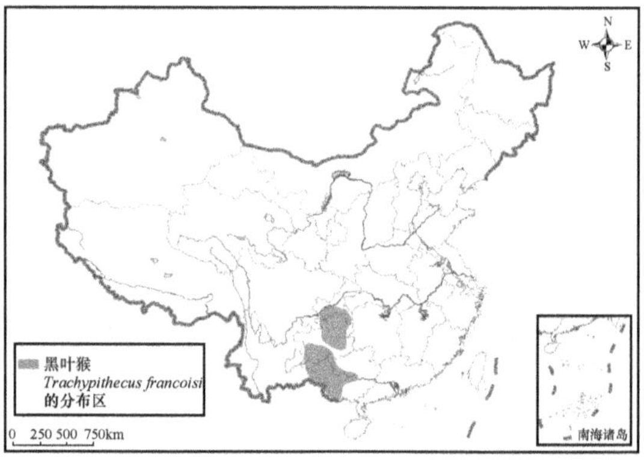

黑叶猴 *Trachypithecus francoisi* (Pousargues, 1898)
种下单元： 无
生　　境： 热带/亚热带湿润低地森林、喀斯特地貌
生态系统： 陆生生态系统
保护等级： **国家重点保护野生动物等级：** 一级；**CITES 附录** [1]：II
红色名录： **IUCN**[2]：EN；**中国哺乳类红色名录** [3]：EN
国内分布： 广西、贵州、重庆
分布国家： 中国、越南

François's Langur *Trachypithecus francoisi* (Pousargues, 1898)
Infra-specific Taxa：None
Habitat and Ecology：Tropical/Subtropical Moist Lowland Forest; Karst
Ecosystem：Terrestrial
National Key Protected Wild Animal List：Category One; **CITES Appendix**[1]：II
Red List：**IUCN Red List**[2]：EN; **China Mammal Red List**[3]：EN
Range in the country：Guangxi, Guizhou, Chongqing
Range countries：China, Vietnam

参考文献 Citation

Wang Y (王应祥), 2003; Wilson and Reeder, 2005; Smith *et al.*, 2009; Zhang R (张荣祖), 1997; IUCN, 2014

236. 菲氏叶猴 Phayre's Leaf-monkey

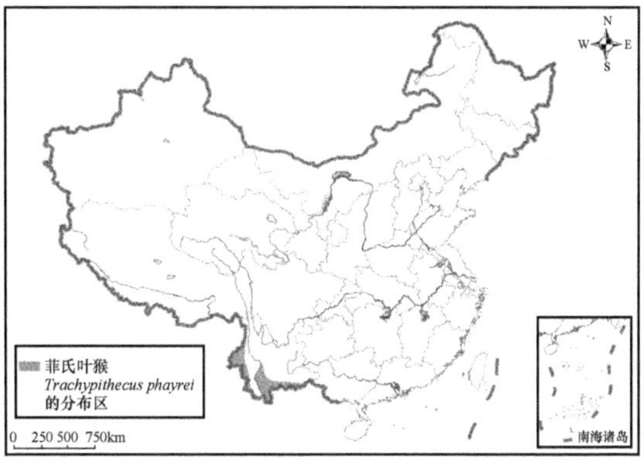

菲氏叶猴 *Trachypithecus phayrei* (Blyth, 1847)

种下单元：*phayrei*; *crepuscula*; *shanicus*

生　　境：森林、盐碱地

生态系统：陆生生态系统

保护等级：**国家重点保护野生动物等级**：一级；**CITES 附录** [1]：II

红色名录：**IUCN**[2]：EN；**中国哺乳类红色名录** [3]：VU

国内分布：云南

分布国家：孟加拉国、中国、印度、老挝、缅甸、泰国、越南

Phayre's Leaf-monkey *Trachypithecus phayrei* (Blyth, 1847)

Infra-specific Taxa：*phayrei*; *crepuscula*; *shanicus*

Habitat and Ecology：Forest; Saline, Brackish or Alkaline Land

Ecosystem：Terrestrial

National Key Protected Wild Animal List：Category One; **CITES Appendix**[1]：II

Red List：**IUCN Red List**[2]：EN; **China Mammal Red List**[3]：VU

Range in the country：Yunnan

Range countries：Bangladesh, China, India, Laos, Myanmar, Thailand, Vietnam

参考文献 Citation

Wang Y (王应祥), 2003; Wilson and Reeder, 2005; Zhang R (张荣祖), 1997; Pan Q *et al.* (潘清华等), 2007; Smith *et al.*, 2009; IUCN, 2014

237. 白头叶猴 White-headed Langur

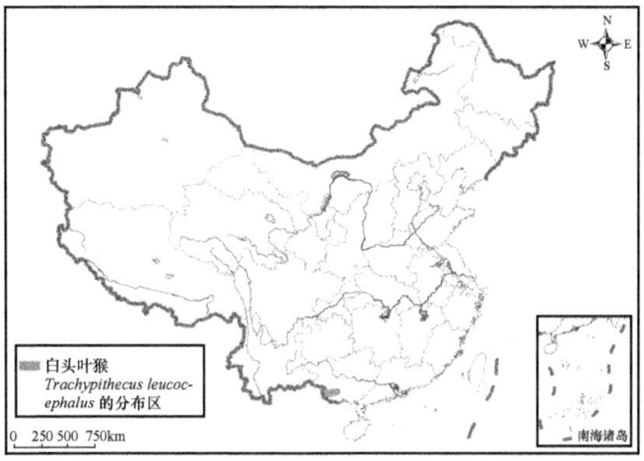

白头叶猴 *Trachypithecus leucocephalus* (Pousargues, 1898)

种下单元：*poliocephalus*; *leucocephalus*

生　　境：灌丛、森林、喀斯特地貌

生态系统：陆生生态系统

保护等级：**国家重点保护野生动物等级**：一级；**CITES 附录** [1]：II

红色名录：**IUCN**[2]：CR；**中国哺乳类红色名录** [3]：CR

国内分布：广西

分布国家：中国、越南

White-headed Langur *Trachypithecus leucocephalus* (Pousargues, 1898)

Infra-specific Taxa：*poliocephalus*; *leucocephalus*

Habitat and Ecology：Shrubland; Forest; Karst

Ecosystem：Terrestrial

National Key Protected Wild Animal List：Category One; **CITES Appendix**[1]：II

Red List：**IUCN Red List**[2]：CR; **China Mammal Red List**[3]：CR

Range in the country：Guangxi

Range countries：China, Vietnam

参考文献 Citation

Roos C *et al.*,2007; Pan Q *et al.* (潘清华等), 2007; Smith *et al.*, 2009;Liu Z *et al* .,2013;IUCN, 2014

238. 戴帽叶猴 Shortridge's Langur

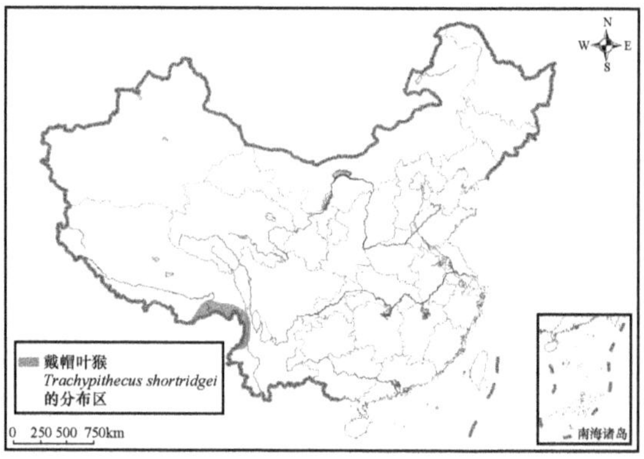

戴帽叶猴 *Trachypithecus shortridgei* (Wroughton, 1915)

种下单元： 无

生　　境： 亚热带湿润低地森林

生态系统： 陆生生态系统

保护等级：国家重点保护野生动物等级： 一级；**CITES 附录** [1]：I

红色名录：IUCN[2]：EN；**中国哺乳类红色名录** [3]：CR

国内分布： 云南、西藏

分布国家： 中国、缅甸

Shortridge's Langur *Trachypithecus shortridgei* (Wroughton, 1915)

Infra-specific Taxa： None

Habitat and Ecology： Subtropical Moist Lowland Forest

Ecosystem： Terrestrial

National Key Protected Wild Animal List： Category One; **CITES Appendix**[1]：I

Red List：IUCN Red List[2]：EN; **China Mammal Red List**[3]：CR

Range in the country： Yunnan, Tibet

Range countries： China, Myanmar

参考文献 Citation

Wang Y (王应祥), 2003; Wilson and Reeder, 2005; Zhang R (张荣祖), 1997; Pan Q *et al.* (潘清华等), 2007; Smith *et al.*, 2009; IUCN, 2014

239. 滇金丝猴 Black Snub-nosed Monkey

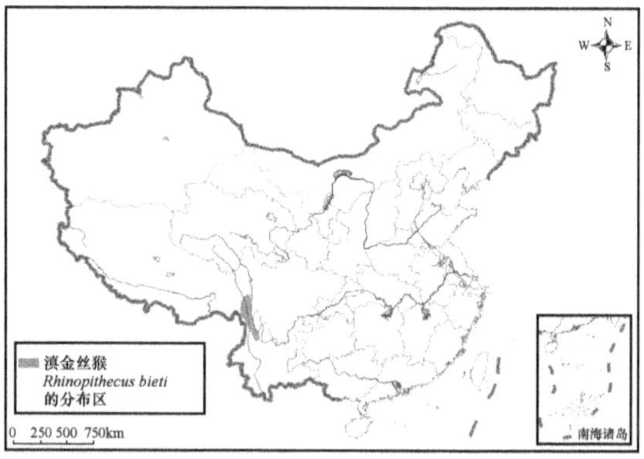

滇金丝猴 *Rhinopithecus bieti* (Milne-Edwards, 1897)

种下单元： 无

生　　境： 泰加林

生态系统： 陆生生态系统

保护等级：国家重点保护野生动物等级： 一级；**CITES 附录** [1]：I

红色名录：IUCN[2]：EN；**中国哺乳类红色名录** [3]：CR

国内分布： 云南、西藏

分布国家： 中国

Black Snub-nosed Monkey *Rhinopithecus bieti* (Milne-Edwards, 1897)

Infra-specific Taxa： None

Habitat and Ecology： Taiga

Ecosystem： Terrestrial

National Key Protected Wild Animal List： Category One; **CITES Appendix**[1]：I

Red List：IUCN Red List[2]：EN; **China Mammal Red List**[3]：CR

Range in the country： Yunnan, Tibet

Range countries： China

参考文献 Citation

Wang Y (王应祥), 2003; Wilson and Reeder, 2005; Zhang R (张荣祖), 1997; Pan Q *et al.* (潘清华等), 2007; Smith *et al.*, 2009; IUCN, 2014

240. 黔金丝猴 Grey Snub-nosed Monkey

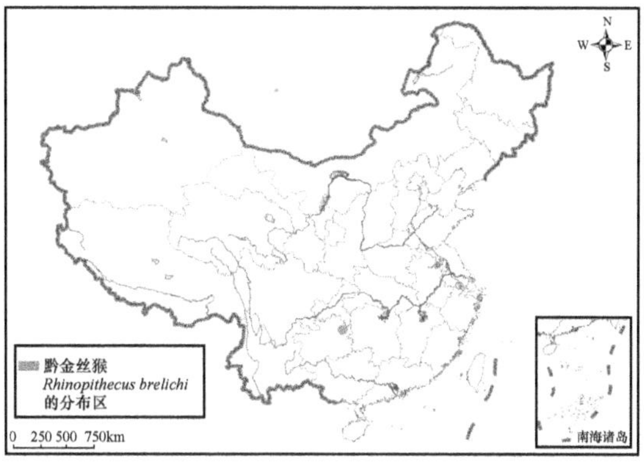

黔金丝猴 *Rhinopithecus brelichi*(Thomas, 1903)
种下单元： 无
生　　境： 亚热带湿润山地森林
生态系统： 陆生生态系统
保护等级： **国家重点保护野生动物等级：** 一级；**CITES 附录**[1]：I
红色名录： **IUCN**[2]：EN；**中国哺乳类红色名录**[3]：CR
国内分布： 贵州
分布国家： 中国

Grey Snub-nosed Monkey *Rhinopithecus brelichi*(Thomas, 1903)

Infra-specific Taxa: None

Habitat and Ecology: Subtropical Moist Montane Forest

Ecosystem: Terrestrial

National Key Protected Wild Animal List: Category One; **CITES Appendix**[1]: I

Red List: IUCN Red List[2]: EN; **China Mammal Red List**[3]: CR

Range in the country: Guizhou

Range countries: China

参考文献 Citation

Wang Y(王应祥), 2003; Wilson and Reeder, 2005; Pan Q *et al.*(潘清华等), 2007; Smith *et al.*, 2009; IUCN, 2014

241. 川金丝猴 Golden Snub-nosed Monkey

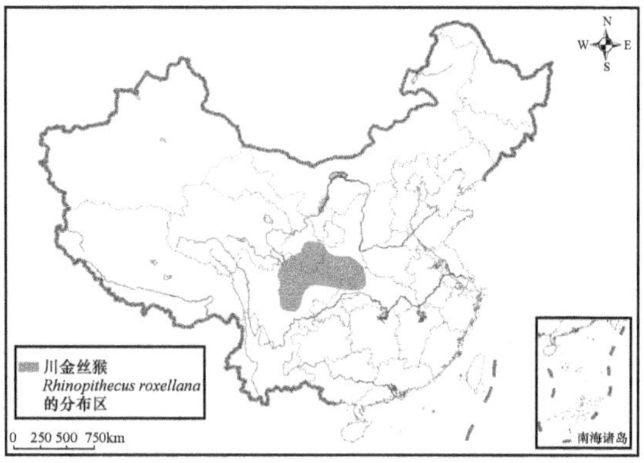

川金丝猴 *Rhinopithecus roxellana*(Milne-Edwards, 1870)
种下单元： *roxellana*; *hubeiensis*; *qinlingensis*
生　　境： 泰加林、针叶阔叶混交林
生态系统： 陆生生态系统
保护等级： **国家重点保护野生动物等级：** 一级；**CITES 附录**[1]：I
红色名录： **IUCN**[2]：EN；**中国哺乳类红色名录**[3]：EN
国内分布： 陕西、四川、甘肃、湖北、重庆
分布国家： 中国

Golden Snub-nosed Monkey *Rhinopithecus roxellana*(Milne-Edwards, 1870)

Infra-specific Taxa: *roxellana*; *hubeiensis*; *qinlingensis*

Habitat and Ecology: Taiga; Coniferous and Broad-leaved Mixed Forest

Ecosystem: Terrestrial

National Key Protected Wild Animal List: Category One; **CITES Appendix**[1]: I

Red List: IUCN Red List[2]: EN; **China Mammal Red List**[3]: EN

Range in the country: Shaanxi, Sichuan, Gansu, Hubei, Chongqing

Range countries: China

参考文献 Citation

Wang Y(王应祥), 2003; Wilson and Reeder, 2005; Zhang R(张荣祖), 1997; Pan Q *et al.*(潘清华等), 2007; Smith *et al.*, 2009; IUCN, 2014

242. 缅甸金丝猴 Stryker's Snub-nosed Monkey

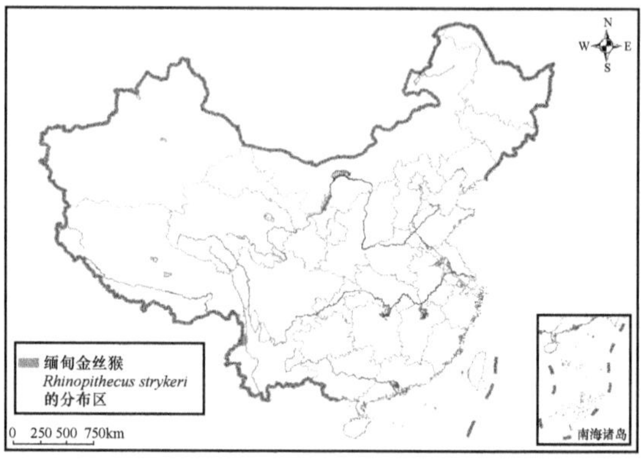

缅甸金丝猴 *Rhinopithecus strykeri*(Geissmann, Ngwe Lwin, Saw Soe Aung, Thet Naing Aung, Zin Myo Aung, Tony Htin Hla, Grindley & Momberg, 2011)

种下单元：无

生　　境：温带森林

生态系统：陆生生态系统

保护等级：**国家重点保护野生动物等级**：无；**CITES 附录**[1]：I

红色名录：**IUCN**[2]：EN；**中国哺乳类红色名录**[3]：CR

国内分布：云南

分布国家：中国、缅甸

Stryker's Snub-nosed Monkey *Rhinopithecus strykeri*(Geissmann, Ngwe Lwin, Saw Soe Aung, Thet Naing Aung, Zin Myo Aung, Tony Htin Hla, Grindley & Momberg, 2011)

Infra-specific Taxa：None

Habitat and Ecology：Temperate Forest

Ecosystem：Terrestrial

National Key Protected Wild Animal List：None; **CITES Appendix**[1]：I

Red List：**IUCN Red List**[2]：EN; **China Mammal Red List**[3]：CR

Range in the country：Yunnan

Range countries：China, Myanmar

参考文献 Citation

Long Y *et al.*, 2012; IUCN, 2014

长臂猿科 HYLOBATIDAE

243. 白掌长臂猿 Lar Gibbon

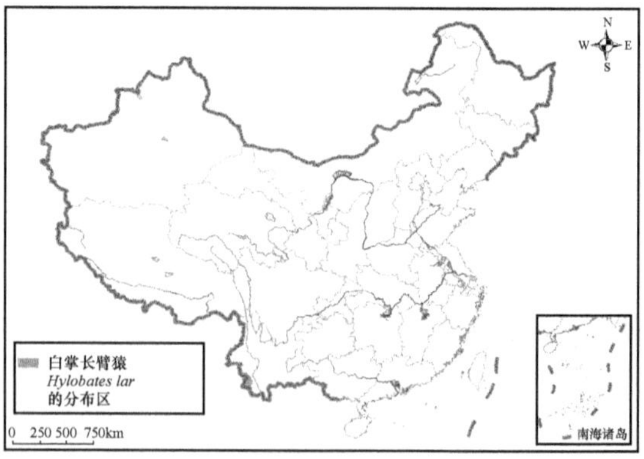

白掌长臂猿 *Hylobates lar*(Linneaus, 1771)

种下单元：*lar*; *carpenteri*; *entelloides*; *vestitus*; *yunnanensis*

生　　境：热带湿润低地森林

生态系统：陆生生态系统

保护等级：**国家重点保护野生动物等级**：一级；**CITES 附录**[1]：I

红色名录：**IUCN**[2]：EN；**中国哺乳类红色名录**[3]：CR

国内分布：云南

分布国家：中国、印度尼西亚、老挝、马来西亚、缅甸、泰国

Lar Gibbon *Hylobates lar*(Linneaus, 1771)

Infra-specific Taxa：*lar*; *carpenteri*; *entelloides*; *vestitus*; *yunnanensis*

Habitat and Ecology：Tropical Moist Lowland Forest

Ecosystem：Terrestrial

National Key Protected Wild Animal List：Category One; **CITES Appendix**[1]：I

Red List：**IUCN Red List**[2]：EN; **China Mammal Red List**[3]：CR

Range in the country：Yunnan

Range countries：China, Indonesia, Laos, Malaysia, Myanmar, Thailand

参考文献 Citation

Wang Y(王应祥), 2003; Wilson and Reeder, 2005; Zhang R(张荣祖), 1997; Pan Q *et al.*(潘清华等), 2007; Smith *et al.*, 2009; IUCN, 2014

244. 东白眉长臂猿 Eastern Hoolock Gibbon

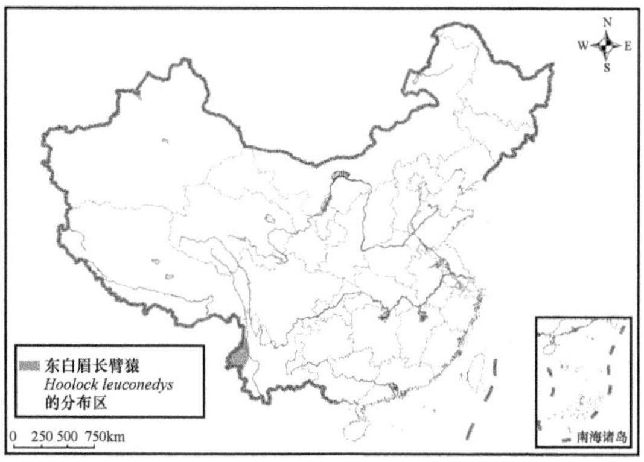

东白眉长臂猿　*Hoolock leuconedys* (Groves, 1967)
种下单元：无
生　　境：热带/亚热带湿润山地森林
生态系统：陆生生态系统
保护等级：**国家重点保护野生动物等级**：一级；**CITES 附录**[1]：I
红色名录：**IUCN**[2]：VU；**中国哺乳类红色名录**[3]：CR
国内分布：云南
分布国家：中国、缅甸

Eastern Hoolock Gibbon　*Hoolock leuconedys* (Groves, 1967)

Infra-specific Taxa：None

Habitat and Ecology：Tropical/Subtropical Moist Montane Forest

Ecosystem：Terrestrial

National Key Protected Wild Animal List：Category One; **CITES Appendix**[1]：I

Red List：**IUCN Red List**[2]：VU; **China Mammal Red List**[3]：CR

Range in the country：Yunnan

Range countries：China, Myanmar

参考文献 Citation

Wilson and Reeder, 2005; Zhang R (张荣祖), 1997; Pan Q *et al.* (潘清华等), 2007; Smith *et al.*, 2009; IUCN, 2014

245. 西黑冠长臂猿 Black Crested Gibbon

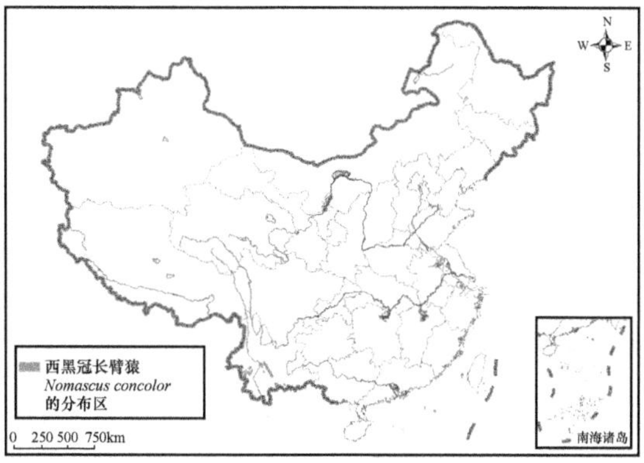

西黑冠长臂猿　*Nomascus concolor* (Harlan, 1826)
种下单元：*concolor*; *furvogaster*; *jingdongensis*; *lu*; *nasutus*
生　　境：亚热带湿润山地森林
生态系统：陆生生态系统
保护等级：**国家重点保护野生动物等级**：一级；**CITES 附录**[1]：I
红色名录：**IUCN**[2]：CR；**中国哺乳类红色名录**[3]：CR
国内分布：云南
分布国家：中国、老挝、越南

Black Crested Gibbon　*Nomascus concolor* (Harlan, 1826)

Infra-specific Taxa：*concolor*; *furvogaster*; *jingdongensis*; *lu*; *nasutus*

Habitat and Ecology：Subtropical Moist Montane Forest

Ecosystem：Terrestrial

National Key Protected Wild Animal List：Category One; **CITES Appendix**[1]：I

Red List：**IUCN Red List**[2]：CR; **China Mammal Red List**[3]：CR

Range in the country：Yunnan

Range countries：China, Laos, Vietnam

参考文献 Citation

Wang Y (王应祥), 2003; Wilson and Reeder, 2005; Pan Q *et al.* (潘清华等), 2007; Smith *et al.*, 2009; IUCN, 2014

246. 东黑冠长臂猿 Cao-vit Crested Gibbon

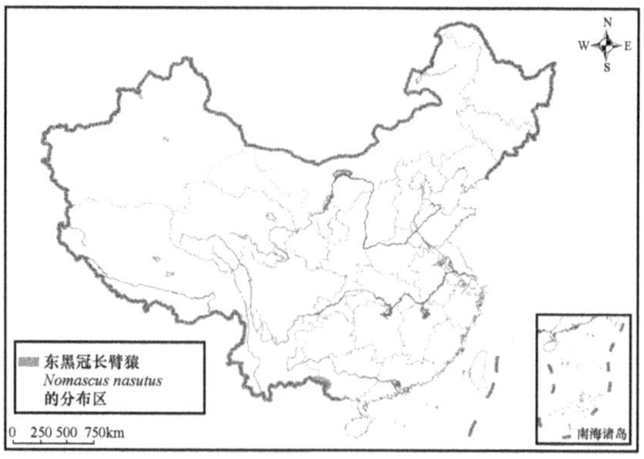

东黑冠长臂猿 *Nomascus nasutus* Kunkel d'Herculais, 1884
种下单元： 无
生　　境： 热带湿润低地森林
生态系统： 陆生生态系统
保护等级： **国家重点保护野生动物等级：** 一级；**CITES 附录**[1]：I
红色名录： **IUCN**[2]：CR；**中国哺乳类红色名录**[3]：CR
国内分布： 广西
分布国家： 中国、越南

Cao-vit Crested Gibbon *Nomascus nasutus* Kunkel d'Herculais, 1884
Infra-specific Taxa： None
Habitat and Ecology： Tropical Moist Lowland Forest
Ecosystem： Terrestrial
National Key Protected Wild Animal List： Category One; **CITES Appendix**[1]：I
Red List： **IUCN Red List**[2]：CR; **China Mammal Red List**[3]：CR
Range in the country： Guangxi
Range countries： China, Vietnam

参考文献 Citation

Smith A and Xie Y, 2008; IUCN, 2014

247. 海南长臂猿 Hainan Gibbon

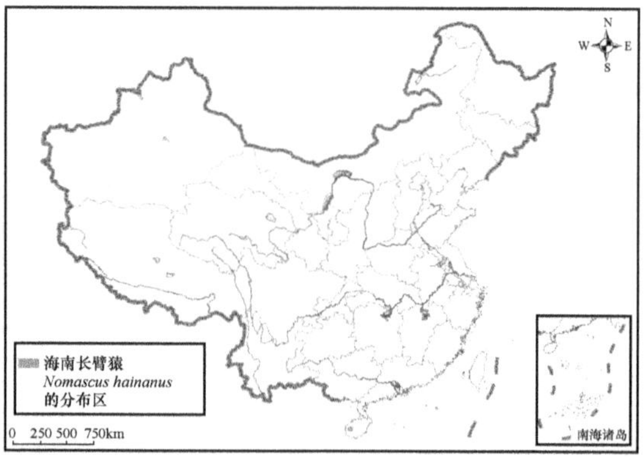

海南长臂猿 *Nomascus hainanus*（Thomas, 1892）
种下单元： 无
生　　境： 热带湿润低地森林
生态系统： 陆生生态系统
保护等级： **国家重点保护野生动物等级：** 一级；**CITES 附录**[1]：I
红色名录： **IUCN**[2]：CR；**中国哺乳类红色名录**[3]：CR
国内分布： 海南
分布国家： 中国

Hainan Gibbon *Nomascus hainanus*（Thomas, 1892）
Infra-specific Taxa： None
Habitat and Ecology： Tropical Moist Lowland Forest
Ecosystem： Terrestrial
National Key Protected Wild Animal List： Category One; **CITES Appendix**[1]：I
Red List： **IUCN Red List**[2]：CR; **China Mammal Red List**[3]：CR
Range in the country： Hainan
Range countries： China

参考文献 Citation

Wang Y（王应祥）, 2003; Wilson and Reeder, 2005; Pan Q *et al.*（潘清华等）, 2007; Smith *et al.*, 2009; IUCN, 2014

248. 北白颊长臂猿 Northern White-cheeked Gibbon

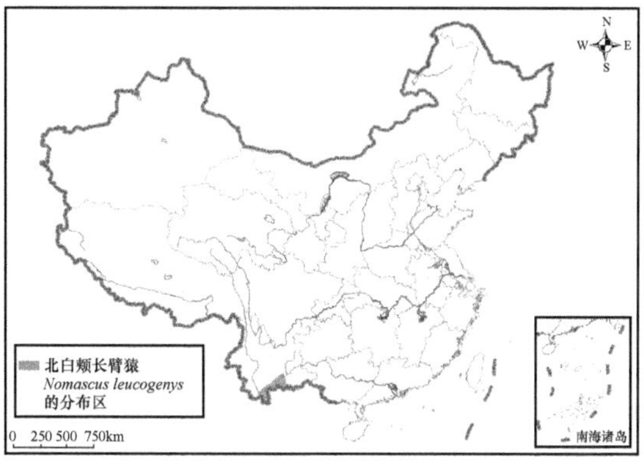

北白颊长臂猿 *Nomascus leucogenys*(Ogilby, 1840)
种下单元：无
生　　境：热带湿润低地森林
生态系统：陆生生态系统
保护等级：国家重点保护野生动物等级：一级；**CITES 附录**[1]：I
红色名录：IUCN[2]：CR；**中国哺乳类红色名录**[3]：CR
国内分布：云南
分布国家：中国、老挝、越南

Northern White-cheeked Gibbon *Nomascus leucogenys*(Ogilby, 1840)
Infra-specific Taxa：None
Habitat and Ecology：Tropical Moist Lowland Forest
Ecosystem：Terrestrial
National Key Protected Wild Animal List：Category One; **CITES Appendix**[1]：I
Red List：IUCN Red List[2]：CR; **China Mammal Red List**[3]：CR
Range in the country：Yunnan
Range countries：China, Laos, Vietnam

参考文献 Citation

Wang Y(王应祥), 2003; Wilson and Reeder, 2005; Zhang R(张荣祖), 1997; Pan Q *et al.*(潘清华等), 2007; Smith *et al.*, 2009; IUCN, 2014

人科 HOMINIDAE

249. 人 Human

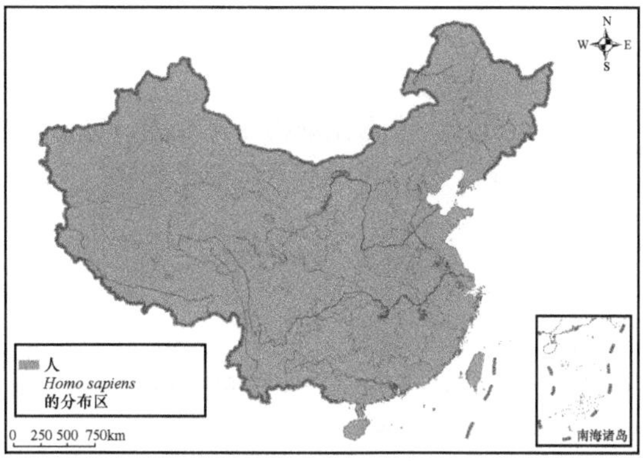

人 *Homo sapiens*(Linnaeus, 1758)
种下单元：无
生　　境：生境类型多样，主要生活在城市、乡村
生态系统：陆生生态系统
保护等级：国家重点保护野生动物等级：无；**CITES 附录**[1]：未列入
红色名录：IUCN[2]：LC；**中国哺乳类红色名录**[3]：LC
国内分布：全国各地
分布国家：世界各国

Human *Homo sapiens*(Linnaeus, 1758)
Infra-specific Taxa：None
Habitat and Ecology：All kind of habitats, but mainly inhabiting in urban and rural area
Ecosystem：Terrestrial
National Key Protected Wild Animal List：None; **CITES Appendix**[1]：Not listed
Red List：IUCN Red List[2]：LC; **China Mammal Red List**[3]：LC
Range in the country：All over the country
Range countries：Cosmopolitan

参考文献 Citation

Wang Y(王应祥), 2003; Wilson and Reeder, 2005; Pan Q *et al.*(潘清华等), 2007; IUCN, 2014

鳞甲目 PHOLIDOTA　鲮鲤科 MANIDAE

250. 印度穿山甲 Indian Pangolin

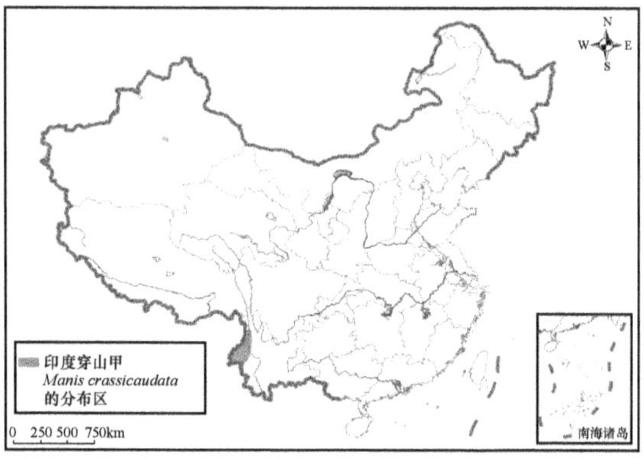

印度穿山甲　*Manis crassicaudata* (É. Geoffroy, 1803)
种下单元： 无
生　　境： 森林、灌丛、草地
生态系统： 陆生生态系统
保护等级： **国家重点保护野生动物等级：** 无；**CITES 附录**[1]：II
红色名录： **IUCN**[2]：NT；**中国哺乳类红色名录**[3]：DD
国内分布： 云南
分布国家： 中国、孟加拉国、印度、巴基斯坦、斯里兰卡

Indian Pangolin　*Manis crassicaudata* (É. Geoffroy, 1803)
Infra-specific Taxa： None
Habitat and Ecology： Forest; Shrubland; Grassland
Ecosystem： Terrestrial
National Key Protected Wild Animal List： None; **CITES Appendix**[1]：II
Red List： **IUCN Red List**[2]：NT; **China Mammal Red List**[3]：DD
Range in the country： Yunnan
Range countries： China, Bangladesh, India, Pakistan, Sri Lanka
参考文献 Citation
Wang Y (王应祥), 2003; Zhang R (张荣祖), 1997; Pan Q *et al.* (潘清华等), 2007; Smith *et al.*, 2009; IUCN, 2014

251. 马来穿山甲 Sunda Pangolin

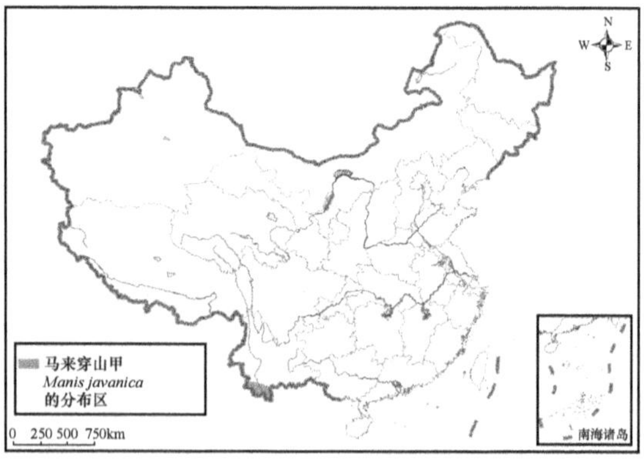

马来穿山甲　*Manis javanica* (Desmarest, 1822)
种下单元： 无
生　　境： 森林、种植园、乡村庭院
生态系统： 陆生生态系统
保护等级： **国家重点保护野生动物等级：** 无；**CITES 附录**[1]：II
红色名录： **IUCN**[2]：EN；**中国哺乳类红色名录**[3]：DD
国内分布： 云南
分布国家： 文莱、柬埔寨、中国、印度尼西亚、老挝、马来西亚、缅甸、新加坡、泰国、越南

Sunda Pangolin　*Manis javanica* (Desmarest, 1822)
Infra-specific Taxa： None
Habitat and Ecology： Forest; Plantations; Rural Gardens
Ecosystem： Terrestrial
National Key Protected Wild Animal List： None; **CITES Appendix**[1]：II
Red List： **IUCN Red List**[2]：EN; **China Mammal Red List**[3]：DD
Range in the country： Yunnan
Range countries： Brunei, Cambodia, China, Indonesia, Laos, Malaysia, Myanmar, Singapore, Thailand, Vietnam
参考文献 Citation
Wu *et al.* (吴诗宝等), 2005; Pan Q *et al.* (潘清华等), 2007; IUCN, 2014

252. 穿山甲 Chinese Pangolin

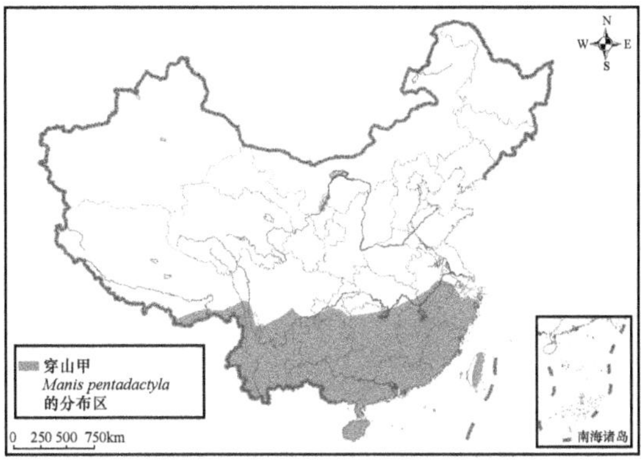

穿山甲 *Manis pentadactyla* (Linnaeus, 1758)

种下单元： *pentadactyla; auritus; pusilla*

生　　境： 森林、灌丛、草地

生态系统： 陆生生态系统

保护等级： **国家重点保护野生动物等级：** 二级；**CITES 附录**[1]：II

红色名录： **IUCN**[2]：EN；**中国哺乳类红色名录**[3]：CR

国内分布： 湖南、海南、浙江、上海、江苏、安徽、福建、江西、广东、广西、四川、贵州、云南、西藏、台湾、香港、重庆

分布国家： 孟加拉国、不丹、中国、印度、老挝、缅甸、尼泊尔、泰国、越南

Chinese Pangolin *Manis pentadactyla* (Linnaeus, 1758)

Infra-specific Taxa: *pentadactyla; auritus; pusilla*

Habitat and Ecology: Forest; Shrubland; Grassland

Ecosystem: Terrestrial

National Key Protected Wild Animal List: Category Two; **CITES Appendix**[1]: II

Red List: **IUCN Red List**[2]: EN; **China Mammal Red List**[3]: CR

Range in the country: Hunan, Hainan, Zhejiang, Shanghai, Jiangsu, Anhui, Fujian, Jiangxi, Guangdong, Guangxi, Sichuan, Guizhou, Yunnan, Tibet, Taiwan, Hongkong, Chongqing

Range countries: Bangladesh, Bhutan, China, India, Laos, Myanmar, Nepal, Thailand, Vietnam

参考文献 Citation

Wang Y (王应祥), 2003; Wilson and Reeder, 2005; Zhang R (张荣祖), 1997; Pan Q *et al.* (潘清华等), 2007; Smith *et al.*, 2009; IUCN, 2014

食肉目 CARNIVORA　犬科 CANIDAE

253. 狼 Gray Wolf

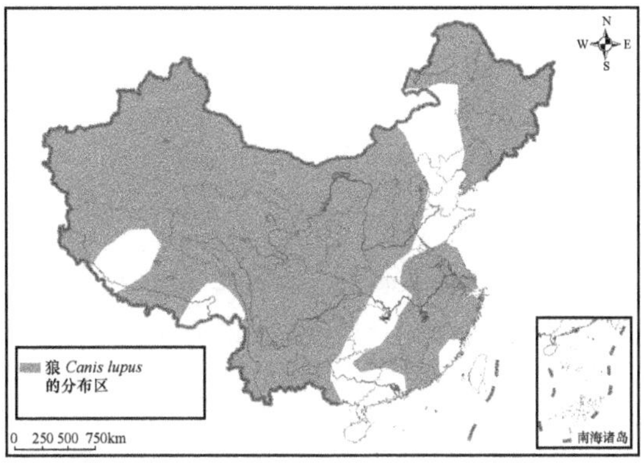

狼 *Canis lupus* (Linnaeus, 1758)

种下单元： *lupus; albus; alces; arabs; arctos; baileyi; beothucus; bernardi; campestris; chanco; columbianus; crassodon; dingo; familiaris; floridanus; fuscus; gregoryi; griseoalbus; hattai; hodophilax; hudsonicus; irremotus; labradorius; ligoni; lycaon; mackenzii; manningi; mogollonensis; monstrabilis; nubilus; occidentalis; orion; pallipes; pambasileus; rufus; tundrarum; youngi*

生　　境： 苔原、森林、草甸、沙漠、耕地

生态系统： 陆生生态系统

保护等级： **国家重点保护野生动物等级：** 无；**CITES 附录**[1]：II

红色名录： **IUCN**[2]：LC；**中国哺乳类红色名录**[3]：VU

国内分布： 山西、河南、新疆、青海、河北、内蒙古、辽宁、吉林、黑龙江、江苏、浙江、湖北、广东、广西、四川、贵州、云南、西藏、陕西、甘肃、宁夏、福建、湖南、江西、天津、北京、重庆

分布国家： 阿富汗、阿尔巴尼亚、亚美尼亚、阿塞拜疆、白俄罗斯、不丹、波斯尼亚和黑塞哥维那、保加利亚、加拿大、中国、克罗地亚、捷克、爱沙尼亚、芬兰、法国、格鲁吉亚、德国、希腊、格陵兰、匈牙利、印度、伊朗、伊拉克、以色列、意大利、约旦、哈萨克斯坦、韩国、朝鲜、吉尔吉斯斯坦、拉脱维亚、利比亚、立陶宛、马其顿、墨西哥、摩尔多瓦、蒙古、黑山、缅甸、尼泊尔、挪威、阿曼、巴基斯坦、波兰、葡萄牙、罗马尼亚、俄罗斯、沙特阿拉伯、塞尔维亚、斯洛伐克、斯洛文尼亚、西班牙、瑞典、叙利亚、塔吉克斯坦、土耳其、土库曼斯坦、乌克兰、阿拉伯

联合酋长国、美国、乌兹别克斯坦、也门

Gray Wolf *Canis lupus* (Linnaeus, 1758)

Infra-specific Taxa: *lupus*; *albus*; *alces*; *arabs*; *arctos*; *baileyi*; *beothucus*; *bernardi*; *campestris*; *chanco*; *columbianus*; *crassodon*; *dingo*; *familiaris*; *floridanus*; *fuscus*; *gregoryi*; *griseoalbus*; *hattai*; *hodophilax*; *hudsonicus*; *irremotus*; *labradorius*; *ligoni*; *lycaon*; *mackenzii*; *manningi*; *mogollonensis*; *monstrabilis*; *nubilus*; *occidentalis*; *orion*; *pallipes*; *pambasileus*; *rufus*; *tundrarum*; *youngi*

Habitat and Ecology: Tundra; Forest; Meadow; Desert; Arable Land

Ecosystem: Terrestrial

National Key Protected Wild Animal List: None; **CITES Appendix**[1]: II

Red List: **IUCN Red List**[2]: LC; **China Mammal Red List**[3]: VU

Range in the country: Shanxi, Henan, Xinjiang, Qinghai, Hebei, Inner Mongolia, Liaoning, Jilin, Heilongjiang, Jiangsu, Zhejiang, Hubei, Guangdong, Guangxi, Sichuan, Guizhou, Yunnan, Tibet, Shaanxi, Gansu, Ningxia, Fujian, Hunan, Jiangxi, Tianjin, Beijing, Chongqing

Range countries: Afghanistan, Albania, Armenia, Azerbaijan, Belarus, Bhutan, Bosnia and Herzegovina, Bulgaria, Canada, China, Croatia, Czech, Estonia, Finland, France, Georgia, Germany, Greece, Greenland, Hungary, India, Iran, Iraq, Israel, Italy, Jordan, Kazakhstan, Korea, Republic of, Korea, Democratic People's Republic of, Kyrgyzstan, Latvia, Libya, Lithuania, Macedonia, Mexico, Moldova, Mongolia, Montenegro, Myanmar, Nepal, Norway, Oman, Pakistan, Poland, Portugal, Romania, Russia, Saudi Arabia, Serbia, Slovakia, Slovenia, Spain, Sweden, Syria, Tajikistan, Turkey, Turkmenistan, Ukraine, United Arab Emirates, United States (Georgia), Uzbekistan, Yemen

参考文献 Citation

Wang Y (王应祥), 2003; Wilson and Reeder, 2005; Zhang R (张荣祖), 1997; Pan Q *et al.* (潘清华等), 2007; Smith *et al.*, 2009; IUCN, 2014

254. 沙狐 Corsac Fox

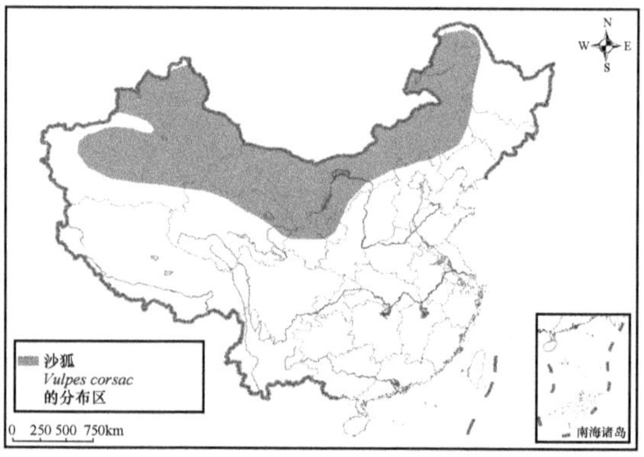

沙狐 *Vulpes corsac* (Linnaeus, 1768)

种下单元: *corsac*; *kalmykorum*

生　　境: 草甸、半荒漠地区

生态系统: 陆生生态系统

保护等级: **国家重点保护野生动物等级**: 无; **CITES 附录**[1]: 未列入

红色名录: **IUCN**[2]: LC; **中国哺乳类红色名录**[3]: NT

国内分布: 宁夏、新疆、内蒙古、甘肃、青海

分布国家: 阿富汗、中国、印度、伊朗、哈萨克斯坦、吉尔吉斯斯坦、蒙古、俄罗斯、土库曼斯坦、乌兹别克斯坦

Corsac Fox *Vulpes corsac* (Linnaeus, 1768)

Infra-specific Taxa: *corsac*; *kalmykorum*

Habitat and Ecology: Meadow; Semi-desert

Ecosystem: Terrestrial

National Key Protected Wild Animal List: None; **CITES Appendix**[1]: Not listed

Red List: **IUCN Red List**[2]: LC; **China Mammal Red List**[3]: NT

Range in the country: Ningxia, Xinjiang, Inner Mongolia, Gansu, Qinghai

Range countries: Afghanistan, China, India, Iran, Kazakhstan, Kyrgyzstan, Mongolia, Russia, Turkmenistan, Uzbekistan

参考文献 Citation

Wang Y (王应祥), 2003; Wilson and Reeder, 2005; Zhang R (张荣祖), 1997; Pan Q *et al.* (潘清华等), 2007; Smith *et al.*, 2009; IUCN, 2014

255. 藏狐 Tibetan Fox

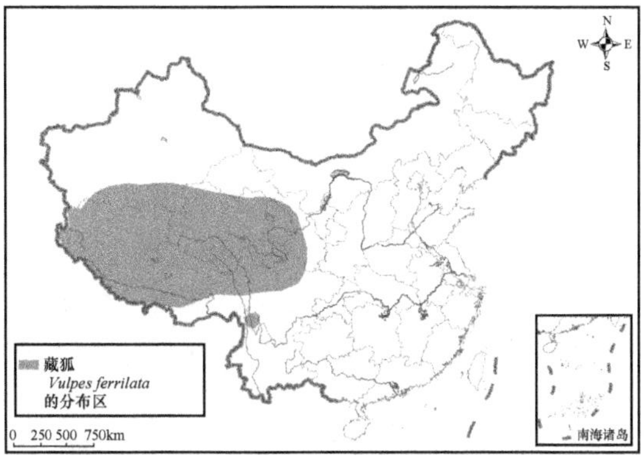

藏狐 *Vulpes ferrilata* (Hodgson, 1842)
种下单元： 无
生　　境： 草甸、荒漠、洞穴
生态系统： 陆生生态系统
保护等级： **国家重点保护野生动物等级：** 无；**CITES 附录** [1]：未列入
红色名录： **IUCN**[2]：LC；**中国哺乳类红色名录** [3]：NT
国内分布： 新疆、青海、甘肃、四川、云南、西藏
分布国家： 中国、印度、尼泊尔

Tibetan Fox *Vulpes ferrilata* (Hodgson, 1842)
Infra-specific Taxa: None
Habitat and Ecology: Meadow; Desert; Caves
Ecosystem: Terrestrial
National Key Protected Wild Animal List: None; **CITES Appendix**[1]: Not listed
Red List: IUCN Red List[2]: LC; **China Mammal Red List**[3]: NT
Range in the country: Xinjiang, Qinghai, Gansu, Sichuan, Yunnan, Tibet
Range countries: China, India, Nepal

参考文献 Citation

Wang Y (王应祥), 2003; Wilson and Reeder, 2005; Zhang R (张荣祖), 1997; Pan Q *et al.* (潘清华等), 2007; Smith *et al.*, 2009; IUCN, 2014

256. 赤狐 Red Fox

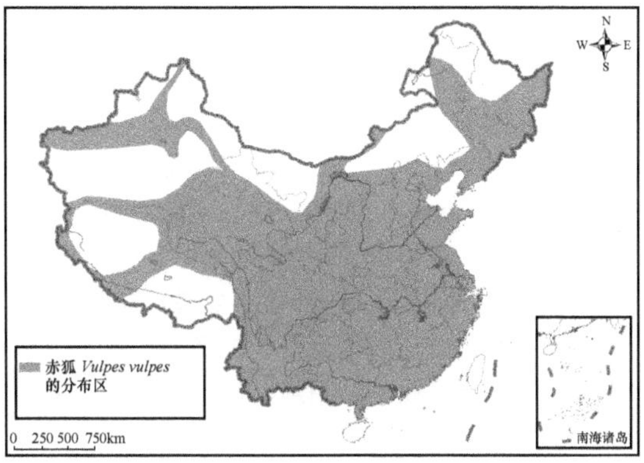

赤狐 *Vulpes vulpes* (Linnaeus, 1758)
种下单元： *vulpes*; *abietorum*; *alascensis*; *alpherakyi*; *anatolica*; *arabica*; *atlantica*; *bangsi*; *barbara*; *beringiana*; *cascadensis*; *caucasica*; *crucigera*; *daurica*; *deletrix*; *dolichocrania*; *dorsalis*; *flavescens*; *fulvus*; *griffithi*; *harrimani*; *hoole*; *ichnusae*; *indutus*; *jakutensis*; *japonica*; *karagan*; *kenaiensis*; *kurdistanica*; *macroura*; *montana*; *necator*; *niloticus*; *ochroxantha*; *palaestina*; *peculiosa*; *pusilla*; *regalis*; *rubricosa*; *schrenckii*; *silacea*; *splendidissima*; *stepensis*; *tobolica*; *tschiliensis*
生　　境： 苔原、沙漠、森林、城市、灌丛、耕地
生态系统： 陆生生态系统
保护等级： **国家重点保护野生动物等级：** 无；**CITES 附录** [1]：III
红色名录： **IUCN**[2]：LC；**中国哺乳类红色名录** [3]：NT
国内分布： 吉林、山西、河南、黑龙江、内蒙古、湖南、北京、河北、辽宁、江苏、浙江、安徽、福建、江西、山东、湖北、广东、广西、四川、贵州、云南、西藏、陕西、甘肃、青海、宁夏、新疆、香港、重庆
分布国家： 阿富汗、阿尔巴尼亚、阿尔及利亚、安道尔、亚美尼亚、奥地利、阿塞拜疆、孟加拉国、比利时、不丹、波斯尼亚和黑塞哥维那、保加利亚、加拿大、中国、克罗地亚、塞浦路斯、捷克、丹麦、埃及、爱沙尼亚、法罗群岛、芬兰、法国、格鲁吉亚、德国、直布罗陀、希腊、格陵兰、梵蒂冈、匈牙利、冰岛、印度、伊朗、爱尔兰、意大利、日本、约旦、哈萨克斯坦、韩国、朝鲜、吉尔吉斯斯坦、拉脱维亚、黎巴嫩、利比亚、列支敦士登、立陶宛、卢森堡、马其顿、马耳他、摩纳哥、蒙古、黑山、摩洛哥、缅甸、尼泊尔、荷兰、挪威、巴基斯坦、波兰、葡萄牙、罗马尼亚、俄罗斯、圣马力诺、塞尔维亚、斯洛伐克、斯洛文尼亚、西班牙、瑞典、瑞士、叙利亚、塔吉克斯坦、突尼斯、土耳其、土库曼斯坦、英国、乌兹别克斯坦

Red Fox *Vulpes vulpes* (Linnaeus, 1758)
Infra-specific Taxa: *vulpes*; *abietorum*; *alascensis*; *alpherakyi*; *anatolica*; *arabica*; *atlantica*; *bangsi*; *barbara*; *beringiana*; *cascadensis*;

caucasica; *crucigera*; *daurica*; *deletrix*; *dolichocrania*; *dorsalis*; *flavescens*; *fulvus*; *griffithi*; *harrimani*; *hoole*; *ichnusae*; *indutus*; *jakutensis*; *japonica*; *karagan*; *kenaiensis*; *kurdistanica*; *macroura*; *montana*; *necator*; *niloticus*; *ochroxantha*; *palaestina*; *peculiosa*; *pusilla*; *regalis*; *rubricosa*; *schrenckii*; *silacea*; *splendidissima*; *stepensis*; *tobolica*; *tschiliensis*

Habitat and Ecology: Tundra; Desert; Forest; Urban Areas; Shrubland; Arable Land

Ecosystem: Terrestrial

National Key Protected Wild Animal List: None; **CITES Appendix**[1]: III

Red List: **IUCN Red List**[2]: LC; **China Mammal Red List**[3]: NT

Range in the country: Jilin, Shanxi, Henan, Heilongjiang, Inner Mongolia, Hunan, Beijing, Hebei, Liaoning, Jiangsu, Zhejiang, Anhui, Fujian, Jiangxi, Shandong, Hubei, Guangdong, Guangxi, Sichuan, Guizhou, Yunnan, Tibet, Shaanxi, Gansu, Qinghai, Ningxia, Xinjiang, Hongkong, Chongqing

Range countries: Afghanistan, Albania, Algeria, Andorra, Armenia, Austria, Azerbaijan, Bangladesh, Belgium, Bhutan, Bosnia and Herzegovina, Bulgaria, Canada, China, Croatia, Cyprus, Czech, Danmark, Egypt, Estonia, Faroe Islands, Finland, France, Georgia, Germany, Gibraltar, Greece, Greenland, Vatican, Hungary, Iceland, India, Iran, Ireland, Italy, Japan, Jordan, Kazakhstan, Korea, Republic of, Korea, Democratic People's Republic of, Kyrgyzstan, Latvia, Lebanon, Libya, Liechtenstein, Lithuania, Luxembourg, Macedonia, Malta, Monaco, Mongolia, Montenegro, Morocco, Myanmar, Nepal, Netherlands, Norway, Pakistan, Poland, Portugal, Romania, Russia, San Marino, Serbia, Slovakia, Slovenia, Spain, Sweden, Switzerland, Syrian Arab Republic, Tajikistan, Tunisia, Turkey, Turkmenistan, United Kingdom, Uzbekistan

参考文献 Citation

Wang Y (王应祥), 2003; Wilson and Reeder, 2005; Zhang R (张荣祖), 1997; Pan Q *et al.* (潘清华等), 2007; Smith *et al.*, 2009; IUCN, 2014

257. 貉 Racoon Dog

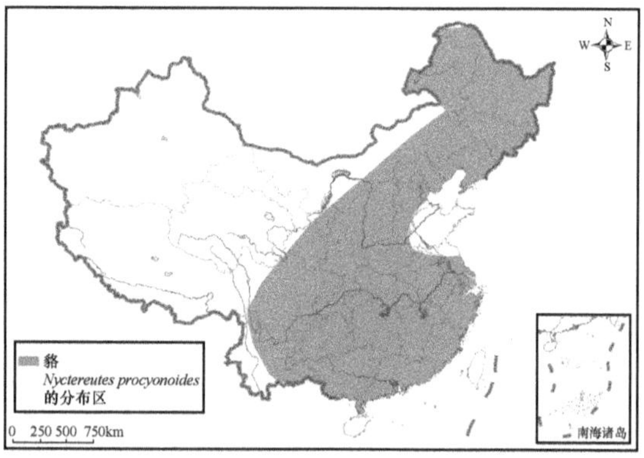

貉 *Nyctereutes procyonoides* (Gray, 1834)

种下单元：*procyonoides*; *koreensis*; *orestes*; *ussuriensis*; *viverrinus*

生　　境：森林、溪流边、灌丛、草甸

生态系统：陆生生态系统

保护等级：**国家重点保护野生动物等级**：无；**CITES 附录**[1]：未列入

红色名录：**IUCN**[2]：LC；**中国哺乳类红色名录**[3]：NT

国内分布：河南、湖南、陕西、北京、河北、山西、内蒙古、辽宁、吉林、黑龙江、江苏、浙江、安徽、福建、江西、湖北、广东、广西、四川、贵州、云南、甘肃、重庆

分布国家：中国、日本、朝鲜、韩国、蒙古、俄罗斯、越南

Racoon Dog *Nyctereutes procyonoides* (Gray, 1834)

Infra-specific Taxa: *procyonoides*; *koreensis*; *orestes*; *ussuriensis*; *viverrinus*

Habitat and Ecology: Forest; Near Streams; Shrubland; Meadow

Ecosystem: Terrestrial

National Key Protected Wild Animal List: None; **CITES Appendix**[1]: Not listed

Red List: **IUCN Red List**[2]: LC; **China Mammal Red List**[3]: NT

Range in the country: Henan, Hunan, Shaanxi, Beijing, Hebei, Shanxi, Inner Mongolia, Liaoning, Jilin, Heilongjiang, Jiangsu, Zhejiang, Anhui, Fujian, Jiangxi, Hubei, Guangdong, Guangxi, Sichuan, Guizhou, Yunnan, Gansu, Chongqing

Range countries: China, Japan, Korea, Democratic People's Republic of, Korea, Republic of, Mongolia, Russia, Vietnam

参考文献 Citation

Wang Y (王应祥), 2003; Wilson and Reeder, 2005; Zhang R (张荣祖), 1997; Pan Q *et al.* (潘清华等), 2007; Smith *et al.*, 2009; IUCN, 2014

258. 豺 Dhole

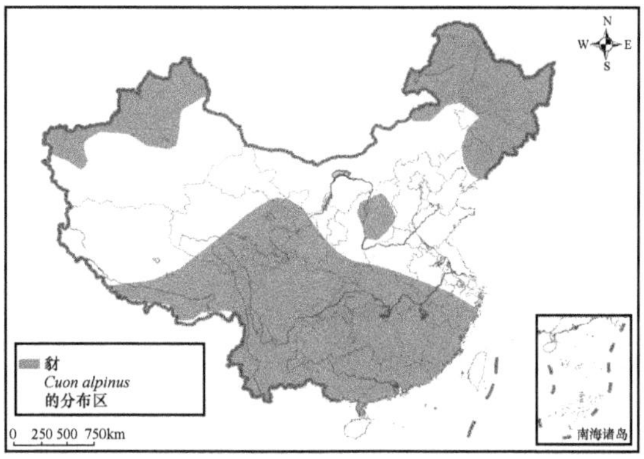

豺 *Cuon alpinus* (Pallas, 1811)

种下单元：*alpinus*; *Shesperius*; *sumatrensis*

生　　境：森林、灌丛

生态系统：陆生生态系统

保护等级：**国家重点保护野生动物等级**：二级；**CITES 附录**[1]：II

红色名录：**IUCN**[2]：EN；**国哺乳类红色名录**[3]：EN

国内分布：新疆、青海、黑龙江、西藏、浙江、北京、山西、内蒙古、吉林、辽宁、江苏、安徽、福建、江西、湖北、湖南、河南、广东、广西、四川、贵州、云南、陕西、甘肃、宁夏、重庆

分布国家：孟加拉国、不丹、柬埔寨、中国、印度、印度尼西亚、哈萨克斯坦、吉尔吉斯斯坦、老挝、马来西亚、蒙古、缅甸、尼泊尔、俄罗斯、塔吉克斯坦、泰国、越南

Dhole *Cuon alpinus* (Pallas, 1811)

Infra-specific Taxa：*alpinus*; *Shesperius*; *sumatrensis*

Habitat and Ecology：Forest; Shrubland

Ecosystem：Terrestrial

National Key Protected Wild Animal List：Category Two; **CITES Appendix**[1]：II

Red List：**IUCN Red List**[2]：EN; **China Mammal Red List**[3]：EN

Range in the country：Xinjiang, Qinghai, Heilongjiang, Tibet, Zhejiang, Beijing, Shanxi, Inner Mongolia, Jilin, Liaoning, Jiangsu, Anhui, Fujian, Jiangxi, Hubei, Hunan, Henan, Guangdong, Guangxi, Sichuan, Guizhou, Yunnan, Shaanxi, Gansu, Ningxia, Chongqing

Range countries：Bangladesh, Bhutan, Cambodia, China, India, Indonesia, Kazakhstan, Kyrgyzstan, Laos, Malaysia, Mongolia, Myanmar, Nepal, Russia, Tajikistan, Thailand, Vietnam

参考文献 Citation

Wang Y (王应祥), 2003; Wilson and Reeder, 2005; Zhang R (张荣祖), 1997; Pan Q *et al.* (潘清华等), 2007; Smith *et al.*, 2009; IUCN, 2014

熊科 URSIDAE

259. 棕熊 Brown Bear

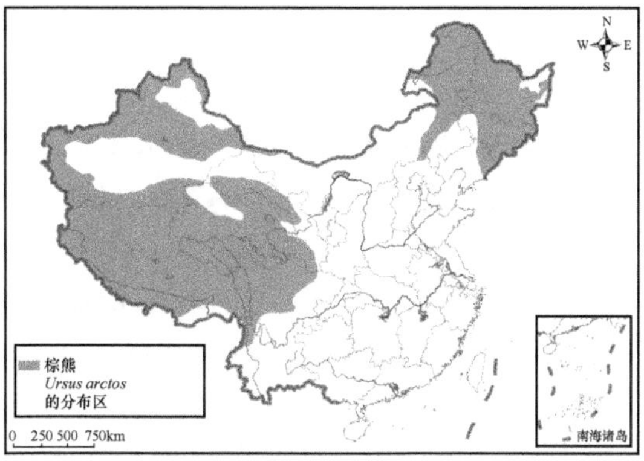

棕熊 *Ursus arctos* (Linnaeus, 1758)

种下单元：*arctos*; *alascensis*; *beringianus*; *californicus*; *collaris*; *crowtheri*; *dalli*; *gyas*; *horribilis*; *isabellinus*; *lasiotus*; *middendorffi*; *pruinosus*; *sitkensis*; *stikeenensis*; *syriacus*

生　　境：森林、苔原

生态系统：陆生生态系统

保护等级：**国家重点保护野生动物等级**：二级；**CITES 附录**[1]：I

红色名录：**IUCN**[2]：LC；**中国哺乳类红色名录**[3]：VU

国内分布：吉林、黑龙江、内蒙古、辽宁、四川、云南、西藏、甘肃、青海、新疆

分布国家：阿富汗、阿尔巴尼亚、安道尔、亚美尼亚、奥地利、阿塞拜疆、白俄罗斯、波斯尼亚和黑塞哥维那、保加利亚、加拿大、中国、克罗地亚、捷克、爱沙尼亚、芬兰、法国、格鲁吉亚、印度、伊朗、伊拉克、意大利、日本、哈萨克斯坦、朝鲜、吉尔吉斯斯坦、拉脱维亚、马其顿、蒙古、黑山、尼泊尔、挪威、巴基斯坦、波兰、罗马尼亚、俄罗

斯、塞尔维亚、斯洛伐克、斯洛文尼亚、西班牙、瑞典、塔吉克斯坦、乌克兰、美国、乌兹别克斯坦

Brown Bear *Ursus arctos*(Linnaeus, 1758)

Infra-specific Taxa：*arctos*; *alascensis*; *beringianus*; *californicus*; *collaris*; *crowtheri*; *dalli*; *gyas*; *horribilis*; *isabellinus*; *lasiotus*; *middendorffi*; *pruinosus*; *sitkensis*; *stikeenensis*; *syriacus*

Habitat and Ecology：Forest; Tundra

Ecosystem：Terrestrial

National Key Protected Wild Animal List: Category Two; **CITES Appendix**[1]：I

Red List：**IUCN Red List**[2]：LC; **China Mammal Red List**[3]：VU

Range in the country：Jilin, Heilongjiang, Inner Mongolia, Liaoning, Sichuan, Yunnan, Tibet, Gansu, Qinghai, Xinjiang

Range countries：Afghanistan, Albania, Andorra, Armenia, Austria, Azerbaijan, Belarus, Bosnia and Herzegovina, Bulgaria, Canada, China, Croatia, Czech, Estonia, Finland, France, Georgia, India, Iran, Iraq, Italy, Japan, Kazakhstan, Korea, Democratic People's Republic of, Kyrgyzstan, Latvia, Macedonia, Mongolia, Montenegro, Nepal, Norway, Pakistan, Poland, Romania, Russia, Serbia, Slovakia, Slovenia, Spain, Sweden, Tajikistan, Ukraine, United States, Uzbekistan

参考文献 Citation

Wang Y(王应祥), 2003; Wilson and Reeder, 2005; Zhang R(张荣祖), 1997; Pan Q *et al.*(潘清华等), 2007; Smith *et al.*, 2009; IUCN, 2014

260. 黑熊 Asiatic Black Bear

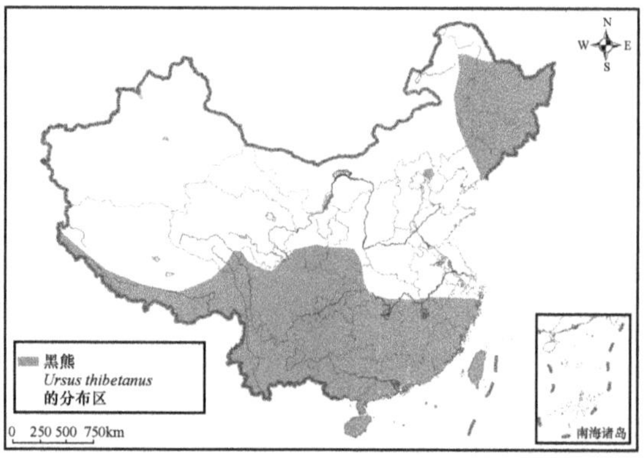

黑熊 *Ursus thibetanus* G. [Baron] (Cuvier, 1823)

种下单元：*thibetanus*; *formosanus*; *gedrosianus*; *japonicus*; *laniger*; *mupinensis*; *ussuricus*

生　　境：热带/亚热带湿润山地森林、针叶阔叶混交林

生态系统：陆生生态系统

保护等级：**国家重点保护野生动物等级**：二级；**CITES 附录**[1]：I

红色名录：**IUCN**[2]：VU；**中国哺乳类红色名录**[3]：VU

国内分布：吉林、黑龙江、西藏、河北、内蒙古、辽宁、浙江、安徽、福建、湖南、广东、广西、海南、四川、贵州、云南、陕西、甘肃、青海、湖北、江西、重庆、台湾

分布国家：阿富汗、孟加拉国、不丹、柬埔寨、中国、印度、伊朗、日本、朝鲜、韩国、老挝、缅甸、尼泊尔、巴基斯坦、俄罗斯、泰国、越南

Asiatic Black Bear *Ursus thibetanus* G. [Baron](Cuvier, 1823)

Infra-specific Taxa：*thibetanus*; *formosanus*; *gedrosianus*; *japonicus*; *laniger*; *mupinensis*; *ussuricus*

Habitat and Ecology：Tropical/Subtropical Moist Montane Forest; Coniferous and Broad-leaved Mixed Forest

Ecosystem：Terrestrial

National Key Protected Wild Animal List: Category Two; **CITES Appendix**[1]：I

Red List：**IUCN Red List**[2]：VU; **China Mammal Red List**[3]：VU

Range in the country：Jilin, Heilongjiang, Tibet, Hebei, Inner Mongolia, Liaoning, Zhejiang, Anhui, Fujian, Hunan, Guangdong, Guangxi, Hainan, Sichuan, Guizhou, Yunnan, Shaanxi, Gansu, Qinghai, Hubei, Jiangxi, Chongqing, Taiwan

Range countries：Afghanistan, Bangladesh, Bhutan, Cambodia, China, India, Iran, Japan, Korea, Democratic People's Republic of, Korea, Republic of, Laos, Myanmar, Nepal, Pakistan, Russia, Thailand, Vietnam

参考文献 Citation

Wang Y(王应祥), 2003; Wilson and Reeder, 2005; Zhang R(张荣祖), 1997; Pan Q *et al.*(潘清华等), 2007; Smith *et al.*, 2009; IUCN, 2014

261. 马来熊 Sun Bear

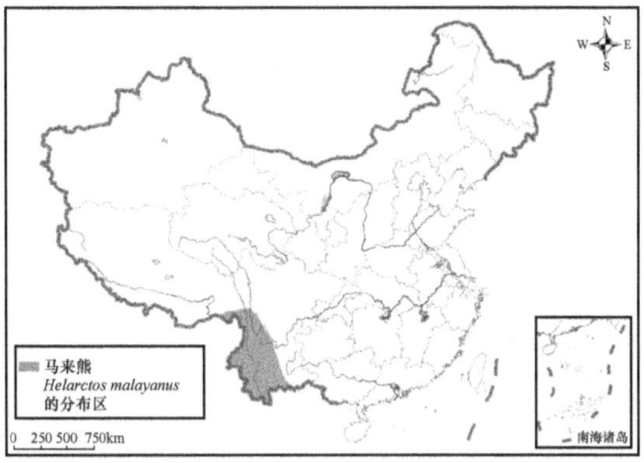

马来熊 *Helarctos malayanus*(Raffles, 1821)
种下单元： *malayanus*; *euryspilus*
生　　境： 热带湿润低地森林、沼泽森林、种植园
生态系统： 陆生生态系统
保护等级： 国家重点保护野生动物等级：一级；**CITES 附录**[1]：I
红色名录： **IUCN**[2]：VU；**中国哺乳类红色名录**[3]：CR
国内分布： 四川、云南、西藏
分布国家： 孟加拉国、文莱、柬埔寨、中国、印度、印度尼西亚、老挝、马来西亚、缅甸、泰国、越南

Sun Bear *Helarctos malayanus*(Raffles, 1821)
Infra-specific Taxa： *malayanus*; *euryspilus*
Habitat and Ecology： Tropical Moist Lowland Forest; Swamps Forest; Plantations
Ecosystem： Terrestrial
National Key Protected Wild Animal List: Category One; CITES Appendix[1]：I
Red List： **IUCN Red List**[2]：VU; **China Mammal Red List**[3]：CR
Range in the country： Sichuan, Yunnan, Tibet
Range countries： Bangladesh, Brunei, Cambodia, China, India, Indonesia, Laos, Malaysia, Myanmar, Thailand, Vietnam

参考文献 Citation

Wang Y(王应祥), 2003; Wilson and Reeder, 2005; Zhang R(张荣祖), 1997; Pan Q *et al.*(潘清华等), 2007; Smith *et al.*, 2009; IUCN, 2014

大熊猫科 AILUROPODIDAE

262. 大熊猫 Giant Panda

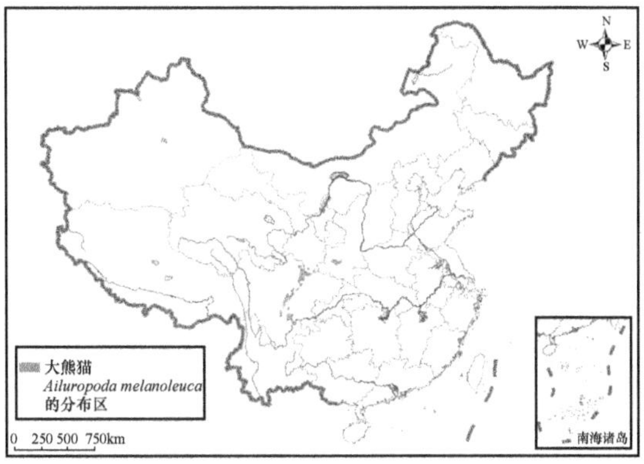

大熊猫 *Ailuropoda melanoleuca*(David, 1869)
种下单元： 无
生　　境： 亚热带湿润山地森林、竹林
生态系统： 陆生生态系统
保护等级： 国家重点保护野生动物等级：一级；**CITES 附录**[1]：I
红色名录： **IUCN**[2]：EN；**中国哺乳类红色名录**[3]：EN
国内分布： 四川、陕西、甘肃
分布国家： 中国

Giant Panda *Ailuropoda melanoleuca*(David, 1869)
Infra-specific Taxa： None
Habitat and Ecology： Subtropical Moist Montane Forest; Bamboo Grove
Ecosystem： Terrestrial
National Key Protected Wild Animal List: Category One; **CITES Appendix**[1]：I
Red List： **IUCN Red List**[2]：EN; **China Mammal Red List**[3]：EN
Range in the country： Sichuan, Shaanxi, Gansu
Range countries： China

参考文献 Citation

Wang Y(王应祥), 2003; Wilson and Reeder, 2005; Zhang R(张荣祖), 1997; Pan Q *et al.*(潘清华等), 2007; Smith *et al.*, 2009; IUCN, 2014

小熊猫科 AILURIDAE

263. 小熊猫 Red Panda

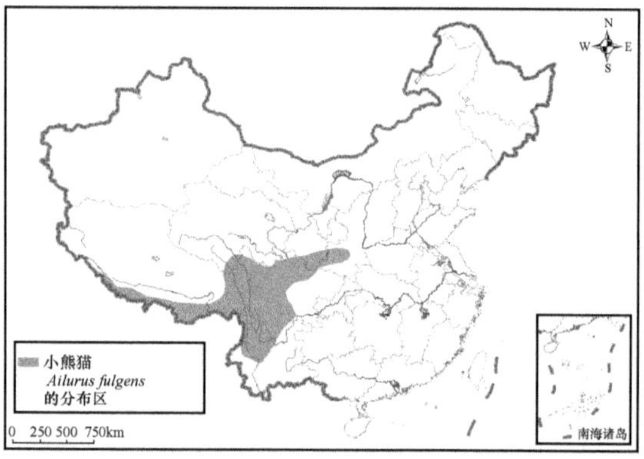

小熊猫　*Ailurus fulgens* (F.G. Cuvier, 1825)
种下单元：*fulgens*; *refulgens*
生　　境：温带森林、针叶阔叶混交林、竹林
生态系统：陆生生态系统
保护等级：**国家重点保护野生动物等级**：二级；**CITES 附录**[1]：I
红色名录：**IUCN**[2]：VU；**中国哺乳类红色名录**[3]：VU
国内分布：四川、云南、西藏、青海、甘肃、陕西
分布国家：不丹、中国、印度、缅甸、尼泊尔

Red Panda　*Ailurus fulgens* (F.G. Cuvier, 1825)
Infra-specific Taxa：*fulgens*; *refulgens*
Habitat and Ecology：Temperate Forest; Coniferous and Broad-leaved Mixed Forest; Bamboo Grove
Ecosystem：Terrestrial
National Key Protected Wild Animal List: Category Two; **CITES Appendix**[1]：I
Red List：**IUCN Red List**[2]：VU; **China Mammal Red List**[3]：VU
Range in the country：Sichuan, Yunnan, Tibet, Qinghai, Gansu, Shaanxi
Range countries：Bhutan, China, India, Myanmar, Nepal

参考文献 Citation

Wang Y (王应祥), 2003; Wilson and Reeder, 2005; Zhang R (张荣祖), 1997; Pan Q *et al.* (潘清华等), 2007; Smith *et al.*, 2009; IUCN, 2014

海狮科 OTARIIDAE

264. 北海狗 Northern Fur Seal

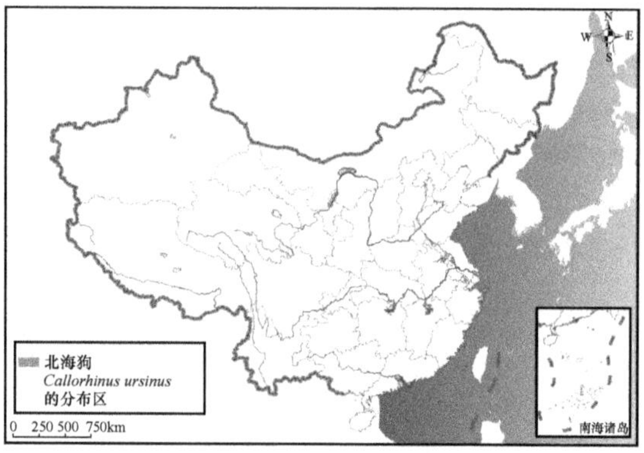

北海狗　*Callorhinus ursinus* (Linnaeus, 1758)
种下单元：无
生　　境：海洋
生态系统：陆生生态系统、海洋生态系统
保护等级：**国家重点保护野生动物等级**：二级；**CITES 附录**[1]：未列入
红色名录：**IUCN**[2]：VU；**中国哺乳类红色名录**[3]：VU
国内分布：黄海、东海、台湾海域、南海
分布国家：加拿大、中国、日本、朝鲜、韩国、墨西哥、俄罗斯、美国

Northern Fur Seal　*Callorhinus ursinus* (Linnaeus, 1758)
Infra-specific Taxa：None
Habitat and Ecology：Ocean
Ecosystem：Terrestrial, Marine
National Key Protected Wild Animal List: Category Two; **CITES Appendix**[1]：Not listed
Red List：**IUCN Red List**[2]：VU; **China Mammal Red List**[3]：VU
Range in the country：Yellow Sea, East China Sea, Taiwan waters, South China Sea
Range countries：Canada, China, Japan, Korea, Democratic People's Republic of, Korea, Republic of, Mexico, Russia, United States

参考文献 Citation

Wang Y (王应祥), 2003; Zhou K (周开亚), 2004, 2008; Wilson and Reeder, 2005; Zhang R (张荣祖), 1997; Pan Q *et al.* (潘清华等), 2007; Smith *et al.*, 2009; IUCN, 2014

265. 北海狮 Steller Sea Lion

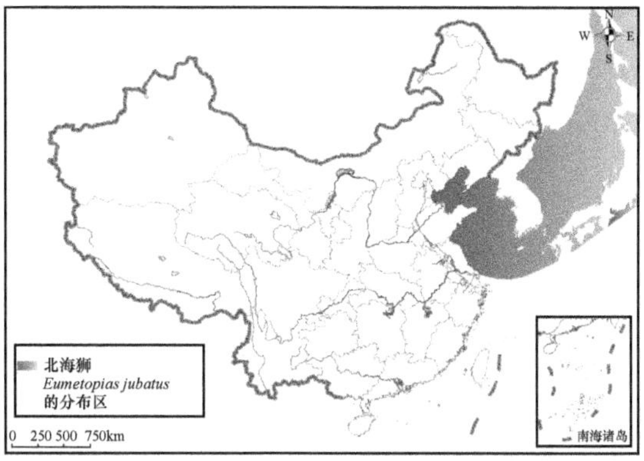

北海狮 *Eumetopias jubatus* (Schreber, 1776)
种下单元： 无
生　　境： 近海岸、大陆架
生态系统： 陆生生态系统、海洋生态系统
保护等级： **国家重点保护野生动物等级：** 二级；**CITES 附录**[1]：未列入
红色名录： **IUCN**[2]：NT；**中国哺乳类红色名录**[3]：NT
国内分布： 渤海、黄海
分布国家： 加拿大、中国、日本、俄罗斯、美国、朝鲜、韩国

Steller Sea Lion *Eumetopias jubatus* (Schreber, 1776)
Infra-specific Taxa: None
Habitat and Ecology: Coast; Continental Slope
Ecosystem: Terrestrial, Marine
National Key Protected Wild Animal List: Category Two; **CITES Appendix**[1]: Not listed
Red List: **IUCN Red List**[2]: NT; **China Mammal Red List**[3]: NT
Range in the country: Bohai Sea, Yellow Sea
Range countries: Canada, China, Japan, Russia, United States, Korea, Democratic People's Republic of, Korea, Republic of
参考文献 Citation
Wang Y (王应祥), 2003; Zhou K (周开亚), 2004; Wilson and Reeder, 2005; Zhang R (张荣祖), 1997; Pan Q *et al.* (潘清华等), 2007; Smith *et al.*, 2009; IUCN, 2014

鼬科 MUSTELIDAE

266. 黄喉貂 Yellow-throated Marten

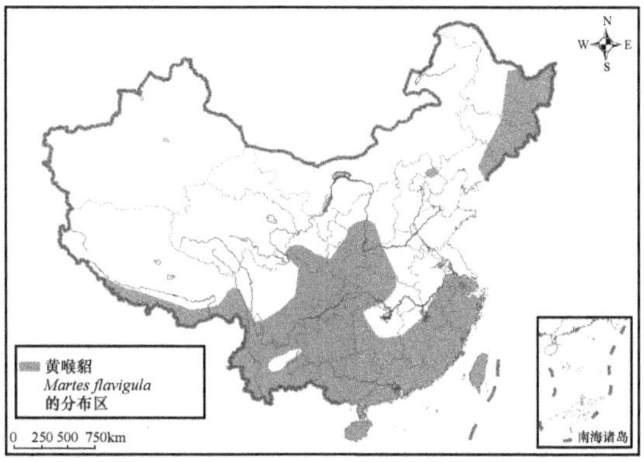

黄喉貂 *Martes flavigula* (Boddaert, 1785)
种下单元： *flavigula*; *borealis*; *chrysospila*; *hainana*; *henrici*; *indochinensis*; *peninsularis*; *robinsoni*; *saba*
生　　境： 泰加林、热带/亚热带湿润低地森林
生态系统： 陆生生态系统
保护等级： **国家重点保护野生动物等级：** 二级；**CITES 附录**[1]：III
红色名录： **IUCN**[2]：LC；**中国哺乳类红色名录**[3]：NT
国内分布： 山西、湖南、河南、吉林、黑龙江、浙江、江苏、福建、广西、海南、四川、陕西、香港、甘肃、广东、贵州、湖北、江西、辽宁、西藏、云南、福建、重庆、台湾、安徽
分布国家： 孟加拉国、不丹、文莱、柬埔寨、中国、印度、印度尼西亚、朝鲜、韩国、老挝、马来西亚、缅甸、尼泊尔、巴基斯坦、俄罗斯、泰国、越南

Yellow-throated Marten *Martes flavigula* (Boddaert, 1785)
Infra-specific Taxa: *flavigula*; *borealis*; *chrysospila*; *hainana*; *henrici*; *indochinensis*; *peninsularis*; *robinsoni*; *saba*
Habitat and Ecology: Taiga; Tropical/Subtropical Moist Lowland Forest
Ecosystem: Terrestrial
National Key Protected Wild Animal List: Category Two; **CITES Appendix**[1]: III
Red List: **IUCN Red List**[2]: LC; **China Mammal Red List**[3]: NT
Range in the country: Shanxi, Hunan, Henan, Jilin, Heilongjiang, Zhejiang, Jiangsu, Fujian, Guangxi, Hainan, Sichuan, Shaanxi, Hongkong, Gansu, Guangdong, Guizhou, Hubei, Jiangxi, Liaoning, Tibet, Yunnan, Fujian, Chongqing, Taiwan, Anhui
Range countries: Bangladesh, Bhutan, Brunei, Cambodia, China, India, Indonesia, Korea, Democratic People's Republic of, Korea, Republic of, Laos, Malaysia, Myanmar, Nepal, Pakistan, Russia, Thailand, Vietnam
参考文献 Citation
Wang Y (王应祥), 2003; Wilson and Reeder, 2005; Zhang R (张荣祖), 1997; Pan Q *et al.* (潘清华等), 2007; Smith *et al.*, 2009; IUCN, 2014

267. 石貂 Stone Marten

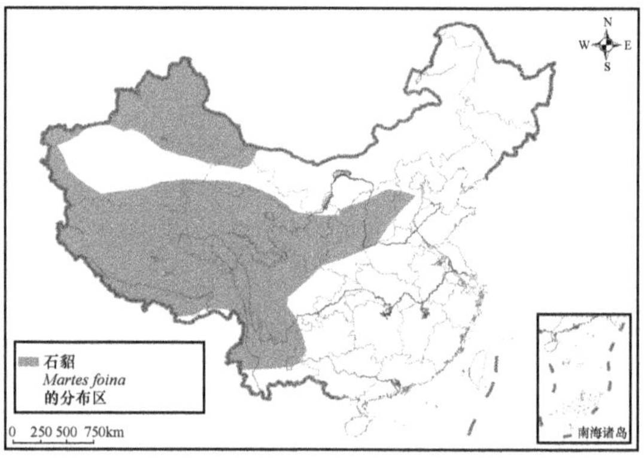

石貂 *Martes foina*(Erxleben, 1777)

种下单元：*foina*; *bosniaca*; *bunites*; *kozlovi*; *intermedia*; *mediterranea*; *milleri*; *nehringi*; *rosanowi*; *syriaca*; *toufoeus*

生　　境：内陆岩石区域、森林、灌丛、耕地

生态系统：陆生生态系统

保护等级：**国家重点保护野生动物等级**：二级；**CITES 附录**[1]：III

红色名录：**IUCN**[2]：LC；**中国哺乳类红色名录**[3]：EN

国内分布：山西、青海、新疆、陕西、甘肃、河北、内蒙古、四川、云南、西藏、宁夏

分布国家：阿富汗、阿尔巴尼亚、亚美尼亚、奥地利、阿塞拜疆、白俄罗斯、比利时、不丹、波斯尼亚和黑塞哥维那、保加利亚、中国、克罗地亚、捷克、丹麦、埃及、爱沙尼亚、法国、格鲁吉亚、德国、希腊、匈牙利、印度、伊朗、伊拉克、以色列、意大利、约旦、哈萨克斯坦、吉尔吉斯斯坦、拉脱维亚、黎巴嫩、列支敦士登、立陶宛、卢森堡、马其顿、摩尔多瓦、蒙古、黑山、尼泊尔、荷兰、巴基斯坦、波兰、葡萄牙、罗马尼亚、俄罗斯、塞尔维亚、斯洛伐克、斯洛文尼亚、西班牙、瑞士、叙利亚、塔吉克斯坦、土耳其、土库曼斯坦、乌克兰、乌兹别克斯坦

Stone Marten *Martes foina*(Erxleben, 1777)

Infra-specific Taxa：*foina*; *bosniaca*; *bunites*; *kozlovi*; *intermedia*; *mediterranea*; *milleri*; *nehringi*; *rosanowi*; *syriaca*; *toufoeus*

Habitat and Ecology：Inland Rocky Areas; Forest; Shrubland; Arable Land

Ecosystem：Terrestrial

National Key Protected Wild Animal List：Category Two; **CITES Appendix**[1]：III

Red List：**IUCN Red List**[2]：LC; **China Mammal Red List**[3]：EN

Range in the country：Shanxi, Qinghai, Xinjiang, Shaanxi, Gansu, Hebei, Inner Mongolia, Sichuan, Yunnan, Tibet, Ningxia

Range countries：Afghanistan, Albania, Armenia, Austria, Azerbaijan, Belarus, Belgium, Bhutan, Bosnia and Herzegovina, Bulgaria, China, Croatia, Czech, Danmark, Egypt, Estonia, France, Georgia, Germany, Greece, Hungary, India, Iran, Iraq, Israel, Italy, Jordan, Kazakhstan, Kyrgyzstan, Latvia, Lebanon, Liechtenstein, Lithuania, Luxembourg, Macedonia, Moldova, Mongolia, Montenegro, Nepal, Netherlands, Pakistan, Poland, Portugal, Romania, Russia, Serbia, Slovakia, Slovenia, Spain, Switzerland, Syrian Arab Republic, Tajikistan, Turkey, Turkmenistan, Ukraine, Uzbekistan

参考文献 Citation

Wang Y(王应祥), 2003; Wilson and Reeder, 2005; Zhang R(张荣祖), 1997; Pan Q *et al.*(潘清华等), 2007; Smith *et al.*, 2009; IUCN, 2014

268. 紫貂 Sable

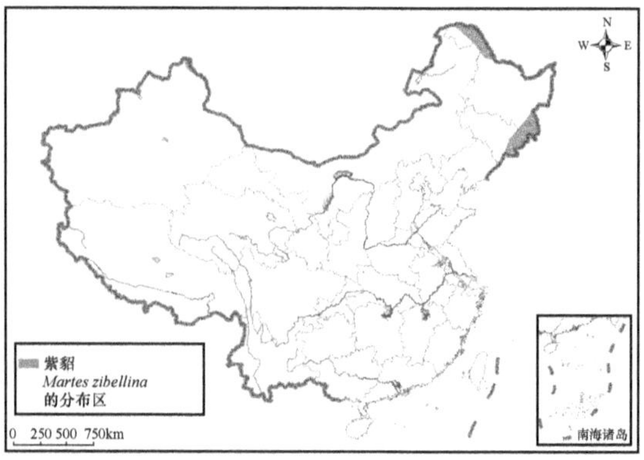

紫貂 *Martes zibellina*(Linnaeus, 1758)

种下单元：*zibellina*; *angarensis*; *arsenjevi*; *averini*; *brachyura*; *ilimpiensis*; *jakutensis*; *kamtschadalica*; *obscura*; *princeps*; *sahalinensis*; *sajanensis*; *schantaricus*; *tomensis*; *tungussensis*; *yeniseensis*

生　　境：泰加林、溪流边

生态系统：陆生生态系统

保护等级：**国家重点保护野生动物等级**：一级；**CITES 附录**[1]：未列入

红色名录：**IUCN**[2]：LC；**中国哺乳类红色名录**[3]：VU

国内分布：吉林、内蒙古、黑龙江、新疆、辽宁

分布国家：中国、芬兰、日本、朝鲜、蒙古、波兰、俄罗斯

Sable *Martes zibellina*(Linnaeus, 1758)

Infra-specific Taxa：*zibellina*; *angarensis*; *arsenjevi*; *averini*; *brachyura*; *ilimpiensis*; *jakutensis*; *kamtschadalica*; *obscura*; *princeps*; *sahalinensis*; *sajanensis*; *schantaricus*; *tomensis*; *tungussensis*; *yeniseensis*

Habitat and Ecology：Taiga; Near Streams

Ecosystem：Terrestrial

National Key Protected Wild Animal List：Category One; **CITES Appendix**[1]：Not listed

Red List：**IUCN Red List**[2]：LC; **China Mammal Red List**[3]：VU

Range in the country：Jilin, Inner Mongolia, Heilongjiang, Xinjiang, Liaoning

Range countries：China, Finland, Japan, Korea, Democratic People's Republic of, Mongolia, Poland, Russia

参考文献 Citation

Wang Y（王应祥）, 2003; Wilson and Reeder, 2005; Zhang R（张荣祖）, 1997; Pan Q *et al.*（潘清华等）, 2007; Smith *et al.*, 2009; IUCN, 2014

269. 貂熊 Wolverine

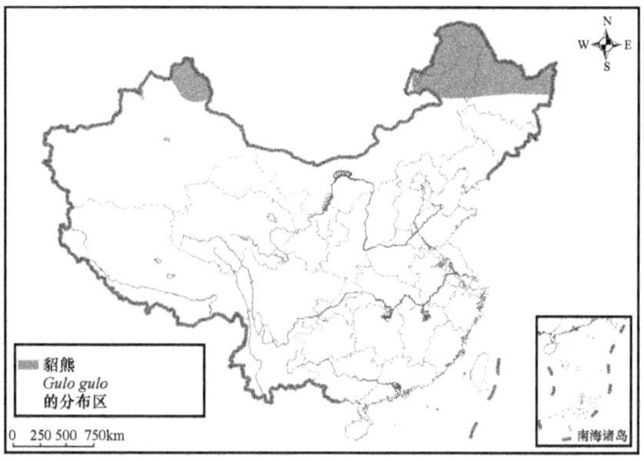

貂熊 *Gulo gulo*（Linnaeus, 1758）

种下单元：*gulo*; *albus*; *katschemakensis*; *luscus*; *luteus*; *vancouverensis*

生　　境：针叶阔叶混交林、泰加林

生态系统：陆生生态系统

保护等级：**国家重点保护野生动物等级**：一级；**CITES 附录**[1]：未列入

红色名录：**IUCN**[2]：LC；**中国哺乳类红色名录**[3]：EN

国内分布：内蒙古、黑龙江、新疆

分布国家：加拿大、中国、爱沙尼亚、芬兰、蒙古、挪威、俄罗斯、瑞典、美国

Wolverine *Gulo gulo*（Linnaeus, 1758）

Infra-specific Taxa：*gulo*; *albus*; *katschemakensis*; *luscus*; *luteus*; *vancouverensis*

Habitat and Ecology：Coniferous and Broad-leaved Mixed Forest; Taiga

Ecosystem：Terrestrial

National Key Protected Wild Animal List：Category One; **CITES Appendix**[1]：Not listed

Red List：**IUCN Red List**[2]：LC; **China Mammal Red List**[3]：EN

Range in the country：Inner Mongolia, Heilongjiang, Xinjiang

Range countries：Canada, China, Estonia, Finland, Mongolia, Norway, Russia, Sweden, United States

参考文献 Citation

Wang Y（王应祥）, 2003; Wilson and Reeder, 2005; Zhang R（张荣祖）, 1997; Pan Q *et al.*（潘清华等）, 2007; Smith *et al.*, 2009; IUCN, 2014

270. 香鼬 Altai Weasel

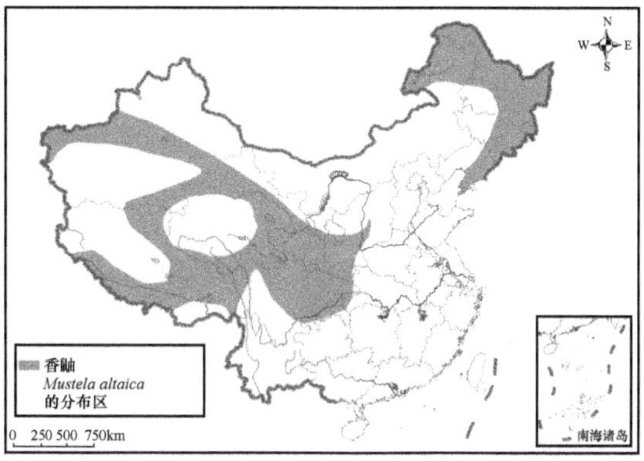

香鼬 *Mustela altaica*（Pallas, 1811）

种下单元：*altaica*; *birulai*; *raddei*; *temon*

生　　境：草甸、内陆岩石区域

生态系统：陆生生态系统

保护等级：**国家重点保护野生动物等级**：无；**CITES 附录**[1]：III

红色名录：**IUCN**[2]：NT；**中国哺乳类红色名录**[3]：NT

国内分布：山西、青海、新疆、内蒙古、辽宁、吉林、黑龙江、四川、西藏、甘肃、宁夏、湖北、重庆

分布国家：不丹、中国、印度、哈萨克斯坦、吉尔吉斯斯坦、蒙古、巴基斯坦、俄罗斯、塔吉克斯坦

Altai Weasel *Mustela altaica*（Pallas, 1811）

Infra-specific Taxa：*altaica*; *birulai*; *raddei*; *temon*

Habitat and Ecology：Meadow; Inland Rocky Areas

Ecosystem：Terrestrial

National Key Protected Wild Animal List: None; **CITES Appendix**[1]: III

Red List: **IUCN Red List**[2]: NT; **China Mammal Red List**[3]: NT

Range in the country: Shanxi, Qinghai, Xinjiang, Inner Mongolia, Liaoning, Jilin, Heilongjiang, Sichuan, Tibet, Gansu, Ningxia, Hubei, Chongqing

Range countries: Bhutan, China, India, Kazakhstan, Kyrgyzstan, Mongolia, Pakistan, Russia, Tajikistan

参考文献 Citation

Wang Y(王应祥), 2003; Wilson and Reeder, 2005; Zhang R(张荣祖), 1997; Pan Q *et al.*(潘清华等), 2007; Smith *et al.*, 2009; IUCN, 2014

271. 白鼬 Ermine, Stoat

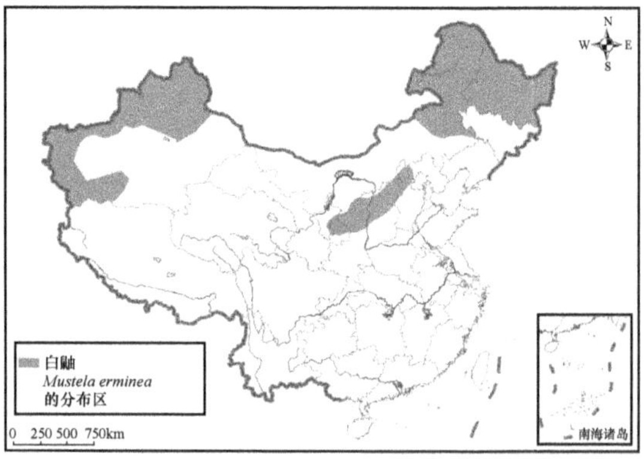

白鼬 *Mustela erminea*(Linnaeus, 1758)

种下单元: *erminea*; *aestiva*; *alascensis*; *anguinae*; *arctica*; *augustidens*; *bangsi*; *celenda*; *cigognanii*; *fallenda*; *ferghanae*; *gulosa*; *haidarum*; *hibernica*; *initis*; *invicta*; *kadiacensis*; *kaneii*; *karaginensis*; *lymani*; *martinoi*; *minima*; *mongolica*; *muricus*; *nippon*; *ognevi*; *olympica*; *polaris*; *richardsonii*; *ricinae*; *salva*; *seclusa*; *semplei*; *stabilis*; *streatori*; *teberdina*; *tobolica*

生　　境: 苔原、草甸、森林、沼泽、农田、灌丛

生态系统: 陆生生态系统

保护等级: **国家重点保护野生动物等级**: 无; **CITES 附录**[1]: III

红色名录: **IUCN**[2]: LC; **中国哺乳类红色名录**[3]: EN

国内分布: 黑龙江、内蒙古、新疆、河北、山西、陕西、甘肃

分布国家: 阿富汗、阿尔巴尼亚、安道尔、奥地利、阿塞拜疆、白俄罗斯、比利时、波斯尼亚和黑塞哥维那、保加利亚、加拿大、中国、克罗地亚、捷克、丹麦、爱沙尼亚、芬兰、法国、格鲁吉亚、德国、希腊、匈牙利、印度、爱尔兰、意大利、日本、哈萨克斯坦、吉尔吉斯斯坦、拉脱维亚、列支敦士登、立陶宛、卢森堡、马其顿、摩尔多瓦、蒙古、黑山、荷兰、挪威、巴基斯坦、波兰、葡萄牙、罗马尼亚、俄罗斯、塞尔维亚、斯洛伐克、斯洛文尼亚、西班牙、瑞典、瑞士、塔吉克斯坦、土耳其、乌克兰、英国、美国、乌兹别克斯坦

Ermine, Stoat *Mustela erminea*(Linnaeus, 1758)

Infra-specific Taxa: *erminea*; *aestiva*; *alascensis*; *anguinae*; *arctica*; *augustidens*; *bangsi*; *celenda*; *cigognanii*; *fallenda*; *ferghanae*; *gulosa*; *haidarum*; *hibernica*; *initis*; *invicta*; *kadiacensis*; *kaneii*; *karaginensis*; *lymani*; *martinoi*; *minima*; *mongolica*; *muricus*; *nippon*; *ognevi*; *olympica*; *polaris*; *richardsonii*; *ricinae*; *salva*; *seclusa*; *semplei*; *stabilis*; *streatori*; *teberdina*; *tobolica*

Habitat and Ecology: Tundra; Meadow; Forest; Swamps; Arable Land; Shrubland

Ecosystem: Terrestrial

National Key Protected Wild Animal List: None; **CITES Appendix**[1]: III

Red List: **IUCN Red List**[2]: LC; **China Mammal Red List**[3]: EN

Range in the country: Heilongjiang, Inner Mongolia, Xinjiang, Hebei, Shanxi, Shaanxi, Gansu

Range countries: Afghanistan, Albania, Andorra, Austria, Azerbaijan, Belarus, Belgium, Bosnia and Herzegovina, Bulgaria, Canada, China, Croatia, Czech, Danmark, Estonia, Finland, France, Georgia, Germany, Greece, Hungary, India, Ireland, Italy, Japan, Kazakhstan, Kyrgyzstan, Latvia, Liechtenstein, Lithuania, Luxembourg, Macedonia, Moldova, Mongolia, Montenegro, Netherlands, Norway, Pakistan, Poland, Portugal, Romania, Russia, Serbia, Slovakia, Slovenia, Spain, Sweden, Switzerland, Tajikistan, Turkey, Ukraine, United Kingdom, United States, Uzbekistan

参考文献 Citation

Wang Y(王应祥), 2003; Wilson and Reeder, 2005; Zhang R(张荣祖), 1997; Pan Q *et al.*(潘清华等), 2007; Smith *et al.*, 2009; IUCN, 2014

272. 艾鼬 Steppe Polecat

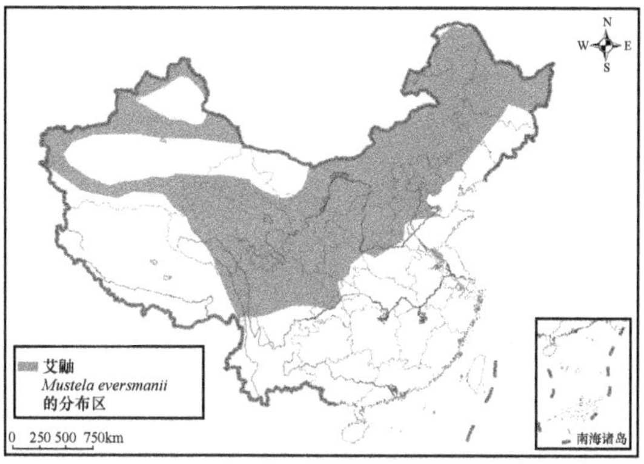

艾鼬 *Mustela eversmanii*(Lesson, 1827)
种下单元：*eversmanii*; *admirata*; *amurensis*; *hungarica*; *larvatus*; *michnoi*; *talassicus*
生　　境：草地、洞穴
生态系统：陆生生态系统
保护等级：**国家重点保护野生动物等级**：无；**CITES 附录**[1]：未列入
红色名录：**IUCN**[2]：LC；**中国哺乳类红色名录**[3]：VU
国内分布：山西、河南、青海、新疆、黑龙江、甘肃、北京、河北、内蒙古、辽宁、吉林、江苏、四川、西藏、陕西、宁夏、山东、重庆
分布国家：奥地利、白俄罗斯、保加利亚、中国、捷克、格鲁吉亚、匈牙利、印度、哈萨克斯坦、吉尔吉斯斯坦、摩尔多瓦、蒙古、黑山、波兰、罗马尼亚、俄罗斯、塞尔维亚、斯洛伐克、塔吉克斯坦、土库曼斯坦、乌克兰、乌兹别克斯坦

Steppe Polecat *Mustela eversmanii*(Lesson, 1827)
Infra-specific Taxa：*eversmanii*; *admirata*; *amurensis*; *hungarica*; *larvatus*; *michnoi*; *talassicus*
Habitat and Ecology：Grassland; Caves
Ecosystem：Terrestrial
National Key Protected Wild Animal List：None; **CITES Appendix**[1]：Not listed
Red List：**IUCN Red List**[2]：LC; **China Mammal Red List**[3]：VU
Range in the country：Shanxi, Henan, Qinghai, Xinjiang, Heilongjiang, Gansu, Beijing, Hebei, Inner Mongolia, Liaoning, Jilin, Jiangsu, Sichuan, Tibet, Shaanxi, Ningxia, Shandong, Chongqing
Range countries：Austria, Belarus, Bulgaria, China, Czech, Georgia, Hungary, India, Kazakhstan, Kyrgyzstan, Moldova, Mongolia, Montenegro, Poland, Romania, Russia, Serbia, Slovakia, Tajikistan, Turkmenistan, Ukraine, Uzbekistan

参考文献 Citation

Wang Y(王应祥), 2003; Wilson and Reeder, 2005; Zhang R(张荣祖), 1997; Pan Q *et al.*(潘清华等), 2007; Smith *et al.*, 2009; IUCN, 2014

273. 黄腹鼬 Yellow-bellied Weasel

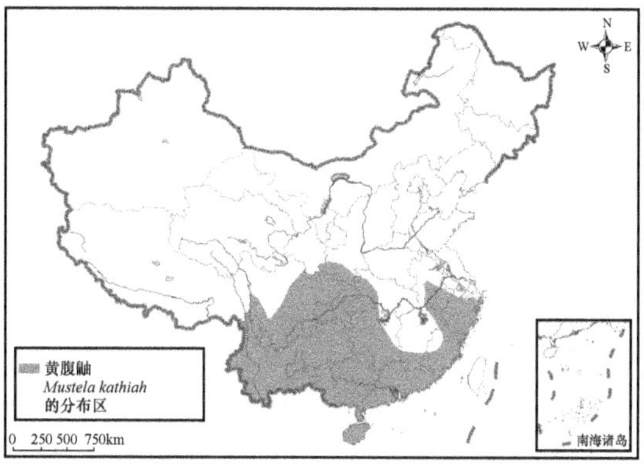

黄腹鼬 *Mustela kathiah*(Hodgson, 1835)
种下单元：*kathiah*; *caporiaccoi*
生　　境：森林、次生林、热带/亚热带严重退化的森林
生态系统：陆生生态系统
保护等级：**国家重点保护野生动物等级**：无；**CITES 附录**[1]：III
红色名录：**IUCN**[2]：LC；**中国哺乳类红色名录**[3]：NT
国内分布：海南、云南、浙江、安徽、福建、江西、湖北、广东、广西、四川、贵州、陕西、湖南、福建、重庆
分布国家：不丹、中国、印度、老挝、缅甸、尼泊尔、泰国、越南

Yellow-bellied Weasel *Mustela kathiah*(Hodgson, 1835)
Infra-specific Taxa：*kathiah*; *caporiaccoi*
Habitat and Ecology：Forest; Secondary Forest; Subtropical/Tropical Degraded Forest
Ecosystem：Terrestrial
National Key Protected Wild Animal List：None; **CITES Appendix**[1]：III
Red List：**IUCN Red List**[2]：LC; **China Mammal Red List**[3]：NT
Range in the country：Hainan, Yunnan, Zhejiang, Anhui, Fujian, Jiangxi, Hubei, Guangdong, Guangxi, Sichuan, Guizhou, Shaanxi, Hunan, Fujian, Chongqing
Range countries：Bhutan, China, India, Laos, Myanmar, Nepal, Thailand, Vietnam

参考文献 Citation

Wang Y(王应祥), 2003; Wilson and Reeder, 2005; Zhang R(张荣祖), 1997; Pan Q *et al.*(潘清华等), 2007; Smith *et al.*, 2009; IUCN, 2014

274. 伶鼬 Least Weasel

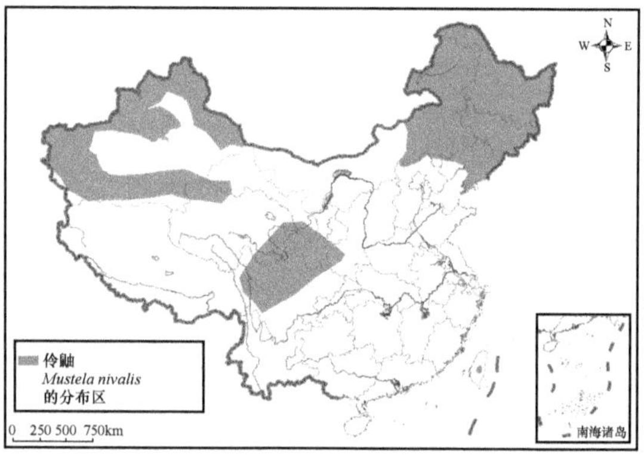

伶鼬 *Mustela nivalis*(Linnaeus, 1766)

种下单元：*nivalis*; *allegheniensis*; *boccamela*; *campestris*; *caucasica*; *eskimo*; *heptneri*; *mosanensis*; *namiyei*; *numidica*; *pallida*; *pygmaea*; *rixosa*; *rossica*; *russelliana*; *stoliczkana*; *tonkinensis*; *vulgaris*

生　　境：森林、草地、草甸、乡村庭院、农田

生态系统：陆生生态系统

保护等级：**国家重点保护野生动物等级**：无；**CITES 附录**[1]：未列入

红色名录：**IUCN**[2]：LC；**中国哺乳类红色名录**[3]：VU

国内分布：陕西、河北、青海、四川、内蒙古、辽宁、吉林、黑龙江、新疆

分布国家：阿富汗、阿尔巴尼亚、阿尔及利亚、安道尔、亚美尼亚、奥地利、阿塞拜疆、白俄罗斯、比利时、波斯尼亚和黑塞哥维那、保加利亚、加拿大、中国、克罗地亚、捷克、丹麦、爱沙尼亚、芬兰、法国、格鲁吉亚、德国、希腊、匈牙利、伊朗、伊拉克、以色列、意大利、日本、哈萨克斯坦、朝鲜、韩国、吉尔吉斯斯坦、拉脱维亚、黎巴嫩、列支敦士登、立陶宛、卢森堡、马其顿、马耳他、摩尔多瓦、摩纳哥、蒙古、黑山、摩洛哥、荷兰、挪威、波兰、葡萄牙、罗马尼亚、俄罗斯、圣马力诺、塞尔维亚、斯洛伐克、斯洛文尼亚、西班牙、瑞典、瑞士、叙利亚、塔吉克斯坦、土耳其、土库曼斯坦、乌克兰、英国、美国、乌兹别克斯坦、越南

Least Weasel *Mustela nivalis*(Linnaeus, 1766)

Infra-specific Taxa：*nivalis*; *allegheniensis*; *boccamela*; *campestris*; *caucasica*; *eskimo*; *heptneri*; *mosanensis*; *namiyei*; *numidica*; *pallida*; *pygmaea*; *rixosa*; *rossica*; *russelliana*; *stoliczkana*; *tonkinensis*; *vulgaris*

Habitat and Ecology：Forest; Grassland; Meadow; Rural Gardens; Arable Land

Ecosystem：Terrestrial

National Key Protected Wild Animal List：None; **CITES Appendix**[1]：Not listed

Red List：**IUCN Red List**[2]：LC; **China Mammal Red List**[3]：VU

Range in the country：Shaanxi, Hebei, Qinghai, Sichuan, Inner Mongolia, Liaoning, Jilin, Heilongjiang, Xinjiang

Range countries：Afghanistan, Albania, Algeria, Andorra, Armenia, Austria, Azerbaijan, Belarus, Belgium, Bosnia and Herzegovina, Bulgaria, Canada, China, Croatia, Czech, Danmark, Estonia, Finland, France, Georgia, Germany, Greece, Hungary, Iran, Iraq, Israel, Italy, Japan, Kazakhstan, Korea, Democratic People's Republic of, Korea, Republic of, Kyrgyzstan, Latvia, Lebanon, Liechtenstein, Lithuania, Luxembourg, Macedonia, Malta, Moldova, Monaco, Mongolia, Montenegro, Morocco, Netherlands, Norway, Poland, Portugal, Romania, Russia, San Marino, Serbia, Slovakia, Slovenia, Spain, Sweden, Switzerland, Syrian Arab Republic, Tajikistan, Turkey, Turkmenistan, Ukraine, United Kingdom, United States, Uzbekistan, Vietnam

参考文献 Citation

Wang Y(王应祥), 2003; Wilson and Reeder, 2005; Zhang R(张荣祖), 1997; Pan Q *et al.*(潘清华等), 2007; Smith *et al.*, 2009; IUCN, 2014

275. 黄鼬 Siberian Weasel

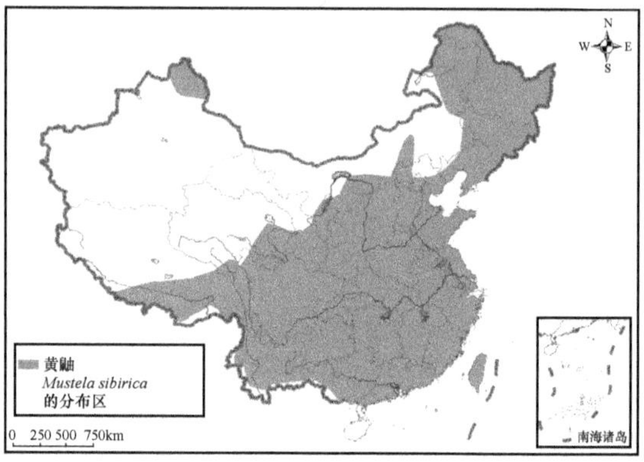

黄鼬 *Mustela sibirica*(Pallas, 1773)

种下单元：*sibirica*; *canigula*; *charbinensis*; *coreanus*; *davidiana*; *fontanierii*; *hodgsoni*; *manchurica*; *moupinensis*; *quelpartis*; *subhemachalana*

生　　境：森林、次生林、沼泽、耕地

生态系统：陆生生态系统

保护等级：**国家重点保护野生动物等级**：无；**CITES 附录**[1]：III

红色名录：**IUCN**[2]：LC；**中国哺乳类红色名录**[3]：LC

国内分布：吉林、山西、河南、云南、湖南、新疆、北京、河北、内蒙古、辽宁、黑龙江、上海、江苏、浙江、安徽、福建、江西、山东、湖北、广东、广西、四川、贵州、西藏、陕西、甘肃、青海、宁夏、福建、重庆、台湾

分布国家：不丹、中国、印度、日本、朝鲜、韩国、老挝、蒙古、缅甸、尼泊尔、巴基斯坦、俄罗斯、泰国、越南

Siberian Weasel *Mustela sibirica*(Pallas, 1773)

Infra-specific Taxa: *sibirica*; *canigula*; *charbinensis*; *coreanus*; *davidiana*; *fontanierii*; *hodgsoni*; *manchurica*; *moupinensis*; *quelpartis*; *subhemachalana*

Habitat and Ecology: Forest; Secondary Forest; Swamps; Arable Land

Ecosystem: Terrestrial

National Key Protected Wild Animal List: None; **CITES Appendix**[1]: III

Red List: IUCN Red List[2]: LC; **China Mammal Red List**[3]: LC

Range in the country: Jilin, Shanxi, Henan, Yunnan, Hunan, Xinjiang, Beijing, Hebei, Inner Mongolia, Liaoning, Heilongjiang, Shanghai, Jiangsu, Zhejiang, Anhui, Fujian, Jiangxi, Shandong, Hubei, Guangdong, Guangxi, Sichuan, Guizhou, Tibet, Shaanxi, Gansu, Qinghai, Ningxia, Fujian, Chongqing, Taiwan

Range countries: Bhutan, China, India, Japan, Korea, Democratic People's Republic of, Korea, Republic of, Laos, Mongolia, Myanmar, Nepal, Pakistan, Russia, Thailand, Vietnam

参考文献 Citation

Wang Y (王应祥), 2003; Wilson and Reeder, 2005; Zhang R (张荣祖), 1997; Pan Q *et al.* (潘清华等), 2007; Smith *et al.*, 2009; IUCN, 2014

276. 纹鼬 Stripe-backed Weasel

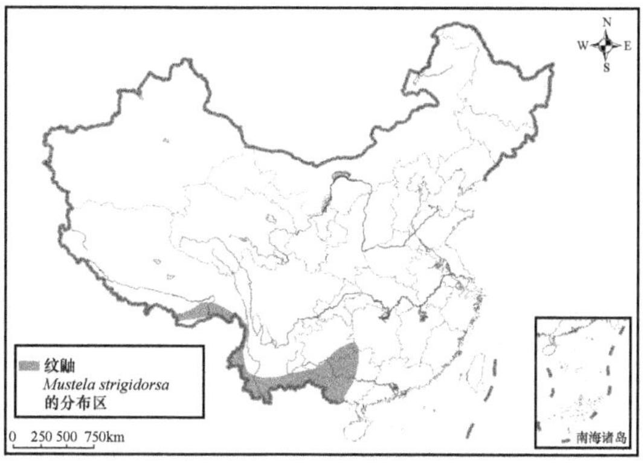

纹鼬 *Mustela strigidorsa* (Gray, 1853)

种下单元： 无

生　　境： 农田、森林

生态系统： 陆生生态系统

保护等级： **国家重点保护野生动物等级：** 无；**CITES 附录**[1]：未列入

红色名录： **IUCN**[2]：LC；**中国哺乳类红色名录**[3]：EN

国内分布： 广西、贵州、云南、西藏

分布国家： 中国、印度、老挝、缅甸、泰国、越南

Stripe-backed Weasel *Mustela strigidorsa* (Gray, 1853)

Infra-specific Taxa: None

Habitat and Ecology: Arable Land; Forest

Ecosystem: Terrestrial

National Key Protected Wild Animal List: None; **CITES Appendix**[1]: Not listed

Red List: IUCN Red List[2]: LC; **China Mammal Red List**[3]: EN

Range in the country: Guangxi, Guizhou, Yunnan,Tibet

Range countries: China, India, Laos, Myanmar, Thailand, Vietnam

参考文献 Citation

Wang Y (王应祥), 2003; Wilson and Reeder, 2005; Zhang R (张荣祖), 1997; Pan Q *et al.* (潘清华等), 2007; Smith *et al.*, 2009; IUCN, 2014

277. 虎鼬 European Marbled Polecat

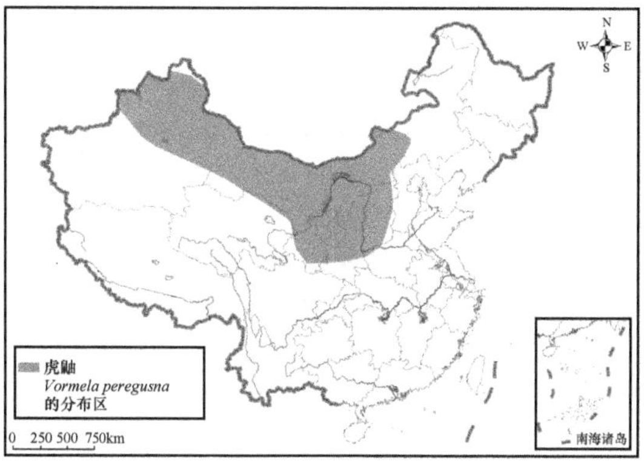

虎鼬 *Vormela peregusna* (Güldenstädt, 1770)

种下单元： *peregusna*; *koshewnikowi*; *negans*; *pallidior*; *syriaca*

生　　境： 草地、荒漠、半荒漠

生态系统： 陆生生态系统

保护等级： **国家重点保护野生动物等级：** 无；**CITES 附录**[1]：未列入

红色名录： **IUCN**[2]：VU；**中国哺乳类红色名录**[3]：EN

国内分布： 山西、内蒙古、陕西、甘肃、宁夏、新疆

分布国家： 阿富汗、亚美尼亚、阿塞拜疆、保加利亚、中国、格鲁吉亚、希腊、伊朗、伊拉克、以色列、哈萨克斯坦、黎巴嫩、马其顿、蒙古、黑山、巴基斯坦、罗马尼亚、俄罗斯、塞尔维亚、叙利亚、土耳其、土库曼斯坦、乌克兰、乌兹别克斯坦

European Marbled Polecat *Vormela peregusna* (Güldenstädt, 1770)

Infra-specific Taxa: *peregusna*; *koshewnikowi*; *negans*; *pallidior*; *syriaca*

Habitat and Ecology: Grassland; Desert; Semi-desert

Ecosystem: Terrestrial

National Key Protected Wild Animal List: None; **CITES Appendix**[1]: Not listed

Red List: **IUCN Red List**[2]: VU; **China Mammal Red List**[3]: EN

Range in the country: Shanxi, Inner Mongolia, Shaanxi, Gansu, Ningxia, Xinjiang

Range countries: Afghanistan, Armenia, Azerbaijan, Bulgaria, China, Georgia, Greece, Iran, Iraq, Israel, Kazakhstan, Lebanon, Macedonia, Montenegro, Pakistan, Romania, Russia, Serbia, Syrian Arab Republic, Turkey, Turkmenistan, Ukraine, Uzbekistan

参考文献 Citation

Wang Y(王应祥), 2003; Wilson and Reeder, 2005; Zhang R(张荣祖), 1997; Pan Q *et al.*(潘清华等), 2007; Smith *et al.*, 2009; IUCN, 2014

278. 鼬獾 Small-toothed Ferret-badger

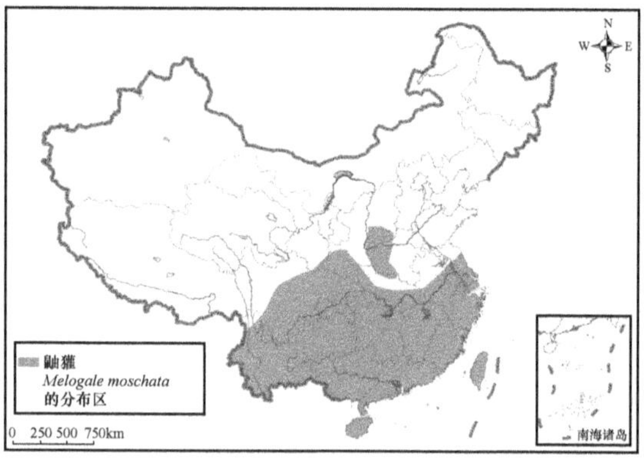

鼬獾 *Melogale moschata*(Gray, 1831)

种下单元: *moschata*; *ferreogrisea*; *hainanensis*; *millsi*; *sorella*; *subaurantiaca*; *taxilla*

生　　境: 亚热带湿润低地森林、草地、耕地

生态系统: 陆生生态系统

保护等级: **国家重点保护野生动物等级**: 无; **CITES 附录**[1]: 未列入

红色名录: **IUCN**[2]: LC; **中国哺乳类红色名录**[3]: NT

国内分布: 山西、河南、上海、江苏、浙江、安徽、福建、江西、湖北、湖南、广东、广西、海南、四川、贵州、云南、陕西、台湾、香港、福建、重庆

分布国家: 中国、印度、老挝、缅甸、越南

Small-toothed Ferret-badger *Melogale moschata*(Gray, 1831)

Infra-specific Taxa: *moschata*; *ferreogrisea*; *hainanensis*; *millsi*; *sorella*; *subaurantiaca*; *taxilla*

Habitat and Ecology: Subtropical Moist Lowland Forest; Grassland; Arable Land

Ecosystem: Terrestrial

National Key Protected Wild Animal List: None; **CITES Appendix**[1]: Not listed

Red List: **IUCN Red List**[2]: LC; **China Mammal Red List**[3]: NT

Range in the country: Shanxi, Henan, Shanghai, Jiangsu, Zhejiang, Anhui, Fujian, Jiangxi, Hubei, Hunan, Guangdong, Guangxi, Hainan, Sichuan, Guizhou, Yunnan, Shaanxi, Taiwan, Hongkong, Fujian, Chongqing

Range countries: China, India, Laos, Myanmar, Vietnam

参考文献 Citation

Wang Y(王应祥), 2003; Wilson and Reeder, 2005; Zhang R(张荣祖), 1997; Pan Q *et al.*(潘清华等), 2007; Smith *et al.*, 2009; IUCN, 2014

279. 缅甸鼬獾 Large-toothed Ferret Badger

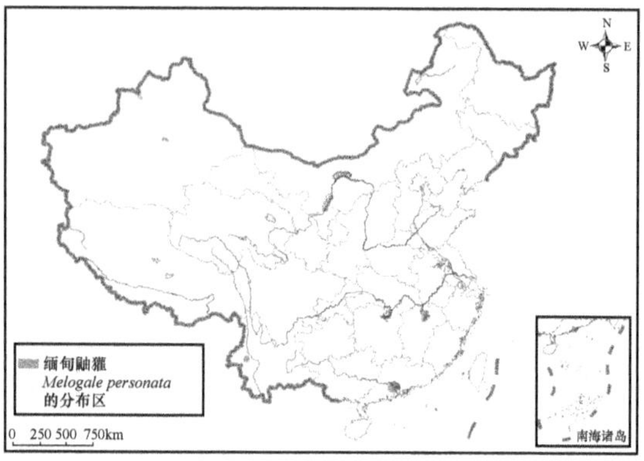

缅甸鼬獾 *Melogale personata*(I. Geoffroy Saint-Hilaire, 1831)

种下单元: *personata*; *laotum*; *nipalensis*; *pierrei*; *tonquinia*

生　　境: 森林、草地、耕地

生态系统: 陆生生态系统

保护等级: **国家重点保护野生动物等级**: 无; **CITES 附录**[1]: 未列入

红色名录: **IUCN**[2]: DD; **中国哺乳类红色名录**[3]: EN

国内分布: 广东

分布国家: 中国、印度、老挝、缅甸、泰国、越南

Large-toothed Ferret Badger *Melogale personata*(I. Geoffroy Saint-Hilaire, 1831)

Infra-specific Taxa: *personata*; *laotum*; *nipalensis*; *pierrei*; *tonquinia*

Habitat and Ecology: Forest; Grassland; Arable Land

Ecosystem: Terrestrial

National Key Protected Wild Animal List：None; **CITES Appendix**[1]：Not listed

Red List：**IUCN Red List**[2]：DD; **China Mammal Red List**[3]：EN

Range in the country：Guangdong

Range countries：China, India, Laos, Myanmar, Thailand, Vietnam

参考文献 Citation

Wang Y（王应祥）, 2003; Wilson and Reeder, 2005; Zhang R（张荣祖）, 1997; Pan Q *et al.*（潘清华等）, 2007; Smith *et al.*, 2009; IUCN, 2014

280. 狗獾 Asian Badger

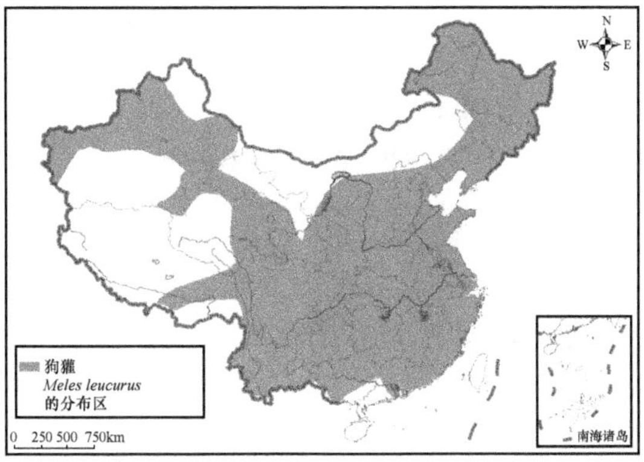

狗獾　*Meles leucurus*（Linnaeus, 1758）

种下单元：*leucurus*; *amurensis*; *arenarius*; *sibiricus*; *tianschanensis*

生　　境：森林、灌丛、耕地、草地、半荒漠

生态系统：陆生生态系统

保护等级：**国家重点保护野生动物等级**：无；**CITES 附录**[1]：未列入

红色名录：**IUCN**[2]：LC；**中国哺乳类红色名录**[3]：NT

国内分布：黑龙江、吉林、辽宁、内蒙古、新疆、安徽、北京、福建、甘肃、广东、广西、贵州、河北、河南、湖北、湖南、江苏、江西、青海、陕西、山东、山西、四川、云南、浙江、重庆、宁夏、西藏

分布国家：中国、哈萨克斯坦、韩国、朝鲜、俄罗斯

Asian Badger　*Meles leucurus*（Linnaeus, 1758）

Infra-specific Taxa：*leucurus*; *amurensis*; *arenarius*; *sibiricus*; *tianschanensis*

Habitat and Ecology：Forest; Shrubland; Arable Land; Grassland; Semi-desert

Ecosystem：Terrestrial

National Key Protected Wild Animal List：None; **CITES Appendix**[1]：Not listed

Red List：**IUCN Red List**[2]：LC; **China Mammal Red List**[3]：NT

Range in the country：Heilongjiang, Jilin, Liaoning, Inner Mongolia, Xinjiang, Anhui, Beijing, Fujian, Gansu, Guangdong, Guangxi, Guizhou, Hebei, Henan, Hubei, Hunan, Jiangsu, Jiangxi, Qinghai, Shaanxi, Shandong, Shanxi, Sichuan, Yunnan, Zhejiang, Chongqing, Ningxia, Tibet

Range countries：China, Kazakhstan, Korea, Republic of, Korea, Democratic People's Republic of, Russia

参考文献 Citation

Wang Y（王应祥）, 2003; Wilson and Reeder, 2005; Pan Q *et al.*（潘清华等）, 2007; Zhang R（张荣祖）, 1997; IUCN, 2014

281. 猪獾 Hog Badger

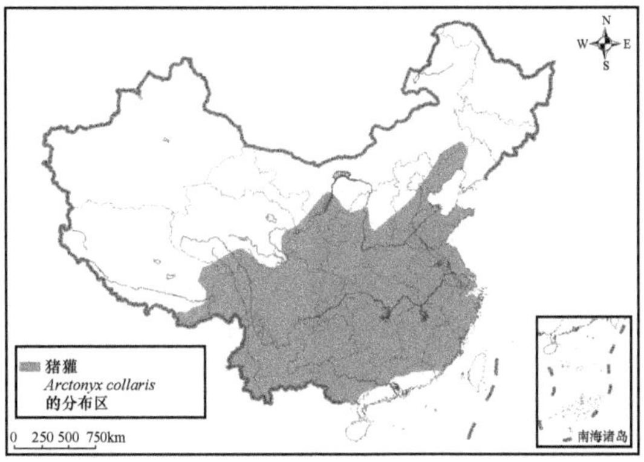

猪獾　*Arctonyx collaris*（F.G. Cuvier, 1825）

种下单元：*collaris*; *albogularis*; *consul*; *dictator*; *hoevenii*; *leucolaemus*

生　　境：森林

生态系统：陆生生态系统

保护等级：**国家重点保护野生动物等级**：无；**CITES 附录**[1]：未列入

红色名录：**IUCN**[2]：NT；**中国哺乳类红色名录**[3]：NT

国内分布：山西、河南、湖南、北京、河北、辽宁、江苏、浙江、安徽、福建、江西、湖北、广东、广西、四川、贵州、云南、西藏、陕西、甘肃、青海、宁夏、内蒙古、北京、重庆

分布国家：不丹、柬埔寨、中国、印度、印度尼西亚、老挝、蒙古、缅甸、泰国、越南

Hog Badger　*Arctonyx collaris*（F.G. Cuvier, 1825）

Infra-specific Taxa：*collaris*; *albogularis*; *consul*; *dictator*; *hoevenii*; *leucolaemus*

Habitat and Ecology：Forest

Ecosystem：Terrestrial

National Key Protected Wild Animal List：None; **CITES Appendix**[1]：Not listed

Red List：**IUCN Red List**[2]：NT; **China Mammal Red List**[3]：NT

Range in the country：Shanxi, Henan, Hunan, Beijing, Hebei, Liaoning, Jiangsu, Zhejiang, Anhui, Fujian, Jiangxi, Hubei, Guangdong, Guangxi, Sichuan, Guizhou, Yunnan, Tibet, Shaanxi, Gansu, Qinghai, Ningxia, Inner Mongolia, Beijing, Chongqing

Range countries：Bhutan, Cambodia, China, India, Indonesia, Laos, Mongolia, Myanmar, Thailand, Vietnam

参考文献 Citation

Wang Y（王应祥）, 2003; Wilson and Reeder, 2005; Zhang R（张荣祖）, 1997; Pan Q *et al.*（潘清华等）, 2007; Smith *et al.*, 2009; IUCN, 2014

282. 水獭 Eurasian Otter

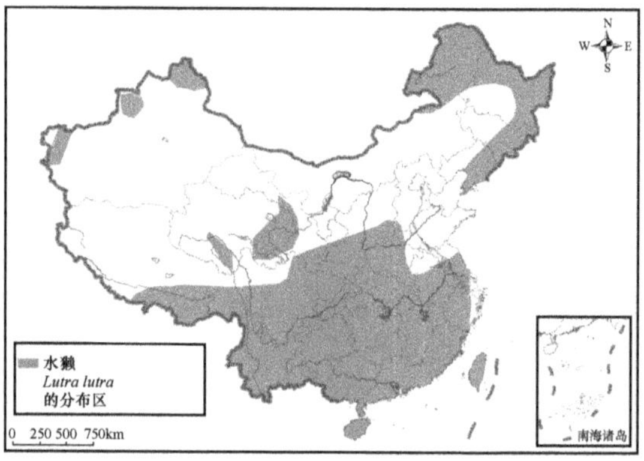

水獭 *Lutra lutra*（Linnaeus, 1758）

种下单元：*lutra*; *angustifrons*; *aurobrunneus*; *barang*; *chinensis*; *hainana*; *kutab*; *meridionalis*; *monticolus*; *nair*; *seistanica*

生　境：池塘、淡水湖、沼泽、溪流边、江河、农田

生态系统：陆生生态系统、淡水生态系统、海洋生态系统

保护等级：**国家重点保护野生动物等级**：二级；**CITES 附录**[1]：I

红色名录：**IUCN**[2]：NT；**中国哺乳类红色名录**[3]：EN

国内分布：山西、湖南、海南、江苏、浙江、河南、内蒙古、辽宁、吉林、黑龙江、上海、安徽、福建、江西、湖北、广东、广西、四川、贵州、云南、西藏、陕西、甘肃、青海、新疆、台湾、福建、重庆

分布国家：阿富汗、阿尔巴尼亚、阿尔及利亚、安道尔、亚美尼亚、奥地利、阿塞拜疆、孟加拉国、白俄罗斯、比利时、不丹、波斯尼亚和黑塞哥维那、保加利亚、柬埔寨、中国、克罗地亚、捷克、丹麦、爱沙尼亚、芬兰、法国、格鲁吉亚、德国、直布罗陀、希腊、匈牙利、印度、印度尼西亚、伊朗、伊拉克、爱尔兰、以色列、意大利、日本、约旦、哈萨克斯坦、朝鲜、韩国、吉尔吉斯斯坦、老挝、拉脱维亚、黎巴嫩、列支敦士登、立陶宛、卢森堡、马其顿、摩尔多瓦、蒙古、黑山、摩洛哥、缅甸、尼泊尔、荷兰、挪威、巴基斯坦、波兰、葡萄牙、罗马尼亚、俄罗斯、圣马力诺、塞尔维亚、斯洛伐克、斯洛文尼亚、西班牙、斯里兰卡、瑞典、瑞士、叙利亚、塔吉克斯坦、泰国、突尼斯、土耳其、土库曼斯坦、乌克兰、英国、乌兹别克斯坦、越南

Eurasian Otter *Lutra lutra*（Linnaeus, 1758）

Infra-specific Taxa：*lutra*; *angustifrons*; *aurobrunneus*; *barang*; *chinensis*; *hainana*; *kutab*; *meridionalis*; *monticolus*; *nair*; *seistanica*

Habitat and Ecology：Ponds; Freshwater Lakes; Swamps; Near Streams; Rivers; Arable Land

Ecosystem：Terrestrial, Fresh Water, Marine

National Key Protected Wild Animal List：Category Two; **CITES Appendix**[1]：I

Red List：**IUCN Red List**[2]：NT; **China Mammal Red List**[3]：EN

Range in the country：Shanxi, Hunan, Hainan, Jiangsu, Zhejiang, Henan, Inner Mongolia, Liaoning, Jilin, Heilongjiang, Shanghai, Anhui, Fujian, Jiangxi, Hubei, Guangdong, Guangxi, Sichuan, Guizhou, Yunnan, Tibet, Shaanxi, Gansu, Qinghai, Xinjiang, Taiwan, Fujian, Chongqing

Range countries：Afghanistan, Albania, Algeria, Andorra, Armenia, Austria, Azerbaijan, Bangladesh, Belarus, Belgium, Bhutan, Bosnia and Herzegovina, Bulgaria, Cambodia, China, Croatia, Czech, Danmark, Estonia, Finland, France, Georgia, Germany, Gibraltar, Greece, Hungary, India, Indonesia, Iran, Iraq, Ireland, Israel, Italy, Japan, Jordan, Kazakhstan, Korea, Democratic People's Republic of, Korea, Republic of, Kyrgyzstan, Laos, Latvia, Lebanon, Liechtenstein, Lithuania, Luxembourg, Macedonia, Moldova, Mongolia, Montenegro, Morocco, Myanmar, Nepal, Netherlands, Norway, Pakistan, Poland, Portugal, Romania, Russia, San Marino, Serbia, Slovakia, Slovenia, Spain, Sri Lanka, Sweden, Switzerland, Syrian Arab Republic, Tajikistan, Thailand, Tunisia, Turkey, Turkmenistan, Ukraine, United Kingdom, Uzbekistan, Vietnam

参考文献 Citation

Wang Y（王应祥）, 2003; Wilson and Reeder, 2005; Zhang R（张荣祖）, 1997; Pan Q *et al.*（潘清华等）, 2007; Smith *et al.*, 2009; IUCN, 2014

283. 江獭 Smooth-coated Otter

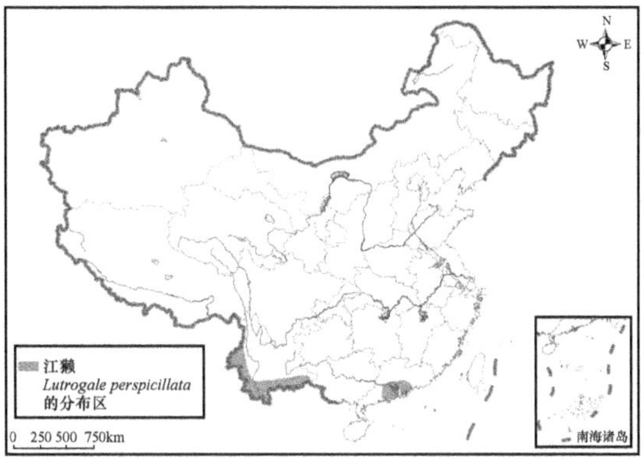

江獭　*Lutrogale perspicillata*（I. Geoffroy Saint-Hilaire, 1826）

种下单元： *perspicillata*; *sindica*

生　　境： 红树林、江河、沼泽、农田

生态系统： 陆生生态系统、淡水生态系统、海洋生态系统

保护等级： **国家重点保护野生动物等级：** 二级；**CITES 附录**[1]：II

红色名录： **IUCN**[2]：VU；**中国哺乳类红色名录**[3]：EN

国内分布： 广东、云南

分布国家： 孟加拉国、不丹、文莱、柬埔寨、中国、印度、印度尼西亚、伊拉克、老挝、马来西亚、缅甸、尼泊尔、巴基斯坦、泰国、越南

Smooth-coated Otter　*Lutrogale perspicillata*（I. Geoffroy Saint-Hilaire, 1826）

Infra-specific Taxa： *perspicillata*; *sindica*

Habitat and Ecology： Mangrove; Rivers; Swamps; Arable Land

Ecosystem： Terrestrial, Fresh Water, Marine

National Key Protected Wild Animal List： Category Two; **CITES Appendix**[1]：II

Red List： **IUCN Red List**[2]：VU; **China Mammal Red List**[3]：EN

Range in the country： Guangdong, Yunnan

Range countries： Bangladesh, Bhutan, Brunei, Cambodia, China, India, Indonesia, Iraq, Laos, Malaysia, Myanmar, Nepal, Pakistan, Thailand, Vietnam

参考文献 Citation

Wang Y（王应祥）, 2003; Wilson and Reeder, 2005; Zhang R（张荣祖）, 1997; Pan Q *et al.*（潘清华等）, 2007; Smith *et al.*, 2009; IUCN, 2014

284. 小爪水獭 Asian Small-clawed Otter

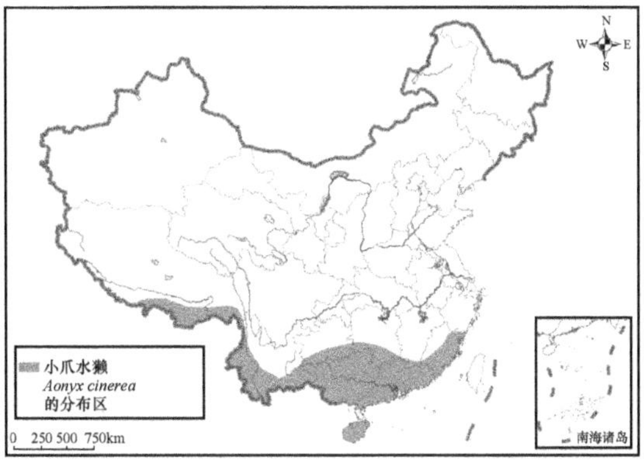

小爪水獭　*Aonyx cinerea*（Illiger, 1815）

种下单元： *cinerea*; *concolor*; *nirnai*

生　　境： 红树林、沼泽、池塘、淡水湖

生态系统： 陆生生态系统、淡水生态系统、海洋生态系统

保护等级： **国家重点保护野生动物等级：** 二级；**CITES 附录**[1]：II

红色名录： **IUCN**[2]：VU；**中国哺乳类红色名录**[3]：EN

国内分布： 福建、广东、广西、贵州、湖南、江西、云南、西藏、香港、海南

分布国家： 孟加拉国、不丹、文莱、柬埔寨、中国、印度、印度尼西亚、老挝、马来西亚、缅甸、尼泊尔、菲律宾、新加坡、泰国、越南

Asian Small-clawed Otter　*Aonyx cinerea*（Illiger, 1815）

Infra-specific Taxa： *cinerea*; *concolor*; *nirnai*

Habitat and Ecology： Mangrove; Swamps; Ponds; Freshwater Lakes

Ecosystem： Terrestrial, Fresh Water, Marine

National Key Protected Wild Animal List： Category Two; **CITES Appendix**[1]：II

Red List： **IUCN Red List**[2]：VU; **China Mammal Red List**[3]：EN

Range in the country： Fujian, Guangdong, Guangxi, Guizhou, Hunan, Jiangxi, Yunnan, Tibet, Hongkong, Hainan

Range countries： Bangladesh, Bhutan, Brunei, Cambodia, China, India, Indonesia, Laos, Malaysia, Myanmar, Nepal, Philippines, Singapore, Thailand, Vietnam

参考文献 Citation

Wang Y（王应祥）, 2003; Wilson and Reeder, 2005; Zhang R（张荣祖）, 1997; Pan Q *et al.*（潘清华等）, 2007; Smith *et al.*, 2009; IUCN, 2014

海豹科 PHOCIDAE

285. 斑海豹 Spotted Seal

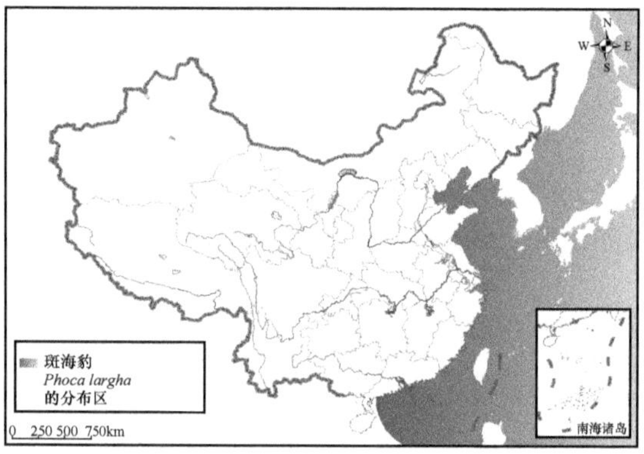

斑海豹 *Phoca largha* (Pallas, 1811)
种下单元： 无
生　　境： 海岸带
生态系统： 陆生生态系统、海洋生态系统
保护等级： **国家重点保护野生动物等级：** 二级；**CITES 附录**[1]：未列入
红色名录： **IUCN**[2]：DD；**中国哺乳类红色名录**[3]：VU
国内分布： 渤海、黄海、东海、南海
分布国家： 加拿大、中国、日本、朝鲜、韩国、俄罗斯、美国

Spotted Seal *Phoca largha* (Pallas, 1811)
Infra-specific Taxa: None
Habitat and Ecology: Coastal zone
Ecosystem: Terrestrial, Marine
National Key Protected Wild Animal List: Category Two; **CITES Appendix**[1]: Not listed
Red List: **IUCN Red List**[2]: DD; **China Mammal Red List**[3]: VU
Range in the country: Bohai Sea, Yellow Sea, East China Sea, South China Sea
Range countries: Canada, China, Japan, Korea, Democratic People's Republic of, Korea, People's Republic of, Russia, United States

参考文献 Citation

Zhang R (张荣祖), 1997; Wang Y (王应祥), 2003; Zhou K (周开亚), 2004, 2008; Wilson and Reeder, 2005; Pan Q *et al.* (潘清华等), 2007; Smith *et al.*, 2009; IUCN, 2014

286. 环斑小头海豹 Ringed Seal

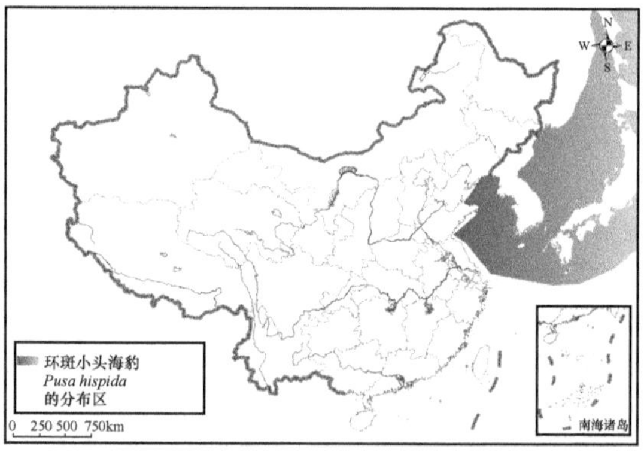

环斑小头海豹 *Pusa hispida* (Schreber, 1775)
种下单元： 无
生　　境： 海岸带
生态系统： 陆生生态系统、海洋生态系统
保护等级： **国家重点保护野生动物等级：** 二级；**CITES 附录**[1]：未列入
红色名录： **IUCN**[2]：LC；**中国哺乳类红色名录**[3]：LC
国内分布： 黄海
分布国家： 加拿大、中国、爱沙尼亚、芬兰、格陵兰、日本、拉脱维亚、挪威、俄罗斯、斯瓦尔巴群岛和扬马延岛、瑞典、美国、丹麦、法罗群岛、法国、德国、爱尔兰、立陶宛、波兰、葡萄牙、英国

Ringed Seal *Pusa hispida* (Schreber, 1775)
Infra-specific Taxa: None
Habitat and Ecology: Coastal zone
Ecosystem: Terrestrial, Marine
National Key Protected Wild Animal List: Category Two; **CITES Appendix**[1]: Not listed
Red List: **IUCN Red List**[2]: LC; **China Mammal Red List**[3]: LC
Range in the country: Yellow Sea
Range countries: Canada, China, Estonia, Finland, Greenland, Japan, Latvia, Norway, Russia, Svalbard and Jan Mayen, Sweden, United States, Danmark, Faroe Islands, France, Germany, Ireland, Lithuania, Poland, Portugal, United Kingdom

参考文献 Citation

Zhang R (张荣祖), 1997; Wang Y (王应祥), 2003; Zhou K (周开亚), 2004, 2008; Wilson and Reeder, 2005; Pan Q *et al.* (潘清华等), 2007; Smith *et al.*, 2009; IUCN, 2014

287. 髯海豹 Bearded Seal

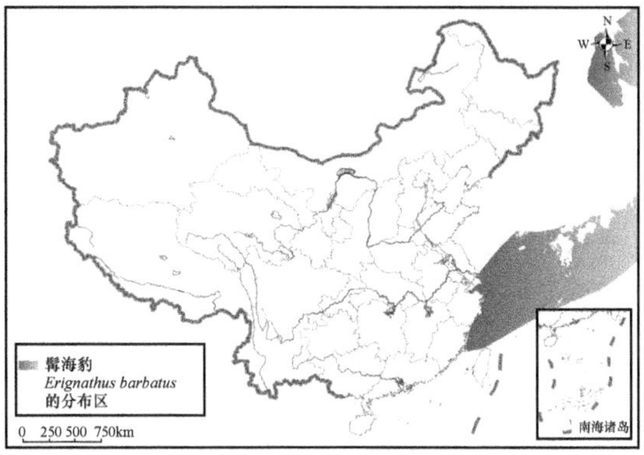

髯海豹 *Erignathus barbatus*(Erxleben, 1777)
种下单元： 可能存在的亚种：*barbatus, nauticus*
生　　境： 海岸带
生态系统： 陆生生态系统、海洋生态系统
保护等级： **国家重点保护野生动物等级：** 二级；**CITES 附录**[1]：未列入
红色名录： **IUCN**[2]：LC；**中国哺乳类红色名录**[3]：LC
国内分布： 东海
分布国家： 中国、加拿大、格陵兰岛、冰岛、日本、挪威、俄罗斯、斯瓦尔巴群岛和扬马延岛、美国

Bearded Seal *Erignathus barbatus*(Erxleben, 1777)
Infra-specific Taxa： Putative subspecies：*barbatus, nauticus*
Habitat and Ecology： Coastal zone
Ecosystem： Terrestrial, Marine
National Key Protected Wild Animal List： Category Two; **CITES Appendix**[1]：Not listed
Red List： **IUCN Red List**[2]：LC; **China Mammal Red List**[3]：LC
Range in the country： East China Sea
Range countries： China, Canada, Greenland, Iceland, Japan, Norway, Russia, Svalbard and Jan Mayen, United States

参考文献 Citation

Zhang R(张荣祖), 1997; Wang Y(王应祥), 2003; Zhou K (周开亚), 2004, 2008; Wilson and Reeder, 2005; Pan Q *et al.*(潘清华等), 2007; Smith *et al.*, 2009; IUCN, 2014

灵猫科 VIVERRIDAE

288. 大斑灵猫 Large-spotted Civet

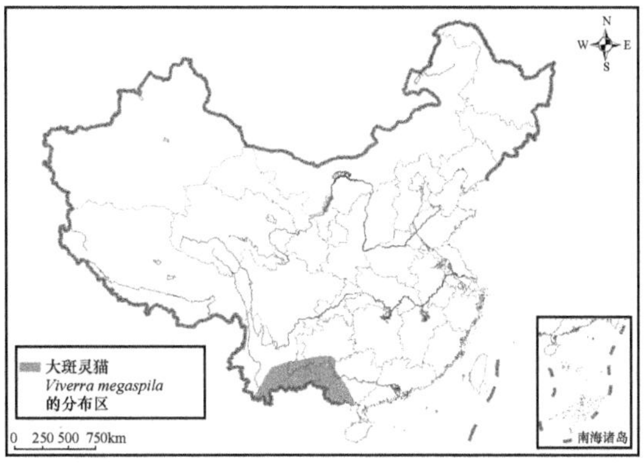

大斑灵猫 *Viverra megaspila*(Blyth, 1862)
种下单元： 无
生　　境： 亚热带湿润低地/山地森林
生态系统： 陆生生态系统
保护等级： **国家重点保护野生动物等级：** 无；**CITES 附录**[1]：III
红色名录： **IUCN**[2]：VU；**中国哺乳类红色名录**[3]：EN
国内分布： 广西、云南、贵州
分布国家： 柬埔寨、中国、老挝、马来西亚、缅甸、泰国、越南

Large-spotted Civet *Viverra megaspila*(Blyth, 1862)
Infra-specific Taxa： None
Habitat and Ecology： Subtropical Moist Lowland/Montane Forest
Ecosystem： Terrestrial
National Key Protected Wild Animal List： None; **CITES Appendix**[1]：III
Red List： **IUCN Red List**[2]：VU; **China Mammal Red List**[3]：EN
Range in the country： Guangxi, Yunnan, Guizhou
Range countries： Cambodia, China, Laos, Malaysia, Myanmar, Thailand, Vietnam

参考文献 Citation

Wang Y(王应祥), 2003; Zhang R(张荣祖), 1997; Pan Q *et al.*(潘清华等), 2007; Smith *et al.*, 2009; IUCN, 2014

289. 大灵猫 Large Indian Civet

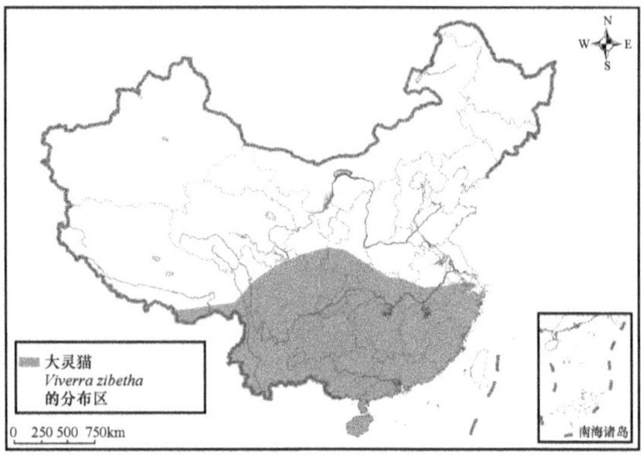

大灵猫 *Viverra zibetha*(Linnaeus, 1758)
种下单元：*zibetha*; *ashtoni*; *hainana*; *picta*; *pruinosus*
生　　境：森林、灌丛、农田
生态系统：陆生生态系统
保护等级：**国家重点保护野生动物等级**：二级；**CITES 附录**[1]：III
红色名录：**IUCN**[2]：NT；**中国哺乳类红色名录**[3]：VU
国内分布：河南、湖南、海南、浙江、上海、江苏、安徽、福建、江西、湖北、广东、广西、四川、贵州、云南、西藏、陕西、甘肃、重庆
分布国家：不丹、柬埔寨、中国、印度、老挝、马来西亚、缅甸、尼泊尔、新加坡、泰国、越南

Large Indian Civet *Viverra zibetha*(Linnaeus, 1758)
Infra-specific Taxa：*zibetha*; *ashtoni*; *hainana*; *picta*; *pruinosus*
Habitat and Ecology：Forest; Shrubland; Arable Land
Ecosystem：Terrestrial
National Key Protected Wild Animal List: Category Two; **CITES Appendix**[1]：III
Red List：**IUCN Red List**[2]：NT; **China Mammal Red List**[3]：VU
Range in the country：Henan, Hunan, Hainan, Zhejiang, Shanghai, Jiangsu, Anhui, Fujian, Jiangxi, Hubei, Guangdong, Guangxi, Sichuan, Guizhou, Yunnan, Tibet, Shaanxi, Gansu, Chongqing
Range countries：Bhutan, Cambodia, China, India, Laos, Malaysia, Myanmar, Nepal, Singapore, Thailand, Vietnam
参考文献 Citation
Wang Y(王应祥), 2003; Wilson and Reeder, 2005; Zhang R(张荣祖), 1997; Pan Q *et al.*(潘清华等), 2007; Smith *et al.*, 2009; IUCN, 2014

290. 小灵猫 Small Indian Civet

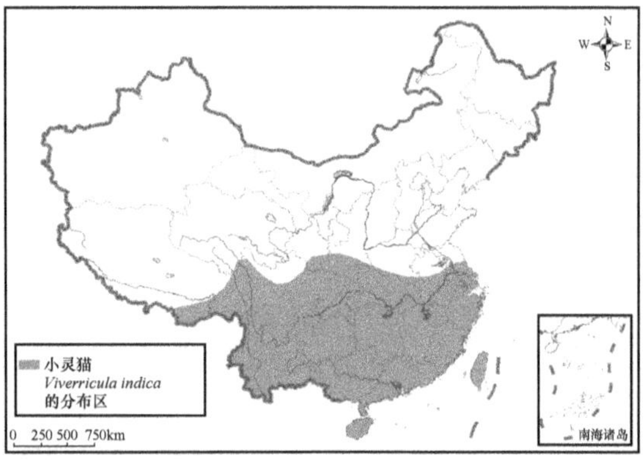

小灵猫 *Viverricula indica*(É. Geoffroy Saint-Hilaire, 1803)
种下单元：*indica*; *atchinensis*; *baliensis*; *baptistae*; *deserti*; *klossi*; *mayori*; *muriavensis*; *pallida*; *schlegelii*; *thai*; *wellsi*
生　　境：草地、灌丛、农田
生态系统：陆生生态系统
保护等级：**国家重点保护野生动物等级**：二级；**CITES 附录**[1]：III
红色名录：**IUCN**[2]：LC；**中国哺乳类红色名录**[3]：VU
国内分布：河南、湖南、海南、上海、江苏、浙江、安徽、福建、江西、湖北、广东、广西、四川、贵州、云南、西藏、陕西、香港、重庆、台湾
分布国家：孟加拉国、不丹、柬埔寨、中国、印度、印度尼西亚、老挝、马来西亚、缅甸、尼泊尔、斯里兰卡、泰国、越南

Small Indian Civet *Viverricula indica*(É. Geoffroy Saint-Hilaire, 1803)
Infra-specific Taxa：*indica*; *atchinensis*; *baliensis*; *baptistae*; *deserti*; *klossi*; *mayori*; *muriavensis*; *pallida*; *schlegelii*; *thai*; *wellsi*
Habitat and Ecology：Grassland; Shrubland; Arable Land
Ecosystem：Terrestrial
National Key Protected Wild Animal List: Category Two; **CITES Appendix**[1]：III
Red List：**IUCN Red List**[2]：LC; **China Mammal Red List**[3]：VU
Range in the country：Henan, Hunan, Hainan, Shanghai, Jiangsu, Zhejiang, Anhui, Fujian, Jiangxi, Hubei, Guangdong, Guangxi, Sichuan, Guizhou, Yunnan, Tibet, Shaanxi, Hongkong, Chongqing, Taiwan
Range countries：Bangladesh, Bhutan, Cambodia, China, India, Indonesia, Laos, Malaysia, Myanmar, Nepal, Sri Lanka, Thailand, Vietnam
参考文献 Citation
Wang Y(王应祥), 2003; Wilson and Reeder, 2005; Zhang R(张荣祖), 1997; Pan Q *et al.*(潘清华等), 2007; Smith *et al.*, 2009; IUCN, 2014

291. 斑林狸 Spotted Linsang

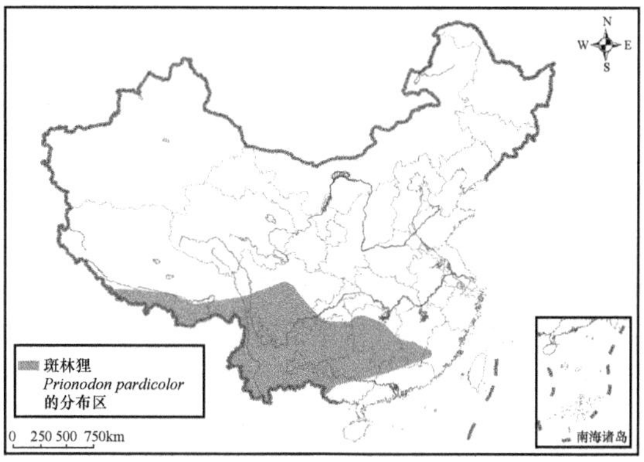

斑林狸 *Prionodon pardicolor* (Hodgson, 1842)
种下单元：*pardicolor*; *presina*
生　　境：亚热带湿润低地森林
生态系统：陆生生态系统
保护等级：**国家重点保护野生动物等级**：二级；**CITES 附录** [1]：I
红色名录：**IUCN**[2]：LC；**中国哺乳类红色名录** [3]：VU
国内分布：江西、湖南、广东、广西、四川、贵州、云南、西藏
分布国家：柬埔寨、中国、印度、老挝、缅甸、尼泊尔、泰国、越南

Spotted Linsang *Prionodon pardicolor* (Hodgson, 1842)
Infra-specific Taxa：*pardicolor*; *presina*
Habitat and Ecology：Subtropical Moist Lowland Forest
Ecosystem：Terrestrial
National Key Protected Wild Animal List: Category Two; **CITES Appendix**[1]：I
Red List：**IUCN Red List**[2]：LC; **China Mammal Red List**[3]：VU
Range in the country：Jiangxi, Hunan, Guangdong, Guangxi, Sichuan, Guizhou, Yunnan, Tibet
Range countries：Cambodia, China, India, Laos, Myanmar, Nepal, Thailand, Vietnam
参考文献 Citation
Wang Y (王应祥), 2003; Wilson and Reeder, 2005; Zhang R (张荣祖), 1997; Pan Q *et al.* (潘清华等), 2007; Smith *et al.*, 2009; IUCN, 2014

292. 椰子狸 Common Palm Civet

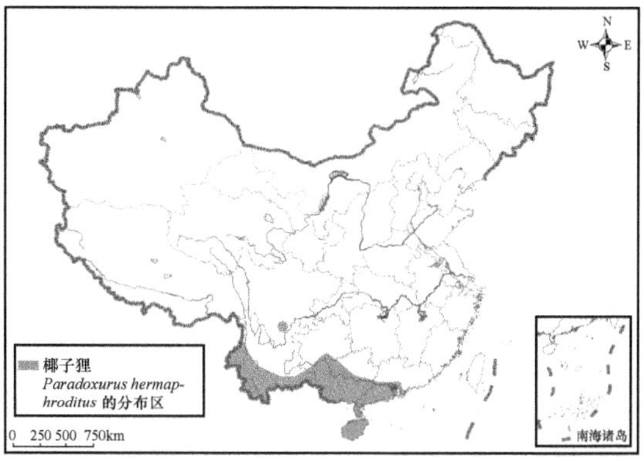

椰子狸 *Paradoxurus hermaphroditus* (Pallas, 1777)
种下单元：*hermaphroditus*; *balicus*; *bondar*; *canescens*; *canus*; *cochinensis*; *dongfangensis*; *enganus*; *exitus*; *javanica*; *kangeanus*; *laotum*; *lignicolor*; *milleri*; *minor*; *musanga*; *nictitans*; *pallasii*; *pallens*; *parvus*; *philippinensis*; *pugnax*; *pu lcher*; *sacer*; *scindiae*; *senex*; *setosus*; *simplex*; *sumbanus*; *vellerosus*
生　　境：热带/亚热带湿润山地森林、种植园、次生林
生态系统：陆生生态系统
保护等级：**国家重点保护野生动物等级**：无；**CITES 附录** [1]：III
红色名录：**IUCN**[2]：LC；**中国哺乳类红色名录** [3]：VU
国内分布：海南、广东、广西、四川、贵州、云南
分布国家：孟加拉国、不丹、文莱、柬埔寨、中国、印度、印度尼西亚、老挝、马来西亚（马来西亚半岛、沙巴、沙捞越）、缅甸、尼泊尔、菲律宾、新加坡、斯里兰卡、泰国、越南

Common Palm Civet *Paradoxurus hermaphroditus* (Pallas, 1777)
Infra-specific Taxa：*hermaphroditus*; *balicus*; *bondar*; *canescens*; *canus*; *cochinensis*; *dongfangensis*; *enganus*; *exitus*; *javanica*; *kangeanus*; *laotum*; *lignicolor*; *milleri*; *minor*; *musanga*; *nictitans*; *pallasii*; *pallens*; *parvus*; *philippinensis*; *pugnax*; *pu lcher*; *sacer*; *scindiae*; *senex*; *setosus*; *simplex*; *sumbanus*; *vellerosus*
Habitat and Ecology：Tropical/Subtropical Moist Montane Forest; Plantations; Secondary Forest
Ecosystem：Terrestrial
National Key Protected Wild Animal List：None; **CITES Appendix**[1]：III
Red List：**IUCN Red List**[2]：LC; **China Mammal Red List**[3]：VU
Range in the country：Hainan, Guangdong, Guangxi, Sichuan, Guizhou, Yunnan
Range countries：Bangladesh, Bhutan, Brunei, Cambodia, China, India, Indonesia, Laos, Malaysia, Myanmar, Nepal, Philippines, Singapore, Sri Lanka, Thailand, Vietnam
参考文献 Citation
Wang Y (王应祥), 2003; Wilson and Reeder, 2005; Zhang R (张荣祖), 1997; Pan Q *et al.* (潘清华等), 2007; Smith *et al.*, 2009; IUCN, 2014

293. 果子狸 Masked Palm Civet

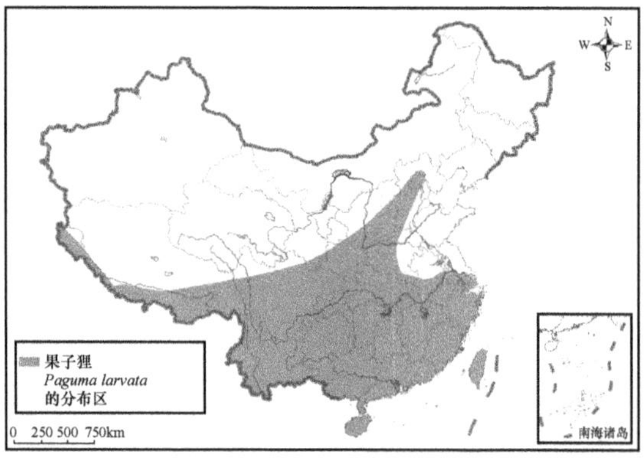

果子狸 *Paguma larvata* (C.E.H. Smith, 1827)
种下单元：*larvata*; *chichingensis*; *grayi*; *hainana*; *intrudens*; *janetta*; *jourdanii*; *lanigera*; *leucomystax*; *neglecta*; *nigriceps*; *ogilbyi*; *robusta*; *taivana*; *tytlerii*; *wroughtoni*
生　　境：森林、农田
生态系统：陆生生态系统
保护等级：**国家重点保护野生动物等级**：无；**CITES 附录**[1]：III
红色名录：**IUCN**[2]：LC；**中国哺乳类红色名录**[3]：NT
国内分布：山西、河南、湖南、河北、海南、陕西、北京、江苏、浙江、安徽、福建、江西、湖北、广东、广西、四川、贵州、云南、西藏、甘肃、香港、重庆、上海、台湾
分布国家：不丹、文莱、柬埔寨、中国、印度、印度尼西亚、老挝、马来西亚、缅甸、尼泊尔、泰国、越南

Masked Palm Civet *Paguma larvata* (C.E.H. Smith, 1827)
Infra-specific Taxa：*larvata*; *chichingensis*; *grayi*; *hainana*; *intrudens*; *janetta*; *jourdanii*; *lanigera*; *leucomystax*; *neglecta*; *nigriceps*; *ogilbyi*; *robusta*; *taivana*; *tytlerii*; *wroughtoni*
Habitat and Ecology：Forest; Arable Land
Ecosystem：Terrestrial
National Key Protected Wild Animal List：None; **CITES Appendix**[1]：III
Red List：**IUCN Red List**[2]：LC; **China Mammal Red List**[3]：NT
Range in the country：Shanxi, Henan, Hunan, Hebei, Hainan, Shaanxi, Beijing, Jiangsu, Zhejiang, Anhui, Fujian, Jiangxi, Hubei, Guangdong, Guangxi, Sichuan, Guizhou, Yunnan, Tibet, Gansu, Hongkong, Chongqing, Shanghai, Taiwan
Range countries：Bhutan, Brunei, Cambodia, China, India, Indonesia, Laos, Malaysia, Myanmar, Nepal, Thailand, Vietnam

参考文献 Citation

Wang Y (王应祥), 2003; Wilson and Reeder, 2005; Zhang R (张荣祖), 1997; Pan Q *et al.* (潘清华等), 2007; Smith *et al.*, 2009; IUCN, 2014

294. 熊狸 Binturong

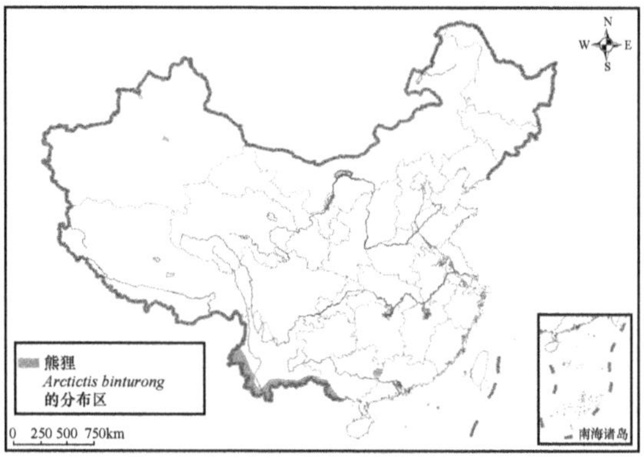

熊狸 *Arctictis binturong* (Raffles, 1821)
种下单元：*binturong*; *albifrons*; *kerkhoveni*; *menglaensis*; *penicillatus*; *whitei*
生　　境：热带湿润低地森林
生态系统：陆生生态系统
保护等级：**国家重点保护野生动物等级**：一级；**CITES 附录**[1]：III
红色名录：**IUCN**[2]：VU；**中国哺乳类红色名录**[3]：EN
国内分布：广西、云南
分布国家：孟加拉国、不丹、文莱、柬埔寨、中国、印度、印度尼西亚、老挝、马来西亚、缅甸、尼泊尔、菲律宾、泰国、越南

Binturong *Arctictis binturong* (Raffles, 1821)
Infra-specific Taxa：*binturong*; *albifrons*; *kerkhoveni*; *menglaensis*; *penicillatus*; *whitei*
Habitat and Ecology：Tropical Moist Lowland Forest
Ecosystem：Terrestrial
National Key Protected Wild Animal List:Category One; **CITES Appendix**[1]：III
Red List：**IUCN Red List**[2]：VU; **China Mammal Red List**[3]：EN
Range in the country：Guangxi, Yunnan
Range countries：Bangladesh, Bhutan, Brunei, Cambodia, China, India, Indonesia, Laos, Malaysia, Myanmar, Nepal, Philippines, Thailand, Vietnam

参考文献 Citation

Wang Y (王应祥), 2003; Wilson and Reeder, 2005; Zhang R (张荣祖), 1997; Pan Q *et al.* (潘清华等), 2007; Smith *et al.*, 2009; IUCN, 2014

295. 小齿狸 Small-toothed Palm Civet

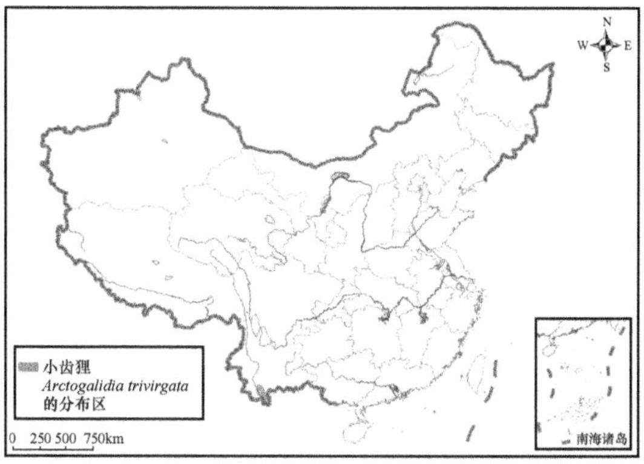

小齿狸 *Arctogalidia trivirgata*(Gray, 1832)

种下单元：*trivirgata*; *bancana*; *fusca*; *inornata*; *leucotis*; *macra*; *major*; *millsi*; *minor*; *simplex*; *stigmaticus*; *sumatrana*; *tingia*; *trilineata*

生　　境：热带湿润低地森林、次生林、种植园

生态系统：陆生生态系统

保护等级：国家重点保护野生动物等级：无；**CITES 附录**[1]：未列入

红色名录：IUCN[2]：LC；**中国哺乳类红色名录**[3]：EN

国内分布：云南

分布国家：孟加拉国、文莱、柬埔寨、中国、印度、印度尼西亚、老挝、马来西亚、缅甸、新加坡、泰国、越南

Small-toothed Palm Civet *Arctogalidia trivirgata*(Gray, 1832)

Infra-specific Taxa: *trivirgata*; *bancana*; *fusca*; *inornata*; *leucotis*; *macra*; *major*; *millsi*; *minor*; *simplex*; *stigmaticus*; *sumatrana*; *tingia*; *trilineata*

Habitat and Ecology: Tropical Moist Lowland Forest; Secondary Forest; Plantations

Ecosystem: Terrestrial

National Key Protected Wild Animal List: None; **CITES Appendix**[1]: Not listed

Red List: IUCN Red List[2]: LC; **China Mammal Red List**[3]: EN

Range in the country: Yunnan

Range countries: Bangladesh, Brunei, Cambodia, China, India, Indonesia, Laos, Malaysia, Myanmar, Singapore, Thailand, Vietnam

参考文献 Citation

Wang Y(王应祥), 2003; Wilson and Reeder, 2005; Zhang R(张荣祖), 1997; Pan Q *et al.*(潘清华等), 2007; Smith *et al.*, 2009; IUCN, 2014

296. 缟灵猫 Owston's Civet

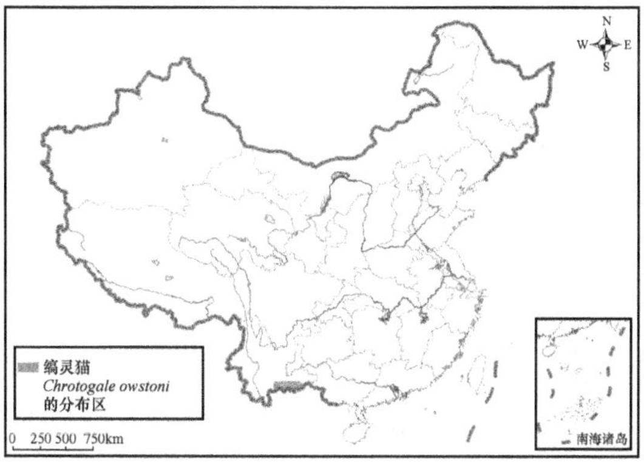

缟灵猫 *Chrotogale owstoni*(Thomas, 1912)

种下单元：无

生　　境：森林、次生林、竹林

生态系统：陆生生态系统

保护等级：国家重点保护野生动物等级：无; **CITES 附录**[1]：未列入

红色名录：IUCN[2]：VU; **中国哺乳类红色名录**[3]：CR

国内分布：云南

分布国家：中国、老挝、越南

Owston's Civet *Chrotogale owstoni*(Thomas, 1912)

Infra-specific Taxa: None

Habitat and Ecology: Forest; Secondary Forest; Bamboo Grove

Ecosystem: Terrestrial

National Key Protected Wild Animal List: None; **CITES Appendix**[1]: Not listed

Red List: IUCN Red List[2]: VU; **China Mammal Red List**[3]: CR

Range in the country: Yunnan

Range countries: China, Laos, Vietnam

参考文献 Citation

Wang Y(王应祥), 2003; Wilson and Reeder, 2005; Zhang R(张荣祖), 1997; Pan Q *et al.*(潘清华等), 2007; Smith *et al.*, 2009; IUCN, 2014

獴科 HERPESTIDAE

297. 爪哇獴 Small Asian Mongoose

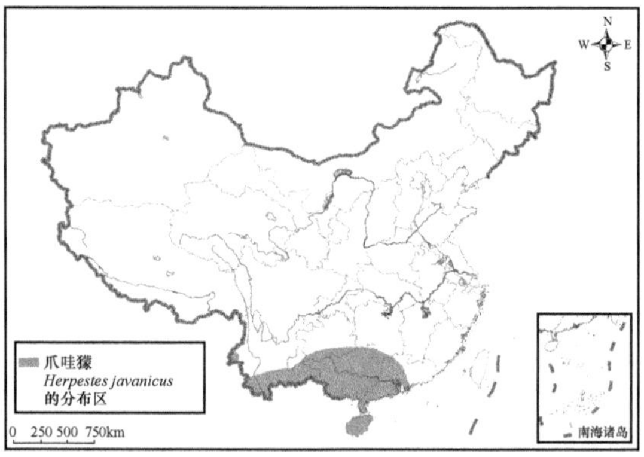

爪哇獴 *Herpestes javanicus*(É. Geoffroy Saint-Hilaire, 1818)

种下单元：*javanicus*; *auropunctatus*; *exilis*; *orientalis*; *pallipes*; *palustris*; *peninsulae*; *perakensis*; *rafflesii*; *rubrifrons*; *siamensis*; *tjerapai*

生　　境：热带/亚热带干旱森林、草地、灌丛、耕地

生态系统：陆生生态系统

保护等级：**国家重点保护野生动物等级**：无；**CITES 附录**[1]：III

红色名录：**IUCN**[2]：LC；**中国哺乳类红色名录**[3]：VU

国内分布：海南、广东、广西、贵州、云南、香港

分布国家：阿富汗、孟加拉国、不丹、柬埔寨、中国、印度、印度尼西亚、老挝、马来西亚、缅甸、尼泊尔、巴基斯坦、泰国、越南、波斯尼亚和黑塞哥维那、克罗地亚、古巴、多米尼加、斐济、牙买加、日本、毛里求斯、波多黎各、圣基茨和尼维斯、圣卢西亚岛、苏里南、特立尼达和多巴哥、美国、维尔京群岛、英属维尔京群岛

Small Asian Mongoose *Herpestes javanicus*(É. Geoffroy Saint-Hilaire, 1818)

Infra-specific Taxa：*javanicus*; *auropunctatus*; *exilis*; *orientalis*; *pallipes*; *palustris*; *peninsulae*; *perakensis*; *rafflesii*; *rubrifrons*; *siamensis*; *tjerapai*

Habitat and Ecology：Tropical/Subtropical Dry Forest; Grassland; Shrubland; Arable Land

Ecosystem：Terrestrial

National Key Protected Wild Animal List：None; **CITES Appendix**[1]：III

Red List：**IUCN Red List**[2]：LC; **China Mammal Red List**[3]：VU

Range in the country：Hainan, Guangdong, Guangxi, Guizhou, Yunnan, Hongkong

Range countries：Afghanistan, Bangladesh, Bhutan, Cambodia, China, India, Indonesia, Laos, Malaysia, Myanmar, Nepal, Pakistan, Thailand, Vietnam, Bosnia and Herzegovina, Croatia, Cuba, Dominican Republic, Fiji, Jamaica, Japan, Mauritius, Puerto Rico, Saint Kitts and Nevis, Saint Lucia, Suriname, Trinidad and Tobago, United States, Virgin Islands，Virgin Islands(British)

参考文献 Citation

Wang Y(王应祥), 2003; Wilson and Reeder, 2005; Zhang R(张荣祖), 1997; Pan Q *et al.*(潘清华等), 2007; Smith *et al.*, 2009; IUCN, 2014

298. 食蟹獴 Crab-eating Mongoose

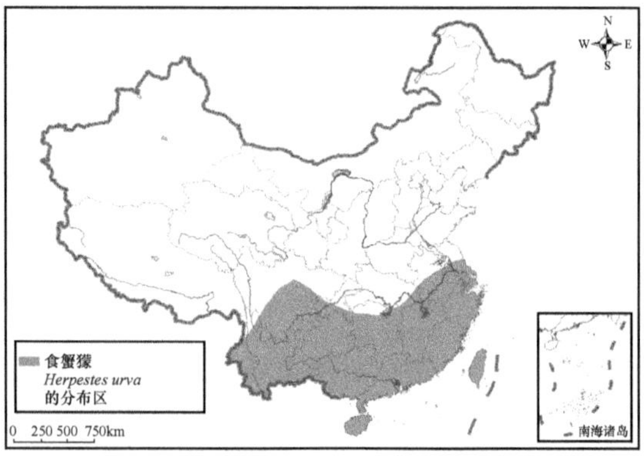

食蟹獴 *Herpestes urva*(Hodgson, 1836)

种下单元：*urva*; *annamensis*; *formosanus*; *sinensis*

生　　境：森林、农田、溪流边

生态系统：陆生生态系统

保护等级：**国家重点保护野生动物等级**：无；**CITES 附录**[1]：III

红色名录：**IUCN**[2]：LC；**中国哺乳类红色名录**[3]：NT

国内分布：海南、浙江、江苏、安徽、福建、江西、湖北、湖南、广东、广西、四川、贵州、云南、台湾、香港、重庆

分布国家：孟加拉国、柬埔寨、中国、印度、老挝、马来西亚、缅甸、尼泊尔、泰国、越南

Crab-eating Mongoose *Herpestes urva*(Hodgson, 1836)

Infra-specific Taxa：*urva*; *annamensis*; *formosanus*; *sinensis*

Habitat and Ecology：Forest; Arable Land; Near Streams

Ecosystem：Terrestrial

National Key Protected Wild Animal List：None; **CITES Appendix**[1]：III

Red List：**IUCN Red List**[2]：LC; **China Mammal Red List**[3]：NT

Range in the country：Hainan, Zhejiang, Jiangsu, Anhui, Fujian, Jiangxi, Hubei, Hunan, Guangdong, Guangxi, Sichuan, Guizhou, Yunnan, Taiwan, Hongkong, Chongqing

Range countries：Bangladesh, Cambodia, China, India, Laos, Malaysia, Myanmar, Nepal, Thailand, Vietnam

参考文献 Citation

Wang Y (王应祥), 2003; Wilson and Reeder, 2005; Zhang R (张荣祖), 1997; Pan Q *et al.* (潘清华等), 2007; Smith *et al.*, 2009; IUCN, 2014

猫科 FELIDAE

299. 荒漠猫 Chinese Mountain Cat

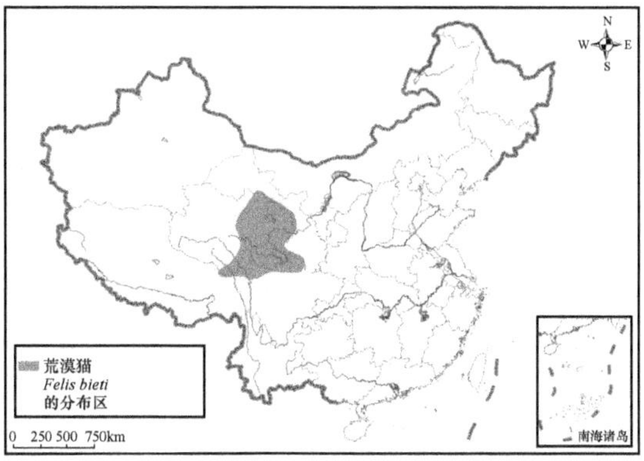

荒漠猫 *Felis bieti* (Milne-Edwards, 1892)
种下单元： 无
生　　境： 草甸、灌丛、泰加林、草地
生态系统： 陆生生态系统
保护等级： **国家重点保护野生动物等级：** 二级 **CITES 附录** [1]：II
红色名录： **IUCN**[2]：VU；**中国哺乳类红色名录** [3]：CR
国内分布： 青海、四川
分布国家： 中国

Chinese Mountain Cat *Felis bieti* (Milne-Edwards, 1892)
Infra-specific Taxa： None
Habitat and Ecology： Meadow; Shrubland; Taiga; Grassland
Ecosystem： Terrestrial
National Key Protected Wild Animal List： Category Two; **CITES Appendix**[1]：II
Red List： **IUCN Red List**[2]：VU; **China Mammal Red List**[3]：CR
Range in the country： Qinghai, Sichuan
Range countries： China
参考文献 Citation

Wang Y (王应祥), 2003; Wilson and Reeder, 2005; Zhang R (张荣祖), 1997; Pan Q *et al.* (潘清华等), 2007; Smith *et al.*, 2009; IUCN, 2014

300. 丛林猫 Jungle Cat

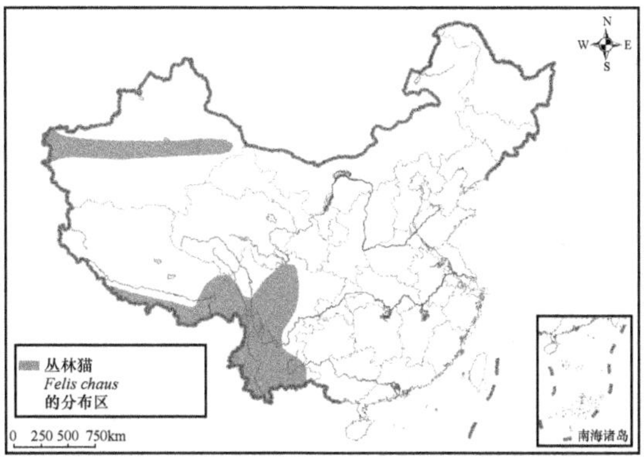

丛林猫 *Felis chaus* (Schreber, 1777)
种下单元： *chaus*; *affinis*; *fulvidina*; *furax*; *kelaarti*; *kutas*; *maimanah*; *nilotica*; *oxiana*; *prateri*
生　　境： 草地、沼泽、森林、荒漠、乡村庭院
生态系统： 陆生生态系统
保护等级： **国家重点保护野生动物等级：** 二级 **CITES 附录** [1]：II
红色名录： **IUCN**[2]：LC；**中国哺乳类红色名录** [3]：EN
国内分布： 四川、贵州、云南、西藏、新疆
分布国家： 阿富汗、亚美尼亚、阿塞拜疆、孟加拉国、不丹、柬埔寨、中国、埃及、格鲁吉亚、印度、伊朗、伊拉克、以色列、约旦、哈萨克斯坦、吉尔吉斯斯坦、老挝、黎巴嫩、缅甸、尼泊尔、巴基斯坦、俄罗斯、斯里兰卡、叙利亚、塔吉克斯坦、泰国、土耳其、土库曼斯坦、乌兹别克斯坦、越南

Jungle Cat *Felis chaus* (Schreber, 1777)
Infra-specific Taxa： *chaus*; *affinis*; *fulvidina*; *furax*; *kelaarti*; *kutas*; *maimanah*; *nilotica*; *oxiana*; *prateri*
Habitat and Ecology： Grassland; Swamps; Forest; Desert; Rural Gardens
Ecosystem： Terrestrial
National Key Protected Wild Animal List： Category Two; **CITES Appendix**[1]：II
Red List： **IUCN Red List**[2]：LC; **China Mammal Red List**[3]：EN
Range in the country： Sichuan, Guizhou, Yunnan, Tibet, Xinjiang
Range countries： Afghanistan, Armenia, Azerbaijan, Bangladesh, Bhutan, Cambodia, China, Egypt, Georgia, India, Iran, Iraq, Israel,

Jordan, Kazakhstan, Kyrgyzstan, Laos, Lebanon, Myanmar, Nepal, Pakistan, Russia, Sri Lanka, Syrian Arab Republic, Tajikistan, Thailand, Turkey, Turkmenistan, Uzbekistan, Vietnam

参考文献 Citation

Wang Y(王应祥), 2003; Wilson and Reeder, 2005; Zhang R(张荣祖), 1997; Pan Q *et al.*(潘清华等), 2007; Smith *et al.*, 2009; IUCN, 2014

301. 野猫 Wild Cat

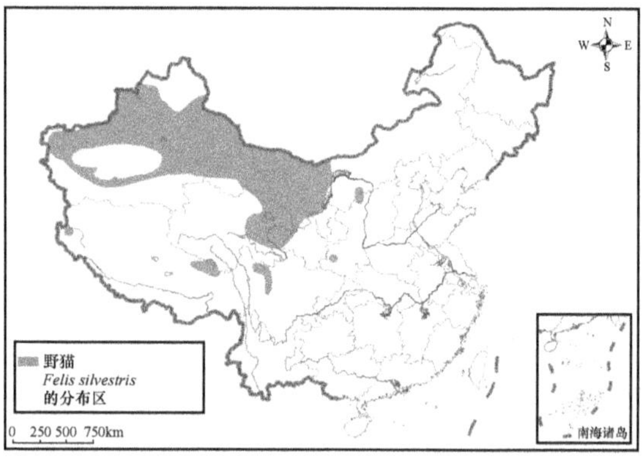

野猫 *Felis silvestris*(Schreber, 1777)

种下单元： *silvestris*; *cafra*; *caucasica*; *caudata*; *chutuchta*; *cretensis*; *foxi*; *gordoni*; *grampia*; *griselda*; *haussa*; *iraki*; *jordansi*; *lybica*; *mellandi*; *nesterovi*; *ocreata*; *ornata*; *reyi*; *rubida*; *tristrami*; *ugandae*

生　　境： 草地、荒漠、半荒漠、灌丛、沙漠、绿洲、乡村庭院

生态系统： 陆生生态系统

保护等级：国家重点保护野生动物等级： 二级；**CITES 附录**[1]：II

红色名录：IUCN[2]：LC；**中国哺乳类红色名录**[3]：EN

国内分布： 新疆、青海、陕西、内蒙古、四川、西藏、甘肃、宁夏

分布国家： 阿富汗、阿尔巴尼亚、阿尔及利亚、安道尔、安哥拉、亚美尼亚、奥地利、阿塞拜疆、白俄罗斯、比利时、贝宁、波斯尼亚和黑塞哥维那、博茨瓦纳、保加利亚、布基纳法索、布隆迪、喀麦隆、中非共和国、乍得、中国、刚果、克罗地亚、捷克、吉布提、埃及、厄立特里亚、埃塞俄比亚、法国、冈比亚、格鲁吉亚、德国、加纳、直布罗陀、希腊、几内亚、几内亚比绍、匈牙利、印度、伊朗、伊拉克、以色列、意大利、约旦、哈萨克斯坦、肯尼亚、科威特、吉尔吉斯斯坦、拉脱维亚、黎巴嫩、莱索托、利比亚、立陶宛、卢森堡、马其顿、马拉维、马里、毛里塔尼亚、摩尔多瓦、蒙古、黑山、摩洛哥、莫桑比克、纳米比亚、尼日尔、尼日利亚、阿曼、巴基斯坦、波兰、葡萄牙、罗马尼亚、俄罗斯、卢旺达、沙特阿拉伯、塞内加尔、塞尔维亚、塞拉利昂、斯洛伐克、斯洛文尼亚、索马里、南非、西班牙、苏丹、斯威士兰、瑞士、叙利亚、塔吉克斯坦、坦桑尼亚、多哥、突尼斯、土耳其、土库曼斯坦、乌干达、乌克兰、阿拉伯联合酋长国、英国、乌兹别克斯坦、西撒哈拉、也门、赞比亚、津巴布韦

Wild Cat *Felis silvestris*(Schreber, 1777)

Infra-specific Taxa： *silvestris*; *cafra*; *caucasica*; *caudata*; *chutuchta*; *cretensis*; *foxi*; *gordoni*; *grampia*; *griselda*; *haussa*; *iraki*; *jordansi*; *lybica*; *mellandi*; *nesterovi*; *ocreata*; *ornata*; *reyi*; *rubida*; *tristrami*; *ugandae*

Habitat and Ecology： Grassland; Desert; Semi-desert; Shrubland; Desert; Oasis; Rural Gardens

Ecosystem： Terrestrial

National Key Protected Wild Animal List： Category Two; **CITES Appendix**[1]：II

Red List：IUCN Red List[2]：LC; **China Mammal Red List**[3]：EN

Range in the country： Xinjiang, Qinghai, Shaanxi, Inner Mongolia, Sichuan, Tibet, Gansu, Ningxia

Range countries： Afghanistan, Albania, Algeria, Andorra, Angola, Armenia, Austria, Azerbaijan, Belarus, Belgium, Benin, Bosnia and Herzegovina, Botswana, Bulgaria, Burkina Faso, Burundi, Cameroon, Central African Republic, Chad, China, Congo, Croatia, Czech, Djibouti, Egypt, Eritrea, Ethiopia, France, Gambia, Georgia, Germany, Ghana, Gibraltar, Greece, Guinea, Guinea-Bissau, Hungary, India, Iran, Iraq, Israel, Italy, Jordan, Kazakhstan, Kenya, Kuwait, Kyrgyzstan, Latvia, Lebanon, Lesotho, Libya, Lithuania, Luxembourg, Macedonia, Malawi, Mali, Mauritania, Moldova, Mongolia, Montenegro, Morocco, Mozambique, Namibia, Niger, Nigeria, Oman, Pakistan, Poland, Portugal, Romania, Russia, Rwanda, Saudi Arabia, Senegal, Serbia, Sierra Leone, Slovakia, Slovenia, Somalia, South Africa, Spain, Sudan, Swaziland, Switzerland, Syrian Arab Republic, Tajikistan, Tanzania, Togo, Tunisia, Turkey, Turkmenistan, Uganda, Ukraine, United Arab Emirates, United Kingdom, Uzbekistan, Western Sahara, Yemen, Zambia, Zimbabwe

参考文献 Citation

Wang Y(王应祥), 2003; Wilson and Reeder, 2005; Pan Q *et al.*(潘清华等), 2007; Smith *et al.*, 2009; IUCN, 2014

302. 兔狲 Pallas's Cat

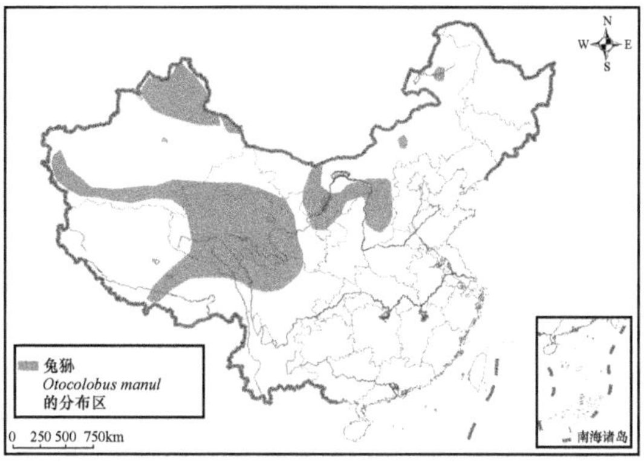

兔狲 *Otocolobus manul* (Pallas, 1776)
种下单元：*manul*; *ferruginea*; *nigripecta*
生　　境：荒漠、草地
生态系统：陆生生态系统
保护等级：**国家重点保护野生动物等级**：二级；**CITES 附录**[1]：II
红色名录：**IUCN**[2]：NT；**中国哺乳类红色名录**[3]：EN
国内分布：新疆、青海、甘肃、山西、内蒙古、四川、西藏、宁夏
分布国家：阿富汗、亚美尼亚、阿塞拜疆、中国、印度、伊朗、哈萨克斯坦、吉尔吉斯斯坦、蒙古、巴基斯坦、俄罗斯、塔吉克斯坦、土库曼斯坦、乌兹别克斯坦

Pallas's Cat *Otocolobus manul* (Pallas, 1776)
Infra-specific Taxa: *manul*; *ferruginea*; *nigripecta*
Habitat and Ecology: Desert; Grassland
Ecosystem: Terrestrial
National Key Protected Wild Animal List: Category Two; **CITES Appendix**[1]: II
Red List: **IUCN Red List**[2]: NT; **China Mammal Red List**[3]: EN
Range in the country: Xinjiang, Qinghai, Gansu, Shanxi, Inner Mongolia, Sichuan, Tibet, Ningxia
Range countries: Afghanistan, Armenia, Azerbaijan, China, India, Iran, Kazakhstan, Kyrgyzstan, Mongolia, Pakistan, Russia, Tajikistan, Turkmenistan, Uzbekistan

参考文献 Citation

Wang Y (王应祥), 2003; Wilson and Reeder, 2005; Zhang R (张荣祖), 1997; Pan Q *et al.* (潘清华等), 2007; Smith *et al.*, 2009; IUCN, 2014

303. 豹猫 Leopard Cat

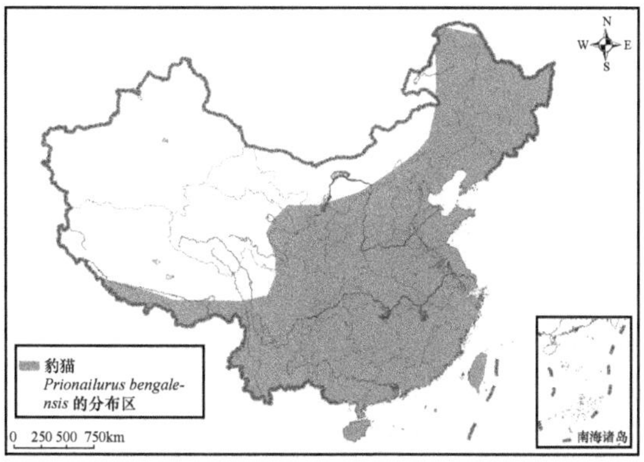

豹猫 *Prionailurus bengalensis* (Kerr, 1792)
种下单元：*Bangladeshensis*; *alleni*; *borneoensis*; *chinensis*; *euptilurus*; *heaneyi*; *horsfieldii*; *javanensis*; *rabori*; *sumatranus*; *trevelyani*
生　　境：森林、泰加林、灌丛、次生林、耕地、种植园
生态系统：陆生生态系统
保护等级：**国家重点保护野生动物等级**：无；**CITES 附录**[1]：I
红色名录：**IUCN**[2]：LC；**中国哺乳类红色名录**[3]：VU
国内分布：山西、河南、湖南、海南、青海、甘肃、北京、河北、内蒙古、辽宁、吉林、黑龙江、江苏、浙江、安徽、福建、江西、山东、湖北、广东、广西、四川、贵州、云南、西藏、陕西、宁夏、台湾、香港、天津、重庆
分布国家：阿富汗、孟加拉国、不丹、文莱、柬埔寨、中国、印度、印度尼西亚、日本、朝鲜、韩国、老挝、马来西亚、缅甸、尼泊尔、巴基斯坦、菲律宾、俄罗斯、新加坡、泰国、越南

Leopard Cat *Prionailurus bengalensis* (Kerr, 1792)
Infra-specific Taxa: *Bangladeshensis*; *alleni*; *borneoensis*; *chinensis*; *euptilurus*; *heaneyi*; *horsfieldii*; *javanensis*; *rabori*; *sumatranus*; *trevelyani*
Habitat and Ecology: Forest; Taiga; Shrubland; Secondary Forest; Arable Land; Plantations
Ecosystem: Terrestrial
National Key Protected Wild Animal List: None; **CITES Appendix**[1]: I
Red List: **IUCN Red List**[2]: LC; **China Mammal Red List**[3]: VU
Range in the country: Shanxi, Henan, Hunan, Hainan, Qinghai, Gansu, Beijing, Hebei, Inner Mongolia, Liaoning, Jilin, Heilongjiang, Jiangsu, Zhejiang, Anhui, Fujian, Jiangxi, Shandong, Hubei, Guangdong, Guangxi, Sichuan, Guizhou, Yunnan, Tibet, Shaanxi, Ningxia, Taiwan, Hongkong, Tianjin, Chongqing
Range countries: Afghanistan, Bangladesh, Bhutan, Brunei, Cambodia, China, India, Indonesia, Japan, Korea, Democratic People's Republic of, Korea, Republic of, Laos, Malaysia, Myanmar, Nepal, Pakistan, Philippines, Russia, Singapore, Thailand, Vietnam

参考文献 Citation

Wang Y (王应祥), 2003; Wilson and Reeder, 2005; Zhang R (张荣祖), 1997; Pan Q *et al.* (潘清华等), 2007; Smith *et al.*, 2009; IUCN, 2014

304. 猞猁 Eurasian Lynx

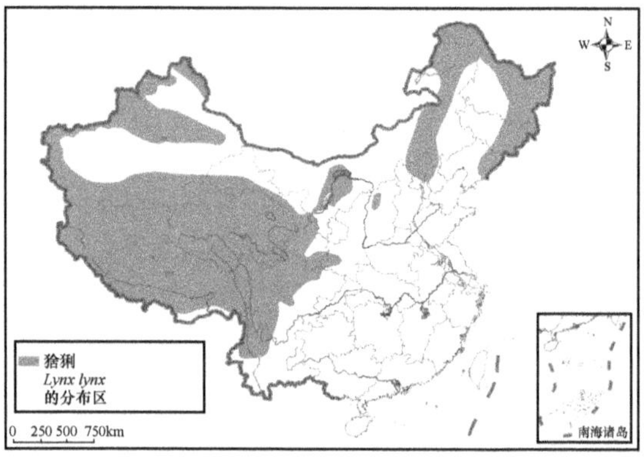

猞猁 *Lynx lynx*(Linnaeus, 1758)

种下单元：*lynx*; *isabellinus*; *kozlovi*; *sardiniae*; *stroganovi*

生　　境：森林、草地、内陆岩石区域、泰加林

生态系统：陆生生态系统

保护等级：**国家重点保护野生动物等级**：二级；**CITES 附录**[1]：II

红色名录：**IUCN**[2]：LC；**中国哺乳类红色名录**[3]：EN

国内分布：西藏、吉林、黑龙江、内蒙古、新疆、青海、甘肃、河北、山西、辽宁、四川、云南、陕西

分布国家：阿富汗、阿尔巴尼亚、亚美尼亚、奥地利、阿塞拜疆、白俄罗斯、不丹、波斯尼亚和黑塞哥维那、保加利亚、中国、克罗地亚、捷克、爱沙尼亚、芬兰、法国、格鲁吉亚、德国、希腊、匈牙利、印度、伊朗、伊拉克、意大利、哈萨克斯坦、朝鲜、吉尔吉斯斯坦、拉脱维亚、立陶宛、马其顿、摩尔多瓦、蒙古、黑山、尼泊尔、挪威、巴基斯坦、波兰、罗马尼亚、俄罗斯、塞尔维亚、斯洛伐克、斯洛文尼亚、西班牙、瑞典、瑞士、塔吉克斯坦、土耳其、土库曼斯坦、乌克兰、乌兹别克斯坦

Eurasian Lynx *Lynx lynx*(Linnaeus, 1758)

Infra-specific Taxa：*lynx*; *isabellinus*; *kozlovi*; *sardiniae*; *stroganovi*

Habitat and Ecology：Forest; Grassland; Inland Rocky Areas; Taiga

Ecosystem：Terrestrial

National Key Protected Wild Animal List：Category Two; **CITES Appendix**[1]：II

Red List：**IUCN Red List**[2]：LC; **China Mammal Red List**[3]：EN

Range in the country: Tibet, Jilin, Heilongjiang, Inner Mongolia, Xinjiang, Qinghai, Gansu, Hebei, Shanxi, Liaoning, Sichuan, Yunnan, Shaanxi

Range countries：Afghanistan, Albania, Armenia, Austria, Azerbaijan, Belarus, Bhutan, Bosnia and Herzegovina, Bulgaria, China, Croatia, Czech, Estonia, Finland, France, Georgia, Germany, Greece, Hungary, India, Iran, Iraq, Italy, Kazakhstan, Korea, Democratic People's Republic of, Kyrgyzstan, Latvia, Lithuania, Macedonia, Moldova, Mongolia, Montenegro, Nepal, Norway, Pakistan, Poland, Romania, Russia, Serbia, Slovakia, Slovenia, Spain, Sweden, Switzerland, Tajikistan, Turkey, Turkmenistan, Ukraine, Uzbekistan

参考文献 Citation

Wang Y(王应祥), 2003; Wilson and Reeder, 2005; Zhang R(张荣祖), 1997; Pan Q *et al.*(潘清华等), 2007; Smith *et al.*, 2009; IUCN, 2014

305. 云猫 Marbled Cat

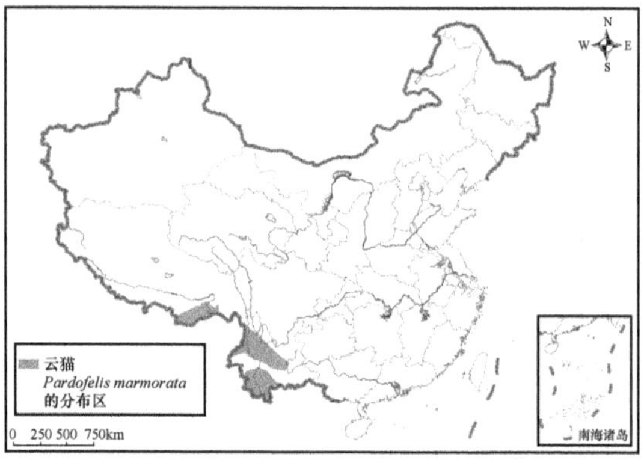

云猫 *Pardofelis marmorata*(Martin, 1837)

种下单元：*marmorata*; *charltonii*

生　　境：热带湿润低地森林、灌丛

生态系统：陆生生态系统

保护等级：**国家重点保护野生动物等级**：无；**CITES 附录**[1]：I

红色名录：**IUCN**[2]：VU；**中国哺乳类红色名录**[3]：CR

国内分布：云南、西藏

分布国家：不丹、文莱、柬埔寨、中国、印度、印度尼西亚、老挝、马来西亚、缅甸、尼泊尔、泰国、越南

Marbled Cat *Pardofelis marmorata*(Martin, 1837)

Infra-specific Taxa：*marmorata*; *charltonii*

Habitat and Ecology：Tropical Moist Lowland Forest; Shrubland

Ecosystem：Terrestrial

National Key Protected Wild Animal List：None; **CITES Appendix**[1]：I

Red List：**IUCN Red List**[2]：VU; **China Mammal Red List**[3]：CR

Range in the country: Yunnan, Tibet

Range countries: Bhutan, Brunei, Cambodia, China, India, Indonesia, Laos, Malaysia, Myanmar, Nepal, Thailand, Vietnam

参考文献 Citation

Wang Y (王应祥), 2003; Wilson and Reeder, 2005; Zhang R (张荣祖), 1997; Pan Q *et al.* (潘清华等), 2007; Smith *et al.*, 2009; IUCN, 2014

306. 金猫 Asiatic Golden Cat

金猫　*Pardofelis temminckii* (Vigors & Horsfield, 1827)

种下单元：*temminckii*; *dominicanorum*; *tristis*

生　　境：森林、草地、灌丛

生态系统：陆生生态系统

保护等级：**国家重点保护野生动物等级**：二级；**CITES 附录**[1]：未列入

红色名录：**IUCN**[2]：NT；**中国哺乳类红色名录**[3]：CR

国内分布：浙江、河南、安徽、福建、江西、湖北、湖南、广东、广西、四川、贵州、云南、西藏、陕西、甘肃、重庆

分布国家：孟加拉国、不丹、柬埔寨、中国、印度、印度尼西亚、老挝、马来西亚、缅甸、尼泊尔、泰国、越南

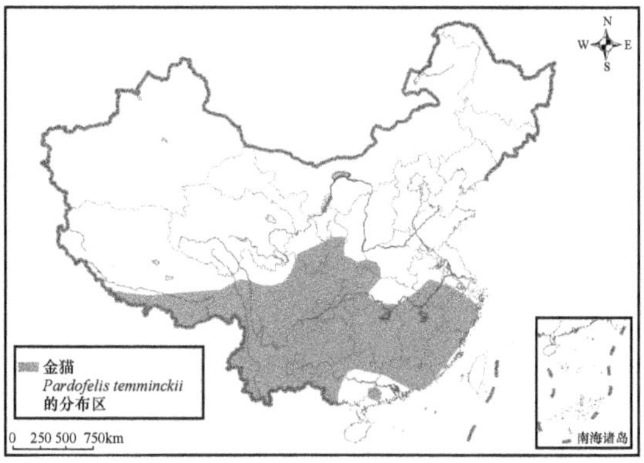

Asiatic Golden Cat　*Pardofelis temminckii* (Vigors & Horsfield, 1827)

Infra-specific Taxa: *temminckii*; *dominicanorum*; *tristis*

Habitat and Ecology: Forest; Grassland; Shrubland

Ecosystem: Terrestrial

National Key Protected Wild Animal List: Category Two; **CITES Appendix**[1]: Not listed

Red List: **IUCN Red List**[2]: NT; **China Mammal Red List**[3]: CR

Range in the country: Zhejiang, Henan, Anhui, Fujian, Jiangxi, Hubei, Hunan, Guangdong, Guangxi, Sichuan, Guizhou, Yunnan, Tibet, Shaanxi, Gansu, Chongqing

Range countries: Bangladesh, Bhutan, Cambodia, China, India, Indonesia, Laos, Malaysia, Myanmar, Nepal, Thailand, Vietnam

参考文献 Citation

Wang Y (王应祥), 2003; Wilson and Reeder, 2005; Zhang R (张荣祖), 1997; Pan Q *et al.* (潘清华等), 2007; Smith *et al.*, 2009; IUCN, 2014

307. 云豹 Clouded Leopard

云豹　*Neofelis nebulosa* (Griffith, 1821)

种下单元：*nebulosa*; *brachyura*; *diardi*; *macrosceloides*

生　　境：森林、次生林、泰加林

生态系统：陆生生态系统

保护等级：**国家重点保护野生动物等级**：一级；**CITES 附录**[1]：I

红色名录：**IUCN**[2]：VU；**中国哺乳类红色名录**[3]：CR

国内分布：江西、海南、浙江、安徽、福建、湖北、湖南、广东、广西、四川、贵州、云南、西藏、陕西、甘肃、台湾、重庆

分布国家：孟加拉国、不丹、柬埔寨、中国、印度、老挝、马来西亚、缅甸、尼泊尔、泰国、越南

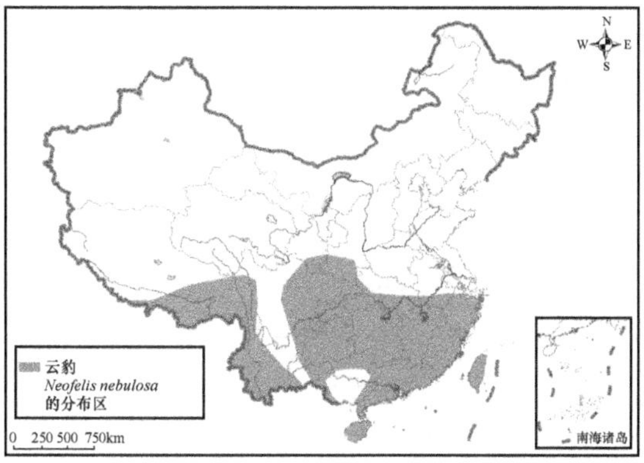

Clouded Leopard　*Neofelis nebulosa* (Griffith, 1821)

Infra-specific Taxa: *nebulosa*; *brachyura*; *diardi*; *macrosceloides*

Habitat and Ecology: Forest; Secondary Forest; Taiga

Ecosystem：Terrestrial

National Key Protected Wild Animal List：Category One; **CITES Appendix**[1]：I

Red List：**IUCN Red List**[2]：VU; **China Mammal Red List**[3]：CR

Range in the country：Jiangxi, Hainan, Zhejiang, Anhui, Fujian, Hubei, Hunan, Guangdong, Guangxi, Sichuan, Guizhou, Yunnan, Tibet, Shaanxi, Gansu, Taiwan, Chongqing

Range countries：Bangladesh, Bhutan, Cambodia, China, India, Laos, Malaysia, Myanmar, Nepal, Thailand, Vietnam

参考文献 Citation

Wang Y（王应祥）, 2003; Wilson and Reeder, 2005; Zhang R（张荣祖）, 1997; Pan Q *et al.*（潘清华等）, 2007; Smith *et al.*, 2009; IUCN, 2014

308. 金钱豹 Leopard

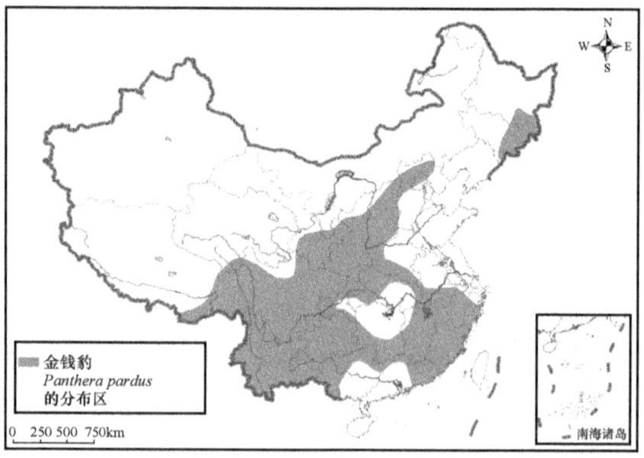

金钱豹　*Panthera pardus*（Linnaeus, 1758）

种下单元：*pardus*; *delacouri*; *fusca*; *japonensis*; *kotiya*; *melas*; *nimr*; *orientalis*

生　　境：灌丛、森林

生态系统：陆生生态系统

保护等级：**国家重点保护野生动物等级**：一级；**CITES 附录**[1]：I

红色名录：**IUCN**[2]：NT；**中国哺乳类红色名录**[3]：EN

国内分布：山西、河南、黑龙江、浙江、北京、河北、内蒙古、吉林、江苏、安徽、福建、江西、湖北、湖南、广东、广西、四川、贵州、云南、西藏、陕西、甘肃、青海、宁夏、天津、重庆

分布国家：阿富汗、阿尔及利亚、安哥拉、亚美尼亚、阿塞拜疆、孟加拉国、贝宁、不丹、博茨瓦纳、布基纳法索、布隆迪、柬埔寨、喀麦隆、中非共和国、乍得、中国、刚果、科特迪瓦、吉布提、埃及、赤道几内亚、厄立特里亚、埃塞俄比亚、加蓬、冈比亚、格鲁吉亚、加纳、几内亚、几内亚比绍、印度、印度尼西亚、伊朗、以色列、约旦、肯尼亚、朝鲜、老挝、利比里亚、马拉维、马来西亚、马里、摩洛哥、莫桑比克、缅甸、纳米比亚、尼泊尔、尼日尔、尼日利亚、阿曼、巴基斯坦、俄罗斯、卢旺达、沙特阿拉伯、塞内加尔、塞拉利昂、索马里、南非、斯里兰卡、苏丹、斯威士兰、塔吉克斯坦、坦桑尼亚、泰国、多哥、土耳其、土库曼斯坦、乌干达、阿拉伯联合酋长国、乌兹别克斯坦、越南、也门、赞比亚、津巴布韦

Leopard　*Panthera pardus*（Linnaeus, 1758）

Infra-specific Taxa：*pardus*; *delacouri*; *fusca*; *japonensis*; *kotiya*; *melas*; *nimr*; *orientalis*

Habitat and Ecology：Shrubland; Forest

Ecosystem：Terrestrial

National Key Protected Wild Animal List：Category One; **CITES Appendix**[1]：I

Red List：**IUCN Red List**[2]：NT; **China Mammal Red List**[3]：EN

Range in the country：Shanxi, Henan, Heilongjiang, Zhejiang, Beijing, Hebei, Inner Mongolia, Jilin, Jiangsu, Anhui, Fujian, Jiangxi, Hubei, Hunan, Guangdong, Guangxi, Sichuan, Guizhou, Yunnan, Tibet, Shaanxi, Gansu, Qinghai, Ningxia, Tianjin, Chongqing

Range countries：Afghanistan, Algeria, Angola, Armenia, Azerbaijan, Bangladesh, Benin, Bhutan, Botswana, Burkina Faso, Burundi, Cambodia, Cameroon, Central African Republic, Chad, China, Congo, Côte d'Ivoire, Djibouti, Egypt, Equatorial Guinea, Eritrea, Ethiopia, Gabon, Gambia, Georgia, Ghana, Guinea, Guinea-Bissau, India, Indonesia, Iran, Israel, Jordan, Kenya, Korea, Democratic People's Republic of, Laos, Liberia, Malawi, Malaysia, Mali, Morocco, Mozambique, Myanmar, Namibia, Nepal, Niger, Nigeria, Oman, Pakistan, Russia, Rwanda, Saudi Arabia, Senegal, Sierra Leone, Somalia, South Africa, Sri Lanka, Sudan, Swaziland, Tajikistan, Tanzania, Thailand, Togo, Turkey, Turkmenistan, Uganda, United Arab Emirates, Uzbekistan, Vietnam, Yemen, Zambia, Zimbabwe

参考文献 Citation

Wang Y（王应祥）, 2003; Wilson and Reeder, 2005; Zhang R（张荣祖）, 1997; Pan Q *et al.*（潘清华等）, 2007; Smith *et al.*, 2009; IUCN, 2014

309. 虎 Tiger

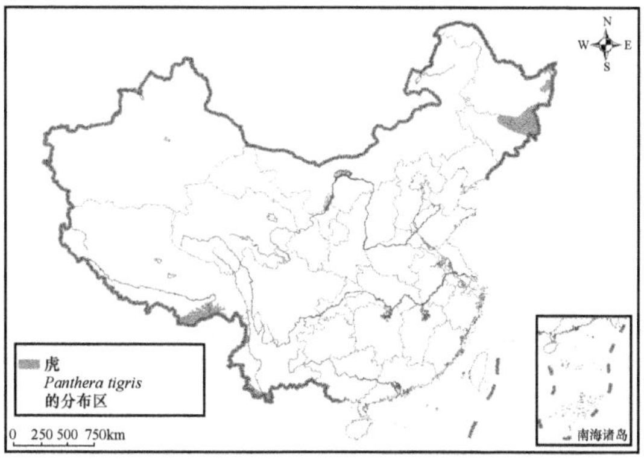

虎 *Panthera tigris* (Linnaeus, 1758)
种下单元：*tigris*; *altaica*; *amoyensis*; *balica*; *corbetti*; *sondaica*; *sumatrae*; *virgata*
生　　境：灌丛、森林、红树林、沼泽
生态系统：陆生生态系统
保护等级：**国家重点保护野生动物等级**：一级；**CITES 附录**[1]：I
红色名录：**IUCN**[2]：EN；**中国哺乳类红色名录**[3]：CR
国内分布：云南、吉林、黑龙江、西藏
分布国家：孟加拉国、不丹、柬埔寨、中国、印度、印度尼西亚、老挝、马来西亚、缅甸、尼泊尔、俄罗斯、泰国、越南

Tiger *Panthera tigris* (Linnaeus, 1758)
Infra-specific Taxa：*tigris*; *altaica*; *amoyensis*; *balica*; *corbetti*; *sondaica*; *sumatrae*; *virgata*
Habitat and Ecology：Shrubland; Forest; Mangrove; Swamps
Ecosystem：Terrestrial
National Key Protected Wild Animal List：Category One;**CITES Appendix**[1]：I
Red List：**IUCN Red List**[2]：EN; **China Mammal Red List**[3]：CR
Range in the country：Yunnan, Jilin, Heilongjiang, Tibet
Range countries：Bangladesh, Bhutan, Cambodia, China, India, Indonesia, Laos, Malaysia, Myanmar, Nepal, Russia, Thailand, Vietnam

参考文献 Citation

Wang Y (王应祥), 2003; Wilson and Reeder, 2005; Zhang R (张荣祖), 1997; Pan Q *et al.* (潘清华等), 2007; Smith *et al.*, 2009; IUCN, 2014

310. 雪豹 Snow Leopard

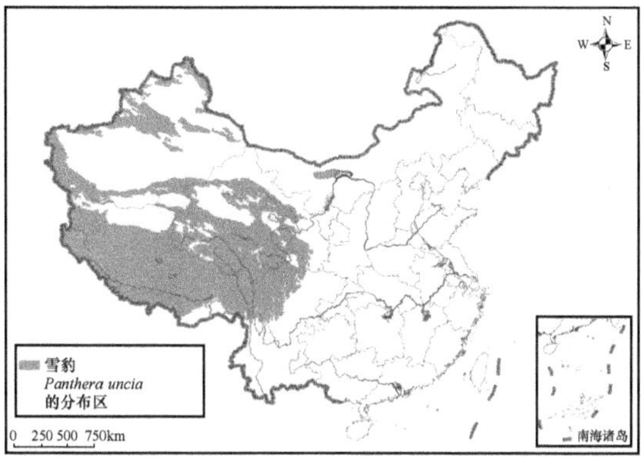

雪豹 *Panthera uncia* (Schreber, 1775)
种下单元：无
生　　境：内陆岩石区域、草地、灌丛
生态系统：陆生生态系统
保护等级：**国家重点保护野生动物等级**：一级；**CITES 附录**[1]：I
红色名录：**IUCN**[2]：EN；**中国哺乳类红色名录**[3]：EN
国内分布：青海、内蒙古、新疆、四川、云南、西藏、甘肃
分布国家：阿富汗、不丹、中国、印度、哈萨克斯坦、吉尔吉斯斯坦、蒙古、尼泊尔、巴基斯坦、俄罗斯、塔吉克斯坦、乌兹别克斯坦

Snow Leopard *Panthera uncia* (Schreber, 1775)
Infra-specific Taxa：None
Habitat and Ecology：Inland Rocky Areas; Grassland; Shrubland
Ecosystem：Terrestrial
National Key Protected Wild Animal List：Category One; **CITES Appendix**[1]：I
Red List：**IUCN Red List**[2]：EN; **China Mammal Red List**[3]：EN
Range in the country：Qinghai, Inner Mongolia, Xinjiang, Sichuan, Yunnan, Tibet, Gansu
Range countries：Afghanistan, Bhutan, China, India, Kazakhstan, Kyrgyzstan, Mongolia, Nepal, Pakistan, Russia, Tajikistan, Uzbekistan

参考文献 Citation

Wang Y (王应祥), 2003; Wilson and Reeder, 2005; Zhang R (张荣祖), 1997; Pan Q *et al.* (潘清华等), 2007; Smith *et al.*, 2009; IUCN, 2014

海牛目 SIRENIA　儒艮科 DUGONGIDAE

311. 儒艮 Dugong

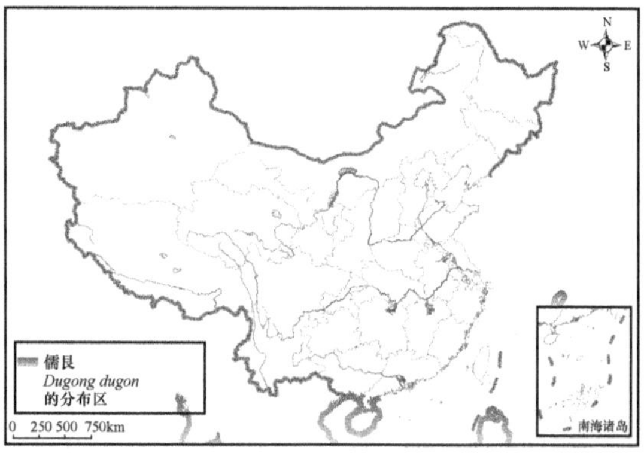

儒艮　*Dugong dugon* (Müller, 1776)
种下单元：无
生　　境：海洋-浅海海域
生态系统：海洋生态系统
保护等级：**国家重点保护野生动物等级**：一级；**CITES 附录**[1]：I
红色名录：**IUCN**[2]：VU；**中国哺乳类红色名录**[3]：CR
国内分布：南海
分布国家：澳大利亚、巴林、文莱、柬埔寨、中国、可可岛、科摩罗、吉布提、埃及、厄立特里亚、印度、印度尼西亚、日本、约旦、肯尼亚、马达加斯加、马来西亚、马约特岛、莫桑比克、新喀里多尼亚、帕劳、巴布亚新几内亚(俾斯麦群岛)、菲律宾、卡塔尔、沙特阿拉伯、塞舌尔、新加坡、所罗门群岛、索马里、斯里兰卡、苏丹、坦桑尼亚、泰国、东帝汶、阿拉伯联合酋长国、瓦努阿图、越南、也门

Dugong　*Dugong dugon* (Müller, 1776)
Infra-specific Taxa：None
Habitat and Ecology：Marine-Neritic
Ecosystem：Marine
National Key Protected Wild Animal List：Category One; **CITES Appendix**[1]：I
Red List：**IUCN Red List**[2]：VU; **China Mammal Red List**[3]：CR
Range in the country：South China Sea
Range countries：Australia, Bahrain, Brunei, Cambodia, China, Coco Island, Comoros, Djibouti, Egypt, Eritrea, India, Indonesia, Japan, Jordan, Kenya, Madagascar, Malaysia, Mayotte, Mozambique, New Caledonia, Palau, Papua New Guinea (Bismarck Archipelaago), Philippines, Qatar, Saudi Arabia, Seychelles, Singapore, Solomon Islands, Somalia, Sri Lanka, Sudan, Tanzania, Thailand, Timor-Leste, United Arab Emirates, Vanuatu, Vietnam, Yemen

参考文献 Citation

Wang Y (王应祥), 2003; Zhou K (周开亚), 2004, 2008; Wilson and Reeder, 2005; Zhang R (张荣祖), 1997; Pan Q *et al.* (潘清华等), 2007; Smith *et al.*, 2009; IUCN, 2014

长鼻目 PROBOSCIDEA　象科 ELEPHANTIDAE

312. 亚洲象 Asian Elephant

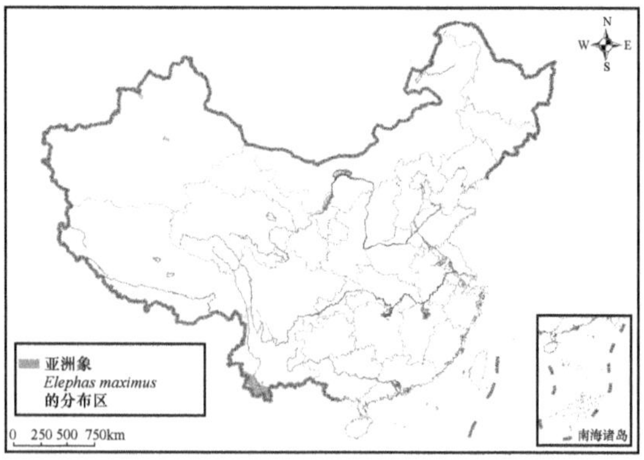

亚洲象　*Elephas maximus* (Linnaeus, 1758)
种下单元：*maximus*; *indicus*; *sumatranus*
生　　境：热带湿润低地森林
生态系统：陆生生态系统
保护等级：**国家重点保护野生动物等级**：一级；**CITES 附录**[1]：I
红色名录：**IUCN**[2]：EN；**中国哺乳类红色名录**[3]：EN
国内分布：云南
分布国家：孟加拉国、不丹、柬埔寨、中国、印度、印度尼西亚、老挝、马来西亚、缅甸、尼泊尔、斯里兰卡、泰国、越南

Asian Elephant　*Elephas maximus* (Linnaeus, 1758)
Infra-specific Taxa：*maximus*; *indicus*; *sumatranus*
Habitat and Ecology：Tropical Moist Lowland Forest

Ecosystem：Terrestrial
National Key Protected Wild Animal List：Category One; **CITES Appendix**[1]：I
Red List：**IUCN Red List**[2]：EN; **China Mammal Red List**[3]：EN
Range in the country：Yunnan
Range countries：Bangladesh, Bhutan, Cambodia, China, India, Indonesia, Laos, Malaysia, Myanmar, Nepal, Sri Lanka, Thailand, Vietnam
参考文献 Citation
Wang Y (王应祥), 2003; Wilson and Reeder, 2005; Zhang R (张荣祖), 1997; Pan Q *et al.* (潘清华等), 2007; Smith *et al.*, 2009; IUCN, 2014

奇蹄目 PERISSODACTYLA 犀科 RHINOCEROTIDAE

313. 双角犀 Sumatran Rhinoceros

双角犀 *Dicerorhinus sumatrensis* (Fischer, 1814)
种下单元：*sumatrensis*; *harrissoni*; *lasiotis*
生　　境：亚热带-热带低山河谷
生态系统：陆生生态系统
保护等级：**国家重点保护野生动物等级**：无；**CITES 附录**[1]：未列入
红色名录：**IUCN**[2]：CR；**中国哺乳类红色名录**[3]：RE
国内分布：云南(最后生存地)
分布国家：印度尼西亚、印度、缅甸、泰国、马来西亚

Sumatran Rhinoceros *Dicerorhinus sumatrensis* (Fischer, 1814)
Infra-specific Taxa：*sumatrensis*; *harrissoni*; *lasiotis*
Habitat and Ecology：Subtropical-tropical Mountain Valley
Ecosystem：Terrestrial
National Key Protected Wild Animal List：None; **CITES Appendix**[1]：Not listed
Red List：**IUCN Red List**[2]：CR; **China Mammal Red List**[3]：RE
Range in the country：Yunnan (Where the last individual was found)
Range countries：Indonesia, India, Myanmar, Thailand, Malaysia
参考文献 Citation
Wang Y (王应祥), 2003; Wilson and Reeder, 2005; Pan Q *et al.* (潘清华等), 2007; Smith *et al.*, 2009

314. 爪哇犀 Javan Rhinoceros

爪哇犀 *Rhinoceros sondaicus* (Desmarest, 1822)
种下单元：*sondaicus*; *annamiticus*; *inermis*
生　　境：热带湿润低地森林
生态系统：陆生生态系统
保护等级：**国家重点保护野生动物等级**：无；**CITES 附录**[1]：I
红色名录：**IUCN**[2]：CR；**中国哺乳类红色名录**[3]：RE
国内分布：云南(最后生存地)
分布国家：中国、印度尼西亚、越南

Javan Rhinoceros *Rhinoceros sondaicus* (Desmarest, 1822)
Infra-specific Taxa：*sondaicus*; *annamiticus*; *inermis*
Habitat and Ecology：Tropical Moist Lowland Forest
Ecosystem：Terrestrial
National Key Protected Wild Animal List：None; **CITES Appendix**[1]：I
Red List：**IUCN Red List**[2]：CR; **China Mammal Red List**[3]：RE
Range in the country：Yunnan (Where the last individual was found)
Range countries：China, Indonesia, Vietnam
参考文献 Citation

Wang Y(王应祥), 2003; Wilson and Reeder, 2005; Pan Q *et al.*(潘清华等), 2007; Smith *et al.*, 2009; IUCN, 2014

315. 大独角犀 Indian Rhinoceros

大独角犀 *Rhinoceros unicornis*(Linnaeus, 1758)
种下单元： 无
生　　境： 草地、森林、沼泽、农田
生态系统： 陆生生态系统
保护等级： **国家重点保护野生动物等级：** 无；**CITES 附录**[1]：I
红色名录： **IUCN**[2]：VU；**中国哺乳类红色名录**[3]：RE
国内分布： 西藏、云南(最后生存地)
分布国家： 印度、尼泊尔、孟加拉国、不丹、缅甸、印度尼西亚、巴基斯坦

Indian Rhinoceros *Rhinoceros unicornis*(Linnaeus, 1758)
Infra-specific Taxa： None
Habitat and Ecology： Grassland; Forest; Swamps; Arable Land
Ecosystem： Terrestrial
National Key Protected Wild Animal List： None; **CITES Appendix**[1]：I
Red List： **IUCN Red List**[2]：VU; **China Mammal Red List**[3]：RE
Range in the country： Tibet, Yunan (Where the last individual was found)
Range countries： India, Nepal, Bangladesh, Bhutan, Myanmar, Indonesia, Pakistan
参考文献 Citation
Wang Y(王应祥), 2003; Wilson and Reeder, 2005; Smith *et al.*, 2009; IUCN, 2014

马科 EQUIDAE

316. 野马 Przewalski's Horse

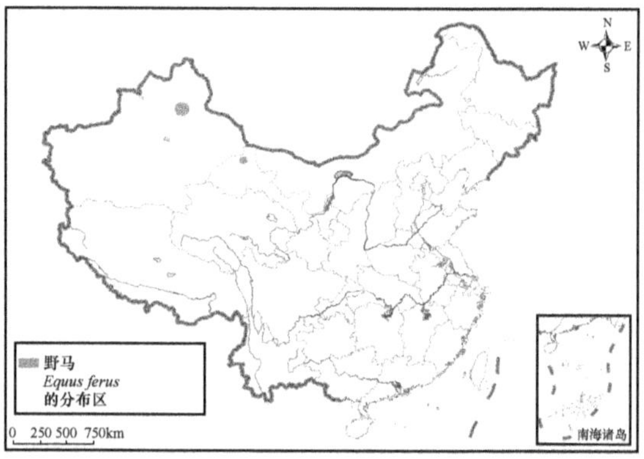

野马 *Equus ferus* (Poliakov, 1881)
种下单元： 无
生　　境： 草甸、半荒漠地区
生态系统： 陆生生态系统
保护等级： **国家重点保护野生动物等级：** 一级；**CITES 附录**[1]：I
红色名录： **IUCN**[2]：EN；**中国哺乳类红色名录**[3]：EW
国内分布： 新疆、甘肃
分布国家： 白俄罗斯、中国、德国、哈萨克斯坦、立陶宛、波兰、俄罗斯、乌克兰、蒙古

Przewalski's Horse *Equus ferus*(Poliakov, 1881)
Infra-specific Taxa： None
Habitat and Ecology： Meadow; Semi-desert Area
Ecosystem： Terrestrial
National Key Protected Wild Animal List： Category One; **CITES Appendix**[1]：I
Red List： **IUCN Red List**[2]：EN; **China Mammal Red List**[3]：EW
Range in the country： Xinjiang, Gansu
Range countries： Belarus, China, Germany, Kazakhstan, Lithuania, Poland, Russia, Ukraine, Mongolia
参考文献 Citation
Wang Y(王应祥), 2003; Wilson and Reeder, 2005; Zhang R(张荣祖), 1997; Pan Q *et al.*(潘清华等), 2007; Smith *et al.*, 2009; IUCN, 2014

317. 蒙古野驴 Asiatic Wild Ass

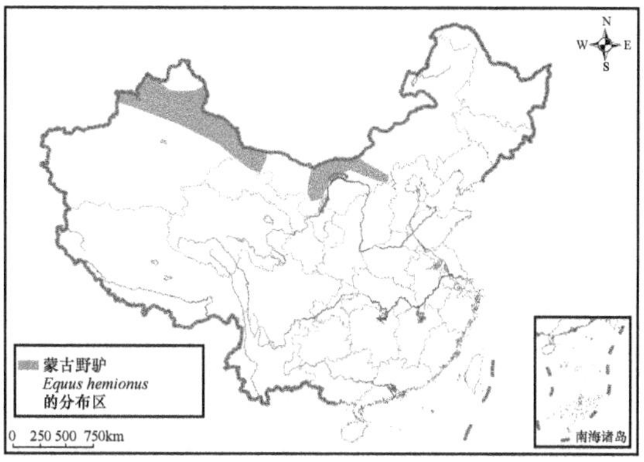

蒙古野驴 *Equus hemionus*(Pallas, 1775)
种下单元： *hemionus*; *blanfordi*; *hemippus*; *khur*; *kulan*; *luteus*; *onager*
生　　境： 荒漠
生态系统： 陆生生态系统
保护等级： **国家重点保护野生动物等级：** 一级；**CITES 附录**[1]：II
红色名录： **IUCN**[2]：EN；**中国哺乳类红色名录**[3]：VU
国内分布： 甘肃、新疆、内蒙古
分布国家： 中国、印度、伊朗、蒙古、土库曼斯坦、以色列、哈萨克斯坦、沙特阿拉伯、乌克兰、乌兹别克斯坦

Asiatic Wild Ass *Equus hemionus*(Pallas, 1775)

Infra-specific Taxa： *hemionus*; *blanfordi*; *hemippus*; *khur*; *kulan*; *luteus*; *onager*

Habitat and Ecology： Desert

Ecosystem： Terrestrial

National Key Protected Wild Animal List： Category One; **CITES Appendix**[1]：II

Red List： **IUCN Red List**[2]：EN; **China Mammal Red List**[3]：VU

Range in the country： Gansu, Xinjiang, Inner Mongolia

Range countries： China, India, Iran, Mongolia, Turkmenistan, Israel, Kazakhstan, Saudi Arabia, Ukraine, Uzbekistan

参考文献 Citation

Wang Y(王应祥), 2003; Wilson and Reeder, 2005; Zhang R(张荣祖), 1997; Pan Q *et al.*(潘清华等), 2007; Smith *et al.*, 2009; IUCN, 2014

318. 西藏野驴 Kiang

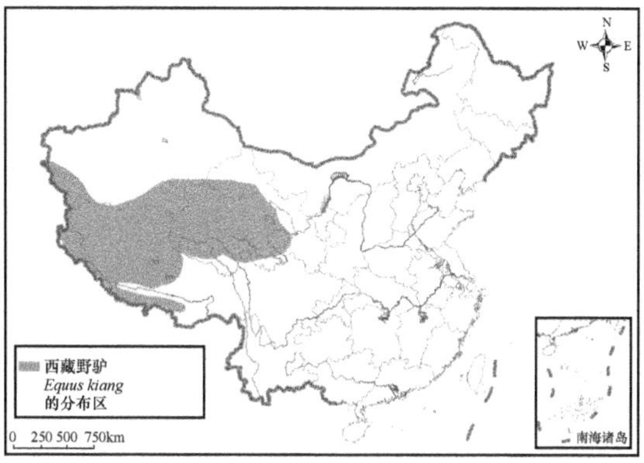

西藏野驴 *Equus kiang*(Moorcroft, 1841)
种下单元： *kiang*; *holdereri*; *polyodon*
生　　境： 草甸、草原、荒漠
生态系统： 陆生生态系统
保护等级： **国家重点保护野生动物等级：** 一级；**CITES 附录**[1]：II
红色名录： **IUCN**[2]：LC；**中国哺乳类红色名录**[3]：NT
国内分布： 新疆、青海、甘肃、四川、西藏
分布国家： 中国、印度、尼泊尔、巴基斯坦

Kiang *Equus kiang*(Moorcroft, 1841)

Infra-specific Taxa： *kiang*; *holdereri*; *polyodon*

Habitat and Ecology： Meadow; Steppe; Desert

Ecosystem： Terrestrial

National Key Protected Wild Animal List： Category One; **CITES Appendix**[1]：II

Red List： **IUCN Red List**[2]：LC; **China Mammal Red List**[3]：NT

Range in the country： Xinjiang, Qinghai, Gansu, Sichuan, Tibet

Range countries： China, India, Nepal, Pakistan

参考文献 Citation

Wang Y(王应祥), 2003; Wilson and Reeder, 2005; Pan Q *et al.*(潘清华等), 2007; Smith *et al.*, 2009; IUCN, 2014

鲸偶蹄目 CETARTIODACTYLA　猪科 SUIDAE

319. 野猪 Wild Boar

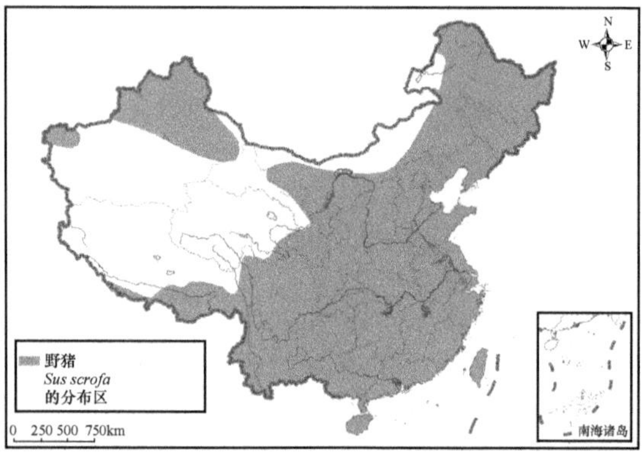

野猪　*Sus scrofa* (Linnaeus, 1758)

种下单元： *scrofa*; *algira*; *attila*; *cristatus*; *davidi*; *leucomystax*; *libycus*; *majori*; *meridionalis*; *moupinensis*; *nigripes*; *riukiuanus*; *sibiricus*; *taivanus*; *ussuricus*; *vittatus*

生　境： 森林、灌丛、草地、沼泽、农田

生态系统： 陆生生态系统

保护等级： **国家重点保护野生动物等级：** 无；**CITES 附录** [1]：未列入

红色名录： **IUCN**[2]：LC；**中国哺乳类红色名录** [3]：LC

国内分布： 山西、湖南、海南、新疆、北京、河北、内蒙古、辽宁、吉林、黑龙江、上海、江苏、浙江、安徽、福建、江西、河南、湖北、广东、广西、四川、贵州、云南、西藏、陕西、甘肃、青海、宁夏、台湾、香港、福建、天津、重庆

分布国家： 阿富汗、阿尔巴尼亚、阿尔及利亚、安道尔、亚美尼亚、奥地利、阿塞拜疆、孟加拉国、白俄罗斯、比利时、不丹、波斯尼亚和黑塞哥维那、保加利亚、柬埔寨、中国、克罗地亚、塞浦路斯、捷克、爱沙尼亚、芬兰、法国、乔治亚州、德国、希腊、匈牙利、印度、印度尼西亚、伊朗、伊拉克、以色列、意大利(西西里岛萨丁岛：引入)、日本、约旦、哈萨克斯坦、朝鲜、韩国、吉尔吉斯斯坦、老挝、拉脱维亚、黎巴嫩、列支敦士登、立陶宛、卢森堡、马其顿、马来西亚、摩尔多瓦、摩纳哥、蒙古、黑山、摩洛哥、缅甸、尼泊尔、荷兰、巴基斯坦、巴勒斯坦、波兰、葡萄牙、罗马尼亚、俄罗斯、圣马力诺、塞尔维亚、斯洛伐克、斯洛文尼亚、西班牙、斯里兰卡、瑞士、叙利亚、塔吉克斯坦、泰国、突尼斯、土耳其、土库曼斯坦、乌克兰、乌兹别克斯坦、越南, 安提瓜和巴布达、阿根廷、澳大利亚、巴西、哥伦比亚、古巴、多米尼加、厄瓜多尔、加拉帕戈斯群岛、斐济、海地、牙买加、新西兰、巴布亚新几内亚、南非、苏丹、美国、英属维尔京群岛

Wild Boar　*Sus scrofa* (Linnaeus, 1758)

Infra-specific Taxa： *scrofa*; *algira*; *attila*; *cristatus*; *davidi*; *leucomystax*; *libycus*; *majori*; *meridionalis*; *moupinensis*; *nigripes*; *riukiuanus*; *sibiricus*; *taivanus*; *ussuricus*; *vittatus*

Habitat and Ecology： Forest; Shrubland; Grassland; Swamps; Arable Land

Ecosystem： Terrestrial

National Key Protected Wild Animal List： None; **CITES Appendix**[1]：Not listed

Red List： **IUCN Red List**[2]：LC; **China Mammal Red List**[3]：LC

Range in the country： Shanxi, Hunan, Hainan, Xinjiang, Beijing, Hebei, Inner Mongolia, Liaoning, Jilin, Heilongjiang, Shanghai, Jiangsu, Zhejiang, Anhui, Fujian, Jiangxi, Henan, Hubei, Guangdong, Guangxi, Sichuan, Guizhou, Yunnan, Tibet, Shaanxi, Gansu, Qinghai, Ningxia, Taiwan, Hongkong, Fujian, Tianjin, Chongqing

Range countries： Afghanistan, Albania, Algeria, Andorra, Armenia, Austria, Azerbaijan, Bangladesh, Belarus, Belgium, Bhutan, Bosnia and Herzegovina, Bulgaria, Cambodia, China, Croatia, Cyprus, Czech, Estonia, Finland, France, Georgia, Germany, Greece, Hungary, India, Indonesia, Iran, Iraq, Israel, Italy, Japan, Jordan, Kazakhstan, Korea, Democratic People's Republic of, Korea, Republic of, Kyrgyzstan, Laos, Latvia, Lebanon, Liechtenstein, Lithuania, Luxembourg, Macedonia, Malaysia, Moldova, Monaco, Mongolia, Montenegro, Morocco, Myanmar, Nepal, Netherlands, Pakistan, Palestine Territorty Occupied, Poland, Portugal, Romania, Russia, San Marino, Serbia, Slovakia, Slovenia, Spain, Sri Lanka, Switzerland, Syrian Arab Republic, Tajikistan, Thailand, Tunisia, Turkey, Turkmenistan, Ukraine, Uzbekistan, Vietnam, Antigua and Barbuda, Argentina, Australia, Brazil, Colombia, Cuba, Dominican Republic, Ecuador, Galapagos Islands, Fiji, Haiti, Jamaica, New Zealand, Papua New Guinea, South Africa, Sudan, United States, Virgin Islands (British)

参考文献 Citation

Wang Y (王应祥), 2003; Wilson and Reeder, 2005; Zhang R (张荣祖), 1997; Pan Q *et al.* (潘清华等), 2007; Smith *et al.*, 2009; IUCN, 2014

骆驼科 CAMELIDAE

320. 野骆驼 Bactrian Camel

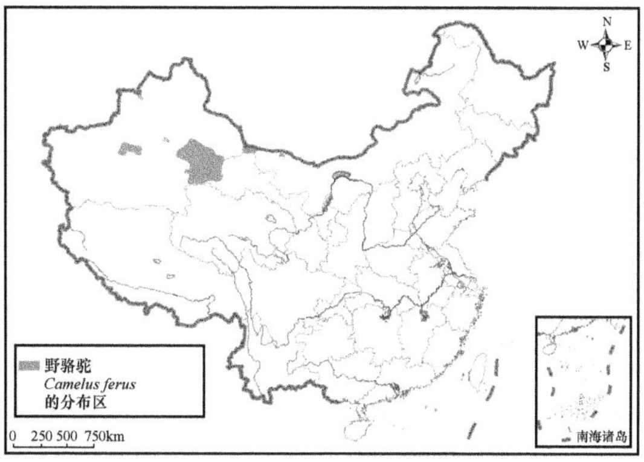

野骆驼 *Camelus ferus*（Przewalski, 1878）
种下单元： *bactrianus*; *ferus*
生　　境： 荒漠、半荒漠、灌丛
生态系统： 陆生生态系统
保护等级：国家重点保护野生动物等级： 一级；**CITES 附录**[1]：未列入
红色名录：IUCN[2]：CR；**中国哺乳类红色名录**[3]：CR
国内分布： 新疆、内蒙古、甘肃
分布国家： 中国、蒙古

Bactrian Camel *Camelus ferus*（Przewalski, 1878）
Infra-specific Taxa： *bactrianus*; *ferus*
Habitat and Ecology： Desert; Semi-desert; Shrubland
Ecosystem： Terrestrial
National Key Protected Wild Animal List： Category One; **CITES Appendix**[1]：Not listed
Red List：IUCN Red List[2]：CR; **China Mammal Red List**[3]：CR
Range in the country： Xinjiang, Inner Mongolia, Gansu
Range countries： China, Mongolia

参考文献 Citation

Wang Y（王应祥）, 2003; Wilson and Reeder, 2005; Zhang R（张荣祖）, 1997; Pan Q *et al.*（潘清华等）, 2007; Smith *et al.*, 2009; IUCN, 2014

鼷鹿科 TRAGULIDAE

321. 威氏小鼷鹿 Williamson's Chevrotain

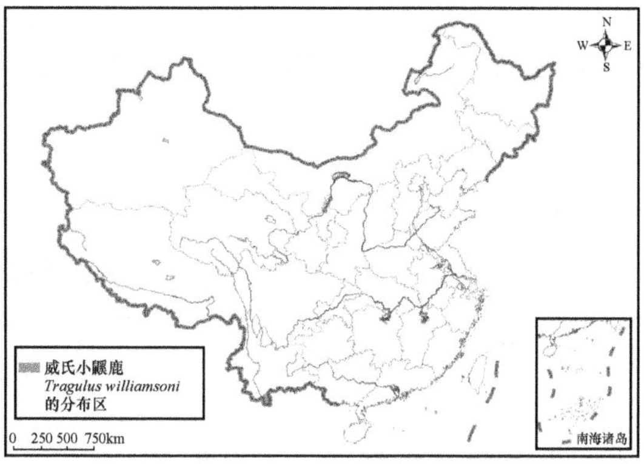

威氏小鼷鹿 *Tragulus williamsoni*（Kloss, 1916）
种下单元： 无
生　　境： 森林
生态系统： 陆生生态系统
保护等级：国家重点保护野生动物等级： 一级；**CITES 附录**[1]：未列入
红色名录：IUCN[2]：DD；**中国哺乳类红色名录**[3]：CR
国内分布： 云南
分布国家： 中国、泰国

Williamson's Chevrotain *Tragulus williamsoni*（Kloss, 1916）
Infra-specific Taxa： None
Habitat and Ecology： Forest
Ecosystem： Terrestrial
National Key Protected Wild Animal List： Category One; **CITES Appendix**[1]：Not listed
Red List：IUCN Red List[2]：DD; **China Mammal Red List**[3]：CR
Range in the country： Yunnan
Range countries： China, Thailand

参考文献 Citation

Pan Q *et al.*（潘清华等）, 2007; IUCN, 2014

麝科 MOSCHIDAE

322. 安徽麝 Anhui Musk Deer

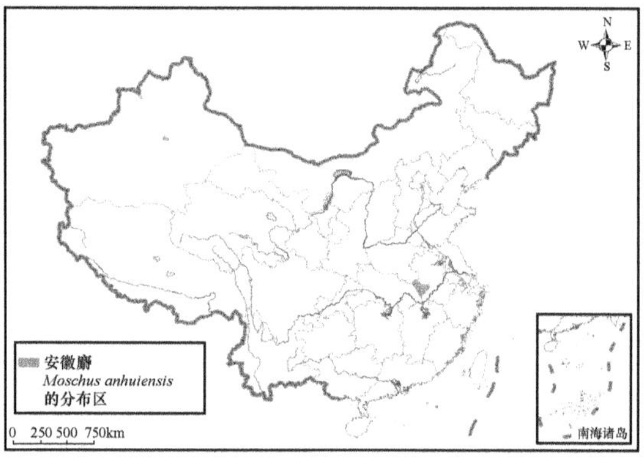

安徽麝 *Moschus anhuiensis*(Wang, Hu & Yan, 1982)
种下单元： 无
生　　境： 针叶阔叶混交林
生态系统： 陆生生态系统
保护等级： **国家重点保护野生动物等级：** 一级；**CITES 附录** [1]：II
红色名录： **IUCN**[2]：EN；**中国哺乳类红色名录** [3]：CR
国内分布： 安徽
分布国家： 中国

Anhui Musk Deer *Moschus anhuiensis*(Wang, Hu & Yan, 1982)
Infra-specific Taxa: None
Habitat and Ecology: Coniferous and Broad-leaved Mixed Forest
Ecosystem: Terrestrial
National Key Protected Wild Animal List: Category One; **CITES Appendix**[1]: II
Red List: IUCN Red List[2]: EN; **China Mammal Red List**[3]: CR
Range in the country: Anhui
Range countries: China
参考文献 Citation
Wang Y(王应祥), 2003; Wilson and Reeder, 2005; Pan Q *et al.*(潘清华等), 2007; Smith *et al.*, 2009; IUCN, 2014

323. 林麝 Forest Musk Deer

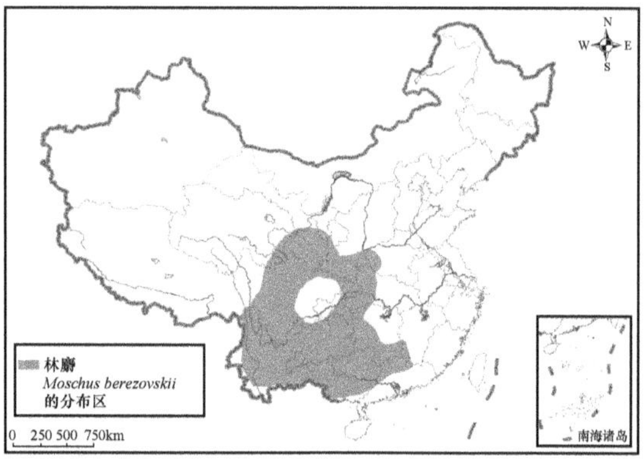

林麝 *Moschus berezovskii*(Flerov, 1929)
种下单元： *berezovskii*; *bijiangensis*; *caobangis*; *yanguiensis*
生　　境： 泰加林、针叶阔叶混交林
生态系统： 陆生生态系统
保护等级： **国家重点保护野生动物等级：** 一级；**CITES 附录** [1]：II
红色名录： **IUCN**[2]：EN；**中国哺乳类红色名录** [3]：CR
国内分布： 青海、河南、湖南、西藏、宁夏、湖北、广东、广西、四川、贵州、云南、陕西、甘肃、重庆
分布国家： 中国、越南

Forest Musk Deer *Moschus berezovskii*(Flerov, 1929)
Infra-specific Taxa: *berezovskii*; *bijiangensis*; *caobangis*; *yanguiensis*
Habitat and Ecology: Taiga; Coniferous and Broad-leaved Mixed Forest
Ecosystem: Terrestrial
National Key Protected Wild Animal List: Category One; **CITES Appendix**[1]: II
Red List: IUCN Red List[2]: EN; **China Mammal Red List**[3]: CR
Range in the country: Qinghai, Henan, Hunan, Tibet, Ningxia, Hubei, Guangdong, Guangxi, Sichuan, Guizhou, Yunnan, Shaanxi, Gansu, Chongqing
Range countries: China, Vietnam
参考文献 Citation
Wang Y(王应祥), 2003; Wilson and Reeder, 2005; Zhang R(张荣祖), 1997; Pan Q *et al.*(潘清华等), 2007; Smith *et al.*, 2009; IUCN, 2014

324. 高山麝 Alpine Musk Deer

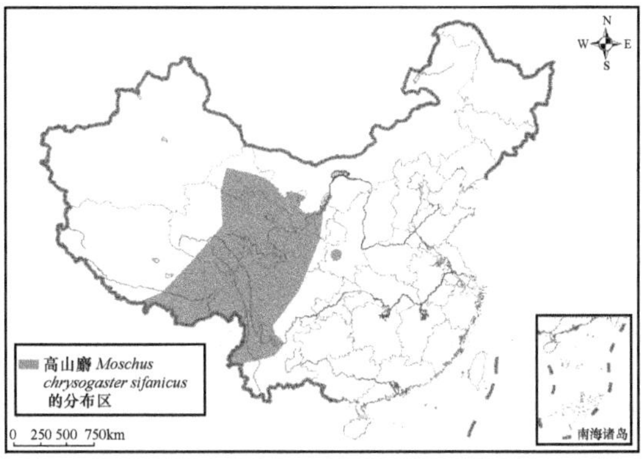

高山麝 *Moschus chrysogaster sifanicus* (Hodgson, 1839)
种下单元： *chrysogaster*; *sifanicus*
生　　境： 草甸、灌丛、荒漠、森林
生态系统： 陆生生态系统
保护等级： **国家重点保护野生动物等级：** 一级；**CITES 附录**[1]：未列入
红色名录： **IUCN**[2]：未列入；**中国哺乳类红色名录**[3]：CR
国内分布： 宁夏、青海、甘肃、四川、云南、陕西、西藏
分布国家： 不丹、中国、印度、尼泊尔

Alpine Musk Deer *Moschus chrysogaster sifanicus* (Hodgson, 1839)
Infra-specific Taxa： *chrysogaster*; *sifanicus*
Habitat and Ecology： Meadow; Shrubland; Desert; Forest
Ecosystem： Terrestrial
National Key Protected Wild Animal List： Category One; **CITES Appendix**[1]：Not listed
Red List： **IUCN Red List**[2]：Not listed; **China Mammal Red List**[3]：CR
Range in the country： Ningxia, Qinghai, Gansu, Sichuan, Yunnan, Shaanxi, Tibet
Range countries： Bhutan, China, India, Nepal

参考文献 Citation
Wang Y (王应祥), 2003; Wilson and Reeder, 2005; Zhang R (张荣祖), 1997; Pan Q *et al.* (潘清华等), 2007; Smith *et al.*, 2009

325. 黑麝 Black Musk Deer

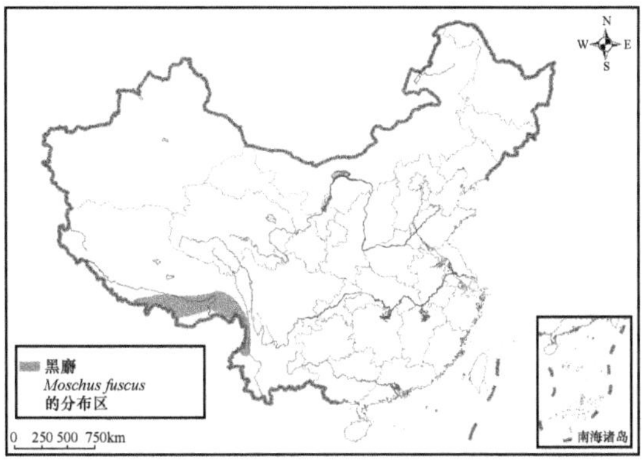

黑麝 *Moschus fuscus* (Li, 1981)
种下单元： 无
生　　境： 泰加林、内陆岩石区域
生态系统： 陆生生态系统
保护等级： **国家重点保护野生动物等级：** 一级；**CITES 附录**[1]：II
红色名录： **IUCN**[2]：EN；**中国哺乳类红色名录**[3]：CR
国内分布： 西藏、云南
分布国家： 不丹、中国、印度、缅甸、尼泊尔

Black Musk Deer *Moschus fuscus* (Li, 1981)
Infra-specific Taxa： None
Habitat and Ecology： Taiga; Inland Rocky Areas
Ecosystem： Terrestrial
National Key Protected Wild Animal List： Category One; **CITES Appendix**[1]：II
Red List： **IUCN Red List**[2]：EN; **China Mammal Red List**[3]：CR
Range in the country： Tibet, Yunnan
Range countries： Bhutan, China, India, Myanmar, Nepal

参考文献 Citation
Wang Y (王应祥), 2003; Wilson and Reeder, 2005; Zhang R (张荣祖), 1997; Pan Q *et al.* (潘清华等), 2007; Smith *et al.*, 2009; IUCN, 2014

326. 白腹麝(喜马拉雅麝)Himalayan Musk Deer

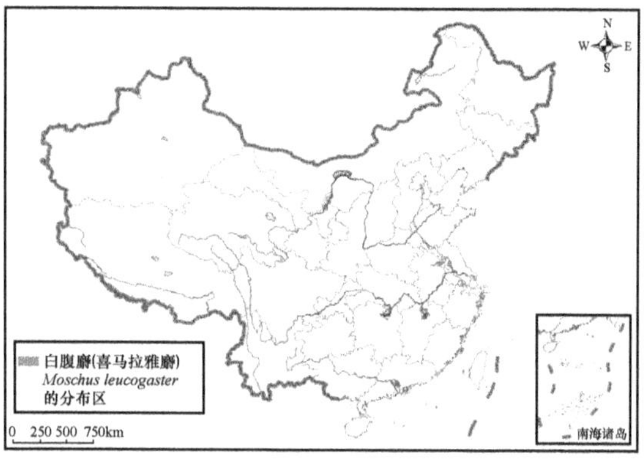

白腹麝(喜马拉雅麝) *Moschus leucogaster* (Hodgson, 1839)
种下单元： 无
生　　境： 高山环境
生态系统： 陆生生态系统
保护等级： **国家重点保护野生动物等级：** 一级；**CITES 附录** [1]：I
红色名录： **IUCN**[2]：EN；**中国哺乳类红色名录** [3]：EN
国内分布： 西藏西南部为边缘分布区
分布国家： 不丹、中国、印度、尼泊尔

Himalayan Musk Deer *Moschus leucogaster* (Hodgson, 1839)
Infra-specific Taxa： None
Habitat and Ecology： Alpine Area
Ecosystem： Terrestrial
National Key Protected Wild Animal List： Category One; **CITES Appendix**[1]：I
Red List： **IUCN Red List**[2]：EN; **China Mammal Red List**[3]：EN
Range in the country： Margin of Southwest of Tibet
Range countries： Bhutan, China, India, Nepal

参考文献 Citation

Wang Y (王应祥), 2003; Wilson and Reeder, 2005; Pan Q *et al.* (潘清华等), 2007; Smith *et al.*, 2009; IUCN, 2014

327. 原麝 Siberian Musk Deer

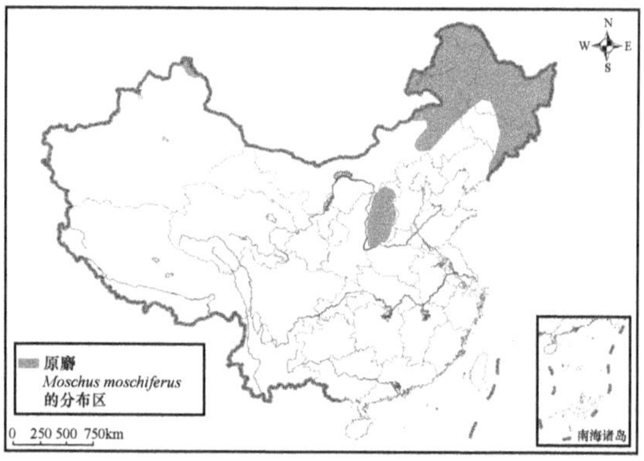

原麝 *Moschus moschiferus* (Linnaeus, 1758)
种下单元： *moschiferus*; *arcticus*; *parvipes*; *sachalinensis*; *turowi*
生　　境： 泰加林、针叶阔叶混交林
生态系统： 陆生生态系统
保护等级： **国家重点保护野生动物等级：** 一级；**CITES 附录** [1]：II
红色名录： **IUCN**[2]：VU；**中国哺乳类红色名录** [3]：CR
国内分布： 山西、内蒙古、新疆、辽宁、吉林、黑龙江
分布国家： 中国、哈萨克斯坦、朝鲜、韩国、蒙古、俄罗斯、印度、缅甸、尼泊尔

Siberian Musk Deer *Moschus moschiferus* (Linnaeus, 1758)
Infra-specific Taxa： *moschiferus*; *arcticus*; *parvipes*; *sachalinensis*; *turowi*
Habitat and Ecology： Taiga; Coniferous and Broad-leaved Mixed Forest
Ecosystem： Terrestrial
National Key Protected Wild Animal List： Category One; **CITES Appendix**[1]：II
Red List： **IUCN Red List**[2]：VU; **China Mammal Red List**[3]：CR
Range in the country： Shanxi, Inner Mongolia, Xinjiang, Liaoning, Jilin, Heilongjiang
Range countries： China, Kazakhstan, Korea, Democratic People's Republic of, Korea, Republic of, Mongolia, Russia, India, Myanmar, Nepal

参考文献 Citation

Wang Y (王应祥), 2003; Wilson and Reeder, 2005; Zhang R (张荣祖), 1997; Pan Q *et al.* (潘清华等), 2007; Smith *et al.*, 2009; IUCN, 2014

鹿科 CERVIDAE

328. 獐 Chinese Water Deer

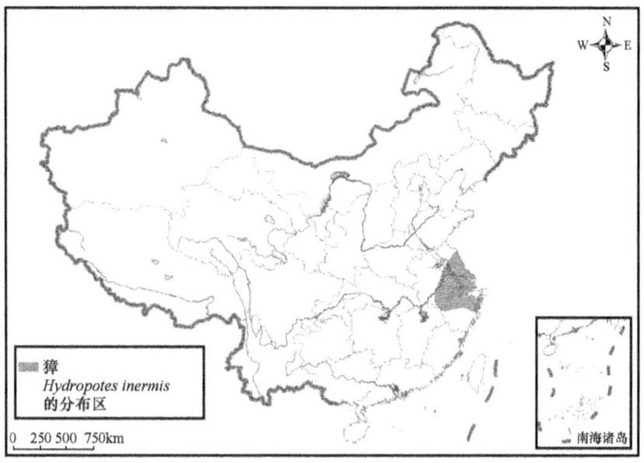

獐 *Hydropotes inermis* (Swinhoe, 1870)
种下单元：*inermis*; *argyropus*
生　境：草地、沼泽、亚热带季节性洪泛低地草原
生态系统：陆生生态系统
保护等级：**国家重点保护野生动物等级**：二级；**CITES 附录**[1]：未列入
红色名录：**IUCN**[2]：VU；**中国哺乳类红色名录**[3]：VU
国内分布：浙江、上海、江苏、安徽、江西
分布国家：中国、朝鲜、韩国、法国(引入)、英国(引入)

Chinese Water Deer *Hydropotes inermis* (Swinhoe, 1870)
Infra-specific Taxa：*inermis*; *argyropus*
Habitat and Ecology：Grassland; Swamps; Subtropical Seasonal Flooded Lowland Grassland
Ecosystem：Terrestrial
National Key Protected Wild Animal List：Category Two; **CITES Appendix**[1]：Not listed
Red List：**IUCN Red List**[2]：VU; **China Mammal Red List**[3]：VU
Range in the country：Zhejiang, Shanghai, Jiangsu, Anhui, Jiangxi
Range countries：China, Korea, Democratic People's Republic of, Korea, Republic of, France (introduction), United Kingdom (introduction)

参考文献 Citation

Wang Y (王应祥), 2003; Wilson and Reeder, 2005; Zhang R (张荣祖), 1997; Pan Q *et al.* (潘清华等), 2007; Smith *et al.*, 2009; IUCN, 2014

329. 毛冠鹿 Tufted Deer

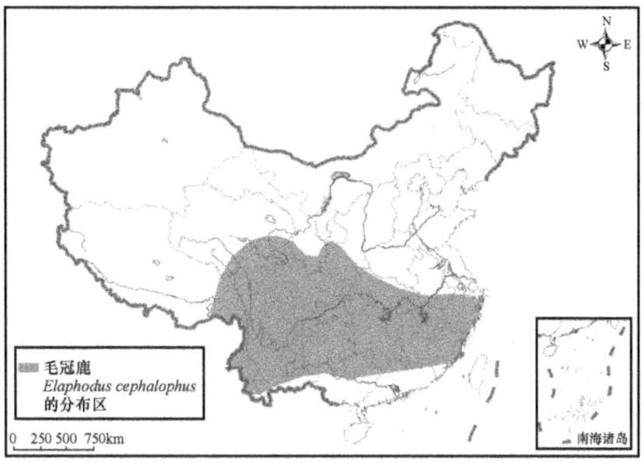

毛冠鹿 *Elaphodus cephalophus* (Milne-Edwards, 1872)
种下单元：*cephalophus*; *fociensis*; *ichangensis*; *michianus*
生　境：森林、草甸
生态系统：陆生生态系统
保护等级：**国家重点保护野生动物等级**：无；**CITES 附录**[1]：未列入
红色名录：**IUCN**[2]：NT；**中国哺乳类红色名录**[3]：VU
国内分布：湖南、浙江、安徽、福建、江西、湖北、广东、广西、四川、贵州、云南、西藏、陕西、甘肃、青海、重庆
分布国家：中国、缅甸

Tufted Deer *Elaphodus cephalophus* (Milne-Edwards, 1872)
Infra-specific Taxa：*cephalophus*; *fociensis*; *ichangensis*; *michianus*
Habitat and Ecology：Forest; Meadow
Ecosystem：Terrestrial
National Key Protected Wild Animal List：None; **CITES Appendix**[1]：Not listed
Red List：**IUCN Red List**[2]：NT; **China Mammal Red List**[3]：VU
Range in the country：Hunan, Zhejiang, Anhui, Fujian, Jiangxi, Hubei, Guangdong, Guangxi, Sichuan, Guizhou, Yunnan, Tibet, Shaanxi, Gansu, Qinghai, Chongqing
Range countries：China, Myanmar

参考文献 Citation

Wang Y (王应祥), 2003; Wilson and Reeder, 2005; Zhang R (张荣祖), 1997; Pan Q *et al.* (潘清华等), 2007; Smith *et al.*, 2009; IUCN, 2014

330. 黑麂 Black Muntjac

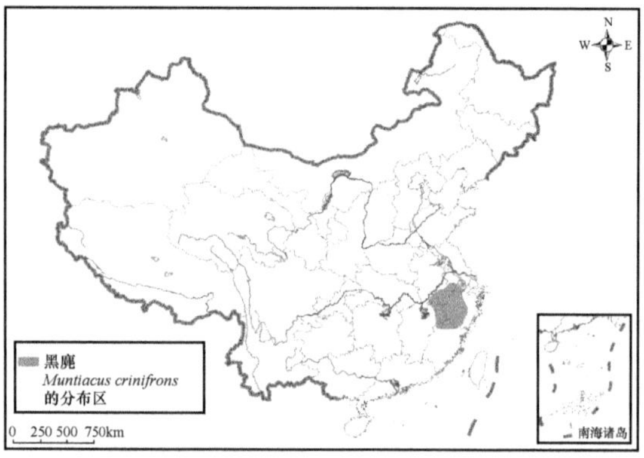

黑麂 *Muntiacus crinifrons* (Sclater, 1885)
种下单元： 无
生　　境： 森林
生态系统： 陆生生态系统
保护等级： **国家重点保护野生动物等级：** 一级；**CITES 附录**[1]：I
红色名录： **IUCN**[2]：VU；**中国哺乳类红色名录**[3]：EN
国内分布： 江西、浙江、安徽、福建
分布国家： 中国

Black Muntjac *Muntiacus crinifrons* (Sclater, 1885)
Infra-specific Taxa: None
Habitat and Ecology: Forest
Ecosystem: Terrestrial
National Key Protected Wild Animal List: Category One; **CITES Appendix**[1]: I
Red List: IUCN Red List[2]: VU; **China Mammal Red List**[3]: EN
Range in the country: Jiangxi, Zhejiang, Anhui, Fujian
Range countries: China
参考文献 Citation
Wang Y (王应祥), 2003; Wilson and Reeder, 2005; Zhang R (张荣祖), 1997; Pan Q *et al.* (潘清华等), 2007; Smith *et al.*, 2009; IUCN, 2014

331. 林麂 Fea's Muntjac

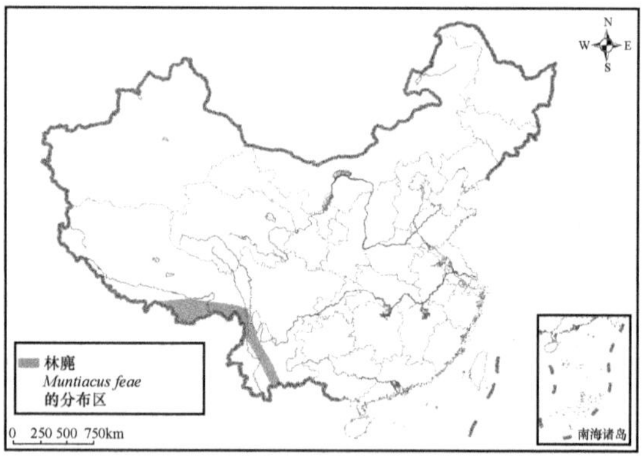

林麂 *Muntiacus feae* (Thomas & Doria, 1889)
种下单元： 无
生　　境： 森林
生态系统： 陆生生态系统
保护等级： **国家重点保护野生动物等级：** 无；**CITES 附录**[1]：未列入
红色名录： **IUCN**[2]：DD；**中国哺乳类红色名录**[3]：EN
国内分布： 西藏、云南
分布国家： 中国、缅甸、泰国

Fea's Muntjac *Muntiacus feae* (Thomas & Doria, 1889)
Infra-specific Taxa: None
Habitat and Ecology: Forest
Ecosystem: Terrestrial
National Key Protected Wild Animal List: None; **CITES Appendix**[1]: Not listed
Red List: IUCN Red List[2]: DD; **China Mammal Red List**[3]: EN
Range in the country: Tibet, Yunnan
Range countries: China, Myanmar, Thailand
参考文献 Citation
Wang Y (王应祥), 2003; Wilson and Reeder, 2005; Pan Q *et al.* (潘清华等), 2007; Zhang R (张荣祖), 1997; IUCN, 2014

332. 贡山麂 Gongshan Muntjac

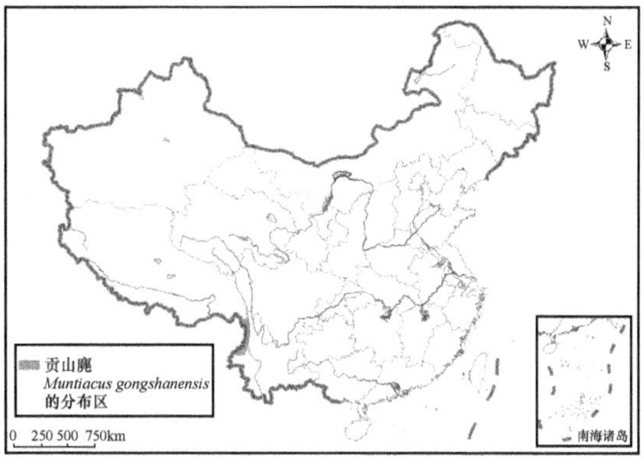

贡山麂 *Muntiacus gongshanensis* (Ma, 1990)
种下单元：无
生　　境：森林
生态系统：陆生生态系统
保护等级：国家重点保护野生动物等级：无；CITES 附录 [1]：未列入
红色名录：IUCN[2]：DD；中国哺乳类红色名录 [3]：CR
国内分布：云南
分布国家：中国

Gongshan Muntjac *Muntiacus gongshanensis* (Ma, 1990)

Infra-specific Taxa：None

Habitat and Ecology：Forest

Ecosystem：Terrestrial

National Key Protected Wild Animal List：None; **CITES Appendix**[1]：Not listed

Red List：**IUCN Red List**[2]：DD; **China Mammal Red List**[3]：CR

Range in the country：Yunnan

Range countries：China

参考文献 Citation

Wang Y (王应祥), 2003; Wilson and Reeder, 2005; Pan Q *et al.* (潘清华等), 2007; Smith *et al.*, 2009; IUCN, 2014

333. 海南麂 Hainan Muntjac

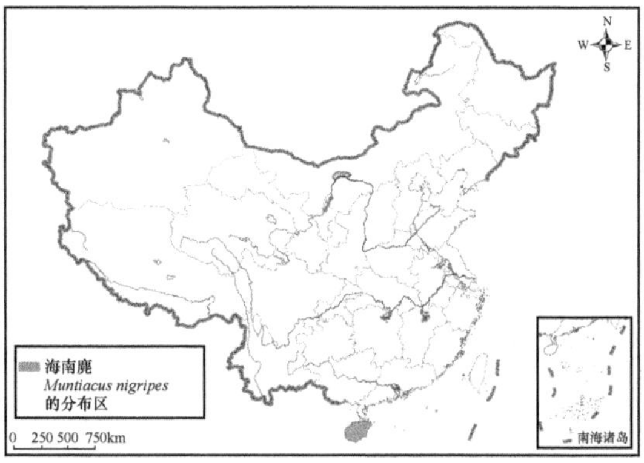

海南麂 *Muntiacus nigripes* (G.M. Allen, 1930)
种下单元：无
生　　境：森林、灌丛
生态系统：陆生生态系统
保护等级：国家重点保护野生动物等级：无；CITES 附录 [1]：未列入
红色名录：IUCN[2]：未列入；中国哺乳类红色名录 [3]：EN
国内分布：海南
分布国家：中国、越南

Hainan Muntjac *Muntiacus nigripes* (G.M. Allen, 1930)

Infra-specific Taxa：None

Habitat and Ecology：Forest; Shrubland

Ecosystem：Terrestrial

National Key Protected Wild Animal List：None; **CITES Appendix**[1]：Not listed

Red List：**IUCN Red List**[2]：Not listed; **China Mammal Red List**[3]：EN

Range in the country：Hainan

Range countries：China, Vietnam

参考文献 Citation

Groves and Grubb, 2011

334. 叶麂 Leaf Muntjac

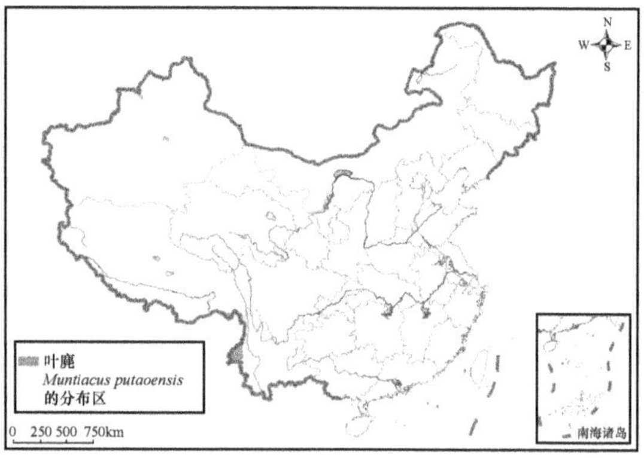

叶麂 *Muntiacus putaoensis*（Amato, Egan & Rabinowitz, 1999）
种下单元：无
生　　境：森林
生态系统：陆生生态系统
保护等级：国家重点保护野生动物等级：无；**CITES 附录** [1]：未列入
红色名录：IUCN[2]：DD；**中国哺乳类红色名录** [3]：EN
国内分布：云南
分布国家：中国、印度、缅甸

Leaf Muntjac *Muntiacus putaoensis*（Amato, Egan & Rabinowitz, 1999）
Infra-specific Taxa：None
Habitat and Ecology：Forest
Ecosystem：Terrestrial
National Key Protected Wild Animal List：None; **CITES Appendix**[1]：Not listed
Red List：IUCN Red List[2]:DD; **China Mammal Red List**[3]：EN
Range in the country：Yunnan
Range countries：China, India, Myanmar

参考文献 Citation

Wang Y（王应祥）, 2003; Pan Q *et al.*（潘清华等）, 2007; IUCN, 2014

335. 小麂 Reeves' Muntjac

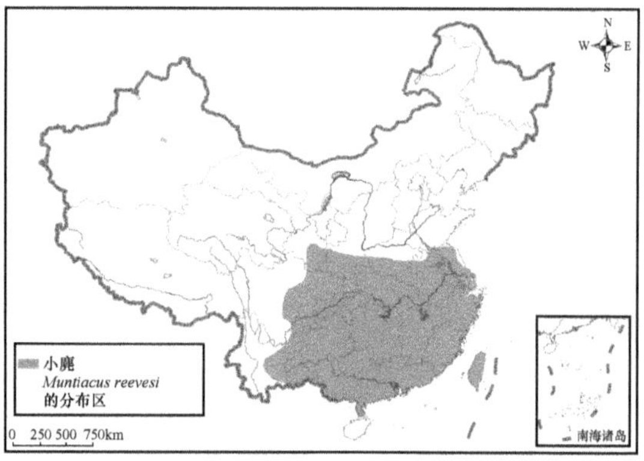

小麂 *Muntiacus reevesi*（Ogilby, 1839）
种下单元：*reevesi*; *jiangkouensis*; *micrurus*
生　　境：灌丛、内陆岩石区域、森林
生态系统：陆生生态系统
保护等级：国家重点保护野生动物等级：无；**CITES 附录** [1]：未列入
红色名录：IUCN[2]：LC；**中国哺乳类红色名录** [3]：VU
国内分布：河南、贵州、江苏、浙江、安徽、福建、江西、湖北、湖南、广东、广西、四川、云南、陕西、甘肃、台湾、香港、福建、重庆
分布国家：中国、英国（引入）

Reeves' Muntjac *Muntiacus reevesi*（Ogilby, 1839）
Infra-specific Taxa：*reevesi*; *jiangkouensis*; *micrurus*
Habitat and Ecology：Shrubland; Inland Rocky Areas; Forest
Ecosystem：Terrestrial
National Key Protected Wild Animal List：None; **CITES Appendix**[1]：Not listed
Red List：IUCN Red List[2]：LC; **China Mammal Red List**[3]：VU
Range in the country：Henan, Guizhou, Jiangsu, Zhejiang, Anhui, Fujian, Jiangxi, Hubei, Hunan, Guangdong, Guangxi, Sichuan, Yunnan, Shaanxi, Gansu, Taiwan, Hongkong, Fujian, Chongqing
Range countries：China, United Kingdom（Introduction）

参考文献 Citation

Wang Y（王应祥）, 2003; Wilson and Reeder, 2005; Zhang R（张荣祖）, 1997; Pan Q *et al.*（潘清华等）, 2007; Smith *et al.*, 2009; IUCN, 2014

336. 赤麂 Northern Red Muntjac

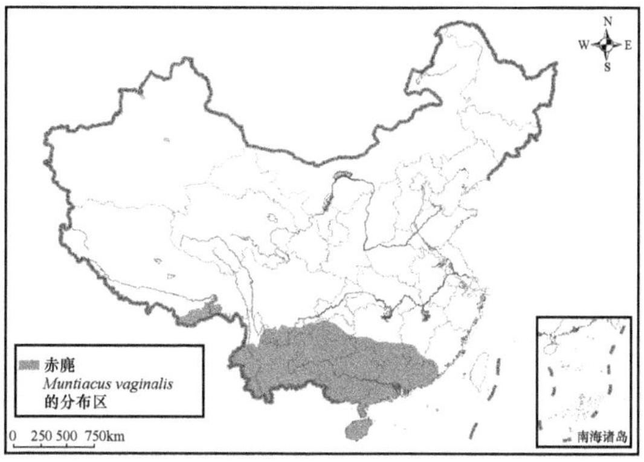

赤麂 *Muntiacus vaginalis*（Boddaert, 1785）

种下单元：*muntjak*; *annamensis*; *aureus*; *curvostylis*; *guangdongensis*; *malabaricus*; *menglalis*; *montanus*; *nigripes*; *vaginalis*; *yunnanensis*

生　　境：森林、灌丛

生态系统：陆生生态系统

保护等级：**国家重点保护野生动物等级**：无；**CITES 附录**[1]：未列入

红色名录：**IUCN**[2]：LC；**中国哺乳类红色名录**[3]：NT

国内分布：湖南、云南、海南、福建、江西、广东、广西、四川、贵州、西藏、香港、福建

分布国家：孟加拉国、不丹、柬埔寨、中国、印度、老挝、缅甸、尼泊尔、巴基斯坦、斯里兰卡、泰国、越南

Northern Red Muntjac *Muntiacus vaginalis*（Boddaert, 1785）

Infra-specific Taxa：*muntjak*; *annamensis*; *aureus*; *curvostylis*; *guangdongensis*; *malabaricus*; *menglalis*; *montanus*; *nigripes*; *vaginalis*; *yunnanensis*

Habitat and Ecology：Forest; Shrubland

Ecosystem：Terrestrial

National Key Protected Wild Animal List：None; **CITES Appendix**[1]：Not listed

Red List：**IUCN Red List**[2]：LC; **China Mammal Red List**[3]：NT

Range in the country：Hunan, Yunnan, Hainan, Fujian, Jiangxi, Guangdong, Guangxi, Sichuan, Guizhou, Tibet, Hongkong, Fujian

Range countries：Bangladesh, Bhutan, Cambodia, China, India, Laos, Myanmar, Nepal, Pakistan, Sri Lanka, Thailand, Vietnam

参考文献 Citation

Wang Y（王应祥）, 2003; Zhang R（张荣祖）, 1997; Pan Q *et al.*（潘清华等）, 2007; Smith *et al.*, 2009; IUCN, 2014

337. 豚鹿 Hog Deer

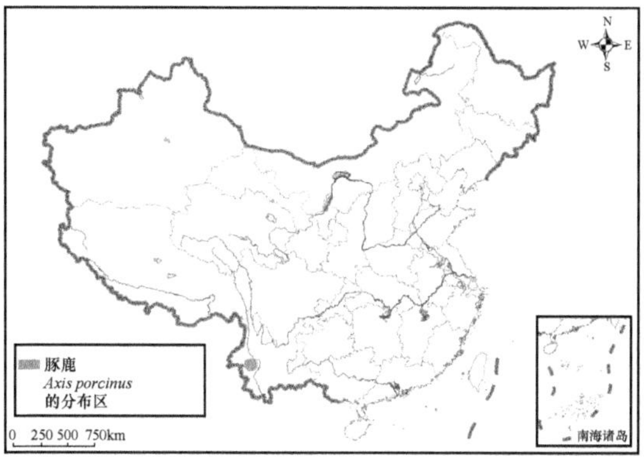

豚鹿 *Axis porcinus*（Zimmermann, 1780）

种下单元：*porcinus*; *annamiticus*

生　　境：沼泽、永久性内陆三角洲

生态系统：陆生生态系统

保护等级：**国家重点保护野生动物等级**：一级；**CITES 附录**[1]：I

红色名录：**IUCN**[2]：EN；**中国哺乳类红色名录**[3]：CR

国内分布：云南

分布国家：中国、孟加拉国、不丹、柬埔寨、印度、尼泊尔、巴基斯坦、泰国、澳大利亚、斯里兰卡、美国

Hog Deer *Axis porcinus*（Zimmermann, 1780）

Infra-specific Taxa：*porcinus*; *annamiticus*

Habitat and Ecology：Swamps; Permanent Inland Deltas

Ecosystem：Terrestrial

National Key Protected Wild Animal List：Category One; **CITES Appendix**[1]：I

Red List：**IUCN Red List**[2]：EN; **China Mammal Red List**[3]：CR

Range in the country：Yunnan

Range countries：China, Bangladesh, Bhutan, Cambodia, India, Nepal, Pakistan, Thailand, Australia, Sri Lanka, United States

参考文献 Citation

Wang Y（王应祥）, 2003; Wilson and Reeder, 2005; Zhang R（张荣祖）, 1997; Pan Q *et al.*（潘清华等）, 2007; Smith *et al.*, 2009; IUCN, 2014

338. 马来水鹿 Southeast Asian Sambar

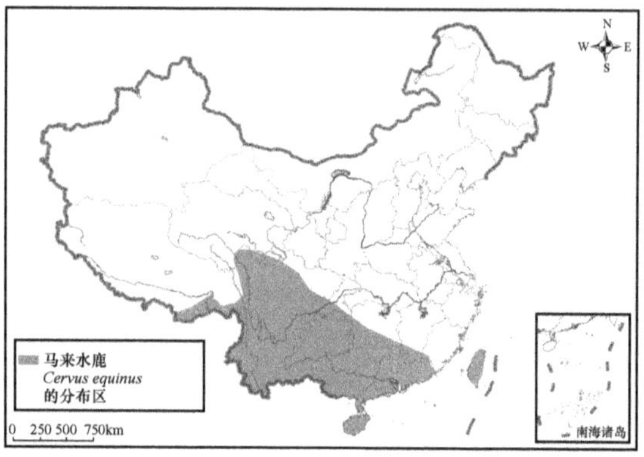

马来水鹿 *Cervus equinus* (G. Cuvier, 1823)

种下单元：无

生　　境：森林、灌丛、沼泽、农田

生态系统：陆生生态系统

保护等级：**国家重点保护野生动物等级**：二级；**CITES 附录**[1]：未列入

红色名录：**IUCN**[2]：未列入；**中国哺乳类红色名录**[3]：NT

国内分布：西藏、青海、云南、四川、重庆、贵州、广西、海南、广东、湖南、江西、福建、台湾

分布国家：孟加拉国、印度、中国、马来西亚、印度尼西亚

Southeast Asian Sambar *Cervus equinus* (G. Cuvier, 1823)

Infra-specific Taxa：None

Habitat and Ecology：Forest; Shrubland; Swamps; Arable Land

Ecosystem：Terrestrial

National Key Protected Wild Animal List：Category Two; **CITES Appendix**[1]：Not listed

Red List：**IUCN Red List**[2]：Not listed; **China Mammal Red List**[3]：NT

Range in the country：Tibet, Qinghai, Yunnan, Sichuan, Chongqing, Guizhou, Guangxi, Hainan, Guangdong, Hunan, Jiangxi, Fujian, Taiwan

Range countries：Bangladesh, India, China, Malaysia, Indonesia

参考文献 Citation

Groves and Grubb, 2011

339. 东方坡鹿 Eastern Eld's Deer

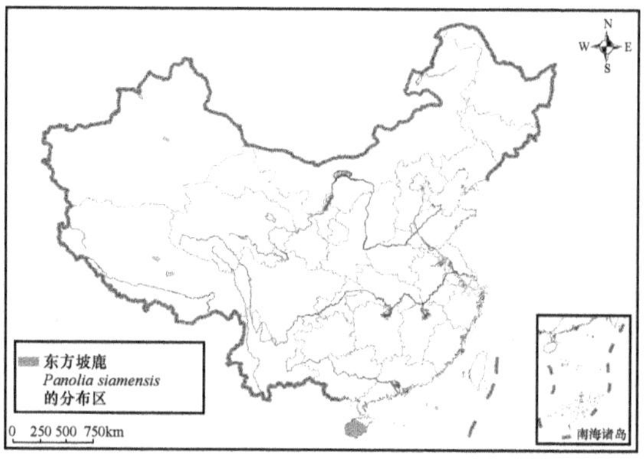

东方坡鹿 *Panolia siamensis* (Lydekker, 1915)

种下单元：无

生　　境：热带湿润低地森林、沼泽

生态系统：陆生生态系统

保护等级：**国家重点保护野生动物等级**：一级；**CITES 附录**[1]：未列入

红色名录：**IUCN**[2]：未列入；**中国哺乳类红色名录**[3]：CR

国内分布：海南

分布国家：泰国、柬埔寨、老挝、中国、越南

Eastern Eld's Deer *Panolia siamensis* (Lydekker, 1915)

Infra-specific Taxa：None

Habitat and Ecology：Tropical Moist Lowland Forest; Swamps

Ecosystem：Terrestrial

National Key Protected Wild Animal List:Category One; **CITES Appendix**[1]：Not listed

Red List：**IUCN Red List**[2]：Not listed; **China Mammal Red List**[3]：CR

Range in the country：Hainan

Range countries：Thailand, Cambodia, Laos, China, Vietnam

参考文献 Citation

Groves and Grubb, 2011

340. 东北梅花鹿 Northeast Sika Deer

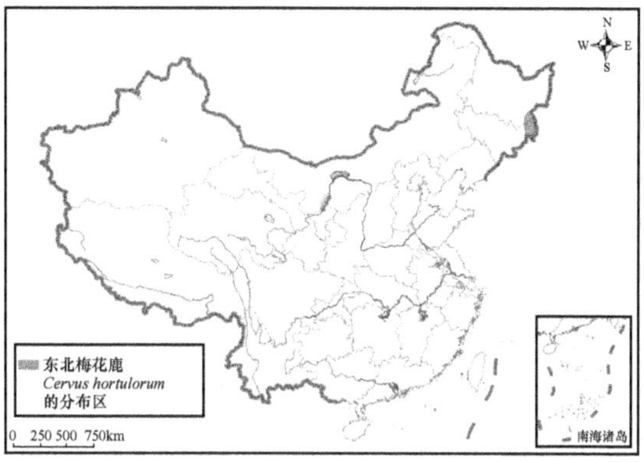

东北梅花鹿 *Cervus hortulorum*（Swinhoe, 1864）
种下单元：无
生　　境：森林、溪流边
生态系统：陆生生态系统
保护等级：国家重点保护野生动物等级：一级；**CITES 附录**[1]：未列入
红色名录：IUCN[2]：未列入；**中国哺乳类红色名录**[3]：CR
国内分布：吉林、黑龙江
分布国家：中国、俄罗斯

Northeast Sika Deer *Cervus hortulorum*（Swinhoe, 1864）
Infra-specific Taxa： None
Habitat and Ecology： Forest; Near Streams
Ecosystem： Terrestrial
National Key Protected Wild Animal List： Category One; **CITES Appendix**[1]：Not listed
Red List：IUCN Red List[2]：Not listed; **China Mammal Red List**[3]：CR
Range in the country： Jilin, Heilongjiang
Range countries： China, Russia

参考文献 Citation

Groves and Grubb, 2011

注：Groves and Grubb（2011）分类的 *Cervus hortulorum*，*Cervus pseudaxis*，*Cervus sichuanicus* 和 *Cervus taiouanus* 在 Wang（2003）和 Wilson and Reeder（2005）中为 *Cervus nippon*

341. 华南梅花鹿 South China Sika Deer

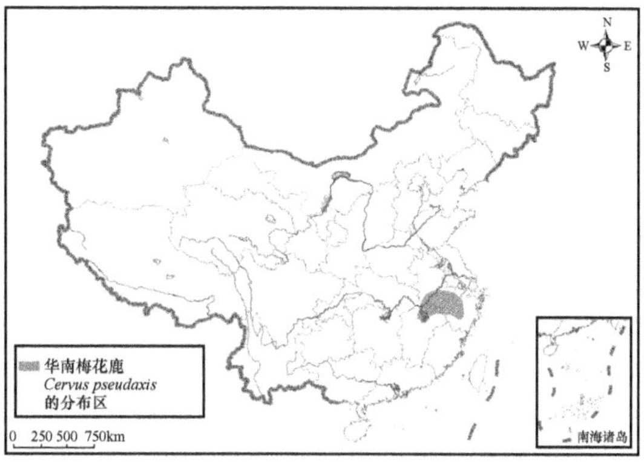

华南梅花鹿 *Cervus pseudaxis*（Gervais, 1841）
种下单元：无
生　　境：森林、溪流边
生态系统：陆生生态系统
保护等级：国家重点保护野生动物等级：一级；**CITES 附录**[1]：未列入
红色名录：IUCN[2]：未列入；**中国哺乳类红色名录**[3]：CR
国内分布：江西、安徽、浙江
分布国家：中国、越南

South China Sika Deer *Cervus pseudaxis*（Gervais, 1841）
Infra-specific Taxa： None
Habitat and Ecology： Forest; Near Streams
Ecosystem： Terrestrial
National Key Protected Wild Animal List： Category One; **CITES Appendix**[1]：Not listed
Red List：IUCN Red List[2]：Not listed; **China Mammal Red List**[3]：CR
Range in the country： Jiangxi, Anhui, Zhejiang
Range countries： China, Vietnam

参考文献 Citation

Groves and Grubb, 2011

注：Groves and Grubb（2011）分类的 *Cervus hortulorum*，*Cervus pseudaxis*，*Cervus sichuanicus* 和 *Cervus taiouanus* 在 Wang（2003）和 Wilson and Reeder（2005）中为 *Cervus nippon*

342. 四川梅花鹿 Sichuan Sika Deer

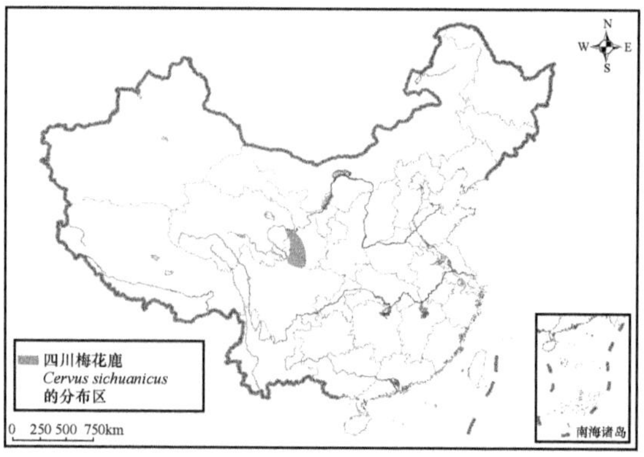

四川梅花鹿 *Cervus sichuanicus* (Guo *et al.*, 1978)
种下单元： 无
生　　境： 森林、溪流边
生态系统： 陆生生态系统
保护等级： **国家重点保护野生动物等级：** 一级；**CITES 附录**[1]：未列入
红色名录： **IUCN**[2]：未列入；**中国哺乳类红色名录**[3]：CR
国内分布： 四川、甘肃、青海
分布国家： 中国

Sichuan Sika Deer *Cervus sichuanicus* (Guo *et al.*, 1978)
Infra-specific Taxa： None
Habitat and Ecology： Forest; Near Streams
Ecosystem： Terrestrial
National Key Protected Wild Animal List： Category One; **CITES Appendix**[1]：Not listed
Red List： **IUCN Red List**[2]：Not listed; **China Mammal Red List**[3]：CR
Range in the country： Sichuan, Gansu, Qinghai
Range countries： China

参考文献 Citation

Groves and Grubb, 2011

注：Groves and Grubb (2011) 分类的 *Cervus hortulorum*，*Cervus pseudaxis*，*Cervus sichuanicus* 和 *Cervus taiouanus* 在 Wang (2003) 和 Wilson and Reeder (2005) 中为 *Cervus nippon*

343. 台湾梅花鹿 Taiwan Sika Deer

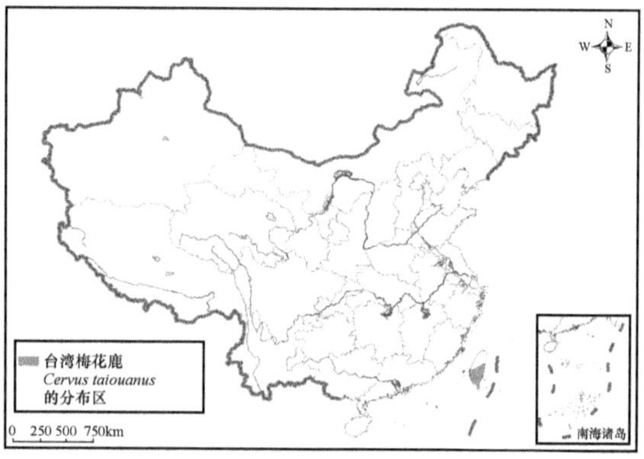

台湾梅花鹿 *Cervus taiouanus* (Blyth, 1860)
种下单元： 无
生　　境： 森林、溪流边
生态系统： 陆生生态系统
保护等级： **国家重点保护野生动物等级：** 一级；**CITES 附录**[1]：未列入
红色名录： **IUCN**[2]：未列入；**中国哺乳类红色名录**[3]：CR
国内分布： 台湾
分布国家： 中国

Taiwan Sika Deer *Cervus taiouanus* (Blyth, 1860)
Infra-specific Taxa： None
Habitat and Ecology： Forest; Near Streams
Ecosystem： Terrestrial
National Key Protected Wild Animal List： Category One; **CITES Appendix**[1]：Not listed
Red List： **IUCN Red List**[2]：Not listed; **China Mammal Red List**[3]：CR
Range in the country： Taiwan
Range countries： China

参考文献 Citation

Groves and Grubb, 2011

注：Groves and Grubb (2011) 分类的 *Cervus hortulorum*，*Cervus pseudaxis*，*Cervus sichuanicus* 和 *Cervus taiouanus* 在 Wang (2003) 和 Wilson and Reeder (2005) 中为 *Cervus nippon*

344. 白唇鹿 White-lipped Deer

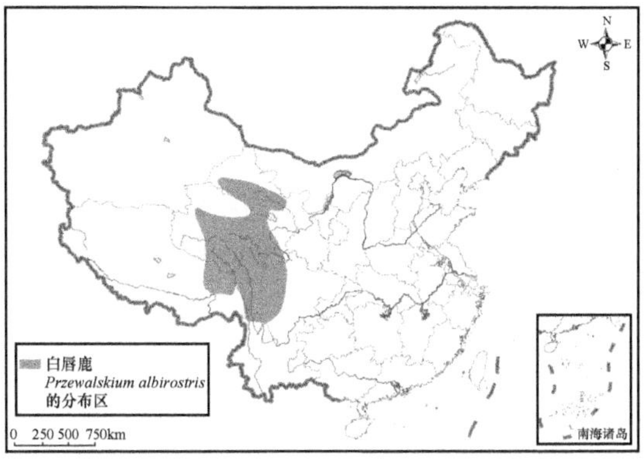

白唇鹿 *Przewalskium albirostris* (Przewalski, 1883)
种下单元： 无
生　　境： 泰加林、灌丛、草甸
生态系统： 陆生生态系统
保护等级： **国家重点保护野生动物等级：** 一级；**CITES 附录**[1]：未列入
红色名录： **IUCN**[2]：VU；**中国哺乳类红色名录**[3]：EN
国内分布： 青海、四川、云南、西藏、甘肃
分布国家： 中国

White-lipped Deer *Przewalskium albirostris* (Przewalski, 1883)
Infra-specific Taxa: None
Habitat and Ecology: Taiga; Shrubland; Meadow
Ecosystem: Terrestrial
National Key Protected Wild Animal List: Category One; **CITES Appendix**[1]: Not listed
Red List: IUCN Red List[2]: VU; **China Mammal Red List**[3]: EN
Range in the country: Qinghai, Sichuan, Yunnan, Tibet, Gansu
Range countries: China

参考文献 Citation

Wang Y (王应祥), 2003; Wilson and Reeder, 2005; Zhang R (张荣祖), 1997; Pan Q *et al.* (潘清华等), 2007; Smith *et al.*, 2009; IUCN, 2014

345. 阿拉善马鹿 Alashan Stag

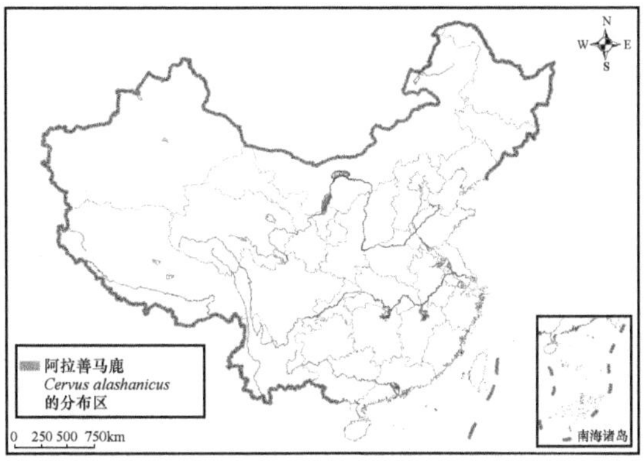

阿拉善马鹿 *Cervus alashanicus* (Bobrinskii & Flerov, 1935)
种下单元： 无
生　　境： 森林、沼泽、草甸
生态系统： 陆生生态系统
保护等级： **国家重点保护野生动物等级：** 二级；**CITES 附录**[1]：未列入
红色名录： **IUCN**[2]：未列入；**中国哺乳类红色名录**[3]：EN
国内分布： 宁夏
分布国家： 中国

Alashan Stag *Cervus alashanicus* (Bobrinskii & Flerov, 1935)
Infra-specific Taxa: None
Habitat and Ecology: Forest; Swamps; Meadow
Ecosystem: Terrestrial
National Key Protected Wild Animal List: Category Two; **CITES Appendix**[1]: Not listed
Red List: IUCN Red List[2]: Not listed; **China Mammal Red List**[3]: EN
Range in the country: Ningxia
Range countries: China

参考文献 Citation

Groves and Grubb, 2011

注：Groves and Grubb (2011) 分类的 *Cervus alashanicus*，*Cervus macneilli*，*Cervus wallichii*，*Cervus xanthopygus* 和 *Cervus yarkandensis* 在 Wang (2003) 和 Wilson and Reeder (2005) 中为 *Cervus elaphus*

346. 四川马鹿 Sichuan Shou

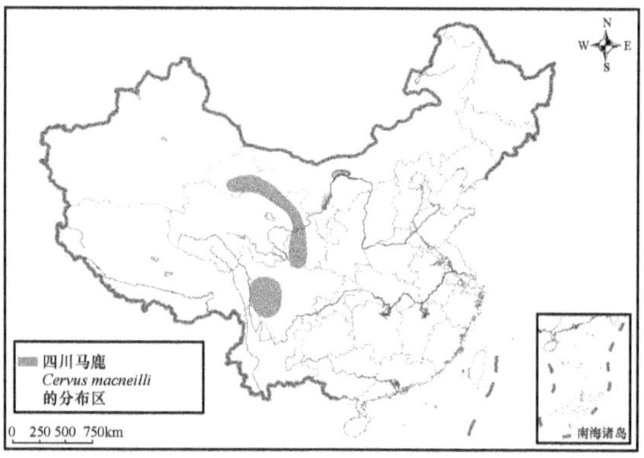

四川马鹿 *Cervus macneilli*(Lydekker, 1909)
种下单元： 无
生　　境： 森林、沼泽、草甸
生态系统： 陆生生态系统
保护等级： **国家重点保护野生动物等级：** 二级；**CITES 附录**[1]：未列入
红色名录： **IUCN**[2]：未列入；**中国哺乳类红色名录**[3]：CR
国内分布： 四川、甘肃
分布国家： 中国

Sichuan Shou *Cervus macneilli*(Lydekker, 1909)
Infra-specific Taxa： None
Habitat and Ecology： Forest; Swamps; Meadow
Ecosystem： Terrestrial
National Key Protected Wild Animal List： Category Two; **CITES Appendix**[1]：Not listed
Red List： **IUCN Red List**[2]：Not listed; **China Mammal Red List**[3]：CR
Range in the country： Sichuan, Gansu
Range countries： China
参考文献 Citation
Groves and Grubb, 2011

注：Groves and Grubb (2011) 分类的 *Cervus alashanicus*，*Cervus macneilli*，*Cervus wallichii*，*Cervus xanthopygus* 和 *Cervus yarkandensis* 在 Wang (2003) 中和 Wilson and Reeder (2005) 中为 *Cervus elaphus*

347. 西藏马鹿 Tibetan Shou

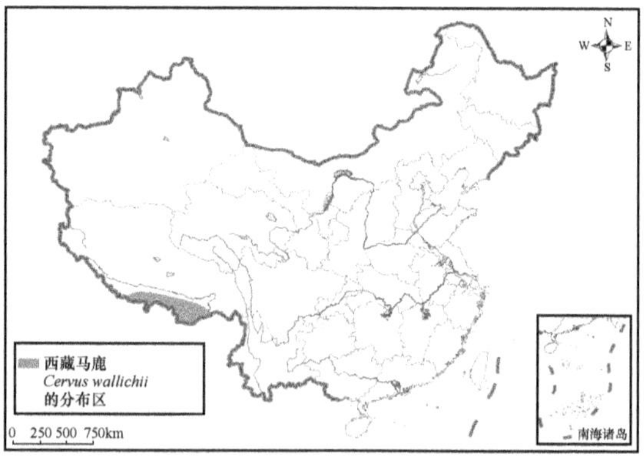

西藏马鹿 *Cervus wallichii*(G. Cuvier, 1823)
种下单元： 无
生　　境： 森林、沼泽、草甸
生态系统： 陆生生态系统
保护等级： **国家重点保护野生动物等级：** 二级；**CITES 附录**[1]：未列入
红色名录： **IUCN**[2]：未列入；**中国哺乳类红色名录**[3]：EN
国内分布： 西藏
分布国家： 中国、印度

Tibetan Shou *Cervus wallichii*(G. Cuvier, 1823)
Infra-specific Taxa： None
Habitat and Ecology： Forest; Swamps; Meadow
Ecosystem： Terrestrial
National Key Protected Wild Animal List： Category Two; **CITES Appendix**[1]：Not listed
Red List： **IUCN Red List**[2]：Not listed; **China Mammal Red List**[3]：EN
Range in the country： Tibet
Range countries： China, India
参考文献 Citation
Groves and Grubb, 2011

注：Groves and Grubb (2011) 分类的 *Cervus alashanicus*，*Cervus macneilli*，*Cervus wallichii*，*Cervus xanthopygus* 和 *Cervus yarkandensis* 在 Wang (2003) 和 Wilson and Reeder (2005) 中为 *Cervus elaphus*

348. 东北马鹿 Manchurian Wapiti

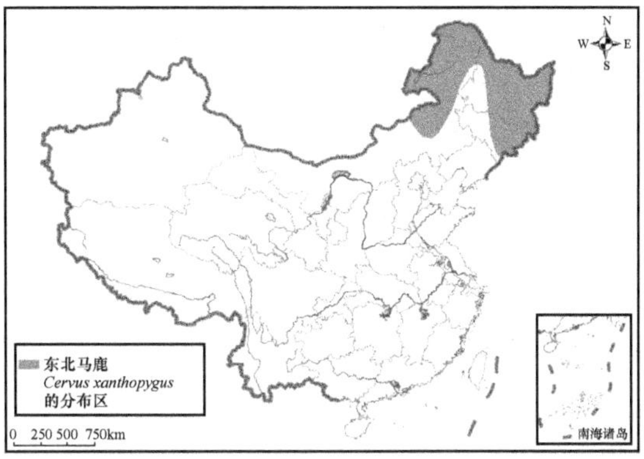

东北马鹿　*Cervus xanthopygus* (Milne-Edwards, 1867)
种下单元： 无
生　　境： 森林、沼泽、草甸
生态系统： 陆生生态系统
保护等级：国家重点保护野生动物等级： 二级；**CITES 附录**[1]：未列入
红色名录：IUCN[2]：未列入；**中国哺乳类红色名录**[3]：EN
国内分布： 内蒙古、黑龙江、吉林
分布国家： 中国、俄罗斯、乌干达

Manchurian Wapiti　*Cervus xanthopygus* (Milne-Edwards, 1867)
Infra-specific Taxa: None
Habitat and Ecology: Forest; Swamps; Meadow
Ecosystem: Terrestrial
National Key Protected Wild Animal List: Category Two; **CITES Appendix**[1]: Not listed
Red List: IUCN Red List[2]: Not listed; **China Mammal Red List**[3]: EN
Range in the country: Inner Mongolia, Heilongjiang, Jilin
Range countries: China, Russia, Uganda

参考文献 Citation

Groves and Grubb, 2011

注：Groves and Grubb (2011) 分类的 *Cervus alashanicus*，*Cervus macneilli*，*Cervus wallichii*，*Cervus xanthopygus* 和 *Cervus yarkandensis* 在 Wang (2003) 中为 *Cervus elaphus*

349. 塔里木马鹿 Yarkand Stag

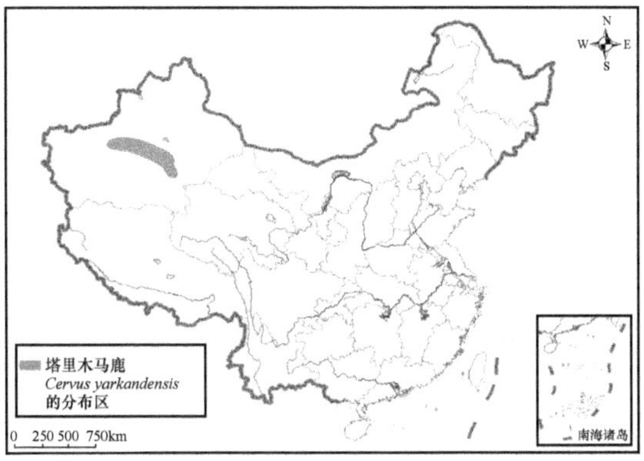

塔里木马鹿　*Cervus yarkandensis* (Blanford, 1892)
种下单元： 无
生　　境： 森林、沼泽、草甸
生态系统： 陆生生态系统
保护等级：国家重点保护野生动物等级： 二级；**CITES 附录**[1]：未列入
红色名录：IUCN[2]：未列入；**中国哺乳类红色名录**[3]：EN
国内分布： 新疆
分布国家： 中国

Yarkand Stag　*Cervus yarkandensis* (Blanford, 1892)
Infra-specific Taxa: None
Habitat and Ecology: Forest; Swamps; Meadow
Ecosystem: Terrestrial
National Key Protected Wild Animal List: Category Two; **CITES Appendix**[1]: Not listed
Red List: IUCN Red List[2]: Not listed; **China Mammal Red List**[3]: EN
Range in the country: Xinjiang
Range countries: China

参考文献 Citation

Groves and Grubb, 2011

注：Groves and Grubb (2011) 分类的 *Cervus alashanicus*，*Cervus macneilli*，*Cervus wallichii*，*Cervus xanthopygus* 和 *Cervus yarkandensis* 在 Wang (2003) 中为 *Cervus elaphus*

350. 麋鹿 Pére David's Deer

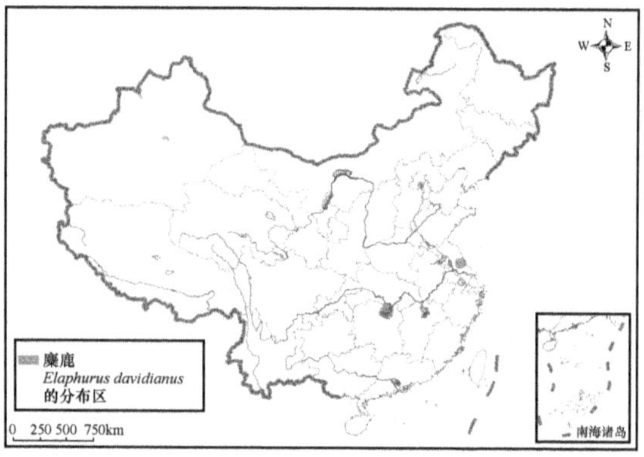

麋鹿 *Elaphurus davidianus* (Milne-Edwards, 1866)
种下单元：无
生　　境：草地、灌丛、沼泽
生态系统：陆生生态系统
保护等级：**国家重点保护野生动物等级**：一级；**CITES 附录**[1]：未列入
红色名录：**IUCN**[2]：EW；**中国哺乳类红色名录**[3]：CR
国内分布：北京、江苏、湖北、湖南
分布国家：中国

Pére David's Deer *Elaphurus davidianus* (Milne-Edwards, 1866)
Infra-specific Taxa：None
Habitat and Ecology：Grassland; Shrubland; Swamps
Ecosystem：Terrestrial
National Key Protected Wild Animal List:Category One; **CITES Appendix**[1]：Not listed
Red List：**IUCN Red List**[2]：EW; **China Mammal Red List**[3]：CR
Range in the country：Beijing, Jiangsu, Hubei, Hunan
Range countries：China
参考文献 Citation

Wang Y (王应祥), 2003; Wilson and Reeder, 2005; Zhang R (张荣祖), 1997; Pan Q *et al.* (潘清华等), 2007; Smith *et al.*, 2009; IUCN, 2014

351. 狍 Siberian Roe Deer

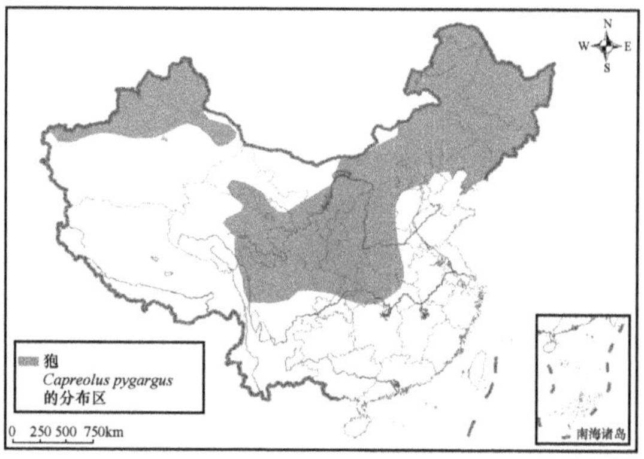

狍 *Capreolus pygargus* (Pallas, 1771)
种下单元：*pygargus*; *bedfordi*; *mantschuricus*; *ochraceus*
生　　境：草甸、森林
生态系统：陆生生态系统
保护等级：**国家重点保护野生动物等级**：无；**CITES 附录**[1]：未列入
红色名录：**IUCN**[2]：LC；**中国哺乳类红色名录**[3]：NT
国内分布：吉林、山西、内蒙古、黑龙江、宁夏、新疆、陕西、青海、北京、河北、辽宁、河南、湖北、四川、西藏、甘肃、重庆
分布国家：中国、哈萨克斯坦、朝鲜、韩国、俄罗斯、蒙古

Siberian Roe Deer *Capreolus pygargus* (Pallas, 1771)
Infra-specific Taxa：*pygargus*; *bedfordi*; *mantschuricus*; *ochraceus*
Habitat and Ecology：Meadow; Forest
Ecosystem：Terrestrial
National Key Protected Wild Animal List：None; **CITES Appendix**[1]：Not listed
Red List：**IUCN Red List**[2]：LC; **China Mammal Red List**[3]：NT
Range in the country：Jilin, Shanxi, Inner Mongolia, Heilongjiang, Ningxia, Xinjiang, Shaanxi, Qinghai, Beijing, Hebei, Liaoning, Henan, Hubei, Sichuan, Tibet, Gansu, Chongqing
Range countries：China, Kazakhstan, Korea, Democratic People's Republic of, Korea, Republic of, Russia, Mongolia
参考文献 Citation

Wang Y (王应祥), 2003; Wilson and Reeder, 2005; Zhang R (张荣祖), 1997; Pan Q *et al.* (潘清华等), 2007; Smith *et al.*, 2009; IUCN, 2014

352. 欧亚驼鹿 Eurasian Elk

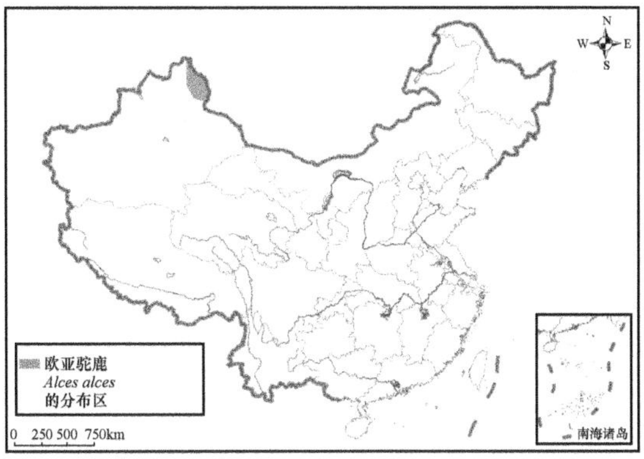

欧亚驼鹿 *Alces alces* (Linnaeus, 1758)
种下单元： 无
生　　境： 灌丛、针叶阔叶混交林
生态系统： 陆生生态系统
保护等级： **国家重点保护野生动物等级：** 二级；**CITES 附录**[1]：未列入
红色名录： **IUCN**[2]：LC；**中国哺乳类红色名录**[3]：CR
国内分布： 新疆
分布国家： 白俄罗斯、中国、克罗地亚、捷克、爱沙尼亚、芬兰、德国、匈牙利、哈萨克斯坦、拉脱维亚、立陶宛、摩尔多瓦、蒙古、挪威、波兰、罗马尼亚、俄罗斯、斯洛伐克、瑞典、乌克兰

Eurasian Elk *Alces alces* (Linnaeus, 1758)
Infra-specific Taxa： None
Habitat and Ecology： Shrubland; Coniferous and Broad-leaved Mixed Forest
Ecosystem： Terrestrial
National Key Protected Wild Animal List： Category Two; **CITES Appendix**[1]：Not listed
Red List： **IUCN Red List**[2]：LC; **China Mammal Red List**[3]：CR
Range in the country： Xinjiang
Range countries： Belarus, China, Croatia, Czech, Estonia, Finland, Germany, Hungary, Kazakhstan, Latvia, Lithuania, Moldova, Mongolia, Norway, Poland, Romania, Russia, Slovakia, Sweden, Ukraine

参考文献 Citation

Wang Y (王应祥), 2003; Wilson and Reeder, 2005; Zhang R (张荣祖), 1997; Pan Q *et al.* (潘清华等), 2007; Smith *et al.*, 2009; IUCN, 2014

353. 美洲驼鹿 Moose

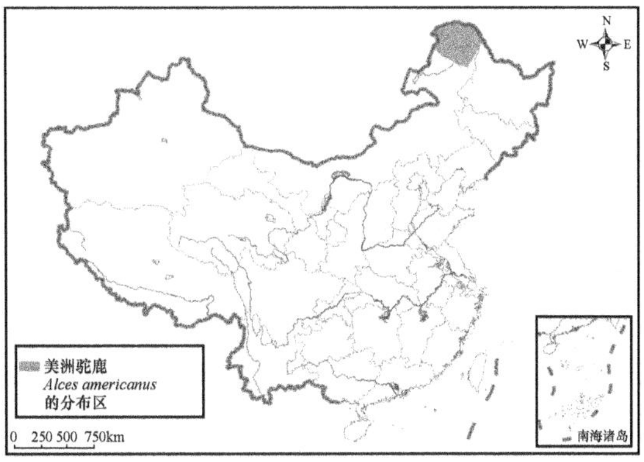

美洲驼鹿 *Alces americanus* (Clinton, 1822)
种下单元： 无
生　　境： 针叶阔叶混交林
生态系统： 陆生生态系统
保护等级： **国家重点保护野生动物等级：** 二级；**CITES 附录**[1]：未列入
红色名录： **IUCN**[2]：LC；**中国哺乳类红色名录**[3]：CR
国内分布： 黑龙江、内蒙古
分布国家： 中国、俄罗斯、东西伯利亚、北美

Moose *Alces americanus* (Clinton, 1822)
Infra-specific Taxa： None
Habitat and Ecology： Coniferous and Broad-leaved Mixed Forest
Ecosystem： Terrestrial
National Key Protected Wild Animal List： Category Two; **CITES Appendix**[1]：Not listed
Red List： **IUCN Red List**[2]：LC; **China Mammal Red List**[3]：CR
Range in the country： Heilongjiang, Inner Mongolia
Range countries： China, Russia, East Siberia, North America

参考文献 Citation

Wilson and Reeder, 2005; Pan Q *et al.* (潘清华等), 2007; Smith *et al.*, 2009; IUCN, 2014

354. 驯鹿 Reindeer

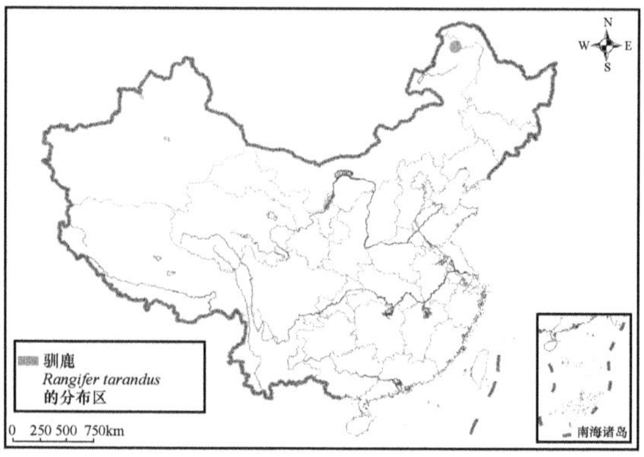

驯鹿　*Rangifer tarandus* (Linnaeus, 1758)
种下单元： *tarandus*; *buskensis*; *caboti*; *caribou*; *dawsoni*; *fennicus*; *groenlandicus*; *osborni*; *pearsoni*; *pearyi*; *phylarchus*; *platyrhynchus*; *sibiricus*; *terraenovae*
生　　境： 泰加林、苔原
生态系统： 陆生生态系统
保护等级： **国家重点保护野生动物等级：** 无；**CITES 附录**[1]：未列入
红色名录： **IUCN**[2]：LC；**中国哺乳类红色名录**[3]：CR
国内分布： 内蒙古根河地区
分布国家： 中国、加拿大、芬兰、格陵兰岛、蒙古、挪威、俄罗斯、斯瓦尔巴群岛和扬马延岛、美国

Reindeer　*Rangifer tarandus* (Linnaeus, 1758)
Infra-specific Taxa： *tarandus*; *buskensis*; *caboti*; *caribou*; *dawsoni*; *fennicus*; *groenlandicus*; *osborni*; *pearsoni*; *pearyi*; *phylarchus*; *platyrhynchus*; *sibiricus*; *terraenovae*
Habitat and Ecology： Taiga; Tundra
Ecosystem： Terrestrial
National Key Protected Wild Animal List： None; **CITES Appendix**[1]：Not listed
Red List： **IUCN Red List**[2]：LC; **China Mammal Red List**[3]：CR
Range in the country： Inner Mongolia Genhe
Range countries： China, Canada, Finland, Greenland, Mongolia, Norway, Russia, Svalbard and Jan Mayen, United States
参考文献 Citation
Wang Y (王应祥), 2003; Wilson and Reeder, 2005; Zhang R (张荣祖), 1997; Pan Q *et al.* (潘清华等), 2007; Smith *et al.*, 2009; IUCN, 2014

牛科 BOVIDAE

355. 大额牛 Gayal

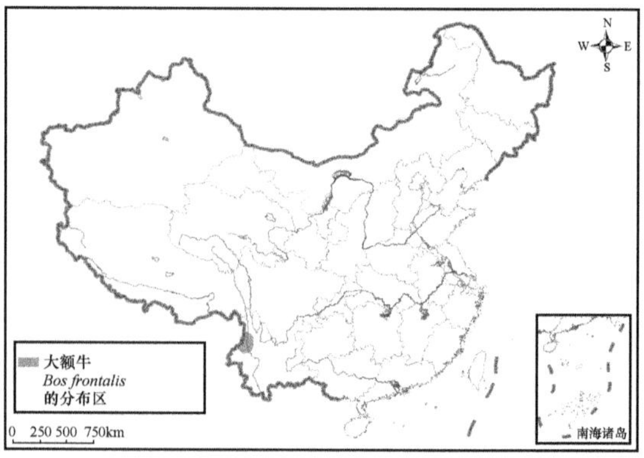

大额牛　*Bos frontalis* (Lambert, 1804)
种下单元： *frontalis*; *laosiensis*; *gaurus*; *sinhaleyus*
生　　境： 热带湿润低地森林
生态系统： 陆生生态系统
保护等级： **国家重点保护野生动物等级：** 无；**CITES 附录**[1]：未列入
红色名录： **IUCN**[2]：未列入；**中国哺乳类红色名录**[3]：CR
国内分布： 云南
分布国家： 老挝、缅甸、尼泊尔、越南、印度、中国、印度尼西亚

Gayal　*Bos frontalis* (Lambert, 1804)
Infra-specific Taxa： *frontalis*; *laosiensis*; *gaurus*; *sinhaleyus*
Habitat and Ecology： Tropical Moist Lowland Forest
Ecosystem： Terrestrial
National Key Protected Wild Animal List： None; **CITES Appendix**[1]：Not listed
Red List： **IUCN Red List**[2]：Not listed; **China Mammal Red List**[3]：CR
Range in the country： Yunnan
Range countries： Laos, Myanmar, Nepal, Vietnam, India, China, Indonesia
参考文献 Citation
Wang Y (王应祥), 2003; Wilson and Reeder, 2005; Pan Q *et al.* (潘清华等), 2007; Smith *et al.*, 2009

356. 印度野牛 Gaur

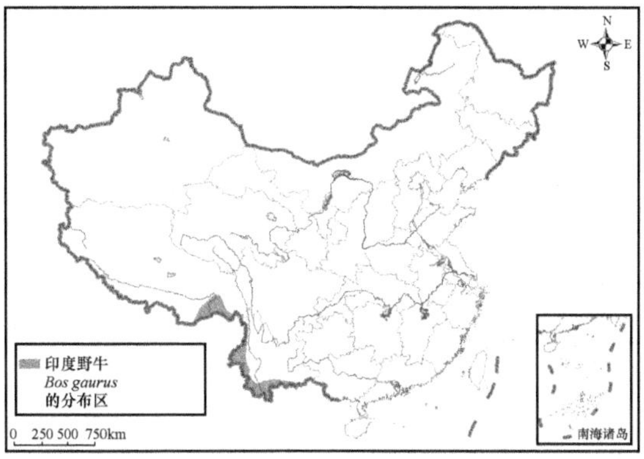

印度野牛 *Bos gaurus* (C.H. Smith, 1827)
种下单元： *frontalis*; *laosiensis*; *gaurus*; *sinhaleyus*
生　　境： 热带湿润低地森林
生态系统： 陆生生态系统
保护等级： **国家重点保护野生动物等级：** 一级；**CITES 附录**[1]：I
红色名录： **IUCN**[2]：VU；**中国哺乳类红色名录**[3]：CR
国内分布： 云南、西藏
分布国家： 孟加拉国、不丹、柬埔寨、中国、印度、老挝、马来西亚、缅甸、尼泊尔、泰国、越南

Gaur *Bos gaurus* (C.H. Smith, 1827)

Infra-specific Taxa： *frontalis*; *laosiensis*; *gaurus*; *sinhaleyus*

Habitat and Ecology： Tropical Moist Lowland Forest

Ecosystem： Terrestrial

National Key Protected Wild Animal List： Category One; **CITES Appendix**[1]：I

Red List： **IUCN Red List**[2]：VU; **China Mammal Red List**[3]：CR

Range in the country： Yunnan, Tibet

Range countries： Bangladesh, Bhutan, Cambodia, China, India, Laos, Malaysia, Myanmar, Nepal, Thailand, Vietnam

参考文献 Citation

Wang Y (王应祥), 2003; Pan Q *et al.* (潘清华等), 2007; Zhang R (张荣祖), 1997; IUCN, 2014

357. 爪哇野牛 Banteng

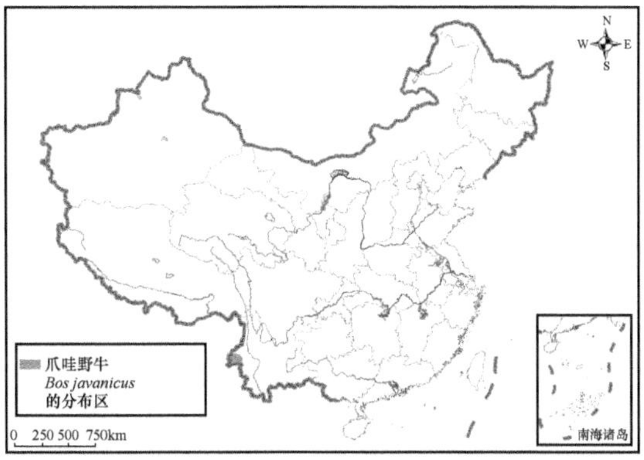

爪哇野牛 *Bos javanicus* (d'Alton, 1823)
种下单元： *javanicus*; *lowi*
生　　境： 热带湿润低地森林、次生林
生态系统： 陆生生态系统
保护等级： **国家重点保护野生动物等级：** 无；**CITES 附录**[1]：未列入
红色名录： **IUCN**[2]：EN；**中国哺乳类红色名录**[3]：CR
国内分布： 云南
分布国家： 中国、柬埔寨、印度尼西亚、老挝、马来西亚、缅甸、泰国、越南

Banteng *Bos javanicus* (d'Alton, 1823)

Infra-specific Taxa： *javanicus*; *lowi*

Habitat and Ecology： Tropical Moist Lowland Forest; Secondary Forest

Ecosystem： Terrestrial

National Key Protected Wild Animal List： None; **CITES Appendix**[1]：Not listed

Red List： **IUCN Red List**[2]：EN; **China Mammal Red List**[3]：CR

Range in the country： Yunnan

Range countries： China, Cambodia, Indonesia, Laos, Malaysia, Myanmar, Thailand, Vietnam

参考文献 Citation

Wang Y (王应祥), 2003; Wilson and Reeder, 2005; Zhang R (张荣祖), 1997; Pan Q *et al.* (潘清华等), 2007; Smith *et al.*, 2009; IUCN, 2014

358. 野牦牛 Wild Yak

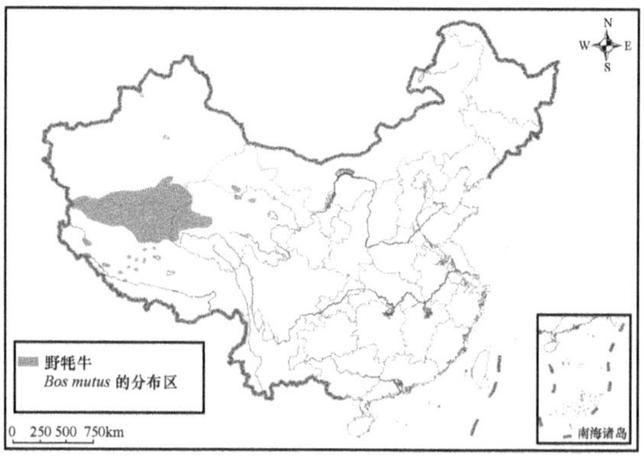

野牦牛 *Bos mutus* (Przewalski, 1883)

种下单元： *grunniens*; *mutus*

生　　境： 草地、荒漠

生态系统： 陆生生态系统

保护等级： **国家重点保护野生动物等级：** 一级；**CITES 附录**[1]：I

红色名录： **IUCN**[2]：VU；**中国哺乳类红色名录**[3]：VU

国内分布： 四川、西藏、新疆、青海、甘肃、内蒙古

分布国家： 中国、印度

Wild Yak *Bos mutus* (Przewalski, 1883)

Infra-specific Taxa： *grunniens*; *mutus*

Habitat and Ecology： Grassland; Desert

Ecosystem： Terrestrial

National Key Protected Wild Animal List： Category One; **CITES Appendix**[1]：I

Red List： **IUCN Red List**[2]：VU; **China Mammal Red List**[3]：VU

Range in the country： Sichuan, Tibet, Xinjiang, Qinghai, Gansu, Inner Mongolia

Range countries： China, India

参考文献 Citation

Wang Y (王应祥), 2003; Zhang R (张荣祖), 1997; Pan Q *et al.* (潘清华等), 2007; Smith *et al.*, 2009; IUCN, 2014

359. 野水牛 Asian Buffalo

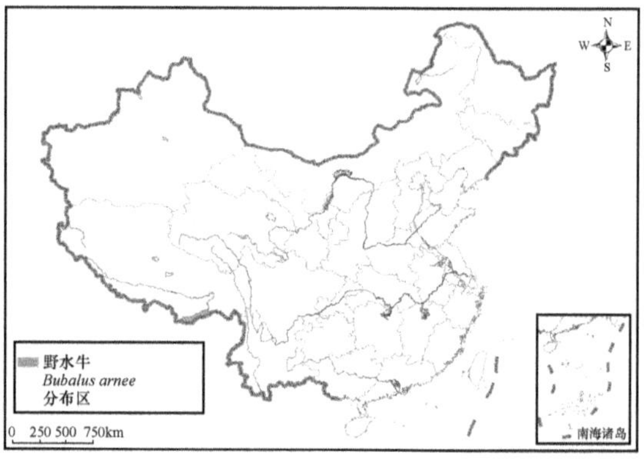

野水牛 *Bubalus arnee* (Kerr, 1792)

种下单元： *bubalis*; *arnee*; *fulvus*; *kerabau*; *migona*; *theerapati*

生　　境： 森林、溪流边、草地

生态系统： 陆生生态系统、淡水生态系统

保护等级： **国家重点保护野生动物等级：** 无；**CITES 附录**[1]：III

红色名录： **IUCN**[2]：EN；**中国哺乳类红色名录**[3]：EW

国内分布： 西藏

分布国家： 中国、不丹、柬埔寨、印度、缅甸、尼泊尔、泰国

Asian Buffalo *Bubalus arnee* (Kerr, 1792)

Infra-specific Taxa： *bubalis*; *arnee*; *fulvus*; *kerabau*; *migona*; *theerapati*

Habitat and Ecology： Forest; Near Streams; Grassland

Ecosystem： Terrestrial, Fresh Water

National Key Protected Wild Animal List： None; **CITES Appendix**[1]：III

Red List： **IUCN Red List**[2]：EN; **China Mammal Red List**[3]：EW

Range in the country： Tibet

Range countries： China, Bhutan, Cambodia, India, Myanmar, Nepal, Thailand

参考文献 Citation

Wang Y (王应祥), 2003; Pan Q *et al.* (潘清华等), 2007; IUCN, 2014

360. 蒙原羚 Mongolian Gazelle

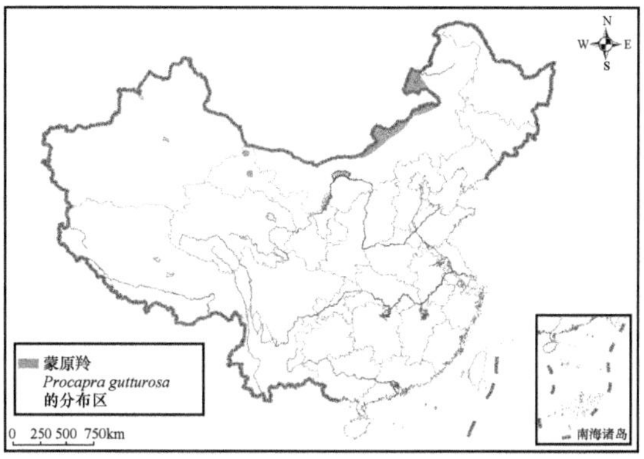

蒙原羚 *Procapra gutturosa* (Pallas, 1777)
种下单元： 无
生　　境： 草地、半荒漠
生态系统： 陆生生态系统
保护等级： **国家重点保护野生动物等级：** 二级；**CITES 附录**[1]：未列入
红色名录： **IUCN**[2]：LC；**中国哺乳类红色名录**[3]：CR
国内分布： 内蒙古、甘肃
分布国家： 中国、蒙古、俄罗斯

Mongolian Gazelle *Procapra gutturosa* (Pallas, 1777)
Infra-specific Taxa： None
Habitat and Ecology： Grassland; Semi-desert
Ecosystem： Terrestrial
National Key Protected Wild Animal List： Category Two; **CITES Appendix**[1]：Not listed
Red List： **IUCN Red List**[2]：LC; **China Mammal Red List**[3]：CR
Range in the country： Inner Mongolia, Gansu
Range countries： China, Mongolia, Russia

参考文献 Citation

Wang Y (王应祥), 2003; Wilson and Reeder, 2005; Zhang R (张荣祖), 1997; Pan Q *et al.* (潘清华等), 2007; Smith *et al.*, 2009; IUCN, 2014

361. 藏原羚 Tibetan Gazelle

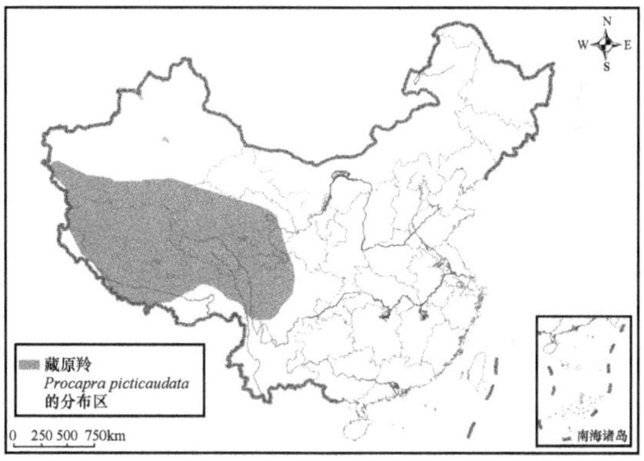

藏原羚 *Procapra picticaudata* (Hodgson, 1846)
种下单元： 无
生　　境： 荒漠、半荒漠、草地、灌丛
生态系统： 陆生生态系统
保护等级： **国家重点保护野生动物等级：** 二级；**CITES 附录**[1]：未列入
红色名录： **IUCN**[2]：NT；**中国哺乳类红色名录**[3]：NT
国内分布： 新疆、青海、甘肃、四川、西藏
分布国家： 中国、印度

Tibetan Gazelle *Procapra picticaudata* (Hodgson, 1846)
Infra-specific Taxa： None
Habitat and Ecology： Desert; Semi-desert; Grassland; Shrubland
Ecosystem： Terrestrial
National Key Protected Wild Animal List： Category Two; **CITES Appendix**[1]：Not listed
Red List： **IUCN Red List**[2]：NT; **China Mammal Red List**[3]：NT
Range in the country： Xinjiang, Qinghai, Gansu, Sichuan, Tibet
Range countries： China, India

参考文献 Citation

Wang Y (王应祥), 2003; Wilson and Reeder, 2005; Zhang R (张荣祖), 1997; Pan Q *et al.* (潘清华等), 2007; Smith *et al.*, 2009; IUCN, 2014

362. 普氏原羚 Przewalski's Gazelle

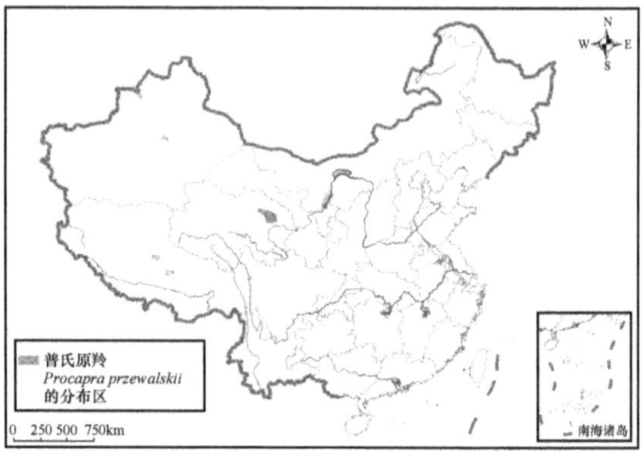

普氏原羚 *Procapra przewalskii*(Büchner, 1891)
种下单元： *przewalskii; diversicornis*
生　　境： 草地
生态系统： 陆生生态系统
保护等级： **国家重点保护野生动物等级：** 一级；**CITES 附录**[1]：未列入
红色名录： **IUCN**[2]：EN；**中国哺乳类红色名录**[3]：CR
国内分布： 青海
分布国家： 中国

Przewalski's Gazelle *Procapra przewalskii*(Büchner, 1891)
Infra-specific Taxa： *przewalskii; diversicornis*
Habitat and Ecology： Grassland
Ecosystem： Terrestrial
National Key Protected Wild Animal List： Category One; **CITES Appendix**[1]：Not listed
Red List： **IUCN Red List**[2]：EN; **China Mammal Red List**[3]：CR
Range in the country： Qinghai,
Range countries： China

参考文献 Citation

Wang Y(王应祥), 2003; Wilson and Reeder, 2005; Zhang R(张荣祖), 1997; Pan Q *et al.*(潘清华等), 2007; Smith *et al.*, 2009; IUCN, 2014

363. 塔里木鹅喉羚 Yarkand Goitered Gazelle

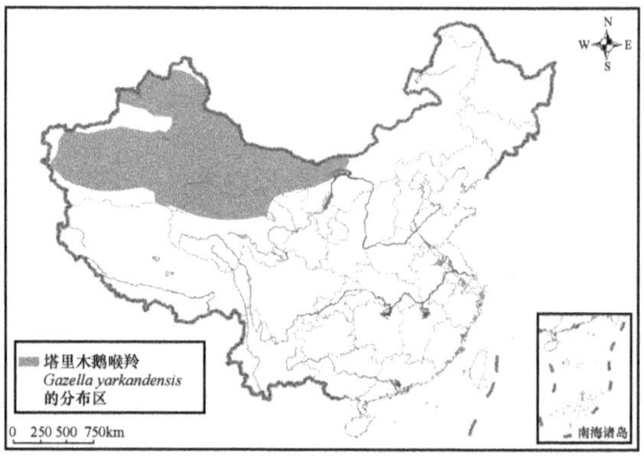

塔里木鹅喉羚 *Gazella yarkandensis*(Blanford, 1875)
种下单元： 无
生　　境： 荒漠、半荒漠、牧场
生态系统： 陆生生态系统
保护等级： **国家重点保护野生动物等级：** 二级；**CITES 附录**[1]：未列入
红色名录： **IUCN**[2]：未列入；**中国哺乳类红色名录**[3]：VU
国内分布： 新疆、内蒙古、甘肃、青海
分布国家： 中国、蒙古

Yarkand Goitered Gazelle *Gazella yarkandensis*(Blanford, 1875)
Infra-specific Taxa： None
Habitat and Ecology： Desert; Semi-desert; Pastureland
Ecosystem： Terrestrial
National Key Protected Wild Animal List： Category Two; **CITES Appendix**[1]：Not listed
Red List： **IUCN Red List**[2]：Not listed; **China Mammal Red List**[3]：VU
Range in the country： Xinjiang, Inner Mongolia, Gansu, Qinghai
Range countries： China, Mongolia

参考文献 Citation

Groves and Grubb, 2011

364. 藏羚 Chiru

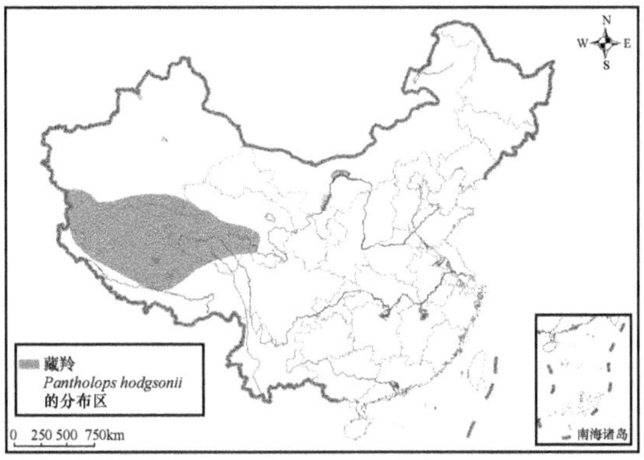

藏羚 *Pantholops hodgsonii* (Abel, 1826)
种下单元： 无
生　境： 荒漠、草地
生态系统： 陆生生态系统
保护等级： **国家重点保护野生动物等级：** 一级；**CITES 附录** [1]：I
红色名录： **IUCN**[2]：EN；**中国哺乳类红色名录** [3]：VU
国内分布： 新疆、西藏、青海、四川
分布国家： 中国、印度

Chiru *Pantholops hodgsonii* (Abel, 1826)
Infra-specific Taxa： None
Habitat and Ecology： Desert; Grassland
Ecosystem： Terrestrial
National Key Protected Wild Animal List： Category One; **CITES Appendix**[1]：I
Red List： **IUCN Red List**[2]：EN; **China Mammal Red List**[3]：VU
Range in the country： Xinjiang, Tibet, Qinghai, Sichuan
Range countries： China, India
参考文献 Citation
Wang Y (王应祥), 2003; Wilson and Reeder, 2005; Zhang R (张荣祖), 1997; Pan Q *et al.* (潘清华等), 2007; Smith *et al.*, 2009; IUCN, 2014

365. 高鼻羚羊 Mongolian Saiga

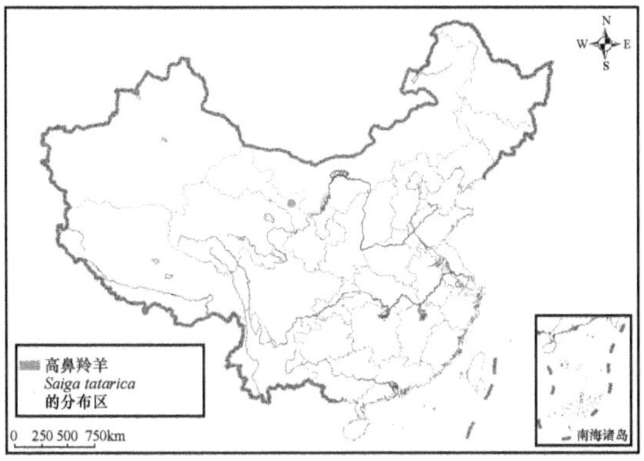

高鼻羚羊 *Saiga tatarica* (Linnaeus, 1766)
种下单元： 无
生　境： 温带草地
生态系统： 陆生生态系统
保护等级： **国家重点保护野生动物等级：** 一级；**CITES 附录** [1]：II
红色名录： **IUCN**[2]：CR；**中国哺乳类红色名录** [3]：EW
国内分布： 新疆(原分布区)，甘肃(重引入地)
分布国家： 中国、哈萨克斯坦、蒙古、俄罗斯、土库曼斯坦、乌兹别克斯坦

Mongolian Saiga *Saiga tatarica* (Linnaeus, 1766)
Infra-specific Taxa： None
Habitat and Ecology： Temperate Grassland
Ecosystem： Terrestrial
National Key Protected Wild Animal List： Category One; **CITES Appendix**[1]：II
Red List： **IUCN Red List**[2]：CR; **China Mammal Red List**[3]：EW
Range in the country： Xinjiang (Original range), Gansu (Reintroduction site)
Range countries： China, Kazakhstan, Mongolia, Russia, Turkmenistan, Uzbekistan
参考文献 Citation
Wang Y (王应祥), 2003; Wilson and Reeder, 2005; Zhang R (张荣祖), 1997; Pan Q *et al.* (潘清华等), 2007; Smith *et al.*, 2009; IUCN, 2014

366. 秦岭羚牛 Golden Takin

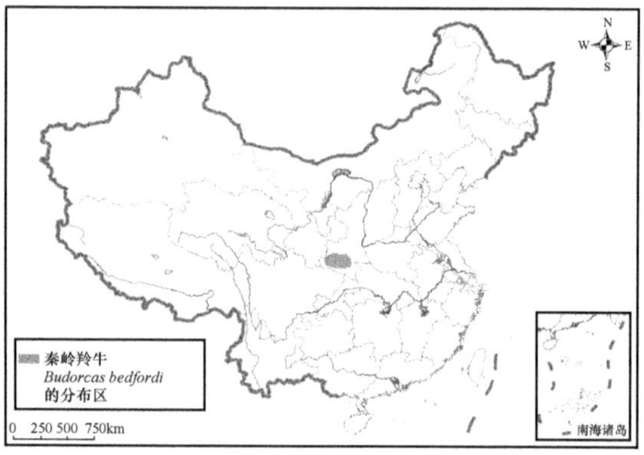

秦岭羚牛 *Budorcas bedfordi* (Thomas, 1911)
种下单元：无
生　　境：草甸、森林、盐碱地
生态系统：陆生生态系统
保护等级：**国家重点保护野生动物等级**：一级；**CITES 附录**[1]：未列入
红色名录：**IUCN**[2]：未列入；**中国哺乳类红色名录**[3]：VU
国内分布：陕西
分布国家：中国

Golden Takin *Budorcas bedfordi* (Thomas, 1911)
Infra-specific Taxa：None
Habitat and Ecology：Meadow; Forest; Saline, Brackish or Alkaline Land
Ecosystem：Terrestrial
National Key Protected Wild Animal List：Category One; **CITES Appendix**[1]：Not listed
Red List：**IUCN Red List**[2]：Not listed; **China Mammal Red List**[3]：VU
Range in the country：Shaanxi
Range countries：China
参考文献 Citation
Groves and Grubb, 2011

367. 四川羚牛 Sichuan Takin

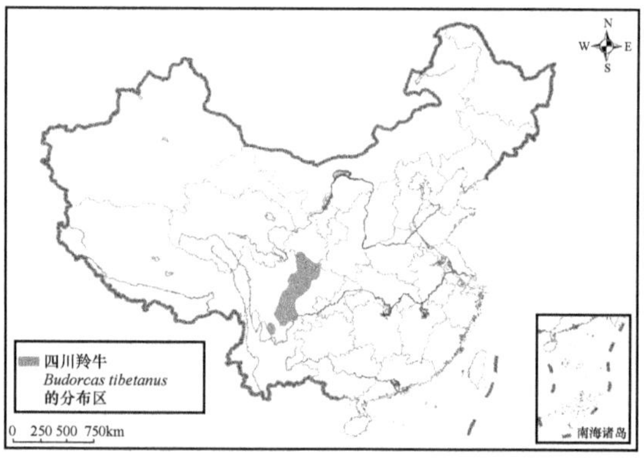

四川羚牛 *Budorcas tibetanus* (Milne-Edwards, 1874)
种下单元：无
生　　境：草甸、森林、盐碱地
生态系统：陆生生态系统
保护等级：**国家重点保护野生动物等级**：一级；**CITES 附录**[1]：未列入
红色名录：**IUCN**[2]：未列入；**中国哺乳类红色名录**[3]：VU
国内分布：四川
分布国家：中国

Sichuan Takin *Budorcas tibetanus* (Milne-Edwards, 1874)
Infra-specific Taxa：None
Habitat and Ecology：Meadow; Forest; Saline, Brackish or Alkaline Land
Ecosystem：Terrestrial
National Key Protected Wild Animal List：Category One; **CITES Appendix**[1]：Not listed
Red List：**IUCN Red List**[2]：Not listed; **China Mammal Red List**[3]：VU
Range in the country：Sichuan
Range countries：China
参考文献 Citation
Groves and Grubb, 2011

368. 不丹羚牛 Bhutan Takin

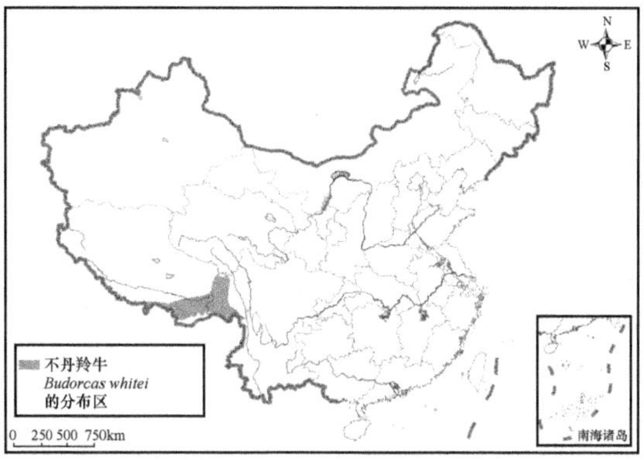

不丹羚牛　*Budorcas whitei* (Lydekker, 1907)
种下单元： 无
生　　境： 草甸、森林、盐碱地
生态系统： 陆生生态系统
保护等级： 国家重点保护野生动物等级：一级；**CITES 附录**[1]：未列入
红色名录： **IUCN**[2]：未列入；**中国哺乳类红色名录**[3]：VU
国内分布： 西藏
分布国家： 不丹、中国

Bhutan Takin　*Budorcas whitei* (Lydekker, 1907)

Infra-specific Taxa： None

Habitat and Ecology： Meadow; Forest; Saline, Brackish or Alkaline Land

Ecosystem： Terrestrial

National Key Protected Wild Animal List： Category One; **CITES Appendix**[1]：Not listed

Red List： **IUCN Red List**[2]：Not listed; **China Mammal Red List**[3]：VU

Range in the country： Tibet

Range countries： Bhutan, China

参考文献 Citation

Groves and Grubb, 2011

369. 赤斑羚 Red Goral

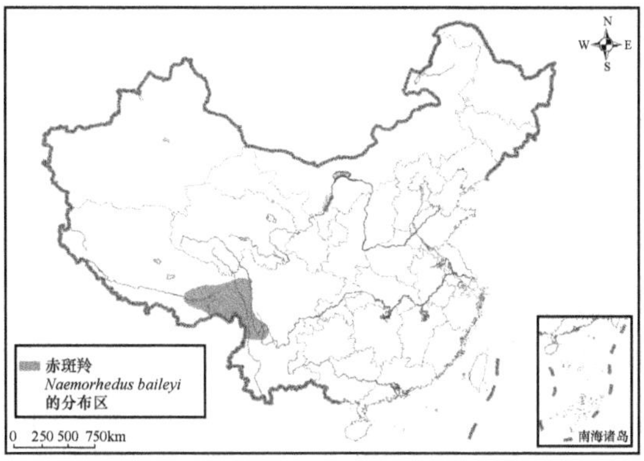

赤斑羚　*Naemorhedus baileyi* (Pocock, 1914)
种下单元： 无
生　　境： 森林、峭壁、灌丛、草甸
生态系统： 陆生生态系统
保护等级： 国家重点保护野生动物等级：一级；**CITES 附录**[1]：I
红色名录： **IUCN**[2]：VU；**中国哺乳类红色名录**[3]：EN
国内分布： 云南、西藏
分布国家： 中国、印度、缅甸

Red Goral　*Naemorhedus baileyi* (Pocock, 1914)

Infra-specific Taxa： None

Habitat and Ecology： Forest; Cliffs; Shrubland; Meadow

Ecosystem： Terrestrial

National Key Protected Wild Animal List： Category One; **CITES Appendix**[1]：I

Red List： **IUCN Red List**[2]：VU; **China Mammal Red List**[3]：EN

Range in the country： Yunnan, Tibet

Range countries： China, India, Myanmar

参考文献 Citation

Wang Y (王应祥), 2003; Wilson and Reeder, 2005; Pan Q *et al.* (潘清华等), 2007; Smith *et al.*, 2009; IUCN, 2014

370. 长尾斑羚 Long-tailed Goral

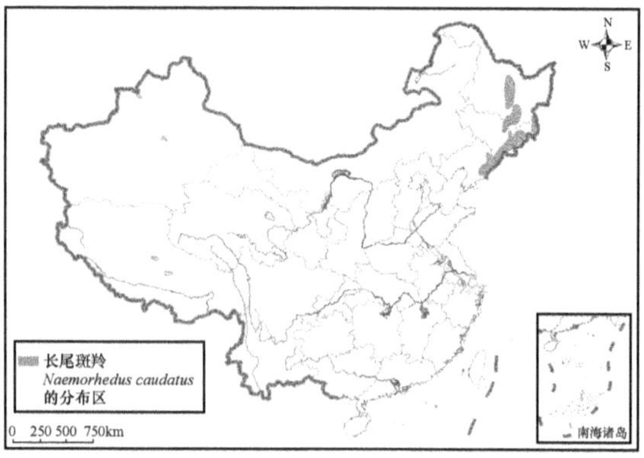

长尾斑羚 *Naemorhedus caudatus*(Milne-Edwards, 1867)

种下单元：无

生　　境：森林

生态系统：陆生生态系统

保护等级：**国家重点保护野生动物等级**：无；**CITES 附录**[1]：未列入

红色名录：**IUCN**[2]：VU；**中国哺乳类红色名录**[3]：CR

国内分布：黑龙江、吉林、辽宁

分布国家：中国、朝鲜、韩国、俄罗斯

Long-tailed Goral *Naemorhedus caudatus*(Milne-Edwards, 1867)

Infra-specific Taxa：None

Habitat and Ecology：Forest

Ecosystem：Terrestrial

National Key Protected Wild Animal List：None; **CITES Appendix**[1]：Not listed

Red List：**IUCN Red List**[2]：VU; **China Mammal Red List**[3]：CR

Range in the country：Heilongjiang, Jilin, Liaoning

Range countries：China, Korea, Democratic People's Republic of, Korea, Republic of, Russia

参考文献 Citation

Wang Y(王应祥), 2003; Smith *et al.*, 2009; IUCN, 2014

371. 缅甸斑羚 Burmese Goral

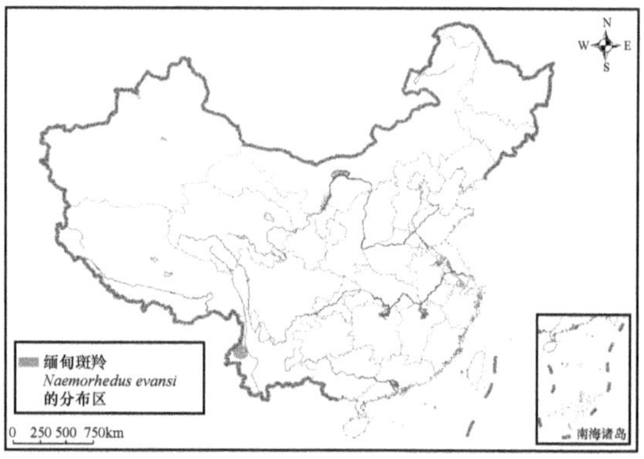

缅甸斑羚 *Naemorhedus evansi*(Lydekker, 1906)

种下单元：无

生　　境：峭壁、森林

生态系统：陆生生态系统

保护等级：**国家重点保护野生动物等级**：无；**CITES 附录**[1]：未列入

红色名录：**IUCN**[2]：未列入；**中国哺乳类红色名录**[3]：DD

国内分布：云南

分布国家：缅甸、中国、泰国

Burmese Goral *Naemorhedus evansi*(Lydekker, 1906)

Infra-specific Taxa：None

Habitat and Ecology：Cliffs; Forest

Ecosystem：Terrestrial

National Key Protected Wild Animal List：None; **CITES Appendix**[1]：Not listed

Red List：**IUCN Red List**[2]：Not listed; **China Mammal Red List**[3]：DD

Range in the country：Yunnan

Range countries：Myanmar, China, Thailand

参考文献 Citation

Groves and Grubb, 2011

372. 喜马拉雅斑羚 Himalayan Goral

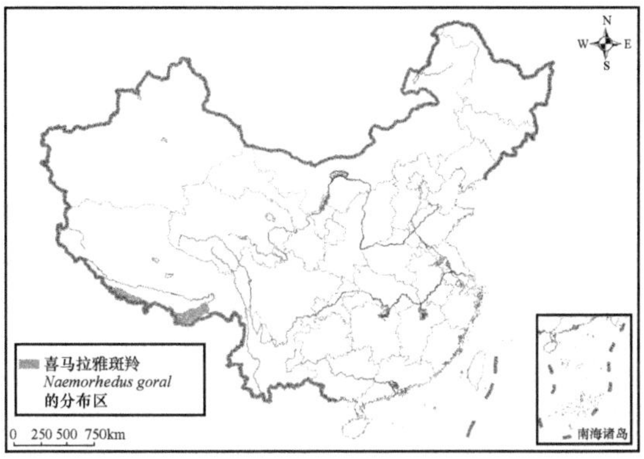

喜马拉雅斑羚 *Naemorhedus goral*(Hardwicke, 1825)
种下单元： *goral; bedfordi*
生　　境： 峭壁、森林
生态系统： 陆生生态系统
保护等级： **国家重点保护野生动物等级：** 二级；**CITES 附录**[1]：I
红色名录： **IUCN**[2]：NT；**中国哺乳类红色名录**[3]：EN
国内分布： 西藏
分布国家： 不丹、中国、印度、尼泊尔、巴基斯坦

Himalayan Goral *Naemorhedus goral*(Hardwicke, 1825)

Infra-specific Taxa： *goral; bedfordi*

Habitat and Ecology： Cliffs; Forest

Ecosystem： Terrestrial

National Key Protected Wild Animal List： Category Two; **CITES Appendix**[1]：I

Red List： **IUCN Red List**[2]：NT; **China Mammal Red List**[3]：EN

Range in the country： Tibet

Range countries： Bhutan, China, India, Nepal, Pakistan

参考文献 Citation

Wilson and Reeder, 2005; Zhang R(张荣祖), 1997; Pan Q *et al.*(潘清华等), 2007; Smith *et al.*, 2009; IUCN, 2014

373. 中华斑羚 Chinese Goral

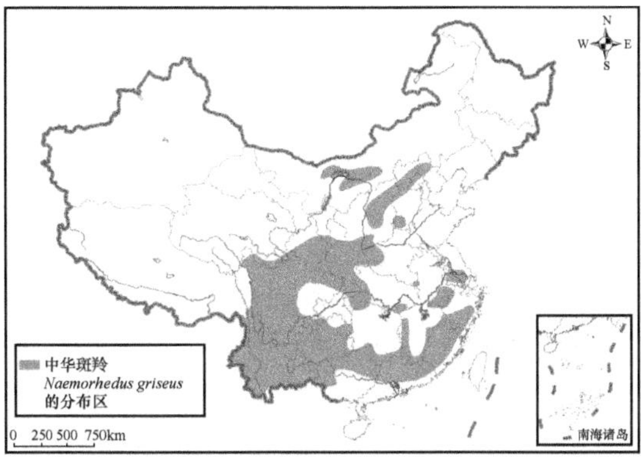

中华斑羚 *Naemorhedus griseus*(Milne-Edwards, 1871)
种下单元： *griseus; evansi*
生　　境： 峭壁、森林
生态系统： 陆生生态系统
保护等级： **国家重点保护野生动物等级：** 无；**CITES 附录**[1]：I
红色名录： **IUCN**[2]：VU；**中国哺乳类红色名录**[3]：VU
国内分布： 内蒙古、河北、北京、河南、山西、陕西、甘肃、宁夏、云南、四川、贵州、重庆、湖北、湖南、广西、广东、江西、福建、浙江、上海、江苏、安徽
分布国家： 中国、印度、缅甸、泰国、越南

Chinese Goral *Naemorhedus griseus*(Milne-Edwards, 1871)

Infra-specific Taxa： *griseus; evansi*

Habitat and Ecology： Cliffs; Forest

Ecosystem： Terrestrial

National Key Protected Wild Animal List： None; **CITES Appendix**[1]：I

Red List： **IUCN Red List**[2]：VU; **China Mammal Red List**[3]：VU

Range in the country： Inner Mongolia, Hebei, Beijing, Henan, Shanxi, Shaanxi, Gansu, Ningxia, Yunnan, Sichuan, Guizhou, Chongqing, Hubei, Hunan, Guangxi, Guangdong, Jiangxi, Fujian, Zhejiang, Shanghai, Jiangsu, Anhui

Range countries: China, India, Myanmar, Thailand, Vietnam

参考文献 Citation

Wilson and Reeder, 2005; Pan Q *et al.*(潘清华等), 2007; Smith *et al.*, 2009; IUCN, 2014

374. 塔尔羊 Himalayan Tahr

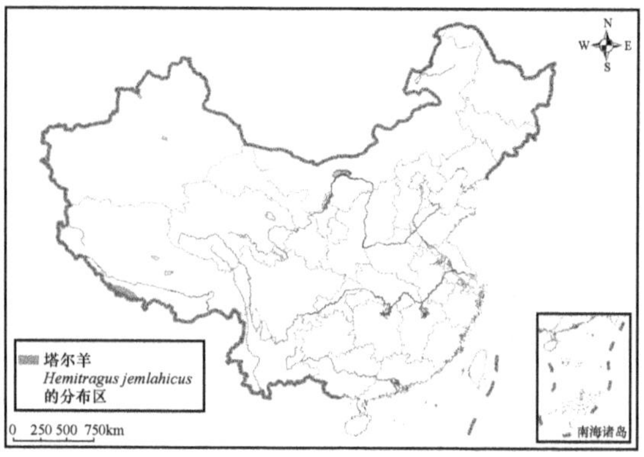

塔尔羊 *Hemitragus jemlahicus* (C.H. Smith, 1826)
种下单元：无
生　　境：内陆岩石区域、灌丛
生态系统：陆生生态系统
保护等级：**国家重点保护野生动物等级**：一级；**CITES 附录**[1]：未列入
红色名录：**IUCN**[2]：NT；**中国哺乳类红色名录**[3]：CR
国内分布：西藏
分布国家：中国、印度、尼泊尔

Himalayan Tahr *Hemitragus jemlahicus* (C.H. Smith, 1826)
Infra-specific Taxa：None
Habitat and Ecology：Inland Rocky Areas; Shrubland
Ecosystem：Terrestrial
National Key Protected Wild Animal List：Category One; **CITES Appendix**[1]：Not listed
Red List：**IUCN Red List**[2]：NT; **China Mammal Red List**[3]：CR
Range in the country：Tibet
Range countries：China, India, Nepal
参考文献 Citation
Wang Y (王应祥), 2003; Wilson and Reeder, 2005; Zhang R (张荣祖), 1997; Pan Q *et al.* (潘清华等), 2007; Smith *et al.*, 2009; IUCN, 2014

375. 北山羊 Siberian Ibex

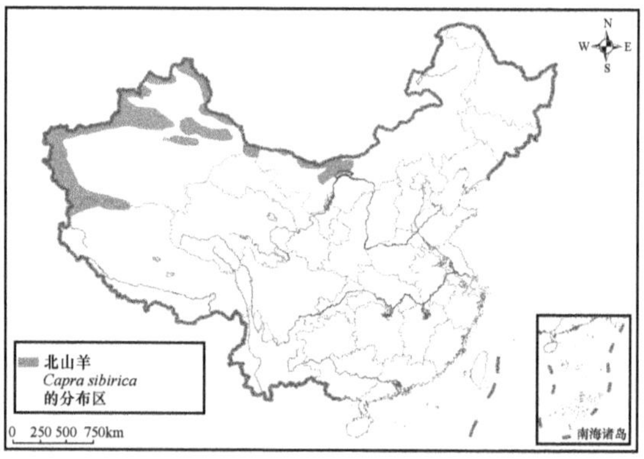

北山羊 *Capra sibirica* (Pallas, 1776)
种下单元：无
生　　境：草甸、内陆岩石区域
生态系统：陆生生态系统
保护等级：**国家重点保护野生动物等级**：一级；**CITES 附录**[1]：III
红色名录：**IUCN**[2]：LC；**中国哺乳类红色名录**[3]：NT
国内分布：新疆、甘肃、内蒙古
分布国家：阿富汗、中国、印度、哈萨克斯坦、吉尔吉斯斯坦、蒙古、巴基斯坦、俄罗斯、塔吉克斯坦、乌兹别克斯坦

Siberian Ibex *Capra sibirica* (Pallas, 1776)
Infra-specific Taxa：None
Habitat and Ecology：Meadow; Inland Rocky Areas
Ecosystem：Terrestrial
National Key Protected Wild Animal List：Category One; **CITES Appendix**[1]：III
Red List：**IUCN Red List**[2]：LC; **China Mammal Red List**[3]：NT
Range in the country：Xinjiang, Gansu, Inner Mongolia
Range countries：Afghanistan, China, India, Kazakhstan, Kyrgyzstan, Mongolia, Pakistan, Russia, Tajikistan, Uzbekistan
参考文献 Citation
Wang Y (王应祥), 2003; Wilson and Reeder, 2005; Zhang R (张荣祖), 1997; Pan Q *et al.* (潘清华等), 2007; Smith *et al.*, 2009; IUCN, 2014

376. 岩羊 Bharal

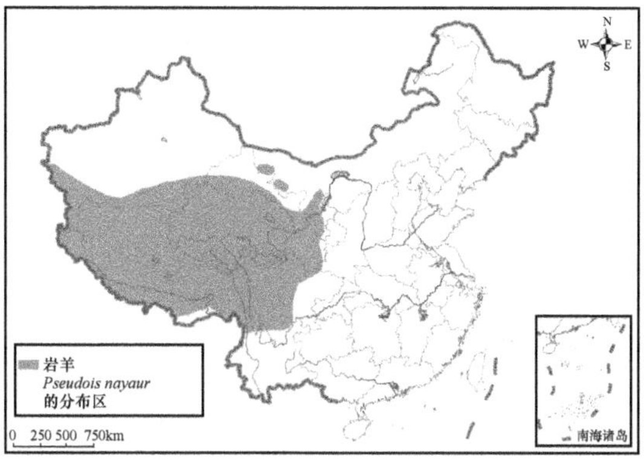

岩羊 *Pseudois nayaur*(Hodgson, 1833)
种下单元： 无
生　　境： 草甸
生态系统： 陆生生态系统
保护等级： **国家重点保护野生动物等级：** 二级；**CITES 附录** [1]：III
红色名录： **IUCN**[2]：LC；**中国哺乳类红色名录** [3]：LC
国内分布： 内蒙古、新疆、青海、甘肃、四川、云南、西藏、陕西、宁夏
分布国家： 不丹、中国、印度、缅甸、尼泊尔、巴基斯坦

Bharal *Pseudois nayaur*(Hodgson, 1833)
Infra-specific Taxa： None
Habitat and Ecology： Meadow
Ecosystem： Terrestrial
National Key Protected Wild Animal List： Category Two; **CITES Appendix**[1]：III
Red List： **IUCN Red List**[2]：LC; **China Mammal Red List**[3]：LC
Range in the country： Inner Mongolia, Xinjiang, Qinghai, Gansu, Sichuan, Yunnan, Tibet, Shaanxi, Ningxia
Range countries： Bhutan, China, India, Myanmar, Nepal, Pakistan

参考文献 Citation

Wang Y(王应祥), 2003; Wilson and Reeder, 2005; Zhang R(张荣祖), 1997; Pan Q *et al.*(潘清华等), 2007; Smith *et al.*, 2009; IUCN, 2014

377. 矮岩羊 Dwarf Bharal

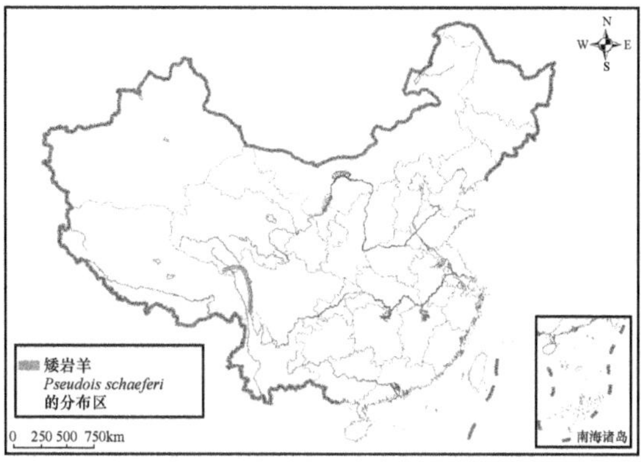

矮岩羊 *Pseudois schaeferi*(Haltenorth, 1963)
种下单元： 无
生　　境： 峭壁、森林
生态系统： 陆生生态系统
保护等级： **国家重点保护野生动物等级：** 无；**CITES 附录** [1]：未列入
红色名录： **IUCN**[2]：EN；**中国哺乳类红色名录** [3]：CR
国内分布： 四川
分布国家： 中国

Dwarf Bharal *Pseudois schaeferi*(Haltenorth, 1963)
Infra-specific Taxa： None
Habitat and Ecology： Cliffs; Forest
Ecosystem： Terrestrial
National Key Protected Wild Animal List： None; **CITES Appendix**[1]：Not listed
Red List： **IUCN Red List**[2]：EN; **China Mammal Red List**[3]：CR
Range in the country： Sichuan
Range countries： China

参考文献 Citation

Wang Y(王应祥), 2003; Wilson and Reeder, 2005; Zhang R(张荣祖), 1997; Pan Q *et al.*(潘清华等), 2007; Smith *et al.*, 2009; IUCN, 2014

378. 戈壁盘羊 Gobi Argali

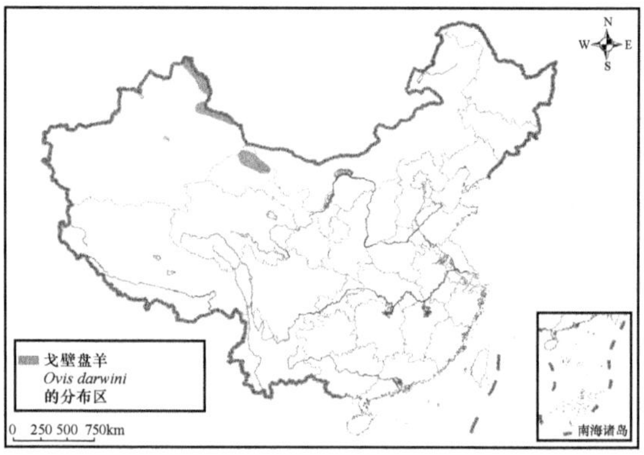

戈壁盘羊 *Ovis darwini* (Przewalski, 1883)
种下单元： 无
生　　境： 荒漠
生态系统： 陆生生态系统
保护等级： **国家重点保护野生动物等级：** 二级；**CITES 附录** [1]：II
红色名录： **IUCN**[2]：未列入；**中国哺乳类红色名录** [3]：CR
国内分布： 新疆、内蒙古、甘肃
分布国家： 中国、蒙古

Gobi Argali *Ovis darwini* (Przewalski, 1883)
Infra-specific Taxa： None
Habitat and Ecology： Desert
Ecosystem： Terrestrial
National Key Protected Wild Animal List： Category Two; **CITES Appendix**[1]：II
Red List： **IUCN Red List**[2]：Not listed; **China Mammal Red List**[3]：CR
Range in the country： Xinjiang, Inner Mongolia, Gansu
Range countries： China, Mongolia

参考文献 Citation

Groves and Grubb, 2011

注：Groves and Grubb (2011) 分类的 *Ovis darwini*，*Ovis hodgsoni*，*Ovis jubata*，*Ovis karelini* 和 *Ovis polii* 在 Wang (2003) 和 Wilson and Reeder, 2005 中为 *Ovis ammon*

379. 西藏盘羊 Tibetan Argali

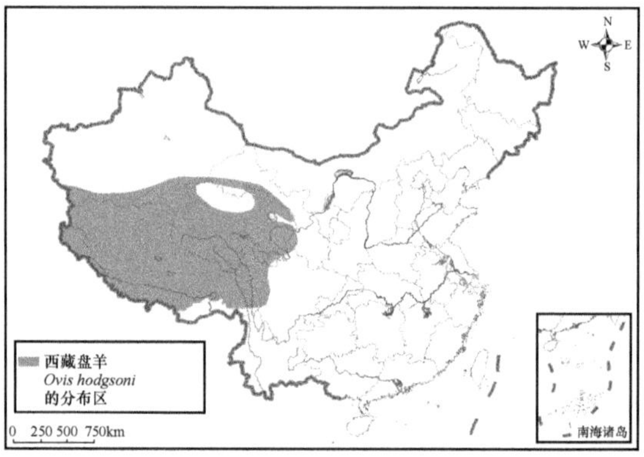

西藏盘羊 *Ovis hodgsoni* (Blyth, 1841)
种下单元： 无
生　　境： 草地、峭壁
生态系统： 陆生生态系统
保护等级： **国家重点保护野生动物等级：** 二级; **CITES 附录** [1]：I
红色名录： **IUCN**[2]：未列入；**中国哺乳类红色名录** [3]：NT
国内分布： 西藏、青海、新疆、甘肃
分布国家： 中国

Tibetan Argali *Ovis hodgsoni* (Blyth, 1841)
Infra-specific Taxa： None
Habitat and Ecology： Grassland; Cliffs
Ecosystem： Terrestrial
National Key Protected Wild Animal List： Category Two; **CITES Appendix**[1]：I
Red List： **IUCN Red List**[2]：Not listed; **China Mammal Red List**[3]：NT
Range in the country： Tibet, Qinghai, Xinjiang, Gansu
Range countries： China

参考文献 Citation

Groves and Grubb, 2011

注：Groves and Grubb (2011) 分类的 *Ovis darwini*，*Ovis hodgsoni*，*Ovis jubata*，*Ovis karelini* 和 *Ovis polii* 在 Wang (2003) 和 Wilson and Reeder, 2005 中为 *Ovis ammon*

380. 雅布赖盘羊 Yabulai Argali

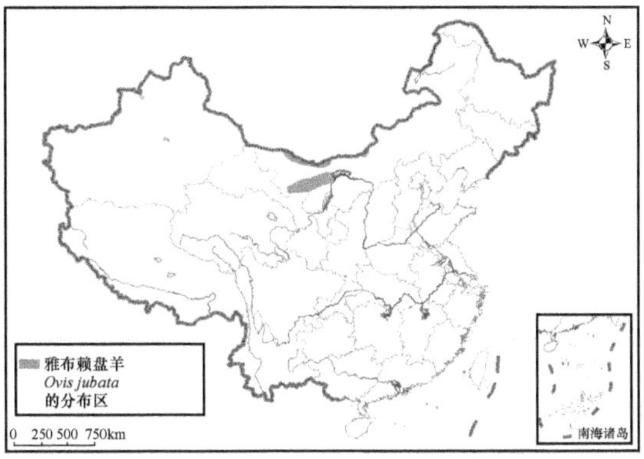

雅布赖盘羊 *Ovis jubata*（Peters, 1876）
种下单元：无
生　　境：草地、峭壁
生态系统：陆生生态系统
保护等级：国家重点保护野生动物等级：二级；**CITES 附录**[1]：II
红色名录：IUCN[2]：未列入；**中国哺乳类红色名录**[3]：CR
国内分布：内蒙古
分布国家：中国

Yabulai Argali *Ovis jubata*（Peters, 1876）
Infra-specific Taxa：None
Habitat and Ecology：Grassland; Cliffs
Ecosystem：Terrestrial
National Key Protected Wild Animal List：Category Two; **CITES Appendix**[1]：II
Red List：IUCN Red List[2]：Not listed; **China Mammal Red List**[3]：CR
Range in the country：Inner Mongolia
Range countries：China
参考文献 Citation
Groves and Grubb, 2011
注：Groves and Grubb（2011）分类的 *Ovis darwini*，*Ovis hodgsoni*，*Ovis jubata*，*Ovis karelini* 和 *Ovis polii* 在 Wang（2003）和 Wilson and Reeder, 2005 中为 *Ovis ammon*

381. 天山盘羊 Tianshan Argali

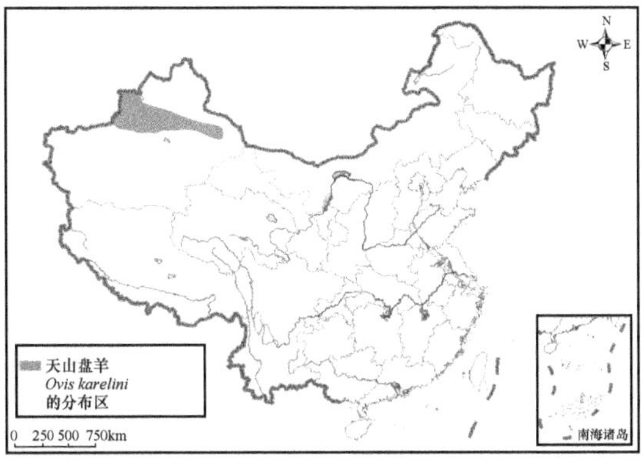

天山盘羊 *Ovis karelini*（Severtzov, 1873）
种下单元：无
生　　境：草地、峭壁
生态系统：陆生生态系统
保护等级：国家重点保护野生动物等级：二级；**CITES 附录**[1]：II
红色名录：IUCN[2]：未列入；**中国哺乳类红色名录**[3]：EN
国内分布：新疆
分布国家：中国、俄罗斯、哈斯克斯坦、乌兹别克斯坦

Tianshan Argali *Ovis karelini*（Severtzov, 1873）
Infra-specific Taxa：None
Habitat and Ecology：Grassland; Cliffs
Ecosystem：Terrestrial
National Key Protected Wild Animal List：Category Two; **CITES Appendix**[1]：II
Red List：IUCN Red List[2]：Not listed; **China Mammal Red List**[3]：EN
Range in the country：Xinjiang
Range countries：China, Russia, Kazakhstan, Uzbekistan
参考文献 Citation
Groves and Grubb, 2011
注：Groves and Grubb（2011）分类的 *Ovis darwini*，*Ovis hodgsoni*，*Ovis jubata*，*Ovis karelini* 和 *Ovis polii* 在 Wang（2003）和 Wilson and Reeder, 2005 中为 *Ovis ammon*

382. 帕米尔盘羊 Pamir Argali

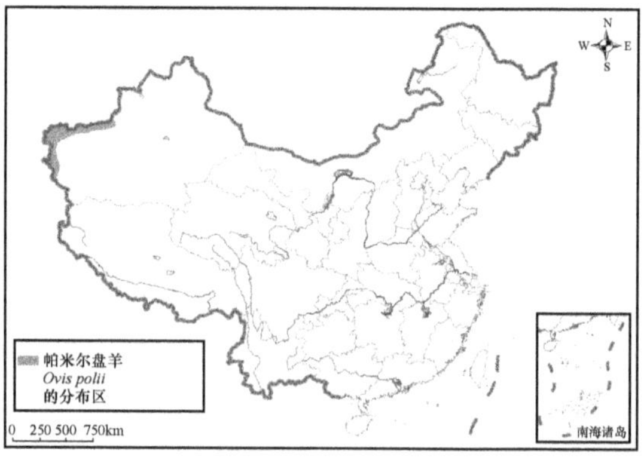

帕米尔盘羊 *Ovis polii* (Blyth, 1841)
种下单元： 无
生　　境： 草地、峭壁
生态系统： 陆生生态系统
保护等级： **国家重点保护野生动物等级：** 二级；**CITES 附录**[1]：II
红色名录： **IUCN**[2]：未列入；**中国哺乳类红色名录**[3]：VU
国内分布： 新疆
分布国家： 中国

Pamir Argali *Ovis polii* (Blyth, 1841)
Infra-specific Taxa: None
Habitat and Ecology: Grassland; Cliffs
Ecosystem: Terrestrial
National Key Protected Wild Animal List: Category Two; **CITES Appendix**[1]: II
Red List: **IUCN Red List**[2]: Not listed; **China Mammal Red List**[3]: VU
Range in the country: Xinjiang
Range countries: China
参考文献 Citation
Groves and Grubb, 2011

注：Groves and Grubb (2011) 分类的 *Ovis darwini*，*Ovis hodgsoni*，*Ovis jubata*，*Ovis karelini* 和 *Ovis polii* 在 Wang (2003) 和 Wilson and Reeder, 2005 中为 *Ovis ammon*

383. 中华鬣羚 Chinese Serow

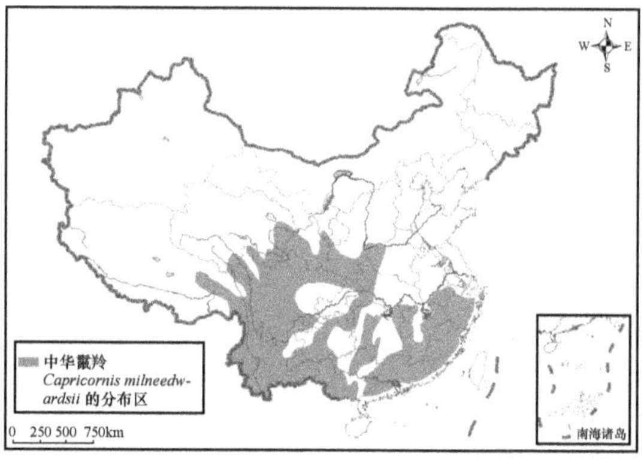

中华鬣羚 *Capricornis milneedwardsii* (David, 1869)
种下单元： *milneedwardsii*; *maritimus*
生　　境： 森林、内陆岩石区域、盐碱地、峭壁
生态系统： 陆生生态系统
保护等级： **国家重点保护野生动物等级：** 二级；**CITES 附录**[1]：I
红色名录： **IUCN**[2]：NT；**中国哺乳类红色名录**[3]：VU
国内分布： 广东、广西、湖南、湖北、四川、云南、贵州、西藏、青海、甘肃、陕西、河南、安徽、浙江、福建、江西
分布国家： 柬埔寨、中国、老挝、缅甸、泰国、越南

Chinese Serow *Capricornis milneedwardsii* (David, 1869)
Infra-specific Taxa: *milneedwardsii*; *maritimus*
Habitat and Ecology: Forest; Inland Rocky Areas; Saline, Brackish or Alkaline Land; Cliffs
Ecosystem: Terrestrial
National Key Protected Wild Animal List: Category Two; **CITES Appendix**[1]: I
Red List: **IUCN Red List**[2]: NT; **China Mammal Red List**[3]: VU
Range in the country: Guangdong, Guangxi, Hunan, Hubei, Sichuan, Yunnan, Guizhou, Tibet, Qinghai, Gansu, Shaanxi, Henan, Anhui, Zhejiang, Fujian, Jiangxi
Range countries: Cambodia, China, Laos, Myanmar, Thailand, Vietnam
参考文献 Citation
Wilson and Reeder, 2005; Pan Q *et al.* (潘清华等), 2007; Smith *et al.*, 2009; IUCN, 2014

384. 台湾鬣羚 Formosan Serow

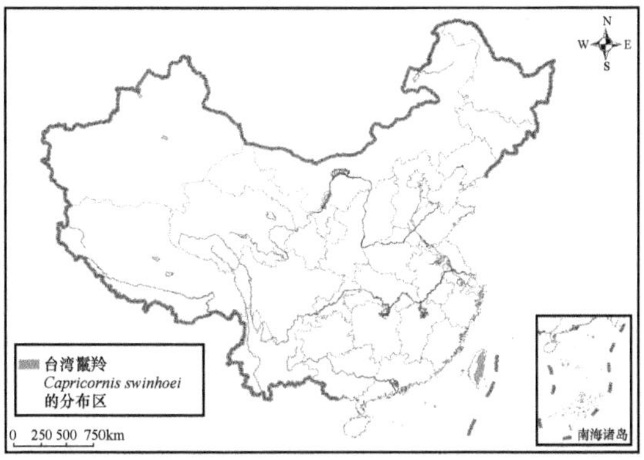

台湾鬣羚 *Capricornis swinhoei*(Gray, 1862)
种下单元：无
生　　境：森林
生态系统：陆生生态系统
保护等级：**国家重点保护野生动物等级**：一级；**CITES 附录**[1]：未列入
红色名录：**IUCN**[2]：LC；**中国哺乳类红色名录**[3]：LC
国内分布：台湾
分布国家：中国

Formosan Serow *Capricornis swinhoei*(Gray, 1862)
Infra-specific Taxa：None
Habitat and Ecology：Forest
Ecosystem：Terrestrial
National Key Protected Wild Animal List：Category One; **CITES Appendix**[1]：Not listed
Red List：**IUCN Red List**[2]：LC; **China Mammal Red List**[3]：LC
Range in the country：Taiwan
Range countries：China

参考文献 Citation

Wang Y(王应祥), 2003; Wilson and Reeder, 2005; Zhang R(张荣祖), 1997; Pan Q *et al.*(潘清华等), 2007; Smith *et al.*, 2009; IUCN, 2014

385. 喜马拉雅鬣羚 Himalayan Serow

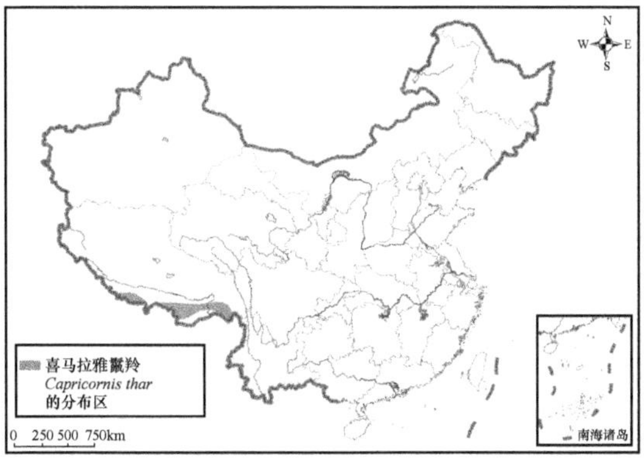

喜马拉雅鬣羚 *Capricornis thar*(Hodgson, 1831)
种下单元：无
生　　境：森林
生态系统：陆生生态系统
保护等级：**国家重点保护野生动物等级**：二级；**CITES 附录**[1]：I
红色名录：**IUCN**[2]：NT；**中国哺乳类红色名录**[3]：EN
国内分布：西藏
分布国家：孟加拉国、不丹、中国、印度、尼泊尔

Himalayan Serow *Capricornis thar*(Hodgson, 1831)
Infra-specific Taxa：None
Habitat and Ecology：Forest
Ecosystem：Terrestrial
National Key Protected Wild Animal List：Category Two; **CITES Appendix**[1]：I
Red List：**IUCN Red List**[2]：NT; **China Mammal Red List**[3]：EN
Range in the country：Tibet
Range countries：Bangladesh, Bhutan, China, India, Nepal

参考文献 Citation

Smith *et al.*, 2009; IUCN, 2014

露脊鲸科 BALAENIDAE

386. 北太平洋露脊鲸 North Pacific Right Whale

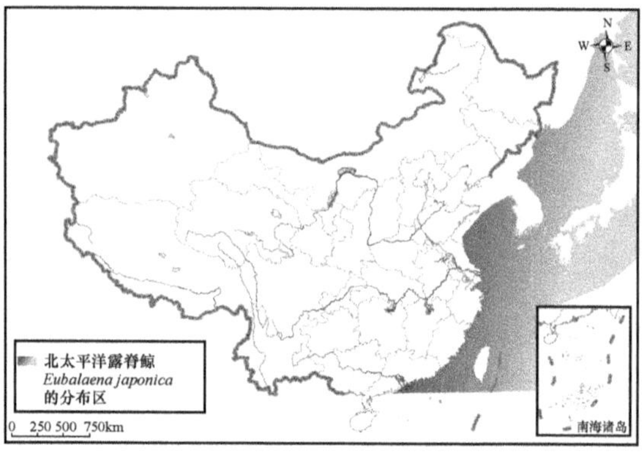

北太平洋露脊鲸 *Eubalaena japonica* (Lacépède, 1818)
种下单元： 无
生　　境： 海洋
生态系统： 海洋生态系统
保护等级： **国家重点保护野生动物等级：** 二级；**CITES 附录** [1]：I
红色名录： **IUCN**[2]：EN；**中国哺乳类红色名录** [3]：EN
国内分布： 黄海、东海、台湾海域
分布国家： 美国、墨西哥、加拿大、中国、俄罗斯、日本、朝鲜、韩国

North Pacific Right Whale *Eubalaena japonica* (Lacépède, 1818)
Infra-specific Taxa: None
Habitat and Ecology: Ocean
Ecosystem: Marine
National Key Protected Wild Animal List: Category Two; **CITES Appendix**[1]: I
Red List: **IUCN Red List**[2]: EN; **China Mammal Red List**[3]: EN
Range in the country: Yellow Sea, East China Sea, Taiwan waters
Range countries: United States, Mexico, Canada, China, Russia, Japan, Korea, Democratic People's Republic of, Korea, Republic of

参考文献 Citation

Wang P (王丕烈), 2012; Wang Y (王应祥), 2003; Zhou K (周开亚), 2004, 2008; Wilson and Reeder, 2005; Zhang R (张荣祖), 1997; Pan Q *et al.* (潘清华等), 2007; Smith *et al.*, 2009; IUCN, 2014

灰鲸科 ESCHRICHTIIDAE

387. 灰鲸 Gray Whale

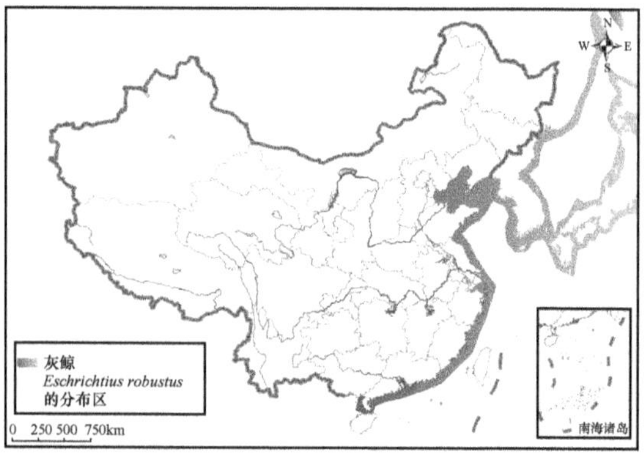

灰鲸 *Eschrichtius robustus* (Lilljeborg, 1861)
种下单元： 无
生　　境： 海洋
生态系统： 海洋生态系统
保护等级： **国家重点保护野生动物等级：** 二级；**CITES 附录** [1]：I
红色名录： **IUCN**[2]：LC；**中国哺乳类红色名录** [3]：LC
国内分布： 渤海、黄海、东海、南海、台湾海域
分布国家： 加拿大、墨西哥、俄罗斯、美国、中国、日本、朝鲜、韩国

Gray Whale *Eschrichtius robustus* (Lilljeborg, 1861)
Infra-specific Taxa: None
Habitat and Ecology: Ocean
Ecosystem: Marine
National Key Protected Wild Animal List: Category Two; **CITES Appendix**[1]: I
Red List: **IUCN Red List**[2]: LC; **China Mammal Red List**[3]: LC
Range in the country: Bohai Sea, Yellow Sea, East China Sea, South China Sea, Taiwan waters
Range countries: Canada, Mexico, Russia, United States, China, Japan, Korea, Democratic People's Republic of, Korea, Republic of

参考文献 Citation

Wang P (王丕烈), 2012; Zhou K (周开亚), 2004, 2008; Wang Y (王应祥), 2003; Wilson and Reeder, 2005; Pan Q *et al.* (潘清华等), 2007; Zhang R (张荣祖), 1997; IUCN, 2014

须鲸科 BALAENOPTERIDAE

388. 小须鲸 Common Minke Whale

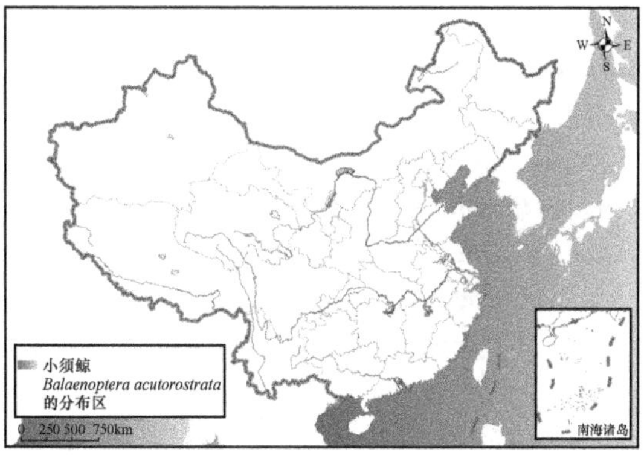

小须鲸 *Balaenoptera acutorostrata*（Lacépède, 1804）

种下单元： 无

生　　境： 海洋

生态系统： 海洋生态系统

保护等级： **国家重点保护野生动物等级：** 二级；**CITES 附录**[1]：I

红色名录： **IUCN**[2]：LC；**中国哺乳类红色名录**[3]：LC

国内分布： 渤海、黄海、东海、南海、台湾海域

分布国家： 安圭拉岛、南极洲、安提瓜和巴布达、阿根廷、澳大利亚、巴哈马群岛、孟加拉国、比利时、百慕大、巴西、加拿大、佛得角、智利、中国、古巴、丹麦、多米尼加、多米尼加、厄瓜多尔、法罗群岛、法国、法属圭亚那、冈比亚、希腊、格陵兰岛、瓜德罗普岛、冰岛、印度尼西亚、爱尔兰、以色列、意大利、日本、朝鲜、韩国、毛里塔尼亚、墨西哥、摩洛哥、莫桑比克、荷兰、荷属安的列斯群岛、新喀里多尼亚、新西兰、挪威、巴布亚新几内亚、葡萄牙、波多黎各、俄罗斯、圣皮埃尔和密克隆群岛、塞内加尔、南非、西班牙、斯瓦尔巴群岛和扬马延岛、瑞典、中国、泰国、突尼斯、特克斯和凯科斯群岛、英国、美国、乌拉圭、维尔京群岛、英属维尔京群岛、美属维尔京群岛、西撒哈拉

Common Minke Whale *Balaenoptera acutorostrata*（Lacépède, 1804）

Infra-specific Taxa： None

Habitat and Ecology： Ocean

Ecosystem： Marine

National Key Protected Wild Animal List： Category Two; **CITES Appendix**[1]：I

Red List： **IUCN Red List**[2]：LC; **China Mammal Red List**[3]：LC

Range in the country： Bohai Sea, Yellow Sea, East China Sea, South China Sea, Taiwan waters

Range countries： Anguilla, Antarctica, Antigua and Barbuda, Argentina, Australia, Bahamas, Bangladesh, Belgium, Bermuda, Brazil, Canada, Cape Verde, Chile, China, Cuba, Danmark, Dominica, Dominican Republic, Ecuador, Faroe Islands, France, French Guiana, Gambia, Greece, Greenland, France (Guadeloupe), Iceland, Indonesia, Ireland, Israel, Italy, Japan, Korea, Democratic People's Republic of, Korea, Republic of, Mauritania, Mexico, Morocco, Mozambique, Netherlands, Netherlands Antilles, New Caledonia, New Zealand, Norway, Papua New Guinea, Portugal, Puerto Rico, Russia, Saint Pierre and Miquelon, Senegal, South Africa, Spain, Svalbard and Jan Mayen, Sweden, China, Thailand, Tunisia, Turks and Caicos Islands, United Kingdom, United States, Uruguay, Virgin Islands ,Virgin Islands (British) ,Virgin Islands (U.S.), Western Sahara

参考文献 Citation

Wang P（王丕烈）, 1999; Wang Y（王应祥）, 2003; Zhou K（周开亚）, 2004, 2008; Wilson and Reeder, 2005; Zhang R（张荣祖）, 1997; Pan Q *et al.*（潘清华等）, 2007; Smith *et al.*, 2009; IUCN, 2014

389. 塞鲸 Sei Whale

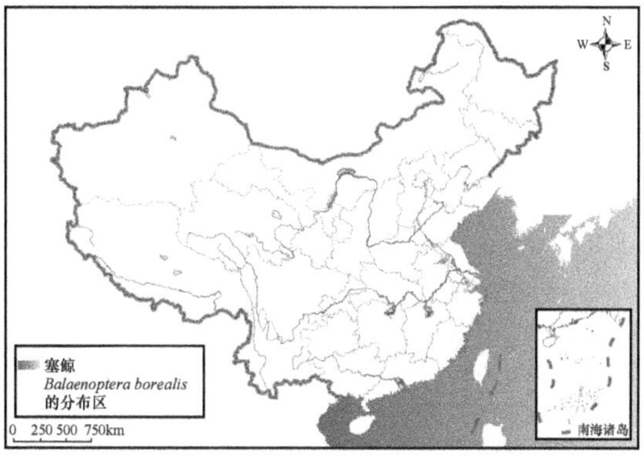

塞鲸 *Balaenoptera borealis*（Lesson, 1828）

种下单元： *borealis; schlegelii*

生　　境： 海洋

生态系统： 海洋生态系统

保护等级： **国家重点保护野生动物等级：** 二级；**CITES 附录**[1]：I

红色名录： **IUCN**[2]：EN；**中国哺乳类红色名录**[3]：EN

国内分布： 黄海、东海、南海、台湾海域

分布国家： 中国、安哥拉、阿根廷、澳大利亚、巴哈马群岛、百慕大群岛、巴西、加拿大、佛得角、智利、刚果、古巴、多米尼加、福克兰群岛（马尔维纳斯群岛）、法罗群岛、直布罗陀、格陵兰岛、

海地、冰岛、爱尔兰、日本、肯尼亚、朝鲜、韩国、马达加斯加、毛里塔尼亚、墨西哥、摩洛哥、纳米比亚、新西兰、北马里亚纳群岛、挪威、秘鲁、葡萄牙、俄罗斯、圣赫勒拿、特克斯和凯科斯群岛、圣皮埃尔和密克隆群岛、南非、南乔治亚岛和南桑威奇群岛、西班牙、英国、美国、乌拉圭、西撒哈拉

Sei Whale *Balaenoptera borealis* (Lesson, 1828)
Infra-specific Taxa: *borealis*; *schlegelii*
Habitat and Ecology: Ocean
Ecosystem: Marine
National Key Protected Wild Animal List: Category Two; **CITES Appendix**[1]: I
Red List: **IUCN Red List**[2]: EN; **China Mammal Red List**[3]: EN
Range in the country: Yellow Sea, East China Sea, South China Sea, Taiwan waters
Range countries: China, Angola, Argentina, Australia, Bahamas, Bermuda, Brazil, Canada, Cape Verde, Chile, Congo, Cuba, Dominican Republic, Falkland Islands, Faroe Islands, Gibraltar, Greenland, Haiti, Iceland, Ireland, Japan, Kenya, Korea, Democratic People's Republic of, Korea, Republic of, Madagascar, Mauritania, Mexico, Morocco, Namibia, New Zealand, Northern Mariana Islands, Norway, Peru, Portugal, Russia, Saint Helena, Turks and Caicos Islands, Saint Pierre and Miquelon, South Africa, South Georgia and the South Sandwich Islands, Spain, United Kingdom, United States, Uruguay, Western Sahara

参考文献 Citation

Wang P (王丕烈), 1999; Wang Y (王应祥), 2003; Zhou K (周开亚), 2004, 2008; Wilson and Reeder, 2005; Zhang R (张荣祖), 1997; Pan Q *et al.* (潘清华等), 2007; Smith *et al.*, 2009; IUCN, 2014

390. 布氏鲸 Bryde's Whale

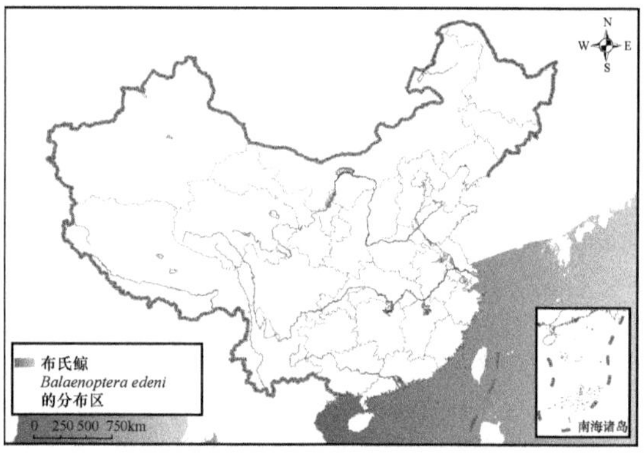

布氏鲸 *Balaenoptera edeni* (Anderson, 1879)
种下单元：无
生　　境：海洋
生态系统：海洋生态系统
保护等级：**国家重点保护野生动物等级**：二级；**CITES 附录**[1]：I
红色名录：**IUCN**[2]：DD；**中国哺乳类红色名录**[3]：DD
国内分布：黄海、东海、台湾海域、南海
分布国家：美属萨摩亚、安哥拉、安圭拉、安提瓜和巴布达、阿根廷、阿鲁巴、澳大利亚、巴哈马、巴林、孟加拉国、巴巴多斯、伯利兹、贝宁、百慕大、巴西、柬埔寨、喀麦隆、佛得角、开曼群岛、智利、中国、科科斯群岛、哥伦比亚、科摩罗、刚果、库克群岛、哥斯达黎加、科特迪瓦、古巴、吉布提、多米尼加、厄瓜多尔、萨尔瓦多、赤道几内亚、厄立特里亚、斐济、法属圭亚那、法属波利尼西亚、加蓬、冈比亚、加纳、直布罗陀、格林纳达、瓜德罗普岛、关岛、危地马拉、几内亚、几内亚比绍、圭亚那、海地、洪都拉斯、印度、印度尼西亚、伊朗、伊拉克、牙买加、日本、肯尼亚、基里巴斯、朝鲜、韩国、科威特、利比里亚、马达加斯加、马来西亚、马尔代夫、马绍尔群岛、马提尼克岛、毛里塔尼亚、毛里求斯、墨西哥、密克罗尼西亚联邦、摩洛哥、莫桑比克、缅甸、纳米比亚、瑙鲁、荷属安的列斯、新喀里多尼亚、新西兰、尼加拉瓜、尼日利亚、纽埃、北马里亚纳群岛、阿曼、巴基斯坦、帕劳、巴拿马、巴布亚新几内亚、秘鲁、菲律宾、皮特凯恩、波多黎各、卡塔尔、留尼旺、圣基茨和尼维斯、圣卢西亚、圣文森特和格林纳丁斯、萨摩亚、圣多美和普林西比、沙特阿拉伯、塞内加尔、塞舌尔、塞拉利昂、新加坡、所罗门群岛、南非、斯里兰卡、坦桑尼亚、泰国、东帝汶、多哥、汤加、特立尼达和多巴哥、特克斯和凯科斯群岛、图瓦卢、阿拉伯联合酋长国、美国、乌拉圭、瓦努阿图、委内瑞拉、玻利瓦尔、越南、英属维尔京群岛、美属维尔京群岛、瓦利斯和富图纳群岛、西撒哈拉、也门

Bryde's Whale *Balaenoptera edeni* (Anderson, 1879)
Infra-specific Taxa: None
Habitat and Ecology: Ocean
Ecosystem: Marine
National Key Protected Wild Animal List: Category Two; **CITES Appendix**[1]: I
Red List: **IUCN Red List**[2]: DD; **China Mammal Red List**[3]: DD

Range in the country：Yellow Sea, East China Sea, Taiwan waters, South China Sea

Range countries：American Samoa, Angola, Anguilla, Antigua and Barbuda, Argentina, Aruba, Australia, Bahamas, Bahrain, Bangladesh, Barbados, Belize, Benin, Bermuda, Brazil, Cambodia, Cameroon, Cape Verde, Cayman Islands, Chile, China, Cocos（Keeling）Islands, Colombia, Comoros, Congo, Cook Islands, Costa Rica, Côte d'Ivoire, Cuba, Djibouti, Dominica, Ecuador, El Salvador, Equatorial Guinea, Eritrea, Fiji, French Guiana, French Polynesia, Gabon, Gambia, Ghana, Gibraltar, Grenada, France (Guadeloupe), Guam, Guatemala, Guinea, Guinea-Bissau, Guyana, Haiti, Honduras, India, Indonesia, Iran, Iraq, Jamaica, Japan, Kenya, Kiribati, Korea, Democratic People's Republic of, Korea, Republic of, Kuwait, Liberia, Madagascar, Malaysia, Maldives, Marshall Islands, Martinique, Mauritania, Mauritius, Mexico, Micronesia, Federated States of, Morocco, Mozambique, Myanmar, Namibia, Nauru, Netherlands Antilles, New Caledonia, New Zealand, Nicaragua, Nigeria, Niue, Northern Mariana Islands, Oman, Pakistan, Palau, Panama, Papua New Guinea, Peru, Philippines, Pitcairn, Puerto Rico, Qatar, Réunion, Saint Kitts and Nevis, Saint Lucia, Saint Vincent and the Grenadines, Samoa, Sao Tomé and Principe, Saudi Arabia, Senegal, Seychelles, Sierra Leone, Singapore, Solomon Islands, South Africa, Sri Lanka, Tanzania, Thailand, Timor-Leste, Togo, Tonga, Trinidad and Tobago, Turks and Caicos Islands, Tuvalu, United Arab Emirates, United States, Uruguay, Vanuatu, Venezuela, Bolivarian Republic of, Vietnam, Virgin Islands（British）, Virgin Islands (U.S.), Wallis and Futuna, Western Sahara, Yemen

参考文献 Citation

Wang P (王丕烈), 1999; Wang Y (王应祥), 2003; Zhou K（周开亚）, 2004, 2008; Wilson and Reeder, 2005; Zhang R (张荣祖), 1997; Pan Q *et al.* (潘清华等), 2007; Smith *et al.*, 2009; IUCN, 2014

391. 蓝鲸 Blue Whale

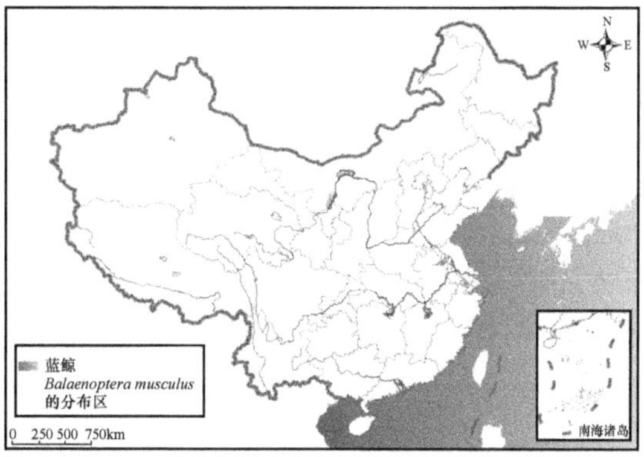

蓝鲸　*Balaenoptera musculus* (Linnaeus, 1758)

种下单元：*brevicauda*; *indica*; *intermedia*

生　　境：海洋

生态系统：海洋生态系统

保护等级：国家重点保护野生动物等级：二级；**CITES 附录**[1]：I

红色名录：IUCN[2]：EN；**中国哺乳类红色名录**[3]：EN

国内分布：黄海、东海、南海、台湾海域

分布国家：安哥拉、阿根廷、澳大利亚、巴哈马群岛、孟加拉国、贝宁、百慕大群岛、巴西、喀麦隆、加拿大、佛得角、智利、中国、可可岛、哥伦比亚、科摩罗、库克群岛、哥斯达黎加、科特迪瓦、吉布提、厄瓜多尔、萨尔瓦多、赤道几内亚、厄立特里亚、福克兰群岛、法罗群岛、法国、加蓬、加纳、直布罗陀、希腊、格陵兰岛、格林纳达、危地马拉、冰岛、印度、印度尼西亚、伊朗、伊拉克、爱尔兰、日本、肯尼亚、马达加斯加、马来西亚、马尔代夫、马绍尔群岛、毛里塔尼亚、毛里求斯、墨西哥、摩洛哥、莫桑比克、缅甸、纳米比亚、新加勒多尼亚、新西兰、尼加拉瓜、尼日利亚、北马里亚纳群岛、挪威、阿曼、巴基斯坦、帕劳、巴拿马、秘鲁、菲律宾、皮特克恩、葡萄牙、俄罗斯、圣赫勒拿、圣皮埃尔和密克隆群岛、圣多美和普林西比、塞内加尔、塞舌尔、索马里、南非、南乔治亚岛和南桑威奇群岛、西班牙、斯里兰卡、坦桑尼亚、泰国、东帝汶、多哥、英国、美国、乌拉圭、西撒哈拉、也门

Blue Whale　*Balaenoptera musculus* (Linnaeus, 1758)

Infra-specific Taxa：*brevicauda*; *indica*; *intermedia*

Habitat and Ecology：Ocean

Ecosystem：Marine

National Key Protected Wild Animal List：Category Two; **CITES Appendix**[1]：I

Red List：**IUCN Red List**[2]：EN; **China Mammal Red List**[3]：EN

Range in the country：Yellow Sea, East China Sea, South China Sea, Taiwan Waters

Range countries：Angola, Argentina, Australia, Bahamas, Bangladesh, Benin, Bermuda, Brazil, Cameroon, Canada, Cape Verde, Chile, China, Cocos（Keeling）Islands, Colombia, Comoros, Cook Islands, Costa Rica, Côte d'Ivoire, Djibouti, Ecuador, El Salvador, Equatorial Guinea, Eritrea, Falkland Islands, Faroe Islands, France, France, Gabon, Ghana, Gibraltar, Greece, Greenland, Grenada, Guatemala, Iceland, India, Indonesia, Iran, Iraq, Ireland, Japan, Kenya, Madagascar, Malaysia, Maldives, Marshall Islands, Mauritania, Mauritius, Mexico, Morocco, Mozambique, Myanmar, Namibia, New Caledonia, New Zealand, Nicaragua, Nigeria, Northern Mariana Islands, Norway, Oman, Pakistan, Palau, Panama, Peru, Philippines, Pitcairn, Portugal, Russia, Saint Helena, Ascension and Tristan Da, Saint Pierre and Miquelon, Sao Tomé and Principe, Senegal, Seychelles, Somalia, South Africa, South Georgia and the South Sandwich Islands, Spain, Sri Lanka, Tanzania, Thailand, Timor-Leste, Togo, United Kingdom, United States, Uruguay, Western Sahara, Yemen

参考文献 Citation

Wang P(王丕烈), 2012; Wang Y(王应祥), 2003; Zhou K (周开亚), 2004, 2008; Wilson and Reeder, 2005; Zhang R(张荣祖), 1997; Pan Q *et al.*(潘清华等), 2007; Smith *et al.*, 2009; IUCN, 2014

392. 大村鲸 Omura's Whale

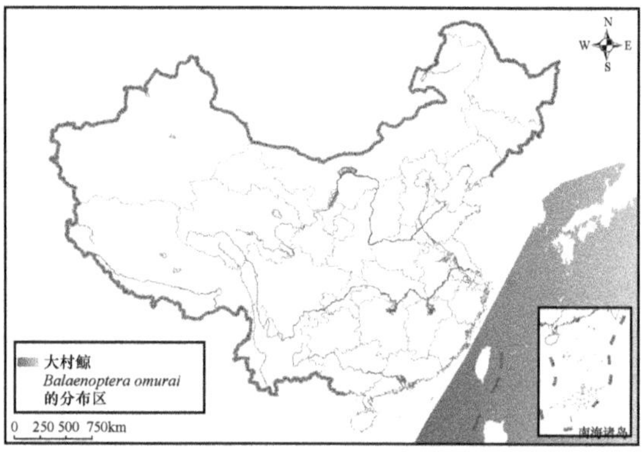

大村鲸 *Balaenoptera omurai*(Wada, Oishi & Yamada, 2003)
种下单元：无
生　　境：海洋
生态系统：海洋生态系统
保护等级：国家重点保护野生动物等级：无；**CITES 附录**[1]：I
红色名录：IUCN[2]：DD；**中国哺乳类红色名录**[3]：DD
国内分布：东海、南海、台湾海域
分布国家：中国、科科斯(基林)群岛、印度尼西亚、日本、马来西亚、菲律宾、所罗门群岛

Omura's Whale *Balaenoptera omurai*(Wada, Oishi & Yamada, 2003)
Infra-specific Taxa：None
Habitat and Ecology：Ocean
Ecosystem：Marine
National Key Protected Wild Animal List：None; **CITES Appendix**[1]：I
Red List：IUCN Red List[2]：DD; **China Mammal Red List**[3]：DD
Range in the country：East China Sea, South China Sea, Taiwan waters
Range countries：China, Cocos (Keeling) Islands, Indonesia, Japan, Malaysia, Philippines, Solomon Islands

参考文献 Citation

Wang P(王丕烈), 2012; Zhou K (周开亚), 2004, 2008; IUCN, 2014

393. 长须鲸 Fin Whale

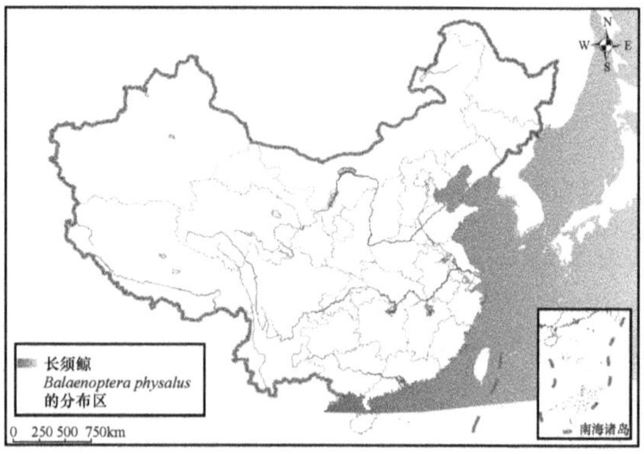

长须鲸 *Balaenoptera physalus*(Linnaeus, 1758)
种下单元：*physalus; quoyi*
生　　境：海洋
生态系统：海洋生态系统
保护等级：国家重点保护野生动物等级：二级；**CITES 附录**[1]：I
红色名录：IUCN[2]：EN；**中国哺乳类红色名录**[3]：EN
国内分布：渤海、黄海、东海、南海、台湾海域
分布国家：阿尔及利亚、安哥拉、南极洲、阿根廷、澳大利亚、比利时、百慕大群岛、布维岛、巴西、加拿大、佛得角、智利、中国、刚果、克罗地亚、塞浦路斯、丹麦、厄瓜多尔、埃及、福克兰群岛(马尔维纳斯群岛)、法罗群岛、斐济、法国、加蓬、德国、直布罗陀、希腊、格陵兰、冰岛、印度、印度尼西亚、伊朗、伊拉克、爱尔兰、马恩岛、以色列、意大利、日本、朝鲜、韩国、黎巴嫩、利比亚、马达加斯加、马来西亚、马耳他、毛里求斯、墨西哥、摩纳哥、摩洛哥、莫桑比克、纳米比亚、荷兰、新喀里多尼亚、新西兰、挪威、阿曼、巴基斯坦、秘鲁、菲律宾、葡萄牙、俄罗斯、圣赫勒拿、圣皮埃尔和密克隆群岛、沙特阿拉伯、塞舌尔、斯洛文尼亚、南非、南乔治亚岛和南桑威奇群岛、西班牙、斯里兰卡、斯瓦尔巴群岛和扬马延岛、瑞典、叙利亚、突尼斯、土耳其、阿拉伯联合酋长国、英国、美国、委内瑞拉、玻利瓦尔

Fin Whale *Balaenoptera physalus*(Linnaeus, 1758)
Infra-specific Taxa：*physalus; quoyi*
Habitat and Ecology：Ocean
Ecosystem：Marine

National Key Protected Wild Animal List: Category Two; **CITES Appendix**[1]: I

Red List: **IUCN Red List**[2]: EN; **China Mammal Red List**[3]: EN

Range in the country: Bohai Sea, Yellow Sea, East China Sea, South China Sea, Taiwan waters.

Range countries: Algeria, Angola, Antarctica, Argentina, Australia, Belgium, Bermuda, Bouvet Island, Brazil, Canada, Cape Verde, Chile, China, Congo, Croatia, Cyprus, Danmark, Ecuador, Egypt, Falkland Islands(Malvinas), Faroe Islands, Fiji, France, Gabon, Germany, Gibraltar, Greece, Greenland, Iceland, India, Indonesia, Iran, Iraq, Ireland, Isle of Man, Israel, Italy, Japan, Korea, Democratic People's Republic of, Korea, Republic of, Lebanon, Libya, Madagascar, Malaysia, Malta, Mauritius, Mexico, Monaco, Morocco, Mozambique, Namibia, Netherlands, New Caledonia, New Zealand, Norway, Oman, Pakistan, Peru, Philippines, Portugal, Russia, Saint Helena, Ascension and Tristan Da, Saint Pierre and Miquelon, Saudi Arabia, Seychelles, Slovenia, South Africa, South Georgia and the South Sandwich Islands, Spain, Sri Lanka, Svalbard and Jan Mayen, Sweden, Syrian Arab Republic, Tunisia, Turkey, United Arab Emirates, United Kingdom , United States, Venezuela, Bolivian Republic of

参考文献 Citation

Wang P(王丕烈), 2012; Wang Y(王应祥), 2003; Zhou K (周开亚), 2004, 2008; Wilson and Reeder, 2005; Zhang R(张荣祖), 1997; Pan Q *et al.*(潘清华等), 2007; Smith *et al.*, 2009; IUCN, 2014

394. 大翅鲸 Humpback Whale

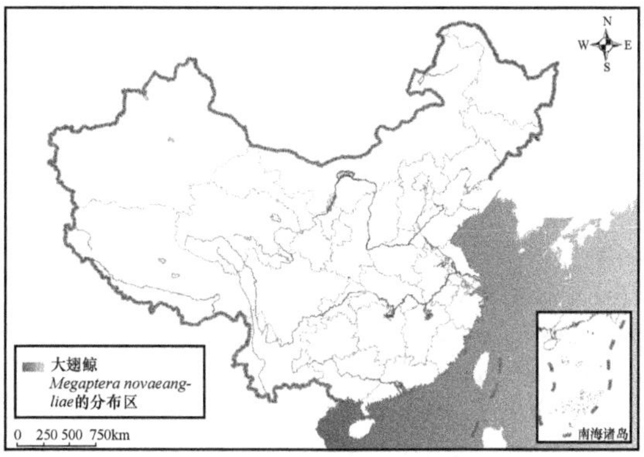

大翅鲸 *Megaptera novaeangliae*(Borowski, 1781)

种下单元: 无

生　　境: 海洋

生态系统: 海洋生态系统

保护等级: **国家重点保护野生动物等级**: 二级; **CITES 附录**[1]: I

红色名录: **IUCN**[2]: LC; **中国哺乳类红色名录**[3]: LC

国内分布: 黄海、东海、南海、台湾海域

分布国家: 安哥拉、安提瓜和巴布达岛、阿根廷、阿鲁巴、澳大利亚、巴哈马、孟加拉国、巴巴多斯、贝宁、百慕大群岛、博内尔岛、圣尤斯特歇斯和萨巴、巴西、喀麦隆、加拿大、佛得角、开曼群岛、智利、科科斯(基林)岛、哥伦比亚、科摩罗、刚果、库克群岛、哥斯达黎加、科特迪瓦、古巴、库拉索、丹麦、吉布提、多米尼加、厄瓜多尔、萨尔瓦多、赤道几内亚、福克兰群岛(马尔维纳斯群岛)、法罗群岛、斐济、法国、法属玻利尼西亚、加蓬、冈比亚、加纳、格陵兰岛、格林纳达、瓜德罗普岛、关岛、瓜地马拉、海地、洪都拉斯、冰岛、印度、印度尼西亚、伊朗、爱尔兰、牙买加、日本、肯尼亚、基里巴斯、朝鲜、韩国、马达加斯加、马来西亚、马尔代夫、马绍尔群岛、马提尼克、毛里塔尼亚、毛里求斯、墨西哥、摩洛哥、莫桑比克、缅甸、纳米比亚、瑙鲁、新西兰、尼加拉瓜、尼日利亚、纽埃、北马里亚纳群岛、挪威、阿曼、巴基斯坦、帕劳、巴拿马、巴布亚新几内亚、秘鲁、菲律宾、葡萄牙、波多黎各、法国留尼汪岛、俄罗斯、圣海伦娜、圣基茨和尼维斯、圣彼埃尔和密克隆岛、圣文森特和格林纳丁斯、萨摩亚、圣多美和普林西比、塞内加尔、塞舌尔、圣马丁(荷兰)、所罗门群岛、索马里、南非、西班牙、斯里兰卡、坦桑尼亚、东帝汶、多哥、特立尼达和多巴哥、突尼斯、特克斯和凯科斯群岛、图瓦卢、阿拉伯联合酋长国、英国、美国、乌拉圭、瓦努阿图、委内瑞拉、玻利瓦尔、越南、英属维尔京群岛、美属维尔京群岛、西撒哈拉、也门

Humpback Whale *Megaptera novaeangliae*(Borowski, 1781)

Infra-specific Taxa: None

Habitat and Ecology: Ocean

Ecosystem: Marine

National Key Protected Wild Animal List: Category Two; **CITES Appendix**[1]: I

Red List: **IUCN Red List**[2]: LC; **China Mammal Red List**[3]: LC

Range in the country: Yellow Sea, East China Sea, South China Sea, Taiwan waters

Range countries: Angola, Anguilla; Antigua and Barbuda; Argentina; Aruba; Australia; Bahamas; Bangladesh; Barbados; Benin; Bermuda; Bonaire, Sint Eustatius and Saba; Brazil; Cameroon; Canada; Cape Verde; Cayman Islands; Chile; Cocos (Keeling) Islands; Colombia; Comoros; Congo; Cook Islands; Costa Rica; Côte d'Ivoire; Cuba; Curaçao; Denmark; Djibouti; Dominica; Ecuador; El Salvador; Equatorial Guinea; Falkland Islands (Malvinas); Faroe Islands; Fiji; France; French Polynesia; French Southern Territories; Gabon; Gambia; Ghana; Greenland; Grenada; Guadeloupe; Guam; Guatemala; Haiti; Honduras; Iceland; India; Indonesia; Iran; Ireland; Jamaica; Japan; Kenya; Kiribati; Korea, Democratic People's Republic of; Korea, Republic of; Madagascar; Malaysia; Maldives; Marshall Islands; Martinique; Mauritania;

Mauritius, Mexico; Morocco; Mozambique; Myanmar; Namibia; Nauru; New Caledonia; New Zealand; Nicaragua; Nigeria; Niue; Northern Mariana Islands; Norway; Oman; Pakistan; Palau; Panama; Papua New Guinea; Peru; Philippines; Portugal; Puerto Rico; Réunion; Russia; Saint Helena, Ascension and Tristan da Cunha; Saint Kitts and Nevis; Saint Lucia; Saint Martin (French part); Saint Pierre and Miquelon; Saint Vincent and the Grenadines; Samoa; Sao Tomé and Principe; Senegal; Seychelles; Sint Maarten (Dutch part); Solomon Islands; Somalia; South Africa; Spain; Sri Lanka; Tanzania; Timor-Leste; Togo; Tonga; Trinidad and Tobago; Tunisia; Turks and Caicos Islands; Tuvalu; United Arab Emirates; United Kingdom; United States; Uruguay; Vanuatu; Venezuela, Bolivarian Republic of; Vietnam; Virgin Islands (British); Virgin Islands (U.S.); Western Sahara; Yemen

参考文献 Citation

Wang P (王丕烈), 2012; Wang Y (王应祥), 2003; Zhou K (周开亚), 2004, 2008; Wilson and Reeder, 2005; Zhang R (张荣祖), 1997; Pan Q *et al.* (潘清华等), 2007; Smith *et al.*, 2009; IUCN, 2014

白鱀豚科 LIPOTIDAE

395. 白鱀豚 Baiji

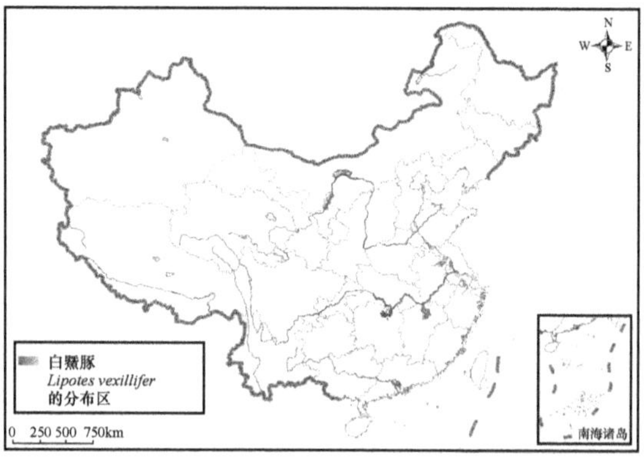

白鱀豚 *Lipotes vexillifer* (Miller, 1918)
种下单元：无
生　　境：江河
生态系统：淡水生态系统
保护等级：国家重点保护野生动物等级：一级；**CITES 附录**[1]：I
红色名录：IUCN[2]：CR；**中国哺乳类红色名录**[3]：CR
国内分布：长江
分布国家：中国

Baiji *Lipotes vexillifer* (Miller, 1918)
Infra-specific Taxa: None
Habitat and Ecology: Rivers
Ecosystem: Fresh Water
National Key Protected Wild Animal List: Category One; **CITES Appendix**[1]: I
Red List: IUCN Red List[2]: CR; **China Mammal Red List**[3]: CR
Range in the country: Yangtze River
Range countries: China

参考文献 Citation

Wang P (王丕烈), 2012; Wang Y (王应祥), 2003; Zhou K (周开亚), 2004, 2008; Wilson and Reeder, 2005; Zhang R (张荣祖), 1997; Pan Q *et al.* (潘清华等), 2007; Smith *et al.*, 2009; IUCN, 2014

抹香鲸科 PHYSETERIDAE

396. 抹香鲸 Sperm Whale

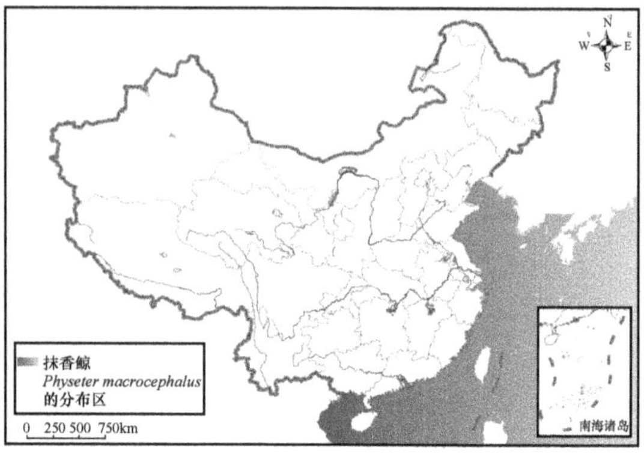

抹香鲸 *Physeter macrocephalus* (Linnaeus, 1758)
种下单元：无
生　　境：海洋
生态系统：海洋生态系统
保护等级：国家重点保护野生动物等级：二级；**CITES 附录**[1]：I
红色名录：IUCN[2]：VU；**中国哺乳类红色名录**[3]：DD
国内分布：黄海、东海、南海、台湾海域
分布国家：阿尔巴尼亚、阿尔及利亚、安哥拉、南极洲、安提瓜和巴布达、阿根廷、澳大利亚、巴哈马、孟加拉国、巴巴多斯、比利时、伯利兹、贝宁、巴西、文莱、喀麦隆、加拿大、佛得

角、智利、中国、哥伦比亚、科摩罗、哥斯达黎加、克罗地亚、塞浦路斯、丹麦、吉布提、多米尼加、厄瓜多尔、埃及、萨尔瓦多、赤道几内亚、福克兰群岛(马尔维纳斯群岛)、法罗群岛、斐济、法国、加蓬、冈比亚、加纳、直布罗陀、希腊、格陵兰、格林纳达、危地马拉、几内亚、几内亚比绍、圭亚那、海地、洪都拉斯、冰岛、印度、印度尼西亚、伊朗、爱尔兰、以色列、意大利、牙买加、日本、肯尼亚、基里巴斯、韩国、朝鲜、黎巴嫩、利比里亚、利比亚、马达加斯加、马来西亚、马尔代夫、马耳他、马绍尔群岛、毛里塔尼亚、毛里求斯、墨西哥、摩纳哥、摩洛哥、莫桑比克、纳米比亚、瑙鲁、荷兰、新西兰、尼加拉瓜、尼日利亚、挪威、阿曼、巴基斯坦、帕劳、巴拿马、巴布亚新几内亚、秘鲁、菲律宾、葡萄牙、俄罗斯、圣赫勒拿、圣卢西亚、圣文森特和格林纳丁斯、萨摩亚、圣多美和普林西比、塞内加尔、塞舌尔、塞拉利昂、新加坡、斯洛文尼亚、所罗门群岛、索马里、南非、西班牙、斯里兰卡、苏里南、叙利亚、坦桑尼亚、泰国、东帝汶、多哥、汤加、特立尼达和多巴哥、突尼斯、土耳其、图瓦卢、英国、美国、乌拉圭、瓦努阿图、越南、也门

Sperm Whale *Physeter macrocephalus* (Linnaeus, 1758)
Infra-specific Taxa: None
Habitat and Ecology: Ocean
Ecosystem: Marine
National Key Protected Wild Animal List: Category Two; **CITES Appendix**[1]: I
Red List: IUCN Red List[2]: VU; **China Mammal Red List**[3]: DD
Range in the country: Yellow Sea, East China Sea, South China Sea, Taiwan waters
Range countries: Albania, Algeria, Angola, Antarctica, Antigua and Barbuda, Argentina, Australia, Bahamas, Bangladesh, Barbados, Belgium, Belize, Benin, Brazil, Brunei, Cameroon, Canada, Cape Verde, Chile, China, Colombia, Comoros, Costa Rica, Croatia, Cyprus, Danmark, Djibouti, Dominica, Ecuador, Egypt, El Salvador, Equatorial Guinea, Falkland Islands (Malvinas), Faroe Islands, Fiji, France, Gabon, Gambia, Ghana, Gibraltar, Greece, Greenland, Grenada, Guatemala, Guinea, Guinea-Bissau, Guyana, Haiti, Honduras, Iceland, India, Indonesia, Iran, Ireland, Israel, Italy, Jamaica, Japan, Kenya, Kiribati, Korea, Republic of, Korea, Democratic People's Republic of, Lebanon, Liberia, Libya, Madagascar, Malaysia, Maldives, Malta, Marshall Islands, Mauritania, Mauritius, Mexico, Monaco, Morocco, Mozambique, Namibia, Nauru, Netherlands, Netherlands Antilles, New Zealand, Nicaragua, Nigeria, Niue, Norway, Oman, Pakistan, Palau, Panama, Papua New Guinea, Peru, Philippines, Portugal, Russia, Samoa, Sao Tomand Principe, Senegal, Seychelles, Sierra Leone, Singapore, Slovenia, Solomon Islands, Somalia, South Africa, Spain, Sri Lanka, Suriname, Syrian Arab Republic, Tanzania, Thailand, Timor-Leste, Togo, Tonga, Trinidad and Tobago, Tunisia, Turkey, Tuvalu, United Kingdom, United States, Uruguay, Vanuatu, Vietnam, Yemen

参考文献 Citation

Wang P (王丕烈), 2012; Wang Y (王应祥), 2003; Zhou K (周开亚), 2004, 2008; Wilson and Reeder, 2005; Zhang R (张荣祖), 1997; Pan Q *et al.* (潘清华等), 2007; Smith *et al.*, 2009; IUCN, 2014

397. 小抹香鲸 Pygmy Sperm Whale

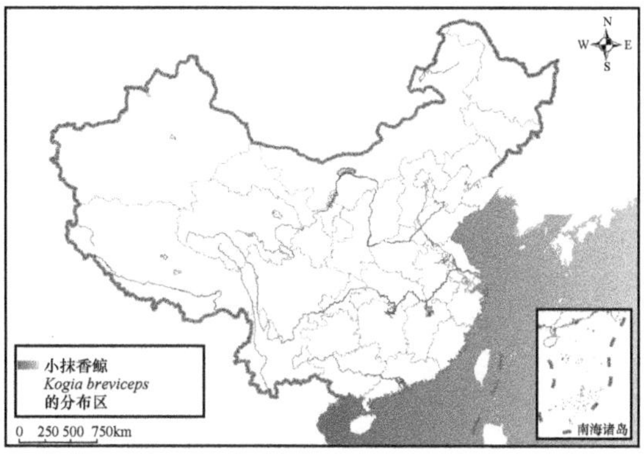

小抹香鲸 *Kogia breviceps* (Blainville, 1838)
种下单元: 无
生　　境: 海洋
生态系统: 海洋生态系统
保护等级: **国家重点保护野生动物等级:** 二级; **CITES 附录**[1]: II
红色名录: IUCN[2]: DD; **中国哺乳类红色名录**[3]: DD
国内分布: 黄海、东海、南海、台湾海域
分布国家: 美属萨摩亚、安哥拉、安圭拉、安提瓜和巴布达、阿根廷、阿鲁巴、澳大利亚、巴哈马、孟加拉国、巴巴多斯、比利时、伯利兹、贝宁、百慕大、巴西、英属印度洋领地、文莱、柬埔寨、喀麦隆、加拿大、佛得角、开曼群岛、智利、中国、圣诞岛、哥伦比亚、科摩罗、刚果、库克群岛、哥斯达黎加、科特迪瓦、古巴、丹麦、吉布提、多米尼加、厄瓜多尔、萨尔瓦多、赤道几内亚、斐济、法国、法属圭亚那、法属波利尼西亚、加蓬、冈比亚、德国、加纳、直布罗陀、格林纳达、瓜德罗普岛、关岛、危地马拉、根西岛、几内亚、几内亚比绍、圭亚那、海地、洪都拉斯、印度、印度尼西亚、伊朗、爱尔兰、马恩岛、牙买加、日本、泽西岛、肯尼亚、基里巴斯、韩国、朝鲜、利比里亚、马达加斯加、马来

西亚、马尔代夫、马绍尔群岛、马提尼克岛、毛里塔尼亚、毛里求斯、马约特岛、墨西哥、摩洛哥、莫桑比克、缅甸、纳米比亚、瑙鲁、荷兰、新喀里多尼亚、新西兰、尼加拉瓜、尼日利亚、纽埃、诺福克岛、北马里亚纳群岛、阿曼、巴基斯坦、帕劳、巴拿马、巴布亚新几内亚、秘鲁、菲律宾、皮特凯恩、葡萄牙、波多黎各、留尼旺、萨摩亚、圣多美和普林西比、塞内加尔、塞舌尔、塞拉利昂、新加坡、所罗门群岛、索马里、南非、西班牙、斯里兰卡、苏里南、坦桑尼亚、泰国、东帝汶、多哥、托克劳、汤加、特立尼达和多巴哥、特克斯和凯科斯群岛、图瓦卢、阿拉伯联合酋长国、英国、美国、乌拉圭、瓦努阿图、越南、英属维尔京群岛、美属维尔京群岛、瓦利斯和富图纳群岛、西撒哈拉、也门

Pygmy Sperm Whale *Kogia breviceps* (Blainville, 1838)
Infra-specific Taxa: None
Habitat and Ecology: Ocean
Ecosystem: Marine
National Key Protected Wild Animal List: Category Two; **CITES Appendix**[1]: II
Red List: **IUCN Red List**[2]: DD; **China Mammal Red List**[3]: DD
Range in the country: Yellow Sea, East China Sea, South China Sea, Taiwan waters
Range countries: American Samoa, Angola, Anguilla, Antigua and Barbuda, Argentina, Aruba, Australia, Bahamas, Bangladesh, Barbados, Belgium, Belize, Benin, Bermuda, Brazil, British Indian Ocean Territory, Brunei, Cambodia, Cameroon, Canada, Cape Verde, Cayman Islands, Chile, China, Christmas Island, Colombia, Comoros, Congo, Cook Islands, Costa Rica, Côte d'Ivoire, Cuba, Danmark, Djibouti, Dominica, Ecuador, El Salvador, Equatorial Guinea, Fiji, France, French Guiana, French Polynesia, Gabon, Gambia, Germany, Ghana, Gibraltar, Grenada, France, Guam, Guatemala, Guernsey, Guinea, Guinea-Bissau, Guyana, Haiti, Honduras, India, Indonesia, Iran, Ireland, Isle of Man, Jamaica, Japan, Jersey, Kenya, Kiribati, Korea, Republic of, Korea, Democratic People's Republic of, Liberia, Madagascar, Malaysia, Maldives, Marshall Islands, Martinique, Mauritania, Mauritius, Mayotte, Mexico, Micronesia, Federated States of, Montserrat, Morocco, Mozambique, Myanmar, Namibia, Nauru, Netherlands, Netherlands Antilles, New Caledonia, New Zealand, Nicaragua, Nigeria, Niue, Norfolk Island, Northern Mariana Islands, Oman, Pakistan, Palau, Panama, Papua New Guinea, Peru, Philippines, Pitcairn, Portugal, Puerto Rico, Reunion, Sierra Leone, Singapore, Solomon Islands, Somalia, South Africa, Spain, Sri Lanka, Suriname, Tanzania, Thailand, Timor-Leste, Togo, Tokelau, Tonga, Trinidad and Tobago, Turks and Caicos Islands, Tuvalu, United Arab Emirates, United Kingdom, United States, Uruguay, Vanuatu, Vietnam, Virgin Islands (British) ,Virgin Islands (U.S.), Wallis and Futuna, Western Sahara, Yemen

参考文献 Citation

Wang P (王丕烈), 2012; Wang Y (王应祥), 2003; Zhou K (周开亚), 2004, 2008; Wilson and Reeder, 2005; Zhang R (张荣祖), 1997; Pan Q *et al.* (潘清华等), 2007; Smith *et al.*, 2009; IUCN, 2014

398. 侏抹香鲸 Dwarf Sperm Whale

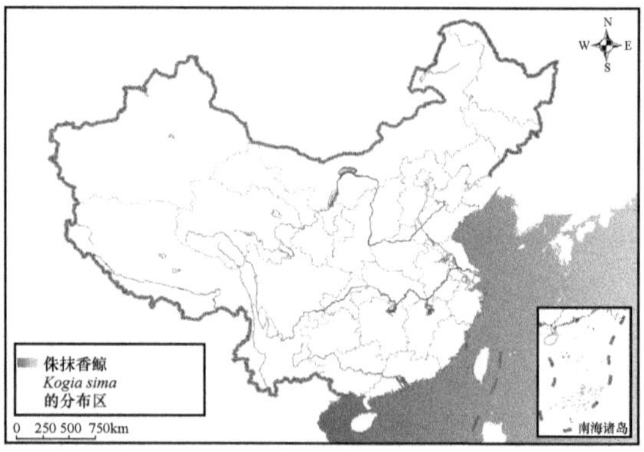

侏抹香鲸 *Kogia sima* (Owen, 1866)
种下单元：无
生　　境：海洋
生态系统：海洋生态系统
保护等级：**国家重点保护野生动物等级**：二级；**CITES 附录**[1]：II
红色名录：**IUCN**[2]：DD；**中国哺乳类红色名录**[3]：DD
国内分布：黄海、东海、南海、台湾海域
分布国家：美属萨摩亚、安哥拉、安圭拉、安提瓜和巴布达、阿根廷、阿鲁巴、澳大利亚、巴哈马、巴林、孟加拉国、巴巴多斯、伯利兹、贝宁、百慕大、巴西、英属印度洋领地、文莱、柬埔寨、喀麦隆、加拿大、佛得角、开曼群岛、智利、中国、圣诞岛、科科斯群岛、哥伦比亚、科摩罗、刚果、库克群岛、哥斯达黎加、科特迪瓦、古巴、吉布提、多米尼加、厄瓜多尔、萨尔瓦多、赤道几内亚、斐济、法属圭亚那、法属波利尼西亚、加蓬、冈比亚、加纳、直布罗陀、格林纳达、瓜德罗普岛、关岛、危地马拉、几内亚、几内亚比绍、圭亚那、海地、洪都拉斯、印度、印度尼西亚、伊朗、牙买加、日本、肯尼亚、基里巴斯、韩国、朝鲜、科威特、利比里亚、马达加斯加、马来西亚、马尔代夫、马绍尔群岛、马提尼克岛、毛里塔尼亚、毛里求斯、马约特岛、墨西哥、密克罗尼西亚联邦、蒙特塞拉特、摩洛哥、莫桑比克、缅

甸、纳米比亚、瑙鲁、荷属安的列斯、新喀里多尼亚、新西兰、尼加拉瓜、尼日利亚、纽埃、诺福克岛、北马里亚纳群岛、阿曼、巴基斯坦、帕劳、巴拿马、巴布亚新几内亚、秘鲁、菲律宾、皮特凯恩、葡萄牙(亚速尔群岛、马德拉)、波多黎各、卡塔尔、留尼旺、塞内加尔、塞舌尔、塞拉利昂、新加坡、所罗门群岛、索马里、南非、西班牙(加那利群岛)、斯里兰卡、苏里南、坦桑尼亚、泰国、东帝汶、多哥、托克劳、汤加、特立尼达和多巴哥、特克斯和凯科斯群岛、图瓦卢、阿拉伯联合酋长国、美国(夏威夷)、乌拉圭、瓦努阿图、越南、英属维尔京群岛、美属维尔京群岛、瓦利斯和富图纳群岛、西撒哈拉、也门

Dwarf Sperm Whale *Kogia sima* (Owen, 1866)
Infra-specific Taxa: None
Habitat and Ecology: Ocean
Ecosystem: Marine
National Key Protected Wild Animal List: Category Two; **CITES Appendix**[1]: II
Red List: **IUCN Red List**[2]:DD; **China Mammal Red List**[3]: DD
Range in the country: Yellow Sea, East China Sea, South China Sea, Taiwan waters
Range countries: American Samoa, Angola, Anguilla, Antigua and Barbuda, Argentina, Aruba, Australia, Bahamas, Bahrain, Bangladesh, Barbados, Belize, Benin, Bermuda, Brazil, British Indian Ocean Territory, Brunei, Cambodia, Cameroon, Canada, Cape Verde, Cayman Islands, Chile, China, Christmas Island, Cocos Islands, Colombia, Comoros, Congo, Cook Islands, Costa Rica, Côte d'Ivoire, Cuba, Djibouti, Dominica, Ecuador, El Salvador, Equatorial Guinea, Fiji, French Guiana, French Polynesia, Gabon, Gambia, Ghana, Gibraltar, Grenada, France (Guadeloupe), Guam, Guatemala, Guinea, Guinea-Bissau, Guyana, Haiti, Honduras, India, Indonesia, Iran, Jamaica, Japan, Kenya, Kiribati, Korea, Republic of, Korea, Democratic People's Republic of, Kuwait, Liberia, Madagascar, Malaysia, Maldives, Marshall Islands, Martinique, Mauritania, Mauritius, Mayotte, Mexico, Micronesia, Federated States of, Montserrat, Morocco, Mozambique, Myanmar, Namibia, Nauru, Netherlands Antilles, New Caledonia, New Zealand, Nicaragua, Nigeria, Niue, Norfolk Island, Northern Mariana Islands, Oman, Pakistan, Palau, Panama, Papua New Guinea, Peru, Philippines, Pitcairn, Portugal, Puerto Rico, Qatar, Reunion, Saint Helena, Saint Helena, Senegal, Seychelles, Sierra Leone, Singapore, Solomon Islands, Somalia, South Africa, Spain, Sri Lanka, Suriname, Tanzania, Thailand, Timor-Leste, Togo, Tokelau, Tonga, Trinidad and Tobago, Turks and Caicos Islands, Tuvalu, United Arab Emirates, United States (Hawaii), Uruguay, Vanuatu, Venezuela, Bolivarian Republic of, Vietnam, Virgin Islands (British), Virgin Islands (U.S.), Wallis and Futuna, Western Sahara, Yemen

参考文献 Citation

Wang P (王丕烈), 2012; Wang Y (王应祥), 2003; Zhou K (周开亚), 2004; Wilson and Reeder, 2005; Zhang R (张荣祖), 1997; Pan Q *et al.* (潘清华等), 2007; Smith *et al.*, 2009; IUCN, 2014

喙鲸科 ZIPHIIDAE

399. 鹅喙鲸 Cuvier's Beaked Whale

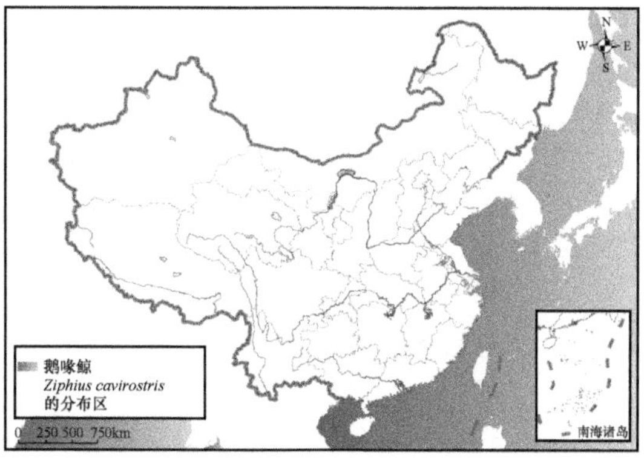

鹅喙鲸 *Ziphius cavirostris* (G. Cuvier, 1823)
种下单元: 无
生　　境: 海洋
生态系统: 海洋生态系统
保护等级: **国家重点保护野生动物等级**: 二级; **CITES 附录**[1]: II
红色名录: **IUCN**[2]: LC; **中国哺乳类红色名录**[3]: LC
国内分布: 黄海、东海、南海、台湾海域
分布国家: 阿尔巴尼亚、美属萨摩亚、安圭拉、安提瓜和巴布达、阿根廷、阿鲁巴、澳大利亚、巴哈马、孟加拉国、巴巴多斯、伯利兹、贝宁、百慕大、巴西、文莱、柬埔寨、喀麦隆、加拿大、佛得角、开曼群岛、智利、中国、科科斯群岛、哥伦比亚、科摩罗、刚果、库克群岛、哥斯达黎加、科特迪瓦、克罗地亚、古巴、丹麦、吉布提、多米尼加、厄瓜多尔、萨尔瓦多、赤道几内亚、法罗群岛、斐济、法国、法属圭亚那、法属波利尼西亚、加蓬、冈比亚、德国、加纳、直布罗陀、希腊、格林纳达、瓜德罗普岛、关岛、危地马拉、几内亚、几内亚比绍、圭亚那、海地、洪都拉斯、印度、印度尼西亚、

伊朗、爱尔兰、意大利、牙买加、日本、肯尼亚、基里巴斯、韩国、科威特、利比里亚、马达加斯加、马来西亚、马尔代夫、马绍尔群岛、马提尼克岛、毛里塔尼亚、墨西哥、密克罗尼西亚联邦、摩纳哥、摩洛哥、莫桑比克、缅甸、纳米比亚、瑙鲁、荷兰、荷属安的列斯、新喀里多尼亚、新西兰、尼加拉瓜、尼日利亚、纽埃、北马里亚纳群岛、挪威、阿曼、巴基斯坦、帕劳、巴拿马、巴布亚新几内亚、秘鲁、菲律宾、皮特凯恩、葡萄牙、波多黎各、俄罗斯、塞内加尔、塞舌尔、塞拉利昂、新加坡、所罗门群岛、索马里、南非、西班牙、斯里兰卡、苏丹、苏里南、瑞典、坦桑尼亚、泰国、东帝汶、多哥、汤加、特立尼达和多巴哥、英国、美国、乌拉圭、瓦努阿图、越南、英属维尔京群岛、美属维尔京群岛、瓦利斯和富图纳群岛、西撒哈拉、也门

Cuvier's Beaked Whale *Ziphius cavirostris* (G. Cuvier, 1823)
Infra-specific Taxa: None
Habitat and Ecology: Ocean
Ecosystem: Marine
National Key Protected Wild Animal List: Category Two; **CITES Appendix**[1]: II
Red List: **IUCN Red List**[2]: LC; **China Mammal Red List**[3]: LC
Range in the country: Yellow Sea, East China Sea, South China Sea, Taiwan waters
Range countries: Albania, American Samoa, Anguilla, Antigua and Barbuda, Argentina, Aruba, Australia, Bahamas, Bangladesh, Barbados, Belize, Benin, Bermuda, Brazil, Brunei, Cambodia, Cameroon, Canada, Cape Verde, Cayman Islands, Chile, China, Cocos Islands, Colombia, Comoros, Congo, Cook Islands, Costa Rica, Côte d'Ivoire, Croatia, Cuba, Danmark, Djibouti, Dominica, Ecuador, El Salvador, Equatorial Guinea, Falkland Islands (Malvinas), Faroe Islands, Fiji, France, French Guiana, French Polynesia, Gabon, Gambia, Germany, Ghana, Gibraltar, Greece, Grenada, France (Guadeloupe), Guam, Guatemala, Guinea, Guinea-Bissau, Guyana, Haiti, Honduras, India, Indonesia, Iran, Ireland, Italy, Jamaica, Japan, Kenya, Kiribati, Korea, Republic of, Kuwait, Liberia, Madagascar, Malaysia, Maldives, Marshall Islands, Martinique, Mauritania, Mexico, Micronesia, Federated States of, Monaco, Morocco, Mozambique, Myanmar, Namibia, Nauru, Netherlands, Netherlands Antilles, New Caledonia, New Zealand, Nicaragua, Nigeria, Niue, Northern Mariana Islands, Norway, Oman, Pakistan, Palau, Panama, Papua New Guinea, Peru, Philippines, Pitcairn, Portugal, Puerto Rico, Russia, Senegal, Seychelles, Sierra Leone, Singapore, Solomon Islands, Somalia, South Africa, Spain, Sri Lanka, Sudan, Suriname, Sweden, Tanzania, Thailand, Timor-Leste, Togo, Tonga, Trinidad and Tobago, United Kingdom, United States, Uruguay, Vanuatu, Venezuela, Vietnam, Virgin Islands (British), Virgin Islands (U.S.), Wallis and Futuna, Western Sahara, Yemen

参考文献 Citation

Wang P (王丕烈), 2012; Wang Y (王应祥), 2003; Zhou K (周开亚), 2004, 2008; Wilson and Reeder, 2005; Zhang R (张荣祖), 1997; Pan Q *et al.* (潘清华等), 2007; Smith *et al.*, 2009; IUCN, 2014

400. 柏氏中喙鲸 Blainville's Beaked Whale

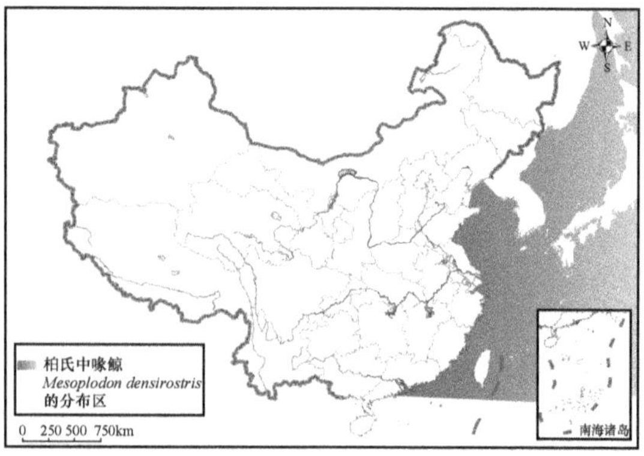

柏氏中喙鲸 *Mesoplodon densirostris* (Blainville, 1817)
种下单元：无
生　　境：海洋
生态系统：海洋生态系统
保护等级：**国家重点保护野生动物等级**：二级；**CITES 附录**[1]：II
红色名录：**IUCN**[2]：DD；**中国哺乳类红色名录**[3]：DD
国内分布：黄海、东海、台湾海域
分布国家：安哥拉、澳大利亚、巴哈马、伯利兹、巴西、喀麦隆、加拿大、佛得角、开曼群岛、智利、中国、科科斯群岛、哥伦比亚、科摩罗、哥斯达黎加、厄瓜多尔、斐济、关岛、危地马拉、圭亚那、洪都拉斯、印度、印度尼西亚、日本、肯尼亚、基里巴斯、马达加斯加、马来西亚、马绍尔群岛、毛里塔尼亚、毛里求斯、马约特岛、密克罗尼西亚联邦、摩洛哥、莫桑比克、缅甸、纳米比亚、瑙鲁、新喀里多尼亚、新西兰、尼加拉瓜、尼日利亚、北马里亚纳群岛、阿曼、巴基斯坦、帕劳、巴拿马、巴布亚新几内亚、秘鲁、菲律宾、葡萄牙、亚速尔群岛、塞舌尔、所罗门群岛、索马里、南非、西班牙、斯里兰卡、坦桑尼亚、托克劳、汤加、英国、乌拉圭、瓦努阿图、越南、瓦利斯和富图纳群岛、西撒哈拉、也门、澳大利亚、科摩罗、日本、肯尼亚、马来西亚、马尔代夫、马约特岛、墨西哥、新喀里多尼亚、菲律宾、沙特阿拉伯、美国

Blainville's Beaked Whale *Mesoplodon densirostris* (Blainville, 1817)
Infra-specific Taxa: None

Habitat and Ecology: Ocean

Ecosystem: Marine

National Key Protected Wild Animal List: Category Two; **CITES Appendix**[1]: II

Red List: **IUCN Red List**[2]: DD; **China Mammal Red List**[3]: DD

Range in the country: Yellow Sea, East China Sea, Taiwan waters

Range countries: Angola, Australia, Bahamas, Belize, Brazil, Cameroon, Canada, Cape Verde, Cayman Islands, Chile, China, Cocos Islands, Colombia, Comoros, Costa Rica, Ecuador, Fiji, Guam, Guatemala, Guyana, Honduras, India, Indonesia, Japan, Kenya, Kiribati, Madagascar, Malaysia, Marshall Islands, Mauritania, Mauritius, Mayotte, Micronesia, Federated States of, Morocco, Mozambique, Myanmar, Namibia, Nauru, New Caledonia, New Zealand, Nicaragua, Nigeria, Northern Mariana Islands, Oman, Pakistan, Palau, Panama, Papua New Guinea, Peru, Philippines, Portugal, Seychelles, Solomon Islands, Somalia, South Africa, Spain, Sri Lanka, Tanzania, Tokelau, Tonga, United Kingdom, Uruguay, Vanuatu, Vietnam, Wallis and Futuna, Western Sahara, Yemen, Australia, Comoros, Japan, Kenya, Malaysia, Maldives, Mayotte, Mexico, New Caledonia, Philippines, Saudi Arabia, United States

参考文献 Citation

Wang P (王丕烈), 2012; Wang Y (王应祥), 2003; Zhou K (周开亚), 2004, 2008; Wilson and Reeder, 2005; Zhang R (张荣祖), 1997; Pan Q *et al.* (潘清华等), 2007; Smith *et al.*, 2009; IUCN, 2014

401. 银杏齿中喙鲸 Ginkgo-toothed Beaked Whale

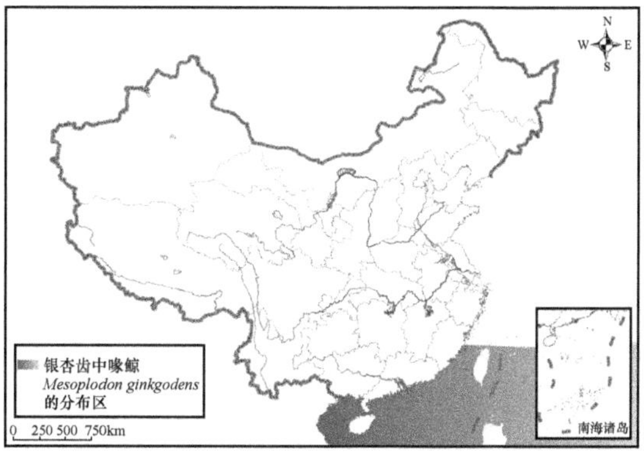

银杏齿中喙鲸 *Mesoplodon ginkgodens* (Nishiwaki & Kamiya, 1958)

种下单元：无

生　　境：海洋

生态系统：海洋生态系统

保护等级：**国家重点保护野生动物等级**：二级；**CITES 附录**[1]：II

红色名录：**IUCN**[2]：DD；**中国哺乳类红色名录**[3]：DD

国内分布：南海、台湾海域

分布国家：澳大利亚、智利、中国、哥伦比亚、库克群岛、厄瓜多尔加拉帕戈斯群岛、斐济、法属波利尼西亚、印度、印度尼西亚、日本、肯尼亚、基里巴斯、马绍尔群岛、墨西哥、密克罗尼西亚联邦、瑙鲁、新喀里多尼亚、新西兰、纽埃岛、北马里亚纳群岛、帕劳、巴布亚新几内亚、秘鲁、菲律宾、皮特克恩、萨摩亚、斯里兰卡、坦桑尼亚、托克劳、汤加、图瓦卢、美国、瓦努阿图、瓦利斯群岛和富图纳群岛

Ginkgo-toothed Beaked Whale *Mesoplodon ginkgodens* (Nishiwaki & Kamiya, 1958)

Infra-specific Taxa: None

Habitat and Ecology: Ocean

Ecosystem: Marine

National Key Protected Wild Animal List: Category Two; **CITES Appendix**[1]: II

Red List: **IUCN Red List**[2]: DD; **China Mammal Red List**[3]: DD

Range in the country: South China Sea, Taiwan waters

Range countries: Australia, Chile, China, Colombia, Cook Islands, Ecuador Galapagos Islands, Fiji, French Polynesia, India, Indonesia, Japan, Kenya, Kiribati, Marshall Islands, Mexico, Micronesia, Federated States of, Nauru, New Caledonia, New Zealand, Niue, Northern Mariana Islands, Palau, Papua New Guinea, Peru, Philippines, Pitcairn, Samoa, Sri Lanka, Tanzania, Tokelau, Tonga, Tuvalu, United States, Vanuatu, Wallis and Futuna

参考文献 Citation

Wang P (王丕烈), 2012; Wang Y (王应祥), 2003; Zhou K (周开亚), 2004, 2008; Wilson and Reeder, 2005; Zhang R (张荣祖), 1997; Pan Q *et al.* (潘清华等), 2007; Smith *et al.*, 2009; IUCN, 2014

402. 小中喙鲸 Pygmy Beaked Whale

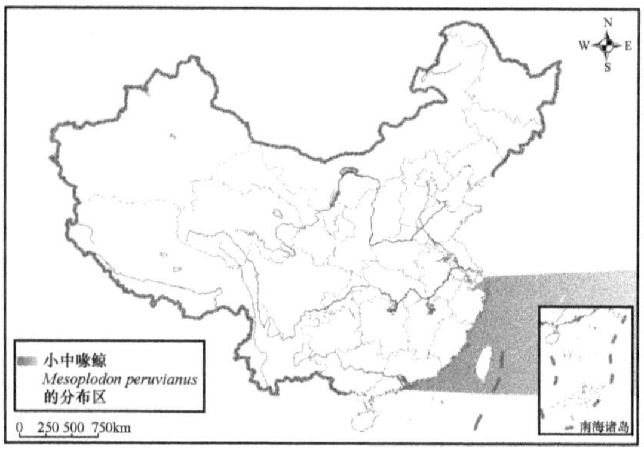

小中喙鲸 *Mesoplodon peruvianus* (Reyes, Mead & Van Waerebeek, 1991)
种下单元：无
生　　境：海洋
生态系统：海洋生态系统
保护等级：国家重点保护野生动物等级：二级；**CITES 附录**[1]：II
红色名录：**IUCN**[2]：DD；**中国哺乳类红色名录**[3]：DD
国内分布：东海
分布国家：中国、哥伦比亚、哥斯达黎加、厄瓜多尔、萨尔瓦多、危地马拉、洪都拉斯、墨西哥、尼加拉瓜、巴拿马、秘鲁

Pygmy Beaked Whale *Mesoplodon peruvianus* (Reyes, Mead & Van Waerebeek, 1991)
Infra-specific Taxa：None
Habitat and Ecology：Ocean
Ecosystem：Marine
National Key Protected Wild Animal List：Category Two; **CITES Appendix**[1]：II
Red List：**IUCN Red List**[2]：DD; **China Mammal Red List**[3]：DD
Range in the country：East China Sea
Range countries：China, Colombia, Costa Rica, Ecuador, El Salvador, Guatemala, Honduras, Mexico, Nicaragua, Panama, Peru

参考文献 Citation

Wang P *et al.* (王丕烈等), 2011; IUCN, 2014

403. 贝氏喙鲸 Baird's Beaked Whale

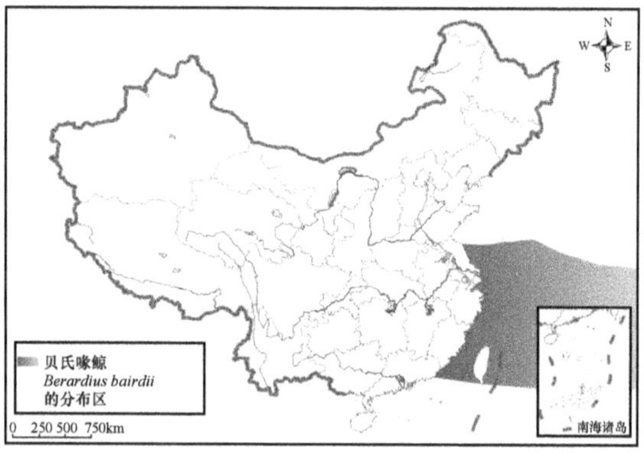

贝氏喙鲸 *Berardius bairdii* (Stejneger, 1883)
种下单元：无
生　　境：海洋
生态系统：海洋生态系统
保护等级：国家重点保护野生动物等级：二级；**CITES 附录**[1]：I
红色名录：**IUCN**[2]：DD；**中国哺乳类红色名录**[3]：DD
国内分布：东海
分布国家：中国、加拿大、日本、朝鲜、韩国、墨西哥、俄罗斯、美国

Baird's Beaked Whale *Berardius bairdii* (Stejneger, 1883)
Infra-specific Taxa：None
Habitat and Ecology：Ocean
Ecosystem：Marine
National Key Protected Wild Animal List：Category Two; **CITES Appendix**[1]：I
Red List：**IUCN Red List**[2]：DD; **China Mammal Red List**[3]：DD
Range in the country：East China Sea
Range countries：China, Canada, Japan, Korea, Democratic People's Republic of, Korea, Republic of, Mexico, Russia, United States

参考文献 Citation

Wang P (王丕烈), 2012; Wang Y (王应祥), 2003; Zhou K (周开亚), 2004, 2008; Wilson and Reeder, 2005; Pan Q *et al.* (潘清华等), 2007; Smith *et al.*, 2009; IUCN, 2014

404. 朗氏喙鲸 Indo-Pacific Beaked Whale

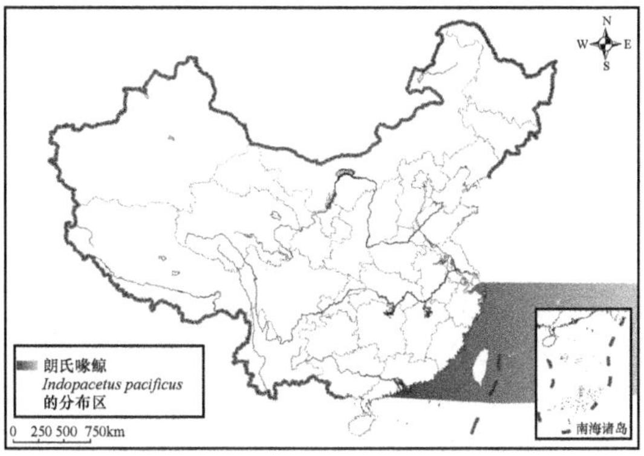

朗氏喙鲸 *Indopacetus pacificus*（Longman, 1926）
种下单元： 无
生　　境： 海洋
生态系统： 海洋生态系统
保护等级： **国家重点保护野生动物等级：** 二级；**CITES 附录**[1]：II
红色名录： **IUCN**[2]：DD；**中国哺乳类红色名录**[3]：DD
国内分布： 东海、台湾海域
分布国家： 澳大利亚、科摩罗、日本、肯尼亚、马来西亚、马尔代夫、马约特岛、墨西哥、新喀里多尼亚、菲律宾、沙特阿拉伯、索马里、南非、斯里兰卡、中国、美国

Indo-Pacific Beaked Whale *Indopacetus pacificus*（Longman, 1926）
Infra-specific Taxa： None
Habitat and Ecology： Ocean
Ecosystem： Marine
National Key Protected Wild Animal List： Category Two; **CITES Appendix**[1]：II
Red List： **IUCN Red List**[2]：DD; **China Mammal Red List**[3]：DD
Range in the country： East China Sea, Taiwan waters
Range countries： Australia, Comoros, Japan, Kenya, Malaysia, Maldives, Mayotte, Mexico, New Caledonia, Philippines, Saudi Arabia, Somalia, South Africa, Sri Lanka, China, United States

参考文献 Citation
Wang P(王丕烈), 2012; Peng Y *et al.*(彭亚君等), 2011; Watson *et al.*(2008); IUCN, 2014

鼠海豚科 PHOCOENIDAE

405. 窄脊江豚 Narrow-ridged Finless Porpoise

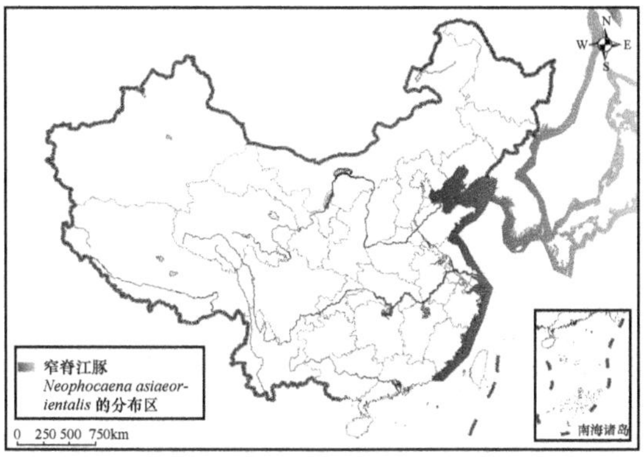

窄脊江豚 *Neophocaena asiaeorientalis*（Pilleri & Gihr, 1972）
种下单元： *asiaeorientalis; sunameri*
生　　境： 海洋、江河
生态系统： 淡水生态系统、海洋生态系统
保护等级： **国家重点保护野生动物等级：** 二级；**CITES 附录**[1]：未列入
红色名录： **IUCN**[2]：VU；**中国哺乳类红色名录**[3]：CR
国内分布： 长江、洞庭湖、鄱阳湖、渤海、黄海、东海、台湾海域
分布国家： 中国、日本、韩国

Narrow-ridged Finless Porpoise *Neophocaena asiaeorientalis*（Pilleri & Gihr, 1972）
Infra-specific Taxa： *asiaeorientalis; sunameri*
Habitat and Ecology： Ocean; Rivers
Ecosystem： Fresh Water, Marine
National Key Protected Wild Animal List： Category Two; **CITES Appendix**[1]：Not listed
Red List： **IUCN Red List**[2]：VU; **China Mammal Red List**[3]：CR
Range in the country： Yangtze River, Dongting Lake, Poyang Lake, Bohai Sea, Yellow Sea, East China Sea, Taiwan waters
Range countries： China, Japan, Korea, Republic of

参考文献 Citation
IUCN, 2014

406. 印太江豚 Indo-Pacific Finless Porpoise

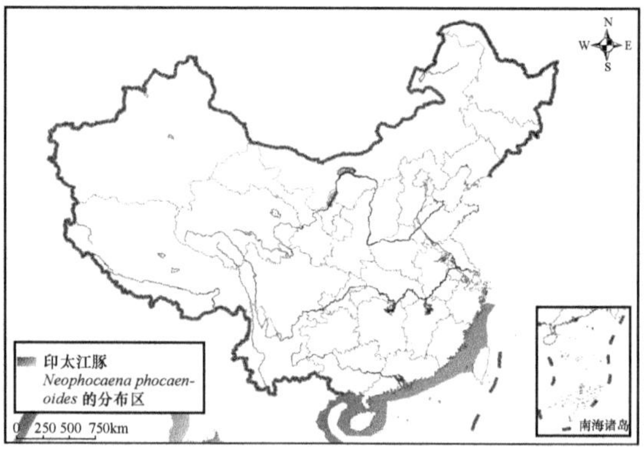

印太江豚 *Neophocaena phocaenoides* (G. Cuvier, 1829)
种下单元： 无
生　　境： 海洋
生态系统： 海洋生态系统
保护等级： **国家重点保护野生动物等级：** 二级；**CITES 附录** [1]：I
红色名录： **IUCN**[2]：VU；**中国哺乳类红色名录** [3]：VU
国内分布： 东海、南海、台湾海域
分布国家： 巴林、孟加拉国、文莱、柬埔寨、中国、印度、印度尼西亚、伊朗、伊拉克、科威特、马来西亚、缅甸、巴基斯坦、卡塔尔、沙特阿拉伯、新加坡、泰国、阿联酋、越南

Indo-Pacific Finless Porpoise *Neophocaena phocaenoides* (G. Cuvier, 1829)
Infra-specific Taxa： None
Habitat and Ecology： Ocean
Ecosystem： Marine
National Key Protected Wild Animal List： Category Two; **CITES Appendix**[1]：I
Red List： **IUCN Red List**[2]：VU; **China Mammal Red List**[3]：VU
Range in the country： East China Sea, South China Sea，Taiwan waters
Range countries： Bahrain, Bangladesh, Brunei, Cambodia, China, India, Indonesia, Iran, Iraq, Kuwait, Malaysia, Myanmar, Pakistan, Qatar, Saudi Arabia, Singapore, Thailand, United Arab Emirates, Vietnam

参考文献 Citation

Wang *et al.*, 2008; Wang P (王丕烈), 2012; Wang Y (王应祥), 2003; Zhou K (周开亚), 2004; Wilson and Reeder, 2005; Zhang R (张荣祖), 1997; Pan Q *et al.* (潘清华等), 2007; Smith *et al.*, 2009; IUCN, 2014

海豚科 DELPHINIDAE

407. 糙齿海豚 Rough-toothed Dolphin

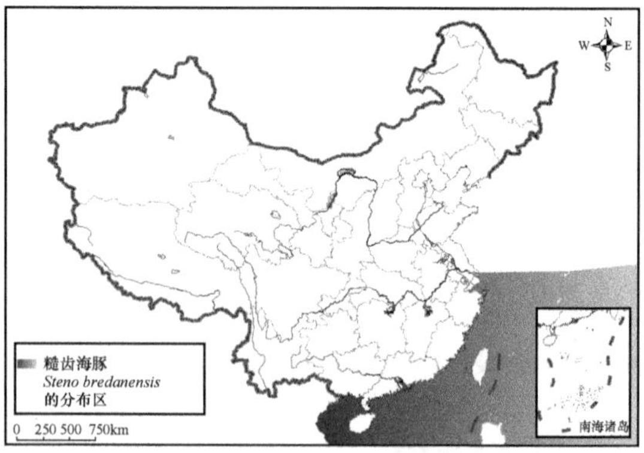

糙齿海豚 *Steno bredanensis* (G. Cuvier in Lesson, 1828)
种下单元： 无
生　　境： 海洋
生态系统： 海洋生态系统
保护等级： **国家重点保护野生动物等级：** 二级；**CITES 附录** [1]：II
红色名录： **IUCN**[2]：LC；**中国哺乳类红色名录** [3]：LC
国内分布： 东海、南海、台湾海域
分布国家： 阿尔及利亚、美属萨摩亚、安哥拉、安圭拉、安提瓜和巴布达、阿鲁巴、澳大利亚、巴哈马、孟加拉国、巴巴多斯、伯利兹、贝宁、巴西、英属印度洋领地、文莱、柬埔寨、喀麦隆、佛得角、开曼群岛、智利、中国、科科斯(基林)群岛、哥伦比亚、科摩罗、刚果、库克群岛、哥斯达黎加、科特迪瓦、古巴、吉布提、多米尼加、厄瓜多尔、萨尔瓦多、赤道几内亚、斐济、法国、法属圭亚那、法属波利尼西亚、加蓬、冈比亚、加纳、直布罗陀、希腊、格林纳达、瓜德罗普岛、关岛、危地马拉、几内亚、几内亚比绍、圭亚那、海地、洪都拉斯、印度、印度尼西亚、伊朗、以色列、意大利、牙买加、日本、肯尼亚、基里巴斯、科威特、利比里亚、利比亚、马达加斯加、马来西亚、马尔代夫、马绍尔群岛、马提尼克岛、毛里塔尼亚、墨西哥、密克罗尼西亚联邦、摩洛哥、莫桑比克、缅甸、纳米比亚、瑙鲁、荷属安的列斯、新喀里多尼亚、尼加拉瓜、尼日利亚、纽埃、北马里亚纳群岛、阿曼、巴基斯坦、帕劳、巴拿马、巴布亚新几内亚、秘鲁、菲律宾、皮特凯恩、葡萄牙、波多黎各、卡塔尔、圣赫勒拿、阿森松岛和特里斯坦、达库尼亚群岛、圣基茨和尼维斯、圣卢西亚、圣文森特和格林纳丁斯、萨摩亚、圣多美和普林西比、塞内加尔、塞舌尔、塞拉利昂、新加坡、所罗门群岛、索马里、南非、西班牙、斯里兰卡、苏里南、坦桑尼亚、泰国、东帝汶、多哥、汤加、特立尼达和多巴哥、特克

斯和凯科斯群岛、阿拉伯联合酋长国、美国、越南、英属维尔京群岛、美属维尔京群岛、瓦利斯和富图纳群岛、西撒哈拉、也门

Rough-toothed Dolphin *Steno bredanensis* (G. Cuvier in Lesson, 1828)
Infra-specific Taxa: None
Habitat and Ecology: Ocean
Ecosystem: Marine
National Key Protected Wild Animal List: Category Two; **CITES Appendix**[1]: II
Red List: **IUCN Red List**[2]: LC; **China Mammal Red List**[3]: LC
Range in the country: East China Sea, South China Sea, Taiwan waters
Range countries: Algeria, American Samoa, Angola, Anguilla, Antigua and Barbuda, Aruba, Australia, Bahamas, Bangladesh, Barbados, Belize, Benin, Brazil, British Indian Ocean Territory, Brunei, Cambodia, Cameroon, Cape Verde, Cayman Islands, Chile, China, Cocos (Keeling) Islands, Colombia, Comoros, Congo, Cook Islands, Costa Rica, Côte d'Ivoire, Cuba, Djibouti, Dominica, Ecuador, El Salvador, Equatorial Guinea, Fiji, France, French Guiana, French Polynesia, Gabon, Gambia, Ghana, Gibraltar, Greece, Grenada, France, Guam, Guatemala, Guinea, Guinea-Bissau, Guyana, Haiti, Honduras, India, Indonesia, Iran, Israel, Italy, Jamaica, Japan, Kenya, Kiribati, Kuwait, Liberia, Libya, Madagascar, Malaysia, Maldives, Marshall Islands, Martinique, Mauritania, Mexico, Micronesia, Federated States of, Morocco, Mozambique, Myanmar, Namibia, Nauru, Netherlands Antilles, New Caledonia, Nicaragua, Nigeria, Niue, Northern Mariana Islands, Oman, Pakistan, Palau, Panama, Papua New Guinea, Peru, Philippines, Pitcairn, Portugal, Puerto Rico, Qatar, Saint Helena, Saint Helena, Ascension and Tristan da Cunha, Saint Kitts and Nevis, Saint Lucia, Saint Vincent and the Grenadines, Samoa, Sao Tomé and Principe, Senegal, Seychelles, Sierra Leone, Singapore, Solomon Islands, Somalia, South Africa, Spain, Sri Lanka, Suriname, Tanzania, Thailand, Timor-Leste, Togo, Tonga, Trinidad and Tobago, Turks and Caicos Islands, United Arab Emirates, United States, Venezuela, Bolivarian Republic of, Vietnam, Virgin Islands (British), Virgin Islands (U. S.), Wallis and Futuna, Western Sahara, Yemen

参考文献 Citation
Wang P (王丕烈), 2012; Wang Y (王应祥), 2003; Zhou K (周开亚), 2004, 2008; Wilson and Reeder, 2005; Zhang R (张荣祖), 1997; Pan Q *et al.* (潘清华等), 2007; Smith *et al.*, 2009; IUCN, 2014

408. 中华白海豚 Chinese White Dolphin

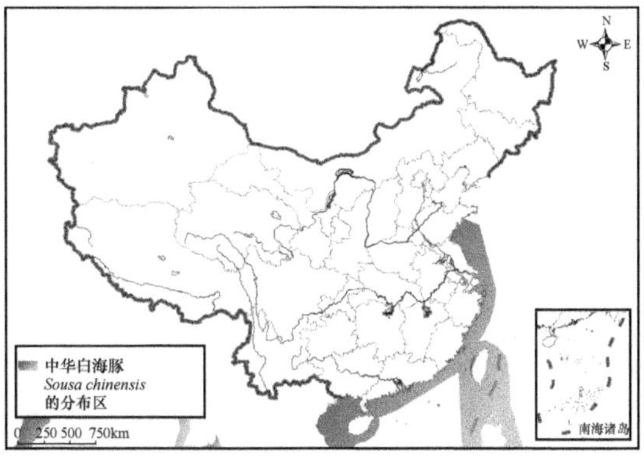

中华白海豚 *Sousa chinensis* (Osbeck, 1765)
种下单元：无
生　　境：海洋上层(水深 0～20 米)
生态系统：海洋生态系统、淡水生态系统
保护等级：**国家重点保护野生动物等级**：一级；**CITES 附录**[1]：I
红色名录：**IUCN**[2]：NT；**中国哺乳类红色名录**[3]：EN
国内分布：黄海、东海、南海、台湾海域
分布国家：澳大利亚、巴林、孟加拉国、文莱、柬埔寨、中国、科摩罗、吉布提、埃及、埃塞俄比亚、印度、印度尼西亚、伊朗、伊拉克、以色列、肯尼亚、科威特、马达加斯加、马来西亚、莫桑比克、缅甸、阿曼、巴基斯坦、巴布亚新几内亚、菲律宾、卡塔尔、沙特阿拉伯、新加坡、索马里、南非、斯里兰卡、坦桑尼亚、泰国、东帝汶、阿拉伯联合酋长国、越南、也门

Chinese White Dolphin *Sousa chinensis* (Osbeck, 1765)
Infra-specific Taxa: None
Habitat and Ecology: Ocean (Depth: 0-20m)
Ecosystem: Marine, Fresh Water
National Key Protected Wild Animal List: Category One; **CITES Appendix**[1]: I
Red List: **IUCN Red List**[2]: NT; **China Mammal Red List**[3]: EN
Range in the country: Yellow Sea, East China Sea, South China Sea, Taiwan waters
Range countries: Australia, Bahrain, Bangladesh, Brunei, Cambodia, China, Comoros, Djibouti, Egypt, Ethiopia, India, Indonesia, Iran, Iraq, Israel, Kenya, Kuwait, Madagascar, Malaysia, Mozambique, Myanmar, Oman, Pakistan, Papua New Guinea,

Philippines, Qatar, Saudi Arabia, Singapore, Somalia, South Africa, Sri Lanka, Tanzania, Thailand, Timor-Leste, United Arab Emirates, Vietnam, Yemen

参考文献 Citation

Wang Y (王应祥), 2003; Zhou K (周开亚), 2004, 2008; Wilson and Reeder, 2005; Zhang R (张荣祖), 1997; Pan Q *et al.* (潘清华等), 2007; Smith *et al.*, 2009; Wang P (王丕烈), 2012; IUCN, 2014

409. 热带点斑原海豚 Pantropical Spotted Dolphin

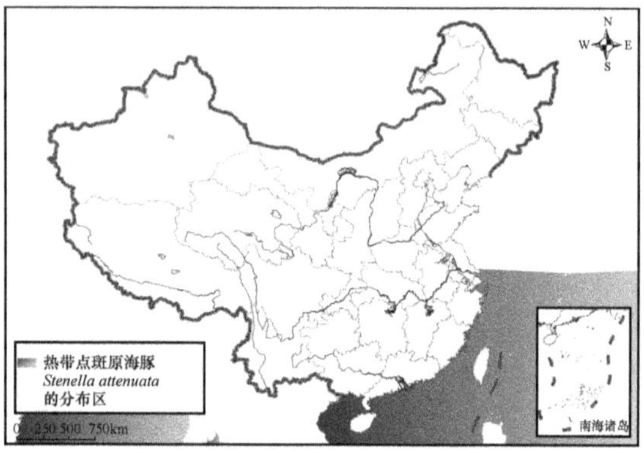

热带点斑原海豚 *Stenella attenuata* (Gray, 1846)

种下单元： *attenuata; graffmani*

生　　境： 海洋

生态系统： 海洋生态系统

保护等级：国家重点保护野生动物等级： 二级；**CITES 附录**[1]：II

红色名录：IUCN[2]：LC；**中国哺乳类红色名录**[3]：LC

国内分布： 东海、南海、台湾海域

分布国家： 美属萨摩亚、阿根廷、澳大利亚、巴哈马、孟加拉国、伯利兹、巴西、柬埔寨、佛得角、开曼群岛、中国、哥伦比亚、科摩罗、库克群岛、哥斯达黎加、科特迪瓦、古巴、吉布提、多米尼加、多明尼加共和国、厄瓜多尔、埃及、萨尔瓦多、赤道几内亚、斐济、法属波利尼西亚、加蓬、加纳、格林纳达、瓜德罗普岛、关岛、危地马拉、几内亚、海地、洪都拉斯、印度、印度尼西亚、牙买加、日本、肯尼亚、基里巴斯、马达加斯加、马来西亚、马尔代夫、马绍尔群岛、马提尼克岛、毛里求斯、墨西哥、莫桑比克、缅甸、荷属安的列斯、新喀里多尼亚、新西兰、尼加拉瓜、北马里亚纳群岛、阿曼、巴基斯坦、巴拿马、巴布亚新几内亚、秘鲁、菲律宾、波多黎各、留尼旺、圣赫勒拿、阿森松岛和特里斯坦、达库尼亚群岛、圣卢西亚、圣文森特和格林纳丁斯、沙特阿拉伯、塞内加尔、塞舌尔、新加坡、所罗门群岛、索马里、南非、斯里兰卡、坦桑尼亚、泰国、多哥、汤加、特立尼达和多巴哥、特克斯和凯科斯群岛、图瓦卢、阿拉伯联合酋长国、美国、乌拉圭、瓦努阿图、越南

Pantropical Spotted Dolphin *Stenella attenuata* (Gray, 1846)

Infra-specific Taxa: *attenuata; graffmani*

Habitat and Ecology: Ocean

Ecosystem: Marine

National Key Protected Wild Animal List: Category Two; **CITES Appendix**[1]: II

Red List: IUCN Red List[2]: LC; **China Mammal Red List**[3]: LC

Range in the country: East China Sea, South China Sea, Taiwan waters

Range countries: American Samoa, Argentina, Australia, Bahamas, Bangladesh, Belize, Brazil, Cambodia, Cape Verde, Cayman Islands, China, Colombia, Comoros, Cook Islands, Costa Rica, Côte d'Ivoire, Cuba, Djibouti, Dominica, Dominican Republic, Ecuador, Egypt, El Salvador, Equatorial Guinea, Fiji, French Polynesia, Gabon, Ghana, Grenada, France (Guadeloupe), Guam, Guatemala, Guinea, Haiti, Honduras, India, Indonesia, Jamaica, Japan, Kenya, Kiribati, Madagascar, Malaysia, Maldives, Marshall Islands, Martinique, Mauritius, Mexico, Mozambique, Myanmar, Netherlands Antilles, New Caledonia, New Zealand, Nicaragua, Northern Mariana Islands, Oman, Pakistan, Panama, Papua New Guinea, Peru, Philippines, Puerto Rico, Reunion, Saint Helena, Saint Helena, Ascension and Tristan da Cunha, Saint Lucia, Saint Vincent and the Grenadines, Saudi Arabia, Senegal, Seychelles, Singapore, Solomon Islands, Somalia, South Africa, Sri Lanka, Tanzania, Thailand, Togo, Tonga, Trinidad and Tobago, Turks and Caicos Islands, Tuvalu, United Arab Emirates, United States, Uruguay, Vanuatu, Vietnam

参考文献 Citation

Wang P (王丕烈), 2012; Wang Y (王应祥), 2003; Zhou K (周开亚), 2004, 2008; Wilson and Reeder, 2005; Zhang R (张荣祖), 1997; Pan Q *et al.* (潘清华等), 2007; Smith *et al.*, 2008; IUCN, 2014

410. 条纹原海豚 Striped Dolphin

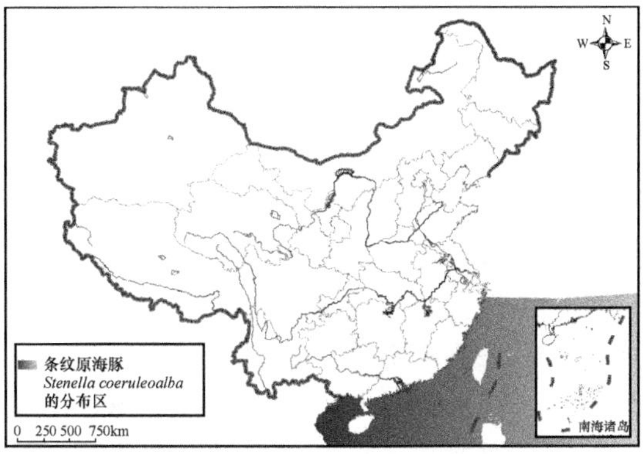

条纹原海豚 *Stenella coeruleoalba*(Meyen, 1833)
种下单元：无
生　　境：海洋
生态系统：海洋生态系统
保护等级：**国家重点保护野生动物等级**：二级；**CITES 附录**[1]：II
红色名录：**IUCN**[2]：LC；**中国哺乳类红色名录**[3]：LC
国内分布：东海、南海、台湾海域
分布国家：阿尔及利亚、美属萨摩亚、安圭拉、安提瓜和巴布达、阿鲁巴、澳大利亚、巴哈马、孟加拉国、巴巴多斯、伯利兹、贝宁、百慕大、巴西、英属印度洋领地、文莱、柬埔寨、喀麦隆、加拿大、佛得角、开曼群岛、中国、科科斯(基林)群岛、哥伦比亚、科摩罗、刚果、库克群岛、哥斯达黎加、科特迪瓦、古巴、塞浦路斯、丹麦、吉布提、多米尼加、厄瓜多尔、萨尔瓦多、赤道几内亚、埃塞俄比亚、斐济、法国、法属圭亚那、法属波利尼西亚、加蓬、冈比亚、德国、直布罗陀、希腊、格陵兰、格林纳达、瓜德罗普岛、关岛、危地马拉、几内亚、几内亚比绍、圭亚那、海地、洪都拉斯、印度、印度尼西亚、伊朗、爱尔兰、以色列、意大利、牙买加、日本、肯尼亚、基里巴斯、科威特、利比里亚、马达加斯加、马来西亚、马尔代夫、马绍尔群岛、马提尼克岛、毛里塔尼亚、墨西哥、密克罗尼西亚联邦、摩纳哥、摩洛哥、莫桑比克、缅甸、纳米比亚、荷兰、荷属安的列斯、新喀里多尼亚、新西兰、尼加拉瓜、尼日利亚、纽埃、北马里亚纳群岛、阿曼、巴基斯坦、帕劳、巴拿马、巴布亚新几内亚、秘鲁、菲律宾、皮特凯恩、葡萄牙、波多黎各、卡塔尔、俄罗斯、圣赫勒拿、阿森松岛和特里斯坦、达库尼亚群岛、圣基茨和尼维斯、圣卢西亚、圣皮埃尔和密克隆、圣文森特和格林纳丁斯、萨摩亚、圣多美和普林西比、塞内加尔、塞拉利昂、新加坡、所罗门群岛、索马里、南非、西班牙、斯里兰卡、苏里南、坦桑尼亚、泰国、东帝汶、多哥、汤加、特立尼达和多巴哥、特克斯和凯科斯群岛、阿拉伯联合酋长国、英国、美国、乌拉圭、越南、英属维尔京群岛、美属维尔京群岛、瓦利斯和富图纳群岛、西撒哈拉、也门

Striped Dolphin *Stenella coeruleoalba*(Meyen, 1833)
Infra-specific Taxa: None
Habitat and Ecology: Ocean
Ecosystem: Marine
National Key Protected Wild Animal List: Category Two; **CITES Appendix**[1]: II
Red List: **IUCN Red List**[2]: LC; **China Mammal Red List**[3]: LC
Range in the country: East China Sea, South China Sea, Taiwan waters
Range countries: Algeria, American Samoa, Anguilla, Antigua and Barbuda, Aruba, Australia, Bahamas, Bangladesh, Barbados, Belize, Benin, Bermuda, Brazil, British Indian Ocean Territory, Brunei, Cambodia, Cameroon, Canada, Cape Verde, Cayman Islands, China, Cocos (Keeling) Islands, Colombia, Comoros, Congo, Cook Islands, Costa Rica, Côte d'Ivoire, Cuba, Cyprus, Danmark, Djibouti, Dominica, Ecuador, El Salvador, Equatorial Guinea, Ethiopia, Fiji, France, French Guiana, French Polynesia, Gabon, Gambia, Germany, Gibraltar, Greece, Greenland, Grenada, France(Guadeloupe), Guam, Guatemala, Guinea, Guinea-Bissau, Guyana, Haiti, Honduras, India, Indonesia, Iran, Ireland, Israel, Italy, Jamaica, Japan, Kenya, Kiribati, Kuwait, Liberia, Madagascar, Malaysia, Maldives, Marshall Islands, Martinique, Mauritania, Mexico, Micronesia, Federated States of, Monaco, Morocco, Mozambique, Myanmar, Namibia, Netherlands, Netherlands Antilles, New Caledonia, New Zealand, Nicaragua, Nigeria, Niue, Northern Mariana Islands, Oman, Pakistan, Palau, Panama, Papua New Guinea, Peru, Philippines, Pitcairn, Portugal, Puerto Rico, Qatar, Russia, Saint Helena, Saint Helena, Ascension and Tristan da Cunha, Saint Kitts and Nevis, Saint Lucia, Saint Pierre and Miquelon, Saint Vincent and the Grenadines, Samoa, Sao Tomé and Principe, Senegal, Sierra Leone, Singapore, Solomon Islands, Somalia, South Africa, Spain, Sri Lanka, Suriname, Tanzania, Thailand, Timor-Leste, Togo, Tonga, Trinidad and Tobago, Turks and Caicos Islands, United Arab Emirates, United Kingdom, United States, Uruguay, Venezuela, Bolivarian Republic of, Vietnam, Virgin Islands(British), Virgin Islands (U.S.), Wallis and Futuna, Western Sahara, Yemen

参考文献 Citation

Wang P(王丕烈), 2012; Wang Y(王应祥), 2003; Zhou K (周开亚), 2004, 2008; Wilson and Reeder, 2005; Zhang R(张荣祖), 1997; Pan Q *et al.*(潘清华等), 2007; Smith *et al.*, 2008; IUCN, 2014

411. 飞旋原海豚 Spinner Dolphin

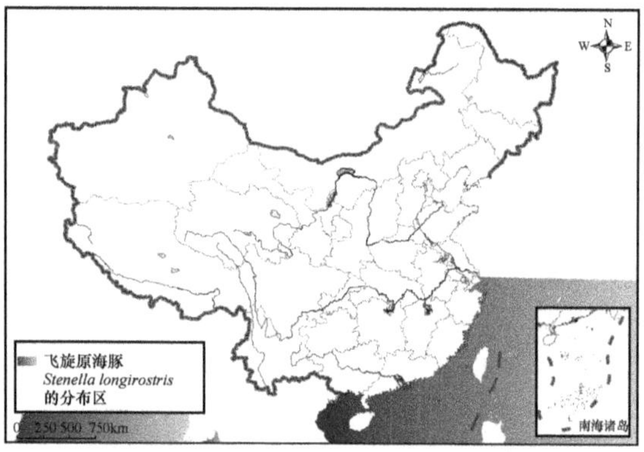

飞旋原海豚　*Stenella longirostris*(Gray, 1828)

种下单元：*longirostris; centroamericana; orientalis; roseiventris*

生　境：海洋

生态系统：海洋生态系统

保护等级：**国家重点保护野生动物等级**：二级；**CITES 附录**[1]：II

红色名录：**IUCN**[2]：DD；**中国哺乳类红色名录**[3]：DD

国内分布：东海、南海、台湾海域

分布国家：美属萨摩亚、安圭拉、阿根廷、阿鲁巴、澳大利亚、巴哈马、巴林、孟加拉国、伯利兹、百慕大、巴西、英属印度洋领地、文莱、柬埔寨、佛得角、开曼群岛、中国、科科斯(基林)群岛、哥伦比亚、科摩罗、库克群岛、哥斯达黎加、科特迪瓦、古巴、吉布提、多米尼加、厄瓜多尔、埃及、萨尔瓦多、斐济、法属波利尼西亚、加纳、关岛、危地马拉、几内亚、洪都拉斯、印度、印度尼西亚、伊朗、牙买加、日本、肯尼亚、基里巴斯、利比里亚、马达加斯加、马来西亚、马尔代夫、马绍尔群岛、马提尼克岛、毛里求斯、墨西哥、密克罗尼西亚联邦、莫桑比克、缅甸、荷属安的列斯、新喀里多尼亚、尼加拉瓜、纽埃、北马里亚纳群岛、阿曼、巴基斯坦、巴拿马、巴布亚新几内亚、秘鲁、菲律宾、波多黎各、留尼旺、圣赫勒拿、阿森松岛和特里斯坦、达库尼亚群岛、圣基茨和尼维斯、圣卢西亚、圣文森特和格林纳丁斯、萨摩亚、沙特阿拉伯、塞内加尔、塞舌尔、新加坡、所罗门群岛、索马里、南非、斯里兰卡、苏里南、坦桑尼亚、泰国、汤加、特立尼达和多巴哥、图瓦卢、乌拉圭、瓦努阿图、越南、英属维尔京群岛、美属维尔京群岛

Spinner Dolphin　*Stenella longirostris*(Gray, 1828)

Infra-specific Taxa：*longirostris; centroamericana; orientalis; roseiventris*

Habitat and Ecology：Ocean

Ecosystem：Marine

National Key Protected Wild Animal List：Category Two; **CITES Appendix**[1]：II

Red List：**IUCN Red List**[2]：DD; **China Mammal Red List**[3]：DD

Range in the country：East China Sea, South China Sea, Taiwan waters

Range countries：American Samoa, Anguilla, Argentina, Aruba, Australia, Bahamas, Bahrain, Bangladesh, Belize, Bermuda, Brazil, British Indian Ocean Territory, Brunei, Cambodia, Cape Verde, Cayman Islands, China, Cocos (Keeling) Islands, Colombia, Comoros, Cook Islands, Costa Rica, Côte d'Ivoire, Cuba, Djibouti, Dominica, Ecuador, Egypt, El Salvador, Fiji, French Polynesia, Ghana, Guam, Guatemala, Guinea, Honduras, India, Indonesia, Iran, Jamaica, Japan, Kenya, Kiribati, Liberia, Madagascar, Malaysia, Maldives, Marshall Islands, Martinique, Mauritius, Mexico, Micronesia, Federated States of, Mozambique, Myanmar, Netherlands Antilles, New Caledonia, Nicaragua, Niue, Northern Mariana Islands, Oman, Pakistan, Panama, Papua New Guinea, Peru, Philippines, Puerto Rico, Reunion, Saint Helena, Saint Helena, Ascension and Tristan da Cunha, Saint Kitts and Nevis, Saint Lucia, Saint Vincent and the Grenadines, Samoa, Saudi Arabia, Senegal, Seychelles, Singapore, Solomon Islands, Somalia, South Africa, Sri Lanka, Suriname, Tanzania, Thailand, Tonga, Trinidad and Tobago, Tuvalu, Uruguay, Vanuatu, Venezuela, Bolivarian Republic of, Vietnam, Virgin Islands (British), Virgin Islands (U.S.)

参考文献 Citation

Wang P(王丕烈), 2012; Wang Y(王应祥), 2003; Zhou K (周开亚), 2004, 2008; Wilson and Reeder, 2005; Zhang R(张荣祖), 1997; Pan Q *et al.*(潘清华等), 2007; Smith *et al.*, 2008; IUCN, 2014

412. 长喙真海豚 Long-beaked Common Dolphin

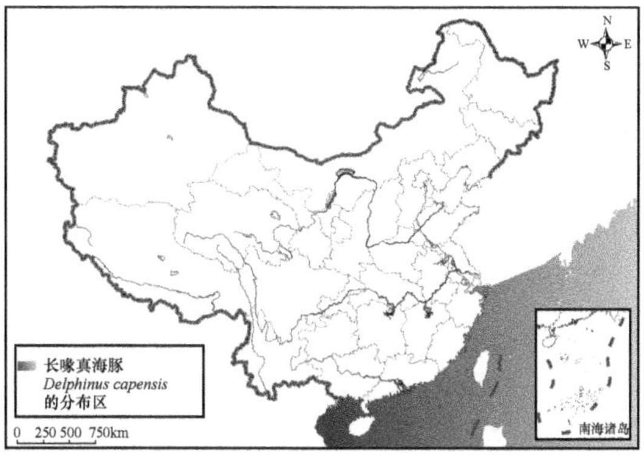

长喙真海豚 *Delphinus capensis*（Gray, 1828）
种下单元：无
生　　境：海洋
生态系统：海洋生态系统
保护等级：国家重点保护野生动物等级：二级；**CITES 附录**[1]：II
红色名录：IUCN[2]：DD；**中国哺乳类红色名录**[3]：DD
国内分布：东海、南海、台湾海域
分布国家：阿根廷、巴西、智利、中国、科特迪瓦、吉布提、埃及、厄立特里亚、加蓬、圭亚那、印度、印度尼西亚、伊朗、日本、朝鲜、韩国、科威特、马达加斯加、马来西亚、毛里塔尼亚、墨西哥、新西兰、阿曼、巴基斯坦、秘鲁、沙特阿拉伯、塞内加尔、南非、斯里兰卡、苏丹、苏里南、泰国、阿拉伯联合酋长国、美国、乌拉圭、越南、西撒哈拉、也门

Long-beaked Common Dolphin *Delphinus capensis*（Gray, 1828）
Infra-specific Taxa：None
Habitat and Ecology：Ocean
Ecosystem：Marine
National Key Protected Wild Animal List：Category Two; **CITES Appendix**[1]：II
Red List：IUCN Red List[2]：DD; **China Mammal Red List**[3]：DD
Range in the country：East China Sea, South China Sea, Taiwan waters
Range countries：Argentina, Brazil, Chile, China, Côte d'Ivoire, Djibouti, Egypt, Eritrea, Gabon, Guyana, India, Indonesia, Iran, Japan, Korea, Democratic People's Republic of, Korea, Republic of, Kuwait, Madagascar, Malaysia, Mauritania, Mexico, New Zealand, Oman, Pakistan, Peru, Saudi Arabia, Senegal, South Africa, Sri Lanka, Sudan, Suriname, Thailand, United Arab Emirates, United States, Uruguay, Venezuela, Bolivarian Republic of, Vietnam, Western Sahara, Yemen

参考文献 Citation

Wang P（王丕烈）, 2012; Wang Y（王应祥）, 2003; Zhou K（周开亚）, 2004, 2008; Wilson and Reeder, 2005; Pan Q *et al.*（潘清华等）, 2007; IUCN, 2014

413. 短喙真海豚 Short-beaked Common Dolphin

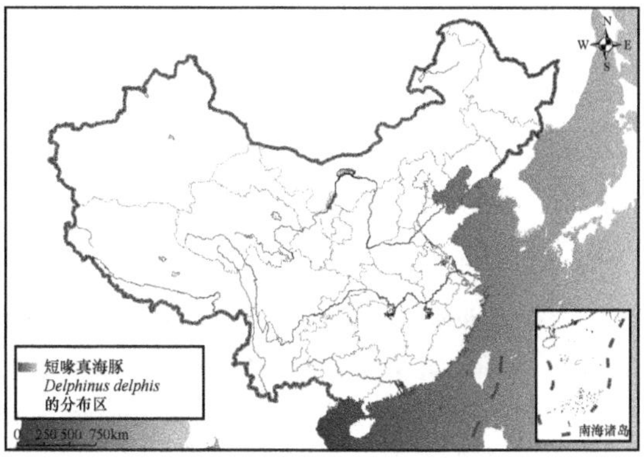

短喙真海豚 *Delphinus delphis*（Linnaeus, 1758）
种下单元：*delphis*; *ponticus*
生　　境：海洋
生态系统：海洋生态系统
保护等级：国家重点保护野生动物等级：二级；**CITES 附录**[1]：II
红色名录：IUCN[2]：LC；**中国哺乳类红色名录**[3]：LC
国内分布：渤海、黄海、东海、南海、台湾海域
分布国家：阿尔巴尼亚、阿尔及利亚、阿根廷、澳大利亚、比利时、波斯尼亚和黑塞哥维那、巴西、保加利亚、加拿大、智利、中国、哥伦比亚、哥斯达黎加、克罗地亚、塞浦路斯、丹麦、厄瓜多尔、埃及、萨尔瓦多、法国、加蓬、冈比亚、格鲁吉亚、德国、直布罗陀、希腊、危地马拉、几内亚、几内亚比绍、洪都拉斯、爱尔兰、以色列、意大利、日本、朝鲜、韩国、黎巴嫩、利比亚、马耳他、毛里塔尼亚、墨西哥、摩纳哥、黑山、摩洛哥、纳米比亚、荷兰、新喀里多尼亚、新西兰、尼加拉瓜、挪威、巴勒斯坦、巴拿马、秘鲁、波兰、葡萄牙、罗马尼亚、俄罗斯、塞内加尔、斯洛文尼亚、南非、西班牙、叙利亚、突尼斯、土耳其、乌克兰、英国、美国、西撒哈拉

Short-beaked Common Dolphin *Delphinus delphis*（Linnaeus, 1758）

Infra-specific Taxa: *delphis*; *ponticus*

Habitat and Ecology: Ocean

Ecosystem: Marine

National Key Protected Wild Animal List: Category Two; **CITES Appendix**[1]: II

Red List: **IUCN Red List**[2]: LC; **China Mammal Red List**[3]: LC

Range in the country: Bohai Sea, Yellow Sea, East China Sea, South China Sea, Taiwan waters

Range countries: Albania, Algeria, Argentina, Australia, Belgium, Bosnia and Herzegovina, Brazil, Bulgaria, Canada, Chile, China, Colombia, Costa Rica, Croatia, Cyprus, Danmark, Ecuador, Egypt, El Salvador, France, Gabon, Gambia, Georgia, Germany, Gibraltar, Greece, Guatemala, Guinea, Guinea-Bissau, Honduras, Ireland, Israel, Italy, Japan, Korea, Democratic People's Republic of, Korea, Republic of, Lebanon, Libya, Malta, Mauritania, Mexico, Monaco, Montenegro, Morocco, Namibia, Netherlands, New Caledonia, New Zealand, Nicaragua, Norway, Palestine, Panama, Peru, Poland, Portugal, Romania, Russia, Senegal, Slovenia, South Africa, Spain, Syrian Arab Republic, Tunisia, Turkey, Ukraine, United Kingdom, United States, Western Sahara

参考文献 Citation

Wang Y (王应祥), 2003; Zhou K (周开亚), 2004, 2008; Wilson and Reeder, 2005; Zhang R (张荣祖), 1997; Pan Q *et al.* (潘清华等), 2007; Smith *et al.*, 2008; Wang P (王丕烈), 2012; IUCN, 2014

414. 印太瓶鼻海豚 Indo-pacific Bottlenose Dolphin

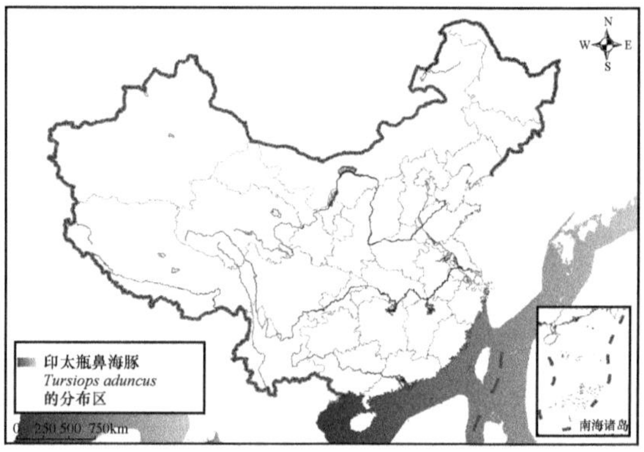

印太瓶鼻海豚 *Tursiops aduncus* (Ehrenberg, 1833)

种下单元：无

生　　境：海洋

生态系统：海洋生态系统

保护等级：**国家重点保护野生动物等级**：二级；**CITES 附录**[1]：II

红色名录：**IUCN**[2]：DD；**中国哺乳类红色名录**[3]：DD

国内分布：东海、南海、台湾海域

分布国家：澳大利亚、巴林、孟加拉国、文莱、柬埔寨、中国、科摩罗、埃及、厄立特里亚、印度、印度尼西亚、伊朗、日本、肯尼亚、马达加斯加、马来西亚、马约特岛、莫桑比克、缅甸、阿曼、巴基斯坦、巴布亚新几内亚、菲律宾、沙特阿拉伯、新加坡、所罗门群岛、索马里、南非、斯里兰卡、坦桑尼亚、泰国、东帝汶、阿拉伯联合酋长国、也门

Indo-pacific Bottlenose Dolphin *Tursiops aduncus* (Ehrenberg, 1833)

Infra-specific Taxa: None

Habitat and Ecology: Ocean

Ecosystem: Marine

National Key Protected Wild Animal List: Category Two; **CITES Appendix**[1]: II

Red List: **IUCN Red List**[2]: DD; **China Mammal Red List**[3]: DD

Range in the country: East China Sea, South China Sea, Taiwan waters

Range countries: Australia, Bahrain, Bangladesh, Brunei, Cambodia, China, Comoros, Egypt, Eritrea, India, Indonesia, Iran, Japan, Kenya, Madagascar, Malaysia, Mayotte, Mozambique, Myanmar, Oman, Pakistan, Papua New Guinea, Philippines, Saudi Arabia, Singapore, Solomon Islands, Somalia, South Africa, Sri Lanka, Tanzania, Thailand, Timor-Leste, United Arab Emirates, Yemen

参考文献 Citation

Wang P (王丕烈), 2012; Wang Y (王应祥), 2003; Zhou K (周开亚), 2004, 2008; Pan Q *et al.* (潘清华等), 2007; Zhang R (张荣祖), 1997; IUCN, 2014

415. 瓶鼻海豚 Common Bottlenose Dolphin

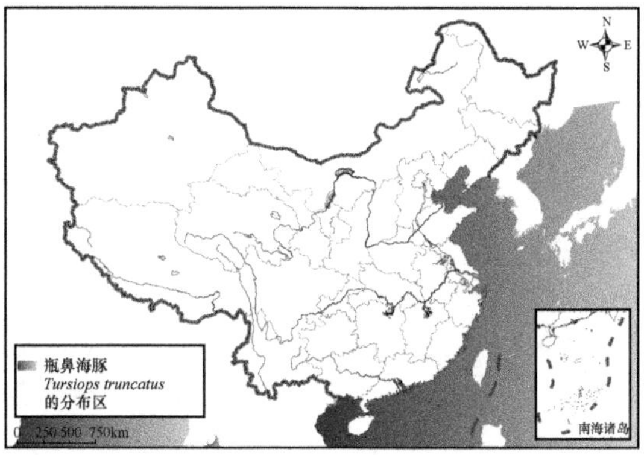

瓶鼻海豚 *Tursiops truncatus* (Montagu, 1821)
种下单元： 无
生　　境： 海洋
生态系统： 海洋生态系统
保护等级： **国家重点保护野生动物等级：** 二级；**CITES 附录** [1]：II
红色名录： **IUCN**[2]：LC；**中国哺乳类红色名录** [3]：LC
国内分布： 渤海、黄海、东海、台湾海域、南海
分布国家： 阿尔巴尼亚、阿尔及利亚、美属萨摩亚、安哥拉、安圭拉、安提瓜和巴布达、阿根廷、阿鲁巴、澳大利亚、巴哈马、巴林、孟加拉国、巴巴多斯、比利时、伯利兹、贝宁、百慕大、波斯尼亚和黑塞哥维那、巴西、英属印度洋领地、文莱、保加利亚、柬埔寨、喀麦隆、加拿大、佛得角、开曼群岛、智利、中国、科科斯(基林)群岛、哥伦比亚、科摩罗、库克群岛、哥斯达黎加、科特迪瓦、克罗地亚、古巴、塞浦路斯、丹麦、吉布提、多米尼加、、厄瓜多尔、埃及、萨尔瓦多、福克兰群岛(马尔维纳斯群岛)、法罗群岛、斐济、法国、法属圭亚那、法属波利尼西亚、加蓬、冈比亚、格鲁吉亚、德国、加纳、直布罗陀、希腊、格林纳达、瓜德罗普岛、关岛、危地马拉、根西岛、几内亚、几内亚比绍、圭亚那、海地、洪都拉斯、印度、印度尼西亚、伊朗、爱尔兰、马恩岛、以色列、意大利、牙买加、日本、泽西岛、肯尼亚、基里巴斯、大韩民国、科威特、黎巴嫩、利比里亚、利比亚、马达加斯加、马来西亚、马尔代夫、马耳他、马绍尔群岛、马提尼克岛、毛里塔尼亚、马约特岛、墨西哥、密克罗尼西亚联邦、摩纳哥、黑山、摩洛哥、莫桑比克、缅甸、纳米比亚、瑙鲁、荷兰、荷属安的列斯、新喀里多尼亚、新西兰、尼加拉瓜、尼日利亚、纽埃、北马里亚纳群岛、阿曼、巴基斯坦、帕劳、巴拿马、巴布亚新几内亚、秘鲁、菲律宾、皮特凯恩、葡萄牙、波多黎各、卡塔尔、留尼旺、罗马尼亚、俄罗斯、圣赫勒拿、阿森松岛和特里斯坦、达库尼亚群岛、圣基茨和尼维斯、圣卢西亚、圣皮埃尔和密克隆、圣文森特和格林纳丁斯、萨摩亚、圣多美和普林西比、沙特阿拉伯、塞内加尔、塞舌尔、新加坡、斯洛文尼亚、所罗门群岛、索马里、南非、西班牙、斯里兰卡、苏里南、叙利亚、坦桑尼亚、泰国、多哥、汤加、特立尼达和多巴哥、突尼斯、土耳其、特克斯和凯科斯群岛、乌克兰、阿拉伯联合酋长国、英国、美国、乌拉圭、瓦努阿图、越南、英属维尔京群岛、美属维尔京群岛、瓦利斯和富图纳群岛、西撒哈拉、也门

Common Bottlenose Dolphin *Tursiops truncatus* (Montagu, 1821)
Infra-specific Taxa: None
Habitat and Ecology: Ocean
Ecosystem: Marine
National Key Protected Wild Animal List: Category Two; **CITES Appendix**[1]: II
Red List: IUCN Red List[2]: LC; **China Mammal Red List**[3]: LC
Range in the country: Bohai Sea, Yellow Sea, East China Sea, Taiwan waters, South China Sea
Range countries: Albania, Algeria, American Samoa, Angola, Anguilla, Antigua and Barbuda, Argentina, Aruba, Australia, Bahamas, Bahrain, Bangladesh, Barbados, Belgium, Belize, Benin, Bermuda, Bosnia and Herzegovina, Brazil, British Indian Ocean Territory, Brunei, Bulgaria, Cambodia, Cameroon, Canada, Cape Verde, Cayman Islands, Chile, China, Cocos (Keeling) Islands, Colombia, Comoros, Cook Islands, Costa Rica, Côte d'Ivoire, Croatia, Cuba, Cyprus, Danmark, Djibouti, Dominica, Ecuador, Egypt, El Salvador, Falkland Islands (Malvinas), Faroe Islands, Fiji, France, French Guiana, French Polynesia, Gabon, Gambia, Georgia, Germany, Ghana, Gibraltar, Greece, Grenada, France(Guadeloupe), Guam, Guatemala, Guernsey, Guinea, Guinea-Bissau, Guyana, Haiti, Honduras, India, Indonesia, Iran, Ireland, Isle of Man, Israel, Italy, Jamaica, Japan, Jersey, Kenya, Kiribati, Korea, Republic of, Kuwait, Lebanon, Liberia, Libya, Madagascar, Malaysia, Maldives, Malta, Marshall Islands, Martinique, Mauritania, Mayotte, Mexico, Micronesia, Federated States of, Monaco, Montenegro, Morocco, Mozambique, Myanmar, Namibia, Nauru, Netherlands, Netherlands Antilles, New Caledonia, New Zealand, Nicaragua, Nigeria, Niue, Northern Mariana Islands, Oman, Pakistan, Palau, Panama, Papua New Guinea, Peru, Philippines, Pitcairn, Portugal, Puerto Rico, Qatar, Reunion, Romania, Russia, Saint Helena, Saint Helena, Ascension and Tristan da Cunha, Saint Kitts and Nevis, Saint Lucia, Saint Pierre and Miquelon, Saint Vincent and the Grenadines, Samoa, Sao Tomé and Principe, Saudi Arabia, Senegal, Seychelles, Singapore, Slovenia, Solomon Islands, Somalia, South Africa, Spain, Sri Lanka, Suriname, Syrian Arab Republic, Tanzania, Thailand, Togo, Tonga, Trinidad and Tobago, Tunisia, Turkey, Turks and Caicos Islands, Ukraine, United Arab Emirates, United Kingdom, United States, Uruguay, Vanuatu, Venezuela, Bolivarian Republic of, Vietnam, Virgin Islands(British), Virgin Islands (U.S.), Wallis and Futuna, Western Sahara, Yemen

参考文献 Citation

Wang P(王丕烈), 2012; Wang Y(王应祥), 2003; Zhou K (周开亚), 2004, 2008; Wilson and Reeder, 2005; Zhang R(张荣祖), 1997; Pan Q *et al.*(潘清华等), 2007; Smith *et al.*, 2008; IUCN, 2014

416. 弗氏海豚 Fraser's Dolphin

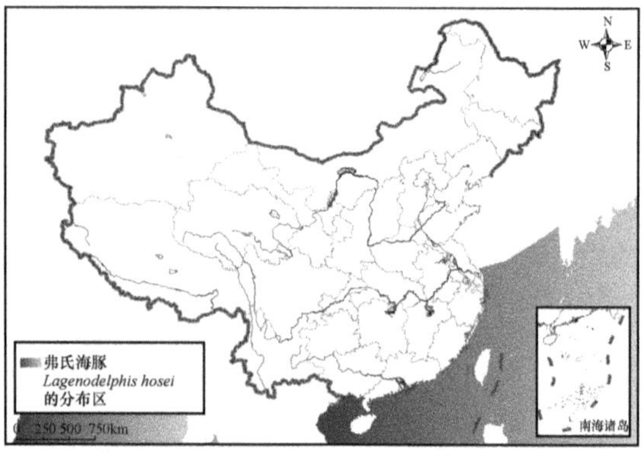

弗氏海豚 *Lagenodelphis hosei* (Fraser, 1956)
种下单元：无
生　　境：海洋
生态系统：海洋生态系统
保护等级：国家重点保护野生动物等级：二级；**CITES 附录**[1]：II
红色名录：IUCN[2]：LC；**中国哺乳类红色名录**[3]：LC
国内分布：东海、南海、台湾海域
分布国家：安哥拉、阿根廷、澳大利亚、巴西、文莱、佛得角、中国、哥伦比亚、科摩罗、库克群岛、哥斯达黎加、多米尼加、厄瓜多尔、法属波利尼西亚、加纳、印度尼西亚、日本、肯尼亚、基里巴斯、马达加斯加、马来西亚、马尔代夫、马约特岛、密克罗尼西亚联邦、瑙鲁、阿曼、帕劳、巴拿马、巴布亚新几内亚、菲律宾、波多黎各、留尼旺、圣文森特和格林纳丁斯、萨摩亚、塞内加尔、所罗门群岛、南非、西班牙、斯里兰卡、泰国、美国、乌拉圭、越南

Fraser's Dolphin *Lagenodelphis hosei* (Fraser, 1956)

Infra-specific Taxa：None

Habitat and Ecology：Ocean

Ecosystem：Marine

National Key Protected Wild Animal List：Category Two; **CITES Appendix**[1]：II

Red List：IUCN Red List[2]：LC; **China Mammal Red List**[3]：LC

Range in the country：East China Sea, South China Sea, Taiwan waters

Range countries：Angola, Argentina, Australia, Brazil, Brunei, Cape Verde, China, Colombia, Comoros, Cook Islands, Costa Rica, Dominica, Ecuador, French Polynesia, Ghana, Indonesia, Japan, Kenya, Kiribati, Madagascar, Malaysia, Maldives, Mayotte, Micronesia, Federated States of, Nauru, Oman, Palau, Panama, Papua New Guinea, Philippines, Puerto Rico, Reunion, Saint Vincent and the Grenadines, Samoa, Senegal, Solomon Islands, South Africa, Spain, Sri Lanka, Thailand, United States, Uruguay, Venezuela, Bolivarian Republic of, Vietnam

参考文献 Citation

Wang P (王丕烈), 2012; Wang Y (王应祥), 2003; Zhou K (周开亚), 2004, 2008; Wilson and Reeder, 2005; Zhang R (张荣祖), 1997; Pan Q *et al.* (潘清华等), 2007; Smith *et al.*, 2008; IUCN, 2014

417. 里氏海豚 Risso's Dolphin

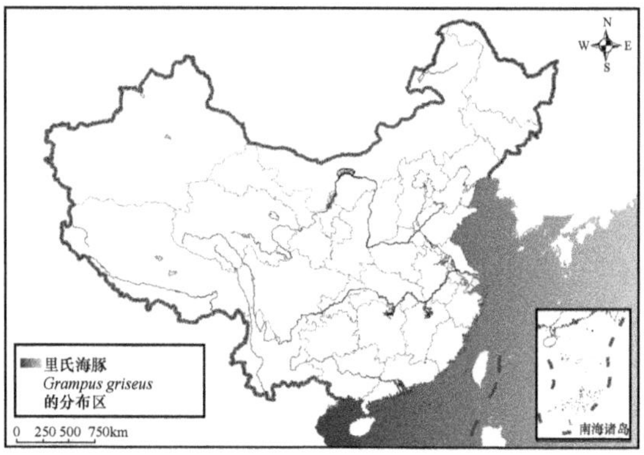

里氏海豚 *Grampus griseus* (G. Cuvier, 1812)
种下单元：无
生　　境：海洋
生态系统：海洋生态系统
保护等级：国家重点保护野生动物等级：二级；**CITES 附录**[1]：II
红色名录：IUCN[2]：LC；**中国哺乳类红色名录**[3]：LC
国内分布：黄海、东海、南海、台湾海域
分布国家：阿尔及利亚、安哥拉、安圭拉、安提瓜和巴布达、阿根廷、阿鲁巴、澳大利亚、巴哈马、巴巴多斯、百慕大、巴西、加拿大、开曼群岛、智利、中国、哥伦比亚、科摩罗、库克群岛、哥斯达黎加、科特迪瓦、克罗地亚、古巴、库拉索岛、丹麦、多米尼加、厄瓜多尔、法国、加蓬、冈比亚、德国、加纳、直布罗陀、希腊、格林纳达、瓜德罗普岛、关岛、危地马拉、根西岛、几内亚比绍、海地、印度、

印度尼西亚、伊朗、爱尔兰、以色列、意大利、牙买加、日本、泽西岛、韩国、黎巴嫩、马达加斯加、马尔代夫、马耳他、毛里求斯、马约特岛、墨西哥、摩洛哥、新喀里多尼亚、新西兰、阿曼、巴拿马、巴布亚新几内亚、秘鲁、菲律宾、俄罗斯、萨摩亚、塞舌尔、斯洛文尼亚、所罗门群岛、索马里、南非、西班牙、斯里兰卡、瑞典、叙利亚、坦桑尼亚、汤加、特立尼达和多巴哥、突尼斯、土耳其、阿拉伯联合酋长国、英国、美国、乌拉圭、越南、也门

Risso's Dolphin *Grampus griseus* (G. Cuvier, 1812)
Infra-specific Taxa: None
Habitat and Ecology: Ocean
Ecosystem: Marine
National Key Protected Wild Animal List: Category Two; **CITES Appendix**[1]: II
Red List: **IUCN Red List**[2]: LC; **China Mammal Red List**[3]: LC
Range in the country: Yellow Sea, East China Sea, South China Sea, Taiwan waters
Range countries: Algeria, Angola, Anguilla, Antigua and Barbuda, Argentina, Aruba, Australia, Bahamas, Barbados, Bermuda, Brazil, Canada, Cayman Islands, Chile, China, Colombia, Comoros, Cook Islands, Costa Rica, Côte d'Ivoire, Croatia, Cuba, Curaçao, Danmark, Dominica, Ecuador, France, Gabon, Gambia, Germany, Ghana, Gibraltar, Greece, Grenada, Guam, Guatemala, Guernsey, Guinea-Bissau, Haiti, India, Indonesia, Iran, Ireland, Israel, Italy, Jamaica, Japan, Jersey, Korea, Republic of, Lebanon, Madagascar, Maldives, Malta, Mauritius, Mayotte, Mexico, Morocco, New Caledonia, New Zealand, Oman, Panama, Papua New Guinea, Peru, Philippines, Russia, Samoa, Seychelles, Slovenia, Solomon Islands, Somalia, South Africa, Spain, Sri Lanka, Sweden, Syrian Arab Republic, Tanzania, Tonga, Trinidad and Tobago, Tunisia, Turkey, United Arab Emirates, United Kingdom, United States, Midway Island, Uruguay, Venezuela, Bolivarian Republic of, Vietnam, Yemen

参考文献 Citation

Wang P(王丕烈), 2012; Wang Y(王应祥), 2003; Zhou K (周开亚), 2004, 2008; Wilson and Reeder, 2005; Zhang R(张荣祖), 1997; Pan Q *et al.*(潘清华等), 2007; Smith *et al.*, 2008; IUCN, 2014

418. 太平洋斑纹海豚 Pacific White-sided Dolphin

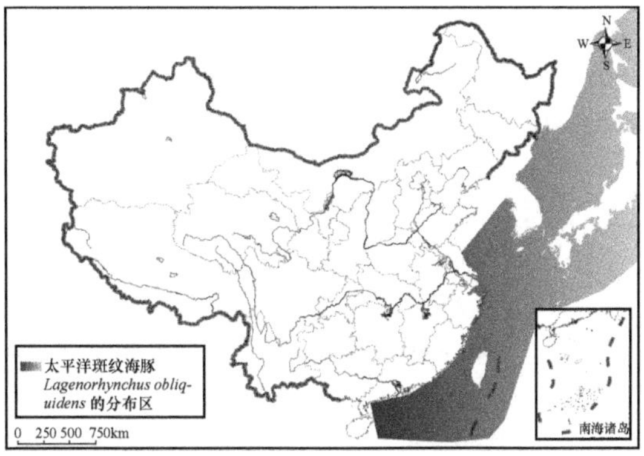

太平洋斑纹海豚 *Lagenorhynchus obliquidens* (Gill, 1865)
种下单元：无
生　　境：海洋
生态系统：海洋生态系统
保护等级：**国家重点保护野生动物等级**：二级；**CITES 附录**[1]：II
红色名录：**IUCN**[2]：LC；**中国哺乳类红色名录**[3]：LC
国内分布：黄海、东海、南海
分布国家：加拿大、中国、日本、朝鲜、韩国、墨西哥、俄罗斯、美国

Pacific White-sided Dolphin *Lagenorhynchus obliquidens* (Gill, 1865)
Infra-specific Taxa: None
Habitat and Ecology: Ocean
Ecosystem: Marine
National Key Protected Wild Animal List: Category Two; **CITES Appendix**[1]: II
Red List: **IUCN Red List**[2]: LC; **China Mammal Red List**[3]: LC
Range in the country: Yellow Sea, East China Sea, South China Sea
Range countries: Canada, China, Japan, Korea, Democratic People's Republic of, Korea, Republic of, Mexico, Russia, United States

参考文献 Citation

Wang P(王丕烈), 2012; Wang Y(王应祥), 2003; Zhou K (周开亚), 2004, 2008; Wilson and Reeder, 2005; Zhang R(张荣祖), 1997; Pan Q *et al.*(潘清华等), 2007; Smith *et al.*, 2008; IUCN, 2014

419. 瓜头鲸 Melon-headed Whale

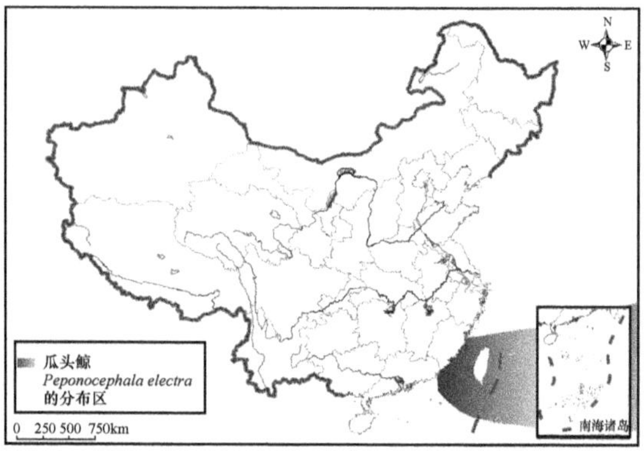

瓜头鲸 *Peponocephala electra*(Gray, 1846)

种下单元：无

生　境：海洋

生态系统：海洋生态系统

保护等级：**国家重点保护野生动物等级**：二级；**CITES 附录** [1]：II

红色名录：**IUCN**[2]：LC；**中国哺乳类红色名录** [3]：LC

国内分布：台湾海域

分布国家：美属萨摩亚、安圭拉、安提瓜和巴布达、阿鲁巴、澳大利亚、巴哈马、孟加拉国、巴巴多斯、伯利兹、贝宁、百慕大、巴西、文莱、柬埔寨、喀麦隆、开曼群岛、科科斯(基林)群岛、哥伦比亚、刚果、库克群岛、哥斯达黎加、科特迪瓦、古巴、吉布提、多米尼加、厄瓜多尔、萨尔瓦多、赤道几内亚、斐济、法属圭亚那、法属波利尼西亚、加蓬、冈比亚、加纳、格林纳达、瓜德罗普岛、关岛、危地马拉、几内亚、几内亚比绍、圭亚那、海地、洪都拉斯、印度、印度尼西亚、伊朗、牙买加、日本、肯尼亚、基里巴斯、利比里亚、马达加斯加、马来西亚、马尔代夫、马绍尔群岛、马提尼克岛、毛里塔尼亚、马约特岛、墨西哥、密克罗尼西亚联邦、莫桑比克、缅甸、纳米比亚、瑙鲁、荷属安的列斯、新喀里多尼亚、尼加拉瓜、尼日利亚、纽埃、北马里亚纳群岛、阿曼、巴基斯坦、帕劳、巴拿马、巴布亚新几内亚、秘鲁、菲律宾、皮特凯恩、波多黎各、圣基茨和尼维斯、圣卢西亚、圣文森特和格林纳丁斯、萨摩亚、塞内加尔、塞拉利昂、新加坡、所罗门群岛、索马里、南非、斯里兰卡、苏里南、坦桑尼亚、泰国、东帝汶、多哥、汤加、特立尼达和多巴哥、美国、瓦努阿图、越南、英属维尔京群岛、美属维尔京群岛、瓦利斯和富图纳群岛、西撒哈拉、也门

Melon-headed Whale *Peponocephala electra*(Gray, 1846)

Infra-specific Taxa：None

Habitat and Ecology：Ocean

Ecosystem：Marine

National Key Protected Wild Animal List：Category Two; **CITES Appendix**[1]：II

Red List：**IUCN Red List**[2]：LC; **China Mammal Red List**[3]：LC

Range in the country：Taiwan waters

Range countries：American Samoa, Anguilla, Antigua and Barbuda, Aruba, Australia, Bahamas, Bangladesh, Barbados, Belize, Benin, Bermuda, Brazil, Brunei, Cambodia, Cameroon, Cayman Islands, Cocos (Keeling) Islands, Colombia, Congo, Cook Islands, Costa Rica, Côte d'Ivoire, Cuba, Djibouti, Dominica , Ecuador, El Salvador, Equatorial Guinea, Fiji, French Guiana, French Polynesia, Gabon, Gambia, Ghana, Grenada, France(Guadeloupe), Guam, Guatemala, Guinea, Guinea-Bissau, Guyana, Haiti, Honduras, India, Indonesia, Iran, Jamaica, Japan, Kenya, Kiribati, Liberia, Madagascar, Malaysia, Maldives, Marshall Islands, Martinique, Mauritania, Mayotte, Mexico, Micronesia, Federated States of, Mozambique, Myanmar, Namibia, Nauru, Netherlands Antilles, New Caledonia, Nicaragua, Nigeria, Niue, Northern Mariana Islands, Oman, Pakistan, Palau, Panama, Papua New Guinea, Peru, Philippines, Pitcairn, Puerto Rico, Saint Kitts and Nevis, Saint Lucia, Saint Vincent and the Grenadines, Samoa, Senegal, Sierra Leone, Singapore, Solomon Islands, Somalia, South Africa, Sri Lanka, Suriname, Tanzania, Thailand, Timor-Leste, Togo, Tonga, Trinidad and Tobago, United States, Vanuatu, Vietnam, Virgin Islands (British) ,Virgin Islands (U.S.)， Wallis and Futuna, Western Sahara, Yemen

参考文献 Citation

Wang P(王丕烈), 2012; Wang Y(王应祥), 2003; Zhou K (周开亚), 2004, 2008; Wilson and Reeder, 2005; Zhang R(张荣祖), 1997; Pan Q *et al.*(潘清华等), 2007; Smith *et al.*, 2008; IUCN, 2014

420. 虎鲸 Killer Whale

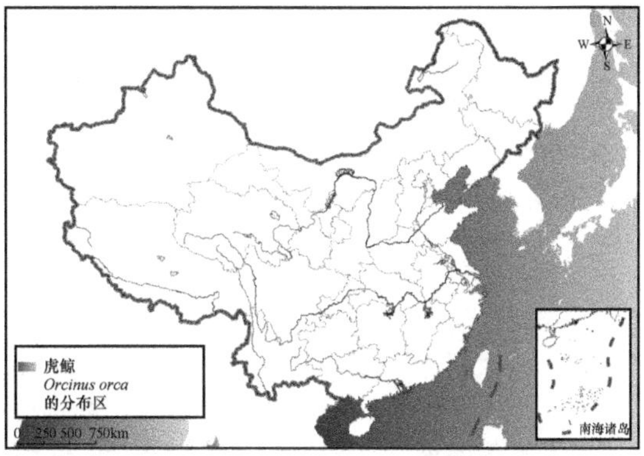

虎鲸 *Orcinus orca*(Linnaeus, 1758)
种下单元： 无
生　境： 海洋
生态系统： 海洋生态系统
保护等级： **国家重点保护野生动物等级：** 二级；**CITES 附录**[1]：II
红色名录： **IUCN**[2]：DD；**中国哺乳类红色名录**[3]：DD
国内分布： 渤海、黄海、东海、南海、台湾海域
分布国家： 阿尔及利亚、美属萨摩亚、南极洲、安提瓜和巴布达、阿根廷、阿鲁巴、澳大利亚、巴哈马、孟加拉国、巴巴多斯、伯利兹、贝宁、百慕大、巴西、英属印度洋领地、文莱、柬埔寨、喀麦隆、加拿大(纽芬兰)、佛得角、开曼群岛、智利、中国、科科斯(基林)群岛、哥伦比亚、科摩罗、刚果、库克群岛、哥斯达黎加、科特迪瓦、古巴、丹麦、吉布提、多米尼加、厄瓜多尔(加拉帕戈斯)、萨尔瓦多、赤道几内亚、福克兰群岛(马尔维纳斯群岛)、法罗群岛、斐济、法国、法属圭亚那、法属波利尼西亚、法国南方的领土(凯尔盖朗群岛)、加蓬、冈比亚、加纳、直布罗陀、格陵兰、格林纳达、瓜德罗普岛、关岛、危地马拉、几内亚、几内亚比绍、圭亚那、海地、赫德岛和麦克唐纳群岛、洪都拉斯、冰岛、印度、印度尼西亚、伊朗、爱尔兰、以色列、意大利、牙买加、日本、肯尼亚、基里巴斯、利比里亚、马达加斯加、马来西亚、马尔代夫、马绍尔群岛、马提尼克岛、毛里塔尼亚、墨西哥、密克罗尼西亚联邦、摩纳哥、摩洛哥、莫桑比克、缅甸、纳米比亚、瑙鲁、荷兰、荷属安的列斯、新喀里多尼亚、新西兰、尼加拉瓜、尼日利亚、纽埃、北马里亚纳群岛、挪威、阿曼、巴基斯坦、帕劳、巴拿马、巴布亚新几内亚、秘鲁、菲律宾、皮特凯恩、葡萄牙、波多黎各、俄罗斯、圣赫勒拿、阿森松岛和特里斯坦、达库尼亚群岛、圣基茨和尼维斯、圣卢西亚、圣皮埃尔和密克隆、圣文森特和格林纳丁斯、萨摩亚、塞内加尔、塞拉利昂、新加坡、所罗门群岛、索马里、南非、南乔治亚岛和南桑威奇群岛、西班牙、斯里兰卡、苏里南、斯瓦尔巴群岛和扬马延岛、坦桑尼亚、泰国、东帝汶、多哥、汤加、特立尼达和多巴哥、突尼斯、阿拉伯联合酋长国、英国、美国、乌拉圭、瓦努阿图、越南、英属维尔京群岛、美属维尔京群岛、瓦利斯和富图纳群岛、西撒哈拉、也门

Killer Whale *Orcinus orca*(Linnaeus, 1758)
Infra-specific Taxa: None
Habitat and Ecology: Ocean
Ecosystem: Marine
National Key Protected Wild Animal List: Category Two; **CITES Appendix**[1]: II
Red List: **IUCN Red List**[2]: DD; **China Mammal Red List**[3]: DD
Range in the country: Bohai Sea, Yellow Sea, East China Sea, South China Sea, Taiwan waters
Range countries: Algeria, American Samoa, Antarctica, Antigua and Barbuda, Argentina, Aruba, Australia, Bahamas, Bangladesh, Barbados, Belize, Benin, Bermuda, Brazil, British Indian Ocean Territory, Brunei, Cambodia, Cameroon, Canada, Cape Verde, Cayman Islands, Chile, China, Cocos (Keeling) Islands, Colombia, Comoros, Congo, Cook Islands, Costa Rica, Côte d'Ivoire, Cuba, Danmark, Djibouti, Dominica, Ecuador, El Salvador, Equatorial Guinea, Falkland Islands (Malvinas), Faroe Islands, Fiji, France, French Guiana, French Polynesia, French Southern Territories, Gabon, Gambia, Ghana, Gibraltar, Greenland, Grenada, France(Guadeloupe), Guam, Guatemala, Guinea, Guinea-Bissau, Guyana, Haiti, Heard Island and Mc Donald Islands, Honduras, Iceland, India, Indonesia, Iran, Ireland, Israel, Italy, Jamaica, Japan, Kenya, Kiribati, Liberia, Madagascar, Malaysia, Maldives, Marshall Islands, Martinique, Mauritania, Mexico, Micronesia, Federated States of, Monaco, Morocco, Mozambique, Myanmar, Namibia, Nauru, Netherlands, Netherlands Antilles, New Caledonia, New Zealand, Nicaragua, Nigeria, Niue, Northern Mariana Islands, Norway, Oman, Pakistan, Palau, Panama, Papua New Guinea, Peru, Philippines, Pitcairn, Portugal, Puerto Rico, Russia, Saint Helena, Saint Helena, Ascension and Tristan da Cunha, Saint Kitts and Nevis, Saint Lucia, Saint Pierre and Miquelon, Saint Vincent and the Grenadines, Samoa, Senegal, Sierra Leone, Singapore, Solomon Islands, Somalia, South Africa, South Georgia and the South Sandwich Islands, Spain, Sri Lanka, Suriname, Svalbard and Jan Mayen, Tanzania, Thailand, Timor-Leste, Togo, Tonga, Trinidad and Tobago, Tunisia, United Arab Emirates, United Kingdom, United States, Uruguay, Vanuatu, Vietnam, Virgin Islands(British), Virgin Islands(U.S.), Wallis and Futuna, Western Sahara, Yemen

参考文献 Citation
Wang P(王丕烈), 2012; Wang Y(王应祥), 2003; Zhou K (周开亚), 2004, 2008; Wilson and Reeder, 2005; Zhang R(张荣祖), 1997; Pan Q *et al.*(潘清华等), 2007; Smith *et al.*, 2008; IUCN, 2014

421. 伪虎鲸 False Killer Whale

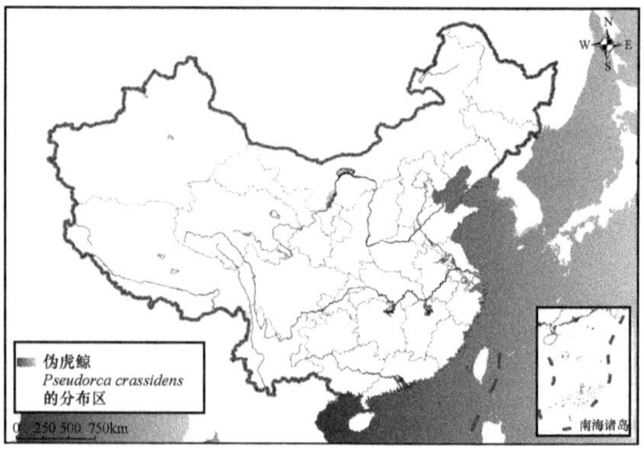

伪虎鲸　*Pseudorca crassidens*（Owen, 1846）

种下单元：无

生　　境：海洋

生态系统：海洋生态系统

保护等级：**国家重点保护野生动物等级**：二级；**CITES 附录**[1]：II

红色名录：**IUCN**[2]：DD；**中国哺乳类红色名录**[3]：DD

国内分布：渤海、黄海、东海、南海、台湾海域

分布国家：美属萨摩亚、安圭拉、安提瓜和巴布达、阿根廷、阿鲁巴、澳大利亚、巴哈马、孟加拉国、巴巴多斯、伯利兹、贝宁、百慕大、巴西、英属印度洋领地、文莱、柬埔寨、喀麦隆、加拿大、佛得角、开曼群岛、智利、中国、科科斯(基林)群岛、哥伦比亚、刚果、库克群岛、哥斯达黎加、科特迪瓦、克罗地亚、古巴、丹麦、吉布提、多米尼加、厄瓜多尔、埃及、萨尔瓦多、赤道几内亚、斐济、法国、法属圭亚那、法属波利尼西亚、加蓬、冈比亚、德国、加纳、直布罗陀、希腊、格林纳达、瓜德罗普岛、关岛、危地马拉、几内亚、几内亚比绍、圭亚那、海地、洪都拉斯、印度、印度尼西亚、伊朗、爱尔兰、以色列、意大利、牙买加、日本、约旦、肯尼亚、基里巴斯、科威特、利比里亚、马达加斯加、马来西亚、马尔代夫、马耳他、马绍尔群岛、马提尼克岛、毛里塔尼亚、墨西哥、密克罗尼西亚联邦、摩洛哥、莫桑比克、缅甸、纳米比亚、荷兰、荷属安的列斯、新喀里多尼亚、新西兰、尼加拉瓜、尼日利亚、纽埃、北马里亚纳群岛、挪威、阿曼、巴基斯坦、帕劳、巴拿马、巴布亚新几内亚、秘鲁、菲律宾、皮特凯恩、葡萄牙、波多黎各、卡塔尔、圣赫勒拿、阿森松岛和特里斯坦、达库尼亚群岛、圣基茨和尼维斯、圣卢西亚、圣皮埃尔和密克隆、圣文森特和格林纳丁斯、萨摩亚、圣多美和普林西比、塞内加尔、塞拉利昂、新加坡、所罗门群岛、索马里、南非、西班牙、斯里兰卡、苏里南、叙利亚、坦桑尼亚、泰国、东帝汶、多哥、托克劳、汤加、特立尼达和多巴哥、土库曼斯坦、特克斯和凯科斯群岛、阿拉伯联合酋长国、英国、乌拉圭、瓦努阿图、越南、英属维尔京群岛、美属维尔京群岛、瓦利斯和富图纳群岛、西撒哈拉、也门

False Killer Whale　*Pseudorca crassidens*（Owen, 1846）

Infra-specific Taxa：None

Habitat and Ecology：Ocean

Ecosystem：Marine

National Key Protected Wild Animal List：Category Two; **CITES Appendix**[1]：II

Red List：**IUCN Red List**[2]：DD; **China Mammal Red List**[3]：DD

Range in the country：Bohai Sea, Yellow Sea, East China Sea, South China Sea, Taiwan waters

Range countries：American Samoa, Anguilla, Antigua and Barbuda, Argentina, Aruba, Australia, Bahamas, Bangladesh, Barbados, Belize, Benin, Bermuda, Brazil, British Indian Ocean Territory, Brunei, Cambodia, Cameroon, Canada, Cape Verde, Cayman Islands, Chile, China, Cocos（Keeling）Islands, Colombia, Congo, Cook Islands, Costa Rica, Côte d'Ivoire, Croatia, Cuba, Danmark, Djibouti, Dominica, Dominican Republic, Ecuador, Egypt, El Salvador, Equatorial Guinea, Fiji, France, French Guiana, French Polynesia, Gabon, Gambia, Germany, Ghana, Gibraltar, Greece, Grenada, France(Guadeloupe), Guam, Guatemala, Guinea, Guinea-Bissau, Guyana, Haiti, Honduras, India, Indonesia, Iran, Ireland, Israel, Italy, Jamaica, Japan, Jordan, Kenya, Kiribati, Kuwait, Liberia, Madagascar, Malaysia, Maldives, Malta, Marshall Islands, Martinique, Mauritania, Mexico, Micronesia, Federated States of, Morocco, Mozambique, Myanmar, Namibia, Netherlands, Netherlands Antilles, New Caledonia, New Zealand, Nicaragua, Nigeria, Niue, Northern Mariana Islands, Norway, Oman, Pakistan, Palau, Panama, Papua New Guinea, Peru, Philippines, Pitcairn, Portugal, Puerto Rico, Qatar, Saint Helena, Saint Helena, Ascension and Tristan da Cunha, Saint Kitts and Nevis, Saint Lucia, Saint Pierre and Miquelon, Saint Vincent and the Grenadines, Samoa, Sao Tomé and Principe, Senegal, Sierra Leone, Singapore, Solomon Islands, Somalia, South Africa, Spain, Sri Lanka, Suriname, Syrian Arab Republic, Tanzania, Thailand, Timor-Leste, Togo, Tokelau, Tonga, Trinidad and Tobago, Turkmenistan, Turks and Caicos Islands, United Arab Emirates, United Kingdom, Uruguay, Vanuatu, Vietnam, Virgin Islands(British), Virgin Islands(U.S.), Wallis and Futuna, Western Sahara, Yemen

参考文献 Citation

Wang P(王丕烈), 2012; Wang Y(王应祥), 2003; Zhou K（周开亚）, 2004, 2008; Wilson and Reeder, 2005; Zhang R(张荣祖), 1997; Pan Q *et al.*(潘清华等), 2007; Smith *et al.*, 2008; IUCN, 2014

422. 小虎鲸 Pygmy Killer Whale

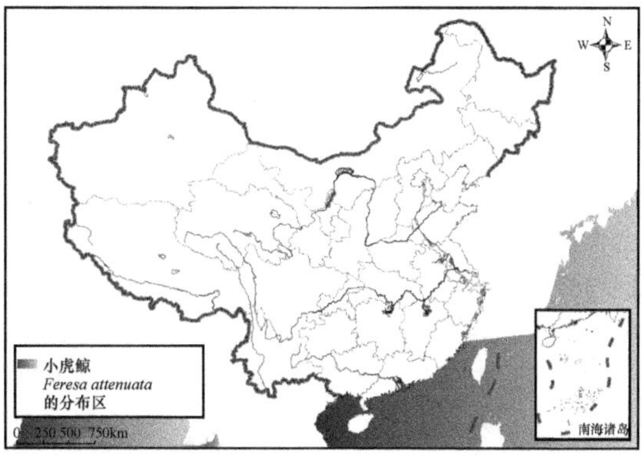

小虎鲸 *Feresa attenuata* (Gray, 1875)
种下单元： 无
生　　境： 海洋
生态系统： 海洋生态系统
保护等级： **国家重点保护野生动物等级：** 二级；**CITES 附录**[1]：II
红色名录： **IUCN**[2]：DD；**中国哺乳类红色名录**[3]：DD
国内分布： 东海、南海、台湾海域
分布国家： 阿尔及利亚、安圭拉、安提瓜和巴布达、阿鲁巴、澳大利亚、巴哈马、孟加拉国、巴巴多斯、伯利兹、贝宁、巴西、文莱、柬埔寨、喀麦隆、开曼群岛、中国、科科斯(基林)群岛、哥伦比亚、科摩罗、刚果、库克群岛、哥斯达黎加、科特迪瓦、古巴、库拉索岛、吉布提、多米尼加、厄瓜多尔、萨尔瓦多、赤道几内亚、斐济、法国、法属圭亚那、法属波利尼西亚、加蓬、冈比亚、加纳、格林纳达、关岛、危地马拉、几内亚、几内亚比绍、圭亚那、海地、洪都拉斯、印度、印度尼西亚、伊朗、意大利、牙买加、日本、肯尼亚、基里巴斯、韩国、利比里亚、马达加斯加、马来西亚、马尔代夫、马绍尔群岛、毛里塔尼亚、马约特岛、墨西哥、密克罗尼西亚联邦、摩洛哥、莫桑比克、缅甸、瑙鲁、荷兰安的列斯群岛、新喀里多尼亚、尼加拉瓜、尼日利亚、纽埃、北马里亚纳群岛、阿曼、巴基斯坦、帕劳、巴拿马、巴布亚新几内亚、秘鲁、菲律宾、皮特凯恩、葡萄牙、波多黎各、圣基茨和尼维斯、圣文森特和格林纳丁斯、萨摩亚、塞内加尔、塞拉利昂、新加坡、所罗门群岛、索马里、南非、西班牙、斯里兰卡、苏里南、坦桑尼亚、泰国、东帝汶、多哥、托克劳、汤加、特立尼达和多巴哥、美国、越南、英属维尔京群岛、美属维尔京群岛、瓦利斯和富图纳群岛、西撒哈拉、也门

Pygmy Killer Whale *Feresa attenuata* (Gray, 1875)
Infra-specific Taxa: None
Habitat and Ecology: Ocean
Ecosystem: Marine
National Key Protected Wild Animal List: Category Two; **CITES Appendix**[1]: II
Red List: **IUCN Red List**[2]: DD; **China Mammal Red List**[3]: DD
Range in the country: East China Sea, South China Sea, Taiwan waters
Range countries: Algeria, Anguilla, Antigua and Barbuda, Aruba, Australia, Bahamas, Bangladesh, Barbados, Belize, Benin, Brazil, Brunei, Cambodia, Cameroon, Cayman Islands, China, Cocos (Keeling) Islands, Colombia, Comoros, Congo, Cook Islands, Costa Rica, Côte d'Ivoire, Cuba, Curaçao, Djibouti, Dominica, Ecuador, El Salvador, Equatorial Guinea, Fiji, France, French Guiana, French Polynesia, Gabon, Gambia, Ghana, Grenada, Guam, Guatemala, Guinea, Guinea-Bissau, Guyana, Haiti, Honduras, India, Indonesia, Iran, Italy, Jamaica, Japan, Kenya, Kiribati, Korea, Republic of, Liberia, Madagascar, Malaysia, Maldives, Marshall Islands, Mauritania, Mayotte, Mexico, Micronesia, Federated States of, Morocco, Mozambique, Myanmar, Nauru, Netherlands Antilles, New Caledonia, Nicaragua, Nigeria, Niue, Northern Mariana Islands, Oman, Pakistan, Palau, Panama, Papua New Guinea, Peru, Philippines, Pitcairn, Portugal, Puerto Rico, Saint Kitts and Nevis, Saint Vincent and the Grenadines, Samoa, Senegal, Sierra Leone, Singapore, Solomon Islands, Somalia, South Africa, Spain, Sri Lanka, Suriname, Tanzania, Thailand, Timor-Leste, Togo, Tokelau, Tonga, Trinidad and Tobago, United States, Vietnam, Virgin Islands (British), Virgin Islands (U.S.), Wallis and Futuna, Western Sahara, Yemen

参考文献 Citation

Wang P (王丕烈), 2012; Wang Y (王应祥), 2003; Zhou K (周开亚), 2004, 2008; Wilson and Reeder, 2005; Zhang R (张荣祖), 1997; Pan Q *et al.* (潘清华等), 2007; Smith *et al.*, 2008; IUCN, 2014

423. 短肢领航鲸 Short-finned Pilot Whale

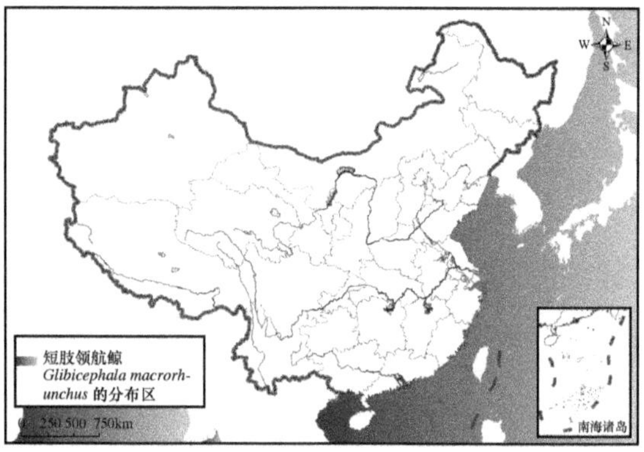

短肢领航鲸 *Globicephala macrorhynchus*(Gray, 1846)
种下单元：无
生　　境：海洋
生态系统：海洋生态系统
保护等级：**国家重点保护野生动物等级**：二级；**CITES 附录**[1]：II
红色名录：**IUCN**[2]：DD；**中国哺乳类红色名录**[3]：DD
国内分布：黄海、东海、南海、台湾海域
分布国家：美属萨摩亚、安哥拉、安圭拉、安提瓜和巴布达、阿鲁巴、澳大利亚、巴哈马、孟加拉国、巴巴多斯、伯利兹、贝宁、百慕大、巴西、文莱、柬埔寨、喀麦隆、加拿大、佛得角、开曼群岛、智利、中国、科科斯(基林)群岛、哥伦比亚、科摩罗、刚果、库克群岛、哥斯达黎加、科特迪瓦、古巴、吉布提、多米尼加、厄瓜多尔、萨尔瓦多、赤道几内亚、厄立特里亚、斐济、法属圭亚那、法属波利尼西亚、加蓬、冈比亚、加纳、格林纳达、瓜德罗普岛、关岛、危地马拉、几内亚、几内亚比绍、圭亚那、海地、洪都拉斯、印度、印度尼西亚、伊朗、牙买加、日本、肯尼亚、基里巴斯、朝鲜、韩国、利比里亚、马达加斯加、马来西亚、马尔代夫、马绍尔群岛、马提尼克岛、毛里塔尼亚、毛里求斯、马约特岛、墨西哥、密克罗尼西亚联邦、摩洛哥、莫桑比克、缅甸、纳米比亚、瑙鲁、荷属安的列斯、新喀里多尼亚、新西兰、尼加拉瓜、尼日利亚、纽埃、北马里亚纳群岛、阿曼、巴基斯坦、帕劳、巴拿马、巴布亚新几内亚、秘鲁、菲律宾、皮特凯恩、葡萄牙、波多黎各、留尼旺、俄罗斯、圣赫勒拿、阿森松岛和特里斯坦、达库尼亚群岛、圣基茨和尼维斯、圣卢西亚、圣文森特和格林纳丁斯、萨摩亚、圣多美和普林西比、沙特阿拉伯、塞内加尔、塞舌尔、塞拉利昂、新加坡、所罗门群岛、索马里、南非、西班牙、斯里兰卡、苏里南、坦桑尼亚、泰国、多哥、汤加、特立尼达和多巴哥、特克斯和凯科斯群岛、图瓦卢、美国、瓦努阿图、越南、英属维尔京群岛、美属维尔京群岛、瓦利斯和富图纳群岛、西撒哈拉、也门

Short-finned Pilot Whale *Globicephala macrorhynchus*(Gray, 1846)
Infra-specific Taxa：None
Habitat and Ecology：Ocean
Ecosystem：Marine
National Key Protected Wild Animal List：Category Two; **CITES Appendix**[1]：II
Red List：**IUCN Red List**[2]：DD; **China Mammal Red List**[3]：DD
Range in the country：Yellow Sea, East China Sea, South China Sea, Taiwan waters
Range countries：American Samoa, Angola, Anguilla, Antigua and Barbuda, Aruba, Australia, Bahamas, Bangladesh, Barbados, Belize, Benin, Bermuda, Brazil, Brunei, Cambodia, Cameroon, Canada, Cape Verde, Cayman Islands, Chile, China, Cocos (Keeling) Islands, Colombia, Comoros, Congo, Cook Islands, Costa Rica, Côte d'Ivoire, Cuba, Djibouti, Dominica, Ecuador, El Salvador, Equatorial Guinea, Eritrea, Fiji, French Guiana, French Polynesia, Gabon, Gambia, Ghana, Grenada, France(Guadeloupe), Guam, Guatemala, Guinea, Guinea-Bissau, Guyana, Haiti, Honduras, India, Indonesia, Iran, Jamaica, Japan, Kenya, Kiribati, Korea, Democratic People's Republic of, Korea, Republic of, Liberia, Madagascar, Malaysia, Maldives, Marshall Islands, Martinique, Mauritania, Mauritius, Mayotte, Mexico, Micronesia, Federated States of, Morocco, Mozambique, Myanmar, Namibia, Nauru, Netherlands Antilles, New Caledonia, New Zealand, Nicaragua, Nigeria, Niue, Northern Mariana Islands, Oman, Pakistan, Palau, Panama, Papua New Guinea, Peru, Philippines, Pitcairn, Portugal, Puerto Rico, Reunion, Russia, Saint Helena, Saint Helena, Ascension and Tristan da Cunha, Saint Kitts and Nevis, Saint Lucia, Saint Vincent and the Grenadines, Samoa, Sao Tomé and Principe, Saudi Arabia, Senegal, Seychelles, Sierra Leone, Singapore, Solomon Islands, Somalia, South Africa, Spain, Sri Lanka, Suriname, Tanzania, Thailand, Togo, Tonga, Trinidad and Tobago, Turks and Caicos Islands, Tuvalu, United States, Vanuatu, Vietnam, Virgin Islands(British), Virgin Islands(U.S.), Wallis and Futuna, Western Sahara, Yemen

参考文献 Citation

Wang P(王丕烈), 2012; Wang Y(王应祥), 2003; Zhou K (周开亚), 2004, 2008; Wilson and Reeder, 2005; Pan Q *et al.*(潘清华等), 2007; Smith *et al.*, 2008; IUCN, 2014

啮齿目 RODENTIA 松鼠科 SCIURIDAE

424. 松鼠 Eurasian Red Squirrel

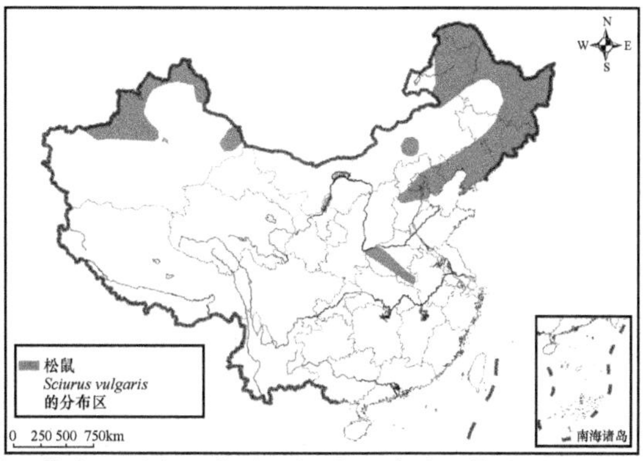

松鼠 *Sciurus vulgaris* (Linnaeus, 1758)
种下单元：*vulgaris*; *alpinus*; *altaicus*; *anadyrensis*; *arcticus*; *balcanicus*; *chiliensis*; *cinerea*; *dulkeiti*; *exalbidus*; *fedjushini*; *formosovi*; *fuscoater*; *fusconigricans*; *leucourus*; *lilaeus*; *mantchuricus*; *martensi*; *ognevi*; *orientis*; *rupestris*; *ukrainicus*; *varius*
生　境：温带森林
生态系统：陆生生态系统
保护等级：**国家重点保护野生动物等级**：无；**CITES 附录**[1]：未列入
红色名录：**IUCN**[2]：LC；**中国哺乳类红色名录**[3]：NT
国内分布：黑龙江、吉林、辽宁、内蒙古、河北、河南、新疆
分布国家：阿尔巴尼亚、奥地利、白俄罗斯、比利时、波斯尼亚和黑塞哥维那、保加利亚、中国、克罗地亚、捷克、丹麦、爱沙尼亚、芬兰、法国、德国、希腊、匈牙利、爱尔兰、意大利、日本、朝鲜、韩国、拉脱维亚、列支敦士登、立陶宛、卢森堡、马其顿、蒙古、黑山、荷兰、挪威、波兰、葡萄牙、罗马尼亚、俄罗斯、塞尔维亚、斯洛伐克、斯洛文尼亚、西班牙、瑞典、瑞士、土耳其、乌克兰、英国

Eurasian Red Squirrel *Sciurus vulgaris* (Linnaeus, 1758)
Infra-specific Taxa: *vulgaris*; *alpinus*; *altaicus*; *anadyrensis*; *arcticus*; *balcanicus*; *chiliensis*; *cinerea*; *dulkeiti*; *exalbidus*; *fedjushini*; *formosovi*; *fuscoater*; *fusconigricans*; *leucourus*; *lilaeus*; *mantchuricus*; *martensi*; *ognevi*; *orientis*; *rupestris*; *ukrainicus*; *varius*
Habitat and Ecology: Temperate Forest
Ecosystem: Terrestrial
National Key Protected Wild Animal List: None; **CITES Appendix**[1]: Not listed
Red List: **IUCN Red List**[2]: LC; **China Mammal Red List**[3]: NT
Range in the country: Heilongjiang, Jilin, Liaoning, Inner Mongolia, Hebei, Henan, Xinjiang
Range countries: Albania, Austria, Belarus, Belgium, Bosnia and Herzegovina, Bulgaria, China, Croatia, Czech, Danmark, Estonia, Finland, France, Germany, Greece, Hungary, Ireland, Italy, Japan, Korea, Democratic People's Republic of, Korea, Republic of, Latvia, Liechtenstein, Lithuania, Luxembourg, Macedonia, Montenegro, Netherlands, Norway, Poland, Portugal, Romania, Russia, Serbia, Slovakia, Slovenia, Spain, Sweden, Switzerland, Turkey, Ukraine, United Kingdom

参考文献 Citation

Wang Y (王应祥), 2003; Wilson and Reeder, 2005; Zhang R (张荣祖), 1997; Pan Q *et al.* (潘清华等), 2007; Ma Y *et al.* (马勇等), 2008; Smith *et al.*, 2008; IUCN, 2014

425. 金背松鼠 Gray-bellied Squirrel

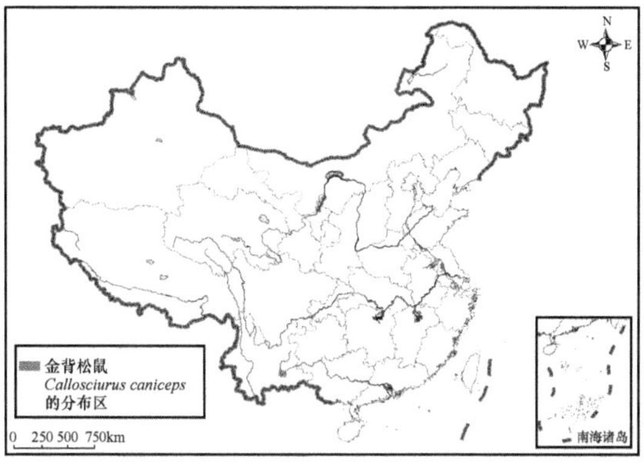

金背松鼠 *Callosciurus caniceps* (Gray, 1842)*
种下单元：*caniceps*; *adangensis*; *bimaculatus*; *casensis*; *concolor*; *domelicus*
生　境：种植园、耕地、次生林、森林
生态系统：陆生生态系统
保护等级：**国家重点保护野生动物等级**：无 **CITES 附录**[1]：未列入
红色名录：**IUCN**[2]：LC；**中国哺乳类红色名录**[3]：LC
国内分布：云南
分布国家：中国、马来西亚、缅甸、泰国

Gray-bellied Squirrel *Callosciurus caniceps* (Gray, 1842)*
Infra-specific Taxa: *caniceps*; *adangensis*; *bimaculatus*; *casensis*; *concolor*; *domelicus*
Habitat and Ecology: Plantations; Arable Land; Secondary Forest; Forest
Ecosystem: Terrestrial
National Key Protected Wild Animal List: None; **CITES Appendix**[1]: Not listed
Red List: **IUCN Red List**[2]: LC; **China Mammal Red List**[3]: LC
Range in the country: Yunnan
Range countries: China, Malaysia, Myanmar, Thailand

参考文献 Citation

Wang Y (王应祥), 2003; Zhang R (张荣祖), 1997; Pan Q *et al.* (潘清华等), 2007; Smith *et al.*, 2008; IUCN, 2014

注：*争议种，Species in dispute。

426. 赤腹松鼠 Pallas's Squirrel

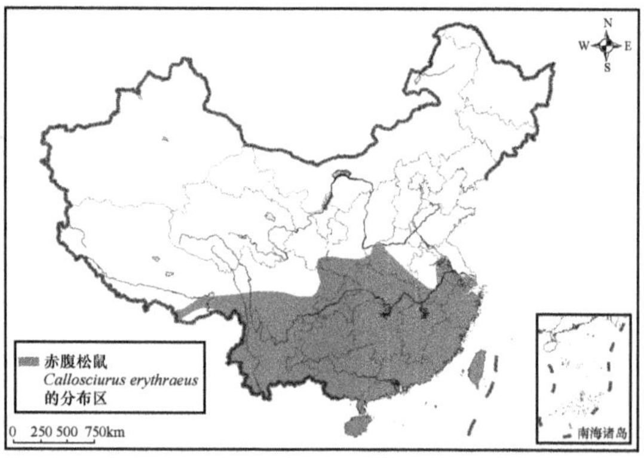

赤腹松鼠 *Callosciurus erythraeus* (Pallas, 1779)

种下单元： *erythraeus*; *atrodorsalis*; *bartoni*; *bhutanensis*; *bonhotei*; *castaneoventris*; *erythrogaster*; *flavimanus*; *gloveri*; *gordoni*; *griseimanus*; *harringtoni*; *hendeei*; *hyperythrus*; *intermedius*; *michianus*; *ningpoensis*; *pranis*; *rubeculus*; *shanicus*; *siamensis*; *sladeni*; *styani*; *thai*; *thaiwanensis*; *zimmeensis*

生　　境： 热带/亚热带湿润低地森林、泰加林、针叶阔叶混交林

生态系统： 陆生生态系统

保护等级： **国家重点保护野生动物等级：** 无；**CITES 附录**[1]：未列入

红色名录： **IUCN**[2]：LC；**中国哺乳类红色名录**[3]：LC

国内分布： 河南、陕西、湖北、四川、贵州、云南、广西、广东、海南、安徽、江苏、上海、浙江、湖南、江西、福建、西藏、台湾、重庆

分布国家： 孟加拉国、柬埔寨、中国、印度、老挝、马来西亚、缅甸、泰国、越南

Pallas's Squirrel *Callosciurus erythraeus* (Pallas, 1779)

Infra-specific Taxa： *erythraeus*; *atrodorsalis*; *bartoni*; *bhutanensis*; *bonhotei*; *castaneoventris*; *erythrogaster*; *flavimanus*; *gloveri*; *gordoni*; *griseimanus*; *harringtoni*; *hendeei*; *hyperythrus*; *intermedius*; *michianus*; *ningpoensis*; *pranis*; *rubeculus*; *shanicus*; *siamensis*; *sladeni*; *styani*; *thai*; *thaiwanensis*; *zimmeensis*

Habitat and Ecology： Tropical/Subtropical Moist Lowland Forest; Taiga; Coniferous and Broad-leaved Mixed Forest

Ecosystem： Terrestrial

National Key Protected Wild Animal List： None; **CITES Appendix**[1]：Not listed

Red List： **IUCN Red List**[2]：LC; **China Mammal Red List**[3]：LC

Range in the country： Henan, Shaanxi, Hubei, Sichuan, Guizhou, Yunnan, Guangxi, Guangdong, Hainan, Anhui, Jiangsu, Shanghai, Zhejiang, Hunan, Jiangxi, Fujian, Tibet, Taiwan, Chongqing

Range countries： Bangladesh, Cambodia, China, India, Laos, Malaysia, Myanmar, Thailand, Vietnam

参考文献 Citation

Wang Y (王应祥), 2003; Wilson and Reeder, 2005; Zhang R (张荣祖), 1997; Pan Q *et al.* (潘清华等), 2007; Ma Y *et al.* (马勇等), 2008; Smith *et al.*, 2008; IUCN, 2014

427. 印支松鼠 Inornate Squirrel

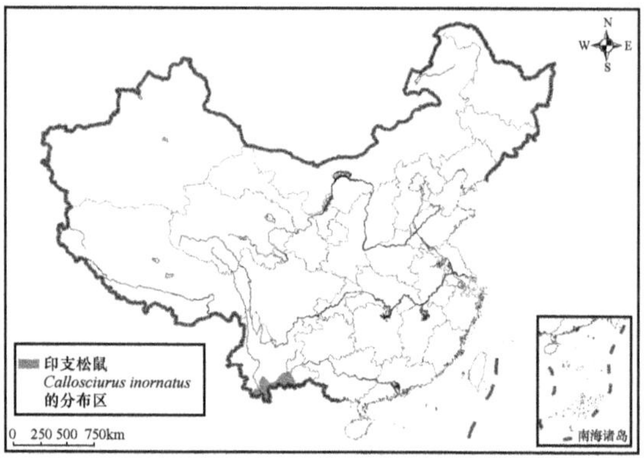

印支松鼠 *Callosciurus inornatus* (Gray, 1867)

种下单元： 无

生　　境： 灌丛、森林

生态系统： 陆生生态系统

保护等级： **国家重点保护野生动物等级：** 无；**CITES 附录**[1]：未列入

红色名录： **IUCN**[2]：LC；**中国哺乳类红色名录**[3]：LC

国内分布： 云南

分布国家： 中国、老挝、越南

Inornate Squirrel *Callosciurus inornatus* (Gray, 1867)

Infra-specific Taxa： None

Habitat and Ecology： Shrubland; Forest

Ecosystem： Terrestrial

National Key Protected Wild Animal List： None; **CITES Appendix**[1]：Not listed

Red List： **IUCN Red List**[2]：LC; **China Mammal Red List**[3]：LC

Range in the country： Yunnan

Range countries： China, Laos, Vietnam

参考文献 Citation

Wang Y (王应祥), 2003; Wilson and Reeder, 2005; Pan Q *et al.* (潘清华等), 2007; Ma Y *et al.* (马勇等), 2008; Smith *et al.*, 2008; IUCN, 2014

428. 黄足松鼠 Phayre's Squirrel

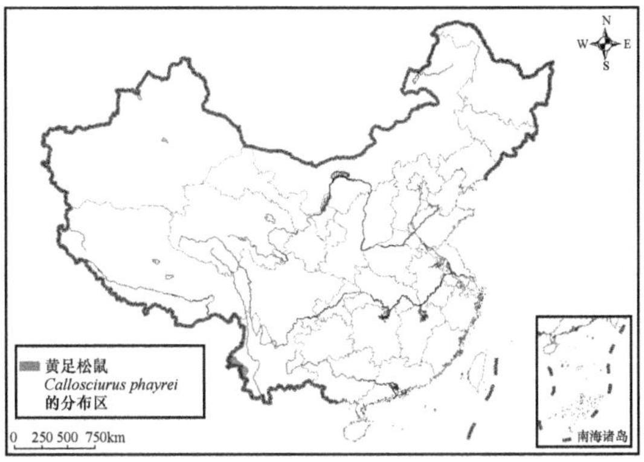

黄足松鼠 *Callosciurus phayrei* (Blyth, 1856)
种下单元：无
生　境：森林
生态系统：陆生生态系统
保护等级：**国家重点保护野生动物等级**：无；**CITES 附录**[1]：未列入
红色名录：**IUCN**[2]：LC；**中国哺乳类红色名录**[3]：LC
国内分布：云南
分布国家：中国、缅甸

Phayre's Squirrel *Callosciurus phayrei* (Blyth, 1856)
Infra-specific Taxa：None
Habitat and Ecology：Forest
Ecosystem：Terrestrial
National Key Protected Wild Animal List：None; **CITES Appendix**[1]：Not listed
Red List：**IUCN Red List**[2]：LC; **China Mammal Red List**[3]：LC
Range in the country：Yunnan
Range countries：China, Myanmar
参考文献 Citation

Wang Y (王应祥), 2003; Zhang R (张荣祖), 1997; Pan Q *et al.* (潘清华等), 2007; Ma Y *et al.* (马勇等), 2008; Smith *et al.*, 2008; IUCN, 2014

429. 蓝腹松鼠 Hoary-bellied Squirrel/Irrawaddy Squirrel

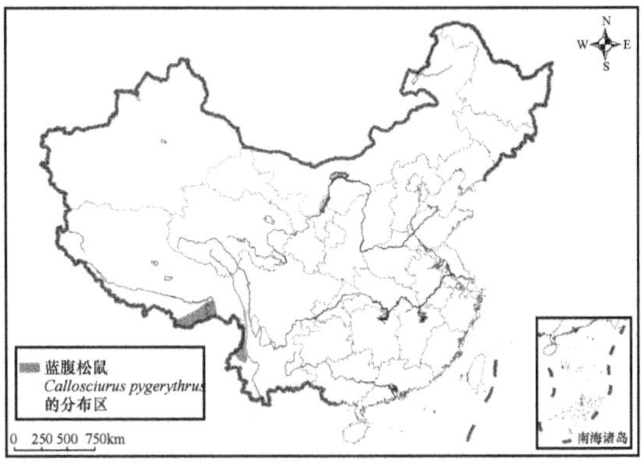

蓝腹松鼠 *Callosciurus pygerythrus* (I. Geoffroy Saint Hilaire, 1832)
种下单元：*pygerythrus*; *blythii*; *janetta*; *lokroides*; *mearsi*; *owensi*; *stevensi*
生　境：亚热带湿润低地森林、灌丛、种植园
生态系统：陆生生态系统
保护等级：**国家重点保护野生动物等级**：无；**CITES 附录**[1]：未列入
红色名录：**IUCN**[2]：LC；**中国哺乳类红色名录**[3]：LC
国内分布：云南、西藏
分布国家：孟加拉国、中国、印度、缅甸、尼泊尔

Hoary-bellied Squirrel/Irrawaddy Squirrel *Callosciurus pygerythrus* (I. Geoffroy Saint Hilaire, 1832)
Infra-specific Taxa：*pygerythrus*; *blythii*; *janetta*; *lokroides*; *mearsi*; *owensi*; *stevensi*
Habitat and Ecology：Subtropical Moist Lowland Forest; Shrubland; Plantations
Ecosystem：Terrestrial
National Key Protected Wild Animal List：None; **CITES Appendix**[1]：Not listed
Red List：**IUCN Red List**[2]：LC; **China Mammal Red List**[3]：LC
Range in the country：Yunnan, Tibet
Range countries：Bangladesh, China, India, Myanmar, Nepal
参考文献 Citation

Wang Y (王应祥), 2003; Wilson and Reeder, 2005; Zhang R (张荣祖), 1997; Pan Q *et al.* (潘清华等), 2007; Ma Y *et al.* (马勇等), 2008; Smith *et al.*, 2008; IUCN, 2014

430. 五纹松鼠 Anderson's Squirrel

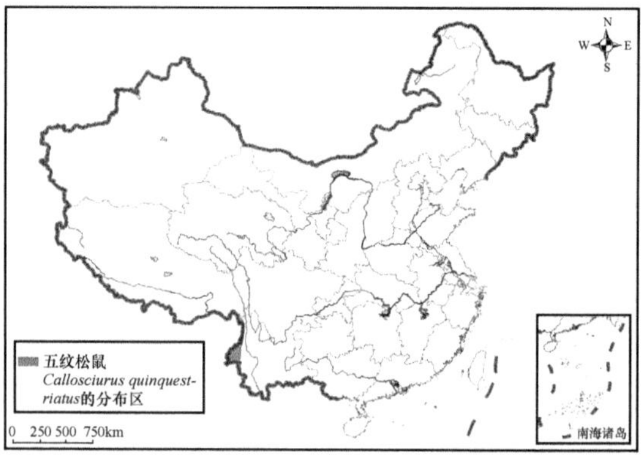

五纹松鼠 *Callosciurus quinquestriatus* (Anderson, 1871)

种下单元： *quinquestriatus; imarius*

生　　境： 森林

生态系统： 陆生生态系统

保护等级： **国家重点保护野生动物等级：** 无；**CITES 附录**[1]：未列入

红色名录： **IUCN**[2]：NT；**中国哺乳类红色名录**[3]：NT

国内分布： 云南

分布国家： 中国、缅甸

Anderson's Squirrel *Callosciurus quinquestriatus* (Anderson, 1871)

Infra-specific Taxa: *quinquestriatus; imarius*

Habitat and Ecology: Forest

Ecosystem: Terrestrial

National Key Protected Wild Animal List: None; **CITES Appendix**[1]: Not listed

Red List: IUCN Red List[2]: NT; **China Mammal Red List**[3]: NT

Range in the country: Yunnan

Range countries: China, Myanmar

参考文献 Citation

Wang Y (王应祥), 2003; Wilson and Reeder, 2005; Zhang R (张荣祖), 1997; Pan Q *et al.* (潘清华等), 2007; Ma Y *et al.* (马勇等), 2008; Smith *et al.*, 2008; IUCN, 2014

431. 明纹花松鼠 Himalayan Striped Squirrel

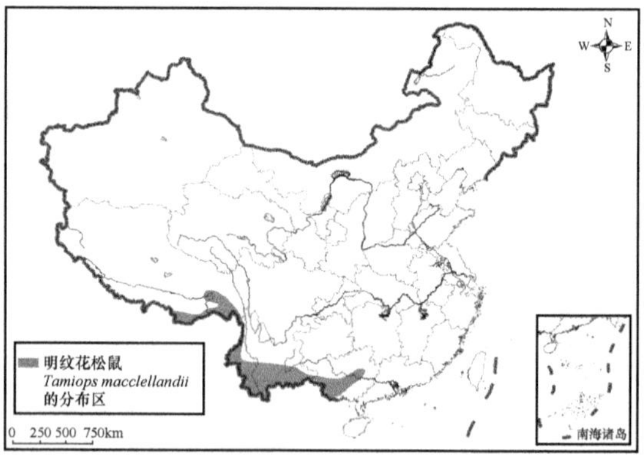

明纹花松鼠 *Tamiops macclellandii* (Horsfield, 1840)

种下单元： *mcclellandii; barbei; collinus; inconstans; kongensis; leucotis*

生　　境： 热带/亚热带湿润山地森林、种植园

生态系统： 陆生生态系统

保护等级： **国家重点保护野生动物等级：** 无；**CITES 附录**[1]：未列入

红色名录： **IUCN**[2]：LC；**中国哺乳类红色名录**[3]：LC

国内分布： 云南、西藏、广西

分布国家： 不丹、柬埔寨、中国、印度、老挝、马来西亚、缅甸、尼泊尔、泰国、越南

Himalayan Striped Squirrel *Tamiops macclellandii* (Horsfield, 1840)

Infra-specific Taxa: *mcclellandii; barbei; collinus; inconstans; kongensis; leucotis*

Habitat and Ecology: Tropical/Subtropical Moist Montane Forest; Plantations

Ecosystem: Terrestrial

National Key Protected Wild Animal List: None; **CITES Appendix**[1]: Not listed

Red List: IUCN Red List[2]: LC; **China Mammal Red List**[3]: LC

Range in the country: Yunnan, Tibet, Guangxi

Range countries: Bhutan, Cambodia, China, India, Laos, Malaysia, Myanmar, Nepal, Thailand, Vietnam

参考文献 Citation

Wang Y (王应祥), 2003; Wilson and Reeder, 2005; Zhang R (张荣祖), 1997; Pan Q *et al.* (潘清华等), 2007; Ma Y *et al.* (马勇等), 2008; Smith *et al.*, 2008; IUCN, 2014

432. 倭花鼠 Maritime Striped Squirrel

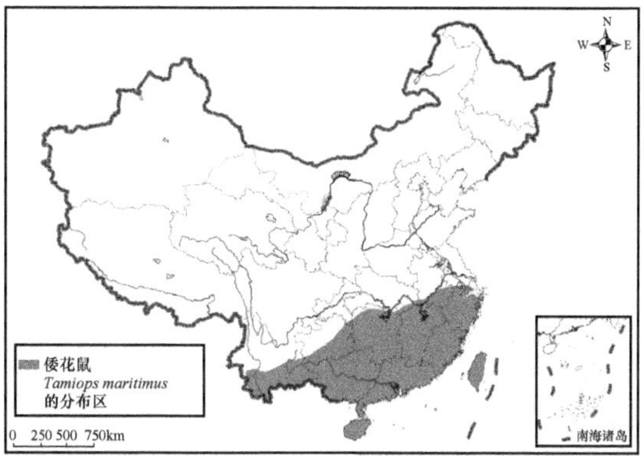

倭花鼠 *Tamiops maritimus* (Bonhote, 1900)
种下单元： *maritimus; hainanus; moi; monticolus*
生　　境： 次生林、混交中生林
生态系统： 陆生生态系统
保护等级： **国家重点保护野生动物等级：**无；**CITES 附录** [1]：未列入
红色名录： **IUCN**[2]：LC；**中国哺乳类红色名录** [3]：LC
国内分布： 贵州、福建、海南、台湾、浙江、安徽、江西、湖南、广东、广西、云南、福建
分布国家： 中国、老挝、越南

Maritime Striped Squirrel *Tamiops maritimus* (Bonhote, 1900)
Infra-specific Taxa: *maritimus; hainanus; moi; monticolus*
Habitat and Ecology: Secondary Forest; Mixed Mesophytic Forest
Ecosystem: Terrestrial
National Key Protected Wild Animal List: None; **CITES Appendix**[1]: Not listed
Red List: IUCN Red List[2]: LC; **China Mammal Red List**[3]: LC
Range in the country: Guizhou, Fujian, Hainan, Taiwan, Zhejiang, Anhui, Jiangxi, Hunan, Guangdong, Guangxi, Yunnan, Fujian
Range countries: China, Laos, Vietnam

参考文献 Citation

Wang Y(王应祥), 2003; Wilson and Reeder, 2005; Pan Q *et al.*(潘清华等), 2007; Ma Y *et al.*(马勇等), 2008; Smith *et al.*, 2008; IUCN, 2014

433. 隐纹花松鼠 Swinhoe's Striped Squirrel

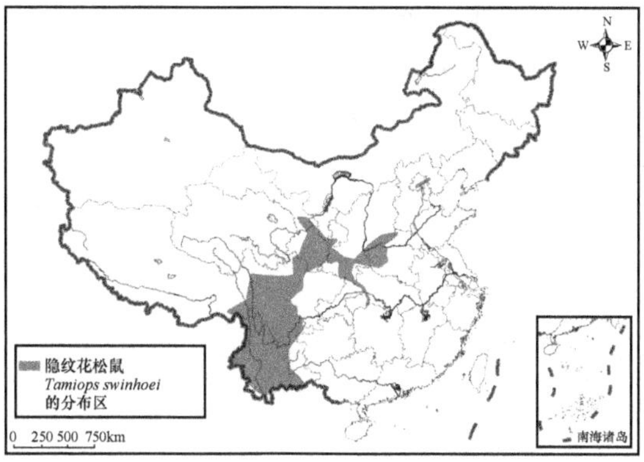

隐纹花松鼠 *Tamiops swinhoei* (Milne-Edwards, 1874)
种下单元： *swinhoei; olivaceus; spencei; vestitus*
生　　境： 森林
生态系统： 陆生生态系统
保护等级： **国家重点保护野生动物等级：**无；**CITES 附录** [1]：未列入
红色名录： **IUCN**[2]：LC；**中国哺乳类红色名录** [3]：LC
国内分布： 云南、西藏、四川、北京、河北、河南、陕西、山西、甘肃、宁夏、湖北
分布国家： 中国、缅甸、越南

Swinhoe's Striped Squirrel *Tamiops swinhoei* (Milne-Edwards, 1874)
Infra-specific Taxa: *swinhoei; olivaceus; spencei; vestitus*
Habitat and Ecology: Forest
Ecosystem: Terrestrial
National Key Protected Wild Animal List: None; **CITES Appendix**[1]: Not listed
Red List: IUCN Red List[2]: LC; **China Mammal Red List**[3]: LC
Range in the country: Yunnan, Tibet, Sichuan, Beijing, Hebei, Henan, Shaanxi, Shanxi, Gansu, Ningxia, Hubei
Range countries: China, Myanmar, Vietnam

参考文献 Citation

Wang Y(王应祥), 2003; Wilson and Reeder, 2005; Zhang R(张荣祖), 1997; Pan Q *et al.*(潘清华等), 2007; Ma Y *et al.*(马勇等), 2008; Smith *et al.*, 2008; IUCN, 2014

434. 橙喉长吻松鼠 Red-throated Squirrel

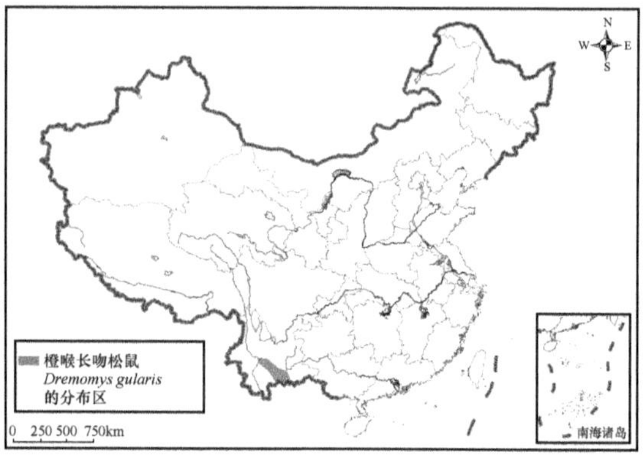

橙喉长吻松鼠 *Dremomys gularis* (Osgood, 1932)
种下单元：无
生　　境：未知
生态系统：陆生生态系统
保护等级：国家重点保护野生动物等级：无；**CITES 附录**[1]：未列入
红色名录：IUCN[2]：LC；**中国哺乳类红色名录**[3]：NT
国内分布：云南
分布国家：中国、越南

Red-throated Squirrel *Dremomys gularis* (Osgood, 1932)
Infra-specific Taxa: None
Habitat and Ecology: Unknown
Ecosystem: Terrestrial
National Key Protected Wild Animal List: None; **CITES Appendix**[1]: Not listed
Red List: IUCN Red List[2]: LC; **China Mammal Red List**[3]: NT
Range in the country: Yunnan
Range countries: China, Vietnam

参考文献 Citation

Wang Y(王应祥), 2003; Wilson and Reeder, 2005; Zhang R(张荣祖), 1997; Pan Q *et al.*(潘清华等), 2007; Ma Y *et al.*(马勇等), 2008; Smith *et al.*, 2008; IUCN, 2014

435. 橙腹长吻松鼠 Orange-bellied Himalayan Squirrel

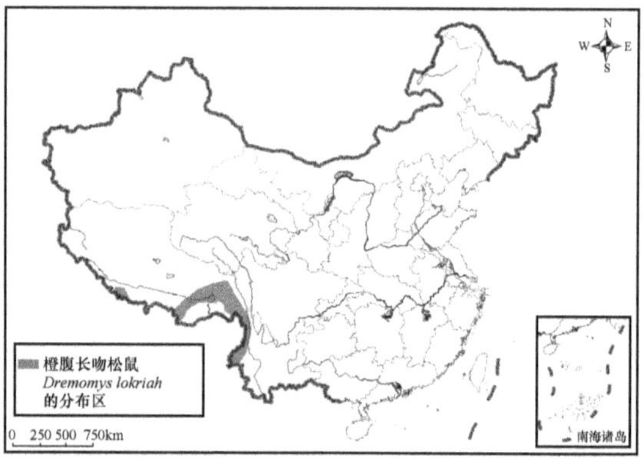

橙腹长吻松鼠 *Dremomys lokriah* (Hodgson, 1836)
种下单元：*lokriah*; *garonum*; *macmillani*; *motuoensis*; *pagus*
生　　境：亚热带湿润山地森林、泰加林
生态系统：陆生生态系统
保护等级：国家重点保护野生动物等级：无；**CITES 附录**[1]：未列入
红色名录：IUCN[2]：LC；**中国哺乳类红色名录**[3]：NT
国内分布：西藏、云南
分布国家：孟加拉国、中国、印度、缅甸、尼泊尔

Orange-bellied Himalayan Squirrel *Dremomys lokriah* (Hodgson, 1836)
Infra-specific Taxa: *lokriah*; *garonum*; *macmillani*; *motuoensis*; *pagus*
Habitat and Ecology: Subtropical Moist Montane Forest; Taiga
Ecosystem: Terrestrial
National Key Protected Wild Animal List: None; **CITES Appendix**[1]: Not listed
Red List: IUCN Red List[2]: LC; **China Mammal Red List**[3]: NT
Range in the country: Tibet, Yunnan
Range countries: Bangladesh, China, India, Myanmar, Nepal

参考文献 Citation

Wang Y(王应祥), 2003; Wilson and Reeder, 2005; Zhang R(张荣祖), 1997; Pan Q *et al.*(潘清华等), 2007; Ma Y *et al.*(马勇等), 2008; Smith *et al.*, 2008; IUCN, 2014

436. 珀氏长吻松鼠 Perny's Long-nosed Squirrel

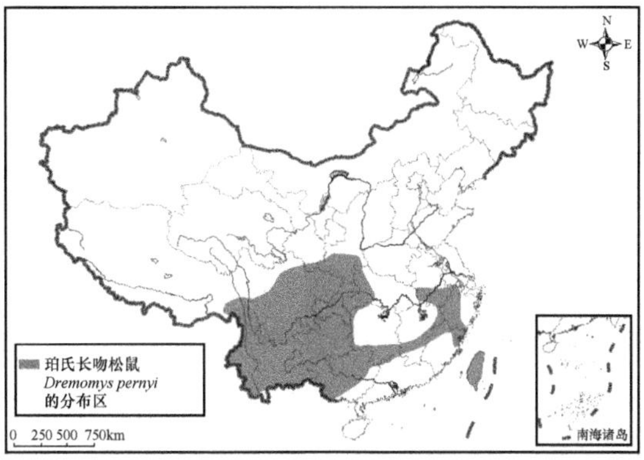

珀氏长吻松鼠 *Dremomys pernyi* (Milne-Edwards, 1867)
种下单元： *pernyi*; *flavior*; *howelli*; *imus*; *owstoni*; *senex*
生　　境： 森林、泰加林
生态系统： 陆生生态系统
保护等级： **国家重点保护野生动物等级：** 无；**CITES 附录**[1]：未列入
红色名录： **IUCN**[2]：LC；**中国哺乳类红色名录**[3]：LC
国内分布： 陕西、甘肃、四川、贵州、云南、西藏、安徽、浙江、湖北、湖南、江西、福建、台湾、重庆、广西、广东
分布国家： 中国、印度、缅甸、越南

Perny's Long-nosed Squirrel *Dremomys pernyi* (Milne-Edwards, 1867)
Infra-specific Taxa: *pernyi*; *flavior*; *howelli*; *imus*; *owstoni*; *senex*
Habitat and Ecology: Forest; Taiga
Ecosystem: Terrestrial
National Key Protected Wild Animal List: None; **CITES Appendix**[1]: Not listed
Red List: **IUCN Red List**[2]: LC; **China Mammal Red List**[3]: LC
Range in the country: Shaanxi, Gansu, Sichuan, Guizhou, Yunnan, Tibet, Anhui, Zhejiang, Hubei, Hunan, Jiangxi, Fujian, Taiwan, Chongqing, Guangxi, Guangdong
Range countries: China, India, Myanmar, Vietnam

参考文献 Citation

Wang Y (王应祥), 2003; Wilson and Reeder, 2005; Zhang R (张荣祖), 1997; Pan Q *et al.* (潘清华等), 2007; Ma Y *et al.* (马勇等), 2008; Smith *et al.*, 2008; IUCN, 2014

437. 红腿长吻松鼠 Red-hipped Squirrel

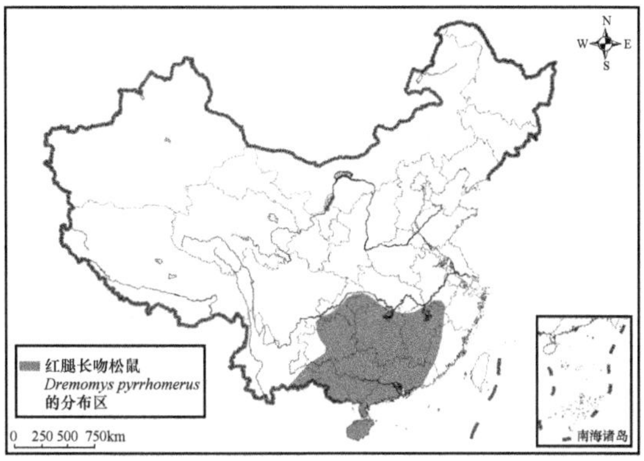

红腿长吻松鼠 *Dremomys pyrrhomerus* (Thomas, 1895)
种下单元： *pyrrhomerus*; *riudonensis*
生　　境： 内陆岩石区域
生态系统： 陆生生态系统
保护等级： **国家重点保护野生动物等级：** 无；**CITES 附录**[1]：未列入
红色名录： **IUCN**[2]：LC；**中国哺乳类红色名录**[3]：NT
国内分布： 湖北、安徽、四川、湖南、江西、贵州、云南、广西、广东、海南
分布国家： 中国、越南

Red-hipped Squirrel *Dremomys pyrrhomerus* (Thomas, 1895)
Infra-specific Taxa: *pyrrhomerus*; *riudonensis*
Habitat and Ecology: Inland Rocky Areas
Ecosystem: Terrestrial
National Key Protected Wild Animal List: None; **CITES Appendix**[1]: Not listed
Red List: **IUCN Red List**[2]: LC; **China Mammal Red List**[3]: NT
Range in the country: Hubei, Anhui, Sichuan, Hunan, Jiangxi, Guizhou, Yunnan, Guangxi, Guangdong, Hainan
Range countries: China, Vietnam

参考文献 Citation

Wang Y (王应祥), 2003; Wilson and Reeder, 2005; Zhang R (张荣祖), 1997; Pan Q *et al.* (潘清华等), 2007; Ma Y *et al.* (马勇等), 2008; Smith *et al.*, 2008; IUCN, 2014

438. 红颊长吻松鼠 Asian Red-cheeked Squirrel

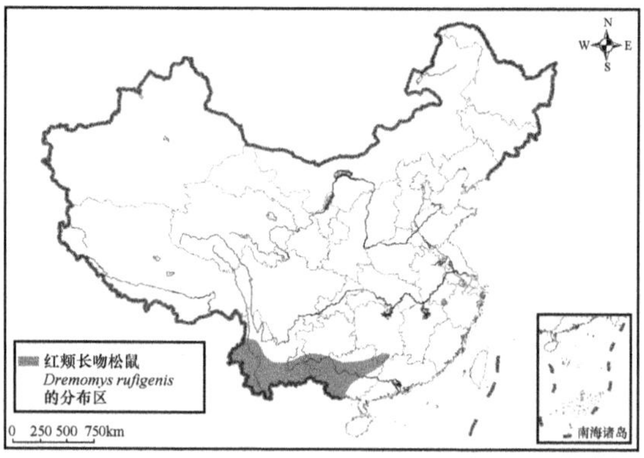

红颊长吻松鼠　*Dremomys rufigenis* (Blanford, 1878)
种下单元： *rufigenis*; *adamsoni*; *belfieldi*; *fuscus*; *ornatus*
生　　境： 森林
生态系统： 陆生生态系统
保护等级： **国家重点保护野生动物等级：** 无；**CITES 附录**[1]：未列入
红色名录： **IUCN**[2]：LC；**中国哺乳类红色名录**[3]：LC
国内分布： 云南、广西、安徽、湖南
分布国家： 中国、印度、老挝、马来西亚、缅甸、泰国、越南

Asian Red-cheeked Squirrel　*Dremomys rufigenis* (Blanford, 1878)
Infra-specific Taxa: *rufigenis*; *adamsoni*; *belfieldi*; *fuscus*; *ornatus*
Habitat and Ecology: Forest
Ecosystem: Terrestrial
National Key Protected Wild Animal List: None; **CITES Appendix**[1]: Not listed
Red List: IUCN Red List[2]: LC; **China Mammal Red List**[3]: LC
Range in the country: Yunnan, Guangxi, Anhui, Hunan
Range countries: China, India, Laos, Malaysia, Myanmar, Thailand, Vietnam

参考文献 Citation

Wang Y (王应祥), 2003; Wilson and Reeder, 2005; Zhang R (张荣祖), 1997; Pan Q *et al.* (潘清华等), 2007; Ma Y *et al.* (马勇等), 2008; Smith *et al.*, 2008; IUCN, 2014

439. 巨松鼠 Black Giant Squirrel

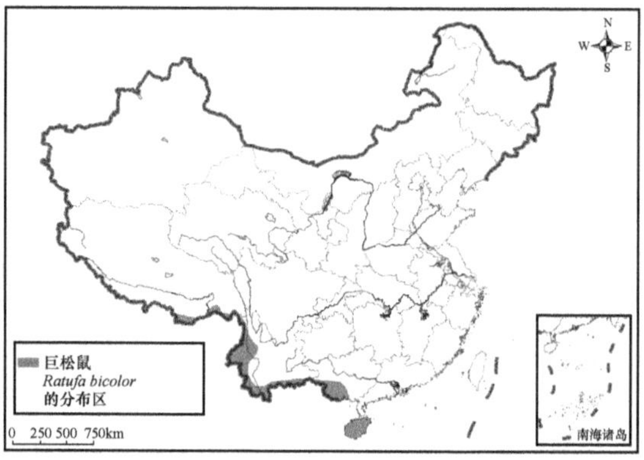

巨松鼠　*Ratufa bicolor* (Sparrman, 1778)
种下单元： *bicolor*; *condorensis*; *felli*; *gigantea*; *hainana*; *leucogenys*; *melanopepla*; *palliata*; *phaeopepla*; *smithi*
生　　境： 森林
生态系统： 陆生生态系统
保护等级： **国家重点保护野生动物等级：** 二级；**CITES 附录**[1]：II
红色名录： **IUCN**[2]：NT；**中国哺乳类红色名录**[3]：VU
国内分布： 云南、广西、海南、西藏
分布国家： 孟加拉国、不丹、柬埔寨、中国、印度、印度尼西亚、老挝、马来西亚、缅甸、尼泊尔、泰国、越南

Black Giant Squirrel　*Ratufa bicolor* (Sparrman, 1778)
Infra-specific Taxa: *bicolor*; *condorensis*; *felli*; *gigantea*; *hainana*; *leucogenys*; *melanopepla*; *palliata*; *phaeopepla*; *smithi*
Habitat and Ecology: Forest
Ecosystem: Terrestrial
National Key Protected Wild Animal List: Category Two; **CITES Appendix**[1]: II
Red List: IUCN Red List[2]: **NT; China Mammal Red List**[3]: VU
Range in the country: Yunnan, Guangxi, Hainan, Tibet
Range countries: Bangladesh, Bhutan, Cambodia, China, India, Indonesia, Laos, Malaysia, Myanmar, Nepal, Thailand, Vietnam

参考文献 Citation

Wang Y (王应祥), 2003; Wilson and Reeder, 2005; Zhang R (张荣祖), 1997; Pan Q *et al.* (潘清华等), 2007; Ma Y *et al.* (马勇等), 2008; Smith *et al.*, 2008; IUCN, 2014

440. 条纹松鼠 Indochinese Ground Squirrel

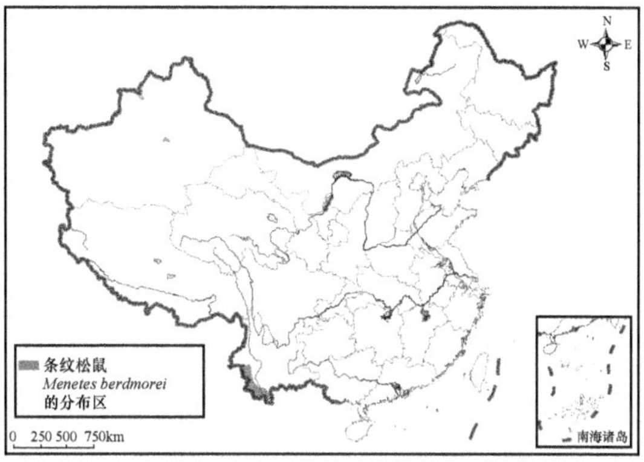

条纹松鼠 *Menetes berdmorei* (Blyth, 1849)
种下单元： *berdmorei*; *consularis*; *decoratus*; *moerescens*; *mouhotei*; *peninsularis*; *pyrrocephalus*
生　　境： 森林、耕地
生态系统： 陆生生态系统
保护等级： **国家重点保护野生动物等级：** 无；**CITES 附录**[1]：未列入
红色名录： **IUCN**[2]：LC；**中国哺乳类红色名录**[3]：LC
国内分布： 云南
分布国家： 柬埔寨、中国、老挝、缅甸、泰国、越南

Indochinese Ground Squirrel *Menetes berdmorei* (Blyth, 1849)
Infra-specific Taxa: *berdmorei*; *consularis*; *decoratus*; *moerescens*; *mouhotei*; *peninsularis*; *pyrrocephalus*
Habitat and Ecology: Forest; Arable Land
Ecosystem: Terrestrial
National Key Protected Wild Animal List: None; **CITES Appendix**[1]: Not listed
Red List: IUCN Red List[2]: LC; **China Mammal Red List**[3]: LC
Range in the country: Yunnan
Range countries: Cambodia, China, Laos, Myanmar, Thailand, Vietnam
参考文献 Citation
Wang Y(王应祥), 2003; Wilson and Reeder, 2005; Zhang R(张荣祖), 1997; Pan Q *et al.*(潘清华等), 2007; Ma Y *et al.*(马勇等), 2008; Smith *et al.*, 2008; IUCN, 2014

441. 岩松鼠 Pére David's Rock Squirrel

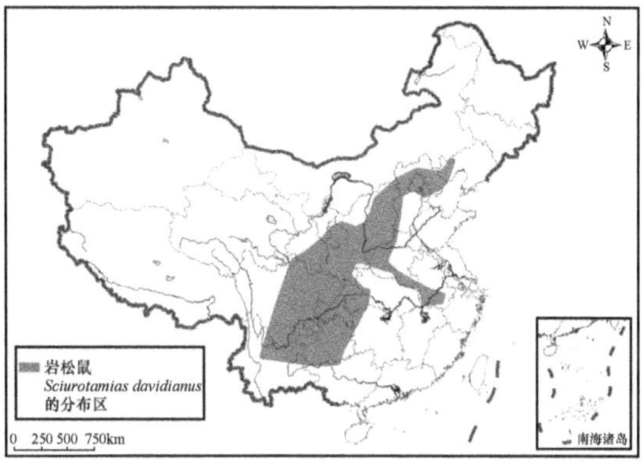

岩松鼠 *Sciurotamias davidianus* (Milne-Edwards, 1867)
种下单元： *davidianus*; *consobrinus*
生　　境： 内陆岩石区域
生态系统： 陆生生态系统
保护等级： **国家重点保护野生动物等级：** 无；**CITES 附录**[1]：未列入
红色名录： **IUCN**[2]：LC；**中国哺乳类红色名录**[3]：LC
国内分布： 辽宁、河北、天津、北京、河南、安徽、山西、陕西、四川、重庆、宁夏、甘肃、云南、贵州、湖南、湖北
分布国家： 中国

Pére David's Rock Squirrel *Sciurotamias davidianus* (Milne-Edwards, 1867)
Infra-specific Taxa: *davidianus*; *consobrinus*
Habitat and Ecology: Inland Rocky Areas
Ecosystem: Terrestrial
National Key Protected Wild Animal List: None; **CITES Appendix**[1]: Not listed
Red List: IUCN Red List[2]: LC; **China Mammal Red List**[3]: LC
Range in the country: Liaoning, Hebei, Tianjin, Beijing, Henan, Anhui, Shanxi, Shaanxi, Sichuan, Chongqing, Ningxia, Gansu, Yunnan, Guizhou, Hunan, Hubei
Range countries: China
参考文献 Citation
Wang Y(王应祥), 2003; Wilson and Reeder, 2005; Zhang R(张荣祖), 1997; Pan Q *et al.*(潘清华等), 2007; Ma Y *et al.*(马勇等), 2008; Smith *et al.*, 2008; IUCN, 2014

442. 侧纹岩松鼠 Forrest's Rock Squirrel

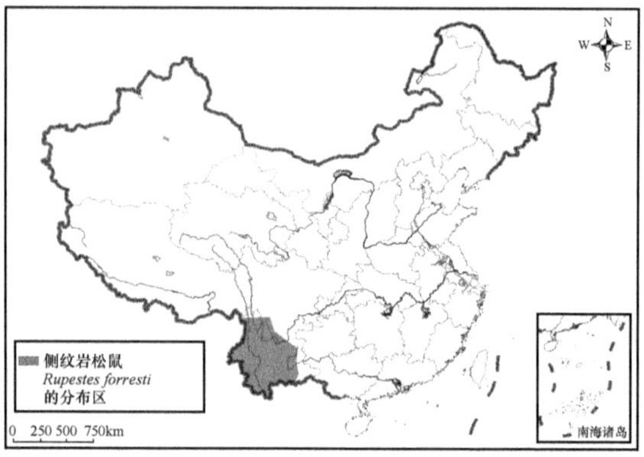

侧纹岩松鼠　*Rupestes forresti*（Thomas, 1922）
种下单元：无
生　　境：灌丛
生态系统：陆生生态系统
保护等级：**国家重点保护野生动物等级**：无；**CITES 附录**[1]：未列入
红色名录：**IUCN**[2]：LC；**中国哺乳类红色名录**[3]：LC
国内分布：云南
分布国家：中国

Forrest's Rock Squirrel　*Rupestes forresti*（Thomas, 1922）
Infra-specific Taxa：None
Habitat and Ecology：Shrubland
Ecosystem：Terrestrial
National Key Protected Wild Animal List：None; **CITES Appendix**[1]：Not listed
Red List：**IUCN Red List**[2]：LC; **China Mammal Red List**[3]：LC
Range in the country：Yunnan
Range countries：China
参考文献 Citation
Wang Y（王应祥）, 2003; Wilson and Reeder, 2005; Zhang R（张荣祖）, 1997; Pan Q *et al.*（潘清华等）, 2007; Ma Y *et al.*（马勇等）, 2008; Smith *et al.*, 2008; IUCN, 2014

443. 北花松鼠 Siberian Chipmunk

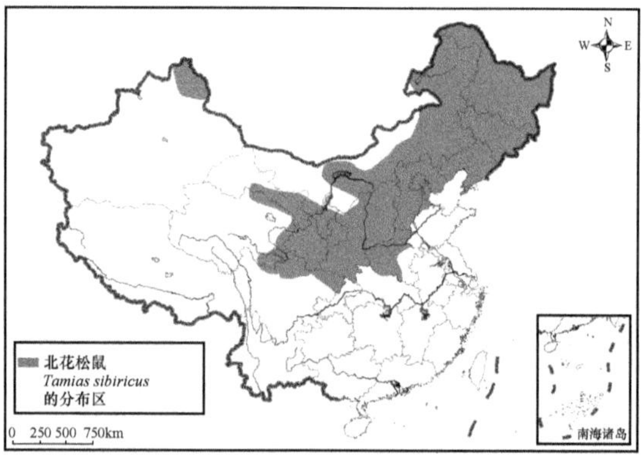

北花松鼠　*Tamias sibiricus*（Laxmann, 1769）
种下单元：*sibiricus*; *asiaticus*; *lineatus*; *okadae*; *ordinalis*; *orientalis*; *pallasi*; *senescens*; *umbrosus*
生　　境：针叶林、针叶阔叶混交林
生态系统：陆生生态系统
保护等级：**国家重点保护野生动物等级**：无；**CITES 附录**[1]：未列入
红色名录：**IUCN**[2]：LC；**中国哺乳类红色名录**[3]：LC
国内分布：山西、陕西、内蒙古、河南、新疆、青海、北京、天津、河北、辽宁、吉林、黑龙江、四川、甘肃、宁夏
分布国家：中国、日本、哈萨克斯坦、朝鲜、韩国、俄罗斯

Siberian Chipmunk　*Tamias sibiricus*（Laxmann, 1769）
Infra-specific Taxa：*sibiricus*; *asiaticus*; *lineatus*; *okadae*; *ordinalis*; *orientalis*; *pallasi*; *senescens*; *umbrosus*
Habitat and Ecology：Coniferous Forest; Coniferous and Broad-leaved Mixed Forest
Ecosystem：Terrestrial
National Key Protected Wild Animal List：None; **CITES Appendix**[1]：Not listed
Red List：**IUCN Red List**[2]：LC; **China Mammal Red List**[3]：LC
Range in the country：Shanxi, Shaanxi, Inner Mongolia, Henan, Xinjiang, Qinghai, Beijing, Tianjin, Hebei, Liaoning, Jilin, Heilongjiang, Sichuan, Gansu, Ningxia
Range countries：China, Japan, Kazakhstan, Korea, Democratic People's Republic of, Korea, Republic of, Russia
参考文献 Citation
Wang Y（王应祥）, 2003; Wilson and Reeder, 2005; Zhang R（张荣祖）, 1997; Pan Q *et al.*（潘清华等）, 2007; Ma Y *et al.*（马勇等）, 2008; Smith *et al.*, 2008; IUCN, 2014

444. 阿拉善黄鼠 Alashan Ground Squirrel

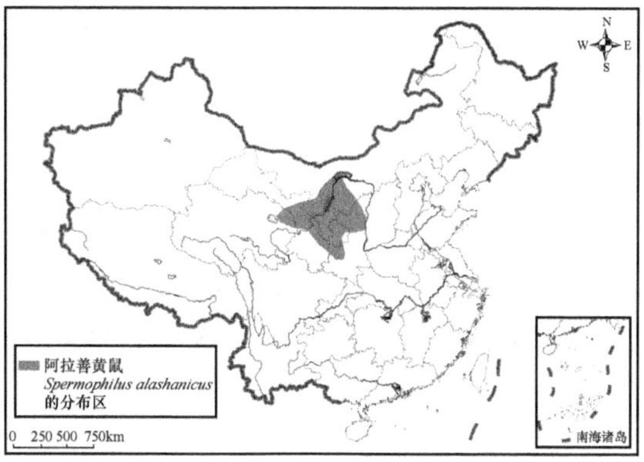

阿拉善黄鼠 *Spermophilus alashanicus* (Büchner, 1888)
种下单元： 无
生　　境： 沙漠、干旱草地
生态系统： 陆生生态系统
保护等级：国家重点保护野生动物等级： 无；**CITES 附录** [1]：未列入
红色名录：IUCN[2]：LC；**中国哺乳类红色名录** [3]：LC
国内分布： 宁夏、甘肃、青海、陕西、内蒙古
分布国家： 中国、蒙古

Alashan Ground Squirrel *Spermophilus alashanicus* (Büchner, 1888)
Infra-specific Taxa: None
Habitat and Ecology: Desert; Dry Grassland
Ecosystem: Terrestrial
National Key Protected Wild Animal List: None; **CITES Appendix**[1]: Not listed
Red List: IUCN Red List[2]: LC; **China Mammal Red List**[3]: LC
Range in the country: Ningxia, Gansu, Qinghai, Shaanxi, Inner Mongolia
Range countries: China, Mongolia

参考文献 Citation

Wang Y (王应祥), 2003; Wilson and Reeder, 2005; Pan Q *et al.* (潘清华等), 2007; Ma Y *et al.* (马勇等), 2008; Smith *et al.*, 2008; IUCN, 2014

445. 短尾黄鼠 Brandt's Ground Squirrel

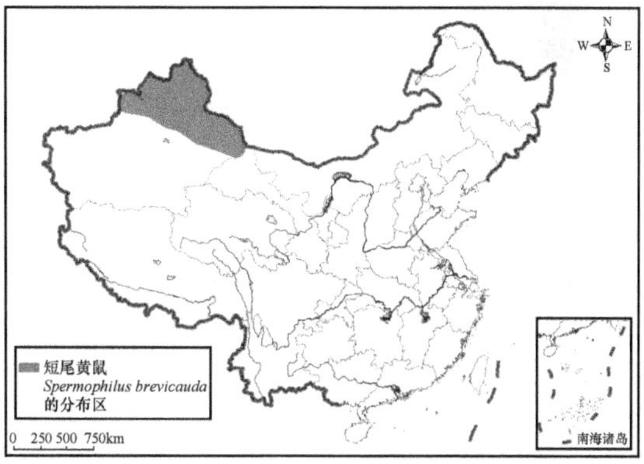

短尾黄鼠 *Spermophilus brevicauda* (Brandt, 1843)
种下单元： 无
生　　境： 草地、半荒漠、灌丛
生态系统： 陆生生态系统
保护等级：国家重点保护野生动物等级： 无；**CITES 附录** [1]：未列入
红色名录：IUCN[2]：LC；**中国哺乳类红色名录** [3]：LC
国内分布： 新疆
分布国家： 中国、哈萨克斯坦

Brandt's Ground Squirrel *Spermophilus brevicauda* (Brandt, 1843)
Infra-specific Taxa: None
Habitat and Ecology: Grassland; Semi-desert; Shrubland
Ecosystem: Terrestrial
National Key Protected Wild Animal List: None; **CITES Appendix**[1]: Not listed
Red List: IUCN Red List[2]: LC; **China Mammal Red List**[3]: LC
Range in the country: Xinjiang
Range countries: China, Kazakhstan

参考文献 Citation

Wilson and Reeder, 2005; Pan Q *et al.* (潘清华等), 2007; Ma Y *et al.* (马勇等), 2008; Smith *et al.*, 2008; IUCN, 2014

446. 达乌尔黄鼠 Daurian Ground Squirrel

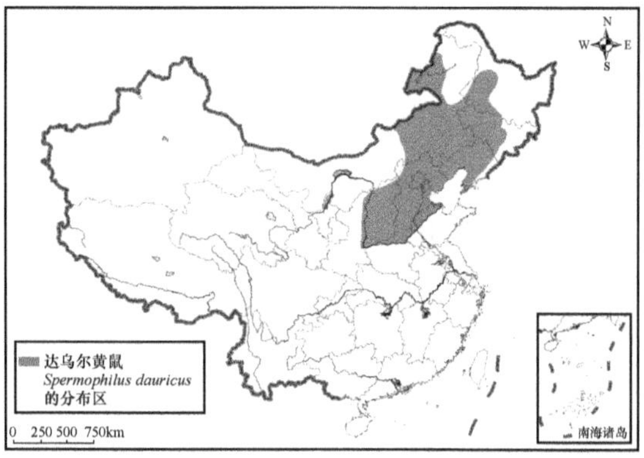

达乌尔黄鼠 *Spermophilus dauricus* (Brandt, 1843)
种下单元：无
生　　境：沙漠
生态系统：陆生生态系统
保护等级：国家重点保护野生动物等级：无；**CITES 附录 [1]：**未列入
红色名录：IUCN[2]：LC；**中国哺乳类红色名录 [3]：**LC
国内分布：黑龙江、吉林、辽宁、内蒙古、河北、北京、天津、河南、山东、陕西、山西
分布国家：中国、蒙古、俄罗斯

Daurian Ground Squirrel *Spermophilus dauricus* (Brandt, 1843)
Infra-specific Taxa: None
Habitat and Ecology: Desert
Ecosystem: Terrestrial
National Key Protected Wild Animal List: None; **CITES Appendix[1]:** Not listed
Red List: IUCN Red List[2]: LC; **China Mammal Red List[3]:** LC
Range in the country: Heilongjiang, Jilin, Liaoning, Inner Mongolia, Hebei, Beijing, Tianjin, Henan, Shandong, Shaanxi, Shanxi
Range countries: China, Mongolia, Russia

参考文献 Citation
Wang Y(王应祥), 2003; Wilson and Reeder, 2005; Zhang R(张荣祖), 1997; Pan Q *et al.*(潘清华等), 2007; Ma Y *et al.*(马勇等), 2008; Smith *et al.*, 2008; IUCN, 2014

447. 淡尾黄鼠 Pallid Ground Squirrel

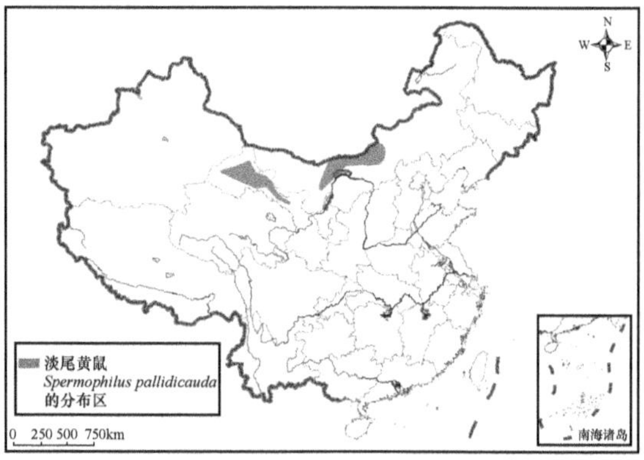

淡尾黄鼠 *Spermophilus pallidicauda* (Satunin, 1903)
种下单元：无
生　　境：干旱草地
生态系统：陆生生态系统
保护等级：国家重点保护野生动物等级：无；**CITES 附录 [1]：**未列入
红色名录：IUCN[2]：LC；**中国哺乳类红色名录 [3]：**LC
国内分布：内蒙古、甘肃
分布国家：中国、蒙古

Pallid Ground Squirrel *Spermophilus pallidicauda* (Satunin, 1903)
Infra-specific Taxa: None
Habitat and Ecology: Dry Grassland
Ecosystem: Terrestrial
National Key Protected Wild Animal List: None; **CITES Appendix[1]:** Not listed
Red List: IUCN Red List[2]: LC; **China Mammal Red List[3]:** LC
Range in the country: Inner Mongolia, Gansu
Range countries: China, Mongolia

参考文献 Citation
Wilson and Reeder, 2005; Pan Q *et al.*(潘清华等), 2007; Ma Y *et al.*(马勇等), 2008; Smith *et al.*, 2008; IUCN, 2014

448. 长尾黄鼠 Arctic Ground Squirrel

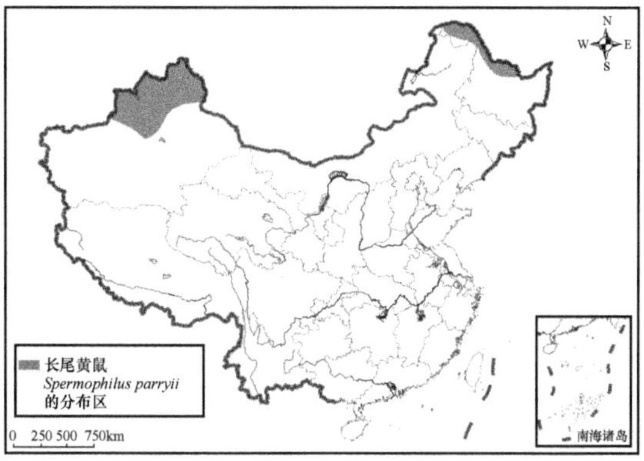

长尾黄鼠 *Spermophilus parryii* (Richardson, 1825)*
种下单元： *parryii; ablusus; kennicottii; kodiacensis; leucostictus; lyratus; nebulicola; osgoodi; plesius; stejnegeri*
生　　境： 沙漠、草地、灌木、草甸、湿地
生态系统： 陆生生态系统
保护等级： **国家重点保护野生动物等级：** 无；**CITES 附录**[1]：未列入
红色名录： **IUCN**[2]：LC；**中国哺乳类红色名录**[3]：LC
国内分布： 黑龙江、新疆
分布国家： 中国、加拿大、俄罗斯、美国

Arctic Ground Squirrel *Spermophilus parryii* (Richardson, 1825)*
Infra-specific Taxa： *parryii; ablusus; kennicottii; kodiacensis; leucostictus; lyratus; nebulicola; osgoodi; plesius; stejnegeri*
Habitat and Ecology： Desert; Grassland; Shrubland; Meadow; Wetlands (Inland)
Ecosystem： Terrestrial
National Key Protected Wild Animal List： None; **CITES Appendix**[1]：Not listed
Red List： **IUCN Red List**[2]：LC; **China Mammal Red List**[3]：LC
Range in the country： Heilongjiang, Xinjiang
Range countries： China, Canada, Russia, United States

参考文献 Citation

Wang Y(王应祥), 2003; Zhang R(张荣祖), 1997; Pan Q *et al.*(潘清华等), 2007; Ma Y *et al.*(马勇等), 2008; Smith *et al.*, 2008; IUCN, 2014

449. 天山黄鼠 Tien Shan Ground Squirrel/Relict Ground Squirrel

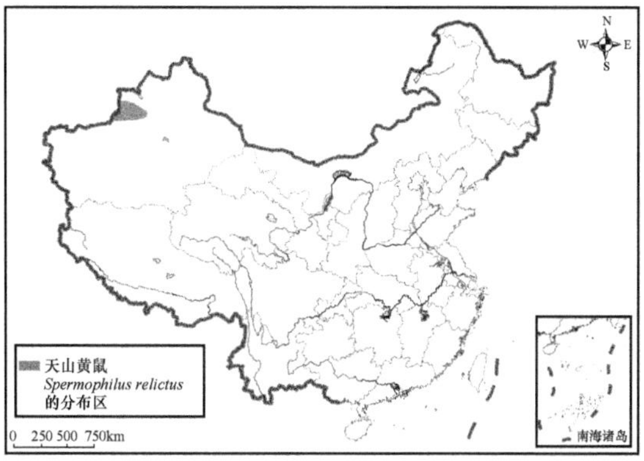

天山黄鼠 *Spermophilus relictus* (Kashkarov, 1923)
种下单元： 无
生　　境： 草地
生态系统： 陆生生态系统
保护等级： **国家重点保护野生动物等级：** 无；**CITES 附录**[1]：未列入
红色名录： **IUCN**[2]：LC；**中国哺乳类红色名录**[3]：LC
国内分布： 新疆
分布国家： 中国、哈萨克斯坦、吉尔吉斯斯坦、乌兹别克斯坦

Tien Shan Ground Squirrel/Relict Ground Squirrel *Spermophilus relictus* (Kashkarov, 1923)
Infra-specific Taxa： None
Habitat and Ecology： Grassland
Ecosystem： Terrestrial
National Key Protected Wild Animal List： None; **CITES Appendix**[1]：Not listed
Red List： **IUCN Red List**[2]：LC; **China Mammal Red List**[3]：LC
Range in the country： Xinjiang
Range countries： China, Kazakhstan, Kyrgyzstan, Uzbekistan

参考文献 Citation

Wang Y(王应祥), 2003; Wilson and Reeder, 2005; Zhang R(张荣祖), 1997; Pan Q *et al.*(潘清华等), 2007; Ma Y *et al.*(马勇等), 2008; Smith *et al.*, 2008; IUCN, 2014

450. 灰旱獭 Altai Marmot/Grey Marmot

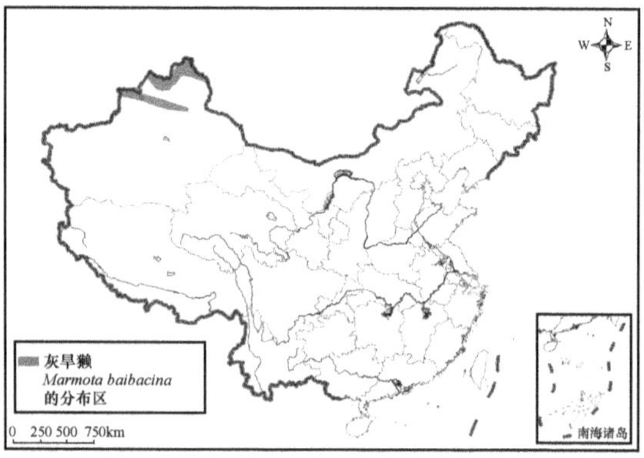

灰旱獭 *Marmota baibacina* (Kastschenko, 1899)
种下单元：*baibacina*; *centralis*; *kastschenkoi*
生　　境：草甸、森林、草地
生态系统：陆生生态系统
保护等级：国家重点保护野生动物等级：无；**CITES 附录** [1]：未列入
红色名录：IUCN[2]：LC；**中国哺乳类红色名录** [3]：LC
国内分布：新疆
分布国家：中国、哈萨克斯坦、吉尔吉斯斯坦、蒙古、俄罗斯

Altai Marmot/Grey Marmot *Marmota baibacina* (Kastschenko, 1899)

Infra-specific Taxa: *baibacina*; *centralis*; *kastschenkoi*

Habitat and Ecology: Meadow; Forest; Grassland

Ecosystem: Terrestrial

National Key Protected Wild Animal List: None; **CITES Appendix**[1]: Not listed

Red List: **IUCN Red List**[2]: LC; **China Mammal Red List**[3]: LC

Range in the country: Xinjiang

Range countries: China, Kazakhstan, Kyrgyzstan, Mongolia, Russia

参考文献 Citation

Wang Y (王应祥), 2003; Wilson and Reeder, 2005; Zhang R (张荣祖), 1997; Pan Q *et al.* (潘清华等), 2007; Ma Y *et al.* (马勇等), 2008; Smith *et al.*, 2008; IUCN, 2014

451. 长尾旱獭 Long-tailed Marmot

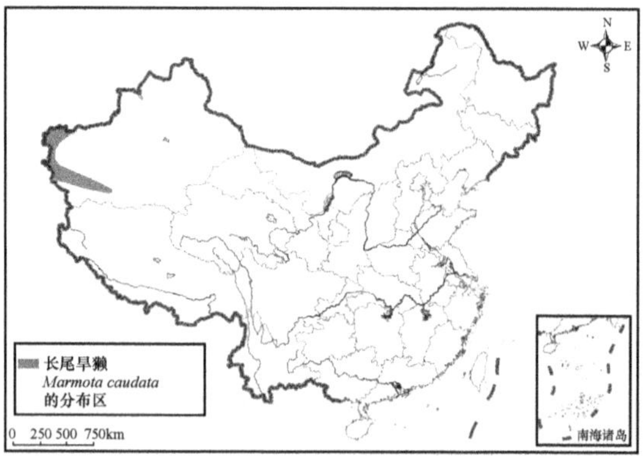

长尾旱獭 *Marmota caudata* (Geoffroy, 1844)
种下单元：*caudata*; *aurea*; *dichrous*
生　　境：干旱草地
生态系统：陆生生态系统
保护等级：国家重点保护野生动物等级：无；**CITES 附录** [1]：III
红色名录：IUCN[2]：LC；**中国哺乳类红色名录** [3]：LC
国内分布：新疆
分布国家：阿富汗、中国、印度、吉尔吉斯斯坦、巴基斯坦、塔吉克斯坦

Long-tailed Marmot *Marmota caudata* (Geoffroy, 1844)

Infra-specific Taxa: *caudata*; *aurea*; *dichrous*

Habitat and Ecology: Dry Grassland

Ecosystem: Terrestrial

National Key Protected Wild Animal List: None; **CITES Appendix**[1]: III

Red List: **IUCN Red List**[2]: LC; **China Mammal Red List**[3]: LC

Range in the country: Xinjiang

Range countries: Afghanistan, China, India, Kyrgyzstan, Pakistan, Tajikistan

参考文献 Citation

Wang Y (王应祥), 2003; Wilson and Reeder, 2005; Zhang R (张荣祖), 1997; Pan Q *et al.* (潘清华等), 2007; Ma Y *et al.* (马勇等), 2008; Smith *et al.*, 2008; IUCN, 2014

452. 喜马拉雅旱獭 Himalayan Marmot

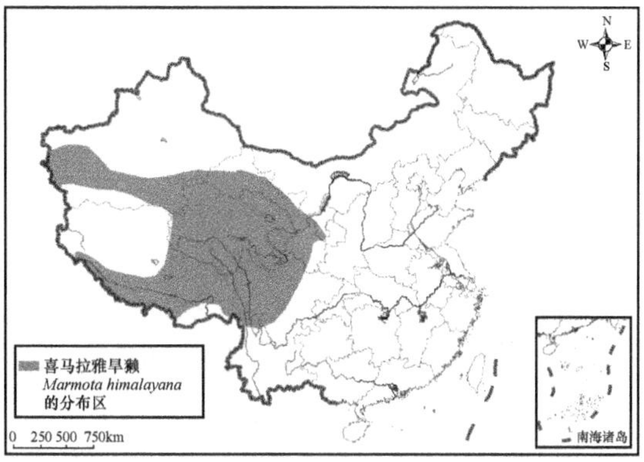

喜马拉雅旱獭 *Marmota himalayana* (Hodgson, 1841)
种下单元： *himalayana*; *robusta*
生　　境： 草甸
生态系统： 陆生生态系统
保护等级： **国家重点保护野生动物等级：** 无；**CITES 附录**[1]：III
红色名录： **IUCN**[2]：LC；**中国哺乳类红色名录**[3]：LC
国内分布： 甘肃、青海、新疆、四川、云南、西藏、内蒙古
分布国家： 中国、印度、尼泊尔、巴基斯坦

Himalayan Marmot *Marmota himalayana* (Hodgson, 1841)
Infra-specific Taxa： *himalayana*; *robusta*
Habitat and Ecology： Meadow
Ecosystem： Terrestrial
National Key Protected Wild Animal List： None; **CITES Appendix**[1]：III
Red List： **IUCN Red List**[2]：LC; **China Mammal Red List**[3]：LC
Range in the country： Gansu, Qinghai, Xinjiang, Sichuan, Yunnan, Tibet, Inner Mongolia
Range countries： China, India, Nepal, Pakistan

参考文献 Citation

Wang Y (王应祥), 2003; Wilson and Reeder, 2005; Zhang R (张荣祖), 1997; Pan Q *et al.* (潘清华等), 2007; Ma Y *et al.* (马勇等), 2008; Smith *et al.*, 2008; IUCN, 2014

453. 西伯利亚旱獭 Mongolian Marmot/Tarbagan Marmot

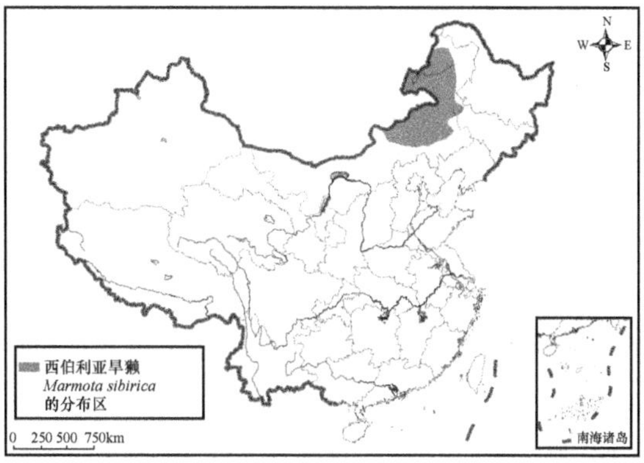

西伯利亚旱獭 *Marmota sibirica* (Radde, 1862)
种下单元： *sibirica*; *caliginosus*
生　　境： 干旱草地
生态系统： 陆生生态系统
保护等级： **国家重点保护野生动物等级：** 无；**CITES 附录**[1]：未列入
红色名录： **IUCN**[2]：EN；**中国哺乳类红色名录**[3]：LC
国内分布： 内蒙古
分布国家： 中国、蒙古、俄罗斯

Mongolian Marmot/Tarbagan Marmot *Marmota sibirica* (Radde, 1862)
Infra-specific Taxa： *sibirica*; *caliginosus*
Habitat and Ecology： Dry Grassland
Ecosystem： Terrestrial
National Key Protected Wild Animal List： None; **CITES Appendix**[1]：Not listed
Red List： **IUCN Red List**[2]：EN; **China Mammal Red List**[3]：LC
Range in the country： Inner Mongolia
Range countries： China, Mongolia, Russia

参考文献 Citation

Wilson and Reeder, 2005; Ma Y *et al.* (马勇等), 2008; Smith *et al.*, 2008; IUCN, 2014

454. 毛耳飞鼠 Hairy-footed Flying Squirrel

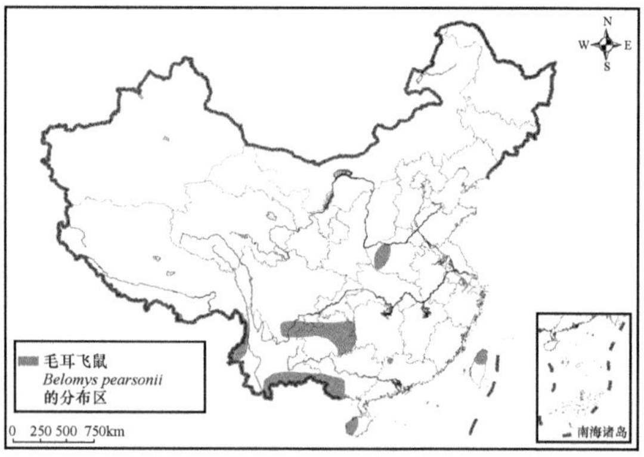

毛耳飞鼠 *Belomys pearsonii* (Gray, 1842)
种下单元： *pearsonii*; *blandus*
生　　境： 亚热带湿润低地森林、针叶阔叶混交林
生态系统： 陆生生态系统
保护等级： **国家重点保护野生动物等级：** 无；**CITES 附录**[1]：未列入
红色名录： **IUCN**[2]：DD；**中国哺乳类红色名录**[3]：LC
国内分布： 河南、云南、贵州、广西、广东、海南、台湾
分布国家： 不丹、中国、印度、老挝、缅甸、尼泊尔、泰国、越南

Hairy-footed Flying Squirrel *Belomys pearsonii* (Gray, 1842)
Infra-specific Taxa： *pearsonii*; *blandus*
Habitat and Ecology： Subtropical Moist Lowland Forest; Coniferous and Broad-leaved Mixed Forest
Ecosystem： Terrestrial
National Key Protected Wild Animal List： None; **CITES Appendix**[1]：Not listed
Red List： **IUCN Red List**[2]：DD; **China Mammal Red List**[3]：LC
Range in the country： Henan, Yunnan, Guizhou, Guangxi, Guangdong, Hainan, Taiwan
Range countries： Bhutan, China, India, Laos, Myanmar, Nepal, Thailand, Vietnam

参考文献 Citation

Wang Y(王应祥), 2003; Wilson and Reeder, 2005; Zhang R(张荣祖), 1997; Pan Q *et al.*(潘清华等), 2007; Ma Y *et al.*(马勇等), 2008; Smith *et al.*, 2008; IUCN, 2014

455. 复齿鼯鼠 Complex-toothed Flying Squirrel

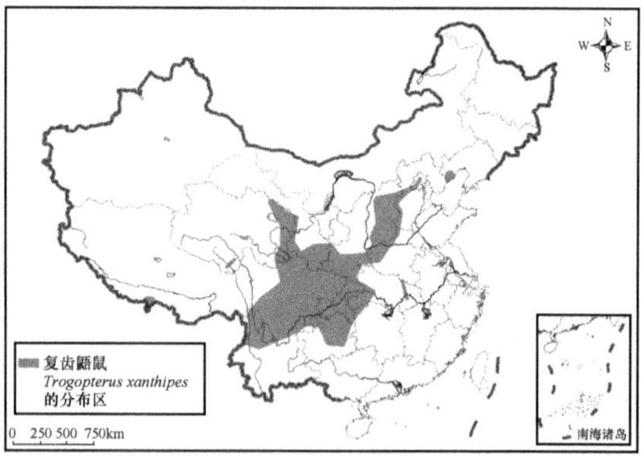

复齿鼯鼠 *Trogopterus xanthipes* (Milne-Edwards, 1867)
种下单元： 无
生　　境： 温带森林
生态系统： 陆生生态系统
保护等级： **国家重点保护野生动物等级：** 无；**CITES 附录**[1]：未列入
红色名录： **IUCN**[2]：NT；**中国哺乳类红色名录**[3]：VU
国内分布： 北京、河北、辽宁、陕西、山西、河南、四川、青海、贵州、云南、西藏、湖北、甘肃、重庆
分布国家： 中国

Complex-toothed Flying Squirrel *Trogopterus xanthipes* (Milne-Edwards, 1867)
Infra-specific Taxa： None
Habitat and Ecology： Temperate Forest
Ecosystem： Terrestrial
National Key Protected Wild Animal List： None; **CITES Appendix**[1]：Not listed
Red List： **IUCN Red List**[2]：NT; **China Mammal Red List**[3]：VU
Range in the country： Beijing, Hebei, Liaoning, Shaanxi, Shanxi, Henan, Sichuan, Qinghai, Guizhou, Yunnan, Tibet, Hubei, Gansu, Chongqing
Range countries： China

参考文献 Citation

Wang Y(王应祥), 2003; Wilson and Reeder, 2005; Zhang R(张荣祖), 1997; Pan Q *et al.*(潘清华等), 2007; Ma Y *et al.*(马勇等), 2008; Smith *et al.*, 2008; IUCN, 2014

456. 红白鼯鼠 Red and White Giant Flying Squirrel

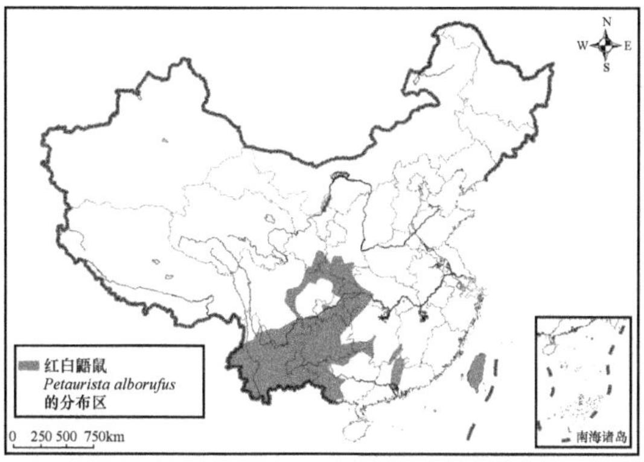

红白鼯鼠 *Petaurista alborufus* (Milne-Edwards, 1870)
种下单元： *alborufus*; *castaneus*; *lena*; *leucocephalus*; *ochraspis*
生　　境： 森林、峭壁、泰加林
生态系统： 陆生生态系统
保护等级： **国家重点保护野生动物等级：** 无 **CITES 附录** [1]：未列入
红色名录： **IUCN**[2]：LC；**中国哺乳类红色名录** [3]：LC
国内分布： 陕西、甘肃、四川、贵州、云南、湖北、湖南、广东、广西、台湾、重庆
分布国家： 中国

Red and White Giant Flying Squirrel *Petaurista alborufus* (Milne-Edwards, 1870)
Infra-specific Taxa： *alborufus*; *castaneus*; *lena*; *leucocephalus*; *ochraspis*
Habitat and Ecology： Forest; Cliffs; Taiga
Ecosystem： Terrestrial
National Key Protected Wild Animal List： None; **CITES Appendix**[1]：Not listed
Red List： **IUCN Red List**[2]：LC; **China Mammal Red List**[3]：LC
Range in the country： Shaanxi, Gansu, Sichuan, Guizhou, Yunnan, Hubei, Hunan, Guangdong, Guangxi, Taiwan, Chongqing
Range countries： China

参考文献 Citation

Wang Y and Zhang S (王玉玺和张淑云), 1993; Wu Y *et al.* (吴毅等), 2002; Wang Y (王应祥), 2003; Wilson and Reeder, 2005; Zhang R (张荣祖), 1997; Pan Q *et al.* (潘清华等), 2007; Ma Y *et al.* (马勇等), 2008; Smith *et al.*, 2008; IUCN, 2014

457. 灰头小鼯鼠 Spotted Giant Flying Squirrel

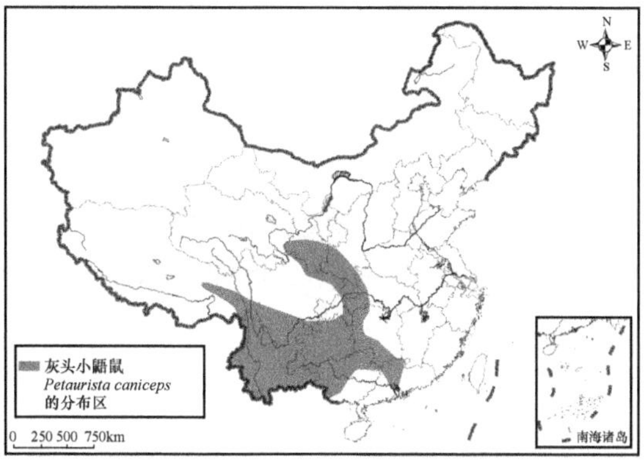

灰头小鼯鼠 *Petaurista caniceps* (Gray, 1842)
种下单元： 无
生　　境： 泰加林、温带森林
生态系统： 陆生生态系统
保护等级： **国家重点保护野生动物等级：** 无；**CITES 附录** [1]：未列入
红色名录： **IUCN**[2]：未列入；**中国哺乳类红色名录** [3]：LC
国内分布： 四川、陕西、湖北、湖南、广东、广西、贵州、云南、西藏、甘肃
分布国家： 不丹、中国、印度、印度尼西亚、老挝、马来西亚、缅甸、尼泊尔、泰国、越南

Spotted Giant Flying Squirrel *Petaurista caniceps* (Gray, 1842)
Infra-specific Taxa： None
Habitat and Ecology： Taiga; Temperate Forest
Ecosystem： Terrestrial
National Key Protected Wild Animal List： None; **CITES Appendix**[1]：Not listed
Red List： **IUCN Red List**[2]：Not listed; **China Mammal Red List**[3]：LC
Range in the country： Sichuan, Shaanxi, Hubei, Hunan, Guangdong, Guangxi, Guizhou, Yunnan, Tibet, Gansu
Range countries： Bhutan, China, India, Indonesia, Laos, Malaysia, Myanmar, Nepal, Thailand, Vietnam

参考文献 Citation

Qin Y (秦耀亮), 1979; Wang Y (王应祥), 2003; Smith *et al.*, 2008; Pan Q *et al.* (潘清华等), 2007; Ma Y *et al.* (马勇等), 2008

458. 台湾大鼯鼠 Taiwan Flying Squirrel

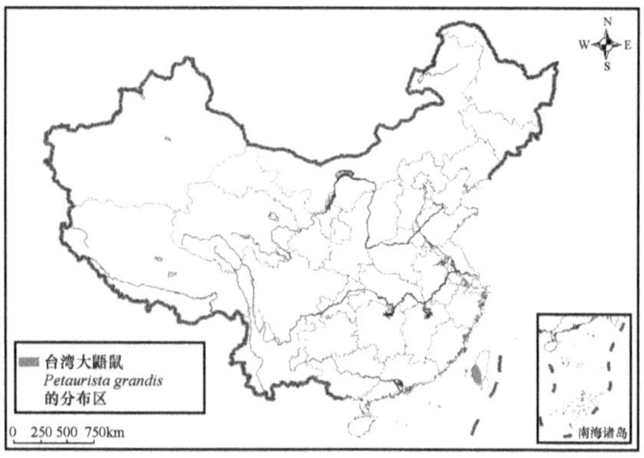

台湾大鼯鼠 *Petaurista grandis* (Swinhoe, 1862) *

种下单元：无

生　　境：森林

生态系统：陆生生态系统

保护等级：国家重点保护野生动物等级：无；**CITES 附录** [1]：未列入

红色名录：IUCN[2]：未列入；**中国哺乳类红色名录** [3]：DD

国内分布：台湾

分布国家：中国

Taiwan Flying Squirrel *Petaurista grandis* (Swinhoe, 1862) *

Infra-specific Taxa: None

Habitat and Ecology: Forest

Ecosystem: Terrestrial

National Key Protected Wild Animal List: None; **CITES Appendix**[1]: Not listed

Red List: IUCN Red List[2]: Not listed; **China Mammal Red List**[3]: DD

Range in the country: Taiwan

Range countries: China

参考文献 Citation

Zhang R(张荣祖), 1997

459. 海南大鼯鼠 Hainan Flying Squirrel

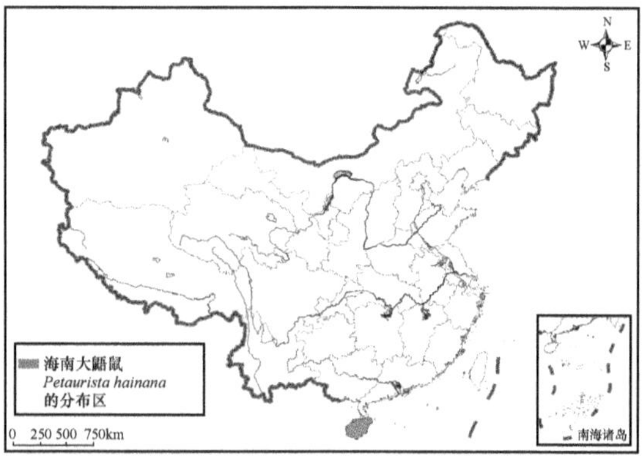

海南大鼯鼠 *Petaurista hainana* (Allen, 1925) *

种下单元：无

生　　境：森林

生态系统：陆生生态系统

保护等级：国家重点保护野生动物等级：无；**CITES 附录** [1]：未列入

红色名录：IUCN[2]：未列入；**中国哺乳类红色名录** [3]：DD

国内分布：海南

分布国家：中国

Hainan Flying Squirrel *Petaurista hainana* (Allen, 1925) *

Infra-specific Taxa: None

Habitat and Ecology: Forest

Ecosystem: Terrestrial

National Key Protected Wild Animal List: None; **CITES Appendix**[1]: Not listed

Red List: IUCN Red List[2]: Not listed; **China Mammal Red List**[3]: DD

Range in the country: Hainan

Range countries: China

参考文献 Citation

Zhang R(张荣祖), 1997; Ma Y *et al.*(马勇等), 2008

460. 白颊鼯鼠（黑龙江鼯鼠）Watase's Flying Squirrel

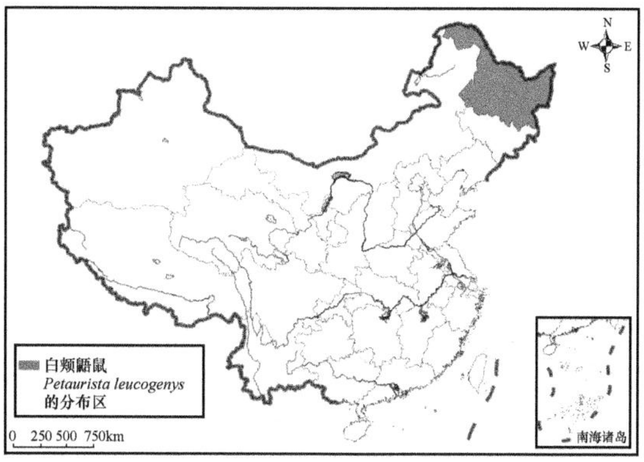

白颊鼯鼠（黑龙江鼯鼠） *Petaurista leucogenys** （*Petaurista watasei*）[（Temminck, 1827）Mori, 1927]

种下单元： 无

生　　境： 森林

生态系统： 陆生生态系统

保护等级： **国家重点保护野生动物等级：** 无；**CITES 附录** [1]：未列入

红色名录： **IUCN**[2]：未列入；**中国哺乳类红色名录** [3]：DD

国内分布： 黑龙江

分布国家： 中国、日本、韩国

Watase's Flying Squirrel *Petaurista leucogenys** （*Petaurista watasei*）[（Temminck, 1827）Mori, 1927]

Infra-specific Taxa： None

Habitat and Ecology： Forest

Ecosystem： Terrestrial

National Key Protected Wild Animal List： None; **CITES Appendix**[1]：Not listed

Red List： **IUCN Red List**[2]：Not listed; **China Mammal Red List**[3]：DD

Range in the country： Heilongjiang

Range countries： China, Japan, Korea，Republic of

参考文献 Citation

Wang Y（王应祥）, 2003; Pan Q *et al.*（潘清华等）, 2007

461. 丽鼯鼠 Hodgson's Giant Flying Squirrel

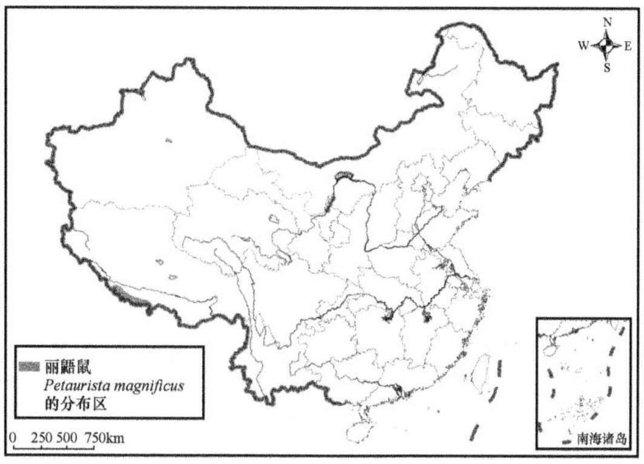

丽鼯鼠 *Petaurista magnificus* (Hodgson, 1836)

种下单元： 无

生　　境： 森林

生态系统： 陆生生态系统

保护等级： **国家重点保护野生动物等级：** 无；**CITES 附录** [1]：未列入

红色名录： **IUCN**[2]：LC；**中国哺乳类红色名录** [3]：NT

国内分布： 西藏

分布国家： 不丹、中国、印度、尼泊尔

Hodgson's Giant Flying Squirrel *Petaurista magnificus* (Hodgson, 1836)

Infra-specific Taxa： None

Habitat and Ecology： Forest

Ecosystem： Terrestrial

National Key Protected Wild Animal List： None; **CITES Appendix**[1]：Not listed

Red List： **IUCN Red List**[2]：LC; **China Mammal Red List**[3]：NT

Range in the country： Tibet

Range countries： Bhutan, China, India, Nepal

参考文献 Citation

Wang Y（王应祥）, 2003; Wilson and Reeder, 2005; Zhang R（张荣祖）, 1997; Pan Q *et al.*（潘清华等）, 2007; Ma Y *et al.*（马勇等）, 2008; Smith *et al.*, 2008; IUCN, 2014

462. 白斑小鼯鼠 Spotted Giant Flying Squirrel

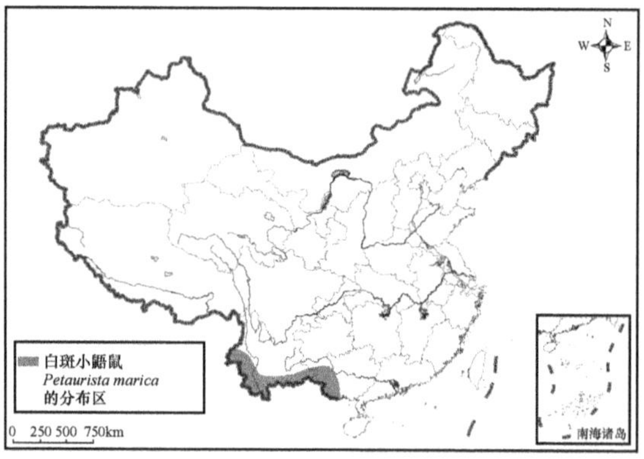

白斑小鼯鼠 *Petaurista marica**（*Petaurista elegans*）[Thomas, 1912（Müller, 1840）]

种下单元： *elegans*; *banksi*; *caniceps*; *marica*; *punctatus*; *sumatrana*; *sybilla*

生　　境： 山地森林

生态系统： 陆生生态系统

保护等级： **国家重点保护野生动物等级：** 无；**CITES 附录**[1]：未列入

红色名录： **IUCN**[2]：LC；**中国哺乳类红色名录**[3]：LC

国内分布： 广西、云南

分布国家： 不丹、中国、印度、印度尼西亚、老挝、马来西亚、缅甸、尼泊尔、泰国、越南

Spotted Giant Flying Squirrel *Petaurista marica**（*Petaurista elegans*）[Thomas, 1912（Müller, 1840）]

Infra-specific Taxa： *elegans*; *banksi*; *caniceps*; *marica*; *punctatus*; *sumatrana*; *sybilla*

Habitat and Ecology： Montane Forest

Ecosystem： Terrestrial

National Key Protected Wild Animal List： None; **CITES Appendix**[1]：Not listed

Red List： **IUCN Red List**[2]：LC; **China Mammal Red List**[3]：LC

Range in the country： Guangxi, Yunnan

Range countries： Bhutan, China, India, Indonesia, Laos, Malaysia, Myanmar, Nepal, Thailand, Vietnam

参考文献 Citation

Wang Y（王应祥）, 2003; Zhang R（张荣祖）, 1997; Pan Q *et al.*（潘清华等）, 2007; Ma Y *et al.*（马勇等）, 2008; Smith *et al.*, 2008; IUCN, 2014

463. 红背鼯鼠 Common Giant Flying Squirrel/Red Giant Flying Squirrel

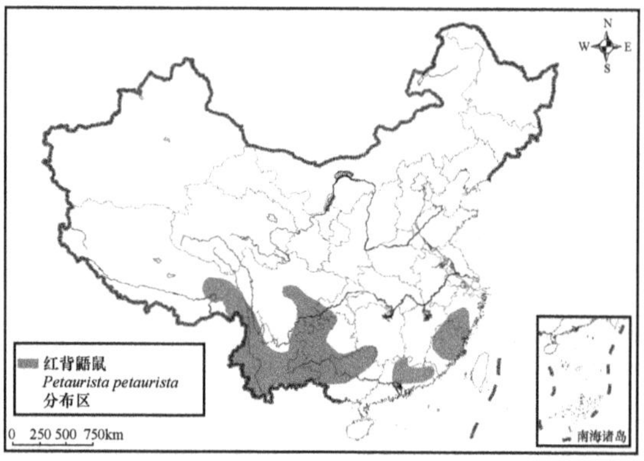

红背鼯鼠 *Petaurista petaurista*（Pallas, 1766）

种下单元： *petaurista*; *albiventer*; *batuana*; *candidula*; *cicur*; *interceptio*; *lumholtzi*; *marchio*; *melanotus*; *nigrescens*; *nigricaudatus*; *nitidula*; *penangensis*; *rajah*; *rufipes*; *stellaris*; *taylori*; *terutaus*

生　　境： 热带/亚热带湿润低地/山地森林、峭壁、泰加林

生态系统： 陆生生态系统

保护等级： **国家重点保护野生动物等级：** 无；**CITES 附录**[1]：未列入

红色名录： **IUCN**[2]：LC；**中国哺乳类红色名录**[3]：VU

国内分布： 湖南、浙江、福建、广东、广西、四川、贵州、云南、西藏、江西

分布国家： 阿富汗、文莱、中国、印度、印度尼西亚、马来西亚、缅甸、尼泊尔、泰国

Common Giant Flying Squirrel/Red Giant Flying Squirrel *Petaurista petaurista*（Pallas, 1766）

Infra-specific Taxa： *petaurista*; *albiventer*; *batuana*; *candidula*; *cicur*; *interceptio*; *lumholtzi*; *marchio*; *melanotus*; *nigrescens*; *nigricaudatus*; *nitidula*; *penangensis*; *rajah*; *rufipes*; *stellaris*; *taylori*; *terutaus*

Habitat and Ecology： Tropical/Subtropical Moist Lowland/Montane Forest; Cliffs; Taiga

Ecosystem： Terrestrial

National Key Protected Wild Animal List： None; **CITES Appendix**[1]：Not listed

Red List： **IUCN Red List**[2]：LC; **China Mammal Red List**[3]：VU

Range in the country： Hunan, Zhejiang, Fujian, Guangdong, Guangxi, Sichuan, Guizhou, Yunnan, Tibet, Jiangxi

Range countries： Afghanistan, Brunei, China, India, Indonesia, Malaysia, Myanmar, Nepal, Thailand

参考文献 Citation

Qin Y（秦耀亮）, 1979; Wu Y *et al.*（吴毅等）, 2002; Wang Y（王应祥）, 2003; Wilson and Reeder, 2005; Zhang R（张荣祖）, 1997; Pan Q *et al.*（潘清华等）, 2007; Ma Y *et al.*（马勇等）, 2008; Smith *et al.*, 2008; IUCN, 2014

464. 霜背大鼯鼠 Large Brown Flying Squirrel/Indian Giant Flying Squirrel

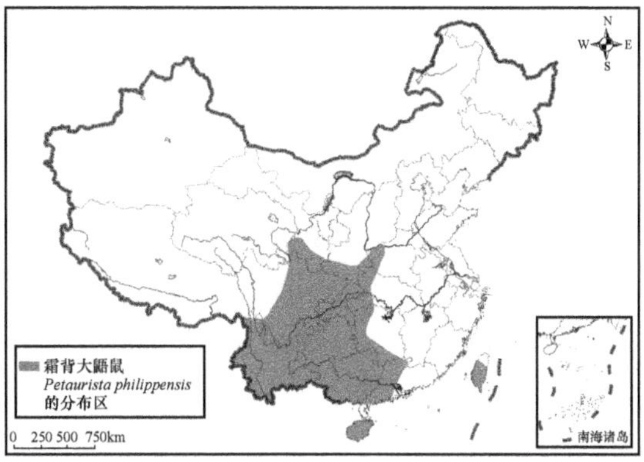

霜背大鼯鼠 *Petaurista philippensis* (Elliot, 1839)
种下单元： *philippensis*; *annamensis*; *cineraceus*; *grandis*; *lylei*; *mergulus*; *yunanensis*
生　　境： 森林
生态系统： 陆生生态系统
保护等级： **国家重点保护野生动物等级：** 无；**CITES 附录** [1]：未列入
红色名录： **IUCN**[2]：LC；**中国哺乳类红色名录** [3]：LC
国内分布： 台湾、海南、云南、四川、甘肃、陕西、河南、湖北、湖南、广西、广东
分布国家： 中国、印度、老挝、缅甸、斯里兰卡、泰国、越南

Large Brown Flying Squirrel/Indian Giant Flying Squirrel *Petaurista philippensis* (Elliot, 1839)
Infra-specific Taxa： *philippensis*; *annamensis*; *cineraceus*; *grandis*; *lylei*; *mergulus*; *yunanensis*
Habitat and Ecology： Forest
Ecosystem： Terrestrial
National Key Protected Wild Animal List： None; **CITES Appendix**[1]：Not listed
Red List： **IUCN Red List**[2]：LC; **China Mammal Red List**[3]：LC
Range in the country： Taiwan, Hainan, Yunnan, Sichuan, Gansu, Shaanxi, Henan, Hubei, Hunan, Guangxi, Guangdong
Range countries： China, India, Laos, Myanmar, Sri Lanka, Thailand, Vietnam

参考文献 Citation

Qin Y(秦耀亮), 1979; Wang Y(王应祥), 2003; Wilson and Reeder, 2005; Zhang R(张荣祖), 1997; Pan Q *et al.*(潘清华等), 2007; Ma Y *et al.*(马勇等), 2008; Smith *et al.*, 2008; IUCN, 2014

465. 橙色小鼯鼠 Chindwin Flying Squirrel

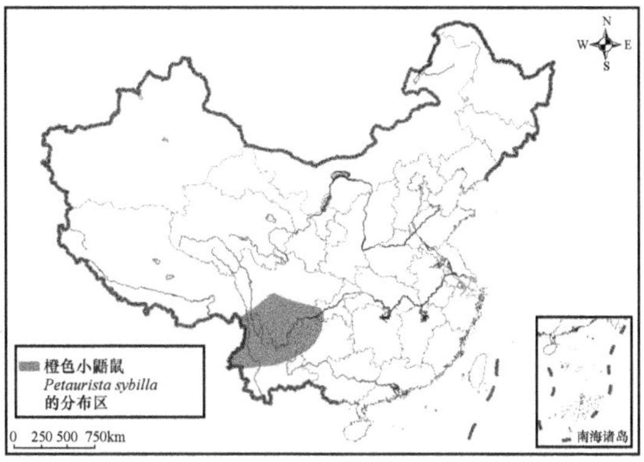

橙色小鼯鼠 *Petaurista sybilla* (Thomas & Wroughton, 1916) *
种下单元： 无
生　　境： 森林
生态系统： 陆生生态系统
保护等级： **国家重点保护野生动物等级：** 无；**CITES 附录** [1]：未列入
红色名录： **IUCN**[2]：未列入；**中国哺乳类红色名录** [3]：LC
国内分布： 云南、贵州、四川、重庆
分布国家： 中国、缅甸

Chindwin Flying Squirrel *Petaurista sybilla*(Thomas & Wroughton, 1916) *
Infra-specific Taxa： None
Habitat and Ecology： Forest
Ecosystem： Terrestrial
National Key Protected Wild Animal List： None; **CITES Appendix**[1]：Not listed
Red List： **IUCN Red List**[2]：Not listed; **China Mammal Red List**[3]：LC
Range in the country： Yunnan, Guizhou, Sichuan, Chongqing
Range countries： China, Myanmar

参考文献 Citation

Wang Y(王应祥), 2003; Pan Q *et al.*(潘清华等), 2007

466. 灰鼯鼠 Chinese Giant Flying Squirrel

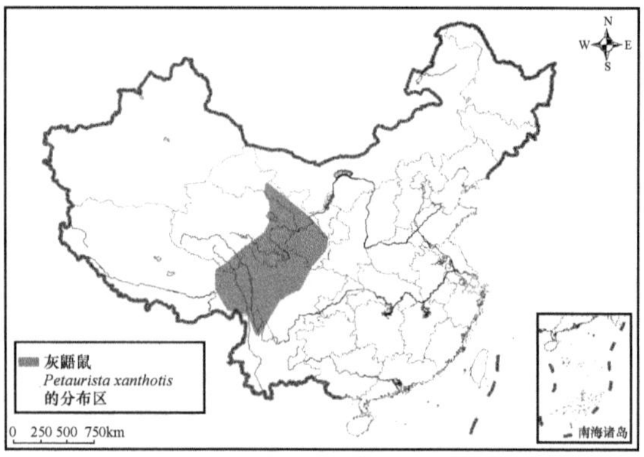

灰鼯鼠 *Petaurista xanthotis*（Milne-Edwards, 1872）

种下单元：无

生　　境：森林

生态系统：陆生生态系统

保护等级：**国家重点保护野生动物等级**：无；**CITES 附录**[1]：未列入

红色名录：**IUCN**[2]：LC；**中国哺乳类红色名录**[3]：LC

国内分布：甘肃、青海、四川、云南、西藏

分布国家：中国

Chinese Giant Flying Squirrel *Petaurista xanthotis*（Milne-Edwards, 1872）

Infra-specific Taxa：None

Habitat and Ecology：Forest

Ecosystem：Terrestrial

National Key Protected Wild Animal List：None; **CITES Appendix**[1]：Not listed

Red List：**IUCN Red List**[2]：LC; **China Mammal Red List**[3]：LC

Range in the country：Gansu, Qinghai, Sichuan, Yunnan, Tibet

Range countries：China

参考文献 Citation

Wang Y（王应祥）, 2003; Wilson and Reeder, 2005; Zhang R（张荣祖）, 1997; Pan Q *et al.*（潘清华等）, 2007; Ma Y *et al.*（马勇等）, 2008; Smith *et al.*, 2008; IUCN, 2014

467. 云南大鼯鼠 Yunnan Giant Flying Squirrel

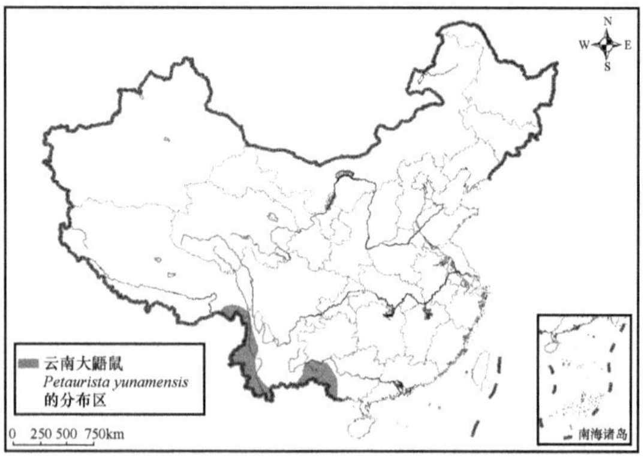

云南大鼯鼠 *Petaurista yunamensis*（Anderson, 1875）*

种下单元：无

生　　境：森林

生态系统：陆生生态系统

保护等级：**国家重点保护野生动物等级**：无；**CITES 附录**[1]：未列入

红色名录：**IUCN**[2]：未列入；**中国哺乳类红色名录**[3]：DD

国内分布：云南、广西、西藏

分布国家：中国

Yunnan Giant Flying Squirrel *Petaurista yunamensis*（Anderson, 1875）*

Infra-specific Taxa：None

Habitat and Ecology：Forest

Ecosystem：Terrestrial

National Key Protected Wild Animal List：None; **CITES Appendix**[1]：Not listed

Red List：**IUCN Red List**[2]：Not listed; **China Mammal Red List**[3]：DD

Range in the country：Yunnan, Guangxi, Tibet

Range countries：China

参考文献 Citation

Zhang R（张荣祖）, 1997

468. 沟牙鼯鼠 Northern Chinese Flying Squirrel

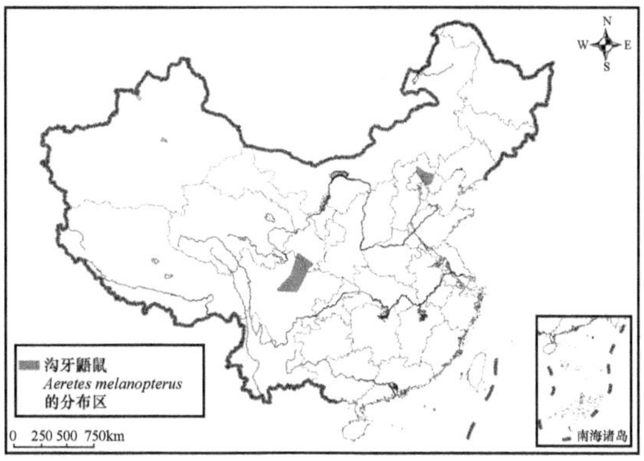

沟牙鼯鼠 *Aeretes melanopterus*（Milne-Edwards, 1867）
种下单元： *melanopterus*; *szechuanensis*
生　　境： 森林
生态系统： 陆生生态系统
保护等级： **国家重点保护野生动物等级：** 无；**CITES 附录**[1]：未列入
红色名录： **IUCN**[2]：NT；**中国哺乳类红色名录**[3]：NT
国内分布： 河北、四川、甘肃
分布国家： 中国

Northern Chinese Flying Squirrel *Aeretes melanopterus*（Milne-Edwards, 1867）
Infra-specific Taxa： *melanopterus*; *szechuanensis*
Habitat and Ecology： Forest
Ecosystem： Terrestrial
National Key Protected Wild Animal List： None; **CITES Appendix**[1]：Not listed
Red List： **IUCN Red List**[2]：NT; **China Mammal Red List**[3]：NT
Range in the country： Hebei, Sichuan, Gansu
Range countries： China

参考文献 Citation

Wang Y（王应祥）, 2003; Wilson and Reeder, 2005; Zhang R（张荣祖）, 1997; Pan Q *et al.*（潘清华等）, 2007; Ma Y *et al.*（马勇等）, 2008; Smith *et al.*, 2008; IUCN, 2014

469. 绒毛鼯鼠 Woolly Flying Squirrel

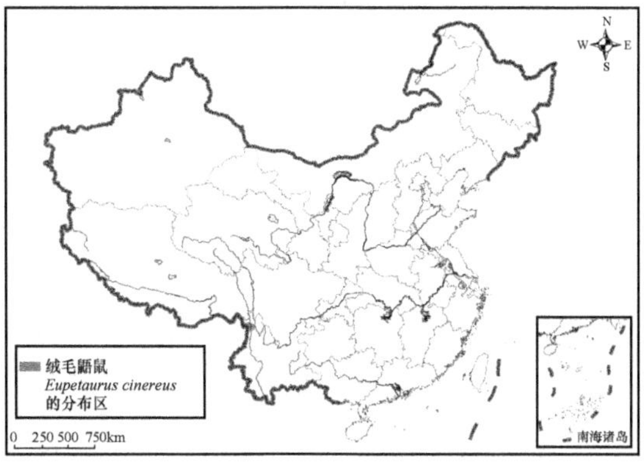

绒毛鼯鼠 *Eupetaurus cinereus*（Thomas, 1888）
种下单元： 无
生　　境： 亚热带常绿阔叶林
生态系统： 陆生生态系统
保护等级： **国家重点保护野生动物等级：** 无；**CITES 附录**[1]：未列入
红色名录： **IUCN**[2]：EN；**中国哺乳类红色名录**[3]：DD
国内分布： 云南
分布国家： 中国、巴基斯坦

Woolly Flying Squirrel *Eupetaurus cinereus*（Thomas, 1888）
Infra-specific Taxa： None
Habitat and Ecology： Subtropical Evergreen Broad-leaved Forest
Ecosystem： Terrestrial
National Key Protected Wild Animal List： None; **CITES Appendix**[1]：Not listed
Red List： **IUCN Red List**[2]：EN; **China Mammal Red List**[3]：DD
Range in the country： Yunnan
Range countries： China, Pakistan

参考文献 Citation

Wang Y（王应祥）, 2003; Wilson and Reeder, 2005; Pan Q *et al.*（潘清华等）, 2007; Ma Y *et al.*（马勇等）, 2008; Zhang R（张荣祖）, 1997; IUCN, 2014

470. 小飞鼠 Russian Flying Squirrel/Siberian Flying Squirrel

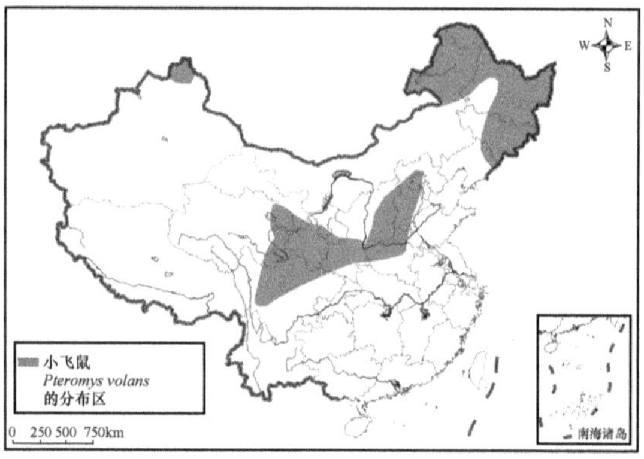

小飞鼠 *Pteromys volans*（Linnaeus, 1758）
种下单元：*volans*; *athene*; *buechneri*; *orii*
生　　境：泰加林
生态系统：陆生生态系统
保护等级：**国家重点保护野生动物等级**：无；**CITES 附录**[1]：未列入
红色名录：**IUCN**[2]：LC；**中国哺乳类红色名录**[3]：VU
国内分布：黑龙江、吉林、辽宁、内蒙古、北京、河北、河南、山西、陕西、甘肃、宁夏、青海、四川、新疆
分布国家：中国、爱沙尼亚、芬兰、日本、朝鲜、韩国、拉脱维亚、蒙古、俄罗斯

Russian Flying Squirrel/Siberian Flying Squirrel *Pteromys volans*（Linnaeus, 1758）
Infra-specific Taxa：*volans*; *athene*; *buechneri*; *orii*
Habitat and Ecology：Taiga
Ecosystem：Terrestrial
National Key Protected Wild Animal List：None; **CITES Appendix**[1]：Not listed
Red List：**IUCN Red List**[2]：LC; **China Mammal Red List**[3]：VU
Range in the country：Heilongjiang, Jilin, Liaoning, Inner Mongolia, Beijing, Hebei, Henan, Shanxi, Shaanxi, Gansu, Ningxia, Qinghai, Sichuan, Xinjiang
Range countries：China, Estonia, Finland, Japan, Korea, Democratic People's Republic of, Korea, Republic of, Latvia, Mongolia, Russia

参考文献 Citation

Wang Y(王应祥), 2003; Wilson and Reeder, 2005; Zhang R(张荣祖), 1997; Pan Q *et al.*(潘清华等), 2007; Ma Y *et al.*(马勇等), 2008; Smith *et al.*, 2008; IUCN, 2014

471. 黑白飞鼠 Particolored Flying Squirrel

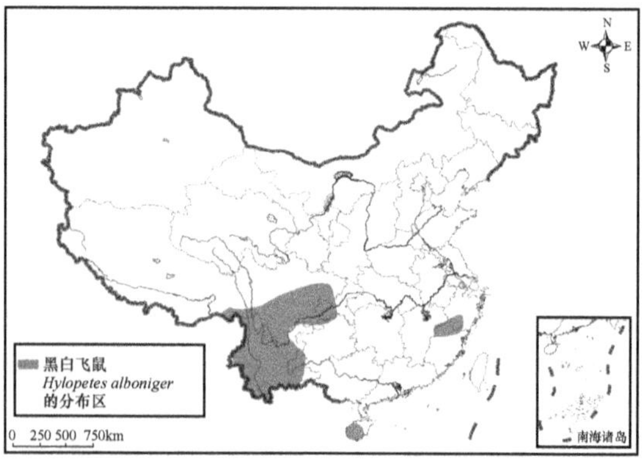

黑白飞鼠 *Hylopetes alboniger*（Hodgson, 1836）
种下单元：*alboniger*; *chianfengensis*; *orinus*
生　　境：森林
生态系统：陆生生态系统
保护等级：**国家重点保护野生动物等级**：无；**CITES 附录**[1]：未列入
红色名录：**IUCN**[2]：LC；**中国哺乳类红色名录**[3]：NT
国内分布：四川、云南、贵州、浙江、福建、江西、西藏、海南、重庆
分布国家：孟加拉国、不丹、柬埔寨、中国、印度、老挝、缅甸、尼泊尔、泰国、越南

Particolored Flying Squirrel *Hylopetes alboniger*（Hodgson, 1836）
Infra-specific Taxa：*alboniger*; *chianfengensis*; *orinus*
Habitat and Ecology：Forest
Ecosystem：Terrestrial
National Key Protected Wild Animal List：None; **CITES Appendix**[1]：Not listed
Red List：**IUCN Red List**[2]：LC; **China Mammal Red List**[3]：NT
Range in the country：Sichuan, Yunnan, Guizhou, Zhejiang, Fujian, Jiangxi, Tibet, Hainan, Chongqing
Range countries：Bangladesh, Bhutan, Cambodia, China, India, Laos, Myanmar, Nepal, Thailand, Vietnam

参考文献 Citation

Wang Y(王应祥), 2003; Wilson and Reeder, 2005; Zhang R(张荣祖), 1997; Pan Q *et al.*(潘清华等), 2007; Ma Y *et al.*(马勇等), 2008; Smith *et al.*, 2008; IUCN, 2014

472. 海南小飞鼠 Indochinese Flying Squirrel

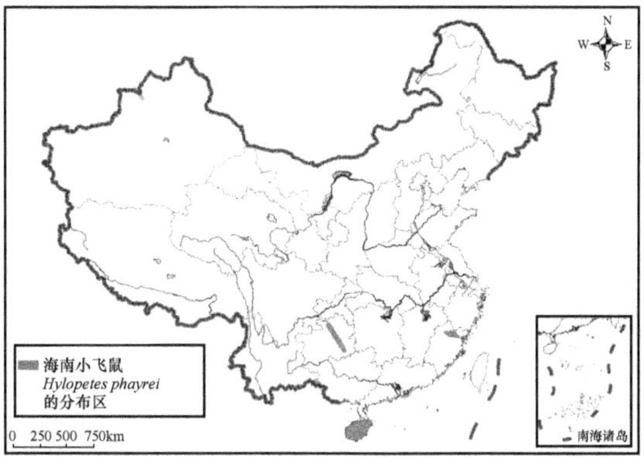

海南小飞鼠 *Hylopetes phayrei* (Blyth, 1859)
种下单元： *phayrei*; *electilis*
生　　境： 森林
生态系统： 陆生生态系统
保护等级： **国家重点保护野生动物等级：** 无；**CITES 附录** [1]：未列入
红色名录： **IUCN**[2]：LC；**中国哺乳类红色名录** [3]：LC
国内分布： 海南、福建、广西、贵州
分布国家： 中国、缅甸、泰国、越南

Indochinese Flying Squirrel *Hylopetes phayrei* (Blyth, 1859)
Infra-specific Taxa： *phayrei*; *electilis*
Habitat and Ecology： Forest
Ecosystem： Terrestrial
National Key Protected Wild Animal List： None; **CITES Appendix**[1]：Not listed
Red List： **IUCN Red List**[2]：LC; **China Mammal Red List**[3]：LC
Range in the country： Hainan, Fujian, Guangxi, Guizhou
Range countries： China, Myanmar, Thailand, Vietnam
参考文献 Citation
Wang Y (王应祥), 2003; Wilson and Reeder, 2005; Pan Q *et al.* (潘清华等), 2007; Ma Y *et al.* (马勇等), 2008; Smith *et al.*, 2008; IUCN, 2014

河狸科 CASTORIDAE

473. 河狸 Eurasian Beaver

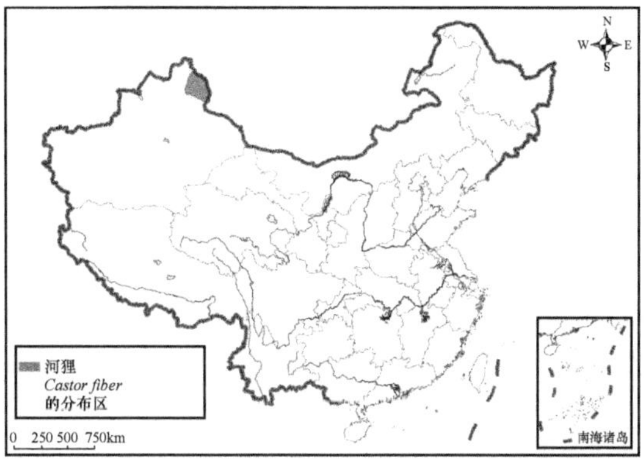

河狸 *Castor fiber* (Linnaeus, 1758)
种下单元： 无
生　　境： 淡水湖、江河、池塘、蓄水区
生态系统： 陆生生态系统、淡水生态系统
保护等级： **国家重点保护野生动物等级：** 一级；**CITES 附录** [1]：未列入
红色名录： **IUCN**[2]：LC；**中国哺乳类红色名录** [3]：CR
国内分布： 新疆
分布国家： 白俄罗斯、中国、法国、德国、哈萨克斯坦、卢森堡、蒙古、挪威、俄罗斯

Eurasian Beaver *Castor fiber* (Linnaeus, 1758)
Infra-specific Taxa： None
Habitat and Ecology： Freshwater Lakes; Rivers; Ponds; Water Storage Areas
Ecosystem： Terrestrial, Fresh Water
National Key Protected Wild Animal List： Category One; **CITES Appendix**[1]：Not listed
Red List： **IUCN Red List**[2]：LC; **China Mammal Red List**[3]：CR
Range in the country： Xinjiang
Range countries： Belarus, China, France, Germany, Kazakhstan, Luxembourg, Mongolia, Norway, Russia
参考文献 Citation
Wang Y (王应祥), 2003; Wilson and Reeder, 2005; Zhang R (张荣祖), 1997; Pan Q *et al.* (潘清华等), 2007; Ma Y *et al.* (马勇等), 2008; Smith *et al.*, 2008; IUCN, 2014

仓鼠科 CRICETIDAE

474. 原仓鼠 Black-bellied Hamster/Common Hamster

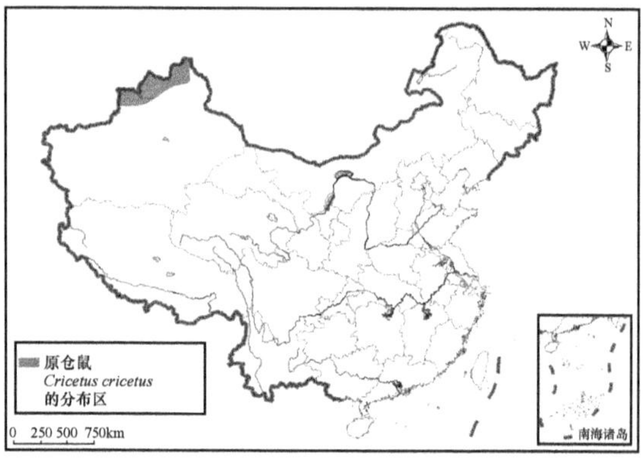

原仓鼠 *Cricetus cricetus*（Linnaeus, 1758）
种下单元：无
生　　境：干旱低地草地、草甸
生态系统：陆生生态系统
保护等级：**国家重点保护野生动物等级**：无；**CITES 附录** [1]：未列入
红色名录：**IUCN**[2]：LC；**中国哺乳类红色名录** [3]：NT
国内分布：新疆
分布国家：奥地利、白俄罗斯、比利时、保加利亚、中国、克罗地亚、捷克、法国、格鲁吉亚、德国、匈牙利、哈萨克斯坦、荷兰、波兰、罗马尼亚、俄罗斯、斯洛伐克、斯洛文尼亚、乌克兰

Black-bellied Hamster/Common Hamster *Cricetus cricetus*（Linnaeus, 1758）
Infra-specific Taxa：None
Habitat and Ecology：Dry Lowland Grassland; Meadow
Ecosystem：Terrestrial
National Key Protected Wild Animal List：None; **CITES Appendix**[1]：Not listed
Red List：**IUCN Red List**[2]：LC; **China Mammal Red List**[3]：NT
Range in the country：Xinjiang
Range countries：Austria, Belarus, Belgium, Bulgaria, China, Croatia, Czech, France, Georgia, Germany, Hungary, Kazakhstan, Netherlands, Poland, Romania, Russia, Slovakia, Slovenia, Ukraine

参考文献 Citation

Wang Y（王应祥）, 2003; Wilson and Reeder, 2005; Zhang R（张荣祖）, 1997; Pan Q *et al.*（潘清华等）, 2007; Ma Y *et al.*（马勇等）, 2008; Smith *et al.*, 2008; IUCN, 2014

475. 高山仓鼠 Ladakh Hamster

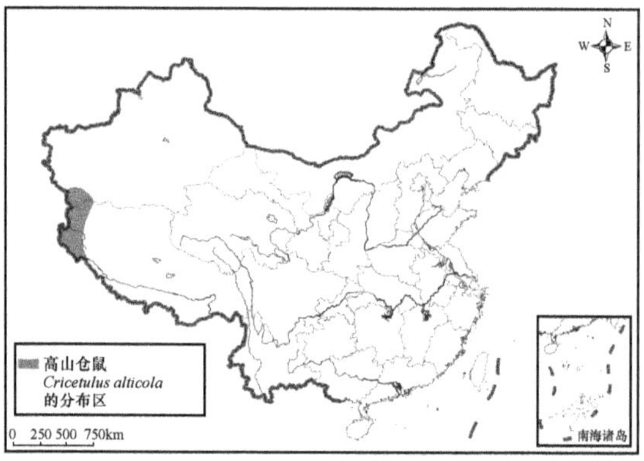

高山仓鼠 *Cricetulus alticola*（Thomas, 1917）
种下单元：无
生　　境：泰加林、荒漠、灌丛、沼泽、草甸
生态系统：陆生生态系统
保护等级：**国家重点保护野生动物等级**：无；**CITES 附录** [1]：未列入
红色名录：**IUCN**[2]：LC；**中国哺乳类红色名录** [3]：DD
国内分布：西藏
分布国家：中国、印度、尼泊尔

Ladakh Hamster *Cricetulus alticola*（Thomas, 1917）
Infra-specific Taxa：None
Habitat and Ecology：Taiga; Desert; Shrubland; Swamps; Meadow
Ecosystem：Terrestrial
National Key Protected Wild Animal List：None; **CITES Appendix**[1]：Not listed
Red List：**IUCN Red List**[2]：LC; **China Mammal Red List**[3]：DD
Range in the country：Tibet
Range countries：China, India, Nepal

参考文献 Citation

Wilson and Reeder, 2005; Smith *et al.*, 2008; IUCN, 2014

476. 黑线仓鼠 Striped Dwarf Hamster

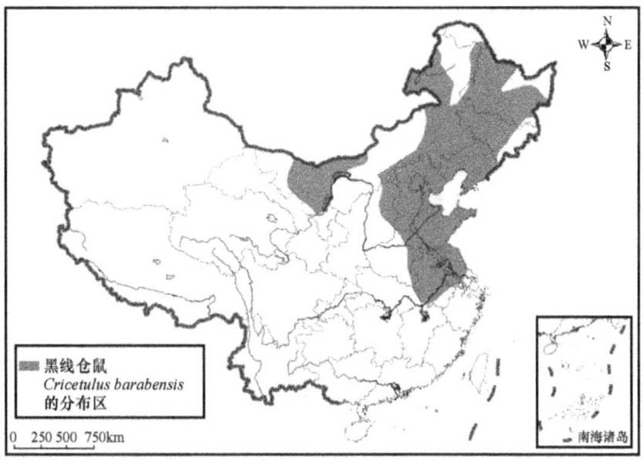

黑线仓鼠 *Cricetulus barabensis* (Pallas, 1773)
种下单元： 无
生　　境： 耕地、荒漠
生态系统： 陆生生态系统
保护等级： **国家重点保护野生动物等级：** 无；**CITES 附录** [1]：未列入
红色名录： **IUCN**[2]：LC；**中国哺乳类红色名录** [3]：LC
国内分布： 黑龙江、吉林、辽宁、内蒙古、河北、北京、天津、山东、河南、山西、甘肃、宁夏、安徽、江苏
分布国家： 中国、朝鲜、蒙古、俄罗斯

Striped Dwarf Hamster *Cricetulus barabensis* (Pallas, 1773)
Infra-specific Taxa: None
Habitat and Ecology: Arable Land; Desert
Ecosystem: Terrestrial
National Key Protected Wild Animal List: None; **CITES Appendix**[1]: Not listed
Red List: **IUCN Red List**[2]: LC; **China Mammal Red List**[3]: LC
Range in the country: Heilongjiang, Jilin, Liaoning, Inner Mongolia, Hebei, Beijing, Tianjin, Shandong, Henan, Shanxi, Gansu, Ningxia, Anhui, Jiangsu
Range countries: China, Korea, Democratic People's Republic of, Mongolia, Russia

参考文献 Citation

Wang Y (王应祥), 2003; Wilson and Reeder, 2005; Zhang R (张荣祖), 1997; Pan Q *et al.* (潘清华等), 2007; Ma Y *et al.* (马勇等), 2008; Smith *et al.*, 2008; IUCN, 2014

477. 藏仓鼠 Kam Dwarf Hamster

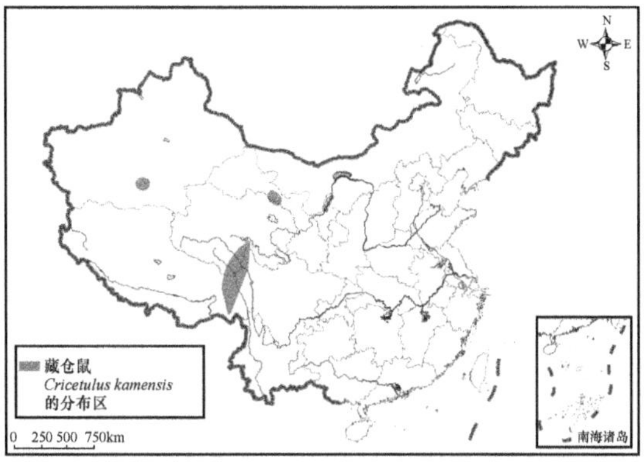

藏仓鼠 *Cricetulus kamensis* (Satunin, 1903)
种下单元： 无
生　　境： 草地、灌丛、沼泽
生态系统： 陆生生态系统
保护等级： **国家重点保护野生动物等级：** 无；**CITES 附录** [1]：未列入
红色名录： **IUCN**[2]：LC；**中国哺乳类红色名录** [3]：NT
国内分布： 甘肃、青海、西藏、新疆
分布国家： 中国

Kam Dwarf Hamster *Cricetulus kamensis* (Satunin, 1903)
Infra-specific Taxa: None
Habitat and Ecology: Grassland; Shrubland; Swamps
Ecosystem: Terrestrial
National Key Protected Wild Animal List: None; **CITES Appendix**[1]: Not listed
Red List: **IUCN Red List**[2]: LC; **China Mammal Red List**[3]: NT
Range in the country: Gansu, Qinghai, Tibet, Xinjiang
Range countries: China

参考文献 Citation

Wang Y (王应祥), 2003; Wilson and Reeder, 2005; Zhang R (张荣祖), 1997; Pan Q *et al.* (潘清华等), 2007; Ma Y *et al.* (马勇等), 2008; Smith *et al.*, 2008; IUCN, 2014

478. 长尾仓鼠 Long-tailed Dwarf Hamster

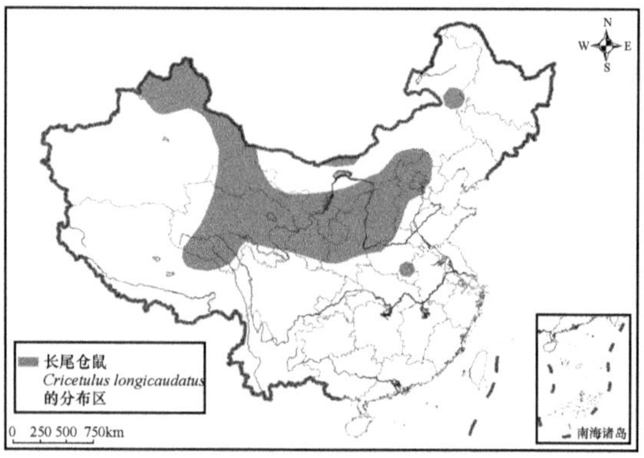

长尾仓鼠 *Cricetulus longicaudatus* (Milne-Edwards, 1867)
种下单元：无
生　　境：沙漠、灌丛、森林、草地
生态系统：陆生生态系统
保护等级：**国家重点保护野生动物等级**：无；**CITES 附录** [1]：未列入
红色名录：**IUCN**[2]：LC；**中国哺乳类红色名录** [3]：LC
国内分布：内蒙古、河北、北京、天津、河南、山西、陕西、甘肃、宁夏、四川、青海、西藏、新疆
分布国家：中国、哈萨克斯坦、蒙古、俄罗斯

Long-tailed Dwarf Hamster *Cricetulus longicaudatus* (Milne-Edwards, 1867)
Infra-specific Taxa：None
Habitat and Ecology：Desert; Shrubland; Forest; Grassland
Ecosystem：Terrestrial
National Key Protected Wild Animal List：None; **CITES Appendix**[1]：Not listed
Red List：**IUCN Red List**[2]：LC; **China Mammal Red List**[3]：LC
Range in the country：Inner Mongolia, Hebei, Beijing, Tianjin, Henan, Shanxi, Shaanxi, Gansu, Ningxia, Sichuan, Qinghai, Tibet, Xinjiang
Range countries：China, Kazakhstan, Mongolia, Russia

参考文献 Citation

Wang Y (王应祥), 2003; Wilson and Reeder, 2005; Zhang R (张荣祖), 1997; Pan Q *et al.* (潘清华等), 2007; Ma Y *et al.* (马勇等), 2008; Smith *et al.*, 2008; IUCN, 2014

479. 灰仓鼠 Gray Dwarf Hamster

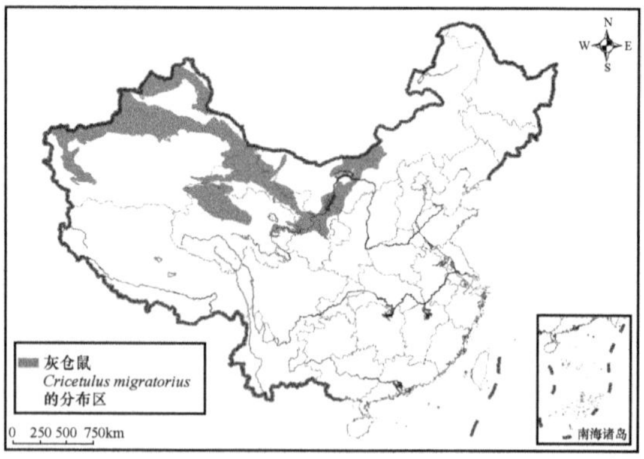

灰仓鼠 *Cricetulus migratorius* (Pallas, 1773)
种下单元：无
生　　境：沙漠、半荒漠、草地、草甸
生态系统：陆生生态系统
保护等级：**国家重点保护野生动物等级**：无；**CITES 附录** [1]：未列入
红色名录：**IUCN**[2]：LC；**中国哺乳类红色名录** [3]：LC
国内分布：内蒙古、新疆、宁夏、甘肃、青海
分布国家：阿富汗、阿塞拜疆、保加利亚、中国、印度、伊朗、伊拉克、以色列、约旦、哈萨克斯坦、黎巴嫩、摩尔多瓦、蒙古、巴基斯坦、罗马尼亚、俄罗斯、叙利亚、土耳其、乌克兰

Gray Dwarf Hamster *Cricetulus migratorius* (Pallas, 1773)
Infra-specific Taxa：None
Habitat and Ecology：Desert; Semi-desert; Grassland; Meadow
Ecosystem：Terrestrial
National Key Protected Wild Animal List：None; **CITES Appendix**[1]：Not listed
Red List：**IUCN Red List**[2]：LC; **China Mammal Red List**[3]：LC
Range in the country：Inner Mongolia, Xinjiang, Ningxia, Gansu, Qinghai
Range countries：Afghanistan, Azerbaijan, Bulgaria, China, India, Iran, Iraq, Israel, Jordan, Kazakhstan, Lebanon, Moldova, Mongolia, Pakistan, Romania, Russia, Syrian Arab Republic, Turkey, Ukraine

参考文献 Citation

Wang Y (王应祥), 2003; Wilson and Reeder, 2005; Zhang R (张荣祖), 1997; Pan Q *et al.* (潘清华等), 2007; Ma Y *et al.* (马勇等), 2008; Smith *et al.*, 2008; IUCN, 2014

480. 萨氏仓鼠 Sokolov's Dwarf Hamster

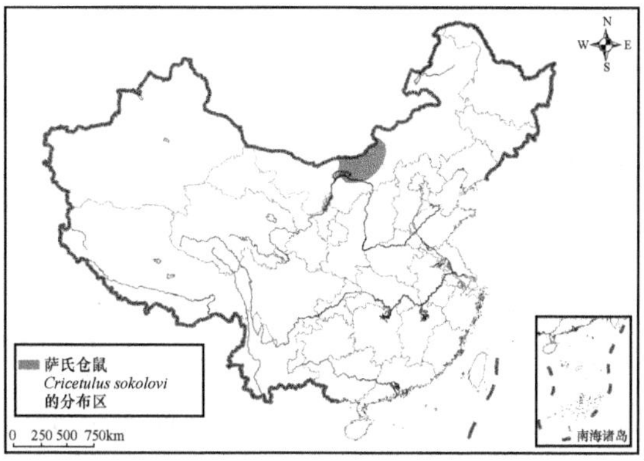

萨氏仓鼠 *Cricetulus sokolovi* (Orlov & Malygin, 1988) *
种下单元： 无
生　　境： 干旱灌丛
生态系统： 陆生生态系统
保护等级： **国家重点保护野生动物等级：** 无；**CITES 附录**[1]：未列入
红色名录： **IUCN**[2]：LC；**中国哺乳类红色名录**[3]：LC
国内分布： 内蒙古
分布国家： 中国、蒙古

Sokolov's Dwarf Hamster *Cricetulus sokolovi* (Orlov & Malygin, 1988) *
Infra-specific Taxa： None
Habitat and Ecology： Dry Shrubland
Ecosystem： Terrestrial
National Key Protected Wild Animal List： None; **CITES Appendix**[1]：Not listed
Red List： **IUCN Red List**[2]：LC; **China Mammal Red List**[3]：LC
Range in the country： Inner Mongolia
Range countries： China, Mongolia
参考文献 Citation
Wang Y (王应祥), 2003; Wilson and Reeder, 2005; Pan Q *et al.* (潘清华等), 2007; Smith *et al.*, 2008; IUCN, 2014

481. 大仓鼠 Greater Long-tailed Hamster

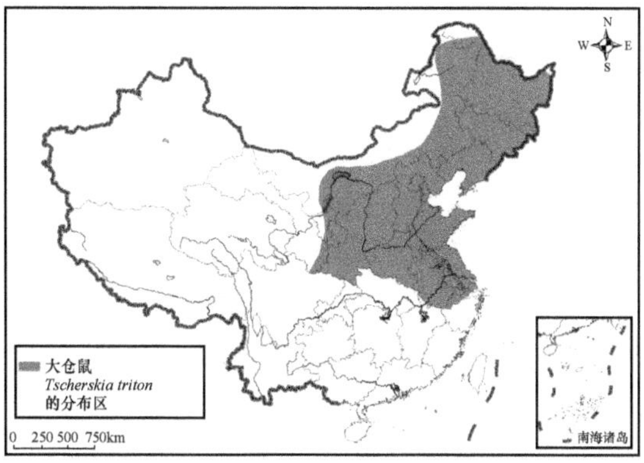

大仓鼠 *Tscherskia triton* (de Winton, 1899)
种下单元： 无
生　　境： 草原、农田、山地林缘
生态系统： 陆生生态系统
保护等级： **国家重点保护野生动物等级：** 无；**CITES 附录**[1]：未列入
红色名录： **IUCN**[2]：LC；**中国哺乳类红色名录**[3]：LC
国内分布： 黑龙江、吉林、辽宁、内蒙古、河北、北京、天津、山东、河南、山西、陕西、宁夏、甘肃、江苏、安徽、浙江
分布国家： 中国、朝鲜、韩国、俄罗斯

Greater Long-tailed Hamster *Tscherskia triton* (de Winton, 1899)
Infra-specific Taxa： None
Habitat and Ecology： Grassland; Farmland; Margin of Montane Forest
Ecosystem： Terrestrial
National Key Protected Wild Animal List： None; **CITES Appendix**[1]：Not listed
Red List： **IUCN Red List**[2]：LC; **China Mammal Red List**[3]：LC
Range in the country： Heilongjiang, Jilin, Liaoning, Inner Mongolia, Hebei, Beijing, Tianjin, Shandong, Henan, Shanxi, Shaanxi, Ningxia, Gansu, Jiangsu, Anhui, Zhejiang
Range countries： China, Korea, Democratic People's Republic of, Korea, Republic of, Russia
参考文献 Citation
Wang Y (王应祥), 2003; Wilson and Reeder, 2005; Zhang R (张荣祖), 1997; Pan Q *et al.* (潘清华等), 2007; Ma Y *et al.* (马勇等), 2008; Smith *et al.*, 2008; IUCN, 2014

482. 甘肃仓鼠 Gansu Hamster

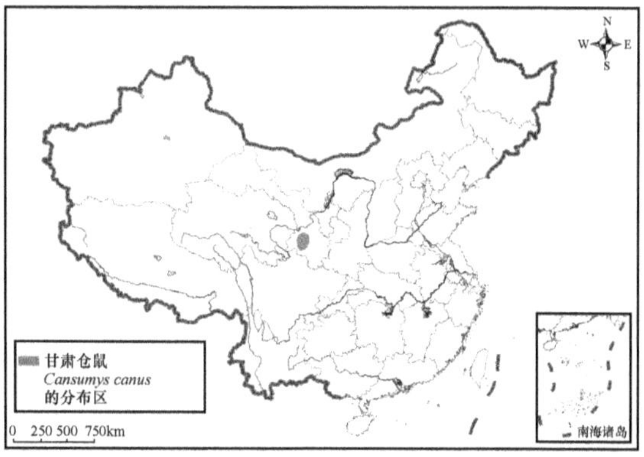

甘肃仓鼠 *Cansumys canus* (G.M. Allen, 1928)

种下单元： 无

生　　境： 森林、内陆岩石区域

生态系统： 陆生生态系统

保护等级： **国家重点保护野生动物等级：** 无； **CITES 附录**[1]： 未列入

红色名录： **IUCN**[2]： LC； **中国哺乳类红色名录**[3]： LC

国内分布： 甘肃

分布国家： 中国

Gansu Hamster *Cansumys canus* (G.M. Allen, 1928)

Infra-specific Taxa： None

Habitat and Ecology： Forest; Inland Rocky Areas

Ecosystem： Terrestrial

National Key Protected Wild Animal List： None; **CITES Appendix**[1]： Not listed

Red List： **IUCN Red List**[2]： LC; **China Mammal Red List**[3]： LC

Range in the country： Gansu

Range countries： China

参考文献 Citation

Wang Y(王应祥), 2003; Wilson and Reeder, 2005; Zhang R(张荣祖), 1997; Pan Q *et al.*(潘清华等), 2007; Ma Y *et al.*(马勇等), 2008; Smith *et al.*, 2008; IUCN, 2014

483. 无斑短尾仓鼠 Mongolian Hamster

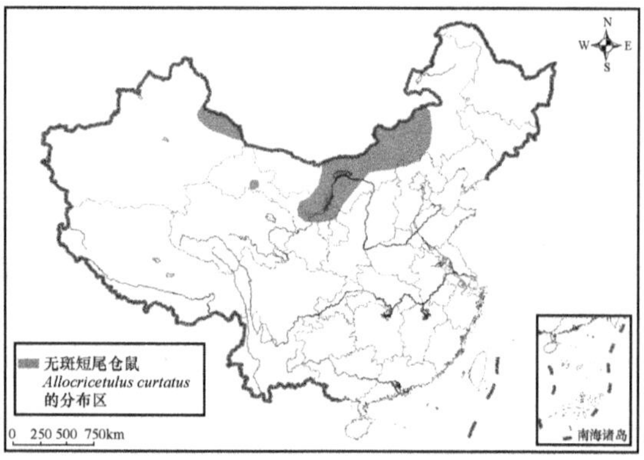

无斑短尾仓鼠 *Allocricetulus curtatus* (G.M. Allen, 1925)

种下单元： 无

生　　境： 草地、半荒漠

生态系统： 陆生生态系统

保护等级： **国家重点保护野生动物等级：** 无； **CITES 附录**[1]： 未列入

红色名录： **IUCN**[2]： LC； **中国哺乳类红色名录**[3]： LC

国内分布： 宁夏、甘肃、内蒙古、新疆

分布国家： 中国、蒙古、俄罗斯

Mongolian Hamster *Allocricetulus curtatus* (G.M. Allen, 1925)

Infra-specific Taxa： None

Habitat and Ecology： Grassland; Semi-desert

Ecosystem： Terrestrial

National Key Protected Wild Animal List： None; **CITES Appendix**[1]： Not listed

Red List： **IUCN Red List**[2]： LC; **China Mammal Red List**[3]： LC

Range in the country： Ningxia, Gansu, Inner Mongolia, Xinjiang

Range countries： China, Mongolia, Russia

参考文献 Citation

Wang Y(王应祥), 2003; Wilson and Reeder, 2005; Pan Q *et al.*(潘清华等), 2007; Ma Y *et al.*(马勇等), 2008; Smith *et al.*, 2008; IUCN, 2014

484. 短尾仓鼠 Eversmann's Hamster

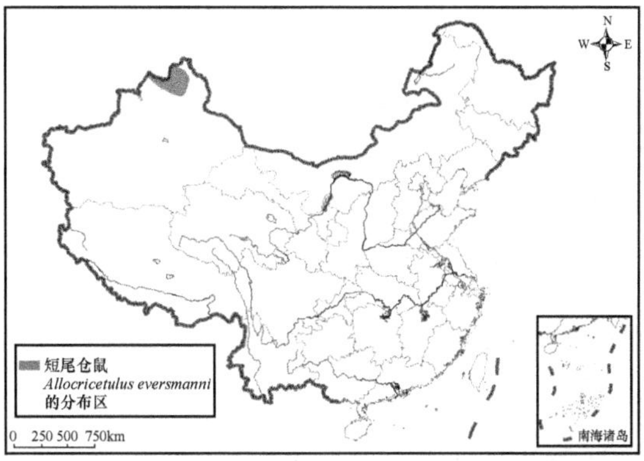

短尾仓鼠 *Allocricetulus eversmanni* (Brandt, 1859)
种下单元：无
生　　境：草地、半荒漠
生态系统：陆生生态系统
保护等级：国家重点保护野生动物等级：无；**CITES 附录** [1]：未列入
红色名录：IUCN [2]：LC；**中国哺乳类红色名录** [3]：LC
国内分布：新疆
分布国家：中国、哈萨克斯坦、俄罗斯

Eversmann's Hamster *Allocricetulus eversmanni* (Brandt, 1859)
Infra-specific Taxa： None
Habitat and Ecology： Grassland; Semi-desert
Ecosystem： Terrestrial
National Key Protected Wild Animal List： None; **CITES Appendix** [1]： Not listed
Red List：IUCN Red List [2]： LC; **China Mammal Red List** [3]： LC
Range in the country： Xinjiang
Range countries： China, Kazakhstan, Russia

参考文献 Citation

Wang Y(王应祥), 2003; Wilson and Reeder, 2005; Zhang R(张荣祖), 1997; Pan Q *et al.*(潘清华等), 2007; Ma Y *et al.*(马勇等), 2008; Smith *et al.*, 2008; IUCN, 2014

485. 坎氏毛足鼠 Campbell's Desert Hamster

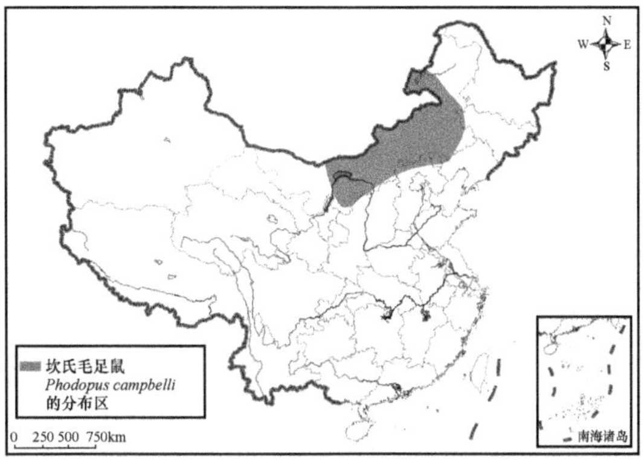

坎氏毛足鼠 *Phodopus campbelli* (Thomas, 1905)
种下单元：无
生　　境：草地、半荒漠、沙漠
生态系统：陆生生态系统
保护等级：国家重点保护野生动物等级：无；**CITES 附录** [1]：未列入
红色名录：IUCN [2]：LC；**中国哺乳类红色名录** [3]：DD
国内分布：内蒙古、河北、辽宁、吉林
分布国家：中国、哈萨克斯坦、蒙古、俄罗斯

Campbell's Desert Hamster *Phodopus campbelli* (Thomas, 1905)
Infra-specific Taxa： None
Habitat and Ecology： Grassland; Semi-desert; Desert
Ecosystem： Terrestrial
National Key Protected Wild Animal List： None; **CITES Appendix** [1]： Not listed
Red List：IUCN Red List [2]： LC; **China Mammal Red List** [3]： DD
Range in the country： Inner Mongolia, Hebei, Liaoning, Jilin
Range countries： China, Kazakhstan, Mongolia, Russia

参考文献 Citation

Wilson and Reeder, 2005; Ma Y *et al.*(马勇等), 2008; Smith *et al.*, 2008; IUCN, 2014

486. 小毛足鼠 Roborovski's Desert Hamster

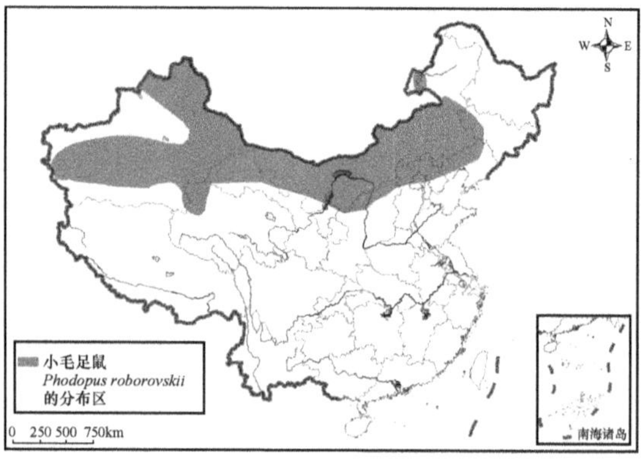

小毛足鼠 *Phodopus roborovskii* (Satunin, 1903)
种下单元： 无
生　　境： 沙漠、草地
生态系统： 陆生生态系统
保护等级： **国家重点保护野生动物等级：** 无；**CITES 附录** [1]：未列入
红色名录： **IUCN**[2]：LC；**中国哺乳类红色名录** [3]：LC
国内分布： 吉林、辽宁、内蒙古、陕西、山西、甘肃、青海、新疆、河北
分布国家： 中国、哈萨克斯坦、蒙古、俄罗斯

Roborovski's Desert Hamster *Phodopus roborovskii* (Satunin, 1903)
Infra-specific Taxa： None
Habitat and Ecology： Desert; Grassland
Ecosystem： Terrestrial
National Key Protected Wild Animal List： None; **CITES Appendix**[1]：Not listed
Red List： **IUCN Red List**[2]：LC; **China Mammal Red List**[3]：LC
Range in the country： Jilin, Liaoning, Inner Mongolia, Shaanxi, Shanxi, Gansu, Qinghai, Xinjiang, Hebei
Range countries： China, Kazakhstan, Mongolia, Russia

参考文献 Citation

Wang Y (王应祥), 2003; Wilson and Reeder, 2005; Zhang R (张荣祖), 1997; Pan Q *et al.* (潘清华等), 2007; Ma Y *et al.* (马勇等), 2008; Smith *et al.*, 2008; IUCN, 2014

487. 林旅鼠 Wood Lemming

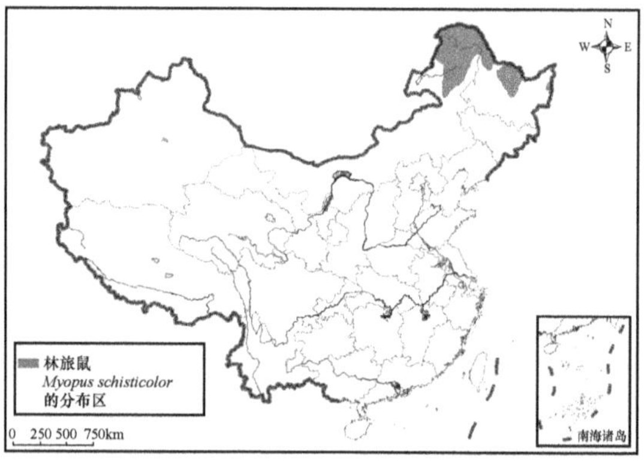

林旅鼠 *Myopus schisticolor* (Lilljeborg, 1844)
种下单元： 无
生　　境： 泰加林
生态系统： 陆生生态系统
保护等级： **国家重点保护野生动物等级：** 无；**CITES 附录** [1]：未列入
红色名录： **IUCN**[2]：LC；**中国哺乳类红色名录** [3]：NT
国内分布： 黑龙江、内蒙古
分布国家： 中国、芬兰、蒙古、挪威、俄罗斯、瑞典

Wood Lemming *Myopus schisticolor* (Lilljeborg, 1844)
Infra-specific Taxa： None
Habitat and Ecology： Taiga
Ecosystem： Terrestrial
National Key Protected Wild Animal List： None; **CITES Appendix**[1]：Not listed
Red List： **IUCN Red List**[2]：LC; **China Mammal Red List**[3]：NT
Range in the country： Heilongjiang, Inner Mongolia
Range countries： China, Finland, Mongolia, Norway, Russia, Sweden

参考文献 Citation

Wang Y (王应祥), 2003; Wilson and Reeder, 2005; Zhang R (张荣祖), 1997; Pan Q *et al.* (潘清华等), 2007; Ma Y *et al.* (马勇等), 2008; Smith *et al.*, 2008; IUCN, 2014

488. 鼹形田鼠 Northern Mole Vole

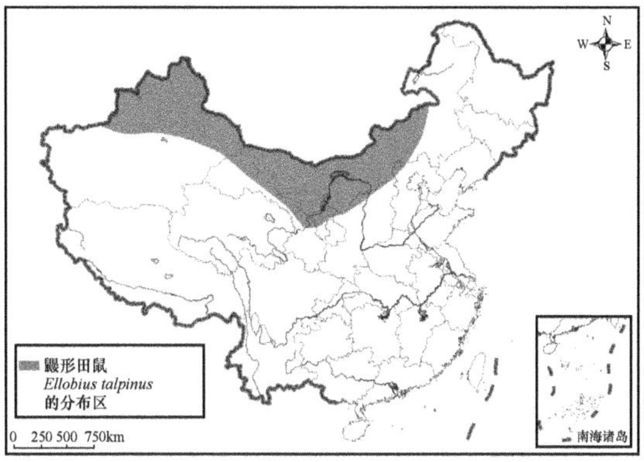

鼹形田鼠 *Ellobius talpinus* (Pallas, 1770)
种下单元：无
生　　境：草地、半荒漠、溪流边、绿洲、农田
生态系统：陆生生态系统
保护等级：国家重点保护野生动物等级：无；**CITES 附录**[1]：未列入
红色名录：IUCN[2]：LC；**中国哺乳类红色名录**[3]：LC
国内分布：内蒙古、陕西、甘肃、宁夏、新疆
分布国家：中国、哈萨克斯坦、俄罗斯、土库曼斯坦、乌克兰、乌兹别克斯坦

Northern Mole Vole *Ellobius talpinus* (Pallas, 1770)
Infra-specific Taxa: None
Habitat and Ecology: Grassland; Semi-desert; Near Streams; Oasis; Arable Land
Ecosystem: Terrestrial
National Key Protected Wild Animal List: None; **CITES Appendix**[1]: Not listed
Red List: IUCN Red List[2]: LC; **China Mammal Red List**[3]: LC
Range in the country: Inner Mongolia, Shaanxi, Gansu, Ningxia, Xinjiang
Range countries: China, Kazakhstan, Russia, Turkmenistan, Ukraine, Uzbekistan

参考文献 Citation

Wang Y(王应祥), 2003; Zhang R(张荣祖), 1997; Pan Q *et al.*(潘清华等), 2007; Ma Y *et al.*(马勇等), 2008; Smith *et al.*, 2008; IUCN, 2014

489. 灰棕背䶄 Tien Shan Red-backed Vole

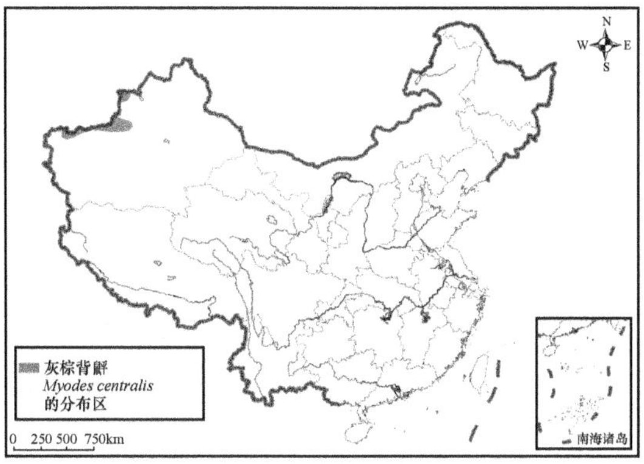

灰棕背䶄 *Myodes centralis* (Miller, 1906)
种下单元：无
生　　境：森林
生态系统：陆生生态系统
保护等级：国家重点保护野生动物等级：无；**CITES 附录**[1]：未列入
红色名录：IUCN[2]：LC；**中国哺乳类红色名录**[3]：LC
国内分布：新疆
分布国家：中国、吉尔吉斯斯坦

Tien Shan Red-backed Vole *Myodes centralis* (Miller, 1906)
Infra-specific Taxa: None
Habitat and Ecology: Forest
Ecosystem: Terrestrial
National Key Protected Wild Animal List: None; **CITES Appendix**[1]: Not listed
Red List: IUCN Red List[2]: LC; **China Mammal Red List**[3]: LC
Range in the country: Xinjiang
Range countries: China, Kyrgyzstan

参考文献 Citation

Wang Y(王应祥), 2003; Wilson and Reeder, 2005; Pan Q *et al.*(潘清华等), 2007; Ma Y *et al.*(马勇等), 2008; Smith *et al.*, 2008; IUCN, 2014

490. 天山林䶄 Tian Shan Vole

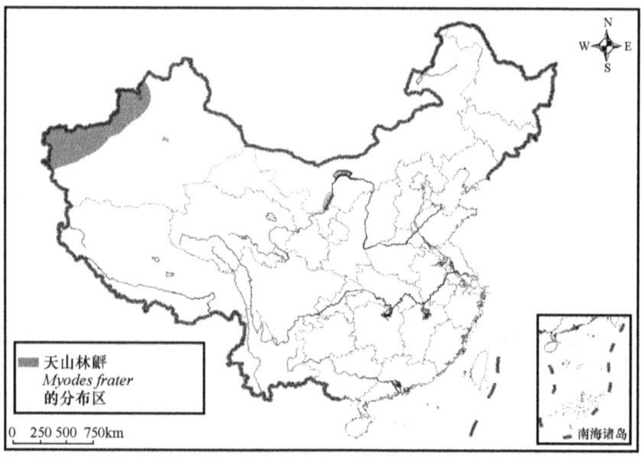

天山林䶄 *Myodes frater* (Thomas, 1908)
种下单元：无
生　　境：未知
生态系统：陆生生态系统
保护等级：**国家重点保护野生动物等级**：无；**CITES 附录**[1]：未列入
红色名录：**IUCN**[2]：未列入；**中国哺乳类红色名录**[3]：LC
国内分布：新疆
分布国家：中国

Tian Shan Vole *Myodes frater* (Thomas, 1908)
Infra-specific Taxa：None
Habitat and Ecology：Unknown
Ecosystem：Terrestrial
National Key Protected Wild Animal List：None; **CITES Appendix**[1]：Not listed
Red List：**IUCN Red List**[2]：Not listed; **China Mammal Red List**[3]：LC
Range in the country：Xinjiang
Range countries：China
参考文献 Citation
Wang Y(王应祥), 2003; Ma Y *et al.*(马勇等), 2008

491. 棕背䶄 Grey Red-backed Vole

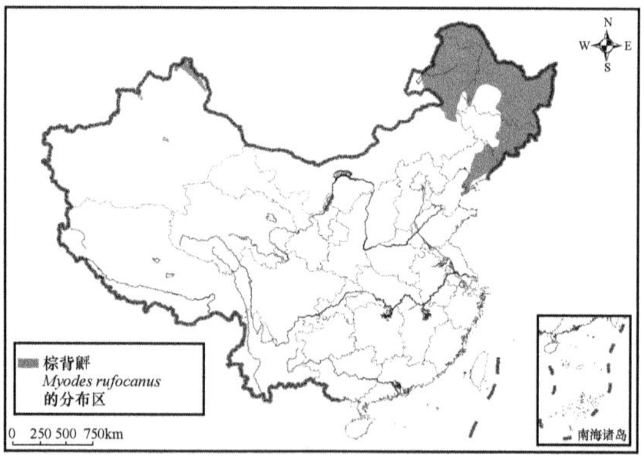

棕背䶄 *Myodes rufocanus* (Sundevall, 1846)
种下单元：无
生　　境：森林、灌木
生态系统：陆生生态系统
保护等级：**国家重点保护野生动物等级**：无；**CITES 附录**[1]：未列入
红色名录：**IUCN**[2]：LC；**中国哺乳类红色名录**[3]：LC
国内分布：黑龙江、吉林、辽宁、内蒙古、新疆
分布国家：中国、芬兰、日本、朝鲜、蒙古、挪威、俄罗斯、瑞典

Grey Red-backed Vole *Myodes rufocanus* (Sundevall, 1846)
Infra-specific Taxa：None
Habitat and Ecology：Forest; Shrubland
Ecosystem：Terrestrial
National Key Protected Wild Animal List：None; **CITES Appendix**[1]：Not listed
Red List：**IUCN Red List**[2]：LC; **China Mammal Red List**[3]：LC
Range in the country：Heilongjiang, Jilin, Liaoning, Inner Mongolia, Xinjiang
Range countries：China, Finland, Japan, Korea, Democratic People's Republic of, Mongolia, Norway, Russia, Sweden
参考文献 Citation
Wang Y(王应祥), 2003; Wilson and Reeder, 2005; Zhang R(张荣祖), 1997; Pan Q *et al.*(潘清华等), 2007; Ma Y *et al.*(马勇等), 2008; Smith *et al.*, 2008; IUCN, 2014

492. 红背鼢 Northern Red-backed Vole

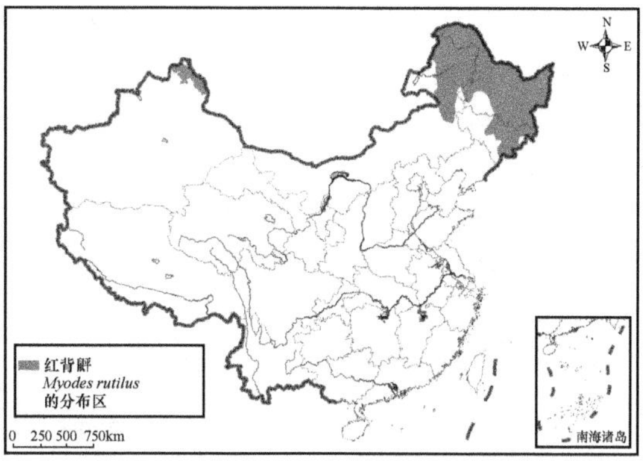

红背鼢 *Myodes rutilus* (Pallas, 1779)
种下单元：无
生　　境：森林、灌木
生态系统：陆生生态系统
保护等级：国家重点保护野生动物等级：无；**CITES 附录**[1]：未列入
红色名录：IUCN[2]：LC；**中国哺乳类红色名录**[3]：LC
国内分布：黑龙江、吉林、内蒙古、新疆
分布国家：加拿大、中国、芬兰、日本、哈萨克斯坦、朝鲜、蒙古、挪威、俄罗斯、瑞典、美国

Northern Red-backed Vole *Myodes rutilus* (Pallas, 1779)
Infra-specific Taxa：None
Habitat and Ecology：Forest; Shrubland
Ecosystem：Terrestrial
National Key Protected Wild Animal List：None; **CITES Appendix**[1]：Not listed
Red List：IUCN Red List[2]：LC; **China Mammal Red List**[3]：LC
Range in the country：Heilongjiang, Jilin, Inner Mongolia, Xinjiang
Range countries：Canada, China, Finland, Japan, Kazakhstan, Korea, Democratic People's Republic of, Mongolia, Norway, Russia, Sweden, United States

参考文献 Citation
Wang Y(王应祥), 2003; Wilson and Reeder, 2005; Zhang R(张荣祖), 1997; Pan Q *et al.*(潘清华等), 2007; Ma Y *et al.*(马勇等), 2008; Smith *et al.*, 2008; IUCN, 2014

493. 山西林鼢 Shanxi Red-backed Vole

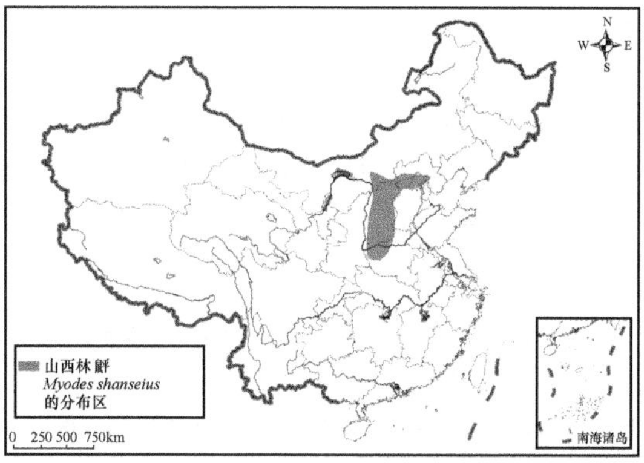

山西林鼢 *Myodes shanseius* (Thomas, 1908)
种下单元：无
生　　境：森林
生态系统：陆生生态系统
保护等级：国家重点保护野生动物等级：无；**CITES 附录**[1]：未列入
红色名录：IUCN[2]：LC；**中国哺乳类红色名录**[3]：DD
国内分布：河南、山西、河北、北京、内蒙古
分布国家：中国

Shanxi Red-backed Vole *Myodes shanseius* (Thomas, 1908)
Infra-specific Taxa：None
Habitat and Ecology：Forest
Ecosystem：Terrestrial
National Key Protected Wild Animal List：None; **CITES Appendix**[1]：Not listed
Red List：IUCN Red List[2]：LC; **China Mammal Red List**[3]：DD
Range in the country：Hubei, Henan, Shanxi, Hebei, Beijing, Inner Mongolia
Range countries：China

参考文献 Citation
Wilson and Reeder, 2005; Pan Q *et al.*(潘清华等), 2007; Ma Y *et al.*(马勇等), 2008; Smith *et al.*, 2008; IUCN, 2014

494. 克钦绒鼠 Kachin Red-backed Vole

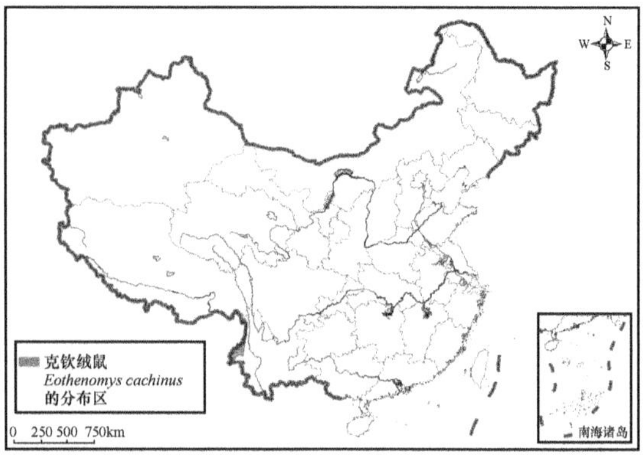

克钦绒鼠 *Eothenomys cachinus* (Thomas, 1921)

种下单元： 无

生　　境： 亚热带湿润山地森林、溪流边

生态系统： 陆生生态系统

保护等级： **国家重点保护野生动物等级：** 无；**CITES 附录** [1]：未列入

红色名录： **IUCN**[2]：LC；**中国哺乳类红色名录** [3]：NT

国内分布： 云南

分布国家： 中国、缅甸

Kachin Red-backed Vole *Eothenomys cachinus* (Thomas, 1921)

Infra-specific Taxa: None

Habitat and Ecology: Subtropical Moist Montane Forest; Near Streams

Ecosystem: Terrestrial

National Key Protected Wild Animal List: None; **CITES Appendix**[1]: Not listed

Red List: IUCN Red List[2]: LC; **China Mammal Red List**[3]: NT

Range in the country: Yunnan

Range countries: China, Myanmar

参考文献 Citation

Wang Y (王应祥), 2003; Wilson and Reeder, 2005; Zhang R (张荣祖), 1997; Pan Q *et al.* (潘清华等), 2007; Ma Y *et al.* (马勇等), 2008; Smith *et al.*, 2008; IUCN, 2014

495. 中华绒鼠 Sichuan Red-backed Vole

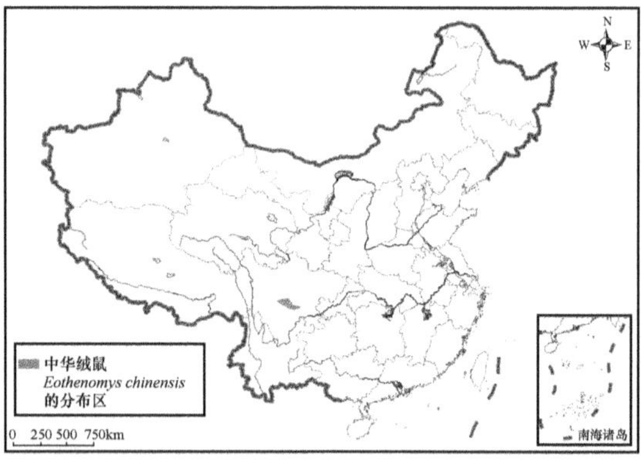

中华绒鼠 *Eothenomys chinensis* (Thomas, 1891)

种下单元： 无

生　　境： 亚热带湿润山地森林、溪流边

生态系统： 陆生生态系统

保护等级： **国家重点保护野生动物等级：** 无；**CITES 附录** [1]：未列入

红色名录： **IUCN**[2]：LC；**中国哺乳类红色名录** [3]：NT

国内分布： 四川

分布国家： 中国

Sichuan Red-backed Vole *Eothenomys chinensis* (Thomas, 1891)

Infra-specific Taxa: None

Habitat and Ecology: Subtropical Moist Montane Forest; Near Streams

Ecosystem: Terrestrial

National Key Protected Wild Animal List: None; **CITES Appendix**[1]: Not listed

Red List: IUCN Red List[2]: LC; **China Mammal Red List**[3]: NT

Range in the country: Sichuan

Range countries: China

参考文献 Citation

Wang Y (王应祥), 2003; Wilson and Reeder, 2005; Zhang R (张荣祖), 1997; Pan Q *et al.* (潘清华等), 2007; Ma Y *et al.* (马勇等), 2008; Smith *et al.*, 2008; IUCN, 2014

496. 西南绒鼠 Southwest China Red-backed Vole

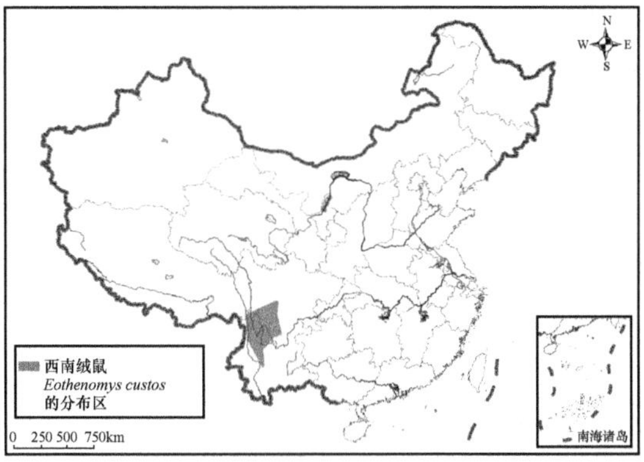

西南绒鼠 *Eothenomys custos*（Thomas, 1912）
种下单元： 无
生　　境： 亚热带湿润山地森林、溪流边、灌丛、竹林、草地
生态系统： 陆生生态系统
保护等级： **国家重点保护野生动物等级：** 无；**CITES 附录**[1]：未列入
红色名录： **IUCN**[2]：LC；**中国哺乳类红色名录**[3]：LC
国内分布： 四川、云南
分布国家： 中国

Southwest China Red-backed Vole *Eothenomys custos*（Thomas, 1912）
Infra-specific Taxa： None
Habitat and Ecology： Subtropical Moist Montane Forest; Near Streams; Shrubland; Bamboo Grove; Grassland
Ecosystem： Terrestrial
National Key Protected Wild Animal List： None; **CITES Appendix**[1]：Not listed
Red List： **IUCN Red List**[2]：LC; **China Mammal Red List**[3]：LC
Range in the country： Sichuan, Yunnan
Range countries： China

参考文献 Citation

Wang Y（王应祥）, 2003; Wilson and Reeder, 2005; Zhang R（张荣祖）, 1997; Pan Q *et al.*（潘清华等）, 2007; Ma Y *et al.*（马勇等）, 2008; Smith *et al.*, 2008; IUCN, 2014

497. 滇绒鼠 Small Oriental Vole

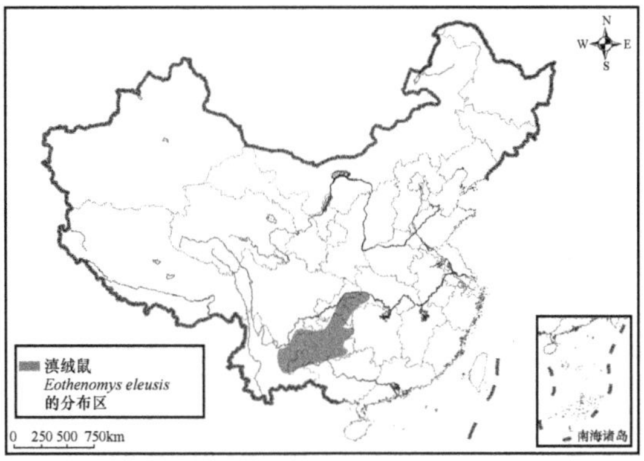

滇绒鼠 *Eothenomys eleusis*（Thomas, 1911）*
种下单元： 无
生　　境： 山地森林
生态系统： 陆生生态系统
保护等级： **国家重点保护野生动物等级：** 无；**CITES 附录**[1]：未列入
红色名录： **IUCN**[2]：未列入；**中国哺乳类红色名录**[3]：LC
国内分布： 云南、贵州、重庆、湖北
分布国家： 中国

Small Oriental Vole *Eothenomys eleusis*（Thomas, 1911）*
Infra-specific Taxa： None
Habitat and Ecology： Montane Forest
Ecosystem： Terrestrial
National Key Protected Wild Animal List： None; **CITES Appendix**[1]：Not listed
Red List： **IUCN Red List**[2]：Not listed; **China Mammal Red List**[3]：LC
Range in the country： Yunnan, Guizhou, Chongqing, Hubei
Range countries： China

参考文献 Citation

Wang Y（王应祥）, 2003; Pan Q *et al.*（潘清华等）, 2007; Zhang R（张荣祖）, 1997

498. 康定绒鼠 Kangting Red-backed Vole

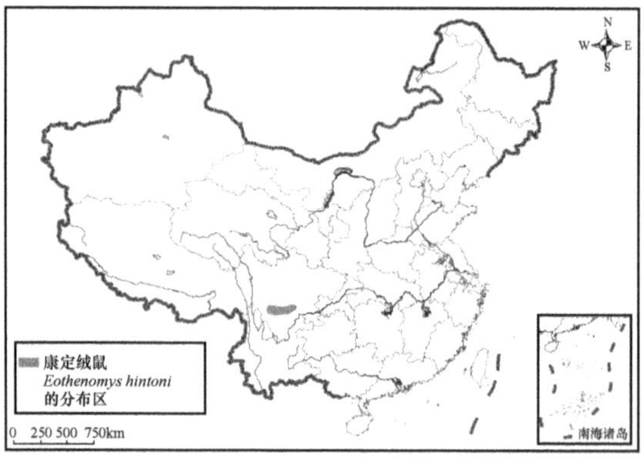

康定绒鼠　*Eothenomys hintoni*（Osgood, 1932）
种下单元：无
生　　境：未知
生态系统：陆生生态系统
保护等级：国家重点保护野生动物等级：无；**CITES 附录**[1]：未列入
红色名录：IUCN[2]：未列入；**中国哺乳类红色名录**[3]：NT
国内分布：四川
分布国家：中国

Kangting Red-backed Chinese Vole　*Eothenomys hintoni*（Osgood, 1932）
Infra-specific Taxa：None
Habitat and Ecology：Unknown
Ecosystem：Terrestrial
National Key Protected Wild Animal List：None; **CITES Appendix**[1]：Not listed
Red List：IUCN Red List[2]：Not listed; **China Mammal Red List**[3]：NT
Range in the country：Sichuan
Range countries：China

参考文献 Citation

Liu S *et al.*, 2012

499. 黑腹绒鼠 Pére David's Red-backed Vole

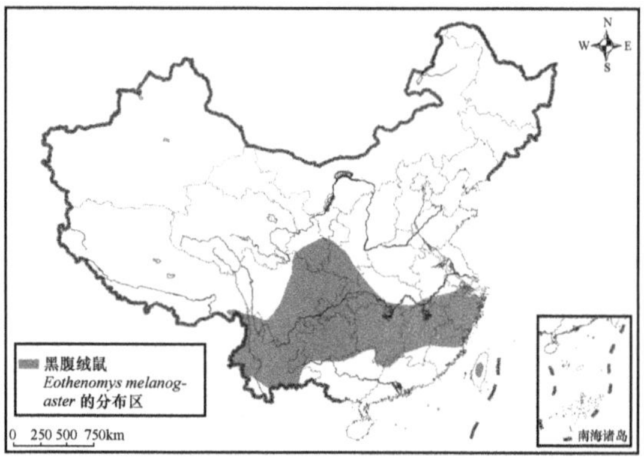

黑腹绒鼠　*Eothenomys melanogaster*（Milne-Edwards, 1871）
种下单元：无
生　　境：灌丛
生态系统：陆生生态系统
保护等级：国家重点保护野生动物等级：无；**CITES 附录**[1]：未列入
红色名录：IUCN[2]：LC；**中国哺乳类红色名录**[3]：LC
国内分布：四川、贵州、云南、西藏、陕西、宁夏、甘肃、安徽、浙江、福建、广西、广东、湖北、湖南、江西、台湾、重庆
分布国家：中国、印度、缅甸、泰国、越南

Pére David's Red-backed Vole　*Eothenomys melanogaster*（Milne-Edwards, 1871）
Infra-specific Taxa：None
Habitat and Ecology：Shrubland
Ecosystem：Terrestrial
National Key Protected Wild Animal List：None; **CITES Appendix**[1]：Not listed
Red List：IUCN Red List[2]：LC; **China Mammal Red List**[3]：LC
Range in the country：Sichuan, Guizhou, Yunnan, Tibet, Shaanxi, Ningxia, Gansu, Anhui, Zhejiang, Fujian, Guangxi, Guangdong, Hubei, Hunan, Jiangxi, Taiwan, Chongqing
Range countries：China, India, Myanmar, Thailand, Vietnam

参考文献 Citation

Wang Y（王应祥）, 2003; Wilson and Reeder, 2005; Zhang R（张荣祖）, 1997; Pan Q *et al.*（潘清华等）, 2007; Ma Y *et al.*（马勇等）, 2008; Smith *et al.*, 2008; IUCN, 2014

500. 大绒鼠 Yunnan Red-backed Vole

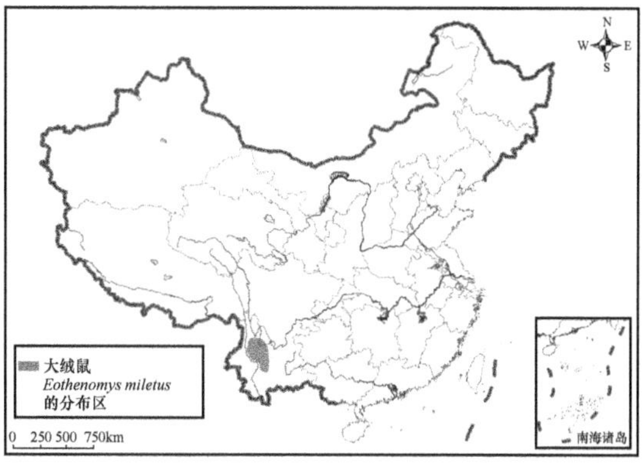

大绒鼠 *Eothenomys miletus* (Thomas, 1914)
种下单元： 无
生　　境： 热带/亚热带湿润山地森林
生态系统： 陆生生态系统
保护等级： **国家重点保护野生动物等级：** 无；**CITES 附录** [1]：未列入
红色名录： **IUCN**[2]：LC；**中国哺乳类红色名录** [3]：LC
国内分布： 云南
分布国家： 中国

Yunnan Red-backed Vole *Eothenomys miletus* (Thomas, 1914)
Infra-specific Taxa: None
Habitat and Ecology: Tropical/Subtropical Moist Montane Forest
Ecosystem: Terrestrial
National Key Protected Wild Animal List: None; **CITES Appendix**[1]: Not listed
Red List: IUCN Red List[2]: LC; **China Mammal Red List**[3]: LC
Range in the country: Yunnan
Range countries: China

参考文献 Citation
Wang Y (王应祥), 2003; Wilson and Reeder, 2005; Zhang R (张荣祖), 1997; Pan Q *et al.* (潘清华等), 2007; Ma Y *et al.* (马勇等), 2008; Smith *et al.*, 2008; IUCN, 2014

501. 昭通绒鼠 Black-eared Red-backed Vole

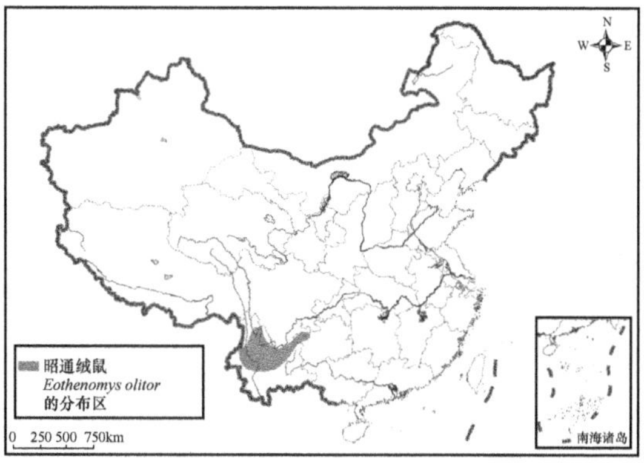

昭通绒鼠 *Eothenomys olitor* (Thomas, 1911)
种下单元： 无
生　　境： 热带/亚热带湿润山地森林
生态系统： 陆生生态系统
保护等级： **国家重点保护野生动物等级：** 无；**CITES 附录** [1]：未列入
红色名录： **IUCN**[2]：LC；**中国哺乳类红色名录** [3]：NT
国内分布： 云南、贵州
分布国家： 中国

Black-eared Red-backed Vole *Eothenomys olitor* (Thomas, 1911)
Infra-specific Taxa: None
Habitat and Ecology: Tropical/Subtropical Moist Montane Forest
Ecosystem: Terrestrial
National Key Protected Wild Animal List: None; **CITES Appendix**[1]: Not listed
Red List: IUCN Red List[2]: LC; **China Mammal Red List**[3]: NT
Range in the country: Yunnan, Guizhou
Range countries: China

参考文献 Citation
Wang Y (王应祥), 2003; Wilson and Reeder, 2005; Zhang R (张荣祖), 1997; Pan Q *et al.* (潘清华等), 2007; Ma Y *et al.* (马勇等), 2008; Smith *et al.*, 2008; IUCN, 2014

502. 玉龙绒鼠 Yulongxuen Red-backed Vole

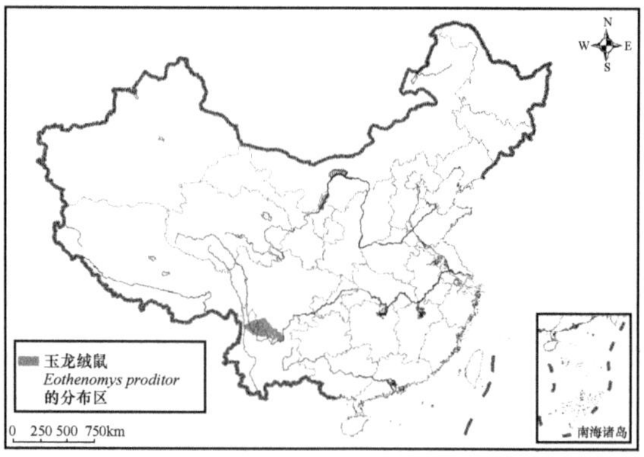

玉龙绒鼠 *Eothenomys proditor* (Hinton, 1923)

种下单元：无

生　境：草地

生态系统：陆生生态系统

保护等级：国家重点保护野生动物等级：无；**CITES 附录**[1]：未列入

红色名录：IUCN[2]：LC；**中国哺乳类红色名录**[3]：NT

国内分布：四川、云南

分布国家：中国

Yulongxuen Red-backed Vole *Eothenomys proditor* (Hinton, 1923)

Infra-specific Taxa：None

Habitat and Ecology：Grassland

Ecosystem：Terrestrial

National Key Protected Wild Animal List：None; **CITES Appendix**[1]：Not listed

Red List：IUCN Red List[2]：LC; **China Mammal Red List**[3]：NT

Range in the country：Sichuan, Yunnan

Range countries：China

参考文献 Citation

Wang Y (王应祥), 2003; Wilson and Reeder, 2005; Zhang R (张荣祖), 1997; Pan Q *et al.* (潘清华等), 2007; Ma Y *et al.* (马勇等), 2008; Smith *et al.*, 2008; IUCN, 2014

503. 川西绒鼠 Western Sichuan Red-backed Vole

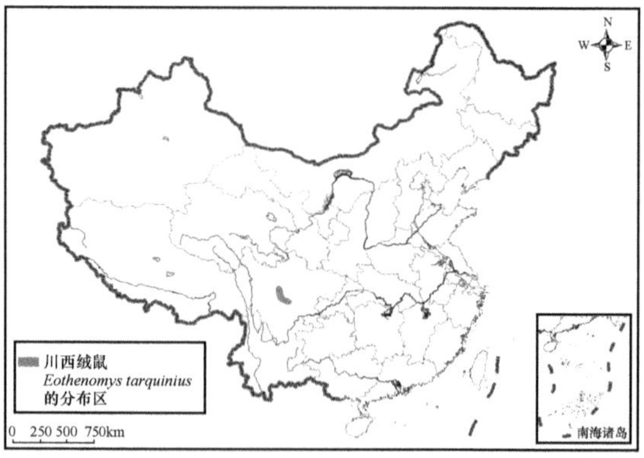

川西绒鼠 *Eothenomys tarquinius* (Thomas, 1912)

种下单元：无

生　境：未知

生态系统：陆生生态系统

保护等级：国家重点保护野生动物等级：无；**CITES 附录**[1]：未列入

红色名录：IUCN[2]：未列入；**中国哺乳类红色名录**[3]：NT

国内分布：四川

分布国家：中国

Western Sichuan Red-backed Vole *Eothenomys tarquinius* (Thomas, 1912)

Infra-specific Taxa：None

Habitat and Ecology：Unknown

Ecosystem：Terrestrial

National Key Protected Wild Animal List：None; **CITES Appendix**[1]：Not listed

Red List：IUCN Red List[2]：Not listed; **China Mammal Red List**[3]：NT

Range in the country：Sichuan

Range countries：China

参考文献 Citation

Liu S *et al.*, 2012a

504. 德钦绒鼠 Ward's Red-backed Vole

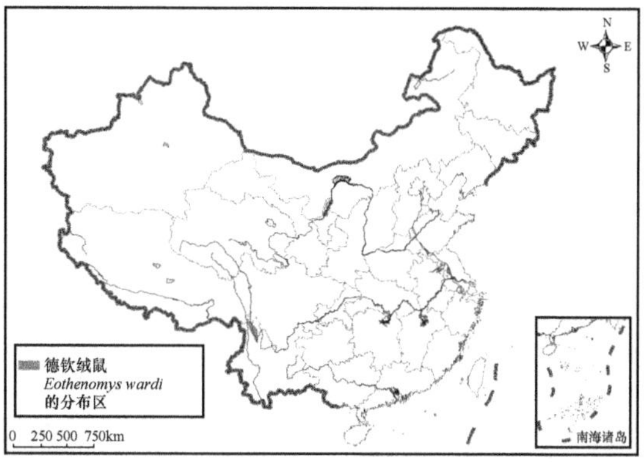

德钦绒鼠 *Eothenomys wardi*（Thomas, 1912）
种下单元： 无
生　　境： 森林、溪流边、草甸
生态系统： 陆生生态系统
保护等级：国家重点保护野生动物等级： 无；**CITES 附录** [1]：未列入
红色名录：IUCN [2]：NT；**中国哺乳类红色名录** [3]：NT
国内分布： 云南
分布国家： 中国

Ward's Red-backed Vole *Eothenomys wardi*（Thomas, 1912）
Infra-specific Taxa： None
Habitat and Ecology： Forest; Near Streams; Meadow
Ecosystem： Terrestrial
National Key Protected Wild Animal List： None; **CITES Appendix** [1]：Not listed
Red List：IUCN Red List [2]：NT; **China Mammal Red List** [3]：NT
Range in the country： Yunnan
Range countries： China

参考文献 Citation

Wang Y（王应祥）, 2003; Wilson and Reeder, 2005; Pan Q *et al.*（潘清华等）, 2007; Ma Y *et al.*（马勇等）, 2008; Smith *et al.*, 2008; IUCN, 2014

505. 洮州绒鼠 Eva's Red-backed Vole

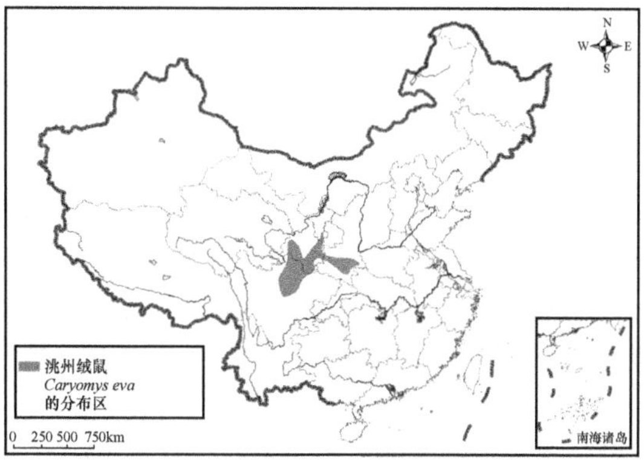

洮州绒鼠 *Caryomys eva*（Thomas, 1911）
种下单元： 无
生　　境： 森林
生态系统： 陆生生态系统
保护等级：国家重点保护野生动物等级： 无；**CITES 附录** [1]：未列入
红色名录：IUCN [2]：LC；**中国哺乳类红色名录** [3]：LC
国内分布： 陕西、宁夏、甘肃、四川
分布国家： 中国

Eva's Red-backed Vole *Caryomys eva*（Thomas, 1911）
Infra-specific Taxa： None
Habitat and Ecology： Forest
Ecosystem： Terrestrial
National Key Protected Wild Animal List： None; **CITES Appendix** [1]：Not listed
Red List：IUCN Red List [2]：LC; **China Mammal Red List** [3]：LC
Range in the country： Shaanxi, Ningxia, Gansu, Sichuan
Range countries： China

参考文献 Citation

Wang Y（王应祥）, 2003; Wilson and Reeder, 2005; Pan Q *et al.*（潘清华等）, 2007; Ma Y *et al.*（马勇等）, 2008; Smith *et al.*, 2008; IUCN, 2014

506. 苛岚绒鼠 Inez's Red-backed Vole

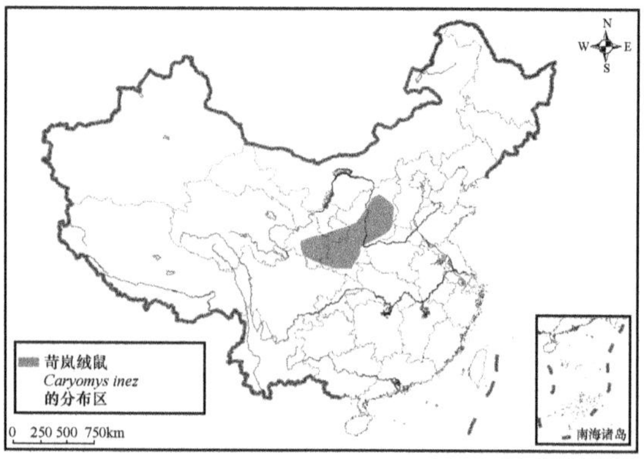

苛岚绒鼠 *Caryomys inez*（Thomas, 1908）

种下单元： 无

生　　境： 森林、溪流边

生态系统： 陆生生态系统

保护等级： **国家重点保护野生动物等级：** 无；**CITES 附录**[1]：未列入

红色名录： **IUCN**[2]：LC；**中国哺乳类红色名录**[3]：LC

国内分布： 陕西、山西、甘肃、宁夏

分布国家： 中国

Inez's Red-backed Vole *Caryomys inez*（Thomas, 1908）

Infra-specific Taxa： None

Habitat and Ecology： Forest; Near Streams

Ecosystem： Terrestrial

National Key Protected Wild Animal List： None; **CITES Appendix**[1]：Not listed

Red List： **IUCN Red List**[2f]：LC; **China Mammal Red List**[3]：LC

Range in the country： Shaanxi, Shanxi, Gansu, Ningxia

Range countries： China

参考文献 Citation

Wang Y（王应祥）, 2003; Wilson and Reeder, 2005; Pan Q *et al.*（潘清华等）, 2007; Ma Y *et al.*（马勇等）, 2008; Smith *et al.*, 2008; IUCN, 2014

507. 银色高山䶄 Silver Mountain Vole

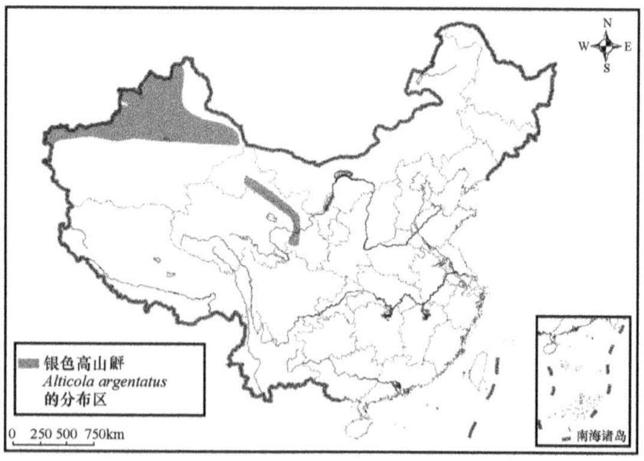

银色高山䶄 *Alticola argentatus*（Severtzov, 1879）

种下单元： 无

生　　境： 草地、灌木、内陆岩石区域

生态系统： 陆生生态系统

保护等级： **国家重点保护野生动物等级：** 无；**CITES 附录**[1]：未列入

红色名录： **IUCN**[2]：LC；**中国哺乳类红色名录**[3]：DD

国内分布： 新疆、甘肃

分布国家： 阿富汗、中国、印度、哈萨克斯坦、吉尔吉斯斯坦、巴基斯坦、塔吉克斯坦、乌兹别克斯坦

Silver Mountain Vole *Alticola argentatus*（Severtzov, 1879）

Infra-specific Taxa： None

Habitat and Ecology： Grassland; Shrubland; Inland Rocky Areas

Ecosystem： Terrestrial

National Key Protected Wild Animal List： None; **CITES Appendix**[1]：Not listed

Red List： **IUCN Red List**[2]：LC; **China Mammal Red List**[3]：DD

Range in the country： Xinjiang, Gansu

Range countries： Afghanistan, China, India, Kazakhstan, Kyrgyzstan, Pakistan, Tajikistan, Uzbekistan

参考文献 Citation

Wilson and Reeder, 2005; Zhang R（张荣祖）, 1997; Pan Q *et al.*（潘清华等）, 2007; Smith *et al.*, 2008; IUCN, 2014

508. 戈壁阿尔泰高山䶄 Gobi Altai Mountain Vole

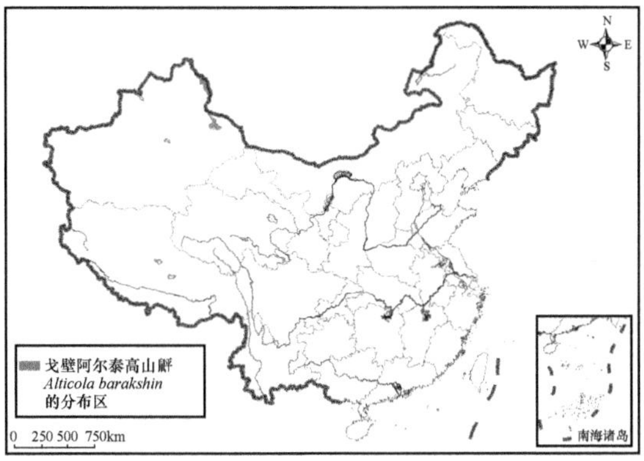

戈壁阿尔泰高山䶄 *Alticola barakshin* Bannikov, 1947
种下单元：无
生　　境：灌丛
生态系统：陆生生态系统
保护等级：国家重点保护野生动物等级：无；**CITES 附录** [1]：未列入
红色名录：IUCN[2]：LC；**中国哺乳类红色名录** [3]：LC
国内分布：新疆
分布国家：中国、蒙古、俄罗斯

Gobi Altai Mountain Vole *Alticola barakshin* Bannikov, 1947
Infra-specific Taxa：None
Habitat and Ecology：Shrubland
Ecosystem：Terrestrial
National Key Protected Wild Animal List：None; **CITES Appendix**[1]：Not listed
Red List：IUCN Red List[2]：LC; **China Mammal Red List**[3]：LC
Range in the country：Xinjiang
Range countries：China, Mongolia, Russia

参考文献 Citation

Wang Y(王应祥), 2003; Wilson and Reeder, 2005; Pan Q *et al.*(潘清华等), 2007; Ma Y *et al.*(马勇等), 2008; Smith *et al.*, 2008; IUCN, 2014

509. 大耳高山䶄 Large-eared Vole

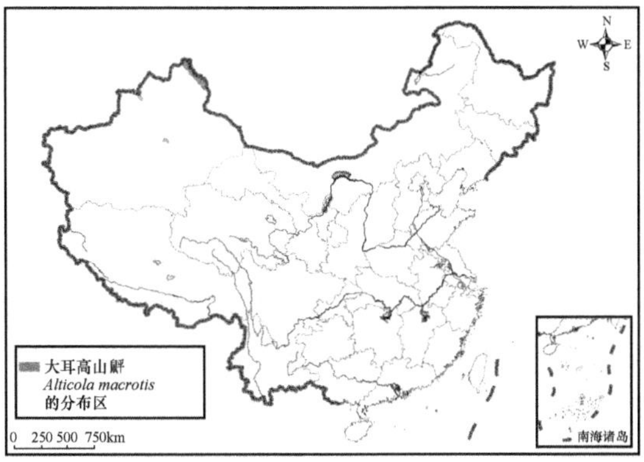

大耳高山䶄 *Alticola macrotis* (Radde, 1862)
种下单元：无
生　　境：泰加林、针叶阔叶混交林
生态系统：陆生生态系统
保护等级：国家重点保护野生动物等级：无；**CITES 附录** [1]：未列入
红色名录：IUCN[2]：LC；**中国哺乳类红色名录** [3]：LC
国内分布：新疆
分布国家：中国、哈萨克斯坦、蒙古、俄罗斯

Large-eared Vole *Alticola macrotis* (Radde, 1862)
Infra-specific Taxa：None
Habitat and Ecology：Taiga; Coniferous and Broad-leaved Mixed Forest
Ecosystem：Terrestrial
National Key Protected Wild Animal List：None; **CITES Appendix**[1]：Not listed
Red List：IUCN Red List[2]：LC; **China Mammal Red List**[3]：LC
Range in the country：Xinjiang
Range countries：China, Kazakhstan, Mongolia, Russia

参考文献 Citation

Wang Y(王应祥), 2003; Pan Q *et al.*(潘清华等), 2007; Ma Y *et al.*(马勇等), 2008; Smith *et al.*, 2008; IUCN, 2014

510. 蒙古高山䶄 Mongolian Silver Vole/Mongolian Mountain Vole

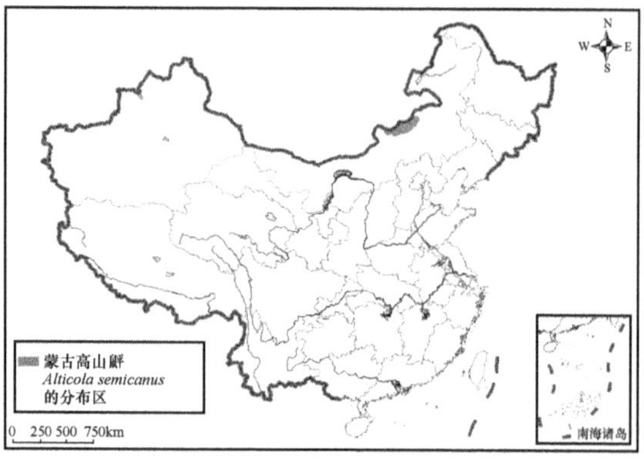

蒙古高山䶄 *Alticola semicanus*（G.M. Allen, 1924）

种下单元：无

生　　境：草地、内陆岩石区域

生态系统：陆生生态系统

保护等级：国家重点保护野生动物等级：无；**CITES 附录**[1]：未列入

红色名录：IUCN[2]：LC；**中国哺乳类红色名录**[3]：LC

国内分布：内蒙古

分布国家：中国、蒙古、俄罗斯

Mongolian Silver Vole/Mongolian Mountain Vole *Alticola semicanus*（G.M. Allen, 1924）

Infra-specific Taxa：None

Habitat and Ecology：Grassland; Inland Rocky Areas

Ecosystem：Terrestrial

National Key Protected Wild Animal List：None; **CITES Appendix**[1]：Not listed

Red List：IUCN Red List[2]：LC; **China Mammal Red List**[3]：LC

Range in the country：Inner Mongolia

Range countries：China, Mongolia, Russia

参考文献 Citation

Wang Y(王应祥), 2003; Wilson and Reeder, 2005; Pan Q *et al.*(潘清华等), 2007; Ma Y *et al.*(马勇等), 2008; Smith *et al.*, 2008; IUCN, 2014

511. 斯氏高山䶄 Stoliczka's Mountain Vole

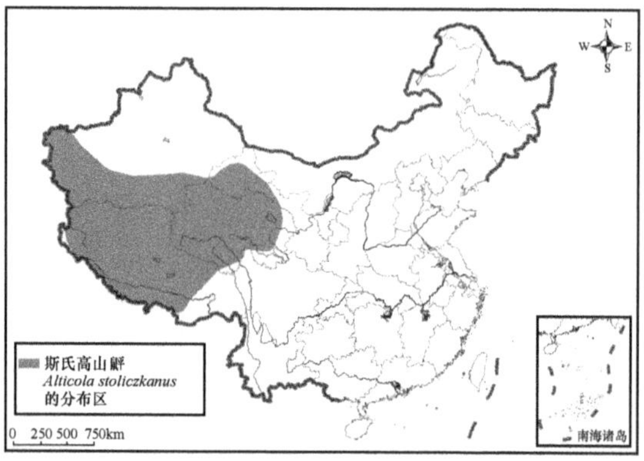

斯氏高山䶄 *Alticola stoliczkanus*（Blanford, 1875）

种下单元：无

生　　境：泰加林、草地、灌丛

生态系统：陆生生态系统

保护等级：国家重点保护野生动物等级：无；**CITES 附录**[1]：未列入

红色名录：IUCN[2]：LC；**中国哺乳类红色名录**[3]：NT

国内分布：西藏、青海、新疆、甘肃

分布国家：中国、印度、尼泊尔

Stoliczka's Mountain Vole *Alticola stoliczkanus*（Blanford, 1875）

Infra-specific Taxa：None

Habitat and Ecology：Taiga; Grassland; Shrubland

Ecosystem：Terrestrial

National Key Protected Wild Animal List：None; **CITES Appendix**[1]：Not listed

Red List：IUCN Red List[2]：LC; **China Mammal Red List**[3]：NT

Range in the country：Tibet, Qinghai, Xinjiang, Gansu

Range countries：China, India, Nepal

参考文献 Citation

Wang Y(王应祥), 2003; Wilson and Reeder, 2005; Zhang R(张荣祖), 1997; Pan Q *et al.*(潘清华等), 2007; Ma Y *et al.*(马勇等), 2008; Smith *et al.*, 2008; IUCN, 2014

512. 扁颅高山䶄 Flat-headed Vole/Strelzow's Mountain Vole

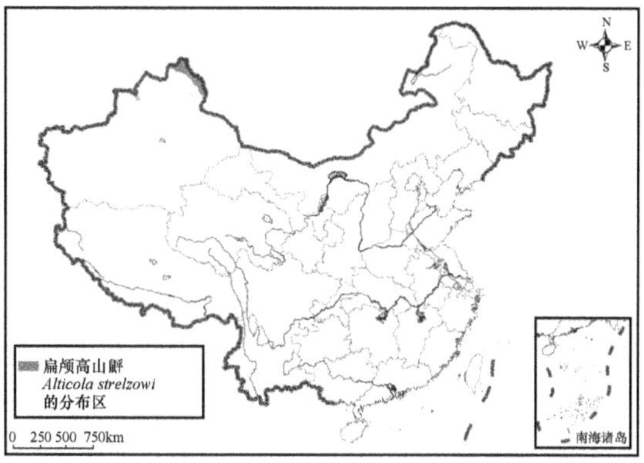

扁颅高山䶄 *Alticola strelzowi* (Kastschenko, 1899)

种下单元：无

生　　境：内陆岩石区域

生态系统：陆生生态系统

保护等级：国家重点保护野生动物等级：无；**CITES 附录** [1]：未列入

红色名录：IUCN[2]：LC；**中国哺乳类红色名录** [3]：LC

国内分布：新疆

分布国家：中国、哈萨克斯坦、蒙古、俄罗斯

Flat-headed Vole/Strelzow's Mountain Vole *Alticola strelzowi* (Kastschenko, 1899)

Infra-specific Taxa: None

Habitat and Ecology: Inland Rocky Areas

Ecosystem: Terrestrial

National Key Protected Wild Animal List: None; **CITES Appendix**[1]: Not listed

Red List: IUCN Red List[2]: LC; **China Mammal Red List**[3]: LC

Range in the country: Xinjiang

Range countries: China, Kazakhstan, Mongolia, Russia

参考文献 Citation

Wang Y (王应祥), 2003; Wilson and Reeder, 2005; Zhang R (张荣祖), 1997; Pan Q *et al.* (潘清华等), 2007; Ma Y *et al.* (马勇等), 2008; Smith *et al.*, 2008; IUCN, 2014

513. 草原兔尾鼠 Steppe Lemming/Steppe Vole

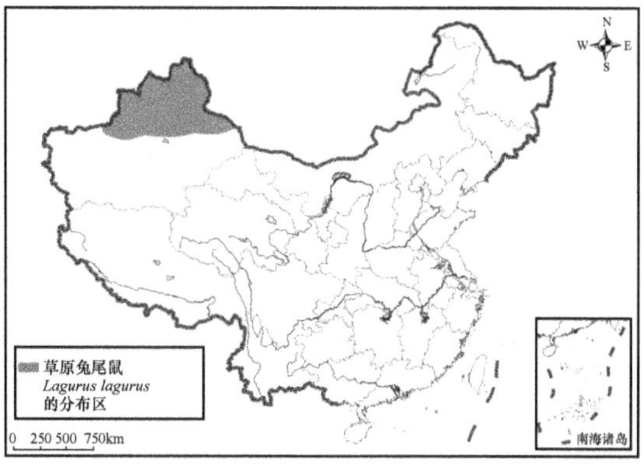

草原兔尾鼠 *Lagurus lagurus* (Pallas, 1773)

种下单元：无

生　　境：草地、半荒漠、农田、沟渠、灌丛

生态系统：陆生生态系统

保护等级：国家重点保护野生动物等级：无；**CITES 附录** [1]：未列入

红色名录：IUCN[2]：LC；**中国哺乳类红色名录** [3]：LC

国内分布：新疆

分布国家：中国、哈萨克斯坦、吉尔吉斯斯坦、蒙古、俄罗斯、乌克兰

Steppe Lemming/Steppe Vole *Lagurus lagurus* (Pallas, 1773)

Infra-specific Taxa: None

Habitat and Ecology: Grassland; Semi-desert; Arable Land; Irrigation Canals and Ditches; Shrubland

Ecosystem: Terrestrial

National Key Protected Wild Animal List: None; **CITES Appendix**[1]: Not listed

Red List: IUCN Red List[2]: LC; **China Mammal Red List**[3]: LC

Range in the country: Xinjiang

Range countries: China, Kazakhstan, Kyrgyzstan, Mongolia, Russia, Ukraine

参考文献 Citation

Wang Y (王应祥), 2003; Wilson and Reeder, 2005; Zhang R (张荣祖), 1997; Pan Q *et al.* (潘清华等), 2007; Ma Y *et al.* (马勇等), 2008; Smith *et al.*, 2008; IUCN, 2014

514. 水䶄 European Water Vole

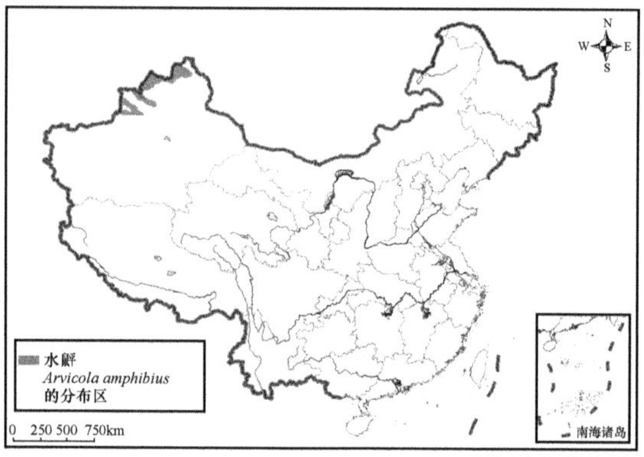

水䶄 *Arvicola amphibius* (Linnaeus, 1758)
种下单元： 无
生　　境： 草地、淡水湖、江河、沼泽、农田
生态系统： 陆生生态系统、淡水生态系统
保护等级： **国家重点保护野生动物等级：** 无；**CITES 附录** [1]：未列入
红色名录： **IUCN**[2]：LC；**中国哺乳类红色名录** [3]：LC
国内分布： 新疆
分布国家： 阿富汗、阿尔巴尼亚、亚美尼亚、奥地利、阿塞拜疆、白俄罗斯、比利时、波斯尼亚和黑塞哥维那、保加利亚、中国、克罗地亚、捷克、丹麦、爱沙尼亚、芬兰、法国、格鲁吉亚、德国、希腊、匈牙利、伊朗、伊拉克、以色列、意大利、哈萨克斯坦、拉脱维亚、列支敦士登、立陶宛、卢森堡、马其顿、摩尔多瓦、蒙古、黑山、荷兰、挪威、波兰、罗马尼亚、俄罗斯、塞尔维亚、斯洛伐克、斯洛文尼亚、瑞典、瑞士、叙利亚、土耳其、乌克兰、英国

European Water Vole *Arvicola amphibius* (Linnaeus, 1758)
Infra-specific Taxa: None
Habitat and Ecology: Grassland; Freshwater Lakes; Rivers; Swamps; Arable Land
Ecosystem: Terrestrial, Fresh Water
National Key Protected Wild Animal List: None; **CITES Appendix**[1]: Not listed
Red List: **IUCN Red List**[2]: LC; **China Mammal Red List**[3]: LC
Range in the country: Xinjiang
Range countries: Afghanistan, Albania, Armenia, Austria, Azerbaijan, Belarus, Belgium, Bosnia and Herzegovina, Bulgaria, China, Croatia, Czech, Danmark, Estonia, Finland, France, Georgia, Germany, Greece, Hungary, Iran, Iraq, Israel, Italy, Kazakhstan, Latvia, Liechtenstein, Lithuania, Luxembourg, Macedonia, Moldova, Mongolia, Montenegro, Netherlands, Norway, Poland, Romania, Russia, Serbia, Slovakia, Slovenia, Sweden, Switzerland, Syrian Arab Republic, Turkey, Ukraine, United Kingdom

参考文献 Citation

Wang Y(王应祥), 2003; Wilson and Reeder, 2005; Zhang R(张荣祖), 1997; Pan Q *et al.*(潘清华等), 2007; Ma Y *et al.*(马勇等), 2008; Smith *et al.*, 2008; IUCN, 2014

515. 云南松田鼠 Forrest's Mountain Vole

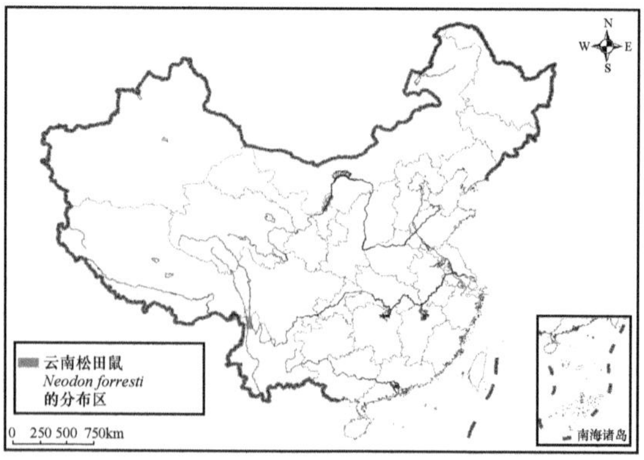

云南松田鼠 *Neodon forresti* (Hinton, 1923)
种下单元： 无
生　　境： 高海拔草地
生态系统： 陆生生态系统
保护等级： **国家重点保护野生动物等级：** 无；**CITES 附录** [1]：未列入
红色名录： **IUCN**[2]：DD；**中国哺乳类红色名录** [3]：DD
国内分布： 云南
分布国家： 中国、缅甸

Forrest's Mountain Vole *Neodon forresti* (Hinton, 1923)
Infra-specific Taxa: None
Habitat and Ecology: High Altitude Grassland
Ecosystem: Terrestrial
National Key Protected Wild Animal List: None; **CITES Appendix**[1]: Not listed
Red List: **IUCN Red List**[2]: DD; **China Mammal Red List**[3]: DD
Range in the country: Yunnan
Range countries: China, Myanmar

参考文献 Citation

Wilson and Reeder, 2005; Pan Q *et al.*(潘清华等), 2007; Smith *et al.*, 2008; IUCN, 2014

516. 青海松田鼠 Plateau Pine Vole

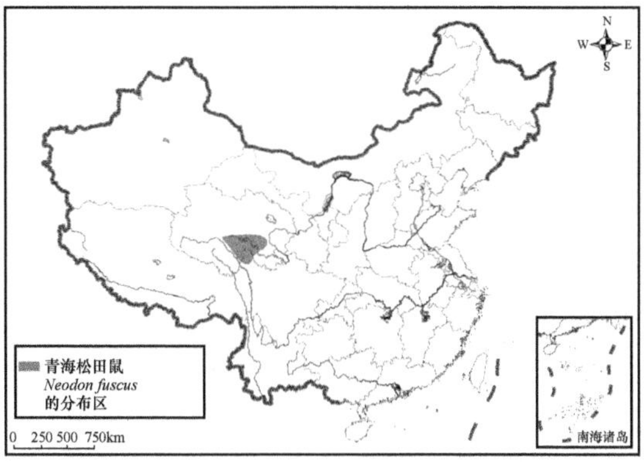

青海松田鼠 *Neodon fuscus* (Büchner, 1889)
种下单元：无
生　　境：高寒草甸
生态系统：陆生生态系统
保护等级：**国家重点保护野生动物等级**：无；**CITES 附录**[1]：未列入
红色名录：**IUCN**[2]：LC；**中国哺乳类红色名录**[3]：LC
国内分布：青海
分布国家：中国

Plateau Pine Vole *Neodon fuscus* (Büchner, 1889)
Infra-specific Taxa：None
Habitat and Ecology：Alpine Meadow
Ecosystem：Terrestrial
National Key Protected Wild Animal List：None; **CITES Appendix**[1]：Not listed
Red List：**IUCN Red List**[2]：LC; **China Mammal Red List**[3]：LC
Range in the country：Qinghai
Range countries：China

参考文献 Citation

Wang Y (王应祥), 2003; Wilson and Reeder, 2005; Zhang R (张荣祖), 1997; Pan Q *et al.* (潘清华等), 2007; Smith *et al.*, 2008; IUCN, 2014

517. 高原松田鼠 Irene's Mountain Vole

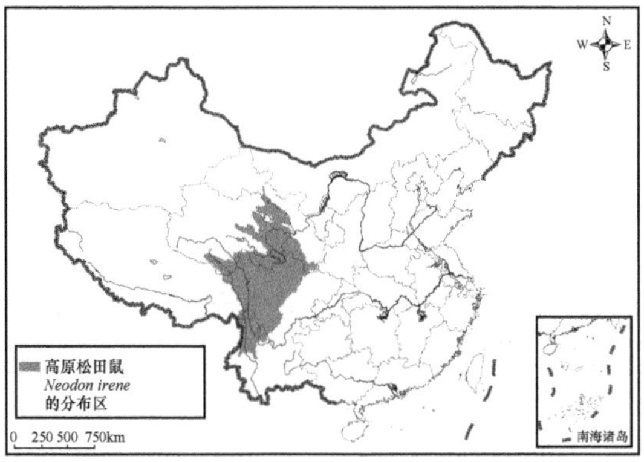

高原松田鼠 *Neodon irene* (Thomas, 1911)
种下单元：无
生　　境：高海拔草地、灌丛
生态系统：陆生生态系统
保护等级：**国家重点保护野生动物等级**：无；**CITES 附录**[1]：未列入
红色名录：**IUCN**[2]：LC；**中国哺乳类红色名录**[3]：LC
国内分布：甘肃、青海、四川、云南、西藏
分布国家：中国

Irene's Mountain Vole *Neodon irene* (Thomas, 1911)
Infra-specific Taxa：None
Habitat and Ecology：High Altitude Grassland; Shrubland
Ecosystem：Terrestrial
National Key Protected Wild Animal List：None; **CITES Appendix**[1]：Not listed
Red List：**IUCN Red List**[2]：LC; **China Mammal Red List**[3]：LC
Range in the country：Gansu, Qinghai, Sichuan, Yunnan, Tibet
Range countries：China

参考文献 Citation

Wang Y (王应祥), 2003; Wilson and Reeder, 2005; Zhang R (张荣祖), 1997; Pan Q *et al.* (潘清华等), 2007; Ma Y *et al.* (马勇等), 2008; Smith *et al.*, 2008; IUCN, 2014

518. 帕米尔松田鼠 Juniper Mountain Vole

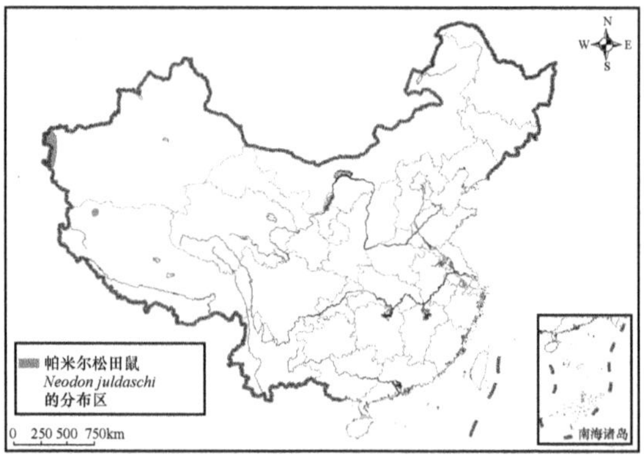

帕米尔松田鼠 *Neodon juldaschi* (Severtzov, 1879)
种下单元： 无
生　　境： 高海拔草地
生态系统： 陆生生态系统
保护等级： **国家重点保护野生动物等级**：无；**CITES 附录** [1]：未列入
红色名录： **IUCN**[2]：LC；**中国哺乳类红色名录** [3]：LC
国内分布： 西藏、新疆
分布国家： 中国、阿富汗、智利、吉尔吉斯斯坦、巴基斯坦、塔吉克斯坦、乌兹别克斯坦

Juniper Vole *Neodon Mountain juldaschi* (Severtzov, 1879)
Infra-specific Taxa：None
Habitat and Ecology：High Altitude Grassland
Ecosystem：Terrestrial
National Key Protected Wild Animal List：None; **CITES Appendix**[1]：Not listed
Red List：**IUCN Red List**[2]：LC; **China Mammal Red List**[3]：LC
Range in the country：Tibet, Xinjiang
Range countries：China, Afghanistan, Chile, Kyrgyzstan, Pakistan, Tajikistan, Uzbekistan

参考文献 Citation

Wang Y (王应祥), 2003; Wilson and Reeder, 2005; Zhang R (张荣祖), 1997; Pan Q *et al.* (潘清华等), 2007; Ma Y *et al.* (马勇等), 2008; Smith *et al.*, 2008; IUCN, 2014

519. 林芝松田鼠 Linzhi Mountain Vole

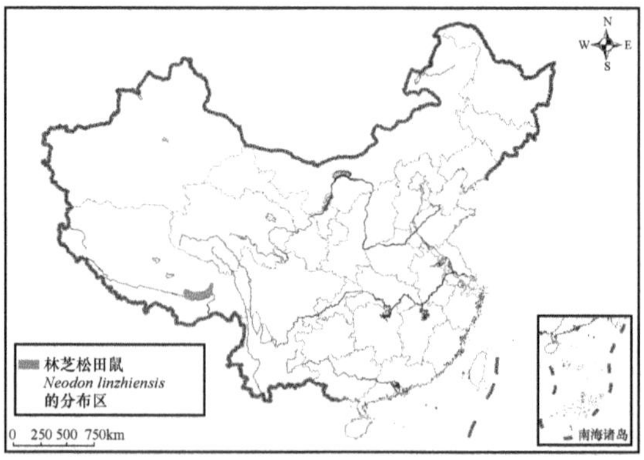

林芝松田鼠 *Neodon linzhiensis* (Liu, 2012)
种下单元： 无
生　　境： 高海拔草地、泰加林
生态系统： 陆生生态系统
保护等级： **国家重点保护野生动物等级**：无；**CITES 附录** [1]：未列入
红色名录： **IUCN**[2]：未列入；**中国哺乳类红色名录** [3]：NT
国内分布： 西藏
分布国家： 中国

Linzhi Mountain Vole *Neodon linzhiensis* (Liu, 2012)
Infra-specific Taxa：None
Habitat and Ecology：High Altitude Grassland; Taiga
Ecosystem：Terrestrial
National Key Protected Wild Animal List：None; **CITES Appendix**[1]：Not listed
Red List：**IUCN Red List**[2]：Not listed; **China Mammal Red List**[3]：NT
Range in the country：Tibet
Range countries：China

参考文献 Citation

Liu S *et al.*, 2012b

520. 锡金松田鼠 Sikkim Mountain Vole

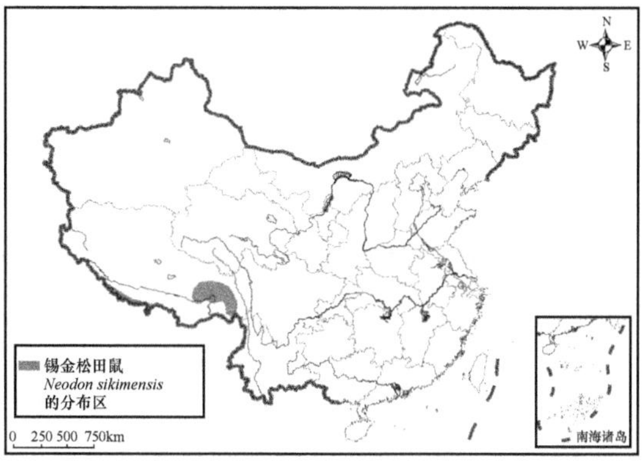

锡金松田鼠 *Neodon sikimensis* (Horsfield, 1841)
种下单元：无
生　　境：高海拔草地、泰加林
生态系统：陆生生态系统
保护等级：**国家重点保护野生动物等级**：无；**CITES 附录** [1]：未列入
红色名录：**IUCN**[2]：LC；**中国哺乳类红色名录** [3]：LC
国内分布：西藏
分布国家：不丹、中国、印度、尼泊尔

Sikkim Mountain Vole *Neodon sikimensis* (Horsfield, 1841)
Infra-specific Taxa: None
Habitat and Ecology: High Altitude Grassland; Taiga
Ecosystem: Terrestrial
National Key Protected Wild Animal List: None; **CITES Appendix**[1]: Not listed
Red List: **IUCN Red List**[2]: LC; **China Mammal Red List**[3]: LC
Range in the country: Tibet
Range countries: Bhutan, China, India, Nepal

参考文献 Citation

Wang Y (王应祥), 2003; Pan Q *et al.* (潘清华等), 2007; Zhang R (张荣祖), 1997; Ma Y *et al.* (马勇等), 2008; IUCN, 2014

521. 白尾松田鼠 Blyth's Mountain Vole

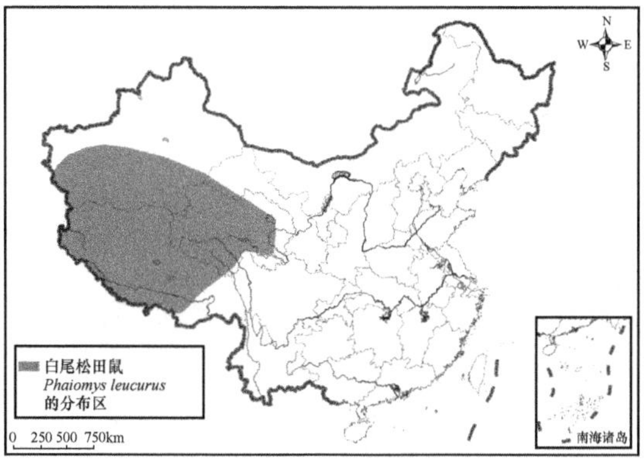

白尾松田鼠 *Phaiomys leucurus* (Blyth, 1863)
种下单元：无
生　　境：草地
生态系统：陆生生态系统
保护等级：**国家重点保护野生动物等级**：无；**CITES 附录** [1]：未列入
红色名录：**IUCN**[2]：LC；**中国哺乳类红色名录** [3]：LC
国内分布：青海、西藏、新疆
分布国家：中国、印度、尼泊尔

Blyth's Mountain Vole *Phaiomys leucurus* (Blyth, 1863)
Infra-specific Taxa: None
Habitat and Ecology: Grassland
Ecosystem: Terrestrial
National Key Protected Wild Animal List: None; **CITES Appendix**[1]: Not listed
Red List: **IUCN Red List**[2]: LC; **China Mammal Red List**[3]: LC
Range in the country: Qinghai, Tibet, Xinjiang
Range countries: China, India, Nepal

参考文献 Citation

Wang Y (王应祥), 2003; Wilson and Reeder, 2005; Zhang R (张荣祖), 1997; Pan Q *et al.* (潘清华等), 2007; Ma Y *et al.* (马勇等), 2008; Smith *et al.*, 2008; IUCN, 2014

522. 黑田鼠 Field Vole

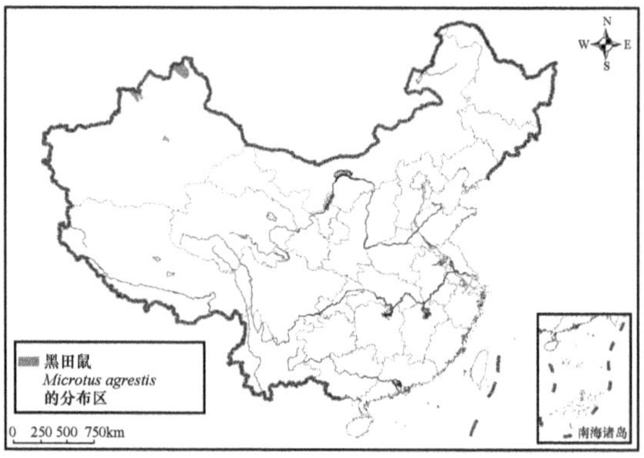

黑田鼠 *Microtus agrestis* (Linnaeus, 1761)
种下单元： 无
生　　境： 草地、淡水湖、江河
生态系统： 陆生生态系统
保护等级： **国家重点保护野生动物等级：** 无；**CITES 附录** [1]：未列入
红色名录： **IUCN**[2]：LC；**中国哺乳类红色名录** [3]：NT
国内分布： 新疆
分布国家： 安道尔、奥地利、白俄罗斯、比利时、波斯尼亚和黑塞哥维那、中国、克罗地亚、捷克、丹麦、爱沙尼亚、芬兰、法国、德国、匈牙利、意大利、拉脱维亚、列支敦士登、立陶宛、卢森堡、摩尔多瓦、蒙古、黑山、荷兰、挪威、波兰、葡萄牙、罗马尼亚、俄罗斯、塞尔维亚、斯洛伐克、斯洛文尼亚、西班牙、瑞典、瑞士、乌克兰、英国

Field Vole *Microtus agrestis* (Linnaeus, 1761)
Infra-specific Taxa: None
Habitat and Ecology: Grassland; Freshwater Lakes; Rivers
Ecosystem: Terrestrial
National Key Protected Wild Animal List: None; **CITES Appendix**[1]: Not listed
Red List: **IUCN Red List**[2]: LC; **China Mammal Red List**[3]: NT
Range in the country: Xinjiang
Range countries: Andorra, Austria, Belarus, Belgium, Bosnia and Herzegovina, China, Croatia, Czech, Danmark, Estonia, Finland, France, Germany, Hungary, Italy, Latvia, Liechtenstein, Lithuania, Luxembourg, Moldova, Mongolia, Montenegro, Netherlands, Norway, Poland, Portugal, Romania, Russia, Serbia, Slovakia, Slovenia, Spain, Sweden, Switzerland, Ukraine, United Kingdom

参考文献 Citation

Wang Y(王应祥), 2003; Wilson and Reeder, 2005; Zhang R(张荣祖), 1997; Pan Q *et al.*(潘清华等), 2007; Ma Y *et al.*(马勇等), 2008; Smith *et al.*, 2008; IUCN, 2014

523. 普通田鼠 Common Vole

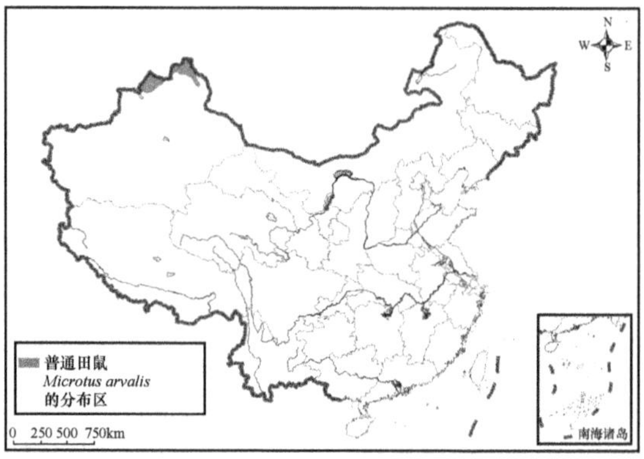

普通田鼠 *Microtus arvalis* (Pallas, 1778)
种下单元： 无
生　　境： 草甸、森林、农田
生态系统： 陆生生态系统
保护等级： **国家重点保护野生动物等级：** 无；**CITES 附录** [1]：未列入
红色名录： **IUCN**[2]：LC；**中国哺乳类红色名录** [3]：LC
国内分布： 新疆
分布国家： 安道尔、亚美尼亚、奥地利、阿塞拜疆、白俄罗斯、比利时、波斯尼亚和黑塞哥维那、保加利亚、中国、克罗地亚、捷克、丹麦、爱沙尼亚、芬兰、法国、格鲁吉亚、德国、匈牙利、伊朗、意大利、哈萨克斯坦、拉脱维亚、列支敦士登、立陶宛、卢森堡、马其顿、摩尔多瓦、蒙古、黑山、荷兰、波兰、葡萄牙、罗马尼亚、俄罗斯、塞尔维亚、斯洛伐克、斯洛文尼亚、西班牙、瑞士、乌克兰、英国

Common Vole *Microtus arvalis* (Pallas, 1778)
Infra-specific Taxa: None
Habitat and Ecology: Meadow; Forest; Arable Land
Ecosystem: Terrestrial
National Key Protected Wild Animal List: None; **CITES Appendix**[1]: Not listed
Red List: **IUCN Red List**[2]: LC; **China Mammal Red List**[3]: LC
Range in the country: Xinjiang
Range countries: Andorra, Armenia, Austria, Azerbaijan, Belarus, Belgium, Bosnia and Herzegovina, Bulgaria, China, Croatia, Czech, Danmark, Estonia, Finland, France, Georgia, Germany, Hungary, Iran, Italy, Kazakhstan, Latvia, Liechtenstein, Lithuania, Luxembourg, Macedonia, Moldova, Mongolia, Montenegro, Netherlands, Poland, Portugal, Romania, Russia, Serbia, Slovakia, Slovenia, Spain, Switzerland, Ukraine, United Kingdom

参考文献 Citation

Wang Y(王应祥), 2003; Wilson and Reeder, 2005; Zhang R(张荣祖), 1997; Pan Q *et al.*(潘清华等), 2007; Ma Y *et al.*(马勇等), 2008; Smith *et al.*, 2008; IUCN, 2014

524. 克氏田鼠 Clarke's Vole

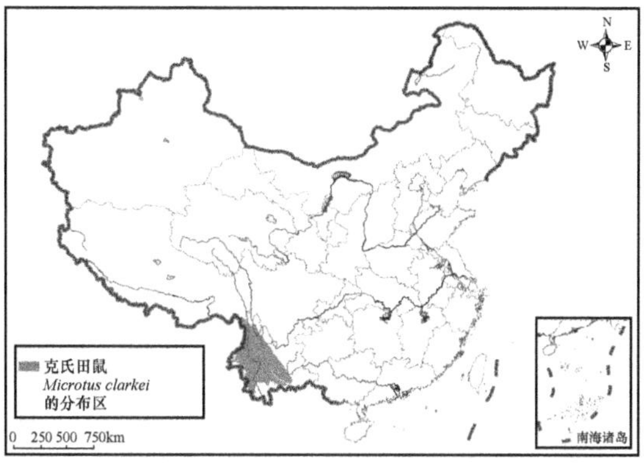

克氏田鼠 *Microtus clarkei* (Hinton, 1923)
种下单元：无
生　　境：泰加林、草甸
生态系统：陆生生态系统
保护等级：国家重点保护野生动物等级：无；**CITES 附录** [1]：未列入
红色名录：IUCN [2]：LC；**中国哺乳类红色名录** [3]：NT
国内分布：云南
分布国家：中国、缅甸

Clarke's Vole *Microtus clarkei* (Hinton, 1923)
Infra-specific Taxa: None
Habitat and Ecology: Taiga; Meadow
Ecosystem: Terrestrial
National Key Protected Wild Animal List: None; **CITES Appendix** [1]: Not listed
Red List: IUCN Red List [2]: LC; **China Mammal Red List** [3]: NT
Range in the country: Yunnan
Range countries: China, Myanmar
参考文献 Citation
Wang Y(王应祥), 2003; Wilson and Reeder, 2005; Zhang R(张荣祖), 1997; Pan Q *et al.*(潘清华等), 2007; Ma Y *et al.*(马勇等), 2008; Smith *et al.*, 2008; IUCN, 2014

525. 东方田鼠 Reed Vole

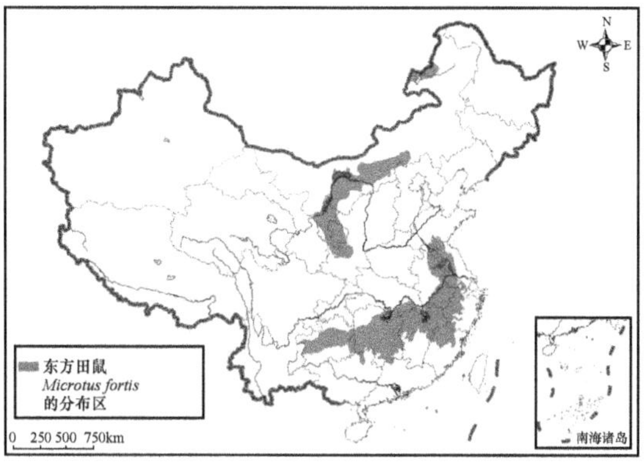

东方田鼠 *Microtus fortis* (Büchner, 1889)
种下单元：无
生　　境：淡水湖、江河、溪流边、农田、沼泽、森林
生态系统：陆生生态系统
保护等级：国家重点保护野生动物等级：无；**CITES 附录** [1]：未列入
红色名录：IUCN [2]：LC；**中国哺乳类红色名录** [3]：LC
国内分布：内蒙古、山东、宁夏、陕西、甘肃、贵州、广西、安徽、江苏、浙江、湖南、江西、福建
分布国家：中国、朝鲜、韩国、蒙古、俄罗斯

Reed Vole *Microtus fortis* (Büchner, 1889)
Infra-specific Taxa: None
Habitat and Ecology: Freshwater Lakes; Rivers; Near Streams; Arable Land; Swamps; Forest
Ecosystem: Terrestrial
National Key Protected Wild Animal List: None; **CITES Appendix** [1]: Not listed
Red List: IUCN Red List [2]: LC; **China Mammal Red List** [3]: LC
Range in the country: Inner Mongolia, Shandong, Ningxia, Shaanxi, Gansu, Guizhou, Guangxi, Anhui, Jiangsu, Zhejiang, Hunan, Jiangxi, Fujian
Range countries: China, Korea, Democratic People's Republic of, Korea, Republic of, Mongolia, Russia
参考文献 Citation
Wang Y(王应祥), 2003; Wilson and Reeder, 2005; Zhang R(张荣祖), 1997; Pan Q *et al.*(潘清华等), 2007; Ma Y *et al.*(马勇等), 2008; Smith *et al.*, 2008; IUCN, 2014

526. 狭颅田鼠 Narrow-headed Vole

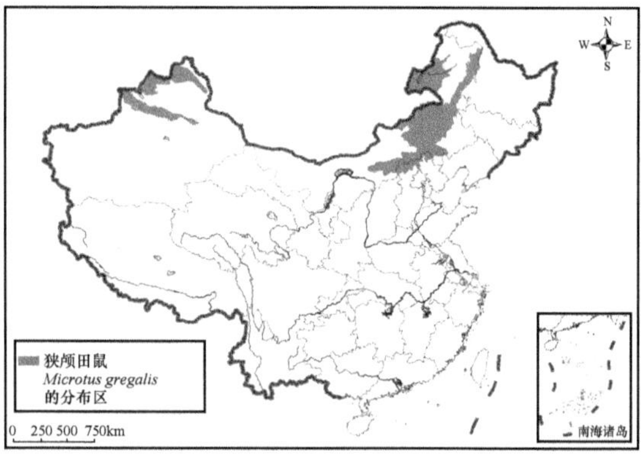

狭颅田鼠 *Microtus gregalis* (Pallas, 1779)
种下单元：无
生　　境：干旱草地、草甸
生态系统：陆生生态系统
保护等级：**国家重点保护野生动物等级**：无；**CITES 附录**[1]：未列入
红色名录：**IUCN**[2]：LC；**中国哺乳类红色名录**[3]：LC
国内分布：黑龙江、内蒙古、河北、新疆
分布国家：中国、哈萨克斯坦、吉尔吉斯斯坦、蒙古、俄罗斯

Narrow-headed Vole *Microtus gregalis* (Pallas, 1779)
Infra-specific Taxa：None
Habitat and Ecology：Dry Grassland; Meadow
Ecosystem：Terrestrial
National Key Protected Wild Animal List：None; **CITES Appendix**[1]：Not listed
Red List：**IUCN Red List**[2]：LC; **China Mammal Red List**[3]：LC
Range in the country：Heilongjiang, Inner Mongolia, Hebei, Xinjiang
Range countries：China, Kazakhstan, Kyrgyzstan, Mongolia, Russia

参考文献 Citation

Wang Y(王应祥), 2003; Wilson and Reeder, 2005; Zhang R(张荣祖), 1997; Pan Q *et al.*(潘清华等), 2007; Ma Y *et al.*(马勇等), 2008; Smith *et al.*, 2008; IUCN, 2014

527. 伊犁田鼠 Kazakhstan Vole

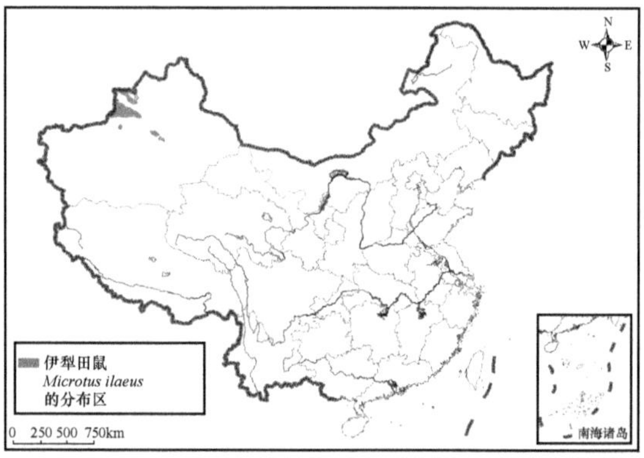

伊犁田鼠 *Microtus ilaeus* (Thomas, 1912)
种下单元：无
生　　境：森林、灌丛、草地
生态系统：陆生生态系统
保护等级：**国家重点保护野生动物等级**：无；**CITES 附录**[1]：未列入
红色名录：**IUCN**[2]：LC；**中国哺乳类红色名录**[3]：LC
国内分布：新疆
分布国家：阿富汗、中国、哈萨克斯坦、吉尔吉斯斯坦、塔吉克斯坦、乌兹别克斯坦

Kazakhstan Vole *Microtus ilaeus* (Thomas, 1912)
Infra-specific Taxa：None
Habitat and Ecology：Forest; Shrubland; Grassland
Ecosystem：Terrestrial
National Key Protected Wild Animal List：None; **CITES Appendix**[1]：Not listed
Red List：**IUCN Red List**[2]：LC; **China Mammal Red List**[3]：LC
Range in the country：Xinjiang
Range countries：Afghanistan, China, Kazakhstan, Kyrgyzstan, Tajikistan, Uzbekistan

参考文献 Citation

Wang Y(王应祥), 2003; Wilson and Reeder, 2005; Zhang R(张荣祖), 1997; Pan Q *et al.*(潘清华等), 2007; Ma Y *et al.*(马勇等), 2008; Smith *et al.*, 2008; IUCN, 2014

528. 台湾田鼠 Taiwan Vole

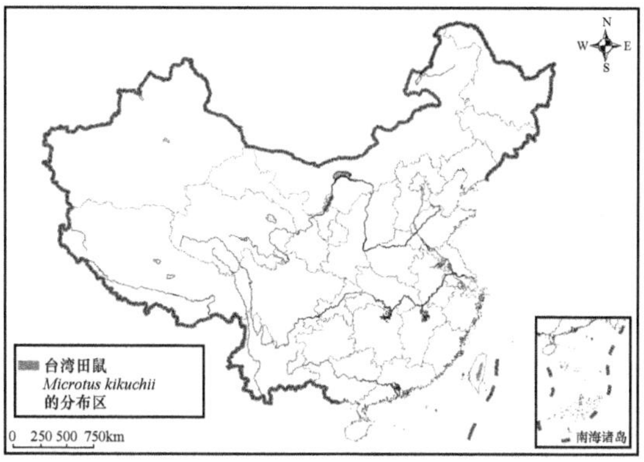

台湾田鼠 *Microtus kikuchii* (Kuroda, 1920)
种下单元： 无
生　　境： 亚热带湿润山地森林
生态系统： 陆生生态系统
保护等级： **国家重点保护野生动物等级：** 无；**CITES 附录**[1]：未列入
红色名录： **IUCN**[2]：NT；**中国哺乳类红色名录**[3]：NT
国内分布： 台湾
分布国家： 中国

Taiwan Vole *Microtus kikuchii* (Kuroda, 1920)
Infra-specific Taxa: None
Habitat and Ecology: Subtropical Moist Montane Forest
Ecosystem: Terrestrial
National Key Protected Wild Animal List: None; **CITES Appendix**[1]: Not listed
Red List: IUCN Red List[2]: NT; **China Mammal Red List**[3]: NT
Range in the country: Taiwan
Range countries: China

参考文献 Citation

Wang Y(王应祥), 2003; Wilson and Reeder, 2005; Zhang R(张荣祖), 1997; Pan Q *et al.*(潘清华等), 2007; Ma Y *et al.*(马勇等), 2008; Smith *et al.*, 2008; IUCN, 2014

529. 柴达木根田鼠 Lacustrine Vole

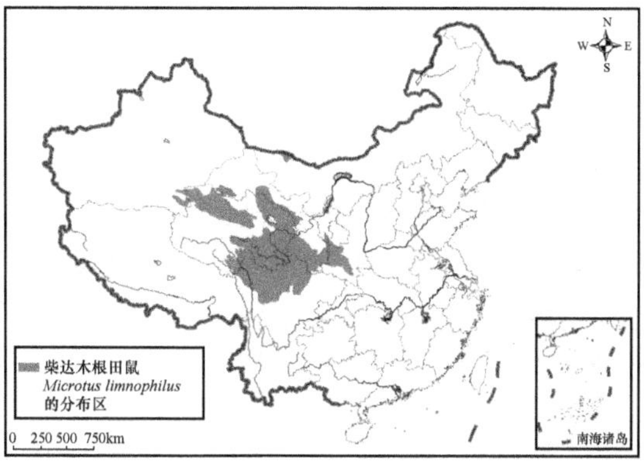

柴达木根田鼠 *Microtus limnophilus* (Büchner, 1889)
种下单元： 无
生　　境： 盐碱荒漠、高山草甸
生态系统： 陆生生态系统
保护等级： **国家重点保护野生动物等级：** 无；**CITES 附录**[1]：未列入
红色名录： **IUCN**[2]：LC；**中国哺乳类红色名录**[3]：LC
国内分布： 四川、青海、甘肃、陕西、宁夏、内蒙古、新疆
分布国家： 中国、蒙古

Lacustrine Vole *Microtus limnophilus* (Büchner, 1889)
Infra-specific Taxa: None
Habitat and Ecology: Saline Desert, Alpine Meadow
Ecosystem: Terrestrial
National Key Protected Wild Animal List: None; **CITES Appendix**[1]: Not listed
Red List: IUCN Red List[2]: LC; **China Mammal Red List**[3]: LC
Range in the country: Sichuan, Qinghai, Gansu, Shaanxi, Ningxia, Inner Mongolia, Xinjiang
Range countries: China, Mongolia

参考文献 Citation

Wilson and Reeder, 2005; Pan Q *et al.*(潘清华等), 2007; Ma Y *et al.*(马勇等), 2008; Smith *et al.*, 2008; IUCN, 2014

530. 莫氏田鼠 Maximowicz's Vole

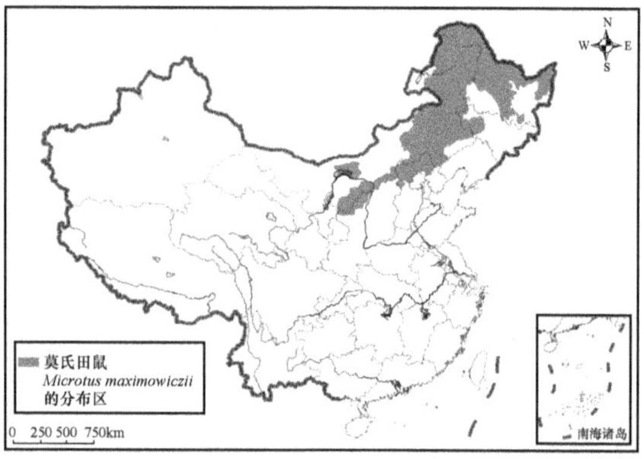

莫氏田鼠 *Microtus maximowiczii* (Schrenk, 1859)

种下单元： 无

生　　境： 江河岸

生态系统： 陆生生态系统

保护等级：国家重点保护野生动物等级： 无；**CITES 附录** [1]：未列入

红色名录：IUCN[2]：LC；**中国哺乳类红色名录** [3]：LC

国内分布： 黑龙江、吉林、内蒙古、河北、陕西

分布国家： 中国、蒙古、俄罗斯

Maximowicz's Vole *Microtus maximowiczii* (Schrenk, 1859)

Infra-specific Taxa: None

Habitat and Ecology: Riverside

Ecosystem: Terrestrial

National Key Protected Wild Animal List: None; **CITES Appendix**[1]: Not listed

Red List: IUCN Red List[2]: LC; **China Mammal Red List**[3]: LC

Range in the country: Heilongjiang, Jilin, Inner Mongolia, Hebei, Shaanxi

Range countries: China, Mongolia, Russia

参考文献 Citation

Wang Y(王应祥), 2003; Wilson and Reeder, 2005; Zhang R(张荣祖), 1997; Pan Q *et al.*(潘清华等), 2007; Ma Y *et al.*(马勇等), 2008; Smith *et al.*, 2008; IUCN, 2014

531. 蒙古田鼠 Mongolian Vole

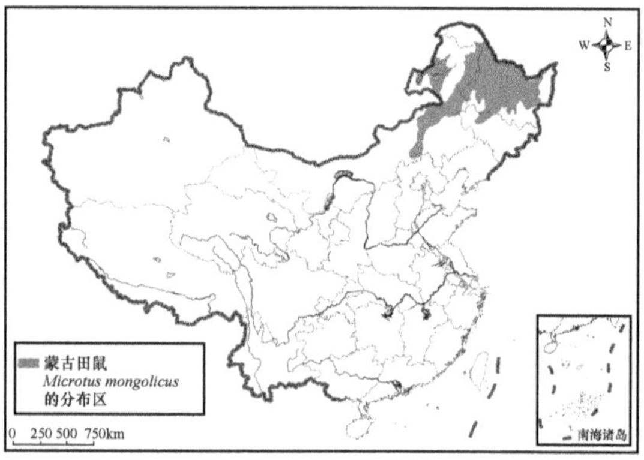

蒙古田鼠 *Microtus mongolicus* (Radde, 1861)

种下单元： 无

生　　境： 未知

生态系统： 陆生生态系统

保护等级：国家重点保护野生动物等级： 无；**CITES 附录** [1]：未列入

红色名录：IUCN[2]：LC；**中国哺乳类红色名录** [3]：LC

国内分布： 内蒙古、黑龙江、吉林

分布国家： 中国、蒙古、俄罗斯

Mongolian Vole *Microtus mongolicus* (Radde, 1861)

Infra-specific Taxa: None

Habitat and Ecology: Unknown

Ecosystem: Terrestrial

National Key Protected Wild Animal List: None; **CITES Appendix**[1]: Not listed

Red List: IUCN Red List[2]: LC; **China Mammal Red List**[3]: LC

Range in the country: Inner Mongolia, Heilongjiang, Jilin

Range countries: China, Mongolia, Russia

参考文献 Citation

Wang Y(王应祥), 2003; Wilson and Reeder, 2005; Pan Q *et al.*(潘清华等), 2007; Ma Y *et al.*(马勇等), 2008; Smith *et al.*, 2008; IUCN, 2014

532. 根田鼠 Root Vole

根田鼠 *Microtus oeconomus* (Pallas, 1776)
种下单元：无
生　　境：淡水湖、溪流边、沼泽、灌丛
生态系统：陆生生态系统
保护等级：**国家重点保护野生动物等级**：无；**CITES 附录** [1]：未列入
红色名录：**IUCN** [2]：LC；**中国哺乳类红色名录** [3]：LC
国内分布：新疆
分布国家：中国、奥地利、白俄罗斯、加拿大、捷克、爱沙尼亚、芬兰、德国、匈牙利、哈萨克斯坦、立陶宛、蒙古、荷兰、挪威、波兰、俄罗斯、斯洛伐克、瑞典、乌克兰、美国

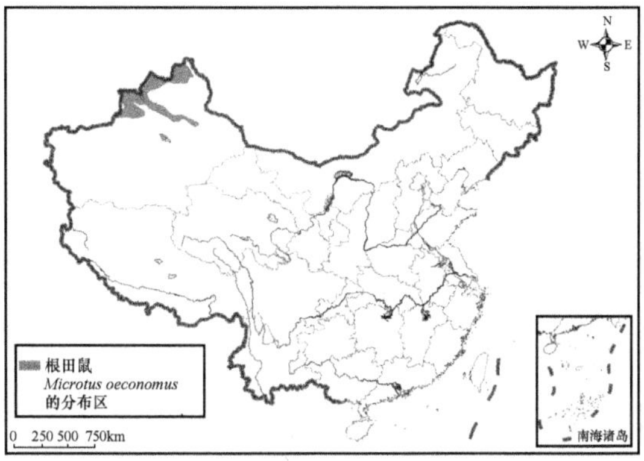

Root Vole *Microtus oeconomus* (Pallas, 1776)
Infra-specific Taxa：None
Habitat and Ecology：Freshwater Lakes; Near Streams; Swamps; Shrubland
Ecosystem：Terrestrial
National Key Protected Wild Animal List：None; **CITES Appendix** [1]：Not listed
Red List：**IUCN Red List** [2]：LC; **China Mammal Red List** [3]：LC
Range in the country：Xinjiang
Range countries：China, Austria, Belarus, Canada, Czech, Estonia, Finland, Germany, Hungary, Kazakhstan, Lithuania, Mongolia, Netherlands, Norway, Poland, Russia, Slovakia, Sweden, Ukraine, United States

参考文献 Citation

Wang Y(王应祥), 2003; Wilson and Reeder, 2005; Zhang R(张荣祖), 1997; Pan Q *et al.*(潘清华等), 2007; Ma Y *et al.*(马勇等), 2008; Smith *et al.*, 2008; IUCN, 2014

533. 社田鼠 Social Vole

社田鼠 *Microtus socialis* (Pallas, 1773)
种下单元：无
生　　境：草原、半荒漠
生态系统：陆生生态系统
保护等级：**国家重点保护野生动物等级**：无；**CITES 附录** [1]：未列入
红色名录：**IUCN** [2]：LC；**中国哺乳类红色名录** [3]：LC
国内分布：新疆
分布国家：亚美尼亚、阿塞拜疆、中国、格鲁吉亚、伊朗、伊拉克、哈萨克斯坦、吉尔吉斯斯坦、黎巴嫩、俄罗斯、叙利亚、塔吉克斯坦、土耳其、乌克兰、乌兹别克斯坦

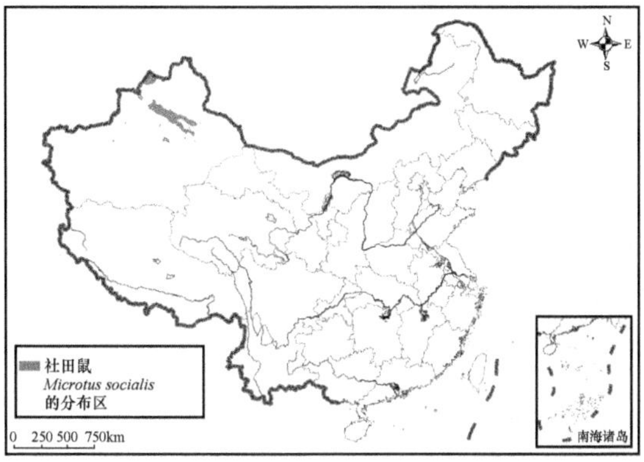

Social Vole *Microtus socialis* (Pallas, 1773)
Infra-specific Taxa：None
Habitat and Ecology：Grassland; Semi-desert
Ecosystem：Terrestrial
National Key Protected Wild Animal List：None; **CITES Appendix** [1]：Not listed
Red List：**IUCN Red List** [2]：LC; **China Mammal Red List** [3]：LC
Range in the country：Xinjiang
Range countries：Armenia, Azerbaijan, China, Georgia, Iran, Iraq, Kazakhstan, Kyrgyzstan, Lebanon, Russia, Syrian Arab Republic, Tajikistan, Turkey, Ukraine, Uzbekistan

参考文献 Citation

Wang Y(王应祥), 2003; Wilson and Reeder, 2005; Zhang R(张荣祖), 1997; Pan Q *et al.*(潘清华等), 2007; Ma Y *et al.*(马勇等), 2008; Smith *et al.*, 2008; IUCN, 2014

534. 四川田鼠 Sichuan Vole

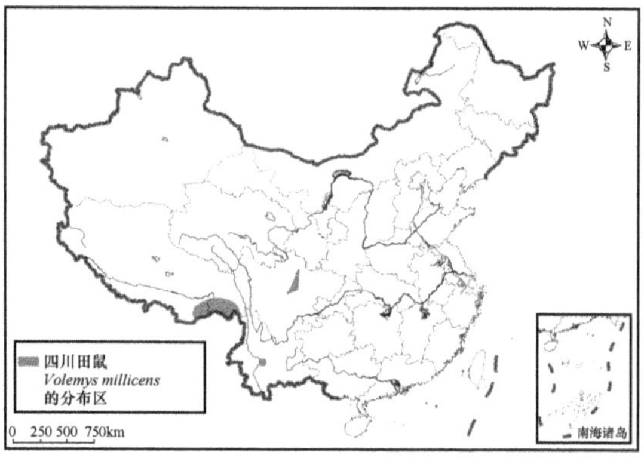

四川田鼠 *Volemys millicens*（Thomas, 1911）

种下单元：无

生　　境：森林

生态系统：陆生生态系统

保护等级：**国家重点保护野生动物等级**：无；**CITES 附录** [1]：未列入

红色名录：**IUCN**[2]：DD；**中国哺乳类红色名录** [3]：NT

国内分布：四川、西藏、云南

分布国家：中国

Sichuan Vole *Volemys millicens*（Thomas, 1911）

Infra-specific Taxa：None

Habitat and Ecology：Forest

Ecosystem：Terrestrial

National Key Protected Wild Animal List：None; **CITES Appendix**[1]：Not listed

Red List：**IUCN Red List**[2]：DD; **China Mammal Red List**[3]：NT

Range in the country：Sichuan, Tibet, Yunnan

Range countries：China

参考文献 Citation

Wang Y(王应祥), 2003; Wilson and Reeder, 2005; Zhang R(张荣祖), 1997; Pan Q *et al.*(潘清华等), 2007; Ma Y *et al.*(马勇等), 2008; Smith *et al.*, 2008; IUCN, 2014

535. 川西田鼠 Marie's Vole

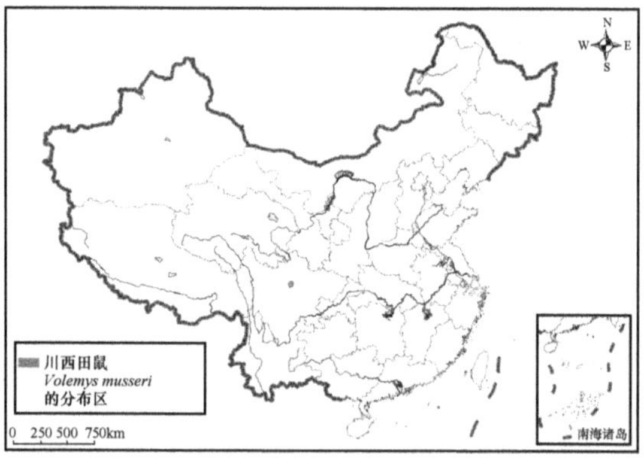

川西田鼠 *Volemys musseri*（Lawrence, 1982）

种下单元：无

生　　境：高海拔草地、内陆岩石区域

生态系统：陆生生态系统

保护等级：**国家重点保护野生动物等级**：无；**CITES 附录** [1]：未列入

红色名录：**IUCN**[2]：DD；**中国哺乳类红色名录** [3]：NT

国内分布：四川

分布国家：中国

Marie's Vole *Volemys musseri*（Lawrence, 1982）

Infra-specific Taxa：None

Habitat and Ecology：High Altitude Grassland; Inland Rocky Areas

Ecosystem：Terrestrial

National Key Protected Wild Animal List：None; **CITES Appendix**[1]：Not listed

Red List：**IUCN Red List**[2]：DD; **China Mammal Red List**[3]：NT

Range in the country：Sichuan

Range countries：China

参考文献 Citation

Wang Y(王应祥), 2003; Wilson and Reeder, 2005; Pan Q *et al.*(潘清华等), 2007; Ma Y *et al.*(马勇等), 2008; Smith *et al.*, 2008; IUCN, 2014

536. 布氏田鼠 Brandt's Vole

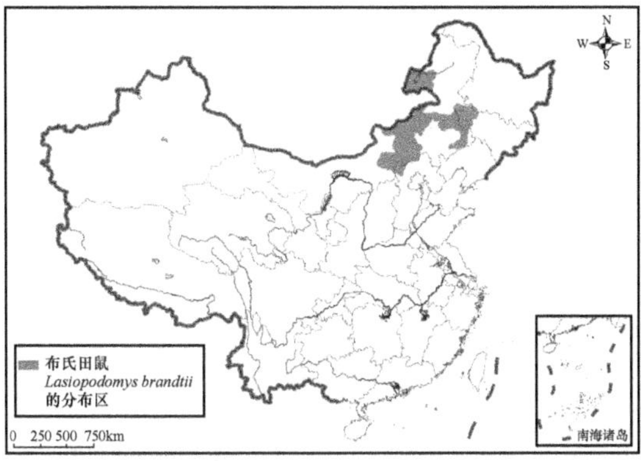

布氏田鼠 *Lasiopodomys brandtii*(Radde, 1861)
种下单元： 无
生　　境： 干旱草地
生态系统： 陆生生态系统
保护等级： **国家重点保护野生动物等级：** 无；**CITES 附录**[1]：未列入
红色名录： **IUCN**[2]：LC；**中国哺乳类红色名录**[3]：LC
国内分布： 黑龙江、辽宁、吉林、内蒙古、河北
分布国家： 中国、蒙古、俄罗斯

Brandt's Vole *Lasiopodomys brandtii*(Radde, 1861)
Infra-specific Taxa： None
Habitat and Ecology： Dry Grassland
Ecosystem： Terrestrial
National Key Protected Wild Animal List： None; **CITES Append ix**[1]：Not listed
Red List： **IUCN Red List**[2]：LC; **China Mammal Red List**[3]：LC
Range in the country： Heilongjiang, Liaoning, Jilin, Inner Mongolia, Hebei
Range countries： China, Mongolia, Russia
参考文献 Citation

Wang Y(王应祥), 2003; Wilson and Reeder, 2005; Zhang R(张荣祖), 1997; Pan Q *et al.*(潘清华等), 2007; Ma Y *et al.*(马勇等), 2008; Smith *et al.*, 2008; IUCN, 2014

537. 棕色田鼠 Mandarin Vole

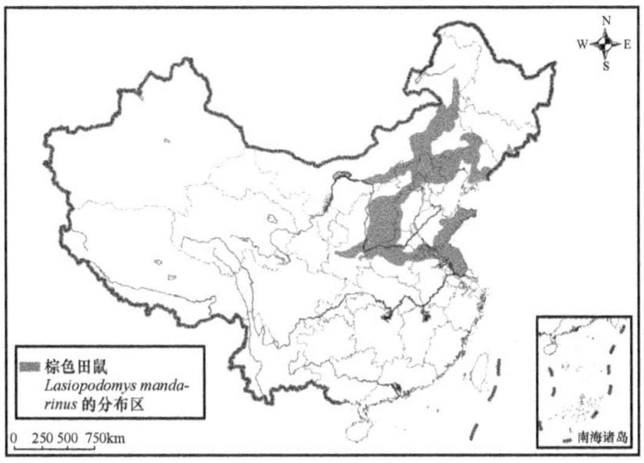

棕色田鼠 *Lasiopodomys mandarinus* (Milne-Edwards, 1871)
种下单元： 无
生　　境： 草地、溪流边、灌丛
生态系统： 陆生生态系统
保护等级： **国家重点保护野生动物等级：** 无；**CITES 附录**[1]：未列入
红色名录： **IUCN**[2]：LC；**中国哺乳类红色名录**[3]：LC
国内分布： 吉林、内蒙古、辽宁、河北、北京、山西、山东、河南、安徽、江苏、陕西
分布国家： 中国、朝鲜、韩国、俄罗斯

Mandarin Vole *Lasiopodomys mandarinus* (Milne-Edwards, 1871)
Infra-specific Taxa： None
Habitat and Ecology： Grassland; Near Streams; Shrubland
Ecosystem： Terrestrial
National Key Protected Wild Animal List： None; **CITES Appendix**[1]：Not listed
Red List： **IUCN Red List**[2]：LC; **China Mammal Red List**[3]：LC
Range in the country： Jilin, Inner Mongolia, Liaoning, Hebei, Beijing, Shanxi, Shandong, Henan, Anhui, Jiangsu, Shaanxi
Range countries： China, Korea, Democratic People's Republic of, Korea, Republic of, Russia
参考文献 Citation

Wang Y(王应祥), 2003; Wilson and Reeder, 2005; Zhang R(张荣祖), 1997; Pan Q *et al.*(潘清华等), 2007; Ma Y *et al.*(马勇等), 2008; Smith *et al.*, 2008; IUCN, 2014

538. 黄兔尾鼠 Yellow Steppe Lemming

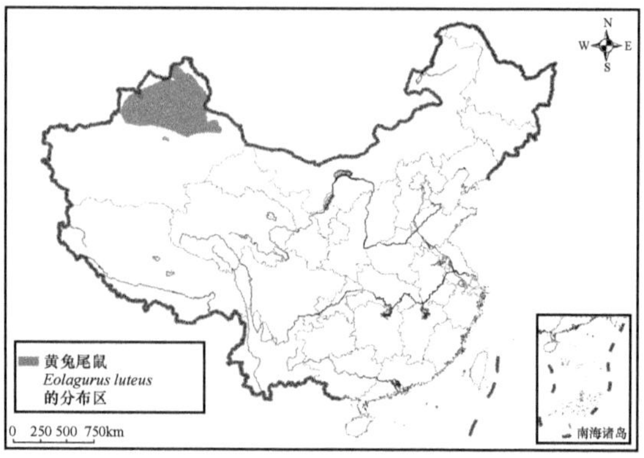

黄兔尾鼠 *Eolagurus luteus* (Eversmann, 1840)

种下单元：无

生　　境：干旱草地、半荒漠

生态系统：陆生生态系统

保护等级：国家重点保护野生动物等级：无；**CITES 附录**[1]：未列入

红色名录：IUCN[2]：LC；**中国哺乳类红色名录**[3]：NT

国内分布：新疆

分布国家：中国、哈萨克斯坦、蒙古、俄罗斯

Yellow Steppe Lemming *Eolagurus luteus* (Eversmann, 1840)

Infra-specific Taxa： None

Habitat and Ecology： Dry Grassland; Semi-desert

Ecosystem： Terrestrial

National Key Protected Wild Animal List： None; **CITES Appendix**[1]： Not listed

Red List： IUCN Red List[2]： LC; **China Mammal Red List**[3]： NT

Range in the country： Xinjiang

Range countries： China, Kazakhstan, Mongolia, Russia

参考文献 Citation

Wang Y(王应祥), 2003; Wilson and Reeder, 2005; Zhang R(张荣祖), 1997; Pan Q *et al.*(潘清华等), 2007; Ma Y *et al.*(马勇等), 2008; Smith *et al.*, 2008; IUCN, 2014

539. 蒙古兔尾鼠 Przewalski's Steppe Lemming

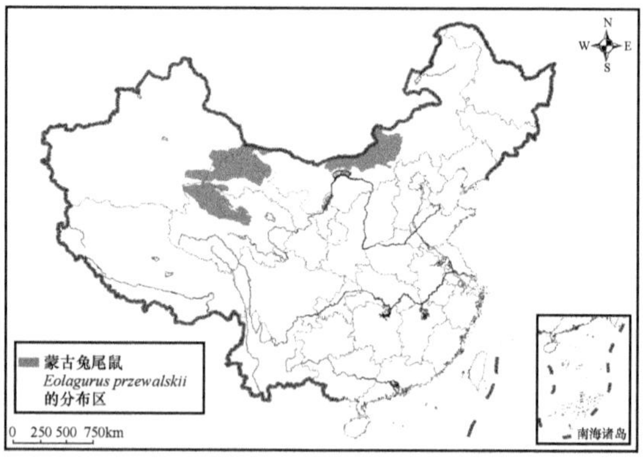

蒙古兔尾鼠 *Eolagurus przewalskii* (Büchner, 1889)

种下单元：无

生　　境：草地、江河

生态系统：陆生生态系统

保护等级：国家重点保护野生动物等级：无；**CITES 附录**[1]：未列入

红色名录：IUCN[2]：LC；**中国哺乳类红色名录**[3]：NT

国内分布：新疆、青海、内蒙古、甘肃

分布国家：中国、蒙古

Przewalski's Steppe Lemming *Eolagurus przewalskii* (Büchner, 1889)

Infra-specific Taxa： None

Habitat and Ecology： Grassland; Rivers

Ecosystem： Terrestrial

National Key Protected Wild Animal List： None; **CITES Appendix**[1]： Not listed

Red List： IUCN Red List[2]： LC; **China Mammal Red List**[3]： NT

Range in the country： Xinjiang, Qinghai, Inner Mongolia, Gansu

Range countries： China, Mongolia

参考文献 Citation

Wang Y(王应祥), 2003; Wilson and Reeder, 2005; Pan Q *et al.*(潘清华等), 2007; Ma Y *et al.*(马勇等), 2008; Smith *et al.*, 2008; IUCN, 2014

540. 沟牙田鼠 Duke of Bedford's Vole

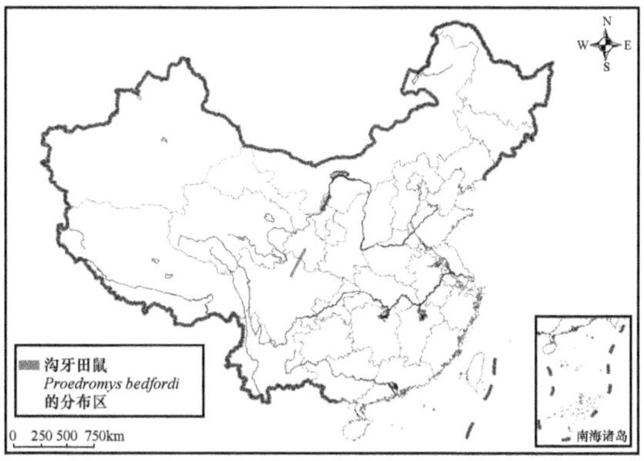

沟牙田鼠 *Proedromys bedfordi*（Thomas, 1911）
种下单元：无
生　　境：亚热带湿润山地森林
生态系统：陆生生态系统
保护等级：国家重点保护野生动物等级：无；**CITES 附录** [1]：未列入
红色名录：IUCN[2]：VU；**中国哺乳类红色名录** [3]：VU
国内分布：四川、甘肃
分布国家：中国

Duke of Bedford's Vole *Proedromys bedfordi*（Thomas, 1911）
Infra-specific Taxa：None
Habitat and Ecology：Subtropical Moist Montane Forest
Ecosystem：Terrestrial
National Key Protected Wild Animal List：None; **CITES Appendix**[1]：Not listed
Red List：IUCN Red List[2]：VU; **China Mammal Red List**[3]：VU
Range in the country：Sichuan, Gansu
Range countries：China

参考文献 Citation

Wilson and Reeder, 2005; Zhang R(张荣祖), 1997; Pan Q *et al.*(潘清华等), 2007; Ma Y *et al.*(马勇等), 2008; Smith *et al.*, 2008; IUCN, 2014

541. 凉山沟牙田鼠 Liangshan Vole

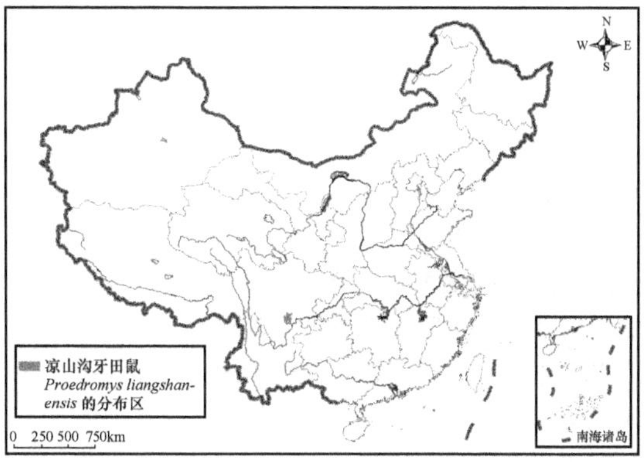

凉山沟牙田鼠 *Proedromys liangshanensis* Liu, Sun, Zeng & Zhao, 2007
种下单元：无
生　　境：亚热带湿润山地森林
生态系统：陆生生态系统
保护等级：国家重点保护野生动物等级：无；**CITES 附录** [1]：未列入
红色名录：IUCN[2]：DD；**中国哺乳类红色名录** [3]：NT
国内分布：四川
分布国家：中国

Liangshan Vole *Proedromys liangshanensis* Liu, Sun, Zeng & Zhao, 2007
Infra-specific Taxa：None
Habitat and Ecology：Subtropical Moist Montane Forest
Ecosystem：Terrestrial
National Key Protected Wild Animal List：None; **CITES Appendix**[1]：Not listed
Red List：IUCN Red List[2]：DD; **China Mammal Red List**[3]：NT
Range in the country：Sichuan
Range countries：China

参考文献 Citation

Liu *et al.*, 2007; Hao H *et al.*(郝海邦等), 2011；IUCN, 2014

鼠科 MURIDAE

542. 长尾攀鼠 Asiatic Long-tailed Climbing Mouse/Indomalayan Vandeleuria

长尾攀鼠 *Vandeleuria oleracea* (Bennett, 1832)
种下单元：无
生　　境：森林、灌丛
生态系统：陆生生态系统
保护等级：国家重点保护野生动物等级：无；**CITES 附录 [1]：**未列入
红色名录：IUCN[2]：LC；**中国哺乳类红色名录 [3]：**NT
国内分布：云南、西藏
分布国家：孟加拉国、不丹、柬埔寨、中国、印度、缅甸、尼泊尔、斯里兰卡、泰国、越南

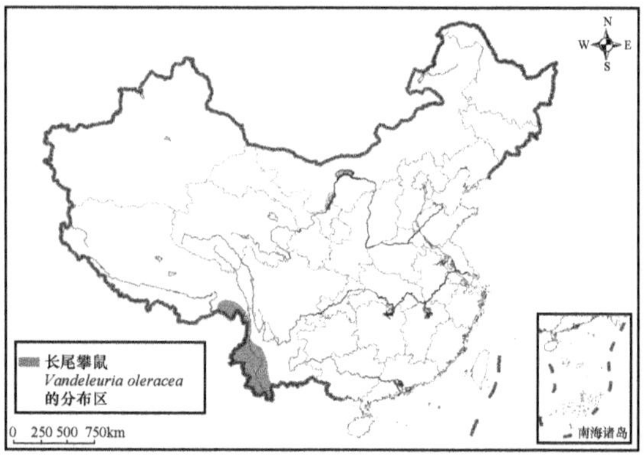

Asiatic Long-tailed Climbing Mouse/Indomalayan Vandeleuria *Vandeleuria oleracea* (Bennett, 1832)
Infra-specific Taxa：None
Habitat and Ecology：Forest; Shrubland
Ecosystem：Terrestrial
National Key Protected Wild Animal List：None; **CITES Appendix[1]：**Not listed
Red List：IUCN Red List[2]：LC; **China Mammal Red List[3]：**NT
Range in the country：Yunnan, Tibet
Range countries：Bangladesh, Bhutan, Cambodia, China, India, Myanmar, Nepal, Sri Lanka, Thailand, Vietnam

参考文献 Citation

Wang Y (王应祥), 2003; Wilson and Reeder, 2005; Zhang R (张荣祖), 1997; Pan Q *et al.* (潘清华等), 2007; Ma Y *et al.* (马勇等), 2008; Smith *et al.*, 2008; IUCN, 2014

543. 小狨鼠 Lesser Marmoset Rat

小狨鼠 *Hapalomys delacouri* (Thomas, 1927)
种下单元：无
生　　境：竹林
生态系统：陆生生态系统
保护等级：国家重点保护野生动物等级：无；**CITES 附录 [1]：**未列入
红色名录：IUCN[2]：VU；**中国哺乳类红色名录 [3]：**VU
国内分布：海南、广西、云南
分布国家：中国、老挝、越南

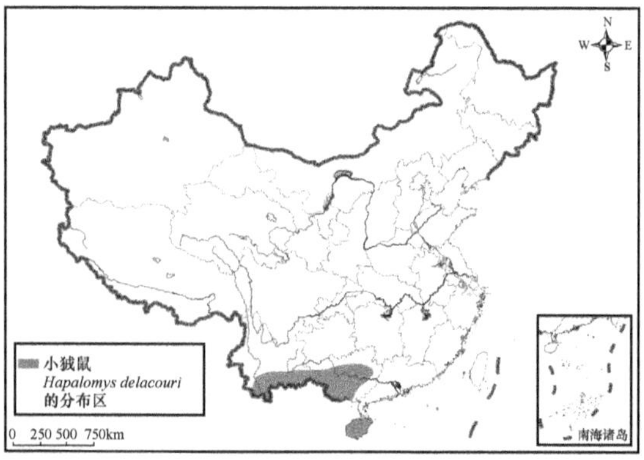

Lesser Marmoset Rat *Hapalomys delacouri* (Thomas, 1927)
Infra-specific Taxa：None
Habitat and Ecology：Bamboo Grove
Ecosystem：Terrestrial
National Key Protected Wild Animal List：None; **CITES Appendix[1]：**Not listed
Red List：IUCN Red List[2]：VU; **China Mammal Red List[3]：**VU
Range in the country：Hainan, Guangxi, Yunnan
Range countries：China, Laos, Vietnam

参考文献 Citation

Wang Y (王应祥), 2003; Wilson and Reeder, 2005; Zhang R (张荣祖), 1997; Pan Q *et al.* (潘清华等), 2007; Smith *et al.*, 2008; IUCN, 2014

544. 长尾绒鼠 Long-tailed Marmoset Rat

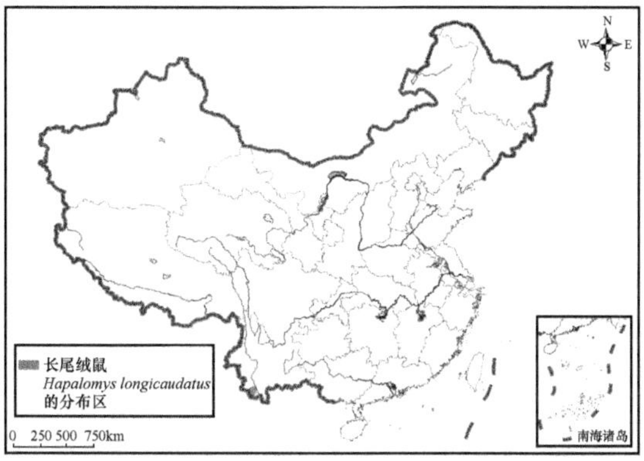

长尾绒鼠 *Hapalomys longicaudatus* (Blyth, 1859)
种下单元：无
生　　境：未知
生态系统：陆生生态系统
保护等级：**国家重点保护野生动物等级**：无；**CITES 附录**[1]：未列入
红色名录：**IUCN**[2]：未列入；**中国哺乳类红色名录**[3]：DD
国内分布：云南
分布国家：中国、马来西亚、缅甸、泰国

Long-tailed Marmoset Rat *Hapalomys longicaudatus* (Blyth, 1859)
Infra-specific Taxa：None
Habitat and Ecology：Unknown
Ecosystem：Terrestrial
National Key Protected Wild Animal List：None; **CITES Appendix**[1]：Not listed
Red List：**IUCN Red List**[2]：Not listed; **China Mammal Red List**[3]：DD
Range in the country：Yunnan
Range countries：China, Malaysia, Myanmar, Thailand

参考文献 Citation

Wang Y (王应祥), 2003; Ma Y *et al.* (马勇等), 2008

545. 笔尾树鼠 Indomalayan Pencil-tailed Tree Mouse

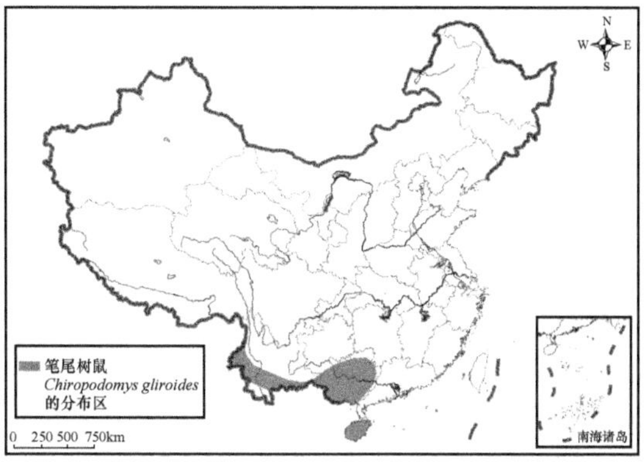

笔尾树鼠 *Chiropodomys gliroides* (Blyth, 1856)
种下单元：无
生　　境：森林、次生林
生态系统：陆生生态系统
保护等级：**国家重点保护野生动物等级**：无；**CITES 附录**[1]：未列入
红色名录：**IUCN**[2]：LC；**中国哺乳类红色名录**[3]：LC
国内分布：云南、广西、海南
分布国家：柬埔寨、中国、印度、印度尼西亚、老挝、马来西亚、缅甸、泰国、越南

Indomalayan Pencil-tailed Tree Mouse *Chiropodomys gliroides* (Blyth, 1856)
Infra-specific Taxa：None
Habitat and Ecology：Forest; Secondary Forest
Ecosystem：Terrestrial
National Key Protected Wild Animal List：None; **CITES Appendix**[1]：Not listed
Red List：**IUCN Red List**[2]：LC; **China Mammal Red List**[3]：LC
Range in the country：Yunnan, Guangxi, Hainan
Range countries：Cambodia, China, India, Indonesia, Laos, Malaysia, Myanmar, Thailand, Vietnam

参考文献 Citation

Wang Y (王应祥), 2003; Wilson and Reeder, 2005; Zhang R (张荣祖), 1997; Pan Q *et al.* (潘清华等), 2007; Ma Y *et al.* (马勇等), 2008; Smith *et al.*, 2008; IUCN, 2014

546. 费氏树鼠 Indochinese Chiromyscus

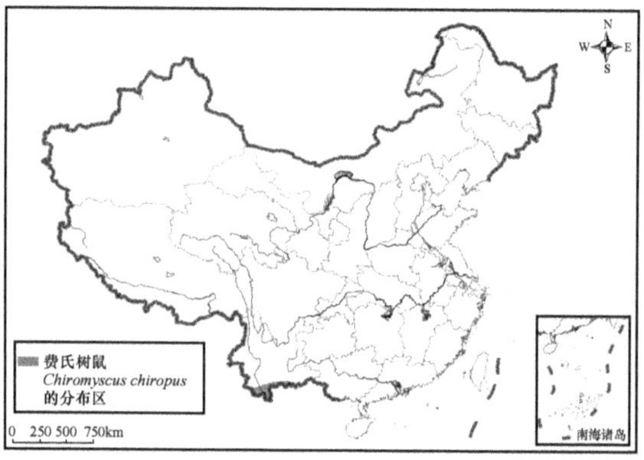

费氏树鼠 *Chiromyscus chiropus*（Thomas, 1891）

种下单元：无

生　　境：森林

生态系统：陆生生态系统

保护等级：**国家重点保护野生动物等级**：无；**CITES 附录**[1]：未列入

红色名录：**IUCN**[2]：LC；**中国哺乳类红色名录**[3]：LC

国内分布：云南

分布国家：中国、老挝、缅甸、泰国、越南

Indochinese Chiromyscus *Chiromyscus chiropus*（Thomas, 1891）

Infra-specific Taxa：None

Habitat and Ecology：Forest

Ecosystem：Terrestrial

National Key Protected Wild Animal List：None; **CITES Appendix**[1]：Not listed

Red List：**IUCN Red List**[2]：LC; **China Mammal Red List**[3]：LC

Range in the country：Yunnan

Range countries：China, Laos, Myanmar, Thailand, Vietnam

参考文献 Citation

Wang Y (王应祥), 2003; Wilson and Reeder, 2005; Pan Q *et al.* (潘清华等), 2007; Ma Y *et al.* (马勇等), 2008; Smith *et al.*, 2008; IUCN, 2014

547. 滇攀鼠 Vernay's Climbing Mouse

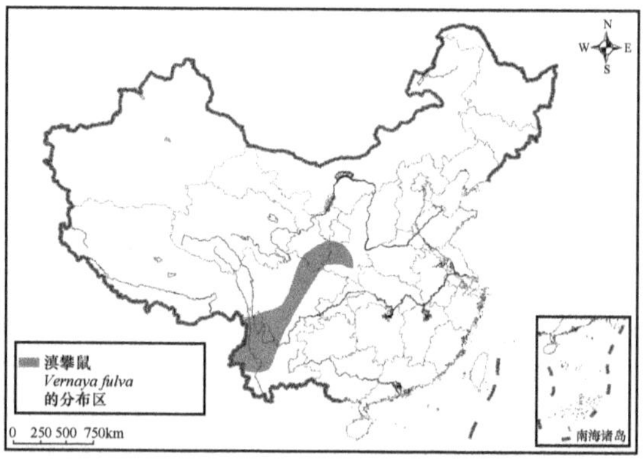

滇攀鼠 *Vernaya fulva*（G.M. Allen, 1927）

种下单元：无

生　　境：未知

生态系统：陆生生态系统

保护等级：**国家重点保护野生动物等级**：无；**CITES 附录**[1]：未列入

红色名录：**IUCN**[2]：LC；**中国哺乳类红色名录**[3]：EN

国内分布：云南、四川、甘肃、陕西

分布国家：中国、缅甸

Vernay's Climbing Mouse *Vernaya fulva*（G.M. Allen, 1927）

Infra-specific Taxa：None

Habitat and Ecology：Unknown

Ecosystem：Terrestrial

National Key Protected Wild Animal List：None; **CITES Appendix**[1]：Not listed

Red List：**IUCN Red List**[2]：LC; **China Mammal Red List**[3]：EN

Range in the country：Yunnan, Sichuan, Gansu, Shaanxi

Range countries：China, Myanmar

参考文献 Citation

Wang Y (王应祥), 2003; Wilson and Reeder, 2005; Zhang R (张荣祖), 1997; Pan Q *et al.* (潘清华等), 2007; Ma Y *et al.* (马勇等), 2008; Smith *et al.*, 2008; IUCN, 2014; Tu F *et al.* (涂飞云等), 2012

548. 红耳巢鼠 Red-eared Harvest Mouse

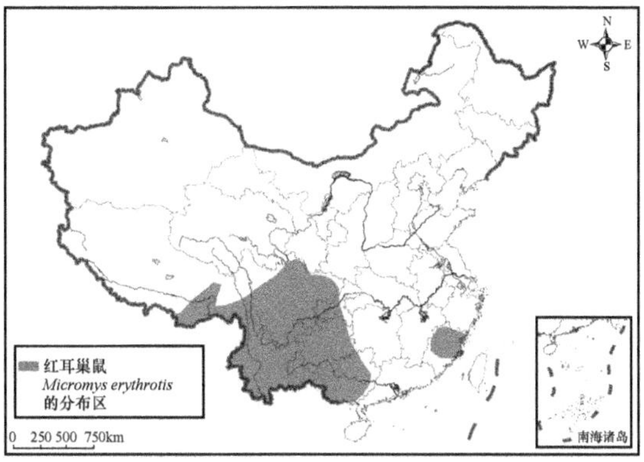

红耳巢鼠 *Micromys erythrotis* (Blyth, 1855)
种下单元：无
生　　境：农田、竹林
生态系统：陆生生态系统
保护等级：国家重点保护野生动物等级：无；**CITES 附录** [1]：未列入
红色名录：IUCN[2]：未列入；**中国哺乳类红色名录** [3]：LC
国内分布：西藏、云南、四川、重庆、贵州、广西、福建
分布国家：越南、中国、缅甸、印度

Red-eared Harvest Mouse *Micromys erythrotis* (Blyth, 1855)
Infra-specific Taxa: None
Habitat and Ecology: Arable Land; Bamboo Grove
Ecosystem: Terrestrial
National Key Protected Wild Animal List: None; **CITES Appendix**[1]: Not listed
Red List: IUCN Red List[2]: Not listed; **China Mammal Red List**[3]: LC
Range in the country: Tibet, Yunnan, Sichuan, Chongqing, Guizhou, Guangxi, Fujian
Range countries: Vietnam, China, Myanmar, India
参考文献 Citation

Abramov A, 2009

549. 巢鼠 Eurasian Harvest Mouse

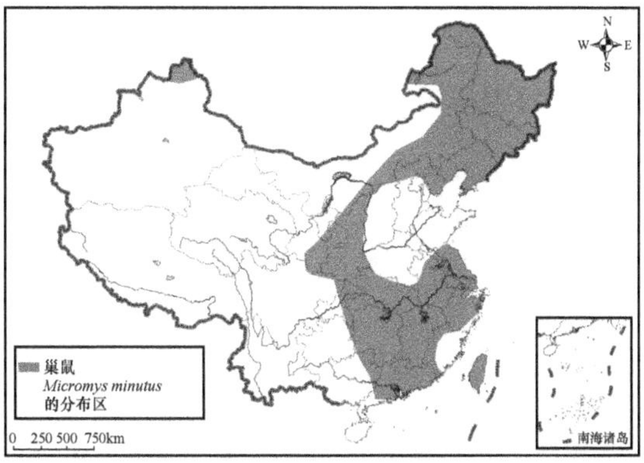

巢鼠 *Micromys minutus* (Pallas, 1771)
种下单元：无
生　　境：农田、竹林
生态系统：陆生生态系统
保护等级：国家重点保护野生动物等级：无；**CITES 附录** [1]：未列入
红色名录：IUCN[2]：LC；**中国哺乳类红色名录** [3]：LC
国内分布：黑龙江、吉林、辽宁、内蒙古、河北、陕西、甘肃、四川、贵州、新疆、江苏、安徽、浙江、湖北、湖南、江西、广东、广西、福建、台湾、重庆
分布国家：亚美尼亚、奥地利、阿塞拜疆、白俄罗斯、比利时、波斯尼亚和黑塞哥维那、保加利亚、中国、克罗地亚、捷克、丹麦、爱沙尼亚、芬兰、法国、格鲁吉亚、德国、希腊、匈牙利、印度、意大利、朝鲜、韩国、拉脱维亚、立陶宛、卢森堡、马其顿、摩尔多瓦、蒙古、黑山、缅甸、荷兰、波兰、罗马尼亚、俄罗斯、塞尔维亚、斯洛伐克、斯洛文尼亚、西班牙、瑞士、土耳其、乌克兰、英国、越南

Eurasian Harvest Mouse *Micromys minutus* (Pallas, 1771)
Infra-specific Taxa: None
Habitat and Ecology: Arable Land; Bamboo Grove
Ecosystem: Terrestrial
National Key Protected Wild Animal List: None; **CITES Appendix**[1]: Not listed
Red List: IUCN Red List[2]: LC; **China Mammal Red List**[3]: LC
Range in the country: Heilongjiang, Jilin, Liaoning, Inner Mongolia, Hebei, Shaanxi, Gansu, Sichuan, Guizhou, Xinjiang, Jiangsu, Anhui, Zhejiang, Hubei, Hunan, Jiangxi, Guangdong, Guangxi, Fujian, Taiwan, Chongqing
Range countries: Armenia, Austria, Azerbaijan, Belarus, Belgium, Bosnia and Herzegovina, Bulgaria, China, Croatia, Czech, Danmark, Estonia, Finland, France, Georgia, Germany, Greece, Hungary, India, Italy, Korea, Democratic People's Republic of, Korea, Republic of, Latvia, Lithuania, Luxembourg, Macedonia, Moldova, Mongolia, Montenegro, Myanmar, Netherlands, Poland, Romania, Russia, Serbia, Slovakia, Slovenia, Spain, Switzerland, Turkey, Ukraine, United Kingdom, Vietnam
参考文献 Citation

Wang Y(王应祥), 2003; Wilson and Reeder, 2005; Zhang R(张荣祖), 1997; Pan Q *et al.*(潘清华等), 2007; Ma Y *et al.*(马勇等), 2008; Smith *et al.*, 2008; IUCN, 2014

550. 黑线姬鼠 Striped Field Mouse

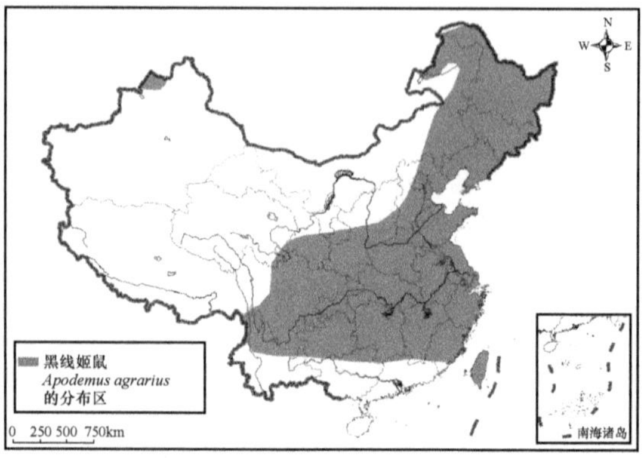

黑线姬鼠 *Apodemus agrarius* (Pallas, 1771)
种下单元：无
生　境：耕地、草地、森林
生态系统：陆生生态系统
保护等级：**国家重点保护野生动物等级**：无；**CITES 附录** [1]：未列入
红色名录：**IUCN**[2]：LC；**中国哺乳类红色名录** [3]：LC
国内分布：黑龙江、吉林、辽宁、内蒙古、河北、北京、天津、山东、河南、山西、陕西、宁夏、甘肃、上海、江苏、安徽、浙江、江西、湖北、湖南、四川、贵州、云南、广西、广东、福建、台湾、新疆、重庆
分布国家：亚美尼亚、奥地利、阿塞拜疆、白俄罗斯、波斯尼亚和黑塞哥维那、保加利亚、中国、克罗地亚、捷克、丹麦、爱沙尼亚、芬兰、格鲁吉亚、德国、希腊、匈牙利、意大利、日本、哈萨克斯坦、朝鲜、韩国、吉尔吉斯斯坦、拉脱维亚、立陶宛、马其顿、摩尔多瓦、蒙古、黑山、缅甸、波兰、罗马尼亚、俄罗斯、塞尔维亚、斯洛伐克、斯洛文尼亚、土耳其、乌克兰

Striped Field Mouse *Apodemus agrarius* (Pallas, 1771)
Infra-specific Taxa: None
Habitat and Ecology: Arable Land; Grassland; Forest
Ecosystem: Terrestrial
National Key Protected Wild Animal List: None; **CITES Appendix**[1]: Not listed
Red List: **IUCN Red List**[2]: LC; **China Mammal Red List**[3]: LC
Range in the country: Heilongjiang, Jilin, Liaoning, Inner Mongolia, Hebei, Beijing, Tianjin, Shandong, Henan, Shanxi, Shaanxi, Ningxia, Gansu, Shanghai, Jiangsu, Anhui, Zhejiang, Jiangxi, Hubei, Hunan, Sichuan, Guizhou, Yunnan, Guangxi, Guangdong, Fujian, Taiwan, Xinjiang, Chongqing
Range countries: Armenia, Austria, Azerbaijan, Belarus, Bosnia and Herzegovina, Bulgaria, China, Croatia, Czech, Danmark, Estonia, Finland, Georgia, Germany, Greece, Hungary, Italy, Japan, Kazakhstan, Korea, Democratic People's Republic of, Korea, Republic of, Kyrgyzstan, Latvia, Lithuania, Macedonia, Moldova, Mongolia，Montenegro, Myanmar, Poland, Romania, Russia, Serbia, Slovakia, Slovenia, Turkey, Ukraine

参考文献 Citation

Wang Y (王应祥), 2003; Wilson and Reeder, 2005; Zhang R (张荣祖), 1997; Pan Q *et al.* (潘清华等), 2007; Ma Y *et al.* (马勇等), 2008; Smith *et al.*, 2008; IUCN, 2014

551. 齐氏姬鼠 Chevrier's Field Mouse

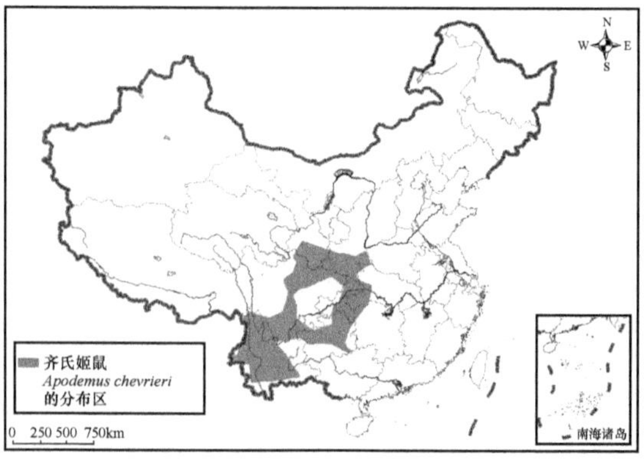

齐氏姬鼠 *Apodemus chevrieri* (Milne-Edwards, 1868)
种下单元：无
生　境：耕地、草地、森林
生态系统：陆生生态系统
保护等级：**国家重点保护野生动物等级**：无；**CITES 附录** [1]：未列入
红色名录：**IUCN**[2]：LC；**中国哺乳类红色名录** [3]：LC
国内分布：陕西、甘肃、四川、湖北、贵州、云南、重庆
分布国家：中国

Chevrier's Field Mouse *Apodemus chevrieri* (Milne-Edwards, 1868)
Infra-specific Taxa: None
Habitat and Ecology: Arable Land; Grassland; Forest
Ecosystem: Terrestrial
National Key Protected Wild Animal List: None; **CITES Appendix**[1]: Not listed
Red List: **IUCN Red List**[2]: LC; **China Mammal Red List**[3]: LC
Range in the country: Shaanxi, Gansu, Sichuan, Hubei, Guizhou, Yunnan, Chongqing
Range countries: China

参考文献 Citation

Wang Y (王应祥), 2003; Wilson and Reeder, 2005; Zhang R (张荣祖), 1997; Pan Q *et al.* (潘清华等), 2007; Ma Y *et al.* (马勇等), 2008; Smith *et al.*, 2008; IUCN, 2014

552. 中华姬鼠 South China Field Mouse

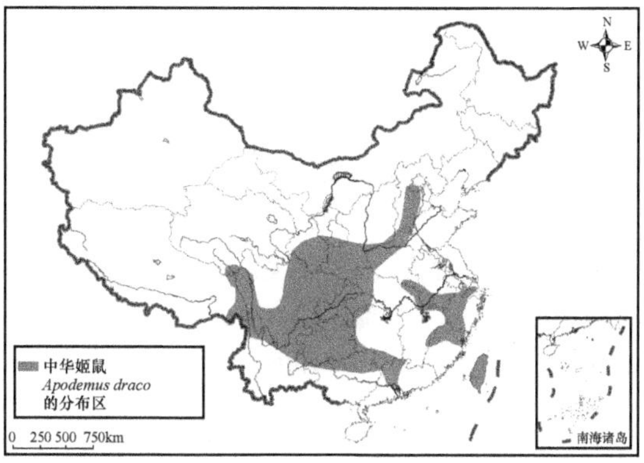

中华姬鼠 *Apodemus draco*（Barrett-Hamilton, 1900）
种下单元： 无
生　　境： 森林
生态系统： 陆生生态系统
保护等级：国家重点保护野生动物等级： 无；**CITES 附录**[1]：未列入
红色名录：IUCN[2]：LC；**中国哺乳类红色名录**[3]：LC
国内分布： 河北、河南、宁夏、陕西、甘肃、四川、云南、青海、西藏、贵州、安徽、浙江、江西、湖北、湖南、广东、广西、福建、台湾、重庆、北京、天津、山西、山东、上海
分布国家： 中国、缅甸、印度

South China Field Mouse *Apodemus draco*（Barrett-Hamilton, 1900）
Infra-specific Taxa： None
Habitat and Ecology： Forest
Ecosystem： Terrestrial
National Key Protected Wild Animal List： None; **CITES Appendix**[1]：Not listed
Red List：IUCN Red List[2]：LC; **China Mammal Red List**[3]：LC
Range in the country： Hebei, Henan, Ningxia, Shaanxi, Gansu, Sichuan, Yunnan, Qinghai, Tibet, Guizhou, Anhui, Zhejiang, Jiangxi, Hubei, Hunan, Guangdong, Guangxi, Fujian, Taiwan, Chongqing, Beijing, Tianjin, Shanxi, Shandong, Shanghai
Range countries： China, Myanmar, India

参考文献 Citation

Qin Y(秦耀亮), 1979; Wang Y(王应祥), 2003; Wilson and Reeder, 2005; Zhang R(张荣祖), 1997; Pan Q *et al.*(潘清华等), 2007; Ma Y *et al.*(马勇等), 2008; Smith *et al.*, 2008; IUCN, 2014

553. 澜沧江姬鼠 Lancangjiang Field Mouse

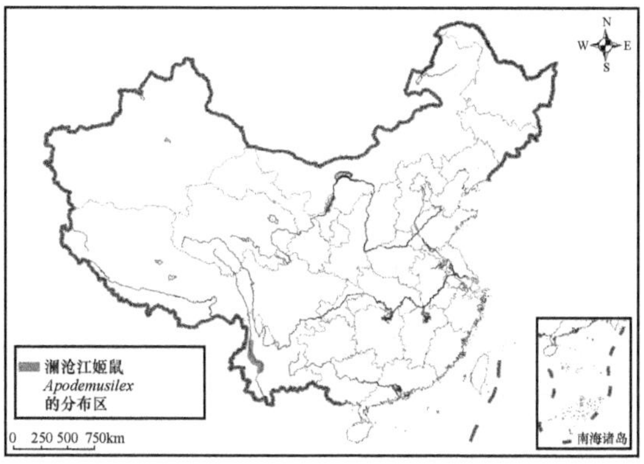

澜沧江姬鼠 *Apodemus ilex*（Thomas, 1922）*
种下单元： 无
生　　境： 未知
生态系统： 陆生生态系统
保护等级：国家重点保护野生动物等级： 无；**CITES 附录**[1]：未列入
红色名录：IUCN[2]：未列入；**中国哺乳类红色名录**[3]：LC
国内分布： 云南中部澜沧江流域
分布国家： 中国

Lancangjiang Field Mouse *Apodemus ilex*（Thomas, 1922）*
Infra-specific Taxa： None
Habitat and Ecology： Unknown
Ecosystem： Terrestrial
National Key Protected Wild Animal List： None; **CITES Appendix**[1]：Not listed
Red List：IUCN Red List[2]：Not listed; **China Mammal Red List**[3]：LC
Range in the country： Middle Reaches of Lancang River in Yunnan
Range countries： China

参考文献 Citation

Pan Q *et al.*(潘清华等), 2007

554. 大耳姬鼠 Large-eared Field Mouse

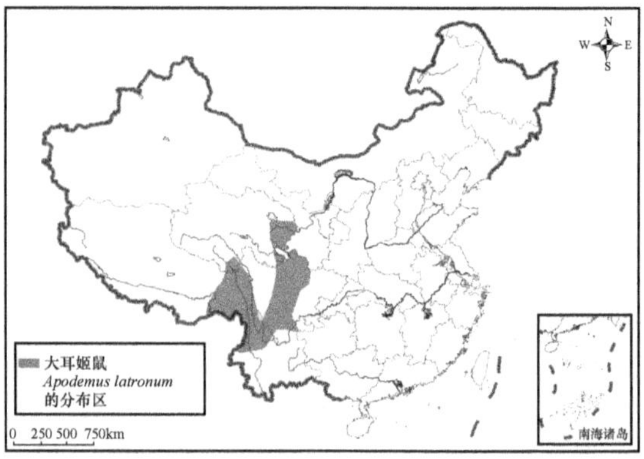

大耳姬鼠 *Apodemus latronum* (Thomas, 1911)
种下单元：无
生　　境：森林、草地
生态系统：陆生生态系统
保护等级：**国家重点保护野生动物等级**：无；**CITES 附录** [1]：未列入
红色名录：**IUCN**[2]：LC；**中国哺乳类红色名录** [3]：LC
国内分布：四川、青海、西藏、云南
分布国家：中国、缅甸、印度

Large-eared Field Mouse *Apodemus latronum* (Thomas, 1911)

Infra-specific Taxa：None

Habitat and Ecology：Forest; Grassland

Ecosystem：Terrestrial

National Key Protected Wild Animal List：None; **CITES Appendix**[1]：Not listed

Red List：**IUCN Red List**[2]：LC; **China Mammal Red List**[3]：LC

Range in the country：Sichuan, Qinghai, Tibet, Yunnan

Range countries：China, Myanmar, India

参考文献 Citation

Wang Y(王应祥), 2003; Wilson and Reeder, 2005; Zhang R(张荣祖), 1997; Pan Q *et al.*(潘清华等), 2007; Ma Y *et al.*(马勇等), 2008; Smith *et al.*, 2008; IUCN, 2014

555. 长尾姬鼠 Longer-tailed Field Mouse

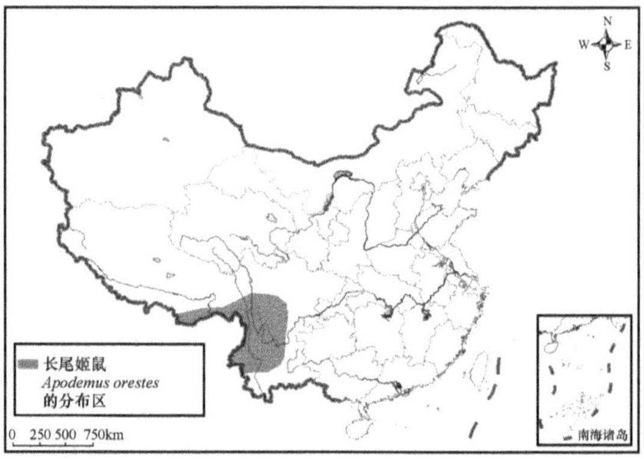

长尾姬鼠 *Apodemus orestes* (Thomas, 1911)
种下单元：无
生　　境：未知
生态系统：陆生生态系统
保护等级：**国家重点保护野生动物等级**：无；**CITES 附录** [1]：未列入
红色名录：**IUCN**[2]：未列入；**中国哺乳类红色名录** [3]：LC
国内分布：西藏、四川、云南
分布国家：中国、印度、缅甸

Longer-tailed Field Mouse *Apodemus orestes* (Thomas, 1911)

Infra-specific Taxa：None

Habitat and Ecology：Unknown

Ecosystem：Terrestrial

National Key Protected Wild Animal List：None; **CITES Appendix**[1]：Not listed

Red List：**IUCN Red List**[2]：Not listed; **China Mammal Red List**[3]：LC

Range in the country：Tibet, Sichuan, Yunnan

Range countries：China, India, Myanmar

参考文献 Citation

Wang Y(王应祥), 2003; Pan Q *et al.*(潘清华等), 2007

556. 喜马拉雅姬鼠 Himalayan Field Mouse

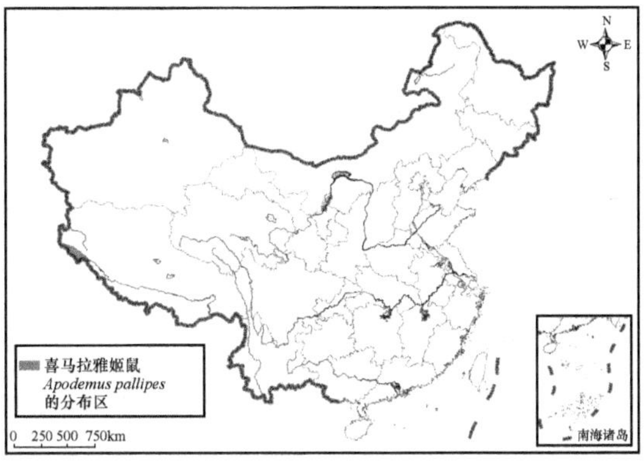

喜马拉雅姬鼠 *Apodemus pallipes*（Barrett-Hamilton, 1900）
种下单元： 无
生　　境： 泰加林
生态系统： 陆生生态系统
保护等级： **国家重点保护野生动物等级：** 无；**CITES 附录**[1]：未列入
红色名录： **IUCN**[2]：LC；**中国哺乳类红色名录**[3]：DD
国内分布： 西藏
分布国家： 阿富汗、中国、印度、吉尔吉斯斯坦、尼泊尔、巴基斯坦、塔吉克斯坦

Himalayan Field Mouse *Apodemus pallipes*（Barrett-Hamilton, 1900）
Infra-specific Taxa： None
Habitat and Ecology： Taiga
Ecosystem： Terrestrial
National Key Protected Wild Animal List： None; **CITES Appendix**[1]：Not listed
Red List： **IUCN Red List**[2]：LC; **China Mammal Red List**[3]：DD
Range in the country： Tibet
Range countries： Afghanistan, China, India, Kyrgyzstan, Nepal, Pakistan, Tajikistan

参考文献 Citation

Wilson and Reeder, 2005; Pan Q *et al.*（潘清华等）, 2007; Ma Y *et al.*（马勇等）, 2008; Smith *et al.*, 2008; IUCN, 2014

557. 大林姬鼠 Korean Field Mouse

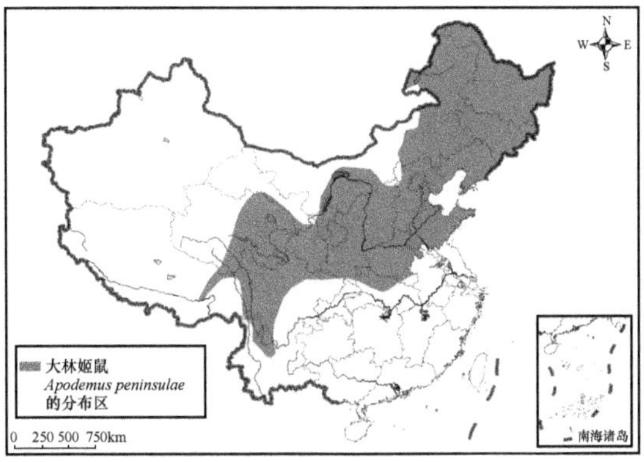

大林姬鼠 *Apodemus peninsulae*（Thomas, 1907）
种下单元： 无
生　　境： 灌丛、森林
生态系统： 陆生生态系统
保护等级： **国家重点保护野生动物等级：** 无；**CITES 附录**[1]：未列入
红色名录： **IUCN**[2]：LC；**中国哺乳类红色名录**[3]：LC
国内分布： 黑龙江、吉林、辽宁、内蒙古、河北、天津、北京、山东、河南、山西、陕西、甘肃、宁夏、青海、四川、西藏、云南、湖北
分布国家： 中国、日本、哈萨克斯坦、朝鲜、韩国、俄罗斯

Korean Field Mouse *Apodemus peninsulae*（Thomas, 1907）
Infra-specific Taxa： None
Habitat and Ecology： Shrubland; Forest
Ecosystem： Terrestrial
National Key Protected Wild Animal List： None; **CITES Appendix**[1]：Not listed
Red List： **IUCN Red List**[2]：LC; **China Mammal Red List**[3]：LC
Range in the country： Heilongjiang, Jilin, Liaoning, Inner Mongolia, Hebei, Tianjin, Beijing, Shandong, Henan, Shanxi, Shaanxi, Gansu, Ningxia, Qinghai, Sichuan, Tibet, Yunnan, Hubei
Range countries： China, Japan, Kazakhstan, Korea, Democratic People's Republic of, Korea, Republic of, Russia

参考文献 Citation

Wang Y（王应祥）, 2003; Wilson and Reeder, 2005; Zhang R（张荣祖）, 1997; Pan Q *et al.*（潘清华等）, 2007; Ma Y *et al.*（马勇等）, 2008; Smith *et al.*, 2008; IUCN, 2014

558. 台湾姬鼠 Taiwan Field Mouse

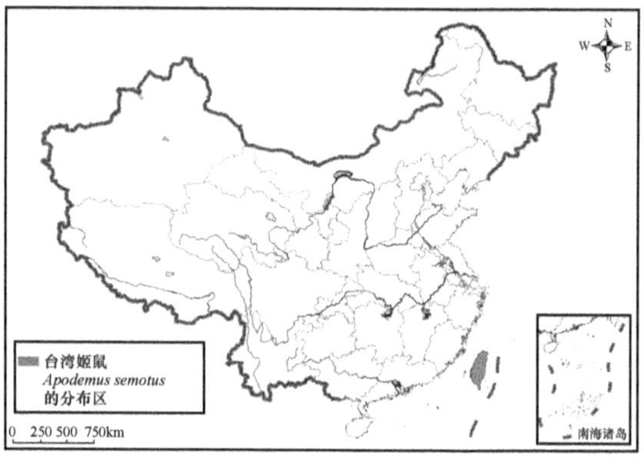

台湾姬鼠 *Apodemus semotus* (Thomas, 1908)
种下单元： 无
生　　境： 草地、森林、竹林、灌丛
生态系统： 陆生生态系统
保护等级：国家重点保护野生动物等级： 无；**CITES 附录**[1]：未列入
红色名录：IUCN[2]：LC；**中国哺乳类红色名录**[3]：LC
国内分布： 台湾
分布国家： 中国

Taiwan Field Mouse *Apodemus semotus* (Thomas, 1908)
Infra-specific Taxa: None
Habitat and Ecology: Grassland; Forest; Bamboo Grove; Shrubland
Ecosystem: Terrestrial
National Key Protected Wild Animal List: None; **CITES Appendix**[1]: Not listed
Red List: IUCN Red List[2]: LC; **China Mammal Red List**[3]: LC
Range in the country: Taiwan
Range countries: China
参考文献 Citation
Wang Y (王应祥), 2003; Wilson and Reeder, 2005; Pan Q *et al.* (潘清华等), 2007; Ma Y *et al.* (马勇等), 2008; Smith *et al.*, 2008; IUCN, 2014

559. 乌拉尔姬鼠 Herb Field Mouse

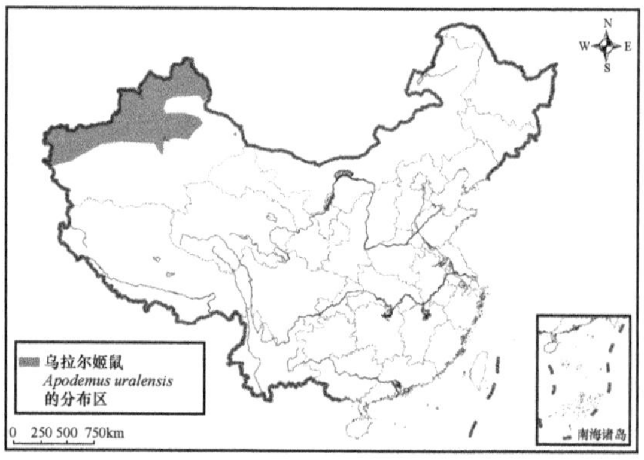

乌拉尔姬鼠 *Apodemus uralensis* (Pallas, 1811)
种下单元： 无
生　　境： 森林
生态系统： 陆生生态系统
保护等级：国家重点保护野生动物等级： 无；**CITES 附录**[1]：未列入
红色名录：IUCN[2]：LC；**中国哺乳类红色名录**[3]：DD
国内分布： 新疆
分布国家： 亚美尼亚、奥地利、阿塞拜疆、白俄罗斯、保加利亚、中国、克罗地亚、捷克、爱沙尼亚、格鲁吉亚、匈牙利、印度、伊朗、哈萨克斯坦、吉尔吉斯斯坦、拉脱维亚、立陶宛、摩尔多瓦、黑山、尼泊尔、波兰、罗马尼亚、俄罗斯、塞尔维亚、斯洛伐克、土耳其、乌克兰

Herb Field Mouse *Apodemus uralensis* (Pallas, 1811)
Infra-specific Taxa: None
Habitat and Ecology: Forest
Ecosystem: Terrestrial
National Key Protected Wild Animal List: None; **CITES Appendix**[1]: Not listed
Red List: IUCN Red List[2]: LC; **China Mammal Red List**[3]: DD
Range in the country: Xinjiang
Range countries: Armenia, Austria, Azerbaijan, Belarus, Bulgaria, China, Croatia, Czech, Estonia, Georgia, Hungary, India, Iran, Kazakhstan, Kyrgyzstan, Latvia, Lithuania, Moldova, Montenegro, Nepal, Poland, Romania, Russia, Serbia, Slovakia, Turkey, Ukraine
参考文献 Citation
Wilson and Reeder, 2005; Pan Q *et al.* (潘清华等), 2007; Ma Y *et al.* (马勇等), 2008; Smith *et al.*, 2008; IUCN, 2014

560. 休氏壮鼠 Hume's Rat

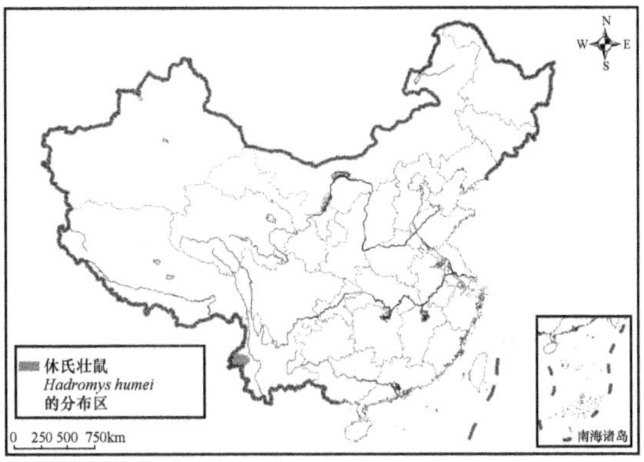

休氏壮鼠 *Hadromys humei* (Thomas, 1886)
种下单元： 无
生　　境： 热带季雨林、灌丛
生态系统： 陆生生态系统
保护等级： **国家重点保护野生动物等级：** 无；**CITES 附录** [1]：未列入
红色名录： **IUCN**[2]：EN；**中国哺乳类红色名录** [3]：NT
国内分布： 云南
分布国家： 中国、印度

Hume's Rat *Hadromys humei* (Thomas, 1886)
Infra-specific Taxa: None
Habitat and Ecology: Tropical Monsoon Forest; Scrub
Ecosystem: Terrestrial
National Key Protected Wild Animal List: None; **CITES Appendix**[1]: Not listed
Red List: IUCN Red List[2]: EN; **China Mammal Red List**[3]: NT
Range in the country: Yunnan
Range countries: China, India

参考文献 Citation

Yang *et al.*(杨光荣), 1985; Zhang R(张荣祖), 1997; IUCN, 2014

561. 云南壮鼠 Yunnan Hadromys

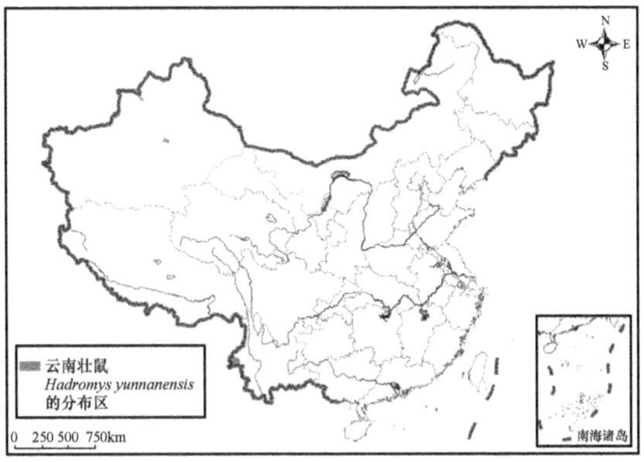

云南壮鼠 *Hadromys yunnanensis* (Yang & Wang, 1987)
种下单元： 无
生　　境： 热带季雨林、灌丛
生态系统： 陆生生态系统
保护等级： **国家重点保护野生动物等级：** 无；**CITES 附录** [1]：未列入
红色名录： **IUCN**[2]：DD；**中国哺乳类红色名录** [3]：NT
国内分布： 云南
分布国家： 中国

Yunnan Hadromys *Hadromys yunnanensis* (Yang & Wang, 1987)
Infra-specific Taxa: None
Habitat and Ecology: Tropical Monsoon Forest; Shrub land
Ecosystem: Terrestrial
National Key Protected Wild Animal List: None; **CITES Appendix**[1]: Not listed
Red List: IUCN Red List[2]: DD; **China Mammal Red List**[3]: NT
Range in the country: Yunnan
Range countries: China

参考文献 Citation

Wang Y(王应祥), 2003; Wilson and Reeder, 2005; Pan Q *et al.*(潘清华等), 2007; Ma Y *et al.*(马勇等), 2008; Smith *et al.*, 2008; IUCN, 2014

562. 大齿鼠 Millard's Rat

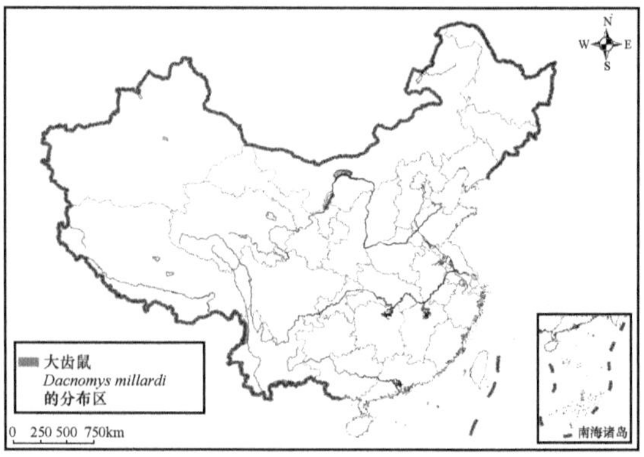

大齿鼠 *Dacnomys millardi* Thomas, 1916

种下单元：无

生　　境：森林

生态系统：陆生生态系统

保护等级：**国家重点保护野生动物等级**：无；**CITES 附录** [1]：未列入

红色名录：**IUCN** [2]：DD；**中国哺乳类红色名录** [3]：NT

国内分布：云南

分布国家：中国、印度、老挝、尼泊尔、越南

Millard's Rat *Dacnomys millardi* Thomas, 1916

Infra-specific Taxa：None

Habitat and Ecology：Forest

Ecosystem：Terrestrial

National Key Protected Wild Animal List：None; **CITES Appendix** [1]：Not listed

Red List：**IUCN Red List** [2]：DD; **China Mammal Red List** [3]：NT

Range in the country：Yunnan

Range countries：China, India, Laos, Nepal, Vietnam

参考文献 Citation

Wang Y(王应祥), 2003; Wilson and Reeder, 2005; Zhang R(张荣祖), 1997; Pan Q *et al.*(潘清华等), 2007; Ma Y *et al.*(马勇等), 2008; Smith *et al.*, 2008; IUCN, 2014

563. 黑缘齿鼠 Indochinese Forest Rat

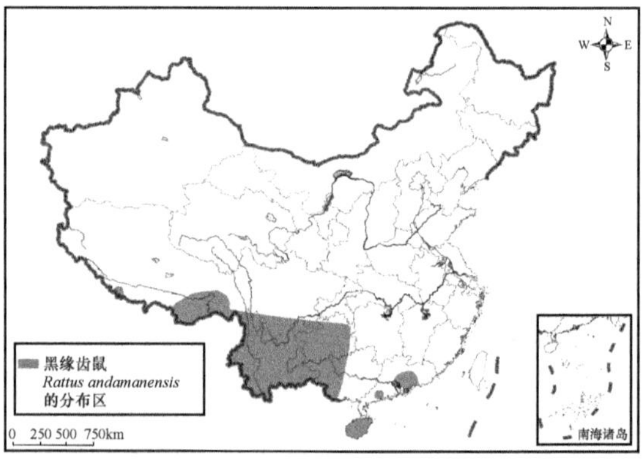

黑缘齿鼠 *Rattus andamanensis* (Blyth, 1860)

种下单元：无

生　　境：耕地、灌丛、人造建筑

生态系统：陆生生态系统

保护等级：**国家重点保护野生动物等级**：无；**CITES 附录** [1]：未列入

红色名录：**IUCN** [2]：LC；**中国哺乳类红色名录** [3]：LC

国内分布：西藏、云南、贵州、四川、香港、海南、广西、广东

分布国家：不丹、柬埔寨、中国、印度、老挝、缅甸、尼泊尔、泰国、越南

Indochinese Forest Rat *Rattus andamanensis* (Blyth, 1860)

Infra-specific Taxa：None

Habitat and Ecology：Arable Land; Shrubland; Architecture

Ecosystem：Terrestrial

National Key Protected Wild Animal List：None; **CITES Appendix** [1]：Not listed

Red List：**IUCN Red List** [2]：LC; **China Mammal Red List** [3]：LC

Range in the country：Tibet, Yunnan, Guizhou, Sichuan, Hongkong, Hainan, Guangxi, Guangdong

Range countries：Bhutan, Cambodia, China, India, Laos, Myanmar, Nepal, Thailand, Vietnam

参考文献 Citation

Qin Y(秦耀亮), 1979; Wang Y(王应祥), 2003; Wilson and Reeder, 2005; Pan Q *et al.*(潘清华等), 2007; Smith *et al.*, 2008; IUCN, 2014

564. 东亚屋顶鼠 Southeast Asian House Rat

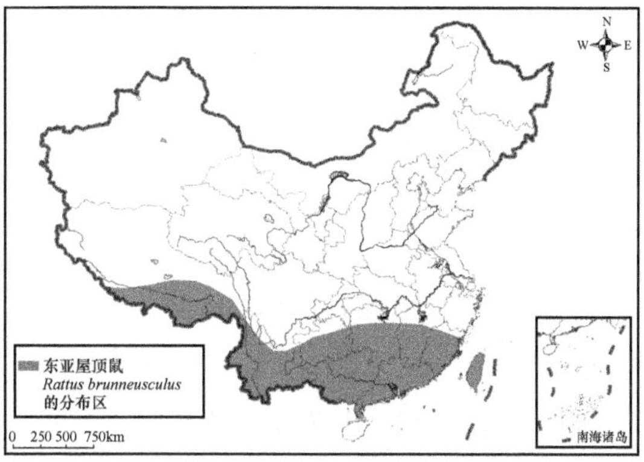

东亚屋顶鼠 *Rattus brunneusculus* (Hodgson, 1845)*
种下单元：无
生　　境：居民点
生态系统：陆生生态系统
保护等级：**国家重点保护野生动物等级**：无；**CITES 附录** [1]：未列入
红色名录：**IUCN** [2]：未列入；**中国哺乳类红色名录** [3]：DD
国内分布：西藏、云南、贵州、湖南、广西、广东、香港、福建、江西、台湾
分布国家：不详

Southeast Asian House Rat *Rattus brunneusculus* (Hodgson, 1845)*
Infra-specific Taxa：None
Habitat and Ecology：Residential Area
Ecosystem：Terrestrial
National Key Protected Wild Animal List：None; **CITES Appendix** [1]：Not listed
Red List：**IUCN Red List** [2]：Not listed; **China Mammal Red List** [3]：DD
Range in the country：Tibet, Yunnan, Guizhou, Hunan, Guangxi, Guangdong, Hongkong, Fujian, Jiangxi, Taiwan
Range countries：Unknown

参考文献 Citation

Wang Y(王应祥), 2003; Pan Q *et al.*(潘清华等), 2007; Ma Y *et al.*(马勇等), 2008

565. 缅鼠 Polynesian Rat

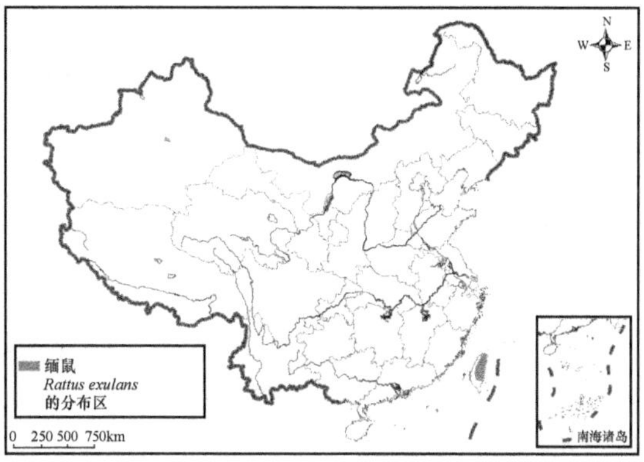

缅鼠 *Rattus exulans* (Peale, 1848)
种下单元：无
生　　境：人工环境
生态系统：陆生生态系统
保护等级：**国家重点保护野生动物等级**：无；**CITES 附录** [1]：未列入
红色名录：**IUCN** [2]：LC；**中国哺乳类红色名录** [3]：LC
国内分布：台湾、西沙群岛的永兴岛
分布国家：孟加拉国、柬埔寨、中国、印度尼西亚、老挝、马来西亚、缅甸、泰国、越南、美属萨摩亚、文莱、圣诞岛、可可岛、库克群岛、斐济、法属波利尼西亚、关岛、基里巴斯、马绍尔群岛、密克罗尼西亚联邦、瑙鲁、新喀里多尼亚、新西兰、纽埃、诺福克岛、北马里亚纳群岛、帕劳、巴布亚新几内亚、菲律宾、萨摩亚、新加坡、所罗门群岛、东帝汶、托克劳、汤加、图瓦卢、美国、瓦努阿图、瓦利斯群岛和富图纳群岛

Polynesian Rat *Rattus exulans* (Peale, 1848)
Infra-specific Taxa：None
Habitat and Ecology：Artificial Environment
Ecosystem：Terrestrial
National Key Protected Wild Animal List：None; **CITES Appendix** [1]：Not listed
Red List：**IUCN Red List** [2]：LC; **China Mammal Red List** [3]：LC
Range in the country：Taiwan, Yongxing Island of Xisha Islands
Range countries：Bangladesh, Cambodia, China, Indonesia, Laos, Malaysia, Myanmar, Thailand, Vietnam, American Samoa, Brunei, Christmas Island, Coco Island, Cook Islands, Fiji, French Polynesia, Guam, Kiribati, Marshall Islands, Micronesia, Federated States of, Nauru, New Caledonia, New Zealand, Niue, Norfolk Island, Northern Mariana Islands, Palau, Papua New Guinea, Philippines, Samoa, Singapore, Solomon Islands, Timor-Leste, Tokelau, Tonga, Tuvalu, United States, Vanuatu, Wallis and Futuna

参考文献 Citation

Wang Y(王应祥), 2003; Wilson and Reeder, 2005; Zhang R(张荣祖), 1997; Pan Q *et al.*(潘清华等), 2007; Ma Y *et al.*(马勇等), 2008; Smith *et al.*, 2008; IUCN, 2014

566. 黄毛鼠 Losea Rat

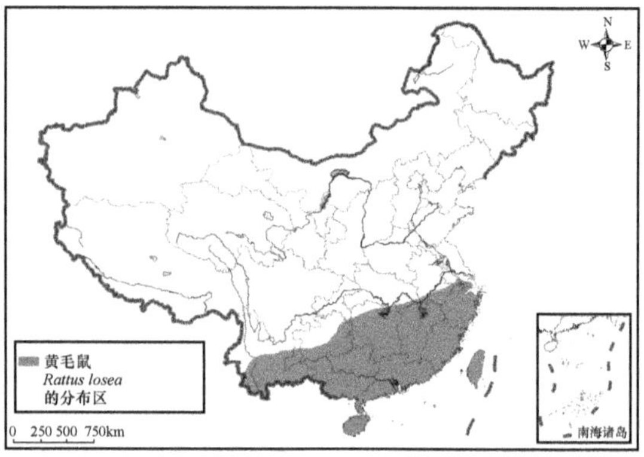

黄毛鼠 *Rattus losea* (Swinhoe, 1871)
种下单元： 无
生　　境： 草地、灌丛、红树林、耕地
生态系统： 陆生生态系统
保护等级： **国家重点保护野生动物等级：** 无；**CITES 附录**[1]：未列入
红色名录： **IUCN**[2]：LC；**中国哺乳类红色名录**[3]：LC
国内分布： 贵州、安徽、福建、海南、浙江、江西、湖北、湖南、广东、广西、云南、台湾、香港
分布国家： 柬埔寨、中国、老挝、马来西亚、泰国、越南

Losea Rat *Rattus losea* (Swinhoe, 1871)
Infra-specific Taxa： None
Habitat and Ecology： Grassland; Shrubland; Mangrove; Arable Land
Ecosystem： Terrestrial
National Key Protected Wild Animal List： None; **CITES Appendix**[1]：Not listed
Red List： **IUCN Red List**[2]：LC; **China Mammal Red List**[3]：LC
Range in the country： Guizhou, Anhui, Fujian, Hainan, Zhejiang, Jiangxi, Hubei, Hunan, Guangdong, Guangxi, Yunnan, Taiwan, Hongkong
Range countries： Cambodia, China, Laos, Malaysia, Thailand, Vietnam

参考文献 Citation

Wang Y (王应祥), 2003; Wilson and Reeder, 2005; Pan Q *et al.* (潘清华等), 2007; Ma Y *et al.* (马勇等), 2008; Smith *et al.*, 2008; IUCN, 2014

567. 大足鼠 Himalayan Field Rat/White-footed Indochinese Rat

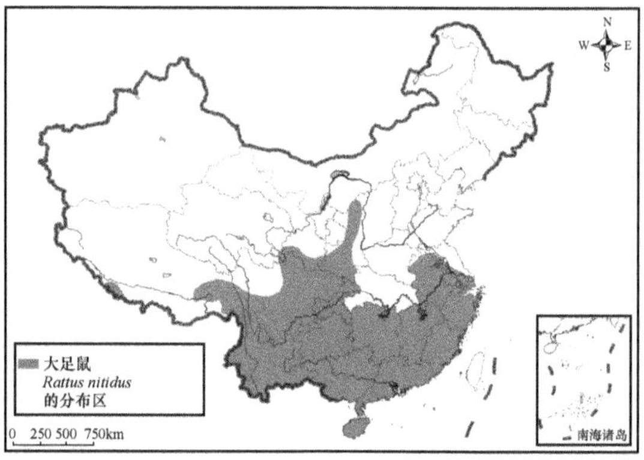

大足鼠 *Rattus nitidus* (Hodgson, 1845)
种下单元： 无
生　　境： 农田、溪流边
生态系统： 陆生生态系统
保护等级： **国家重点保护野生动物等级：** 无；**CITES 附录**[1]：未列入
红色名录： **IUCN**[2]：LC；**中国哺乳类红色名录**[3]：LC
国内分布： 四川、贵州、云南、西藏、安徽、江苏、上海、浙江、湖南、江西、广东、海南、福建、甘肃、陕西、重庆
分布国家： 不丹、中国、印度、缅甸、尼泊尔、泰国、越南、印度尼西亚、帕劳、菲律宾

Himalayan Field Rat/White-footed Indochinese Rat *Rattus nitidus* (Hodgson, 1845)
Infra-specific Taxa： None
Habitat and Ecology： Arable Land; Near Streams
Ecosystem： Terrestrial
National Key Protected Wild Animal List： None; **CITES Appendix**[1]：Not listed
Red List： **IUCN Red List**[2]：LC; **China Mammal Red List**[3]：LC
Range in the country： Sichuan, Guizhou, Yunnan, Tibet, Anhui, Jiangsu, Shanghai, Zhejiang, Hunan, Jiangxi, Guangdong, Hainan, Fujian, Gansu, Shaanxi, Chongqing
Range countries： Bhutan, China, India, Myanmar, Nepal, Thailand, Vietnam, Indonesia, Palau, Philippines

参考文献 Citation

Wang Y (王应祥), 2003; Wilson and Reeder, 2005; Zhang R (张荣祖), 1997; Pan Q *et al.* (潘清华等), 2007; Ma Y *et al.* (马勇等), 2008; Smith *et al.*, 2008; IUCN, 2014

568. 褐家鼠 Brown Rat

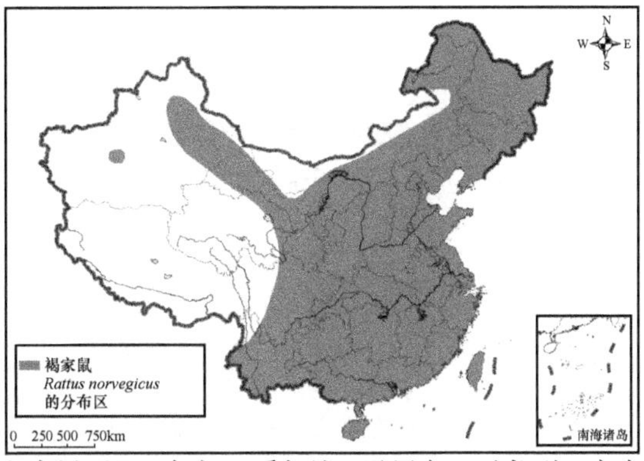

褐家鼠 *Rattus norvegicus* (Berkenhout, 1769)
种下单元：无
生　境：人工环境
生态系统：陆生生态系统
保护等级：**国家重点保护野生动物等级**：无；**CITES 附录**[1]：未列入
红色名录：**IUCN**[2]：LC；**中国哺乳类红色名录**[3]：LC
国内分布：黑龙江、吉林、辽宁、内蒙古、北京、天津、河北、山西、山东、河南、陕西、宁夏、甘肃、青海、新疆、四川、贵州、云南、广西、广东、海南、香港、上海、江苏、浙江、安徽、江西、湖南、湖北、福建、台湾、重庆
分布国家：中国、日本、俄罗斯、阿尔巴尼亚、亚美尼亚、奥地利、阿塞拜疆、白俄罗斯、比利时、波斯尼亚和黑塞哥维那、文莱、保加利亚、柬埔寨、塞浦路斯、捷克、丹麦、埃及、爱沙尼亚、芬兰、法国、格鲁吉亚、德国、希腊、根西岛、匈牙利、冰岛、印度尼西亚、伊朗、爱尔兰、马恩岛、以色列、意大利、泽西岛、哈萨克斯坦、吉尔吉斯斯坦、老挝、拉脱维亚、黎巴嫩、立陶宛、马其顿、马来西亚、马耳他、蒙古、黑山、缅甸、荷兰、挪威、巴布亚新几内亚、菲律宾、波兰、葡萄牙、罗马尼亚、圣马力诺、新加坡、斯洛伐克、斯洛文尼亚、西班牙、瑞典、瑞士、叙利亚、塔吉克斯坦、泰国、土耳其、乌克兰、英国、乌兹别克斯坦、越南

Brown Rat *Rattus norvegicus* (Berkenhout, 1769)
Infra-specific Taxa: None
Habitat and Ecology: Artificial Environment
Ecosystem: Terrestrial
National Key Protected Wild Animal List: None; **CITES Appendix**[1]: Not listed
Red List: **IUCN Red List**[2]: LC; **China Mammal Red List**[3]: LC
Range in the country: Heilongjiang, Jilin, Liaoning, Inner Mongolia, Beijing, Tianjin, Hebei, Shanxi, Shandong, Henan, Shaanxi, Ningxia, Gansu, Qinghai, Xinjiang, Sichuan, Guizhou, Yunnan, Guangxi, Guangdong, Hainan, Hongkong, Shanghai, Jiangsu, Zhejiang, Anhui, Jiangxi, Hunan, Hubei, Fujian, Taiwan, Chongqing
Range countries: China, Japan, Russia, Albania, Armenia, Austria, Azerbaijan, Belarus, Belgium, Bosnia and Herzegovina, Brunei, Bulgaria, Cambodia, Cyprus, Czech, Danmark, Egypt, Estonia, Finland, France, Georgia, Germany, Greece, Guernsey, Hungary, Iceland, Indonesia, Iran, Ireland, Isle of Man, Israel, Italy, Jersey, Kazakhstan, Kyrgyzstan, Laos, Latvia, Lebanon, Lithuania, Macedonia, Malaysia, Malta, Mongolia, Montenegro, Myanmar, Netherlands, Norway, Papua New Guinea, Philippines, Poland, Portugal, Romania, San Marino, Singapore, Slovakia, Slovenia, Spain, Sweden, Switzerland, Syrian Arab Republic, Tajikistan, Thailand, Turkey, Ukraine, United Kingdom, Uzbekistan, Vietnam

参考文献 Citation

Wang Y(王应祥), 2003; Wilson and Reeder, 2005; Zhang R(张荣祖), 1997; Pan Q *et al.*(潘清华等), 2007; Ma Y *et al.*(马勇等), 2008; Smith *et al.*, 2008; IUCN, 2014

569. 拟家鼠 Himalayan Rat

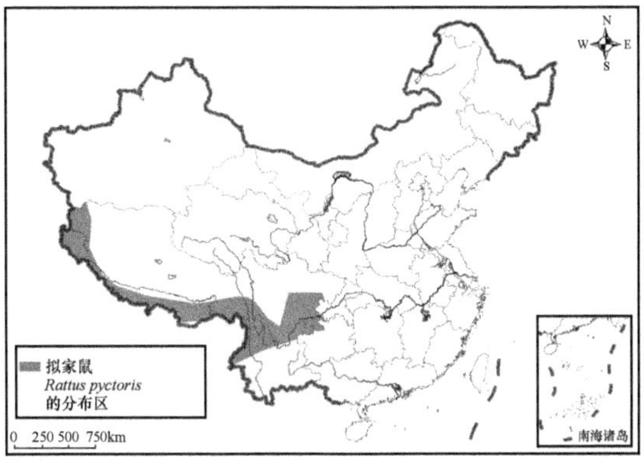

拟家鼠 *Rattus pyctoris* (Hodgson, 1845)
种下单元：无
生　境：山地种类
生态系统：陆生生态系统
保护等级：**国家重点保护野生动物等级**：无；**CITES 附录**[1]：未列入
红色名录：**IUCN**[2]：LC；**中国哺乳类红色名录**[3]：LC
国内分布：西藏、云南、四川
分布国家：阿富汗、孟加拉国、不丹、中国、印度、伊朗、哈萨克斯坦、吉尔吉斯斯坦、缅甸、尼泊尔、巴基斯坦、塔吉克斯坦、乌兹别克斯坦

Himalayan Rat *Rattus pyctoris* (Hodgson, 1845)
Infra-specific Taxa: None
Habitat and Ecology: Montane Area
Ecosystem: Terrestrial
National Key Protected Wild Animal List: None; **CITES Appendix**[1]: Not listed
Red List: **IUCN Red List**[2]: LC; **China Mammal Red List**[3]: LC
Range in the country: Tibet, Yunnan, Sichuan
Range countries: Afghanistan, Bangladesh, Bhutan, China, India, Iran, Kazakhstan, Kyrgyzstan, Myanmar, Nepal, Pakistan, Tajikistan, Uzbekistan

参考文献 Citation

Wilson and Reeder, 2005; Zhang R(张荣祖), 1997; Pan Q *et al.*(潘清华等), 2007; Ma Y *et al.*(马勇等), 2008; Smith *et al.*, 2008; IUCN, 2014

570. 黄胸鼠 Oriental House Rat

黄胸鼠 *Rattus tanezumi*（Temminck, 1844）
种下单元：无
生　　境：农田
生态系统：陆生生态系统
保护等级：国家重点保护野生动物等级：无；**CITES 附录** [1]：未列入
红色名录：IUCN [2]：LC；**中国哺乳类红色名录** [3]：LC
国内分布：河南、陕西、四川、贵州、云南、西藏、安徽、江苏、上海、浙江、江西、湖南、湖北、广东、香港、海南、广西、福建、宁夏、甘肃、新疆、重庆、辽宁、山西、台湾
分布国家：阿富汗、孟加拉国、不丹、柬埔寨、中国、印度、日本、朝鲜、韩国、老挝、马来西亚、尼泊尔、泰国、越南、斐济、印度尼西亚、巴布亚新几内亚、菲律宾

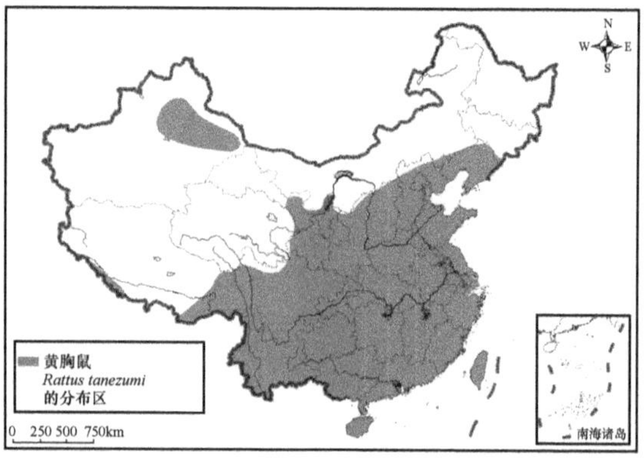

Oriental House Rat *Rattus tanezumi*（Temminck, 1844）
Infra-specific Taxa：None
Habitat and Ecology：Arable Land
Ecosystem：Terrestrial
National Key Protected Wild Animal List：None; **CITES Appendix** [1]：Not listed
Red List：IUCN Red List [2]：LC; **China Mammal Red List** [3]：LC
Range in the country：Henan, Shaanxi, Sichuan, Guizhou, Yunnan, Tibet, Anhui, Jiangsu, Shanghai, Zhejiang, Jiangxi, Hunan, Hubei, Guangdong, Hongkong, Hainan, Guangxi, Fujian, Ningxia, Gansu, Xinjiang, Chongqing, Liaoning, Shanxi, Taiwan
Range countries：Afghanistan, Bangladesh, Bhutan, Cambodia, China, India, Japan, Korea, Democratic People's Republic of, Korea, Republic of, Laos, Malaysia, Nepal, Thailand, Vietnam, Fiji, Indonesia, Papua New Guinea, Philippines
参考文献 Citation
Wang Y（王应祥）, 2003; Wilson and Reeder, 2005; Zhang R（张荣祖）, 1997; Pan Q *et al.*（潘清华等）, 2007; Ma Y *et al.*（马勇等）, 2008; Smith *et al.*, 2008; IUCN, 2014

571. 北社鼠 Confucian Niviventer

北社鼠 *Niviventer confucianus*（Milne-Edwards, 1871）
种下单元：无
生　　境：森林、耕地
生态系统：陆生生态系统
保护等级：国家重点保护野生动物等级：无；**CITES 附录** [1]：未列入
红色名录：IUCN [2]：LC；**中国哺乳类红色名录** [3]：LC
国内分布：山西、陕西、云南、浙江、北京、天津、河北、内蒙古、辽宁、上海、江苏、安徽、福建、江西、山东、河南、湖北、湖南、广东、广西、四川、贵州、西藏、甘肃、青海、宁夏、吉林、重庆
分布国家：中国、缅甸、泰国、越南

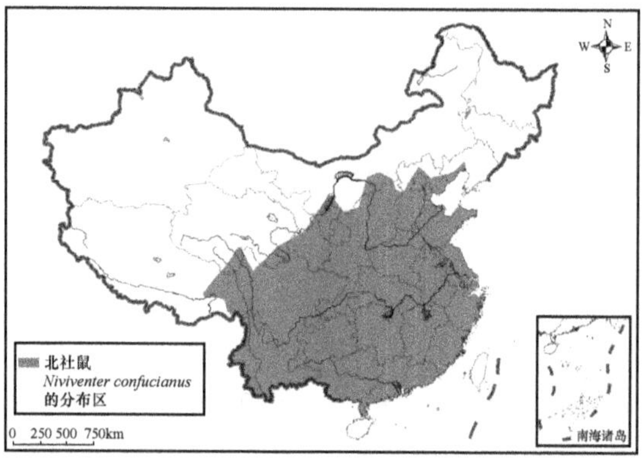

Confucian Niviventer *Niviventer confucianus*（Milne-Edwards, 1871）
Infra-specific Taxa：None
Habitat and Ecology：Forest; Arable Land
Ecosystem：Terrestrial
National Key Protected Wild Animal List：None; **CITES Appendix** [1]：Not listed
Red List：IUCN Red List [2]：LC; **China Mammal Red List** [3]：LC
Range in the country：Shanxi, Shaanxi, Yunnan, Zhejiang, Beijing, Tianjin, Hebei, Inner Mongolia, Liaoning, Shanghai, Jiangsu, Anhui, Fujian, Jiangxi, Shandong, Henan, Hubei, Hunan, Guangdong, Guangxi, Sichuan, Guizhou, Tibet, Gansu, Qinghai, Ningxia, Jilin, Chongqing
Range countries：China, Myanmar, Thailand, Vietnam
参考文献 Citation
Wang Y（王应祥）, 2003; Wilson and Reeder, 2005; Ma Y *et al.*（马勇等）, 2008; Smith *et al.*, 2008; IUCN, 2014

572. 台湾社鼠 Soft-furred Taiwan Niviventer

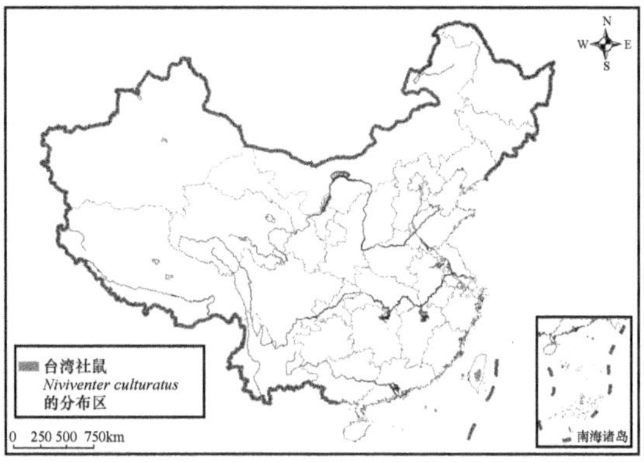

台湾社鼠 *Niviventer culturatus* (Thomas, 1917)
种下单元：无
生　　境：森林、次生林
生态系统：陆生生态系统
保护等级：国家重点保护野生动物等级：无；**CITES 附录**[1]：未列入
红色名录：**IUCN**[2]：NT；**中国哺乳类红色名录**[3]：NT
国内分布：台湾
分布国家：中国

Soft-furred Taiwan Niviventer *Niviventer culturatus* (Thomas, 1917)
Infra-specific Taxa: None
Habitat and Ecology: Forest; Secondary Forest
Ecosystem: Terrestrial
National Key Protected Wild Animal List: None; **CITES Appendix**[1]: Not listed
Red List: **IUCN Red List**[2]: NT; **China Mammal Red List**[3]: NT
Range in the country: Taiwan
Range countries: China
参考文献 Citation
Wang Y (王应祥), 2003; Wilson and Reeder, 2005; Ma Y *et al.* (马勇等), 2008; Smith *et al.*, 2008; IUCN, 2014

573. 安氏白腹鼠 Anderson's Niviventer

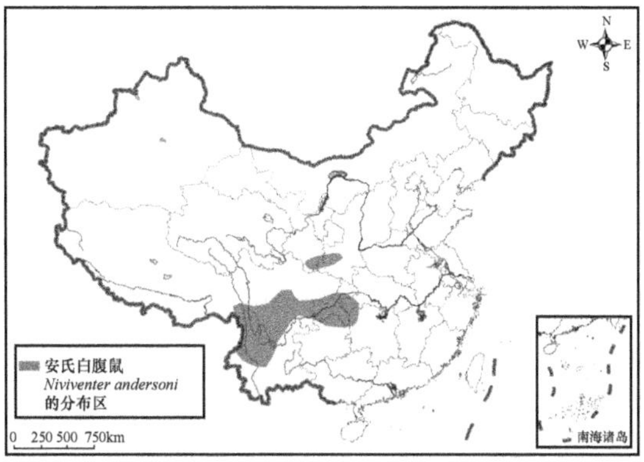

安氏白腹鼠 *Niviventer andersoni* (Thomas, 1911)
种下单元：无
生　　境：森林
生态系统：陆生生态系统
保护等级：国家重点保护野生动物等级：无；**CITES 附录**[1]：未列入
红色名录：**IUCN**[2]：LC；**中国哺乳类红色名录**[3]：LC
国内分布：四川、云南、西藏、重庆、贵州、甘肃、陕西
分布国家：中国

Anderson's Niviventer *Niviventer andersoni* (Thomas, 1911)
Infra-specific Taxa: None
Habitat and Ecology: Forest
Ecosystem: Terrestrial
National Key Protected Wild Animal List: None; **CITES Appendix**[1]: Not listed
Red List: **IUCN Red List**[2]: LC; **China Mammal Red List**[3]: LC
Range in the country: Sichuan, Yunnan, Tibet, Chongqing, Guihzou, Gansu, Shaanxi
Range countries: China
参考文献 Citation
Wang Y (王应祥), 2003; Wilson and Reeder, 2005; Pan Q *et al.* (潘清华等), 2007; Ma Y *et al.* (马勇等), 2008; Smith *et al.*, 2008; IUCN, 2014

574. 台湾白腹鼠 Spiny Taiwan Niviventer

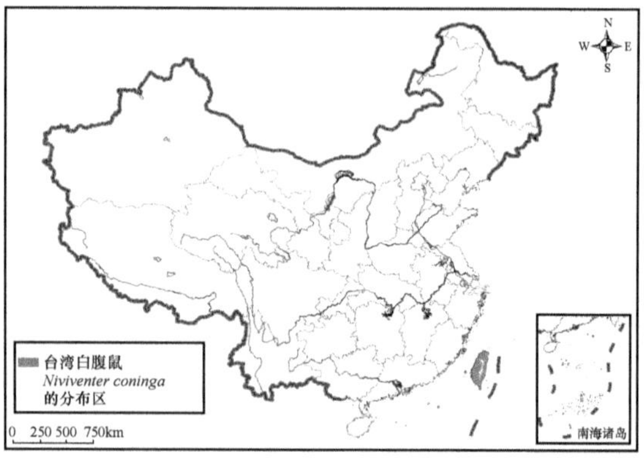

台湾白腹鼠 *Niviventer coninga* (Swinhoe, 1864)
种下单元： 无
生　　境： 森林、灌丛
生态系统： 陆生生态系统
保护等级： **国家重点保护野生动物等级：** 无；**CITES 附录** [1]：未列入
红色名录： **IUCN**[2]：LC；**中国哺乳类红色名录** [3]：LC
国内分布： 台湾
分布国家： 中国

Spiny Taiwan Niviventer *Niviventer coninga* (Swinhoe, 1864)
Infra-specific Taxa： None
Habitat and Ecology： Forest; Shrubland
Ecosystem： Terrestrial
National Key Protected Wild Animal List： None; **CITES Appendix**[1]：Not listed
Red List： **IUCN Red List**[2]：LC; **China Mammal Red List**[3]：LC
Range in the country： Taiwan
Range countries： China

参考文献 Citation

Wang Y (王应祥), 2003; Wilson and Reeder, 2005; Pan Q *et al.* (潘清华等), 2007; Ma Y *et al.* (马勇等), 2008; Smith *et al.*, 2008; IUCN, 2014

575. 川西白腹鼠 Sichuan Niviventer

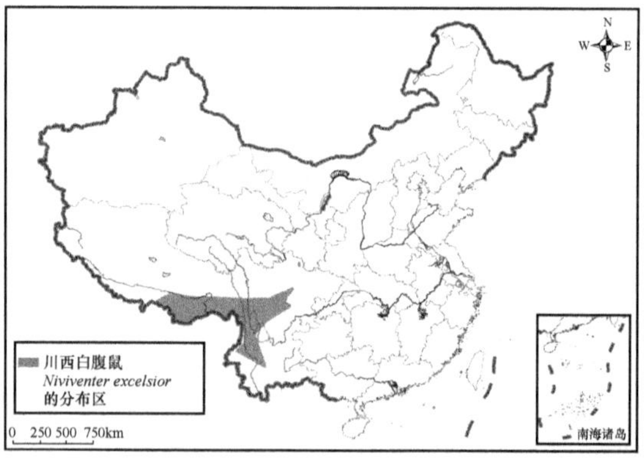

川西白腹鼠 *Niviventer excelsior* (Thomas, 1911)
种下单元： 无
生　　境： 亚热带湿润山地森林
生态系统： 陆生生态系统
保护等级： **国家重点保护野生动物等级：** 无；**CITES 附录** [1]：未列入
红色名录： **IUCN**[2]：LC；**中国哺乳类红色名录** [3]：LC
国内分布： 云南、四川、西藏
分布国家： 中国

Sichuan Niviventer *Niviventer excelsior* (Thomas, 1911)
Infra-specific Taxa： None
Habitat and Ecology： Subtropical Moist Montane Forest
Ecosystem： Terrestrial
National Key Protected Wild Animal List： None; **CITES Appendix**[1]：Not listed
Red List： **IUCN Red List**[2]：LC; **China Mammal Red List**[3]：LC
Range in the country： Yunnan, Sichuan, Tibet
Range countries： China

参考文献 Citation

Wang Y (王应祥), 2003; Wilson and Reeder, 2005; Pan Q *et al.* (潘清华等), 2007; Ma Y *et al.* (马勇等), 2008; Smith *et al.*, 2008; IUCN, 2014

576. 海南白腹鼠 Hainan Niviventer

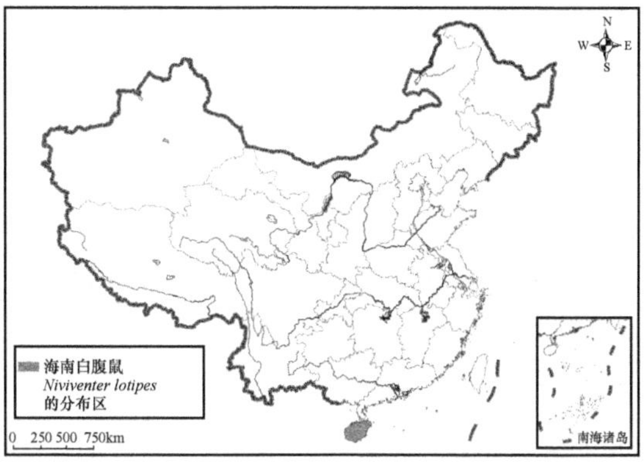

海南白腹鼠 *Niviventer lotipes* (Allen, 1926)

种下单元： 无

生　　境： 森林耕地

生态系统： 陆生生态系统

保护等级： **国家重点保护野生动物等级：** 无；**CITES 附录** [1]：未列入

红色名录： **IUCN**[2]：未列入；**中国哺乳类红色名录** [3]：LC

国内分布： 海南

分布国家： 中国

Hainan Niviventer *Niviventer lotipes* (Allen, 1926)

Infra-specific Taxa: None

Habitat and Ecology: Forest Arable Land

Ecosystem: Terrestrial

National Key Protected Wild Animal List: None; **CITES Appendix**[1]: Not listed

Red List: IUCN Red List[2]: Not listed; **China Mammal Red List**[3]: LC

Range in the country: Hainan

Range countries: China

参考文献 Citation

Li Y *et al.*, 2008

577. 梵鼠 Brahma White-bellied Rat

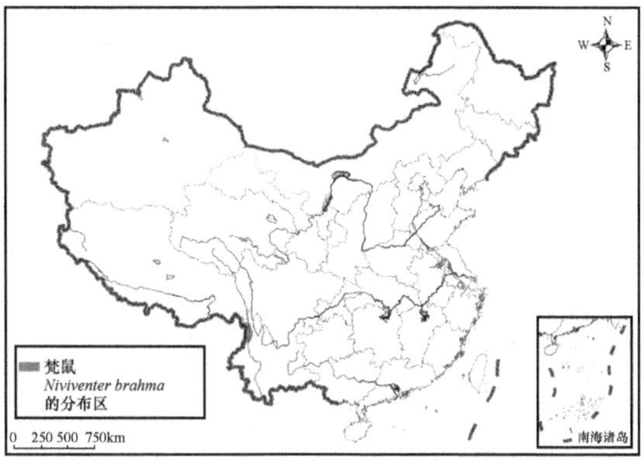

梵鼠 *Niviventer brahma* (Thomas, 1914)

种下单元： 无

生　　境： 亚热带湿润山地森林

生态系统： 陆生生态系统

保护等级： **国家重点保护野生动物等级：** 无；**CITES 附录** [1]：未列入

红色名录： **IUCN**[2]：LC；**中国哺乳类红色名录** [3]：NT

国内分布： 云南

分布国家： 中国、印度、缅甸

Brahma White-bellied Rat *Niviventer brahma* (Thomas, 1914)

Infra-specific Taxa: None

Habitat and Ecology: Subtropical Moist Montane Forest

Ecosystem: Terrestrial

National Key Protected Wild Animal List: None; **CITES Appendix**[1]: Not listed

Red List: IUCN Red List[2]: LC; **China Mammal Red List**[3]: NT

Range in the country: Yunnan

Range countries: China, India, Myanmar

参考文献 Citation

Wang Y (王应祥), 2003; Wilson and Reeder, 2005; Pan Q *et al.* (潘清华等), 2007; Ma Y *et al.* (马勇等), 2008; Smith *et al.*, 2008; IUCN, 2014

578. 褐尾鼠 Sundaic Arboreal Niviventer

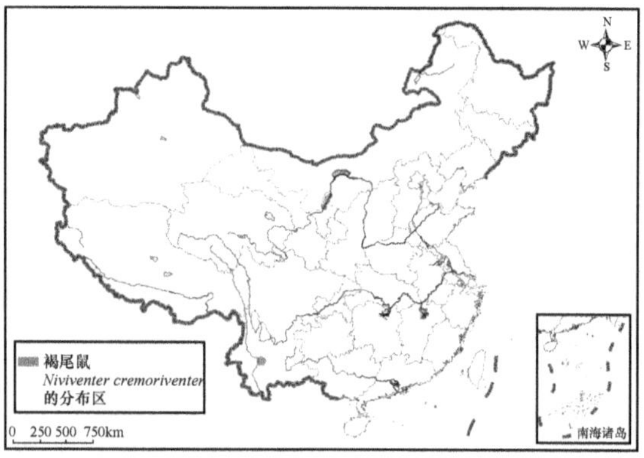

褐尾鼠　*Niviventer cremoriventer* (Miller, 1900)

种下单元： 无

生　　境： 热带/亚热带森林、灌丛、耕地

生态系统： 陆生生态系统

保护等级： **国家重点保护野生动物等级：** 无；**CITES 附录** [1]：未列入

红色名录： **IUCN**[2]：VU；**中国哺乳类红色名录** [3]：VU

国内分布： 云南

分布国家： 中国、印度尼西亚、马来西亚、新加坡、泰国

Sundaic Arboreal Niviventer　*Niviventer cremoriventer* (Miller, 1900)

Infra-specific Taxa： None

Habitat and Ecology： Tropical/Subtropical Forest; Shrubland; Arable Land

Ecosystem： Terrestrial

National Key Protected Wild Animal List： None; **CITES Appendix**[1]：Not listed

Red List： **IUCN Red List**[2]：VU; **China Mammal Red List**[3]：VU

Range in the country： Yunnan

Range countries： China, Indonesia, Malaysia, Singapore, Thailand

参考文献 Citation

Wang Y (王应祥), 2003; Pan Q *et al.* (潘清华等), 2007; Zhang R (张荣祖), 1997; IUCN, 2014

579. 灰腹鼠 Little Himalayan Rat/Smoke-bellied Niviventer

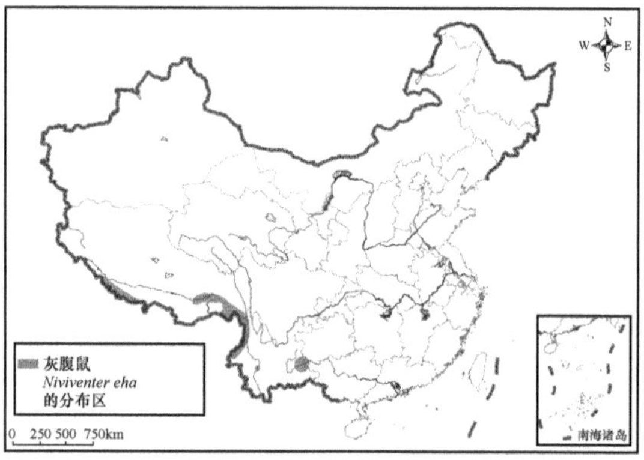

灰腹鼠　*Niviventer eha* (Wroughton, 1916)

种下单元： 无

生　　境： 泰加林、温带森林

生态系统： 陆生生态系统

保护等级： **国家重点保护野生动物等级：** 无；**CITES 附录** [1]：未列入

红色名录： **IUCN**[2]：LC；**中国哺乳类红色名录** [3]：LC

国内分布： 云南、西藏、广西、贵州

分布国家： 中国、印度、缅甸、尼泊尔

Little Himalayan Rat/Smoke-bellied Niviventer　*Niviventer eha* (Wroughton, 1916)

Infra-specific Taxa： None

Habitat and Ecology： Taiga; Temperate Forest

Ecosystem： Terrestrial

National Key Protected Wild Animal List： None; **CITES Appendix**[1]：Not listed

Red List： **IUCN Red List**[2]：LC; **China Mammal Red List**[3]：LC

Range in the country： Yunnan, Tibet, Guangxi, Guizhou

Range countries： China, India, Myanmar, Nepal

参考文献 Citation

Wang Y (王应祥), 2003; Wilson and Reeder, 2005; Zhang R (张荣祖), 1997; Pan Q *et al.* (潘清华等), 2007; Ma Y *et al.* (马勇等), 2008; Smith *et al.*, 2008; IUCN, 2014

580. 针毛鼠 Chestnut White-bellied Rat/Indomalayan Niviventer

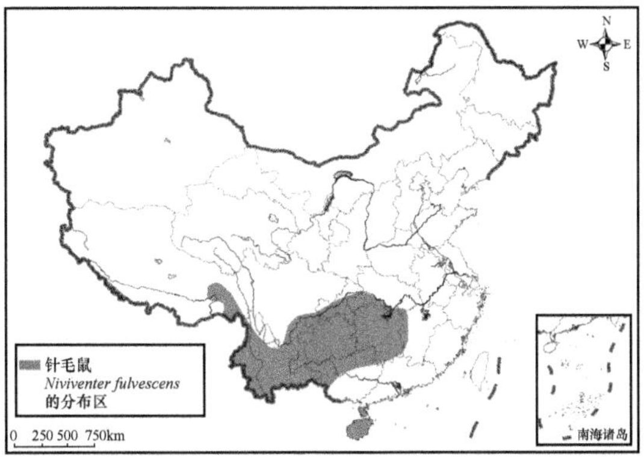

针毛鼠 *Niviventer fulvescens* (Gray, 1847)
种下单元： 无
生　　境： 森林、灌丛、竹林、耕地
生态系统： 陆生生态系统
保护等级： **国家重点保护野生动物等级：** 无；**CITES 附录**[1]：未列入
红色名录： **IUCN**[2]：LC；**中国哺乳类红色名录**[3]：LC
国内分布： 西藏、云南、四川、贵州、重庆、湖南、湖北、广东、广西、海南、江西
分布国家： 中国、印度、印度尼西亚、老挝、马来西亚、缅甸、尼泊尔、泰国

Chestnut White-bellied Rat/Indomalayan Niviventer *Niviventer fulvescens* (Gray, 1847)
Infra-specific Taxa: None
Habitat and Ecology: Forest; Shrubland; Bamboo Grove; Arable Land
Ecosystem: Terrestrial
National Key Protected Wild Animal List: None; **CITES Appendix**[1]: Not listed
Red List: IUCN Red List[2]: LC; **China Mammal Red List**[3]: LC
Range in the country: Tibet, Yunnan, Sichuan, Guizhou, Chongqing, Hunan, Hubei, Guangdong, Guangxi, Hainan, Jiangxi
Range countries: China, India, Indonesia, Laos, Malaysia, Myanmar, Nepal, Thailand

参考文献 Citation

Wang Y (王应祥), 2003; Wilson and Reeder, 2005; Zhang R (张荣祖), 1997; Pan Q *et al.* (潘清华等), 2007; Ma Y *et al.* (马勇等), 2008; Smith *et al.*, 2008; IUCN, 2014

581. 拟刺毛鼠 Eastern Spiny-haired Rat

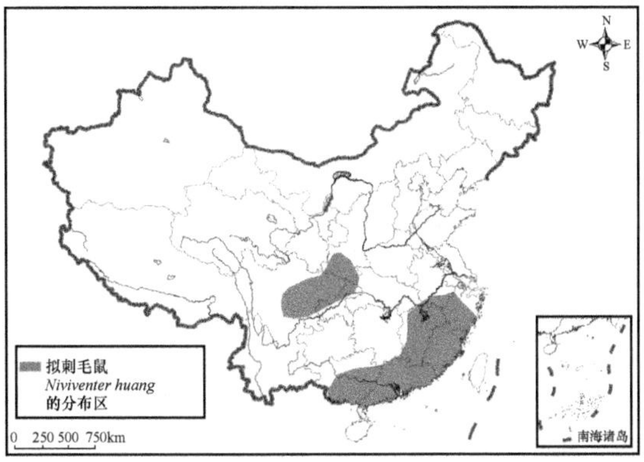

拟刺毛鼠 *Niviventer huang* (Bonhote, 1906) *
种下单元： 无
生　　境： 未知
生态系统： 陆生生态系统
保护等级： **国家重点保护野生动物等级：** 无；**CITES 附录**[1]：未列入
红色名录： **IUCN**[2]：未列入；**中国哺乳类红色名录**[3]：LC
国内分布： 四川、陕西、重庆、安徽、浙江、江西、福建、广东、广西、香港、澳门
分布国家： 不详

Eastern Spiny-haired Rat *Niviventer huang* (Bonhote, 1906) *
Infra-specific Taxa: None
Habitat and Ecology: Unknown
Ecosystem: Terrestrial
National Key Protected Wild Animal List: None; **CITES Appendix**[1]: Not listed
Red List: IUCN Red List[2]: Not listed; **China Mammal Red List**[3]: LC
Range in the country: Sichuan, Shaanxi, Chongqing, Anhui, Zhejiang, Jiangxi, Fujian, Guangdong, Guangxi, Hongkong, Macao
Range countries: Unknown

参考文献 Citation

Chen P *et al.*, 2015 (Unpublised)

582. 南洋鼠 Lang Bian White-bellied Rat/Indochinese Arboreal Niviventer

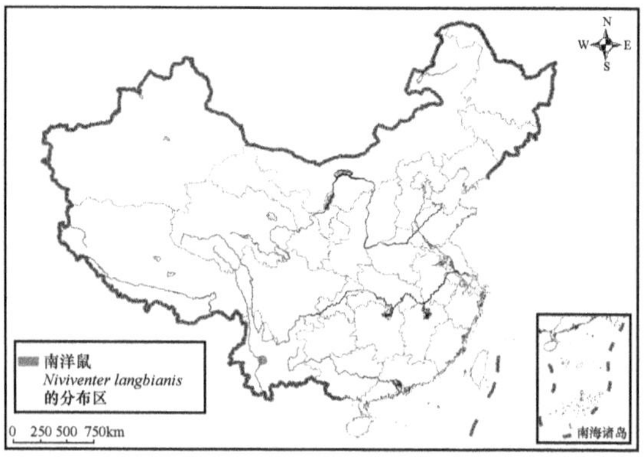

南洋鼠 *Niviventer langbianis*（Robinson & Kloss, 1922）*

种下单元：无

生　　境：森林

生态系统：陆生生态系统

保护等级：**国家重点保护野生动物等级**：无；**CITES 附录**[1]：未列入

红色名录：**IUCN**[2]：LC；**中国哺乳类红色名录**[3]：LC

国内分布：云南

分布国家：中国、印度、老挝、缅甸、泰国、越南

Lang Bian White-bellied Rat/Indochinese Arboreal Niviventer *Niviventer langbianis*（Robinson & Kloss, 1922）*

Infra-specific Taxa：None

Habitat and Ecology：Forest

Ecosystem：Terrestrial

National Key Protected Wild Animal List：None; **CITES Appendix**[1]：Not listed

Red List：**IUCN Red List**[2]：LC; **China Mammal Red List**[3]：LC

Range in the country：Yunnan

Range countries：China, India, Laos, Myanmar, Thailand, Vietnam

参考文献 Citation

Wilson and Reeder, 2005; Smith *et al.*, 2008; IUCN, 2014

583. 缅甸山鼠 Indochinese Mountain Niviventer

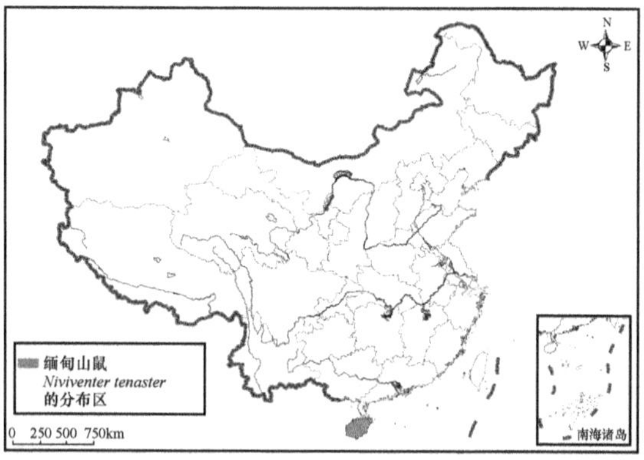

缅甸山鼠 *Niviventer tenaster*（Thomas, 1916）

种下单元：无

生　　境：热带湿润山地森林

生态系统：陆生生态系统

保护等级：**国家重点保护野生动物等级**：无；**CITES 附录**[1]：未列入

红色名录：**IUCN**[2]：LC；**中国哺乳类红色名录**[3]：DD

国内分布：海南

分布国家：柬埔寨、中国、老挝、缅甸、泰国、越南

Indochinese Mountain Niviventer *Niviventer tenaster*（Thomas, 1916）

Infra-specific Taxa：None

Habitat and Ecology：Tropical Moist Montane Forest

Ecosystem：Terrestrial

National Key Protected Wild Animal List：None; **CITES Appendix**[1]：Not listed

Red List：**IUCN Red List**[2]：LC; **China Mammal Red List**[3]：DD

Range in the country：Hainan

Range countries：Cambodia, China, Laos, Myanmar, Thailand, Vietnam

参考文献 Citation

Wilson and Reeder, 2005; Pan Q *et al.*（潘清华等）, 2007; Smith *et al.*, 2008; IUCN, 2014

584. 红毛王鼠 Indomalayan Maxomys

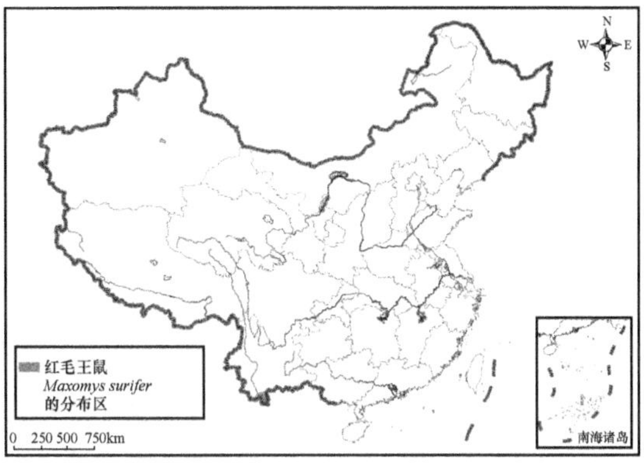

红毛王鼠 *Maxomys surifer*（Miller, 1900）

种下单元： 无

生　　境： 热带湿润低地森林

生态系统： 陆生生态系统

保护等级： **国家重点保护野生动物等级：** 无；**CITES 附录**[1]：未列入

红色名录： **IUCN**[2]：LC；**中国哺乳类红色名录**[3]：LC

国内分布： 云南

分布国家： 文莱、柬埔寨、中国、印度尼西亚、老挝、马来西亚、缅甸、泰国、越南

Indomalayan Maxomys *Maxomys surifer*（Miller, 1900）

Infra-specific Taxa： None

Habitat and Ecology： Tropical Moist Lowland Forest

Ecosystem： Terrestrial

National Key Protected Wild Animal List： None; **CITES Appendix**[1]：Not listed

Red List： **IUCN Red List**[2]：LC; **China Mammal Red List**[3]：LC

Range in the country： Yunnan

Range countries： Brunei, Cambodia, China, Indonesia, Laos, Malaysia, Myanmar, Thailand, Vietnam

参考文献 Citation

Wang Y（王应祥）, 2003; Wilson and Reeder, 2005; Pan Q *et al.*（潘清华等）, 2007; Ma Y *et al.*（马勇等）, 2008; Smith *et al.*, 2008; IUCN, 2014

585. 大泡灰鼠 Berdmore's Berylmy

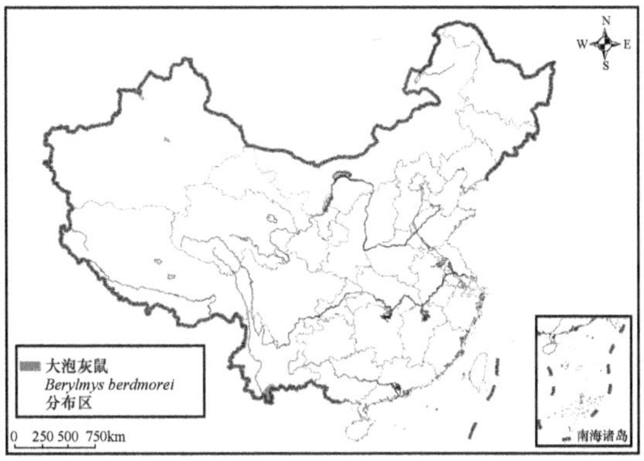

大泡灰鼠 *Berylmys berdmorei*（Blyth, 1851）

种下单元： 无

生　　境： 森林、沼泽

生态系统： 陆生生态系统

保护等级： **国家重点保护野生动物等级：** 无；**CITES 附录**[1]：未列入

红色名录： **IUCN**[2]：LC；**中国哺乳类红色名录**[3]：LC

国内分布： 云南

分布国家： 柬埔寨、中国、老挝、缅甸、泰国、越南

Berdmore's Berylmy *Berylmys berdmorei*（Blyth, 1851）

Infra-specific Taxa： None

Habitat and Ecology： Forest; Swamps

Ecosystem： Terrestrial

National Key Protected Wild Animal List： None; **CITES Appendix**[1]：Not listed

Red List： **IUCN Red List**[2]：LC; **China Mammal Red List**[3]：LC

Range in the country： Yunnan

Range countries： Cambodia, China, Laos, Myanmar, Thailand, Vietnam

参考文献 Citation

Wang Y（王应祥）, 2003; Wilson and Reeder, 2005; Zhang R（张荣祖）, 1997; Pan Q *et al.*（潘清华等）, 2007; Ma Y *et al.*（马勇等）, 2008; Smith *et al.*, 2008; IUCN, 2014

586. 青毛巨鼠 Bower's White-toothed Rat

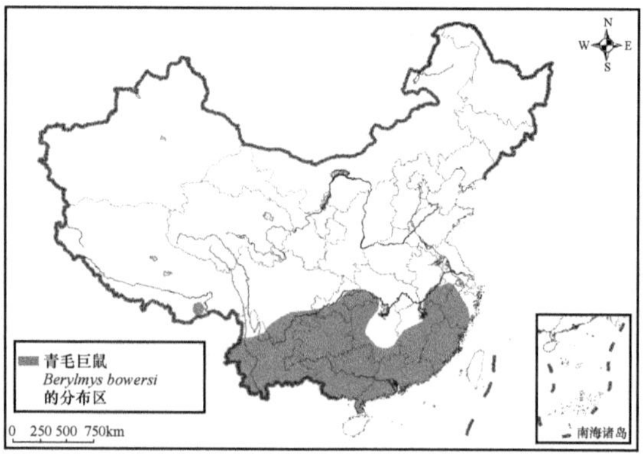

青毛巨鼠 *Berylmys bowersi* (Anderson, 1879)

种下单元：无

生　　境：森林、次生林、灌丛、耕地

生态系统：陆生生态系统

保护等级：**国家重点保护野生动物等级**：无；**CITES 附录**[1]：未列入

红色名录：**IUCN**[2]：LC；**中国哺乳类红色名录**[3]：LC

国内分布：浙江、福建、云南、广西、安徽、江西、湖南、湖北、广东、四川、贵州、西藏

分布国家：中国、印度、印度尼西亚、老挝、马来西亚、缅甸、泰国、越南

Bower's White-toothed Rat *Berylmys bowersi* (Anderson, 1879)

Infra-specific Taxa: None

Habitat and Ecology: Forest; Secondary Forest; Shrubland; Arable Land

Ecosystem: Terrestrial

National Key Protected Wild Animal List: None; **CITES Appendix**[1]: Not listed

Red List: **IUCN Red List**[2]: LC; **China Mammal Red List**[3]: LC

Range in the country: Zhejiang, Fujian, Yunnan, Guangxi, Anhui, Jiangxi, Hunan, Hubei, Guangdong, Sichuan, Guizhou, Tibet

Range countries: China, India, Indonesia, Laos, Malaysia, Myanmar, Thailand, Vietnam

参考文献 Citation

Wang Y(王应祥), 2003; Wilson and Reeder, 2005; Zhang R(张荣祖), 1997; Pan Q *et al.*(潘清华等), 2007; Ma Y *et al.*(马勇等), 2008; Smith *et al.*, 2008; IUCN, 2014

587. 小泡灰鼠 Manipur White-toothed Rat

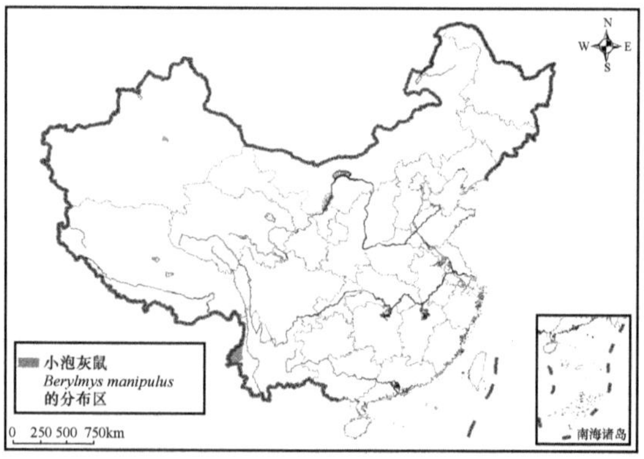

小泡灰鼠 *Berylmys manipulus* (Thomas, 1916)

种下单元：无

生　　境：灌丛、热带湿润山地森林

生态系统：陆生生态系统

保护等级：**国家重点保护野生动物等级**：无；**CITES 附录**[1]：未列入

红色名录：**IUCN**[2]：DD；**中国哺乳类红色名录**[3]：DD

国内分布：云南

分布国家：中国、印度、缅甸

Manipur White-toothed Rat *Berylmys manipulus* (Thomas, 1916)

Infra-specific Taxa: None

Habitat and Ecology: Shrubland; Tropical Moist Montane Forest

Ecosystem: Terrestrial

National Key Protected Wild Animal List: None; **CITES Appendix**[1]: Not listed

Red List: **IUCN Red List**[2]: DD; **China Mammal Red List**[3]: DD

Range in the country: Yunnan

Range countries: China, India, Myanmar

参考文献 Citation

Wang Y(王应祥), 2003; Wilson and Reeder, 2005; Zhang R(张荣祖), 1997; Pan Q *et al.*(潘清华等), 2007; Ma Y *et al.*(马勇等), 2008; Smith *et al.*, 2008; IUCN, 2014

588. 白腹巨鼠 Edward's Rat

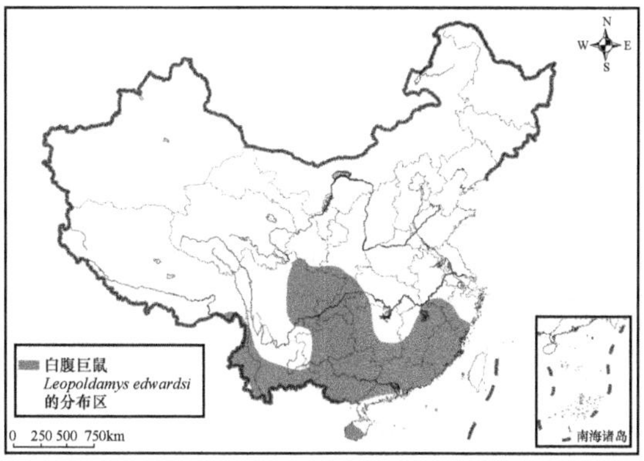

白腹巨鼠 *Leopoldamys edwardsi* (Thomas, 1882)
种下单元： 无
生　　境： 热带/亚热带湿润低地/山地森林
生态系统： 陆生生态系统
保护等级： **国家重点保护野生动物等级：** 无；**CITES 附录** [1]：未列入
红色名录： **IUCN**[2]：LC；**中国哺乳类红色名录** [3]：LC
国内分布： 西藏、云南、甘肃、贵州、广东、广西、海南、福建、浙江、重庆、湖北、湖南、四川、安徽、江西、陕西
分布国家： 中国、印度、老挝、马来西亚、缅甸、泰国、越南

Edward's Rat *Leopoldamys edwardsi* (Thomas, 1882)
Infra-specific Taxa: None
Habitat and Ecology: Tropical/Subtropical Moist Lowland/Montane Forest
Ecosystem: Terrestrial
National Key Protected Wild Animal List: None; **CITES Appendix**[1]: Not listed
Red List: IUCN Red List[2]: LC; **China Mammal Red List**[3]: LC
Range in the country: Tibet, Yunnan, Gansu, Guizhou, Guangdong, Guangxi, Hainan, Fujian,, Zhejiang, Chongqing, Hubei, Hunan, Sichuan, Anhui, Jiangxi, Shaanxi
Range countries: China, India, Laos, Malaysia, Myanmar, Thailand, Vietnam

参考文献 Citation

Wang Y(王应祥), 2003; Wilson and Reeder, 2005; Zhang R(张荣祖), 1997; Pan Q *et al.*(潘清华等), 2007; Ma Y *et al.*(马勇等), 2008; Smith *et al.*, 2008; IUCN, 2014

589. 耐氏大鼠 Neill's Long-tailed Giant Rat

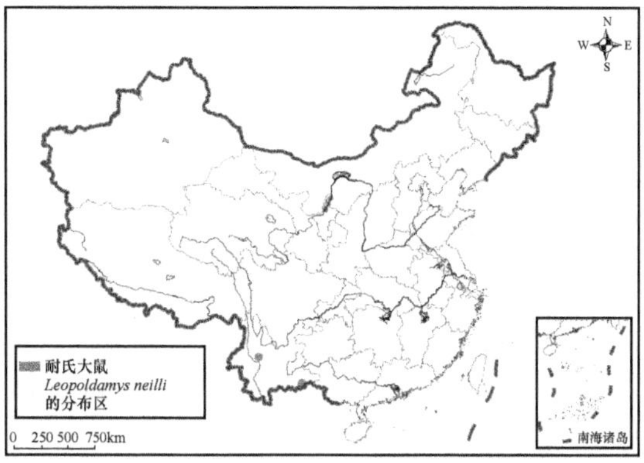

耐氏大鼠 *Leopoldamys neilli* (J.T. Marshall Jr., 1976)
种下单元： 无
生　　境： 森林、内陆岩石区域
生态系统： 陆生生态系统
保护等级： **国家重点保护野生动物等级：** 无；**CITES 附录** [1]：未列入
红色名录： **IUCN**[2]：DD；**中国哺乳类红色名录** [3]：EN
国内分布： 云南
分布国家： 中国、泰国

Neill's Long-tailed Giant Rat *Leopoldamys neilli* (J.T. Marshall Jr., 1976)
Infra-specific Taxa: None
Habitat and Ecology: Forest; Inland Rocky Areas
Ecosystem: Terrestrial
National Key Protected Wild Animal List: None; **CITES Appendix**[1]: Not listed
Red List: IUCN Red List[2]: DD; **China Mammal Red List**[3]: EN
Range in the country: Yunnan
Range countries: China, Thailand

参考文献 Citation

Chen P *et al.*(陈鹏等), 2014; Wilson and Reeder, 2005; IUCN, 2014

590. 卡氏小鼠 Ryukyu Mouse

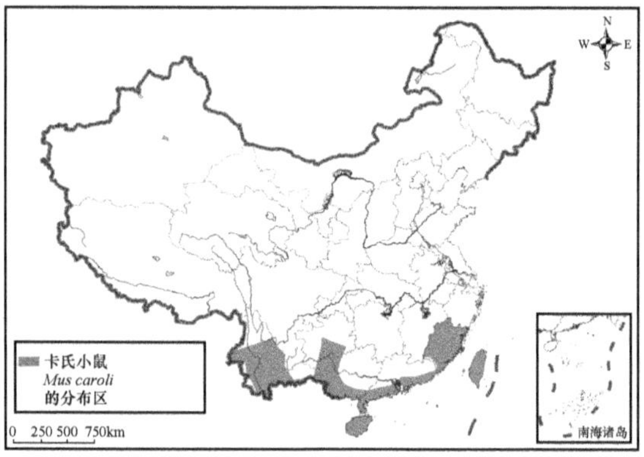

卡氏小鼠 *Mus caroli* Bonhote, 1902

种下单元： 无

生　　境： 农田、草地、灌丛、次生林

生态系统： 陆生生态系统

保护等级： **国家重点保护野生动物等级：** 无；**CITES 附录**[1]：未列入

红色名录： **IUCN**[2]：LC；**中国哺乳类红色名录**[3]：LC

国内分布： 福建、台湾、贵州、广西、云南、广东、海南、香港

分布国家： 柬埔寨、中国、老挝、缅甸、泰国、越南

Ryukyu Mouse *Mus caroli* Bonhote, 1902

Infra-specific Taxa： None

Habitat and Ecology： Arable Land; Grassland; Shrubland; Secondary Forest

Ecosystem： Terrestrial

National Key Protected Wild Animal List： None; **CITES Appendix**[1]：Not listed

Red List： **IUCN Red List**[2]：LC; **China Mammal Red List**[3]：LC

Range in the country： Fujian, Taiwan, Guizhou, Guangxi, Yunnan, Guangdong, Hainan, Hongkong

Range countries： Cambodia, China, Laos, Myanmar, Thailand, Vietnam

参考文献 Citation

Wang Y (王应祥), 2003; Wilson and Reeder, 2005; Qin Y (秦耀亮), 1979; Zhang R (张荣祖), 1997; Pan Q *et al.* (潘清华等), 2007; Ma Y *et al.* (马勇等), 2008; Smith *et al.*, 2008; IUCN, 2014

591. 仔鹿小鼠 Fawn-colored Mouse

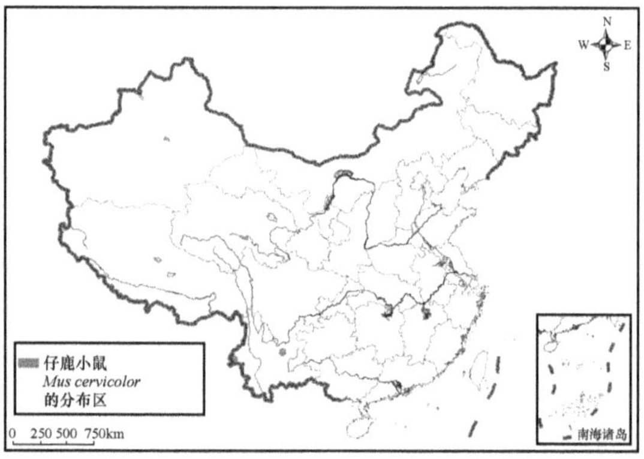

仔鹿小鼠 *Mus cervicolor* (Hodgson, 1845)

种下单元： 无

生　　境： 次生林、草地、灌丛、农田

生态系统： 陆生生态系统

保护等级： **国家重点保护野生动物等级：** 无；**CITES 附录**[1]：未列入

红色名录： **IUCN**[2]：LC；**中国哺乳类红色名录**[3]：LC

国内分布： 云南

分布国家： 中国、柬埔寨、印度、老挝、缅甸、尼泊尔、巴基斯坦、斯里兰卡、泰国、越南

Fawn-colored Mouse *Mus cervicolor* (Hodgson, 1845)

Infra-specific Taxa： None

Habitat and Ecology： Secondary Forest; Grassland; Shrubland; Arable Land

Ecosystem： Terrestrial

National Key Protected Wild Animal List： None; **CITES Appendix**[1]：Not listed

Red List： **IUCN Red List**[2]：LC; **China Mammal Red List**[3]：LC

Range in the country： Yunnan

Range countries： China, Cambodia, India, Laos, Myanmar, Nepal, Pakistan, Sri Lanka, Thailand, Vietnam

参考文献 Citation

Wang Y (王应祥), 2003; Wilson and Reeder, 2005; Smith *et al.*, 2008; Zhang R (张荣祖), 1997; IUCN, 2014

592. 丛林小鼠 Cook's Mouse

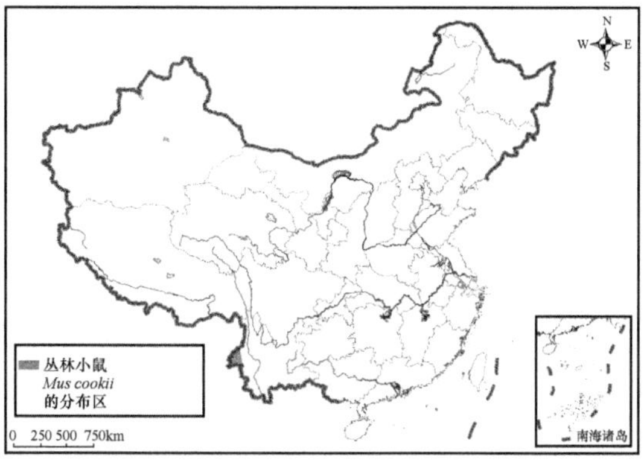

丛林小鼠 *Mus cookii* (Ryley, 1914)
种下单元： 无
生　　境： 农田
生态系统： 陆生生态系统
保护等级： **国家重点保护野生动物等级：** 无；**CITES 附录**[1]：未列入
红色名录： **IUCN**[2]：LC；**中国哺乳类红色名录**[3]：LC
国内分布： 云南
分布国家： 孟加拉国、不丹、中国、印度、老挝、缅甸、尼泊尔、泰国、越南

Cook's Mouse *Mus cookii* (Ryley, 1914)
Infra-specific Taxa： None
Habitat and Ecology： Arable Land
Ecosystem： Terrestrial
National Key Protected Wild Animal List： None; **CITES Appendix**[1]：Not listed
Red List： **IUCN Red List**[2]：LC; **China Mammal Red List**[3]：LC
Range in the country： Yunnan
Range countries： Bangladesh, Bhutan, China, India, Laos, Myanmar, Nepal, Thailand, Vietnam

参考文献 Citation

Wang Y(王应祥), 2003; Wilson and Reeder, 2005; Zhang R(张荣祖), 1997; Pan Q *et al.*(潘清华等), 2007; Ma Y *et al.*(马勇等), 2008; Smith *et al.*, 2008; IUCN, 2014

593. 小家鼠 House Mouse

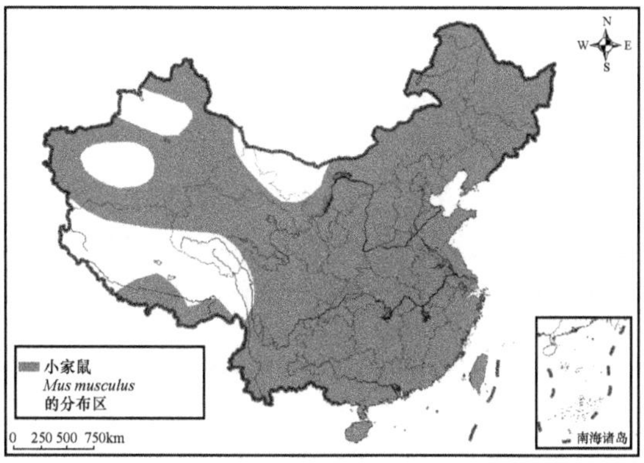

小家鼠 *Mus musculus* (Linnaeus, 1758)
种下单元： *musculus*; *bactrianus*; *castaneus*; *domesticus*; *gentilulus*
生　　境： 人工环境
生态系统： 陆生生态系统
保护等级： **国家重点保护野生动物等级：** 无；**CITES 附录**[1]：未列入
红色名录： **IUCN**[2]：LC；**中国哺乳类红色名录**[3]：LC
国内分布： 黑龙江、吉林、辽宁、内蒙古、河北、北京、天津、山东、河南、山西、陕西、甘肃、宁夏、青海、四川、贵州、云南、西藏、上海、江苏、浙江、安徽、新疆、江西、湖北、湖南、广西、广东、海南、福建、台湾、重庆、香港、澳门
分布国家： 阿富汗、阿尔巴尼亚、阿尔及利亚、安道尔、亚美尼亚、奥地利、阿塞拜疆、巴林、白俄罗斯、比利时、波斯尼亚和黑塞哥维那、保加利亚、克罗地亚、捷克、丹麦、埃及、厄立特里亚、爱沙尼亚、法罗群岛、芬兰、法国、格鲁吉亚、德国、直布罗陀、希腊、梵蒂冈、匈牙利、冰岛、印度、伊朗、伊拉克、爱尔兰、以色列、意大利、日本、约旦、哈萨克斯坦、朝鲜、韩国、吉尔吉斯斯坦、拉脱维亚、黎巴嫩、利比亚、列支敦士登、立陶宛、卢森堡、马其顿、马耳他、摩尔多瓦、摩纳哥、蒙古、黑山、摩洛哥、尼泊尔、荷兰、挪威、阿曼、巴基斯坦、波兰、葡萄牙、罗马尼亚、俄罗斯、塞尔维亚、斯洛伐克、斯洛文尼亚、西班牙、瑞典、瑞士、叙利亚、塔吉克斯坦、突尼斯、土耳其、土库曼斯坦、乌克兰、阿拉伯联合酋长国、英国、乌兹别克斯坦、也门、阿根廷、澳大利亚、玻利维亚、巴西、文莱、柬埔寨、加拿大、智利、哥伦比亚、塞浦路斯、厄瓜多尔、根西岛、印度尼西亚、马恩岛、泽西岛、老挝、马来西亚、缅甸、新西兰、巴布亚新几内亚、秘鲁、菲律宾、新加坡、南非、中国、泰国、美国、乌拉圭、越南

House Mouse *Mus musculus* (Linnaeus, 1758)
Infra-specific Taxa： *musculus*; *bactrianus*; *castaneus*; *domesticus*; *gentilulus*

Habitat and Ecology：Artificial Environment

Ecosystem：Terrestrial

National Key Protected Wild Animal List：None; **CITES Appendix**[1]：Not listed

Red List：**IUCN Red List**[2]：LC; **China Mammal Red List**[3]：LC

Range in the country：Heilongjiang, Jilin, Liaoning, Inner Mongolia, Hebei, Beijing, Tianjin, Shandong, Henan, Shanxi, Shaanxi, Gansu, Ningxia, Qinghai, Sichuan, Guizhou, Yunnan, Tibet, Shanghai, Jiangsu, Zhejiang, Anhui, Xinjiang, Jiangxi, Hubei, Hunan, Guangxi, Guangdong, Hainan, Fujian, Taiwan, Chongqing, Hongkong, Macao

Range countries：Afghanistan, Albania, Algeria, Andorra, Armenia Austria, Azerbaijan, Bahrain, Belarus, Belgium, Bosnia and Herzegovina, Bulgaria, Croatia, Czech, Danmark, Egypt, Eritrea, Estonia, Faroe Islands, Finland, France, Georgia, Germany, Gibraltar, Greece, Vatican, Hungary, Iceland, India, Iran, Iraq, Ireland, Israel, Italy, Japan, Jordan, Kazakhstan, Korea, Democratic People's Republic of, Korea, Republic of, Kyrgyzstan, Latvia, Lebanon, Libya, Liechtenstein, Lithuania, Luxembourg, Macedonia, Malta, Moldova, Monaco, Mongolia, Montenegro, Morocco, Nepal, Netherlands, Norway, Oman, Pakistan, Poland, Portugal, Romania, Russia, Serbia, Slovakia, Slovenia, Spain, Sweden, Switzerland, Syrian Arab Republic, Tajikistan, Tunisia, Turkey, Turkmenistan, Ukraine, United Arab Emirates, United Kingdom, Uzbekistan, Yemen, Argentina, Australia, Bolivia, Brazil, Brunei, Cambodia, Canada, Chile, Colombia, Cyprus, Ecuador, Guernsey, Indonesia, Isle of Man, Jersey, Laos, Malaysia, Myanmar, New Zealand, Papua New Guinea, Peru, Philippines, Singapore, South Africa, China, Thailand, United States, Uruguay, Vietnam

参考文献 Citation

Wang Y（王应祥）, 2003; Wilson and Reeder, 2005; Zhang R（张荣祖）, 1997; Pan Q *et al.*（潘清华等）, 2007; Ma Y *et al.*（马勇等）, 2008; Smith *et al.*, 2008; IUCN, 2014

594. 锡金小鼠 Gairdner's Shrewmouse/Indochinese Shrewlike Mouse

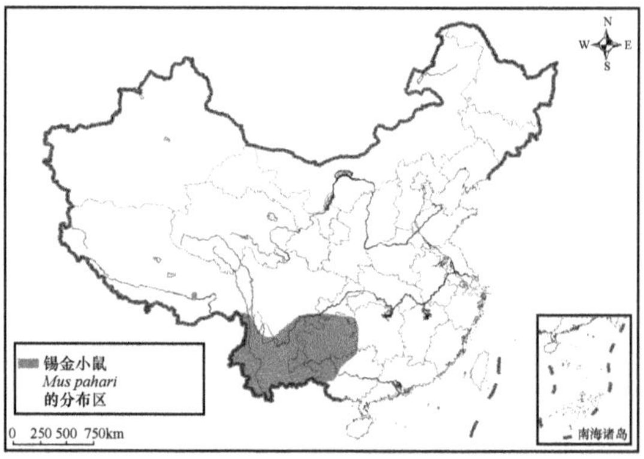

锡金小鼠　*Mus pahari*（Thomas, 1916）

种下单元：无

生　　境：未知

生态系统：陆生生态系统

保护等级：**国家重点保护野生动物等级**：无；**CITES 附录**[1]：未列入

红色名录：**IUCN**[2]：LC；**中国哺乳类红色名录**[3]：LC

国内分布：四川、贵州、云南、西藏、广西

分布国家：不丹、柬埔寨、中国、印度、老挝、缅甸、泰国、越南

Gairdner's Shrewmouse/Indochinese Shrewlike Mouse　*Mus pahari*（Thomas, 1916）

Infra-specific Taxa：None

Habitat and Ecology：Unknown

Ecosystem：Terrestrial

National Key Protected Wild Animal List：None; **CITES Appendix**[1]：Not listed

Red List：**IUCN Red List**[2]：LC; **China Mammal Red List**[3]：LC

Range in the country：Sichuan, Guizhou, Yunnan, Tibet, Guangxi

Range countries：Bhutan, Cambodia, China, India, Laos, Myanmar, Thailand, Vietnam

参考文献 Citation

Wang Y（王应祥）, 2003; Wilson and Reeder, 2005; Zhang R（张荣祖）, 1997; Pan Q *et al.*（潘清华等）, 2007; Ma Y *et al.*（马勇等）, 2008; Smith *et al.*, 2008; IUCN, 2014

595. 板齿鼠 Greater Bandicoot Rat

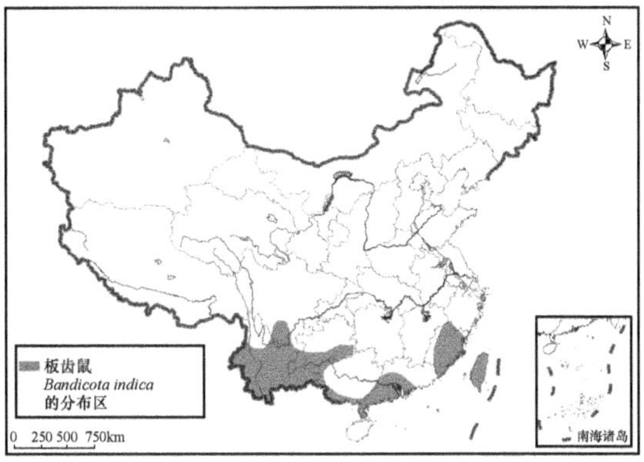

板齿鼠 *Bandicota indica* (Bechstein, 1800)
种下单元： 无
生　　境： 城市、农田、江河岸
生态系统： 陆生生态系统
保护等级： **国家重点保护野生动物等级：** 无；**CITES 附录**[1]：未列入
红色名录： **IUCN**[2]：LC；**中国哺乳类红色名录**[3]：LC
国内分布： 四川、贵州、云南、广西、广东、福建、台湾、香港
分布国家： 孟加拉国、柬埔寨、中国、印度、老挝、马来西亚、缅甸、尼泊尔、斯里兰卡、泰国、越南

Greater Bandicoot Rat *Bandicota indica* (Bechstein, 1800)
Infra-specific Taxa: None
Habitat and Ecology: Urban Areas; Arable Land; Riverside
Ecosystem: Terrestrial
National Key Protected Wild Animal List: None; **CITES Appendix**[1]: Not listed
Red List: IUCN Red List[2]: LC; **China Mammal Red List**[3]: LC
Range in the country: Sichuan, Guizhou, Yunnan, Guangxi, Guangdong, Fujian, Taiwan, Hongkong
Range countries: Bangladesh, Cambodia, China, India, Laos, Malaysia, Myanmar, Nepal, Sri Lanka, Thailand, Vietnam

参考文献 Citation

Wang Y(王应祥), 2003; Wilson and Reeder, 2005; Zhang R(张荣祖), 1997; Pan Q *et al.*(潘清华等), 2007; Ma Y *et al.*(马勇等), 2008; Smith *et al.*, 2008; IUCN, 2014

596. 印度地鼠 Short-tailed Bandicoot Rat

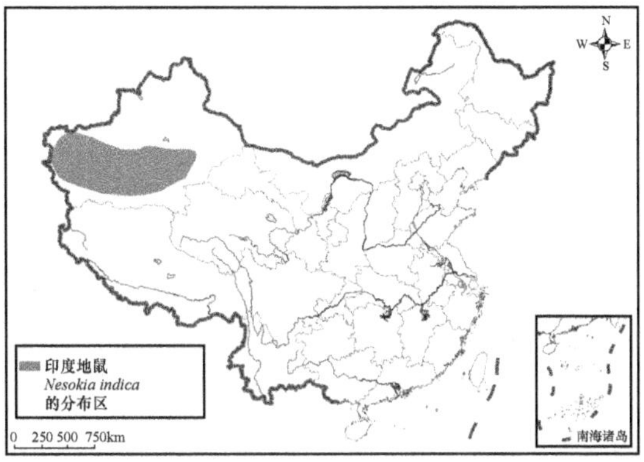

印度地鼠 *Nesokia indica* (Gray, 1830)
种下单元： 无
生　　境： 农田
生态系统： 陆生生态系统
保护等级： **国家重点保护野生动物等级：** 无；**CITES 附录**[1]：未列入
红色名录： **IUCN**[2]：LC；**中国哺乳类红色名录**[3]：LC
国内分布： 新疆
分布国家： 阿富汗、孟加拉国、中国、埃及、印度、伊朗、伊拉克、以色列、约旦、巴基斯坦、巴勒斯坦、沙特阿拉伯、叙利亚、塔吉克斯坦、土库曼斯坦、乌兹别克斯坦

Short-tailed Bandicoot Rat *Nesokia indica* (Gray, 1830)
Infra-specific Taxa: None
Habitat and Ecology: Arable Land
Ecosystem: Terrestrial
National Key Protected Wild Animal List: None; **CITES Appendix**[1]: Not listed
Red List: IUCN Red List[2]: LC; **China Mammal Red List**[3]: LC
Range in the country: Xinjiang
Range countries: Afghanistan, Bangladesh, China, Egypt, India, Iran, Iraq, Israel, Jordan, Pakistan, Palestine, Saudi Arabia, Syrian Arab Republic, Tajikistan, Turkmenistan, Uzbekistan

参考文献 Citation

Wang Y(王应祥), 2003; Wilson and Reeder, 2005; Ma Y *et al.*(马勇等), 2008; Smith *et al.*, 2008; Zhang R(张荣祖), 1997; IUCN, 2014

597. 短耳沙鼠 Przewalski's Jird

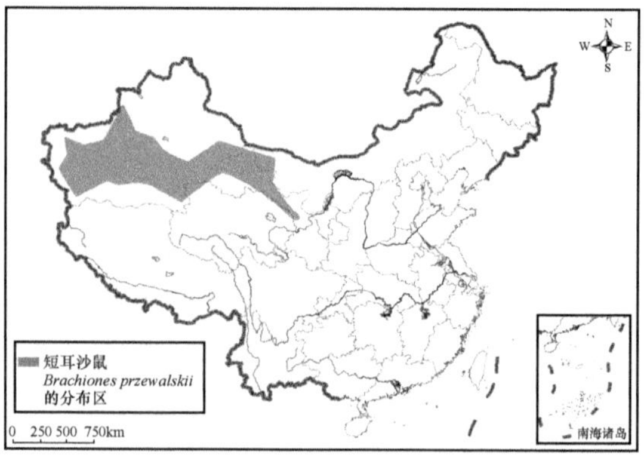

短耳沙鼠 *Brachiones przewalskii* (Büchner, 1889)
种下单元：无
生　　境：灌木
生态系统：陆生生态系统
保护等级：**国家重点保护野生动物等级**：无；**CITES 附录** [1]：未列入
红色名录：**IUCN**[2]：LC；**中国哺乳类红色名录** [3]：LC
国内分布：甘肃、新疆、内蒙古
分布国家：中国

Przewalski's Jird *Brachiones przewalskii* (Büchner, 1889)
Infra-specific Taxa：None
Habitat and Ecology：Shrubland
Ecosystem：Terrestrial
National Key Protected Wild Animal List：None; **CITES Appendix**[1]：Not listed
Red List：**IUCN Red List**[2]：LC; **China Mammal Red List**[3]：LC
Range in the country：Gansu, Xinjiang, Inner Mongolia
Range countries：China
参考文献 Citation
Wang Y(王应祥), 2003; Wilson and Reeder, 2005; Zhang R(张荣祖), 1997; Pan Q *et al.*(潘清华等), 2007; Ma Y *et al.*(马勇等), 2008; Smith *et al.*, 2008; IUCN, 2014

598. 红尾沙鼠 Libyan Jird

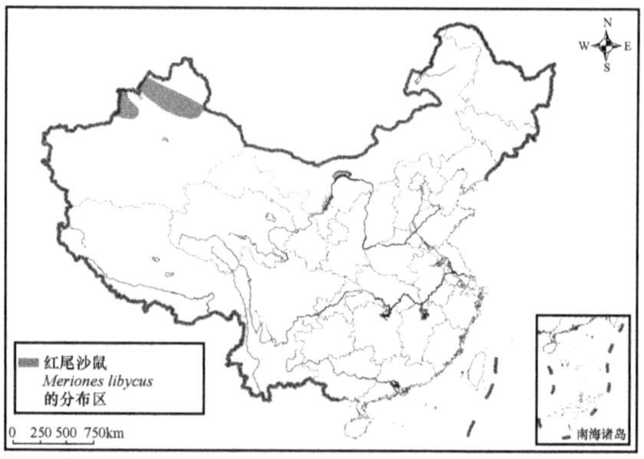

红尾沙鼠 *Meriones libycus* (Lichtenstein, 1823)
种下单元：无
生　　境：沙漠
生态系统：陆生生态系统
保护等级：**国家重点保护野生动物等级**：无；**CITES 附录** [1]：未列入
红色名录：**IUCN**[2]：LC；**中国哺乳类红色名录** [3]：LC
国内分布：新疆
分布国家：阿富汗、阿尔及利亚、阿塞拜疆、中国、埃及、伊朗、伊拉克、约旦、哈萨克斯坦、科威特、利比亚、毛里塔尼亚、摩洛哥、巴基斯坦、卡塔尔、沙特阿拉伯、叙利亚、塔吉克斯坦、突尼斯、土耳其、土库曼斯坦、乌兹别克斯坦、西撒哈拉

Libyan Jird *Meriones libycus* (Lichtenstein, 1823)
Infra-specific Taxa：None
Habitat and Ecology：Desert
Ecosystem：Terrestrial
National Key Protected Wild Animal List：None; **CITES Appendix**[1]：Not listed
Red List：**IUCN Red List**[2]：LC; **China Mammal Red List**[3]：LC
Range in the country：Xinjiang
Range countries：Afghanistan, Algeria, Azerbaijan, China, Egypt, Iran, Iraq, Jordan, Kazakhstan, Kuwait, Libya, Mauritania, Morocco, Pakistan, Qatar, Saudi Arabia, Syrian Arab Republic, Tajikistan, Tunisia, Turkey, Turkmenistan, Uzbekistan, Western Sahara
参考文献 Citation
Wang Y(王应祥), 2003; Wilson and Reeder, 2005; Zhang R(张荣祖), 1997; Pan Q *et al.*(潘清华等), 2007; Ma Y *et al.*(马勇等), 2008; Smith *et al.*, 2008; IUCN, 2014

599. 子午沙鼠 Mid-day Gerbil

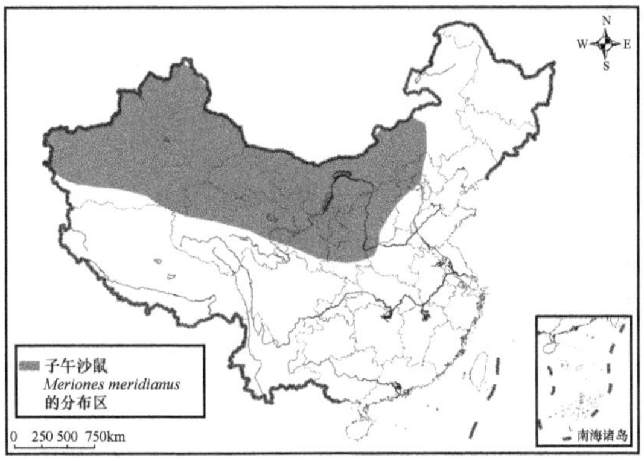

子午沙鼠 *Meriones meridianus* (Pallas, 1773)
种下单元：无
生　境：沙漠、灌丛
生态系统：陆生生态系统
保护等级：**国家重点保护野生动物等级**：无；**CITES 附录** [1]：未列入
红色名录：**IUCN**[2]：LC；**中国哺乳类红色名录** [3]：LC
国内分布：内蒙古、河北、河南、陕西、山西、新疆、甘肃、宁夏、青海
分布国家：阿富汗、中国、伊朗、哈萨克斯坦、吉尔吉斯斯坦、蒙古、俄罗斯、塔吉克斯坦、土库曼斯坦、乌兹别克斯坦

Mid-day Gerbil *Meriones meridianus* (Pallas, 1773)
Infra-specific Taxa: None
Habitat and Ecology: Desert; Shrubland
Ecosystem: Terrestrial
National Key Protected Wild Animal List: None; **CITES Appendix**[1]: Not listed
Red List: **IUCN Red List**[2]: LC; **China Mammal Red List**[3]: LC
Range in the country: Inner Mongolia, Hebei, Henan, Shaanxi, Shanxi, Xinjiang, Gansu, Ningxia, Qinghai
Range countries: Afghanistan, China, Iran, Kazakhstan, Kyrgyzstan, Mongolia, Russia, Tajikistan, Turkmenistan, Uzbekistan

参考文献 Citation

Wang Y(王应祥), 2003; Wilson and Reeder, 2005; Zhang R(张荣祖), 1997; Pan Q *et al.*(潘清华等), 2007; Ma Y *et al.*(马勇等), 2008; Smith *et al.*, 2008; IUCN, 2014

600. 柽柳沙鼠 Tamarisk Gerbil

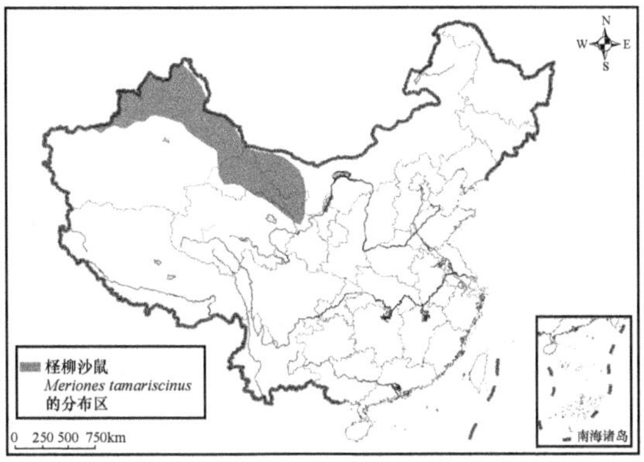

柽柳沙鼠 *Meriones tamariscinus* (Pallas, 1773)
种下单元：无
生　境：沙漠、半荒漠、灌丛、盐碱沼泽地
生态系统：陆生生态系统
保护等级：**国家重点保护野生动物等级**：无；**CITES 附录** [1]：未列入
红色名录：**IUCN**[2]：LC；**中国哺乳类红色名录** [3]：LC
国内分布：甘肃、新疆、内蒙古
分布国家：中国、哈萨克斯坦、吉尔吉斯斯坦、蒙古、俄罗斯、塔吉克斯坦、土库曼斯坦、乌兹别克斯坦

Tamarisk Gerbil *Meriones tamariscinus* (Pallas, 1773)
Infra-specific Taxa: None
Habitat and Ecology: Desert; Semi-desert; Shrubland; Saline, Brackish or Alkaline Marshes
Ecosystem: Terrestrial
National Key Protected Wild Animal List: None; **CITES Appendix**[1]: Not listed
Red List: **IUCN Red List**[2]: LC; **China Mammal Red List**[3]: LC
Range in the country: Gansu, Xinjiang, Inner Mongolia
Range countries: China, Kazakhstan, Kyrgyzstan, Mongolia, Russia, Tajikistan, Turkmenistan, Uzbekistan

参考文献 Citation

Wang Y(王应祥), 2003; Wilson and Reeder, 2005; Zhang R(张荣祖), 1997; Pan Q *et al.*(潘清华等), 2007; Ma Y *et al.*(马勇等), 2008; Smith *et al.*, 2008; IUCN, 2014

601. 长爪沙鼠 Mongolian Gerbil

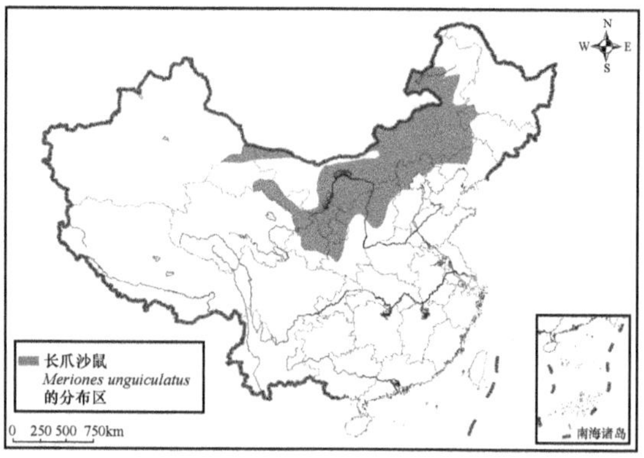

长爪沙鼠 *Meriones unguiculatus* (Milne-Edwards, 1867)
种下单元：无
生　　境：半荒漠、干旱草地
生态系统：陆生生态系统
保护等级：国家重点保护野生动物等级：无；**CITES 附录** [1]：未列入
红色名录：IUCN[2]：LC；**中国哺乳类红色名录** [3]：LC
国内分布：内蒙古、辽宁、山西、河北、陕西、宁夏、甘肃、吉林
分布国家：中国、蒙古、俄罗斯

Mongolian Gerbil *Meriones unguiculatus* (Milne-Edwards, 1867)
Infra-specific Taxa： None
Habitat and Ecology： Semi-desert; Dry Grassland
Ecosystem： Terrestrial
National Key Protected Wild Animal List： None; **CITES Appendix**[1]：Not listed
Red List：IUCN Red List[2]：LC; **China Mammal Red List**[3]：LC
Range in the country： Inner Mongolia, Liaoning, Shanxi, Hebei, Shaanxi, Ningxia, Gansu, Jilin
Range countries： China, Mongolia, Russia

参考文献 Citation

Wang Y(王应祥), 2003; Wilson and Reeder, 2005; Zhang R(张荣祖), 1997; Pan Q *et al.*(潘清华等), 2007; Ma Y *et al.*(马勇等), 2008; Smith *et al.*, 2008; IUCN, 2014

602. 大沙鼠 Great Gerbil

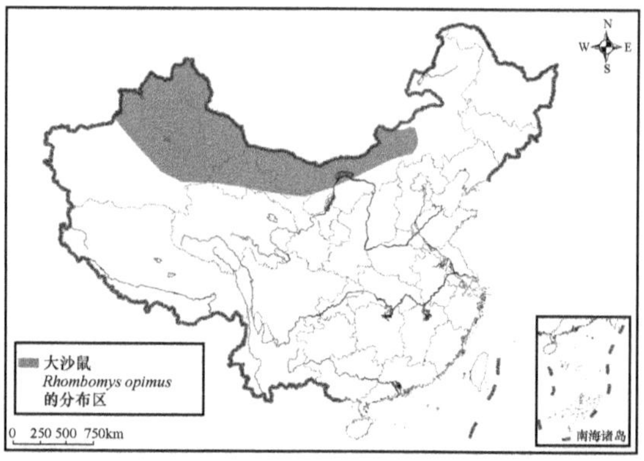

大沙鼠 *Rhombomys opimus* (Lichtenstein, 1823)
种下单元：无
生　　境：荒漠、半荒漠
生态系统：陆生生态系统
保护等级：国家重点保护野生动物等级：无；**CITES 附录** [1]：未列入
红色名录：IUCN[2]：LC；**中国哺乳类红色名录** [3]：LC
国内分布：内蒙古、新疆、甘肃
分布国家：阿富汗、中国、伊朗、哈萨克斯坦、吉尔吉斯斯坦、蒙古、巴基斯坦、塔吉克斯坦、土库曼斯坦、乌兹别克斯坦

Great Gerbil *Rhombomys opimus* (Lichtenstein, 1823)
Infra-specific Taxa： None
Habitat and Ecology： Desert; Semi-desert
Ecosystem： Terrestrial
National Key Protected Wild Animal List： None; **CITES Appendix**[1]：Not listed
Red List：IUCN Red List[2]：LC; **China Mammal Red List**[3]：LC
Range in the country： Inner Mongolia, Xinjiang, Gansu
Range countries： Afghanistan, China, Iran, Kazakhstan, Kyrgyzstan, Mongolia, Pakistan, Tajikistan, Turkmenistan, Uzbekistan

参考文献 Citation

Wang Y(王应祥), 2003; Wilson and Reeder, 2005; Zhang R(张荣祖), 1997; Pan Q *et al.*(潘清华等), 2007; Ma Y *et al.*(马勇等), 2008; Smith *et al.*, 2008; IUCN, 2014

刺山鼠科 PLATACANTHOMYIDAE

603. 猪尾鼠 Sort-furred Tree Mouse

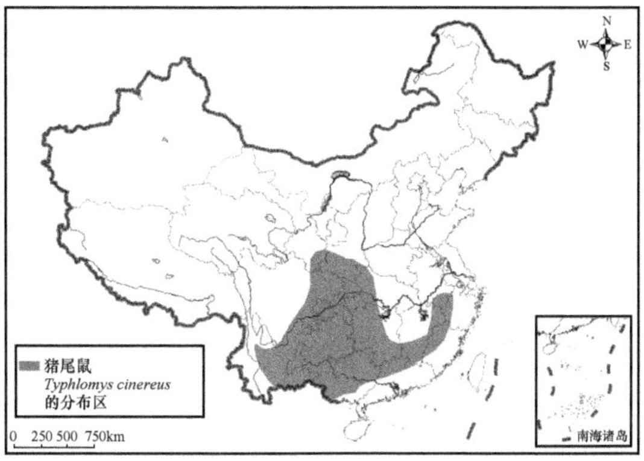

猪尾鼠 *Typhlomys cinereus* (Milne-Edwards, 1877)
种下单元： 无
生　　境： 亚热带湿润低地森林
生态系统： 陆生生态系统
保护等级： **国家重点保护野生动物等级：** 无；**CITES 附录**[1]：未列入
红色名录： **IUCN**[2]：LC；**中国哺乳类红色名录**[3]：LC
国内分布： 陕西、甘肃、四川、贵州、云南、安徽、浙江、湖北、湖南、广东、广西、福建、重庆
分布国家： 中国、越南

Sort-furred Tree Mouse *Typhlomys cinereus* (Milne-Edwards, 1877)
Infra-specific Taxa: None
Habitat and Ecology: Subtropical Moist Lowland Forest
Ecosystem: Terrestrial
National Key Protected Wild Animal List: None; **CITES Appendix**[1]: Not listed
Red List: IUCN Red List[2]: LC; **China Mammal Red List**[3]: LC
Range in the country: Shaanxi, Gansu, Sichuan, Guizhou, Yunnan, Anhui, Zhejiang, Hubei, Hunan, Guangdong, Guangxi, Fujian, Chongqing
Range countries: China, Vietnam

参考文献 Citation

Wang Y(王应祥), 2003; Wilson and Reeder, 2005; Zhang R(张荣祖), 1997; Pan Q *et al.*(潘清华等), 2007; Ma Y *et al.*(马勇等), 2008; Smith *et al.*, 2008; Cong H *et al.*(秦海燕等), 2013; IUCN, 2014

鼹型鼠科 SPALACIDAE

604. 小竹鼠 Lesser Bamboo Rat

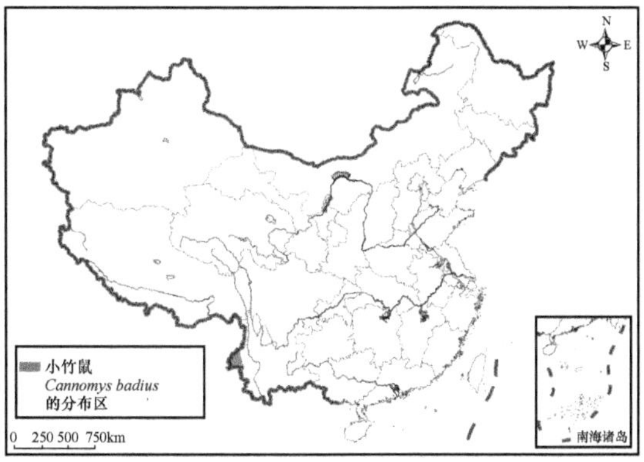

小竹鼠 *Cannomys badius* (Hodgson, 1841)
种下单元： 无
生　　境： 竹林、灌丛
生态系统： 陆生生态系统
保护等级： **国家重点保护野生动物等级：** 无；**CITES 附录**[1]：未列入
红色名录： **IUCN**[2]：LC；**中国哺乳类红色名录**[3]：DD
国内分布： 云南
分布国家： 中国、柬埔寨、印度、老挝、缅甸、尼泊尔、泰国、越南

Lesser Bamboo Rat *Cannomys badius* (Hodgson, 1841)
Infra-specific Taxa: None
Habitat and Ecology: Bamboo Grove; Shrubland
Ecosystem: Terrestrial
National Key Protected Wild Animal List: None; **CITES Appendix**[1]: Not listed
Red List: IUCN Red List[2]: LC; **China Mammal Red List**[3]: DD
Range in the country: Yunnan
Range countries: China, Cambodia, India, Laos, Myanmar, Nepal, Thailand, Vietnam

参考文献 Citation

Wang Y(王应祥), 2003; Wilson and Reeder, 2005; Zhang R(张荣祖), 1997; Pan Q *et al.*(潘清华等), 2007; Ma Y *et al.*(马勇等), 2008; Smith *et al.*, 2008; IUCN, 2014

605. 银星竹鼠 Hoary Bamboo Rat

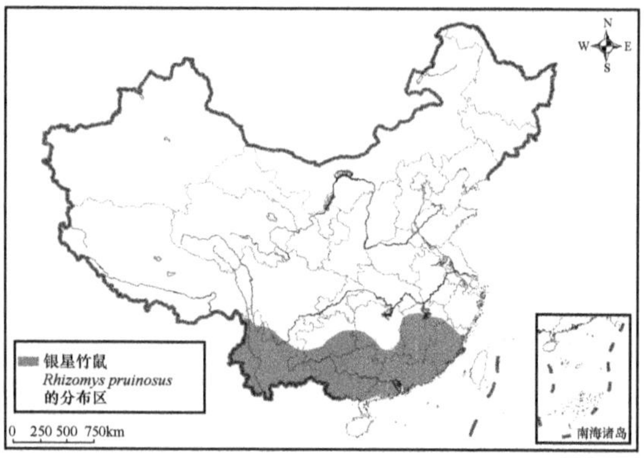

银星竹鼠 *Rhizomys pruinosus* (Blyth, 1851)
种下单元：无
生　　境：竹林、草地
生态系统：陆生生态系统
保护等级：**国家重点保护野生动物等级**：无；**CITES 附录** [1]：未列入
红色名录：**IUCN**[2]：LC；**中国哺乳类红色名录** [3]：LC
国内分布：贵州、云南、四川、江西、湖南、广西、广东、福建
分布国家：柬埔寨、中国、印度、老挝、马来西亚、缅甸、泰国、越南

Hoary Bamboo Rat *Rhizomys pruinosus* (Blyth, 1851)
Infra-specific Taxa：None
Habitat and Ecology：Bamboo Grove; Grassland
Ecosystem：Terrestrial
National Key Protected Wild Animal List：None; **CITES Appendix**[1]：Not listed
Red List：**IUCN Red List**[2]：LC; **China Mammal Red List**[3]：LC
Range in the country：Guizhou, Yunnan, Sichuan, Jiangxi, Hunan, Guangxi, Guangdong, Fujian
Range countries：Cambodia, China, India, Laos, Malaysia, Myanmar, Thailand, Vietnam

参考文献 Citation

Wang Y(王应祥), 2003; Wilson and Reeder, 2005; Zhang R(张荣祖), 1997; Pan Q *et al.*(潘清华等), 2007; Ma Y *et al.*(马勇等), 2008; Smith *et al.*, 2008; IUCN, 2014

606. 中华竹鼠 Chinese Bamboo Rat

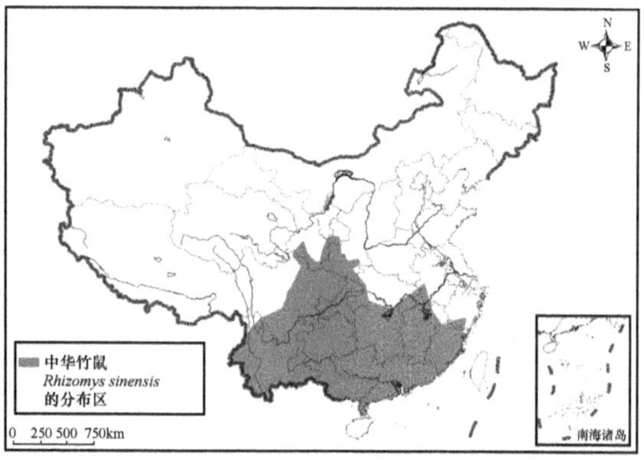

中华竹鼠 *Rhizomys sinensis* (Gray, 1831)
种下单元：无
生　　境：竹林、松林
生态系统：陆生生态系统
保护等级：**国家重点保护野生动物等级**：无；**CITES 附录** [1]：未列入
红色名录：**IUCN**[2]：LC；**中国哺乳类红色名录** [3]：LC
国内分布：云南、四川、贵州、重庆、湖南、湖北、江西、浙江、安徽、广东、广西、甘肃、陕西
分布国家：中国、缅甸、越南

Chinese Bamboo Rat *Rhizomys sinensis*(Gray, 1831)
Infra-specific Taxa：None
Habitat and Ecology：Bamboo Grove; Pinewood
Ecosystem：Terrestrial
National Key Protected Wild Animal List：None; **CITES Appendix**[1]：Not listed
Red List：**IUCN Red List**[2]：LC; **China Mammal Red List**[3]：LC
Range in the country：Yunnan, Sichuan, Guizhou, Chongqing, Hunan, Hubei, Jiangxi, Zhejiang, Anhui, Guangdong, Guangxi, Gansu, Shaanxi
Range countries：China, Myanmar, Vietnam

参考文献 Citation

Wang Y(王应祥), 2003; Wilson and Reeder, 2005; Zhang R(张荣祖), 1997; Pan Q *et al.*(潘清华等), 2007; Ma Y *et al.*(马勇等), 2008; Smith *et al.*, 2008; IUCN, 2014

607. 大竹鼠 Indomalayan Bamboo Rat

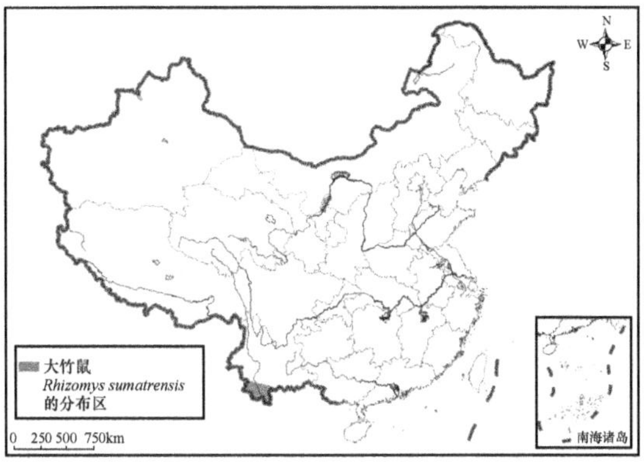

大竹鼠 *Rhizomys sumatrensis*（Raffles, 1821）

种下单元：无

生　　境：竹林

生态系统：陆生生态系统

保护等级：国家重点保护野生动物等级：无；**CITES 附录** [1]：未列入

红色名录：IUCN[2]：LC；**中国哺乳类红色名录** [3]：LC

国内分布：云南

分布国家：柬埔寨、中国、印度尼西亚、老挝、马来西亚、缅甸、泰国、越南

Indomalayan Bamboo Rat *Rhizomys sumatrensis*（Raffles, 1821）

Infra-specific Taxa：None

Habitat and Ecology：Bamboo Grove

Ecosystem：Terrestrial

National Key Protected Wild Animal List：None; **CITES Appendix**[1]：Not listed

Red List：IUCN Red List[2]：LC; **China Mammal Red List**[3]：LC

Range in the country：Yunnan

Range countries：Cambodia, China, Indonesia, Laos, Malaysia, Myanmar, Thailand, Vietnam

参考文献 Citation

Wang Y（王应祥）, 2003; Wilson and Reeder, 2005; Zhang R（张荣祖）, 1997; Pan Q *et al.*（潘清华等）, 2007; Ma Y *et al.*（马勇等）, 2008; Smith *et al.*, 2008; IUCN, 2014

608. 暗褐竹鼠 Ward's Bamboo Rat

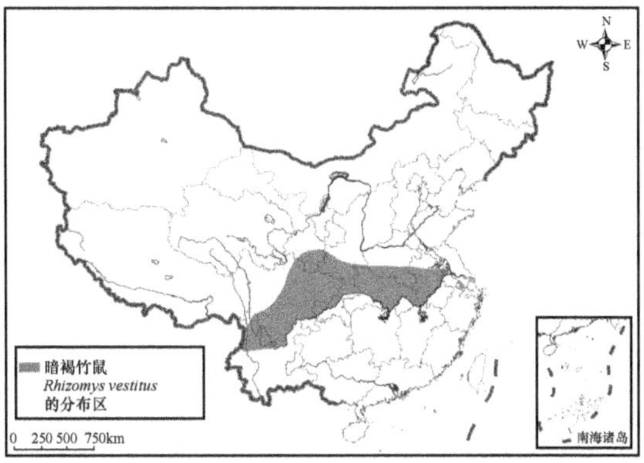

暗褐竹鼠 *Rhizomys vestitus*（Thomas, 1921）

种下单元：无

生　　境：竹林

生态系统：陆生生态系统

保护等级：国家重点保护野生动物等级：无；**CITES 附录** [1]：未列入

红色名录：IUCN[2]：未列入；**中国哺乳类红色名录** [3]：DD

国内分布：四川、陕西、甘肃、重庆、湖北、云南、安徽、河南、湖南

分布国家：中国

Ward's Bamboo Rat *Rhizomys vestitus*（Thomas, 1921）

Infra-specific Taxa：None

Habitat and Ecology：Bamboo Grove

Ecosystem：Terrestrial

National Key Protected Wild Animal List：None; **CITES Appendix**[1]：Not listed

Red List：IUCN Red List[2]：Not listed; **China Mammal Red List**[3]：DD

Range in the country：Sichuan, Shaanxi, Gansu, Chongqing, Hubei, Yunnan, Anhui, Henan, Hunan

Range countries：China

参考文献 Citation

Wang Y（王应祥）, 2003; Pan Q *et al.*（潘清华等）, 2007

609. 中华鼢鼠 Chinese Zokor

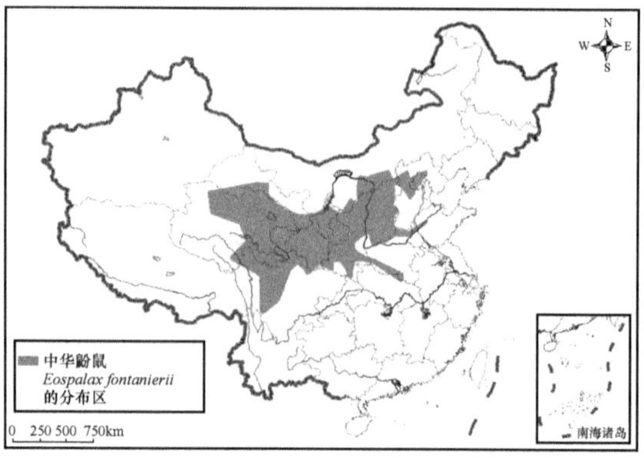

中华鼢鼠 *Eospalax fontanierii* (Milne-Edwards, 1867)
种下单元：无
生　境：草地
生态系统：陆生生态系统
保护等级：国家重点保护野生动物等级：无；**CITES 附录** [1]：未列入
红色名录：IUCN[2]：LC；**中国哺乳类红色名录** [3]：LC
国内分布：内蒙古、河北、北京、山东、山西、河南、陕西、宁夏、甘肃、青海、四川
分布国家：中国

Chinese Zokor *Eospalax fontanierii* (Milne-Edwards, 1867)
Infra-specific Taxa：None
Habitat and Ecology：Grassland
Ecosystem：Terrestrial
National Key Protected Wild Animal List：None; **CITES Appendix**[1]：Not listed
Red List：IUCN Red List[2]：LC; **China Mammal Red List**[3]：LC
Range in the country：Inner Mongolia, Hebei, Beijing, Shandong, Shanxi, Henan, Shaanxi, Ningxia, Gansu, Qinghai, Sichuan
Range countries：China

参考文献 Citation

Wang Y(王应祥), 2003; Wilson and Reeder, 2005; Zhang R(张荣祖), 1997; Pan Q *et al.*(潘清华等), 2007; Ma Y *et al.*(马勇等), 2008; Smith *et al.*, 2008; IUCN, 2014

610. 罗氏鼢鼠 Rothschild's Zokor

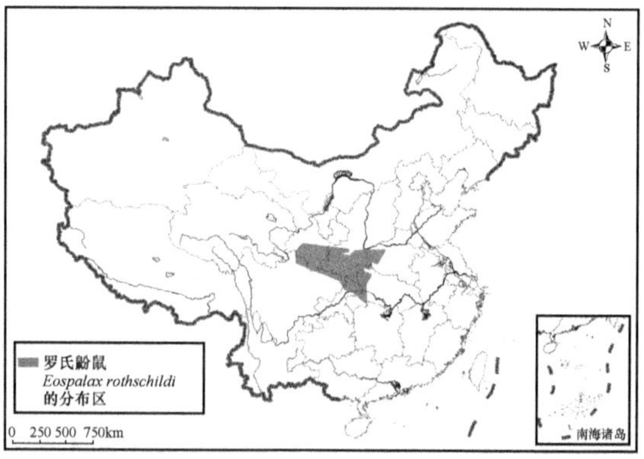

罗氏鼢鼠 *Eospalax rothschildi* (Thomas, 1911)
种下单元：无
生　境：森林、灌丛、草地、耕地
生态系统：陆生生态系统
保护等级：国家重点保护野生动物等级：无；**CITES 附录** [1]：未列入
红色名录：IUCN[2]：LC；**中国哺乳类红色名录** [3]：LC
国内分布：河南、陕西、甘肃、四川、湖北、重庆
分布国家：中国

Rothschild's Zokor *Eospalax rothschildi* (Thomas, 1911)
Infra-specific Taxa：None
Habitat and Ecology：Forest; Shrubland; Grassland; Arable Land
Ecosystem：Terrestrial
National Key Protected Wild Animal List：None; **CITES Appendix**[1]：Not listed
Red List：IUCN Red List[2]：LC; **China Mammal Red List**[3]：LC
Range in the country：Henan, Shaanxi, Gansu, Sichuan, Hubei, Chongqing
Range countries：China

参考文献 Citation

Wang Y(王应祥), 2003; Wilson and Reeder, 2005; Zhang R(张荣祖), 1997; Pan Q *et al.*(潘清华等), 2007; Ma Y *et al.*(马勇等), 2008; Smith *et al.*, 2008; IUCN, 2014

611. 秦岭鼢鼠 Qingling Mountian Zokor

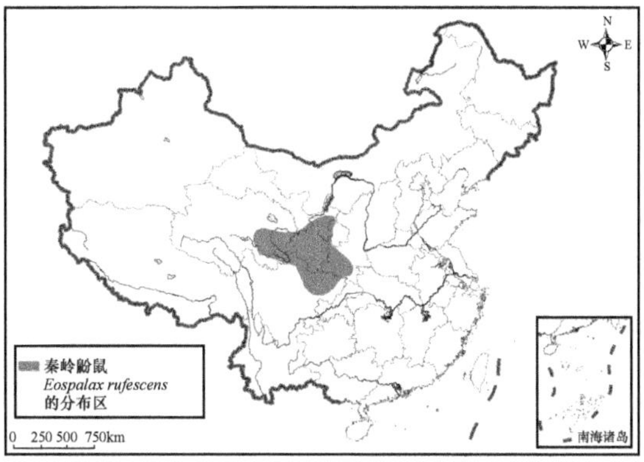

秦岭鼢鼠 *Eospalax rufescens* (J. Allen, 1909)
种下单元：无
生　　境：森林、灌丛、草地、耕地
生态系统：陆生生态系统
保护等级：**国家重点保护野生动物等级**：无；**CITES 附录** [1]：未列入
红色名录：**IUCN**[2]：未列入；**中国哺乳类红色名录** [3]：DD
国内分布：青海、甘肃、宁夏、陕西、四川
分布国家：中国

Qingling Mountain Zokor *Eospalax rufescens* (J. Allen, 1909)
Infra-specific Taxa：None
Habitat and Ecology：Forest; Shrubland; Grassland; Arable Land
Ecosystem：Terrestrial
National Key Protected Wild Animal List：None; **CITES Appendix**[1]：Not listed
Red List：**IUCN Red List**[2]：Not listed; **China Mammal Red List**[3]：DD
Range in the country：Qinghai, Gansu, Ningxia, Shaanxi, Sichuan
Range countries：China

参考文献 Citation

Wang Y(王应祥), 2003; Pan Q *et al.*(潘清华等), 2007; Ma Y *et al.*(马勇等), 2008

612. 斯氏鼢鼠 Smith's Zokor

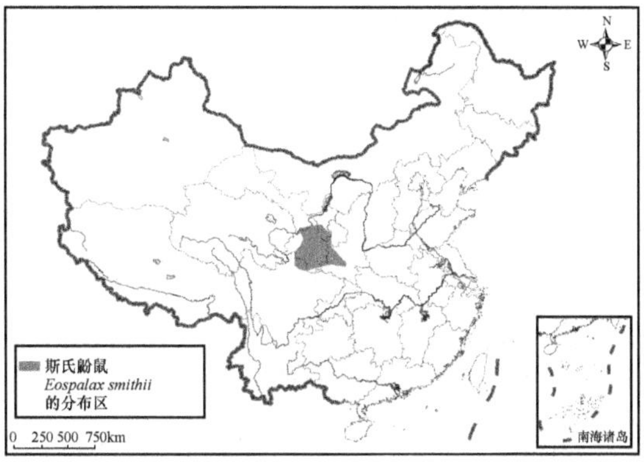

斯氏鼢鼠 *Eospalax smithii* (Thomas, 1911)
种下单元：无
生　　境：干旱草地、耕地
生态系统：陆生生态系统
保护等级：**国家重点保护野生动物等级**：无；**CITES 附录** [1]：未列入
红色名录：**IUCN**[2]：LC；**中国哺乳类红色名录** [3]：NT
国内分布：甘肃、宁夏、陕西、四川
分布国家：中国

Smith's Zokor *Eospalax smithii* (Thomas, 1911)
Infra-specific Taxa：None
Habitat and Ecology：Dry Grassland; Arable Land
Ecosystem：Terrestrial
National Key Protected Wild Animal List：None; **CITES Appendix**[1]：Not listed
Red List：**IUCN Red List**[2]：LC; **China Mammal Red List**[3]：NT
Range in the country：Gansu, Ningxia, Shaanxi, Sichuan
Range countries：China

参考文献 Citation

Wang Y(王应祥), 2003; Wilson and Reeder, 2005; Zhang R(张荣祖), 1997; Pan Q *et al.*(潘清华等), 2007; Ma Y *et al.*(马勇等), 2008; Smith *et al.*, 2008; IUCN, 2014

613. 草原鼢鼠 False Zokor/Steppe Zokor

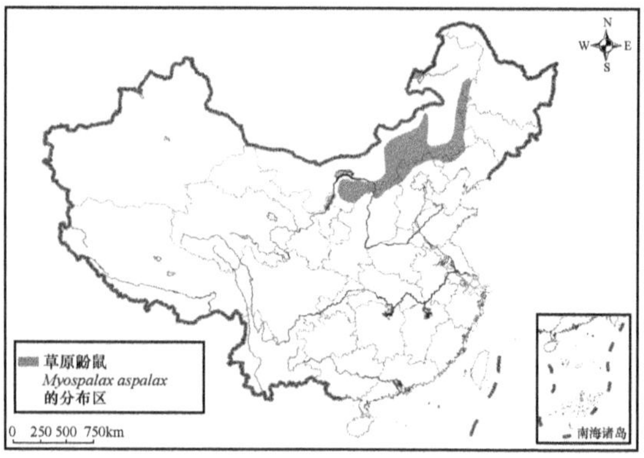

草原鼢鼠 *Myospalax aspalax* (Pallas, 1776)
种下单元： 无
生　　境： 草地、耕地
生态系统： 陆生生态系统
保护等级： **国家重点保护野生动物等级：** 无；**CITES 附录** [1]：未列入
红色名录： **IUCN**[2]：LC；**中国哺乳类红色名录** [3]：LC
国内分布： 黑龙江、吉林、辽宁、内蒙古、河北、山西
分布国家： 中国、蒙古、俄罗斯

False Zokor/Steppe Zokor *Myospalax aspalax* (Pallas, 1776)
Infra-specific Taxa： None
Habitat and Ecology： Grassland; Arable Land
Ecosystem： Terrestrial
National Key Protected Wild Animal List： None; **CITES Appendix**[1]：Not listed
Red List： **IUCN Red List**[2]：LC; **China Mammal Red List**[3]：LC
Range in the country： Heilongjiang, Jilin, Liaoning, Inner Mongolia, Hebei, Shanxi
Range countries： China, Mongolia, Russia

参考文献 Citation

Wang Y (王应祥), 2003; Wilson and Reeder, 2005; Zhang R (张荣祖), 1997; Pan Q *et al.* (潘清华等), 2007; Ma Y *et al.* (马勇等), 2008; Smith *et al.*, 2008; IUCN, 2014

614. 阿尔泰鼢鼠 Siberian Zokor

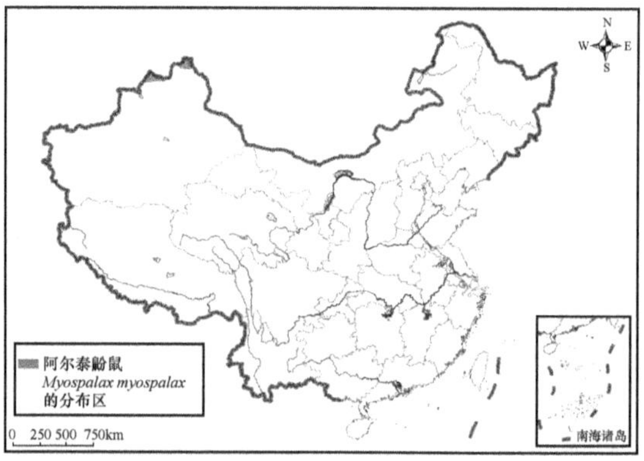

阿尔泰鼢鼠 *Myospalax myospalax* (Laxmann, 1773)
种下单元： 无
生　　境： 灌丛、草地
生态系统： 陆生生态系统
保护等级： **国家重点保护野生动物等级：** 无；**CITES 附录** [1]：未列入
红色名录： **IUCN**[2]：LC；**中国哺乳类红色名录** [3]：LC
国内分布： 新疆
分布国家： 中国、哈萨克斯坦、俄罗斯

Siberian Zokor *Myospalax myospalax* (Laxmann, 1773)
Infra-specific Taxa： None
Habitat and Ecology： Shrubland; Grassland
Ecosystem： Terrestrial
National Key Protected Wild Animal List： None; **CITES Appendix**[1]：Not listed
Red List： **IUCN Red List**[2]：LC; **China Mammal Red List**[3]：LC
Range in the country： Xinjiang
Range countries： China, Kazakhstan, Russia

参考文献 Citation

Pan Q *et al.* (潘清华等), 2007; Smith *et al.*, 2008; IUCN, 2014

615. 东北鼢鼠 Transbaikal Zokor/North China Zokor

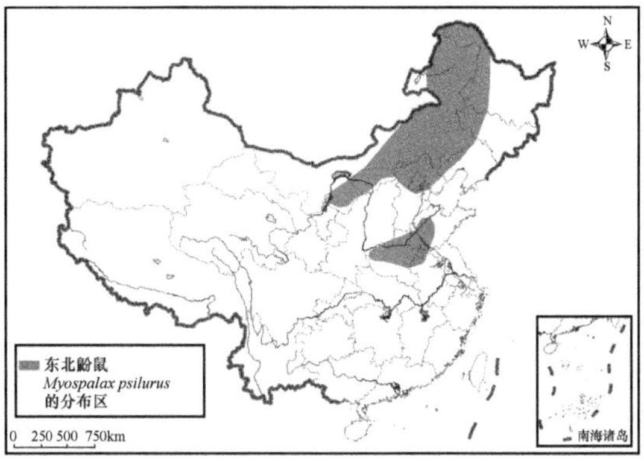

东北鼢鼠 *Myospalax psilurus* (Milne-Edwards, 1874)
种下单元：无
生　　境：低地草地、农田
生态系统：陆生生态系统
保护等级：国家重点保护野生动物等级：无；**CITES 附录**[1]：未列入
红色名录：IUCN[2]：LC；**中国哺乳类红色名录**[3]：LC
国内分布：黑龙江、吉林、辽宁、内蒙古、河北、北京、天津、山东、河南、安徽
分布国家：中国、蒙古、俄罗斯

Transbaikal Zokor/North China Zokor *Myospalax psilurus* (Milne-Edwards, 1874)
Infra-specific Taxa：None
Habitat and Ecology：Lowland Grassland; Arable Land
Ecosystem：Terrestrial
National Key Protected Wild Animal List：None; **CITES Appendix**[1]：Not listed
Red List：**IUCN Red List**[2]：LC; **China Mammal Red List**[3]：LC
Range in the country：Heilongjiang, Jilin, Liaoning, Inner Mongolia, Hebei, Beijing, Tianjin, Shandong, Henan, Anhui
Range countries：China, Mongolia, Russia
参考文献 Citation
Wang Y(王应祥), 2003; Wilson and Reeder, 2005; Zhang R(张荣祖), 1997; Pan Q *et al.*(潘清华等), 2007; Ma Y *et al.*(马勇等), 2008; Smith *et al.*, 2008; IUCN, 2014

睡鼠科 GLIRIDAE

616. 林睡鼠 Forest Dormouse

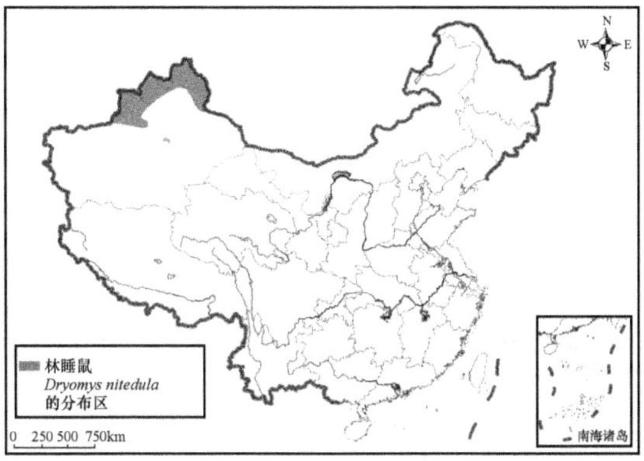

林睡鼠 *Dryomys nitedula* (Pallas, 1778)
种下单元：无
生　　境：针叶阔叶混交林
生态系统：陆生生态系统
保护等级：国家重点保护野生动物等级：无；**CITES 附录**[1]：未列入
红色名录：IUCN[2]：LC；**中国哺乳类红色名录**[3]：NT
国内分布：新疆
分布国家：阿富汗、阿尔巴尼亚、奥地利、阿塞拜疆、白俄罗斯、波斯尼亚和黑塞哥维那、保加利亚、中国、克罗地亚、捷克、格鲁吉亚、德国、希腊、匈牙利、伊朗、伊拉克、以色列、意大利、哈萨克斯坦、吉尔吉斯斯坦、拉脱维亚、列支敦士登、立陶宛、马其顿、摩尔多瓦、蒙古、黑山、巴基斯坦、波兰、罗马尼亚、俄罗斯、塞尔维亚、斯洛伐克、斯洛文尼亚、瑞士、叙利亚、塔吉克斯坦、土耳其、土库曼斯坦、乌克兰、乌兹别克斯坦

Forest Dormouse *Dryomys nitedula* (Pallas, 1778)
Infra-specific Taxa：None
Habitat and Ecology：Coniferous and Broad-leaved Mixed Forest
Ecosystem：Terrestrial
National Key Protected Wild Animal List：None; **CITES Appendix**[1]：Not listed
Red List：**IUCN Red List**[2]：LC; **China Mammal Red List**[3]：NT
Range in the country：Xinjiang
Range countries：Afghanistan, Albania, Austria, Azerbaijan, Belarus, Bosnia and Herzegovina, Bulgaria, China, Croatia, Czech, Georgia, Germany, Greece, Hungary, Iran, Iraq, Israel, Italy, Kazakhstan, Kyrgyzstan, Latvia, Liechtenstein, Lithuania, Macedonia, Moldova, Mongolia, Montenegro, Pakistan, Poland, Romania, Russia, Serbia, Slovakia, Slovenia, Switzerland, Syrian Arab Republic, Tajikistan, Turkey, Turkmenistan, Ukraine, Uzbekistan
参考文献 Citation
Wang Y(王应祥), 2003; Wilson and Reeder, 2005; Zhang R(张荣祖), 1997; Pan Q *et al.*(潘清华等), 2007; Ma Y *et al.*(马勇等), 2008; Smith *et al.*, 2008; IUCN, 2014

617. 四川毛尾睡鼠 Sichuan Dormouse

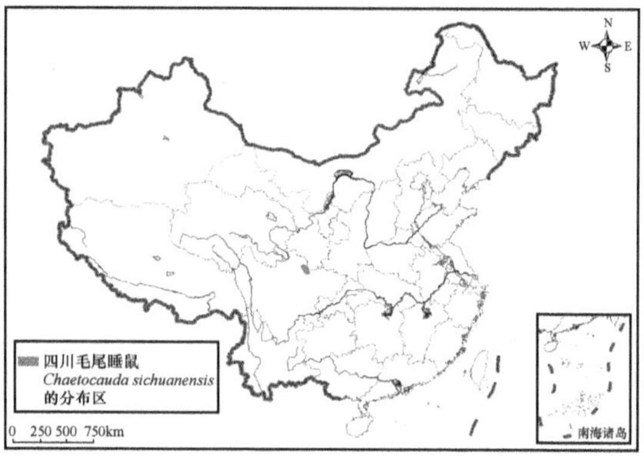

四川毛尾睡鼠　*Chaetocauda sichuanensis* (Wang, 1985)
种下单元： 无
生　　境： 针叶阔叶混交林
生态系统： 陆生生态系统
保护等级：国家重点保护野生动物等级： 无；**CITES 附录** [1]：未列入
红色名录：IUCN[2]：DD；**中国哺乳类红色名录** [3]：EN
国内分布： 四川
分布国家： 中国

Sichuan Dormouse　*Chaetocauda sichuanensis* (Wang, 1985)
Infra-specific Taxa：None
Habitat and Ecology：Coniferous and Broad-leaved Mixed Forest
Ecosystem：Terrestrial
National Key Protected Wild Animal List：None; **CITES Appendix**[1]：Not listed
Red List：**IUCN Red List**[2]：DD; **China Mammal Red List**[3]：EN
Range in the country：Sichuan
Range countries：China

参考文献 Citation

Wang Y (王应祥), 2003; Wilson and Reeder, 2005; Zhang R (张荣祖), 1997; Pan Q *et al.* (潘清华等), 2007; Ma Y *et al.* (马勇等), 2008; Smith *et al.*, 2008; IUCN, 2014

跳鼠科 DIPODIDAE

618. 长尾蹶鼠 Long-tailed Birch Mouse

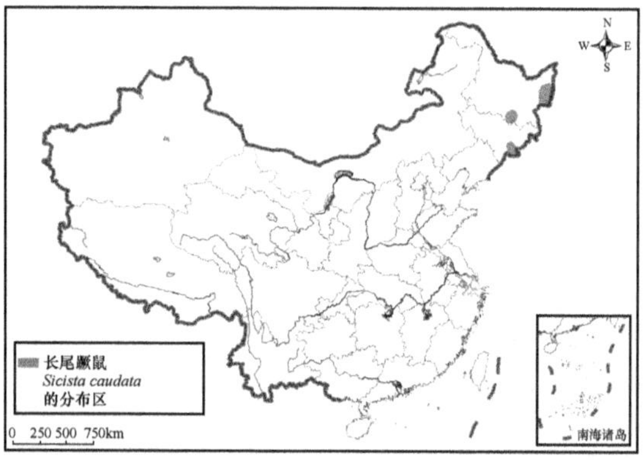

长尾蹶鼠　*Sicista caudata* (Thomas, 1907)
种下单元： 无
生　　境： 泰加林、针叶阔叶混交林
生态系统： 陆生生态系统
保护等级：国家重点保护野生动物等级： 无；**CITES 附录** [1]：未列入
红色名录：IUCN[2]：DD；**中国哺乳类红色名录** [3]：DD
国内分布： 吉林、黑龙江
分布国家： 中国、俄罗斯

Long-tailed Birch Mouse　*Sicista caudata* (Thomas, 1907)
Infra-specific Taxa：None
Habitat and Ecology：Taiga; Coniferous and Broad-leaved Mixed Forest
Ecosystem：Terrestrial
National Key Protected Wild Animal List：None; **CITES Appendix**[1]：Not listed
Red List：**IUCN Red List**[2]：DD; **China Mammal Red List**[3]：DD
Range in the country：Jilin, Heilongjiang
Range countries：China, Russia

参考文献 Citation

Wang Y (王应祥), 2003; Wilson and Reeder, 2005; Pan Q *et al.* (潘清华等), 2007; Ma Y *et al.* (马勇等), 2008; Smith *et al.*, 2008; IUCN, 2014

619. 中国蹶鼠 Chinese Birch Mouse

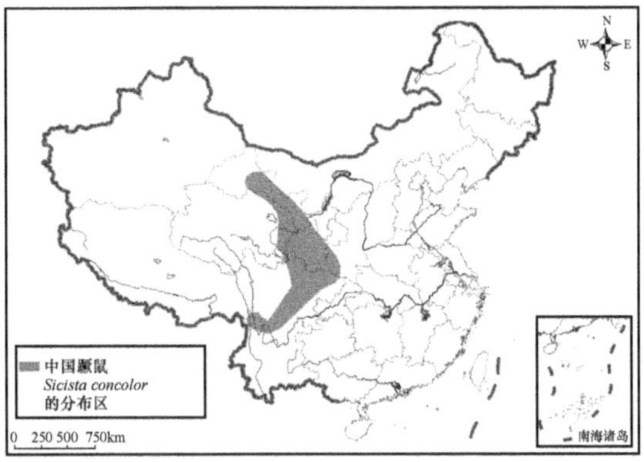

中国蹶鼠 *Sicista concolor* (Büchner, 1892)
种下单元：无
生　　境：温带森林、灌木、草地
生态系统：陆生生态系统
保护等级：国家重点保护野生动物等级：无；**CITES 附录**[1]：未列入
红色名录：IUCN[2]：LC；**中国哺乳类红色名录**[3]：LC
国内分布：甘肃、青海、四川、陕西、云南
分布国家：中国、印度、巴基斯坦

Chinese Birch Mouse *Sicista concolor* (Büchner, 1892)
Infra-specific Taxa: None
Habitat and Ecology: Temperate Forest; Shrubland; Grassland
Ecosystem: Terrestrial
National Key Protected Wild Animal List: None; **CITES Appendix**[1]: Not listed
Red List: IUCN Red List[2]: LC; **China Mammal Red List**[3]: LC
Range in the country: Gansu, Qinghai, Sichuan, Shaanxi, Yunnan
Range countries: China, India, Pakistan

参考文献 Citation

Wang Y(王应祥), 2003; Wilson and Reeder, 2005; Zhang R(张荣祖), 1997; Pan Q *et al.*(潘清华等), 2007; Ma Y *et al.*(马勇等), 2008; Smith *et al.*, 2008; IUCN, 2014

620. 草原蹶鼠 Southern Birch Mouse

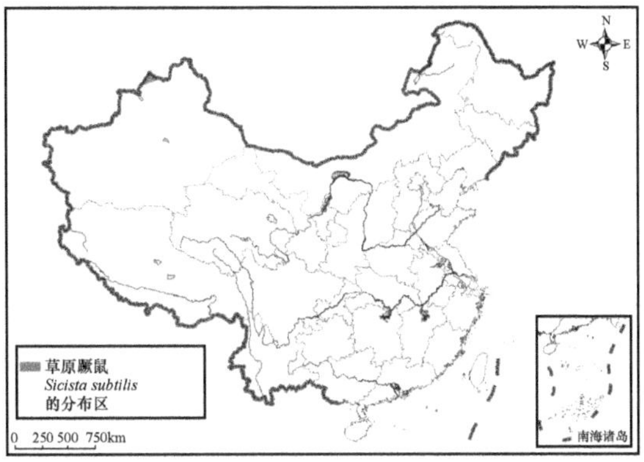

草原蹶鼠 *Sicista subtilis* (Pallas, 1773)
种下单元：无
生　　境：草地、半荒漠、草甸
生态系统：陆生生态系统
保护等级：国家重点保护野生动物等级：无；**CITES 附录**[1]：未列入
红色名录：IUCN[2]：LC；**中国哺乳类红色名录**[3]：LC
国内分布：新疆
分布国家：保加利亚、中国、匈牙利、哈萨克斯坦、罗马尼亚、俄罗斯、塞尔维亚、斯洛伐克、乌克兰

Southern Birch Mouse *Sicista subtilis* (Pallas, 1773)
Infra-specific Taxa: None
Habitat and Ecology: Grassland; Semi-desert; Meadow
Ecosystem: Terrestrial
National Key Protected Wild Animal List: None; **CITES Appendix**[1]: Not listed
Red List: IUCN Red List[2]: LC; **China Mammal Red List**[3]: LC
Range in the country: Xinjiang
Range countries: Bulgaria,China, Hungary, Kazakhstan, Romania, Russia, Serbia, Slovakia, Ukraine

参考文献 Citation

Wang Y(王应祥), 2003; Wilson and Reeder, 2005; Zhang R(张荣祖), 1997; Pan Q *et al.*(潘清华等), 2007; Ma Y *et al.*(马勇等), 2008; Smith *et al.*, 2008; IUCN, 2014

621. 天山蹶鼠 Tien Shan Birch Mouse

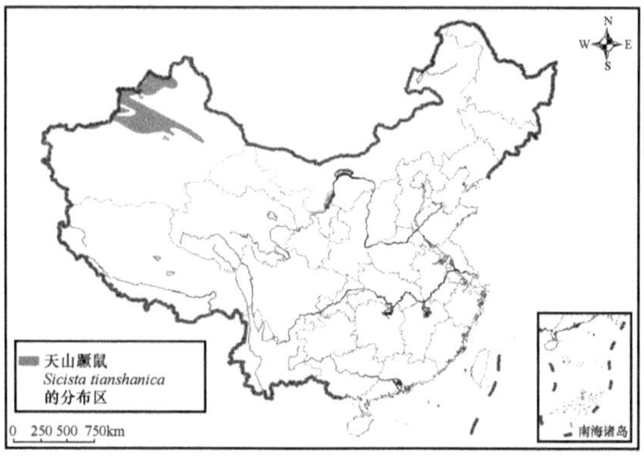

天山蹶鼠 *Sicista tianshanica* (Salensky, 1903)

种下单元：无

生　　境：森林、草甸

生态系统：陆生生态系统

保护等级：**国家重点保护野生动物等级**：无；**CITES 附录** [1]：未列入

红色名录：**IUCN**[2]：LC；**中国哺乳类红色名录** [3]：LC

国内分布：新疆

分布国家：中国、哈萨克斯坦、吉尔吉斯斯坦

Tien Shan Birch Mouse *Sicista tianshanica* (Salensky, 1903)

Infra-specific Taxa：None

Habitat and Ecology：Forest; Meadow

Ecosystem：Terrestrial

National Key Protected Wild Animal List：None; **CITES Appendix**[1]：Not listed

Red List：**IUCN Red List**[2]：LC; **China Mammal Red List**[3]：LC

Range in the country：Xinjiang

Range countries：China, Kazakhstan, Kyrgyzstan

参考文献 Citation

Wang Y(王应祥), 2003; Wilson and Reeder, 2005; Pan Q *et al.*(潘清华等), 2007; Ma Y *et al.*(马勇等), 2008; Smith *et al.*, 2008; IUCN, 2014

622. 林跳鼠 Chinese Jumping Mouse

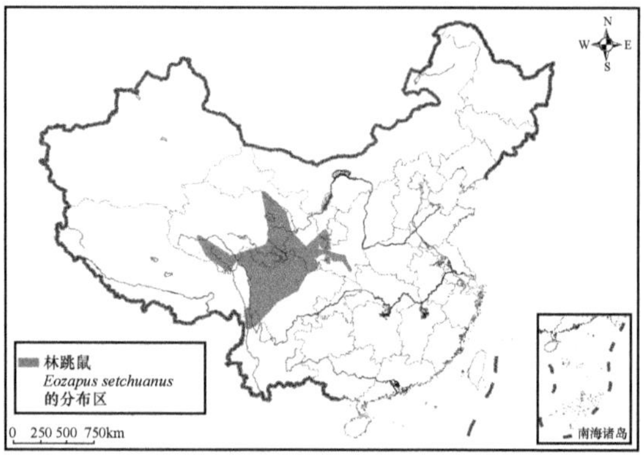

林跳鼠 *Eozapus setchuanus* (Pousargues, 1896)

种下单元：无

生　　境：灌丛、草地、草甸

生态系统：陆生生态系统

保护等级：**国家重点保护野生动物等级**：无；**CITES 附录** [1]：未列入

红色名录：**IUCN**[2]：LC；**中国哺乳类红色名录** [3]：LC

国内分布：陕西、甘肃、青海、宁夏、四川、云南

分布国家：中国

Chinese Jumping Mouse *Eozapus setchuanus* (Pousargues, 1896)

Infra-specific Taxa：None

Habitat and Ecology：Shrubland; Grassland; Meadow

Ecosystem：Terrestrial

National Key Protected Wild Animal List：None; **CITES Appendix**[1]：Not listed

Red List：**IUCN Red List**[2]：LC; **China Mammal Red List**[3]：LC

Range in the country：Shaanxi, Gansu, Qinghai, Ningxia, Sichuan, Yunnan

Range countries：China

参考文献 Citation

Wang Y(王应祥), 2003; Wilson and Reeder, 2005; Zhang R(张荣祖), 1997; Pan Q *et al.*(潘清华等), 2007; Ma Y *et al.*(马勇等), 2008; Smith *et al.*, 2008; IUCN, 2014

623. 巴里坤跳鼠 Balikun Jerboa

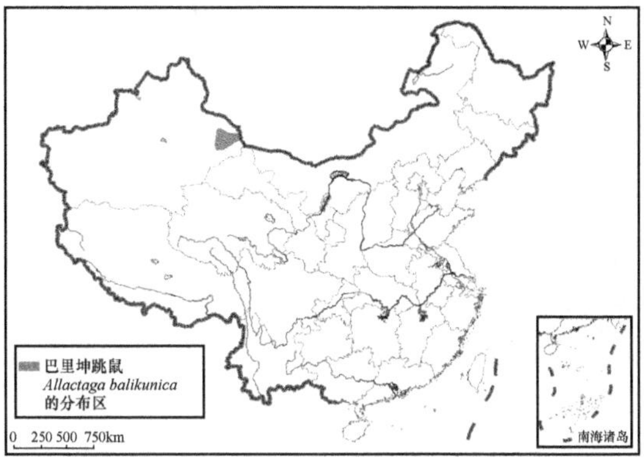

巴里坤跳鼠 *Allactaga balikunica* (Hsia & Fang, 1964)
种下单元：无
生　　境：内陆岩石区域
生态系统：陆生生态系统
保护等级：国家重点保护野生动物等级：无；**CITES 附录**[1]：未列入
红色名录：IUCN[2]：LC；**中国哺乳类红色名录**[3]：DD
国内分布：新疆
分布国家：中国、蒙古

Balikun Jerboa *Allactaga balikunica* (Hsia & Fang, 1964)
Infra-specific Taxa: None
Habitat and Ecology: Inland Rocky Areas
Ecosystem: Terrestrial
National Key Protected Wild Animal List: None; **CITES Appendix**[1]: Not listed
Red List: IUCN Red List[2]: LC; **China Mammal Red List**[3]: DD
Range in the country: Xinjiang
Range countries: China, Mongolia

参考文献 Citation

Wilson and Reeder, 2005; Pan Q *et al.*(潘清华等), 2007; Ma Y *et al.*(马勇等), 2008; Smith *et al.*, 2008; IUCN, 2014

624. 巨泡五趾跳鼠 Gobi Jerboa

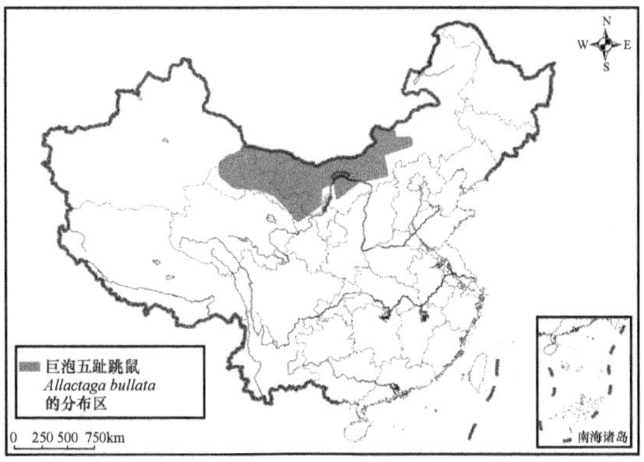

巨泡五趾跳鼠 *Allactaga bullata* (Allen, 1925)
种下单元：无
生　　境：沙漠、灌丛、荒漠
生态系统：陆生生态系统
保护等级：国家重点保护野生动物等级：无；**CITES 附录**[1]：未列入
红色名录：IUCN[2]：LC；**中国哺乳类红色名录**[3]：LC
国内分布：内蒙古、新疆、甘肃
分布国家：中国、蒙古

Gobi Jerboa *Allactaga bullata* (Allen, 1925)
Infra-specific Taxa: None
Habitat and Ecology: Desert; Shrubland; Desert
Ecosystem: Terrestrial
National Key Protected Wild Animal List: None; **CITES Appendix**[1]: Not listed
Red List: IUCN Red List[2]: LC; **China Mammal Red List**[3]: LC
Range in the country: Inner Mongolia, Xinjiang, Gansu
Range countries: China, Mongolia

参考文献 Citation

Wang Y(王应祥), 2003; Wilson and Reeder, 2005; Zhang R(张荣祖), 1997; Pan Q *et al.*(潘清华等), 2007; Ma Y *et al.*(马勇等), 2008; Smith *et al.*, 2008; IUCN, 2014

625. 小五趾跳鼠 Small Five-toed Jerboa

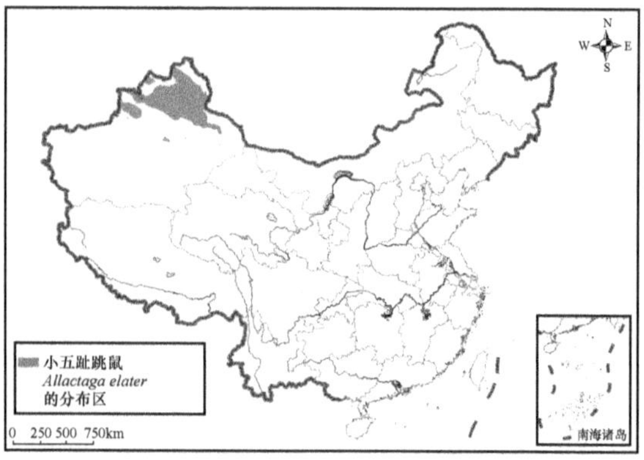

小五趾跳鼠　*Allactaga elater* (Lichtenstein, 1825)

种下单元： 无

生　　境： 沙漠、半荒漠

生态系统： 陆生生态系统

保护等级： **国家重点保护野生动物等级：** 无；**CITES 附录**[1]：未列入

红色名录： **IUCN**[2]：LC；**中国哺乳类红色名录**[3]：LC

国内分布： 新疆

分布国家： 中国、阿富汗、亚美尼亚、阿塞拜疆、中国、格鲁吉亚、伊朗、哈萨克斯坦、吉尔吉斯斯坦、蒙古、巴基斯坦、俄罗斯、塔吉克斯坦、土耳其、土库曼斯坦、乌兹别克斯坦

Small Five-toed Jerboa　*Allactaga elater* (Lichtenstein, 1825)

Infra-specific Taxa: None

Habitat and Ecology: Desert; Semi-desert

Ecosystem: Terrestrial

National Key Protected Wild Animal List: None; **CITES Appendix**[1]: Not listed

Red List: **IUCN Red List**[2]: LC; **China Mammal Red List**[3]: LC

Range in the country: Xinjiang

Range countries: China, Afghanistan, Armenia, Azerbaijan, China, Georgia, Iran, Kazakhstan, Kyrgyzstan, Mongolia, Pakistan, Russia, Tajikistan, Turkey, Turkmenistan, Uzbekistan

参考文献 Citation

Wang Y (王应祥), 2003; Wilson and Reeder, 2005; Zhang R (张荣祖), 1997; Pan Q *et al.* (潘清华等), 2007; Ma Y *et al.* (马勇等), 2008; Smith *et al.*, 2008; IUCN, 2014

626. 大五趾跳鼠 Great Jerboa

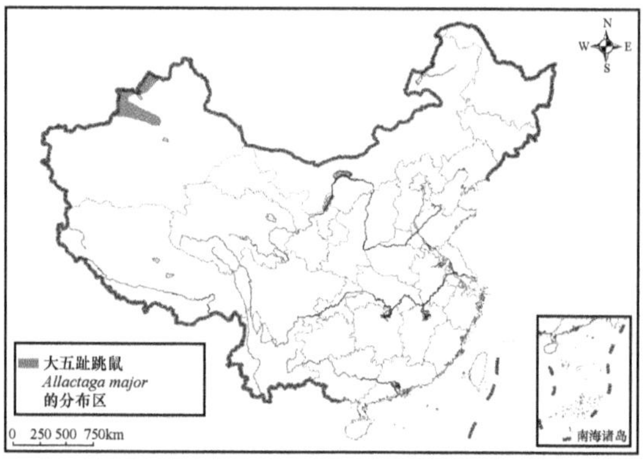

大五趾跳鼠　*Allactaga major* (Kerr, 1792) *

种下单元： 无

生　　境： 沙漠、半沙漠、草地

生态系统： 陆生生态系统

保护等级： **国家重点保护野生动物等级：** 无；**CITES 附录**[1]：未列入

红色名录： **IUCN**[2]：LC；**中国哺乳类红色名录**[3]：LC

国内分布： 新疆

分布国家： 中国、哈萨克斯坦、俄罗斯、乌克兰、乌兹别克斯坦

Great Jerboa　*Allactaga major* (Kerr, 1792) *

Infra-specific Taxa: None

Habitat and Ecology: Desert; Semi-desert; Grassland

Ecosystem: Terrestrial

National Key Protected Wild Animal List: None; **CITES Appendix**[1]: Not listed

Red List: **IUCN Red List**[2]: LC; **China Mammal Red List**[3]: LC

Range in the country: Xinjiang

Range countries: China, Kazakhstan, Russia, Ukraine, Uzbekistan

参考文献 Citation

Wang Y (王应祥), 2003; Wilson and Reeder, 2005; Pan Q *et al.* (潘清华等), 2007; Smith *et al.*, 2008; IUCN, 2014

627. 五趾跳鼠 Siberian Jerboa/Mongolian Five-toed Jerboa

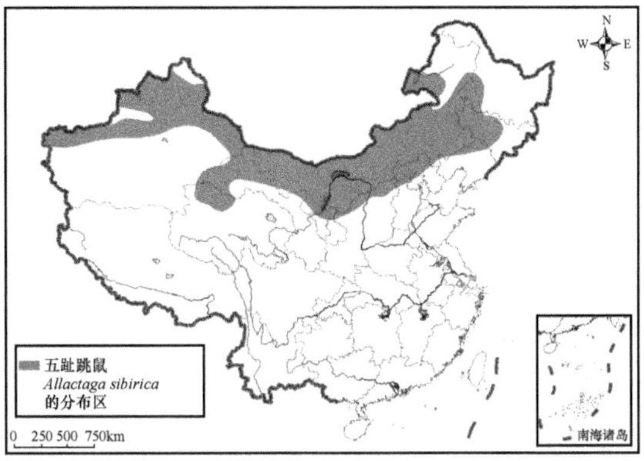

五趾跳鼠 *Allactaga sibirica* (Forster, 1778)
种下单元：无
生　　境：荒漠、草地
生态系统：陆生生态系统
保护等级：**国家重点保护野生动物等级**：无；**CITES 附录**[1]：未列入
红色名录：**IUCN**[2]：LC；**中国哺乳类红色名录**[3]：LC
国内分布：黑龙江、吉林、辽宁、内蒙古、河北、山西、陕西、甘肃、宁夏、青海、新疆
分布国家：中国、哈萨克斯坦、吉尔吉斯斯坦、蒙古、俄罗斯、土库曼斯坦、乌兹别克斯坦

Siberian Jerboa/Mongolian Five-toed Jerboa *Allactaga sibirica* (Forster, 1778)
Infra-specific Taxa：None
Habitat and Ecology：Desert; Grassland
Ecosystem：Terrestrial
National Key Protected Wild Animal List：None; **CITES Appendix**[1]：Not listed
Red List：**IUCN Red List**[2]：LC; **China Mammal Red List**[3]：LC
Range in the country：Heilongjiang, Jilin, Liaoning, Inner Mongolia, Hebei, Shanxi, Shaanxi, Gansu, Ningxia, Qinghai, Xinjiang
Range countries：China, Kazakhstan, Kyrgyzstan, Mongolia, Russia, Turkmenistan, Uzbekistan

参考文献 Citation

Wang Y(王应祥), 2003; Wilson and Reeder, 2005; Zhang R(张荣祖), 1997; Pan Q *et al.*(潘清华等), 2007; Ma Y *et al.*(马勇等), 2008; Smith *et al.*, 2008; IUCN, 2014

628. 小地兔 Dwarf Fat-tailed Jerboa

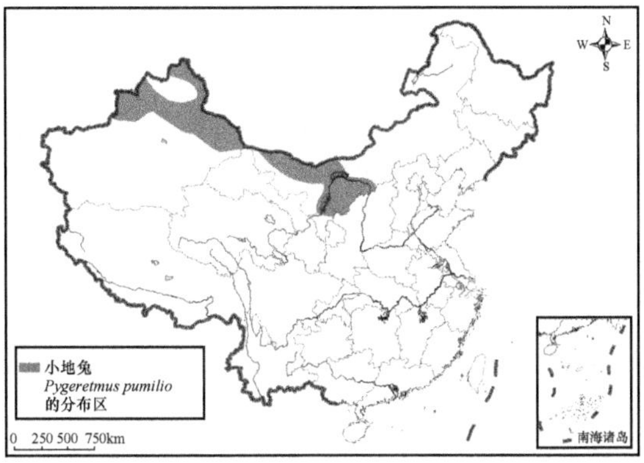

小地兔 *Pygeretmus pumilio* (Kerr, 1792)
种下单元：无
生　　境：荒漠、半荒漠
生态系统：陆生生态系统
保护等级：**国家重点保护野生动物等级**：无；**CITES 附录**[1]：未列入
红色名录：**IUCN**[2]：LC；**中国哺乳类红色名录**[3]：LC
国内分布：内蒙古、新疆、宁夏
分布国家：中国、伊朗、哈萨克斯坦、蒙古、俄罗斯

Dwarf Fat-tailed Jerboa *Pygeretmus pumilio* (Kerr, 1792)
Infra-specific Taxa：None
Habitat and Ecology：Desert; Semi-desert
Ecosystem：Terrestrial
National Key Protected Wild Animal List：None; **CITES Appendix**[1]：Not listed
Red List：**IUCN Red List**[2]：LC; **China Mammal Red List**[3]：LC
Range in the country：Inner Mongolia, Xinjiang, Ningxia
Range countries：China, Iran, Kazakhstan, Mongolia, Russia

参考文献 Citation

Wang Y(王应祥), 2003; Wilson and Reeder, 2005; Zhang R(张荣祖), 1997; Pan Q *et al.*(潘清华等), 2007; Ma Y *et al.*(马勇等), 2008; Smith *et al.*, 2008; IUCN, 2014

629. 五趾心颅跳鼠 Five-toed Pygmy Jerboa

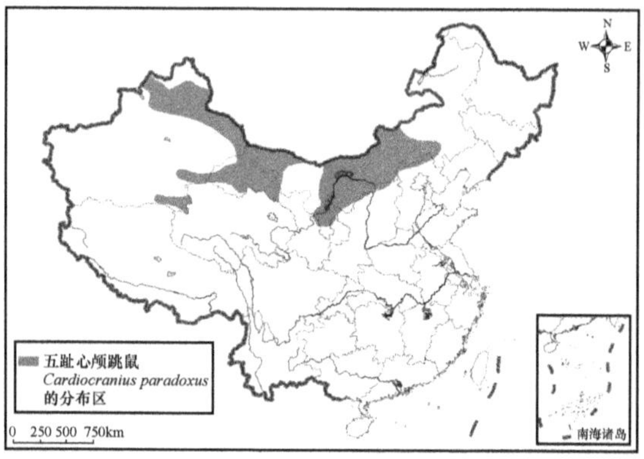

五趾心颅跳鼠 *Cardiocranius paradoxus* (Satunin, 1903)

种下单元：无

生　　境：荒漠

生态系统：陆生生态系统

保护等级：**国家重点保护野生动物等级**：无；**CITES 附录** [1]：未列入

红色名录：**IUCN**[2]：DD；**中国哺乳类红色名录** [3]：LC

国内分布：内蒙古、甘肃、宁夏、新疆

分布国家：中国、哈萨克斯坦、蒙古、俄罗斯

Five-toed Pygmy Jerboa *Cardiocranius paradoxus* (Satunin, 1903)

Infra-specific Taxa：None

Habitat and Ecology：Desert

Ecosystem：Terrestrial

National Key Protected Wild Animal List：None; **CITES Appendix**[1]：Not listed

Red List：**IUCN Red List**[2]：DD; **China Mammal Red List**[3]：LC

Range in the country：Inner Mongolia, Gansu, Ningxia, Xinjiang

Range countries：China, Kazakhstan, Mongolia, Russia

参考文献 Citation

Wang Y(王应祥), 2003; Wilson and Reeder, 2005; Zhang R(张荣祖), 1997; Pan Q *et al.*(潘清华等), 2007; Ma Y *et al.*(马勇等), 2008; Smith *et al.*, 2008; IUCN, 2014

630. 肥尾心颅跳鼠 Thick-tailed Pygmy Jerboa

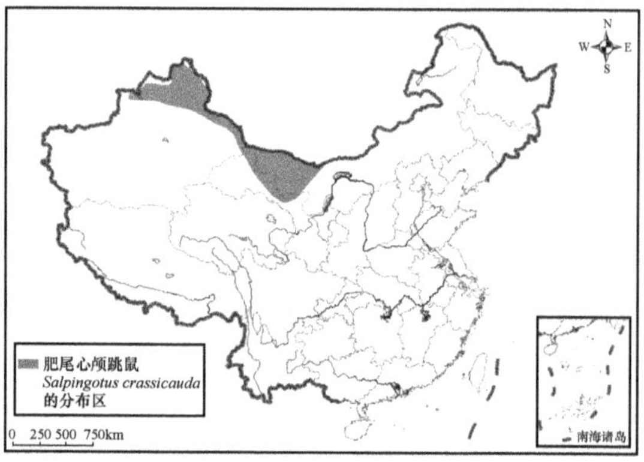

肥尾心颅跳鼠 *Salpingotus crassicauda* (Vinogradov, 1924)

种下单元：无

生　　境：植被稳定的沙地

生态系统：陆生生态系统

保护等级：**国家重点保护野生动物等级**：无；**CITES 附录** [1]：未列入

红色名录：**IUCN**[2]：DD；**中国哺乳类红色名录** [3]：LC

国内分布：新疆、甘肃、内蒙古

分布国家：中国、哈萨克斯坦、蒙古

Thick-tailed Pygmy Jerboa *Salpingotus crassicauda* (Vinogradov, 1924)

Infra-specific Taxa：None

Habitat and Ecology：Tibba with vegetative cover

Ecosystem：Terrestrial

National Key Protected Wild Animal List：None; **CITES Appendix**[1]：Not listed

Red List：**IUCN Red List**[2]：DD; **China Mammal Red List**[3]：LC

Range in the country：Xinjiang, Gansu, Inner Mongolia

Range countries：China, Kazakhstan, Mongolia

参考文献 Citation

Wang Y(王应祥), 2003; Wilson and Reeder, 2005; Zhang R(张荣祖), 1997; Pan Q *et al.*(潘清华等), 2007; Ma Y *et al.*(马勇等), 2008; Smith *et al.*, 2008; IUCN, 2014

631. 三趾心颅跳鼠 Kozlov's Pygmy Jerboa

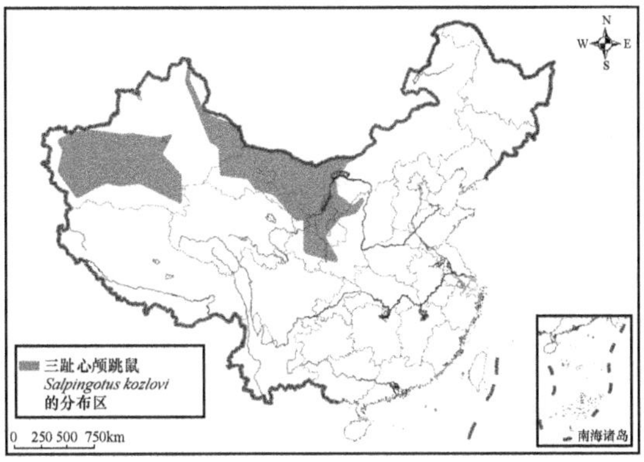

三趾心颅跳鼠 *Salpingotus kozlovi*（Vinogradov, 1922）
种下单元：无
生　　境：荒漠
生态系统：陆生生态系统
保护等级：国家重点保护野生动物等级：无；**CITES 附录**[1]：未列入
红色名录：IUCN[2]：LC；**中国哺乳类红色名录**[3]：LC
国内分布：内蒙古、甘肃、陕西、宁夏、新疆
分布国家：中国、蒙古

Kozlov's Pygmy Jerboa *Salpingotus kozlovi*-（Vinogradov, 1922）
Infra-specific Taxa：None
Habitat and Ecology：Desert
Ecosystem：Terrestrial
National Key Protected Wild Animal List：None; **CITES Appendix**[1]：Not listed
Red List：IUCN Red List[2]：LC; **China Mammal Red List**[3]：LC
Range in the country：Inner Mongolia, Gansu, Shaanxi, Ningxia, Xinjiang
Range countries：China, Mongolia

参考文献 Citation

Wang Y（王应祥）, 2003; Wilson and Reeder, 2005; Zhang R（张荣祖）, 1997; Pan Q *et al.*（潘清华等）, 2007; Ma Y *et al.*（马勇等）, 2008; Smith *et al.*, 2008; IUCN, 2014

632. 三趾跳鼠 Hairy-footed Jerboa/Northern Three-toed Jerboa

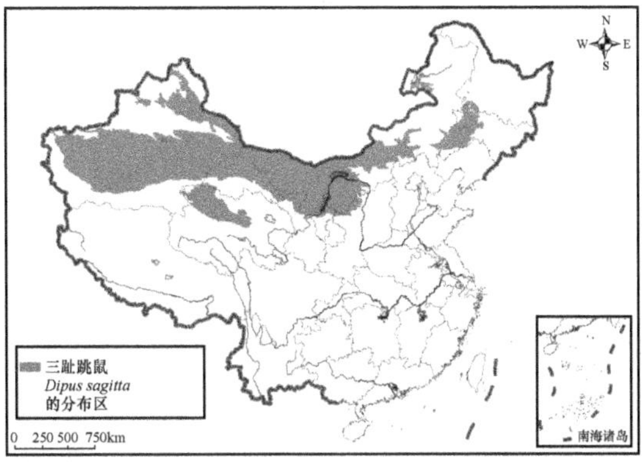

三趾跳鼠 *Dipus sagitta*（Pallas, 1773）
种下单元：无
生　　境：荒漠、半荒漠
生态系统：陆生生态系统
保护等级：国家重点保护野生动物等级：无；**CITES 附录**[1]：未列入
红色名录：IUCN[2]：LC；**中国哺乳类红色名录**[3]：LC
国内分布：黑龙江、吉林、辽宁、内蒙古、陕西、宁夏、甘肃、青海、新疆
分布国家：中国、伊朗、哈萨克斯坦、吉尔吉斯斯坦、蒙古、俄罗斯、土库曼斯坦、乌兹别克斯坦

Hairy-footed Jerboa/Northern Three-toed Jerboa *Dipus sagitta*（Pallas, 1773）
Infra-specific Taxa：None
Habitat and Ecology：Desert; Semi-desert
Ecosystem：Terrestrial
National Key Protected Wild Animal List：None; **CITES Appendix**[1]：Not listed
Red List：IUCN Red List[2]：LC; **China Mammal Red List**[3]：LC
Range in the country：Heilongjiang, Jilin, Liaoning, Inner Mongolia, Shaanxi, Ningxia, Gansu, Qinghai, Xinjiang
Range countries：China, Iran, Kazakhstan, Kyrgyzstan, Mongolia, Russia, Turkmenistan, Uzbekistan

参考文献 Citation

Wang Y（王应祥）, 2003; Wilson and Reeder, 2005; Zhang R（张荣祖）, 1997; Pan Q *et al.*（潘清华等）, 2007; Ma Y *et al.*（马勇等）, 2008; Smith *et al.*, 2008; IUCN, 2014

633. 内蒙羽尾跳鼠 Andrew's Three-toed Jerboa

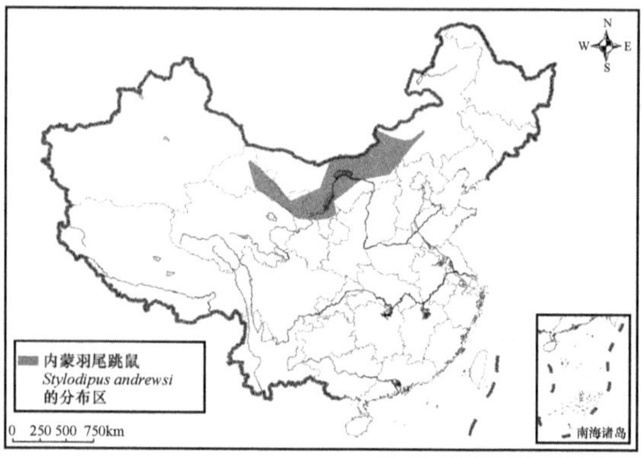

内蒙羽尾跳鼠 *Stylodipus andrewsi* (Allen, 1925)

种下单元：无

生　　境：半荒漠、草地、泰加林、灌丛

生态系统：陆生生态系统

保护等级：**国家重点保护野生动物等级**：无；**CITES 附录**[1]：未列入

红色名录：**IUCN**[2]：LC；**中国哺乳类红色名录**[3]：LC

国内分布：甘肃、宁夏、内蒙古

分布国家：中国、蒙古

Andrew's Three-toed Jerboa *Stylodipus andrewsi* (Allen, 1925)

Infra-specific Taxa：None

Habitat and Ecology：Semi-desert; Grassland; Taiga; Shrubland

Ecosystem：Terrestrial

National Key Protected Wild Animal List：None; **CITES Appendix**[1]：Not listed

Red List：**IUCN Red List**[2]：LC; **China Mammal Red List**[3]：LC

Range in the country：Gansu, Ningxia, Inner Mongolia

Range countries：China, Mongolia

参考文献 Citation

Wang Y (王应祥), 2003; Wilson and Reeder, 2005; Pan Q *et al.* (潘清华等), 2007; Ma Y *et al.* (马勇等), 2008; Smith *et al.*, 2008; IUCN, 2014

634. 羽尾跳鼠 Thick-tailed Three-toed Jerboa

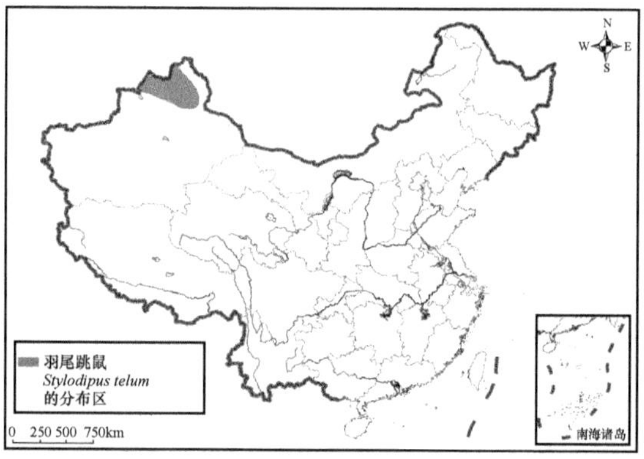

羽尾跳鼠 *Stylodipus telum* (Lichtenstein, 1823)

种下单元：无

生　　境：沙漠、高海拔草地

生态系统：陆生生态系统

保护等级：**国家重点保护野生动物等级**：无；**CITES 附录**[1]：未列入

红色名录：**IUCN**[2]：LC；**中国哺乳类红色名录**[3]：LC

国内分布：新疆

分布国家：中国、哈萨克斯坦、俄罗斯、土库曼斯坦、乌克兰、乌兹别克斯坦

Thick-tailed Three-toed Jerboa *Stylodipus telum* (Lichtenstein, 1823)

Infra-specific Taxa：None

Habitat and Ecology：Desert; High Altitude Grassland

Ecosystem：Terrestrial

National Key Protected Wild Animal List：None; **CITES Appendix**[1]：Not listed

Red List：**IUCN Red List**[2]：LC; **China Mammal Red List**[3]：LC

Range in the country：Xinjiang

Range countries：China, Kazakhstan, Russia, Turkmenistan, Ukraine, Uzbekistan

参考文献 Citation

Wang Y (王应祥), 2003; Wilson and Reeder, 2005; Zhang R (张荣祖), 1997; Pan Q *et al.* (潘清华等), 2007; Ma Y *et al.* (马勇等), 2008; Smith *et al.*, 2008; IUCN, 2014

635. 长耳跳鼠 Long-eared Jerboa

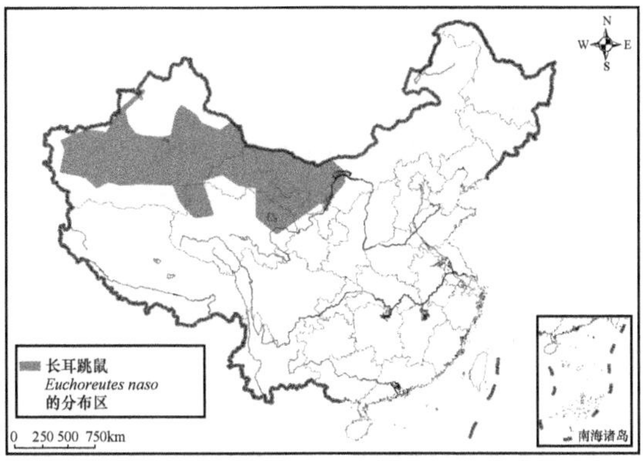

长耳跳鼠 *Euchoreutes naso* (Sclater, 1891)
种下单元： 无
生　　境： 荒漠、绿洲
生态系统： 陆生生态系统
保护等级： **国家重点保护野生动物等级：** 无；**CITES 附录**[1]：未列入
红色名录： **IUCN**[2]：LC；**中国哺乳类红色名录**[3]：LC
国内分布： 内蒙古、新疆、甘肃、青海
分布国家： 中国、蒙古

Long-eared Jerboa *Euchoreutes naso* (Sclater, 1891)
Infra-specific Taxa: None
Habitat and Ecology: Desert; Oasis
Ecosystem: Terrestrial
National Key Protected Wild Animal List: None; **CITES Appendix**[1]: Not listed
Red List: IUCN Red List[2]: LC; **China Mammal Red List**[3]: LC
Range in the country: Inner Mongolia, Xinjiang, Gansu, Qinghai
Range countries: China, Mongolia

参考文献 Citation

Wang Y(王应祥), 2003; Wilson and Reeder, 2005; Zhang R(张荣祖), 1997; Pan Q *et al.*(潘清华等), 2007; Ma Y *et al.*(马勇等), 2008; Smith *et al.*, 2008; IUCN, 2014

豪猪科 HYSTRICIDAE

636. 帚尾豪猪 Asiatic Brush-tailed Porcupine

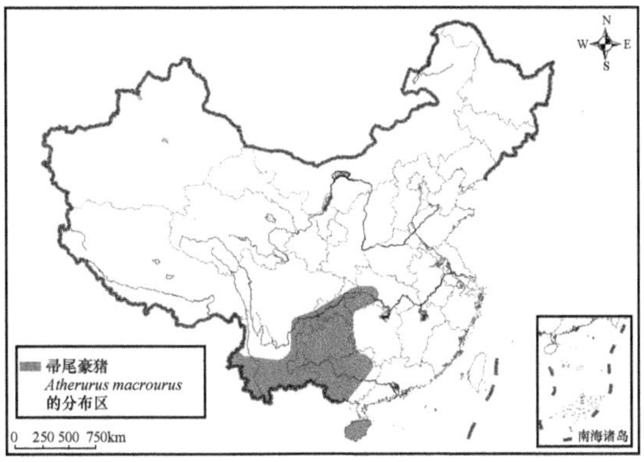

帚尾豪猪 *Atherurus macrourus* (Linnaeus, 1758)
种下单元： 无
生　　境： 森林
生态系统： 陆生生态系统
保护等级： **国家重点保护野生动物等级：** 无；**CITES 附录**[1]：未列入
红色名录： **IUCN**[2]：LC；**中国哺乳类红色名录**[3]：LC
国内分布： 广西、海南、湖北、四川、贵州、云南、重庆
分布国家： 孟加拉国、中国、印度、老挝、马来西亚、缅甸、泰国、越南

Asiatic Brush-tailed Porcupine *Atherurus macrourus* (Linnaeus, 1758)
Infra-specific Taxa: None
Habitat and Ecology: Forest
Ecosystem: Terrestrial
National Key Protected Wild Animal List: None; **CITES Appendix**[1]: Not listed
Red List: IUCN Red List[2]: LC; **China Mammal Red List**[3]: LC
Range in the country: Guangxi, Hainan, Hubei, Sichuan, Guizhou, Yunnan, Chongqing
Range countries: Bangladesh, China, India, Laos, Malaysia, Myanmar, Thailand, Vietnam

参考文献 Citation

Wang Y(王应祥), 2003; Wilson and Reeder, 2005; Zhang R(张荣祖), 1997; Pan Q *et al.*(潘清华等), 2007; Ma Y *et al.*(马勇等), 2008; Smith *et al.*, 2008; IUCN, 2014

637. 马来豪猪 Malayan Porcupine

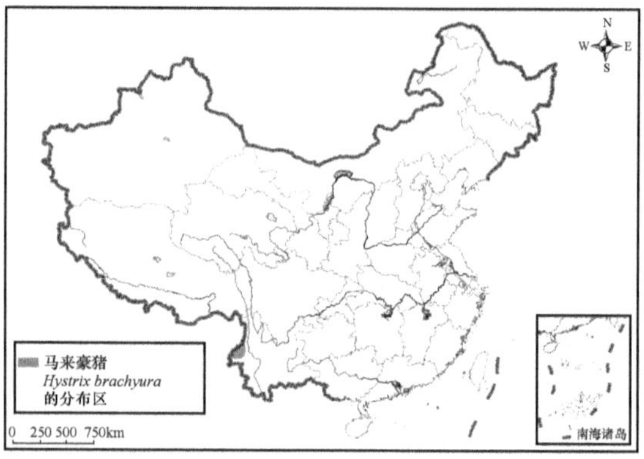

马来豪猪 *Hystrix brachyura* (Linnaeus, 1758)
种下单元：*brachyura*; *Bangladeshensis*; *hodgsoni*; *subcristata*; *yunnanensis*
生　　境：森林
生态系统：陆生生态系统
保护等级：**国家重点保护野生动物等级**：无；**CITES 附录**[1]：未列入
红色名录：**IUCN**[2]：LC；**中国哺乳类红色名录**[3]：LC
国内分布：云南
分布国家：孟加拉国、中国、印度、印度尼西亚、老挝、马来西亚、缅甸、尼泊尔、泰国、越南

Malayan Porcupine *Hystrix brachyura* (Linnaeus, 1758)
Infra-specific Taxa：*brachyura*; *Bangladeshensis*; *hodgsoni*; *subcristata*; *yunnanensis*
Habitat and Ecology：Forest
Ecosystem：Terrestrial
National Key Protected Wild Animal List：None; **CITES Appendix**[1]：Not listed
Red List：**IUCN Red List**[2]：LC; **China Mammal Red List**[3]：LC
Range in the country：Yunnan
Range countries：Bangladesh, China, India, Indonesia, Laos, Malaysia, Myanmar, Nepal, Thailand, Vietnam
参考文献 Citation
Wang Y(王应祥), 2003; Wilson and Reeder, 2005; Zhang R(张荣祖), 1997; Pan Q *et al.*(潘清华等), 2007; Ma Y *et al.*(马勇等), 2008; Smith *et al.*, 2008; IUCN, 2014

638. 中国豪猪 Chinese Porcupine

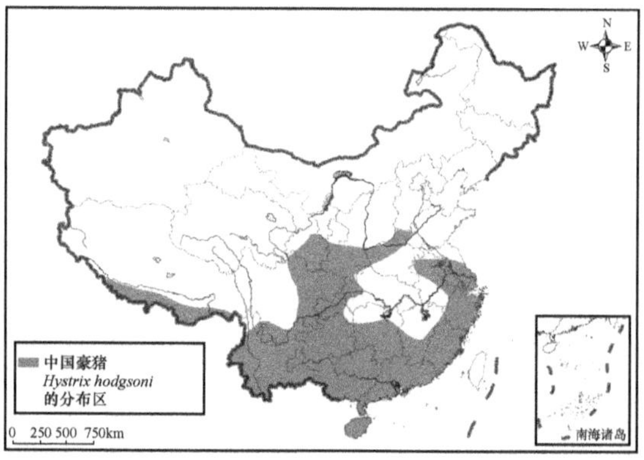

中国豪猪 *Hystrix hodgsoni* (Gray, 1847)
种下单元：无
生　　境：森林
生态系统：陆生生态系统
保护等级：**国家重点保护野生动物等级**：无；**CITES 附录**[1]：未列入
红色名录：**IUCN**[2]：未列入；**中国哺乳类红色名录**[3]：LC
国内分布：陕西、西藏、四川、重庆、湖北、安徽、江苏、上海、浙江、福建、江西、湖南、贵州、云南、广西、广东、海南、甘肃、河南
分布国家：不详

Chinese Porcupine *Hystrix hodgsoni* (Gray, 1847)
Infra-specific Taxa：None
Habitat and Ecology：Forest
Ecosystem：Terrestrial
National Key Protected Wild Animal List：None; **CITES Appendix**[1]：Not listed
Red List：**IUCN Red List**[2]：Not listed; **China Mammal Red List**[3]：LC
Range in the country：Shaanxi, Tibet, Sichuan, Chongqing, Hubei, Anhui, Jiangsu, Shanghai, Zhejiang, Fujian, Jiangxi, Hunan, Guizhou, Yunnan, Guangxi, Guangdong, Hainan, Gansu, Henan
Range countries：Unknown
参考文献 Citation
Pan Q *et al.*(潘清华等), 2007; Ma Y *et al.*(马勇等), 2008

兔形目 LAGOMORPHA　鼠兔科 OCHOTONIDAE

639. 高山鼠兔 Alpine Pika

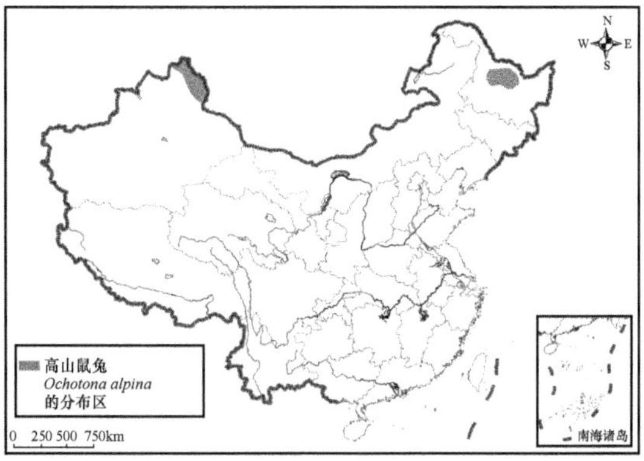

高山鼠兔 *Ochotona alpina* (Pallas, 1773)
种下单元：*alpina*; *changaica*; *cinereofusca*; *sushkini*
生　　境：森林、内陆岩石区域
生态系统：陆生生态系统
保护等级：**国家重点保护野生动物等级**：无；**CITES 附录**[1]：未列入
红色名录：**IUCN**[2]：LC；**中国哺乳类红色名录**[3]：LC
国内分布：新疆、黑龙江
分布国家：中国、哈萨克斯坦、蒙古、俄罗斯

Alpine Pika *Ochotona alpina* (Pallas, 1773)
Infra-specific Taxa：*alpina*; *changaica*; *cinereofusca*; *sushkini*
Habitat and Ecology：Forest; Inland Rocky Areas
Ecosystem：Terrestrial
National Key Protected Wild Animal List：None; **CITES Appendix**[1]：Not listed
Red List：**IUCN Red List**[2]：LC; **China Mammal Red List**[3]：LC
Range in the country：Xinjiang, Heilongjiang
Range countries：China, Kazakhstan, Mongolia, Russia
参考文献 Citation
Wang Y(王应祥), 2003; Wilson and Reeder, 2005; Zhang R(张荣祖), 1997; Pan Q *et al.*(潘清华等), 2007; Ma Y *et al.*(马勇等), 2008; Smith *et al.*, 2008; IUCN, 2014

640. 青海鼠兔 Qinghai Pika

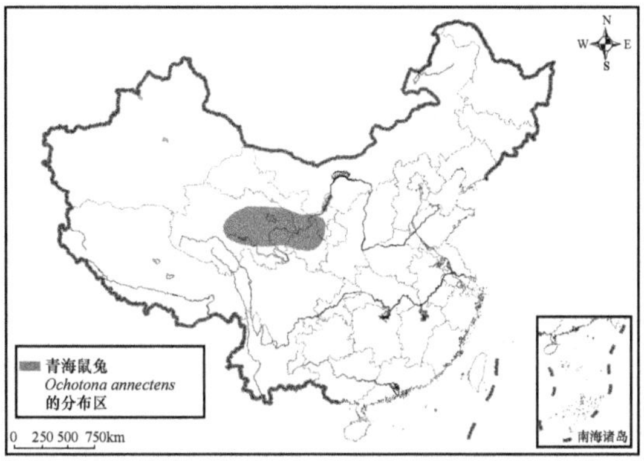

青海鼠兔 *Ochotona annectens* (Miller, 1911)*
种下单元：无
生　　境：灌丛
生态系统：陆生生态系统
保护等级：**国家重点保护野生动物等级**：无；**CITES 附录**[1]：未列入
红色名录：**IUCN**[2]：未列入；**中国哺乳类红色名录**[3]：LC
国内分布：青海、甘肃、宁夏
分布国家：中国

Qinghai Pika *Ochotona annectens* (Miller, 1911)*
Infra-specific Taxa：None
Habitat and Ecology：Shrubland
Ecosystem：Terrestrial
National Key Protected Wild Animal List：None; **CITES Appendix**[1]：Not listed
Red List：**IUCN Red List**[2]：Not listed; **China Mammal Red List**[3]：LC
Range in the country：Qinghai, Gansu, Ningxia
Range countries：China
参考文献 Citation
Wang Y(王应祥), 2003

641. 宁夏鼠兔 Silver Pika

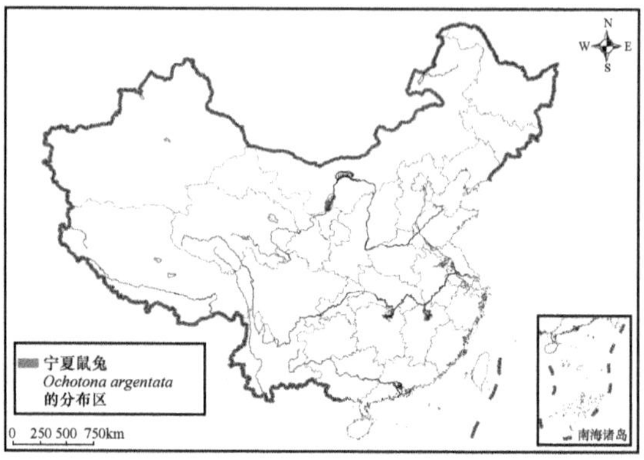

宁夏鼠兔　*Ochotona argentata* Howell, 1928
种下单元：无
生　　境：森林、内陆岩石区域
生态系统：陆生生态系统
保护等级：国家重点保护野生动物等级：无；**CITES 附录**[1]：未列入
红色名录：IUCN[2]：CR；**中国哺乳类红色名录**[3]：CR
国内分布：宁夏
分布国家：中国

Silver Pika　*Ochotona argentata* Howell, 1928
Infra-specific Taxa：None
Habitat and Ecology：Forest; Inland rocky areas
Ecosystem：Terrestrial
National Key Protected Wild Animal List：None; **CITES Appendix**[1]：Not listed
Red List：IUCN Red List[2]：CR; **China Mammal Red List**[3]：CR
Range in the country：Ningxia
Range countries：China

参考文献 Citation

Wilson and Reeder, 2005; Pan Q *et al.*(潘清华等), 2007; Ma Y *et al.*(马勇等), 2008; Smith *et al.*, 2008; IUCN, 2014

642. 间颅鼠兔 Gansu Pika

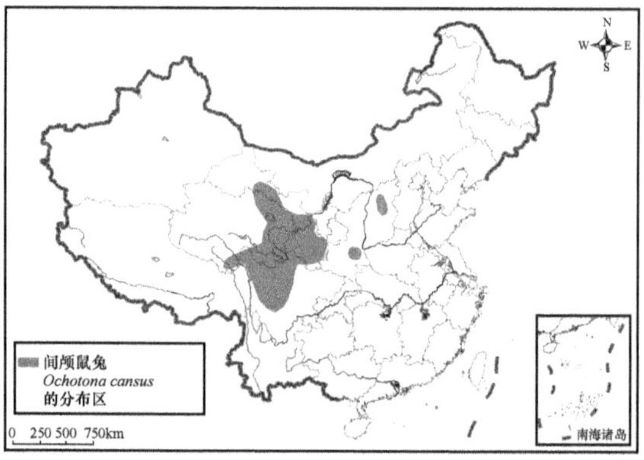

间颅鼠兔　*Ochotona cansus* Lyon, 1907
种下单元：*cansus*; *morosa*; *sorella*; *stevensi*
生　　境：草甸、灌丛
生态系统：陆生生态系统
保护等级：国家重点保护野生动物等级：无；**CITES 附录**[1]：未列入
红色名录：IUCN[2]：LC；**中国哺乳类红色名录**[3]：LC
国内分布：甘肃、青海、四川、陕西、山西
分布国家：中国

Gansu Pika　*Ochotona cansus* Lyon, 1907
Infra-specific Taxa：*cansus*; *morosa*; *sorella*; *stevensi*
Habitat and Ecology：Meadow; Shrubland
Ecosystem：Terrestrial
National Key Protected Wild Animal List：None; **CITES Appendix**[1]：Not listed
Red List：IUCN Red List[2]：LC; **China Mammal Red List**[3]：LC
Range in the country：Gansu, Qinghai, Sichuan, Shaanxi, Shanxi
Range countries：China

参考文献 Citation

Wang Y(王应祥), 2003; Wilson and Reeder, 2005; Zhang R(张荣祖), 1997; Pan Q *et al.*(潘清华等), 2007; Ma Y *et al.*(马勇等), 2008; Smith *et al.*, 2008; IUCN, 2014

643. 黑唇鼠兔 Plateau Pika

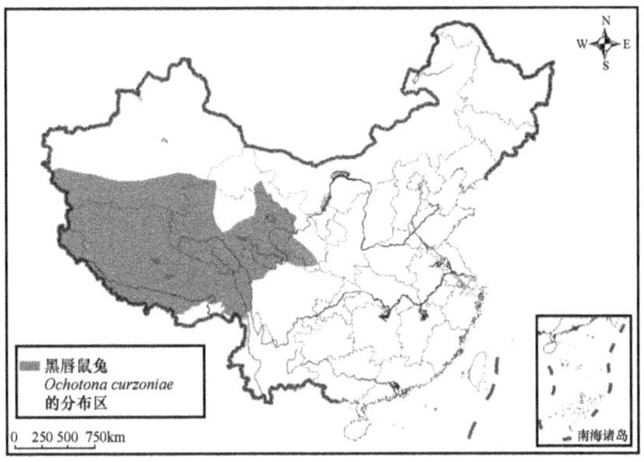

黑唇鼠兔 *Ochotona curzoniae* (Hodgson, 1858)
种下单元：无
生　　境：草甸、草地、荒漠
生态系统：陆生生态系统
保护等级：国家重点保护野生动物等级：无；**CITES 附录**[1]：未列入
红色名录：IUCN[2]：LC；**中国哺乳类红色名录**[3]：LC
国内分布：青海、新疆、四川、甘肃、西藏
分布国家：中国、印度、尼泊尔

Plateau Pika *Ochotona curzoniae* (Hodgson, 1858)
Infra-specific Taxa: None
Habitat and Ecology: Meadow; Grassland; Desert
Ecosystem: Terrestrial
National Key Protected Wild Animal List: None; **CITES Appendix**[1]: Not listed
Red List: IUCN Red List[2]: LC; **China Mammal Red List**[3]: LC
Range in the country: Qinghai, Xinjiang, Sichuan, Gansu, Tibet
Range countries: China, India, Nepal

参考文献 Citation
Wang Y(王应祥), 2003; Wilson and Reeder, 2005; Zhang R(张荣祖), 1997; Pan Q *et al.*(潘清华等), 2007; Ma Y *et al.*(马勇等), 2008; Smith *et al.*, 2009; IUCN, 2014

644. 达乌尔鼠兔 Daurian Pika

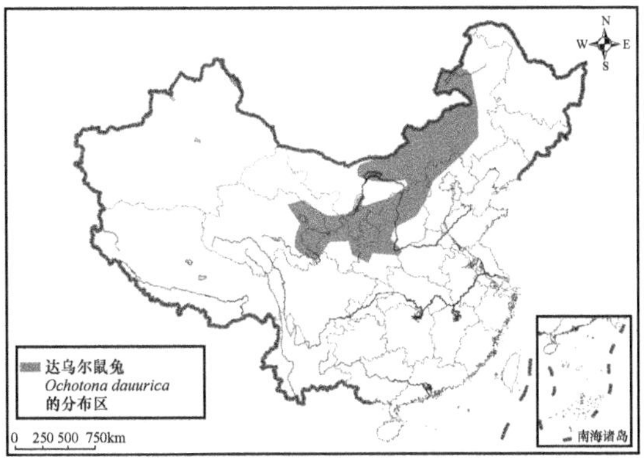

达乌尔鼠兔 *Ochotona dauurica* (Pallas, 1776)
种下单元：*dauurica*; *annectens*; *bedfordi*; *mursavi*
生　　境：荒漠、草地
生态系统：陆生生态系统
保护等级：国家重点保护野生动物等级：无；**CITES 附录**[1]：未列入
红色名录：IUCN[2]：LC；**中国哺乳类红色名录**[3]：LC
国内分布：陕西、山西、河北、内蒙古、河南、甘肃、青海、宁夏
分布国家：中国、蒙古、俄罗斯

Daurian Pika *Ochotona dauurica* (Pallas, 1776)
Infra-specific Taxa: *dauurica*; *annectens*; *bedfordi*; *mursavi*
Habitat and Ecology: Desert; Grassland
Ecosystem: Terrestrial
National Key Protected Wild Animal List: None; **CITES Appendix**[1]: Not listed
Red List: IUCN Red List[2]: LC; **China Mammal Red List**[3]: LC
Range in the country: Shaanxi, Shanxi, Hebei, Inner Mongolia, Henan, Gansu, Qinghai, Ningxia
Range countries: China, Mongolia, Russia

参考文献 Citation
Wang Y(王应祥), 2003; Wilson and Reeder, 2005; Zhang R(张荣祖), 1997; Pan Q *et al.*(潘清华等), 2007; Ma Y *et al.*(马勇等), 2008; Smith *et al.*, 2009; IUCN, 2014

645. 红耳鼠兔 Chinese Red Pika

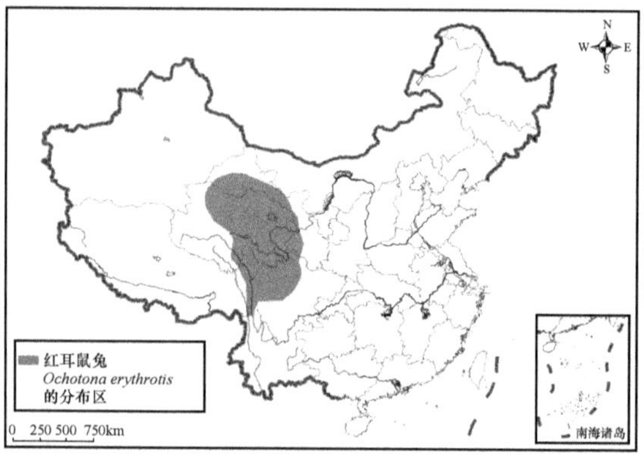

红耳鼠兔 *Ochotona erythrotis* (Büchner, 1890)
种下单元： 无
生　　境： 内陆岩石区域、江河
生态系统： 陆生生态系统
保护等级： **国家重点保护野生动物等级：** 无；**CITES 附录** [1]：未列入
红色名录： **IUCN**[2]：LC；**中国哺乳类红色名录** [3]：LC
国内分布： 甘肃、青海、四川、云南
分布国家： 中国

Chinese Red Pika *Ochotona erythrotis* (Büchner, 1890)
Infra-specific Taxa： None
Habitat and Ecology： Inland Rocky Areas; Rivers
Ecosystem： Terrestrial
National Key Protected Wild Animal List： None; **CITES Appendix**[1]： Not listed
Red List： **IUCN Red List**[2]： LC; **China Mammal Red List**[3]： LC
Range in the country： Gansu, Qinghai, Sichuan, Yunnan
Range countries： China

参考文献 Citation

Wang Y(王应祥), 2003; Wilson and Reeder, 2005; Zhang R(张荣祖), 1997; Pan Q *et al.*(潘清华等), 2007; Ma Y *et al.*(马勇等), 2008; Smith *et al.*, 2009; IUCN, 2014

646. 灰颈鼠兔 Forrest's Pika

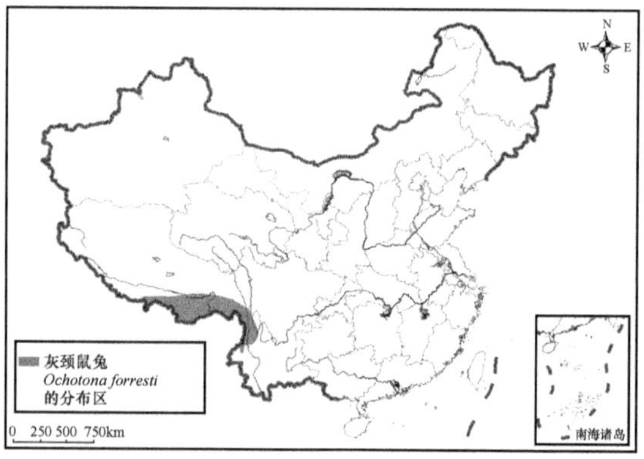

灰颈鼠兔 *Ochotona forresti* (Thomas, 1923)
种下单元： 无
生　　境： 针叶阔叶混交林、灌丛、泰加林
生态系统： 陆生生态系统
保护等级： **国家重点保护野生动物等级：** 无；**CITES 附录** [1]：未列入
红色名录： **IUCN**[2]：LC；**中国哺乳类红色名录** [3]：NT
国内分布： 云南、西藏
分布国家： 不丹、中国、印度、缅甸

Forrest's Pika *Ochotona forresti* (Thomas, 1923)
Infra-specific Taxa： None
Habitat and Ecology： Coniferous and Broad-leaved Mixed Forest; Shrubland; Taiga
Ecosystem： Terrestrial
National Key Protected Wild Animal List： None; **CITES Appendix**[1]： Not listed
Red List： **IUCN Red List**[2]： LC; **China Mammal Red List**[3]： NT
Range in the country： Yunnan, Tibet
Range countries： Bhutan, China, India, Myanmar

参考文献 Citation

Wang Y(王应祥), 2003; Wilson and Reeder, 2005; Zhang R(张荣祖), 1997; Pan Q *et al.*(潘清华等), 2007; Ma Y *et al.*(马勇等), 2008; Smith *et al.*, 2009; IUCN, 2014

647. 高黎贡鼠兔 Gaoligong Pika

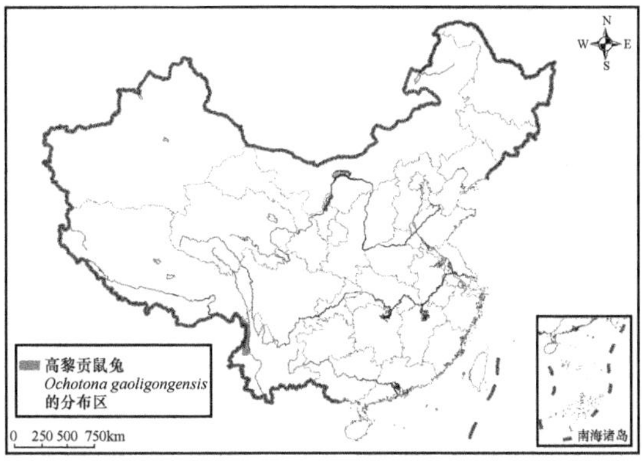

高黎贡鼠兔 *Ochotona gaoligongensis*（Wang, Gong & Duan, 1988）
种下单元：无
生　　境：森林、内陆岩石区域
生态系统：陆生生态系统
保护等级：国家重点保护野生动物等级：无；**CITES 附录**[1]：未列入
红色名录：IUCN[2]：DD；**中国哺乳类红色名录**[3]：NT
国内分布：云南
分布国家：中国

Gaoligong Pika *Ochotona gaoligongensis*（Wang, Gong & Duan, 1988）
Infra-specific Taxa：None
Habitat and Ecology：Forest; Inland Rocky Areas
Ecosystem：Terrestrial
National Key Protected Wild Animal List：None; **CITES Appendix**[1]：Not listed
Red List：IUCN Red List[2]：DD; **China Mammal Red List**[3]：NT
Range in the country：Yunnan
Range countries：China

参考文献 Citation

Wang Y（王应祥）, 2003; Zhang R（张荣祖）, 1997; Pan Q *et al.*（潘清华等）, 2007; Ma Y *et al.*（马勇等）, 2008; Smith *et al.*, 2009; IUCN, 2014

648. 川西鼠兔 Glover's Pika

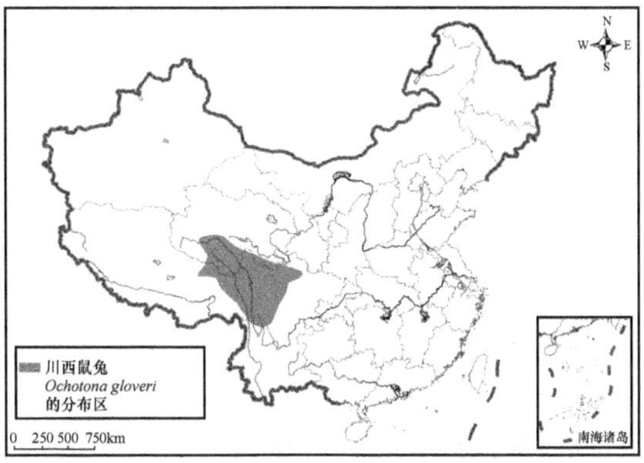

川西鼠兔 *Ochotona gloveri*（Thomas, 1922）
种下单元：*gloveri*; *brookei*; *calloceps*
生　　境：内陆岩石区域、人造建筑
生态系统：陆生生态系统
保护等级：国家重点保护野生动物等级：无；**CITES 附录**[1]：未列入
红色名录：IUCN[2]：LC；**中国哺乳类红色名录**[3]：LC
国内分布：四川、云南、西藏、青海
分布国家：中国

Glover's Pika *Ochotona gloveri*（Thomas, 1922）
Infra-specific Taxa：*gloveri*; *brookei*; *calloceps*
Habitat and Ecology：Inland Rocky Areas; Architecture
Ecosystem：Terrestrial
National Key Protected Wild Animal List：None; **CITES Appendix**[1]：Not listed
Red List：IUCN Red List[2]：LC; **China Mammal Red List**[3]：LC
Range in the country：Sichuan, Yunnan, Tibet, Qinghai
Range countries：China

参考文献 Citation

Wang Y（王应祥）, 2003; Wilson and Reeder, 2005; Zhang R（张荣祖）, 1997; Pan Q *et al.*（潘清华等）, 2007; Ma Y *et al.*（马勇等）, 2008; Smith *et al.*, 2009; IUCN, 2014

649. 喜马拉雅鼠兔 Himalayan Pika

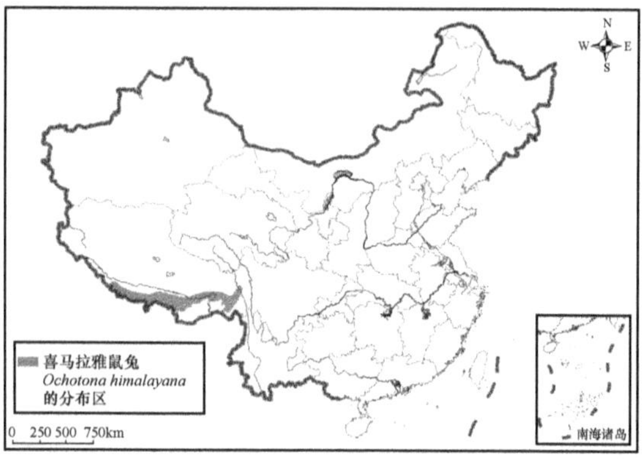

喜马拉雅鼠兔 *Ochotona himalayana* (Feng, 1973)
种下单元：无
生　　境：内陆岩石区域
生态系统：陆生生态系统
保护等级：**国家重点保护野生动物等级**：无；**CITES 附录**[1]：未列入
红色名录：**IUCN**[2]：LC；**中国哺乳类红色名录**[3]：LC
国内分布：西藏
分布国家：中国

Himalayan Pika *Ochotona himalayana* (Feng, 1973)
Infra-specific Taxa：None
Habitat and Ecology：Inland Rocky Areas
Ecosystem：Terrestrial
National Key Protected Wild Animal List：None; **CITES Appendix**[1]：Not listed
Red List：**IUCN Red List**[2]：LC; **China Mammal Red List**[3]：LC
Range in the country：Tibet
Range countries：China

参考文献 Citation

Wang Y(王应祥), 2003; Wilson and Reeder, 2005; Zhang R(张荣祖), 1997; Pan Q *et al.*(潘清华等), 2007; Ma Y *et al.*(马勇等), 2008; Smith *et al.*, 2009; IUCN, 2014

650. 秦岭鼠兔 Tsing-ling Pika

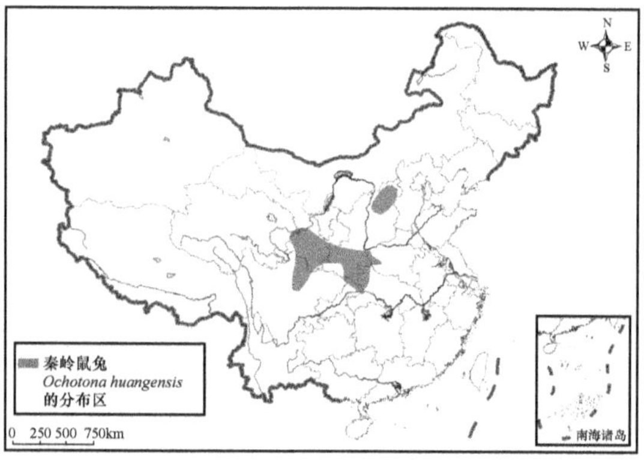

秦岭鼠兔 *Ochotona huangensis* (Matschie, 1908)
种下单元：无
生　　境：针叶阔叶混交林、泰加林、灌丛、草甸、草地
生态系统：陆生生态系统
保护等级：**国家重点保护野生动物等级**：无；**CITES 附录**[1]：未列入
红色名录：**IUCN**[2]：LC；**中国哺乳类红色名录**[3]：LC
国内分布：四川、陕西、山西、河南、湖北、甘肃、青海
分布国家：中国

Tsing-ling Pika *Ochotona huangensis* (Matschie, 1908)
Infra-specific Taxa：None
Habitat and Ecology：Coniferous and Broad-leaved Mixed Forest; Taiga; Shrubland; Meadow; Grassland
Ecosystem：Terrestrial
National Key Protected Wild Animal List：None; **CITES Appendix**[1]：Not listed
Red List：**IUCN Red List**[2]：LC; **China Mammal Red List**[3]：LC
Range in the country：Sichuan, Shaanxi, Shanxi, Henan, Hubei, Gansu, Qinghai
Range countries：China

参考文献 Citation

Wang Y(王应祥), 2003; Wilson and Reeder, 2005; Zhang R(张荣祖), 1997; Pan Q *et al.*(潘清华等), 2007; Ma Y *et al.*(马勇等), 2008; Smith *et al.*, 2009; IUCN, 2014

651. 东北鼠兔 Northern Pika

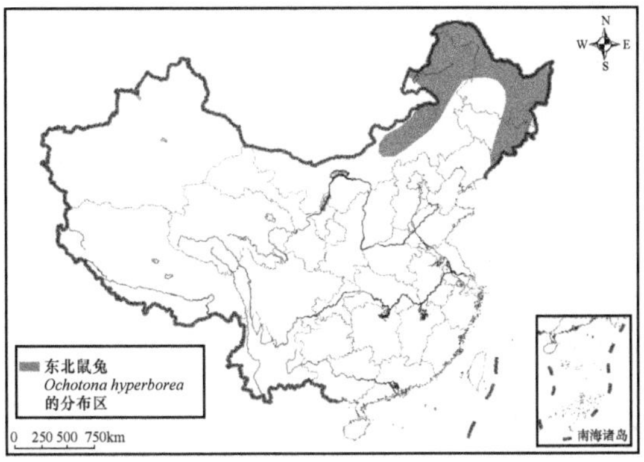

东北鼠兔 *Ochotona hyperborea* (Pallas, 1811)

种下单元： *hyperborea; cinereoflava; coreana; ferruginea; mantchurica;normalis; uralensis; yesoensis; yoshikurai*

生　　境： 森林、内陆岩石区域

生态系统： 陆生生态系统

保护等级： **国家重点保护野生动物等级：** 无；**CITES 附录**[1]：未列入

红色名录： **IUCN**[2]：LC；**中国哺乳类红色名录**[3]：LC

国内分布： 吉林、辽宁、黑龙江、内蒙古

分布国家： 中国、日本、朝鲜、蒙古、俄罗斯

Northern Pika *Ochotona hyperborea* (Pallas, 1811)

Infra-specific Taxa: *hyperborea; cinereoflava; coreana; ferruginea; mantchurica; normalis; uralensis; yesoensis; yoshikurai*

Habitat and Ecology: Forest; Inland Rocky Areas

Ecosystem: Terrestrial

National Key Protected Wild Animal List: None; **CITES Appendix**[1]: Not listed

Red List: **IUCN Red List**[2]: LC; **China Mammal Red List**[3]: LC

Range in the country: Jilin, Liaoning, Heilongjiang, Inner Mongolia

Range countries: China, Japan, Korea, Democratic People's Republic of, Mongolia, Russia

参考文献 Citation

Wang Y (王应祥), 2003; Wilson and Reeder, 2005; Pan Q *et al.* (潘清华等), 2007; Ma Y *et al.* (马勇等), 2008; Smith *et al.*, 2009; IUCN, 2014

652. 伊犁鼠兔 Ili Pika

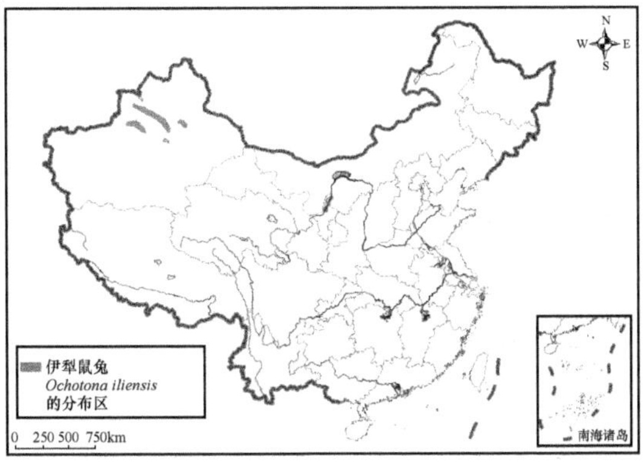

伊犁鼠兔 *Ochotona iliensis* (Li & Ma, 1986)

种下单元： 无

生　　境： 内陆岩石区域

生态系统： 陆生生态系统

保护等级： **国家重点保护野生动物等级：** 无；**CITES 附录**[1]：未列入

红色名录： **IUCN**[2]：EN；**中国哺乳类红色名录**[3]：EN

国内分布： 新疆

分布国家： 中国

Ili Pika *Ochotona iliensis* (Li & Ma, 1986)

Infra-specific Taxa: None

Habitat and Ecology: Inland Rocky Areas

Ecosystem: Terrestrial

National Key Protected Wild Animal List: None; **CITES Appendix**[1]: Not listed

Red List: **IUCN Red List**[2]: EN; **China Mammal Red List**[3]: EN

Range in the country: Xinjiang

Range countries: China

参考文献 Citation

Wang Y (王应祥), 2003; Zhang R (张荣祖), 1997; Pan Q *et al.* (潘清华等), 2007; Ma Y *et al.* (马勇等), 2008; Smith *et al.*, 2009; IUCN, 2014

653. 柯氏鼠兔 Kozlov's Pika

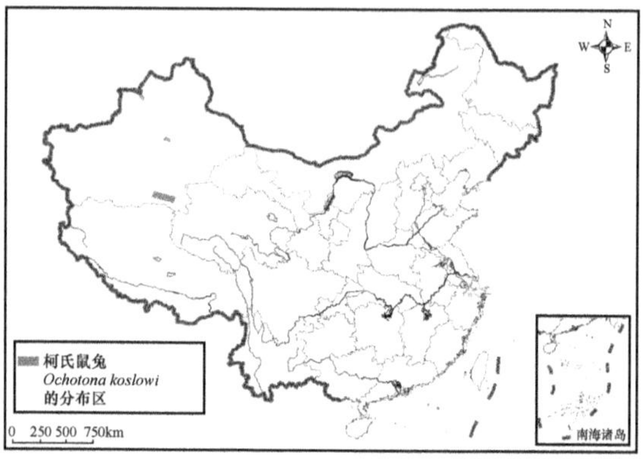

柯氏鼠兔 *Ochotona koslowi* (Büchner, 1894)

种下单元： 无

生　　境： 亚寒带草地

生态系统： 陆生生态系统

保护等级： **国家重点保护野生动物等级：** 无；**CITES 附录** [1]：未列入

红色名录： **IUCN**[2]：EN；**中国哺乳类红色名录** [3]：EN

国内分布： 新疆

分布国家： 中国

Kozlov's Pika *Ochotona koslowi* (Büchner, 1894)

Infra-specific Taxa: None

Habitat and Ecology: Subarctic Grassland

Ecosystem: Terrestrial

National Key Protected Wild Animal List: None; **CITES Appendix**[1]: Not listed

Red List: **IUCN Red List**[2]: EN; **China Mammal Red List**[3]: EN

Range in the country: Xinjiang

Range countries: China

参考文献 Citation

Wang Y(王应祥), 2003; Wilson and Reeder, 2005; Zhang R(张荣祖), 1997; Pan Q *et al.*(潘清华等), 2007; Ma Y *et al.*(马勇等), 2008; Smith *et al.*, 2009; IUCN, 2014

654. 拉达克鼠兔 Ladak Pika

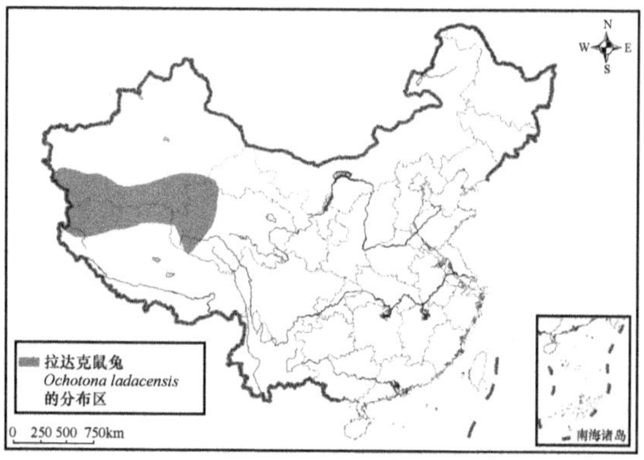

拉达克鼠兔 *Ochotona ladacensis* (Günther, 1875)

种下单元： 无

生　　境： 灌丛、草甸

生态系统： 陆生生态系统

保护等级： **国家重点保护野生动物等级：** 无；**CITES 附录** [1]：未列入

红色名录： **IUCN**[2]：LC；**中国哺乳类红色名录** [3]：LC

国内分布： 新疆、青海、西藏

分布国家： 中国、印度、巴基斯坦

Ladak Pika *Ochotona ladacensis* (Günther, 1875)

Infra-specific Taxa: None

Habitat and Ecology: Shrubland; Meadow

Ecosystem: Terrestrial

National Key Protected Wild Animal List: None; **CITES Appendix**[1]: Not listed

Red List: **IUCN Red List**[2]: LC; **China Mammal Red List**[3]: LC

Range in the country: Xinjiang, Qinghai, Tibet

Range countries: China, India, Pakistan

参考文献 Citation

Wang Y(王应祥), 2003; Wilson and Reeder, 2005; Zhang R(张荣祖), 1997; Pan Q *et al.*(潘清华等), 2007; Ma Y *et al.*(马勇等), 2008; Smith *et al.*, 2009; IUCN, 2014

655. 大耳鼠兔 Large-eared Pika

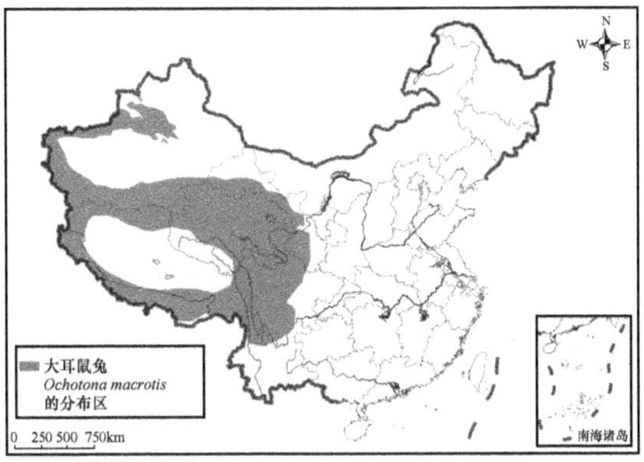

大耳鼠兔 *Ochotona macrotis* (Günther, 1875)

种下单元：*macrotis*; *auritus*; *chinensis*; *sacana*; *wollastoni*

生　　境：内陆岩石区域

生态系统：陆生生态系统

保护等级：国家重点保护野生动物等级：无；**CITES 附录**[1]：未列入

红色名录：IUCN[2]：LC；**中国哺乳类红色名录**[3]：LC

国内分布：西藏、新疆、甘肃、青海、四川、云南

分布国家：阿富汗、不丹、中国、印度、哈萨克斯坦、吉尔吉斯斯坦、尼泊尔、巴基斯坦、塔吉克斯坦

Large-eared Pika *Ochotona macrotis* (Günther, 1875)

Infra-specific Taxa：*macrotis*; *auritus*; *chinensis*; *sacana*; *wollastoni*

Habitat and Ecology：Inland Rocky Areas

Ecosystem：Terrestrial

National Key Protected Wild Animal List：None; **CITES Appendix**[1]：Not listed

Red List：IUCN Red List[2]：LC; **China Mammal Red List**[3]：LC

Range in the country：Tibet, Xinjiang, Gansu, Qinghai, Sichuan, Yunnan

Range countries：Afghanistan, Bhutan, China, India, Kazakhstan, Kyrgyzstan, Nepal, Pakistan, Tajikistan

参考文献 Citation

Wang Y(王应祥), 2003; Wilson and Reeder, 2005; Zhang R(张荣祖), 1997; Pan Q *et al.*(潘清华等), 2007; Ma Y *et al.*(马勇等), 2008; Smith *et al.*, 2009; IUCN, 2014

656. 木里鼠兔 Muli Pika

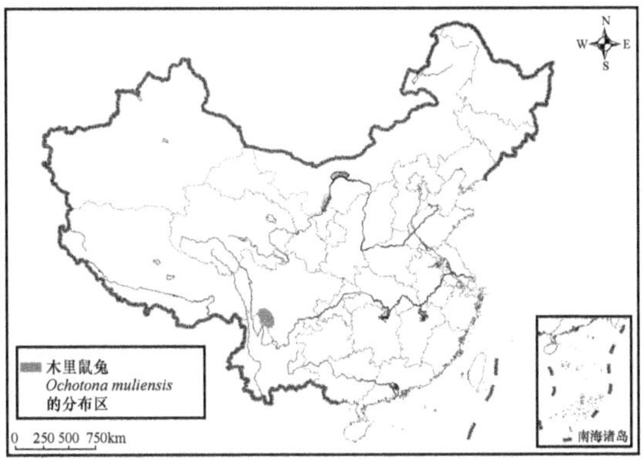

木里鼠兔 *Ochotona muliensis* (Pen & Feng, 1962)

种下单元：无

生　　境：泰加林、内陆岩石区域

生态系统：陆生生态系统

保护等级：国家重点保护野生动物等级：无；**CITES 附录**[1]：未列入

红色名录：IUCN[2]：DD；**中国哺乳类红色名录**[3]：DD

国内分布：四川

分布国家：中国

Muli Pika *Ochotona muliensis* (Pen & Feng, 1962)

Infra-specific Taxa：None

Habitat and Ecology：Taiga; Inland Rocky Areas

Ecosystem：Terrestrial

National Key Protected Wild Animal List：None; **CITES Appendix**[1]：Not listed

Red List：IUCN Red List[2]：DD; **China Mammal Red List**[3]：DD

Range in the country：Sichuan

Range countries：China

参考文献 Citation

Wang Y(王应祥), 2003; Zhang R(张荣祖), 1997; Pan Q *et al.*(潘清华等), 2007; Ma Y *et al.*(马勇等), 2008; Smith *et al.*, 2009; IUCN, 2014

657. 黑鼠兔 Black Pika

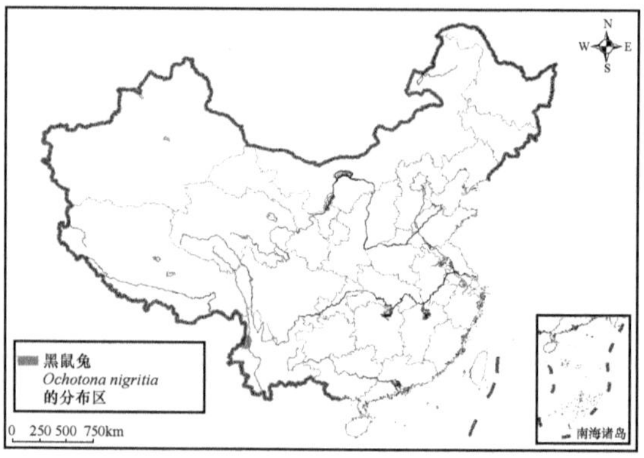

黑鼠兔 *Ochotona nigritia* (Gong, Wang, Li & Li, 2000)

种下单元：无

生　　境：灌丛、草甸

生态系统：陆生生态系统

保护等级：**国家重点保护野生动物等级**：无；**CITES 附录** [1]：未列入

红色名录：**IUCN**[2]：DD；**中国哺乳类红色名录** [3]：VU

国内分布：云南

分布国家：中国

Black Pika *Ochotona nigritia* (Gong, Wang, Li & Li, 2000)

Infra-specific Taxa：None

Habitat and Ecology：Shrubland; Meadow

Ecosystem：Terrestrial

National Key Protected Wild Animal List：None; **CITES Appendix**[1]：Not listed

Red List：**IUCN Red List**[2]：DD; **China Mammal Red List**[3]：VU

Range in the country：Yunnan

Range countries：China

参考文献 Citation

Wang Y (王应祥), 2003; Pan Q *et al.* (潘清华等), 2007; Smith *et al.*, 2009; IUCN, 2014

658. 奴布拉鼠兔 Nubra Pika

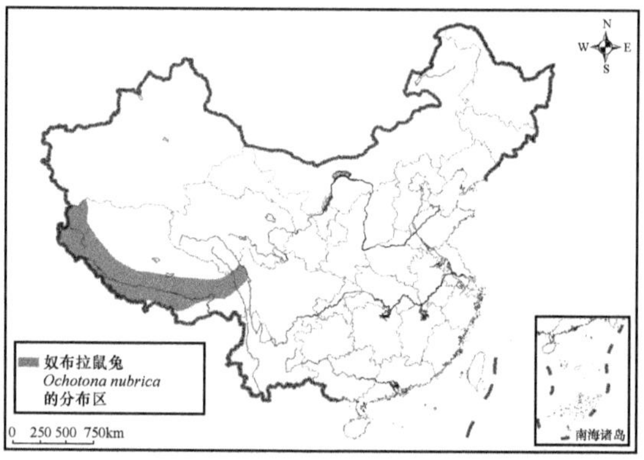

奴布拉鼠兔 *Ochotona nubrica* (Thomas, 1922)

种下单元：*nubrica*; *lhasaensis*

生　　境：荒漠、灌丛

生态系统：陆生生态系统

保护等级：**国家重点保护野生动物等级**：无；**CITES 附录** [1]：未列入

红色名录：**IUCN**[2]：LC；**中国哺乳类红色名录** [3]：LC

国内分布：西藏

分布国家：中国、印度

Nubra Pika *Ochotona nubrica* (Thomas, 1922)

Infra-specific Taxa：*nubrica*; *lhasaensis*

Habitat and Ecology：Desert; Shrubland

Ecosystem：Terrestrial

National Key Protected Wild Animal List：None; **CITES Appendix**[1]：Not listed

Red List：**IUCN Red List**[2]：LC; **China Mammal Red List**[3]：LC

Range in the country：Tibet

Range countries：China, India

参考文献 Citation

Wang Y (王应祥), 2003; Wilson and Reeder, 2005; Zhang R (张荣祖), 1997; Pan Q *et al.* (潘清华等), 2007; Ma Y *et al.* (马勇等), 2008; Smith *et al.*, 2009; IUCN, 2014

659. 帕氏鼠兔 Pallas's Pika

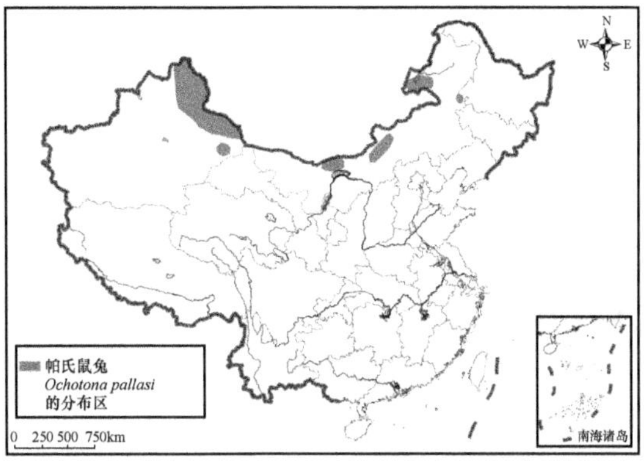

帕氏鼠兔 *Ochotona pallasi* (Gray, 1867)

种下单元：*pallasi*; *hamica*; *pricei*; *sunidica*

生　　境：内陆岩石区域、荒漠、草地

生态系统：陆生生态系统

保护等级：**国家重点保护野生动物等级**：无；**CITES 附录**[1]：未列入

红色名录：**IUCN**[2]：LC；**中国哺乳类红色名录**[3]：LC

国内分布：新疆、内蒙古

分布国家：中国、哈沙克斯坦、蒙古、俄罗斯

Pallas's Pika *Ochotona pallasi* (Gray, 1867)

Infra-specific Taxa：*pallasi*; *hamica*; *pricei*; *sunidica*

Habitat and Ecology：Inland Rocky Areas; Desert; Grassland

Ecosystem：Terrestrial

National Key Protected Wild Animal List：None; **CITES Appendix**[1]：Not listed

Red List：**IUCN Red List**[2]：LC; **China Mammal Red List**[3]：LC

Range in the country：Xinjiang, Inner Mongolia

Range countries：China, Kazakhstan, Mongolia, Russia

参考文献 Citation

Wang Y(王应祥), 2003; Wilson and Reeder, 2005; Zhang R(张荣祖), 1997; Pan Q *et al.*(潘清华等), 2007; Ma Y *et al.*(马勇等), 2008; Smith *et al.*, 2009; IUCN, 2014

660. 灰鼠兔 Royle's Pika

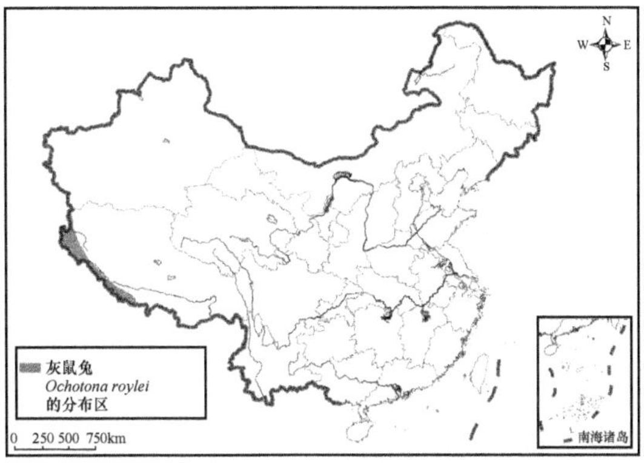

灰鼠兔 *Ochotona roylei* (Ogilby, 1839)

种下单元：*roylei*; *nepalensis*

生　　境：内陆岩石区域、人造建筑

生态系统：陆生生态系统

保护等级：**国家重点保护野生动物等级**：无；**CITES 附录**[1]：未列入

红色名录：**IUCN**[2]：LC；**中国哺乳类红色名录**[3]：NT

国内分布：西藏

分布国家：中国、尼泊尔、巴基斯坦

Royle's Pika *Ochotona roylei* (Ogilby, 1839)

Infra-specific Taxa：*roylei*; *nepalensis*

Habitat and Ecology：Inland Rocky Areas; Architecture

Ecosystem：Terrestrial

National Key Protected Wild Animal List：None; **CITES Appendix**[1]：Not listed

Red List：**IUCN Red List**[2]：LC; **China Mammal Red List**[3]：NT

Range in the country：Tibet

Range countries：China, Nepal, Pakistan

参考文献 Citation

Wang Y(王应祥), 2003; Wilson and Reeder, 2005; Zhang R(张荣祖), 1997; Pan Q *et al.*(潘清华等), 2007; Ma Y *et al.*(马勇等), 2008; Smith *et al.*, 2009; IUCN, 2014

661. 红鼠兔 Turkestan Red Pika

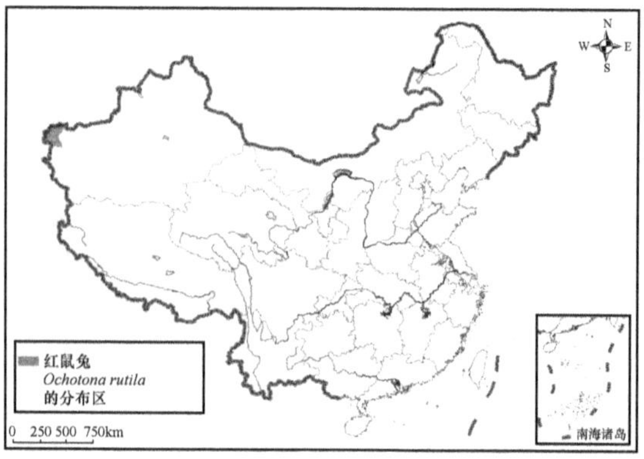

红鼠兔　*Ochotona rutila* (Severtzov, 1873)

种下单元： 无

生　　境： 内陆岩石区域

生态系统： 陆生生态系统

保护等级： **国家重点保护野生动物等级：** 无；**CITES 附录** [1]：未列入

红色名录： **IUCN**[2]：LC；**中国哺乳类红色名录** [3]：NT

国内分布： 新疆

分布国家： 中国、哈萨克斯坦、吉尔吉斯斯坦、塔吉克斯坦、乌兹别克斯坦

Turkestan Red Pika　*Ochotona rutila* (Severtzov, 1873)

Infra-specific Taxa: None

Habitat and Ecology: Inland Rocky Areas

Ecosystem: Terrestrial

National Key Protected Wild Animal List: None; **CITES Appendix**[1]: Not listed

Red List: **IUCN Red List**[2]: LC; **China Mammal Red List**[3]: NT

Range in the country: Xinjiang

Range countries: China, Kazakhstan, Kyrgyzstan, Tajikistan, Uzbekistan

参考文献 Citation

Wang Y (王应祥), 2003; Wilson and Reeder, 2005; Smith *et al.*, 2009; Zhang R (张荣祖), 1997; IUCN, 2014

662. 藏鼠兔 Moupin Pika

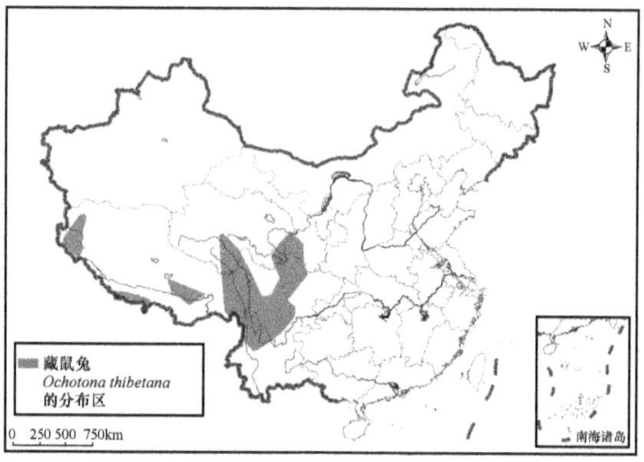

藏鼠兔　*Ochotona thibetana* (Milne-Edwards, 1871)

种下单元： *thibetana*; *nangqenica*; *osgoodi*; *sacraria*; *sikimaria*

生　　境： 竹林、森林

生态系统： 陆生生态系统

保护等级： **国家重点保护野生动物等级：** 无；**CITES 附录** [1]：未列入

红色名录： **IUCN**[2]：LC；**中国哺乳类红色名录** [3]：LC

国内分布： 甘肃、四川、云南、西藏、青海

分布国家： 不丹、中国、印度、缅甸

Moupin Pika　*Ochotona thibetana* (Milne-Edwards, 1871)

Infra-specific Taxa: *thibetana*; *nangqenica*; *osgoodi*; *sacraria*; *sikimaria*

Habitat and Ecology: Bamboo Grove; Forest

Ecosystem: Terrestrial

National Key Protected Wild Animal List: None; **CITES Appendix**[1]: Not listed

Red List: **IUCN Red List**[2]: LC; **China Mammal Red List**[3]: LC

Range in the country: Gansu, Sichuan, Yunnan, Tibet, Qinghai

Range countries: Bhutan, China, India, Myanmar

参考文献 Citation

Wang Y (王应祥), 2003; Wilson and Reeder, 2005; Zhang R (张荣祖), 1997; Pan Q *et al.* (潘清华等), 2007; Ma Y *et al.* (马勇等), 2008; Smith *et al.*, 2009; IUCN, 2014

663. 狭颅鼠兔 Thomas's Pika

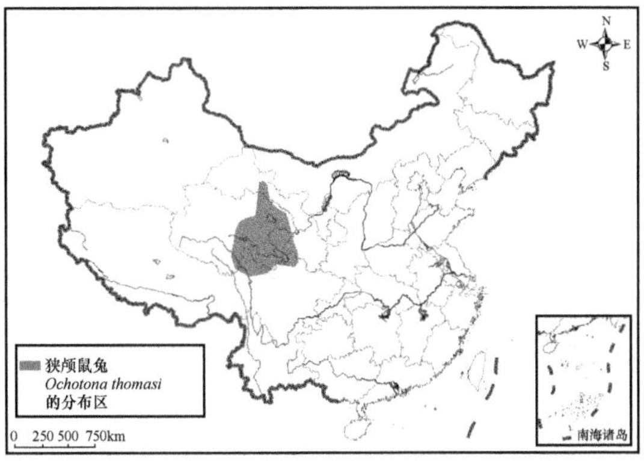

狭颅鼠兔 *Ochotona thomasi*（Argyropulo, 1948）
种下单元： 无
生　　境： 灌丛
生态系统： 陆生生态系统
保护等级： **国家重点保护野生动物等级：** 无；**CITES 附录**[1]：未列入
红色名录： **IUCN**[2]：LC；**中国哺乳类红色名录**[3]：NT
国内分布： 甘肃、青海、四川
分布国家： 中国

Thomas's Pika *Ochotona thomasi*（Argyropulo, 1948）
Infra-specific Taxa： None
Habitat and Ecology： Shrubland
Ecosystem： Terrestrial
National Key Protected Wild Animal List： None; **CITES Appendix**[1]：Not listed
Red List： **IUCN Red List**[2]：LC; **China Mammal Red List**[3]：NT
Range in the country： Gansu, Qinghai, Sichuan
Range countries： China

参考文献 Citation

Wang Y(王应祥), 2003; Wilson and Reeder, 2005; Zhang R(张荣祖), 1997; Pan Q *et al.*(潘清华等), 2007; Ma Y *et al.*(马勇等), 2008; Smith *et al.*, 2009; IUCN, 2014

兔科 LEPORIDAE

664. 云南兔 Yunnan Hare

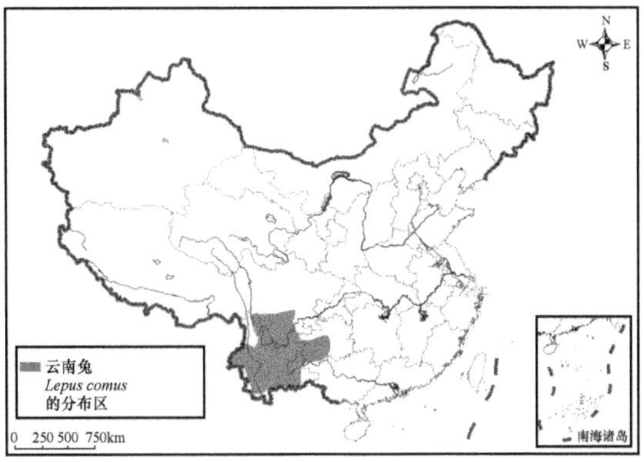

云南兔 *Lepus comus*（Allen, 1927）
种下单元： 无
生　　境： 草甸、灌丛、森林
生态系统： 陆生生态系统
保护等级： **国家重点保护野生动物等级：** 无；**CITES 附录**[1]：未列入
红色名录： **IUCN**[2]：LC；**中国哺乳类红色名录**[3]：NT
国内分布： 云南、四川、贵州
分布国家： 中国、缅甸

Yunnan Hare *Lepus comus*（Allen, 1927）
Infra-specific Taxa： None
Habitat and Ecology： Meadow; Shrubland; Forest
Ecosystem： Terrestrial
National Key Protected Wild Animal List： None; **CITES Appendix**[1]：Not listed
Red List： **IUCN Red List**[2]：LC; **China Mammal Red List**[3]：NT
Range in the country： Yunnan, Sichuan, Guizhou
Range countries： China, Myanmar

参考文献 Citation

Wang Y(王应祥), 2003; Wilson and Reeder, 2005; Zhang R(张荣祖), 1997; Pan Q *et al.*(潘清华等), 2007; Ma Y *et al.*(马勇等), 2008; Smith *et al.*, 2008; IUCN, 2014

665. 高丽兔 Korean Hare

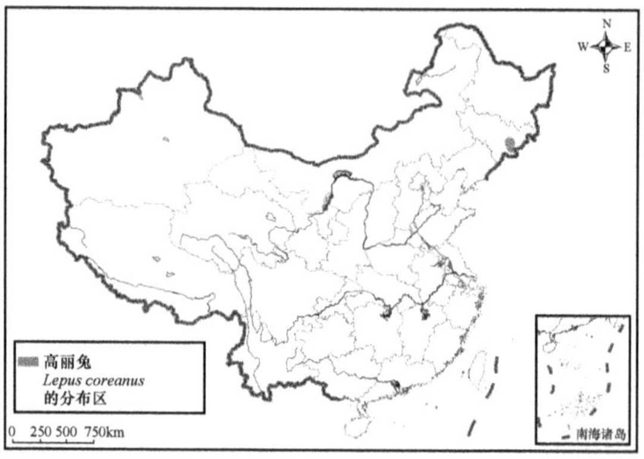

高丽兔 *Lepus coreanus* (Thomas, 1892) *
种下单元： 无
生　　境： 草甸、灌丛
生态系统： 陆生生态系统
保护等级： **国家重点保护野生动物等级：** 无；**CITES 附录** [1]：未列入
红色名录： **IUCN**[2]：LC；**中国哺乳类红色名录** [3]：CR
国内分布： 吉林
分布国家： 中国、朝鲜、韩国

Korean Hare *Lepus coreanus* (Thomas, 1892) *
Infra-specific Taxa：None
Habitat and Ecology：Meadow; Shrubland
Ecosystem：Terrestrial
National Key Protected Wild Animal List：None; **CITES Appendix**[1]：Not listed
Red List：**IUCN Red List**[2]：LC; **China Mammal Red List**[3]：CR
Range in the country：Jilin
Range countries：China, Korea, Democratic People's Republic of, Korea, Republic of

参考文献 Citation

Wilson and Reeder, 2005; Pan Q *et al.* (潘清华等), 2007; Smith *et al.*, 2008; IUCN, 2014

666. 海南兔 Hainan Hare

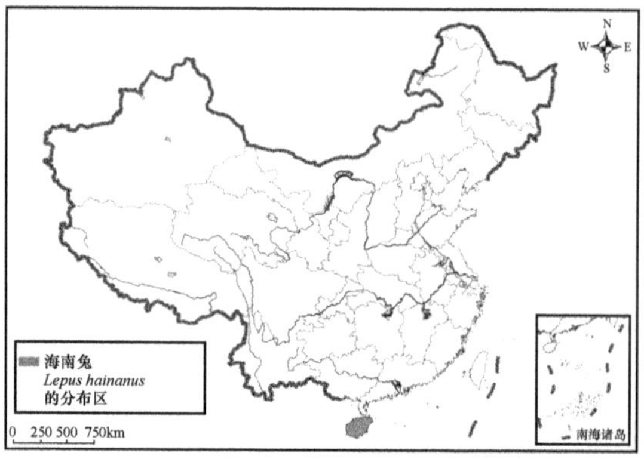

海南兔 *Lepus hainanus* (Swinhoe, 1870)
种下单元： 无
生　　境： 灌丛、草地
生态系统： 陆生生态系统
保护等级： **国家重点保护野生动物等级：** 二级；**CITES 附录** [1]：未列入
红色名录： **IUCN**[2]：VU；**中国哺乳类红色名录** [3]：NT
国内分布： 海南
分布国家： 中国

Hainan Hare *Lepus hainanus* (Swinhoe, 1870)
Infra-specific Taxa：None
Habitat and Ecology：Shrubland; Grassland
Ecosystem：Terrestrial
National Key Protected Wild Animal List：Category Two; **CITES Appendix**[1]：Not listed
Red List：**IUCN Red List**[2]：VU; **China Mammal Red List**[3]：NT
Range in the country：Hainan
Range countries：China

参考文献 Citation

Wang Y (王应祥), 2003; Wilson and Reeder, 2005; Zhang R (张荣祖), 1997; Pan Q *et al.* (潘清华等), 2007; Ma Y *et al.* (马勇等), 2008; Smith *et al.*, 2008; IUCN, 2014

667. 东北兔 Manchurian Hare

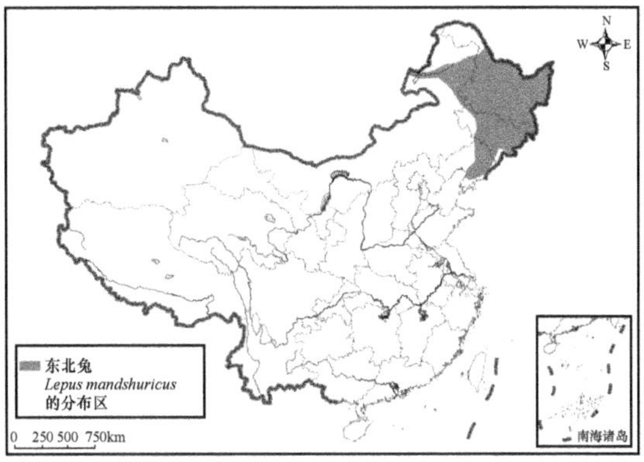

东北兔 *Lepus mandshuricus*（Radde, 1861）
种下单元：无
生　　境：泰加林、森林
生态系统：陆生生态系统
保护等级：**国家重点保护野生动物等级**：无；**CITES 附录**[1]：未列入
红色名录：**IUCN**[2]：LC；**中国哺乳类红色名录**[3]：LC
国内分布：内蒙古、辽宁、吉林、黑龙江
分布国家：中国、俄罗斯

Manchurian Hare *Lepus mandshuricus*（Radde, 1861）
Infra-specific Taxa：None
Habitat and Ecology：Taiga; Forest
Ecosystem：Terrestrial
National Key Protected Wild Animal List：None; **CITES Appendix**[1]：Not listed
Red List：**IUCN Red List**[2]：LC; **China Mammal Red List**[3]：LC
Range in the country：Inner Mongolia, Liaoning, Jilin, Heilongjiang
Range countries：China, Russia

参考文献 Citation

Wang Y（王应祥）, 2003; Wilson and Reeder, 2005; Zhang R（张荣祖）, 1997; Pan Q *et al.*（潘清华等）, 2007; Ma Y *et al.*（马勇等）, 2008; Smith *et al.*, 2008; IUCN, 2014

668. 灰尾兔 Woolly Hare

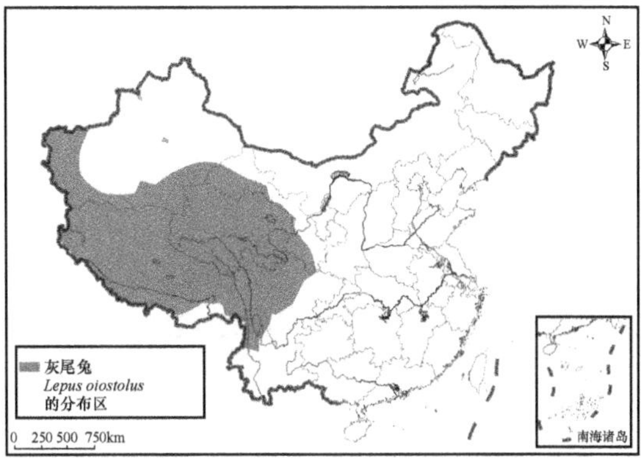

灰尾兔 *Lepus oiostolus*（Hodgson, 1840）
种下单元：*oiostolus*; *hypsibius*; *pallipes*; *przewalskii*
生　　境：高海拔草地、草甸、灌丛、荒漠
生态系统：陆生生态系统
保护等级：**国家重点保护野生动物等级**：无；**CITES 附录**[1]：未列入
红色名录：**IUCN**[2]：LC；**中国哺乳类红色名录**[3]：LC
国内分布：新疆、青海、甘肃、四川、云南、西藏
分布国家：中国、印度、尼泊尔

Woolly Hare *Lepus oiostolus*（Hodgson, 1840）
Infra-specific Taxa：*oiostolus*; *hypsibius*; *pallipes*; *przewalskii*
Habitat and Ecology：High Altitude Grassland; Meadow; Shrubland; Desert
Ecosystem：Terrestrial
National Key Protected Wild Animal List：None; **CITES Appendix**[1]：Not listed
Red List：**IUCN Red List**[2]：LC; **China Mammal Red List**[3]：LC
Range in the country：Xinjiang, Qinghai, Gansu, Sichuan, Yunnan, Tibet
Range countries：China, India, Nepal

参考文献 Citation

Wang Y（王应祥）, 2003; Wilson and Reeder, 2005; Zhang R（张荣祖）, 1997; Pan Q *et al.*（潘清华等）, 2007; Ma Y *et al.*（马勇等）, 2008; Smith *et al.*, 2008; IUCN, 2014

669. 华南兔 Chinese Hare

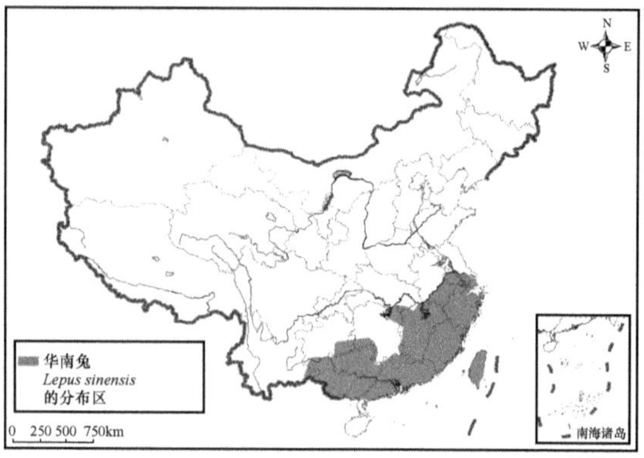

华南兔 *Lepus sinensis* (Gray, 1832)

种下单元：*sinensis*; *formosus*; *yuenshanensis*

生　　境：草地、灌木、竹林

生态系统：陆生生态系统

保护等级：**国家重点保护野生动物等级**：无；**CITES 附录** [1]：未列入

红色名录：**IUCN**[2]：LC；**中国哺乳类红色名录** [3]：LC

国内分布：广西、湖南、上海、江苏、浙江、安徽、江西、广东、贵州、台湾、福建

分布国家：中国、越南

Chinese Hare *Lepus sinensis* (Gray, 1832)

Infra-specific Taxa：*sinensis*; *formosus*; *yuenshanensis*

Habitat and Ecology：Grassland; Shrubland; Bamboo Grove

Ecosystem：Terrestrial

National Key Protected Wild Animal List：None; **CITES Appendix**[1]：Not listed

Red List：**IUCN Red List**[2]：LC; **China Mammal Red List**[3]：LC

Range in the country：Guangxi, Hunan, Shanghai, Jiangsu, Zhejiang, Anhui, Jiangxi, Guangdong, Guizhou, Taiwan, Fujian

Range countries：China, Vietnam

参考文献 Citation

Wang Y (王应祥), 2003; Wilson and Reeder, 2005; Zhang R (张荣祖), 1997; Pan Q *et al.* (潘清华等), 2007; Ma Y *et al.* (马勇等), 2008; Smith *et al.*, 2008; IUCN, 2014

670. 中亚兔 Desert Hare

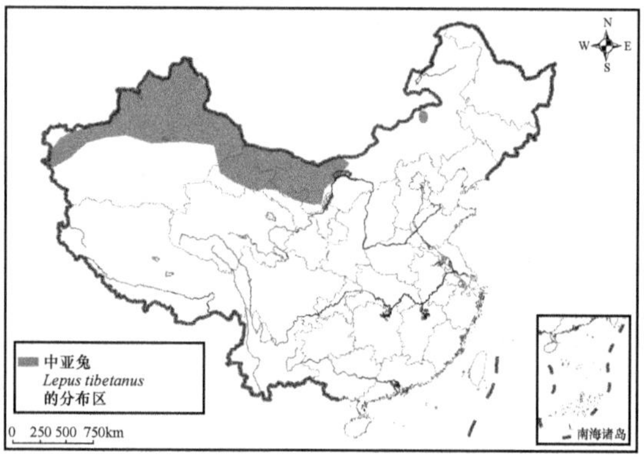

中亚兔 *Lepus tibetanus* (Waterhouse, 1841)

种下单元：*tibetanus*; *centrasiaticus*; *craspedotis*; *pamirensis*; *stoliczkanus*

生　　境：荒漠、半荒漠、干旱草地、灌丛

生态系统：陆生生态系统

保护等级：**国家重点保护野生动物等级**：无；**CITES 附录** [1]：未列入

红色名录：**IUCN**[2]：LC；**中国哺乳类红色名录** [3]：LC

国内分布：新疆、甘肃、内蒙古

分布国家：阿富汗、中国、蒙古、巴基斯坦

Desert Hare *Lepus tibetanus* (Waterhouse, 1841)

Infra-specific Taxa：*tibetanus*; *centrasiaticus*; *craspedotis*; *pamirensis*; *stoliczkanus*

Habitat and Ecology：Desert; Semi-desert; Dry Grassland; Shrubland

Ecosystem：Terrestrial

National Key Protected Wild Animal List：None; **CITES Appendix**[1]：Not listed

Red List：**IUCN Red List**[2]：LC; **China Mammal Red List**[3]：LC

Range in the country：Xinjiang, Gansu, Inner Mongolia

Range countries：Afghanistan, China, Mongolia, Pakistan

参考文献 Citation

Wilson and Reeder, 2005; Pan Q *et al.* (潘清华等), 2007; Ma Y *et al.* (马勇等), 2008; Smith *et al.*, 2008; IUCN, 2014

671. 雪兔 Mountain Hare

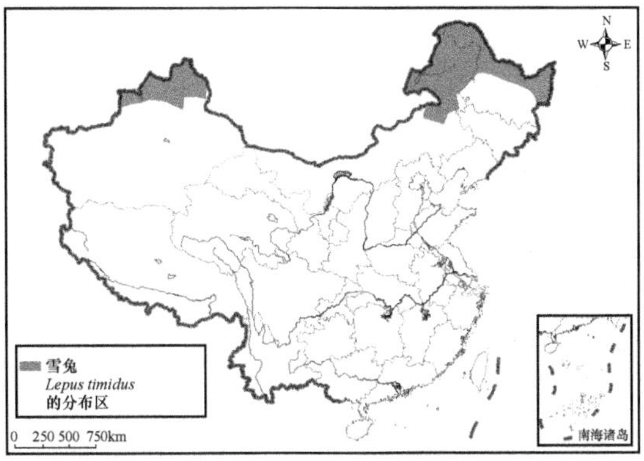

雪兔 *Lepus timidus* (Linnaeus, 1758)

种下单元：*timidus*; *ainu*; *begitschevi*; *gichiganus*; *hibernicus*; *kamtschaticus*; *kolymensis*; *kozhevnikovi*; *lugubris*; *mordeni*; *orii*; *scoticus*; *sibiricorum*; *transbaicalicus*; *varronis*

生　　境：泰加林、草地

生态系统：陆生生态系统

保护等级：**国家重点保护野生动物等级**：二级；**CITES 附录** [1]：未列入

红色名录：**IUCN**[2]：LC；**中国哺乳类红色名录** [3]：LC

国内分布：黑龙江、新疆、内蒙古

分布国家：奥地利、白俄罗斯、中国、爱沙尼亚、芬兰、法国、德国、爱尔兰、意大利、日本、哈萨克斯坦、拉脱维亚、列支敦士登、立陶宛、蒙古、挪威、波兰、俄罗斯、斯洛文尼亚、瑞典、瑞士、乌克兰、英国

Mountain Hare *Lepus timidus* (Linnaeus, 1758)

Infra-specific Taxa：*timidus*; *ainu*; *begitschevi*; *gichiganus*; *hibernicus*; *kamtschaticus*; *kolymensis*; *kozhevnikovi*; *lugubris*; *mordeni*; *orii*; *scoticus*; *sibiricorum*; *transbaicalicus*; *varronis*

Habitat and Ecology：Taiga; Grassland

Ecosystem：Terrestrial

National Key Protected Wild Animal List：Category Two; **CITES Appendix**[1]：Not listed

Red List：**IUCN Red List**[2]：LC; **China Mammal Red List**[3]：LC

Range in the country：Heilongjiang, Xinjiang, Inner Mongolia

Range countries：Austria, Belarus, China, Estonia, Finland, France, Germany, Ireland, Italy, Japan, Kazakhstan, Latvia, Liechtenstein, Lithuania, Mongolia, Norway, Poland, Russia, Slovenia, Sweden, Switzerland, Ukraine, United Kingdom

参考文献 Citation

Wang Y(王应祥), 2003; Wilson and Reeder, 2005; Zhang R(张荣祖), 1997; Pan Q *et al.*(潘清华等), 2007; Ma Y *et al.*(马勇等), 2008; Smith *et al.*, 2008; IUCN, 2014

672. 蒙古兔 Tolai Hare

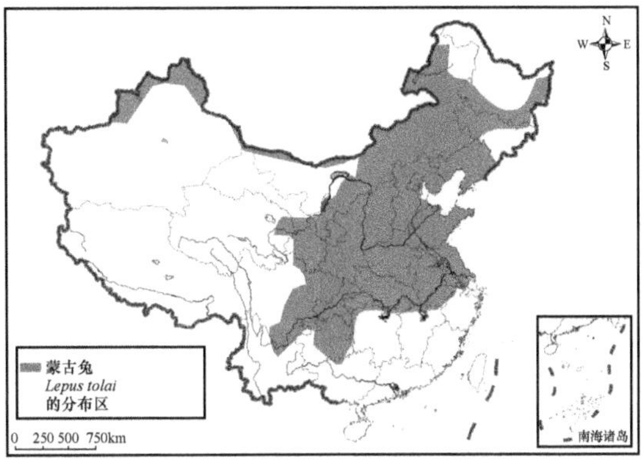

蒙古兔 *Lepus tolai* (Pallas, 1778)

种下单元：*tolai*; *aurigineus*; *buchariensis*; *cheybani*; *cinnamomeus*; *filchneri*; *lehmanni*; *swinhoei*

生　　境：草地、草甸、灌丛

生态系统：陆生生态系统

保护等级：**国家重点保护野生动物等级**：无；**CITES 附录** [1]：未列入

红色名录：**IUCN**[2]：LC；**中国哺乳类红色名录** [3]：LC

国内分布：新疆、内蒙古、河北、河南、山东、辽宁、吉林、黑龙江、山西、陕西、四川、云南、重庆、湖北、湖南、江西、江苏、北京、天津、宁夏、甘肃、青海、安徽、贵州

分布国家：阿富汗、中国、伊朗、哈萨克斯坦、吉尔吉斯斯坦、蒙古、俄罗斯、土库曼斯坦、乌兹别克斯坦

Tolai Hare *Lepus tolai* (Pallas, 1778)

Infra-specific Taxa：*tolai*; *aurigineus*; *buchariensis*; *cheybani*; *cinnamomeus*; *filchneri*; *lehmanni*; *swinhoei*

Habitat and Ecology：Grassland; Meadow; Shrubland

Ecosystem：Terrestrial

National Key Protected Wild Animal List：None; **CITES Appendix**[1]：Not listed

Red List：**IUCN Red List**[2]：LC; **China Mammal Red List**[3]：LC

Range in the country: Xinjiang, Inner Mongolia, Hebei, Henan, Shandong, Liaoning, Jilin, Heilongjiang, Shanxi, Shaanxi, Sichuan, Yunnan, Chongqing, Hubei, Hunan, Jiangxi, Jiangsu, Beijing, Tianjin, Ningxia, Gansu, Qinghai, Anhui, Guizhou

Range countries: Afghanistan, China, Iran, Kazakhstan, Kyrgyzstan, Mongolia, Russia, Turkmenistan, Uzbekistan

参考文献 Citation

Wilson and Reeder, 2005; Pan Q *et al.* (潘清华等), 2007; Ma Y *et al.* (马勇等), 2008; Smith *et al.*, 2008; IUCN, 2014

673. 塔里木兔 Yarkand Hare

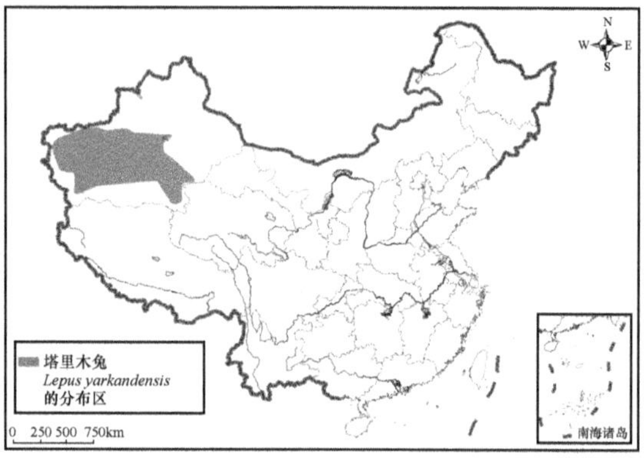

塔里木兔 *Lepus yarkandensis* (Günther, 1875)
种下单元：无
生　　境：沙漠
生态系统：陆生生态系统
保护等级：**国家重点保护野生动物等级**：二级；**CITES 附录**[1]：未列入
红色名录：**IUCN**[2]：NT；**中国哺乳类红色名录**[3]：NT
国内分布：新疆
分布国家：中国

Yarkand Hare *Lepus yarkandensis* (Günther, 1875)
Infra-specific Taxa: None
Habitat and Ecology: Desert
Ecosystem: Terrestrial
National Key Protected Wild Animal List: Category Two; **CITES Appendix**[1]: Not listed
Red List: **IUCN Red List**[2]: **NT**; **China Mammal Red List**[3]: NT
Range in the country: Xinjiang
Range countries: China

参考文献 Citation

Wang Y (王应祥), 2003; Wilson and Reeder, 2005; Zhang R (张荣祖), 1997; Pan Q *et al.* (潘清华等), 2007; Ma Y *et al.* (马勇等), 2008; Smith *et al.*, 2008; IUCN, 2014

References

Abramov A. 2002. Variation of the baculum structure of the Palaearctic badger (Carnivora, Mustelidae, *Meles*). *Russian Journal of Theriology*, **1**:57-60.

Allen GM. 1938-1940. *The Mammals of China and Mongolia*. Vol. XI. Part. I, II. American Museum (Natural History), New York.

Apagow P-M. 2007. Species:Demarcation and diversity. *In*:Purvis A, Gittleman JL, Brooks T. *Phylogeny and Conservation*. Cambridge:Cambridge University Press:19-56.

Apagow P-M, Bininda-Emonds ORP, Crandall KA, *et al*. 2004. The impact of species concept on biodiversity studies. *Quarterly Review of Biology*, **79**:161-179.

Butchart SHM, Walpole M, Collen B, van Strien A, Scharlemann JPW, Almond REA, et al. 2010. Global biodiversity:Indicators of recent declines. *Science*, **328:**1164-1168.

Cao L, Wang X, Fang S. 2003. A molecular phylogeny of Bharal and dwarf blue sheep basedon mitochondrial cytochrome b gene sequences. *Acta Zoologica Sinica*, **49** (2) :198-204.

Catalogue of Life. 2015. http://www. catalogueoflife. org/annual-checklist/2014/. Accessed on Jan, 15, 2015.

Chan BPL, Tan XF, Tan WJ. 2008. Rediscovery of the critically endangered eastern black crested gibbon *Nomascus nasutus* (Hylobatidae) in China, with preliminary notes on population size, ecology and conservation status. *Asian Primates Journal*, **1** (1) :17-25. (in Chinese with English abstract)

Chen P. 2012. *Systematics and Phylogeography of Apodemus and Niviventer*. Ph. D. Dissertation. Beijing:Graduate University of Chinese Academy of Sciences. (In Chinese with English abstract)

Chen P, Wang Y, Lin S, Jiang X. 2014. A New Record of Mammals in China—*Leopoldamys neilli*. *Sichuan Journal of Zoology*, **33** (6) :858-864. (In Chinese with English abstract)

Chen S, Liu S, Liu Y, He K, Chen W, Zhang X, Fan Z, Tu F, Jia X, Yue B. 2012. Molecular phylogeny of Asiatic short-tailed shrews, genus *Blarinella* Thomas, 1911 (Mammalia:Soricomorpha:Soricidae) and Its Taxonomic Implications. *Zootaxa*, **3250**:43-53.

Chen Y, Xiang ZF, Liu Q, Tan LJ, Shen QQ, Zhang LB.. 2013. *Ia io* is found in Guangdong province. *Chinese Journal of Zoology*, **48**(2):287-291.

Cong HY, Liu ZX, Wang YM, Wang XG, Masaharu M, Masashi H, Zhou Q, Wu Y, Li YC.2013. First record of *Typhlomys cinereus* in Guangdong Province. *Acta Theriologica Sinica*, **33**:389-392.

Corbet GB, Hill JE. 1991. *A World List of Mammalian Species*. 3rd ed. British Museum (Natural History), London.

Corlett RT. 2014. *The Ecology of Tropical East Asia*. 2nd ed. Oxford:Oxford University Press.

Cronquist A. 1978. Once again, what is a species? *In*:Knutson LV. *Biosystematics in Agriculture*. Montclair, NJ:Alleheld Osmun, 3-20.

Darwin C. 1859. *On the Origin of Species by Means of Natural Selection, or the Preservation of Favoured Races in the Struggle for Life*. London:John Murray.

Deng BS, Zhang YJ, Li YC, Gong YN, Masaharu M, Masashi H, Yuta S, Wu Y. 2011. Species diversity of Bat in Nanling National Nature Reserve of Guangdong province. *Guangdong Agricultural Sciences*, 7:137-139.

Dobzhansky T. 1935. A critique of the species concept in biology. *Philosophy of Science*, **2**:344-355.

Duan HS, Yang ZQ, Liu YR. 2011. List of Insectivores in China and distribution. *Journal of Huazhong Normal University (Nat. Sci)*, **45**:466-471.

Eger JL, Lim BK. 2011. Three new species of *Murina* from Southern China (Chiroptera:Vespertilionidae). *Acta Chiropterologica*, **13** (2) :227-243.

Ellerman JR, Morrison-Scott TCS. 1951. *Checklist of Palaearctic and Indian Mammals*. 1758-1946. British Museum (Natural History), London.

Fan Z, Liu S,Liu Y,Zeng B, Zhang X, Guo C, Yue B. 2009. Molecular phylogeny and taxonomic reconsideration of the subfamily Zopodinae (Rodentia:Dipodidae), with an emphasis on Chinese species. *Molecular Phylogenetics and Evolution*, **51**:447-253.

Feng Q, Jiang X, Li S, Wang Y. 2006. A new record genus *Megaerops* and its two species of bat in china (Chiroptera, Pteropodidae). *Acta Zootaxonomica Sinica*, **31** (1) :224-230. (In Chinese with English abstract)

Feng Q, Li S, Wang Y. 2008. A new species of bamboo bat (Chiroptera:Vespertilionidae:*Tylonycteris*) from Southwestern China. *Zoological Science*, **25** (2) :225-234.

Feng ZJ, Cai G, Zheng C. 1986. *Mammals of Tibet*. Beijing:Science Press. (in Chinese)

Furey NM, Thong VD, Bates PJJ, Csorba G. 2009. Description of a new species belonging to the *Murina'suilla*-Group' (Chiroptera:Vespertilionidae:Murininae) from North Vietnam. *Acta Chiropterologica*, **11** (2) :225-236.

Ge DY Wen ZX, Xia L, Zhang Z ,Erbajeva M, Huang CM, Yang QS. 2013. Evolutionary history of Lagmorphs in response to global environmental change. *PloS ONE*, **8**, e59668.

Ge F, Qian Y, Ma J. 2004. *The Developing History of China's Zoology*. Harbin: Northeast China Foretry Univeristy Press. (in Chinese).

Geissmann T, Lwin N, Aung SS, Aung TN, Aung ZM, Hla TH, Grindley M, Momberg F. 2010. A new species of snub-nosed monkey, genus *Rhinopithecus* Milne-Edwards, 1872 (Primates, Colobinae), from northern Kachin state, northeastern Myanmar. *American Journal of Primatology*, **72:**1-12.

Green MJB. 1986. The Distribution, status and conservation of the Himalayan musk deer. *Biological Conservation*, **35** (4) :347-375.

Groves CP, Grubb P. 2013. Ungulate Taxonomy. Baltimore:Johns Hopkins University Press.

Groves CP. 1995. Taxonomy of musk-deer, genus *Moschus* (Moschidae, Mammalia). *Acta Theriologica Sinica*, **15** (3) :181-197.

Guo F, Qian Y, Ma J. 2004. *The Developing History of China's Zoology*. Harbin:Northeast China Foretry Univeristy Press. (in Chinese).

He K, Deng K, Jiang X. 2012. First record of Van sung's shrew (*Chodsigoa caovansunga*) in China. *Zoological Research*, **33** (5) :542 - 544.

He K, Hu N, Orkin JD, Nyein DT, Ma C, Xiao W, Fan P, Jiang X. 2012. Molecular phylogeny and divergence time of *Trachypithecus*:With implications for the taxonomy of *T. phayrei*. *Zoological Research*, **33**(6):104-110.

Hennig W. 1966. *Phylogenetic Systematics*. Translated by Davis D D, Zangerl R. Urbana:University of Illinois Press.

Holt BG, Lessard JP, Borregaard MK, Fritz SA, Araújo MB, Dimitrov D, Fabre PH, Graham CH, Graves GR, Jønsson KA, Nogués-Bravo D, Wang Z, Whittaker RJ, Fjelds J, Rahbek C. 2013. An updated of Wallace's zoogeographic regions of the world. *Science*, **339**:74-78.

Honacki JH, Kinman KE, Koeppl JW. 1982. *Mammal Species of the World*. Lawrence, Kansas:Allen Press and the Associated System.

Hu J, Jiang Z, Chen J, Qiao H. 2015. Niche divergence accelerates the evolution in Asian endemic Procapra gazelles. *Scientific Reports*. In press.

Hu J, Zhang Y, Yu L. 2012. Summary of Laurasiatheria (Mammalia) Phylogeny. *Zoological Research*, **33** (E5-6) :E65-E74.

Hung SK, Kyung H J. 2010. Genetic distinctness of the Korean hare, Lepus coreanus (Mammalia, Lagomorpha), revealed by nuclear thyroglobulin gene and mtDNA control region sequences. *Biochemical Genetics*, **48** (7-8) :706-710.

Hutterer RS. 2005. Order Soricomorpha. *In*:Wilson D E, Reeder D M. *Mammal Species of the World*, Third edition. Baltimore:Johns Hopkins University Press :220-311.

IUCN (World Conservation Union). 2014. *IUCN Red List of Threatened Species*. http://www. iucnredlist. org/. Assessed on March 1, 2014.

Jiang T, Liu Y, Feng J. 2008. A new Chinese record species. *Acta Zootaxonomica Sinica*, **33** (1) :212-216. (In Chinese with English abstract)

Jiang Z, Ma K. 2014. *The Principles of Conservation Biology*. Beijing:Science Press. (In Chinese)

Jiang Z, Ma Y, Wu Y, Wang Y, Zhou K, Liu S, Feng Z, Luo Z, Li C. 2015. Diversity of China'a mammals. Biological Science, in press.

Jiang Z. 2015. Assessment Report on Threatened Status of Terrestrial Vertebrates in China. Beijing:China Environment Press. (In Chinese with English Executive Summary). In press.

Kuo HC, Fang YP, Csorba G, Lee LL. 2009. Three new species of *Murina* (Chiroptera:Vespertilionidae) from Taiwan. *Journal of Mammalogy*, **90** (4) :980-991.

Lei R, Jiang Z, Hu Z, Yang WL.2003. Phylogenetic relationships of Chinese antelopes based on mitochondrial Ribosomal RNA gene sequences. *Journal of Zoology* (London), **261** (3) :227-237.

Leslie DM, Schaller GB. 2009. *Bos grunniens* and *Bos mutus* (Artiodactyla:Bovidae). *Mammalian Species*, **836**:1-17.

Li C, Zhao C, Fan P. 2015. White-cheeked macaque (*Macaca leucogenys*):A new macaque species from Modog, southeastern Tibet. *American Journal of Primatology* .Early View, Article first published online:25 MAR 2015 DOI:10. 1002/ajp. 22394.

Li H, Rosa GP, Li M, Wei FW. 2004. Distribution and conservation status of the endemic Chinese mountain cat (*Felis bieti*). *Oryx*, **38**(1): 55-61.

Li S, He K, Yu FH, Yang QS. 2013. Molecular phylogeny and biogeography of *Petaurista* inferred from the Cytochrome b gene, with implications for the taxonomic status of *P. caniceps*, *P. marica* and *P. sybilla*. *PLoS ONE*, **8** (7) :e70461. doi:10. 1371/journal. pone. 0070461

Li Y, Wu Y, Harada M, Lin LK, Motokawa M. 2008. Karyotypes of three rat species (Mammalia:Rodentia:Muridae) from Hainan Island, China, and the valid specific status of *Niviventer lotipes*. *Zoological Science*, **25** (6) :686-692.

Liao WB, Wang YJ, Kang J, Jin LH, Cui DF. 2005. Overall assessment of ecological environment resources in Shenzhen Bijiashan Park. *Acta Scientiarum Naturalium Universitatis Sunyatseni*, **44**:82-91.

Lindburg D, Baragona K. 2004. *Giant Pandas: Biology and Conservation*. Berkley:Univerity of California.

Liu R. 2008. *Checklist of Marine Biota of China Seas*. Beijing:Science Press. (in Chinese and English)

Liu S, Liu Y, Guo P, Sun Z, Murphy RW, Fan Z, Fu J, Zhang Y. 2012a. Phylogeny of Oriental voles (Rodentia:muridae:Arvicolinae):Molecular and morphylogical evidences. *Zoological Science*, **9** (11) :610-622.

Liu S, Sun Z, Liu Y, Fan Z, Guo P, Murphy RW. 2012b. A new vole from Xizang, China and the molecular phylogeny of the genus *Neodon* (Cricetidae:Arvicolinae). *Zootaxa*, **3235**:1-22.

Liu S, Sun Z, Zeng Z, Zhao E. 2007. A new vole (Muridae:Arvicolinae) from the Liangshan Mountains of Sichuan Province, China. *Journal of Mammalogy*, **88** (5) :1170-1178.

Liu Y, Liu S, Sun Z, Guo P, Fan Z, Murphy RW. 2013. A new species of *Uropsilus* (Talpidae:Uropsilinae) from Sichuan, China. *Acta Theriologica Sinica*, **33** (2) :113-122. (In Chinese with English abstract)

Liu Y, Wang H, Liu S. 2010. First confirmation of the distribution of tundra shrew (*Sorex tundrensis*) in China. *Acta Theriologica Sinica*, **30** (4) :439-443. (In Chinese with English abstract)

Liu ZJ, Wang BS, Nadler T, *et al*. 2013. Relatively recent evolution of pelage coloration in Colobinae: Phylogeny and phylogeography of three closely related langur species. *PLoS One*, **8**(4):e61659.

Long Y, Momberg F, Ma J, Wang Y, Luo Y, Li H, Yang G, Li M. 2012. *Rhinopithecus strykeri* Found in China! *American Journal of Primatology*, **74**:871-873.

Luo Z, Li C, Tang S, ChenJ, Fang H, Jiang Z. 2011. Do Rapoport's rule, the mid-domain effect, land area or environmental factors predict latitudinal range size patterns of terrestrial mammals in China?*Plos One*, **6**(11) :e27975. doi:10. 1371/journal. pone. 0027975.

Luo Z, Tang S, Li C, Fang H, Hu H, Yang J, Ding J, Jiang Z. 2012. Environmental Effects on Vertebrate Species Richness:Testing the Energy, Environmental Stability and Habitat Heterogeneity Hypotheses. *Plos ONE*, **7** (4) :e35514. doi:10. 1371/journal. pone. 0035514.

Luo Z. 2000. *Fauna Sinica, Mammal Vol. 6 (2) Cricetindae*. Beijing:Science Press.

Ma Y, Yang Q, Zhou L. 2008. Taxonomy and geographic distribution of glires in China. *In*:Zheng Z, Jiang ZK, Chen A. *Conspectus of Glires*. Shanghai:Shanghai Jiao Tong University Press:35-116. (In Chinese)

Mace GM, Cramer W, Diaz S, Faith DP, Larigauderie A, Le Prestre P, *et al*. 2010. Biodiversity targets after 2010. *Current Opinion in Environmental Sustainability*, **2**:3-8.

Marmi J, Lopez-Giraldez F, MacDonald, DW, Calafell F, Zholnerovskaya E, Domingo-Roura X. 2006. Mitochondrial DNA reveals a strong phylogeographic structure in the badger across Eurasia. *Molecular Ecology*, **15**:1007-1020.

Matveev VA, Kruskop SV, Kramerov DA. 2005.Revalidation of *Myotis petax* Hollister, 1912 and its new status in connection with *M. daubentonii* (Kuhl, 1817) (Vespertilionidae, Chiroptera). *Acta Chiropterologica*, **7** (1): 23-37.

Mayden RL. 1997. A hierarchy of species concepts:The denoument in the saga of the species problem. *In*:Claridge MF, Dawah HA, Wilson MR. *Species*: *The Units of Diversity*, London:Chapman and Hall:381-423.

Mayr E, Kinskey EG, Usinger RL. 1953. Methods and Principles of Systematic Zoology. New York:MaGraw-Hill Book Co. Inc.

Mayr E. 1942. *Systematics and the Origin of Species from the Viewpoint of a Zoologist*. New York:Columbia University Press.

McNeely JA, Miller K, Reid W, Mittermeier R, Werner T. 1990. *Conserving the World's Biodiversity*. Gland, Switzerland:IUCN.

Motokawa M, Lin LK. 2005. Taxonomic status of *Soriculus baileyi* (Insectivora, Soricidae). *Mammal Study*, **30** (2) :117-124.

NCBI. 2015. Niviventer huang. http://www. ncbi. nlm. nih. gov/Taxonomy/Browser/wwwtax. cgi?lvl=0&id=979565. Accessed on Jan. 15, 2015

Nowak RM. 1999. *Walker's Mammal of the World. 6th ed*. Washington D. C. :Johns Hopkins University Press .

Pan Q, Wang Y, Yan K. 2007. *A Field Guide to the Mammals of China*. Beijing:China Forestry Publishing House. (In Chinese)

Peng Y, Wang Y, Qian Z, Shen H, Wang H. 2009. Description of a new record species of whales from Chinese coastal waters. *Journal of Marine Sciences*, **27** (4) :117-120. (in Chinese with English abstract)

Qin YL. 1979. Geographical distribution and regionalization of rodents in Guangdong province, and relevant prevention. *Chinese Journal of Zoology*, **14**:30-34.

Qureshi BD, Awan MS, Khan AA, Dar NI, Dar MEI. 2004. Distribution of Himalayan musk deer (*Moschus chrysogaster*) in Neelum Valley, District Muzaffarabad, Azad Jammu and Kashmir. *Journal of Biological Sciences*, **4** (2) :258-261.

Roos C, Thanh VN, Walter L, *et al*. 2007. Molecular systematics of Indochinese primates. *Vietnamese Journal of Primatology*, **1**(1): 41-53.

Sheng H. 1983. *An Introduction to Mammalogy*. Shanghai:East China Normal University Press. (in Chinese).

Shou ZH. 1963. *China's Economic Mammals*. Beijing:Science Press. (In Chinese)

Sinha A, Datta A, Madhusudan MD, MishraC. 2005. *Macaca munzala*:A new species from western Arunachal Pradesh, Northeastern India. *International Journal of Primatology*, **26**(4):997-989.

Smith A, Xie Y, Hoffmann RS, Lunde D, MacKinnon J, Wilson DE, Wozencraft WC, Gemma F. 2009. *A Guide to the Mammals of China*. Changsha:Hunan Education Publishing House.

Species 2000 China. 2015. http://www. sp2000. cn/joacn/index. php?option=com_content&task=view&id=32&Itemid=1, Accessed on Jan. 15, 2015.

State Forestry Administration. 2009. *Nationwide Survey on Key Wild Terrestrial Animal Resource*. Beijing:China Forestry Press.

Subedi A, Aryal A, Koirala RK, Timilsina YP, Meng XX, McKenzie F. 2012. Habitat ecology of Himalayan musk deer (*Moschus chrysogaster*) in Manaslu Conservation Area, Nepal. *International Journal of Zoological Research*, **8** (2) :81-89.

Tan M, Zhu G, Hong T, Ye J, Zhang L. 2009. New Record of a Bat Species from China, *Hipposideros cineraceus* (Blyth, 1853). *Zoological Research*, **30** (2) :204-208. (In Chinese with English abstract)

Tiunov MP, Kruskop SV, Feng J. 2011. A New Mouse-Eared Bat (Mammalia:Chiroptera, Vespertilionidae) from South China. *Acta Chiropterologica*, **13** (2) :271-278.

Tu FY, Liu SY, Liu Y, Sun ZY, Yin YH, Yan CC, Lu L, Yue BS, Zhang XY. 2014. Complete mitogenome of Chinese shrew mole *Uropsilus soricipes* (Milne-Edwards, 1871) (Mammalia:Talpidae) and genetic structure of the species in the Jiajin Mountains (China). *Journal of Natural History*, (ahead-of-print) :1-17.

Tu FY, Tang MK, Liu Y.2012. Fauna and species diversity of small mammals in Jiajin Mountains, Sichuan Province, China. Acta Theriologica Sinica, 32(4): 287-296.

Turghan M, Jiang Z, Groves CP, Yang J, Fang H. 2013. Subspecies in Przewalski's gazelle Procapra przewalskii and its conservation implication. *Chinese Science Bulletin*, **58** (1) :1897-1905.

Waddell PJ, Okada N, Hasegawa M. 1999. Toward resolving the inter-ordinal relationships of placental mammals. *Systematic Biology*, **48**:1-5.

Wallace AR. 1876. *The geographic Distribution of Animals*. London:MicMillan & Co.

Wang JY, Frasier TR, Yang SC, White BN. 2008. Detecting recent speciation events:The case of the finless porpoise (genus *Neophocaena*). *Heredity*, **101**:145-155.

Wang P, Yao C, Han J, *et al.* 2011. Investigations of stranded and by-caught beaked whales around the coastalwaters of Chinese mainland. *Acta Theriologica Sinica*, **31** (1) :37-45. (in Chinese with English abstract)

Wang PL. 2012. *Chinese Cetaceans*. Beijing:Chemical Industry Press. (In Chinese)

Wang Y. 2003. *A Complete Checklist of Mammal Species and Subspecies in China-A Taxonomic and Geographic Reference*. Beijing:China Forestry Publishing House. (In Chinese)

Wang YX, Zhang SY. 1993. List of mammals in China (Ⅱ). *Wildlife*:6-11

Wilson DE, Reeder DM. 1993. *Mammal Species of the World, A Taxonomic and Geographic Reference*. 2nd ed. Washington and London:Smithsonian Institution Press.

Wilson DE, Reeder DM. 2005. *Mammal Species of the World:A Taxonomic and Geographic Reference*. 3rd ed. Washington and London:Johns Hopkins University Press.

Wu S, Wang Y, Feng Q. 2005. A new record of mammalia in China —*Manis javanica*. *Acta Zootaxonomica Sinica*, **30** (2) :440-443.

Wu Y, Yang Q, Xia L, Peng HY, Zhou Z. 2004a. *New record of Chinese bats*: *Rhinolophus marshalli*. *Chinese Journal of Zoology*, **39** (5) :109-110. (In Chinese with English abstract)

Wu Y, Harada M, Li Y. 2004b. Karyology of seven species bats from Sichuan, China. *Acta Theriologica Sinica*, **24**:30-35. (In English with Chinese abstract)

Wu Y, Li YC, Lin LK, Harada M, Chen Z, Motokawa M. 2012. New records of *Kerivoula titania* (Chiroptera:Vespertilionidae) from Hainan Island and Taiwan. *Mammal Study*, **37** (1) :69-72.

Wu Y, Masaharu M, Li YC, Gong YN, Yuta S, Masashi H. 2011. New records of shrew gymnure (*Neotetracus sinensis*) and Chinese moleshrew (*Anourosorex squamipes*) from Guangdong Province. *Acta Theriologica Sinica*, **31** (3) :317-319.

Wu Y, Motokawa M, Harada M. 2008. Anew species of horseshoe bat of the genus *Rhinolophus* from China (Chiroptera:Rhinolophidae). *Zoological Science*, **25** (4) :438-243.

Wu Y, Motokawa M, Li YC, Harada M, Chen Z, Yu WH. 2010. Karyotype of Harrison's tube-nosed bat *Murinaharrisoni* (Chiroptera:Vespertilionidae:Murininae) Based on the second specimen recorded from Hainan Island, China. *Mammal Study*, **35** (4) :277-279.

Wu Y, Peng HY. 2003. New records of bat (Chiroptera) from Guangdong Province. *Sichuan Journal of Zoology*, **24** (2) :176-177.

Wu Y, Thong VD. 2011. A new species of *Rhinolophus* (Chiroptera:Rhinolophidae) from China. *Zoological Science*, **28** (3) :235-241.

Wu Y, Yi ZS, Jiang HS, Xie GZ, Dai KY, Huang LS, Zhang CM, Zhang H. 2002. Study on diversity of rodents and bats in Longmentai Nature Reserve, Yingde, Guangdong. *Journal of Guangdong University* (*Natural Science Edition*), **1**:21.

Wu Y, Yi ZS, Jiang HS. 2004. Preliminary study on diversity of rodents and bats in Yangdong Mountain Shierdushui Provincial Nature Reserve, Guangdong. *Sichuan Journal of Zoology*, **23**:104-107.

Wu Y, Yi ZS, Zhang CJ, Yu WH, Xu K, Xie GZ, Huang LS, Dai KY. 2008. Impact of Wu-Guang railway construction on terrestrial vertebrates from Shimentai Nature Reserve. *Journal of Guangzhou University* (*Natural Science Edition*), **7**:40-45.

Xia W, Zhang R. 1995. *Primates*: *Research and Conservation*. Beijing:China Forestry Publishing House.

Xia W. 1964. *Album of China's Animals*: *Mammals*. Beijing:Science Press. (in Chinese)

Xu J, Zhou PZ, Wen CY, Chen JR, Wu Y. 2002. Fauna of Chiroptera of Guangdong Province and geographical distribution. *Acta Scientiarum Naturalium Universitatis Sunyatseni*, **41** (3) :77-80.

Yang G, Wangle G, Wang Y. 1985. A new genus record of Rodentia in China. *Acta Theriologica Sinica*, **5** (3) :194-194. (in Chinese)

Zeng T, Jin W, Sun ZY, Liu Y, Murphy RW, Fu JR, Wang X, Hou QF, Tu FY, Liao R. 2013. Taxonomic position of *Eothenomys wardi* (Arvicolinae:Cricetidae) Based on morphological and molecular analyses with a detailed description of the species. *Zootaxa*, **3682** (1) :85-104.

Zhang J, Zhang L, Zhao H, Liang B, Zhang S. 2005. First record of Chinese bats: *Rhinolophus stheno*. *Chinese Journal of Zoology*, **40** (2) :96-98. (in Chinese with English abstract)

Zhang JS, Han NJ, Jones G, Lin LK, Zhang JP, Zhu GJ, Huang DW, Zhang SY. 2007. A new species of *Barbastella* (Chiroptera:Vespertilionidae) from North China. *Journal of Mammalogy*, **88** (6) :1393-1403.

Zhang L, Zhang J, Liang B, Zhang S. 2004. New record of a bat species from China, *Myotis hasseltii* (Temminck, 1840). *Zoological Research*, **25** (6) :556-559. (in Chinese with English abstract)

Zhang RZ. 1997. *Distribution of Mammalian Species in China*. Beijing: China Forestry Publishing House. (in Chinese)

Zhang RZ. 1999. *China's Zoological Geography*. Beijing:Science Press (in Chinese)

Zhang Z, Wei F. 2006. Giant Panda Ex-situ Conservation:Theory and Practice. Beijing:Science Press. (in Chinese)

Zheng C. 1986. The number of mammalian species in China. *Acta Theriologica Sinica*, **6** (1) :78-80. (in Chinese with English abstract)

Zheng G, Wang Q. 1998. *China Red Data Book of Endangered Animals—Birds*. Beijing:Science Press. (in Chinese)

Zheng T, Fei RM, Wu XB. 2005. Phylogeny of 13 Felidae species from China based on partial 12S rRNA and Cyt b genes sequences. *Acta Zoologica Sinica*, **51**(4):630-639.

Zheng YL. 1981. New record of ferret-badger in China. *Acta Theriologica Sinica*, **1** (2) :158.

Zheng Z. 1952. *Vertebrate Taxonomy*. Beijing:China Agriculture Press. (in Chinese)

Zheng Z. 1982. *Vertebrate Taxonomy*. Beijing:China Agriculture Press. (in Chinese)

Zhou C, Zhou K, Hu J. 2003. The validity of the dwarf bharal (Pseudois *schaeferi*) species statusinferred from mitochondial Cyt b gene. *Acta Zoologica Sinica*, **49** (5) :578-584.

Zhou K. 2004. *Fauna Sinica Mammalia Vol. 9 Cetacea, Phocoidea Carniviora and Sirenia*. Beijing:Science Press.

Zhou K. 2008. Vertebrata:Cetacea, Carnivora, Sirenia. *In*:Liu R . *Checklist of Marine Biota of China Seas*. Beijing:Science Press:1082-1085. (in Chinese and English)

Zhou M. 1964. Evolution of fauna in China during the Quaternary. *Chinese Journal of Zoology*, **24** (5) :19-24.

Zhou Q, Zhang YJ, Yang P, Yang QS, Wu Y. 2012. A New Record Bat of *Taphozous theobaldi* in Guangdong, China. *Sichuan Journal of Zoology*, **31** (2) :287-289.

Zhou Z, Guillen-Servent A, Lim B, Eger JL, Wang Y, Jiang X. 2009. A New Species from Southwestern China in the Afro-Palearctic Lineage of the Horseshoe Bats (*Rhinolophus*) . *Journal of Mammalogy*, **90** (1) :57-73.

中文名索引/Index of Chinese Names

英文名索引/Index of Common Names

学名索引/Index of Scientific Name

后 记

中国哺乳动物是一个复杂的类群。从我1999年为《鸟兽物种多样性的G-F指数方法》一文而编制的《中国哺乳动物多样性名录》开始，我们研究组就一直根据动物学研究的进展更新中国哺乳动物多样性编目。我们在研究中国哺乳动物多样性分布格局和中国自然保护区哺乳动物分布时，曾根据文献和自然保护区考察资料，多次对《中国哺乳动物多样性名录》进行了修订。然而，直到2013年启动中国生物多样性红色名录编研以来，我们以王应祥（2003）和Wilson和Reeder（2005）的分类系统为基础，全面收集了截至2015年3月底的动物学文献，经过本书作者的反复研究，才形成了本中国哺乳动物多样性名录，本书是集体智慧的结晶。本项目的核心专家有中国科学院动物研究所马勇研究员、广州大学吴毅教授、中国科学院昆明动物研究所王应祥研究员、南京师范大学周开亚教授、四川林业科学研究院刘少英研究员、中国科学院动物研究所冯祚建研究员、华中师范大学罗振华博士、中国科学院动物研究所李春旺博士。我们非常荣幸地邀请到世界著名哺乳动物学家、美国斯密斯桑尼研究院Don E. Wilson博士校阅书稿并为本书作序。除了会议评审外，《中国哺乳动物多样性名录》曾通过两次通信评审，征集了全国不同地区80余位动物学研究者对本名录的意见，根据反馈的意见对名录进行了增删，整理了同物异名。在本研究中，我们征求了如下专家教授（排名按姓氏汉语拼音为序）的意见：鲍伟东、鲍毅新、毕俊怀、初红军、丁平、范朋飞、高行宜、胡德夫、胡慧建、黄乘明、姜广顺、江海声、蒋学龙、金崑、李明、李松、李保国、李迪强、李俊生、李言阔、李义明、李玉春、李忠秋、廖继承、刘伟、刘丙万、刘定震、龙勇诚、马建章、马逸清、毛秀光、孟秀祥、孟智斌、时坤、宋延龄、苏建平、宛新荣、汪松、王丁、王昊、王克雄、王小明、魏辅文、吴诗宝、夏霖、徐爱春、杨光、杨道德、杨奇森、杨维康、张立、张劲硕、张礼标、张林源、张明海、张树义、张先锋、周友兵、祝茜、宗浩等，本研究得到了中国科学院与环境保护部有关领导的关注与支持，在此谨致衷心感谢。此外，我们还感谢李立立、汤宋华、徐冰冰、方红霞帮助整理哺乳动物名录，李立立还绘制了插图。本书作者还特别感谢蒋学龙研究员的宝贵意见。感谢IUCN红色名录工作组、澳大利亚国立大学Colin Groves教授的帮助。感谢科学出版社马俊编辑和李锋总编辑对本书出版而做的工作，感谢先后在中国科学院野生动物与行为生态研究组工作学习过的博士后与研究生对本书的贡献。本研究由科技基础性工作专项（2013FY110300）、环境保护部生物多样性专项资助。

蒋志刚

2015年3月19日

Postscript

The Mammalia of China is a complex taxon. Beginning in 1999, when I compiled the checklist of China's mammal diversity for writing the paper, *The G-F index method for measuring avian and mammalian diversities*, my research group has been working on renewing the checklist. In our studies on mammals in China's nature reserves, the distribution patterns of mammals and status of mammal species, we updated the checklist of China's mammals with information form literature and survey reports of nature reserves in the country from time to time. Nevertheless, we realized that we do need an updated checklist when we started to work on the new *Redlist of China's Biodiversity: Mammals* in 2013. We used *A Completed Checklist of Mammal Species and Subspecies in China: A Taxonomic and Geographic Reference* by Wang (2003) and *Mammal Species of the World* by Wilson & Reeder (2005), adopting the existing theory using molecular phylogeny. For the classification of families and the taxa below family level, we changed the inventory of China's mammals with the newest theory. This book is the outcome of collective wisdom. The contributors to this book include Prof. Wang Yinxiang of Kunming Institute of Zoology, Chinese Academy of Sciences, Prof. Ma Yong of Institute of Zoology, Chinese Academy of Sciences, Prof. Wu Yi of Guangzhou University, Prof. Feng Zuojian of Institute of Zoology, Chinese Academy of Sciences, Prof. Zhou Kaiya of Nanjing Normal University, Prof. Liu Shaoying of the Forestry Academy of Sichuan Province, Dr. Luo Zhenhua of Central China Normal Univeristy, whereas Dr. Li Chunwang, Li Lili, Tang Songhua and Xu Bingbing helped with data compiling and Miss Li Lili drawed the figures. We thank the following experts for their contribution to the compilation of *The Checklist of China's Mammal Diversity* (names are arranged alphabetically): Bao Weidong, Bao Yixin, Bi Junhuai, Chu Hongjun, Ding Ping, Fan Pengfei, Gao Xingyi, Hu Defu, Hu Huijian, Huang Chengming, Jiang Haisheng, Jiang Xuelong, Jiangguangshun, Jin Kun, Li Ming, Li Song, Li Baoguo, Li Diqiang, Li Junsheng, Li Yankuo, Li Yiming, Li Yuchun, Li Zhongqiu, Liao Jicheng, Liu Dingzheng, Liu Bingwan, Liu Wei, Long Yongcheng, Ma Jianzhang, Ma Yiqing, Mao Xiuguang, Meng Xiuxiang, Meng Zhibin, Shi Kun, Song Yanling, Su Jianping, Wan Xinrong, Wang Song, Wang Ding, Wang Hao, Wang Kexiong, Wang Xiaoming, Wei Fuwen, Wu Shibao, Xia Lin, Xu Aichun, Yang Guang,Yang Daode, Yang Qisen, Yang Weikang, Zhang Li, Zhang Jinshuo, Zhang Libiao, Zhang Linguan, Zhang Minghai, Zhang Shuyi, Zhang Xianfeng, Zhou Youbing, Zhu Qian, Zong Hao. We are grateful to Dr. Don E. Wilson for writing the Preface and editing the Introduction for the book. And the IUCN Redlsit Team for providing some of the templates of species distribution. We especially acknowledge the critical comments of Prof. Jiang Xuelong of Kunming Institute of Zoology, Chinese Academy of Sciences, the help from Prof. Colin Groves of Australian National University, the editorial help from Editor Ma Jun and Editor in Chief Li Feng of the Science Press in Beijing. We also thank Tang Songhua, Xu Bingbing, Fang Hongxia, Zeng Yan, Ping Xiaoge and the postdoctors and graduate students who once studied or are studying in the Wildlife and Behavioral Ecology Group of IoZ/CAS for help.